JN237624

新装版
世界大博物図鑑

荒俣 宏 著
第1巻
［蟲類］

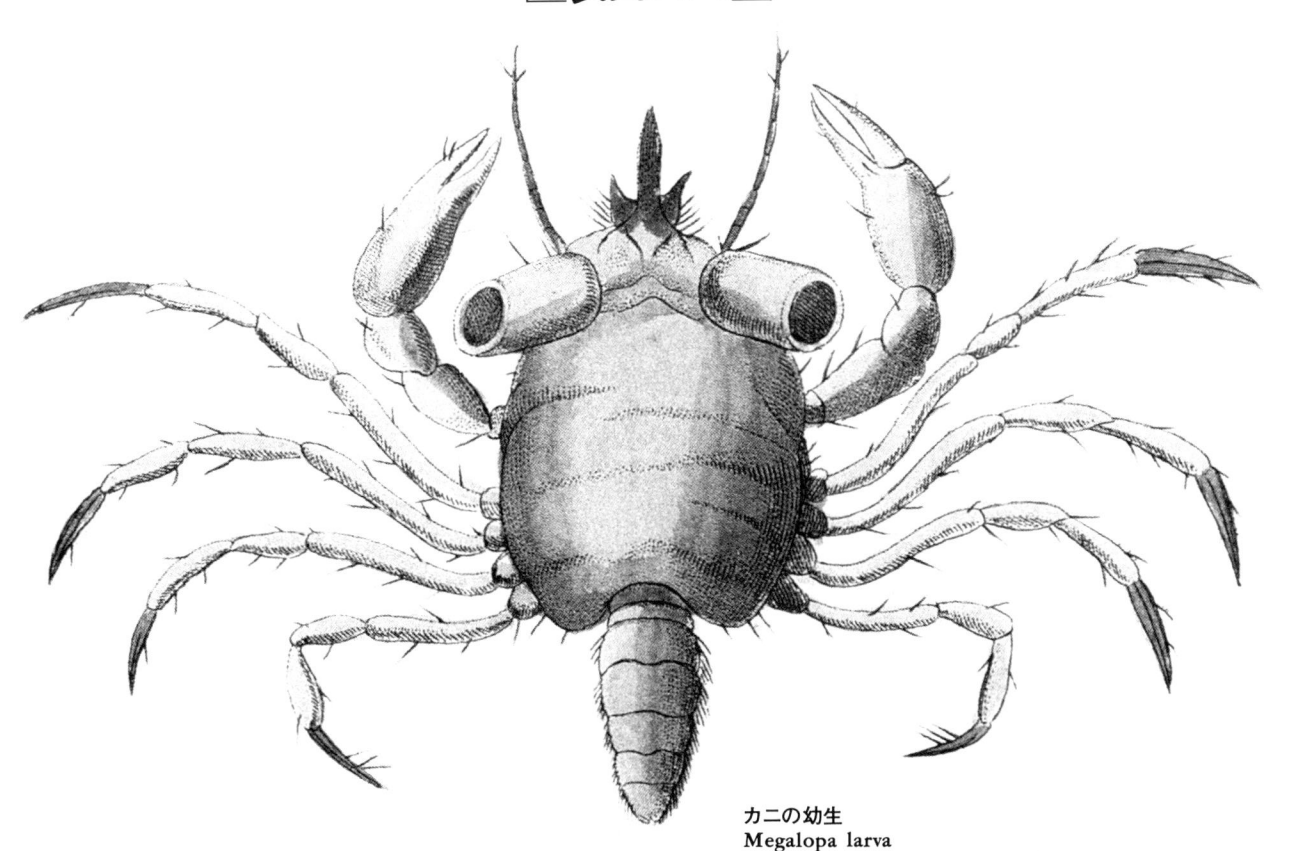

カニの幼生
Megalopa larva
〈メガロパ幼生〉とよばれる海中浮遊期のカニ．尾がエビ類と同じく後方にのび，眼の形態も一風変わっている．19世紀初頭の権威ある甲殻類図鑑，ヘルプスト著《蟹蛯分類図譜》より［*33*］．

新装版

世界大博物図鑑

①
蟲類

ATLAS ANIMA

平凡社

1. KETMIA *Indica foliis digitatis flore magno sulphureo, umbone atro purpureo, pediculis foliorum spinosis*
2. IRIS *latifolia, Virginiana florum petalis repandis purpureis, erectis cæruleo variegatis. Miller*
3. ALSINE *procumbens Gallii facie Africana. A.I. Dat.*

アオタテハモドキ
Junonia orithya blue butterfly, pansy butterfly
アフリカから中近東、東洋区のほぼ全域、ニューギニアからオーストラリア北部まで広く分布するタテハモドキ属の1種。数多くの亜種がおり、ここに描かれているのはアフリカ産の亜種 *J. orithya madagascariensis* と思われる。G. エーレトの有名な初期花蝶図譜の逸品《花蝶珍種図録》1748-62 より。花とチョウの美しい組合せは、のちに英国で刊行されるチョウ類図譜のモデルとなった [48]。

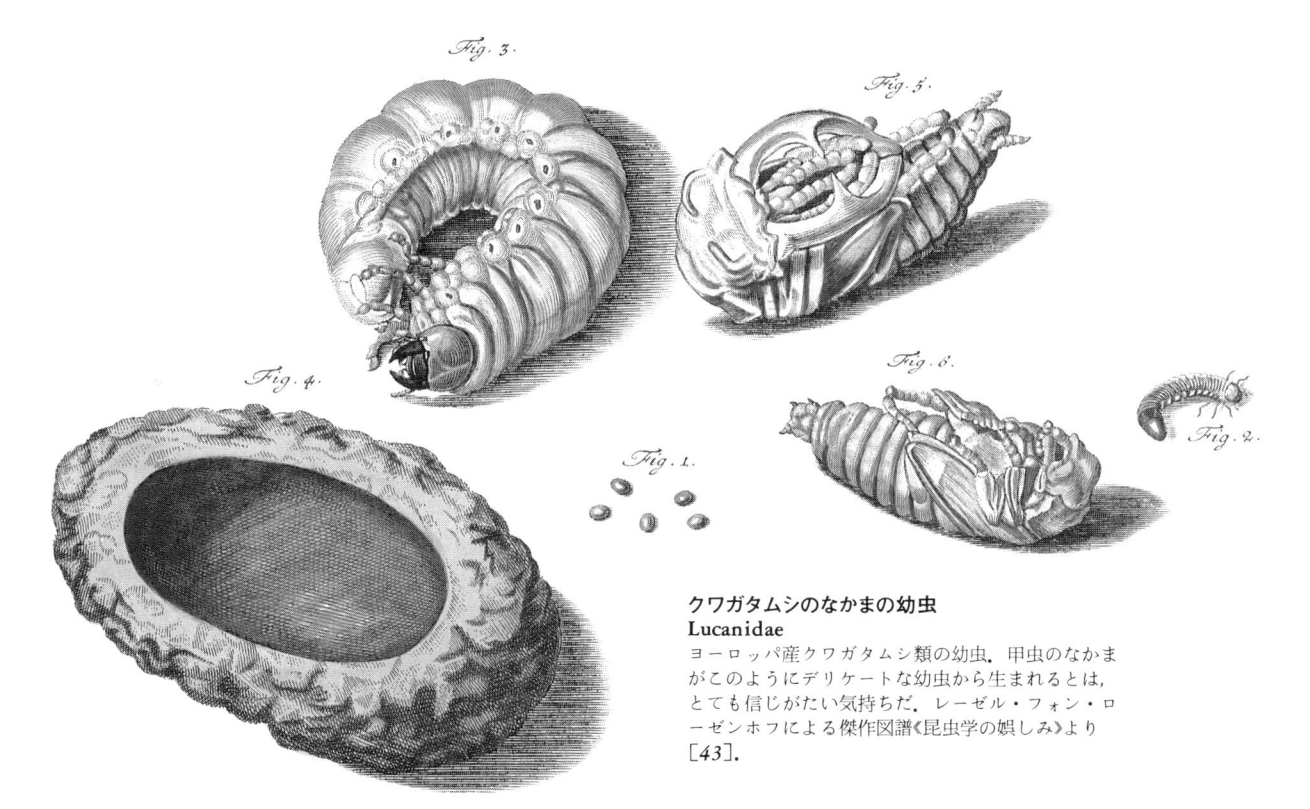

クワガタムシのなかまの幼虫
Lucanidae
ヨーロッパ産クワガタムシ類の幼虫。甲虫のなかまがこのようにデリケートな幼虫から生まれるとは，とても信じがたい気持ちだ。レーゼル・フォン・ローゼンホフによる傑作図譜《昆虫学の娯しみ》より[43]。

スズメガのなかまとその幼虫ほか
Sphingidae
チョウやガの幼虫には，いわゆる芋虫と毛虫の2系統がある。本種の幼虫は前者にふくまれ，からだに毛が生えていない。モーゼス・ハリス《オーレリアン》に収められた，18世紀博物画の傑作[28]。

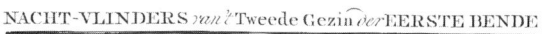

ヒトリガのなかまとその幼虫
Arctia villica
剛毛をもつ毛虫には，しばしば毒刺をそなえたものがある。ヤン・セップの有名な図鑑《神の驚異の書》より[13]。

目次

総説 蟲と人生《世界大博物図鑑》の完結に寄せて 7
凡例 15

索引
図版出典　498
博物学関係書名　502
博物学関係人名　512
蟲の和名　523
蟲のラテン名　535
蟲の欧名　543
一般事項　550

参考文献
日本語文献　562
外国語文献　568

■装幀・レイアウト────遠藤 勁
■新装版カバーデザイン──佐藤温志

キュヴィエの動物分類にもとづいた〈蟲〉の体系。プシェ《教科動物学》(1841)より。原図には多数の種類が描きこまれているが，ここではその一部を使用した．

人体寄生虫	腹の虫	16
環形動物		
多毛類	ゴカイ	23
	イソメ	26
	ケヤリムシ	27
	カンザシゴカイ	27
貧毛類	ミミズ	30
ヒル類	ヒル	38
ユムシ類	ユムシ	42
有爪動物	カギムシ	43
緩歩動物	クマムシ	43
節足動物		
三葉虫類	三葉虫	46
節口類	カブトガニ	46
クモ形類	サソリ	50
	カニムシ	54
	ザトウムシ	54
	ダニ	55
	ツツガムシ	59
	サソリモドキ	63
	クモ	63
	ヒヨケムシ	78
ウミグモ類	ウミグモ	78
甲殻類	ホウネンエビ・ブラインシュリンプ	79
	カブトエビ	79
	ミジンコ	82
	ウミホタル	83
	ウオジラミ・チョウ	83
完胸目	ミョウガガイ・カメノテ	86
	エボシガイ	86
	フジツボ	87
	アミ	87
等脚目	ミズムシ	90
	フナムシ	90
	ヘラムシ	91
	ダンゴムシ	91
	ワラジムシ	94
	キクイムシ	94
	コツブムシ	95
	ウオノエ	95

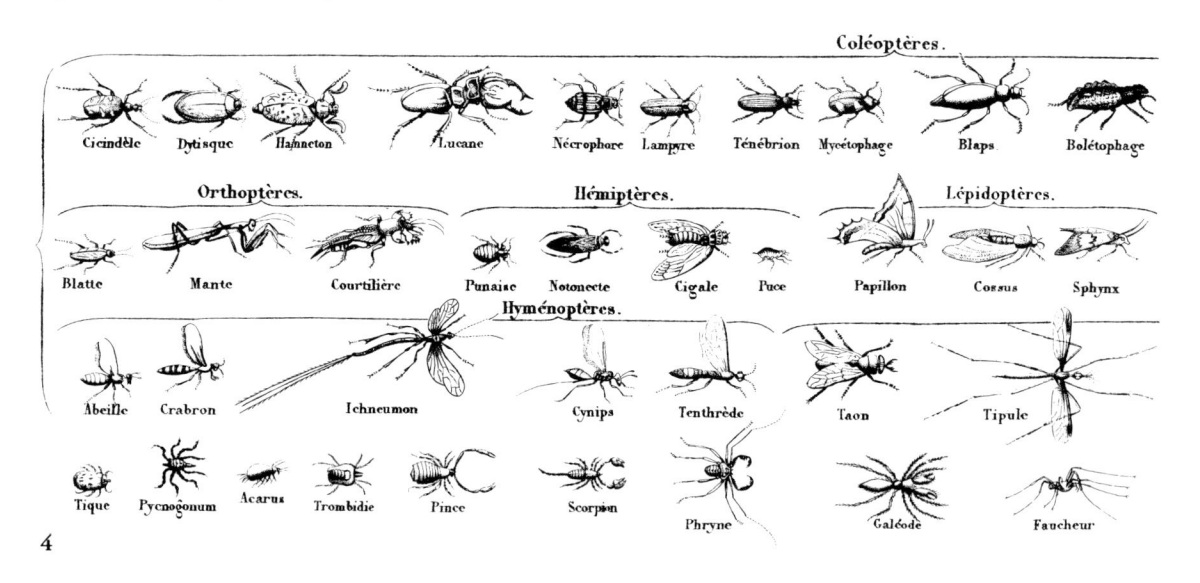

端脚目	ワレカラ	95
	クジラジラミ	98
	オキアミ	98
十脚目	エビ	99
	ロブスター	107
	ザリガニ	107
	アナジャコ	111
	コシオリエビ	114
	カニダマシ	114
	ヤドカリ	114
	カニ	118
	シャコ	127
倍脚類	ヤスデ	130
唇脚類	ムカデ	131
	ゲジ	135
昆虫類		
トビムシ目	トビムシ	138
双尾目	コムシ	139
総尾目	シミ	139
	イシノミ	142
カゲロウ目	カゲロウ	143
トンボ目	トンボ	147
カワゲラ目	カワゲラ	154
シロアリモドキ目	シロアリモドキ	155
ガロアムシ目	ガロアムシ	158
直翅目	コオロギ	158
	カネタタキ	166
マツムシのなかま	マツムシ	166
	アオマツムシ	167
	スズムシ	170
	カンタン	171
	ケラ	174
	クツワムシ	178
	カマドウマ	179
	キリギリス	182
バッタのなかま	バッタ	183
	イナゴ	194

ナナフシ目	コノハムシ	195
	ナナフシ	198
ゴキブリ目	ゴキブリ	199
カマキリ目	カマキリ	206
ハサミムシ目	ハサミムシ	210
シロアリ目	シロアリ	211
チャタテムシ目	チャタテムシ	215
シラミ目	シラミ	218
総翅目	アザミウマ	223
半翅目	カメムシ	226
	グンバイムシ	227
	サシガメ	227
	トコジラミ・ナンキンムシ	230
	アメンボ	234
	ミズムシ	235
コオイムシのなかま	コオイムシ	238
	タガメ	238
タイコウチのなかま	タイコウチ	239
	ミズカマキリ	239
	マツモムシ	242
	セミ	242
	アワフキムシ	251
	ツノゼミ	254
	ヨコバイ	255
	ミミズク	258
	ハゴロモ	258
	ウンカ	259
	キジラミ	263
	コナジラミ	263
	アブラムシ	266
	カイガラムシ	270

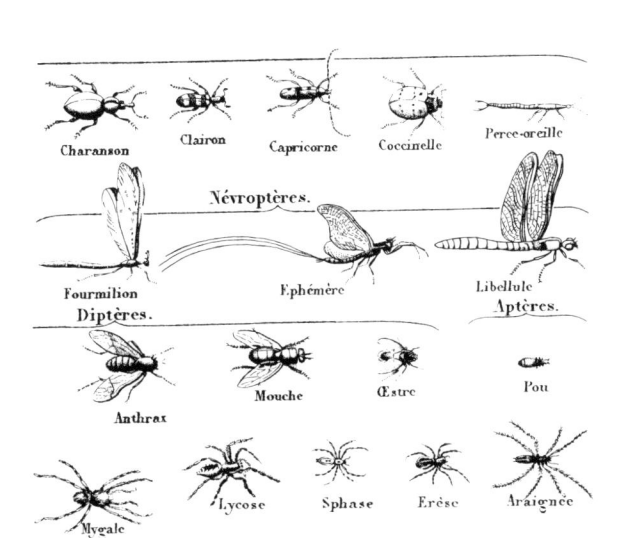

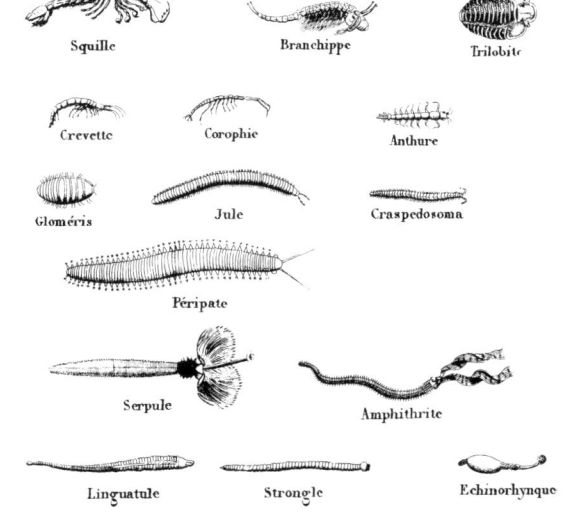

目次／総説

脈翅目	ヘビトンボ	273	
	ヒロバカゲロウ	274	
	ミズカゲロウ	274	
	クサカゲロウ	274	
	カマキリモドキ	275	
	ツノトンボ	275	
	ウスバカゲロウ	276	
長翅目	ガガンボモドキ	277	
	シリアゲムシ	277	
毛翅目	トビケラ	278	
鱗翅目 ガのなかま	ガ	279	
	カイコ	284	
チョウのなかま	チョウ	322	
	シロチョウ	330	
	アゲハチョウ	331	
双翅目	ガガンボ	335	
	チョウバエ	354	
	カ	354	
	ユスリカ	363	
	ブユ	363	
	アブ	366	
	ハエ	370	
隠翅目	ノミ	378	
鞘翅目	ハンミョウ	383	
オサムシのなかま	オサムシ	387	
	マイマイカブリ	390	
ゴミムシのなかま	ゴミムシ	391	
	バイオリンムシ	391	
	ゲンゴロウ	394	
	ミズスマシ	395	
	ガムシ	395	
	エンマムシ	398	
	シデムシ	398	
	アリヅカムシ	399	
	ハネカクシ	399	
	クワガタムシ	402	
	センチコガネ	403	
コガネムシのなかま	カブトムシ	406	
	コガネムシ	407	
	スカラベ	414	
	タマムシ	418	
	コメツキムシ	419	
	ホタル	423	
	カツオブシムシ	431	
	シバンムシ	434	
	テントウムシ	434	
	ゴミムシダマシ	438	
ツチハンミョウのなかま	ツチハンミョウ・ゲンセイ	438	
	マメハンミョウ	442	
	カミキリモドキ	443	
	アリモドキ	443	
	カミキリムシ	443	
	マメゾウムシ	447	
	ハムシ	450	
	オトシブミ	451	
	ゾウムシ	454	
	キクイムシ	455	
ネジレバネ目	ネジレバネ	458	
膜翅目	ハチ	458	
	ジガバチ	462	
	スズメバチ	463	
	ミツバチ	470	
	アリ	482	
軟体動物	カタツムリ	490	
	ナメクジ	495	

蟲と人生
《世界大博物図鑑》の完結に寄せて

TAB. CCCLIII.

DEUT. Cap. XXVIII. v. 38. 39 - 42.
Insecta Regioni infesta.

V. Buch Mosis Cap. XXVIII. v. 38. 39 - 42
Land-verderbliche Ungeziefer.

J. J. ショイヒツァー《神聖自然学》(1731-35)より。聖書にあらわれる昆虫の害を描いたこの図に、人間と虫の根ぶかい関係をみることができる。ガの成虫と幼虫は、おそらくM. S. メーリアンの原図を利用したものだろう。

I 虫と蟲のあいだに

《世界大博物図鑑》の最終回配本分，〈蟲類〉編をお届けする。はじめにまず，蟲という表記を採用した事情から説明しなければならない。

すでに前回配本分〈両生・爬虫類〉編で述べたことだが，虫なる語は定義がむずかしい。もちろん現代では，虫をインセクト（昆虫）の意味に限定してもいっこうにかまわないのだが，いかんせん本書は，古代から近世までの人間文化と動物とのかかわりあい全体を，記述の対象としている。したがって，虫についての歴史的な表記法も考えに加えなければならない。

一般に〈虫〉は，マムシのようなヘビ類がとぐろをまいた姿をかたどった漢字であり，本来，ヘビ類を指したと思われる。しかし，ヘビも昆虫も，あるいはミミズもクモも，さして区別されなかった昔，中国では〈獣〉〈鳥〉〈魚〉を除いた，〈その他〉という意味合いにおいて，虫を理解したようだ。とくに，虫が3つ集まった〈蟲〉なる語ではその印象が強く，生きもの全般を示す用語にまで拡大されている。

そこで，虫という生物をグループ化して区分する実際的な方法として，虫偏のつく名称をもつ生物を〈虫〉と認定しようという便宜的処置が考えられた。江戸期最大の虫譜といわれる法眼栗本丹洲の労作《千蟲譜》は，まさしくそのような記号学的方法によって，虫の範囲を定めた図鑑なのである。すなわち，蟹も蛭も，蜘も，蝙蝠も，蛙も，蛔虫も，すべて虫だといえる。したがって《千蟲譜》には，昆虫だけでなく多くの雑多な動物が収められることとなった。

そこで本書も，虫という観念を歴史的に知る必要から，虫偏のつく動物を加えなければならなくなった。虫は，昆虫と一致する語でなくなったのである。参考までに書いておくが，江戸時代の栗本丹洲とて，虫偏の生物を一括して虫とする無謀さは理解していた。コウモリとキリギリス，カニとカエル，さらにチョウとエビとは，どう見ても差が大きすぎる。丹洲はその事実を十分に認識しながら，なお従来の分類法との連続を図るために，あえて虫偏尽くしにこだわったと述べている。著者の発想も，丹洲とまったく同様である。昆虫以外のさまざまな〈虫〉をここに収録することで，虫なるイメージのみなもとが浮かびあがると期待したからである。

しかし，以上のような方針のもとで制作を開始してみると，奇妙な事実に気づかされた。じつは西洋でも，虫の概念は東洋と同じようにひろかったのである。たとえば18世紀の代表的な虫譜であるM.S.メーリアンの《スリナム産昆虫の変態》（初版1705）では，初版60葉の図にはやくもトカゲ類とクモ類がまぎれこんでおり，メーリアンの死後に刊行された新版に追加された12葉の図では，テグーやピパなどの両生・爬虫類が大半を占めるにいたる。

いっぽう，ドイツで出版された名作，レーゼル・フォン・ローゼンホフ《昆虫学の娯しみ》（1764-68）でも，虫の名のもとにザリガニ，クモ，サソリ，そしてミジンコ類を含めている。いや，それどころか，当時の博物学界では，近代分類学を確立したリンネも，昆虫という狭い概念についてさえ，多くの混乱をかかえていた。彼は虫については翅に注目し，これを基軸として，翅による虫の分類学をつくりあげた。鞘翅類，半翅類，鱗翅類，脈翅類，膜翅類，双翅類，無翅類である。ところがこの分類はすぐに破綻をきたし，リンネ分類学のなかでいちばん早く再構築を迫られることになった。一例をあげれば，リンネはトンボやカゲロウの翅に特徴的な脈模様をとりあげて，脈翅目を設定した。ところがのちにトンボやカゲロウは原始的な昆虫として新しい目に移され独立していく。現在も残されている脈翅目という範疇に

モーゼス・ハリス《オーレリアン》扉絵。ここに描かれた採集者はハリス自身である。使われている網は，イギリス人がもっぱら使用したフライ・ネット。

は，その元祖となったトンボやカゲロウがいないのである．

外も不明確なら，内も不明確．虫および昆虫と呼ばれる生物の具体的な分類は，リンネを継ぐ分類学者にゆだねられ，スタートから構築しなおさなければならない状況におちいった．

この混乱のなかから，リンネの高弟で昆虫分類学の改正を手がけたファブリキウスが登場し，翅ばかりでなく，口器と，幼虫の変態様式とにも目を向けた新しい分類を考察しにかかることとなる．

そのような，虫をめぐる人知の発展経過をたどる意味でも，本書はあえて虫の範囲を拡大し，〈蟲〉なる用語を標題に掲げる方針をとった．したがって，《世界大博物図鑑》全5巻に収められた動物は，貝類や腔腸動物，棘皮動物など水生無脊椎動物の一部を除いて，ほぼ全分野にわたることになった．本巻では，種ないし属レベルばかりでなく，科や目レベルで項目を立てたのも，やむをえぬ措置といえるだろう．

そういうわけで，総説となるこの文章では，さまざまな虫を論じなければならないのだが，とてもそれだけの紙幅を割けない．やむを得ず，ここでは狭義の虫，すなわち昆虫を代表例に据えて，蟲の世界と人間とのかかわりに触れよう．

II 昆虫採集という名の〈業〉

さて，著者は総数約100万種におよぶ〈蟲の世界〉を一瞥し，その世界の不思議を博物誌にまとめた今，蟲の生活と人生とは同じものではないか，と考えはじめている．いや，話をもう少し絞って，昆虫記というものは人間記にほかならないのではないか，と告白せざるを得ない心境にある．

理由のひとつは，昆虫の一部が社会を構成している，ということである．社会は，もともと人間の専売特許であった．たしかに，現在の生物学では，昆虫の社会をダイレクトに人間のそれと比較することを，タブーとしている．両者の存在形式や成りたちがあまりにもかけ離れているからだ．

だが，そのタブーは絶対ではない．だいいち，文明化した人間は，たとえば狩りという本能的欲求を満足するのに，昆虫を対象とするしか方法がないからである．獣も鳥も魚も狩れなくなった今，残るのは昆虫だけである．虫の狩り——すなわち昆虫採集は，人間が自力で生活を開始するための最初の試練であり，儀式なのである．人生のはじまりであり，社会への参入なのである．極論すれば，その人の人生が輝くかどうかは，幼い時分に

フープ・ネットでチョウを採集する少年．1860年，英国で刊行された《自然観察》より．W. ゴールマン画．19世紀後半にはイギリスでもまた現在と同じタイプの網を用いていた．

手がける昆虫採集の結果ひとつにかかっているのだから！

昆虫採集が，なぜ，子供にとって尋常でない魅惑となるのか，その理由はさまざまに推定できる．しかし，昆虫採集をいやがうえにも魅力的に見せる原因のひとつは，かなり古くから完備された採集道具ではないだろうか．漁師が網を打つように，猟師が鉄砲を肩に押しあてるように，昆虫採集家は胴乱を下げ，目にまぶしい白い捕虫網をかまえる．その丸い輪が，聖人の頭に浮かぶ背光に見えたとしても，不思議ではない．

昆虫に興味をもった少年にとって，このような〈武装〉は，まさしく狩りへの目覚めといえるだろう．そして，狩ることの喜びがすべての収集行為のみなもとに存在するとすれば，それは文字どおり生活技術の原点であるばかりでなく，知的好奇心の芽ばえとも深く関連する．昆虫採集少年こそは，軍人と学者のもっともプリミティヴな姿といえるはずである．

ともあれ，昆虫採集の魅力とは，まず，道具にある．他の動物の場合，個体を生きたまま捕える道具が，ほとんど用意できないのと，まさに対照的ではないか．哺乳類や鳥類は鉄砲か罠，魚類なら魚網か釣りだ．どれを見ても，基本的に動物を傷つける武器なのだ．しかし昆虫を捕る場合には，捕虫網という〈生け捕り兵器〉がある．たとえば，ヨーロッパで近代的な昆虫図鑑が刊行されるのは，18世紀からであるが，この扉絵に飾られた昆虫採集家は，近衛将校のように晴ればれとした

総説

いでたちをしている。

蝶の採集がブームであった当時の昆虫採集家に望まれた正装とは，モーゼス・ハリスの《オーレリアン》(1766)に描かれた扉絵のごときものである。後方に，当時の代表的な採集具である〈フライ・ネット〉が見える。このタイプの捕虫網は，蝶のように飛ぶ虫を捕るときにもっぱら利用され，大陸でよりもむしろイギリスで愛用された。したがって，この形式の網が出てくれば，イギリスの採集家か，あるいは18世紀の採集風俗をあらわしている，と考えてもよい。

ウィリアム・スウェインソンが著した《採集保存術と動物学者名鑑》(1840ころ)に，フライ・ネットのつくりかたが出ている。まず，2本の棒だが，軽さと丈夫さからみて，ヘイゼル材が適している。長さは6フィートほしい。先端の半円部は竹を用いて弾力性を出し，白あるいは緑のガーゼ地をゆるく張る。こうしてつくったフライ・ネットは万能で，下からすくいあげたり，上からかぶせたり，また灌木の下にセットして虫を叩き落とすこともできる。

これに対しフランスでは，万能型の網が好まれなかったらしい。代わりに，〈フープ・ネット〉がひろく使われた。今日，世界じゅうで用いられている丸い輪の網と同じもので，口径は12インチほど，袋網の奥行きは20インチが適当とされた。この道具に張られる網地も，白か緑のガーゼ，あるいはモスリンであった。

この丸い捕虫網は18～19世紀初頭にかけて，フランスをはじめとする大陸各地で使われた。フライ・ネットのように多目的な用途をもたないが，小さく，継ぎ竿にして持ち運びを容易にすることができた。昆虫採集には，しばしば小旅行の意味が込められていたから，6フィート近くもある大型のフライ・ネットは敬遠されていったのだろう。19世紀後半になると，イギリスでもフープ・ネットが主流になっていく。したがって日本に昆虫採集にきた西洋の昆虫愛好家，たとえばヘンリー・ジェームズ・S.プライアーなども，おそらく，このフープ・ネットを持参したものと思われる。

ついで書くが，このフープ型捕虫網は，19世紀半ばからの磯採集ブームにあって，水中生物採集用にも改良された。輪の部分を太い鉄でつくり，ガーゼの代わりに細い目のメッシュを張ったものだ。英語圏ではこれを〈ランディング・ネット〉とよび，夏になるとあちらこちらの磯で，網をかついだ婦人たちの姿が見うけられた。

19世紀は，それまで使われていた捕虫具の改良時代でもあった。フライ・ネットにしても，イギリスはノーフォークのポール某がこれを改良して，通称〈バッグ・ネット〉あるいは〈ターニップ・ネット〉という網を完成させた。枠を三角形にし，草地や藪を引っ掻いて甲虫などを捕るものである。

ヨーロッパで使われた捕虫具のうち，日本人にはいちばん珍しく感じられるのが，〈フォーセップス〉だろう。これを持てば，昆虫採集の正装は完備したといえる。この道具は，ようするに鋏と同じ構造をもつ。ただ，ふたつの刃のかわりに，バドミントンのラケットか金網によく似たネットをふたつ取りつけてある。そして，鋏で紙を切る要領もそのまま，ふたつのネットのあいだに虫をはさみこむのである。こういう道具であるから，葉の先にとまるカやハチ，テントウムシ，ツユムシなどを捕るのに具合がよい。

そんな悠長な網で採集できるのかと思うのだが，フォーセップスを愛用した採集家はかなり多かった。サイズの異なるものを2つ3つ用意して，採集旅行に出かけたらしく，イギリスでも大陸でも普及した。

実際，このような採集具が市販された分野とな

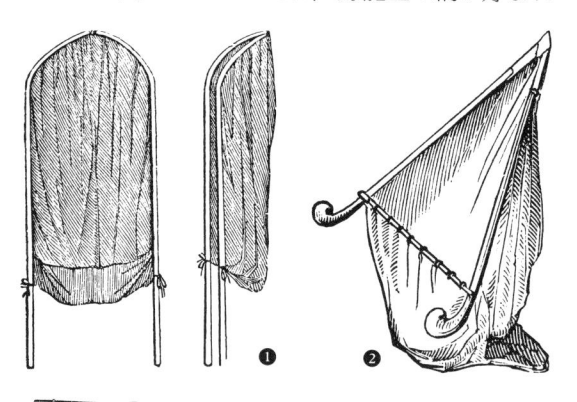

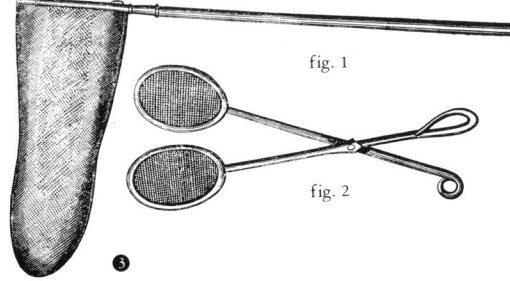

❶―フライ・ネット。イギリス人が用いた大型の採集用具である。❷―バッグ・ネット。これは19世紀に考案された〈フライ・ネット〉の改良版といえよう。以上 W.スウェインソン《博物標本づくり》より。❸―フープ・ネット(fig. 1)とフォーセップス(fig. 2)。アメデー・ヴァラン《パピヨン》(1854)より。どちらもフランス人が愛用した捕虫網である。とくに鋏の形をしたフォーセップスという採集用具は，東洋人には馴染みがうすく，珍奇に見える。

ると，動物学ひろしといえども，昆虫学しか考えられない。当時のブルーストッキングたちが，勇ましく捕虫網をかまえて森に分け入ったようすは，そのまま現代の子供にも当てはまる。昆虫採集とは，何よりもまず，身なりからはいって誰もが博物学者になれる，いわば変身の術であったのだ。

だが，問題は外見ばかりに限られない。前述したスウェインソンも，昆虫学を，標本の管理保存がもっとも容易で，同時にまた展示がいちばんしやすい分野として，初心者に推奨している。彼によれば，採集した虫を，水に浸したガーゼに置くか，または水面に浮かべたコルクに載せるだけで元の柔軟さを取りもどさせることができる。やわらかくなった虫にあらためてポーズをとらせ，乾燥させれば，標本ができあがる。また彼は〈英国産の昆虫標本をひととおり収めるとすると，14か15インチ四方の箱を50から100ほども用意できればよい〉と述べている。この箱数は，いささか少なすぎる印象もあるが，とりあえず，哺乳類や鳥類の標本を収納するスペースを考えれば，いちじるしく小さい。昆虫収集を目的とした博物学にとって，大きなメリットなのであった。もっとも，スウェインソンは，ふたつの警告を発することを忘れていない。第1は，標本を直射日光だけには当てないこと。多量の昆虫標本を誇ったロンドンの私設博物館〈レーヴァー・ミュージアム〉では，ガラス箱に収めて展示していた熱帯産の昆虫コレクションが，わずか数年で色彩を失い，価値を失ってしまったという。そして第2は，標本箱に隙間をつくらないこと。アリやゴキブリが侵入し，せっかくの標本を食いちらかすからである。

しかし，昆虫類の保存が比較的手軽だとはいっても，手がかからないというわけでは決してない。一例として，チョウの幼虫，すなわち毛虫類を標本にする手順などは，かなりの熟練と時間とを要するものだ。

毛虫の標本は，19世紀イギリスでは次のようにしてつくられた。毛虫の尻に小さな穴を穿って，体液を穴の外へ押しだしてやる。そのあとに乾いた微細な砂を注ぎこんで，毛虫を元のように膨らませる。これを乾燥させたのち，砂を出して，標本ができあがる。

これに対しフランスでは，毛虫の尻にストローを突き入れて体液を出したあと，ろうそくの火にあててストローと毛虫の皮膚とを癒合させてしまう。次に，このストローに息を吹きこんで，毛虫を適当に膨らませる。砂を入れるようなことをしないのが，フランス式のポイントなのである。

ランディング・ネットを使う女性採集家。1860年ごろの英国の刊行物より。彼女たちは磯で歓声をあげながら貝やカニ採りに興じたため，〈海辺のセイレーン〉とあだ名された。

昆虫学に関して興味ぶかいのは，何かというとフランス，イギリスが対立することであろう。つまり昆虫採集は，人生どころか，人間の国家社会をも語れる題材になるということである。17世紀に昆虫学の王国であったオランダに代わり，ヨーロッパ昆虫学の王位をあらそったのが，この両国だった。イギリスには，宝石商で熱烈な昆虫コレクターであったドゥルー・ドゥルーリが現われた。18世紀後半で，世界最大規模の熱帯産昆虫を収集したのが，彼であった。宝石商という職業柄，インドやアフリカに交易ルートをもっていたことから，このルートを利用して無数の珍種を収集できたのだろう。ことに，西アフリカへはスミーズマンと称する採集人を派遣し，現地採集を行なわせてもいる。また，当時最高の昆虫専門絵師モーゼス・ハリスに描かせた虫譜《自然史図譜》(1770-82)も刊行している。クラシックな彩色図を150葉も載せた労作で，ドゥルーリがいかに裕福だったかをものがたる記念物である。

このほかイギリスには，昆虫標本を宝石のように愛でるコレクターが輩出し，レーヴァー・ミュージアムを築いたサー・アシュトン・レーヴァー(1788年に彼が死去したとき，その昆虫標本は30日間のオークションでヨーロッパじゅうのコレクターに分売された)，エドワード・ドノヴァンなどを数える。かれらはいずれも美的センスにあふれる図譜を自力で刊行している。

ところがフランスでは，ギョーム＝アントワヌ・オリヴィエ，ルネ・アントワーヌ・フェルショル・ド・レオミュールのように，大陸で吹き荒れた顕微鏡学の影響を受け，甲虫なら甲虫を専門に研究する学者たちが，昆虫学をリードした。ときには生態研究にまで手をひろげて。現にレオミュールなどは生きたハチやハエを飼育して，その行動を観察している。スズメバチの巣が紙として利用で

11

きることを発見したのも，彼であった。おそらく昆虫の分類には，幼虫の観察が必須であることに由来した姿勢だろうが，これはフィールド的でないフランス博物学の主流と趣を異にする。また，フランスが農業国であって，虫害（のちに再説する）を予防するための研究が望まれた事情があったのかもしれない。もちろんイギリスにも，著名な園芸家W.カーティスのように，昆虫学を実生活に役立てた人もいるにはいる。1782年，ロンドン周辺で大発生したガの1種〈ブラウン・テールド・モス〉の幼虫が，町じゅうにあふれたという。この大群は，日本でいえば〈常世虫(とこよむし)〉のような予言性をともなったらしく，ロンドンっ子は大旱魃(かんばつ)の前兆と恐れおののいたという。この社会不安に対し，カーティスはこの虫がガの幼虫にすぎないこと，簡単に焼き殺せること，などを記した書物を出版した。こうしてロンドンの毛虫騒ぎが鎮まったという。フランスでは，そのような形の行動，生態への興味を高めた学者たちが多かった。この実学的な流れは，イギリスはもちろん，遠く日本へも伝えられる。幕末に大蔵永常が《除蝗録》を著し，虫害対策を考える昆虫学者として登場した。そのあと，明治期には虫害のひどい北海道をフィールドとする松村松年が現われる。日本最初の西洋的昆虫学者こそ，彼であった。このような実学者のもとで，虫害研究の基礎調査としての昆虫博物学が根づいたのである。日本にいまも昆虫愛好家や昆虫学者が多いのは，虫害予防をはじめとする明確な需要が存在したからにほかならない。

ちなみに，あのファーブルも，時の実力者キュヴィエが19世紀フランス最高の昆虫学者と折り紙をつけたレオン・デュフールの実学的論文に刺激されて，昆虫学研究をはじめたという。デュフールは，タマムシツチスガリというハチの毒に防腐作用があることを推定した。幼虫の餌にするタマムシを，腐らせずに穴に保存できるからである。この論文を読んで，おもしろさに感激したファーブルが，本格的に昆虫を研究しはじめる。ファーブルの《昆虫記》もまた，まさしくフランスの昆虫学が生みだした第一級の文学ということになろう。

III 孤独と社会——むすびに代えて

ここでふたたび，昆虫と人生に戻ろう。虫は人間の政治的好みにまで関係する，という話をお聞かせするために。

ファーブルの名作《昆虫記》は，いまも読む者を魅了する。有名な〈玉ころがし〉ことスカラベの観察記録をはじめとして，ファーブルの昆虫に注ぐ目は，いつも好奇心に輝いている。しかし興味ぶかいのは，ファーブルが昆虫界にかなりの好き嫌いをもっていた事実だろう。彼は，アリ，シロアリ，ミツバチといった社会性昆虫を好まない。スカラベやカミキリムシやミズスマシのように，単独で生きるか，あるいは群れても社会を構成しない虫を好む。ファーブルは虫のアナーキストなのである。大杉栄がファーブルにのめりこんだのも，故(ゆえ)なしとしないのである。

ところがいっぽう，ノーベル文学賞に輝いたベルギーの作家モーリス・メーテルリンクは，ファーブルとはまるで対極的に，アリ，シロアリ，ミツバチなど社会性昆虫を題材にした博物学書三部作を上梓した。彼は盲目的に組織に奉仕する絶対的な昆虫社会のシステムを，〈腐敗しやすい人間社会〉と対比し，そのみごとさを語った。そして，個体よりも巣全体のほうに高い価値を認めるものと結論づけた。いや，彼には，昆虫社会が冷酷でしかも神秘的な修道院社会にさえ見えたのである。

〈……すべてのシロアリが昼夜をとわず，正確で，複雑な，さまざまな仕事に骨身をけずっている。孤独で，用心深く，諦観的であり，単調な日常生活のなかではほとんど無意味な存在であるおそるべき兵隊シロアリは，生命を危険にさらし犠牲にすべき瞬間を暗い兵舎のなかで待っている。かれらの規律はカルメル修道会やトラピスト修道会のそれよりも無慈悲のように思われる。未知の場所から生まれる法律や規則に対するかれらの自発的服従は，いかなる人間社会の結社にも例がない。これはおそらくもっとも残酷な，あたらしい社会的宿命である〉（《白蟻の生活》尾崎和郎訳）。

メーテルリンクは，一見すると非情な昆虫社会に，それでも全体として生きるモラルの存在を認めた。たとえば，シロアリ社会では，親は子を生き残らせることを最大のモラルとしている。そして，昆虫にモラルはない，と書いたファーブルを批判し，昆虫にも社会的モラルの存在を認める。メーテルリンクは虫について社会主義者を自認したのである。

とすれば，まばゆい手術具のような採集具で武装した昆虫採集少年は，やがてファーブルかメーテルリンクかのどちらかへと政治的好みを移行させるはずである。すなわち，アナーキストか，それともソシアリストか。昆虫に魅せられた少年は，どのみち，虫たちがその生態に応じて具(そな)える無機的で経済的な政治信条に影響されて，自我にめざめ，政治的旗色を鮮明にしていくしかない。

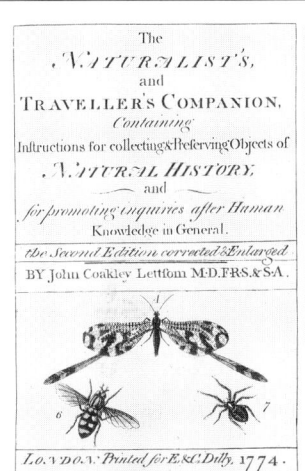

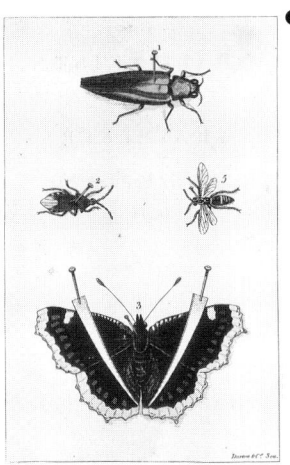

❶──J.C. レットサム《ナチュラリストと旅行者の必携宝典》(1774)より．タイトルページと口絵．昆虫標本のつくりかた，ならびに展示法を示す．18世紀は貝類コレクションについで昆虫採集がブームの時代であった．それは標本管理が比較的容易だったことにもよる．❷──一群れをなして行動する毛虫．これらガの幼虫の行動は人びとにしばしば恐怖をもたらした．W. カーティスは，その恐怖を鎮める努力をした博物学者だった．プシェ《宇宙誌》より．

しかし，昆虫社会を人間社会に比べあわせる視点を締めくくるにあたり，アナーキスト，ソシアリストに次ぐ第三のスタイルをも明示しておきたい．それはボヘミアンである．このボヘミアン的信条を虫の世界のうちでわれわれに教えてくれた文学が，ワルデマル・ボンゼルス著《みつばちマーヤの冒険》(1912)であった．このドイツ人作家は，ミツバチという社会性昆虫の生きざまを描いたのだが，しかしマーヤをメーテルリンク的なソシアリストにしなかった．かわりに，なんと！ ミツバチ社会の鉄の秩序に反抗をこころみさせたのである．マーヤは社会に反抗する虫として，これまでになかった新たな生きざまを示している．生まれたばかりのマーヤは初飛行のときに味わった自由の快感に酔い痴れ，暗く重いミツバチ社会へ帰るのを拒否するからだ──．

《しかし，小さいマーヤは聞いてはいませんでした．彼女は，よろこびと太陽と生きる幸福とに酔っているようでした．緑にかがやく海をよこぎって，矢のように速く，いよいよすばらしくなるはなやかな世界にむかって，すべっていくような気がしました．(中略)きょうのように美しいことはもう二度とあるまい，ひきかえすことなんかできない，お日さまよりほかのもののことは考えられない》(高橋健二訳)．

こうしてマーヤは，暗いミツバチの町を捨て，蜜を運び蠟をつくる仕事を放棄して，世界見物へと旅立っていく．

われわれ少年は昆虫採集からはじめて，ついには大人になることの方法論を虫に学ぶのである．むろん，ボヘミアンとなることもすばらしい．孤独は愛の次に人間を強くさせるのだから．自由は，共同の次に人間を豊かにさせるのだから．昆虫たちは，われわれが体験するだろうそのような個々の人生を，まるで人形劇のように演じてみせてくれる機械なのである．

虫の社会と，虫の生きざまこそは，人間に恵まれた自然の知の贈りものといえるだろう．昆虫採集少年は，結局のところ，あの丸い捕虫網で，人生そのものをつかまえようとしていたのである．

*　　　*　　　*

ともあれ，足かけ8年を要した長大企画《世界大博物図鑑》も，ついに最終巻《蟲類》編を上梓するところまで漕ぎつけた．著者自身が信じられぬ心もちでいる．神の加護と読者の御支援のたまもの以外のなにものでもないであろう．この間，制作にかかわってくれた多くの人びとは，時間と健康の両面で過重な犠牲を余儀なくされた．徹夜がもはや常態となり，平常な生活も不可能となる日々がつづいた．正直にいえば，健康に自信のない著者も，本企画を自分の手で完結させられるとは思ってもいなかった．しかしさいわいにここまで生きのびることができ，最終巻に総説を執筆できる喜びを，いま，静かに噛みしめている．

本巻を完成するにあたり，今回もまた多数の方方のひとかたならぬお世話になった．古い博物画の同定は，労多くして益の少ない，まことに趣味的な作業であるが，それにもかかわらず本邦第一級と定評のある研究者の方々が協力してくださった．昆虫についての総括的な取りまとめを引き受けてくださった長谷川仁博士に，まず最大の感謝を表したい．つづいて，厖大な種数をほこる昆虫各目を同定され，詳しい情報を提供されたのは，次の諸氏である．同じく，最大の謝意を表したい．

総説／凡例

〈蟲と人生〉．アメデー・ヴァラン《パピヨン》(1854)より．この図はまさに虫が人生を営んでいる．虫と人間は完璧な分業社会をつくる，この世でただ二種類の動物である．人間は虫にこそ人生を学ぶべきである．

東京都立大学　石川良輔(膜翅目)
日本鱗翅学会評議員　猪又敏男(鱗翅目)
東京医科歯科大学　今立源太良(トビムシ目)
松本歯科大学　枝重夫(トンボ目)
東京農業大学　岡島秀治(鞘翅目)
東京農業大学　河合省三(カイガラムシ)
元国立科学博物館　黒沢良彦(鞘翅目)
東京医科歯科大学　篠永哲(ヒル類，サソリ，サソリモドキ，双翅目，ノミ目)
日本たばこ産業安全性研究所　滝沢春雄(ゾウムシ，ハムシ，キクイムシ)
埼玉大学　林正美(半翅目)
蚕糸・昆虫農業技術研究所　宮崎昌久(アブラムシ)
九州大学　森本桂(シロアリ目)
東京都立大学　山崎柄根(直翅目，ナナフシ目，ゴキブリ目，カマキリ目，ハサミムシ目)

　　　　　　　　　　　　　　(五〇音順，敬称略)

なお，猪又敏男氏には本文校閲についてもお世話になった．

　また，軟体動物および甲殻類その他については，東京水産大学の奥谷喬司博士と国立科学博物館の武田正倫博士に総合的な取りまとめをお願いした．個々の同定については，次の専門家諸氏に貴重な時間を割いていただいた．御教示に対し，最大の謝意を表しておきたい．

横浜国立大学　青木淳一(クモ形類)
松山東雲短期大学　石川和男(トゲダニ類)
国立科学博物館　今島実(多毛類，ユムシ類，有爪動物)
目黒寄生虫館　亀谷了(人体寄生虫)
鶴見女子高等学校　佐藤英文(カニムシ)
東京都立小岩高等学校　篠原圭三郎(倍脚類，唇脚類)
松山東雲短期大学　芝実(ケダニ類)
鳥取大学　鶴崎展巨(ザトウムシ)
追手門学院大学名誉教授　八木沼健夫(クモ)
埼玉医科大学短期大学　山口昇(マダニ類)
京都大学　渡辺弘之(貧毛類)

　　　　　　　　　　　　　　(五〇音順，敬称略)

　ついで，各国語名および名の由来に関して森田暁氏の協力を得た．ロシア語名については，ソ連科学アカデミー極東支部のY.A.チスチャコフ Tshistjakov博士とB.C.コノネンコ Kononenko博士にチェックをお願いした．

　最後になったが，昭和の末から平成の初頭にかけてこの厖大な図鑑を編むあいだに，著者が心の師として敬愛してきた博物学の先達を多く失うことになった．とりわけ，日本に幻想博物誌の系譜をうちたてた澁澤龍彦氏と，本邦における博物学史研究の巨星上野益三博士には，ぜひとも全巻を手にとっていただきたかった．そして，いままた，最終巻を制作中に，《世界大博物図鑑》刊行の当初から惜しみない声援をいただいた作家，野間宏氏が鬼籍にはいられた．心から哀悼の意を表するとともに，この1巻を氏に捧げたい．

　このほか，名をいちいち記さないが，著者を激励してくださったすべての方々にお礼もうしあげる．わたくしに与えられた生涯の仕事も，これですべて果たし終えたような気がする．何十年か先に，次の博物学再評価が行なわれるとき，多少とも20世紀末の活気が未来に伝達されるなら，昭和の物好きとしてこれ以上の喜びはない．

平成3年7月20日　　　　　筆者

凡例

本文について

1　項目

　　本文で項目とした蟲類は，生物分類学にいう〈門〉(phylum)，〈綱〉(class)，〈目〉(order)，〈科〉(family)，〈属〉(genus)の各レベルにわたっている。要は人びとが歴史的に使ってきた蟲類名の内実による。古代では多くの蟲類を種レベルまで微細に区分していなかったので，各項目の蟲類はいわば総称としてとらえられている。したがって，本書の1項目としてとりあげられた蟲類でも，学問的に細分すれば，複数の科や属を含む場合がふつうである。

　　なお，分類の参考にしたのは，谷津・内田《動物分類名辞典》(中山書店)，武田正倫著《原色甲殻類検索図鑑》(北隆館)，平嶋義宏・森本桂・多田内修著《昆虫分類学》(川島書店)，《動物大百科》第14巻〈水生動物〉，同第15巻〈昆虫〉(平凡社)であるが，図版ページとの関連で筆者が適宜判断した。

2　本文構成

　　本文は，次のような構成で記述した。ただし，それぞれの蟲類について重要と思われる内容を優先したため，かならずしも以下の項目がすべての蟲類について掲載されているわけではなく，また随時必要な項目を立てていることもある。【名の由来】【博物誌】【神話・伝説】【民話・伝承】【ことわざ・成句】【天気予知】【星座】【文学】

3　蟲類名

　　蟲類名の各国語は，次の順序で記述した。ただし，該当する語が多い場合には，主要なものを掲載するにとどめた。

[和]　和名
[中]　中国語名
[ラ]　ラテン名(学名のうち，主として属名をあげた。多数にのぼるときは代表的な属に限った。
[英]　英語名
[仏]　フランス語名
[独]　ドイツ語名
[蘭]　オランダ語名
[露]　ロシア語名

4　表記

　　書名，作品名，論文名などは《　》で示した。また，引用などは〈　〉で，解説，注記，データなどは（　）で示した。

　　なお，引用した書物についての詳細は，末尾に付した〈参考文献〉や〈博物学関係書名〉索引を参照していただきたい。おなじく，重要な動物学者や図版制作者の略歴は末尾の〈博物学関係人名〉索引を参照していただきたい。

5　用字・用語

　　和漢の古い文献にあらわれる漢字については，読みやすくするために，できるだけ常用漢字を用いた。

カラー図版について

1　本文からカラー図版を探す

　　本文でとりあげた蟲類のカラー図版は，それぞれの項目の各国語名の終わりに➡で示したページに掲載してある。

2　図版の出典

　　ここでとりあげた図版の出典は巻末の〈図版出典〉索引にまとめた。カラー図版の解説文末尾にある［　］内の数字は，〈図版出典〉の番号を示す。図版制作者については，〈一般事項〉索引→〈図版出典〉とたどるか，〈博物学関係人名〉索引を参照していただきたい。

3　新和名と英名の表記

　　蟲類のなかには，学名はあっても，和名のないものが多い。そこで，今回，カラー図版に採用した蟲類のうち，和名のないもののいくつかに対して，新たな和名を与えた。カラー図版についている和名の右肩に＊印を付したものが，それである。例：オウサマナナフシ＊

　　また▲印を付したものは，各同定者による新命名である。例：ハサミカニムシ▲

　　なお，カラー図版の蟲類については，和名のほかに，欧米圏でふつうに使われている英名を極力拾っておいた。従来ペット産業などで使用されてきた経緯や，とくに英語翻訳者の便宜を考えてのことである。種の同定にあたり，あわせて参考にしていただきたい。

● 人体寄生虫──腹の虫

腹の虫

扁形動物門条虫綱，袋形動物門線虫綱などに属する虫．人体の腹中に寄生する条虫（真田虫），蛔（回）虫，蟯虫などの総称．

［和］腹の虫，ジョウチュウ〈条虫〉，サナダムシ〈真田虫〉，カイチュウ〈蛔虫〉，ギョウチュウ〈蟯虫〉　［中］蚘虫，蛕虫，蛔虫，人龍，蟯虫　［ラ］Cestoda（ジョウチュウ綱），Ascarida（カイチュウ目），Oxyuridae（ギョウチュウ科）　［英］worms, tapeworm, roundworm, pinworm　［仏］tenia, taenia, cestode, ver solitaire, ascaride（回虫）　［独］Wurm, Bandwurm, Spulwurm　［蘭］worm, rounderlintworm　［露］ленточные черви, человеческая аскарида　　　　　　　　　➡ p.17

【名の由来】　腹の虫とは，人体内に寄生する多細胞動物，たとえば条虫，蛔虫，蟯虫などの総称である．近年では体外に寄生するダニやシラミと区別する意味から，内部寄生虫 endoparasite とよんでいる．ただし人体内に寄生する動物には，ほかに赤痢アメーバ，大腸アメーバやトリコモナスなど単細胞生物がいる．しかしこれらの微細な生物は，腹の虫にはふくめない．

　①条虫のなかまを指すケストーダは，ラテン語の〈胸をおさえるバンド cestos〉に由来．とくに〈ウェヌスの帯〉を指す．英名テープワームは，その細長い姿から．なお，ワーム worm とはミミズやイモムシ，ウジなどのような這う虫の総称．

　和名条虫は，〈紐のように細長い虫〉というほどの意味．条とは，細長いものをかぞえるときの単位名でもある．真正条虫類の異名である真田虫は，体節の並びかたが真田紐に似ていることに由来する．

　②蛔虫の目名アスカリダは，蛔虫類を示すラテン語から．ギリシア語の動詞〈はねまわる，跳びまわる skairein〉に由来．人体内で激しく動く習性にちなむらしい．英名ラウンドワームは，〈円筒状の虫〉をあらわし，ミミズに似て丸くなめらかな体にちなむ．

　中国名の人龍は，〈体内にいる竜〉を意味する．

　和名蛔（回）虫は中国名の借用だが詳細は不明．

　③蟯虫のオキシウリダエは，ギリシア語の〈とがった oxys〉と〈尾 ūra〉の合成．

　英名ピンワームは〈ピンのように細長くて小さい虫〉の意．なお植物に寄生する細長い昆虫類の幼虫（たとえばキバガ科の1種 Keiferia lycopersicella の幼虫）もこの名でよばれる．

　英，仏，独名の多くもラテン名に由来するが，仏名ヴェル・ソリテールは〈孤独の虫〉の意．独名のシュプールヴルムは〈糸巻き（リール）の虫〉．蘭名のラウンデルリントヴォルムは，〈丸いリボン状の虫〉をあらわす．露名もくリボン状の虫〉〈人間につく回虫〉の意味．

【博物誌】　腹の虫は人体と精神状態にさまざまな影響をおよぼすので，古くから注目されてきた．古代エジプト，メソポタミア，インドなどでは数種から20種ほどの腹の虫を識別し，これを駆除する薬剤開発にも力がそそがれてきたほどである．

　アリストテレスは《動物誌》において，〈腹の虫〉を平たい虫，丸い虫，アスカリスの3つに分類した．翻訳を手がけた島崎三郎氏によれば，平たい虫は真田虫，丸い虫は大型の蛔虫，アスカリスは小型の蟯虫を指すという．そこで本項でもこの3グループに分けて，腹の虫を語ることにする．

　①条虫，真田虫．アリストテレスの語るところでは，真田虫を見つけるにはその片節（体節片）の有無を検査すればよい．この片節は，〈キュウリの種子のようなもの〉とよばれた．これが体外に出てくると，医者は患者の体内に真田虫がいることを確認できた．

　古代ローマの代表的著述家プリニウスも真田虫についてはかなりの実践的な知識をたくわえていた．たとえば真田虫は長さが約9m ないしそれ以上と述べている．古代人の関心の高さがしのばれるが，人間に多大な害を与える寄生虫を相手としたにしては，いまだ不十分であった．これらを，最初に採集・分類するのは，シェークスピア時代の代表的虫譜《昆虫の劇場》を著したトマス・ムーフェットである．

　ムーフェットは〈腹の虫〉を定義して，生命をもつ虫だが足はなく，他の生きものの体内で繁殖し，内臓のはたらきをさまざまな形で阻害するもの，とした．そして，たとえば人間の腸には3種類の虫がいる，とも述べている．その記述からみて，これは真田虫と蛔虫，それに蟯虫のことを指しているらしい．これはアリストテレス以来の腹の虫分類法でもある．

　その第1の虫ブロード・ワーム broad worm が真田虫のことである．太古からこの虫が長いことは有名で，10m以上もある個体が病人の体から吐きだされる事実が当時から報告されていた．

　スイス北西部の都市バーゼルに住むヨハネスという製本屋は，1579年，10エル（約11.5m）もある虫を，あっさりとくだした．彼はこの何年か前にも似たような長さの虫をくだしたことがあったという．また当地でムーフェットに医学を講義したF.プラッター（1536-1614）は，18エル（約20.5m）もある腹の虫をコレクションしていたそうだ．

有鉤条虫(fig. 13) *Taenia solium*
pork tape-worm, armed tape-worm
fig. 13は豚を介して人体に寄生する条虫のなかま。腹の虫の図版同定をお願いした亀谷了氏によれば，条虫の代表としてこれがE. ヘッケルの《自然の造形》に収められたことは，当時のヨーロッパ社会がいかに豚肉を重視していたかを物語る。日本では第2次大戦以後国内感染が出ていない。ちなみに他の種は人体以外の動物に寄生する。fig. 1は岐尾セルカリアの1種（二生類），fig. 2はセルカリア・スピフェラで，ヒラマキガイの1種に寄生。fig. 3はセルカリア・ブケファルスで第1中間宿主はハマグリやカキ，第2中間宿主は小魚，そして終宿主であるスズキやダツの消化管内で成虫になる。fig. 4, 5はセルカリア・インテゲリウムでカエルの膀胱の中に生きている。fig. 6は単生類の三代虫。淡水魚の鰓に寄生。fig. 7は単生類のフタゴムシ。コイ科の鰓に寄生することが多い。fig. 8はメカジキの鰓に寄生するツリストマ（単生類）。fig. 9はカリコチレ・クロエリで，イギリス南海岸産の軟骨魚ガンギエイの肛門近くに寄生。fig. 10は条虫綱の鯉胡桃葉条虫でコイの腸内に寄生。fig. 11は条虫綱のテトラリンクス・ロンギコリスで，成虫は軟骨魚類の消化管に寄生。fig. 12も条虫のなかまでエイやサメに寄生する[31]。

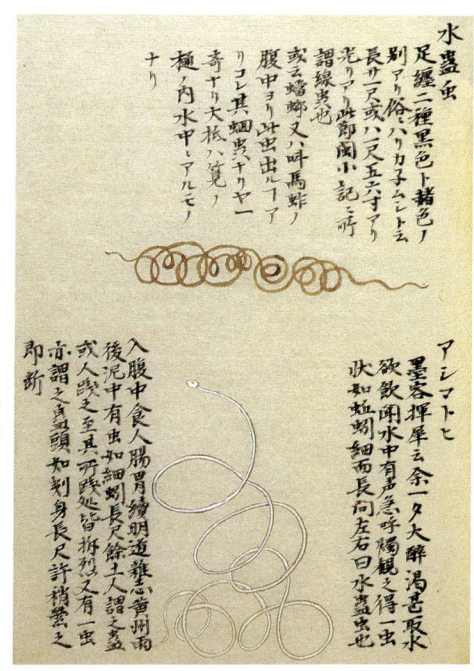

ハリガネムシ(右) *Gordius* sp. hair worm, hair snake
線形虫類に属し，幼虫時代はカマキリの体内に寄生，成熟すると水中で自由生活をする。同定者によれば，このなかまが日本で人体に迷入した事例が報告されているが，人体への影響はたいしたことはないという。しかし図に添えられた文によれば，回虫と同じように人体にはいり，人の胃腸に害を与えると書いてある。おそらく，かなりの被害があったのであろう[5]。

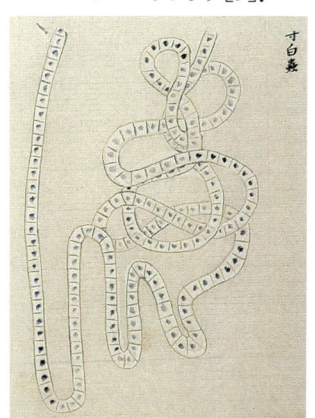

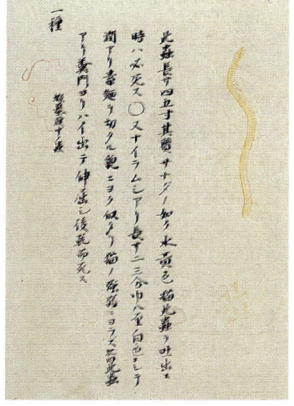

ハリガネムシ(右)
Gordius sp.
hair worm,
hair snake
これはハリガネムシの成虫と思われる。鎌倉時代の《字鑑》に〈アシマトイ〉とあるほど，古くから知られている[17]。

広節裂頭条虫(上左) *Diphyllobothrium latum* fish tapeworm, broad tapeworm
条虫のなかまで11mほどになる。江戸期には日本中にいたらしい。サケやマスが第2中間宿主で，人体にもとりこまれることがあった[18]。

猫条虫(上右) *Taenia taeniaeformis*
ネコに寄生する条虫で，肛門から出てくることがある。幼虫はネズミの肝臓に寄生する。ただし本文に〈吐出す〉とある点からみると，ネコが猫回虫を吐きだしたのかもしれない。猫回虫には本図のように横しわがある[18]。

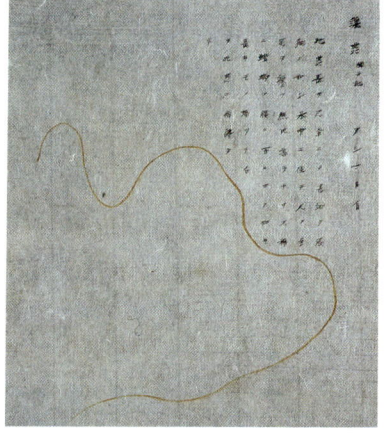

● 人体寄生虫──腹の虫

ところが観察した人びとの説によると、この虫はキュウリの種子に似た生物が1列に並んでできた集合体であって、ブロード・ワームという虫そのものは存在しないという。ここより、長い紐状でなく、体節ひとつひとつが単独の虫という点を強調してゴード（ウリ科植物の意）・ワーム gourd worm というよび名が生まれている。しかし、じつはこれ、虫の各体節を独立した1個の生物と勘違いしたにすぎない。

②蛔虫。続いて、ほとんどの人に寄生していたもっともポピュラーな虫として蛔虫があげられる。この虫の表面には毛がなく、つるつるしている。長さは1ハンド（約10cm）ほどで、ほとんどのものは1フィート（約30cm）に満たない。ただし1543年、ローマで若い男性が黒色で5フィート（約152cm）もある虫を吐きだしたといった例外もある。色はとりどりで、ムーフェットが実際に見ただけでも、赤、黄、黒とあり、部分的に白色、あるいは金色がかっている例もあった。緑色のものはまれである。さらにミミズ類とちがい、先のほうに〈首輪〉ないし〈帯〉といったものはない、と指摘されている。

③蟯虫。最後に、蟯虫らしき虫については、古く〈けもの虫 beast-worm〉とよばれた、とムーフェットが説いている。人間にはめったに寄生しないのに、ウマ・イヌ・ニワトリ・ウシその他の動物の体からよく発見された。そこでけもの虫の名がついたのだろう。形は蛔虫に似ているが、長さはずっと短く、1インチ（約2.5cm）を超えるものはめったにいない。だが直腸の末端にいるものは、蛔虫より体が厚い。また人間の肛門の括約筋で見つかるときは猛烈なかゆみをともなう。

実際、蟯虫の雌は人間が夜眠っているあいだに肛門から体の外に出て、肛門の周囲に卵を産みつける。雄が3〜5mm、雌が7〜13mmと小さいのも、寄生虫のなかまとしては目立たず生きていける条件だったろう。

　　　　＊　　　＊　　　＊

中国もまた古代から腹の虫に悩まされてきた。その証拠に、漢代の遺跡馬王堆から出た屍骸には住血吸虫、条虫などの卵が見つかっている。また虫の毒を用いて他人に災いをもたらす蠱毒にも、腹中虫とよばれる奇怪な毒虫が加えられている。これを知らずに呑みこむと、夜な夜な腹の中で人声がするという。また、人を苦しませて殺す強烈な蠱毒として、住血吸虫などが使われた可能性もある。

7世紀初頭、隋の巣元方が医術をあまねく論じた書《巣氏諸病源候論》（略称《巣元方病原》）には、

それまで中国人が蓄積した腹の虫の知識がまとめられ、その種類がひとつずつ詳しく記されている。そこではアリストテレスやムーフェットと異なり、腹の虫が9種に分けられている。それぞれ伏蟲、蚘蟲、白蟲、肉蟲、肺蟲、胃蟲、弱蟲（鬲蟲）、赤蟲、蟯蟲という。うち最後のものは、現在いうところの蟯虫と同じものである。

①真田虫。中国には白蟲とよばれる虫がいる。長さが1寸、白色で頭が小さい。大量に発生すると、精気を奪われ腰や脚がうずくようになる。そして1尺にまで成長すれば、人は死ぬとする。ただし中国では、腹の虫それ自体を粉末にしたものや、切ると出てくる液汁もまた薬とされた。これらは主として眼の病気の治療に使われたという（《本草綱目》）。

日本でも寸白とよばれる虫が古くから知られ、平安時代には中国の蠱毒ともからんで、恐ろしい寄生虫と考えられた。

寸白とは、真田虫のことと考えられる。その体に寸きざみの節があって白い色をしているために名づけられた。婦人が疝気をもよおすとよく真田虫をくだすので、転じて婦人病のひとつを寸白とよぶようにもなった。同様に真田虫は〈疝気の虫〉とよばれ、疝痛を引きおこす虫と考えられた。

元和2年（1616）、タイの天ぷらを食べたのが原因で、徳川家康の腹に腫瘍ができた。家康はみずからこれを寸白と診断（じつは胃癌を誤診したものといわれる）、さらに薬について造詣の深かった彼は、万病円という大毒の薬を服用することにした。これに強く反対したのが侍医の片山宗哲で、そんな薬を服用し続ければ、かならず害があると進言した。だが家康はこれを容れず、宗哲を信濃国に配流してしまった。おかげで自身は日に日に衰えていき、ついには落命したという。

《延寿撮要》（慶長4／1599刊）には、キジの肉とソバをいっしょに食べると真田虫が生じる、とある。腹の虫の発生と食べものとの関係に注目した点がおもしろい。

ちなみに、人間は真田虫に悩ませられたばかりではなかった。逆に人間がかれらを苦しめたこともある。1953年（昭和28）に目黒寄生虫館を創立した亀谷了氏が満鉄時代につとめていた研究所に、I君という青年がいた。この人は、ときどき寄生虫を食う性癖があったという。たとえばあるときは、真田虫の幼虫を火にあぶりコリコリと音を立てて食べてしまった。けっこういける味がしたそうだ（《寄生虫紳士録》）。

②蛔虫。文化6年（1809）、河内の医者、高玄竜

は《蟲鑑むしかがみ》を上梓，蛔虫など腹の虫の記述を行なっており，ここに多くが説明されている。

しかし，蛔虫については，喜多村直(槐園)が文政3年(1820)5月，日本初の蛔虫病の専門書《蚘志ゆうし》3巻を完成させたことが大きい。刊行こそ29年後の嘉永2年(1849)だったが，解剖によって蛔虫が腸内にいる事実は確認した。ただし感染経路についてはあきらかにできずじまいであった。

寺島良安も観察の結果として，蛔虫にふれている。それによれば，この虫はほとんどが5～6寸，形がミミズに似て色はうすい赤だと述べている。また，脾臓や胃が弱って体から蛔虫をくだした場合には，回復の見込みがないという(《和漢三才図会》)。蛔虫も日本には多く，亀谷了《寄生虫紳士録》によれば，12歳の男の子が，3か月足らずで5126条もの蛔虫を吐きだした例もあるという。

③蟯虫。蟯虫も，中国では古くから腹の虫の種類のうちにふくまれていた。蟯虫とは，大腸に生息して，疥癬や痔，虫歯といった諸病を発生させるきわめて小さい虫，と《巣元方病原》には説明されている。ほかの虫が活動しはじめると心や腹が痛み，上下の口からよくよだれや清水を吐くようになる。

* * *

〈虫が知らせる〉〈虫酸むしずがはしる〉〈腹の虫が鳴る〉などの言いまわしが暗示するように，日本には腹の虫にかかわる話が多い。なぜこれだけ腹の虫が多いかといえば，それは人糞を畑の肥料にしたからであった。日本農業に特徴的なこの方法は，古代の厠かわや，中古の桶筥(箱の中に排出する方法)，中世の東司とうす など川や砂で糞尿を処理する便所の方式を押しのけ，汲み取り式の便所をひろく普及させる原動力となった。だが，半面で腹の虫がまたたく間にひろまる危険をはらんでおり，野菜など換金作物が増加していく江戸末から明治，大正にかけ，寄生虫病はきわめて一般的な病気になった。明治期で2人に1人，第2次大戦直後ではほぼ全日本人が寄生虫の保持者であった。疾病史の立川昭三によれば，魚を生食する日本人が，野菜だけはかならず煮ることを忘れず，けっして生で食べなかった理由も，この腹の虫にあったという。

【虫くだし】 腹の虫をくだす方法について，古代西洋の一大権威アリストテレスは何も語っていない。しかし，イヌは腹の虫がわくとコムギを食べる，と《動物誌》にあることからみて，ギリシアでも何らかの虫くだし薬は使われていたはずである。

その証拠のひとつは，ギリシアの文献その他を参考にしているプリニウス《博物誌》に，真田虫を体から追いだすにはクルミをたくさん食べればよ

広節裂頭条虫症になやむ男。《新撰病草紙》(嘉永3/1851，刊本は1922/大正11)より。虫を箸に巻きつけて，しずかに引きだしている。当時これを疝気筋の病といい，腰からふぐりにかけて痛み，歩くこともできなかった。マスという魚を生で食べたところ，尻からこの妖しい虫があらわれたと本文にある。

い，との記述があることである。さらに古代ローマでは，クワの実の汁も真田虫やそのほかの腹の虫をくだす薬にされた。クワの木の皮を細かくつぶしたものでも同じ効果がみとめられていた。またキヅタ(ウコギ科の蔓性常緑低木)の実を腹に貼るのもよいといわれた。

アメリカの開拓民は，子どもに異常な食欲があるのに体重がさっぱり増えないとき，腸に蛔虫がいるのだと考えた。子どもが食べたものは，すべてその栄養源となり，ときには子どものほうが飢え死にしてしまう。これを治すには，ガラスの粉末を食べるとよいといわれた(《アメリカ民俗辞典》)。おそらく，消化不能のガラスを蛔虫に食わせて殺そうとの発想だったのだろう。

中国では，虫くだしの薬を服する場合，月初めの4～5日間の夜明けごろに飲むと薬が効きやすいといわれた。腹の虫が卵を産むサイクルなどと関係があるいい伝えかもしれない。

《酉陽雑俎》によれば，中国の華陽(いまの四川省華陽県)の雷平山にある田公泉の水を飲むと，腸の中の3虫を除くことができるという。

いっぽう《和漢三才図会》には，子どもが蛔虫を吐きだしたりくだしたりしたら，銭氏白朮散せんしびゃくじゅつさんにチョウジ，センダンの根の皮を加えて煎じて飲むとよいとある。

日本でも虫くだしについての記述はけっして少なくない。《今昔物語集》巻の28にその1例がある。ある女性の腹にいた真田虫が人間に生まれ変わり，長じて信濃守しなののかみに出世する。ところがある日，歓迎の席で当地の名産であるクルミをすりいれた酒をすすめられ，正体をあらわし消えてしまう。この虫はクルミを大の苦手とするからであった。古代ローマと同様，日本でも真田虫の治療薬としてクルミはひろく用いられていた。同じく巻の24

タマシキゴカイのなかま（左図・右）
Arenicola piscatorum lug worm
ヨーロッパではイソゴカイとならんで釣りの餌に
よく利用される虫．潮間帯の軟泥の中にすむ．
なお，左上は口器である．

ケハダウミケムシのなかま（同・左中央）
Euphrosine foliosa
ウミケムシに似た虫．しかし科レベルでちがい，
こちらはケハダウミケムシ科に属する．

ウミケムシのなかま（同・左下）
Hipponoa gaudichaudi
剛毛がよく発達し，ゴカイをふくむ遊在目の
なかまとしては特徴的な姿をしている [3]．

ウミケムシのなかま（右）
Chloeia capillata red-tipped fire worm
ウミケムシ科にふくまれ，たわしのような
剛毛があるのが特色 [3]．

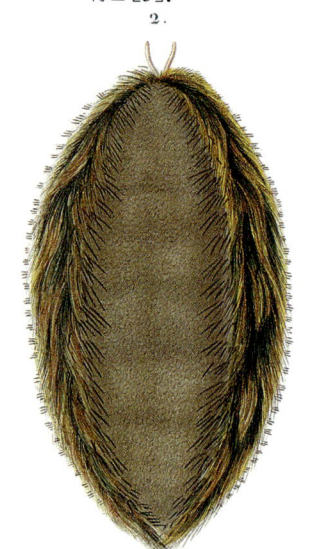

タンザクゴカイのなかま（上右） *Paleanotus aurifera*
これもウミケムシに似た虫．〈毛〉の生えかたがちがい，
短く切りそろえたような点に同定のポイントがある．

コガネウロコムシ（上左） *Aphrodita aculeata* sea mouse
ウミネズミともいう．体色は灰色で，目立つ形態をもつ
ゴカイと同じ遊在目のなかま [3]．

ゴカイ（右図・左）
Neanthes diversicolor
日本人が釣りの餌にする代表的な虫のひとつ．
汽水域にも生活している．この図のように，
環境により色を変える．栗本丹洲の記述に，
文化12年冬に豊前国小倉で捕えたとある．
とくに，赤色のゴカイは，同年小倉の
小笠原家におきた家臣騒動を予兆するもの，
との噂があったことも伝えている．

イトメ（同・右）
Tylorrhynchus heterochetus
japanese palolo
ゴカイ科の1種．〈日本のパロロ〉ともよばれ，
10月と11月の新月と満月の3〜4日後には，
この虫の体の前半部が切れて生殖群泳する
奇観がみられる．これを〈バチ〉とよぶ [5]．

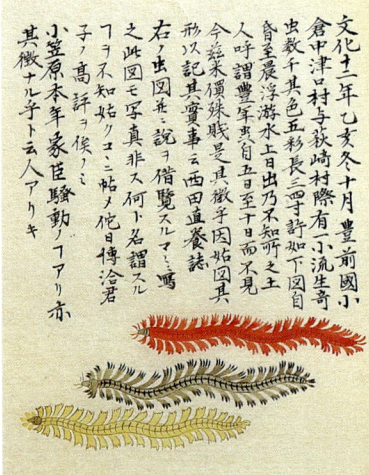

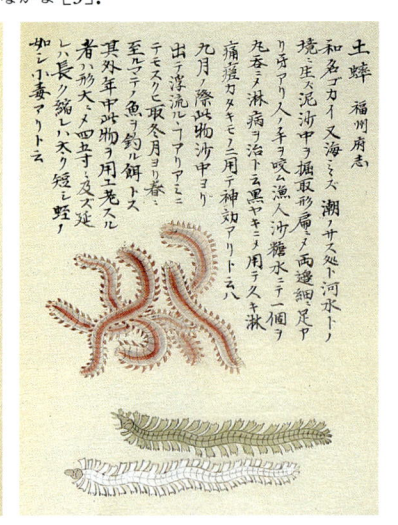

イソメのなかま(下)　*Eunice gigantea*
イソメ科の虫．いわゆる〈パロロ〉(本文参照)をふくむ
のがこの科である．本種は2mに近くにもたっする[3]．

ウロコムシのなかま(右と下)
Poliodonte affroditeo ?
アドリア海産のゴカイ．
種名が海の泡から生まれた女神
アフロディテにちなんでいる
点がおもしろい[46]．

サシバゴカイのなかま(左)　*Nereiphylla paretti*
サシバゴカイ科に属し，環節の両側に剛毛をもつ
いぼあしがよく発達している[3]．

ゴカイのなかま？(上)　*Nereide chermisina* ?
アドリア海にすむゴカイのなかま．おそらく現代では学名が
変更されていると思われる．銅版のカラープリントという，
珍しい技法でつくられた図版[46]．

サシバゴカイのなかま(下)
Phyllodoce sp.　leaf-bearing worm
名のように，差し歯を思わせるような〈ひれ〉がある．
この部分を英名では〈葉〉とよぶので，名は〈差し葉〉でもある
[10]．

ゴカイのなかま(fig. 1)　*Nereis gayi*　clam worm
ゴカイ類はその体をつねに波うたせ，穴の中に海水を
導きいれ，流れこんできた餌をとる．なお，この科の
虫の死骸にとまったハエは死ぬという．昆虫に作用する
毒性物質ネレイジンがあるためである．
シリスのなかま(fig. 2)　*Syllis stenura*
ゴカイ類にふくまれ，独立した科を形成する．
このなかまでは日本にカラクサシリスなどが分布し，
六放カイメンの胃腔内に共生する．
ゴカイのなかま(fig. 3)　*Lycastis quadraticeps*
ゴカイ科に属する虫で，汽水にすむ．C.ゲイ《チリ自然
社会誌》の図版はどれも精密で手がたい．
イソメのなかま(fig. 4)　*Eunice aenea*
いぼあしの短いゴカイといった感じのイソメ類は，
海のミミズにみえる．しかし，このいぼあしには
鰓がついており，ここで呼吸する[7]．

● 人体寄生虫——腹の虫　●環形動物——ゴカイ

にも，典薬寮(てんやくりょう)の名医が，50歳くらいの女性の体内から7～8尋(ひろ)(1尋＝両手を左右に広げた長さ)もあろうかという真田虫を取り出してやる話がみえる。それによるといったん取り出せば，あとはハトムギの煎汁に尻をひたすだけで虫を封じることができる。

また《重訂本草綱目啓蒙》をみると，魚のマスを丸ごと食べると真田虫をくだす，とある。

津村正恭《譚海》によると，真田虫を退治する方法として，同じ真田虫の黒焼きがいちばん効く。腹からくだったものを黒焼きにしてたくわえておけば，疝気の大妙薬になるとある。つまり毒をもって毒を制するわけだ。

明治初期に来日し，西欧の近代医学を紹介したE.vonベルツ(1849-1913)は，ツツガムシなど寄生虫研究も積極的に行なった。肺ジストマを初めて論文の話題にとりあげたのは，彼である。また学童に対し検便の実施を提案したのも彼であったといわれる。

1959年(昭和34)6月，日本の厚生省は，寄生虫病予防対策実施要綱をあらたに定め，全国の小学校で，定期的な集団検便などを行なった。とくに検査の対象とされたのは，蛔虫や鉤虫(こうちゅう)(十二指腸虫)である。その結果，1973年(昭和48)には，寄生虫卵をもつ子どもは全体の3.5％と，20年前の14分の1に減少した(《医制百年史》)。

ところが，腹の虫はかならずしも駆除すべきものではないとの説が，近年には出てきているからおもしろい。真田虫などが寄生すると，体重がみるまに減っていくことはよく知られているが，肥満をきらう現代では，これを痩身法に応用する動きがあるのだ。かつて作家の筒井康隆は，《メンズマガジン一九七七》という小説に，真田虫を肛門から排出するヌードモデルを登場させたうえ，モデルは生野菜をよく食べるので腹の虫が多い，という〈つくり話〉を書いた。ところが事実は小説よりも奇なり。あとで元ミス・ユニバース日本代表と直接会う機会にめぐまれた筒井は，衝撃的な話を聞かされる。彼女いわく，モデルには寄生虫が多いどころか，虫を歓迎する風潮すらあるという。虫がわけば，栄養失調になってよく痩せられるからだそうだ(《私説博物誌》)。事実，寄生虫痩身法はさまざまな形で試行されているらしい。

【蠱毒(こどく)】　腹の虫を用いて人に仇をなすことをふくめ，一般に虫を利用する呪殺(じゅさつ)にからめた中国の毒虫学について詳述しておく。中国では，人を呪詛する方法を，一般に巫蠱(ふこ)とか媚蠱(びこ)とよんだ。このうち虫を用いるのが，いわゆる蠱である。したがって，蠱とよばれるのは，虫を使ったまじないである。この字は皿にはいった虫の姿を示す。古く，あらゆる種類の毒虫を皿(器)に入れてたがいに食いあわせ，生き残ったものをまじないに使ったことから出た。

ただし《春秋左氏伝》昭公元年のくだりをみると，蠱という字は，皿に盛った食物が腐って虫がわく意味だとされている。また長いこと積んでおいた穀物から羽虫が生ずるのも蠱という，とある。

また毒虫を土の中に埋めて人を呪うことを〈埋蠱(まいこ)〉という。これには，イヌなどを犠牲として地下に埋める〈伏瘞(ふくえい)〉という方法で防ぐ。蠱が風に運ばれて，城邑や地域を侵すことを〈風蠱(ふうこ)〉という。これを防ぐには，城門にイヌの皮を張り，儺(な)とよばれる追儺(ついな)の儀式を行なう(白川静《中国古代の民俗》)。

日本ではふつう蠱を〈まじもの〉とよぶ。和名にあるマジモノは，一説に〈くまじえもの〉を示すといわれる。毒をまじえて相手を害することから。またマジは〈毒(マシ)〉のことだともいう。さらに《大言海》では，交物(まじもの)の意か，とされている。

中国の漢代には，前述した媚蠱のまじないが流行，あげく前漢の第7代皇帝の武帝の末年には，巫蠱(ふこ)の乱とよばれる騒ぎがおきた。これらの蠱毒を利用した事件もふくまれていたであろう。蠱術は大きな流行をみせ，日本にも伝わっている。なお李時珍は，中国南方で使われた蠱の種類として，蜥蜴蠱(せきえきこ)，蜣蜋蠱(きょうろうこ)，馬蝗蠱(ばこうこ)(ウマビルなど大型ヒルの蠱)，金蠶(蚕)蠱(きんさんこ)，草蠱(そうこ)，挑生蠱(ちょうせいこ)(魚肉の蠱)といったものをあげている。

蠱毒を治すには，毒に使われた虫の正体を知らなくてはならない。《巣元方病原》には，症状による虫の見分けかたが書いてある。すなわち顔色が青黄色になったらヘビ毒，腹が熱く，顔色が赤黄色になり，体が痛むようだったらトカゲ毒，腰と背がわずかに張り，舌の上に瘡ができ，顔色が白あるいは青に変じ，腹もいっぱいにふくれあがり，ヒキガエルのような姿になったらヒキガエルの毒。そして顔色が青くなり，吐きだした毒の成分が蜣蜋に似ていたら，タマオシコガネ類(蜣蜋)の毒だという。

中国では，蠱毒にあたった場合，また別の毒虫を灰にして少量を服すれば，たちまち治るとされた。たとえば蛇蠱ならムカデ，蜈蚣蠱(ごしょうこ)ならヒキガエル，蝦蟇蠱(がまこ)ならヘビを薬として服用する。つまり蠱毒に使われた虫の敵を用いるのである。

なお〈蠱惑(こわく)〉という句は，蠱術にからみ，女性が色香によって男を惑わそうとすることをいう。

【三尸九虫(さんしきゅうちゅう)】　中国道教の概念から出た内部寄生虫の説に，この三尸九虫論がある。細かくは

三尸と九虫の2グループに分けられる。どれも人間の体の中にすんで，人に大害を与える存在とされた。体内寄生虫の害を魔術的イメージに転化させたものであろう。

三尸は体にひそむ部位によって，それぞれ上尸，中尸，下尸とよばれる。《酉陽雑俎》によると，上尸は青い老人で人の眼を害する。中尸は白い姫で五臓を害する。下尸は血まみれの屍で胃命を害するという。また別に，上尸は，雑念を多く出させ，車馬を好ませる。人の頭にいて，色は黒。中尸は腹にいて人を飲み食いにふけらせ，怒りっぽくさせる。色は青。下尸は足にいて人をして色欲や殺人を好ませるという説もあった。また三彭(さんほう)ともいう。その場合，上尸を彭倨(ほうきょ)，中尸を彭質(ほうしつ)，下尸を彭矯(ほうきょう)と称する。

葛洪《神仙伝》をみると，三尸について神人が劉根(りゅうこん)(前漢末の人といわれる)に教えを垂れる場面が出てくる。それによると，人の体にひそむ三尸は，毎月朔日(ついたち)，15日，晦日(みそか)になると天上にのぼり，人間の罪過を報告する。その人の長生きをさまたげるためである。三尸は，人が死ねば虫自体が幽霊となり，死者をまつる供えものにありつけるので，人間の死を願うのだという。ただし劉根は，三尸をはらう薬方が記された《神方五篇》を授けられたので，仙人になれたとか。南方熊楠によると，これは三尸という語が使われた最初の例だろうという。

遅れて成立した同じ葛洪の《抱朴子》にも，三尸という虫は霊魂・鬼神の類で，庚申の日になると，天にのぼって人の罪過を報告する，とある。

中国では，庚申の日，一日中寝ないでいれば三尸は退治できるといわれ，唐代にはこの風習がひろく定着していた。これについて，《酉陽雑俎》には，庚申待を7回行なうと三尸は滅び，3回行なうと降伏する，とある。

なお《巣元方病原》を撰した隋の巣元方(そうげんぽう)は，九虫とは別に，腹の虫として〈尸虫〉をあげている。それによると，形はイヌやウマの尾，または薄い筋のようで，脾臓に寄生し，長さは約3寸，頭と尾があるという。たしかに三尸の形は，子どもやウマ，あるいは鳥に似ているという俗説もあった。

道教の思想によると，道士は何よりもまず体から三尸をはらわなければならない。これには三尸の発生源とされる穀物を絶つ必要がある。この食餌法を〈辟穀(へきこく)〉とか〈休糧〉という。ただし三尸を滅ぼすにはこれでも十分ではなく，さらに酒と肉とにおいの強い植物を絶ち，そのうえで丸薬を飲まなければならない(アンリ・マスペロ《道教》)。

【ことわざ・成句】 〈獅子身中の虫〉味方の中の敵や内部から発する災いをたとえた言葉。寄生虫は獅子に養ってもらっているくせに獅子に害をおよぼすことから。もとは仏書の〈梵網経〉に出てくる言葉で，仏徒なのに仏法に害をなす人間を指した。ちなみに實吉達郎《動物故事物語》によると，秀吉の死後，加藤，黒田らの豊臣七将は，秀吉の信厚かった石田三成を憎み〈獅子身中の虫〉とよんだ。

〈腹の虫がおさまらない〉いつまでも怒りが消えないことのたとえ。腹の虫が暴れ，不快感が続くことから転じたものとされる。

〈虫が知らせる〉腹の虫が宿主に特別な信号を出すと考えられ，これが一種の予兆と受けとられた。おそらく中国で生まれた蠱術，とりわけ腹中で人声を発する〈腹中虫〉から転じた俗信であろう。

〈虫のいどころが悪い〉機嫌が悪いことのたとえ。これも腹の虫に関係し，短気や不快感を引きおこす原因を腹中の寄生虫としたことによる。

ゴカイ

環形動物門多毛綱遊在目ゴカイ科 Nereidae に属する環形動物の総称，またはその1種。

[和]ゴカイ〈沙蚕〉 [中]沙蚕，蛤虫，禾虫 [ラ]Nereis 属，Neanthes 属(ゴカイ) [英]sea centipede, clamworm, sandworm [仏]néréide, scolopendre de mer, ver des pêcheurs [独]Nereide, Meerscolopend, marine Borstenwurm [蘭]zeeduizendpoot [露]нeречдa

➔p.20-21

【名の由来】 ネレイスは海神ネレウスの娘たち(ネレイデス)に由来する。ネアンテスはギリシア語で〈若い芽 neanthēs〉の意味。

英名シー・センティペードと蘭名は〈海のムカデ〉の意。クラム・ワームは〈二枚貝 clam〉と〈虫〉を合わせたもの。サンド・ワームは〈砂地にすむ虫〉の意味。仏名スコロペンドル・ドゥ・メールは〈海のムカデ〉，ヴェル・ドゥ・ペシュールは〈漁師の虫〉。独名マリーネ・ボルステンヴルムは〈海のブラシの虫〉をあらわす。

中国名沙蚕は〈砂地のミミズ〉という意味。蚕は元来ミミズを示す文字だった。また禾虫(かちゅう)は，ゴカイのなかまでイトメとよばれる種を示す名。

和名は〈小飼(こがい)〉に由来するという。釣餌に使われたため(《大言海》)。なおイトメは日本でカワビール(備前)，ウミコ(常陸)といった異名をもつ。

【博物誌】 海産の環形動物だが，そのイメージは多毛綱という学術名に端的に表現されている。すなわち，体の左右にムカデのあしを思わせる2列の〈毛〉をもったミミズである。この〈毛〉はいぼあしとよばれ，実際にあしの役割も果たす。生殖期

ケヤリのなかま(右)
Sabellidae
feather-duster worm
ケヤリはカンザシゴカイによく似て，美しいはねのような鰓冠を出す．しかし小さな盃形をした殻蓋は欠いている[10].

24

ツバサゴカイのなかま(左)
Chaetopterus pergamentaceus
ゴカイのなかまはイソメのような遊在目と、ケヤリのような定在目にわかれるが、本種は定在目にふくまれる [3].

ラセンケヤリ(右)
Sabella unispira
ケヤリ科にふくまれる虫だが、日本ではみかけない。みごとな一重の螺旋をつくる [3].

ケヤリのなかま
Sabellidae
feather-duster worm
イギリス沿岸に分布するケヤリ。日本のケヤリによく似ているが、開きかたが多少ちがう [42].

● 環形動物──ゴカイ／イソメ／ケヤリムシ／カンザシゴカイ

にはこの〈毛〉が変化して海中を泳げるようになり、こうなったものを日本では〈バチ〉とよぶ。

ゴカイは西洋でも古くから知られ、アリストテレス《動物誌》には、〈海のムカデ〉の名で登場する。体形がムカデを思わせることによる。また釣針を体に刺されると、腹側を反りかえらせて針先を外へ出すという。さらに焼肉のような脂っこいにおいに引かれる、といった習性も述べられている。

プリニウス《博物誌》もまた、ゴカイについておもしろい習性を記している。この虫は釣針を呑みこんでしまったとき、それが外へ出てくるまで腹にあるものを吐きだしていき、針がとれたあとに、出した食物をもういちど吸いこむ。しかし、ゴカイがなぜ釣針にかかるかという点にも注意を要する。地中海域の古代人は何らかの必要のため、ゴカイを採集していたのではなかろうか。あるいは釣りの餌用であったかもしれない。

中世ヨーロッパでは、ゴカイは脱毛剤として推賞され、しばしば高価に取り引きされた。また薬効イメージを高める必要からか、ゴカイは深海にすむ虫で容易に入手できないとの噂がながれた。

そのため、16世紀になっても、近代博物学を築きあげたコンラート・ゲスナーですら、この虫を深海の生物と考えていた。しかし昆虫に関する大著をまとめたトマス・ムーフェットは、1578年、カキのすむ浅場の洞穴で2種のゴカイを見つけた。この体験から彼は、ゴカイ類はコンラート・ゲスナーが思い描いたような深海の生物ではなく、カキの生息するような濁ってよどんだ浅い砂底の海域に潜む生きものだとした（《昆虫の劇場》）。

中国では、〈禾虫〉といって水中にすむ細長い虫を、網で捕えて食用とした。秋になると、潮にのって田んぼの水面に浮かびあがってくるので、そこを狙い採集する。カイコのような甘い味がしたそうだ。天保年間(1830-44)に成立した作者不明の《釣書ふきよせ》では、これをゴカイの一種と述べているが、ただし水面に浮かぶ習性はないはずだ、と注釈している。じつは禾虫というのは、ゴカイ科の1種イトメ *Tylorrhynchus heterochetus* の中国名であった。この虫は、生殖時に雌雄とも体の前方3分の1がちぎれ、眼が大きくなり、いぼあしも幅広くなって、水面に浮上する。そして群泳しながら、産卵、受精を行なう習性をもつ。なお中国ではまた、疣紋沙蚕ともよんでいた。フィジー諸島の奇観〈パロロ浮上〉によく似た光景（〔イソメ〕の項参照）が、中国でも見られたのである。ただしパロロのほうは体の後半がちぎれて浮上することで、体の前半部が変化するイトメと相違する。

すでに述べたとおり、東京・隅田川の漁民もまた遊泳するイトメの群れをバチとよび、これを捕るのに、小舟を出して網などで集め、釣りの餌や肥料に用いた。

また駿河の田子のあたりの水田には、シオムシとよばれるゴカイの一種がことに多く、農民は毎年駆除につとめたという（《釣書ふきよせ》）。このシオムシなる虫は、稲の害虫の駆除法を幅広く論じた大蔵永常《除蝗録》にも登場する。習性からみて、たぶんイトメだったのだろう。

近世ではゴカイ類は魚釣りの餌としてさかんに使われた。たとえば天保4年(1833)に成った《東都釣案内図》（作者不明）をみると、ハゼやセイゴ、ボラなどの釣餌にゴカイが推賞されている。これらの虫は河口近くの海岸に多く、小さい穴を穿ってひそんでいる。このゴカイを、潮が引いたときに、特別な器具を使って掘り取った。また、〈はさみ〉あるいは〈つかみ〉とよばれる道具は、舟に乗って水底のゴカイを捕るために開発された柄の長い熊手状の採集具である。こうして捕ったゴカイを生簀船に入れ、毎日早朝、生簀内の川水を取りかえて生かし続けたという（城東魚父《魚獵手引》）。

なお、知床地方のアイヌは、ゴカイの1種をフレチ（赤い陰茎の意）とよび、乾かして腎臓の薬にした（更科源蔵・更科光《コタン生物記》）。

北海道ではアイヌの食風俗にかかわってか、ゴカイ類を食べる習慣があった。1878年(明治11)7月、北海道の小樽を訪れたエドワード・モースは、晩飯に供されたカンムリゴカイ類の1種サベラリア・アルベオラタを生で食べてみた。すると意外や、干潮時の海藻の香りにそっくりで、おいしい。そのため大皿1杯分をたいらげてしまったという（《日本その日その日》）。ただし、ゴカイといってもこれは定在目にふくまれ、ケヤリムシやカンザシゴカイに近いなかまである。

イソメ

環形動物門多毛綱遊在目イソメ科Eunicidaeに属する環形動物の総称。
［和］イソメ〈磯目〉　［中］矶砂蚕　［ラ］*Eunice*属（イソメ）、*Palola*属（太平洋パロロ）、その他　［英］palolo worm, mbalolo　［仏］eunice　［独］Zangenwurm　［蘭］paloloworm　［露］палóло　⇒p.21

【名の由来】　エウニケはやはり海神の娘ネレイデスの名のひとつから。パロロは、ポリネシア諸島におけるこの虫の1種の名から。独名は、〈ペンチ状の虫〉の意味。

和名イソメは〈磯にすむミミズ〉の意。

【博物誌】 ゴカイにきわめて近い環形動物。古くはゴカイと同一視されていたにちがいないが、オニイソメなど全長1mにたっする大型種も含む。

イソメ類でもっとも有名なのは、フィジー諸島で毎年10月と11月の満月から8日めあるいは9日めに見られる〈パロロ浮上〉の光景である。

鈴木経勲《南洋探検実記》によれば、フィジー島では毎年1回、11月15日になると、〈バロロビリテス〉という海生の奇虫が海の表面に一群となって浮かび上がる。現地人はこぞって船を駆って海に出て、この虫を捕獲する。それらを塩漬にして蓄え、祝典用の料理とするという。これはイソメ科の1種パロロ *Palola siciliensis* である。正確にいえば、毎年2回、早朝に体の後半部が切り離され泳ぎだしたパロロが、水中で生殖を行なうときの奇観である。ちなみに、これを食べた経勲は、淡白で塩味と磯の香りを合わせもったその味はナマコのようで、酒の肴などにすれば絶好の珍味であろう、と報告している。なお、この切り離された部分のみをパロロとよぶこともある。

日本でも日本パロロ（英名 Japanese palolo）の遊泳が見られるが、こちらはイトメ *Tylorrhynchus heterochetus* の生殖時浮上であり、イソメのなかまではなくゴカイ科 Nereidae に属する生物の活動である。

ケヤリムシ

環形動物門多毛綱定在目ケヤリ科 Sabellidae に属する環形動物の総称、またはその1種。
[和]ケヤリムシ〈毛槍虫〉, ケヤリ〈毛槍〉 [中]羽蚕 [ラ] *Sabella* 属（クジャクケヤリ）, *Sabellastarte* 属（ケヤリムシ） [英]plumed worm, feather-duster worm, fan worm, tube worm [仏]sabelle [独]Federwurm, Fächerwurm [蘭]slijkkokerworm [露]сабеллида ➡p. 24-25

【名の由来】 サベラはラテン語の〈砂 sabulum〉から。サベラスタルテは〈砂〉と〈アスタルテ（フェニキアの女神）Astarte〉の合成語。

英名はそれぞれ〈羽毛で飾られた虫〉,〈羽ぼうき状の虫〉,〈扇の虫〉,〈円筒状の虫〉の意。環状にひろがった鰓冠を扇や羽毛にみたてたり、その棲管を示したもの。独名もほぼ同様。蘭名は〈汚物袋の虫〉の意。

和名ケヤリないしケヤリムシは、大名行列のときに使った毛槍にちなむ。環状にひろがった鰓冠が毛槍の形に似ているため。

【博物誌】 ゴカイ類と同じ環形動物のなかまである。ふつうのゴカイは砂底に穴を掘って暮らすのに、ケヤリムシは粘液を分泌して海中の泥や砂をセメント状に固め、できあがった棲管の中にすむ。まるでふさ玉のような鰓冠を大きくひろげ、呼吸と餌の採集を行なう。そのため、ケヤリムシはミミズのような本体がつねに隠され、イソギンチャクの触手に似た鰓冠をひらく、花のように可憐な虫と思われている。しかしこのふさ玉は、危険を察知するとすばやく管の中に引っこむ。人がそばに近づいただけで鰓冠が引っこんでしまうのは、とくに太い神経のためである。餌はプランクトンなどを鰓冠にからめてとる。大部分が海洋性だが、淡水産の種もいくつか存在する。きわめて美しく、海中の花のようにみえるので、水族館に飼われる。ところが状態の悪い水槽で飼うと、ケヤリムシは苦しまぎれに鰓冠を自分で切りおとしたり、棲管から出てしまったりする。ただしオオナガレハナゴカイなどをのぞけば、ケヤリムシの鰓冠は再生する。棲管から出たケヤリムシは、はじめてゴカイの一種を明示するミミズ状の本体を見せる。

カンザシゴカイ

環形動物門多毛綱定在目カンザシゴカイ科 Serpulidae に属する環形動物の総称。
[和]カンザシゴカイ〈簪沙蚕〉 [中]龍介虫 [ラ]*Serpula* 属（ヒトエカンザシ）, *Spirobranchus* 属（イバラカンザシ） [英]serpulid worm, serpula, tubeworm [仏]serpule, tuyau de mer [独]Röhrenwurm, Wurmröhren [蘭]spiraalkokerworm, driehoekworm, kalkkokerworm [露]серпула ➡p. 28-29

【名の由来】 セルプラはラテン語で〈小型のヘビ〉の意。スピロブランクスはギリシア語で〈螺旋 spira〉と〈鰓 branchion〉の合成語。

英・仏・独名のほとんども〈海の管〉〈管状の虫〉の意味である。また英名ではケヤリムシ同様、フェザー・ダスター・ワームを使うこともある。

和名カンザシゴカイは、〈かんざしをつけたゴカイ〉の意。頭のてっぺんにある殻ぶたを、かんざしにたとえたもの。

【博物誌】 岩やサンゴ、貝などに固着させた棲管中にすむゴカイ類で、はねのような触手をもつ。イバラカンザシのなかまは、この触手が白、青、赤など色とりどりで美しい。ケヤリムシとの大きなちがいは、鰓糸の1本に殻ぶたがついている点で、危険が迫るとこれで管をふさいで身を守る。また鰓をひらいた形が、ケヤリムシでは球かすり鉢のようであるのに対し、カンザシゴカイはふたつの三角錐をとなりあわせたようにみえる。また泥や砂を粘液で固めて華のようにやわらかな管をつくるケヤリムシ類に対し、カンザシゴカイ類は

カンザシゴカイのなかま(左)　Serpulidae　serpulid worm
キュヴィエ《動物界》に載せられた美麗な図。カンザシゴカイ類はケヤリ類と似ているが，丸い小さな傘を思わせる漏斗状の殻蓋をもつ。むろん定在目にふくまれる。fig.1はヒトエカンザシ *Serpula vermicularis*，fig.2はヤッコカンザシの1種 *Pomatoceros* sp.，fig.3はウズマキゴカイのなかま *Spirorbis* sp.，fig.4, 5の属名はわからない [3]。

イバラカンザシ(上)
Spirobranchus giganteus　japanese tube worm
日本の暖海に多い。鰓冠は螺旋状にひらく日傘のようで美しく，しかも2葉ある。このため，ふたつの傘を立てかけたようにみえる [15]。

イバラカンザシ(下)　*Spirobranchus giganteus*
お花畑のようなイバラカンザシの群棲。原著者の文章によると，地元民は春の大潮どきに〈海中の花〉を見物するのだという [15]。

A   **C**   **B**

ウズマキゴカイのなかま（上と右）
Spirorbis antarctica
定在目ウズマキゴカイ科の1種．
小さく愛らしい姿を，
フランス19世紀の博物絵師
プレートルが再現させた傑作
[*45*]．

カンザシゴカイの棲管？（下）
Serpula sp.? serpulid worm
高木春山《本草図説》より．
カンザシゴカイのなかまが
つくった棲管の群れであろう．
石灰質で螺旋形をした管の
実感を伝える［*15*］．

ウミイサゴムシのなかま（下の5つ）
Pectinaria guildingii
ice-cream cone worm
英名のアイスクリーム・コーン・
ワームがこの虫の姿を彷彿させる．
E．ドノヴァンの《博物宝典》より．
図の彩色がややもすると実物以上に
鮮やかと評されるが，みごとな
仕上がりになっている［*24*］．

29

● 環形動物——カンザシゴカイ／ミミズ

石灰質のかたい管をつくるというちがいもある。なお，カンザシゴカイ類はケヤリのなかまとちがい，悪い環境だからといって鰓冠を自切したり，管から出たりすると，確実に死んでしまう。石灰質の管をすぐには再生できないためであろう。

江戸時代にイバラカンザシの群落を観察した珍しい記録がある。高木春山の《本草図説》にある〈花瀬はせの花〉なる記事である。以下，要約しつつ内容を紹介する。

薩州鹿児島の西30里にある薩摩富士。そのふもとはすぐ海になっており，日のあたる部分は2里ばかりの州をなす。これを花瀬という。この州は，潮が引くと，岩場に潮だまりがたくさんできあがる。海水はあくまでも澄みきっている。この海中に花が咲いている。春3月，地上の花が満開になるとき，海中の花も満開となる。この海中花を見ようとすれば，そっと足音を忍ばせ，声を出さぬようにして近づく必要がある。静かにしていれば花が開く。花は五弁で，大きさは銭ぐらい。色は深紅，淡黄，青白，紺碧。斑紋は，さながら石竹花が水底の石から生えでているような感じに見える。もし声を発すると，花はたちまち縮んで消えてしまう。余（春山）は下僕に命じて花の引っこんだ岩の部分を割って拾いあげさせた。アワビの穴に似た穴が点々とある。どうやら貝の肉をその穴から吹きだして花としているようである。別に怪しいものではなかった。案内人の話によると，花の咲く水中を乱せば嵐がくるそうだ。ところで花瀬は何もかもが五色で，あたりを泳ぎまわる魚まで五色であるそうな。漁夫に見せてもらうと，鮒ふなのごとき大小の魚がいる。丸いのやら長いのやら，いろいろで，色も深紅，青白といったぐあいであった。下僕が捕えようとしたが，だめであった。案内人は怖がり，天変地異が来るからそのようなことはしないでくれ，と嘆願した。おかげで一尾なりと魚を捕ってその泳ぎざまを観察する目的を遂げられなかった……。

すみからすみまで，イバラカンザシの生物学的特徴を言いあてた名文章である。開聞岳の下にある花瀬は，現在もなお同じ地名で人びとに知られているという。イバラカンザシを海中花にたとえた想像力は，博物学の本質が文学的でもある事実を示す傑作であろう。

ミミズ

環形動物門貧毛綱 Oligochaeta に属する環形動物の総称．［和］ミミズ〈蚯蚓〉　［中］蚯蚓，土龍，地龍子，歌女　［ラ］Tubificidae（イトミミズ科），Branchiobdellidae（ヒルミミズ科），Moniligastridae（ジュズイミミズ科），Lumbricidae（ツリミミズ科），Megascolecidae（フトミミズ科）　［英］earthworm　［仏］ver de terre, oligochète　［独］Regenwurm, Wenigborster　［蘭］regenworm　［露］дождевой червь　→p.32

【名の由来】　オリゴカエタはギリシア語で〈少ないoligo 毛chaitē〉の意味．トゥビフィキダエはラテン語で〈管状の tubus〉ものを〈つくる ficus〉の意味．ブランキオブデリダエはギリシア語で〈鰓 branchion〉と〈〜の顔をした obdy〉の合成．モニリガストリダエはラテン語で〈ネックレス monile〉と〈腹 gastros〉の合成で〈ネックレス状の腹をした〉の意．ルンブリキダエはラテン語で〈腹の虫，ミミズ〉の意．メガスコレキダエはギリシア語で〈大きな mega 虫 skorex〉の意味．

英・仏名も〈土にすむ虫〉，独名は〈雨の虫〉〈毛の少ないもの〉の意味．蘭・露名も〈雨の虫〉の意味である．

中国名は丘をつくる虫の意．ミミズは前進するさい，まず体を引いて（縮め）次にのばす．その通ったあとは丘のように土が盛りあがる．ここより名がついた．同じく中国名の土龍，地龍子はともに土の中にすむ龍，の意味．歌女は［博物誌］を参照．

和名は〈メミエズ〉，すなわち眼がないことに由来するという．

【博物誌】　ミミズは陸にあがってきたゴカイである．海産のゴカイが淡水域にはいりこんで，まず〈いぼ足〉をなくし，多毛類から貧毛類になった．この時点で，ミミズは〈はだかのゴカイ〉になったともいえる．その証拠に，陸にいるミミズが大雨のあとなどに道ばたで大量に死んでいることがある．これは，浸水した穴を出て，別の穴をあけようとするあいだに太陽の紫外線にやられて死んだものといわれる．ミミズはそれほど無防備の動物といえるだろう．

ミミズ類は大別して，淡水のミミズ，陸のミミズ，海のミミズに分けられる．淡水のミミズは陸のものより小さく，原始的である．一方，海のミミズは陸のものよりも進化しているので，陸のそれがふたたび海に進出したものと考えられる．

ミミズは古くから人間と深いかかわりをもってきた．狩漁民には魚釣りの餌として使われ，牧畜・農耕民には土壌を改良する有益な虫として活用された．したがって西洋，東洋ともに，古代よりの知見がゆたかに伝えられてきた．

アリストテレスはミミズを〈大地のはらわた〉とよんだ．この生物が泥や湿地などの腐敗物から自然発生すると一般に信じられていたためらしい．

彼の《動物誌》によれば，ミミズからウナギが生じるとの説もみえる。そして〈すでにこれら「ミミズ」からウナギが出てくるところも観察されているし，ミミズを切りきざんだり，切り開いたりすると，ウナギがはっきり見えるのである〉，と述べている。

アリストテレス説を継承したアラビアにおいても，12世紀の散文家ニザーミー・アルーズィーは《四つの講話》で，ミミズは〈泥喰い虫〉とよばれる不完全で最低の動物である，と記述した。泥中の生きものという認識がかなりひろく普及していたらしい。

16世紀ヨーロッパでもミミズについての観察はそれほど進歩していない。この時代の代表的な著述家であるトマス・ムーフェットの《昆虫の劇場》，およびエドワード・トプセルの《爬虫類の歴史》は，ともに，ミミズに1章を割いているが，〈大ミミズ〉と〈小ミミズ〉の2種に分けて記載しており，アリストテレスの説にあった〈ミミズの体内にいるウナギ〉を〈小ミミズ〉としていかした。またトプセルは，ミミズに眼がなく，視力を欠いていることにもふれている。アリストテレスの見解であると同時に，日本での見方(たとえば，ミミズの名がメミエズ(眼見えず)に由来するとする説)にも対応している点がおもしろい。

ヨーロッパ人は古くから釣りの餌としてミミズをおおいに活用した。トプセル《爬虫類の歴史》には，釣りの餌用ミミズの捕獲法が紹介されている。土に穴を掘り，地面を踏みならしたり，麻の種子や葉をひたした水などを土中に注ぎこめば，ミミズは速やかに出てくる，とする。

またトプセルが述べるところによれば，インド人はミミズを材料にいろいろな甘味食品をつくり，珍味として楽しむという。西インド諸島の住民が，ミミズを生でむさぼり食う，という旅行家の報告も紹介されている。

ミミズを食べる件について特筆すべきは，熱帯生物を研究した畑井新喜司が紹介した，ニュージーランドのマオリ族がもつ習俗であろう。この民族は8種のミミズを食べるという。腸内から土を除いたミミズをなまあたたかい水にひたし，体のほとんどが溶けたら，別に煮ておいた野菜を混ぜて食卓に出す。とくにクレクレkure-kure，フィチwhitiという2種のミミズは美味で，食べたあとは2日ほど味が口の周辺に残る。この2種は酋長用に保護されているという。またほかの6種も，死に瀕した病人の最後の食事に供するならわしがある(畑井新喜司《みみず》)。

しかし，これらミミズを直接食べなくとも，われわれは間接的にミミズを食べているともいえる。ミミズが土壌に通気・通水性を与え，同時にその排泄物によって栄養分を補給することは古くから知られていた。そのメカニズムを科学的に追究したのは，進化論の提唱者チャールズ・ダーウィンだった。

ダーウィンは晩年，ミミズの研究を行ない，死の前年に《ミミズと土壌の形成》(1881)を刊行している。彼はそのなかでミミズの糞が腐植土を形成し，植物の生長に大きく貢献している点を論じたほか，ミミズが意外に発達した知能のもち主であることを指摘した。五感がさして発達していない下等動物とはいえ，穴をふさぐときの方法を見ると，この虫にはある程度の知能がうかがわれる，と主張したのである。

ダーウィンの計算によれば，ミミズが適度にすみついている畑40アールに対し，ミミズが出す糞の量は年間20～40トンになる。これを地面に平たくならすと，10年間で4～5cmの厚さになる。この糞はカルシウム分に富み，弱アルカリ性の良質の土となる。

これにより，ミミズと土壌改良の問題は生物学的な研究テーマとなった。日本では東北大教授畑井新喜司がこのテーマを扱った。彼は一般向け読みものとして唯一の著作ともいえる《みみず》を執筆し，この虫の有用性を世に喧伝した。ダーウィンの仕事なども刺激になったのだろうが，名著として復刻もされている。

現在，日本では，産業廃棄物処理用やクルマエビの飼料用に，ミミズの養殖が行なわれている。しかしミミズ養殖の本場はアメリカで，すでに1950年代から開拓されていた。1970年代には当時のアメリカ大統領ジミー・カーターの甥にあたるヒュー・カーターが，全米一のミミズ業者であった。大統領の〈ピーナッツ園の肥料〉は，すべてヒューによって供給されていたという(斉藤勝《ミミズ養殖読本》)。

なお，アメリカ，フロリダ州のカリーヴィルでは毎年9月，〈国際ミミズだましコンテスト International Worm-Fiddling Contest〉という大会が催される。地面に打ちこんだ木の釘の先を金棒で引っかくと，驚いたミミズが地上に出てくる。そのさい，いちばん耳ざわりな音を出した人が優勝となるのだという。さらに出てきたミミズを餌に，釣り大会が開かれる(清水克祐《アメリカ州別文化事典》)。農耕と狩猟の双方にまたがるミミズの有益性を祝祭化した，まことにおもしろい習俗といえよう。

台湾にはミミズにかかわる創世神話がある。現

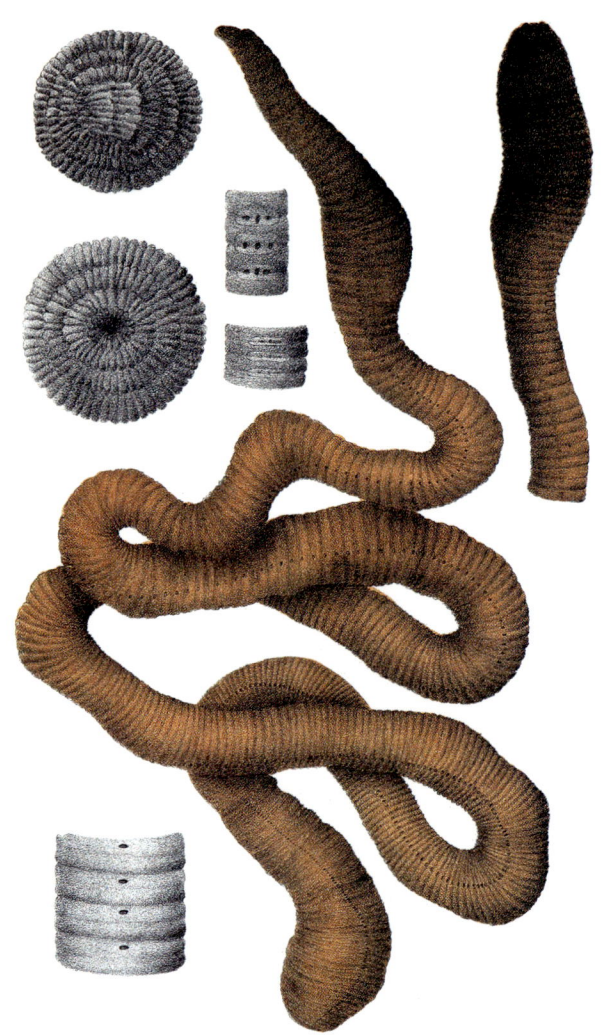

オオフトミミズ*（左） *Megascolides australis*
フトミミズ科にふくまれる大型の属。インドからオーストラリアに分布するが、本種はオーストラリアから記録されている。このなかまは長さ2.2〜3.6mにたっし、世界最大のミミズとしてギネスブックに記録される。ちなみに本種は刺激を受けると、背孔から液を10cmぐらいまで飛ばすことができる [34]。

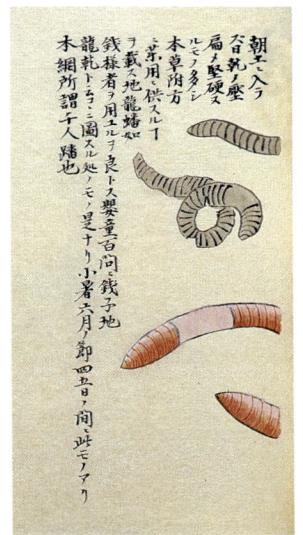

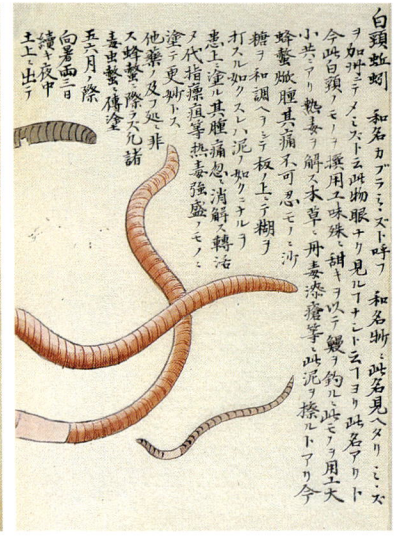

クソミミズ？（上図・上） *Pheretima hupeiensis* ?
黒褐色であり、体をのばさずによじるという特徴から、クソミミズと思われる。

フトミミズのなかま？（同・中） *Pheretima* sp. ?
これも決め手がないが、おそらくフトミミズ科の1種であろう。

フトミミズのなかま？（同・下） *Pheretima* sp. ?
本図を収めた栗本丹洲《千蟲譜》にはカブラミミズの名がつけられている。あるいは上の大型のものと同一種かもしれない [5]。

ツリミミズのなかま？（下左） *Lumbricus complanatus* ?
現在の学名がどうなっているかわからないが、ツリミミズ科にはふくまれるようだ。このなかまはヨーロッパに多く分布する [3]。

ツリミミズのなかま？（下右） *Lumbricus valdiviensis* ?
この学名も現在は用いられていないらしい。どの種のシノニム（同種異名）か、調査したが不明瞭であった。しかしおもしろいのは、日本人がミミズを横に描くのに、西洋人はこれを縦に描く。〈這う〉ということのイメージの差だろうか、注目すべきだ [7]。

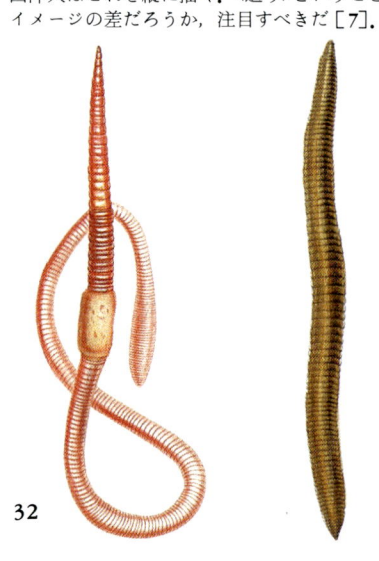

ヒルのなかま（右）
Euhirudinea
原記載によれば
1. Haemocharis agilis,
2. Albione maricata,
3. Branchellion torpedinis,
4. Clepsina hyalina,
5. Malacobdella valenciennaei である。
しかし現在でもこの名が有効かどうか明確でない。ヒルは吻口と肛門の両方に吸盤をもち、これで体を支えながら移動する [3]。

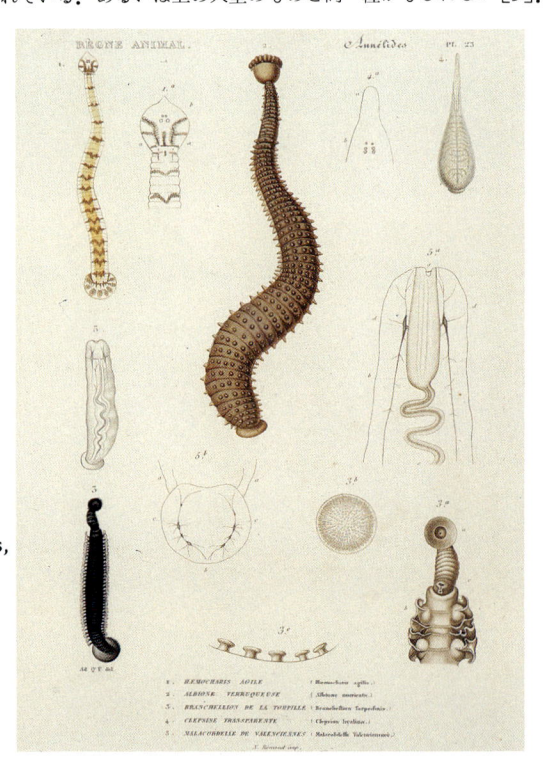

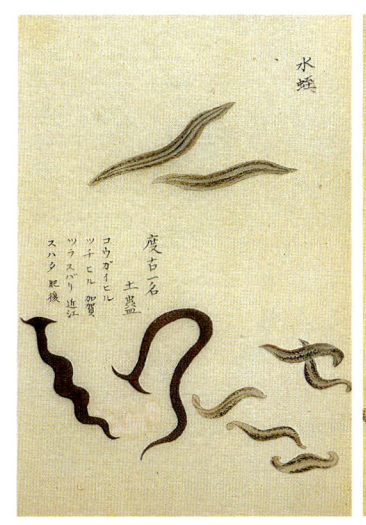

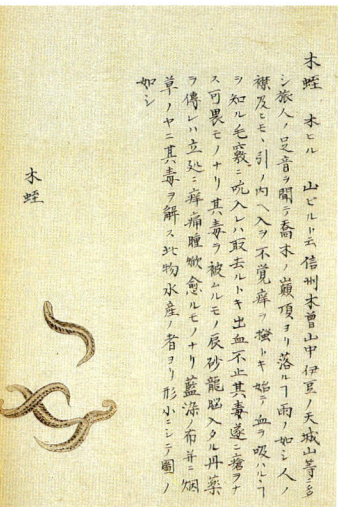

ニホンヤマビル（左図・右下）
Haemadipsa zeylanica japonica japanese land leech
医用ビルをふくむヒルド科とならんで，哺乳類の血を吸う
ヤマビル科の1種．落葉の下や低草本の葉のうらなどに多い．

クロイロコウガイビル（同・左下） *Bipalium fuscatum*
《千蟲譜》でコウガイビルとされており，現在の名でもヒルと
ついているが，じつはヒル類ではない．扁形動物門の渦虫綱，
三岐腸類に属する．日本産は3種だが，分布からみて
クロイロコウガイビルであろう[5]．

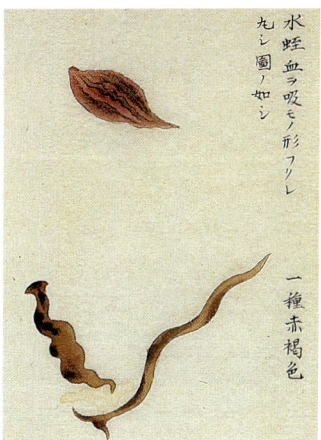

**イシビルまたは
チスイビルのなかま**（左図・上）
Erpobdellidae or Hirudidae
血を吸い，ふくらんだあとのヒル．
しかし《千蟲譜》の図では具体的に
どの種であるかあきらかでない．

コウガイビルのなかま（同・下）
Bipaliidae
赤褐色のコウガイビル．すでに
述べたように，このなかまに
〈ヒル〉がついているのは
不適当である．ヒルの類はむしろ
イモムシのように這い，図でみる
ようなヘビ型の動きはしないので，
いわゆるヒルのなかまではない
とわかる[5]．

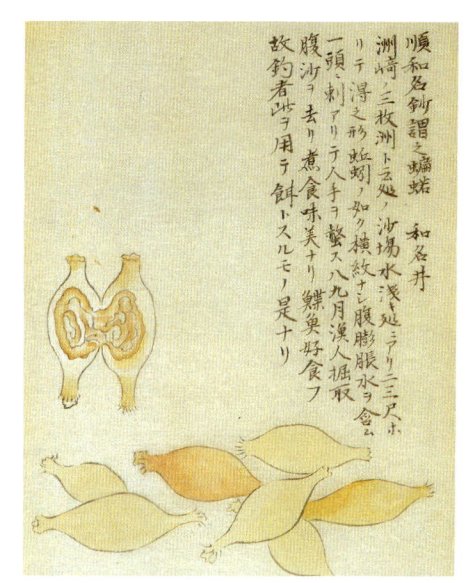

ヒルのなかま Euhirudinea
環形動物の例にもれず，
雌雄同体である．左と中はヒルド科，
右はイシビル科にふくまれる．
とりわけ中はヨーロッパで
用いられた血吸いビルであり，
古い種小名 sanguisorba は文字
どおり〈血吸い〉を意味する[3]．

ヒルのなかま（上） Euhirudinea
南米チリに産するヒルのなかま．
上段の右2匹は，医用のヒルをふくむ
ヒルド科に属する．しかし別の科では，
無脊椎動物を食べる種もいる．
血吸いビルは1年に1度血を吸えば，
あとは餌なしで暮らしていける[7]．

ユムシまたはイムシ（上） *Urechis unicinctus*
ユムシ動物門にふくまれる海産の虫．
やわらかい体をもち，半永久的な棲管にすむ．
体がふくらんでいるのは呼吸作用のため[5]．

カギムシのなかま（左の3匹）
Peripatus blainvilloei onychophoran
環形動物と節足動物をつなぐと考えられる虫．
落ち葉の下や水域周辺のすきまなどにすむ．
きわめておもしろい形をした原始的な動物である[7]．

● 環形動物——ミミズ

地のいい伝えによると，太古に同地方を大洪水が襲った。そして，その水が引いたあと，ミミズが無数に繁殖して土を食い，さらに糞を出して農耕に適した肥沃な大地をつくってくれたという（山口英二《ミミズの話》）。

中国の俗話にもミミズに関する話は多数みとめられる。そのうち頻出するのが，ミミズの変身譚である。《酉陽雑俎》には，木枝がミミズに変化するのを見た者の話が語られている。木とミミズを関係づけている点が興味ぶかい。なぜなら，木の葉が落下している場所はミミズにとり絶好の生活環境だからである。

また《本草綱目》によると，ミミズは穴ごもりするあいだにユリに変化する，とある。イナゴと同じ穴にすんで，雌雄の関係を結ぶ，とも述べられている。

中国の道術家は，ミミズの糞を蚓塿とか六一泥とよんで滋養長寿薬に用いた（《本草綱目》）。

また，路上で踏み殺されたミミズの死体を千人踏とよび，薬用としては上等のものとみなした。また頭部の白くなったものを白頸蚯蚓と称し，好んで薬に用いたが，これはミミズの老いたものだと考えられた。

ちなみに《本草綱目》によると，ミミズにかまれると眉やひげがすべて抜け落ちてしまうという俗信もあった。ただし石灰水に浸せば治ったそうだ。

事実，ミミズを蠱毒に利用した例も，語り伝えられてはいる。《今昔物語集》巻9には，中国で隋の大業年間（605-616），憎き姑にミミズの羹を食べさせようとして離縁された人妻の首から上が白いイヌに変じてしまう奇話がみえる。

いっぽう，日本にはミミズに関する民俗のうち著名なものがふたつある。

第一は，ミミズに小便をかけると陰嚢が腫れあがるという話である。これはミミズによる一種の祟りともいわれる。したがって，祟りは鎮めればよい。《嬉遊笑覧》によれば，子どもの陰部が腫れたとき，ミミズを捕えて洗ってから逃がしてやると病気が治る。

もうひとつの日本的俗信は，ミミズを食すると声がよくなるというものである。

《和漢三才図会》には，生きたミミズを酒と一緒に呑みこむと声がよくなる，とある。ただしこれは日本独特の俗信らしい。同書の著者寺島良安は，ミミズの別名である歌女にあやかったものか，としている。

ミミズがなぜ歌女とよばれるかといえば，〈鳴くミミズ〉という俗信にその原因がある。ミミズが鳴くということは，すでに中国で古代から説かれていた。

《酉陽雑俎》にも，白頸で紅のまだらのあるミミズ（カブラミミズ）がよくいっせいに鳴いて，しばしば曲にもなっていた，という話がみえる。

いずれにせよ，ミミズが夜に鳴くことから，これを美声薬とする伝承が生じた。

ミミズの鳴き声について《嬉遊笑覧》では，土中で鳴くのはミミズではなくてケラだといわれているけれど，これも怪しい，とする。というのも，同書の著者喜多村節信は，実際にそれとおぼしき鳴き声のする場所に行ってみたのだが，ケラの姿は見あたらなかったという。そこで節信は，やはりミミズが鳴いているのだろう，と結論している。しかしさすがに栗本丹洲は《皇和魚譜》において，ミミズの鳴くのを否定している。

また，日本には，ミミズが空を飛ぶという俗信もあった。九州地方では，年老いたミミズが空を飛行し，沢ガニを襲うという。《芭蕉翁頭陀物語》によると，筑紫の地を行脚していた者がこのミミズと出会い，あわてて人家に駆けこんだ。しかし家主によると，それは山の土を何年も食べ続けたミミズが土から生ずる気によって空を飛んでいるのだという。とくに雨天の日などは，こういったミミズが何匹も飛行し，沢ガニを襲ってその脳を吸う。西国にはよくある話だとか。

日本では，ミミズを乾燥させたものを〈地竜〉と称し，解熱剤として薬屋で売っている。その歴史は古く，あの松尾芭蕉も，すべての熱病を治すのにミミズ湯に過ぎたる妙薬はなし，と述べている（鶴蒔靖夫《ミミズが出てきた日》）。

【巨大ミミズ】 とてつもなく大きなミミズにまつわる話が，世界各地に存在する。そのうち，多くの場合には大型ミミズの実物が発見されているので，大ウミヘビ騒動以上に興味ぶかい物語となっている。

まずはじめは19世紀後半，長さ50ヤード（約45.7m），幅5ヤード（約4.57m）にもたっする巨大ミミズが南米の高地にすんでいるという噂がヨーロッパに伝わり，《ネイチャー》誌（1878年2月21日号）で紹介されるほどの騒ぎとなった。ただし現地でミンホカオ minhocao とよばれるこの生物の姿を実際に見た人はほとんどなく，たいていはミンホカオが通った跡と思われる大きな溝を見て，存在を確信したらしい。実際こういった溝がふいに出現したあと，しばらくは，夜になると遠くで雷が鳴るような音に加え，地面の揺れもかすかに感じられたとの噂もあった。正体についてはミミズ説のほかにヘビ説もあったそうだが，《ネイチャー》誌の記者は，地下性の巨大アルマジロ説，

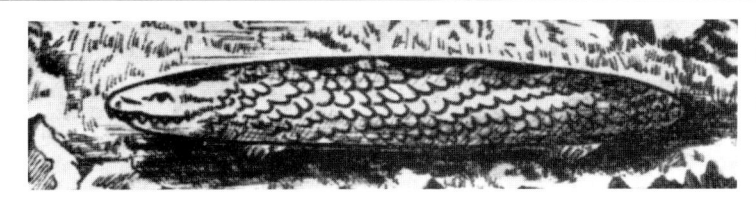

チロルの怪物，タツェルヴルム Tatzelwurm の図．全長60cmほどで，アルプス山中に出没するという怪物．爬虫類ともミミズ類ともいわれる，正体不明の生きもの．《自然読本》(1836)より．

とりわけ古代南米にいたアルマジロ類として有名なグリプトドンの生き残りかという新説を唱えている．

東洋も負けてはいない．朝鮮の史書《東国通鑑とうごくつがん》に，とてつもない巨大ミミズの話がみえる．太祖8年(925)，高麗で発見されたこのミミズは，長さ70尺(約21m)もあった．人はこれを渤海が降伏する予兆と噂し合ったという．

日本では，和歌山県西牟婁郡兵生ひょうぜなどの山中の住民が，〈勘太郎〉といって7〜8寸(約21〜24cm)もあるルリ色の大ミミズを裂いて体中の土砂を除き，まだピクピクと動いている肉を淋病の薬として食べたという(《続南方随筆》)．これは日本南部の山地に生息し，俗にヤマミミズとよばれるシーボルトミミズ Pheretima sieboldi を指した記述と思われる．

《和漢三才図会》には，正徳年間(1711-16)に，丹波国柏原の遠坂村で，大風雨によって崩れた山から巨大なミミズが2匹出てきて奇物とされた，という記録がみえる．1匹は1丈5尺(約4.5m)，もう1匹は9尺5寸(約2.9m)もあったという．

石川県金沢市の八田町にも，ハッタジュズイミミズ Drawida hattamimizu といって，長さ40〜60cmほどの黒褐色の巨大ミミズが生息する．ジュズイというのは漢字で〈数珠胃〉と記し，6〜9個ほどの砂囊(胃)が数珠状につながっていることによる名．ところでこのミミズ，近代にはいって忽然と発見され，しかも発見当初はなぜか八田町(その当時は八田村)にのみ無数に繁殖していたため，輸入植物に付着した幼虫か卵が日本に移植されたのではないかと目されるようになった．そもそもジュズイミミズ科 Moniligastridae の類はほとんどがインド，フィリピン，ボルネオ，スマトラなどアジアの熱帯地方の産．そこで幕末の加賀の船商銭屋五兵衛ぜにやごへえ(1773-1852)による貿易で渡ってきたとする見方もある．またさらに，地主の長男との恋に破れた農民の娘が水田で自殺し，髪の毛1本1本がこのミミズに化したという伝説も語られた．もっとも村民はむしろミミズの出現を歓迎したらしい．村にはウナギ捕りをなりわいとする家が50戸ほどあって，ミミズはウナギの格好の餌となったからだ．4月中旬になると，これらの家はこぞってミミズ捕りに精を出し，毎年2万5000匹ほどが餌にされたという(畑井新喜司《みみず》)．

なお，オーストラリアに産するオオフトミミズ Megascolides australis (英名 giant gippsland worm)は，最大で長さ3.7m，直径2.5cmもあって，世界最大の貧毛類といわれている．一瞬ヘビかと見まがうほどの大きさである．

このミミズの存在を初めてヨーロッパに報告したのは，《ヴィクトリア州動物学紀要》をまとめたフレデリック・マッコイで，彼は生体がクレオソートに似たにおいを発する点なども指摘した．また開拓者の話だと，切り刻んでやっても，ニワトリは絶対食べないとのよしである．個体を切ると，あっというまに腐敗が進行することに関係したものと思われる．

【タツェルヴルム】 タツェルヴルム Tatzelwurm はスイスの山中に生きる怪物で，足をもつミミズともよばれている．全体の姿はずんぐりした葉巻に似て，鱗をもち，尾は千切れたように短い．大きさは60cmほどだが，このミミズにかまれるとひどいことになる．巨大ミミズの一種と考えられるが，一説に毒トカゲともいう．各地に残る巨大ミミズの記憶が生んだ怪虫の一例である．

【天気予知】 中国ではミミズが穴から出てきたら雨の予兆，また夜に鳴けば翌日は晴れとした．

古代からミミズは天気予知にもさかんに使われた．ひと晩中1匹もあらわれなければ，翌日はおだやかな快晴となる．また土に激しく穴をあけたり，せわしなく跳ねまわっていたら，まちがいなくすぐに雨が降る(エドワード・トプセル《爬虫類の歴史》)．

【ことわざ・成句】 〈worm out of 〜〉アメリカの俗語．なんとか窮地を脱する，という意味．つまりこの worm は動詞である．ミミズのように這いつくばって，気の進まないことから逃れるというのが原意．

〈蚯蚓みみず書き〉くねくねと読みにくい筆跡のこと．おもに子どもの筆跡を指して用いる言葉で，〈童わらべの蚯蚓書き〉などと称した．今でも〈ミミズののたくったような文字〉という．

〈ミミズばれ〉皮膚がミミズのように細長く赤く腫れること．

【文学】《みみずのたはこと》(1913/大正2) 徳富健次郎(蘆花)の随想集．当時の広告文によると，

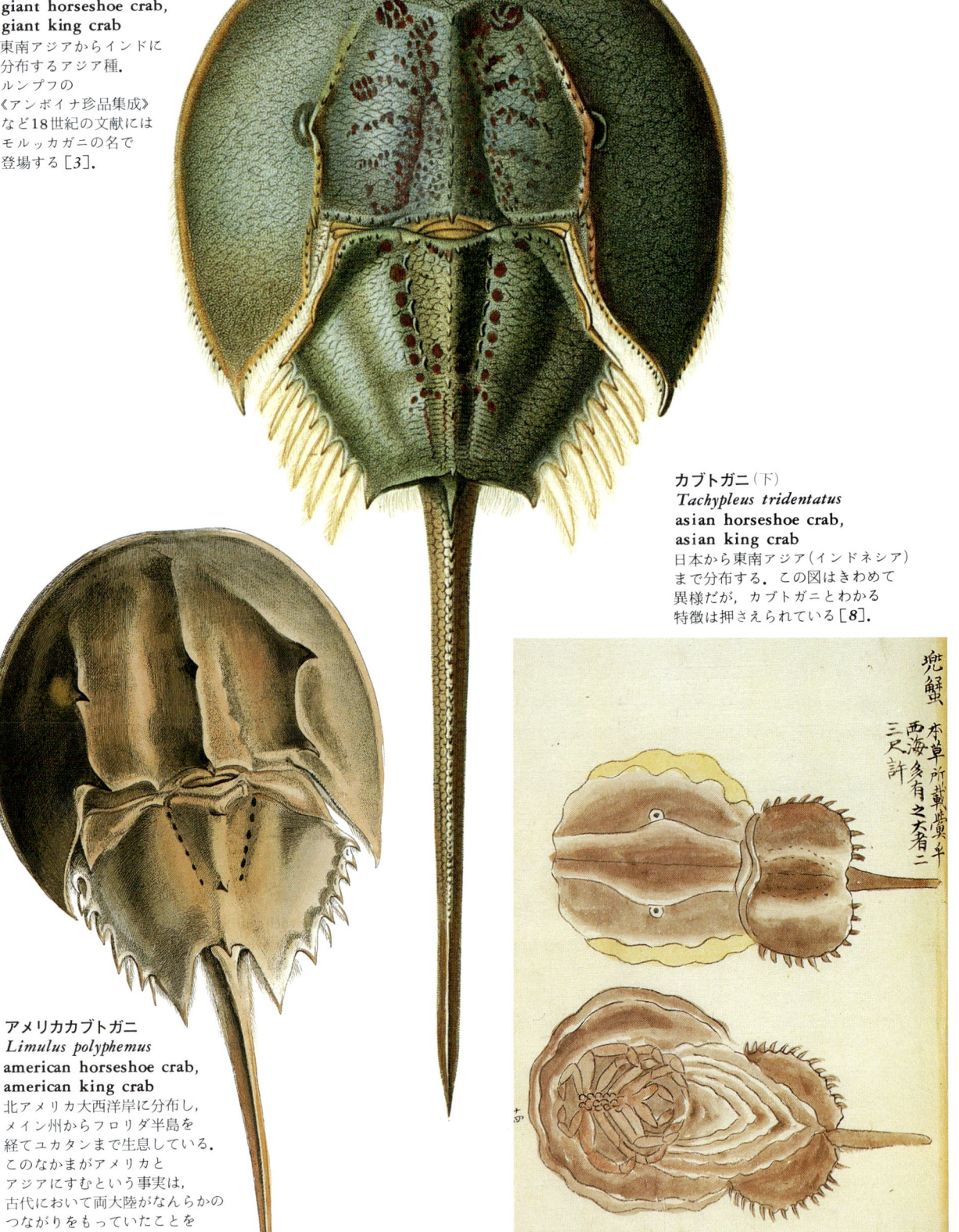

ミナミカブトガニ
Tachypleus gigas
giant horseshoe crab,
giant king crab
東南アジアからインドに
分布するアジア種．
ルンプフの
《アンボイナ珍品集成》
など18世紀の文献には
モルッカガニの名で
登場する［3］．

カブトガニ（下）
Tachypleus tridentatus
asian horseshoe crab,
asian king crab
日本から東南アジア（インドネシア）
まで分布する．この図はきわめて
異様だが，カブトガニとわかる
特徴は押さえられている［8］．

アメリカカブトガニ
Limulus polyphemus
american horseshoe crab,
american king crab
北アメリカ大西洋岸に分布し，
メイン州からフロリダ半島を
経てユカタンまで生息している．
このなかまがアメリカと
アジアにすむという事実は，
古代において両大陸がなんらかの
つながりをもっていたことを
暗示する［41］．

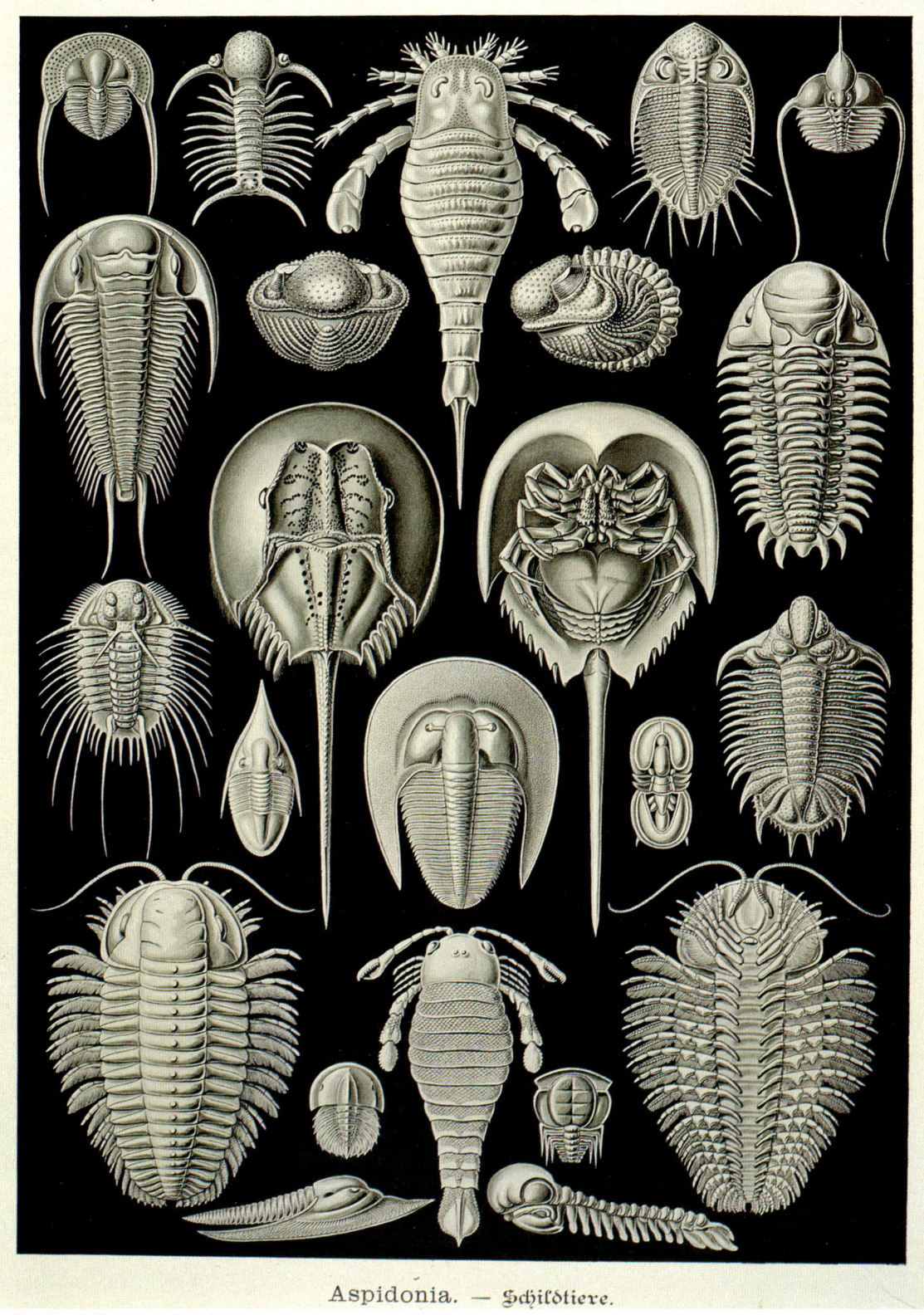

Haeckel, Kunstformen der Natur. Tafel 47 — Limulus.

Aspidonia. — Schildtiere.

三葉虫類 Trilobita trilobite
古代カンブリア紀に栄え，古生代末に絶滅した．
一般に5〜7cmほどの大きさになり，時代により特徴がある
ので地層対比に役立つ標準化石となる．エルンスト・ヘッケル
《自然の造形》より．なお中央に，三葉虫とかかわりがあると
考えられたカブトガニも描かれている［*31*］．

● 環形動物──ミミズ／ヒル

〈著者が過ぐ六年間田舎に引込み，みゝづの真似して，土ほじくりする間に，折にふれて吐き出したるは言共をかき集めたるもの〉との由。また1923年（大正12）の関東大震災で，銀座の出版社福永書店が全焼して徳富の本も丸焼けになったさい，ミミズは土の福音ですべては土から始まるという発想から，本書がまず最初に復刊された。

ヒル

環形動物門ヒル綱 Hirudinea に属する環形動物の総称。［和］ヒル〈蛭〉　［中］蛭，蚑，至掌　［ラ］Rhynchobdellida（吻ビル目），Gnathobdellida（顎ビル目），Pharyngobdellida（咽ビル目）　［英］leech　［仏］sangsue　［独］Blutegel　［蘭］bloedzuiger　［露］пиявка　⇒p.32-33

【名の由来】　ヒルディネアはラテン語でこの虫を指す言葉hirudoから。リンコブデリダは，ギリシア語で〈吻rynkhos〉のある〈ヒルbdell〉，グナトブデリダは〈顎gnathos〉のあるヒル，ファリンゴブデリダは〈喉pharynx〉のあるヒルの意味である。

英名リーチは，古いゲルマン語で〈医者〉をあらわす言葉lēce, laēceに由来。医療用によく使われたことから。仏・蘭名は〈血を吸うもの〉。独名は〈血のヒル〉の意味。

和名ヒルの語源については定説がない。〈ひるむ（縮まる）虫〉の意味だとか，〈吸いい（ひ）る虫〉を示すとかさまざまにいわれている。《大言海》は〈ヒラヒラ泳ぐ虫〉か，という説。また柳田国男は，ヒルに吸われたときの感じからヒヒラグ（疼）が転じたものか，とした。

【博物誌】　ミミズと同じ環形動物に含まれ，やはり淡水，海水，陸上にすむ。寄生生活に適応したミミズ，と表現すべき虫である。ただし内部寄生する腹の虫に対し，外部に寄生して表皮から血を吸うところが異なる。

ヒルの血の吸いかたにはふたとおりある。第1が，口から鋭い吻を出し，これを宿主に突き刺して血を吸うグループ（吻ビル）。ヒラタビル，ヌマビル，ウミエラビルがいる。第2は3個の半レンズ状の顎で傷つけて血を吸うグループ（顎ビル）。この場合，傷はY字型になる。ヤマビル，ウマビルがこれに含まれる。血を吸うときには，顎の近くから血液の凝固を防ぐ抗凝固物質ヒルジンを分泌し，血が固まらないようにしている。

吸血ビルは，ふつう人や動物が水を飲むときに口から侵入し，鼻腔などに寄生して血を吸う。そのため，誤ってヒルを飲みこんだときの駆除方法が大きな問題となったはずである。ところが西洋における虫類誌の大古典，あのアリストテレス《動物誌》には，なぜかヒルについての言及が見あたらない。あるいは別の名で記述されていたのだろうか。

ヒルがようやく文献にあらわれるのは，ローマ時代である。ヒルによる瀉血療法にかかわって，前2世紀のニカンドロスが最初にヒルの効用を論じた。彼はカッピング（小さな壺を肌に押しつけて血を吸いだす方法）の代わりとしてヒルの活用を紹介したのである。その記述をみると，あきらかにカッピングとヒル利用の方法が別べつに記述されており，瀉血法はヒルとは独立して開発され，血を吸いとる小さな壺の代用としてヒルが利用されたようだ。

しかしヒルが西洋の文献に登場するのは，本格的には1世紀の大プリニウス《博物誌》からである。

プリニウスによれば，いったん血吸いビルを治療に使うと，患者は毎年同じ時期がめぐってくるたびに，またヒルに血を吸ってもらいたくてたまらなくなる，という。ヒルに血を吸わせることが奇妙な〈中毒症状〉を引きおこすのである。

しかしムーフェット《昆虫の劇場》によれば，プリニウスの時代には，ヒルはむしろ蠱毒として使われたらしい。敵にこっそりヒルを呑ませ，毒薬代わりにしたというのである。

中世の博物学文献《健康の園》は，ヒルがきわめて大きな胃をもち，ときに血を吸いすぎるあまり死んでしまうこともある，と指摘する。獲物の汚れた血を吸いこんだ場合に，よくこのような現象がおこる。ただし，獲物は逆に病気が治ってしまうという。

ルネサンス期にはいると，ムーフェット《昆虫の劇場》が登場し，ヒルについて総合的な記述を残す。まっさきにあげられているのはやはり呑みこんだヒルの駆除法である。誤ってヒルを呑みこんでしまったら，植物の汁か雪どけの水を飲むとよい。また口をゆすいでから，冷水で濡らしたスポンジを口にふくむと，ヒルがスポンジにくっついて出てくるともいわれた。この場合，さらにアオウキクサの汁を飲み，首を湿布すると，完全に治るそうだ。

イギリスでは今も，打撲でできた目の縁のあざを消すために，ヒルを用いる。うっ血した部分にこの虫をあてがうと，あざがたちまち消える。

C.I.リッチ《虫たちの歩んだ歴史》によると，近世ヨーロッパにおける医療用のヒルの消費量はかなりのもので，イギリスだけでも毎年1600万匹ものヒルが利用された。いっぽうフランスでも，6～8万匹のヒルがパリに届けられたという。ちなみにヒルの餌には老馬がおもにあてられていたが，

これが動物愛護団体の嘆願で中止されると，今度は屠殺場の動物を餌にしたという。

中国においても，血吸いビルは古くから吸血の目的で医療に用いられてきた。《本草綱目》にも，赤白丹腫というできものの治療には，血吸いビル十数匹に患部を吸わせればよい，とある。

しかし，むろん中国でも，ヒルを呑みこんでしまったときの始末が，西洋同様に見すごせない問題であった。李時珍によると，ヒルが腹中にはいったら泥土を水と一緒に大量に飲むとくだるという。またウシ，ヒツジの熱い血1～2升をイノシシの脂とともに飲んでも効果があった(《本草綱目》)。

ヒルは卵のうの中に産卵し，子どもはその袋の中で変態して幼生となって外へ出てくる。《本草綱目》はヒルを卵生類に分類しているが，発生についての記述はない。

しかしこの点に関する日本人の見解はちがっていた。寺島良安はヒルを湿生類とした。湿生類とは卵でなく湿気のうちから自然に生じる生きものを意味する。その著《和漢三才図会》には〈海帯(あらめ)や昆布をながいこと雨水にふやけさせると，どちらも化してヒルになる〉とある。また寺島は，ヒルは石灰と食塩が苦手で，塩をかけると体が縮んで死んでしまう，とも述べている。ナメクジと同じく，水分を食塩や石灰に奪われてしまうからであろう。また西村白鳥《煙霞綺談》によると，ヤマビルはサルの糞から生ずる。だからサルのすむ山には，ヒルがたくさんいるのだという。

熊野山中にはカミナリビルと称する，いったん喰いついたら雷が鳴るまで離れないヒルの一種がすんでいるといわれていた。が，ある年の夏，那智の山奥でこの虫を採集した南方熊楠はこう記している。〈蛭(ひる)にあらずして一種のプラナリアならん，長さ六寸ばかり，田辺などの人家，朽木に多き「こうがいびる」(長さ二，三寸)に似たれども，細長く，瑠璃(るり)色，背に黒条あり，美麗なれど気味悪く徐(おもむろ)かに蠕動す。空試験管に入れ十町ばかり走り見れば，はやなかば溶けおったり。よって考うるに，暑き日強いて人体に付すれば粘着して溶けおわることはありなん。さらに蛭ごとく血を得とて吸いつくものにあらず〉。そして名前についても，本来は雷が鳴ると木から落ちる習性に由来するものなのに，スッポンにまつわる伝承との混同から前記のような説が生まれたのだろうとしている(《南方随筆》)。

【世界最大のヒル】　アマゾン川の河口にすみ，18インチ(約46cm)にたっするといわれる巨大ヒルがいる。しかし，19世紀に2度の採集例があるものの，近年になるまで，その存在は確認されて

医療ヒルを採集する男。14世紀の写本より。この中世装飾画本によれば，男は自分の足をおとりとし，医療ヒルを採集する。

なかった。1970年代後半になってようやくウェールズに住む動物学者ロイ・T.ソーヤー氏が，南米探検を敢行してこのヒルが実在することを証明した。同氏はその詳細を《ナチュラル・ヒストリー》誌1990年12月号に発表している。

アマゾンの巨大ヒルを初めて報告した文献は，1849年にイタリアで出版された《ヒル科の環形動物の新種について》(著者不詳)という論文である。イタリアの博物学者ヴィットーレ・ギリアーニの名をとって，ハエメンテリア・ギリアニ*Haementeria ghilianii*と名づけられている。この論文によると，アマゾン河口に生息する巨大ヒルはウシやウマの血を吸って生き，ときには牛馬を殺すという。

続いて1899年にフランスの博物学者がこのヒルについて論文を著した。1896年にフランス領ギアナで捕えられたもので，やはりここにも〈この巨大ヒルのなかにはウシやウマを殺してしまうものもいる〉と記された。

巨大なヒルがウシやウマを襲うというだけでも十分衝撃的だが，この事実は分類学的にも大きな意味をもっていた。上記のふたつの論文の記載にしたがって，この巨大ヒルは現在の分類でいうところの吻ビルのなかまと推測された。しかし，ふつう哺乳類の血を吸うのは顎ビルのなかまであり，吻ビルは魚や両生・爬虫類の血を吸うものしか知られていなかった。吻ビルと顎ビルは一般に思われているほど近縁ではない。とすれば顎ビルでないアマゾンの巨大ヒルはヒルジン以外の抗凝固物質をもっている可能性が高いのである。

1975年に巨大ヒルについて文献上の知識を得たソーヤー氏は，アメリカ自然科学協会などの協力を得て探検隊を組織し，1977年にフランス領ギアナへ旅だった。デンキウナギや吸血コウモリに襲われる危険性の高い泥地を1週間ほど探検し

チャグロサソリのなかま？（上と右）
Heterometrus sp. ?
サソリは大きくいえば
クモのなかまにふくまれる．
おもに熱帯や亜熱帯に広く分布するが，
チャグロサソリ属は東洋区にしかいない
[43]．

チャグロサソリのなかま
Heterometrus sp.
夜行性で，クモ，ハエ，バッタ，甲虫
などを捕食する．
レーゼル・フォン・ローゼンホフ
《昆虫学の娯しみ》に描かれた名作[43]．

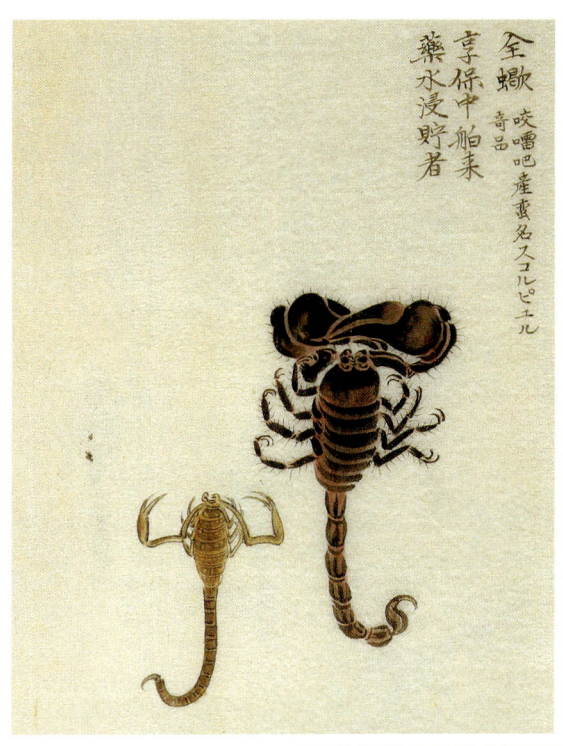

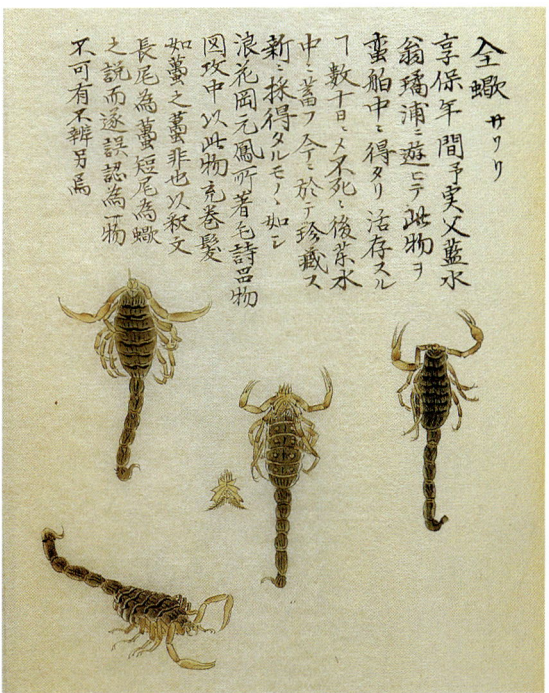

チャグロサソリのなかま？（右）
Heterometrus sp. ?
左頁の図と同じ属だが，
やや異なる種らしい．子は，
1回めの脱皮が終わるまで
親のまわりにすみ，
背中に乗ったりしている［3］．

チャグロサソリのなかま（上段図・右）　*Heterometrus* sp.
右の大きなはさみをもつ種はヨーロッパから日本にもたら
されたサソリであろう．栗本丹洲《千蟲譜》に描かれた．
キョクトウサソリ（同・左）　*Buthus martensii*
はさみがやや小さなほうはアジア産．しかし毒性は強く，
人に害を与えるのはみなキョクトウサソリ科に属する［5］．
キョクトウサソリ（下段図）　*Buthus martensii*
《千蟲譜》によれば，著者丹洲の実父田村藍水が享保年間に得た
生きたサソリである．これをみると，当時かなりの数の
サソリが日本にもたらされていた事実がわかる［5］．

●環形動物──ヒル／ユムシ　●有爪動物──カギムシ　●緩歩動物──クマムシ

た結果，はたして巨大ヒルに遭遇することができた。今ではごく一部の地域にしか生息していない稀種であった。35匹の個体を捕えることのできた探検隊は，それをカリフォルニアのバークリーにもち帰り，実験室にアマゾンの泥地と同じ環境を整え飼育を開始した。そして1980年までに個体数を1万匹に増殖させることに成功している。また専門家が巨大ヒルの唾液腺を分析した結果，このヒルがヘメンティンという酵素を分泌することが判明した。ヘメンティンは哺乳類の血液凝固をさまたげる。このヒルがウシやウマの血を吸うというのも作り話ではなかったのである。

なお，ソーヤー氏は帰郷後，ウェールズに世界で唯一のヒル牧場をつくり，抗凝固剤の開発に努めている。

【ヒルコ】　《日本書紀》によると，伊弉諾尊（いざなぎのみこと）と伊弉冉尊（いざなみのみこと）の両神は，国土をつくったのち，蛭児（ひるこ）という子をもうけた。しかしこの子は3年たっても足が立たなかったため，舟で海に流されてしまったという。蛭児はむろんヒルに由来する名称で，蟲類の名が日本の文献にあらわれた最初の例とされる。

【寓意・象徴】　中世ヨーロッパでは，ヒルは貪欲で情けを知らない人間の象徴によく使われた。シェークスピアの《ヘンリー5世》第2幕第3場でも，ピストルがこんなふうに叫ぶ。〈さあ，戦友たち，武器をとり，出発しよう，フランスへ。馬に食いつく蛭（ひる）のように敵の生き血を吸いまくろう，吸って吸って吸いまくろう！〉（小田島雄志訳）。

【天気予知】　イギリスではヒルをペットとして飼う人もいて，天気を予知する能力があるので可愛がられた。〈ヒルバロメーター〉はその遺物である。ガラスびんに水を半分ほど入れ，口にガーゼ状の布でふたをして飼うのだが，嵐が近づくとこの虫は，びんの口のほうへのぼって来て，せわしなく動きまわったという。

【ことわざ・成句】　〈蛭巻（ひるまき）〉長刀の柄，鞭（むち）などに籐（とう）を細く縞状や螺旋状に巻きつけること。ヒルが巻きつくようすに似ているのでこの名がついた（伊勢貞丈《貞丈雑記》）。

【文学】　近世のイギリスでは，ヒルはさまざまな病気の〈血抜き〉として重宝され，この虫を専門に集めてまわる業者もあらわれた。ウィリアム・ワーズワースの詩《決意と独立（水蛭取る人）》（1802）には，長年あちこちで集めたヒルを行商して生計を立ててきた老人が登場する。池にはいって足にくっついたヒルを，水をかきまぜながら捕える。〈昔はいたるところにいたんだが，長い間にだんだん減って，少なくなっちまった〉という科白（せりふ）

もみえる。なお，これは，実際に会った人の話をもとにつくられた詩といわれる。

《蛭ヶ小島》　静岡県田方郡韮山（にらやま）町には源頼朝の配流地として有名な蛭ヶ島（ひるがしま）（一名蛭ヶ小島）がある。じめじめしてヒルがたくさんいたことに由来する地名だともいわれるが，確証はない。なお歌舞伎狂言にも伊豆にいた頼朝の旗揚げをあつかった《蛭ヶ小島（大商蛭小島（おおあきないひるがこじま））》という作品がある。初世桜田治助の傑作といわれ，天明歌舞伎の代表的作品。

泉鏡花《高野聖（こうやひじり）》（1900／明治33）　近代幻想小説の傑作とされる。僧宗朝は，飛騨から信州に向かう山中でヒルの大群に襲われる。〈濁った黒い滑らかな肌に茶褐色の縞（しま）をもった，疣胡爪（いぼきゅうり）のやうな血を取る動物〉とあるから，ヤマビルの一種だろう。

ユムシ

環形動物門ユムシ綱 Echiuroidea に属する環形動物の総称，またはその1種。
［和］ユムシ〈螠〉，イムシ，タイノエ　［中］螠　［ラ］Echiuridae（キタユムシ科），Urechidae（ユムシ科），その他　［英］spoon-worm, echiuroid　［仏］échiure　［独］Quappenwurm, Igelwurm　［蘭］kwabworm, zandworm　［露］ахиурус
→p.33

【名の由来】　エキウリダエはギリシア語で〈毒蛇の尾に似たもの〉の意，ウレキダエは〈柳細工のかご〉の意。

英名は〈スプーン状の虫〉。独名は〈オタマジャクシ虫〉〈ヒルのような虫〉。蘭名は〈耳たぶ状の虫〉〈砂の虫〉の意味である。

和名ユムシはイムシ（螠虫）がなまったもので，〈首くくり虫〉という意味。姿が一見首を吊った人間を思わせるためか。同じくタイノエは，タイを釣るときの餌によく使われることから。

ユムシには，オシコ，ムジといった異名もある。

【博物誌】　環形動物のなかまとしてミミズやゴカイとも近い。浅い海の砂地に穴を掘ってすむ。しかし1万mもの深海でも暮らしているらしい。姿はずんぐりしたミミズといった感じだが，体節を欠いており，浮遊生活をする幼生から変態して底生生活にはいる。魚類の大好物であり，釣餌としても珍重される。

西洋ではユムシについての博物学文献がほとんど見あたらない。おおむね釣りの餌として利用されていたようで，その事情は日本でも同様である。

関東地方ではこれをタイ釣りの餌として利用した。東京の佃島（つくだじま）や品川の漁夫たちは，干潮時

に海岸の泥中にひそんでいる虫を1日に数百匹も捕獲し，1894年(明治27)当時，1樽(3升または5升)1円前後の値段で市場に売りに出したという．ユムシはひそむさい，かならずふたつ入口のあるU字形の穴を掘るのだが，ふたつの穴の距離が遠ければ遠いほど泥中深くはいりこんでいる証拠である．そこで，捕獲するにはふたつの穴の距離が短いとき，つまり浅いところにもぐっているときを狙う．ちなみに釣りの餌にするときは，針をユムシの肛門から口部に向かって貫くという(《動物学雑誌》)．

ユムシ類の最大種サナダユムシ *Ikeda taenioides* は，のちに京都帝大教授となる池田岩治(1872-1922)が，1901年(明治34)に発見した．当初，この虫は断片ばかりが標本として存在していた．臨海実験所のあった神奈川県の三崎をはじめ，対馬，瀬戸内海の鞆ノ津，東京湾の羽田などの地域で発見されたものである．なにしろその姿が寄生虫の真田虫そっくりなので，ウミサナダとよばれ，ヒモムシ類が大きく変形したものだろう，と思われていた．が，ある日，東大動物学教授谷津直秀がもっていた〈ウミサナダ〉のプレパラート標本を顕微鏡でなにげなく見た池田は，その吻が，ホシムシ類やユムシ類と同じ構造をしているので仰天，それから1か月後，ついに三崎の海底でこの虫を見つけ，手に入れた．属名のイケダは，むろんこの功績を記念してつけられたものである．なお，この話は磯野直秀《三崎臨海実験所を去来した人たち》に詳しい．

カギムシ

有爪動物門 Onychophora に属する動物の総称，またはその1種を指すこともある．
[和]カギムシ〈鉤虫〉　[中]櫛蚕　[ラ]*Peripatopsis*属(カギムシ)，*Peripatus*属(ペリパタス)，その他　[英]velvet worm, onychopod　[仏]onychopode　[独]Stummelfüsser, Klauenträger　[蘭]klaudrager　[露]ончхопода
→p.33

【名の由来】　オニコフォラはギリシア語で〈爪 onykhos をもつもの〉，ペリパトプシスは〈ペリパトスに類したもの〉の意味．なおペリパトスは〈散策するもの〉の意味．

英名は〈ビロードのような虫〉，独名は〈切り株のような足をしたもの〉〈かき棒をもったもの〉の意．

和名カギムシは，各脚の先端にある鉤爪にちなむ．

【博物誌】　有爪動物と総称されるなかまで，不思議な形をし，原始的な動物といわれる．環形動物と節足動物とのあいだを結ぶ動物のひとつで，体長1.4～15cmほど．森の腐植土層や石や落葉の下，シロアリの巣の中，土の裂けめなどにすむ．光が苦手でこういった暗い場所に潜んでいるため，なかなか見つけにくい．餌は小さな昆虫など肉食性．鋭い顎を用いて獲物の体を裂き，中の体液をすする．

カギムシは古くから，正体がよくわからない分類困難な虫であった．はじめはゴカイのような多毛類のなかまと考えられ，のちにはナメクジ類ともされた．またこの類にオニコフォラの名を与えたE.グルーベは，蠕虫のなかまに分類した．さらにカギムシには気管があり，これで呼吸する事実を，1873年にH.N.モーズリが発見した．その結果，しばらくはこの虫が，気管をもつ節足動物の祖先に近い存在と思われていた．しかし，約20年後，デンマークのJ.E.V.ボアスが，カギムシを詳細に調べ，新しい見解をだした．彼によると，いぼのついたあしや体壁に輪状の筋の層がある点が，環形動物に似ているうえ，心臓は，やや多足類に似ているものの，環形動物の心臓が変化した形ともみなせる．おそらく環形動物が，陸上にすむのに適するように変形したのだろう，という新説を唱えた．

クマムシ

緩歩動物門 Tardigrada に属する動物の総称．
[和]クマムシ〈熊虫〉，チョウメイムシ〈長命虫〉　[中]水熊，熊虫　[ラ]Heterotardigrada(異クマムシ目)，Mesotardigrada(中クマムシ目)，Eutardigrada(真クマムシ目)　[英]water bear, bear animalcule, sloth animalcule　[仏]tardigrade　[独]Wasserbärchen, Bärtierchen　[蘭]beerdiertje　[露]тихоходка

【名の由来】　タルディグラダはラテン語で〈ゆっくりとした〉の意味．ヘテロタルディグラダは〈異なった種類のクマムシ〉，エウタルディグラは〈真のクマムシ〉の意味．

英・仏・独・蘭名はほとんどが〈水中のクマ〉か〈クマのような小動物〉をあらわしている．

和名クマムシもこれに準ずる．和名チョウメイムシは〈長命の虫〉の意．乾燥状態になると体を球状に丸めて仮死状態となるが，10年近くたっても水をかければ蘇生する強靱な生命力にちなむ．

【博物誌】　動きがゆっくりしているので緩歩動物ともいう．分類学上，環形動物と節足動物のあいだに位置する動物のひとつ．しかしきわめて小さくほとんどの種は体長1mm以下．陸生の類は乾燥など環境の悪化を，乾眠(超休眠ともいう)と

ハサミカニムシ(fig. 1, 2)
Chernes cimicoides
カニムシは，一見すると，
尾を切られたサソリにみえる．
顎の先端にある腺から糸を出し，
これで隠れ家をつくる．
ヨーロッパの平地の樹皮下に
ごくふつうにみられる．
本図は典型的なカニムシの
姿をしており，名のごとく，
立派なはさみをもっている．

イエカニムシ(fig. 3)
Chelifer cancroides
book scorpion
カニムシ類は体長2.5～8mm．
世界中に約2000種が分布し，
落ち葉の下や鳥の巣など，
幅ひろく生息域をひろめている．
名のとおり，家の中や本の
あいだにすむ．

ダルマコウデカニムシ(fig. 4)
Cheiridium museorum
ヨーロッパから北アフリカに分布する
小型の虫．生息場所は樹皮のあいだ．

セイヨウノコギリヤドリカニムシ(fig. 5)
Dactylocherifer latreillei
ヨーロッパに分布するカニムシ．
カニムシ科に属し，
古くからよく知られていた[41]．

キカニムシのなかま(右)　**Cheliferinea**
ヨーロッパに産するキカニムシ亜目の虫．右の小さい図は
実長を示しており，かなり小さな虫であることがわかる[22]．

コケカニムシのなかま？(下図・fig. 1)　**Neobisiidae ?**
コケカニムシ科に近いこと以外，詳細がよくわからない虫である．
腹の端が水平になっているのは絶食状態を示す．

ユビナガツチカニムシ(同・fig. 2)　*Chthonius (C.) orthodactylum*
ヨーロッパから北アフリカに分布し，土の中にすむ．
動きのすばやいカニムシである．

コケカニムシ(同・fig. 3)　*Neobisium muscorum*
これもヨーロッパに産する土壌性の大型種である．
しかし，どれも姿がきわめてよく似ている[41]．

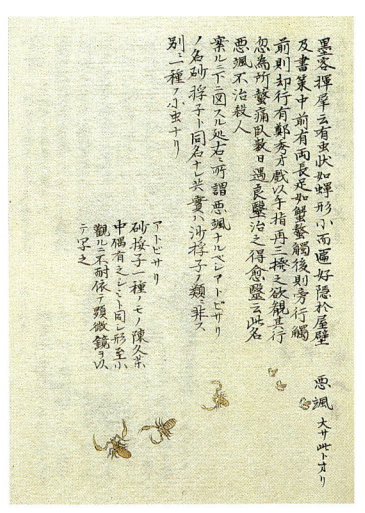

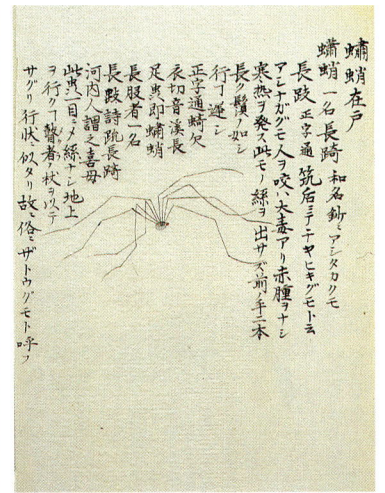

イソカニムシ(上左) *Garypus japonicus*
種名が示しているように，日本の本州から沖縄にかけて分布．
海岸の崖にある岩のすきまに暮らす．やや大きな虫である[5]．

オオナミザトウムシ(上右) *Nelima genufusca*
マザトウムシ科の1属ナミザトウムシのなかまで，日本各地に
ふつうに見られる．図示された虫が，江戸で捕られたとすると，
おそらくこの種であろう．湿った岩場や樹上にすむ[5]．

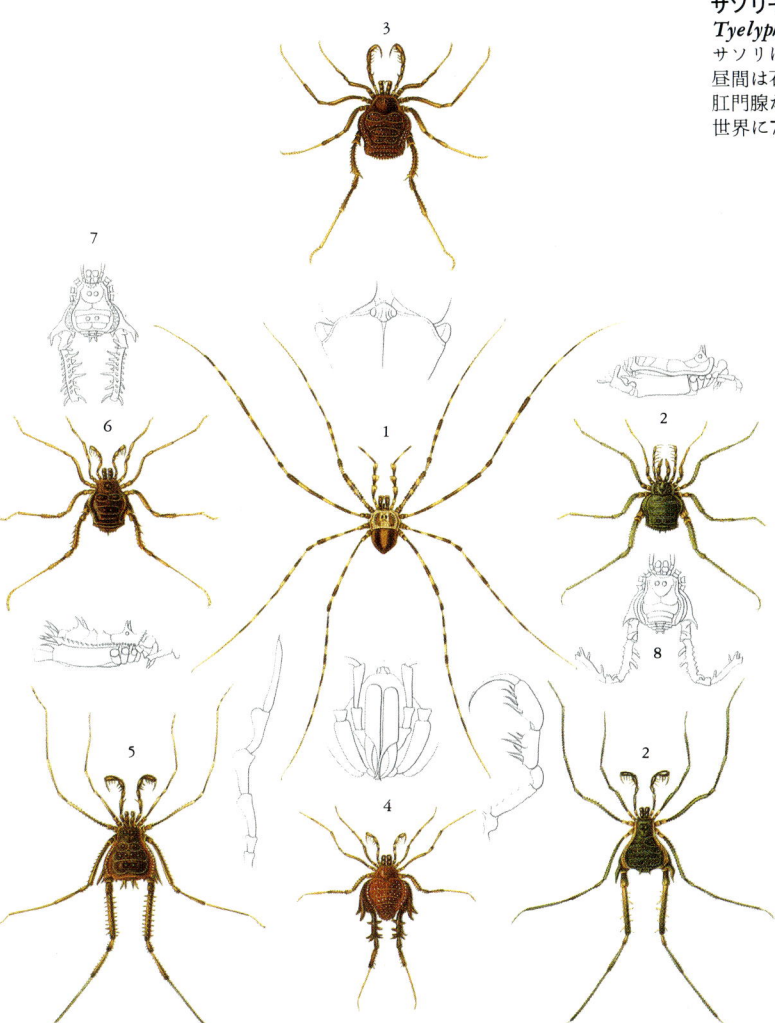

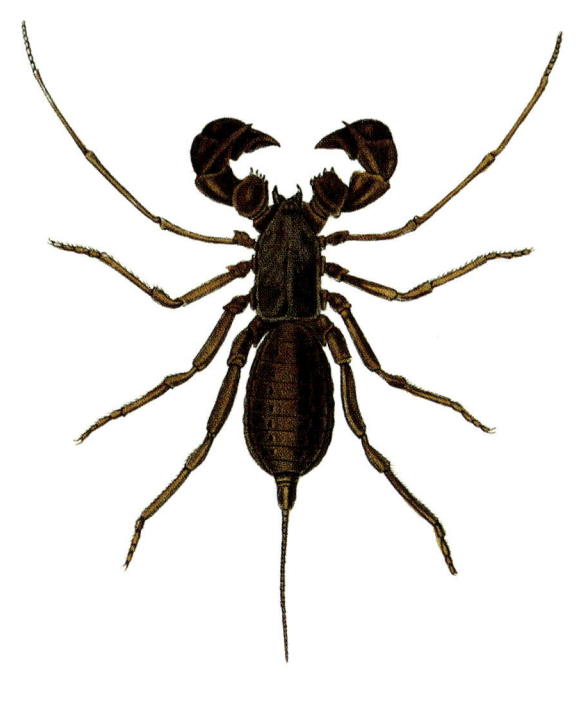

サソリモドキ(上)
Tyelyphonus caudatus whip scorpion
サソリによく似ているが，尾は糸のように細い．夜行性で，
昼間は石や朽木の下にひそみ，ゴキブリやナメクジを食う．
肛門腺から酢酸のような悪臭をもつ液を放出する．
世界に70種余が分布し，日本にも2種いる[3]．

ザトウムシのなかま(fig. 1)
Phalangium rudipalpe
ザトウムシは体長1～15mmの小さな虫で，体は丸く，
長いあしをもっているものが多い．このためクモに
似ているが，腰のくびれがない点でクモ類と区別
できる．本種は南米チリ産で，原記載が
不十分のため正体不明とされている．

ツノヒザボソザトウムシ▲(fig. 2)
Pachylus acanthops
上が雌，下が雄である．ヒザボソザトウムシ科の
なかまは中南米に固有．ザトウムシとしてはかなり
大型で1cmを超え，色彩もみごと．昼間は森林の
朽木や石の下にいて，夜になると外を歩きまわる．

ユミアシヒザボソザトウムシ▲(fig. 3, 4)
Gonyleptes curvipes
南米チリ産で，fig. 3が雌，fig. 4が雄である．
このなかまは雌雄の形が大きくちがっており，
雄は第4脚の基部が体の左右にいちじるしく
はりだしている．なお，ここに用いた名は新称で，
弓のような長いあしをあらわす名になっている．

トゲトゲヒザボソザトウムシ▲(fig. 5)
Sadocus polyacanthus
同じく南米チリ産のザトウムシである．
C. ゲイによる同地域探検で得られた雄の標本．

トゲヒザボソザトウムシ▲(fig. 6, 7)
Lycomedicus asperatus
この種も雌雄による形態差が大きい．fig. 6が雌，
fig. 7が雄．ここでも新称を用いた．

ヒラズヒザボソザトウムシ▲(fig. 8)
Lycomedicus planiceps
南米チリではこのように固有のザトウムシが多い．
なお，このなかまは頭胸部の縁に臭腺をもち，
悪臭のある液体を敵に発射する[7]．

●緩歩動物――クマムシ　●三葉虫類――三葉虫　●節口類――カブトガニ

イソトゲクマムシ。クマムシのなかまはきわめて小さい。緩歩動物、あるいはクマムシの名のとおり、ゆっくりとした動きを示す。体長1mm以下で海岸のアオノリにつく。よく見れば、クマに似ていなくもない。平凡社《大百科事典》より。

よばれる仮死状態でのりきる習性で知られる。淡水、海水域や砂地、地衣類、苔類、藻類の中などにすみ、植物の細胞液を餌とする種が多い。日本ではミミズ博士の畑井新喜司が晩年にこの虫に関心をもち、研究を続けていた。

クマムシというと陸水の生物というイメージが強いが、じつは海辺の砂の中などにすむ種類があんがい多い。そればかりか、クマムシ類の祖先はそもそも古生代には浅い海底に生息していた形跡さえある。というのもこの類にはカンブリア紀の化石動物 *Aysheaia*（海産のカギムシ）に口のあたりの構造をはじめよく似たパラスティガルクトゥス *Parastigarctus* という海産の属があって、これがいちばん原始的なクマムシと考えられるのである。そして体節が少なくなるといった変化をともないながら、浅い海底を起点に陸や深底へと分布をひろげていったものと思われる。1982年、フランスの女性生物学者ルノー＝モルナンが提唱した新説である（伊藤立則《砂のすきまの生きものたち》）。

三葉虫

節足動物門三葉虫綱に属する化石動物の総称。
［和］三葉虫　　［中］三葉虫　　［ラ］Trilobita（三葉虫綱）
［英］trilobite　［仏］trilobite　［独］Dreilapper　［蘭］trilobiete　［露］трилобúт　　　　　　　　　　→p.37

【名の由来】　三葉虫綱を示すラテン名トリロビタは、〈3つの葉をもつもの〉という意味。体全体が、中軸と左右の側葉とで、大きく3つの部分に分けられることによる。各国語名もこれに準ずる。

【博物誌】　古生代に限って生きていた地球の古い生物。世界中に1万種もいたことが確かめられている。化石からみると、どうやら卵生の虫であったらしい。

古生代カンブリア紀からオルドビス紀に栄えた海産動物として、5億7000万年前くらいに出現し、2億2500万年ほど前に滅びたものと推定される。一説には、カブトガニやサソリ、クモなど鋏角類の祖先ともいわれる。体長は3～10cmほどだが、小は5mm、大は70cmにもおよぶ。ふつう海底に生息し、泥を吸って、そこにふくまれる生きた植物や小昆虫をふくむ有機物を餌としていたらしい。また、分布が世界各地におよぶうえ、各時代にそれぞれ特有な種がいるため、標準化石としてよく利用される。しかしどのような理由で絶滅したかは、まだわかっていない。

カブトガニ

節足動物門節口綱（古甲綱）剣尾目カブトガニ科 Limulidae に属する節足動物の総称。現存種は2属4種。
［和］カブトガニ〈鱟魚〉　［中］鱟魚　［ラ］*Limulus* 属（アメリカ産カブトガニ）、*Tachypleus* 属（日本産カブトガニ）
［英］horseshoe crab（米）、king crab（英）、horsefoot　［仏］xiphosure, limule　［独］Schwertschwanz, Königskrabbe, Molukkenkrebs　［蘭］degenkrab　［露］мечехвост　　　　　　　　　→p.36-37

【名の由来】　リムルスはラテン語の〈少し傾いた limulus〉に由来。タキプレウスはギリシア語で〈速く泳ぐもの〉の意味。

英名ホースシュー・クラブは甲羅の形から〈蹄鉄ガニ〉、キング・クラブは大きく見事な姿をしていることから。仏・蘭名は〈剣状の〉カニ、独名は〈剣の尾〉、〈王のカニ〉、〈モルッカのカニ〉の意味。

和名カブトガニは甲羅の形を兜にたとえている。カブトガニの方言には、ハチガニ、ウンキュウ、ウミドンガメなどがある（秋山蓮三《内外普通動物誌》無脊椎動物篇）。長崎近辺では朝鮮ガニといった。

【博物誌】　アジアとアメリカの一部にすむ節足動物。全体のイメージが尻尾をもつカニといった感じであり、脱皮もすることから、エビやカニなど甲殻類に近い虫と考えられがちである。しかし近年の動物学では、むしろクモに近いとされる。なぜなら、呼吸器官がクモに似るのと、脱皮の方法がクモと同じだからである。甲殻類のように頭胸部と腹部のあいだから裂けるのでなく、クモのように頭胸部の前縁が横に裂ける。しかし幼虫は三葉虫によく似ているという。

産卵にあたっては、雌の甲の上に雄が乗り、夏の新月にあたる大潮のとき浅海の砂上で授精産卵をする。ほとんど食用にされないが、のちに述べるように、タイなどで料理される場合もある。

カブトガニは古生代シルル紀に発生した生物で、〈生きている化石〉とよばれる。すなわち、古生代

末にほぼ今のような形になり，その後まったく進化をとげていない。中生代に全盛期を迎え，当時の化石がヨーロッパや北アメリカから数多く発見されているが，現在は2属4種がアジアと北アメリカの沿岸部に分布するのみ。日本では瀬戸内海，九州沿岸に生息し，岡山県笠岡市の生江浜は繁殖地として国の天然記念物となっている。

ヨーロッパに分布していないため，西洋博物誌ではこの虫があまり語られないが，アンボイナに長らく住んだ博物学者ルンプフが《アンボイナ珍品集成》(1705)に初めて記載した。しかし北アメリカ産のカブトガニをふくめて引用するほどの文献はない。したがってこの虫については，アジアでの所見が重要となる。

カブトガニはかつてモルッカとよばれた東南アジアの一角に分布している。江崎悌三博士によると，タイではカブトガニをメンダー(mang daar)とよぶ。これは本来，〈万事を妻にやらせる不精な夫〉とか〈浮世の道楽に目がない男〉という意味。カブトガニの雄が，産卵後もずっと雌の背に乗っている習性に由来するという。ちなみに，カブトガニの卵を，タイやラオスでは，カレーに入れたりして食べる風習もある。味はジャガイモに似ている。タイのバンセン地方では，〈地獄焼き〉といって，生きたカブトガニを殻ごと炭火で焼いて食べる料理がある。ただしこのカブトガニは，ミナミカブトガニ *Tachypleus gigas* といい，100匹に1匹は毒があるといういわくつきの種類である。ふだん運の悪い人は，食べないほうが安全だという。またタイ人は，カブトガニの殻を装飾品に用いる。

いっぽう中国人もこの虫を無視しなかった。カブトガニの肉を，酢漬の塩辛にしてその味を楽しんだ。またその肉を食べると，痔が治り，腹の虫が死ぬ，ともいわれた。またカブトガニはカニとともに，カメ類やスッポン類のなかまに分類されている。また香といっしょに殻を焚いてその香りを楽しんだり，脂を焼いてネズミをおびき寄せたりもしたという。さらに，カブトガニはカを天敵とし，カに刺されれば即死するとしている。《本草綱目》。

段成式《酉陽雑俎》も，カブトガニを魚貝類のひとつとみなし，詳しくこれを記述している。それによると，中国南部の漁師たちは，カブトガニをかならず雌雄ペアで捕え，店に並べて売っていた。段成式も，荊州(今の湖北省・湖南省)で1匹入手したという。食用とされたほか，殻を冠に使ったり，尾を用いて小さな如意(道士の持つ杖状の道具)をつくったりするのである。またこの地方では，明代の末，カブトガニを材料に，子どものおもちゃをつくる風習もあった。

いっぽう日本人のカブトガニ観はどうだったろうか。《大和本草》に〈形大なれども肉少なし，人食せず〉とある。昔からこれをほとんど食用にせず，逆に網にかかると破れるのでむしろいやがられた。ただし《大和本草》には，尾の先が灯心のかきたて棒に使われた，とある。また多く捕れたときには，肥料にされたともいう。

《動物学雑誌》(1913)によれば，明治の末ごろまでは，毎年夏になると，因島や高島から肥料用のカブトガニを採集するための船が出て，数千匹ものカブトガニを捕えていた。しかし，捕獲したカブトガニを陸上にさらしておくと，ものすごい臭気が立ちこめるため，本土の岡山県児島郡番田小串地方の住民は船の停泊を拒んだとか。

《和漢三才図会》によると，カブトガニの生息する九州では，その姿が鬼面に似ているといって，これを恐れたという。しかし子どもは恐ろしいものにかえって関心をもつのか，上げ潮に乗って磯へとやって来たカブトガニに縄をつけて遊んだ，と《物類称呼》にある。

九州ではまた，カブトガニを夫婦円満の見本として，仲のよい夫婦のことを〈ウンキュウのごと，仲がよか〉という(毎日新聞社編《日本の動物記》)。だが，食糧難の時代には，カブトガニを食べた人もかなりいたらしい。しかし，脂肪分が強いので，食べすぎると下痢になったという。

1990年(平成2)10月に放送されたテレビ番組〈今，カブトガニが危ない！―地球環境の証言者―〉によると，近年，日本のカブトガニは個体数が急激に少なくなり，絶滅の危機に瀕しているという。たとえば，カブトガニ繁殖地のひとつである岡山県笠岡湾では，受精できない卵がほとんどであり，できても今度は胚に欠陥が出る。分離胚，重複胚，体節減少胚といった奇形胚が52％もの高率で発生してしまう。この事情は大分地方などでも共通するものがあり，このままいくとカブトガニが自然破壊，環境汚染の犠牲となって日本からいなくなるかもしれない。

1962年(昭和37)9月16日，岡山国体に来られた皇太子(現平成天皇)は，カブトガニ研究の第一人者西井弘元氏から，カブトガニ激減の事実を知らされた。そのさい，〈クルマエビのように養殖できないものだろうか〉，と将来をいたく案じられたという(毎日新聞社編《日本の動物記》)。

昭和天皇も1970年(昭和45)9月30日，岡山県知事に，〈カブトガニの保護はどうしているか〉，とのご下問をなさっている。これによりカブトガニ保護の気運が高まり，追加指定地の告示，笠岡

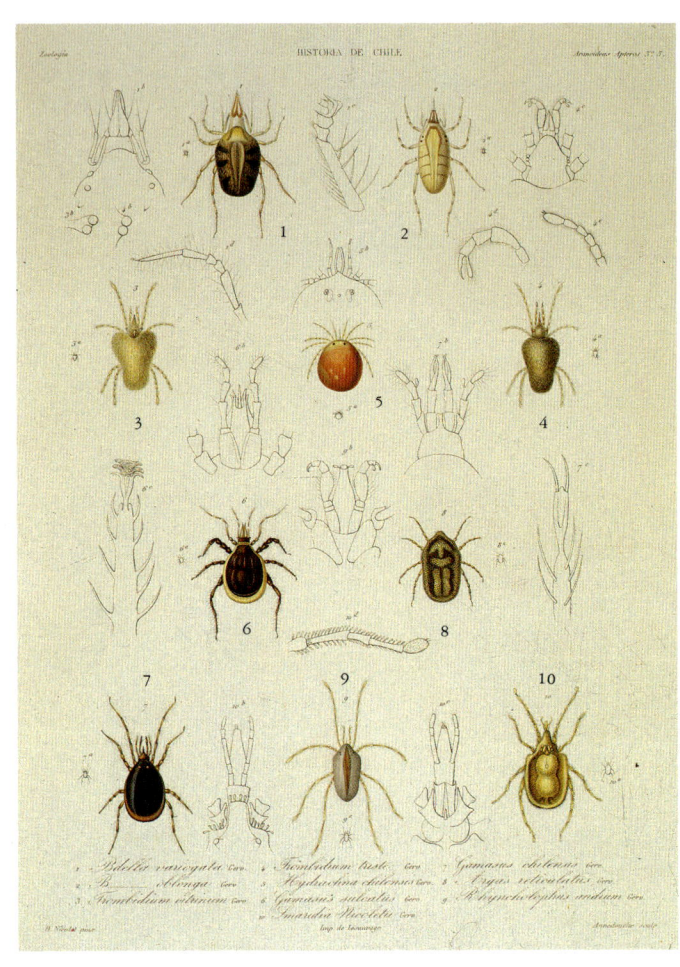

マダラテングダニ属のなかま(fig. 1)
Bdella sp.　snout mite
草地にすむ捕食性の虫.

カキイロテングダニ(fig. 2)
Bdella longicornis　snout mite
美麗な色をしたダニである. これもまた地上にすみ, 捕食する.

メガネケダニのなかま(fig. 3, 4)
Podothrombium sp.　trombidiid mite
体一面ビロードのような毛におおわれたダニで, 捕食性.
ケダニ類には植物の液汁を吸うものも多く, フシダニやハダニは害虫とされている. なお, ダニ類には7つの目がふくまれるが, このケダニ目には, 有名なツツガムシが属している.

ミズダニのなかま(fig. 5)
Hydrachnellae　water mite
水生のダニであり, ケダニ目に属する.

カマゲホコダニのなかま(fig. 6)
Gamasholaspis sp.　gamasholaspid mite
森林の土壌のなかにすみ, 土壌線虫やトビムシなどを食べる.

ツブヤドリダニのなかま(fig. 7)
Gamasiphis sp.　gamasiphid mite
ツブトゲダニ科の1種. これもまた土壌, とくに腐植層にすみ,
土壌線虫などを食べている.

ヒメダニのなかま？(fig. 8)　Argasidae ?
これはマダニ目のなかまである. この目は, 体の前方に背板があるくかたいマダニ〉と, それがないくやわらかいマダニ〉とに分かれるが, ヒメダニは後者にふくまれる.

アリマキタカラダニのなかま(fig. 9)
Erythraeus sp.　erythraeid mite
眼が2対あるタカラダニ. 幼虫はアリマキに寄生する.
成虫はあしが長くクモに似ており, アリやアリマキを食べる.

ナガタカラダニのなかま(fig. 10)
Fessonia sp.　smaridiid mite
やはり眼が2対ある. 幼虫はチャタテムシに寄生している [7].

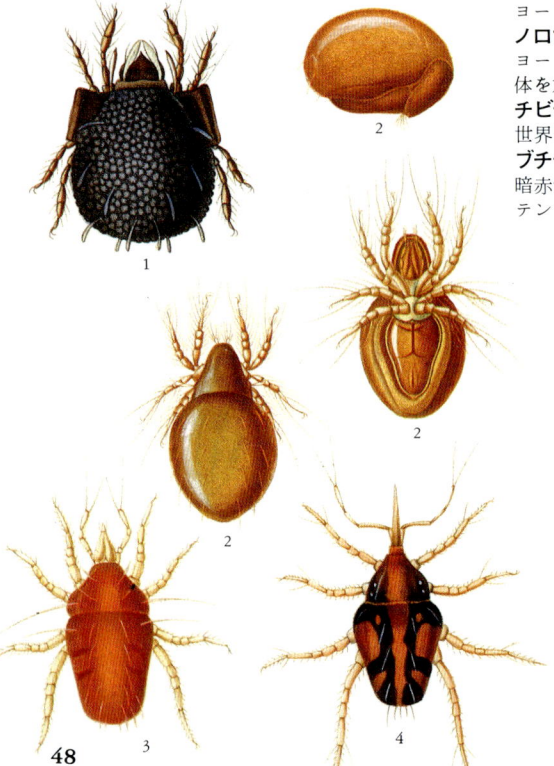

オウシュウエンマダニ（左図・fig. 1)　*Eupelops occultus*
ヨーロッパ各地の湿ったコケの中にすむ. 体長0.5mmぐらいの虫である.

ノロマイレコダニ（同・fig. 2)　*Phthiracarus piger*　box mite
ヨーロッパ産. 腐りかけた植物質を食べ, 驚くとアルマジロのように体を丸める. ゆえに英名ではこのなかまをボックス・マイトとよぶ.

チビテングダニ（同・fig. 3)　*Cyta latirostris*　snout mite
世界中にすむ捕食性のダニ. ショックを与えるとあとじさりする.

プチテングダニ属のなかま（同・fig. 4)　*Biscirus* sp.　snout mite
暗赤色にいろどられた捕食性ダニ. なかまは世界のどこにもいる.
テングダニという属名は, 長い〈鼻〉による [3].

タンソクケダニ（下図・fig. 1)
Dinothrombium tinctorium　trombidiid mite
アフリカ, アジア, 南北アメリカにすみ, 小昆虫を食べる. ダニといえば小さい虫というのが相場だが, これは大きく, 0.9〜1.6cmにもなる.

アカケダニ（同・fig. 2)　*Trombidium holosericeum*　trombidiid mite
ヨーロッパ, アジア, アフリカおよびアメリカに分布する. これもまた大型種で, 全身がビロード状の密毛でおおわれる. 秋から春にかけ, 河原や山道で群れているのをみかける.

ニンジャダニ属のなかま（同・fig. 3)　*Erythracarus* sp.　anystid mite
地上を回転しながらすばやく走るので, 見失いやすい. ゆえに忍者の名が与えられた. ダニのなかでいちばんスピードがでる属といわれる [3].

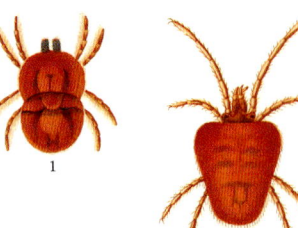

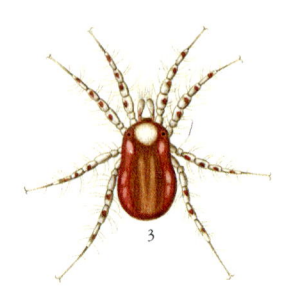

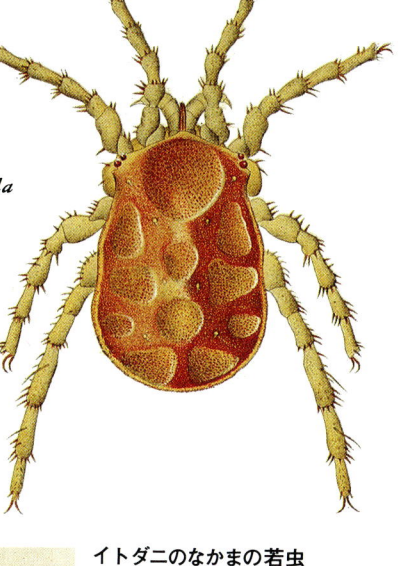

オンセンダニのなかま(右)
Trichothyas petrophila petrophila
ミズダニのなかまで
アカミズダニ科にふくまれる．
ヨーロッパ，アフリカ，トルコに
分布．いわゆる温泉ダニとよばれ，
近縁の1種オンセンダニが日本に
産する．これは新潟県の燕温泉
(40℃以上)から捕れている．
しかしミズダニの権威
今村泰二氏によれば，この属は
ほとんど冷水種で，温泉そのもの
から捕れたのではないと思われる
[47]．

イトダニのなかまの若虫
Uropodidae
uropodid mite
このなかまの若虫は，
地上生活する甲虫類の
体表に〈糸〉をつないで
付着する．甲虫は
イトダニをあちこちに
運び，成虫になったこの
ダニは運び手から離れて
自由生活をする．図の
下方に，甲虫の朝翅に
付着した若虫が描かれて
いる[12]．

ジェルヴェオオハバマダニ▲(上図・上3匹) *Aponomma gervaisi*
いわゆる〈かたいマダニ〉の1種．〈やわらかいマダニ〉の例として左頁
にヒメダニのなかまが示されているので，比較されたい．インド，スリ
ランカに分布．オオトカゲやヘビ類の鱗の下にもぐり，吸血する．

ハトヒメダニ▲(同・左下) *Argas reflexus* pigeon tick
インド，中近東，ヨーロッパから南北アメリカに分布する．
ハトに寄生し，ときに他の野鳥やニワトリも吸血し，
スピロヘータの1種を鳥たちのあいだに媒介する．

コウモリマルヒメダニのなかま(同・右下) *Argas* sp.
こちらはコウモリに寄生する．この図でキュヴィエは
Argas pipistrellae と記載しているが，世界中に分布する
ふつう種 *A. vespertilionis* と同じものともいわれている．

ミズダニのなかま(同・中央) *Hydrachna* sp. swimming mite
水中を泳ぎまわるダニ．

ハリクチダニのなかま(同・下中央) *Raphignathus* sp.
すばやく行動する森林性の捕食ダニ[3]．

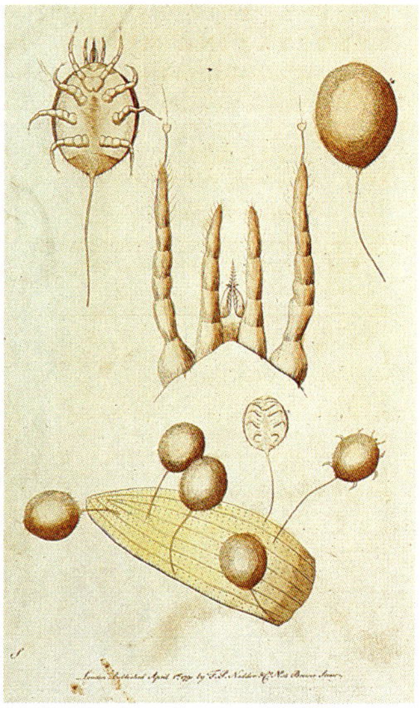

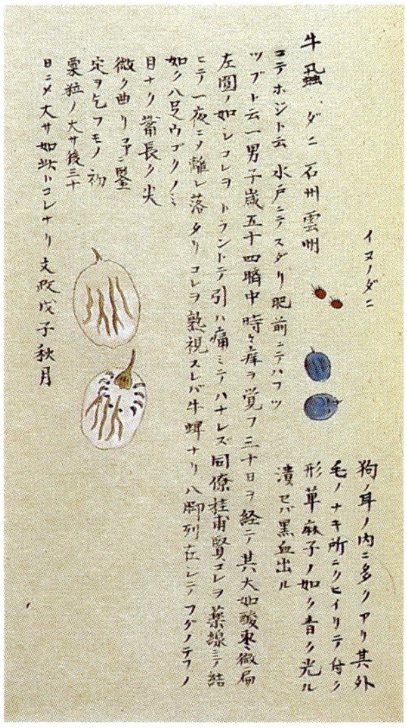

**マダニのなかま，チマダニのなかま，
タカサゴキララマダニ，
クリイロコイタマダニ**(左図)
Ixodes sp., *Haemaphysalis* sp.,
Amblyomma testudinarium,
Rhipicephalus sanguineus dog tick
本図の作者，栗本丹洲は〈ウシのダニ〉
〈イヌのダニ〉と2種に分けているが，
青色のものはマダニ属，赤色のものは
チマダニ属の若ダニである．
また後半の記述に出てくるものは
タカサゴキララマダニである，と山口昇氏が
同定しておられる．また一般にイヌに
つくのはクリイロコイタマダニとされるが，
イヌやウシにつくダニは1種類ではなく，
日本では4属(マダニ，チマダニ，
キララマダニ，コイタマダニ)の
15種が知られている[5]．

イトダニのなかま(下)
Uropoda sp.
uropodid mite
ヨーロッパに産する
イトダニのなかまの若虫．
E. ドノヴァンの図が
奇妙でおもしろい[21]．

● 節口類──カブトガニ　●クモ形類──サソリ

市への保護対策費の交付といった措置がとられたのだった（西井弘元《カブトガニ事典》）。

【医学利用】　カブトガニの白い血液は，体外から大腸菌などが混入してくると，凝固して菌を封じてしまう機能をもつ。このすぐれた凝固・殺菌作用に目をつけたアメリカ人は，アメリカカブトガニ Limulus polyphemus の血液を利用した医薬品を開発した。たとえば人工心臓の弁がバクテリアに冒されていないかをこの薬で調べるのである。

また日本では，カブトガニの血液成分を化学合成したタキプレシン（属名のタキプレウス Tachypleus に由来）なる物質が今，医療業界の注目を浴びている。この物質にエイズウイルスの増殖を抑える効果があることがわかったためだ。はたしてここからエイズの特効薬が生まれるだろうか？

サソリ

節足動物門クモ形綱サソリ目 Scorpiones に属する節足動物の総称。
［和］サソリ〈蝎〉　［中］蝎，蠍，蠆，主簿虫　［ラ］Buthidae（キョクトウサソリ科），Scorpionidae（コガネサソリ科），その他　［英］scorpion　［仏］scorpion　［独］Skorpion
［蘭］schorpioen　［露］скорпион　　　　⇒p.40-41

【名の由来】　ブチダエはおそらく新たにつくられた言葉だろう。スコルピオニダエはギリシア語の〈サソリ skorpios〉から。他の各国語名もほぼ同様。

《酉陽雑俎》によると，中国名の主簿虫は，江南地方でのよび名で，開元（713-741）の初め，ひとりの主簿（官名のひとつ）が，初めてサソリを当地にもたらした事実にちなむという。しかし，《本草綱目》の著者李時珍は，これを牽強付会の説だとして，主簿とは，サソリの一名である杜白がなまったものにすぎない，と述べている。

中国名の蠆はサソリの形にならった象形文字。

和名はジガバチの古名。人を刺す習性から流用されたものか。

【博物誌】　クモ類のうちもっとも起源の古い虫で，古生代には海中生活をし，体長3mにたっするものもいた。その後に小型化し陸上に進出したと考えられている。

サソリは毒虫である。古代エジプトでは，永生の象徴であるスカラベ（該当項目参照）とは正反対の生きものとされ，死のしるしとみなされた。毒をもつことからの連想であろう。このエジプト的発想は，サソリを産する他の地方でもおおむね一致している。

強烈な毒をもつサソリはヘビと並んで，古代から人間の大敵とされてきた。とくに太陽の光をまともに浴びて毒の温度が高まる真昼にこの動物にやられると致命的で，3日ほど激しく苦しんだあげくに死ぬと伝えられた。ただしプリニウスは《博物誌》のなかで，サソリにもっとも注意しなくてはならないのは朝だと述べている。そのころのサソリは，毒を体にためこんでおり，ふとしたはずみでそれを放出してしまうからだという。

古代アッシリア人はサソリに刺されないよう，ジャングルではブーツをはくことにした。しかしせっかくの発案も近東にはあまり伝わらず，エジプト人はサンダルをおもにはいていたため，サソリの害にいつも悩んでいたという（C.I.リッチ《虫たちの歩んだ歴史》）。

アリストテレス《動物誌》によると，古代ギリシアのスキュティア地方産のサソリはとくに大きくて危険とされていた。毒に強いといわれるイノシシをも殺してしまったという。また刺されたイノシシが水に入るとすぐ死ぬ，という記述もみえる。

プリニウス《博物誌》ではサソリについての奇妙な俗信が詳細にわたって述べられる。サソリは11匹の子を産むが，ほどなくそれを食べてしまう。ところが1匹だけ賢い子がいて，母サソリの尻に乗って身を守る。こうすれば母親の尾で刺されることも，口でかまれることもないからだ。そればかりかこの子サソリは，やがて機を狙い，母サソリを背中からの一撃によって殺すという。血も涙もない〈生存競争〉の掟を如実に示す話である。

サソリに刺されたら，傷口に耳垢を塗りつけると治るという俗信もあった。プリニウスによると，当人の垢がもっとも効きめがあるという。

ヘブライのいい伝えによると，悪人は死後，サソリのすみかに送られて，苦しみを受けるという（ピーター・フランス《聖書動物大全》）。ヘブライではサソリは苦悶のシンボルだったのだろう。その伝統を受けたのか，旧約聖書〈列王紀〉上12章には〈さそりむち〉という拷問道具が出てくる。紐に金属の爪がついたものだったという。

エドワード・トプセルは《爬虫類の歴史》で，中世ヨーロッパに流布したサソリの撃退法を詳述している。たとえばノウサギのレンネット（第4胃の内膜）を体に塗りつけると，サソリや毒ヘビにやられない。スミレや野生のアメリカボウフウの種を焼いたりあぶったりするのもサソリよけには効果的である。またコショウや野生のハッカを火にくべたり地面にばらまくと，サソリはにおいを嫌がって近づいてこない。だがそれにもまして効果があるのはサソリを1匹焼くことだという。

しかしサソリにまつわる科学的研究はほとんど進んでいない，とファーブルは述べた。そのいっ

❶──黄道十二宮に描かれたサソリ．14世紀の《占星術の書》より．サソリを象徴とする天蠍宮は，10月22日から11月21日までを指す．それがあらわす性格は〈女性性〉，〈静〉，〈水〉，〈秘密〉である．なお，同じ〈女性性〉と〈水〉の性格をもつ巨蟹宮（カニ）でも，しばしばサソリと関連づけるようにザリガニが象徴獣として割りあてられる．❷──五毒のひとつとしてのサソリ．中国の咒符に描かれた五毒とは，ヒキガエル，サソリ，クモ，ムカデ，ヘビを指した．この害悪を除くために八卦盤を用いる．民間道教では道士がこの咒符を信徒に渡し，第5か月めの第5日に，屋根に走る梁の交点にこれを吊るせと教える．

ぼう，いつの世でもサソリは人びとの想像力をあおり，星座にもその名がきざまれている．そこで彼は〈体節のある動物のうち，どれだってこいつ以上に詳しく生活誌を作ってやる値打のある奴はいはしない〉と断言，みずからサソリの1種 *Buthus occitanus* を飼養して，その食べものや毒，交尾のようすなどを《昆虫記》に詳しく記録した．

次にアジアでの事情に目を移す．タイにはサソリを食べる習俗もある（江崎悌三〈蜘蛛類を薬用または食用とする記録〉）．

中国では，ヘビ，カエル，クモ，ムカデとともに，サソリを五毒のひとつにかぞえあげる．ヨーロッパと同じように，きわめて強力な毒虫とみとめられていたのだ．

一般にサソリは長寿を願う人の天敵であり，満100歳を超えるとサソリに刺されるので用心をおこたらないようにする，という俗信もあった．

なお，中国では古代，サソリの形をまねた髪型が女性のあいだで流行したらしい（白川静《字統》）．これも一種のサソリよけであったと考えられる．

これだけの強毒であるから，有効に用いれば良薬ともなる．中国ではサソリを小児の癲癇，耳聾，疝気などの薬とした．そのさい，あしを取ってあぶったものを用いる（《本草綱目》）．

現在では，乾燥させたサソリを鎮痛剤として用いる．河南地方などでは，そのためにサソリの養殖も行なわれているという．

またサソリはカタツムリを苦手とする，という俗信もあった．カタツムリの通った涎だの跡でサソリの周囲をふさいでしまえば動けなくなるというのだ（段成式《酉陽雑俎》）．

サソリはまた変態する虫である．さらに《酉陽雑俎》をみると，ワラジムシの大きいのが変化してサソリになることが多い，とある．

なお，この虫は日本本土には生息せず，八重山，宮古，小笠原諸島にのみ分布する．《和漢三才図会》でもサソリは日本にはいないとされている．日本では古くサソリといえば，ジガバチ類のことを指した．《和名抄》でも，ハチに似て腰の細い虫，つまりジガバチにこの名があてられている．

小野蘭山《重訂本草綱目啓蒙》によると，南蛮船にはときどき生きたサソリが忍びこんでいて，長崎までやってくることもあったという．また中国からは薬用として塩漬にされたものが輸入されたが，〈多くは砕け折れて全形なるものなし〉とある．

【寓意・象徴】　エジプト神話では，サソリは悪神セトの持物．ただし死者を守護する存在ともされ，豊穣の女神イシスは死んだ夫の主神オシリスを探すさい，7匹のサソリに伴われる．またある神話によると，オシリスとイシスの息子ホルスは，サソリと化したセトに殺されてしまうが，神々のおかげで息を吹き返す．

【星座】　〈さそり（蠍）座Scorpius〉　夏の南天星座．古くから，黄道十二宮のひとつとして知られた．赤経16h20m，赤緯−26°あたりに位置する．

黄道十二宮の8番めの象徴にサソリが選ばれたのには一説にこんな理由がある．植物の実がたわわにみのる秋（つまり太陽がここにはいる季節）は，それにともない果物に食あたりする場合も少なくない．そこでそういった災難を毒針をもつサソリで象徴させたとか．また古くこの宮は，サソリが大きなはさみで頭上のランプをつかもうとしている図であらわされた．この時期，太陽の勢力が衰える事実を示したものか．ただしこの毒虫，バビ

オオツチグモのなかま(上)
Theraphosidae tarantula (bird eating spider)
古くはトリクイグモといった．じつは，このなかまが鳥を食うという伝説を
生みだした最初の図がこれである．鳥を餌食にしようとしている点に注目．
メーリアン《スリナム産昆虫の変態》に収められた傑作［38］．

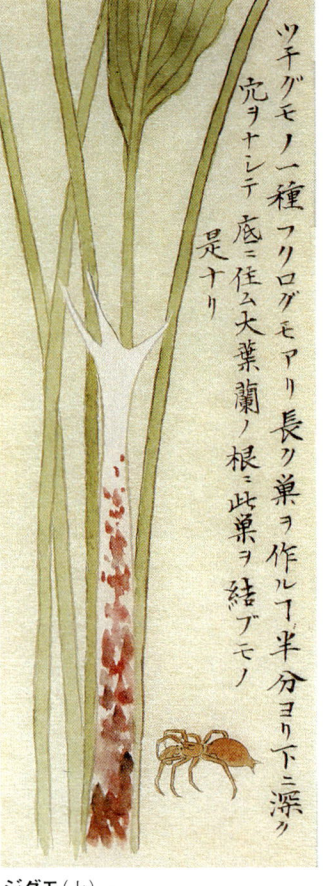

ジグモ(上)
Atypus karschi
purse web spider
地上から地中にかけて管状の巣を
つくる日本のふつう種．
栗本丹洲《千蟲譜》より［5］．

アカアシオオツチグモ▲(下)
Brachypelma emilia
red banded tarantula
メキシコ，パナマに分布．かつてこのなかまは
トリクイグモ科とよばれたが，
現在はオオツチグモ科に変わっている．
しかし俗名のタランチュラのほうが通りがよい．
美麗なタランチュラとして有名である［47］．

ツユグモ(左)
Micrommata roseum
ヨーロッパから日本にまで
分布するアシダカグモ科の1種
［3］．

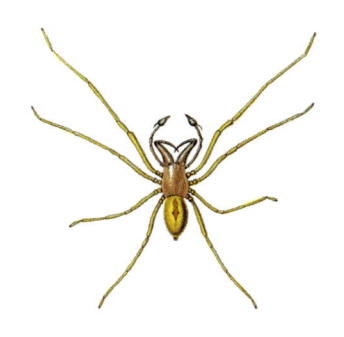

アカスジコマチグモ(上左)
Chiracanthium erraticum
sac spider
ヨーロッパから日本まで広く分布するフクログモ科の1種。
このなかまはクモ亜目に属する。

イエタナグモ(上右)
Tegenaria domestica house spider, funnel weaver
ヨーロッパ，日本，台湾，韓国の屋内に棚状の網を張って暮らす。
タナグモ科もクモ亜目に属している [3]．

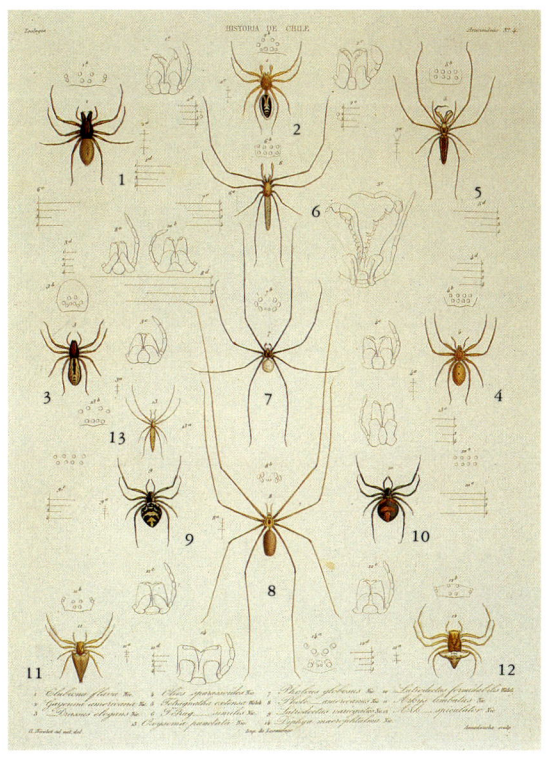

ユカタヤマシログモ(上左)
Scytodes thoracicus
spitting spider
世界中に分布し，口から粘液を
吐きかけて餌を捕えるなかま。
この粘液腺は毒腺の変化したものといわれる。

イエユウレイグモ(上右)
Pholcus phalangioides daddy-long-legged spider,
long-bodied cellar spider
室内や地下室に巣を張るふつう種。名のように，
長いあしが特徴的 [3]．

南米チリのクモ(左)　Araneae
現在はすべて学名があらためられている。fig. 1, 13はフクログモ科，
fig. 2, 11, 12, 14はコガネグモ科，fig. 3はホウシグモ科，
fig. 4はアシダカグモ科，fig. 5, 6はアシナガグモ科，
fig. 7, 8はユウレイグモ科に属し，ネッタイユウレイグモ，
イエユウレイグモの和名がある。fig. 9, 10はヒメグモ科に属し，
ともにゴケグモである。このうちfig. 5, 7, 8は日本にも
分布している [7]．

タランチュラコモリグモ(旧タランチュラドクグモ)(下左)
Lycosa tarantula
伝説の舞踏病にからむ毒グモがこれである。アメリカの大型
タランチュラに対し，〈ヨーロッパのタランチュラ〉とよばれる。
だが，アメリカのタランチュラは原始的なトタテグモ亜目に
属するが，ヨーロッパのタランチュラは，進化したクモ亜目に
ふくまれる。なおタランチュラとはイタリアの港タラントが起源。
毒性は弱く，旧名ドクグモ科も，いまはコモリグモ科となっている。

キタキシダグモ(下中央)
Pisaura mirabilis nursely web spider
旧世界の北方に広く分布する。クモ亜目にふくまれる。

アカアリフクログモ(下右)　*Myrmecium rufum* sac spider
南米ブラジルにすむフクログモ。進化したクモ亜目にふくまれる [3]．

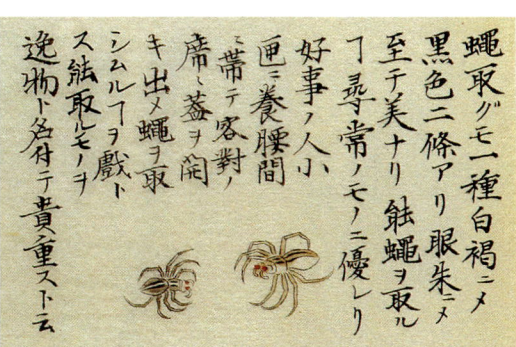

ミスジハエトリ(左)
Plexyppus setipes
jumping spider
日本各地の屋内にすみ，
ハエを巧みに捕える
[5]．

● クモ形類――サソリ／カニムシ／ザトウムシ／ダニ

ロニアのギルガメシュ叙事詩では，サソリの尾をもつ蠍人の夫婦という形で登場する．これをふまえたものか，中世アラビアの十二宮図には，ペアのサソリがたがいの尾を追っているような構図もみられる．またワシで象徴される場合もあって，〈ヨハネの黙示録〉4章で怒りの神が天から繰り出す〈飛ぶワシ〉も，さそり座を暗示したものだといわれる．いっぽうギリシア神話によると，これは狩人オリオンを刺し殺した毒サソリが空に上げられたもの．オリオンは今でもこのサソリを恐れ，さそり座の星が東にのぼってくると，あわてて西へ沈むという．これは両者が東西に約180度離れていて，同じ季節には空にのぼらない事実を示した話である．

【民話・伝承】〈サソリの精〉中国山東省の民話．妻をサソリに殺された男が，やがて道で出会った娘と再婚する．ところがじつはこの娘，犯人のサソリが変身したものだった．以前男から逃げるときに下腹部を切り取られた復讐を果たすための戦略である．ただしそれには毎年1回脱皮して，新たな毒針が成長するまで待たねばならない．が，結局脱皮中の姿を見られて正体がばれ，逆に男に殺されてしまった（《山東の民話》）．

【文学】《西遊記》第55回をみると，女怪と化したサソリの精が登場し，西梁国の毒敵山琵琶洞で三蔵法師を誘惑する．が，倒馬毒（ウマをも倒す猛毒の意）を武器に悪さのかぎりを尽くしていたこのサソリの精も，昂日星官だけは苦手．悟空が星官を呼んでくると，たちまち本性をあらわし，琵琶ほどもある雌の大サソリに戻ったあげく退治されてしまった．二十八宿のひとつである昂は，十二支では酉に対応する．つまり《西遊記》のサソリの妖怪は，いわばニワトリの化身に退治されたわけだ．

《さそり Al-'Aqrab》 エジプトの作家アブドゥッ・ラフマーン・アッ・シャルカーウィー 'Abd al-Rahmān al-Sharkāwī（1920－ ）の短編小説．ナイル川流域の農村で，〈サソリ狩り〉にとりくむ男をえがく．夕方になると，引っかき棒を片手にサソリを探し，どんどん捕えて缶に入れていくのである．その毒を薬用とするため，政府の役人も買いにくるというもうけ仕事だ．だがつねに危険とも隣り合わせ．主人公も最後にはサソリに刺されて死んでいく．

《さそり》 篠原とおるのアクション劇画で，昭和40年代に人気を博した．脱獄に執念を燃やす女囚701号・松島ナミを主人公にして，反体制の時代の気分をもりあげるのに一役買った．また，梶芽衣子主演の映画としても大ヒットした．

カニムシ

節足動物門クモ形綱カニムシ目 Pseudoscorpiones に属する節足動物の総称．
［和］カニムシ〈蟹虫〉　［中］蟹虫，仮蠍，擬蠍　［ラ］Cheliferidae（イエカニムシ科），Garypidae（イソカニムシ科），その他　［英］false-scorpion, pince, pseudoscorpion, book scorpion（イエカニムシ）　［仏］scorpion des livres, pince des bibliothèques, scorpion araignée（イエカニムシ），faux scorpion, pseudoscorpion　［独］Afterskorpion, Bücherskorpion（イエカニムシ）　［蘭］reuzenaarsspin, boekschorpioen（イエカニムシ）　［露］ложноскорпион
➡p.44-45

【名の由来】プソイドスコルピオネスはギリシア語で〈偽のサソリ〉の意味．ケリフェリダエは〈鋏をもつもの〉，ガリピダエの語源は不明．

英名ピンスは〈鋏，ピンチ〉の意．ブック・スコーピオンなど〈本〉に関係する名はイエカニムシのように古本をすみかとする種がいることから．

和名は，〈カニに似た虫〉の意．

【博物誌】クモに近縁の虫で，アリジゴクに似た形をしている．大きなはさみをもち，さわるとあとじさりするのが特色．土の上，洞窟の中，動物の巣，住宅内，また書物の中にもすむことで知られる．とくにイエカニムシ Chelifer cancroides は古い本の中をしばしばすみかとし，シミなどを食べる益虫である．アリストテレス《動物誌》は，これを〈本の中に発生するサソリに似た虫〉と説明している．

カニムシは人を刺すこともあったようだ．《動物学雑誌》（1924）掲載の〈カニムシ有毒論〉をみると，スイスのジュネーヴに住む女性が，イエカニムシに腿と背をかまれたという記事が載っている．この女性は患部が青くはれたうえ，体がほてって激痛を覚えたので，薄い昇汞とうこう液（塩化第二水銀）をつくって傷口をひたした，と報告されている．

ザトウムシ

節足動物門クモ形綱メクラグモ目 Opiliones に属する節足動物の総称．
［和］ザトウムシ〈座頭虫，瞽虫〉，メクラグモ〈盲蜘蛛〉，カゲロウグモ，ユウレイグモ　［中］長踦，盲蜘蛛，長脚蜘蛛　［ラ］Phalangiidae（マザトウムシ科），その他　［英］harvest man, harvest spider, shepherd spider, carter spider, daddy-long-legs, grandfather-greybeard　［仏］faucheur, phalange　［独］Weberknecht, Kanker　［蘭］hooiwagen　［露］сенокосец
➡p.45

【名の由来】 ファランギイダエはギリシア語の〈クモ phalangion〉に由来．

英名ハーヴェスト・マンは〈穫り入れ人夫〉，シェパード・スパイダーは〈羊飼いのクモ〉の意．ダディ・ロング・レッグは〈足長おじさん〉の意味で，体長の数倍から十数倍におよぶ長い脚部にちなんだもの．この名はガガンボ類などあしが異様に長い昆虫にもあてられる．仏・露名も〈刈り取り人〉，独名ヴェバークネヒトは〈織匠の徒弟〉，カンケルは〈織匠〉をそれぞれあらわす．

和名ザトウムシは，第2脚を触角のように用いて前進するようすが，座頭を彷彿させることから．メクラグモもこれに準ずる．

ザトウムシにはカゲロウグモ，ユウレイグモといった異名もある．

【博物誌】 クモに近い節足動物の1グループ．きわめて長いあしをもち，これであたりをさぐるように動く．したがって〈座頭の虫〉とよばれるが，外見上はあしの長いクモとしか見えない．熱帯地方に多く，肉食であるためミミズやカタツムリなどを食べる種類もいる．雄が陰茎をもっている点がおもしろく，生殖時にはこれを雌の生殖門に挿入する．

トマス・ムーフェット《昆虫の劇場》をみると，ザトウムシらしき虫が，クモ類の一種として紹介されている．それによると，長いすねをもち，体が丸くて茶色いこの虫は，ヒツジのいる牧草地に生息する．そのためか，当時のイギリスでは，〈羊飼い shepherd〉，とよばれていたという．また無害である事実も報告されている．

イギリスではザトウムシを幸運のしるしとみる．これを殺せば不作の年になるとか，ハチにこっぴどく刺されるといいならわす．また自分の足に這わせると，その足は一生リウマチにかからずにすむともいう．

ダニ

節足動物門クモ形綱ダニ目 Acari (＝Acarina, Acarida) に属する節足動物の総称．
[和]ダニ〈蜱，蟎，壁蝨〉 [中]牛蝨，牛蜱，牛蜱，蟎，壁蝨 [ラ]Acaridae（コナダニ科），Dermanyssidae（サシダニ科），Tetranychidae（ハダニ科），その他 [英]mite, tick [仏]acarien, acaride, mite [独]Milbe, Zecke, Acaride [蘭]mijt, teek [露]клещ　→p.48-49

【名の由来】 アカリはギリシア語でダニの一種を指すが，語源的には〈ごく小さな虫〉の意味．デルマニシダエはギリシア語で〈皮膚を刺す〉，テトラニキダエは〈爪の4つある〉の意味．

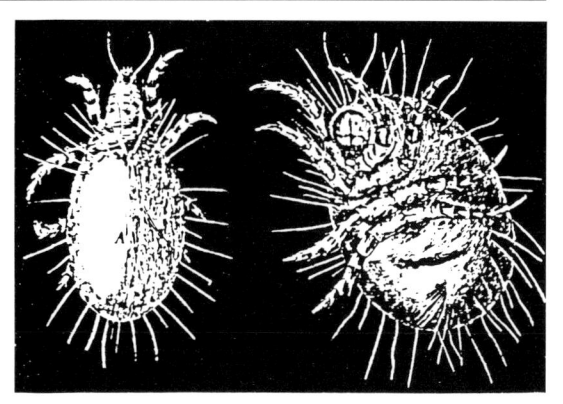

チーズにつくコナダニの1種．ロバート・フックの顕微鏡学図鑑《ミクログラフィア》(1665) に描かれたもの．この図によって，ダニのあしがカニやエビのそれに似ていること，卵生であることなどがあきらかにされた．

英名マイトはゲルマン語の〈粉々に砕く mit〉に由来．そもそも小動物の総称であった．あるいは古高ドイツ語で，ユスリカやハエの類を指した mize に由来するものかもしれない．ティクもゲルマン系の言葉であり，独名ツェッケと同語源で〈鬼〉をあらわす．

英語では，大型のマダニ類を tick，イエダニ，コナダニ，ハダニなど小型のダニ類を mite とよんで区別する．印象として，前者は日本と同じく害虫といういやなイメージがあるらしいが，後者は，ただ単にごく小さな虫という感じしかしないという（青木淳一《ダニの話》）．

中国名の牛蝨は，〈ウシに寄生するシラミ〉の意．

和名の由来については，よくわからない．一説には，背中のくぼみが，谷の形に似ているからだという．また，玉に似た形をしているので，〈タマナリ〉，がなまったとする説もある．さらに，タヒラミ（平虫）の転訛だともいわれる．

仏教説話集《沙石集》には，アリとダニの問答が出てくる．そこでアリから自分の名の起こりを聞かれたダニは，背中の上がくぼんで，谷に似ているからだ，と答えている．

日本で，ダニに〈壁虱〉という漢字をあてるのは誤用で，本家の中国では，これはナンキンムシ（トコジラミ）を指す言葉．この語が輸入された江戸時代以前には，ナンキンムシが，まだ日本本土にいなかったため，マダニと混同されてしまったらしい．

【博物誌】 ダニは大きな分類ではクモに近縁の節足動物である．シラミやノミが昆虫であるのに対し，まったく別グループの寄生動物であり，大きさは0.5〜1mmほど．したがって西洋では古くから，この世でもっとも小さな生物と考えられてきた．すでに3億年前には地上に存在し，海中を除

ニワオニグモ（上と右）
Araneus diadematus
cross spider, garden spider
ヨーロッパではきわめてポピュラーなクモ．
なかなか興味ぶかい図だ［43］．

オニグモのなかま（下）
Araneus sp. garden spider
これはレーゼル・フォン・ローゼンホフの
描いたオニグモの巣．fig.1は子が卵嚢
から出たところ．fig.2は完成した網，
fig.3は円網の中心から隠れ場所に
引かれた糸．獲物がかかると，オニグモが
糸を伝ってやってくる．fig.4は円網を
つくる前に引く粗い足場糸を伝って，
仕上げにかかっているところ［43］．

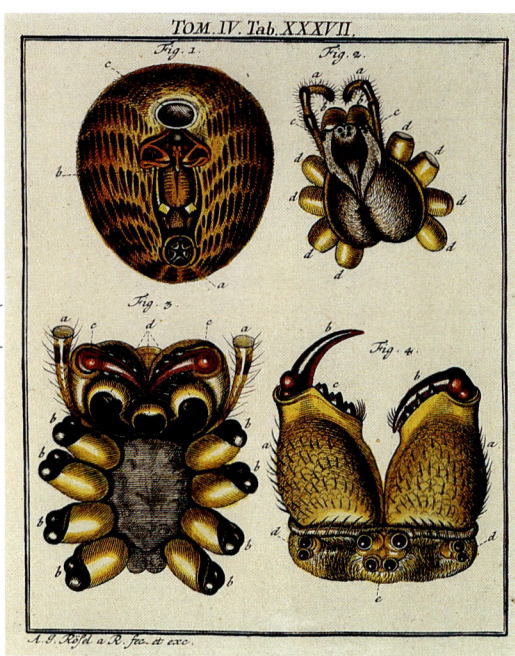

ニワオニグモ（上）　*Araneus diadematus*
cross spider, garden spider
ヨーロッパをはじめ，日本にも分布．ファーブルの
《昆虫記》にも登場するコガネグモ科の1種［43］．

ニワオニグモ（下）
Araneus diadematus　cross spider, garden spider
E.ドノヴァンの描くオニグモの図．網にかかった獲物に
迫ろうとする感じがよく出ている［21］．

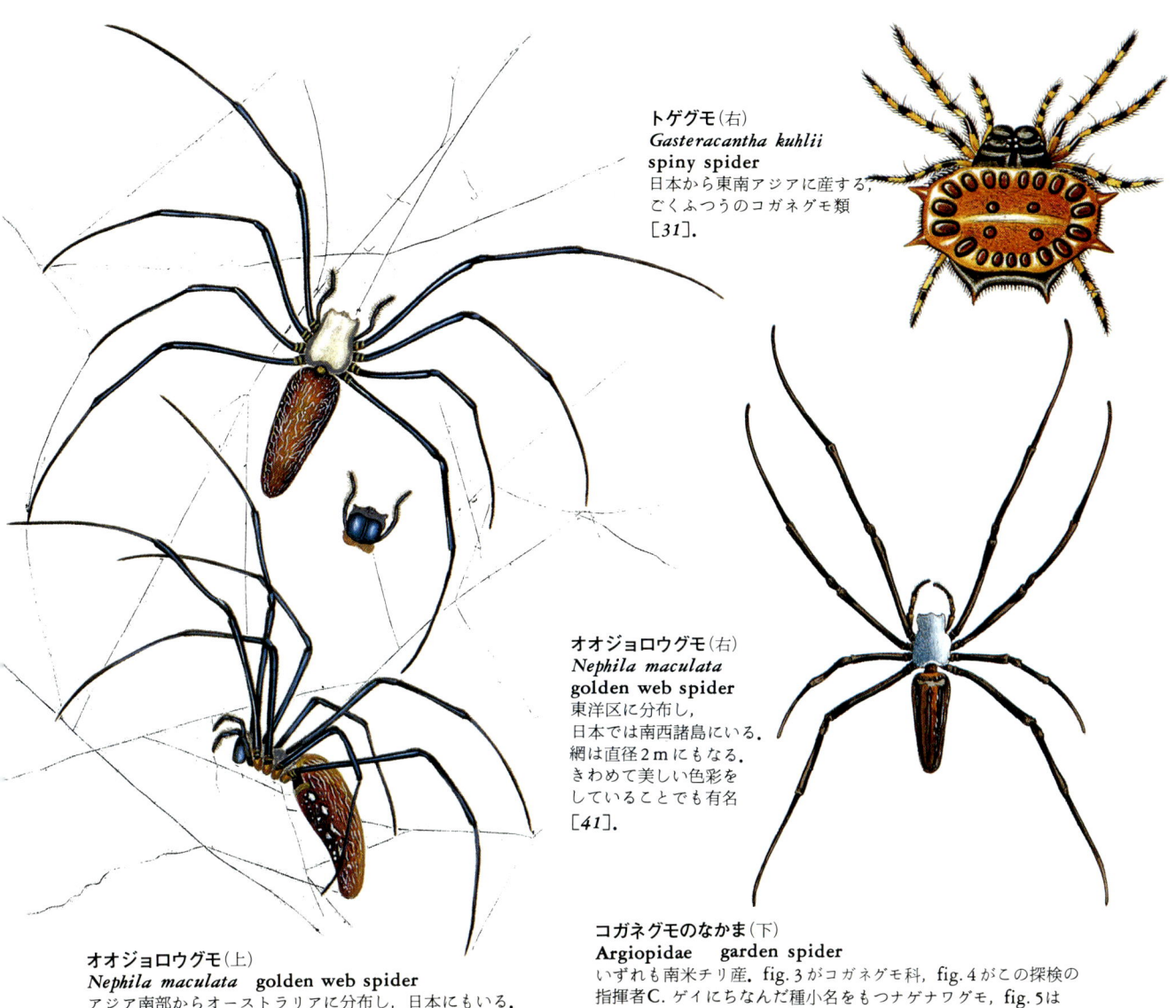

トゲグモ（右）
Gasteracantha kuhlii
spiny spider
日本から東南アジアに産する，ごくふつうのコガネグモ類 [*31*].

オオジョロウグモ（右）
Nephila maculata
golden web spider
東洋区に分布し，日本では南西諸島にいる．網は直径2mにもなる．きわめて美しい色彩をしていることでも有名 [*41*].

オオジョロウグモ（上）
Nephila maculata　golden web spider
アジア南部からオーストラリアに分布し，日本にもいる．網をつくるクモのなかでは日本最大．雌は5cmにもなる．しかし雄は最大1cmにしかならない [*23*].

コガネグモのなかま（下）
Argiopidae　garden spider
いずれも南米チリ産．fig. 3がコガネグモ科，fig. 4がこの探検の指揮者C.ゲイにちなんだ種小名をもつナゲナワグモ，fig. 5はトゲグモ類，fig. 7はナゲナワグモ類，fig. 8はマエキオニグモ，fig. 9はシュイロオニグモ，fig. 10はハンゲツオニグモ，fig. 11はフタオオニグモ．腹部の形が変わっており，興味ぶかい [*7*].

コガネグモ（上）
Argiope amoena　garden spider, st.andrew's cross spider
原図には絡新婦ジョウロウクモと説明されているが，現在のジョロウグモ *Mephila clavata* とは異なっている．古くから，コガネグモとジョロウグモとは混同されていたのであろう．日本や中国ではこれを戦わせて遊ぶ [*5*].

●クモ形類——ダニ／ツツガムシ

けばどんな環境にも適応している。ほとんどの種類では目がない。現在，少なくとも3万種のなかまが存在する。口器にはペンチのような鋏角がある。ただし吸血するダニは全体の1割にみたない。3億年前すでにダニが地上に繁殖していたとき，鳥類や哺乳類はもとより，爬虫類もいなかったのであるから，吸血ダニはずっとあとに発生した新参者ということになろう。

ダニはあまりに小さいため，ギリシアの哲学者エピクロスによると，1個体が原子の結合でできているのではなく，原子1個そのものがダニの1個体であった。この原子とはデモクリトスが唱えた物質の最小粒子のことであり，古代世界ではわずかにエピクロスが継承するものであった。しかし，原子1個をダニ1匹とみなした発想はおもしろい。

顕微鏡が発明されるまでのヨーロッパでは，コナダニがあらゆる生きもののなかで最小の存在と認められ，極微の世界の象徴であったからである。

しかしエピクロスの発想はダニの問題としては長くヨーロッパに流布した。トマス・ムーフェットも《昆虫の劇場》において，ダニを最小の生物としている。

シラノ・ド・ベルジュラックもダニを極小生物の象徴とし，《月と太陽諸国の滑稽譚》では，広大な星界と人間との関係を，人間とダニとの関係にたとえた。ただし彼がユニークなのは，ダニよりも小さい生物の存在を認めた点であろう。

顕微鏡が発明されてからは，科学者たちがさかんにダニの図を描いて発表した。たとえばイギリスの科学者ロバート・フックは，1665年《ミクログラフィア》でコナダニなど2種のダニの図を描き，ダニが卵生であることなどをあわせて記述している。またオランダの博物学者レーウェンフックは，《自然の秘密》において，ケナガコナダニの卵と成虫，および交尾中の姿などを図で示した。いずれも怪物めいたダニの形態が大写しにされ，この虫のイメージを確定的にする役割を果たした。

しかし，デモクリトスの原子論に反対したアリストテレスは，ダニについてエピクロスのような発想をしていない。彼の《動物誌》をみると，ヒツジやヤギにダニはつくが，シラミはつかないとして寄生虫の比較研究を展開している。ダニとシラミは両方ともウシにつくが，ロバには両方ともにつかない，とある。これはおおむね本当らしい。ただし小西正泰〈古文献に現われたダニ〉によれば，ロバにダニがつかないというのは誤りだという。

またアリストテレスは，古くなった蜂蠟からダニが発生すると述べ，全動物中で最小のものらしい，とした。しかし，蜂蠟にダニはいないので，これをチーズと読みかえる学者もいる。というのもコナダニはたしかに古チーズに寄生するからである。しかしアリストテレスは別の個所で，ダニがギョウギシバ*Cynodon dactylon*から発生する，とも述べている（《動物誌》）。ギョウギシバとはバミューダグラスともよばれるイネ科の草。インドではダーバとよばれる聖草である。

なお，アリストテレス《動物誌》には次のようなくだりもみえる。〈シラミは肉から生ずる。シラミがまさに発生せんとする場合には，ちょうど小さい，膿の出ない吹出物のようなものができるが，これを突つくとシラミが出てくる〉。これはシラミではなく，ヒゼンダニを解説した記述であるといわれる。

ヒゼンダニは皮膚病の疥癬の原因である。しかしこの関係を古代人はよく認識していなかった。島崎三郎氏によると，その因果関係を発見したのは，12世紀のムーア人医師アベンゾアだという。しかしアリストテレスがシラミの名で実際にヒゼンダニをあつかっているとすれば，彼がいちはやく疥癬とダニの関係を了解していたことになる。

プリニウスもまた《博物誌》でダニについて多くを語っている。マギ僧の言として，ダニは死ぬまで食べやまない生きもので，そのために7日間しか生きられないとの説を，まず紹介している。また黒犬の左耳からとれたダニは，あらゆる体の痛みに対するお守りとされた。

プリニウスはダニの薬効にかなりの関心を示した。イヌから採ったダニの血は，脱毛剤になり，またどのダニの血でも，丹毒の薬に使える，としている。しかし，ダニの血はいったいどれほどの量を用いれば薬効が得られたのだろうか。1匹のダニから採れる血はたかが知れていたと思える。

ちなみにルネサンス期にいたり，ムーフェットはダニの発生についてのアリストテレス説をふたたび強調した。ダニは古いチーズや蠟，人間の肌などに生じ，とくに人肌に発生したものを〈丘疹虫 wheal-worm〉とよぶ，としている。とすれば，ダニはチーズの一部であり，食べることもできるだろう。中世から近世にかけ，たしかにイギリスの上流階級は，スティルトン・チーズにいるダニを賞味する習俗をもっていた。チーズのスライスを食べるときはいつも，スプーン1杯のワインをダニに注いで食べたという（C.I.リッチ《虫たちの歩んだ歴史》）。

中国では，明代あたりから，水疱瘡の内服薬として，ダニを用いる習俗がはじまった。

《本草綱目》には，ウシに寄生するダニには白と黒の2種あって，薬用には白いものを使ったとあ

る。これを〈牛蝨〉という。ウシがこの〈牛蝨〉にやられたら，トリカブトの汁か，煙草の汁を，すぐに何回も注いでやると治るという。

ちなみに日本人もこの牛蝨には頭を悩ましたらしい。山口県では，ウシやウマにダニやノミ，シラミがたかったら，陰干ししたクサギの煎じ汁で，ウシやウマの体をふいてやった（《中国・四国の民間療法》）。

中国では，蚊のまつげに巣くう〈蟭螟しょう〉という小虫の存在が，古くから伝えられてきたが，視力，聴覚にすぐれた人びとでも，その姿をとらえたり，物音を耳にすることはできなかったという。これは，虫ダニのことで，栗本丹洲が《千蟲譜》に図を載せている。

日本にはイエダニ Ornithonyssus bacoti（英名 tropical rat mite）はいなかった。しかし今では多い。大正の末ごろからその害が問題とされはじめている。寺尾新《魚・海・人》によると，これは関東大震災のときの慰問品として，海外から送られてきた毛布に，イエダニがついていて，以後日本でも大繁殖するようになったためだという。

なお《千蟲譜》によると，日本人は，食糞性のコガネムシ類で体中にダニ類が群がったものを〈子負虫〉とよんでいた。つまりダニは，コガネムシの子だと思われていたのである。しかし栗本丹洲はこの俗信を正し，これは〈虱〉の1種であってコガネムシの子ではない，と述べている。

ダニに関する俗信は愛知県北設楽だにら郡にも例をみる。同地では，天狗が古いわらじに小便をかけるとそれがダニになる，といい伝えた。いっぽう南設楽郡では，ダニはアセビの木の下にわく，と信じられていたという（田中誠〈ダニの民俗〉）。

【ことわざ・成句】　日本では，ダニを嫌われ者のたとえとして，〈ダニのようなやつ〉とか〈街のダニ〉といった表現をする。イエダニが蔓延した大正末期以後に出た表現であろうか。

江戸時代を通して鋳造され続けた豆状の銀貨の一種〈豆板銀まめいたぎん〉には，ダニという俗称もあった。形がダニに似ているためだ。

ツツガムシ

節足動物門ダニ目ツツガムシ科 Trombiculidae に属するダニの総称．
［和］ツツガムシ〈恙虫〉　［中］恙蟎，恙虫，沙蝨　［ラ］*Trombicula* 属（ツツガムシ），その他　［英］chigger　［仏］lepte automnal　［独］Erntemilbe　［露］полевая краснотелка

....

【名の由来】　トロビキュリダエはギリシア語で〈微細なもの〉の意味．

仏名は〈秋のダニ〉．独名も同じく〈収穫期のダニ〉．露名は〈森の赤い斑点〉の意味．

英名チガーは，スペイン語の〈小さい chico〉が，南米人のあいだでチゴ chigoe となまり，さらにそれが英語圏の人びとに伝わって，チガー，ジガー jigger となったものだという．なおこの名は，中南米では主にスナノミ *Tunga penetrans* を指し，タカラダニ科の1種 *Leptus americanus* など，さまざまなダニ類のよび名に使われる．

中国名の沙蝨は，〈砂浜にすむシラミ〉の意．

和名にあるツツガとは，病気などの災難を示す言葉で，現在も〈つつがなく〉という形でよく使われる．この虫が恙虫病つつがむしびょうという伝染病を媒介することによるよび名．

出羽国雄勝郡や仙北郡の雄物川流域では，ツツガムシのことを毛木虱けだにとよんだ．また越後国三嶋郡海老嶋中条など信濃川流域の村民は，嶋虫しまむしとか恙つつの虫と称していたという（菅江真澄《筆のまにまに》）．

【博物誌】　ダニのなかまで，成虫は約1mmほどになる．幼生は，土中に産みおとされた卵から孵化して脊椎動物に寄生する．成体になってのちは土中に暮らし，昆虫の卵などを吸いながら生きる．

恙虫病は，微生物の1種リケッツィア・オリエンタリス *Rickettsia orientalis* をツツガムシの幼生が媒介することでおきる．幼生の宿主になるのは野ネズミや野鳥が多い．またリケッツィアはツツガムシの成体にも寄生している場合がある．これが発見されたのは，1930年（昭和5），山形県河北町谷地における長与又郎ら研究陣によってであった．しかし1927年（昭和2），すでに細菌学者の緒方規雄か病原体を R. tsutsugamushi と発表していたため，命名論争がたたかわされた．

いずれにせよ，このリケッツィアという病原を保有するツツガムシの幼生が，人や動物の皮膚を刺すことでリケッツィアを伝染させ恙虫病を発生させる．《本草綱目》によると，まず熱が出て頭痛，吐き気がし，手足の末端がふるえる．また，腹痛がして，たちまち死んでしまう場合もあるという．ツツガムシの幼生はたしかに目に見えぬほど小さいが，刺される感触から，人びとはツツガムシを実感として知っていたのである．

中国の嶺南地方（広東・広西）では，ツツガムシに刺されたら，すぐカヤかタケの葉で患部を突いて虫を追い出し，そのうえで，ニガナ（キク科の多年草）の汁を塗った．また，虫が深くくいこんでいる場合には，針で突いて取りだしたという（《本草綱目》）．

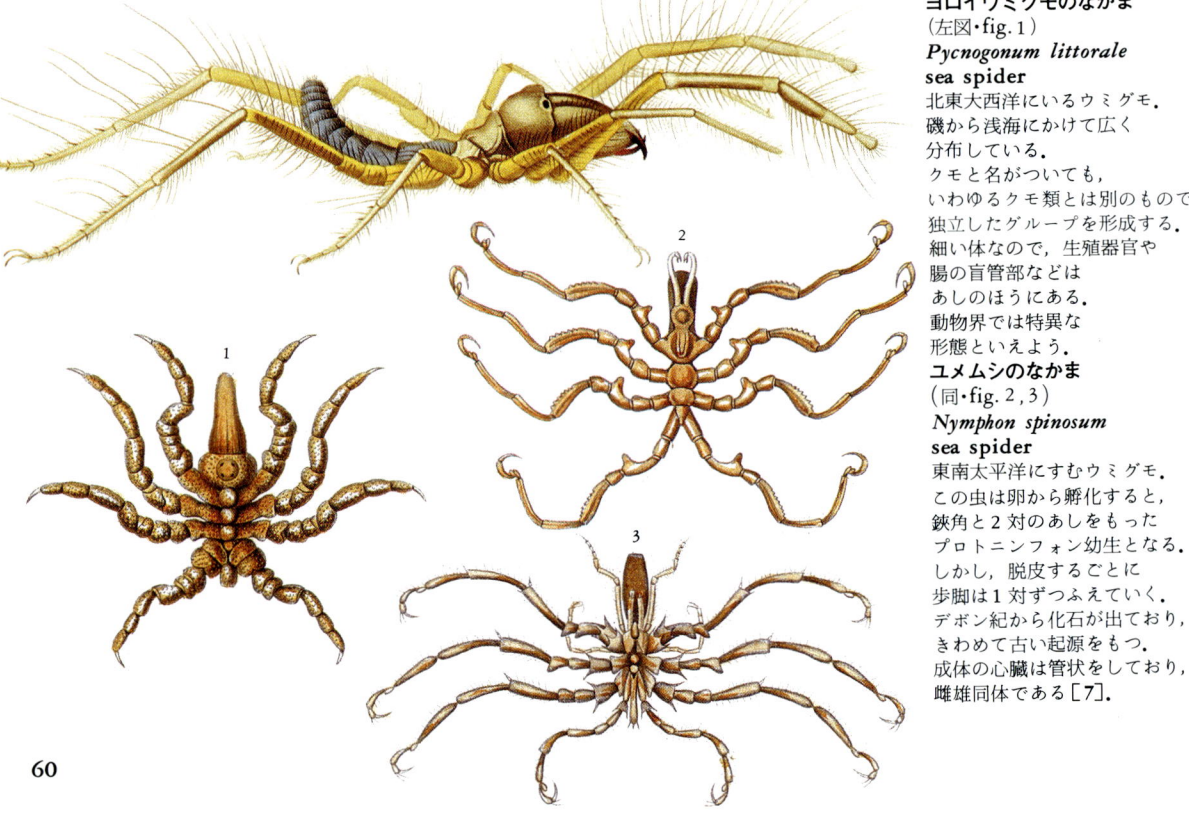

ヒヨケムシのなかま(上の2匹) Galeodidae wind-scorpion,
sun-spider, camel-spider, false-spider
600種以上もいるヒヨケムシのうち、南米チリに産するもの
[7]．

ヒヨケムシのなかま(左上)
Galeodidae wind-scorpion, sun-spider,
camel-spider, false-spider
暑い乾燥地帯にすむ夜行性の虫。ハエ、クモ、サソリ、
小さなトカゲなどを捕食するが、とにかくあしが速く、
〈風サソリ〉の俗称すらある。毒はもっておらず、
旅人のテントによくはいりこむ。スペインからインド、
中南米に分布するが、このなかまは日本にはいない[3]．

ヒヨケムシのなかま(下)
Galeodidae wind-scorpion, sun-spider,
camel-spider, false-spider
おそらく上図のヒヨケムシと同じ種類であろう。
横から見た図である点が興味ぶかい[3]．

ヨロイウミグモのなかま
(左図・fig. 1)
Pycnogonum littorale
sea spider
北東大西洋にいるウミグモ。
磯から浅海にかけて広く
分布している。
クモと名がついても、
いわゆるクモ類とは別のもので
独立したグループを形成する。
細い体なので、生殖器官や
腸の盲管部などは
あしのほうにある。
動物界では特異な
形態といえよう。

ユメムシのなかま
(同・fig. 2, 3)
Nymphon spinosum
sea spider
東南太平洋にすむウミグモ。
この虫は卵から孵化すると、
鋏角と2対のあしをもった
プロトニンフォン幼生となる。
しかし、脱皮するごとに
歩脚は1対ずつふえていく。
デボン紀から化石が出ており、
きわめて古い起源をもつ。
成体の心臓は管状をしており、
雌雄同体である[7]．

ホウネンエビ（右）
Branchinella kugenumaensis
fairy shrimp
ミジンコとともに鰓脚類に
ふくめられる小型甲殻類．
ホウネンエビは甲羅をもたず，
エビのような体節がある．
いつも背泳ぎしているので，
すぐ見分けがつく．
なおホウネンエビは淡水，
近縁のブラインシュリンプは
汽水から海水にすむ [26]．

ヘラオカブトエビのなかま（左）
Lepidurus productus
tadpole shrimp, shield shrimp
ヨーロッパ産のカブトエビ．
淡水産で，小さなかたい
オタマジャクシのように見える．
このなかまもミジンコや
ホウネンエビと同じ
鰓脚類に属するが，かたい甲羅を
かぶっている点がことなる
[3]．

ホウネンエビ（上）
Branchinella kugenumaensis fairy shrimp
淡水にすむ無甲目のなかま．魚のいない水たまりにすんで，
そこが干上がってもいいように，卵がいっせいに
孵化しない仕掛けになっている [5]．

ホウネンエビモドキ（下）
Branchinecta paludosa brine shrimp
ホウネンエビと同じく無甲目にふくまれるが，
海水から汽水にすむところに特色がある [33]．

ホウネンエビモドキ（下）
Branchinecta paludosa brine shrimp
いわゆるブラインシュリンプの1種である．このなかまは
乾燥に強い卵を産むので，熱帯魚飼育者はこの乾燥卵を保存し，
必要に応じて塩水にいれ，孵化させて魚の餌にしている [32]．

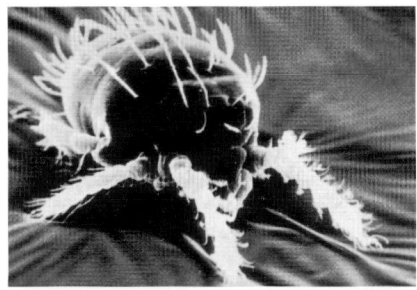

●クモ形類——ツツガムシ／サソリモドキ／クモ

❶——ツツガムシの幼虫．ツツガムシ病の病原体リケッツィアを仲介する幼虫がこれである．木村兼葭堂は江戸期に，出羽国秋田領雄勝郡おがちに毎夏発生する毒虫の正体を〈沙虱しゃしつ（ツツガムシ）〉の可能性がある，と正しくも見抜いた．❷——桃山人《絵本百物語》（天保12／1841）に描かれた〈恙虫〉の図．

《塵嚢抄》によると，日本人がまだ穴居していたときは，ツツガムシにさんざんやられていた．しかしやがて，穴の入口をふさぐことを覚えてからは，虫にやられることもなく，安穏な心地を楽しめるようになった．そこで安穏として無為な状態を，〈つつがなし〉と称しはじめたという．

ただし貝原益軒は，野宿した人間を害するのはヘビの類が多いという考えから，古代に穴居していた人びとを害した〈恙〉というのも，ヘビの類だろう，と述べている（《大和本草》）．

また〈ああ恐れ多い〉という意味で，手紙文などに用いる〈あなかしこ〉という文句もツツガムシにかかわっているといわれる．この文句は俗に〈穴賢〉と記す．穴居時代，入口の土の穴を見張ってツツガムシの害を防いだことから，〈相構えて賢かれ〉という意味でひろまったとの説である．いずれにしろ，古くからこの病は日本人の天敵であったようだ．

【恙虫病つつがむしびょう】 この病気は秋田，山形，新潟3県の河川流域で，夏になると発生する風土病の一種．高熱が出て発疹がおこる．死亡するケースも少なくない．春から洪水がひんぱんにおきた年は，患者の発生数も多いという．古くは虫のしわざとは考えられず，悪気や毒水，ヘビの鱗，悪鬼などさまざまなものが原因にあげられた．しかし，やがてツツガムシに食われると病気にかかることがわかってくる．

江戸時代，新潟県の農民は，ツツガムシのいそうな場所に近づくときは，ニンニクやミョウガなど芳香性の植物を手にした．また食塩をまぶした炭火の上を素足で歩く〈火渡り〉という真言宗のまじないもある．これをすると，その年はツツガムシにけっして刺されないという（伊藤辰治・小畑義男編《新潟県の恙虫及び恙虫病》）．

このようなまじないにまで発展したのも当然だろう．なぜなら秋田や山形，新潟の河川周辺では，恙虫病の死亡率も3割以上にたっしていたというのだ．ツツガムシをめぐる伝説も多数あり，たとえば百姓に殺された白蛇の鱗がこの虫になったとか，信濃川に身を投げた娘の怨霊が化したとかいわれる（田中誠《ダニの民俗》）．したがって同地では〈赤虫大明神〉，〈ケダニ明神〉，〈ケダニ地蔵〉といった神仏をまつり，恙虫病よけとした．ちなみにこの赤虫は，ツツガムシの異名であった．また，虫送りの行事と合体して，神事をとり行なうところも多い．

【医療史】 山形県で，ツツガムシ対策に心を砕いた人物に，芳賀忠徳（天明2－嘉永1／1782－1848）という医師がいる．文化7年（1810）ころ，最上川で洪水がおきたあと，恙虫病にかかった1600人余りの人命を救った人物だ．針でツツガムシを摘出，〈ケダニ先生〉という異名をとったという．同県の西置賜にしおきたま郡の白鷹町には，忠徳を記念した酬恩碑が今も残っているほど．また息子の忠庵（文政8－明治12／1825－79）も，ツツガムシ研究で有名だった．さらにまた，西置賜郡には，〈毛掘り先生〉の名で知られる新野広陵（文政9－明治23／1826－90）もいた．ツツガムシを皮膚から摘出する名人で，早くから成果をあげていたという．

日本の恙虫病を初めてヨーロッパに紹介したのは，スコットランド人宣教師のセオボールド・A．パームという人物である．1874年（明治7）5月に

来日した彼は，翌年，新潟に教会兼診療所を開設，恙虫病患者の治療を行なった。そして1878年（明治11），〈日本原住民が嶋虫と称する病気の報告〉という論文を，《エジンバラ医学雑誌》に発表した。ただしその内容はおもに，楜野直筆と川上清哉の日本語論文を翻訳したものだった。

続いて同じ1878年（明治11），日本に近代医学を導入したことで知られるドイツ人医師ベルツが新潟に出向き，東京帝大医学部学生川上清哉の協力のもと，恙虫病の診療にあたった。そして翌1879年（明治12），〈日本の河川及び洪水熱（リューマチス性熱）——一種の急性伝染病〉という論文を川上の名を付して医学雑誌《フィルヒョー雑誌》に発表する。そのなかでベルツはこの病気を〈日本洪水熱〉と命名，病気が発生するのは，瘴気的な毒が洪水によって流されてくるためだ，とした。

ツツガムシの幼生が病原体を媒介する事実は，秋田の医師田中敬助（文久2-昭和20/1862-1945）が確認，1899年（明治32），〈ケダニ病の原因および病因に就て〉という論文を《ドイツ中央細菌学雑誌》で発表し，その事実を公にした。

戦後，アメリカからさまざまな抗生物質が輸入され，恙虫病は一時ほぼ姿を消しかけていた。ところが1976年（昭和51）を境に，なぜかこの病気が日本各地にひろがり，死亡例も確認されている。ただし今回の恙虫病の発生場所は川沿いではなく山林地帯で，リケッツィアを媒介する虫も別の種類であった。そのため東北3県のものを古典型恙虫病，今回のを新型恙虫病とよんで区別する。もっとも患者の症状は，ほとんど変わらない。

サソリモドキ

節足動物門クモ形綱サソリモドキ目 Thelyphonida に属する節足動物の総称，またはその1種。
［和］サソリモドキ〈尾蠍〉，ムチサソリ，シリオムシ ［中］鞭蝎，脚鬚 ［ラ］Thelyphonidae（サソリモドキ科），その他 ［英］whip-scorpion, vinegarroon ［仏］pédipalpe ［独］Skorpionspinne, Geißelskorpione ［蘭］schorpioenspinn, zweepschorpioen ［露］жгутоногие ➔p.45

【名の由来】 テリフォニダはギリシア語で〈女thēlys殺しphonos〉の意味。

英名ホイップ・スコーピオンは〈鞭をもつサソリ〉の意。鞭状の長い尾にちなむ。和名ムチサソリもこれに準ずる。ヴィネガルーンはメキシコで使われるスペイン語のvinagronに由来。〈酢vinagr〉を語源とし，この虫が怒ると酢のようなにおいの揮発性物質を出すことから。仏名は〈足のような触覚〉。独名ガイセルスコルピオンも〈鞭をもったサソリ〉の意味。

和名サソリモドキは，〈サソリに似た虫〉の意。ただし，この虫の尾はサソリとちがって，鞭のように細く，毒腺もない。

木村兼葭堂が薩摩や琉球の蟲類を筆写した《薩摩州蟲品》（《薩州蟲品》ともいう）では，サソリモドキは，〈大島ヘヒリ〉とよばれ，背腹ふたつの図が描かれている。

【博物誌】 これもクモに近縁な熱帯地方の虫である。外見はサソリに似ているが，尾の先に毒針があるわけではない。しかし尾部を高く上げ，肛門腺からギ酸，酢酸臭のする液を射出するポーズは，やはりサソリを連想させる。

《重訂本草綱目啓蒙》に，サソリのなかまとして〈薩州の大島にヘヒリと呼ぶ虫あり，形甚だ蝎に似て身大にして尾短く手も甚だ短くしてふとし〉とあるのは，サソリモドキのことである。したがって江戸時代に知られていたことは確実である。

動物学者によって，サソリモドキの生態が詳しく報告されたのは，福田（のちに駒井）卓の〈大島及徳之島見聞記〉（《博物之友》第67号，1909）をもって嚆矢とする。それによると，徳之島ではサソリモドキのことを，俗にツツパシャンとよぶ。ここにかぎらず，奄美大島などにも，石の下や，堆積肥料のなかに，サソリモドキがたくさんいたという。

クモ

節足動物門クモ形綱真正クモ目 Araneae に属する節足動物の総称。
［和］クモ〈蜘蛛〉 ［中］蜘蛛 ［ラ］Theraphosidae（オオツチグモ科），Araneidae（コガネグモ科），Lycosidae（コウモリグモ科），その他 ［英］spider ［仏］araignée ［独］Spinne ［蘭］spin ［露］паук　　　p.52-57

【名の由来】 現在の動物学でクモ形動物をアラクニダ Arachnida とよぶが，これは，ギリシア神話の技芸の女神アテナと機織り競争をし，女神の怒りにふれてクモに変えられたアラクネに由来する。テラフォシダエはギリシア語の〈動物ther〉と〈光phos〉に関係するか。アラネイダエはラテン語でクモをあらわす言葉から。リコシダエはギリシア語の〈オオカミ〉に由来。

英名スパイダーは，古語の〈織るspinnan〉に由来。糸を出して巣網をつくる習性にちなむ。別にまたスパイダーはspy-dor，つまり〈小虫dorを見つけだすspyもの〉を示すという説もある。さらにギリシア語の〈手足を遠くにのばすspidees〉が語源ともいう。

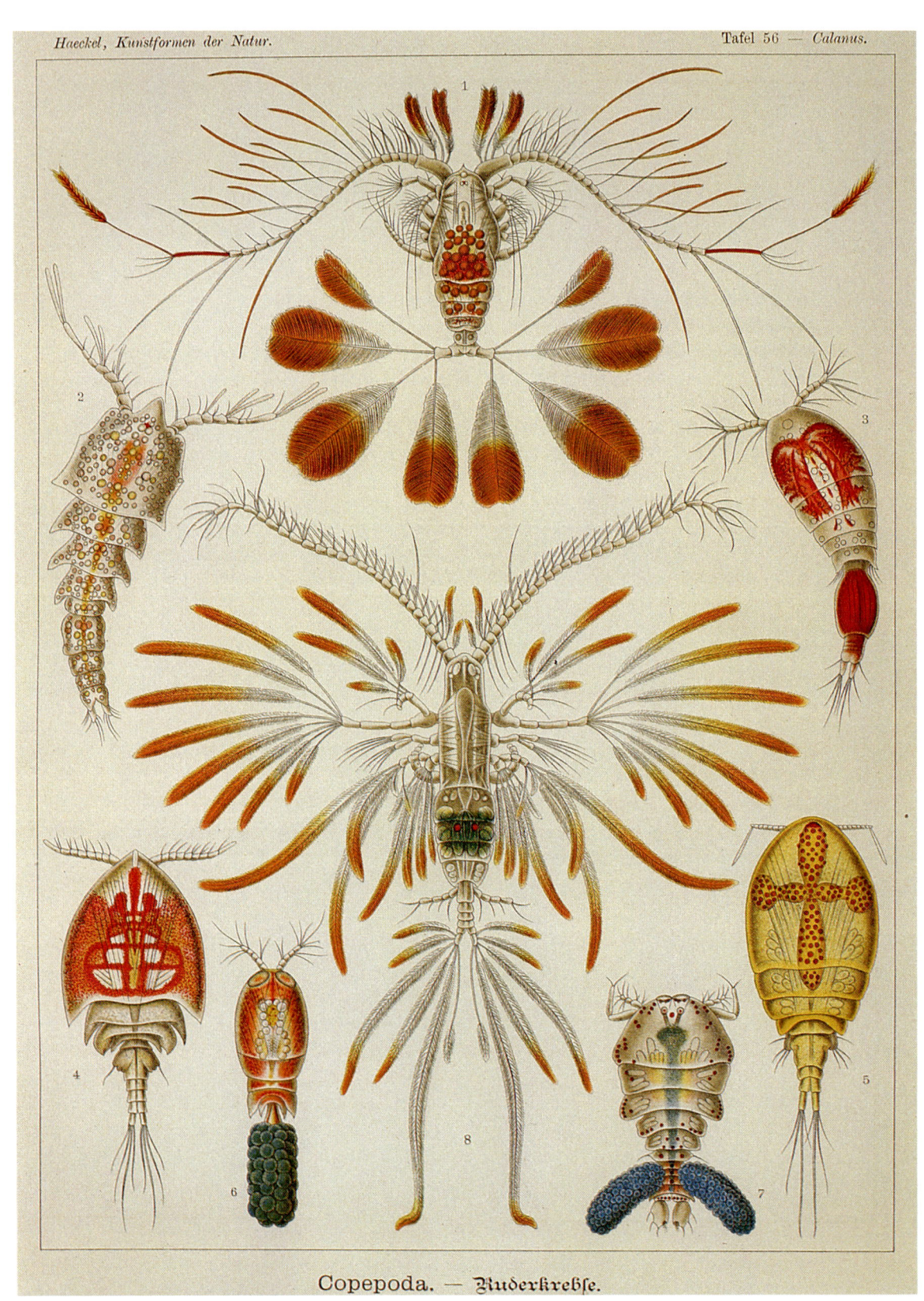

カイアシ類のなかま　Copepoda　copepod
カイアシ類とはプランクトンとして暮らすなかまで、ケンミジンコ目が有名である。この図には、そのケンミジンコ類が中央に描かれている。しかし、カイアシ類のなかには、砂中にすむソコミジンコ、魚に寄生するウオジラミなど生態のちがうものもいる［31］。

ケンミジンコのなかま
Cyclops sp. ?
レーゼル・フォン・ローゼンホフの
描くドイツ産のケンミジンコ．
これにはツリガネムシが
とりついていて興味ぶかい[43]．

サメジラミのなかま（下右）
Pandarus cranchii
カイアシ類のうち，
魚に寄生するウオジラミたち．
この種はサメに寄生する．

マンボウノシラミのなかま（下左）
Cecrops latreillei
こちらはマンボウの体表に
密着して生活する．なかまには，
クジラに寄生し，全長30cmに
たっする大型種もいる．
ただし，クジラジラミ
（ワレカラに近い虫）とは
別ものである[3]．

ウミホタルのなかま（下） *Cypridina bimaculata*
浅海から深海までに分布するウミホタルは，2枚の殻で
やわらかい体を包んでおり，甲殻類のなかでも〈貝形類〉とよばれる．
刺激を受けて，美しい蛍光を発する種もいる[7]．

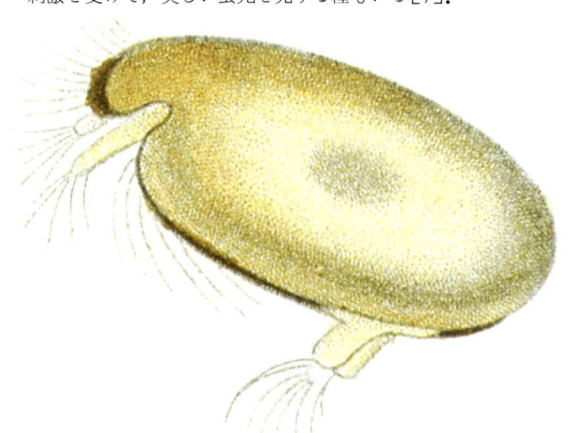

●クモ形類──クモ

王安石《字説》によれば，中国名の蜘蛛は〈平誅の義を知るもの〉の意．網をかけて生物を捕える習性を，天誅とみなしたもの．中国でトタテグモ類を示す螲蟷というよび名は，日本では誤ってジグモ類にあてられる．

《日本釈名》によると，和名クモは，〈咬む〉がなまったものだという．また，〈こもる〉を意味するという説もある．土中に巣をこしらえて，中にこもる習性から．さらにアシダカグモの中国名の喜母の音が転じたものともいわれる．いっぽうクモが網を張る習性を重くみて，〈組む〉を語源と考える人もいる．また別に，クモは，〈雲〉だともいう．捕えようとすると，雲に乗って逃げるようにすばやくいなくなることから．

【博物誌】 節足動物のうちでも人によく知られた真正クモ類に属する虫．大きく3つのグループに分かれる．日本の一部を含むアジアにのみ分布する古疣目は，ほとんどがすでに絶滅したクモたちで，糸を出す孔つまり糸疣が腹部下側の中央についている．地上に穴を掘ってくらす．現存はキムラグモのなかまのみ．次の原疣目は，地上ぐらしという点では前のグループと同じだが，糸疣が腹部の端にある．ジグモやトタテグモがこのなかま．最後の新疣目は，他のグループが2対の書肺をもつのに対し，1対しかもたない．糸疣のほかに篩疣とよばれる別の紡績器官をもつグループもいる．

おもしろいのは，クモが体外消化を行なう虫であることだ．まず牙を使って餌に消化液を注ぎ，なかば消化したのちに吸いこんで，完全に消化する．また交尾期には，フシギキシダグモのように雄が雌に好物の餌を持参して誘う行動や，クサグモのように雌に〈催眠術〉をかけて動けなくさせる行動など，不思議な営みをみせる種類が多い．

クモはほぼ世界的に神意を啓示する動物とされ，古代ローマでは天候や環境の変化を知らせると信じられた．キリスト教徒のあいだでは古く，クモはイエスの揺り籠の上に巣を張って，イエスを危険から救った虫とされた．したがってクモを殺すことは嫌がられ，殺した人間も栄えることがない，といわれた（《西洋俗信大成》）．また別のキリスト教の伝説によれば，聖家族のエジプトへの逃避行中，ある洞窟に身を隠したときにクモが入口に巣を張り，追手の目を逃れることができたという．イギリスをはじめヨーロッパではクモを繁栄のしるしとして大切にし，とりわけオニグモ類 *Araneus* の赤い小型の種を〈銭グモ money spider〉と称して経済的繁栄の吉兆とする．北ヨーロッパでは縁結びをする動物と信じられ，北欧神話の愛の女神フレイヤに関係づけられる．アイルランドではクモが巣を張らないという迷信は，同島の守護聖人であるパトリックがヘビとヒキガエルとクモを敵視したという故事に由来するものである．

しかし古代人の関心をとくに集めたのは，毒グモであった．アリストテレスによると，毒グモの子は成長すると，産みの雌親を殺してしまう．また雄親をもつかまえて，殺すこともあるという．

アリストテレスの時代には，生きた毒グモが薬屋で売られていた．ただしこれらのクモは，人にはかみつかないか，かんでもたいしたことはない．また餌なしでも長いこと生きていられる．さらに，毒グモにかまれたシカは，カニを食う奇習をみせるとも考えられた．実際，このようにかみつくのが得意なクモも存在する．クモ博士の八木沼健夫氏によると，日本産のフクログモ科の1種カバキコマチグモ *Chiracanthium japonicum* の子は，ほんとうに母親の体を食いつくしてしまう．ただし，このクモと同属の種はヨーロッパにもアメリカにもいるのに，まだ親を食う習性は認められていない（《クモの話》）．

プリニウスもクモにかまれたときの処置を述べている．コショウをふったオンドリの脳を，酢と水であえて飲む．またアリ5匹を呑みこんだり，あるいはヒツジの糞を灰にしたものを酢と一緒に飲むのもよい．

クモ類のなかには毒性をもつものも少なくないが，人間に害のある種はわずかしかいない．だが中世ヨーロッパでは，クモにはみな毒があるとひろく信じられていた．バルトロミオによると，クモにかまれたら，ハエを踏みつけて患部にあてると，毒が抜けて痛みがやわらぐ．また子ヒツジの鉤爪を灰にして蜂蜜と一緒に患部に塗っても同じ効果があるという．

じつは，中世ヨーロッパを恐怖にまきこんだ毒グモの具体的な正体は，タランチュラ（コモリグモ）である．これが毒グモの代名詞的存在として恐れられてきたのである．

タランチュラという名前は，もともと南ヨーロッパに広く分布するタランチュラコモリグモ *Lycosa tarantula* を指した．この種小名と英名は，イタリアの古都ターラントに由来．このクモが同地にたくさんいたためだとか．

このクモの名を高からしめたのは，刺されたときにおきるとされた奇怪な症状である．ある者は笑いころげ，ある者は泣きさけび，饒舌になったかと思えば黙りこみ，また眠りこむ者もいれば四六時中眠らずに動きまわるという具合である．そしてこのヒステリー状態を治す唯一の療法は，楽

士を招いて歌い踊って汗をかき，ぐっすり眠ることだといわれた。トマス・ムーフェットもこれを最上の手段としている。ちなみにこの踊りもタランテラとよばれた。

ところが，実際はコモリグモの毒はそんなに強くない。つまりタランチュラの話は，根拠のないつくり話なのである。一説には，酒神バッカスの信者たちが，狂乱のかぎりをつくす自分たちの儀式を，厳格なキリスト教世界のもとでも行なえるようにと故意に噂を流したのだともいわれる。

マルコ・ポーロの《東方見聞録》をみると，スリランカにいるタランチュラがトカゲに似て壁をはいのぼる小動物として紹介されている。それによると，大毒をもつこの虫は，〈シス〉という人声によく似た音を発することで知られ，商談をしている最中にこの音が聞こえると，音のした方向によって吉凶を判断，吉なら契約を結ぶが，凶兆だと破談にする風習があったという。

中世ヨーロッパには別の伝承もあった。すなわちこの生きものは，卵をじっと見つめるだけでかえしてしまうという。この話は《レオナルド・ダ・ヴィンチの手記》にある。

クモ類は，さまざまな病気の治療薬やお守りとして使われた。トマス・ムーフェットの《昆虫の劇場》をみると，その使用法が詳述されている。たとえばハエトリグモをリンネルの布にくるみ，左腕にかけると，マラリアの熱をはらうことができる。また家グモの一種を皮か木の実の殻に閉じこめ，腕や首にかけると，マラリアの四日熱の発作よけになる。さらに生きたクモを3匹，油といっしょに煮て，その液を数滴耳にたらすと，痛みがおさまるという。

ちなみに，クモは食品ともなった。フランスの天文学者J.J.F.deラランド（1732-1807）は，クモ料理を愛好し，ハシバミの実の味がする，と述べた。ちなみに彼はアオムシも食べた。こちらはアーモンドの味だった，とジュール・ミシュレの《虫》にある。

アメリカ・インディアンのポーニー族も，クモを豊穣の女神としてたたえる。クモの巣をヒントにして，スイギュウを捕えるときの網をつくったからだという（《アメリカ民俗辞典》）。

ついで，アジアに目を向けることにする。ラオス，タイでは，オオジョロウグモ *Nephila maculata* や，トリクイグモ類の *Melopoeus albostriatus* などを食用とする。多くは焼いてから塩をつけて食べるらしいが，なかには生で食う場合もあるそうだ（〈蜘蛛類を薬用または食用とする記録〉《江崎悌三著作集》第3巻所収）。

カンボジアにも，地中に営巣する大型のクモを食べる風習があり，市場で安価で売られているという。油で揚げて食べるのだが，腹部がいちばんおいしいといわれる（川名興・斎藤慎一郎《クモの合戦》）。

マレー地方には，こんな俗信もあった。焼いたクモを粉末にして，指の関節によく塗りこめる。すると関節がやわらかくなって指先が器用になり，ギターなど楽器の腕前が上達するというのだ（三吉朋十《南洋動物誌》）。

ついでに明代に成立した商濬《博聞類纂》では，饅頭をつくるさい，中にクモを入れておく，とある。そうすれば食品が長もちするのだそうだ。

またタヒチでは，クモ類は神々の影だと信じられ，傷つけることもタブーとされた（《民俗神話伝説事典》）。

そのほかのポリネシアの島々でもクモは敬意をもって眺められている。クモが1匹，頭上から下りてきたら，誰かからプレゼントがある，といいならわす。

シベリアの住民は，ひじょうに器用なうえ，天候などを予知する力をもつクモ類をうやまう。部族によっては，世界の創造を1匹の巨大なクモに託した神話を語り伝えている（ジュール・ミシュレ《虫》）。

中国においてもクモは注目すべき存在であった。その種類についての細かい分類法も古くから発達している。その分類のポイントは，空中に巣を張るか，それとも地中に巣をつくるかにかかわっていた。そして地中に巣をつくるものは薬用とはされず，空中に網を張ってくらす種だけを薬に使ったという。

ハエトリグモ類（英名jumping spiders）は，その名のとおり，ジャンプ力を生かしてハエをよく捕える。中国でも，この習性はよく知られ，午の日にこの虫を捕えて砕き，根気よくかきまぜると，これが跳ねあがってハエを撃退する，と《太平広記》にある。

いっぽう，トタテグモ（戸立蜘蛛）類は，その名のとおり，地面に開閉式の扉をつくり，地中生活を営む。獲物がくると，扉をすばやく開けて，中に引きずりこむのである。中国の子どもたちは，このクモを古くから遊び道具に使っていた。

南唐の劉崇遠《金華子》によると，長安の閭里の子どもたちは，細い草をクモの巣穴につっこみ，釣りあげて遊んだ。また江南では，クモの背にラクダのこぶに似た突起があるのにちなんで，同じ遊びを〈釣駱駝（ラクダを釣る，の意）〉といったという。さらに郝懿行の《爾雅義疏》によると，

ミョウガガイのなかま(上) Scalpellidae
多くは深海産であるミョウガガイは，浅海にいるカメノテと近縁である．エボシガイ科と異なり漂流物にはつかない[44]．

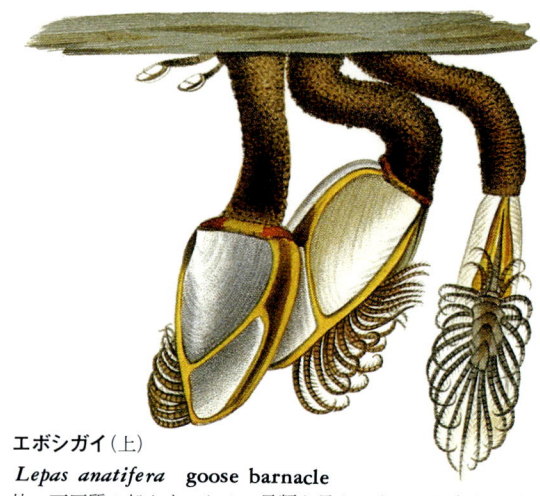

エボシガイ(上)
Lepas anatifera goose barnacle
体に石灰質の殻をもつため，貝類と見あやまることもあるが，これらは甲殻類の1種である[3]．

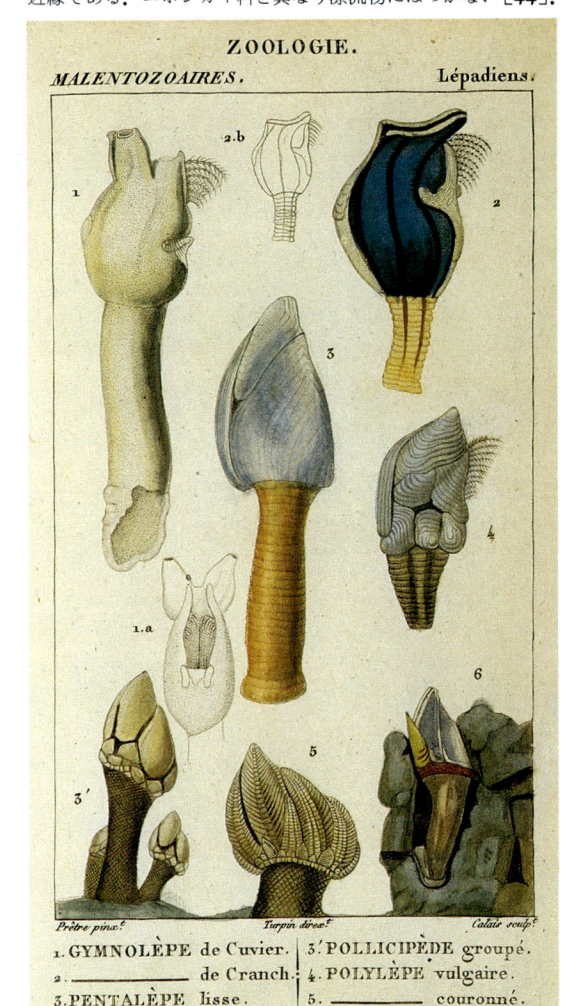

ZOOLOGIE.
MALENTOZOAIRES.　　　　　　Lépadiens.

1. GYMNOLÈPE de Cuvier.　3. POLLICIPÈDE groupé.
2. ――――― de Cranch.　4. POLYLÈPE vulgaire.
3. PENTALÈPE lisse.　5. ――――― couronné.
6. LITHOLÈPE de Mont-Serrat.

ミョウガガイおよびエボシガイのなかま Lepadomorpha
軽石や流木にぶらさがって漂流するエボシガイと，海底や磯の岩に固着するミョウガガイやカメノテに区分できる．殻口から6対の蔓脚を出し，食物を集める．fig.1はミミエボシ，fig.2はスジエボシ属の1種，fig.3はエボシガイ，fig.3′，4はミョウガガイ科の種，fig.5はカメノテである[11]．

エボシガイ *Lepas anatifera* goose barnacle
浮遊性の虫である．英名の由来は，かつてここからガン(goose)が生まれたと信じられたことにある[5]．

エボシガイ(下)
Lepas anatifera goose barnacle
漂流物について世界中をめぐる虫．ときにはサメ，クラゲ，マンボウ，ウミヘビの体にさえつく[25]．

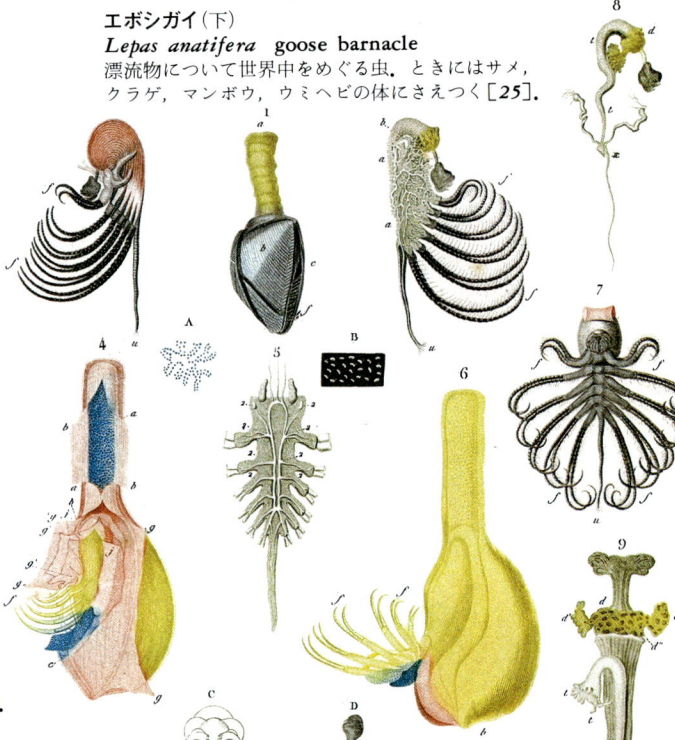

68

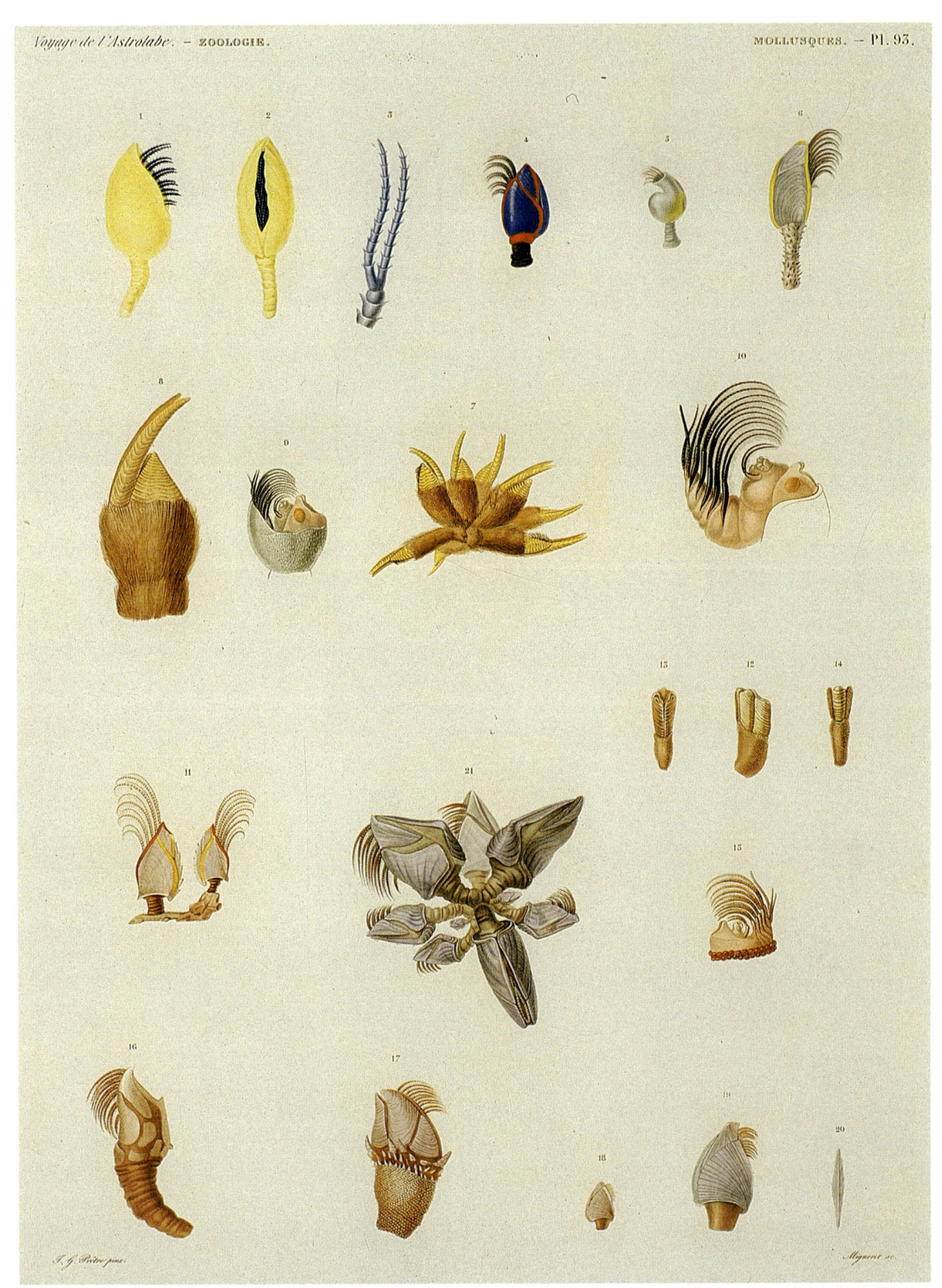

ミョウガガイおよびエボシガイのなかま　Lepadomorpha
これらはフジツボと同じなかまだが，柄をもち，より原始的な生物である．fig. 1-3 はハダカエボシ科の1種，
fig. 4 はヒメエボシ属の1種，fig. 6 はトゲエボシ属，
fig. 7-10 はケハダエボシ，fig. 11 はエボシガイ属の1種，
fig. 12-15 はミョウガガイ科の1種，fig. 16 はミョウガガイ属，
fig. 17 はハナミョウガ属，fig. 18-20 はカルエボシ，
fig. 21 はキエボシである．なお fig. 5 は不詳 [1]．

● クモ形類——クモ

髪に餌としてこの虫をつなぎ，釣りあげる方法もあった。

　中国にも毒グモにかまれることの恐怖はあった。もしもかまれたら，酒をたくさん飲めば治るという俗信が根づよい。一例として《李絳兵部手集方》にはく人が蜘蛛に咬まれて全身に瘡を生じた場合には，好きに酒を飲むがよい。酔うまで飲むと，小米のような虫が肉中からのずから出るものだ〉とある。

　《本草綱目》には，ヒラタグモには毒があり，かまれると死ぬこともある，と述べられている。ただクワの木の灰を煎じて汁をとり，ミョウバンの粉末を調合して患部に塗ると妙験がある。また出血が止まらないときは，この虫の繭状の巣の断片を何度もはるとよいという。いっぽう《和漢三才図会》には，灸の跡の治らないときにはるとよい，とある。

　いっぽう，クモの霊力を積極的にみとめる発言もある。中国の方士の書《淮南子》によると，クモの一種，赤斑蜘蛛をブタの脂肪を餌に100日間飼養してから殺し，それを服に塗れば雨に濡れなくなり，足の裏に塗れば水上を歩けるという。

　中国人はクモの出現についても独自の考えをもっていた。《酉陽雑俎》によれば，寒食節(4月初めごろ)に先祖を祭るべく用意した飯を暗い部屋の土間に置き，その上を覆っておくと，米粒のひとつひとつが夏にはいってことごとくクモになる，というのである。

　安南(インドシナ半島東部)では，緑のクモは栄誉を報じ，黄色のクモは争いを予告し，白いクモは吉報をもたらすとされた。これはある家のなかで巣を張っていたクモが家人から追いはらわれたとき，先ざきのお告げを家主に知らせる役目を家の神から仰せつかったという。上からおりてきて網を張れば吉，逆にのぼっていけば凶となる(水谷乙吉《安南の民俗》)。

　最後に，日本人もまたクモに対しては特別な注意を向けつづけたことを示そう。その実例がクモ占いである。

　《日本書紀》允恭天皇8年2月の条をみると，衣通郎姫が，クモのよく動くさまを見て，天皇はきっと会いにくると占った歌，〈わが兄子が来べきよひなり　ささがねの蜘蛛のおこなひ今宵しるしも〉をよむくだりが出てくる。クモ占いが古くから行なわれていた証拠だろう。なお歌にある〈ささがねの〉という文句は，クモにかかる枕詞である。

　日本には，クモを人間の味方とみる思想が古くから存在した。たとえば平安末期の説話集である《江談抄》によれば，入唐した吉備真備が中国人から暗号文を解く難題を課せられたとき，1匹のクモが降りてきて文の上に糸を引いてくれた。真備はこの糸の跡をたどって，文章をみごと解読してみせたという。

　これはクモが賢いという信仰にもかかわっている。《今昔物語集》巻29には，ハチの大群が襲ってくるのをあらかじめ察知したクモが，ハスの葉の下に身を隠し，ことなきを得る話がみえる。当時から，深い知恵のある生きものとみなされていたわけだ。

　現存する日本最古の医書《医心方》には，こんな話も記されている。クモ1匹とワラジムシ14匹を壺に入れて，100日間陰干しにする。これを好きな女性の着物の上に塗ると，夜，その女性がかならず会いに来るという。この話はクモの予知能力やまじないと関連しているので，別項目を参照されたい。

　いっぽう，博物学的な知見もさまざまに蓄積されている。江戸時代最大の博物学者のひとり小野蘭山は，クモの異称とされる蝃蝀と釣駱駝は，じつはまったく別物であるとしている。すなわち前者はジグモ，後者は背中にふたつのこぶがあるアマノジャコという地虫の一種だというのだ(《重訂本草綱目啓蒙》)。

　またジグモには，ハラキリグモという異名が知られている。この名の由来について，《重訂本草綱目啓蒙》をみると，竹の棒で虫を仰向けにおさえつけると，もがいて爪で自分の体を傷つけるのでハラキリグモという名前がついた，とある。なおサムライグモというのも同じ理由による。

　享保年間(1716-36)の初め，江戸ではハエトリグモを小さなしゃれた筒に入れ，ハエのいるところに跳ばして楽しんだ。《閑窓自語》によると，1尺2尺と遠くに跳ぶクモを最上とし，よく跳ぶクモは，高値で売られた。そしてハエトリグモの技術を競う〈蜘合せ〉という賭けごとがさかんに行なわれ，ついにはあまりの過熱ぶりに，禁制が敷かれる事態になったという。

　なお，井原西鶴《好色一代男》〈夢の太刀風〉をみると，最上川沿いの寒河江(現在の山形県寒河江市)に住む男が，〈今江戸にはやるとて蠅取蜘を仕入れ〉，と語る場面がある。

【アナンシ】　ガーナやザイール，アンゴラなど西アフリカ諸国の神話では，クモの化身であるアナンシ Anansi という巨漢の英雄(またはトリックスター)が大活躍する。このキャラクターは，のち黒人奴隷によって西インド諸島にも伝えられ，アナンシ転じて Aunt Nancy とか，Miss.Nancy の名

❶―奇譚集《伽婢子》に収められた〈蛛の鏡〉より．車輪のごとき蜘蛛が糸で人をとらえて食う．しかもこの蜘蛛が大きな円鏡を〈餌〉にして人をさそうという趣向がおもしろい．❷―《土蜘蛛草紙》より．東京国立博物館所蔵になるこの絵巻物は，南北朝に成ったもの．源頼光と四天王による怪物退治のバリエーションである．退治されるこの巨大な山蜘蛛から，1990人の首が出たという．❸―一月岡芳年画〈源頼光土蜘蛛ヲ切ル図〉．《新形三十六怪異》（明治22/1889以降）より．もとの話は《源平盛衰記》衰記》剣の巻に詳しく，頼光を熱病で悩ませる蜘蛛の妖怪が描かれている．

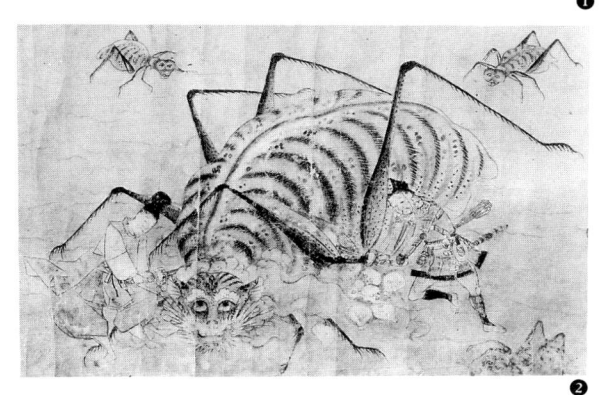

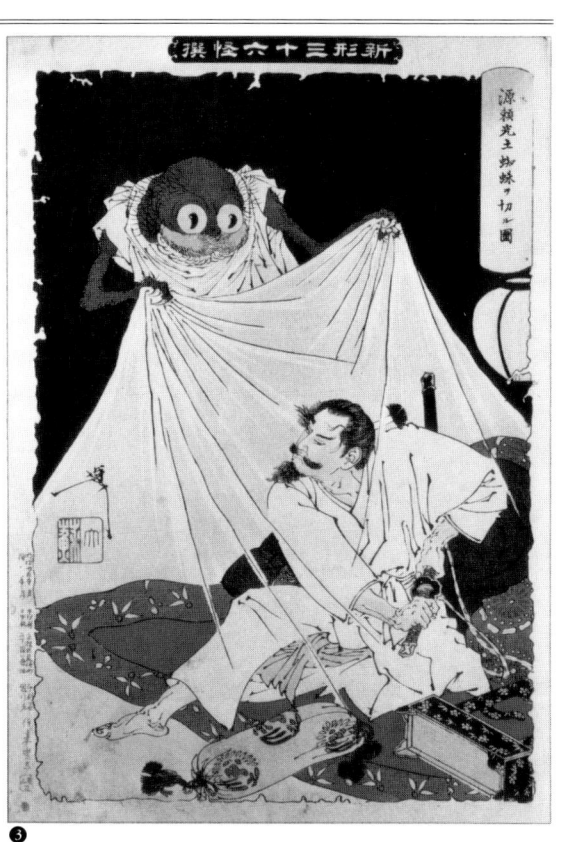

で親しまれているが，もともとガーナの神話では，世界の創造者とされていた．それがいつのまにか，悪賢くていたずら好きなキャラクターに変化してしまったらしい．一例を示すと――．

〈アナンシとゴム人形〉 西アフリカの神話．昔，アナンシは人間の田畑から食べものをずっと盗みつづけていた．だがそれを知らない人間は，犯人をつかまえようと，田畑にゴムの木でできた人形を立てておいた．やがて人形を見かけたアナンシは，てっきり本物の人間だと思って話しかけるが，答が返ってこない．怒ったアナンシは蹴りを1発，パンチを1発と人形にくらわせるのだが，そのたびに手足がゴムにへばりつく．とうとう身動きがとれなくなったところで人間の登場．そしてアナンシをぺちゃんこになるまで殴りつけた．そのためアナンシの体はひび割れて，足が8本になったという．また別に，このときからアナンシの背中に十字形のマークがついたともいわれる（《民俗神話伝説事典》）．

【ゴッサマー】 コモリグモ，フクログモ，カニグモといったクモ類は，晩秋の晴れた日，尻から出した糸に引かれて，集団で空中を移動する習性がある．そのさい，クモが着地したあとも，白い糸は空を静かに流れていく．イギリスでは，この現象をゴッサマー gossamar という．〈ガチョウの夏 goose summer〉が転じたもので，古くこの現象がおきた小春日和の日にガチョウを食べたためにつけられたよび名ともいわれるが，由来はよくわからない．いっぽうフランスとドイツでは〈聖母の糸（仏名 fil de la vierge, 独名 Mariengarn）〉とよぶ．ゴッサマーは日本人にも知られていた．山形県の大谷地方では，これを〈雪迎え〉とよんだ．この糸が見られると，雪が降りはじめるからである．中国でも，この現象は〈遊糸〉の名で古くから知られていた（錦三郎《クモの超能力》）．

中国の影響で，日本人も古くから，こういったクモの糸を糸遊（いとゆう）とよんだ．転じて陽炎（かげろう）にも糸遊の名をあてる場合がある．ともにはかないものの象徴と考えられたためだ．これに関して，一説に，平安時代の日記文学の代表作《蜻蛉日記（かげろうにっき）》の〈かげろう〉も，こういった空中を漂うクモの糸を称したものといわれる．

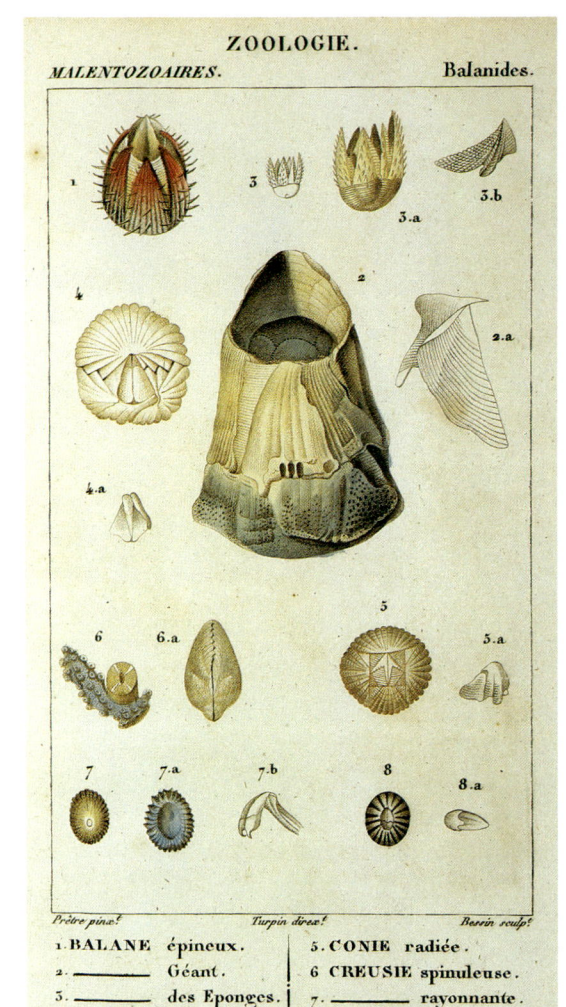

フジツボのなかま（左）
Balanus sp., *Acasta* sp., *Tetraclita* sp., *Creusia* sp.
acorn barnacle
蔓脚類のうち、柄をもたず、さまざまな対象に付着して生きるなかま。
フジツボという名は《源氏物語》の藤壺の局つぼに由来するともいわれる。
岩場に固着して暮らすものと、船からカメ、サメまで、
さまざまな浮遊物に固着して生きるものとがいる。
fig.1はフジツボ類、fig.2はシロフジツボ、fig.3はカイメンフジツボ属、
fig.4はサンカクフジツボ、fig.5はヨツカドヒラフジツボ、
fig.7はサンゴフジツボ属の1種。fig.6は不詳である [11]。

オニフジツボ（上）
Colonula diadema
オニフジツボ類はクジラに着生する [3]。

オオアカフジツボのなかま（上）
Balanus tintinnabulum acorn barnacle
まるで火山の火口でも見るようなフジツボ。
みごとな形をした種類である

フジツボのなかま（左）
Balanus balanoides acorn barnacle
ヨーロッパでよく知られた典型的なフジツボ。昔は
低速だった帆船にエボシガイが付着して大問題だった。
しかし現在は船が高速化するにつれ、無柄のフジツボ類が
たくさんついて問題になっている。水の抵抗の少ない
フジツボがつきやすいのだろう [3]。

オニフジツボ(上の2図)
Colonura diadema acorn barnacle
クジラにつくので有名。しかしこれについて暮らすミミエボシという
エボシガイもいるからすごい。左はその注目すべき1枚である。
有柄のミミエボシがオニフジツボに付着しているようすを描いている
[5]。

ウミミズムシのなかま *Jaera kroyeri*
フクロエビ上目にふくまれるが，
等脚類に割りあてられる虫。
フナムシやワラジムシのなかまで，
他の類とちがい陸上でも暮らせるものがいる。
この類は背と腹のほうに偏平で，
上から押しつぶしたようにみえる[3]。

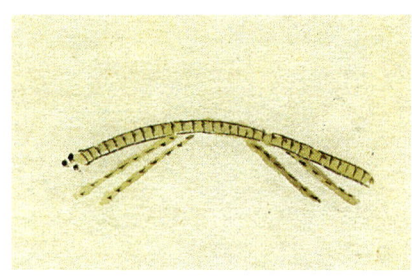

ワレカラのなかま(上) Caprellidae
ワレカラとは，文字どおり〈割れ殻〉の意味。
栗本丹洲はこの不思議な海生の甲殻類を，
とまどいながらも図示している[5]。

ワレカラのなかま(上)
Caprella spp. skeleton shrimp
フクロエビ上目のうち端脚類に属す。等脚目が上から
押しつぶされた形をしているなら，こちらは左右から
押しつぶされた形をしている[33]。

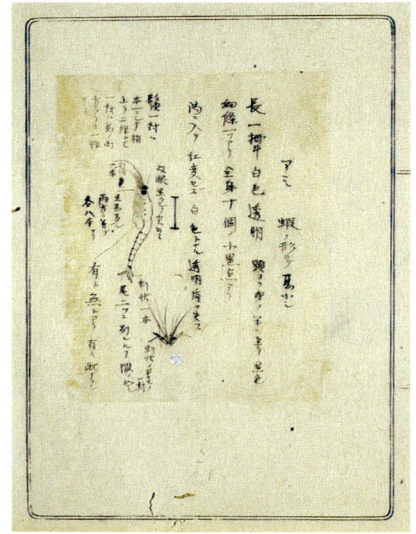

イサザアミのなかま(左の2図)
Neomysis sp.
甲殻類のうち軟甲綱に属する。
このうちフクロエビ上目に
ふくまれるのがアミ類である。
雌は腹部下面にカンガルーのような
育房がつくられる。よく似た
オキアミ類にはこれがないので，
今ではオキアミは別の目
(ホンエビ上目のオキアミ目)に
移された[26]。

●クモ形類——クモ

【クモの糸で織った布】 聖書では，クモの巣は無価値ではかないもののたとえに使われている。たとえば〈ヨブ記〉8章13–14節では，〈神を無視する者の望みは消えうせ／頼みの綱は断ち切られる。／よりどころはくもの巣のようなもの〉とうたわれる。また預言者イザヤは，悪者の不毛な企てを，クモが糸を織るようすになぞらえた。

18世紀フランスの貴族で，モンペリエに住むボンという男性は，クモの糸で編んだ靴下と手袋をいくつももっていたので，一時期有名だった（《聖書動物大全》）。

萱嶋泉《臺灣の蜘蛛》によると，マダガスカル島では，ジョロウグモから糸をとり，織物をつくっていた。ただし同書では，確実な話ではない，とされている。

八木沼健夫《クモの話》によると，東京の銀座でも，一時，クモの糸でつくられたネクタイが売られていた。またそのほかアメリカなどで，これまで糸に使われたのは，多くがマダガスカル島産のアラベグモ（マダガスカルジョロウグモ）のものだったそうだ。

【クモ合戦】 クモどうしを闘わせること。日本では古くから漁村を中心に，コガネグモを使ったこの遊びが行なわれてきた。やがて合戦がひろい地域に伝わると，使われるクモもオニグモやジグモ，ネコハエトリなどさまざまに変化していく。たとえば戦後まもない横浜では，ネコハエトリの雄をホンチ，合戦を〈ホンチのけんか〉とよび，子どもがさかんにクモを闘わせていた。駄菓子屋では，クモを採集するための〈ホンチ箱〉まで売られていたという。

鹿児島県の加治木町では，毎年旧暦の端午の節句に近い日曜日，町をあげてクモ合戦を行なう。使われるのはコガネグモの雌。伝説によると，朝鮮出兵のさい，殿様の島津義弘が兵士の士気を高めようと，コガネグモを集めて闘わせたのが始まりだという。また，高知県中村市にもクモ合戦の行事がある（以上，斎藤慎一郎《クモ合戦の文化論》）。加賀地方にも，〈蜘蛛組ませ〉といって，土蜘蛛どうしを闘わせる遊びがあった。

【天気予知】 プリニウスは《博物誌》において，クモは自分のいる建物が崩れ落ちるのを予知したとき，巣ごと下へ降りてきて家人に危険を知らせるとした。プリニウスはまた，クモによる天気予知を紹介している。いわく，クモが高いところに巣を移動させたら川が増水する予兆。またクモがたくさん巣を張れば雨が降るという。

アメリカではひろく，クモを殺すと雨が降る，といいならわす。

ペルシアでは土手や壁にクモが大挙して集まったら雨の予兆。

【吉凶占い】 イギリスには，高いところに巣を張ったクモが目の前に糸を引きながら降りてくると大金がころがりこむ，といい伝えがある。

ドイツでは，朝，まっ先にクモを目にすると凶，逆に夕方見れば願いがかなうとする。昼間見かけると喜びの予兆だといい，朝でも上着を這っているものなら，その日一日吉とみなす。総じて吉兆の虫らしい。

ベルギーでは，朝，クモを見たら大きな悲しみがやってくるか，大変なご馳走にありつくか，ふたつにひとつといいならわす。

【巨大グモ】 劉有郷《愈愚随筆》（1673）に，春秋時代，晋の文公が目撃した巨大グモの話がある。そのクモはゾウを捕って食べた。

《酉陽雑俎》には，ある男が山で車輪ほどもある大グモを弓で射とめた話がでてくる。その巣の糸を傷を負ったとき患部に貼ると，血がたちどころに止まる妙験があったという。

《太平記》巻16によると，天平4年（732），紀伊国名草郡に，2丈余り（約6m）もある大グモがいて，数里におよぶ網を張り，行きかう人びとを殺していた。そこで勅命を受けた官軍が，鉄の網を張り，湯を沸かして四方から攻め，ようやく退治したという。

《中陵漫録》によると，筑紫の漁師のあいだには，こんないい伝えが流布していた。風の強い日に南方へと漂流し，ある小島に近づくと，大きなクモが海岸から泳いできて，白い綿のようなものを舟に投げつけ，舟をものすごい怪力で引っぱる。そのため漁師はみんな驚いて，あわてて腰刀でこれを切り，急いでそこを去ったという。

浅井了意《伽婢子》所収の奇譚〈蛛の鏡〉によれば，昔からクモは，その巣網ごと鏡に化けて，人をたぶらかすことがあったという。この話でも，ある男が深山の谷あいに直径3尺ほどもある見事な鏡を発見，取ろうとするがじつはそれは大きな黒いクモの巣で，まんまと網にかかった男は，結局落ちて死んでしまう。原話は中国にあり，《酉陽雑俎》に収録されている。

《太平記》巻23には，楠木正成に腹を切らせた大森盛長が，クモの怪にあう場面がでてくる。ある晩，100人以上もいる警護の人間がみんないっせいに酒に酔ったように眠りこんだかと思うと，大きな山グモが1匹天井から降りてきて，寝入った人びとの上を這っていく。やがて盛長が目をさまし，クモと格闘をはじめるが，警護の者たちは，クモの糸にからめとられてまったく身動きでき

い．やっとのことで起きあがり，みんなで怪物を押えこんだ．すると怪物は，大きな音とともに砕け散ったという．あとで見ればそれは，風雨にさらされた頭蓋骨であった．正成の怨霊が，クモの姿をかりて盛長をたぶらかしたのである．

【土蜘蛛】 日本では古代，大和朝廷に従わなかった人びとを〈土蜘蛛（または土蜘）〉とよんだ．一説にこれらの民がほら穴に住んでいたので，〈土ごもり〉が転じて上記のよび名になったという．また土地土地の勢力者をうやまって土公とよんでいたのがなまったともいわれるほか，アイヌ語で穴居人を示す〈トンチカイム〉に由来するという説もある．いずれにせよ，本来はクモとは関係のない名称だったようだ．

《源平盛衰記》剣の巻には，土蜘蛛の話が詳しく記されている．源頼光が熱病にかかって30余日，熱はなかなかひかない．そんなある夜，怪僧が頼光に忍び寄り，縄で縛りあげようとした．すかさず名刀膝丸で僧を斬る頼光．この騒ぎを聞いて駆けつけた四天王が，僧の血痕をたどっていくと，北野にある大きな塚にたどりついた．塚を崩してみると，4尺ほどもある大グモがいる．頼光の熱の原因は，このクモだったのだ．そこで四天王はこれを縛って退治したうえ，のちには鉄の串に刺して河原にさらし，見せしめにしたという．またこの事件以来，膝丸を〈蜘蛛切丸〉とよぶようになった．なお同じ話が《平家物語》の屋代本と百二十句本にもみられるが，もっとも一般的な覚一本系には，この話は出てこない．

〈土蜘〉 能や歌舞伎の演題としてひろく知られる物語である．現世を呪うアンチヒーローとして土蜘の精が登場する．ストーリーは前述の頼光の話を参照のこと．土蜘が，隠しもったクモの糸を繰りだして戦うあたりが見どころ．なおくこの日の本に天照らす，伊勢の神風吹かざらば，我ら眷族の蜘蛛群がり，六十余州へ巣を張りて，疾くに魔界へなさんもの〉という科白は有名．

【蜘蛛舞】 中世末期から近世前期にかけ，京都などで行なわれた大道芸．《嬉遊笑覧》に，綱渡りの軽わざで，クモが糸を長くのばすさまに似ているので名づけたのだろうか，とある．また《諸国遊里好色由来揃》によると，技の種類には〈竹の獅子，れんとび，籠ぬけ〉などがあり，早雲長吉，政之助，連之助といった名人もいたという．なおこの芸はやがて地方にもひろまり，秋田県南秋田郡天王町にある八坂神社では，今でも毎年7月7日，蜘蛛舞が行なわれる．

【ことわざ・成句】 日本では，朽ちはてたものや，長年使われていないものの形容として，よく〈クモの巣が張ったよう〉という表現を使う．

〈クモの子を散らすよう〉たくさんの人間がてんでんばらばらに逃げまどうさまのたとえ．クモの子の入った袋を破ると，多くの子が散り散りになるところから．

【民話・伝承】 日本各地にひろく分布する昔話のひとつに，〈食わず女房〉というのがある．わたしはご飯を食べませんといって，ある女がけちな男のもとに嫁ぐ．ところがたしかに飯は食わないのに，家の米や味噌はいつのまにかどんどん減っている．不審に思った男が，あるとき出かけるふりをして，家の中をのぞいてみると，女が頭の口に，飯をどっさり放りこんでいたのである．西日本では，この女の正体をクモとする地方が多い．

クモに関する昔話としては，〈かしこ淵〉という伝説が，ひろく語られている．大きな淵で釣りをしている人の足の指に，小さなクモが何度も糸をかけて去っていく．そこで釣り人が，糸をかたわらの大木にかけておくと，やがて水中のクモがその糸を引っぱって木を倒してしまうのである．柳田国男は，この話を示したのち，日本では古くクモが水の神と考えられていた証拠のひとつとした（柳田国男《桃太郎の誕生》）．

台湾では，あしの1本とれたアシダカグモ *Heteropoda venatoria* が家の壁にあらわれると，家族に死人の出る前兆とみなされた．また高砂族は，大型種ホルストジョウゴグモ *Macrothele holsti* をひじょうに恐れる．このクモが通ったあとを歩くと死んでしまうといい，脇を通るときでも目をつぶる習慣があるほどだ．また第2次大戦中，台湾の子どもたちは，庭先のタイワンジグモ *Atypus formosensis* の巣からクモを引きだして，2匹を喧嘩させて楽しんでいたという（萱嶋泉《臺灣の蜘蛛》）．

アイヌは，人間に網をつくることを教えてくれた存在としてクモをうやまい，漁の神様とみなす（《コタン生物記》）．

【文学】 〈蜘蛛塚〉 日本の怪談．浅井了意《狗張子》所収．ある僧が泊まった五条烏丸の大善院という寺には，過去多くの人間が本堂で妖怪に殺されたという噂があった．そこでこの僧は，本堂で一夜を明かしてみる．すると夜中，天井から毛むくじゃらの手がのびてきて，額をなでるではないか．さっそくこれを刀で切りつける僧．翌朝見れば，2尺8寸ほどもある大グモが死んでいた．その屍体を埋めて築いたのが〈蜘蛛塚〉だという．

《蜘蛛の糸》（1919／大正8） 芥川龍之介の短編小説．お釈迦様が下ろした1本のクモの糸を頼りに，極楽へのぼろうとした地獄の住人カンダタが，糸をひとり占めしようとしたために，ふたたび地

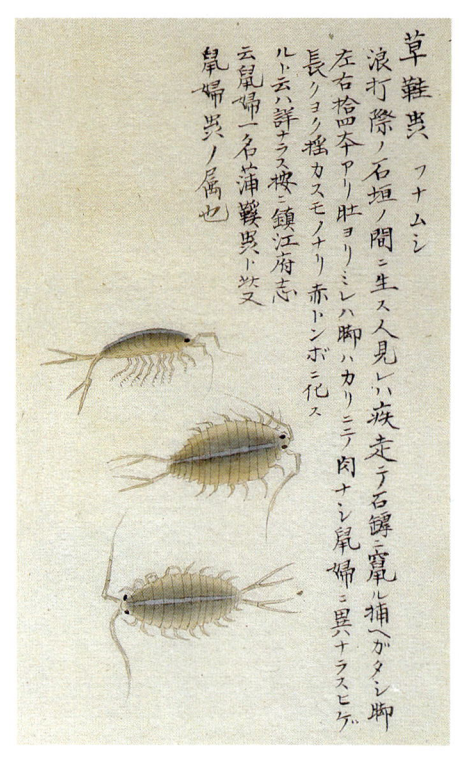

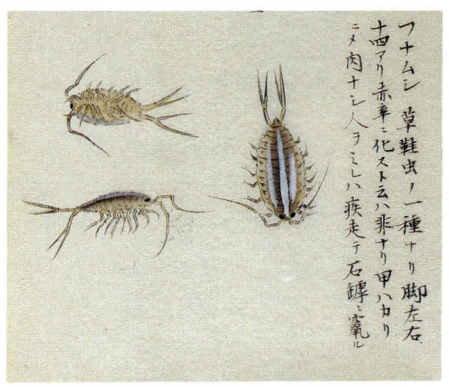

フナムシ（左と右上）
Ligia exotica
sea-slater, shore slater
陸にのぼった海の等脚類が，このフナムシである．岩礁地帯の汀線帯上にすむ．栗本丹洲《千蟲譜》にはワラジムシの1種とある．ワラジムシも同じ等脚類である［5］．

フナムシ（右下）
Ligia exotica
sea-slater, shore slater
毛利梅園が描いたフナムシ．ウミゲジゲジともいうと注釈がある．《博物館虫譜》にある図［26］．

ダンゴムシ（右）
Armadillidium vulgare
pill-bug
丸くなる陸上のフナムシ．旧世界原産で，庭や温室，人家などいたるところにすむ．属名は哺乳類のアルマジロにちなんでいる［3］．

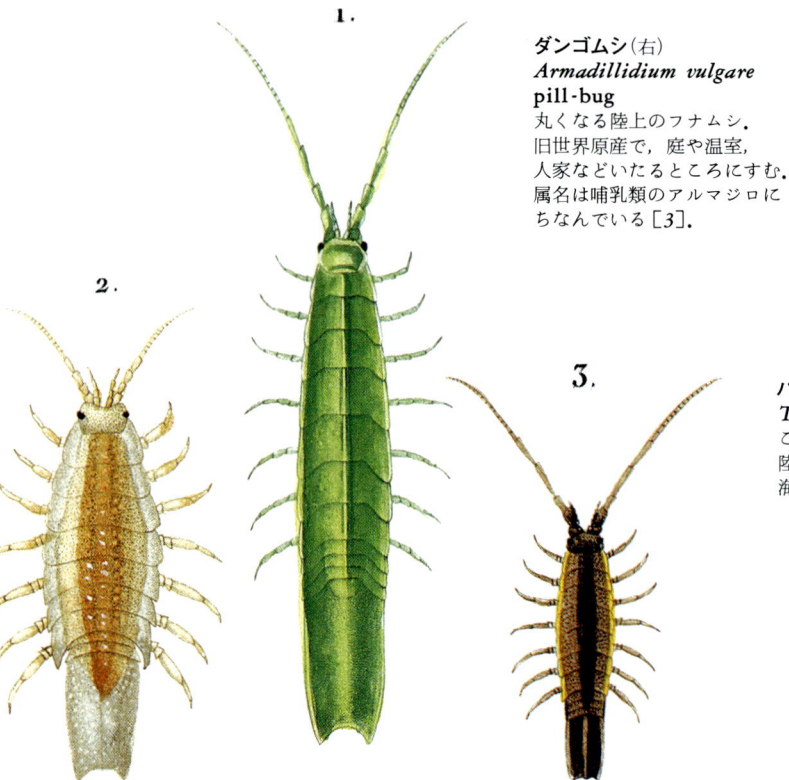

ハマダンゴムシのなかま（下）
Tylos latreillei pill-bug
このなかまは同じダンゴムシの名がついても，陸上にいるワラジムシ科のダンゴムシとちがい，海浜の礫石のあいだにすむ［3］．

ヘラムシのなかま
Idotea hectica（fig. 1），*Idotea emarginata*（fig. 2），*Idotea linearis*（fig. 3）　box-slater
インド洋と西太平洋に産する．海中のフナムシとでもよべそうなグループである．尾節が幅広くなって弁状にのびているので，スカートをはいたフナムシのようにみえる［3］．

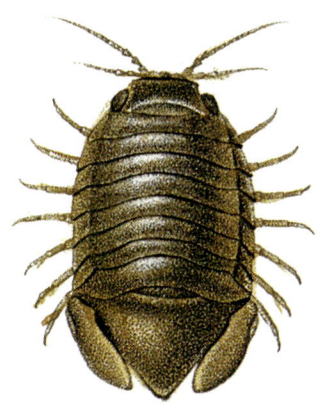

ワラジムシ(上)
Porcellio scaber
栗本丹洲が描いたワラジムシ.
顕微鏡をもって写したとある.
ヨーロッパ原産だが,
江戸中期以後はすでに江戸にも
ひろまっていたらしい[5].

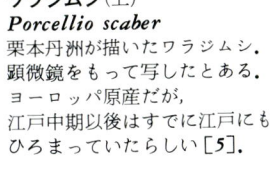

コツブムシのなかま(左)
Sphaeroma gigas
ヨーロッパ産のコツブムシ.
雪斎が描いた日本風の図(下)と
比較するとおもしろい[3].

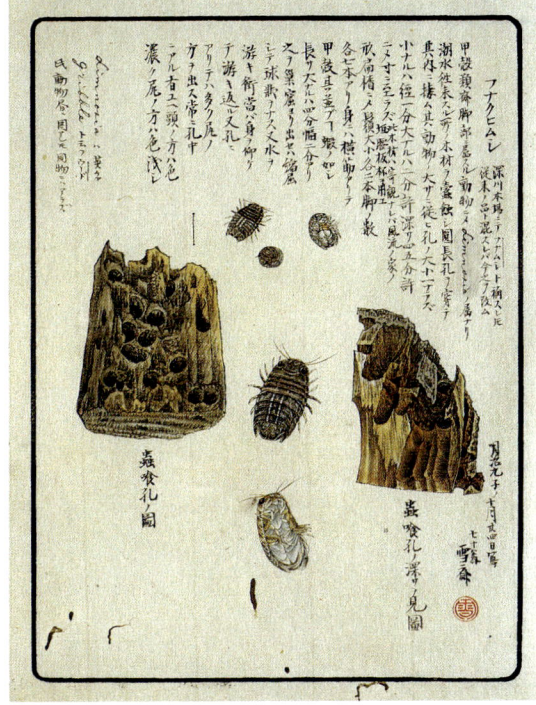

ヨツバコツブムシ *Sphaeroma retrolaevis*
《博物館虫譜》より.服部雪斎筆になる名品.体の前と後で
色がちがうのは,この虫がフナムシ同様に前後にわけて
脱皮するためである.またこの図をみると,コツブムシは
丸くなれるのがわかる.船材などに穴をあける[26].

ウオノエのなかま
Cymothoa oestrum(中央),*Cymothoa banksii*(左と右)
等脚類すなわちワラジムシ目のなかのウオノエ科に属する.
なんとも奇妙な形の虫で,魚の体側,口,腹に寄生する.
海水魚から淡水魚まで,宿主は多岐にわたる[3].

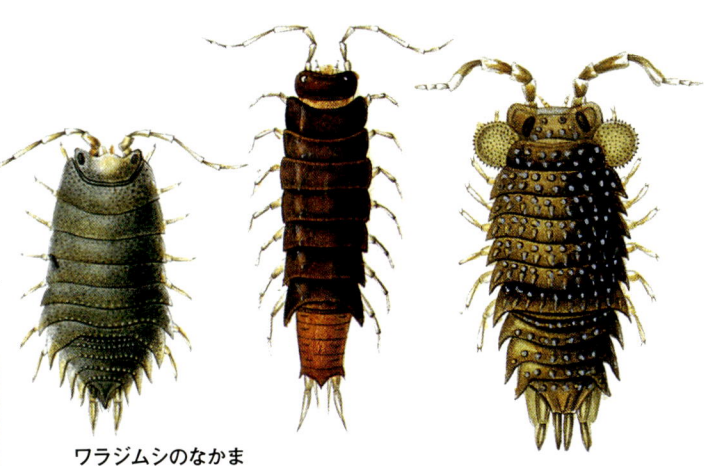

ワラジムシのなかま
Porcellio chilensis(上左),*Oniscus angustatus*(上中央),
Oniscus bucculentus(上右)
チリ産のワラジムシ.この地域ではもっともふつうにみられる.
このなかまはヨーロッパにも多く,場合によると旧世界産が
新世界にまぎれこんでいることがよくある.
銅版画のタッチが精密で美しい[7].

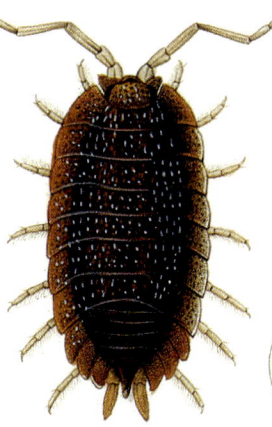

ワラジムシ(左)
Porcellio scaber
これも陸上にすむフナムシの
なかま.ヨーロッパ原産で,
枯葉や床下などに多い[3].

マルクジラジラミ(右)
Cyamus ovalis
まるで人間の顔のようにみえる
頭部がおもしろい.
クジラに寄生する[3].

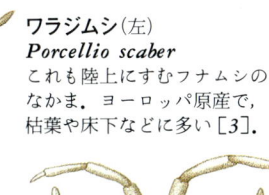

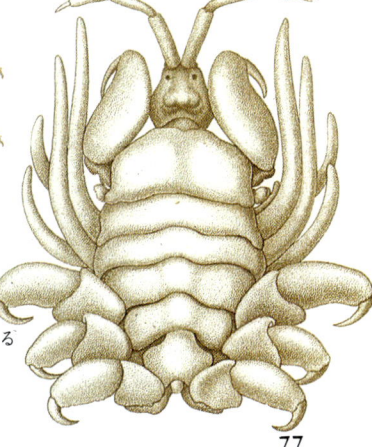

● クモ形類——クモ／ヒヨケムシ　●ウミグモ類——ウミグモ

獄に落とされる。クモの糸はかすかなもの，はかないもののたとえか。

《水蜘蛛 L'araignée d'eau》(1948)　フランスの作家マルセル・ベアリュ(1908-)の幻想小説。主人公の男が川辺で拾った1匹のミズグモが，少女に変身，男を愛の奈落へ引きずりこんでいく。ヨーロッパにふつうに産するクモ類唯一の水生動物ミズグモ Argyroneta aquatica (英名 water spider)の妖異なイメージを生かした傑作。

《蜘蛛女のキス El Beso de la Mujer Araña》アルゼンチン生まれの作家，マヌエル・プイグが1976年に著した小説。刑務所で芽ばえたホモ男と政治犯の妖しい愛を描く。タイトルは政治犯のセリフ〈あんたは蜘蛛女さ，男を糸で絡め取る〉による。1985年に映画化され，〈蜘蛛女〉を怪演したウィリアム・ハートは，イギリス，アメリカ両国のアカデミー賞主演男優賞を受賞した。

ヒヨケムシ

節足動物門クモ形綱ヒヨケムシ目 Solpugida (Solifugae)に属する節足動物の総称，またはその1種。
[和]ヒヨケムシ〈避日虫〉　[中]避日蛛　[ラ]Solpugidae, Galeodidae (ガレオデス科)，その他　[英]sun spider, camel spider, wind-scorpion, false spider, hunting spider　[仏]solifuge, galéode　[独]Walzenspinne　[蘭]rolspin　[露]сольпуга　→p.60

【名の由来】　ソルプギダエはラテン語で〈太陽を避けるもの〉の意。ガレオディダエはギリシア語で〈ツノザメ(イタチ)galeos〉に由来。

英名サン・スパイダーは，熱くて乾燥した砂漠地帯などに好んですむ習性による。同じくキャメル・スパイダーは，こぶ状に隆起した前背板が一見ラクダのこぶを思わせるため。ウィンド・スコーピオンは，〈風のように速く走るサソリ〉という意味。独名は〈ワルツを踊るクモ〉，蘭名は〈回転クモ〉の意味。

和名ヒヨケムシは，〈日を避ける虫〉の意。日中は石の下などにじっとしていて，日が暮れてから活動する習性を称したもの。

【博物誌】　体長1～7cmになる夜行性クモ形類。このなかまとしては大型のものもふくむ。英語でクモといったり，サソリといったりするのは，動きのすばやい点や腹部の丸い点が，クモを思わせるいっぽう，触肢(4対の歩脚の前にあるあしのようなもの)がサソリにやや似ているためである。ただしクモ類の一部やサソリ類とちがって毒腺はない。毒腺はないが，このヒヨケムシはじつのところクモやサソリよりも強力で，かれらを餌としてしまう虫なのである。売りものは，はさみ状に発達した巨大な鋏角。これを用いてときには小鳥やネズミまで捕えるという。

アリストテレスは《動物誌》で，ヒトにかみつく毒グモに大小2種あると記載した。それによると，小さいほうは斑点がありよく跳びはねるので，〈ノミ〉という異名がある。いっぽう大きくて黒いほうは，あまり跳びはねないし動きも鈍い。一説に，後者は，ヒヨケムシ類の1種 Galeodes araneoides ではないか，といわれている。

ウミグモ

節足動物門ウミグモ綱 Pycnogonida に属する節足動物の総称。皆脚類ともいう。
[和]ウミグモ〈海蜘蛛〉，ユメムシ〈夢虫〉　[中]海蜘蛛　[ラ]Pycnogonidae (ヨロイウミグモ科)，Ammotheidae (イソウミグモ科)，その他　[英]sea spider　[仏]pycnogonon　[独]Seespinne, Asselspinne, Spinnenassel　[蘭]zeespin　[露]морской паук　→p.60

【名の由来】　ピクノゴニダエはギリシア語で〈小さな釣針〉の意味。アンモテイダエは〈結び目 Amm〉と〈外観 thea〉の合成語。

英名シー・スパイダーは，〈海にすむクモ〉の意。すべての種が海産で，形がクモに似ている点にちなむ。独名アッセルスピンネは〈等脚類に似たクモ〉。ゼースピンネと蘭・露名は〈海のクモ〉の意味。和名ウミグモもこれに準ずる。

ただしヨロイウミグモ科 Pycnogonidae の虫には，whip scorpion (鞭をもつサソリ)というサソリモドキ類の英名が転用されることもある。

【博物誌】　きわめて小さな胴体とは対照的に，8本のあしが異様に長い独特な海産動物である。体がすべてあしからできているように見えることから，皆脚類とよばれる。体長0.1～5cm。かつてはクモのなかまに分類されたこともあった。しかしカニやエビの甲殻類にも似るところがあり，現在，分類上の位置はかならずしも確定していない。成虫は，海底を歩きまわったり，水中を遊泳したりする。やわらかい無脊椎動物の体液を吸うか，ヒドロ虫類や苔虫類を食べる。深海性の種には，眼のないものもいる。また，幼生は貝類やイソギンチャク類に寄生するものが多い。

《博物学雑誌》第111号(1909)所収の西亀梅子〈吾人に経済上の原料を与ふる動物〉をみると，ウミグモについて，〈肉は鮮，食して味甚だ佳良〉とある。しかしこれを積極的に食料としている地方を聞かない。あるいは，同名異種の別物を指しているのだろうか。

● 甲殻類──ホウネンエビ・ブラインシュリンプ／カブトエビ

ホウネンエビ・ブラインシュリンプ

ホウネンエビは節足動物門甲殻綱無甲目ホウネンエビ科 Chirocephalidae の総称、またはその1種。ブラインシュリンプは同目アルテミア科 Artemidae に属する甲殻類の俗称。
［和］ホウネンエビ〈豊年蝦〉　［中］仙蝦，豊年虫，神仙蝦（ホウネンエビ），仙女蝦（ホウネンエビモドキ）　［ラ］*Branchinella* 属（ホウネンエビ），*Artemia* 属（アルテミア，ブラインシュリンプ）　［英］fairy shrimp（ホウネンエビ），brine shrimp（アルテミア）　［仏］artémie（アルテミア）　［独］Salinenkrebs（アルテミア）　［蘭］kieuwpotige, zoutkreeft（アルテミア）　［露］артемия　→p.61

【名の由来】　キロケファリダエはギリシア語で〈頭に手がある〉の意味か。ブランキネラは〈小さなひれ〉をあらわす。アルテミダエはギリシア神話の女神アルテミスに由来。

英名フェアリー・シュリンプは、〈妖精のような小エビ〉という意味。背を下にして優雅に泳ぐ姿とパステル・カラーの体色が、一見妖精を連想させるため。ブライン・シュリンプは〈海水の小エビ〉の意味。独名は〈製塩所のザリガニ〉。蘭名キューポタヘは〈鰓の足をした〉の意味。

和名ホウネンエビは、この虫が初夏のころ、例年より多く発生した年は、豊作になるといういい伝えにちなむ。ホウネンチュウ、ホウネンギョも、これに準ずる。なお、《動物分類名辞典》には、〈天保年間，豊作の年に江戸の街へ金魚屋が売りに出たから、この名がおこった〉とある。

【博物誌】　ホウネンエビは日本の南部に分布する淡水生物。甲殻類だが無甲目に属し、同じ目にはホウネンエビによく似て世界中の塩田などに広く分布するホウネンエビモドキ（ブラインシュリンプ）がふくまれる。しかしホウネンエビはいつも背を下にした〈背泳〉スタイルで泳いでいる点に特色がある。どちらも養魚家には得がたい活き餌であるため、ここでは両方を一括してとりあつかう。

日本では幸運の使者、欧米では妖精と、なぜか洋の東西で超自然的存在とたたえられるこの虫は、体長約2cm。産卵や孵化は水中で行なわれるが、卵の形でなら、たとえ水が干上がっても生きつづけられる。10年たとうが水さえたまれば、ちゃんと孵化する。

汽水から海水、さらに塩田のような高濃度の塩水のなかで生きるホウネンエビモドキのなかまも、卵を産んだのち乾燥状態になれば休眠卵が耐えて生きつづける。むしろ乾燥状態を経たほうが孵化率がよく、数年は水にもどさなくとも平気である。この性質を利用し、卵を採集したのち乾燥させ、びんに入れて販売しているのが〈ブラインシュリンプ・エッグ〉である。熱帯魚や海水魚の幼稚魚に与える餌として絶好といえる。

カブトエビ

節足動物門甲殻綱背甲目カブトエビ科 Triopsidae に属する甲殻類の総称、またはその1種。
［和］カブトエビ〈兜蝦〉，クサトリムシ　［中］兜蝦　［ラ］*Triops* 属（カブトエビ）　［英］apus　［仏］apus　［独］Kiefenfuß, Flossenkrebs　［蘭］kieuwpootkreeft　［露］ракоскорпибн　→p.61

【名の由来】　トリオプシダエはおそらくギリシア語で〈3つの目〉の意味か。

英・仏名は南半球の星座〈風鳥座〉の意味。フウチョウの名の由来と同じく本体はギリシア語で〈足がない a pūs〉の意味。独名は〈かじる足〉〈ひれのあるザリガニ〉。蘭名は〈鰓の足をしたザリガニ〉の意味。

和名カブトエビは、〈兜をかぶったエビ〉の意。体の前半部をおおう楕円形の甲羅を、兜にみたてたもの。クサトリムシは、水田の水底の泥をかいて、結果的に草を根絶やしにしていく習性を称したもの。

【博物誌】　水田などに見られる小さな甲殻類。海産のカブトガニを思い出させる姿をしている。故上野益三博士によると、江戸期の書物にはカブトエビについての記述がみあたらない。それもそのはずで、このなかまはもともと日本に生息しなかった。それがいつのまにか外国からはいってきたのだが、アジア、ヨーロッパ、アメリカ系がおのおの別べつにはいっているらしいことが近年わかっている。

そのうちアメリカカブトエビ *Triops longicaudatus* は、北米のカリフォルニア原産で、日本に帰化した生物といわれる。これは雄がいなくて、雌だけの単為生殖によりふえると考えられた。日本国内で初めて発見されたのは、1916年（大正5）、香川県においてである。のちに上野益三博士がカブトエビと命名した。その後、各地でつぎつぎに発見が行なわれた。たとえば1926年7月29日付の《神戸新聞》によると、そのころ兵庫県姫路市の北にある神崎郡山田村、船津村、田原村方面に奇虫が発生、翌年も各水田ごとに数千匹もあらわれたという。県の農事試験場と郡の農会技術員が研究調査した結果、奇虫はまさに〈草取虫〉、つまりカブトエビと判明した。しかもこの虫は水田の水底をかきまわして雑草は根絶やしにし、なおかつイネ

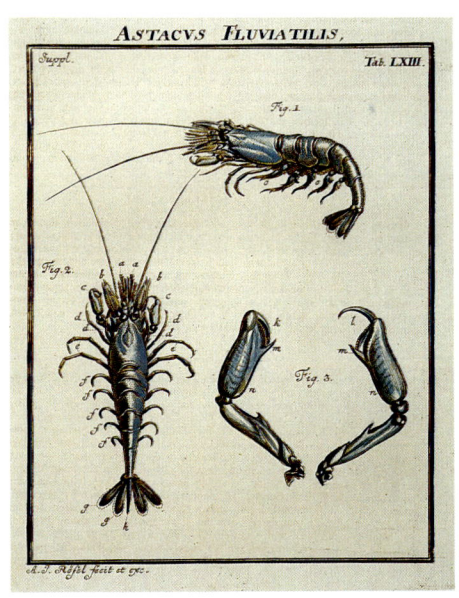

フタトゲエビジャコ(下左) *Crangon communis* gray shrimp
北太平洋の水深330〜375mあたりにいるエビジャコ。和名はシャコのようなエビの意であろう。その証拠に，はさみがシャコのそれとよく似た形式をもっている。しかし，遊泳性のエビとして，水産上は雑魚あつかいのため，雑魚エビが訛ったとも考えられる。

キタザコエビ(下中央) *Sclerocrangon boreas*
エビジャコ科にふくまれ，北極周辺にいる。水深200〜350mがその生息域である。

イワエビのなかま(下右) *Pontocaris catapraetus*
これもエビジャコ科にふくまれる。甲羅をかぶったエビの雰囲気は銅版画の繊細な線がもっともよく再現できるようだ [3]。

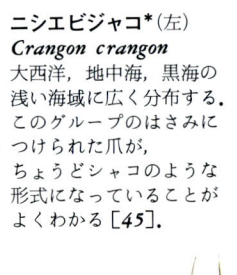

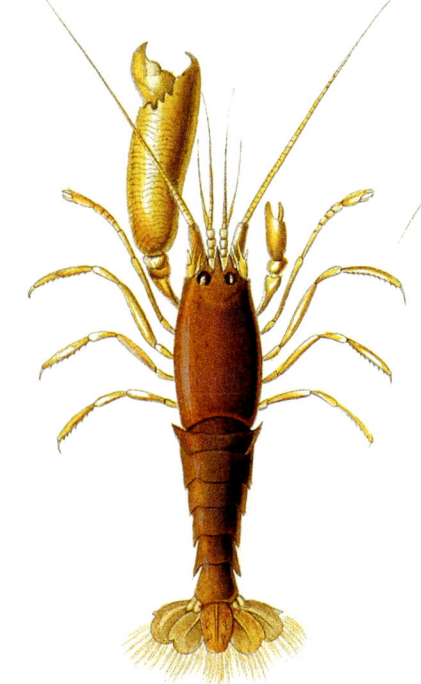

ニシエビジャコ* (左)
Crangon crangon
大西洋，地中海，黒海の浅い海域に広く分布する。このグループのはさみにつけられた爪が，ちょうどシャコのような形式になっていることがよくわかる [45]。

ツノテッポウエビのなかま(上)
Synalpheus spinifrons
snapping shrimp, pistol shrimp
テッポウエビ類は片方のはさみが大きく，それをパチパチと鳴らす。たいがい穴を掘って暮らすが，ツノテッポウエビ類はヤギ類についている [7]。

ドウケツエビのなかま(右)
Spongicola sp.
偕老同穴の契りの起原となったエビ。カイロウドウケツというカイメンの1種に雌雄ペアで閉じこめられているので，一生つれそう夫婦を偕老同穴の契りという。しかし筆者はエビが3匹はいったく三角関係〉のカイロウドウケツを所持している！ [5]

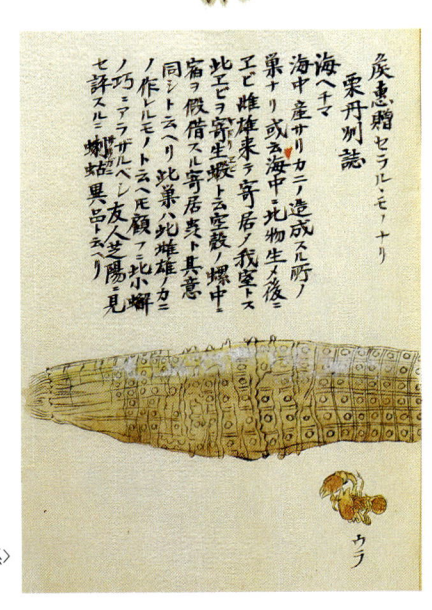

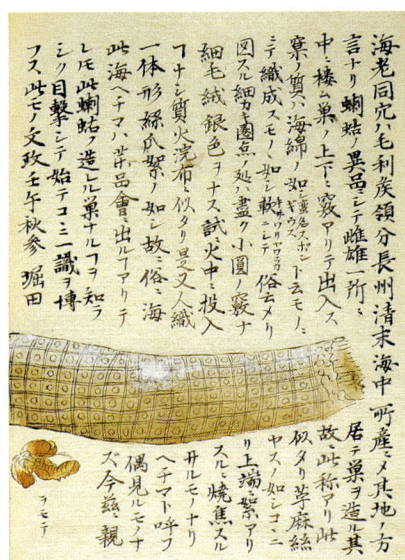

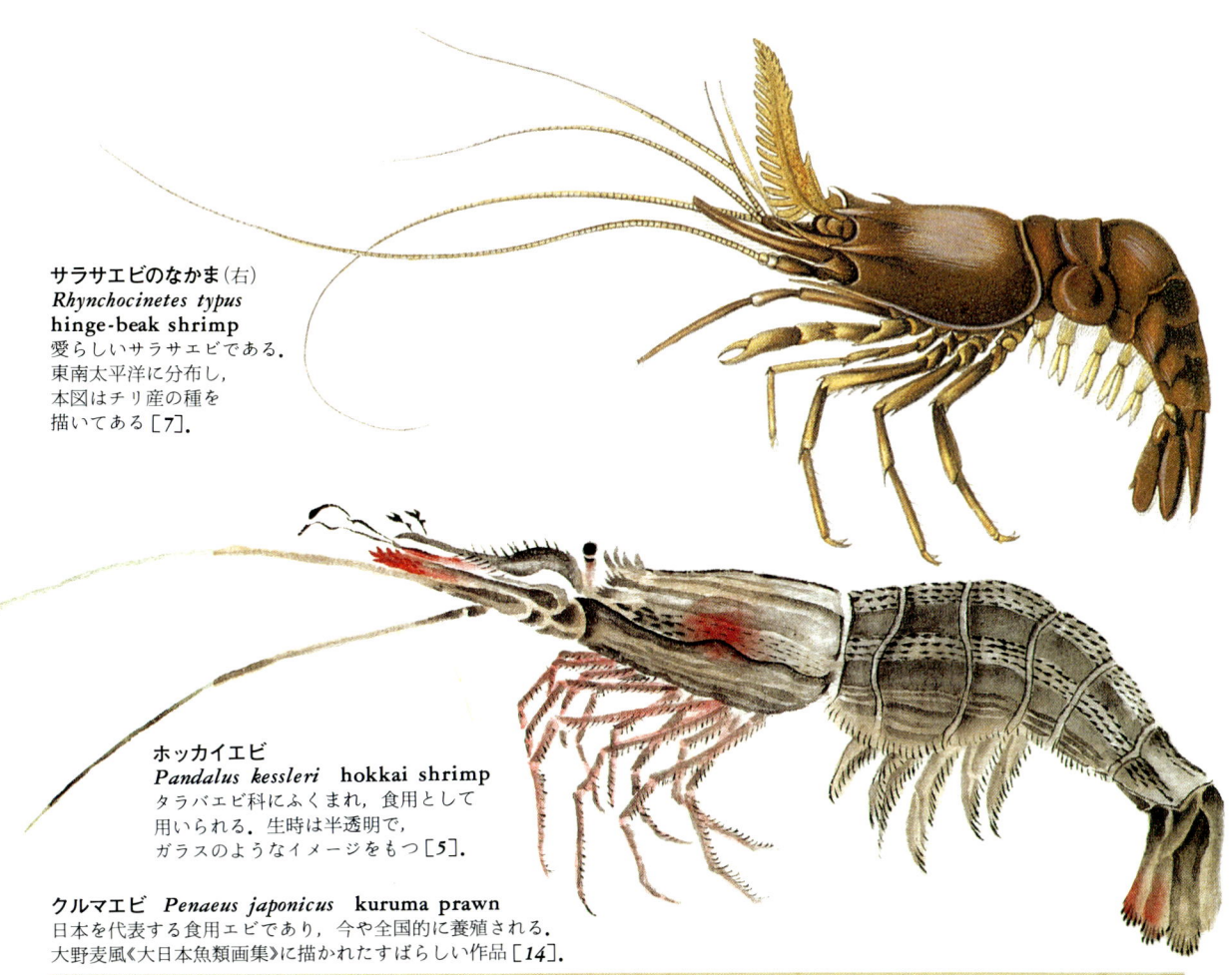

サラサエビのなかま（右）
Rhynchocinetes typus
hinge-beak shrimp
愛らしいサラサエビである。
東南太平洋に分布し，
本図はチリ産の種を
描いてある [7]。

ホッカイエビ
Pandalus kessleri hokkai shrimp
タラバエビ科にふくまれ，食用として
用いられる。生時は半透明で，
ガラスのようなイメージをもつ [5]。

クルマエビ *Penaeus japonicus* kuruma prawn
日本を代表する食用エビであり，今や全国的に養殖される。
大野麦風《大日本魚類画集》に描かれたすばらしい作品 [14]。

● 甲殻類──カブトエビ／ミジンコ／ウミホタル／ウオジラミ・チョウ

自体にはなんの害もおよぼさないこともわかった。だとすれば，カブトエビを水田に繁殖させれば，炎天下に除草をする手間が省けるはずである。ただし，寿命が約50日と短いのが玉にきずではあるにしても。

そこでカブトエビへの注目度が高まることになる。それまでは水田の除草にはもっぱら除草剤が使われていたが，1970年代にはいり農薬の害が問題になるいっぽう，一部の地域でカブトエビの除草効果が再認識されはじめた。大阪府や和歌山県ではカブトエビ利用組合も結成され，学者の指導のもと，カブトエビを水田除草に用いている（石井象二郎《昆虫博物館》）。

日本にはほかにアジア系カブトエビもみられる。かつて静岡県沼津市の子どもたちは，アジアカブトエビ Triops granarius のことを〈血吸い〉とよんでいた。この虫の血液が赤いため，ヒルのような虫と混同されたらしい。なお沼津はこのカブトエビの北限地だったが，農薬や水田の宅地化の影響で，今ではまったく姿が見あたらなくなってしまったという（秋田正人《カブトエビ──小さな自然の秘密》）。

ミジンコ

節足動物門甲殻綱枝角目 Cladocera に属する甲殻類の総称，またはその1種。
[和]ミジンコ〈微塵子〉，ミズノミ　[中]溞，水蚤　[ラ] Daphniidae（ミジンコ科），その他　[英]water flea　[仏]daphnie, puce d'eau, perroquet d'eau　[独]Wasserfloh　[蘭]watervlo　[露]водяные блоха　→p.64-65

【名の由来】　クラドケラは〈枝のような角をした〉の意味。ダフニイダエはギリシア神話のニンフの名〈ダフネ daphnē〉に由来する。

英名および各国語名の多くは〈水のノミ〉をあらわす。

和名ミジンコは，〈水中の小さなちり〉という意味。またミズノミは，〈水中にいるノミ〉の意。

【博物誌】　小さな浮遊性甲殻類のなかではもっともよく知られた虫である。ふつう水田や池沼にすんでいるが，後述するように温泉にすんでいるうらやましい種もいる。名のように小さく，しかも繁殖力が強いので，ときに水が赤く見えるほど大繁殖する。夏卵は単為生殖卵で雌だけから生まれてかえる。しかし環境が悪くなると雄があらわれ，両性生殖のすえに冬卵が生まれる。これは環境がよくなるまで耐え，ときには水分がほとんどなくなった土中でも生きつづけ，風に飛ばされて別の場所に移動し孵化することもある。

ミジンコは春から秋の水温が高いときに大繁殖する。単為生殖期の雌は1週間ほどの寿命といわれるが，舞台装置家でミジンコに造詣の深い妹尾河童氏の長期間にわたる観察によれば，21日間生きたオカメミジンコが合計148匹の子を産んでいる。オカメミジンコは透明なので心臓の鼓動するようすがよく見え，脈拍数は若いものが338，成熟して275，多量の卵を抱えているもので230～256，老齢のもので210前後と遅れていくことが観察できる。この数字は妹尾氏の観察による。

この結果を応用すれば，148匹産んだ第1代に対し，第2代め以後各自50匹ずつ産むとしても，2世代めの総数7400，第3世代めでは37万匹になるという。ネズミ算ならぬオカメミジンコ算である。しかし，これだけ増えると酸素や餌の不足などにより環境悪化をきたし，寿命が短くなったり卵を産まぬものが増加し，数が一気に減じる。

ミジンコ類は丸いオカメミジンコ，エビのような形をしたケンミジンコなどいくつかのタイプがいるが，いずれも1～2mmの大きさである。しかし大量に捕れるのと，甲殻類独特の栄養価に富むため，おもしろい利用法がある。それは金魚や熱帯魚の餌である。とりわけ金魚をつくりだした中国では，ミジンコ捕りの方法が古くから開発されていた。専用の竿のついた細長い網で，早朝，よどんだ水たまりに出向いて，表面付近にいるミジンコをこの網ですばやく捕るのである。わざわざ水に入れて持ち帰る必要はなく，家に着いてから水槽に入れ，息を吹き返したものだけを金魚の餌にする（羅信耀《北京風俗大全》）。

また北京には，金魚の餌用にミジンコを毎朝定期的に家まで配達してくれる業者がいる。料金は格安で，金魚の飼育に関する助言もしてくれるというからありがたい。

藤田経信《編年水産十九世紀史》によると，文化9年（1812），江戸に住む鈴木孫六という者が下谷大塚村に養魚場をつくり，ミジンコの繁殖に有効な方法を見いだしたという。同書には，ミジンコは幼魚の唯一の餌であり，〈養魚上一大革命なり〉と記されているが，肝心の繁殖方法についてはよくわからない。おそらく堆肥や鶏糞を入れた池に，ミジンコの種（卵あるいは雌）を放養する方法であったのだろう。

いっぽう1891年（明治24），オーストリアのC. E. von シャイドリンとA. ラクスは，シャイドリン＝ラクス法とよばれるミジンコの繁殖法を考案している。西洋ではひろく利用された方法という。

【温泉にすむミジンコ】　橈脚類の1グループにソコミジンコ類というのがある。淡水・海水を問

わず，世界各地の水底にふつうに見かけられるミジンコ類ということで名がついたものだが，なかに1種，甲殻類では珍しく高温の温泉にすむものがいる。和名もまさにイデユ（出湯）ソコミジンコ *Thermomesochra reducta*。1870年代に，マレーシア，クアラルンプール市近郊のドゥサン・ツア温泉で発見された。ちなみにこの温泉，第2次世界大戦中は，〈寿山温泉〉といって，日本軍の傷病兵の温泉療養地とされていた（伊藤立則《砂のすきまの生きものたち》）。

なお甲殻類で温泉にすむ生きものとしてはほかに，ムカシエビやアミなどと関係のあるテルモスバエナ *Thermosbaena* 類の1種 *T.mirabilis* が有名である。1923年，北アフリカのチュニジアにある古代ローマ時代に建てられた石組みの浴槽から発見された。

ウミホタル

節足動物門甲殻綱貝虫目ウミホタル科 Cypridinidae に属する甲殻類の総称，またはその1種．
［和］ウミホタル〈海蛍〉　［中］海蛍　［ラ］*Cypridina* 属（ウミホタル）
➡p.65

【名の由来】　キュプリディダエはギリシア語で女神アフロディテの別名であるキュプリア Kypria に由来する．

和名ウミホタルは，〈海にすむホタル〉の意．ホタルと同じように発光する習性にちなむ．ウミホタルはまた千葉県南部でアンケラという．

【博物誌】　小さな甲殻類だが二枚貝によく似た殻をかぶっており，卵形をしている．夜になると波に乗って海面近くにあらわれ，美しい発光を見せる．しかし陸上のホタルのように規則正しい間隔で光っているのではなく，波などの刺激によって光る．そのため水族館などでは電気ショックを与えて無理やり光らせるケースが多い．ウミホタルは肉食性で，岸壁から魚肉を吊り下げておくと肉に食いついてくるので，これを引き上げて多量に採集できる．大きさ3mmくらい．

夜行性で，日本沿岸にひろく分布するが，なぜか他の海域では発見されていない．2枚の殻で体をおおって生活し，刺激を受けると，口の近くにある腺から紫色の液を分泌する．採集した虫を日光でよく乾かし，湿気のない場所で保存しておくと，何十年たっても水をかければ光るので実験材料にもよく使われる．

初めてウミホタルの発光の仕組みを研究したのは，名著《ホタル》（1935）で知られる生物学者神田左京（1874-1939）だった．ホタルのような生物ばかりか人魂や狐火まで光るものなら何でも研究の対象とした彼は，1918年（大正7），発光生物研究の手はじめにウミホタルを選んだのである．その後，横須賀市立博物館長であった羽根田弥太氏がウミホタルや魚類を含む幅ひろい研究を行ない，この分野をリードした．

第2次大戦中，日本陸軍はウミホタルを乾燥させて粉末にしたものを，夜間の行軍の目印に用いた．当時，シンガポールの昭南博物館（現ラッフルズ博物館）に勤務していた羽根田氏によれば，粉末の説明書には，〈暗夜のジャングルなどで光がほしいときは，この粉末少量に水をかけよ．水のない時は小便でもよし〉と書いてあったという（羽根田弥太《発光生物の話》）．

ウオジラミ・チョウ

ウオジラミは節足動物門甲殻綱ウオジラミ目 Syphonostomatoida に属する甲殻類の総称．チョウは同門同綱鰓尾目チョウ科 Argulidae に属する甲殻類の総称，またはその1種．いずれも魚に寄生する動物としてよく知られる．
［和］ウオジラミ〈魚虱〉，チョウ〈金魚蝨〉　［中］鯴　［ラ］*Argulus* 属（チョウ），その他　［英］fish louse, carp louse　［仏］pou des carpes, pou de carp, argule de carp　［独］Karpfenlaus　［蘭］karperluis　［露］карповая вошь
➡p.65

【名の由来】　シフォノストマトイダはギリシア語で〈管形の siphon 口 stoma をした〉の意味．アルグルスはギリシア語で〈なまけもの argēs〉に由来．寄生生活を指したものか．

英名は〈魚のシラミ〉〈鯉のシラミ〉の意．他の各国語名もほぼ同様．和名チョウの由来は不明．

【博物誌】　ウオジラミは橈脚亜綱，チョウは鰓尾亜綱にふくまれる小型甲殻類．しかし両者とも海水魚ならびに淡水魚の体表に寄生する．どちらも西洋古代から知られた魚の大敵である．体長は0.5～3cmで宿主の体表をはいまわり，鋭くとがった口吻部を用いて，体内の血や粘液を吸いとる．アリストテレス《動物誌》には，魚に寄生する

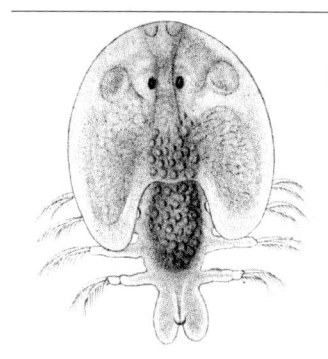

チョウの1種 *Argulus foliaceus*．キュヴィエ《動物界》第3版より．小型甲殻類のうち鰓尾目にふくまれ，丸い形をしている．淡水魚の体表に寄生する．橈脚類のウオジラミ目はウオジラミやイカリムシをふくみ，海水魚や淡水魚に外部寄生する．両者のちがいについては，カラーページを参照．

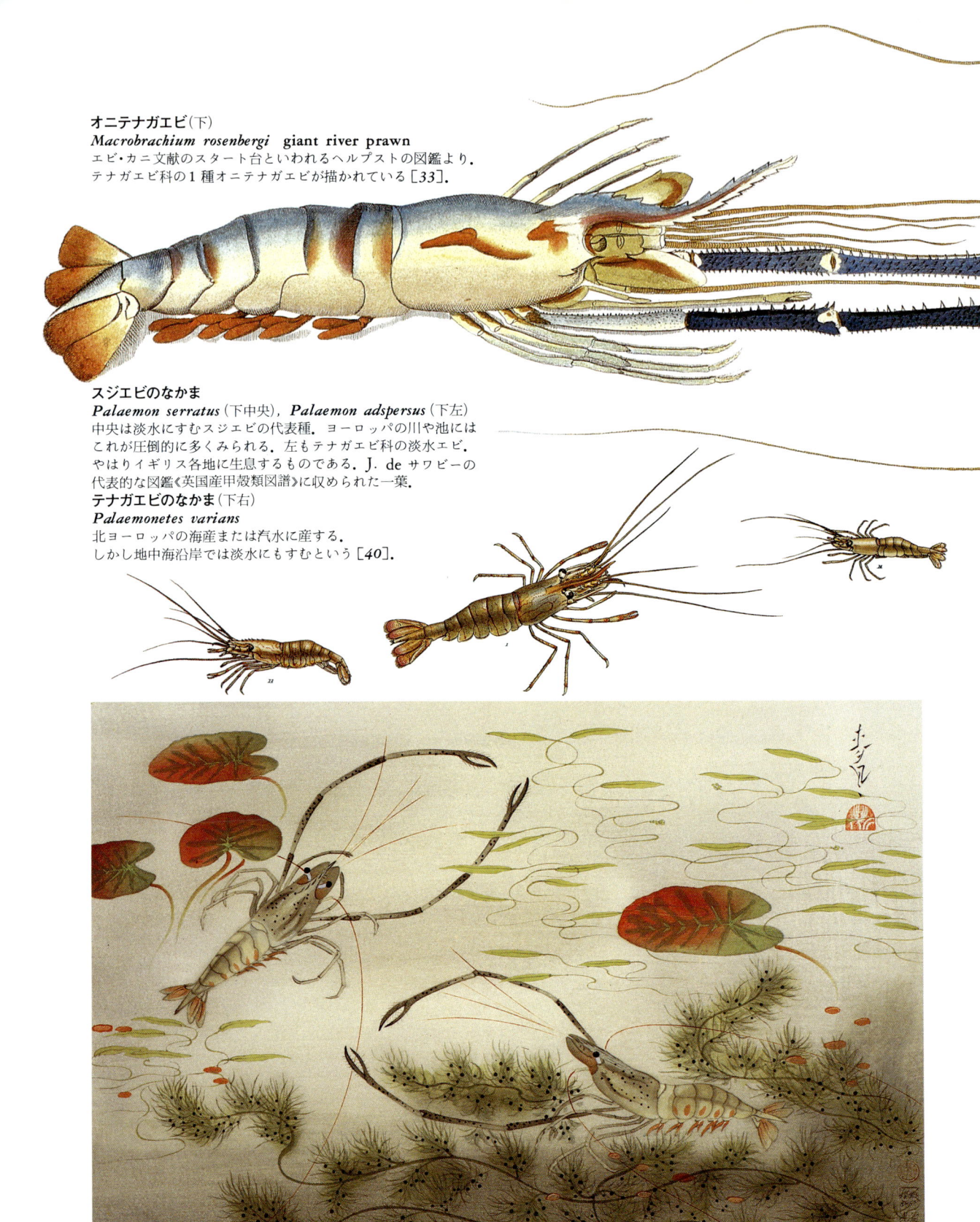

オニテナガエビ(下)
Macrobrachium rosenbergi giant river prawn
エビ・カニ文献のスタート台といわれるヘルプストの図鑑より。
テナガエビ科の1種オニテナガエビが描かれている[33]。

スジエビのなかま
Palaemon serratus (下中央), *Palaemon adspersus* (下左)
中央は淡水にすむスジエビの代表種。ヨーロッパの川や池には
これが圧倒的に多くみられる。左もテナガエビ科の淡水エビ。
やはりイギリス各地に生息するものである。J. de サワビーの
代表的な図鑑《英国産甲殻類図譜》に収められた一葉。

テナガエビのなかま(下右)
Palaemonetes varians
北ヨーロッパの海産または汽水に産する。
しかし地中海沿岸では淡水にもすむという[40]。

テナガエビ *Macrobrachium nipponense* japanese freshwater prawn
大野麦風《大日本魚類画集》より。淡水産のモエビのイメージをよくだした一葉。
木版色刷りで、おそらく30版以上の色版を刷り重ねて制作したものであろう[14]。

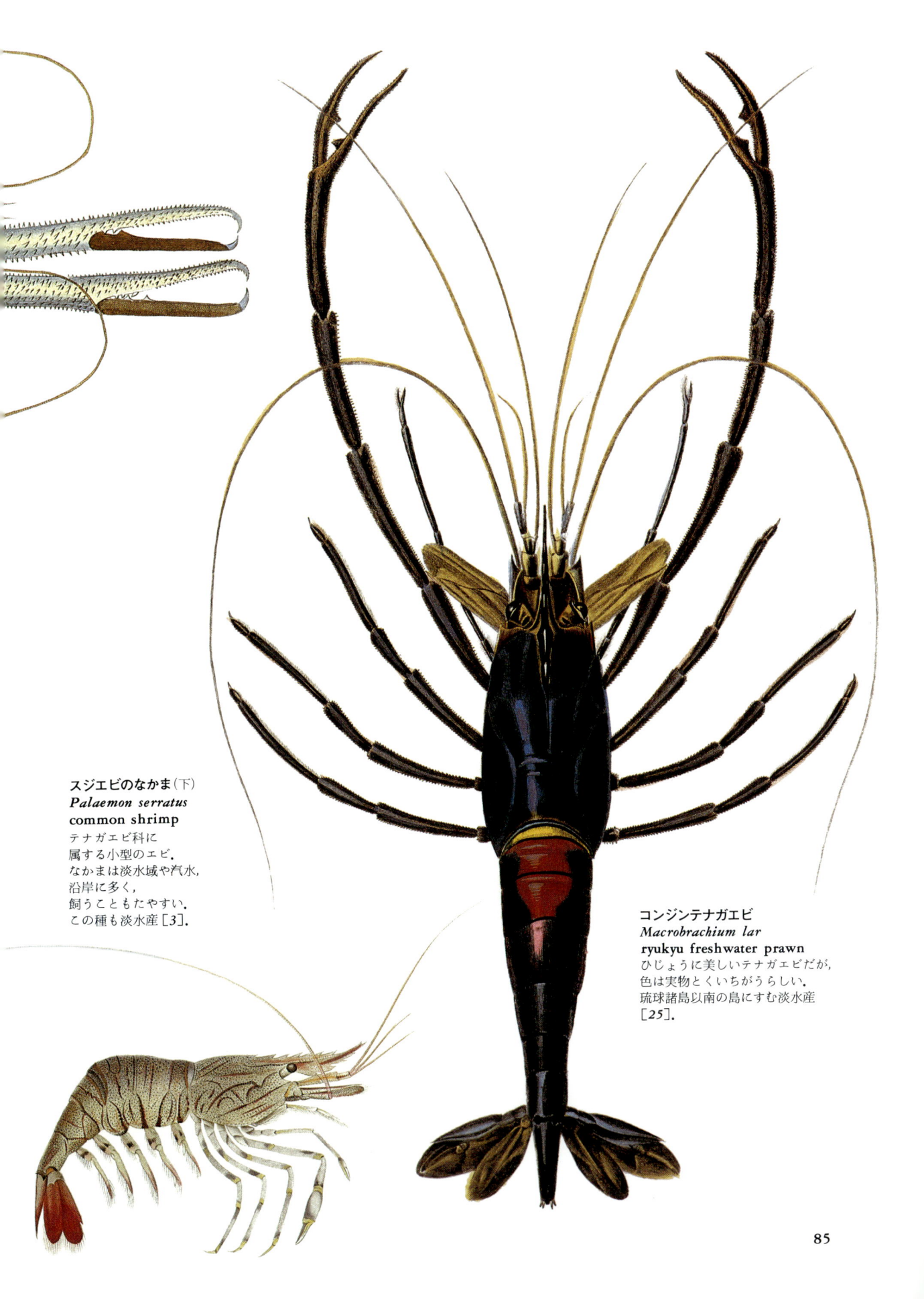

スジエビのなかま(下)
Palaemon serratus
common shrimp
テナガエビ科に
属する小型のエビ.
なかまは淡水域や汽水,
沿岸に多く,
飼うこともたやすい.
この種も淡水産［3］.

コンジンテナガエビ
Macrobrachium lar
ryukyu freshwater prawn
ひじょうに美しいテナガエビだが,
色は実物とくいちがうらしい.
琉球諸島以南の島にすむ淡水産
［25］.

●甲殻類——ミョウガガイ・カメノテ／エボシガイ／フジツボ／アミ

〈ノミ〉という記述が出てくる。これはチョウ類やウオジラミ類を指したものらしい。日本でもチョウ *Argulus japonicus* は淡水魚の大敵とされ、これに血を吸われた金魚やフナやコイは、死んでしまう場合もある。チョウはまた泳ぎもうまく、トンボ返りのような動きをしながら水中を進む。

ミョウガガイ・カメノテ

ミョウガガイは節足動物門甲殻綱完胸目ミョウガガイ科 Scalpellidae に属する甲殻類の総称、またはその1種。カメノテも同科の甲殻類の1種。

［和］ミョウガガイ〈茗荷介〉、カメノテ〈亀の手〉　［中］鎧茗荷、茗荷介（ミョウガガイ）、亀手、亀足（カメノテ）　［ラ］*Scalpellum* 属（ミョウガガイ）、*Mitella* 属（カメノテ）　［英］goose barnacle　［仏］pollicipède pouce-pied　［独］samtige Entenmuschel（ミョウガガイ）、vielschalige Fussklaue　［蘭］eendemossel（ミョウガガイ）　［露］морской жёлудь　→p.68-69

【名の由来】　スカルペルムはラテン語で〈小刀〉、ミテラはギリシア語で〈ターバン風の帽子〉に由来する。

英名は〈ガン（雁）のエボシガイ〉。これからガンが生まれると信じられていたため。仏名は〈塵のように小さな足〉〈親指のような足〉の意。独名はそれぞれ〈ビロードのようなエボシガイ〉〈皮が多い足の爪〉の意。蘭名は〈カモのムール貝〉。露名は〈海のドングリ〉の意味。

中国名の亀足は、形がカメのあしを思わせるため。和名カメノテもこれに準ずる。

【博物誌】　蔓脚（まんきゃく）類ミョウガガイ科にふくまれる。〈カイ〉の名もあり、一見するとたしかに貝に見えるが、小型甲殻類にふくまれ、じつはエビやカニに近い。海岸の岩礁に固着しているのによくぶつかる。雌雄同体で、幼生では浮遊生活をし、変態したあと固着生活にはいる。手のような蔓脚を出してプランクトンをこし集めて食べる。

この虫については博物誌的記述がほとんどみあたらない。とりあえず、人びとにとっては食えるかどうかがわかればよい存在であったようだ。大森信《蝦と蟹》によれば、カメノテの柄部は、スペインやイタリアで食用にされている。

中国でもカメノテについては、《本草綱目》にただひと言、〈食える〉とある程度である。また利尿剤としても用いられたらしい。ただし、春雨が降るとカメノテに花が生ずるという俗信もあったと《本草綱目》に記述されている。《大和本草》も、カメノテを殻ごと煮て肉を食うとよい、と述べるばかりである。

エボシガイ

節足動物門甲殻綱完胸目エボシガイ科 Lepadidae に属する甲殻類の総称、またはその1種。

［和］エボシガイ〈烏帽子介〉　［中］鵝頸茗荷介　［ラ］*Lepas* 属（エボシガイ）　［英］goose barnacle, tree goose　［仏］anatife　［独］Entenmuschel　［蘭］eendemossel　［露］морская уточка　→p.68-69

【名の由来】　レパディダエはギリシア語で〈岩にがっちりと付いた貝〉の意味。

英名は〈ガン（雁）のエボシガイ〉〈木になるガン〉の意味。かつて西洋ではエボシガイの頭部からガンの一種が生まれでると信じられたことによる。詳しくは［鳥類編］〔ガン〕の項目を参照のこと。仏名はラテン語由来で〈カモを運ぶもの〉。独・蘭名は〈カモのムール貝〉。露名は〈海のカモ〉の意。

和名エボシガイは、その形が烏帽子（えぼし）を思わせるため。なおエボシガイという名称は、地方によってさまざまな貝類を示す異名とされていたようで、川名興編《日本貝類方言集》をみると、福岡県粕屋郡古賀町ではイタヤガイ科のツキヒガイを、滋賀県大津市ではイシガイやセタイシガイを、それぞれエボシガイとよんでいたことがわかる。

【博物誌】　カメノテに似たなかまである。ただしカメノテが岩礁にいるのに対し、エボシガイは流木や漁網などに群れとなって付着する。代表的な蔓脚類であり、船やボートの底に付いて速度を鈍らせることもしばしばある。蔓脚というのは羽毛状の器官で、あしの変形したものである。これを殻から自由に出し入れして、水中のプランクトンをこしとり、食べるのである。ちなみに古く、この類のなかには海鳥の羽毛から自然発生すると考えられた種もいたという。よくよく鳥とは縁の深い生きものといえよう。体長は頭状部が3〜5cm、柄部が4〜5cmほど。このように柄部がある点が、フジツボ類との大きなちがいとされる。なお《和漢三才図会》など日本の古書では、〈烏帽子貝〉の名はハボウキガイ科のタイラギ *Atrina pectinata japonica*（英名 pen shell）の一名となっている。

【ウガ】　和歌山県の田辺地方には、エボシガイに関連して、ウガとよばれる奇怪な生きものが知られている。このきわめて珍奇な生きものは、田辺でウガ、東牟婁郡三輪崎でカイラギという。宮崎駒吉という地元の人物の言として、南方熊楠が引用するところでは、〈蛇に似て身長く、赤白の横紋あってすこぶる美なり。尾三つに分かれ、真中の線に数珠ごとき玉を多く貫き、両傍の線は玉なく細長し。游ぐを見ると、なかなか壮観だ。動

作および頸を揚げて游ぐさま，蛇に異ならず．舟の帆柱に舟玉を祝い籠めある……〉（〈ウガという魚のこと〉）とある．

尾に3条の吹き流しをつけ，しかも珠をたくさんつけた赤白の海蛇．おそらく，河童や鳳凰に類する，東洋得意の空想から出た瑞獣だろう．

ところが，このウガは実物が今も残る．熊楠の博物コレクション中に含まれているのである．

1924年（大正13）6月27日夜，田辺の熊楠邸に近くの漁師が，ウガの実物をもちこんできたのだ．熊楠はこれを一夜桶に入れて養い，翌日になってからアルコール漬けにして保存した．黄色いアルコール漬けの標本を見ると，たしかに本体は海蛇だが，なるほど，尾に楕円形の珠がたくさん付いている．半透明で，プラスチックのピンポン玉をごく小さくしたような感じである．

〈これ近海にしばしば見る黄色黒斑の海蛇の尾に，帯紫肉紅色で介殻なきエボシ貝（バーナックルの茎あるもの）八，九個寄生し，鰓，鬚を舞まてその体を屈伸廻旋すること速ければ，略見には画にかける宝珠が繊毛状の光明を放ちながら回転するごとし．この介甲虫群にアマモの葉一枚長く紛れ著き脱すべからず．尾三つに分かれというは，こんな物が時として三つも掛かりおるをいうならん〉（前掲文）．

つまり，熱帯産の毒蛇セグロウミヘビの尾にエボシガイが付着した，一種の奇品が，ウガの正体だったのである．

フジツボ

節足動物門甲殻綱完胸目フジツボ科 Balanidae およびイワフジツボ科 Chthamalidae に属する甲殻類の総称．
［和］フジツボ〈富士壺，藤壺〉　［中］棟宝茗荷介，藤壺　［ラ］Balanidae（フジツボ科），Chthamalidae（イワフジツボ科）　［英］rock barnacle, acorn shell, acorn barnacle　［仏］balane, gland de mer　［独］Seepocke　［蘭］zeepok　［露］морской тюльпан　⇒p. 72-73

【名の由来】　バラニダエはギリシア語で〈ドングリ〉の意．その姿が一見よく似ているから．クタマリダエは〈地に付着した〉の意味．

英名は〈岩に付くエボシガイ〉〈ドングリの殻〉〈ドングリのエボシガイ〉の意味．独・蘭名は〈海のあばた〉．露名は〈海のチューリップ〉の意．

和名フジツボは，殻が富士山型をしていることから．したがって漢字で藤壺と書くのは誤用であろう．

千葉県谷津地方や新潟県の佐渡ヶ島では，フジツボのことをセイとよぶ．

【博物誌】　甲殻類の1種だが，貝類のカキによく似た殻をもち，岩や船底に固着している．そのために一見すると貝類と思いちがう．アリストテレスは，動かない殻皮類というグループを定めて，このうちもっとも嗅覚の鈍いものとして，ホヤとともにフジツボを分類した．

日本では，例によってフジツボについての博物学は味覚学からスタートしている．伊豆大島周辺では，赤色のフジツボを食料とし，さかんに採集される．旬は春で，殻ごと目方で売買するという（秋山蓮三《内外普通動物誌》無脊椎動物篇）．

アミ

節足動物門甲殻綱アミ目アミ科 Mysidae に属する甲殻類，およびこれに近縁なものの総称．
［和］アミ〈䗩蝦〉　［中］糠蝦，䗩蝦　［ラ］Neomysis 属（イサザアミ），その他　［英］opossum shrimp　［仏］mysis　［独］Klingenkrebs, Geißelkrebs　［蘭］aasgarnaal　［露］мизида　⇒p. 73

【名の由来】　ミシダエはギリシア語で〈閉じること mysis〉の意で，ネオミシスは〈新しいミシス〉．

英名オポッサム・シュリンプは，アメリカ産有袋類のオポッサムと〈小エビ〉を合わせたもの．オポッサムと同じように，雌が発達した哺育嚢を胸部にもつことによる．ちなみにこれは，アミ類とエビ類を分かつ特徴のひとつ．独名はそれぞれ〈刃のあるザリガニ〉〈鞭毛をもったザリガニ〉の意味．蘭名は〈餌にするザリガニ〉の意．

和名アミは，一説にアミエビの略だという．ただしアミの語源についてはよくわからない．〈海虫〉を意味する言葉だとする説もある．アミという名は，俗にオキアミ類や小型のエビ類の総称と

〈ウガ〉．この標本は，和歌山の博物学者南方熊楠が入手した珍品で，1929年（昭和4）に昭和天皇を田辺湾神島に迎えての進講時，これを天皇に見せて説明した．このウガとは，南洋のセグロウミヘビにエボシガイの1種が付着したため，一見すると小さな龍のように見えるものである（飯田安国氏撮影）．

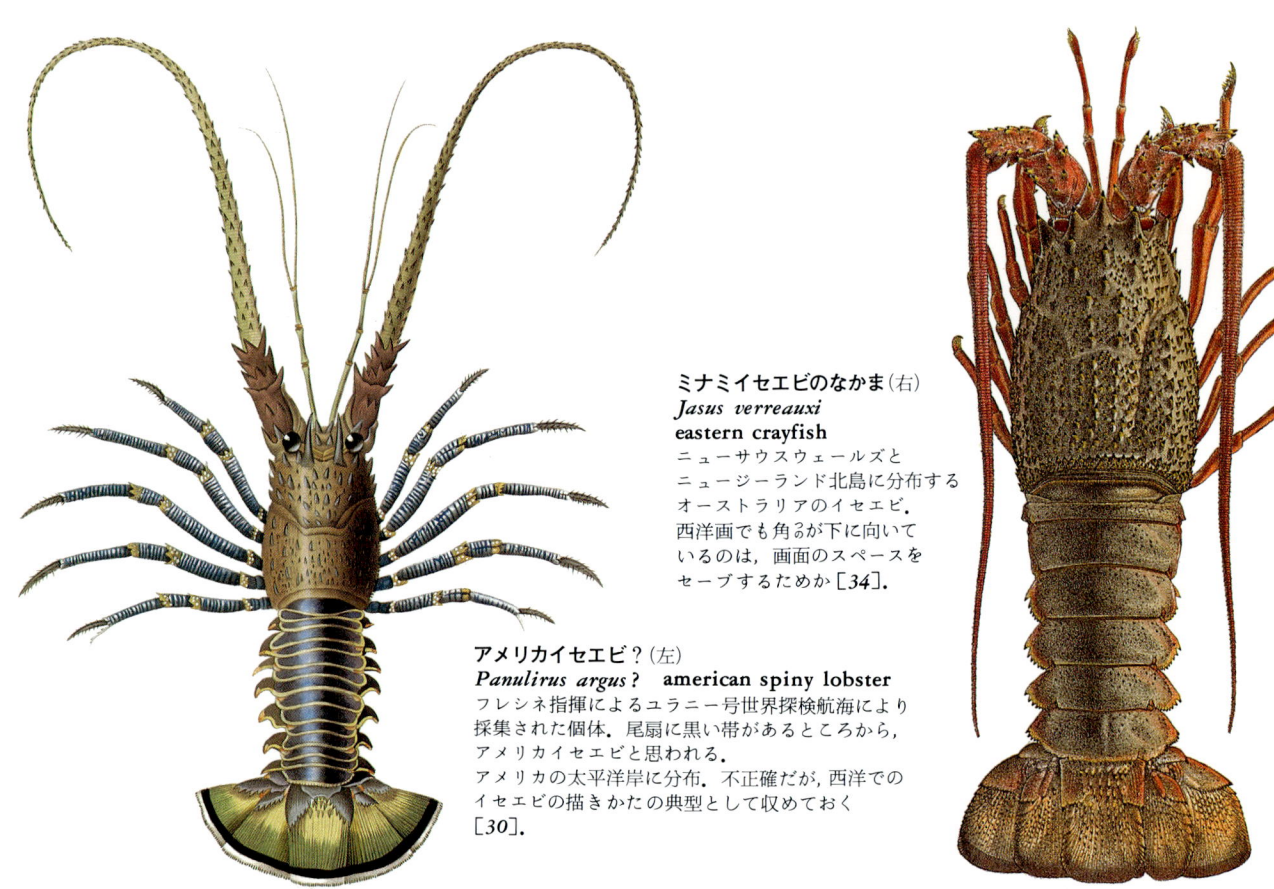

ミナミイセエビのなかま（右）
Jasus verreauxi eastern crayfish
ニューサウスウェールズと
ニュージーランド北島に分布する
オーストラリアのイセエビ．
西洋画でも角るが下に向いて
いるのは，画面のスペースを
セーブするためか［34］．

アメリカイセエビ？（左）
Panulirus argus?   american spiny lobster
フレシネ指揮によるユラニー号世界探検航海により
採集された個体．尾扇に黒い帯があるところから，
アメリカイセエビと思われる．
アメリカの太平洋岸に分布．不正確だが，西洋での
イセエビの描きかたの典型として収めておく
［30］．

イセエビ *Panulirus japonicus* japanese spiny lobster
大野麦風《大日本魚類画集》より．日本人がいちばんよく知っているのがこのイセエビ．
腰が曲がり，角をうしろに向けているのが，日本人のもっているイセエビ画の定式である［14］．

カノコイセエビ(上図・上)
Panulirus longipes
《博物館虫譜》より．しかしこの図は高松藩の
《衆鱗図》にあったものをコピーしてある．

シマイセエビ(同・下) *Panulirus penicillatus* tufted spiny lobster
これもきわめて詳細な図であるが，
動物学的に同定する資料としては不十分［26］．

ニシキエビ(上)
Panulirus ornatus ornate spiny lobster
南太平洋に産し，イセエビのなかまでは最大種．
あしが白黒のまだらになっているところも特徴．
これも角を前方にのばしている［33］．

ヨーロッパイセエビ(左)
Palinurus vulgaris sea crayfish
ヘルプストの図(右)と比較するとおもしろい．
このイセエビの角は下に向いている．
この種は大きくなると50cmにもなる［3］．

ヨーロッパイセエビ(下)
Palinurus vulgaris
sea crayfish
ヨーロッパ産唯一のイセエビである．
角をまっすぐにのばした状態で
描かれるのが，ヨーロッパでの
習慣であった［33］．

● 甲殻類——アミ／ミズムシ／フナムシ／ヘラムシ／ダンゴムシ

して用いられる。また，魚を集める撒き餌に使われることから，一名をコマセという。《本草綱目》をみると，テナガエビ類の1種として，糠鰕(こうか)という生物が記載されているが，《和漢三才図会》の著者寺島良安は，これを《和名抄》の海糠と同一物だと述べ，エビのなかでは最小のアミを指すとしている。ただし《本草綱目》には，その形態や生態についての詳しい記述は出ていない。

【博物誌】 アミはおもに海水にすむが，一部は汽水，淡水にまで分布する。フクロエビのなかまであり，いわゆるエビともオキアミともちがう。フクロエビというよび名が示すように，雌は胸に嚢をもち，ここに産卵して子を育てる。そのためかエビやオキアミにみられるような幼生期を経ない。

　西洋ではアミについて論じた博物誌をあまり見ない。しかし日本には江戸時代の書物に多少の言及を発見できる。この海産生物について，古くは〈成長しないエビ〉と考えられていた。しかし《本朝食鑑》の著者人見必大は，アミはエビと形が似ているので同類のように見えるが，じつはアミはエビ類ではないと正しく述べている。

　同じ《本朝食鑑》によると，アミが多く捕れるのは，備の3州（備前，備中，備後）と肥の2州（肥前，肥後）で，味もよいという。《和漢三才図会》も，アミの味のよさを賞賛している。アミを煮(に)ったり塩辛にして食べるとよいとある。

【民話・伝承】 長崎県平戸市薄香(うすか)では，アミエビ多ければ嵐来る，といいならわす。

　また静岡県の焼津の漁師たちによれば，アミエビや小ガニが流れてくると，サバがよく釣れる。

　いっぽう西唐津では，アミの多い年は魚がそれを餌にして満腹になってしまうため，不漁になるといわれた（《海と漁の伝承》）。

の意。なお，昆虫の半翅目にも同名の虫がいるので注意のこと。

【博物誌】 日本では〈水虫〉とよばれる虫が3種類いる。第1は，ここであつかう甲殻類のミズムシで，大きさは1cmくらいになる。日本から中国，シベリアに分布し，小さなケラのような形をしている。ほとんどは淡水産だが，なかには8000mの深海にすむものもいる。第2は，半翅目の昆虫で，黒っぽい小さな虫。よく発達したオール状の後脚で水をかいて泳ぐ姿が，しばしば池や沼で見うけられる（昆虫の［ミズムシ］の項参照）。そして第3は足の裏などにできる皮膚真菌病としてのミズムシである。しかしこれはむろん虫ではなく，カビに感染して発症する皮膚病である。

　ここでとりあげるミズムシについての文献はあまり見あたらない。ただ《昆虫の劇場》にasellusの名で記載されている虫は，添えられた図からみてもミズムシと考えられる。同書ではまたsea-asellusという表現も使われている。それによると，この虫には足が4本しかないという。1回の体の動きで長い距離を移動でき，しかもそれを何度も繰り返すので，足がそんなにいらないのだそうだ。また，盛り上がった背の形から，〈雌ブタsow〉という異名もあるとされている。つかまえようとするときはむろん，じっくり観察しようとするだけでも，すばらしく機敏な動きで逃げ去るという。海産の種は淡水産のものより大きいという注目すべき記述もみえる。

　アイスランドでは，ミズムシを口にくわえると，望みがかなうという。またこの虫の卵巣を乾燥させたものは，〈願いごとの石〉とよばれ，同じ効能があると信じられている（ジャン＝ポール・クレベール《動物シンボル事典》）。

ミズムシ

節足動物門甲殻綱等脚目ミズムシ科Asellidaeに属する甲殻類の総称，またはその1種。
［和］ミズムシ〈水虫〉　［中］櫛水虱　［ラ]*Asellus*属（ミズムシ）　［英］hog slater, hog louse, water-slater　［仏］cloporte aquatique, aselle, cloporte d'eau　［独］Wasserassel　［蘭］waterpissebed　［露］водяной ослик
→p.73

【名の由来】 アセルスはラテン語で〈小さなロバ〉の意味。

　英名は〈ブタワラジムシ〉〈ブタジラミ〉〈水のワラジムシ〉の意味。他の各国語名のほとんども〈水のワラジムシ〉の意。

　和名ミズムシは，きわめて単純に〈水にすむ虫〉

フナムシ

節足動物門甲殻綱等脚目フナムシ科Ligidaeに属する甲殻類の総称，またはその1種。
［和］フナムシ〈船虫，海蛆〉　［中］船蠹，海蟑螂　［ラ]*Ligia*属（フナムシ），その他　［英］sea-slater, rock-slater　［仏］ligie　［独］Klippenassel, Strandassel　klipzeepissebed, havenpissebed　［露］прибрежная мокрица
→p.76

【名の由来】 リギアはギリシア神話にでてくるサイレンのひとりリギアLigiaに由来。

　英名はじめ各国語名はいずれも〈海のワラジムシ〉〈岩のワラジムシ〉の意味である。

　和名フナムシは，船置き場や，ときには船の中でも見かけられることによる。

【博物誌】　陸にすむミズムシといったイメージのある，きわめて敏しょうに動きまわる虫。日本，中国，北アメリカ両岸に分布し，3～4cmほどになる。水にはいれるが，長い時間とどまることはできない。幼生期を海中ですごす習性もなく，雌の腹にある育房の中で親と同じ姿になるまで育てられる。これを食う人はあまりいないが，釣餌には用いられる。

日本には，フナムシが赤トンボに化すという俗説もあった。しかし栗本丹洲はこれをしりぞけている。昆虫学者の小西正泰氏によると，フナムシとトンボの幼虫のヤゴを混同したために生まれた俗信らしい。

北海道の釧路白糠地方では，子どもたちがフナムシを砂に埋めて地面を叩きながらこんな文句を唱えて遊んだ。

　　エ　レクチ　ドイクン　カムイ（お前の首切る魔物）
　　オレパシ　ヤンナ（沖からあがって来たぞ）
　　エキムン　キラ　キラ（山へ逃げろ　逃げろ）

それから砂を掘ってみると，フナムシはいなくなっているという（更科源蔵・更科光《コタン生物記》）。

アイヌのあいだには，フナムシが家にはいってきたら荒波がやってきている証拠だから用心しろ，といういい伝えもある。

ヘラムシ

節足動物門甲殻綱等脚目ヘラムシ科 Idotheidae に属する甲殻類の総称，またはその1種。
［和］ヘラムシ〈箆虫〉　［ラ］*Idothea* 属（ヘラムシ），その他　［英］box-slater, wharf louse　［仏］idothéa　［独］Klappenassel　［蘭］boorpissebed, zeepissebed　［露］оалтийская мокрица　　　　　　　　　→p.76

【名の由来】　イドテアはギリシア神話にでてくる海神プロテウスの娘の名イドテア Eidothea に由来する。なお，ギリシア神話には同名の女性名が多く，イドテアも，幼児ゼウスを世話したニンフのひとりの名にもある。

英名は〈箱形のダンゴムシ〉〈岸壁のシラミ〉の意。独名は〈はねぶたのあるワラジムシ〉。蘭名は〈錐のようなダンゴムシ〉〈海のワラジムシ〉。露名も〈バルト海のワラジムシ〉の意味。

和名ヘラムシは，〈箆のような体形をした虫〉の意。長い楕円形か長方形で，偏平な体を称したもの。

【博物誌】　ヘラムシは名のとおり長円形をしたかたくて平たい虫。すべて海産である。

浅海から深海までひろく分布し，石の下や海藻のあいだなどにいる。日本産のものは体長0.7～4.5cmほど。ワラジヘラムシ *Synidotea laevidorsalis* は，乾燥させたものを養殖魚の餌に用いる。

ダンゴムシ

節足動物門甲殻綱等脚目ダンゴムシ科 Armadillidiidae に属する甲殻類の総称，またはその1種。
［和］ダンゴムシ〈団子虫〉　［中］鼠婦　［ラ］*Armadillidium* 属（ダンゴムシ），その他　［英］pill-bug, pill woodlouse, sow bug　［仏］armadille　［独］Rollassel, Kugelassel　［蘭］kogelpissebed　［露］свёртывающаяся мокрица
→p.76

【名の由来】　アルマディリディウムはラテン語で〈アルマジロ Armadillo〉に似たものの意。

英名はそれぞれ〈丸薬型の甲虫〉〈丸薬型のワラジムシ〉〈雌豚のような甲虫〉の意味。独・蘭・露名もそれぞれ〈丸くなるワラジムシ〉〈球状のワラジムシ〉をあらわす。

和名ダンゴムシは，この虫の丸くなるのを団子だんごにたとえたもの。

【博物誌】　ユーラシア大陸に分布し，さわると団子のように丸くなる小さな甲殻類。かたい体節におおわれ，2～3cmになる。花壇や畑など湿った土のあるところにすむため，植物とともに土が運ばれる結果，現在はほとんど世界各地に分布している。

トマス・ムーフェットによると，ダンゴムシは1か所にかなりの数の個体が集まって体を積み重ねることがあり，1583年のイギリスでもこの奇観が見られたという（《昆虫の劇場》）。なおムーフェットは，ダンゴムシをchislepとよんでいる。これは，16～17世紀の学者がダンゴムシやタマヤスデを示すのによく使った名称で，cheeselip, cheeselep などとも示す。語源は不明。現在は，ワラジムシのよび名にも用いられる。ムーフェットの記述は，ワラジムシ類の習性を誤って記したものかもしれない。

またムーフェットは，ダンゴムシには毒がないためヨーロッパでは薬として大いに利用された，と記している。目の病気や結石，喘息，痙攣，扁桃腺炎などの薬とされたほか，利尿剤としても役にたったという。

ピーター・ファーブ《昆虫》に，ダンゴムシを襲おうとした敵も，相手の丸まった姿を見ると，まずそうなので食欲を失い結局は去っていく，とある。この虫が体を丸めるのは，護身のためなのである。

ウチワエビモドキ(右)　*Thenus orientalis*　shovel-nosed lobster
オオバウチワエビ(左)　*Ibacus novemdentatus*　shovel-nosed lobster
インド洋，西太平洋に分布する．図の色彩はやや極端すぎるが，
かなりみごとな形をしている．最初のエビ・カニ図鑑である
ヘルプストの著作より［33］．

セミエビ(下図・上)　*Scyllarides squamosus*　'cicada' crayfish
《博物館虫譜》より．みごとなセミエビの図である．図の描きかた
からみておそらく高松藩の《衆鱗図》をコピーしたものだろう．
ウチワエビ(同・下)　*Ibacus ciliatus*　sand crayfish
日本近海からフィリピンに分布する．近縁のオオバウチワエビは，
よく似ているが，大きな頭胸甲の縁🅞にある歯が7つしかない．
本図では12もあるのでおそらくウチワエビだろう［26］．

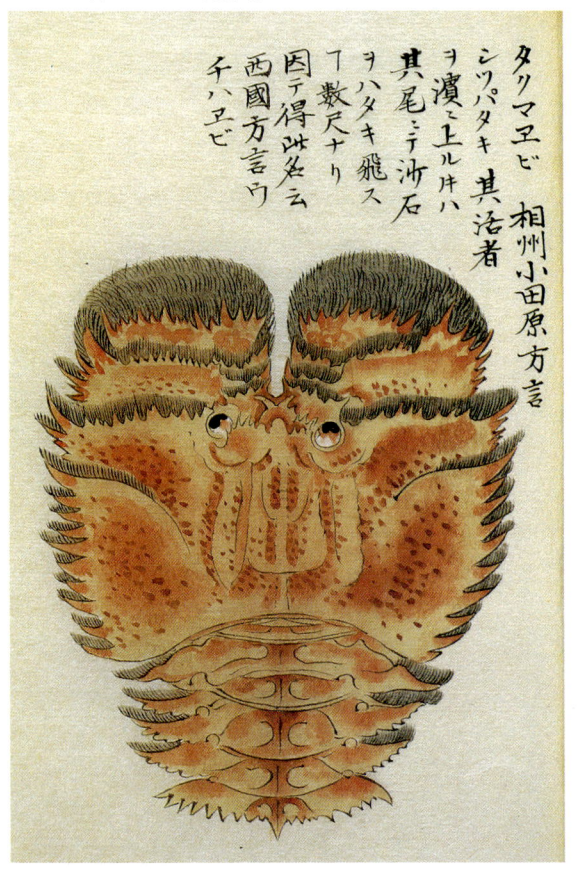

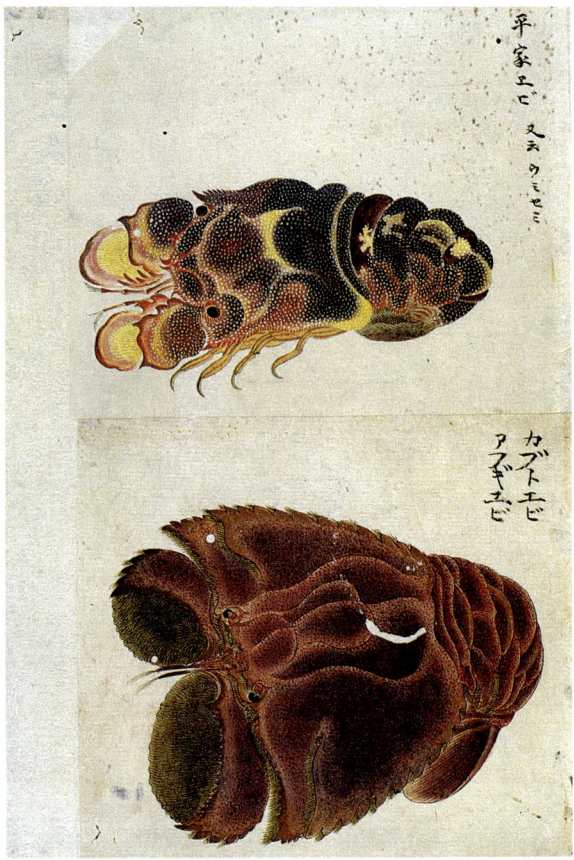

ウチワエビ(下)　*Ibacus ciliatus*　sand crayfish
栗本丹洲《千蟲譜》にあるウチワエビ．1824年にシーボルトが
これを記載した．大ざっぱだが日本画的味わいはある．
セミエビ科ウチワエビ属［5］．

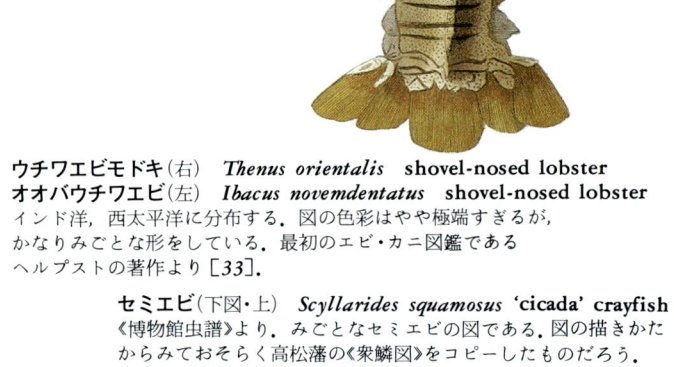

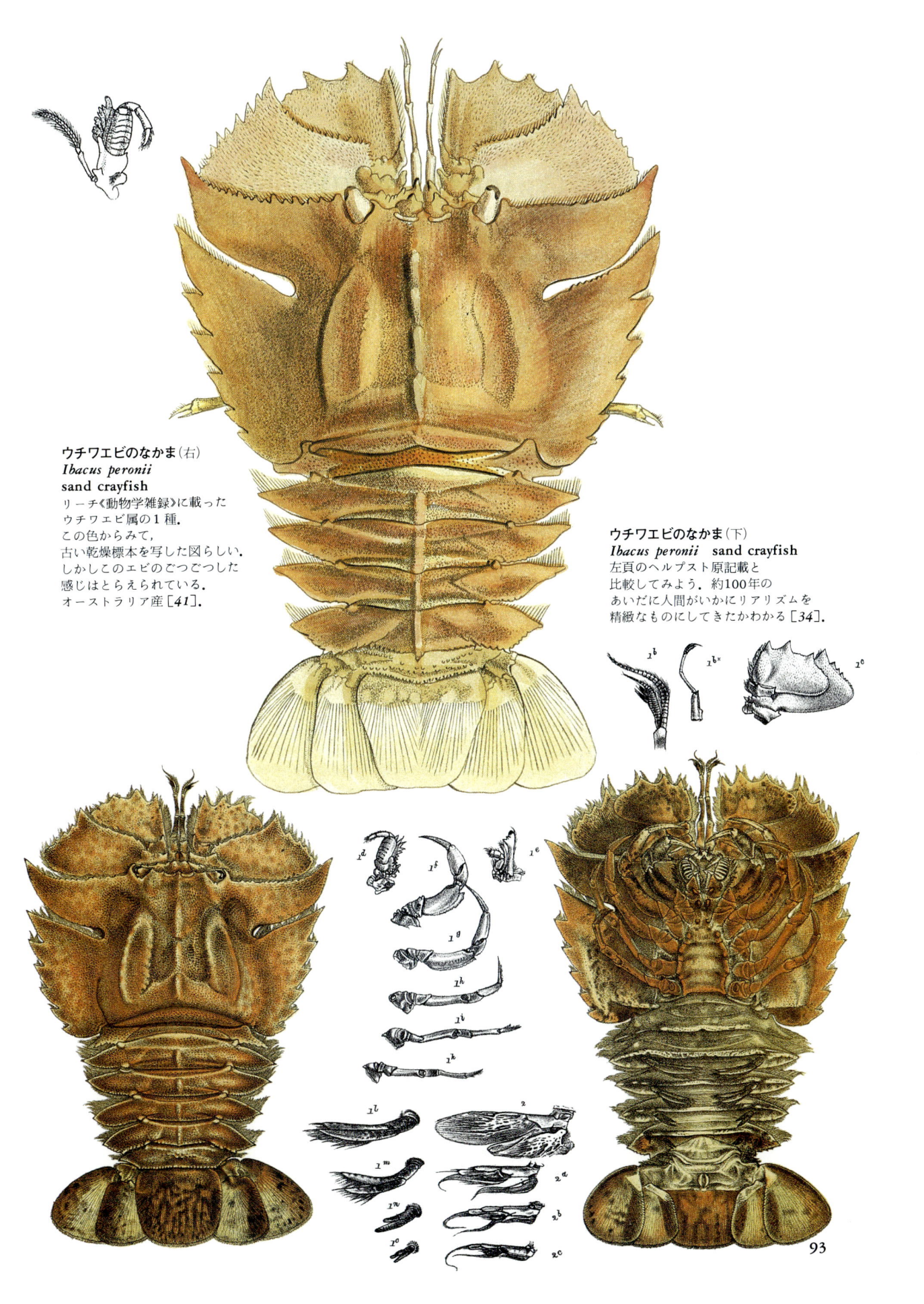

ウチワエビのなかま（右）
Ibacus peronii
sand crayfish
リーチ《動物学雑録》に載った
ウチワエビ属の1種．
この色からみて，
古い乾燥標本を写した図らしい．
しかしこのエビのごつごつした
感じはとらえられている．
オーストラリア産［*41*］．

ウチワエビのなかま（下）
Ibacus peronii　sand crayfish
左頁のヘルプスト原記載と
比較してみよう．約100年の
あいだに人間がいかにリアリズムを
精緻なものにしてきたかわかる［*34*］．

93

● 甲殻類──ワラジムシ／キクイムシ／コツブムシ／ウオノエ／ワレカラ

ワラジムシ

節足動物門甲殻綱等脚目ワラジムシ科Oniscidaeに属する甲殻類の総称，またはその1種．
［和］ワラジムシ〈草鞋虫〉　［中］鼠婦，地鶏，地虱，湿生虫，過街　［ラ］*Oniscus*属，*Porcellio*属（ワラジムシ），その他　［英］woodlouse, cud-worm, slater　［仏］cloporte　［独］Landassel, Mauerassel　［蘭］pissebed　［露］мокрица
→p.77

【名の由来】　オニスクスはギリシア語でワラジムシを指す言葉から．語源は〈小さなロバ〉．ポルケリオはラテン語で〈小さなブタ〉の意味．

英名は〈森のシラミ〉〈反すうする虫〉〈犬をけしかける者〉の意味．仏名は〈戸を閉めろ〉の意．危険があるとかたく身を縮める性質による．独名はそれぞれ〈陸上のワラジムシ〉〈城壁のワラジムシ〉をあらわす．

中国名鼠婦は，この虫がよくネズミの背中に乗っていることによる．鼠姑，鼠粘，鼠負というのもこれに準ずる．地鶏は〈地中にすむニワトリ〉，地虱は〈地中にすむシラミ〉の意．湿生虫は，朽ち木や堆肥の中など湿った場所に好んで生息する習性を称したもの．過街は，この虫が申の日になると街を過るため，という俗説にちなむ．

和名ワラジムシは，形状が一見わらじを思わせるため．水戸市でワラジムシを一名，カブレムシ，略してカブムシという．にきびができたら，この虫を御飯で練ってはるとよい，といわれるからだ（更科公護《水戸市の動植物方言》動物編）．

【博物誌】　体長1cmほどの，わらじによく似た陸生甲殻類．同じなかまのフナムシやダンゴムシによく似ている．しかしダンゴムシのように丸くなることができない．枯葉や石の下の湿った場所にたくさんすむ．そこで栗本丹洲は，ワラジムシを湿気により自然発生する生物と考えた（《千蟲譜》）．そう認定されても不思議はない．ときには多くのワラジムシが，石の下や打ちあげられた海藻の下にたむろしているのであるから．

アリストテレス《動物誌》によると，古代ギリシア人はワラジムシのことを〈多足のロバ〉とよんだ．同書の訳注では，ロバのように背中を丸めるからだという．だが，これはむしろダンゴムシの特質であり，〈多足のロバ〉という名の真意はわからない．ただし，アリストテレスがワラジムシにふれているのは，この個所のみである．

ドイツのバイエルン地方では，ワラジムシの1種*Oniscus murarius*を利尿剤に用いる．また別種*O.scaber*は小児薬に使われるという．

中国では古くワラジムシを媚薬に用いたらしい．陸佃《埤雅》には，ワラジムシは淫なる動物なので女性になぞらえ，名前に〈婦〉という字がつけられた，と記されている．

なお，ワラジムシとヒトリガが雌雄関係にあると，中国人は信じていた（《本草綱目》）．

ワラジムシを使った魔法が中国に古くから伝わる．紙で2〜3寸（約6〜9cm）の大きさの人形をつくり，裏にワラジムシをはりつけた別の紙の上に直立させる．すると，人形がひとりでに歩く．これを，〈紙人形が歩き出す法〉という（李隆編《まじない》）．

キクイムシ

節足動物門甲殻綱等脚目キクイムシ科Limnoriidaeに属する甲殻類の総称，またはその1種．
［和］キクイムシ〈木喰虫〉　［中］蛀木水虱，鑿船虫　［ラ］*Limnoria*属（キクイムシ），その他　［英］gribble, boring slater, marine borer　［仏］limnorie　［独］Bohrassel, Holzbohrassel　［蘭］boorpissebed　［露］древоточец

【名の由来】　リムノリアはギリシア神話の海神ネレイスとドリス（水の神オケアノスの娘）の間に生まれた多くの娘のひとりリムノーレイアLimnōreiaに由来する．

英名グリブルは，一説に動詞のグラブgrub（掘りおこすという意味）に由来するという．海中の木材を食害する習性にちなむ．その他の英名も〈穴をあけるワラジムシ〉〈海の穴あけ虫〉の意．

他の各国語名のほとんども，それぞれ〈穴をあけるワラジムシ〉〈海の穴あけ虫〉の意味．

和名キクイムシもこれに準ずる．

【博物誌】　体長2〜6mmほどのきわめて小さい甲殻類．これも甲虫のなかまに同名の虫がいるので，混同しないよう注意が必要である．

港湾のドックや埠頭に浮かぶ木材の，海中に沈んだ部分をかみくだき，孔をうがって，その中に群生する世界的な大害虫．ひどいときは1cm^{3}につき12〜15個も孔があいているという．この害を防ぐには，木材にクレオソートを注入するのが効果的．なおかれらの餌は木材だけではなく，海藻なども食べる．

段成式《酉陽雑俎》には，象浦（今の浙江省楽清県西にある土地）の渚にすむ極小虫で，船を食う〈水蟲〉が記載されている．被害も相当大きかったらしく，数十日で船はこわれる，とある．これはキクイムシのことかもしれないので，ここに紹介しておく．

コツブムシ

節足動物門甲殻綱等脚目コツブムシ科Sphaeromidaeに属する甲殻類の総称，またはその1種．

［和］コツブムシ〈小粒虫〉［ラ］*Sphaeroma*属（コツブムシ），その他　［英］gribble　［仏］sphérome, cloporte marine　［独］Kugelassel, Schwimmassel　［露］сферома

→p.77

【名の由来】　スファエロマはギリシア語で〈小さな球〉の意味．

英名はキクイムシと同じ．独名はそれぞれ〈球形のワラジムシ〉〈泳ぐワラジムシ〉の意．

和名コツブムシは，捕えると体を小粒状に丸める習性にちなむ．

【博物誌】　水生のダンゴムシといった印象のある虫で，体を丸めることができる．体長0.5～1.5cmで，石の下や，海藻のあいだ，岩礁など，生息域はさまざま．キクイムシのように木材に穴をうがってすむものもいる．泳ぎはホウネンエビや昆虫のマツモムシと同じく背泳ぎ型である．北海道沿岸に多数が分布する1種シオムシ*Tecticeps japonicus*は，乾燥させて養魚の餌や肥料にする．

ウオノエ

節足動物門甲殻綱等脚目ウオノエ科Cymothoidaeに属する甲殻類の総称．

［和］ウオノエ〈魚の餌〉［中］浪飄水虱，魚怪（タナゴヤドリムシ）　［ラ］*Cymothoa*属, *Ichthyoxenus*属，その他　［英］fish slater　［仏］cymothoé des poissons　［独］Fischassel, Bremsenassel　［露］рыбная мокрица

→p.77

【名の由来】　キモトアはギリシア神話の海神ネレイスの娘のひとりキュモトエー Kymothoēに由来．イクチオクセヌスはギリシア語で〈魚ichthys〉と〈宿主xenos〉の合成．魚に寄生することを指す．

英名は〈魚のワラジムシ〉．仏名は〈魚のウオノエ〉．独・露名は〈魚のワラジムシ〉の意味．

和名ウオノエは，〈魚の餌〉の意か．魚類の口腔や体腔に，つねに寄生して暮らす習性にちなむ．口内に寄生しているのが，餌になっているように見えたのであろう．

【博物誌】　甲殻綱ウオノエ科の1種タナゴヤドリムシ*Ichthyoxenus japonensis*は，タナゴやボテなど淡水魚の腹腔に穴をうがち，その中にすむ．琵琶湖の船頭たちは，古くこの虫をトンボムシとトンボノコとよんだ．トンボの雌が水中に放出した卵子を湖のボテが食い，それが腹の中で成長すると，この虫になるというのだ．はては，この虫が

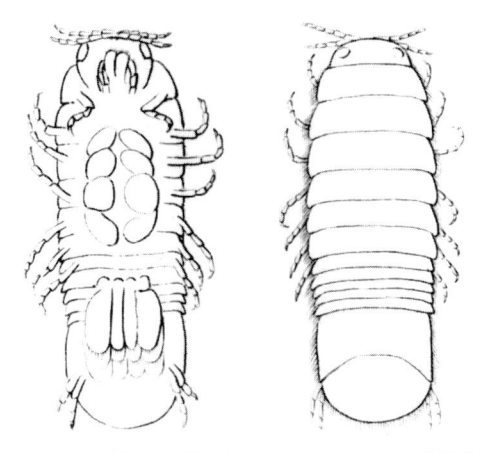

キクイムシの1種 *Rocinela ophthalmica* キュヴィエ《動物界》第3版より．船材を食い，穴をあける虫．ひどいときには数十日で船を壊すという．

トンボになるところを見たと主張する者までいたという（李家鳥村生〈琵琶湖の鮒搔き〉《動物学雑誌》1915年10月）．

ワレカラ

節足動物門甲殻綱端脚目ワレカラ科Caprellidaeに属する甲殻類の総称．

［和］ワレカラ〈割殻〉［中］蠣，麦稈虫　［ラ］*Caprella*属（マルエラワレカラ）［英］skeleton shrimp, fairy shrimp, spectre shrimp　［仏］caprelle　［独］Gespenstkrebs　［蘭］wandelend geraamte　［露］морская козочка

→p.73

【名の由来】　カプレラはラテン語の〈小さなヤギcaprella〉に由来．

英名は〈骨と皮ばかりの小エビ〉〈妖精のエビ〉〈お化けのエビ〉の意味．独名も〈幽霊のザリガニ〉．蘭名は〈放浪する骸骨〉．露名は〈海の小ヤギ〉の意味である．

和名ワレカラは，〈割殻〉の意とされる．乾燥するにつれて体が割れてくることから．

【博物誌】　ワラジムシやダンゴムシを含む等脚類とはちがい，端脚類とよばれる別グループを代表する甲殻類．海にすむが，シャクトリムシのように歩いたり，ボウフラのように泳いだりする．ヒドロ虫を食べるという．1～3cmほどの小さな虫のうえに，さして有用とも思えない割に日本では古くから知られていた．《古今和歌集》の〈海女の刈る藻に棲む虫のわれからと音をこそ泣かめ世をば恨みじ〉という歌にもうたわれている．

また《枕草子》第50段〈虫は〉をみると，ワレカラがおもしろい虫のひとつにあげられている．

ワレカラを食用としているのは，越前，若狭，

ヨーロッパザリガニ (上の3図)
Astacus astacus
european or common crayfish, crawfish
3図ともにレーゼル・フォン・ローゼンホフによる
有名なザリガニである。ただし体色が赤み
がかっているのは、少し誇張しすぎのようだ。
右上の図に注目されたい。
眼を大写しにしてあるところが意味深長である。

というのも、ザリガニの胃石を
ラテン語で《カニの眼 oculi cancri》とよび、
目にはいった侵入物をとりのぞくのに用いるほか、
万病をいやす霊薬とされたからである。
右下は腹側の図である。
細部の観察力はいかにもこの著者らしい。
これを収めた《昆虫学の娯しみ》は
18世紀最高の昆虫図鑑とよばれている [43]。

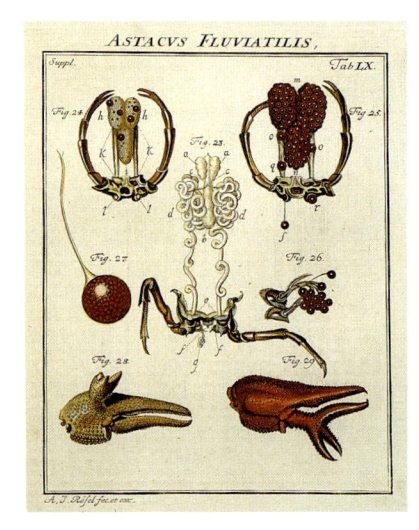

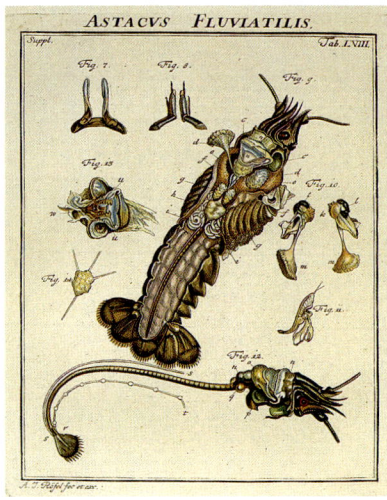

ヨーロッパザリガニ (左の2図)
Astacus astacus
european or common crayfish, crawfish
レーゼル・フォン・ローゼンホフ
《昆虫学の娯しみ》より。
ヨーロッパザリガニの解剖図。
18世紀の作品としては
みごとなできばえを示している。
この当時はザリガニも昆虫の部類として
とりあつかわれていた。
これは、日本では《蟹類》が
〈虫〉の字のゆえに虫とされたことと
通じるできごとである。
左図では下のふたつのはさみが
奇形になっており、心をひかれる
[43]。

ヨーロッパザリガニ(左)
Astacus astacus
european or common crayfish,
crawfish
ひげが赤いところをふくめ，
ザリガニの色をレーゼル・
フォン・ローゼンホフの
図と比べてみたい．
むしろこちらのほうが
生時の自然な体色にみえる
[3]．

ザリガニ(左図・右)
Cambaroides japonicus
japanese crawfish
北海道西部と東北3県に
分布する．和名ザリガニは
本来この属を指していた
[5]．

ヤラトゲザリガニ▲(上)
Euastacus yarraensis
オーストラリア南部にすむミナミザリガニ科の1種．
淡水に産し，体色が青みがかる．
この図を収めた《ヴィクトリア州博物誌》の
著者F. マッコイが1888年に記載した[34]．

トゲザリガニ▲(下)
Euastacus armatus
これもマッコイの著作から引いた図．
フォン・マルテンスがすでに1866年に記載したが，なかなか
迫力があるオーストラリア南部の淡水ザリガニである[34]．

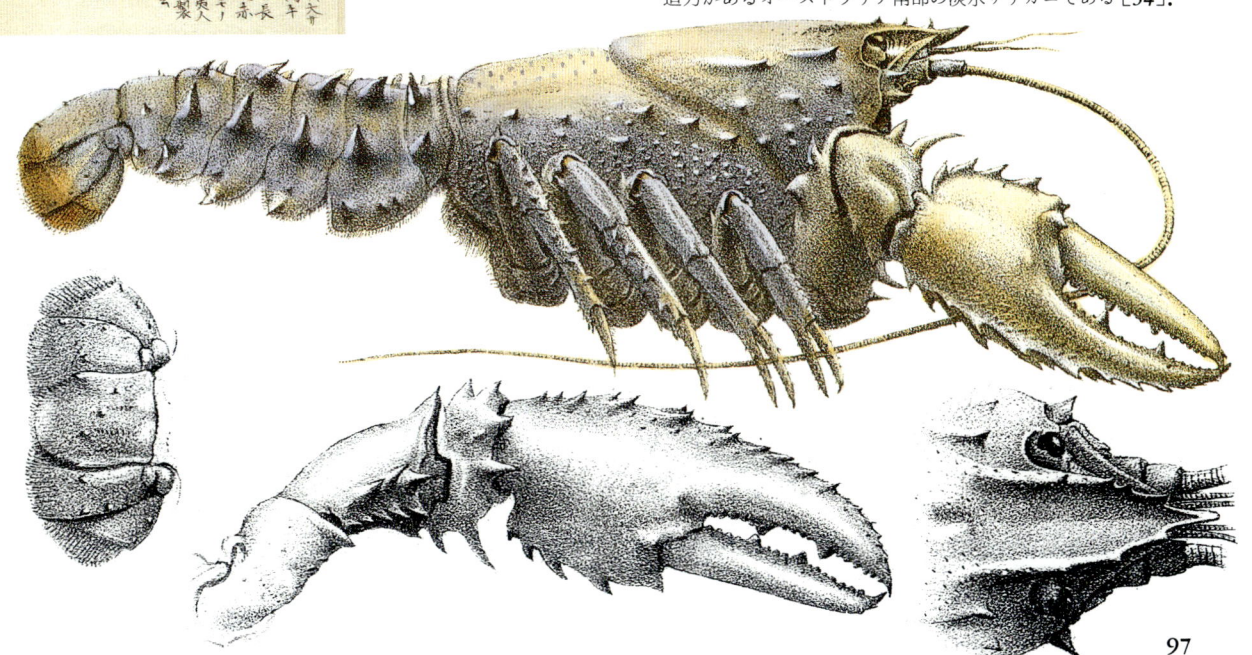

● 甲殻類──ワレカラ／クジラジラミ／オキアミ／エビ

丹後地方などである。〈ワレカラ食わぬ上人もなし〉という常套句も生まれたが，《閑田耕筆》にその由来がみえる。それによれば，ある者が買ったワカメにワレカラがたくさん付いていたので，ワカメ売りの女たちに文句をつけたところ，〈ありから（ワレカラの方言）くはぬ上人もなし〉と言い返された，というのだ。この〈ある者〉は他国の人で，ワレカラを食う習慣を知らなかったのだろう。

【文学】《われから》 樋口一葉(1872-96)の中編小説。お町という政治家の妻が夫の密通を知ったのをきっかけに，自分も書生との乱行に走る。そして結局夫から別居を命じられ，家を追われてしまう。題名はやはり虫のワレカラにちなむものらしい。伝説によるとこの虫は，月夜の晩には浮かれてすみかの貝殻を離れ，泳ぎだす。だがそのすきに，殻をカニなどに奪われ，帰るところをなくしてしまうという。つまり家を失ったお町の悲劇的な運命をこの伝説になぞらえているわけだ。

クジラジラミ

節足動物門甲殻綱端脚目クジラジラミ科 Cyamidae に属する甲殻類の総称。
［和］クジラジラミ〈鯨虱〉 ［中］鯨虱 ［ラ］*Cyamus* 属（クジラジラミ） ［英］whale-louse ［仏］pou de baleine, cyame ［独］Wallaus, Walfischlaus ［露］китовая вошь
→p.77

【名の由来】 キアムスはギリシア語の〈エジプト豆 kiamos〉に由来。その形からか。
英名はじめ他の各国語名のほとんどは〈クジラのシラミ〉の意味。
和名クジラジラミもこれに準ずる。

【博物誌】 海にすむ寄生虫。ワレカラに近いなかまで1cm前後の体長をもつ。トマス・ムーフェットの《昆虫の劇場》では，クジラジラミとおぼしき虫が，あらゆるクジラ類の敵として記述されている。これに襲われたら最後，クジラは荒れくるい，一刻も早く砂浜など陸地へと急ぐのだという。事実，日本でクジラのなかまであるイルカがときどき砂浜にたくさん打ち上げられるのも，一説には耳に寄生虫が大量に発生して聴覚器官を侵されるためだといわれる。

オキアミ

節足動物門甲殻綱オキアミ目 Euphausiacea に属する甲殻類の総称。
［和］オキアミ ［中］磷蝦 ［ラ］Bentheuphausiidae（ソコオキアミ科），Euphausiidae（オキアミ科） ［英］krill, lobster krill, whale feed ［仏］krill ［独］Krill, Leuchtkrebs, Glanzkrebs ［蘭］lichtgarnaal ［露］черноглазка, рачок

【名の由来】 エウファウシアケアはギリシア語で〈よく光る〉という意味。ベンテウファウシイダエは〈深いところにいるオキアミ〉の意味。
英名クリルは，ひじょうに小さな魚類の幼生を示すノルウェー語 kril に由来。最初は捕鯨業者のあいだで使われたよび名だったらしい。他の英名は〈大ザリガニのオキアミ〉〈クジラの餌〉という意味。独名はそれぞれ〈光るザリガニ〉〈輝くザリガニ〉の意味。蘭名も〈光る小エビ〉。露名は〈黒い小さな目〉〈小さなザリガニ〉の意味である。
和名オキアミは，〈沖にすむアミ〉という意味か。

【博物誌】 オキアミは，海中を浮遊生活しているエビ，とたとえるべき生きものである。ふつうのエビが着底して暮らしていることとは対照的に，いわゆるプランクトン的浮遊生活をおくっている。ただし大きさは最大8cmほどに達するものもいて，かならずしもプランクトン＝小型とはいえない。巨大なヒゲクジラがプランクトンを食べている，というとき，そのプランクトンとはこのオキアミを指している。

オキアミは，南氷洋にすむ鳥類，哺乳類，魚類にとって，欠かせない餌となる。とくに体重が90トンにもたっする世界最大の動物シロナガスクジラの主要餌料として知られる。なにしろこのクジラは，短い夏のあいだに毎日3トンほどのオキアミを欠かさず食べるというからすごい。この地域にいるナンキョクオキアミ *Euphausia superba* は体長5〜6cmと大型なうえ，1m³に4万8000匹もいて個体数が多く，ビタミンAなど栄養分にも富んでおり，シロナガスクジラが体力を維持するにはオキアミが不可欠とさえいえる。

ところが最近，これらヒゲクジラ類が激減した。そこで，このオキアミは人類の新たな産業資源として，俄然脚光を浴びはじめている。とくに，慢性的な食糧不足に悩むソビエトは切実で，事実，オキアミ開発に初めて手をつけたのもこの国だった。現在はオキアミをペーストに加工し，〈オケアン（大洋の意）〉の名で市場に出荷している。

ちなみに，刀根正樹《オキアミ戦争──最後のたんぱく資源》によると，1978年度の日本のオキアミ漁獲入荷量は，約2万3000トンである。そのうち約半分が食用とされ，えびせんや魚肉ハム・ソーセージの原料に使われた。またナンキョクオキアミの100〜200gくらいのパック製品も登場。当時の状況について同書にはこうある。〈かきあげ，てんぷらなどの日本料理，ぎょうざ，しゅう

まい，かにたまなどの中華料理，サラダやスープなどの西洋料理は言うまでもなく，手軽に即席ラーメンや焼そばの上にのせてもいけるし，そのままビールのつまみにしても結構なものだ。また，オキアミの加工品も市販されており，佃煮はなかなか好評である。さらにはかまぼこ，ちくわ，揚物などにも使用されている〉。

オキアミは南氷洋で漁獲されるだけではない。宮城県女川湾の漁師たちは，ツノナシオキアミ *Euphausia pacifica* をアミとかイサザアミ（これらの名は本来オキアミとはまったく別種に与えられている）とよび，毎年春になると短期間，オキアミ漁を行なう。漁獲高は毎年数千トンにものぼり，冷凍や煮干しにして，釣りの餌や飼料に用いる。

ナンキョクオキアミ *Euphausia superba*
南極周辺にすみ，体長5cmほどになる。以前はクジラの餌だったが，今や有力な産業資源となっている。浮遊状態で生きるエビの代表。平凡社《大百科事典》より。

エビ

節足動物門甲殻綱十脚目長尾亜目Macruraに属する甲殻類の通称。この名称は慣用的に用いられることが多く，必ずしも現在の分類学とは一致しない。

［和］エビ〈海老，蝦，鰕〉　［中］蝦　［ラ］Penaeidae（クルマエビ科），Palaemonidae（テナガエビ科），Palinuridae（イセエビ科），その他　［英］prawn（5cm程度），shrimp（小エビ），spiny lobster, sea crayfish, sea crawfish（イセエビ）　［仏］crevette（小エビ），langouste（イセエビ）　［独］Garnele（小エビ），Languste（イセエビ）　［蘭］garnaal, langoest（イセエビ）　［露］креветка（小エビ），лангуст（イセエビ）　→p.80–93

【名の由来】　マクルラはギリシア語で〈長いmakros〉と〈尾ūra〉の合成語。ペナエイダエの語源は不明。パラエモニダエはギリシア神話の海神パライモーンPalaimōnにちなむ。パリヌリダエはトロイの英雄アエネアスの舵取りをつとめたパリヌルスに由来する。

英名プローンはエビを指す古英語のpraneに由来。シュリンプはゲルマン系の言葉で〈しぼむ，縮む〉という意味をもつscrimmanと関係する。体を折って跳ねる姿からか。古代ギリシアではクルマエビ類を〈けむし〉ともよんだ。スパイニー・ロブスターは〈とげのある大ザリガニ〉の意味。なおクレイフィッシュについては［ザリガニ］の項を参照。その他は〈海のザリガニ〉の意。

イギリスでは，大型のエビをプローンprawn，小型のエビをシュリンプshrimp，とよんで区別するが，アメリカでは，両者をまとめてシュリンプとよぶ（村井吉敬《エビと日本人》）。

仏名クレヴェットはノルマン方言の〈子ヤギchevrelle〉に由来。よく跳ねることから。ラングストはラテン語の〈バッタ類locusta〉から。やはりよく跳ねるため。独名のゲルネルは中世ラテン語の〈顎ひげgrano〉に由来する。

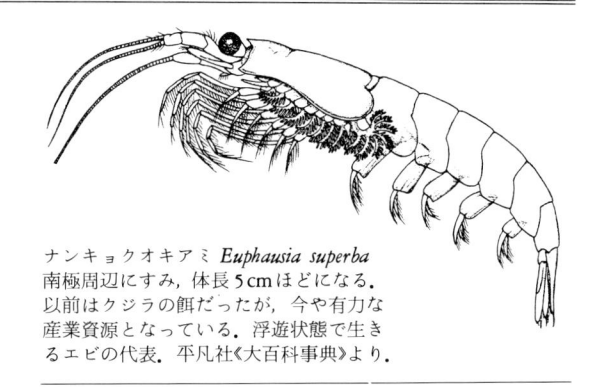

《爾雅》ではエビが鯋，鰝，鰕の3つに分類されている。酒向昇氏によると，鯋はアミ類やヌマエビ類，鰝はイセエビ類，鰕はテナガエビ類（のちには大正エビ類も）を指すという（《えび学の人びと》）。鰕は，〈霞のような魚〉の意。お湯に入れると赤くなるようすを，朝焼け，夕焼けにたとえたもの（《本草綱目》）。

和名エビの由来については，よくわからない。俗に海老の漢字をあてるのは〈海にいる老人〉という意味で，姿が腰の曲がったひげの長い老人のようだからだと《東雅》にある。《本朝食鑑》によれば，エビに海老の字をあてたのは，源順《和名抄》を嚆矢とする。以来この動物は，〈海の翁〉などともよばれ，長寿の象徴として今でも祝いの席には欠かせないご馳走である。とりわけイセエビは，大きくて味もよいうえに，煮ると見事な赤色となるため，エビ料理の代表的存在となっている。

なお，《和漢三才図会》のイセエビの注釈には，〈これを海老と称し，賀祝の際の肴とする〉とあり，海老＝イセエビとする見方もあったようだ。

日本の文献に初めてエビ類をあらわす字があらわれるのは，《出雲国風土記》（733）の島根と秋鹿の郡の部分。その産物として，鰝鰕（イセエビ）が記載されている。

果物のブドウの古名もエビという。生きたイセエビと山ブドウが，ともに黒ずんだ赤茶色であることにちなむ。ただし，どちらを先にエビとよぶようになったかについては，諸説あって判然としない（矢野憲一《魚の文化史》）。

一説に和名のエビは，〈柄鬚〉，すなわち柄のようなひげがあることに由来するという（《日本山海名産図会》）。

【博物誌】　カニと並んで水生甲殻類としてはもっとも深く人間文化と関わってきた動物である。エビと総称するこの生きものは，多様な形態と生活のスタイルをもっているので，まず博物学的に区

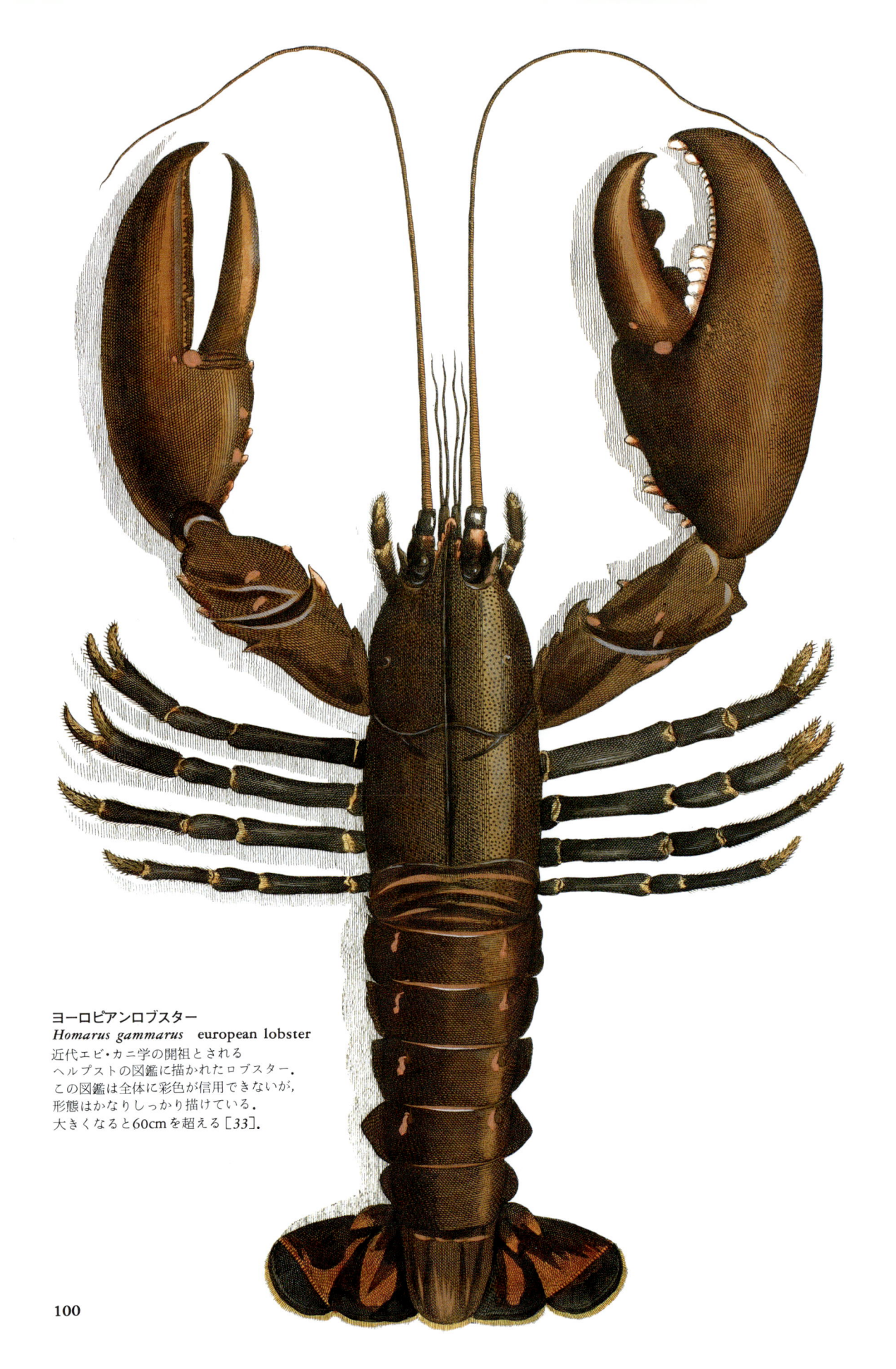

ヨーロピアンロブスター
Homarus gammarus　european lobster
近代エビ・カニ学の開祖とされる
ヘルプストの図鑑に描かれたロブスター.
この図鑑は全体に彩色が信用できないが,
形態はかなりしっかり描いている.
大きくなると60cmを超える[33].

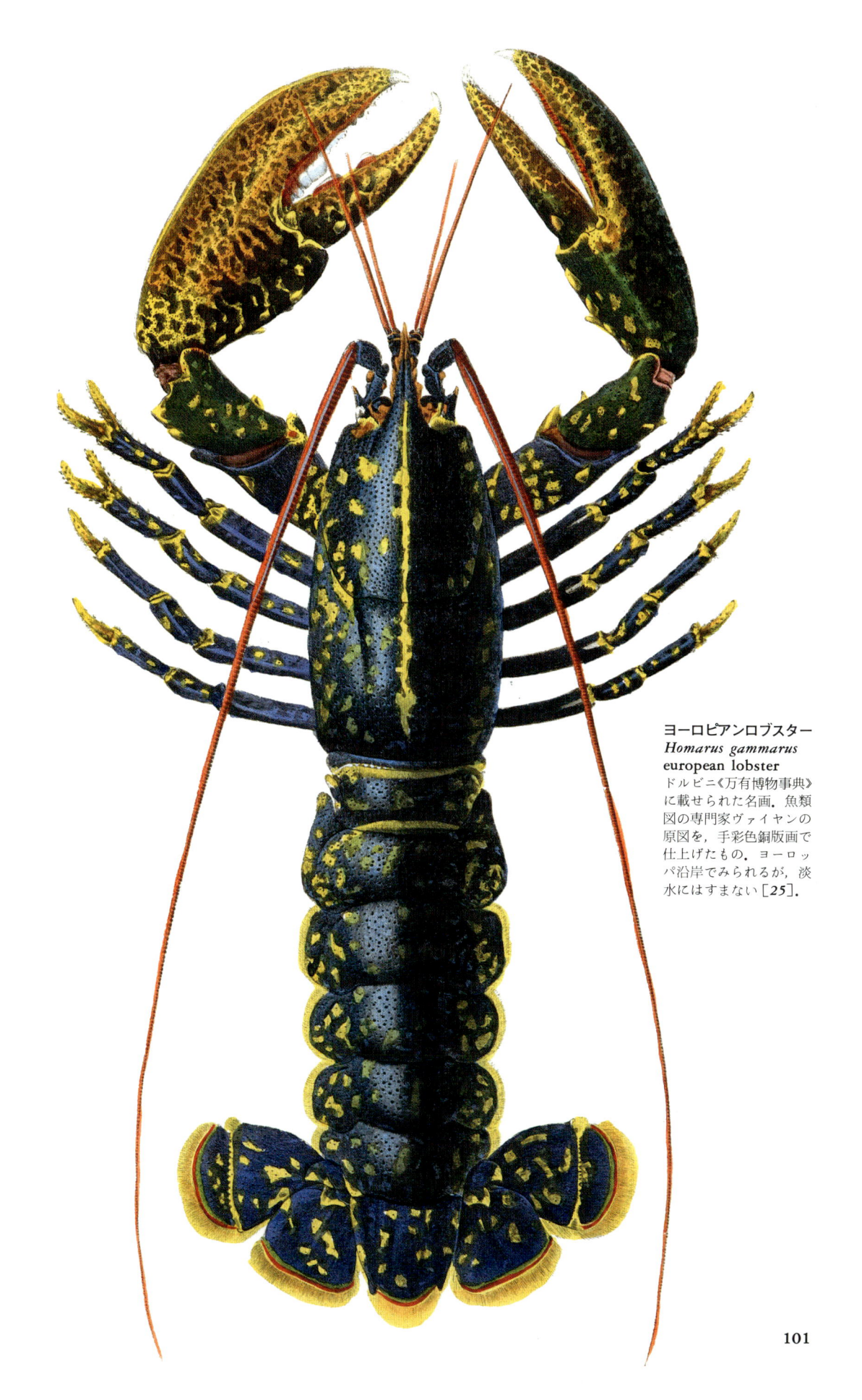

ヨーロピアンロブスター
Homarus gammarus
european lobster
ドルビニ《万有博物事典》に載せられた名画．魚類図の専門家ヴァイヤンの原図を，手彩色銅版画で仕上げたもの．ヨーロッパ沿岸でみられるが，淡水にはすまない [25]．

● 甲殻類——エビ

分したほうが整理をつけやすい。第一に，エビ類を特徴づけるのは十脚である。節足動物のなかの甲殻類のうち，十脚をもつのはほかにカニとヤドカリであるが，これらを区分するには腹部に注目すればよい。エビは腹部が長く後方にのびており，立派な尾をもつので俗に〈長尾類〉，ヤドカリは腹部が曲がったり，あるいは先ぼそりの尻尾のようになったりするので〈異尾類〉，またカニは腹部が退化しているから〈短尾類〉という。

次にエビそのものであるが，これにはさらに2系統ある。第一は，イセエビやロブスターのように砂上や岩を歩行するタイプで，歩行型とでも名づけるべきものである。次がクルマエビやコエビのように泳ぎまわるタイプ，すなわち遊泳型である。この項では，巨大なはさみをもつロブスターとアカザエビ，ならびにザリガニを別項目として除外し，主としてはさみをもたない大小のエビを記述する。したがって歩行型と遊泳型とは，とくに区別しない。

アリストテレスは甲殻類を大きく4つに分けた。すなわちカニ(karkinos)，ザリガニ(astakos)，大エビ(karaboi)，小エビ(karides)である。大エビはイセエビの類であるが，はさみをもつものもあると述べている。これはロブスターほどではないが立派なはさみをもつアカザエビの類を大エビに加えたためと思われる。小エビはクルマエビやシャコを含むなかまと考えられる。彼の《動物誌》には，大エビの類について記述が多い。このグループの特色は，みんな長生きである，と彼は述べている。実際，イセエビ類の寿命は少なくとも20年以上といわれているし，ロブスターなどは100年近く生きるといわれる。《グルツィメク動物百科》によれば，われわれの食卓にのる十分に成長したイセエビで，10年から15年物だそうである。大エビの触角は自然状態では脇のほうへ下げているが，何かに恐れると長く前へのばし，体を後方へしりぞかせる。また，雄ヒツジが角で闘うように，触角をふりあげて闘うこともある。この記述はたしかに生きたイセエビ類を観察した成果であろう。

また，彼によれば，大エビはアナゴを打ち負かすが，タコには弱いという。ふつう隠れ穴のそばにいて小魚を捕えて食べる。穴は底がでこぼこで石の多いところにつくり，獲物をはさみで捕えて口へもっていくという。このはさみをもつ大エビは，ロブスターすなわちウミザリガニではなくアカザエビを指しているのだろう。

西アフリカのカメルーンは，古くからエビの産地として有名である。国のシンボルにも採用され，そもそもその国名も，1471年，ポルトガルの探検隊が当地のウーリ川の河口でエビの大群を発見，川を〈エビの群れの川 Rio des Camaroes〉と名づけたことに由来する(酒向昇《海老》)。

エビは人間にとっても好ましい食料である。しかしイスラム教徒のなかには，エビを〈鱗がない魚〉のひとつとみて，食べるのを忌む向きもあるといわれる。

マレーシアやインドネシアでは，小エビと塩を混ぜてつき砕いたものを押し固め，ドレッシングなど調味料としてひろく利用する。マレーシアで，〈ブラチャン belacan〉，インドネシアで，〈トゥラシ terasi〉とよばれるこのこげ茶色の調味料は，《エビと日本人》の著者村井吉敬氏によると，この地域の〈味の素〉だという。また現地の人はクルプックという大きな〈えびせん〉もよく食べる。

中国でもエビの利用は多方面にわたっており，その知見も蓄積されている。《本草綱目》の著者李時珍は，エビ類をクラゲ，タツノオトシゴなどとともに無鱗魚類のなかまとし，鰕，海鰕という2種を記載している。このうち鰕については，校註者の木村重博士がスジエビ Palaemon paucidens (Leaunder paucidens)としたものを，のち上野益三博士がテナガエビ Macrobrachium nipponense に改めた。ただし上野氏も〈鰕〉にはスジエビ属とヌマエビ科 Atyidae の各種の記述が混じっているようだと述べている。

いっぽう，木村重博士がクルマエビ Panaeus canaliculatus (P. japonicus)と同定した海鰕も，上野益三博士によってコウライエビ(タイショウエビ) Panaeus orientalis (P. chinensis)に改められた。ちなみに《和漢三才図会》の著者寺島良安はこれをイセエビと考えていた。このエビの一名に紅鰕とあることから，煮ると鮮やかな赤色に変わるイセエビを連想したものらしい。本書では上野氏にならい鰕をテナガエビ，海鰕をコウライエビとする。

《本草綱目》によると，コウライエビをブタ肉と一緒に食べると，口に唾液が多くたまるという。食い合わせを戒めたものか。

段公路《北戸録》にも，コウライエビの頭を盃に，ひげを簪に利用する，とある。また，その肉を鱠にするとひじょうに美味だという。《本草綱目》はまた，閩(福建地方)中にすむ五色鰕というエビを，コウライエビのなかまとして紹介している。同書によると，産地ではこれを2匹ずつ乾かして〈対鰕〉とよび，高級料理の材料にしたという。対鰕とは一説に煮ると体が丸まって頭と尾が向かい合わせになることによるとされ，新井白石《東雅》はここより，このエビの正体をクルマエビとした。《本草綱目》にはさらに，〈嶺南に天鰕とい

ふがあつて，その蟲は蟻ほどの大きさのものだが，秋の社日後に羣がつて水中に堕ち，変化して鰕となる．その地ではそれを鮓にして食ふ〉とある．中国には，子どもやニワトリ，イヌがエビを食べるとあしが曲がって弱るという俗説もあった．

いっぽう日本では古来から，海老を賀寿饗宴に用いる肴とみていた．正月元日，門戸に松竹を立て，上に煮紅の海老および柚・柿の類を懸ける．また蓬莱盤の中に煮紅の海老を盛るが，これもやはり祝寿の意味である．平安時代には，エビは宮中に奉納され，新嘗祭などの供物にされた事実が《延喜式》に記録されている．

《和漢三才図会》の著者寺島良安はエビについて，〈思うに，鰕は各処にいて，その品類も多いので悉く記すことはできない〉と述べ，真鰕，車鰕，手長鰕（一名川鰕），白狭鰕，川鰕，尻引鰕の6種にかぎって記載している．エビ研究家の酒向昇氏によると，このうち真鰕はシバエビ，車鰕はクルマエビ，手長鰕はテナガエビ，白狭鰕はヨシエビ，川鰕はスジエビを指す．ただし，尻引鰕はどのエビのことかよくわからないという（《えび学の人びと》）．良安はそれぞれのエビの味について，真鰕，車鰕，川鰕の3種を甘美とし，とくに車鰕のことを〈味は大へん甘美で上級品である〉と称揚している．また，川鰕はダイコンと一緒に煮て食べるもので，ハゼ釣りの餌としてもよい，とある．いっぽう尻引鰕は煮ても赤くならず，下級品とされている．

なお，《出雲国風土記》にみえる〈鰭鰕〉は，文字から解釈すればイセエビだが，生態からみて，この地方にイセエビ類がすんでいたと考えにくい．酒向昇氏によると，この鰭鰕はクルマエビ類のヨシエビを指すらしい（《日本のエビ・世界のエビ》）．

江戸期には，宿場や市などでエビがさかんに販売された．《本朝食鑑》に，江州草津の駅では川エビを塩水で煮て売っており，味はもっともよい，とある．さらに同書には，雑魚と一緒に網にかかった小さなエビを，一括して雑喉とよび，大いに利用している話が出てくる．

【イセエビ】　イセエビ漁の本場で伊勢にも近い三重県志摩郡浜島町では，毎年6月6日，祭壇を設けた浜でイセエビ供養を大々的にとり行なう．ただし，祭儀や放生会がすむと，観光客相手に浜料理の会が開かれる．生きたイセエビを炭火で焼いて，新鮮な味覚を楽しむ．これを名づけて〈残酷焼〉とよぶ（宮城雄太郎《漁村歳時記》）．

イセエビの名は海女がたくさんいた伊勢で捕れたものが，多く京都に運ばれたことによる．なお江戸では，鎌倉から直送されたため，鎌倉エビと

イセエビ漁．《日本山海名産図会》之三より．伊勢地方で見られる〈海鰕網〉は，おもにイセエビを漁獲した．日暮れごろこの網を海中に張り，翌朝これをひく．夜中に動きだしたイセエビが網にからんでいるので，これをたぐり寄せるのである．

よばれていた．ただし《物類称呼》によると，正月の飾りにするものにかぎって，関東でもイセエビと称したという．

アリストテレスが論じた，イセエビはタコが苦手という話は，じつは日本にもある．タコはエビ・カニ類を好んで食うためだ．三重県度会郡南勢町の田曾浦では，この習性を利用したイセエビ捕獲法がある．先にタコをつけた長い竿を，イセエビのすむ穴にさしこみ，驚いたイセエビが飛び出してきたところをタモ網で捕えるのだ（宮城雄太郎《漁村歳時記》）．

ちなみに，《和漢三才図会》によると，日本には古くイセエビはサザエの化したものとする説があった．イセエビになりかけで，まだ体の半分がサザエのままのものが見つかったりもしたという．ただし同書は，すべてのイセエビがそうではないとことわったうえで，〈紅鰕の腹中に子のあることよりみれば，この説もまた山芋が鰻に変じるといった類の言であろうか〉とも述べている．

【鰕米】　中国では，大きなエビを蒸して殻をとったものを〈鰕米〉とよび，生姜や酢につけて珍味として楽しんだ（《本草綱目》）．ちなみに《本朝食鑑》は，雑喉に混じって捕れる小さなエビを《本草綱目》の鰕米と同じものだと書いている．よく煮てから乾かすと，殻や尾，ひげやあしがとれて味もよくなるが，これは俗に裸鰕ともいう．

【蝦夷】　古代日本の東北・北海道の土着民を指す蝦夷は，一説に〈エビ〉がなまったものともいわれる．長いひげをたくさんたくわえた男性の姿が，エビに似ていたためだという（《古事記伝》）．

【ことわざ・成句】　エビというとご馳走，高級品といったイメージがあるが，日本のことわざの世界では魚のタイとの比較で取るに足らないものの象徴とされる．たとえば〈エビでタイを釣る〉．少

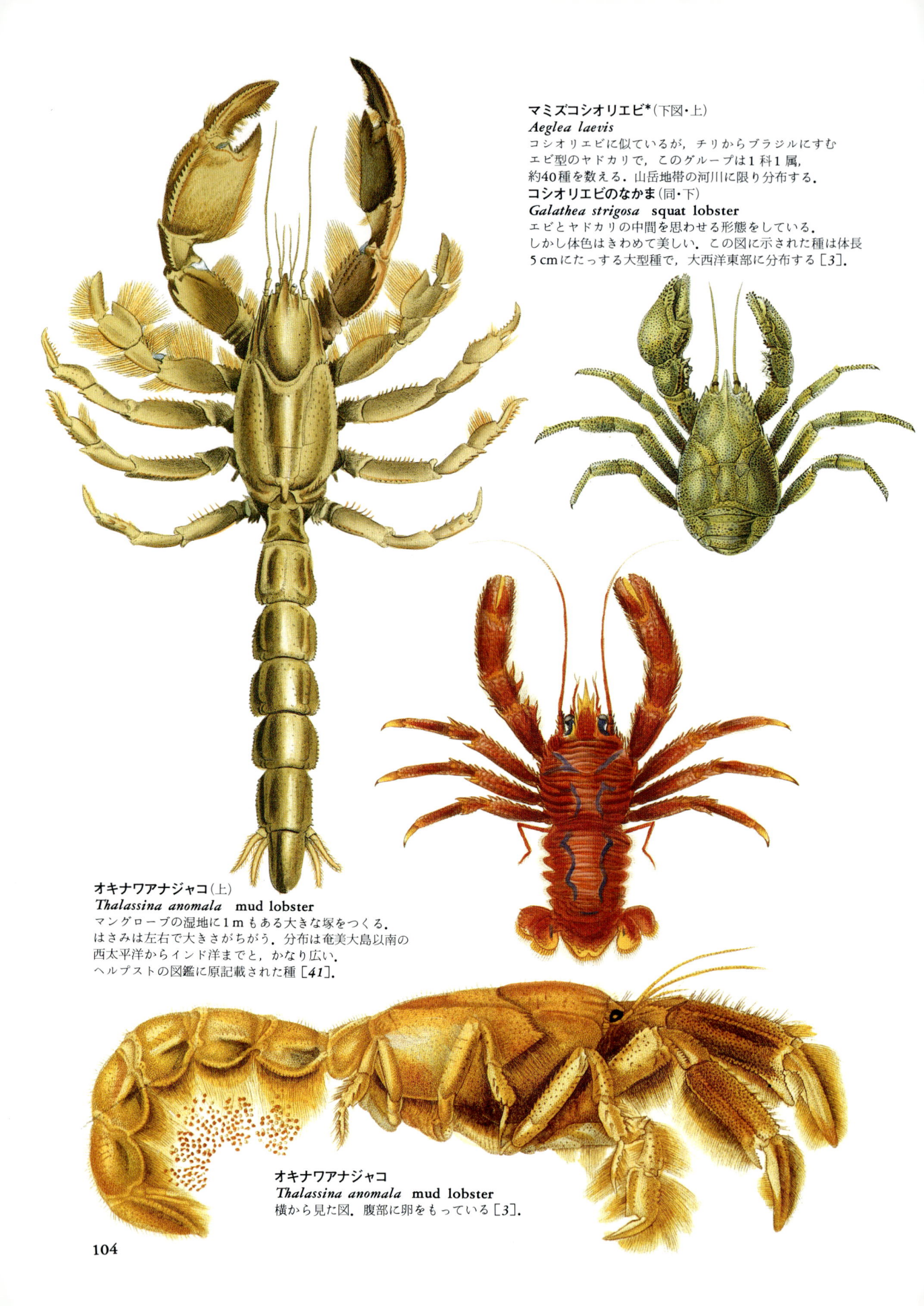

マミズコシオリエビ*（下図・上）
Aeglea laevis
コシオリエビに似ているが，チリからブラジルにすむエビ型のヤドカリで，このグループは1科1属，約40種を数える．山岳地帯の河川に限り分布する．

コシオリエビのなかま（同・下）
Galathea strigosa squat lobster
エビとヤドカリの中間を思わせる形態をしている．しかし体色はきわめて美しい．この図に示された種は体長5cmにたっする大型種で，大西洋東部に分布する［3］．

オキナワアナジャコ（上）
Thalassina anomala mud lobster
マングローブの湿地に1mもある大きな塚をつくる．はさみは左右で大きさがちがう．分布は奄美大島以南の西太平洋からインド洋までと，かなり広い．ヘルプストの図鑑に原記載された種［41］．

オキナワアナジャコ
Thalassina anomala mud lobster
横から見た図．腹部に卵をもっている［3］．

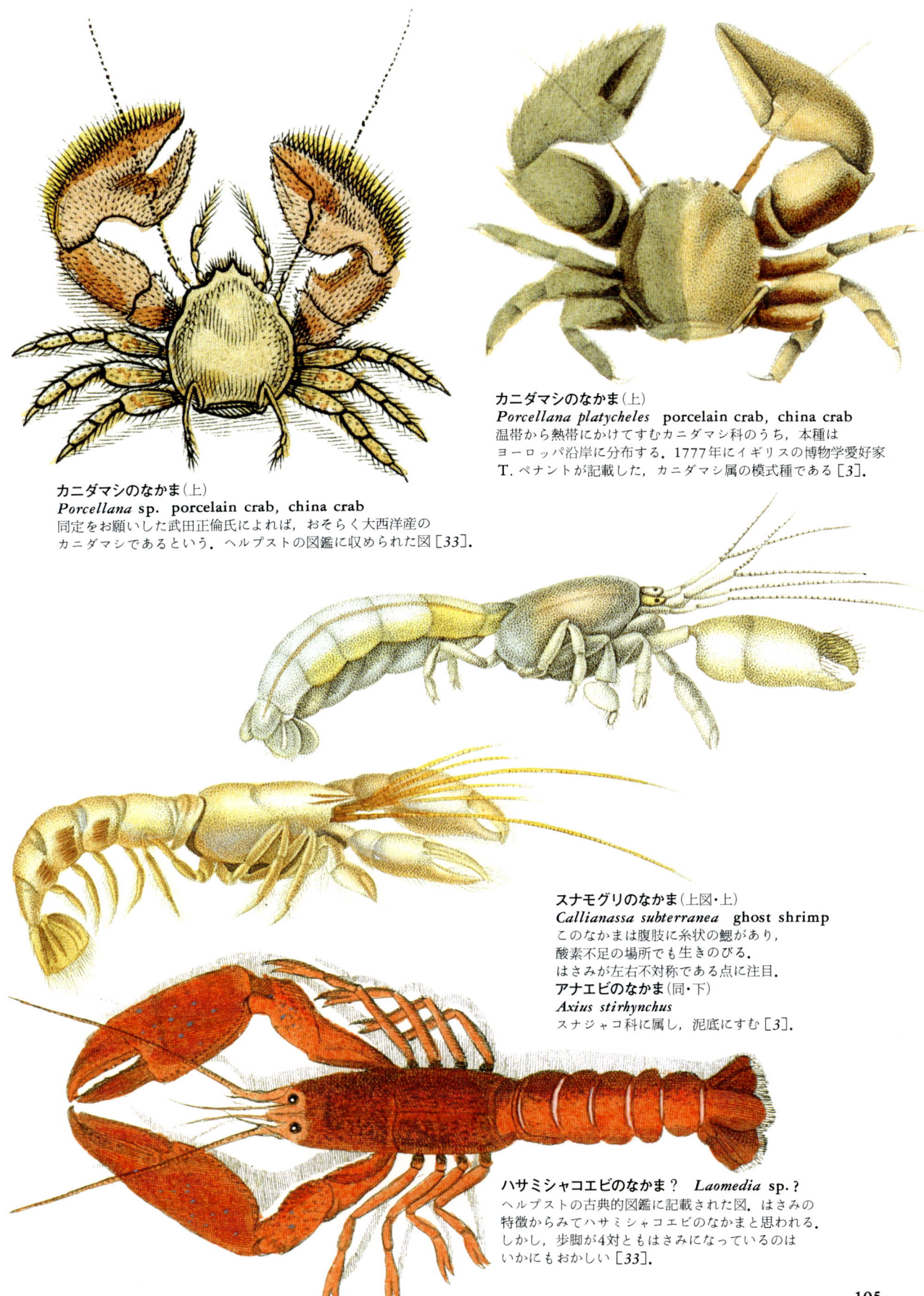

カニダマシのなかま（上）
Porcellana platycheles porcelain crab, china crab
温帯から熱帯にかけてすむカニダマシ科のうち，本種は
ヨーロッパ沿岸に分布する．1777年にイギリスの博物学愛好家
T. ペナントが記載した，カニダマシ属の模式種である［3］．

カニダマシのなかま（上）
Porcellana sp. porcelain crab, china crab
同定をお願いした武田正倫氏によれば，おそらく大西洋産の
カニダマシであるという．ヘルプストの図鑑に収められた図［33］．

スナモグリのなかま（上図・上）
Callianassa subterranea ghost shrimp
このなかまは腹肢に糸状の鰓があり，
酸素不足の場所でも生きのびる．
はさみが左右不対称である点に注目．

アナエビのなかま（同・下）
Axius stirhynchus
スナジャコ科に属し，泥底にすむ［3］．

ハサミシャコエビのなかま？　*Laomedia* sp.?
ヘルプストの古典的図鑑に記載された図．はさみの
特徴からみてハサミシャコエビのなかまと思われる．
しかし，歩脚が4対ともはさみになっているのは
いかにもおかしい［33］．

● **甲殻類**──エビ／ロブスター／ザリガニ

しのものや，わずかな労力で，多くの利益をせしめることのたとえである。また，〈エビのタイまじり〉というのは，賢者に愚者がまじった状態をいう。

〈海老責(えびぜめ)〉江戸時代の拷問の一種。あぐらをかかせて両足首をひとつに結んだうえ，今度は両手首は後ろ手に縛り，足首から首にも縄をかけて体を前にかがませ，エビが体を折り曲げたような姿勢をとらせる。そのさい体は真っ赤になるという刑罰だ(矢野憲一《魚の文化史》)。

〈偕老同穴(かいろうどうけつ)の契り〉夫婦のかたい契りを示す言葉。深海にすむカイメンのなかま，カイロウドウケツの筒の中には，よくオトヒメエビ科のドウケツエビが雌雄1対で生息している。この雌雄は幼生の時代に外敵から身を守るため，カイメンの中にはいり，そのまま大きくなって一生出られなくなってしまうという。そこで雌雄で生死をともにするこのエビにちなみ，上記の言葉が生まれた。出典は中国の《詩経》である。

【サクラエビと公害問題】 サクラエビは駿河湾に産する小型の深海エビで，多数散在する赤い色素のために体が桜色に見えることからこの名がある。富士川河口の数km沖が好漁場となっているのは，この川の上流，笛吹川を流れる富士山の雪どけ水が，石灰岩盤を削るためにカルシウムを多くふくんでいるからである。甲殻類がかたい殻を形成するのに必要なカルシウムをこうして供給されたサクラエビは，さらに富士の養分を得て発生するプランクトンを餌にして大量に成長繁殖する。だから由比浜や蒲原の漁師は，富士山がサクラエビを育てる，と信じている。

このサクラエビを釜あげや素干しにして売る地場産業が本格的にスタートしたのは1894年(明治27)ころだった。1911年(明治44)に静岡県はこれを許可漁業に定め，毎年10月1日から5月31日までを禁漁期とした。サクラエビは約10年周期で好不漁があるが，とにかく大量に獲れるので1965年(昭和40)ころには700トン，水揚げ高10億円にたっした。だが，世界的に貴重なサクラエビとそれを糧にする駿河湾住民は昭和にはいってから恐るべき苦難の道を歩むことになった。

その最初のできごとは昭和初期に発生したサクラエビの激減だった。しかし当時はこのエビの生態調査が十分でなく，急に数が減った原因がわからなかった。サクラエビはイセエビやクルマエビとちがって海中を浮遊して生きる珍しいタイプだった。全長4.5cm，淡紅色の美しい姿をし，150余個の発光器を備えている。しかし，どこで生まれどこで育つかは明確ではなかった。なにしろ当時わずか2か月で100万円もの水揚げがある漁は他に例がなかった。これがだめになりかけたのだから大ごとだ。漁民はほとほと困りはてたあげく，エビを育てる笛吹川のふもとで農業を営んでいた生物学者中沢毅一に救済を求めた。当時44歳であった中沢は，東大動物学教室の出身で，水産講習所技師としてアミ類，タラバガニ，イセエビ，そしてサクラエビの研究を続けてきた日本きっての甲殻類専門家であった。1927年(昭和2)には北隆館から出た《日本動物図鑑》の甲殻類の項目を執筆している。そして翌1928年3月，駿河湾の関係者から出された要請を快諾した中沢は，北隆館から送られた図鑑の印税をすべて投げだして蒲原町中村海岸に私設の〈駿河湾水産生物研究所〉を設立し，研究を開始した。

昔からサクラエビの好不漁が富士川の増水に左右されるといわれてきた点についても，中沢は富士川河口の沖にサクラエビの産卵場が存在することから科学的説明をこころみた。生まれて浮遊生活する子エビの成長には，河川から流れてきた有機物が直接間接にかかわり，しかも狭い海域であればあるほど多量のエビが成長し得るのは，殻を形成する源となるカルシウム分を笛吹川の石灰岩盤が供給するからである，と。

中沢のこの研究成果は，当然，すぐに地元ぐるみの実践運動につながった。まず貴重種サクラエビを天然記念物に指定するための意見書を作成し，同時にサクラエビの生命線である富士川の環境保全運動にも力を入れることにはじまった。また，当時大井川には製紙会社が設立され，廃水を流していたが，これに対しても中沢は漁民と一緒になって排水停止の交渉にあたった。

富士の雪どけ水が化してサクラエビの素干しとなる。この栄養循環の鎖を断てば，もちろん人間にも手ひどいしっぺ返しがくるだろう。はたして，中沢が警告したように1960年代にいたって地元製紙会社の流しつづけた工場廃液は田子の浦をヘドロの海とし，火力発電所が流した温廃水によって駿河湾の環境が激変したのである。

田子の浦ヘドロ公害はこうしてサクラエビの存続を空前の危機におとしこんだ。1969年(昭和44)，死の海となった駿河湾で漁船のデモが繰りかえされ，環境庁が誕生するきっかけともなった。サクラエビ保護を叫んだ生物学者大森信氏や地元の反公害運動家甲田寿彦氏らがこのできごとの過程で再発見したのは，ほかでもない中沢毅一の先駆的活動だったのである。

彼がサクラエビと深海生物研究の拠点としたこの研究所の建物は，今も蒲原に残されている。

ロブスター

節足動物門甲殻綱十脚目アカザエビ科ウミザリガニ属 *Homarus* に属する甲殻類の総称．一般的には歩行性の大型エビ類の俗称として用いられる．

［和］ロブスター　［中］龍蝦　［ラ］*Homarus*属（ヨーロピアンロブスター）　［英］lobster, sampi（ヨーロッパアカザエビ）　［仏］homard　［独］Hummer　［蘭］zeekreeft　［露］омар　→p.100-101

【名の由来】 ホマルスは古フランス語の〈ロブスター homar〉から．

英名ロブスターは古英語の〈クモ loppe〉に由来か．あしがクモのように体から突出しているため．この名は歩くエビ類（イセエビとザリガニ）の総称でもある（村井吉敬《エビと日本人》）．またB.H.チェンバレン《日本事物誌》をみると，外国人居留者はイセエビを誤ってロブスターとよぶことが多い，とある．スキャンピはイタリア語のscampoを基（もと）とし，これでつくられた料理の名前scampiに由来．

【博物誌】 ザリガニ類に含まれる海の大ザリガニ．甲殻類ではもっとも長く生き，100年におよぶものもいる．ヨーロッパと北アメリカにそれぞれ別種が分布し，ヨーロッパ産は4.5kg，北アメリカ産は9kgにもなる．重要な食料で，とりわけ北アメリカものは大量に捕れるので市場価値が高い．日本には産しないが，イセエビ類をロブスターとよぶ人が多い．しかしこれは誤用である．本来のロブスターはウミザリガニ属に限定される．巨大な2本のはさみが目じるしである．コンラート・ゲスナーの《動物誌》には，人間を襲うロブスターの図さえ見える．

ちなみに1989年度版のギネスブックによると，世界最大にしてもっとも重いロブスターは，アメリカウミザリガニである．1977年2月11日，カナダのノヴァスコシア沖で捕獲された個体は，尾節の先端からはさみの先までの長さが1.06m，重さは20.14kgもあったという．

なお，日本にもみられるエビのうち，ロブスターの名を用いることができるのは，アカザエビである．水深200〜400mにすみ，大きなはさみをもっている．50cmにもなるロブスターとは比べものにならないが，アカザエビやヨーロッパアカザエビは30cm近くにまで成長する．シャコのような歩行のしかたをするのが特徴で，シャコエビとよぶ地方もある．

ロブスターはヨーロッパでは恐ろしい海の怪物のひとつと考えられていた．中世ヨーロッパでは，黄道十二宮の巨蟹宮のシンボルとして，カニのかわりにロブスターがよく使われてもいる．夜のシンボルであり，女性の力を寓意しているからである．しかし象徴的意味のほうはタロットカードの〈月〉に描かれた絵をはじめとして，淡水産のザリガニに割りあてられる．したがって海のザリガニであるロブスターは怪物のイメージだけが先行しがちである．

ヨーロッパ人は，ロブスターには媚薬効果があると考え，これを好色のシンボルとした（《イメージ・シンボル事典》）．またロブスターが思いがけず手にはいったら，災難や不幸の暗示だという（《西洋俗信大成》）．

ヨーロッパからの移民が，マサチューセッツで初めて北アメリカ産ロブスターを捕獲したのは，17世紀初頭のことである．当時はロブスターがたくさんいたこともあって，移民たちの主要な食料のひとつとされていたらしい．アメリカで本格的なロブスター漁がはじまったのは，18世紀の終わりから19世紀の初めにかけて．やはりマサチューセッツ州沿岸やケープコッド地方などでの話である．なお，アメリカ，メイン州はその特産物にちなみ，俗に〈ロブスターの国 the Lobsterland〉といわれる．

さて，ロブスター漁はカナダにもひろがり，乱獲が開始された．一時はカナダだけで年間1億匹もの捕獲高を誇ったという．

ザリガニ

節足動物門甲殻綱十脚目ザリガニ科Astacidaeに属する甲殻類の総称，またはその1種．

［和］ザリガニ〈蝲蟹〉　［中］河蟹，蝲蛄　［ラ］*Astacus*属（ヨーロッパザリガニ），*Cambaroides*属（ザリガニ），その他　［英］crawfish, crayfish, crawdad（米），fresh-water lobster　［仏］écrevisse　［独］Krebs, Flusskrebs, Panzerkrebs　［蘭］rivierkreeft　［露］речной рак　→p.96-97

【名の由来】 アスタクスはギリシア語の〈ザリガニ astakos〉に由来．カムバロイデスは後期ラテン語の〈ウミザリガニ gambarus〉とラテン語の〈〜に似た oides〉の合成語．

英名クレイフィッシュは，古高ドイツ語でカニを示すKrebizの変化した形に，〈魚 fish〉を合わせたもの．またクローフィッシュは，crayfishの変形．クローダドもこれに準じる．

仏・独名も英名と同じくKrebizに由来．その他の独名は〈川にいるザリガニ〉〈鎧をつけたザリガニ〉の意．蘭・露名は〈川のザリガニ〉の意味．

ヤシガニ
Birgus latro robber crab, coconut crab, palm crab
フレシネの《ユラニー号およびフィジシェンヌ号世界周航記図録》に
収められた1枚．体色をふくめて，かなり実物に近い．
しかし，眼のぐあいが実際と少しちがう［30］．

ヤシガニ（左）
Birgus latro robber crab, coconut crab, palm crab
ドルビニ《万有博物事典》に描かれた図．腹部がふくらんでいるのはよいが，頭部までふくらみ加減で，実物とはかなりちがう［25］．

ヤシガニ（下）
Birgus latro robber crab, coconut crab, palm crab
《博物館虫譜》に描かれた作品．当時雇われていた中島仰山か，あるいは江戸末期博物学の生き残り服部雪斎の図だろう．頭部が少し大きすぎるか？ 触角が描かれていないが，迫力ある作品であり，西洋の図にひけをとらない［26］．

ヤシガニ
Birgus latro robber crab, coconut crab, palm crab
陸生ヤドカリの最大種である．ヘルプストが自著の図鑑に載せた古典的図版．迫力ある図で，18世紀リアリズムの水準からみれば，かなりよくできている．

日本の与論島以南，西および南太平洋，ハワイおよびインド洋に分布．ここでは古典から19世紀後半の図までいくつかのバラエティーを比較したい．この図では，頭の下の甲羅が大きくふくらんでいる感じがでていない［33］．

● 甲殻類──ザリガニ／アナジャコ

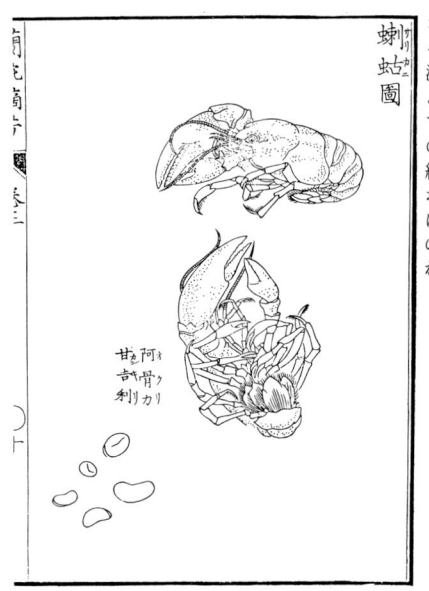

オクリ・カンキリ。大槻玄沢《蘭畹摘芳》より。この図ではザリガニの体内にある結石とされており、利尿剤ばかりか諸病の治癒に使われる。

　和名ザリガニは、イザリガニのなまりといわれる。いざるような姿勢で前進することから。エビガニは、エビのような体と、カニに似たはさみをもつ形姿にちなむらしい。ただし九州では、この名をイセエビにあてる。

【博物誌】　大きなはさみをもつエビの1グループ。イセエビのように海底や岩場を這っている。淡水にすむものと海水にすむものがいる。本書では、海産種をロブスターの項であつかい、このザリガニは主として淡水産のものに限定する。雑食性で、世界各地にすむが、どういうわけかアフリカ大陸にはいない。甲をつくる必要からカルシウム分の多い沼や池、川にすむ。しかし古くはザリガニも海でくらしていたようだ。交尾によって精子が雌の貯精嚢にためられ、雌の腹部についた受精卵は親に似た形に変態するまで卵内ですごす。

　ザリガニは、雄も雌も左右ではさみの大きさは異なる、とアリストテレスは述べている。ここに記載されたザリガニは、ヨーロッパザリガニ Astacus astacus の類だといわれる。

　フランス料理では〈赤足ザリガニ écrevisse à pieds rouges〉、〈白足ザリガニ écrevisse à pieds blancs〉、〈長足ザリガニ écrevisse à pattes grêles〉の3種を食用とする。とくに赤足ザリガニ、つまり大型種 Astacus astacus の肉は美味とされ、ベル・エポックの時代にはグルメの象徴として、貴婦人たちがさかんに食べたという。なおあとの2種の学名は、白足ザリガニが Austropotamobius pallipes、長足ザリガニが Astacus leptodactylus という。

　藤田経信《編年水産十九世紀史》をみると、1853年、フランス人のP.カルボニエールは外国からザリガニを輸入、パリ市民に供給したとある。日本には淡水産ザリガニがもとからいた。それも、かなりの量にたっしていたらしい。1935年（昭和10）ころ、青森の弘前公園では花見の季節になると、遠来の客相手に生きたザリガニが1銭3匹、串刺しが10銭で3本、といった値段で売られていた。当時は小川などにたくさん生息していたが、戦争末期の食糧難時代に貴重なタンパク質資源として乱獲されたうえ、戦後は農薬のせいですみかを追われ、今ではぐっと数が減っている（佐藤光雄《青森県動物誌》）。

　アメリカザリガニは Procambarus 属にふくまれ、昔から食用に捕獲されてきた。たとえば1899年のオレゴン州ポートランドでは、11万7696匹が捕獲され、売上げにして1万9556ドルを記録したという。

　アメリカ・インディアンのチェロキー族はザリガニの1種（英名 red crawfish）の肉を食べない。なんでも天地創造のとき、動物たちはみんなで相談して、天道を自分たちの真上に定めた。そのため地上は異様に暑くなり、このザリガニの殻も明るい赤に染めあがって、中の肉はだめになってしまったからだという。チェロキー族の母親は、男の子がものを握れるようになったら、生きたザリガニのはさみで、両手を軽く引っかいてやる。こうすると、手首の強い子に育つのだという。もっとも喧嘩好きで、すぐかみつく人間になる、という説もある（ジェームズ・ムーニー《チェロキー族の神話》）。

　このアメリカザリガニが1918年（大正7）に移入されたウシガエルの餌として白羽の矢がたったのである。動物学者河野卯三郎の兄、芳之助が1930年（昭和5）、サンフランシスコで手に入れ、国内にもたらした。当初100匹いたザリガニは航海中に20匹となったが、ともあれこれが神奈川県大船町岩瀬（現鎌倉市）にあった食用ガエル養殖場の池に放し飼いにされたわけである。ところが河野によるウシガエルの養殖事業が頓挫、ザリガニは周囲の水田に逃げだしてしまう。そして大船から南関東一円へとひろがったうえ、やがて九州に上陸、はては満州でも発見されたという（高島春雄《帰化動物》）。なお最近では1927年移入説が有力。

　しかしこれが観賞動物として珍しがられたのは、当初の2～3年のみにすぎなかった。やがて飼育場から逃げだしたザリガニが神奈川県大船地方の水田で異常繁殖し、農作物に害を与えて問題となった。雑食性なので水田の害虫や雑草を除くのには役立つのだが、そういった餌が少なくなると、イネの芽などを食害するのである（岡田彌一郎〈アメ

リカザリガニに就て〉《動物学雑誌》1947年9月）．

　戦後の食糧難時代にはザリガニも貴重なタンパク質資源とされ，露店にも出まわった。動物学者の高島春雄は1945年（昭和20）の年末，東京の御徒町（おかちまち）で，ひと山5円で仕入れたザリガニを賞味した結果を次のように記している。〈蛤（はまぐり）などとともに清汁のみにすると，見事々猩々緋色（しょうじょうひいろ）が映えてまことに味覚をそそり馬鹿にならない。かき揚にしても，佃煮式に濃い目の味をつけるのも妙である。鉗脚は何としてもだめだが，小さい物ならあとは甲殻ごと食べられて手数がかからない〉（《帰化動物》）。

　日本では一時アメリカザリガニの肉を天丼の具に使った（高島春雄《帰化動物》）。さらにここにきて，高級フランス料理の材料にも使われるなど需要がふえてきた。

【オクリ・カンキリ】《和漢三才図会》には，〈於久里加牟木里（おくりかむき里）〉というシャコの頭の中にある小石を西洋人は利尿剤などとして用いている，という話がみえる。また《本朝食鑑》にも同様の情報がシャコの項に記され，長崎では淋石と称するとあるが，どちらの著者も，まだこの石を手に入れたことがないという。それもそのはず，この石はラテン語でオクリ・カンクリ oculi cancri（カニの眼の意）といい，シャコではなくアメリカザリガニなどの体中から採れる結石様のものを指す。オランダ医学では，これを一種の利尿剤として用いていたのである。

　アイヌは，ザリガニを捕ろうというときは，小川に味噌をひとつまみ流した。すると，小石のあいだから数十匹ものザリガニがあらわれて，味噌に群がる。これを捕獲し，オクリカンキリのあるものはそれを取って結核の薬に，ないものは串刺しにして炙って食べたという（更科源蔵・更科光《コタン生物記》II）。

【民話・伝承】〈サルとザリガニ〉インドネシア，ジャワ島の民話。昔，樹上で森の王様の悪口ばかり言っているサルがいた。怒った王は兵を動員，サルを捕えて死刑に処しようとしたが，身軽なサルはなかなかつかまらない。だがある日，1匹のザリガニがサルに近寄り，その美声をほめてやると，油断したサルは大声で歌いはじめた。そのすきにザリガニがサルの足をふたつのはさみでつかむと，サルは木から落ちて死んでしまった。ザリガニの知恵と力をたたえた話だが，ただしこのザリガニ，その手柄にたいし王からほうびにもらったスイギュウにみずから踏みつぶされてしまったという（ヤン・ドゥ・フリース編《インドネシアの民話》）。

アナジャコ

節足動物門甲殻綱十脚目のうち，スナジャコ科 Axiidae，ハサミシャコエビ科 Laomediidae，オキナワアナジャコ科 Thalassinidae，アナジャコ科 Upogebiidae，スナモグリ科 Callianassidae に属する甲殻類の総称。
［和］アナジャコ〈穴蝦蛄〉　［中］螻蛄蝦，鉎頭，泥蝦　［ラ］Upogebiidae（アナジャコ科），Thalassinidae（オキナワアナジャコ科），Callianassidae（スナモグリ科）　［英］mud shrimp, burrowing prawn　［仏］gébie　［独］Maulwurfskrebs, Strandkrebs　［蘭］molskreeft（スナモグリ）　［露］рак-крот　⇒p.104–105

【名の由来】　アクシイダエはギリシア語の〈心棒〉に由来か。ラオメディイダエはトロイの王ラオメドン Laomedōn に由来。タラッシナはギリシア語の〈海 thalassa〉に関係する。ウポゲビイダエは〈大地の下の生命〉の意味か。カリアナシダエはギリシア語の〈美しくする callyno〉と〈女王 anassa〉の合成語。

　英名は〈泥の中にすむ小エビ〉〈穴を掘ってすむ小エビ〉の意味。仏名も〈泥にすむもの〉。独名はそれぞれ〈モグラのザリガニ〉〈海岸のザリガニ〉の意味。蘭名も〈モグラのザリガニ〉。露名は〈ザリガニモグラ〉の意味である。

　和名アナジャコも文字どおり〈穴にすむ小エビ〉の意味である。

【博物誌】　広い意味ではヤドカリ類に含まれるが，尾の部分も入れて真正なエビの形をしている。しかし腹部が幅広く，甲もややわらかい点はシャコを思わせる。しかも，この虫は穴を掘って暮らす海産生物なので，アナジャコの名は当を得ている。第1胸脚のはさみは他のエビやシャコのように完全でなく，みすぼらしい。ほとんどが釣餌用に消費される。

　金沢八景では，春先に痩せダイを釣るのにアナジャコの類を餌に用いたという。

　なお，姿が似たオキナワアナジャコは，アナジャコ科とは別科とされ1属1種で1科を形成する。姿はアナジャコに似るが，20cmになる大型種。マングローブの湿地に大きな塚を盛りあげ，その中央に穴をあけてすみかにしている。

　オキナワアナジャコは沖縄地方ではカニ類とみなされ，石垣島の民謡で労作歌として知られる〈網張アンヌ目高蟹（ミダガユンタ）〉のなかでも歌われている。14種のカニ類の生態を擬人化したこの歌では，オキナワアナジャコは〈ダーナ蟹（がに）〉とよばれ，宴会の桟敷（さじき）をつくる役をあてがわれるのだ。この動物が1mほどもある高い円錐形の塚をつくる

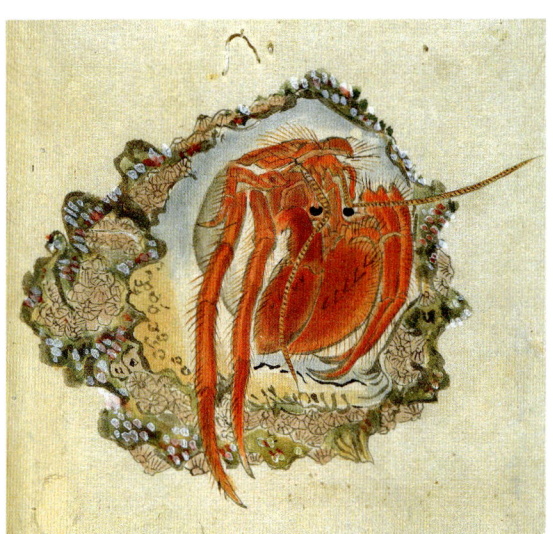

ヤドカリのなかま
(左図・左)
Dardanus sp. hermit crab
《博物館虫譜》所載の図．
はさみは左が大きく，
眼柄が太くて短いので，
D. uspersus では
なかろうか．

ヤドカリのなかま
(同・右)
Dardanus sp. hermit crab
これも《博物館虫譜》に
収められた，ユニークな
構図をもつ力作．
左の図と同じ個体
かもしれない [26]．

ヤドカリ類の幼生(グラウコトエ)(左)
glaucothoe larva of hermit crab
珍しい幼生の図である．ヤドカリも幼いころは
エビによく似た尾部をもつことがよくわかる [3]．

ホンヤドカリのなかま?(右)
Pagurus sp. ? hermit crab
この図はおもしろい．スポンジの中にはいって暮らしている
ヤドカリである．同定をお願いした武田正倫氏によると，
小さいヤドカリがはいった小さい貝殻に，さらにカイメンが
ついたものである．カイメンが成長し，貝殻を吸収するか
壊してしまい，結果的にスポンジにヤドカリ穴が残った．
ヤドカリが宿替えをしない共利共生の例である [46]．

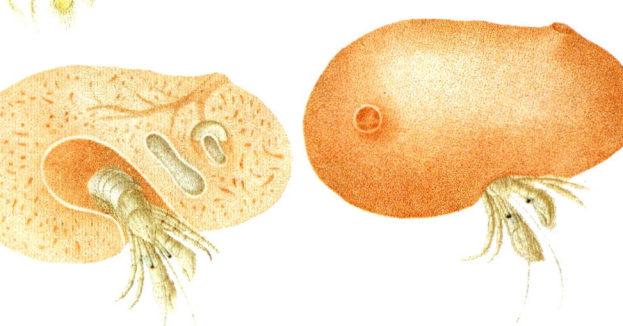

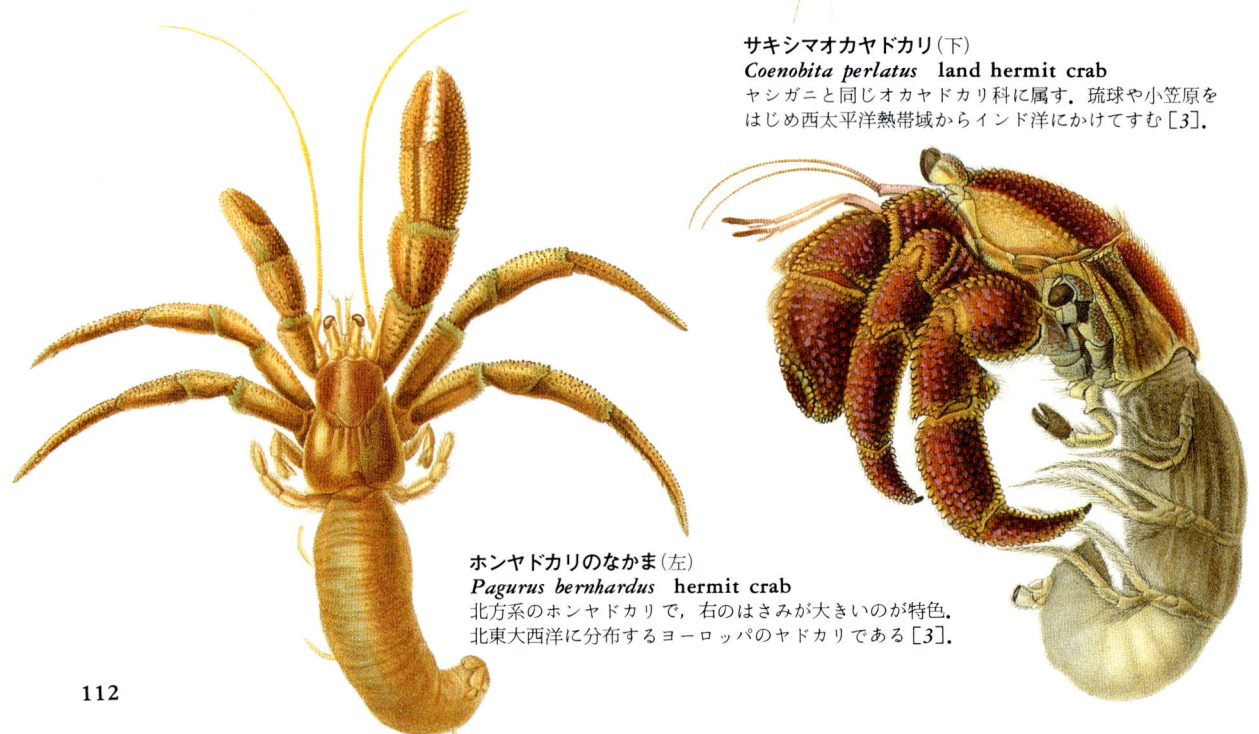

サキシマオカヤドカリ(下)
Coenobita perlatus land hermit crab
ヤシガニと同じオカヤドカリ科に属す．琉球や小笠原を
はじめ西太平洋熱帯域からインド洋にかけてすむ [3]．

ホンヤドカリのなかま(左)
Pagurus bernhardus hermit crab
北方系のホンヤドカリで，右のはさみが大きいのが特色．
北東大西洋に分布するヨーロッパのヤドカリである [3]．

ホンヤドカリのなかま
Pagurus villosus（左）, *Pagurus gayi*（右）
hermit crab
ペルーからチリに分布する東南太平洋の
ヤドカリ。ホンヤドカリ属はヤドカリ属と
逆に右側のはさみが大きい。なお,
ヤドカリ類の尾は右巻きだが,
左図では珍しや左に曲げ
られている。デザインの
都合か [7].

ミナミスナホリガニ
Hippa adactyla
mole crab, sand crab,
sand bug
インド西太平洋にいる
ヤドカリのなかま.
砂浜の汀線上の砂に
もぐって暮らす [3].

イガグリガニ（上）
Paralomis hystrix
高松藩の《衆鱗図》に描かれた
タラバガニのなかま.
長いとげが分類のポイントである.
しかしあしがすべて上を向いているのは
実際といちじるしくちがう [35].

ニシイバラガニ▲（下）
Lithodes maja king crab
イバラガニ属の模式種で北大西洋から
北極海に分布する. 食用として重要である.
これはタラバガニ科に属し,
カニに似ているが, 陸のヤシガニと同じく,
貝殻にはいらなくなった海中のヤドカリと
考えてよい [3].

● 甲殻類──アナジャコ／コシオリエビ／カニダマシ／ヤドカリ

習性にちなむもので，島の人の自然への観察眼と発想の鋭さがしのばれることである（《沖縄大百科事典》上）。

マレー半島ジョホール州バトゥパハト近郊のムーアという町では，河口周辺のエビ塚の中にいるオキナワアナジャコを食料とする。捕るのはおもに中国人で，先に釣針のついた針金をゆっくりと穴に入れ，ひっかけて捕るのだそうだ（渡辺弘之《南の動物誌》）。

西アフリカのカメルーンに産するスナモグリ科 Callianassidae の1種 Callianassa turnerana は3年に1回，8月になると河口沖を群泳する。現地の住民はこれを mbeatoe とよび，夕方から夜にかけて採集し食料に用いる。ただし月夜は不漁だという（《動物分類名辞典》）。

コシオリエビ

節足動物門甲殻綱十脚目コシオリエビ科 Galatheidae に属する甲殻類の総称。

［和］コシオリエビ〈腰折蝦〉　［中］鎧甲蝦　［ラ］*Galathea* 属（トウヨウコシオリエビ），その他　［英］galathea, squat lobster　［仏］galatée, galathée　［独］Galathea, Springkrabbe, Springkrebs　［蘭］springkrab　［露］галатея　→p. 104

【名の由来】　ガラテアはギリシア神話の海のニンフの名ガラテア Galatea に由来。

英名スクワット・ロブスターは〈うずくまるロブスター〉の意味。独・蘭名は逆に〈跳ねるカニ〉〈跳ねるザリガニ〉の意味となる。

和名コシオリエビは，腰を折り曲げた姿から。

【博物誌】　エビとカニの中間に位置する動物で，分類学的にはヤドカリのなかまにふくまれる。近縁のカニダマシと同じく，あとずさりする。脚はきわめて長いが，甲長は数mmから数cmどまり。コシオリエビはエビの姿をしており，低潮帯からかなりの深海にわたってすむ。捕えようとすると，尾を下に叩きつけて後方へしりぞくが，ふだんは静止し，岩や腔腸動物のヤギ類についている。美しいので観賞用になる。ただ，チリ産の大型種 *Cervimunida johni*（英名 little lobster）やブラジル産のものなどは，食用にされる。

カニダマシ

節足動物門甲殻綱十脚目カニダマシ科 Porcellanidae に属する甲殻類の総称。

［和］カニダマシ〈蟹騙〉　［中］瓷蟹　［ラ］*Porcellana* 属（カニダマシ），その他　［英］porcelain crab, china crab, anemone crab　［仏］porcellane　［独］Porzellankrebs　［蘭］porseleinkrab　［露］веерный краб　→p. 105

【名の由来】　ポルケラナは〈陶磁器〉の意味。カニダマシの甲羅を陶磁器に擬したもの。

英名ポースリン・クラブ，チャイナ・クラブは，したがって〈陶磁器のようなカニ〉という意味である。各国語名も同様。アネモネ・クラブは，このなかまの太平洋熱帯産のものがサンゴイソギンチャク（sea anemone の類）と共生していることから名づけられた。露名は〈扉のようなカニ〉の意味。

和名カニダマシは，〈カニそっくりの生物〉という意味。

【博物誌】　コシオリエビと同じく，エビとカニの中間に位置する虫。しかしそれぞれの外形は名にあるようにエビあるいはカニに近い。なるほどこの動物は一見すると小さなカニに思える。水中では，先がネットのような形をしたあしをのばして，プランクトンをこしあつめる姿がよく見られる。

アカホシカニダマシは，熱帯産のサンゴイソギンチャクの触手の中でくらしている。共生関係にあるらしく，水槽で飼うとイソギンチャクの出す排泄物なども食べている。しかしイソギンチャクをとり除いても死ぬことはない。この虫もあとずさりしかできないが，サンゴイソギンチャクにすがっているときは，はさみを使って前進することができる。

ヤドカリ

節足動物門甲殻綱十脚目異尾亜目 Anomura に属する甲殻類の通称。狭義にはヤドカリ科 Diogenidae，ホンヤドカリ科 Paguridae，オキヤドカリ科 Parapaguridae，オカヤドカリ科 Coenobitidae，ツノヤドカリ科 Pomatochelidae の総称として用いられる。

［和］ヤドカリ〈宿借〉　［中］寙，蠃，寄居虫，寄生虫，寄主蟹　［ラ］Paguridae（ホンヤドカリ科），Coenobitidae（オカヤドカリ科），Lithodidae（タラバガニ科），その他　［英］hermit crab, soldier crab　［仏］pagure, bernard-l'(h)ermite　［独］Einsiedlerkrebs　［蘭］heremietkreeft　［露］рак-отшельник　→p. 104, 108-113

【名の由来】　アノムラはギリシア語の〈異なった anōmalos〉から。尾が肉質になり巻きこまれているため。ディオゲニダエはギリシアの哲人ディオゲネスの名から。酒樽をすみかとしてそれを転がして歩いていたという故事に由来。パグリダエはギリシア語でカニの一種を指す言葉から。パラパグリダエは〈パグリダエに似た〉の意味。コエノビチダエはギリシア語で〈共同生活をする〉の意。ポマトケリダエはギリシア語で〈覆い pōmatos〉と〈爪

khēlē)の合成，リトディダエは〈石の息子〉の意．

英名ハーミット・クラブは，〈隠者hermit〉と〈カニcrab〉を合わせたもの．貝殻の中にこもって生活するからだろう．仏名は〈隠者ベルナルドゥス〉の意．独・蘭・露名も〈隠者のザリガニ〉の意．

中国名の肩，蠃は，ともにヤドカリをあらわした象形文字．ただし，前者は殻を離れた姿，後者は殻にこもった姿だという．寄居虫は，仮り住まいをする虫，の意．同じく寄生虫，和名ヤドカリもこれに準ずる．

ヤドカリは古く源順《和名抄》にも，寄居子なの名で記載されている．《日本釈名》によると，古名のカミナは〈カニ〉とカワニナ類の古名である〈ミナ〉を合わせて縮めたもの．姿はカニのようで，カワニナの殻に宿るからだという．

広島地方では，ハイデゴとよんだ．〈這いでる虫〉という意味らしい．ヤシガニの一名マッカン（ガニ）は，八重山諸島の方言．大きなカニを示すマギガンが転じたものである．またタラバガニは，タラが獲れるところにいるカニ，という意味．

【博物誌】　ヤドカリは巻貝の殻に逃げこんだエビである．右巻きが圧倒的に多い巻貝にあわせて，ヤドカリの腹部も右にねじれている．しかもねじれた右側は腹肢ぶも退化している．このため，巻貝から引っぱりだされたヤドカリはじつに頼りない．とはいえヤドカリのなかには巻貝にはいらず，木材や軽石の穴にはいるもの，またヤシガニのように巻貝にまったくはいらないものもいる．このヤシガニは，貝に逃げこむかわりに大きくなることで敵を防ぐ方向に進化したヤドカリといえる．

ヤドカリには1対の大きなはさみ，2対の長いあしに続いて，2対の小さなあしがついている．これについてアリストテレス《動物誌》をみると，〈先の二またになった，食物を口へもっていく足「鋏」が二本あり，また別の足が各側に二本あるが，三番目のは小さい〉とある．訳者の島崎三郎氏もいうように，この〈三番目〉というのは〈第3対〉ではなく，第2対の小脚を指すものとしたほうが事実にかなっているし，アリストテレスの観察眼の正確さを裏づける証拠にもなっていいだろう．もっともアリストテレスとて，ヤドカリが土と泥から自然発生すると信じるだけの古代的な無邪気さは，残しているのだが．また彼は，ヤドカリを甲殻類と貝類の中間的存在とした．すなわち，〈これは大エビの類と似た性質のものであり，それ自身だけで「貝殻なしに」生れてくるが，貝殻の中にはいりこんで暮すという点では殻皮類に似ているので，したがってどっちつかずのように見えるからである〉(《動物誌》)．

ところでビュフォン《一般と個別の博物誌》には，〈兵隊ガニsoldier crab〉の名で西インド産のヤドカリが記述される．ヤドカリが貝殻などにはいっているようすを塹壕から敵をうかがう兵士の姿にみたてて，ヨーロッパ人がよびならわした名である．ビュフォンは，このヤドカリのはさみが強力であることを特徴としてあげる．また陸性で1年に1度山から海へ，産卵と採餌のために降りてくるという．ヤシガニを思わせる記述だが，西インド諸島にヤシガニなどオカヤドカリのなかまは分布しない．ただし，ルンプフは，東南アジアのヤシガニがヨーロッパ人に〈兵隊〉とよばれていると報告しているから混同があったのかもしれない．

アリストテレスがヤドカリをエビとカニのなかまと正しく同定したのに比べると，中国や日本のヤドカリ観はかなり楽天的である．古い博物誌をみると，ヤドカリは貝類に分類されている．ただし，名前に虫とあるところからすると，貝類と虫類の中間的存在と考えていたのかもしれない．

また中国には，ヤドカリを食べると顔色がよくなり心も清くなるという俗説もあった(《本草綱目》)．清代に著された張璐撰《本経逢原》によると，中国人はヤドカリを難産の薬や出産のお守りに用いている．

日本ではヤドカリを山にすむ貝として，海辺にはいないとする説があった．貝原益軒は《大和本草》で，謬説としてしりぞけているが，ヤドカリが山にすむとする説にも，それなりに根拠はあった．なぜなら小野蘭山《重訂本草綱目啓蒙》には，ニナ（淡水貝）が老いてヤドカリになる，との俗説が紹介されているからである．〈至テ大ナル者ハ四五尺ニシテ人ヲ害スル者アリ〉という，ヤシガニか妖怪を思わせる記述もある．この説にしたがえば，ヤドカリが山間にいても不思議ではない．

ヤドカリの食用記録として，《延喜式》には尾張国の年貢として，〈蟹蜷な二担四壺〉が供されたとある．ヤドカリの味について，《本朝食鑑》の著者人見必大は，イシガニそっくりで酒の肴にするとよい，と述べている．日本の参州，遠州地方では，賭ぶというヤドカリの一種を火であぶって殻から追い出し，捕ったものを塩漬にした．《和漢三才図会》によると，〈味は香ばしく脆きくて美しい〉という．この塩漬の製法について，貝原益軒《大和本草》には，たくさんのヤドカリを1か所に集め，泥水を濁らせると虫は殻を離れるので，これを塩辛にする，とある．

【ヤシガニ】　太平洋からアジアの熱帯域にいる大型の陸ヤドカリ．ただし大きすぎて巻貝の殻にはいらない．ヤシガニはとくに腹部が脂肪に富んで

アサヒガニ
Ranina ranina
red frog crab, spanner crab
分布は南アフリカからハワイと広い．
浅い海の砂底にすみ，食用となる．
ヤドカリとカニをつなぐ属といえる．
姿は美しい[3].

トゲナシビワガニ(下)
Lyreidus stenops
raninid crab
日本からオーストラリア，
インドにまで分布する．
浅海の砂泥底を這う，
不思議な形のカニである．
アサヒガニ科に属し，
カニのなかではヤドカリに
近いグループといえる．
なお，甲の横にとげがあれば
ビワガニ[5].

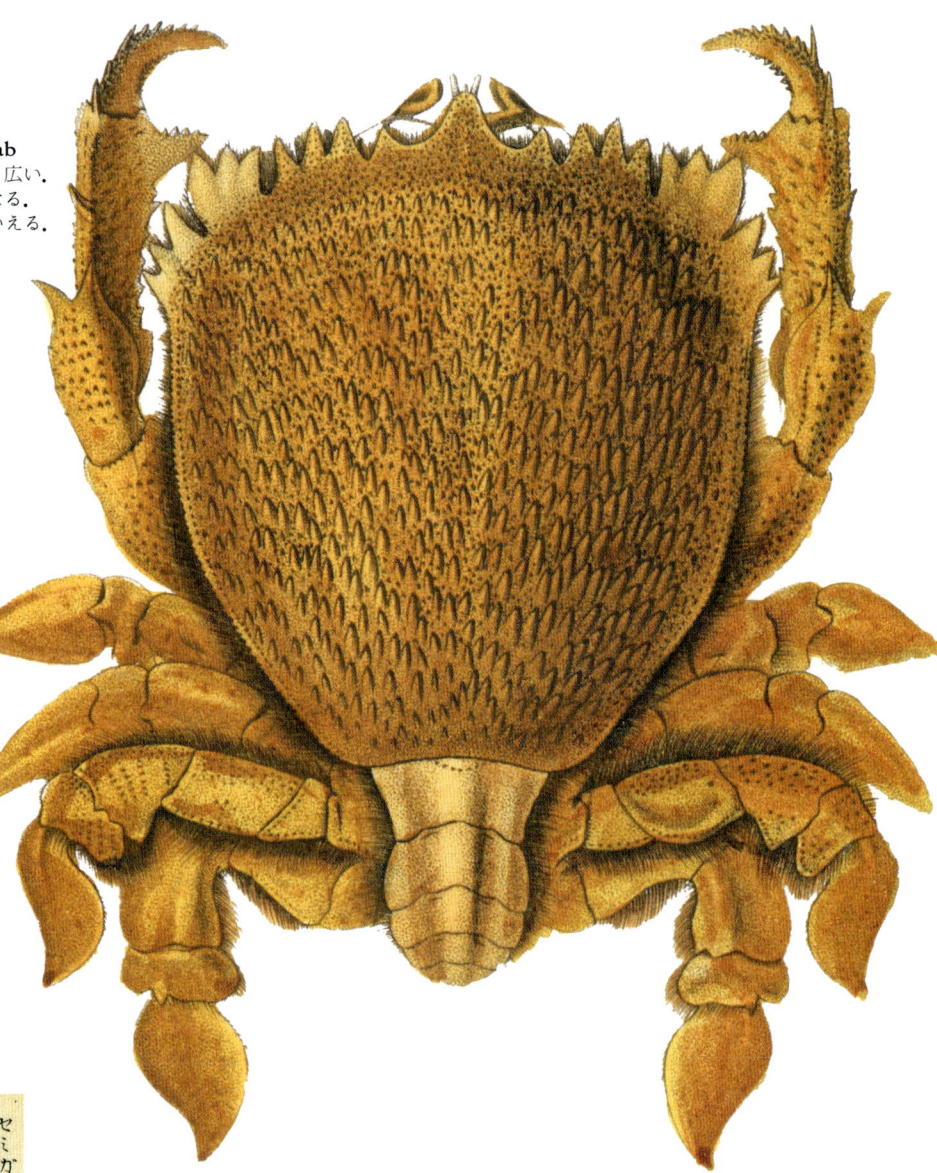

アサヒガニ　*Ranina ranina*　red frog crab, spanner crab
《博物館虫譜》に収められた，服部雪斎の描くアサヒガニ．
これがヤドカリに近いことを示すのが，下にのびた尾部である．
ちなみに，これは雌[26].

ヘイケガニ（上）　*Heikea japonica*
アサヒガニやカイカムリに近く、貝殻や木片を背負って暮らすカニ．甲羅面が人の顔にみえることから，壇ノ浦の平家の亡霊にちなみ，ヘイケガニとよばれている［5］．

アサヒガニ（上）
Ranina ranina　red frog crab, spanner crab
おもしろい形のはさみがよく描かれている．図はおそらく江戸時代の図譜からのコピーであろう．こちらは雄である［26］．

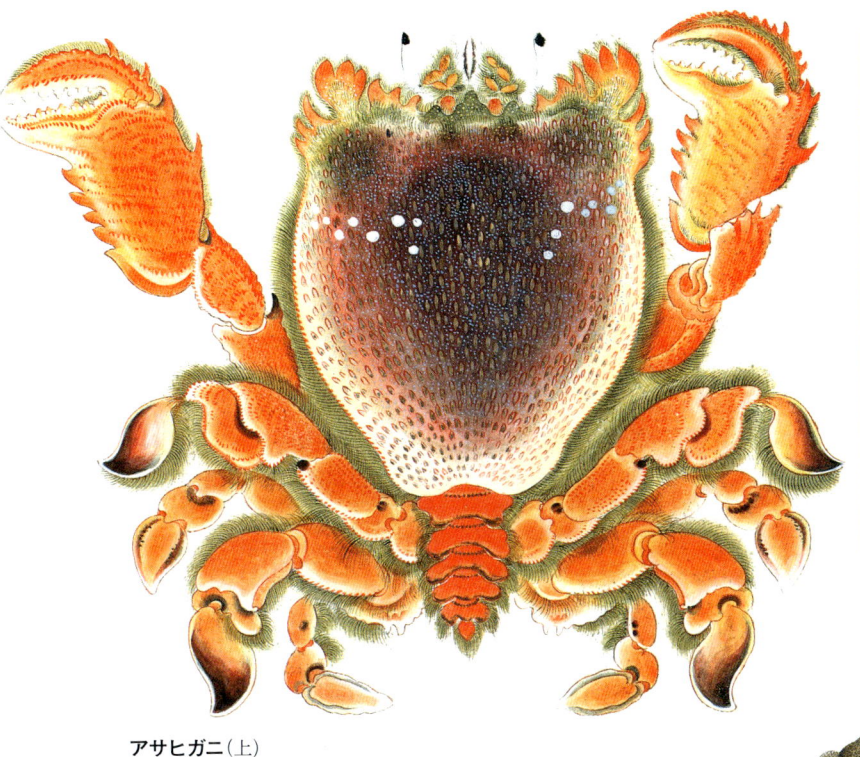

トゲカイカムリ（左）
Dynomene hispida
サンゴ礁にすむ小さなカニ．本州中部以南，ハワイ，ニューカレドニア，モーリシャスまでの南海に分布する［3］．

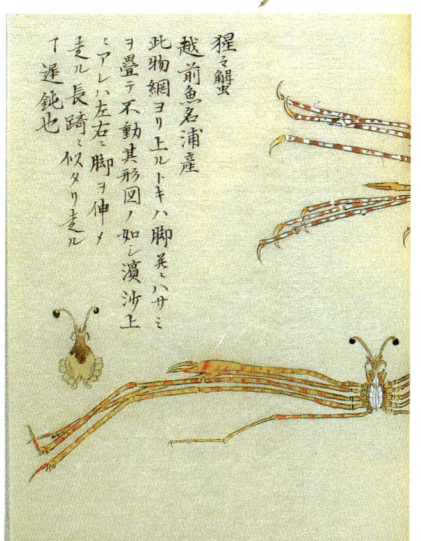

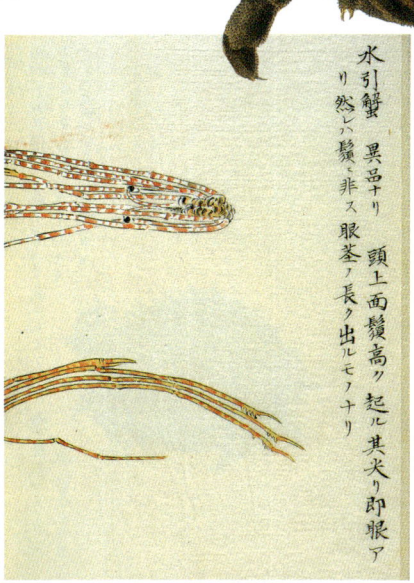

カイカムリのなかま（上）
Dromia caputmortuum
大西洋東部の浅海に広く分布する．これもヤドカリに近く，最後の2脚を使い貝やカイメン，ホヤなどをかぶる．ヤドカリのライフスタイルを残したカニである［3］．

ミズヒキガニ
Eplumula phalangium
日本近海の固有種であり，歩脚がいちじるしく長いカニ．これによく似たムギワラエビという種がいるが，こちらはヤドカリのなかまで，鰓域がふくらんでいる［5］．

● 甲殻類——ヤドカリ／カニ

いておいしい。そこで沖縄や南洋の島々ではひろく食用とされている。

フィジー諸島の住民はヤシガニがのぼったヤシの樹に草をゆわえつけておく。やがてヤシガニは尻を下にして降りてきて、草に触れると地上に着いたと思って手をはなす。そうして木から落ちたところを捕える（南方熊楠《椰子蟹に関する俗信》）。

バンクス島ではヤシガニのことを日没という意味でロアロロとよぶ。このカニにいったん手をはさまれたら、日没まで離してもらえないという俗信があるからだ。事実、ヤシガニのはさみは強力で、人間の指をつぶすことなど容易である。

鈴木経勲《南洋探検実記》によると、マーシャル群島のナム島には、甲羅の大きさが1尺あまりもある大ガニがいる。右のはさみに比べて左のはさみがいちじるしく小さいというから、おそらくヤシガニのなかまだろう。現地の人はこのカニのいる穴の入口で火をたき、カニが穴から出てきたら棒で右のはさみを押さえてフジの蔓でぐるぐる巻いてしまう。さもないとこのはさみの威力は強烈で、人間の足首でも切り落としかねないからだ。こうして戦闘力を失ったカニを捕えたら焚き火で焼いて食べるのだが、経勲によると、その味は1度食べたら忘れられないほど美味だという。

日本でもヤシガニ捕りに関する記録がある。奄美地方の生物相を観察した黒岩恒は1895年（明治28）8月、八重山諸島の新城島で現地の人を従えてヤシガニ捕りを行ない、3〜4時間のうちに43匹も捕獲した。この虫が餌を求めて徘徊する夜中に松明をともし、林やサツマイモ畑を歩いて、見つけたら素手で捕えたという。ただし南洋諸島の人びとでも、ヤシガニのはさみで足を切断されることもあるというから油断はならない。黒岩の捕ったものも、筆を差しだすと楽にちょん切ってしまったという（《動物学雑誌》）。

ちなみに、与那国島ではヤシガニがおいしいのはヘビを食っているからだといいならわされる（江崎悌三〈八重山遊記〉）。

【タラバガニ】 日本海、北太平洋、北氷洋の冷水帯に分布するタラバガニ *Paralithodes camtschaticus* は缶詰のカニとして日本でもお馴染み。この生きものは英名でもキング・クラブ king crab といい、一見したところもまったくのカニなのだが、分類学的にはカニ類（短尾類）ではなく、ヤドカリ類と同じく異尾類にふくまれる。というのも、タラバガニは第4歩脚が退化して甲羅の後ろに隠されているうえ、腹部の形も左右対称をなしていないなど、形態がふつうのカニ類とは異なるからである。タラバガニの近縁種で食用資源として重要なハナサキガニやイバラガニなどの類も同様に異尾類に分類される。タラバガニといえば缶詰では最高級品で贅沢な食べものだが、カニ缶はじつはヤドカリ缶なのである。

なお北海道の宗谷地方に伝わる民話によれば、タラバガニというのは神人の化したもので、陸に上がると金色の体毛を光らせたまばゆい姿に変わるという（更科源蔵・更科光《コタン生物記》）。

【文学】 シャルル・ド・ロシュフォール（1605-?）の《アメリカ・アンチル諸島博物誌》（1658）によると、カリブ諸島の住民はヤドカリを食用・薬用とする。たとえば殻から出したヤドカリを殺し、日にさらすと、脂が排泄される。これを風邪や発熱で口のまわりに吹出物が出たときに塗るとよい。またこぶに塗っても効果的。さらに尾を粉末にして膏薬のように包むと、毒魚に刺されたときの薬になるという。なおロシュフォールは、当地でのヤドカリのよび名〈兵隊〉の由来について、自分のすみかというものをもたないで、行く先々の場所を占拠していくからだという異説をとなえている。

《蟹工船》 小林多喜二（1903-33／明治36-昭和8）の中編小説で、日本のプロレタリア文学の最高傑作ともいわれる作品。オホーツク海で操業する蟹工船において、資本家の暴利追求のため、奴隷同然で働かされる労働者たちが、やがて階級意識に目覚め労働闘争へと立ち向かう過程を描いたもの。

なお蟹工船とは、沖で獲れたタラバガニをすぐ加工して船上で缶詰にする設備をもつ船のことである。

カニ

節足動物門甲殻綱十脚目短尾亜目 Brachyura に属する甲殻類の通称。
［和］カニ〈蟹〉　［中］蟹　［ラ］Homolidae（ホモラ科）, Dorippidae（ヘイケガニ科）, Calappidae（カラッパ科）, Portunidae（ワタリガニ科）, その他　［英］crab　［仏］crabe　［独］Krabbe　［蘭］krab　［露］краб
→p. 116-137

【名の由来】 ブラキュウラはギリシア語で〈短いbrachys尾ura〉の意味。ホモリダエは〈平らなhomalos〉に、ドリッピダエはギリシア神話の海の女神ドーリドス Dōridos に由来。カラッピダエは新ラテン語における造語。ポルツニダエは古代ローマの〈港の守護神Portunus〉に由来。

英名クラブは、一説にドイツ語で〈這う、むずかゆい〉といった意味を示す krabbeln と関係があるという。横歩きというカニの珍しい這いかたを

称したものか。他の各国語名も英名とほぼ同一の語源である。

和名カニは，殻（カ）と丹（ニ）を合わせた名称とされる。煮ると体が赤くなるところから。

【博物誌】　カニは甲殻綱十脚目に属する。エビ類，ヤドカリ類とは同じ目のなかまであるが，系統学的にみると同目のうちでもっとも進化した形態を有する。すなわち腹部の筋肉の屈伸によって跳ねまわるエビの形態から，その筋肉が退化するかわりにあしが発達したヤドカリとなり，さらに今日のカニ類へと進化したのである。ただしカニ類のなかでも原始的なものとされるアサヒガニ，カイカムリ，マメヘイケガニの3科は，外見的にはふつうのカニと同じだが，雌の生殖口がエビやヤドカリと同様，第2歩脚の根もとの節に開口している。ほかの真正のカニ類の雌の生殖口は胸部の腹甲に開いており，この点からアサヒガニ以下の3科はカニではないとする説もある。

また，そもそも十脚目の分類についても，移動の形態から別の区分法がある。すなわち，イセエビとザリガニを除くエビ類を遊泳亜目，その他を歩行亜目としてカニとヤドカリを一括して考える学者もいるのである。しかしこの区分法は外見からグループ内の虫どうしの近さが実感されず，すんなりとも受けいれがたい。換言すれば，エビ，ヤドカリ，カニという現代の分類も，生物学的にはさして確固たるものではないということになる。

アリストテレス《動物誌》は，カニの類は多種多様でかぞえきれないとしながらも，代表的なものを大きさの順であげている。最大のものは〈おばあさん〉とよばれるもので，クモガニのなかまにあたる。2番目はイチョウガニと〈ヘラクレア産のカニ〉（ヘラクレアは黒海沿岸の町）で，一概には同定できないが，両者とも現在もイチョウガニとよばれるもののなかまとされる。3番目に川ガニが続き，その他は小さくて名前がついていない，という。

アリストテレスはまた，貝の中にひじょうに小さい白色のカニが生じることがある，とカクレガニにふれてもいる。長桶状のイガイの中にいちばん多く，タイラギ（大型の二枚貝）の中のものは〈タイラギ番〉とよばれたという。漁師たちは，貝とともに同時に発生すると思っていた。

中世ヨーロッパではヤドカリ同様にカニもそれほど注目される動物ではなくなっていた。しかし17世紀以後の大博物学時代になると，カニに対する関心はふたたび復活してくる。たとえばビュフォンは《博物誌》においてアメリカのカニに注目した。西インド諸島にすみ，ロブスターに甲羅をつけたような兵隊ガニである。このカニは1年に1度山から海へ大行進する。こちらは単に産卵のためだけでなく，採餌という目的も兼ねている。ただしこのカニはどうやらヤドカリの類を指しているらしく，兵隊ガニの詳細は〔ヤドカリ〕の項で述べてある。

ビュフォン《一般と個別の博物誌》は，また，スミレガニ violet crab について述べている。特異な形，肉のおいしさ，奇妙な習性によって記録に値するという。小アンチル諸島に生息するカニで，その姿はカブトガニに似ているという。

スミレガニは4月から5月にかけてすみかの山の中から海岸へ移動をはじめる。何百万という大行軍で，あたりは足の踏み場もなくなる。その整然とした行進は，経験ある指揮官に従う軍隊のようである。さらにその軍隊は3つの大隊に分かれる。まず第1大隊は屈強な雄たちからなる前衛隊で，道を切り開き危険を除去する。本隊である第2大隊は雌ばかりからなり，一糸乱さず整然と行進する。続いて雌雄混合の第3大隊が後衛をなす。夜と雨の日だけに前進し，行く手に家などがあれば構わずによじ登る。かぞえきれないほどの危難にあいつつ，ときには3か月近くかかって海までたどり着く。産卵のためである。

海岸についた雌は胎内で卵が成熟するのを待って産卵する。その1腹はニワトリの卵大でニシンの卵によく似る。孵化するまでには3分の2ほどが魚に食べられたりしてなくなる。残る3分の1はみごと子ガニとなって，よちよちと山を登りはじめるのである。

さて，山を降りてきて産卵という大業を成しとげた親ガニたちは，疲れ果て産卵後すぐ山に帰ることができない。甲羅を脱ぎ捨て，砂地の開けた穴で休息をとる。微動だにせず穴に閉じこもる。このとき，腹に白い大きな石を4つ抱えている。この石は甲羅がふたたびできるにしたがって小さくなり，完全に再生したときには消えている。その後，ゆっくりと山に戻りはじめる。海岸での滞在は6週間ほどだという（《一般と個別の博物誌》）。

このスミレガニは，その習性と分布からみてオカガニ科 Gecarcinidae のなかまと思われ，本書ではスミレオカガニの和名を与える。草地やマングローブに穴居する大型のカニで，完全に陸性。熱帯にひろく分布し，日本にも近縁のムラサキオカガニなどがいる。

なお，西インド諸島には〈カニのレース〉がある。餌を与えずに空腹にさせたカニを円周上に配し，中心にある餌まで競走させるものだ（増川宏一《賭博》Ⅰ）。むろん賭博として行なわれている。

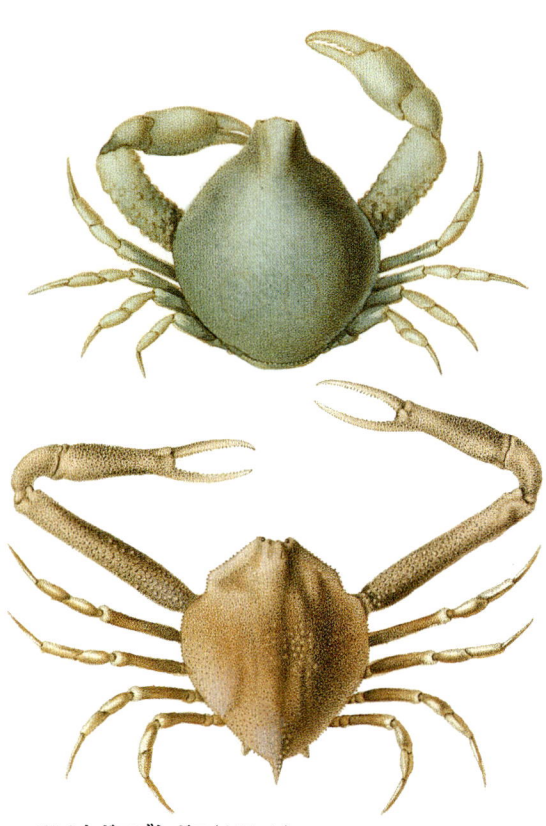

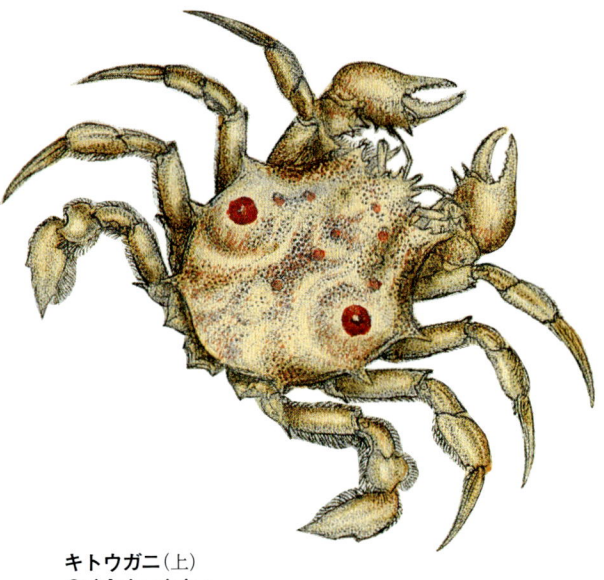

キトウガニ(上)
Orithyia sinica
中国沿岸に産するカニ．カラッパ科に属し，1属1種という
珍しさもあるが，たしかに鬼面めいた模様がすごい[23]．

キンセンガニ(右)
Matuta lunaris
カラッパ科の1種．
濃い紫色の斑点におおわれた
すばらしい図である．
遊泳脚があり，
一見するとワタリガニの
なかまにみえる[26]．

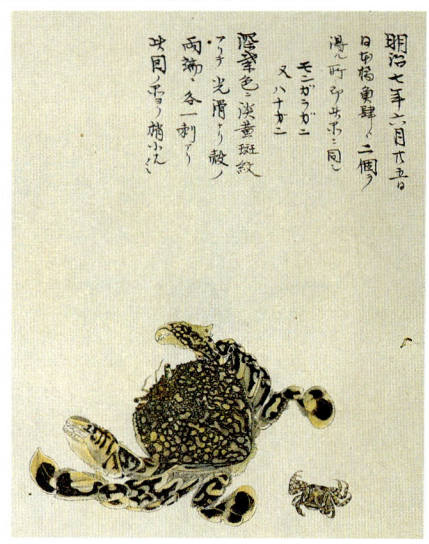

ツノナガコブシガニ(上図・上)
Leucosia anatum　nut crab
カニは横這いという常識を覆す，もっとも身近なカニが
これだ．コブシガニたちは平然と前進する．
日本からオーストラリア，ペルシア湾までに分布．

テナガコブシ(同・下)
Myra fugax　nut crab
雄のはさみがきわめて長い．日本から紅海まで広く分布．
最近はスエズ運河を越えて地中海に進出した[3]．

ノコギリイッカクガニ
Stenorhynchus seticornis　arrowhead crab
クモガニ科の1種．アメリカ・ノースカロライナから
ブラジル，マデイラ，アンゴラなど大西洋の両岸に
分布．独特な姿をしており，近代エビ・カニ図譜
の嚆矢ヘルブストの図鑑に原記載された[3]．

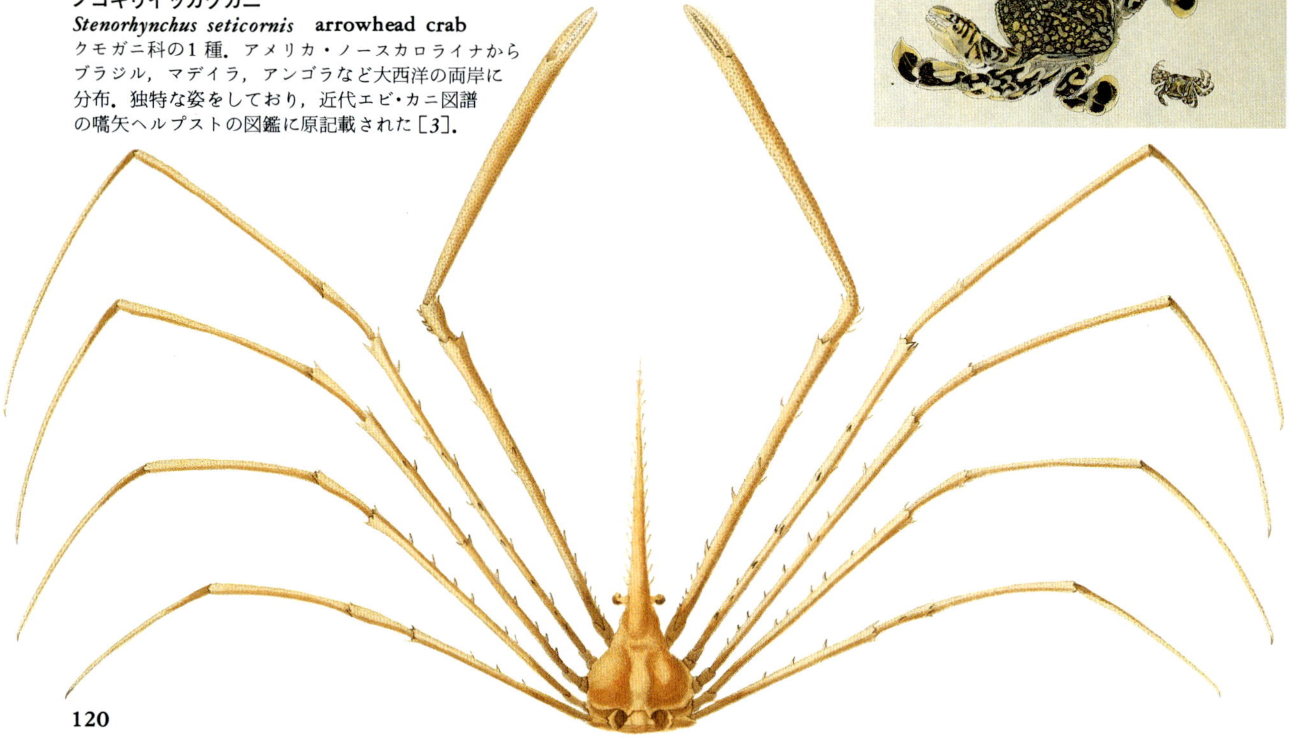

ツノナガケブカツノガニ（上図・上）
Stenocionops furcata　decorator crab
アメリカのジョージア州から西インド諸島，ブラジルまで分布．
クモガニのなかまである．
ヨーロッパケアシガニ（同・下）
Maja squinado　common spider crab, spiny spider crab, thornback spider crab, horrid crab
こちらもクモガニだが，東北大西洋にすみ，
ヨーロッパ人の食用になっている[3]．

メナガツノガニ（上図・上）
Ophthalmias cervicornis　spider crab
琉球諸島からインド洋にすむ稀種．これはクモガニ科に属し，
眼柄が長いのが印象的である．
オオワタクズガニ（同・下）
Micippa cristata　spider crab
体じゅうに生えている毛に，海綿や海藻，ごみをつける
カムフラージュ術をもつ．
韓国，石垣島から西太平洋にかけて分布[3]．

モクズショイ（下図・上）
Camposcia retusa　spider crab
南日本の沿岸からオーストラリアにかけて分布．体じゅうに
鉤の形の毛があり，ここにごみを引っかけて
カムフラージュする．ただしこのごみは勝手についてくる
のであり，積極的につけるのではない．
ヒキガニのなかま（同・下）
Hyas araneus　toad crab, harper
クモガニ科のうちヒキガニ属にふくまれる北大西洋のカニ．
たしかにヒキガエルを思わせる体形をしている[3]．

ズワイガニ（上）
Chionoecetes opilio　snow crab, queen crab
後藤黎春《随観写真》より．これもクモガニ科に属し，甲羅がやわらかい．
東京でマツバガニ，福井でエチゼンガニとよぶ．雌はいつも抱卵しており，
雄の半分の大きさしかないので，コウバクあるいはセイコとよばれ，
別種あつかいされる．日本からアラスカに分布する重要食用種[8]．

● 甲殻類──カニ

アメリカ、カリフォルニア州のクレッセント・シティでは、毎年2月、カニレースの世界選手権とカニ料理祭が同時にとり行なわれる。またアラスカ州では6月になると〈カニ祭 Crab Festival〉といって、カニのレースやパレード、カニの女王コンテストなどが開催されるという。メリーランド州でも毎年9月に〈全米カニダービー National Hard Crab Derby〉が行なわれる（清水克祐《アメリカ州別文化事典》）。

次に東洋でのカニの事情へ目を転じよう。《本草綱目》では、カニ類およびカブトガニ類を介部第45巻に亀鼈類として記載している。つまりカメである。おそらくかたい甲羅をもつことから、カメ類のなかまとみなされたのだろう。したがって同書を参考とした《和漢三才図会》、《本朝食鑑》、《本草綱目啓蒙》など日本の江戸期の代表的本草書もこれに準じている。

ガザミのなかま Portunus 属は、中国で蟳蛑（じんぼう）、蟳（じん）とよばれ、殻を脱ぐたびに大きくなって、ついには長さ1尺余りにたっするといわれた。《本草綱目》によると、このカニはひじょうに怪力で、毎年8月ごろになるとトラと闘い、トラを負かしてしまうという。

しかしカニは一面では害虫でもある。《捜神記》には、晋の太康4年（283）、浙江省会稽郡のカニが、1匹残らずネズミに変わり、イネをさんざん食い荒らす話が出てくる。

中国でもカニは古くから美味な食物として知られていた。《本草綱目》も、カニは生で煮ても、塩漬、粕漬にしても、酒に浸しても、醬油に浸しても、みんな佳品である、としている。ただし霜が降りる前のものは物を食うので有毒で、霜が降りたあと穴ごもりしようとするのを食べるとよいという。しかし同書には、カニと柿や荊芥（ネズミグサ）を食い合わせるとよくない、とある。いっぽうタウナギを食べて中毒した人は、カニを食べると解毒するという。また古くは、カニに砂糖や蜜をつけて食べる方法もあった。《夢渓筆談》巻24には、だいたいこの食べかたは北方のもので、南朝の斉・梁時代の貴族何胤（444-531）も糖蟹を好んだとある。中国の河間県（河北省）では、毎年冬になると、糖蟹を捕って、生きたまま唐王朝に貢納した。《酉陽雑俎》によると、氷を砕いて火で照らしながら老犬の肉を餌にして捕るのだという。値段は、1匹100金する、とある。

なお北京では、1976年10月に四人組が追放されたとき、カニを4匹ずつ買って祝杯をあげるのが大流行した。四人組の横行をカニの横歩きにかけたもので、四人組の男女構成にちなんで雄3匹に雌1匹と指定して買う人もかなりいたらしい（村山孚《北京新歳時記》）。

中国では双子の胎児の片方が腹の中で死亡すると、千金神造湯といってカニの爪を処方した薬を妊婦に飲ませた。これにより死んだ胎児が体外に出て、生きているほうは安全になると考えられた。

漆（うるし）にかぶれたときや、疥癬のさいの特効薬として、カニの粉末を用いた（《本草綱目》）。

《夢渓筆談》巻20によると、中国蒲陽（ほよう）（福建省莆田）の壺公山には蟹泉（かいせん）という泉がある。県の役人は日照りになると、泉に下級の役人を遣わし、清浄な器に泉の水をいっぱいにためる。このとき小さな赤いカニがどこからともなくあらわれて、器の中で泳ぎたわむれると、まもなく雨が降るのだという。カニを霊虫とみていた証拠である。

朝鮮でも古くから大小さまざまな種類のカニを塩辛にして楽しんだ。たとえば17世紀中葉に成立したといわれる《飲食知味方》には、いわゆる塩辛の調味法とともに、しょう油、胡麻油、生姜、胡椒、山椒を用いた薬味漬のカニの塩辛も紹介されている。また料理書《閨閤叢書》（1869）にはカニの蒸しもののつくりかたも述べてあり、カニがひろく食されていたようすをものがたる。ちなみに同書によると、ひとつの容器に数十匹のカニを生きたまま保存する場合、野豆（茶の草）半束ほどを一緒に入れておくと、カニが長いあいだ生きているという。

朝鮮地方でもっともさかんに食べられているのはシナモクズガニ（チュウゴクモクズガニ）かモクズガニの醬油漬である。単にカニといった場合はこのどちらかを指す。また平壌では氷が解けるころ、大同江をさかのぼるシナモクズガニの幼生を捕えててんぷらにする（上田常一〈朝鮮人の食用蟹類〉《動物学雑誌》1936年4月）。

続いて日本での事情に移る。日本人は縄文時代からカニを食べていたが、前述したとおり、カニをカメのなかまと考えていた。《延喜式》には摂津の贄（にえ）（朝貢の品）として、擁剣（ようけん）（ガザミ）が記録されており、ガザミも古くから食用とされていたことがわかる。

しかし《和漢三才図会》はガザミについて、山城国や大和国の渓谷にすみ、毎年10月の丑の日になると、なぜか決まって群れをなしてあらわれる、としている。そこで土地の人びとは、この日を狙って、カニをたくさん捕獲したという、と記している。昔のガザミは今のガザミではなく、サワガニであったのかもしれない。

また《古事記》によると、あるとき応神天皇は大和から近江国木幡村におもむき、そこに住む美し

い乙女矢河枝比売（やかわえひめ）の家でもてなされた。乙女の酒盃を受けた天皇は，肴に出された料理のカニに向かって次のような即興歌を呼びかけたという。
　　　この蟹や　いづくの蟹　百（もも）づたふ　角鹿（つぬが）
　　　の蟹　横去らふ　いづくにいたる
ここでいう角鹿とは，敦賀のこと。つまり肴のカニとは敦賀産の越前ガニ，すなわちズワイガニである。

ちなみに京都西福寺にある上田秋成の碑の台石は，カニの形をしている。青年期の秋成が，カニの異名の〈無腸〉を名のったためである。

日本人は古くはカニを塩辛，塩漬にして食べたらしい。《本朝食鑑》によると，イシガニの産地ではこれを塩漬にして，酒の肴として楽しんだという。同書はまた，霜の降りた後，すなわち穴ごもりをしようとする時期のカニを捕えて食べると美味だ，と述べている。

沖縄では出産のさい，産室にカニを這わせるならわしがあった。民俗学者の中山太郎によると，これはカニが何度も殼を抜けかわるように，生まれた子どももいく度となく生命を新たにして長く健康でいるようにというまじないだという。なおカニが捕れないときは，かわりに川エビを用いた。

なお，カニのなかには農業に害をなす類もいる。《動物学雑誌》第331号をみると，台湾の海岸に近い水田にはアシハラガニ Helice tridens，ハマガニ Chasmagnathus convexus，およびクロベンケイガニ Sesarma (Chiromantes) dehaani の3種がすみ，1916年（大正5）当時の台湾でイネの害虫と目されていた，と出ている。ちなみに台湾の人びとは前の2種を採集して，1匹4銭前後で市場で売っていた。フライにして食べるのである。また3番めの種は夜中に採集し，アヒルの餌に使ったそうだ（寺尾新〈稲を害する蟹〉）。

【タカアシガニ】　クモガニ科の1種で日本特産（とされていたが，最近台湾沿岸でも発見された）のタカアシガニ Macrocheira kaempferi（英名 japanese giant crab）は，成長した雄のはさみ脚をひろげると3m以上にたっする世界最大の節足動物（ただし甲羅の大きさだけだと南オーストラリアに産するオウギガニの1種オーストラリアオオガニ Pseudocarcinus gigas が幅約60cmで最大）。

各地の漁村ではタカアシガニの甲羅のへこみに墨を入れて人面のように仕立て，家の戸口などにかけて疫病よけのお守りにした。また肉もかなりうまいという（寺尾新《魚・海・人》）。

元禄3年（1690）から5年（1692）にかけて来日したドイツ人E.ケンペルは，駿河の料理店で1本の巨大ガニのあし，つまりタカアシガニのあしを手に入れた（《日本誌》）。またB.H.チェンバレン《日本事物誌》には，Macrocherius kaempferi という名であしが1ヤード半（約135cm）以上もあるタカアシガニが紹介されている。人間がこれに殺されて食われたこともあるという。

実際，カニは人肉も好んで食うようで，1954年（昭和29），洞爺丸が沈んだ翌年はケガニが例年より大量に捕れ，あしにはよく人毛がからみついていたという。

【平家蟹】　ヘイケガニ Heikea japonica の甲羅の表面は，一見，人が怒ったときの表情を思わせることから，古くからこれを壇ノ浦の合戦で敗れた平家の亡霊が化したものとする伝説があった。

また《和漢三才図会》によれば，そのほかにも，たとえば兵庫周辺のヘイケガニは元弘の乱（1331-33）で戦死した護良親王の家来秦武文（はたのたけぶん）の亡霊として武文蟹とよぶなど，各地で似たようなことがいい伝えられたという。ただし《本朝食鑑》では，この武文蟹をカブトガニのこととして，土地の人は武文を憐れんでこれを捕らない，と記している。

尾張地方ではヘイケガニをオサダガニ（長田蟹）とよんだ。平家の命を受けて源義朝を暗殺した当地の豪族長田忠致（おさだただむね）（?-1160?）がこのカニに化したという伝説から。

ヘイケガニの伝説に思いを馳せたのは，何も日本人ばかりではない。T.H.ハクスリーの孫であるイギリスの生物学者J.S.ハクスリー（1887-1975）は，アメリカのノーベル賞学者ヘルマン・ジョセフ・マラーが日本土産にもち帰ったヘイケガニの標本を目にして，その奇っ怪な胴体部にいたく感じ入り，ついには次のような仮説を思いついた。日本人が平家の亡霊を思わせるヘイケガニの甲羅

占星術のカニ．14世紀の《占星術の書》より．黄道十二宮における巨蟹宮は6月22日から7月22日までを支配する．その性質は〈女性性〉〈動〉〈水〉〈受容〉という．中世以後，このカニは天蠍宮のサソリと習合し，しばしばザリガニとして描かれた．

メンコヒシガニ（下） *Aethra scruposa*
比較的数の少ない太平洋のヒシガニ．
和名がおもしろいが，その姿は
カラッパのなかまを思わせる［3］．

カルイシガニ（上） *Daldorfia horrida*
ヘルプストが1788年に出版した《蟹蛄分類図譜》に描かれた1種．
インドから西太平洋のサンゴ礁域にすむ大型種で，日本の南岸にもいる．
まさしく生きている軽石のような姿をしている［33］．

ヒシガニのなかまたち（下右の5匹）
Parthenopidae
ヘルプストの図鑑より．左上はタイヨウヒシガニ（日本から
紅海まで），中央はテナガヒシガニ．いずれも東南アジアから
もたらされた標本をもとにしたのであろう［33］．

テナガヒシガニ（上）
Parthenope longimanus
インド西太平洋に分布する．
ヒシガニのなかまはもともと
〈手〉が長いが，これはとくに長い．

カルイシガニ（左）
Daldorfia horrida
こちらはかなり実物の感じをだした図［3］．

ヨーロッパイチョウガニ
Cancer pagurus
common edible crab
ヨーロッパでもっとも重要な
食用ガニ．ボイルされた冷凍品が
日本へも輸入されている．
ノルウェーから地中海まで
広く分布し，甲長20cm以上と
かなり大きく育つ［33］．

ノコギリガザミ(下)
Scylla serrata
mud crab, mangrove crab
遊泳脚からワタリガニの
1種とされる．
アジア熱帯地方では
マングローブガニとして
重要な食料となる．
同定者武田正倫氏によれば，
これはたぶん茹でた
ノコギリガザミであり，
江戸で食用にされていた
ことを示すという［26］．

ヒラツメガニ(下)
Ovalipes punctatus
ワタリガニのなかまに特徴的な遊泳脚が
よく見える．これを〈平爪〉と
称したのであろう［26］．

ガザミ(下) *Portunus trituberculatus* swimming crab
こちらが《衆鱗図》である．左の図とまったく一致することが
おわかりだろう．《衆鱗図》は松平家から将軍家に一部コピーが
贈られたとされるが，そのコピーが田中芳男によりバラされて，
明治期に《博物館虫譜》と同《魚譜》に編入された証拠である［35］．

ガザミ(下)
Portunus trituberculatus swimming crab
《博物館虫譜》による．しかし，この図はあきらかに右の
《衆鱗図》をコピーしたものである．遊泳脚の
つきかたの異常さまで，そのまま転写されている［26］．

125

● 甲殻類──カニ／シャコ

を忌みきらって食べなかったために，ヘイケガニは種としてますます繁栄したのではないか，と。つまり甲羅が人の顔のように見えるのは，屋島や壇ノ浦付近のヘイケガニに特有の形態で，他の地域に行けばその面相も変化して，それほど奇っ怪な形態でないものは日本人でも捕って食べているのではないか，というのである。

そこでハクスリーは，柳田国男を通じて日本のカニ類研究の第一人者酒井恒博士に，その仮説の当否について伺いをたてた。

酒井氏はこれに対し，ヘイケガニは北は紀伊半島，三河から，南は中国，台湾にまでひろく分布するが，甲羅の特徴には変化がみられないこと，また日本人がヘイケガニを食べないのは平家の亡霊を恐れてのことではなく，肉がなくて食用に適さないからだということ，さらに源平の故事はたかだか800年前だが，ヘイケガニは今と同様の形で3000万年以上前から生活していたことなどをあげ，ハクスリーの仮説をはっきり否定する返事を書き送った。ところがハクスリーは自説をどうしても捨てきれなかったらしく，1954年8月の《ライフ》誌上に，ヘイケガニの繁栄にまつわる記事を寄せている。これについて酒井氏は著書《蟹──その生態の神秘》のなかで，次のような感想を述べている。〈へいけがにの面相が動物形態学の上でどのような意味をもつものであるか，またへいけがにの海底における生活がどうであるか，人間生活との関係がいかなるものかを知らないで人間の想像力だけで判断していくと，自然に対してとんだ結論をおしつけることにならないともかぎらない〉。

【蟹満寺(かにまんじ)】 京都府山城町にある真言宗蟹満寺は，カニの霊をなぐさめるために建立された寺として知られる。《今昔物語集》によると，昔ある少女が食用のカニを買い取ってその命を救った。そののち少女は大蛇に求婚されたため，観音経を読んでこれをのがれようとした。危機一髪というとき，カニがたくさんあらわれて大蛇の体をはさんで殺し，かつての恩返しをした。そこで大蛇やカニたちの冥福を祈ってこの寺が建てられたのだという。古くカニは霊ある動物で，悪をうちはらうとみなされていたことを示す説話である。なお同工の話が《日本霊異記》にもみえる。

【掃守(かもり)】 平安時代，宮中の掃除を司った掃守は，《古語拾遺》によると蟹守(かにもり)の略だという。太古，豊玉姫が鸕鶿草葺不合尊(うがやふきあえずのみこと)を産んだとき，産房を海浜につくったためカニがはいってきて赤子の大便を食べた。そのさい，天忍人命(あまのおしひとのみこと)がほうきをつくってカニをはらった。そこで命が掃守連(かにもりのむらじ)の祖になったという故事にちなむ名称である。なお《小児必用養育草》によれば，赤子が生まれて初めて出す黒い大便も，この故事により蟹糞(かにばば)(または蟹ばこ)といった。これがたくさん出た子は，無病で育つといいならわされたという。

【上海ガニ】 中国上海の秋の風味として，世界中のグルメのあいだに知れわたっているカニ。正しくはシナモクズガニ(チュウゴクモクズガニ)といい，揚子江の下流に生息する淡水産のカニである。生きたまま紐でしばって蒸したカニを，酢醬油で食べる。横光利一の《上海》に〈青蟹〉の名で出てくるのもこのカニらしい。また斎藤憐の劇作《上海バンスキング》でも，日本軍の上海占領の年，戦闘で死んだ人びとの屍肉を食ったためそのシーズンのカニがよく肥えていた，という話が語られる。

【星座】 〈かに(蟹)〉座 赤経8h30m，赤緯＋20°あたりに位置する。占星学では6月22日から7月22日にかけて生まれた人の誕生宮。

カニの属性は水，支配星は月であるため，女性的性格，あるいは女性の生理の象徴とされる。同じく水を属性とするサソリ(天蠍宮)と対比されたため，太陽が巨蟹宮を通過するとカニはサソリに変身するとか，カニはヘビやサソリのかみ傷を治すなどの俗信が生じた。太陽が巨蟹宮にはいると夏至になることから，カニは夏の到来，さらにこれ以後日が短くなるために〈死〉を暗示するイメージを伴うようにもなった。なお，癌を英語でキャンサー cancer(カニの意)とよぶのは，その患部がゴツゴツとしてカニの甲を思わせるためであろう。ギリシア神話では，ヘラクレスと闘う水蛇ヒュドラ(干ばつの象徴)に加勢し，英雄のかかとを挟んだ動物カルキノス Karkinos として登場する。このカニは英雄に殺されるが，ヘラクレスを憎むヘラにより天に運ばれかに座とされたといわれる。

黄道十二宮の第4宮(巨蟹宮)は，古く陸ガメの姿であらわされ，エジプトでは聖なる甲虫スカラベが描かれた。いずれにも共通するのは動きが比較的鈍い点。またカニやスカラベは斜め歩きや後ろ歩きをする。いっぽう夏至の太陽もこの宮にはいると逆行するような動きをおりまぜながら，南へとぐずぐずと斜めに降りていく。この動きをカニやスカラベのような生きものにたとえたもののようで，中世ヨーロッパでロブスターで表現されたりするのも理由は同じ。数字の6と9を横に組み合わせたような特徴あるサインは，カニのはさみをあらわす。またふたつの精子がよじれた形で男女の種(たね)が1対で示されているともいう。さらに男根シンボルともされる。

【猿蟹合戦】 ひろく語りつがれる日本の昔話。成

立は室町末期といわれる。大筋は次のとおり。あるとき，サルとカニが，カキの種と握り飯を交換，カキの種をもらったカニがそれを庭にまくと，すぐ大木となって実をたわわにみのらせた。これをうらやんだサルは一計を案じ，実をとってやるからと木に登れないカニに向かって言った。そして木に登ると熟柿はひとりで食べたうえ，カニには渋ガキを投げつけて殺してしまう。そこで怒ったカニの子が，臼，杵，ハチ，クリ（または鶏卵）の力を借りて仇を討つ。

《蟹録》によると，中国山中にいる山獼や山都といった老獼や狒々の類は，カニが大好物で，しばしば人のカニを盗むという。老獼や狒々といえば，もちろんサルの類。ここより滝沢馬琴は，猿蟹合戦でカニがサルを仇敵とみなしているのは，この《蟹録》の話がもとになっているのだろう，とした（《燕石雑志》）。

しかし，カニとサルの関係を結びつけるもっと強力な絆がありそうにも思える。

そこで，1157年に宋で編まれた《本草図経》をみると，カキとカニを食い合わせると腹痛をおこし，ひどい下痢をする，とある。作家の槇佐知子氏は，猿蟹合戦でカニがカキを投げつけられて大怪我をしたのは，この食い合わせの思想が伝わったことによるものではないか，と述べている（《日本昔話と古代医術》）。

一説に，猿蟹合戦の話は南洋諸島から伝わったものだという。ただし，三吉朋十《南洋動物誌》によると，主人公はサルとカニではなくサルとカメ，またカキの種と握り飯がバナナの種や実とされているそうだ。また槇佐知子氏も，猿蟹合戦の成立を考えるうえで，東南アジアには実際にカニを食べるオナガザルのなかまカニクイザルがいる事実も合わせて指摘している。

【文学】《万葉集》巻16には，乞食者（貧者）のよめる歌として，以下のようなくだりがある。

押照るや　難波の小江に　廬作り　なまりて居る　葦蟹を　王召すと　何せむに　吾を召すらめや　（中略）　あし引きの　この片山の　もむ楡を　五百枝はぎ垂れ　天光るや　日の気に干し　擣るや　から碓につき　庭に立つ　すり碓につき　押照るや　難波の小江の　初垂を　辛く垂れ来て　陶人の　作れる瓶を　今日往きて　明日取り持ち来　吾が目らに　塩ぬり給ひ　もち賞すも　もち賞すも

この歌は難波にすむカニ（一説にアシハラガニ）を天皇に供するため塩漬にする過程を，カニの身になってよんだもの。乾燥させたニレの樹皮をつきこんだ塩汁を，つき砕いたカニに塗りこんだという。つまり今日佐賀や長崎，熊本の名産である蟹漬（一種のカニの塩辛）の風習が古く難波地方にもあったことを示す記録なのだ。《蟹―その生態の神秘》を著した酒井恒氏は，難波の蟹漬の風習がすたれてしまったのは，この地が開けるとともに材料である湿地性のカニがいなくなったためだろう，としている。

岡本綺堂（1872-1939）の短編〈蟹〉（《青蛙堂鬼談》所収）では，慶応1年（1865），越後柏崎の商人の家に逗留していた画家の文阿が海に落ち，1週間ほどしてむごたらしい屍体で発見される。どうやらカニに体を食い荒らされたらしい。じつはこの商人の家ではその直前，ガザミを食べる宴会を開きかけていた。するとなぜか変事が続発，当地で十蟹図を描いていた文阿も騒動にまきこまれたのである。ちなみにあとで書きかけの十蟹図を見てみると，〈絵具皿は片端から引っくり返されて，九匹の蟹をかいてある大幅の上には墨や朱や雌黄やいろいろの絵具を散らして，蟹が横這いをしたらしい足跡がいくつも残って〉いたという。

シャコ

節足動物門甲殻綱口脚目 Stomatopoda に属する甲殻類の総称，またはその1種．

［和］シャコ〈蝦蛄〉　［中］蝦蛄　［ラ］Squillidae（シャコ科）　［英］mantis shrimp, locust shrimp　［仏］squille, mante (sauterelle, cigale) de mer　［独］Heuschreckenkrebs, Goger　［蘭］sprinkhaankreeft　［露］рак-богомол

→p. 140-141

【名の由来】　ストマトポダはギリシア語の〈口のstomato〉と〈足 pūs〉の合成語。スキリダエはギリシア語でシャコを指す言葉による。

英名マンティス・シュリンプは，〈カマキリ mantis〉と〈小エビ shrimp〉を合わせたもの。姿が一見カマキリを思わせるため。ロウカスト・シュリンプは，〈バッタのようなエビ〉の意味。他の各国語名にも同様の意味をもつものが多い。

和名シャコは，シャクナゲの花の色に似た体色にちなむ。

シャコは隠語でガレージという。車庫（ガレージ）とシャコをかけあわせたもので，昭和の新語（酒向昇《海老》）。

【博物誌】　歩行がきわめて速く，ときには泳ぐこともある海産生物。エビによく似ているが，実際はそれほど縁の近くない動物である。はさみの形がカマキリと同じ構造になっており，腹部も平たい。そのため，海のカマキリという英名はイメー

イソワタリガニ(上)　*Carcinus maenas*　shore crab
このカニはワタリガニ科であるが，最後のあしが遊泳脚に
なっていない例外的な種だ．大西洋東部にすむ［33］．

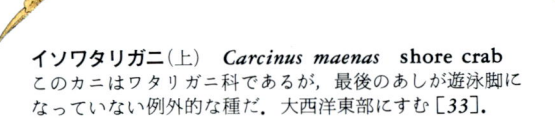

シワガザミのなかま(上図・上)
Macropipus puber　swimming crab
これは大西洋東部に分布するワタリガニ．太平洋と大西洋の
ワタリガニのちがいをみるようで興味ぶかい．
ジャノメガザミ(同・下)
Portunus sanguinolentus　swimming crab
食用ガニとして重要な太平洋産のカニ．
〈蛇の目〉模様が特徴的だ［3］．

メナガガザミ(下図・上)
Podophthalmus vigil　swimming crab
フタバベニツケモドキ(同・下)
Thalamita admete　swimming crab
キュヴィエ《動物界》にはすばらしい甲殻類の図が多いが，
これはその見本．眼柄の長いワタリガニの姿と，
爪の先に紅をさしたベニツケモドキ．こちらも
ワタリガニ科に属する［3］．

ノコギリガザミ(上図・上)
Scylla serrata　mangrove crab
マダラカラッパモドキ(同・中)
Hepatus pudibundus
シマイシガニ(同・下)
Charybdis feriata　swimming crab
筆者の大好きな図である．正確さは低いが，カニの愛らしさと
おとなしさが端的にあらわれた作品である．下の種は背中に十字の
マークがあるすごいカニ．実物は赤ではなくチョコレート色．
中央はカラッパ科に属するカラッパモドキ．アメリカのカラッパである．
上はマングローブの湿地に多いノコギリガザミ．
いわゆるマングローブガニで，重要な食料である［33］．

タイワンガザミ
Portunus pelagicus swimming crab
ヘルプストの図のうちでも美しい一葉．
インドから紅海，スエズ運河を越えて
地中海に分布している食用ガニ [33]．

タイワンガザミ（右）
Portunus pelagicus
swimming crab
こちらもヘルプストの図だが，
上の図と同じ種を描いている．
しかし，とても同種とみえない．
この青いほうは雄であるらしい [33]．

イシガニ
Charybdis japonica
swimming crab
日本のほか韓国，中国，
台湾に分布する．
ワタリガニの1種という
特徴はでている．
しかし色彩はやや
恣意的といえよう [5]．

129

● 甲殻類──シャコ　●倍脚類──ヤスデ　●唇脚類──ムカデ

ジをうまくあらわしている。浅海の砂底に多いが，なかには1000m以上の深みにいるものもある。雌が卵を抱えこむように守る。

シャコはシャベル状の尾扇を用いて砂浜にU字形の浅い坑道を掘り，昼間はその中に隠れている。この巣穴をカキダシといった。シャコをつかまえる方法に関して，日本には伝統のわざがある。岡山市妹尾では巣穴に泥を入れ，出てきたシャコを捕えるのである。そのさい，すぐにつかもうとするとシャコに刺されるので，鉤のついた竹竿でひっかけて捕る。また玉野市八浜大崎では，片方の穴に板をのせて踏みつけ，もう一方の穴から出てくるシャコをつかまえた。これを〈シャコ踏み〉という（湯浅照弘《児島湾の漁民文化》）。

シャコ類は一種独特な形態をした動物なので，昔から分類の難物とされた。古代ではアリストテレスはシャコ類を小エビのなかまに分類している。しかしアリストテレス自身も多少のためらいを示してはいる。

というのも，あしの数がエビ類と少しも一致していないからである。すなわち，彼は《動物誌》において，シャコ類は頭部に4対，胸部に3対のあしがあるが，残りの下半身にはあしがない，としている。じつはシャコには腹面にも5対の橈脚があるのだが，訳者の島崎三郎氏によると，上からは見にくいための結論らしい。また頭部のあしもほんとうは5対。ただ捕脚とよばれる第2対が大きくて目立つので，それ以下をかぞえたのだという。しかし，彼があしの数のちがいに着目したのはさすがだった。

中世になると，トマス・ムーフェットはシャコ類の分類をいったんおいて，4月，5月の魚釣りにはこれにまさる餌はない，とプラクティカルに述べている。ただし薬用としての情報は明記していない（《昆虫の劇場》）。

中国人もシャコの分類学的な落ちつき場所を見つけるのに難渋したらしい。唐代に成った《酉陽雑俎》では，シャコは体がムカデに似ていてエビを食べる，とある。中国ではムカデとの関係を強調しているのだ。

しかし中国でのシャコの分布は南方沿岸に偏している。そのため，北京あたりの動物誌ではその名も出てこない。あの大著《本草綱目》ですら，この動物の記述が見あたらない。しかし中国五代の王仁裕《開元遺事》には〈鰕姑〉の名が見え，形状はムカデに似て，尾は僧帽のようであり，福建省泉州の人は青竜という，と述べられている。

いっぽう日本人の観察は，大きな分類法にポイントをおくというよりも，細部のおもしろさに集中しがちであった。《重修本草綱目啓蒙》によれば，元来シャコには背中の節が12〜13片もあるものはまれなのだが，うるう年のシャコにはその節が13片あるといわれたという。

日本人はシャコを煎ったものを食用とした。ただし《和漢三才図会》によると，肉は少なくて味もまずいという。また《本朝食鑑》は，日本に渡来したオランダ人がシャコを油に漬けて練り薬とし，癰を治すのに用いていた，と述べている。

かつての横浜市子安浜の漁師は，7月になると打瀬網船でシャコをさかんに捕獲した。釜ゆでにして頭と尻尾を切り，殻を開いてすし種に用いるためだ。しかし最近は埋立てのせいで子安浜にすめなくなり，海水が汚れたこともあって，東京湾のシャコは少なくなるいっぽうである。江戸前のシャコも九州の不知火海近辺から移入しているのが実情である（宮城雄太郎《漁村歳時記》）。

ヤスデ

節足動物門倍脚綱 Diplopoda に属する節足動物の総称。［和］ヤスデ〈馬陸〉，オサムシ〈筬虫〉，ゼニムシ〈銭虫〉，エンザムシ〈円座虫〉，アマビコ〈雨彦〉，ババムカデ〈婆百足〉［中］馬陸，千足，百節　［ラ］Polydesmoidea（オビヤスデ目），Juliformia（ヒメヤスデ目），Oniscomorpha（タマヤスデ目），Colobognatha（ヒラタヤスデ目）　［英］millipede　［仏］myriapode, diplopode, mille-pattes　［独］Doppelfüßer, Tausendfüßer　［蘭］miljoenpoot　［露］кивяк　→p.144, 148

【名の由来】　ディプロポダは〈二倍の足〉，ポリデスモイデアは〈多くの紐の〉の意味，ユリフォルミアは魚の一種を指す julis と〈型 forma〉の合わさったものか。オニスコモルファは〈ワラジムシ形の〉，コロボグナータは〈顎の短い〉の意味。

英名ミリピードは，ラテン語で〈千 mille のあし pes をもつ虫〉という意味。他の各国語名も，ほとんどが英名と同様の意味である。

中国名馬陸の由来は不詳。中国での古名の例をひくと，百足，千足は，あしがたくさんあるようすを称したもの。同じく百節は，体が多数の節に分かれていることによる。和名のヤスデは〈八十手〉の転といわれる。やはりあしの多いようすを称したもの。またオサムシは，あしがたくさんあるようすを織機の付属具である筬にみたてたもの。同じくゼニムシは，体に触れると首を内側にして身を丸める姿が銭の形に似ているため。

【博物誌】　ヤスデはムカデやゲジと近縁の節足動物で，このなかまでは甲殻類（エビ，カニ），鋏角類（サソリ，クモ，ダニ）と並んで単枝類とよばれ

る類を形成する。ヤスデはムカデやゲジよりも歩肢が短いが数が多く，両側の肢を同時に波うたせてゆっくりと進む。むろん毒はない。また草食性でもある。これは動きがすばやく肉食性であるムカデやゲジと対照的である。

アリストテレス《動物誌》にヤスデが登場するのは1か所のみである。それも有節類ではねのないものの代表としてムカデとともに名があげられているにすぎない。ただし彼の《動物部分論》のほうには〈ヤスデの類のように体が細くてもっとも冷たいものは，あしももっとも多い〉というくだりがみえる。

ヤスデはかまないが，古代人はムカデと混同して，これにかまれたらバターと蜂蜜を混ぜたものを口にするとよい，としている。また古代ローマでは，扁桃腺炎のときヤスデを患部に貼ると効果があるという（プリニウス《博物誌》）。

中国人は，ヤスデもムカデと同様に強烈な毒をもつ虫とみた。ニワトリがこれを食べると悶え死ぬとさえ論じている（《本草綱目》）。

日本では，小野蘭山が《重訂本草綱目啓蒙》において，ヤスデ類はムカデ類よりあしの数が多い，と述べている。

【ヤスデの列車妨害】 ヤスデはときどき線路の上に大群であらわれる。そして列車がそこを通過すると，圧死したヤスデから体液がにじみ出て，車輪がすべって空まわりし列車は立ち往生するはめになる。

江崎梯三はこの問題を調査研究した結果，本州中部地方で列車をしばしば妨害するヤスデの正体は，オビババヤスデ *Fontaria laminata* であることをつきとめた。こういったヤスデによる妨害は，アメリカやヨーロッパ，中国でもたびたび起きている。中国ではサソリの群れが列車を止めることもあるようだ（〈列車運転を妨害する倍脚類〉《江崎悌三著作集》第3巻所収）。

ムカデ

節足動物門唇脚綱 Chilopoda に属する節足動物のうち，ゲジ目を除いたものの総称。

［和］ムカデ〈蜈蚣，百足〉　［中］蜈蚣，蜘蛆，天龍，蠑蠟　［ラ］Lithobiomorpha（イシムカデ目），Scolopendromorpha（オオムカデ目），Geophilomorpha（ジムカデ目）　［英］centipede　［仏］lithobie（イシムカデ），scolopendre（オオムカデ），géophile（ジムカデ），mille-pattes, myriapode　［独］Steinläufer（イシムカデ），Riesenläufer（オオムカデ），Erdläufer（ジムカデ）　［蘭］duizendpoot　［露］многоножка
→ p.144-145

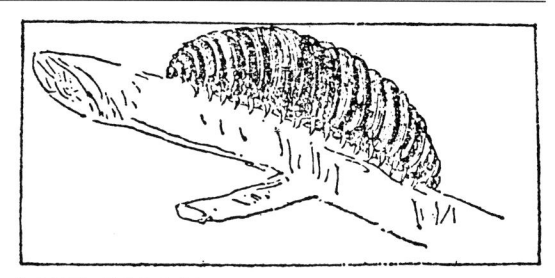

鈴木経勲《南洋探検実記》より，〈カワス〉の図。フィジー諸島には，カワスとよばれる毒虫がいて，現地人に恐れられている。色は濃い紫，体長5～6寸，太さは親指ほど。数十の体節があってそれぞれに2本ずつあしがついているという。これに誤って触れると，護身のため全身から黄色い蒸気を発して身を隠す。この蒸気を目に受けると失明するともいわれた。この虫は，おそらくインド＝オーストラリアに分布する大型ヤスデのグループ Sphaerothriidae 科（英名 giant millipede）と思われるが，ほんとうに蒸気を出すかどうか定かでない。

【名の由来】 キロポーダはギリシア語で〈唇の kei-los〉と〈あし pūs〉の合成語。リトビオモルファは〈石に生きる〉に関係か。スコロペンドロモルファはギリシア語でムカデを指す言葉。おそらく外来語と思われるが由来不明。ゲオフィロモルファは〈大地を好むもの〉の意。

英名センティピードは，ラテン語で百足の虫を意味する centiped に由来する。独名シュタインロイファーは〈石を歩くもの〉，リーゼンロイファーは〈巨人のような歩くもの〉，エルトロイファーは〈大地を歩くもの〉の意味。蘭名ダイゼントポートは〈千本の足〉の意。露名も〈たくさんの足〉の意味である。

和名はあしの数の多さから〈百手続〉の転。あるいは，あしが向かいあっていることから〈向手ﾑｶﾃﾞ〉の意があるという。

【博物誌】 肉食の動物で，体をくねらせながら走る姿は，イモムシのようにのんびり動くヤスデと対照的である。ムカデをヘビにたとえるなら，草食性のヤスデはミミズであろうか。生殖方法も異なり，ヤスデの雄は生殖口から歩肢のひとつで精液をかき集め，そのあしを雌に挿入する。いっぽうムカデの雄は精包をつむぎ，これを雌の近くに落とす。雌はこれを使って産卵する。ムカデはまた，口器からは毒を分泌し，すばやく獲物をとる。

アリストテレス《動物誌》には，ムカデをふたつに切った場合，後ろの部分は切口のほうへも尾のほうへもどちらにも進める，とある。また〈海のムカデ〉とよばれるゴカイと同様，脂っこいにおいがするとそちらへ寄っていくという。

いっぽう古代ローマにはユニークな伝承がある。著述家のアエリアヌス（170ころ-235）によると，ローマではムカデの類が一気に増えたために住民全体がすみかを追われた都市もあったという。生

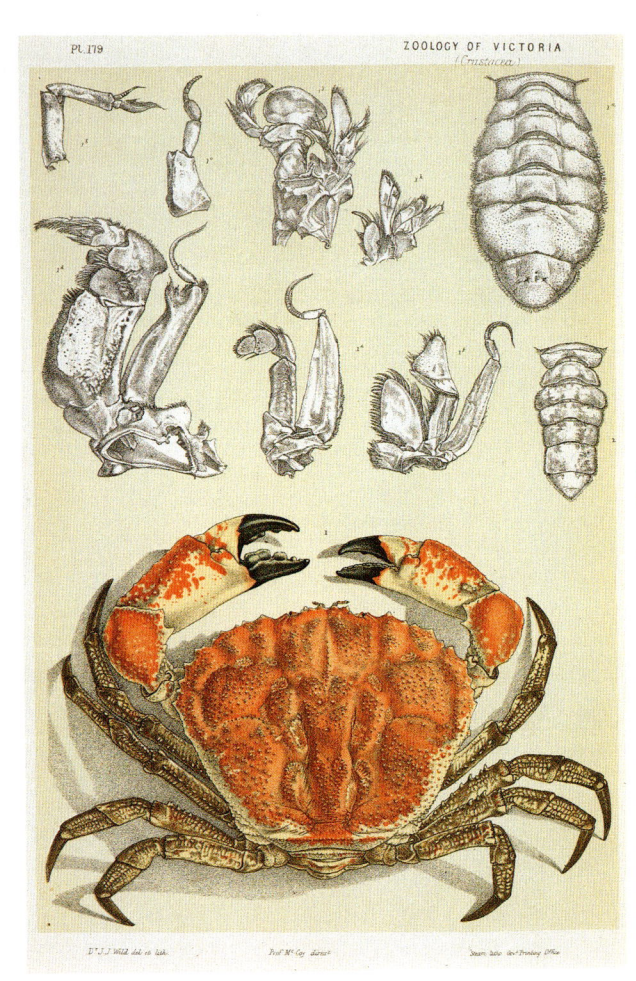

オーストラリアオオガニ(上)　*Pseudocarcinus gigas*
australian giant crab, tasmanian giant crab
甲幅60cmにもなる巨大なカニ．甲羅の大きさだけなら世界一で，食用または剝製用として日本にも輸入される．グループとしてはイソオウギガニ科にふくまれる[34]．

アカモンガニ(上図・上)
Carpilius maculatus
サンゴ礁に多くいる大型種．甲長12cmになる．美しいので飾りものにされる．
オウギガニ(同・下左)
Leptodius exaratus
インド洋から太平洋にかけてどこにでも見られる普通種．姿が丸く，愛らしい．
トガリヒヅメガニ(同・下右)
Etisus anaglyptus
これはオウギガニと同じ科に属し，分布も重なっているが，個体数がやや少なく，あまり見かけられない[3]．
ホシマンジュウガニ(下図・左)
Atergatis integerrimus
オウギガニ科にふくまれる．乾燥標本から描いたものだから，精密ではあるが実物のイメージではない．
ビロードアワツブガニ(同・右上)
Actaeodes tomentosus
これもオウギガニのなかま．インド洋から西太平洋のサンゴ礁に分布する．
ニシオウギガニ*(同・右下)
Xantho incisa
オウギガニ科にふくまれるが，ヨーロッパに分布する．太平洋域のオウギガニ属とよく似ている[3]．

アカマンジュウガニ　*Atergatis subdentatus*
オウギガニのなかまだが，いかにも丸っこい．明治維新後にできた博物局で田中芳男の下に博物絵師として働いた中島仰山の絵．左のはさみが異様に小さいのは，一度落ちて再生したものだからである[26]．

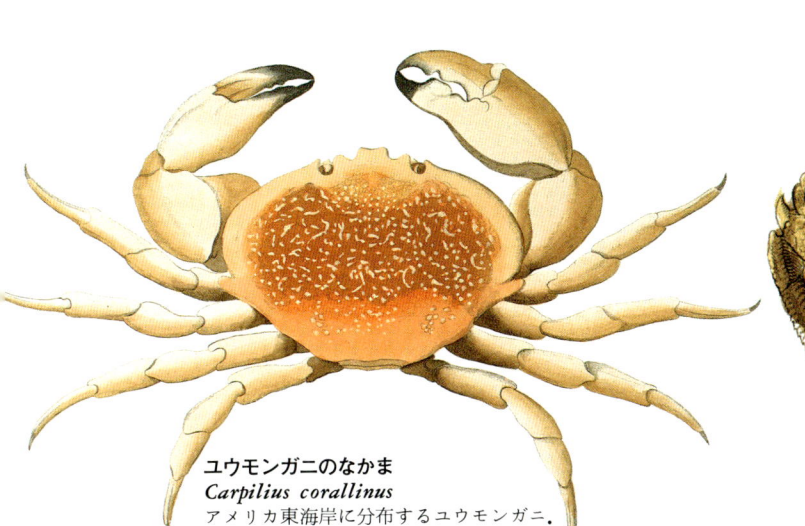

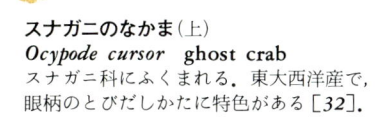

ユウモンガニのなかま
Carpilius corallinus
アメリカ東海岸に分布するユウモンガニ．
アカモンガニ科にふくまれる［33］．

スナガニのなかま（上）
Ocypode cursor ghost crab
スナガニ科にふくまれる．東大西洋産で，
眼柄のとびだしかたに特色がある［32］．

シオマネキ（左・左図）
Uca arcuata fiddler crab
現在は九州にしかいないが，
この記述から，かつては
紀伊半島まで分布していた
ことがわかる［26］．

ベニシオマネキ（同・右図）
Uca crassipes fiddler crab
田中芳男が編纂したとみられる
《博物館虫譜》より．
スナガニ科にふくまれ，
小笠原諸島父島清瀬に現在も
わずかに生息している．
ただし，ほとんど同一の種が
沖縄にもすんでいる．
同定者武田正倫氏が目下，
両者の相違を調査中である［26］．

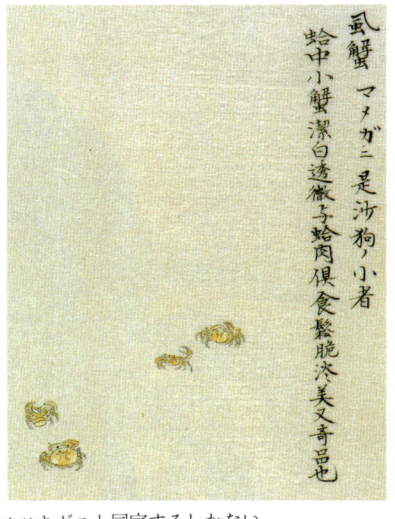

コメツキガニ?（上図・右）
Scopimera globosa ?
説明文にある〈招潮〉は，ハクセンシオマネキのことで，
図は別種のコメツキガニになっている．
説明と図がくいちがった可能性もある．

コメツキガニ（同・左）
Scopimera globosa
同じく，説明文の〈望潮〉はシオマネキのことを示している．

しかし絵はやはりコメツキガニと同定するしかない．
同定をお願いした武田正倫氏は，図と説明がなんらかの理由で
くいちがったと考えておられる［5］．

ピンノのなかま（右図） *Pinnotheres* sp. pea crab
栗本丹洲による記述からみると，オオシロピンノ *P. sinensis* か
カギツメピンノ *P. pholadis* と思われる．和名はカクレガニ
という．ムラサキイガイやタイラギ，あるいはアサリ，
ハマグリに隠れているからである［5］．

● 唇脚類——ムカデ／ゲジ

江戸時代の瓦版に報じられた〈日本一飛騨国大ムカデ〉。このムカデは長さ1丈5尺，幅1尺8寸，目方28貫目もあり，鹿を襲う。剣豪千葉周作の門人が退治したという。

活の変化があり，環境変化の一局面としてムカデの大発生をまねいたことが想像される。

またテオフラストスによると，ロエティエンセス族という民族も，ある種のムカデのせいで町を追われてしまったという（プリニウス《博物誌》）。

というのも，古代ローマには，ムカデにかまれれば死ぬこともあると信じられていたからだった。もし万が一ムカデにかまれたら，自分の尿を1滴指につけて頭のてっぺんにつけよ，という防衛のための俗信もあった。また，ムカデをつぶした汁でうがいをすると，扁桃腺や喉の病気が治る。ムカデと樹脂を3対1の割合で混ぜたものを軟膏として用いると，耳の薬になる，などともいわれた（プリニウス《博物誌》）。

中世ヨーロッパの学者のなかには，ムカデには両端にふたつ頭があると考える者もいた。トマス・ムーフェットによると，これはムカデが前進も後退も同じように楽々とできることから生じた誤解らしい。さらには体のどちらの端でもかみつけるという説も生まれたという。

トマス・ムーフェット《昆虫の劇場》には，おもしろい記事が載っている。夜中，苔むす地面の上で光を発するムカデの話である。実際，ムカデ類のなかにはツチムカデ科の*Scolioplanes crassipes*など発光性を有する種がいる。さらに東南アジアや太平洋にひろく分布するヒカリジムカデも発光する。熱帯地方の家屋やゴザのすきまに生息するこの極細のムカデは，触れたりつぶしたりすると，青緑色の光る液を各環節から出す。その色にちなんだものか，パラオ島では光るペンキとよばれているという。またハサミムシと同じように耳にはいってくるともいわれ（〔ハサミムシ〕の項参照），耳を食いやぶるといって恐れる住民もいるそうだ（羽根田弥太《発光生物の話》）。

中国人はヘビやサソリと並んでムカデを五毒のひとつとみなす。その毒の強さから出た当然の発想だろう。

段成式の《酉陽雑俎》では，ムカデについて，この虫は綏安県（未詳）に多く，3〜4尺離れているウサギやトカゲの骨や肉も，その呼気でひとりでに溶けてなくなってしまうという。

中国ではこれにかぎらず南方に長さ1丈（約3m）余にもたっする巨大なムカデがいるという話がかずかずの書で伝えられ，よく龍やヘビを制すると信じられた。また沈懐遠《南越志》によると，原地の人はムカデを捕えてその皮を太鼓に用い，肉を食用としたが，肉は牛肉よりも美味だったという。《本草綱目》によると，オオムカデはクモとナメクジを大敵とする。クモに尿をかけられるとたちどころに身が切れて腐乱するし，ナメクジともなると，その通った道に近寄ろうともしない。もしその身に触れれば，ただちに死んでしまうという。そこで人間もオオムカデにかまれたときは，ナメクジをつぶしたものを患部に塗れば，すぐに治るとされた。またオオムカデがニワトリの好物であることから，ニワトリの尿も塗り薬に用いられた。桑の汁や塩を塗ってもよいという。

ムカデはヘビの脳を食べると信じられたため，人がヘビにかまれたときは，ムカデをすったものを水と一緒に飲みこめば治るとされた。また小児のひきつけや痔の薬にも使われた（《本草綱目》）。

ムカデよけの方法に関して《南方随筆》にはこんな話もみえる。〈拙妻その亡父より伝えしは，蜈蚣を殺すと跡よりまた出で来る。これを停めんとなら，殺された奴の出で来たりしと思う方に向かい，輪違いの形を三度空中に画くべし〉。江戸時代には，〈ちはやふる卯月八日は吉日よ〉と書いた紙を逆さまにはって，ムカデなどの毒虫よけとするまじないもあった（山中共古《砂払》）。

《和漢三才図会》によると，日本の庶民のあいだにはムカデは毘沙門天の使いであるといういい伝えもあった。ただしその由来についてはよくわかっていない。京都の鞍馬地方でも，ムカデは毘沙門天のお使いだといって，殺すことを忌む。正月の初寅には，境内で生きたムカデが売られ，〈おあし〉が多い縁起物として商人が買っていく風習もあった。

山中共古《砂払》によると，江戸時代には〈大蜈蚣〉の見世物が評判をとったこともあった。しかしその実体は，クジラの脂肉に青コンブをはり，さらに海ガニのあしをつけてムカデの形に似たものをつくり，これを高台に乗せて見せたという。またムカデの油といつわって，クジラの肉から採った油を売る者もいたらしい。

【蜈蚣遊び】　京都の男の子は盆会などで寺に人がくりだすと、〈蜈蚣遊び〉という悪さをして楽しんだ。悪童の年長者3人を前・中・後にすえ、そのあいだに年少者を10人くらいずつはさんで、〈ムカデやムカデ、千年たったムカデ〉と歌いながら、みんなでムカデのようにくねくね歩きまわるのである。そして若い女性と見るや、取り巻いて倒してしまう。大田才次郎編《日本児童遊戯集》には、そのようすがこんなふうに描かれている。〈初めは遠廻しにして次第しだいに近寄り、恰も棒に縄を巻く如く幾重にも巻き、而して倒すなり。巻かれたる者は倒されぬうちに如何にもして出でんと藻搔き、中にも妙齢の女子など、たださえ恥かしげなるに、かく人ごみの中にてのことなれば、顔を赤らめ泣き出さんばかりに焦る状も気の毒なり〉。

【天気予知】　ヨーロッパの田舎では、ムカデで天気を予知していた。たくさんあらわれたら晴れ、姿が見えなくなったら雨だという。

【ことわざ・成句】　〈百足小判〉　江戸芝金杉の正伝寺で、毎年初寅の日に授けたお守り。これを財布に入れておくと、小金に困らないといわれた。

【民話・伝承】　御伽草子の《俵藤太物語》に出てくるムカデ退治の話は有名。朱雀天皇の時代、田原藤太秀郷（藤原秀郷）は、女に化身した竜から、近江の三上山にすむムカデを退治するよう頼まれる。そして〈松明二三千余り焚きあげて、三上の動くごとくに動揺して来たることあり。山を動かし谷を響かす音は、百千万の雷もかくやらん。恐ろしなんどははかりなし〉という巨大ムカデを矢で見事に射とめる。見れば2000～3000の松明かと思ったのは、ムカデのあしだったのである。

ゲジ

節足動物門唇脚綱ゲジ目 Scutigeromorpha に属する節足動物の総称、またはその1種。
［和］ゲジ〈蚰蜒〉、ゲジゲジ　［中］蚰蜒、入耳、蚨虷、蛐蜒、蝤蜒　［ラ］Scutigeridae（ゲジ科）　［英］house centipede　［仏］scutigère, scolopendre à vingt huit pattes　［独］Spinnenassel, Spinnenläufer　［蘭］spinduizendpoot　［露］мухоловка　→p.144-145

【名の由来】　スクティゲロモルファはギリシア語の〈なめし皮の楯 skytos〉と〈蛇の抜け殻 gēras〉の合成で〈楯のような抜け殻をした〉の意味。

英名ハウス・センティピードは、〈家にすむムカデ〉の意。仏名ヴァン・ユィット・パッテは〈28本の足をもったムカデ〉。独・蘭名は〈クモのワラジムシ〉〈クモのムカデ〉。露名は〈蠅取り器〉の意味。

柳田国男は〈螳螂考〉という論文でゲジの名のおこりについて触れ、おそらく修験者や祈禱師、魔術師を示す〈験者〉という言葉に由来し、いやな奴、気味の悪い存在、という意味で使われたのだろう、と述べている。

【博物誌】　ムカデ類の1グループ。歩肢がきわめて長く、とくに後方のものは鞭のように長くなる。当然、長いあしを利して、すばしっこく走りまわる。口器からは毒を分泌し、虫を食べる。家の壁などを這いまわるので目につきやすい。よく見ると黒や金色にいろどられて美しく、また害虫を食べる益虫なのだが、多足の動物に対する本能的な恐怖があるせいか、人びとには極端にきらわれる。

西洋では、《昆虫の劇場》にゲジと思われる虫の図がコンラート・ゲスナーの観察録とともに紹介されている。それによるとこの虫の背は黒色、腹と側面は黄から赤みがかった色で、16対（本当は15対。触角をあしと見誤ったものか）の長いあしに14の胴節を有する。じつはゲジの成虫には15の胴節があるのだが、幼虫では脱皮ごとに体節を増す増節変態をするので、あるいは成長中の個体だったのかもしれない。これをムカデそのものとする説も当時からあったが、マツの樹にすむ毛虫と考える学者もいた。壁を這っていたこの虫の1匹をゲスナーがつかまえたのは、1550年の8月終わりのことである。しかし、観察するうちに異臭がたちこめ、たまらずその場を離れてしまった。ここよりゲスナーは、この虫を毒虫とみなしている。実際、ゲジの口器に毒腺のある顎肢が1対存在する点を考えてみても、上の記述はまずゲジを指すものとみてよさそうだ。

中国の文献はゲジについてやや多くを語っている。《本草綱目》によると、ゲジは脂油の香りを好み、よく人の耳の中にはいってくる。そのさい、竜脳か地竜という蔓性の香木、または礛砂（塩化アンモニウム）を耳に吹きつければ、ゲジはその香りに引かれて耳から出てくるという。また《淮南子》には、菖蒲はノミやシラミを追いはらい、ゲジを引き寄せる、とある。

日本でも、《和漢三才図会》にあるように、ゲジを毒虫とみなし、もしこれが髪の毛をなめれば毛が脱けてはげになる、と恐れた。同じく《和漢三才図会》によると、昔、人びとは源頼朝の臣下梶原景時（？－正治2／1200）をゲジにたとえたという。景時がしばしばゲジのごとく耳に讒言をいれて人を害したからだとされる。またゲジと〈景時〉の語呂合わせともいわれる。

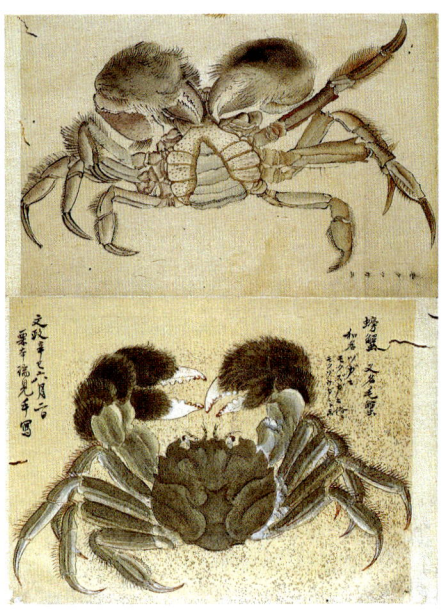

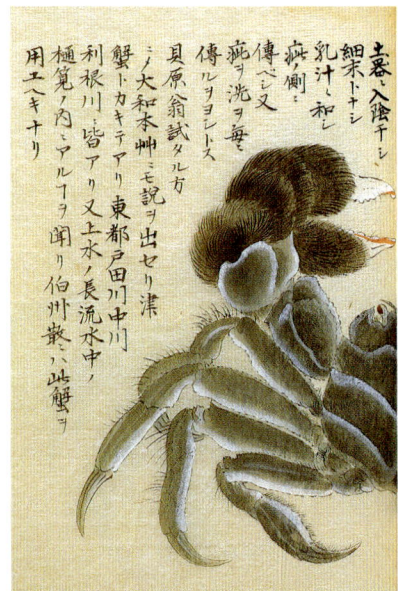

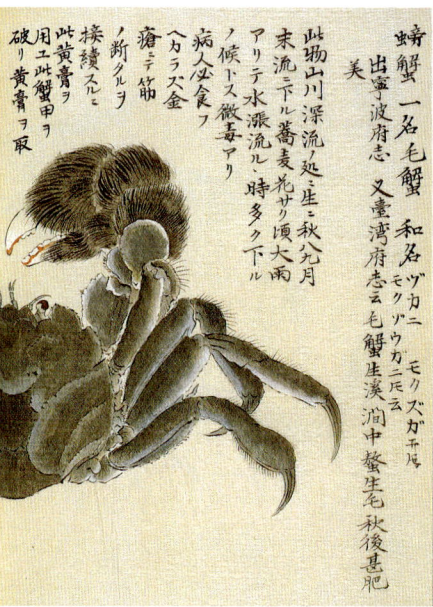

イソガニ？（右）
Hemigrapsus sanguineus ?
後藤梨春《随観写真》より。しかしこんなにはなやかな
カニは実在しない。記述に，斑紋がありはさみが
紫色とあるところから，イソガニと同定できる［8］．

タイセイヨウオオイワガニ*
Grapsus grapsus
イワガニ科の1種で，ヨーロッパ人には
おなじみのカニである．岩礁にすみ，
水中から陸上へ出る［3］．

トゲアシガニ
Percnon planissimum
イワガニ科にふくまれるが，あしに
とげがあっておもしろい．水中の岩の
表面をすばやく走りまわる愛嬌者［3］．

モクズガニ（上）
Eriochier japonicus
japanese mitten crab
イワガニのなかま．淡水にすみ，
食用になる．《博物館虫譜》より
［26］．

モクズガニ
Eriocheir japonicus
japanese mitten crab
食用ガニとして有名．日本全土と
朝鮮半島東部，台湾に分布する．
朝鮮半島西部と中国産のものが
あのシャンハイガニである．
はさみに〈藻くず〉がついて
いるのが特色［5］．

オカガニのなかま
Cardisoma guanhumi land crab
南米大陸のオカガニ.はさみが非対称である点が
おもしろい[3].

スミレオカガニ* (上)
Gecarcinus ruricola violet crab
西インド諸島の陸にすむカニ.ビュフォンがいう
〈スミレガニ〉であろうか(本文参照).
1758年にリンネが学名を与えている[3].

オカガニのなかま?
Gecarcoidea sp.? land crab
西インド諸島にすむオカガニのなかま.
俗に〈兵隊ガニ〉ともよばれ,
ジャングルの奥地を歩きまわる.
現地に伝説も多い[33].

● 唇脚類——ゲジ　●トビムシ目——トビムシ　●双尾目——コムシ　●総尾目——シミ

俗にゲジがきらわれるのは，姿が漢字の非の字に似ているので縁起が悪いからだともいわれる（石川一郎編《江戸文学俗信辞典》）。なおこれにちなんで非職の官吏をゲジゲジといった。

なお，《和漢三才図会》には，ゲジは死ぬと環のように丸くなってちぢこまる，とある。

【ことわざ・成句】〈ゲジゲジ眉〉太くて濃い眉毛。一見ゲジを思わせることから。

トビムシ

節足動物門昆虫綱トビムシ目 Collembola に属する微小な原始的昆虫の総称。

［和］トビムシ〈跳虫〉　［中］跳虫　［ラ］Poduridae（ミズトビムシ科）　［英］spring-tail　［仏］collembole　［独］Springschwanz　［蘭］springstaart　［露］ногохвостка, подура　　　　　　　　　　　　　　　　　→ p. 149

【名の由来】　コレムボアはギリシア語の〈くっつけられるもの kollēma〉と〈投げること bolē〉が合わさったもので〈ねばねばした跳ねるもの〉の意か。また〈にかわ kolla〉と〈木くぎ embolos〉の合成語とも考えられる。ポドゥリダエは〈あし pūs〉と〈尾 ēra〉がくっついたもの。

英名は〈跳ぶ spring〉と〈尾 tail〉の合成語。この虫は跳躍のさい，腹部に折りたたんである跳躍器を後方に伸ばし，地面を思いきり叩く。そこでこの跳躍器を尾にみたてたものらしい。独・蘭名は〈跳ねる尾〉の意味。

和名トビムシは〈飛びはねる虫〉の意。1回の跳躍で体長（ほとんどが5mm以下）の100倍もの距離を進む驚異的なジャンプ力にちなむ。またノミムシという名も，隠翅目のノミのように跳ねることに由来する。

【博物誌】　体長5mmほどの昆虫。世界中どこにでも分布し，固有の運動器官があるためにすさまじいジャンプ力を示す。しかしアリとダニを合成させたような姿は昆虫らしくなく，複眼もはねもない。昆虫としてはもっとも古く地上に出現しており，デボン紀の地層から化石が出たことがある。

アリストテレス《動物誌》をみると，〈たとえば古くなった雪の中に蛆がいることがある。古い雪は赤味を帯びてくるので，その蛆もそういう色をしていて毛深い〉というくだりがある。これはトビムシ類の1種ユキノミ Podura nivalis を指した最古の記述といわれる。

中国では，清代に成立した《本草綱目拾遺》が淮東子，跳蝦蟲の名でトビムシについて記す。コオロギの闘戯をする人がこの虫を飼い，コオロギが怪我をしたり，元気をなくしたりしたときに餌として与えたという。

日本の古書においても，〈とびむし〉という名前がときどきあらわれる。しかしどうやら，これはいずれもトビムシ類を指すのではなく，よく飛びはねる虫を指す総称として使われていたようだ。

たとえば，害虫の駆除法を幅広く考察した大蔵永常《除蝗録》にも，害虫の一種として〈飛虫〉なる名称がみえる。実際，今でもシロトビムシ（トビムシモドキ）類 Onychiurus の麦への食害や，ヒメトビムシ（ムラサキトビムシ）類 Hypogastrura のキノコへの食害は有名である。しかし《除蝗録》の〈飛虫〉は，ウンカ類を指すらしい。詳しくは，〔ウンカ〕の項を参照。なお，《重訂本草綱目啓蒙》では，〈トビムシ〉は，土螽というイナゴ・バッタ類の一名とされている。

しかし貝原益軒《大和本草》をみると，〈水蝨〉とあって，〈蚤ニ似テ大ナリ能飛ヲドル屋中下湿ノ地ニ多シ〉と記述されている。どうやらこれは，ほんもののトビムシ類を日本で初めて記載した例のようだ。

北海道では春になって雪が解けだすころ，ユキトビムシが南方からやって来て，雪の表面を舞い飛ぶ。アイヌ民族はこれをウパシ・ニンカプ（雪を減らすもの）とか，ウパシ・ルレプ（雪を解かすもの）とよんでいた。この虫のおかげで雪がなくなって春が来るという俗信もあった（更科源蔵・更科光《コタン生物記》III）。

なお，トビムシ類には光る種もいる。生物学者の羽根田弥氏は1937年（昭和12）8月，南洋のヤップ島の環礁において，砂の上でチカチカ光るトビムシらしき虫を多数採集した。刺激を与えるとびんの中でも光ったという。羽根田氏によると，光るトビムシはアメリカやヨーロッパでも観察報告されているが，発光する仕組みはよくわかっていないそうだ（羽根田弥太《発光生物の話》）。日本産のトビムシにも発光する種は存在する。これについて貝原益軒は，《大和本草》付録諸品図でトビムシを図示しながら，この虫は夜になるとホタルのように光を発する，と早くも指摘している。

江戸期に描かれたトビムシの1種。貝原益軒《大和本草》付録諸品図より。夜はホタルのように発光し，湿地に生じるとある。

本書第十四巻三載　夜有光如螢火　下湿ノ地ニ生ズ　トビムシ

コムシ

節足動物門昆虫綱双尾目（コムシ目）Diplura (Entotrophi)に属する昆虫の総称。
［和］コムシ〈小虫〉　［中］長跳虫（ナガコムシ），鋏跳虫（ハサミコムシ）　［ラ］Campodeidae（ナガコムシ科），Japygidae（ハサミコムシ科）　［英］two-pronged bristletail　［仏］diploure（コムシ），campode, campodéa（ナガコムシ），japyx（ハサミコムシ）　［独］Doppelschwanz　［蘭］dubbelstaart　［露］двухвостка, камподея（ナガコムシ）

【名の由来】　ディプルーラはギリシア語で〈2倍のdeploos尾ūra〉のこと。その2本の尾を示す。カンポデイダエは〈イモムシに似たもの〉，ヤピギダエはギリシア神話にでてくる名工匠ダイダロスの息子イアピクスに由来。

英名は，〈ふたまたに分かれた剛毛の尾〉，転じて〈ふたまたに分かれた尾をもつイシノミ〉の意。単にブリスルテイルともよばれる。独・蘭・露名も〈2本の尾をもつもの〉の意。

和名コムシは〈小さな虫〉の意。体長が通常3〜15mmしかないことにちなむ。ハサミコムシ科に属するチベット産の*Heterojapyx souliei*は体長49mmで，コムシのなかでは最大である。

【博物誌】　昆虫だが，はねも眼もない原始的な生きものである。コムシ類は湿地の枯れ葉や石，倒木の下，また地中など目立たない場所にすんでいるうえ，体も全長3〜15mmと小さいため，ほとんど目につかない。

この虫についての研究はあまり進んでいないが，日本にはナガコムシ科とハサミコムシ科などが知られる。前者が植物質や菌類を餌とするのに対し，後者は肉食性で昆虫の幼生などを食べる。また胸部のみに3対のあしをもち，尻の先端がふたまたに分かれるというナガコムシの体型は，毛翅目や脈翅目，鞘翅目などの幼虫にも共通する古い昆虫の基本型を示す。そこでこの虫のラテン名にちなみ，このような体型をカンポデア（ナガコムシ）型と称する。

シミ

節足動物門昆虫綱無翅類総尾目（シミ目）Thysanura シミ科の昆虫の総称，またはその科名。
［和］シミ〈衣魚，紙魚〉　［中］衣魚，白魚，蟫魚，蛃魚，壁魚，蠹魚　［ラ］Lepismatidae（シミ科）　［英］silverfish, fish moth, slicker　［仏］poisson d'argent, thysanoure, lépisme　［独］Silberfischchen, Fischchen　［蘭］zilvervisje　［露］чешуйница　　➡ p.149

【名の由来】　ティサヌラはギリシア語で〈房飾りthysanos〉の〈尾ūra〉の意味。レピスマチダエは〈果物の皮〉に由来。木の皮，鱗などを連想させるためか。

英名シルヴァーフィッシュは，〈銀色の魚〉の意。形態にちなんだ命名。仏名プワソン・ダルジャンもこれに準ずる。独・蘭名も〈銀色の小魚〉の意味。露名は〈鱗〉と〈うつ伏せ〉の合成語。

中国名衣魚は，衣類を食い荒らすことと，姿がやや魚に似ていることによる。同じく白魚は〈白い魚〉，壁魚は〈壁にすむ魚〉の意。

和名シミは〈湿魚（しめうお）〉という語に由来するという。衣類や書籍などが湿っぽくなると生ずるため。魚とあるのは，姿が魚に似ていることにちなむ。漢字の衣魚もこれに準ずる。またキララムシともいうが，キララとは雲母のことで，この虫の白く光沢のあるようすを雲母にたとえたもの。キラムシというのもこれに準ずる。

《趣味の昆蟲界》を著した荒川重理は，シミという名は，〈汚染（しみ）〉によるのではないか，と述べた。食い跡の形状にちなむというわけだ。だが同書には，漢学者はシミをあらわす漢字の蟫の音読み〈シン〉が，〈シミ〉に転訛したと主張している，ともある。

【博物誌】　はねをもたない原始的な昆虫のなかでは，いちばん進化しており，寿命も4〜5年と長い。水を飲まずに空中から水分をとりいれることができ，餌のセルロースを分解するセルラーゼという酵素を分泌している。体長は5〜10mmほどで白い色をしている。人の住居にはいってくらすので，原始タイプの虫のうちではいちばん知られている。

シミは古くから書物や絵画にひどい害を与える害虫として知られ，その蝕（は）んだ跡を〈シミのすみか〉とよんだ。これに関して《源氏物語》橋姫の条に〈しみといふむしのすみかになりて，ふるめきたるかびくささながら，跡はきえず，ただいまかきたらんにも，たがわぬことは共の，こまごまとさだかなるをみ給ふ〉とある。ただし，シミの食い跡というのはふつうあまり目立たぬものであるらしい。古い本に不規則で大きな食い跡をつけるのは，フルホンシバンムシである。

しかし，一説に古代インドやスリランカのすぐれた美術品や古文書が現在ほとんど残っていないのは，シミがこれらの貴重品を食べてしまったせいだともいわれる。実際，当地のシミの被害はかなりのもので，紙や羊皮紙，またシュロの葉などでつくられた古書を次つぎと食い荒らすという（C.I.リッチ《虫たちの歩んだ歴史》）。

1880年にロンドンで出版されたウィリアム・ブ

トラフシャコ
Lysiosquilla maculata
mantis shrimp
インド洋から西太平洋,
またハワイにわたり分布する.
浅海にすむ.この図は美しいが,
ポーズは18世紀のルンプフ以来
変化していない.
ほかのトラフシャコの絵もこれと
同じ姿で描かれている[25].

カマキリホンシャコ*(上)
Squilla mantis mantis shrimp
右中央の図と同種である．しかし描かれた
年代がちがうため，図の精度は同じでない[23]．

シャコ(上)
Oratosquilla oratoria
mantis shrimp
食用になる日本特産種．
内湾の浅海にたくさんすむ[15]．

トラフシャコ(左)
Lysiosquilla maculata
mantis shrimp
トラフシャコはすべて大型で，
30cmほどになる．これは栗本
丹洲がルンプフの《アンボイナ
珍品集成》にあるトラフシャコの
図を筆写したもの．図にも〈蛮書
より転写〉とあるとおりである．
おそらくモノクロ原図に丹洲の
考えで彩色したものだろう[26]．

トラフシャコのなかま(下図・上)
Lysiosquilla sp. mantis shrimp
ヘルプストの図鑑に描かれたシャコも，やはり同じポーズを
とっている．大西洋産のものかもしれない．この決定的イコンは，
前述したようにルンプフの《アンボイナ珍品集成》に由来する．

ホンシャコのなかま(同・下)
Squilla sp. mantis shrimp
種名がよくわからないが，おそらく大西洋産のものと思われる
[33]．

カマキリホンシャコ*(上図・上)
Squilla mantis mantis shrimp
大西洋東部にすむホンシャコ．まさに海のカマキリにふさわしい
姿である．

フトユビシャコのなかま(同・下)
Gonodactylus scyllarus mantis shrimp
大西洋に分布するフトユビシャコ．はさみの指節基部がふくれて
いるので，このグループをフトユビシャコ科とよぶ[3]．

●総尾目──シミ／イシノミ　●カゲロウ目──カゲロウ

W. ブレーズ《書物の敵》(1880)に載せられた〈シミの害〉。本のページを食いあさるシミは、まさしく書物の敵であるが、じつはこのような食害をおこすのはシミの類ではない。シミは紙をなめるだけで、このように紙を食い荒らすのはフルホンシバンムシである。

レーズ《書物の敵 The Enemies of Books》第2版には本の害虫の駆除法が説かれている。すなわち、①製本するさい、糊にミョウバンを混ぜておくこと、②本は立てておくこと、③本はときどき風にあてること、などとあって、今でも十分参考になる。ただしブレーズが本の敵としておもに考えているのは、フルホンシバンムシと小さな茶色いがの幼虫(Oecophora pseudospretella)である。これらの虫に比べたら、シミの害などたいしたことはないという。日本ではシミの害を防ぐため、春秋の乾燥した時期に曝涼(虫干し)をしたり、樟脳を用いたり、イチョウ、モグサ、タバコなどの葉を書物のあいだに入れることが一般に行なわれた。

なお、中国で、書を読むばかりで実生活に生かせない人間を蠹魚(シミの一名)とよんだのは皮肉である。

シミについては、中国に奇妙な俗信がある。〈神仙〉と紙に書いた文字をこの虫に食わせると、身が5色になる。またその虫を食べた人間は神や仙人になれるというのだ。《酉陽雑俎》によれば、唐の張易之という人物の子が神仙の文字を餌にシミを飼い、それを食べて仙人になろうとしたが、結局は物狂いになって果てたという。同書の著者段成式はこれについて、ここに記録して俗説の惑を解く、と述べているが、あるいはこの人物、ほんとうに幽界でも垣間見たがために気がふれたのかもしれない。またシミは中風、驚癇、小便不通といった小児病や、眼病の治療薬などとして用いられた。

日本産のシミは本棚や箪笥の下など暗いところに好んですみ、明るい場所に出ると急いで暗がりに隠れる習性がある。日本ではこの習性を逆手にとって、年に1度、土用のころに書物や着物を日の当たる風通しのよい場所に出してシミ退治を行なった。いわゆる〈虫干し〉、〈土用干し〉である(坂本与市《森の昆虫誌》)。

日本に古来生息していたこのヤマトシミ Ctenolepisma villosa に対し、西洋の文献にあらわれるのはセイヨウシミ Lepisma saccharina である。こちらはもともと日本に存在しなかった。ところが近年、セイヨウシミも輸入品か何かに混じって渡来するようになり、今ではふつうに見かける虫になった。一説には1965年(昭和40)ころ、北海道苫小牧市で見つかったのが本邦初の例といわれる。どうやら輸入された家畜飼料に混入していたらしい(桑山覚《うどんげ》)。

【ことわざ・成句】〈本の虫〉読書好きの人間のたとえ。この虫とはシミのことである。シミが実際に本をなめることにちなんだいいまわし。しかし本の虫も負けずに、本を〈なめる〉ようにして読む。なお英語でも、愛書家のことを bookworm(本の虫)と称する。

【文学】《今昔物語集》巻14には、夢のお告げによって前世がシミだと悟る僧の話がみえる。この男は出家してのち、法華経読経の修行に励んでいた。しかし、文章が3行にわたる特定のくだりまでくると、なぜか先を読み進めなくなってしまう。そこで読めるようにと願かけをして眠ったところ、夢に高僧があらわれ、男は前世シミとして、問題の3行を食べてしまったために読めないのだが、経典にすんでいた功徳で今は人の身になっているのだと告げる。そしてその後は懺悔の努力を認められ、当の3行も読めるようになった。

《しみのすみか物語》　文化2年(1805)に国学者、狂歌師として有名な石川雅望(宝暦3-天保1/1753-1830)のつくった読本ほん。中国の笑話や日本人による漢文笑話を、雅文体で翻案したもの。〈しみのすみか〉というのは古本のことで、題名は、そういった古本に載っている話を集めた本、の意。

イシノミ

節足動物門昆虫綱無翅類総尾目に属する昆虫の1種、またはその科名。

[和]イシノミ〈石蚤〉　[中]石蚤　[ラ]Machilidae(イシノミ科)　[英]bristletail, machilid　[仏]machilide, machile　[独]Felsenspringer, Küstenspringer, Steinhüpfer　[露]махилис　→p.149

【名の由来】　マキリダエの語源は不詳。ただし〈機械 machina〉や〈やせた macilentus〉と関係するか。

英名ブリスルテイルは、〈剛毛 bristle〉と〈尾 tail〉の合成語。とげ状の毛におおわれた産卵管と尾の

ような突起部を称したもの。総尾類全般をも指す名。独名は〈岩を跳ねるもの〉〈浜辺を跳ねるもの〉〈石を跳ねるもの〉の意。

和名イシノミは，〈石の上にすむノミ〉の意。苔におおわれた岩の上などで跳ねる習性による。

【博物誌】 イシノミはシミに近縁の小虫だが，体はシミよりも偏平で，森林の枯れ木の中や落ち葉の下，また山地や海岸の岩などにすみ，人間生活にはほとんどかかわらない。ふだんはそれほど敏しょうではないが，人が近づくとすばやく跳んで逃げてしまう。またシロアリの巣の中にすみ，シロアリの餌を奪って生活する種もいる。

昆虫学者の矢島稔氏は，イシノミについてこう記している。〈昆虫の条件は六本の脚があるというのがギリギリの線だろう。イシノミはこのギリギリの虫だ。ソ連の学者でこのイシノミやシミなど無翅亜綱(一生はねのない昆虫)は昆虫ではなく，別グループにすべきだという論文を読んだことがある。そう言いたくなるくらい共通点は多くないのだが，口の構造や複眼と単眼，それに胸や腹の構造を比べると，原型に近いと考えたほうが妥当だろう〉(矢島稔《昆虫ノート》)。

この虫の特色を説明した文章として貴重なものといえよう。

カゲロウ

節足動物門昆虫綱カゲロウ目 Ephemeroptera に属する昆虫の総称.

［和］カゲロウ〈蜉蝣，蜻蛉〉 ［中］蜉蝣 ［ラ］Ephemeridae（モンカゲロウ科），その他 ［英］mayfly, dayfly, drake ［仏］éphémère, mouch de mai ［独］Eintagsfliege ［蘭］eendagsvlieg ［露］подёнка →p. 149

【名の由来】 エフェメロプテラはギリシア語でカゲロウをあらわすephemeronに由来。原義は〈ただ1日の命〉である。カゲロウ類の成虫は口器が退化し，ものを食べることができない。そのためほとんどの種が成虫になると数日後には死んでしまうことを称したもの。

英名および他の各国語名はいずれも〈5月に飛ぶ虫〉〈1日だけの飛ぶ虫〉の意。カゲロウ類は5～6月ごろもっとも多く羽化して，よく人の目にふれることにちなむ。同じく英名ドレイクは，本来，雄のカモを指す言葉。カモの羽を使った擬似餌(フライ)と，魚釣りの餌とされるカゲロウとをかけたものか。露名は〈一日暮らし〉の意味。

カゲロウ類にはよく蜉蝣という漢字があてられるが，どうもこれは誤用らしい。《本草綱目》によると，中国で〈蜉蝣〉といえば，マグソコガネ類を指すという。

和名カゲロウは，上下にゆらゆらと飛ぶようすが陽炎を思わせることによる。ただしこの名は古くトンボの俗称としてひろく用いられていた。またアサガオは，花のアサガオにちなみ短命であることにちなんだ雅語。サケベットウは，魚類のサケと，チョウの一名ベットウを合わせた名といわれる。意味は，〈サケが川をのぼるころにあらわれるチョウ〉。

江戸時代ころからオオフタオカゲロウは俗に〈蚊トンボ〉とよばれ，江戸初期の兵学者で，倒幕計画がもれて自刃した由比正雪(慶長10-慶安4／1605-51)の亡魂だとする俗説も生まれた。そこで〈正雪トンボ〉ともいう。トンボに正雪の名が冠せられたのは，一説に，トンボがカやアブのような害虫をさかんに食するのと同じように，正雪も貧民の財をしぼり取る役人たちを激しく憎んだからだといわれる。

【博物誌】 成虫は陸で，幼虫は水中でくらす昆虫のうち，いちばんよく知られたグループのひとつ。成虫の口は退化し食物がとれないので，陸上での生命はあまりにもはかない。ただしこのなかまはトンボをはじめとして似たものがたいへん多く，古くはとりたてて区別もせず，陽炎のように飛びまわる透明なはねをもつ虫の意味であったようだ。したがって，脈翅目のなかにもクサカゲロウやウスバカゲロウなどカゲロウと名のつく虫がいるが，これは本物のカゲロウ(カゲロウ目にふくまれる)とは完全に異なった虫である。両方の〈カゲロウ〉のもっともよく目立つちがいは，本物のカゲロウがはねをたためずチョウのように背中で合わせるのに対し，他のカゲロウははねを折りたたみ胴部に押しつける。また，ウスバカゲロウほか脈翅目の〈カゲロウ〉はおもに森林にすみ，脱皮も1度しか行なわない。これに対し，カゲロウ類は若虫として渓流や湖沼の水中で1～3年ほどすごしながら何度も脱皮したのち，水面や水辺で羽化するが，この段階ではまだ性的に未熟で飛ぶ力も弱い。これを亜成虫期といい，1日ほどしてからもう1度脱皮して完全な成虫となる。昆虫のなかで羽化を2回行なうのは，カゲロウ目のみである。生命は短いが，その内容はきわめて濃密だ。

カゲロウの雌は夕暮れ，渓流などの上空を群れ飛ぶ雄たちのところへ行って空中で交尾を果すと，すぐ水中に卵を産み落として死んでしまう。そして水に浮かんだその死体は魚の格好の餌になる。そのため日本ではカゲロウの成虫の形になぞらえた毛針を用いた釣りがよく行なわれる。また幼虫も釣りの餌になる。

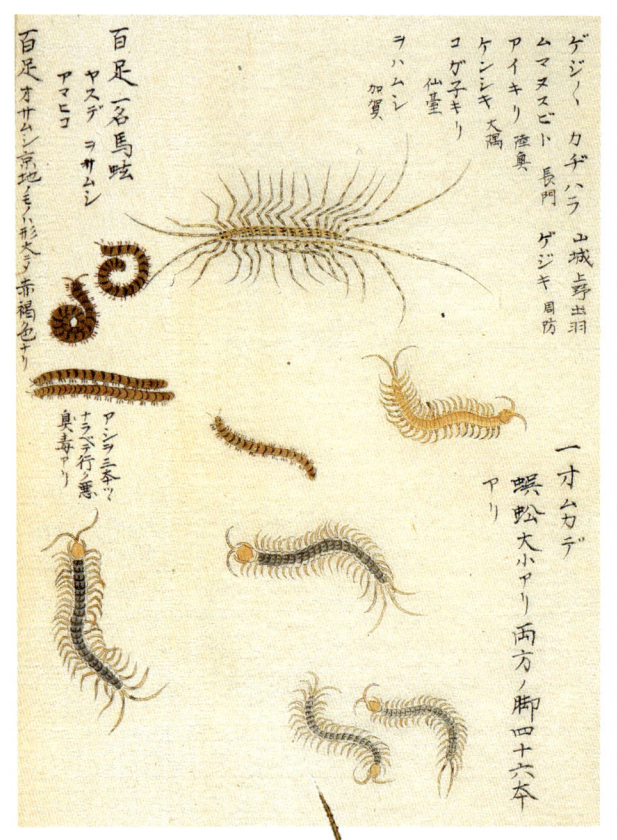

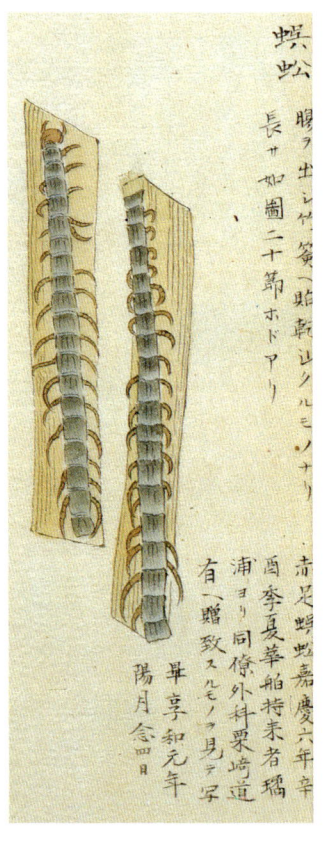

ゲジ（左図・上）
Thereuonema tuberculata
japanese house centipede
東アジアに分布し、日本にもいる。
背に3本の暗色縦帯がよく目立つ。
大きくなっても3cmほどである。

ヤマトアカヤスデ（同・左上と中央）
Nedyopus patrioticus
ヤスデはあしが短く、動きも
にぶい。ヤケヤスデ科の1種。

セスジアカムカデ（同・右）
Scolopocryptops rubiginosus
メナシムカデ科に属し、
6cmほどになる。最後の歩肢が
とくに長いのが特徴。

トビズムカデ（同・下）
*Scolopendra subspinipes
mutilans* large centipede
黒っぽい色彩はよく特色を
とらえている。しかしこの図は
幼虫であり、けっして成虫では
ない。成虫は15cmになり、日本で
もっとも毒性の強いムカデである
[5]。

トビズムカデ（右図）
*Scolopendra subspinipes
mutilans* large centipede
本州以南、台湾、中国に分布する。
左図下にいる幼虫に比べ、
成虫はやはり大きい。
強い毒をもつので注意が必要[5]。

オウシュウゲジ▲
Scutigera coleoptrata
house centipede
金ぴかりする美しいゲジ。
大きさは2.5cmほどだが、
長い触角と歩脚をもち、
音もなく疾走する[41]。

オオゲジ（下）
Thereuopoda clunifera
japanese large house centipede
ゲジはきわめてあしが長い。この種は体長が7cmを超え、
日本から東南アジアに分布する[5]。

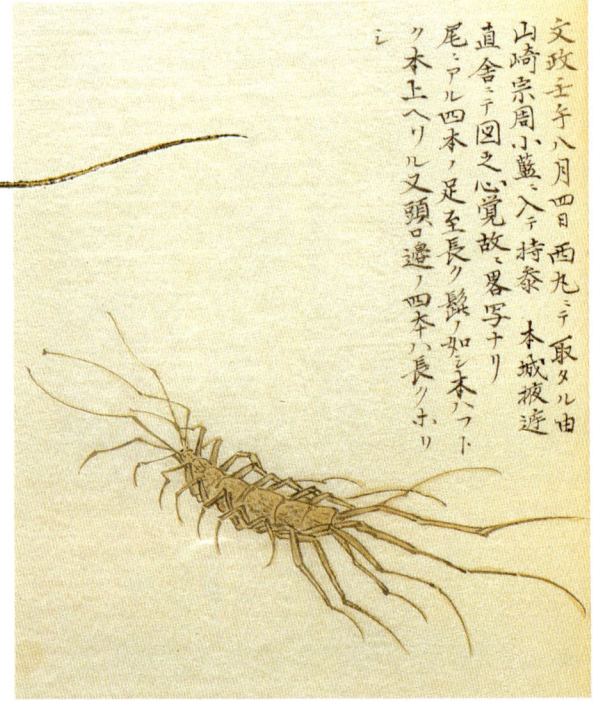

タイワンオオムカデ(上)
Scolopendra morsitans
centipede, large centipede
熱帯アジアに広く分布する。アジア地域の昆虫図鑑を世界にさきがけてつくりあげたE.ドノヴァンの《中国昆虫史要説》より．毒をもつ．また，この虫は4個ずつの単眼をもつ [23]．

ハマベニジムカデ▲(上図・fig.1-2)
Strigamia maritima
体長3cmほどで海辺の砂中にすむ．分布は西ヨーロッパ，イギリスなど．ツチムカデ科に属する．

ヒゲナガツチムカデ▲(同・fig.3-6)
Necrophloeophagus longicornis
これもツチムカデの1種だが，名のように触角が長い．ヨーロッパから北アメリカに分布し，4cmになる [41]．

ニワメナシムカデ▲(上の4点) *Cryptops hortensis*
欧州に多い．植木などについて世界中にひろまった小型種 [41]．

ゲジのなかま(左図・fig.1) *Scutigera araneaeoides*
ゲジ属にふくまれ，長い歩脚をもつ．

ヨーロッパイシムカデ▲(同・fig.2)
Lithobius forficatus stone centipede
ヨーロッパではもっともふつうにみられる種．

オオムカデ(同・fig.3)
Scolopendra subspinipes subspinipes large centipede
猛毒の大型ムカデ．体長20cmになり，世界の熱帯域に分布する．

ニワメナシムカデ▲(同・fig.4) *Cryptops hortensis*
庭に多く，植木に付着して世界中にひろがる．

シリアオビジムカデ▲(同・fig.5) *Himantarium gabrielis*
10cmを超える大型種で，歩肢は105～173対もある．アフリカ北部に多い [3]．

●カゲロウ目──カゲロウ　●トンボ目──トンボ

〈渋海川寄蝶之図しょうがわ〉。鈴木牧之《北越雪譜》初編（天保8/1837）より。越後（新潟県）の渋海川では〈さかべっとう〉とよばれるチョウが群舞する。春の彼岸に無数の白蝶が水面にあつまり，そのさまは流れに霞をひいたようだという。この奇景は，おそらくカゲロウの群飛と思われる。

　西洋の古文献では，まずアリストテレスがカゲロウについて，次のように述べている。〈キンメリス（クリミア）のボスポラス海峡地方のヒュパニス河の沿岸では，夏至の頃ブドウの実より大きい袋のようなものが流れ下ってくるが，これが破れると翅の生えた四足の動物が出てくる。夕方まで生きていて飛ぶが，太陽が傾くと弱り，沈むと同時に，1日生きただけで，死んでしまうので，そのために一日虫（カゲロウ）といわれるのである〉。
　簡潔にして要を得た描写である。ちなみに訳者の島崎三郎氏によると，このカゲロウは南ロシアに多いモンカゲロウ科の *Ephemera longicauda* だろうという。ただしアリストテレスはカゲロウはあしもはねも4つずつであると説明し，〈この虫に特有なのは四足でありながらはねもあるという点である〉《動物誌》とつけ加えている。はねをもつ生きものは，ふつう，2足（鳥）か6足（昆虫）だからである。彼にしては珍しくとんでもない幻想的記述だが，どうやらこれは黒海地方のカゲロウの話を，他人から聞き書きしたものらしい。
　ローマ時代にはいると，プリニウス《博物誌》が主たる情報源となる。たとえば，カゲロウを誤って飲んでしまったら，ヤギの乳にタミニア（ヤマノイモ科の一種）の果実を加えて飲むとよい，とある。カゲロウを飲むと悪い症状がでると信じられていたのだろう。ずいぶん念のいった話である。
　ヨーロッパではカゲロウを〈はかないもの〉とのみ記述していた。たとえばフランスの歴史家ジュール・ミシュレはカゲロウを評して，〈ただ死ぬために生まれ，愛のひとときを生きるだけ〉の虫とうたっている。
　カゲロウは大量発生することがある。アフリカやヴェトナムのハノイ付近の住民は，カゲロウが大発生すると，捕えて食用とするという（三橋淳《世界の食用昆虫》）。釣餌にするほどであるから，けっこう美味なのかもしれない。
　ところで，脈翅目の〈カゲロウ〉のほうにも大発生の例が知られる。
　アミメカゲロウ *Nacaura matsumurae* は河川が汚れてくると，その汚染物を餌として大量発生し，人間に害をおよぼす。近年では，福島県阿武隈川流域など本州各地の河川でアミメカゲロウが大発生して，車のスリップによる事故などの被害があり，NHKの特集（1985年10月）でとりあげられるほどの騒ぎとなった。なにしろ9月前半の午後7～8時ころ，大群となって通りの街灯に集まり，直径10m以上もの固まりとなって舞い狂うというから，車の運転手が前を見渡せるわけがない。しかも次つぎと路面に落ちてきて，あたり一面何cmもの虫の山ができる。これをまた車が踏みつけてスリップをおこすというぐあいである。そのほかにも，たとえば1978年（昭和53）9月8日には，三重県伊勢市で車14台の玉突き衝突，同じく11日，栃木県宇都宮市で19台の玉突きが発生するなど，各地で事故が発生している（石原保《虫・鳥・花と》）。
　次に中国へ目を転じよう。ここでも古くからカゲロウは短命の虫として知られ，《淮南子》に〈蜉蝣朝生而暮死〉と出てくる。朝に生まれ夕には死ぬ短命の生きものである。この〈蜉蝣〉がカゲロウを指すとされてきた。
　《本草綱目》は，コガネムシ類の糞虫を示す〈蜣蜋〉の項の付録として〈蜉蝣〉を記載している。ただし同書は糞虫類とカゲロウ類の生態を混同して記しており，鞘翅の下にはねがあってよく飛び，夏に雨が降ったあとは糞土に群れているが，朝に生まれて夕暮れには死ぬものだ，と述べている。また〈蜉蝣〉の形はカイコガのようで，朝に生まれて夕暮れに死ぬ虫ともされたという。ちなみにイノシシはこの虫を好んで食うが，人間があぶって食べてもセミよりおつな味がする，ともいわれたそうだ。
　晋の崔豹が撰したといわれる《古今注》には，遼海地方にはトンボの一種で繿泔らんかんという虫がいて，毎年7月になると空が暗くなるほどの大群で乱舞する，とある。また地元の人びとはこれを食い，エビの化したものだといい伝えていたという。この繿泔もカゲロウの類だろうか。
　また《和漢三才図会》は〈蜉蝣〉を黄黒色の細長い甲虫にあて，いわゆるカゲロウとは別物とことわっている。日本ではこれを雪隠せっちん（厠かわやの異名）にすむハチに似た虫という意味で〈雪隠蜂せっちんばち〉とよぶ，とある。さらに動きは鈍くて人につかまりや

すく，簡単に死んでしまうが，かならずしも朝に生まれ夕暮れに死ぬものではないという。添えられた図を見ると，ハエの一種のようにも見えるが，正体はよくわからない。

　日本ではカゲロウといえば古くはトンボ類を指した。ただ，ほんもののカゲロウを記述しているとみとめられる文献もある。たとえば《明月記》には，天福1年(1233)の4月28日から5月3日にかけ，比叡山東麓坂本の日吉神社社頭に，〈蝶〉が雨のように降った，とある。上野益三博士はこれをカゲロウ類の羽化か，としている。

　なお今西錦司が独自の〈すみわけ〉理論を思いついたのは，京都付近のヒラタカゲロウ類の生態を観察したのがきっかけだった。ヒラタカゲロウ属と他のヒラタカゲロウ科の数種は，川の流れの速さに応じ，すむ場所を分けているというのである。

【文学】《蜻蛉日記かげろう》　平安朝の右大将藤原道綱の母(承平5ころ-長徳1/935ころ-995)による日記。天暦8年(954)から天延2年(974)まで21年間にわたる藤原兼家との結婚生活を綴る。公卿の妻としての苦しみや嘆きをおもに記したもので，題名も上巻の末尾の〈なほものはかなきを思へば，あるかなきかの心地する，かげろふの日記といふべし〉からつけられた。ここでいう〈かげろう〉とはトンボのことである。しかし《枕草子》第50段〈虫は〉では，ほんもののカゲロウが〈ひをむし〉の名で，おもしろい虫のひとつにあげられている。

　《豊年虫》(1928)　志賀直哉(1883-1971)の小説。信州戸倉温泉で乱舞するカゲロウの大群のようすを描く。題名は当地でのカゲロウ類の一名で，この虫が大発生すると豊年になるという俗信にもとづく。

　〈I was born〉　吉野弘(1926-　)の散文詩。詩集《消息》(1957)所収。散歩中，妊婦と出会った中学生が，生まれるというのは英語でI was bornというように受け身の行為であって，自分の意志ですることではないんだね，と父親に尋ねる。と，父親はかつて拡大鏡で見た産卵間近のカゲロウの雌のようすを語りつつ，能動的な生のイメージをその〈卵〉に託す。

　　　父は無言で暫く歩いた後　思いがけない話をした。
　——蜉蝣かげろうという虫はね。生まれてから二，三日で死ぬんだそうだがそれなら一体　何の為に世の中に出てくるのかと　そんな事がひどく気になった頃があってね——
　　　僕は父を見た。父は続けた。
　——友人にその話をしたら　或日　これが蜉蝣かげろうの雌だといって拡大鏡で見せてくれた。

説明によると　口は全く退化して食物を摂るに適しない。胃の腑を開いても　入っているのは空気ばかり。見ると　その通りなんだ。ところが　卵だけは腹の中にぎっしり充満していて　ほっそりした胸の方にまで及んでいる。それはまるで　目まぐるしく繰り返される生き死にの悲しみが　咽喉もとまで　こみあげているように見えるのだ。淋しい　光りの粒々だったね。私が友人の方を振り向いて〈卵〉というと　彼も肯いて答えた。〈せつなげだね〉。そんなことがあってから間もなくのことだったんだよ。お母さんがお前を生み落としてすぐに死なれたのは——。
　父の話のそれからあとは　もう覚えていない。ただひとつ痛みのように切なく　僕の脳裡に灼きついたものがあった。
　——ほっそりした母の　胸の方まで　息苦しくふさいでいた白い僕の肉体——。

トンボ

節足動物門昆虫綱トンボ目 Odonata に属する昆虫の総称。[和]トンボ〈蜻蛉〉，アキヅ，アキツ，アケズ，ダンブリ　[中]蜻蛉，蜻虹，蜻蜓，紗羊　[ラ]Libellulidae（トンボ科），Aeschnidae（ヤンマ科），Calopterygidae（カワトンボ科），その他　[英]dragonfly, mosquito hawk, snake doctor, skimmer, devil's darning needle　[仏]libellule, aiguille du diable, demoiselle, dragon-volant　[独]Libelle, Teufelsnadel, Wasserjungfer　[蘭]libel, water juffer　[露]стрекоза　→p.152-161

【名の由来】　リベルリダエは，〈小さな本〉の意。はねのようすが閉じた本を思わせるからとも，開いた本のように見えるからともいう。前者ならイトトンボのようにはねを閉じる均翅亜目の虫に，後者ならヤンマのようにはねを開いたままの不均翅亜目の虫にちなんだものだろう。もっともはねを書物のように閉じたり開いたりできることによるという別説もある。またはねの形が〈天秤libra〉に似ているからとか，大工の使う〈水準器libella〉がある種のトンボの幼虫を連想させるためだともいわれる(奥本大三郎《虫の宇宙誌》)。

　アエスクニダエはギリシア語の〈不格好なaeschros〉，カラプテリギダエは〈美しいkalos はね pteros〉の意味をもつ。

　英名ドラゴンフライは，〈龍dragon〉と〈ハエfly〉の合成語。とくにヤンマ類を指す。その姿にちなむものだろうが，ここでいう龍には，空翔ける雄々しい動物という東洋的イメージはなく，悪魔の化身としてのドラゴンにみたてたものである。モ

147

ロンドンツチヤスデ(上)
Cylindroiulus londinensis worm-like millipede
これはかわいい。ヒメヤスデのなかまで大きさ4.5cmほど。
ずんぐりしたヤスデである。名のようにロンドンほか
イギリス各地とヨーロッパ大陸部にすむ[*41*]。

ヤマトアカヤスデ(右図・上)
Nedyopus patrioticus
体長2.5cm。黒褐色の地に赤い横帯があるので，
よく目立つ。歩肢は短い。

ナガズジムカデのなかま(同・下)
Mecistocephalus sp.
本州の南部にいるムカデ。これもかなり長い[*5*]。

セスジヤケツムギヤスデ(左・fig. 1-3) *Craspedosoma rawlinsii*
ヨーロッパに広く分布するクラスペドソマ科の1種。大きさは1.5cmほど。
キャタピラのような動きをみせる。ゲジやムカデのように速く動けない。

オビイタツムギヤスデ(同・fig. 6, 7) *Nanogona polydesmoides*
同じくクラスペドソマ科のなかま。背板が平たいのでこの名がつけられた[*41*]。

モトフサヤスデ(右)
Polyxenus lagurus
pin-cushion millipede
体長3mmぐらいの小さな虫。
しかしこのなかまは各体節と
尾端に総状の毛をもち，
これまたヤスデばなれしている。
図はヨーロッパ産。しかし
別種が日本にもいる[*41*]。

ヨーロッパタマヤスデ(右)
Glomeris marginata
pill millipede
体長2cm。ヨーロッパの
森でもっともよくみかける
タマヤスデ。まるで
ダンゴムシのようにみえるが，
これでもヤスデである。
この科では別属が日本や
東南アジアに分布する[*41*]。

オウシュウトビヤスデ(上左) *Strongylosoma pallipes*
ヨーロッパから小アジアまでに分布。2cmほどになるが，
体節の形がおもしろい。

ヒメヤスデのなかま(上中央) *Julus flavozonatus*
ヒメヤスデ属の1種。黒い体が不気味なイメージをかもしだす。

オビイタツムギヤスデ(上右) *Nanogona polydesmoides*
背中に帯があり，背板が平たい[*3*]。

アメリカオオヤスデ *Orthoporus* sp.
ヒキツリヤスデ科の大型種で，体長は12～13cmになる。
北米大陸に数十種のなかまがおり，森林の落ち葉の下にすむ[*12*]。

148

ハマベイシノミ属のなかま *Pterobius maritima* ?
シミ科などとともにシミ目を形成するイシノミ科の1種. ヨーロッパ産.
トビムシ類に比べて, はるかに昆虫らしい姿をしている [21].

ハマベイシノミ属のなかま(右・fig. 1) *Pterobius maritima* ?
浜辺におりイギリスから北欧に分布する. イシノミ科にふくまれる.

セイヨウシミ(同・fig. 2) *Lepisma saccharina* silver fish
真正の昆虫のうちもっとも原始的なグループに属する虫のひとつ.
はねもなければ変態もしない. 本のあいだにすみ, 紙や布を
かじり, 穴をあける.

ニシキトビムシのなかま(同・fig. 3) *Orchesella villosa*
土壌にすむ. ヨーロッパに分布し, アメリカにも移入されている.

キマルトビムシ(同・fig. 4) *Sminthurus viridis*
汎世界種だが基準産地はヨーロッパ. おもしろい形をしている.
よく跳ぶのでこの名がある [3].

ヤマトシミ(下) *Ctenolepisma villosa*
東洋各地にふつうの種. 熱帯地域には
とくに多い. 栗本丹洲《千蟲譜》の1枚 [5].

オナシカワゲラのなかま(下左)
Nemoura variegata thread-tailed stone fly
トンボに近いグループ. カゲロウとちがい, 幼虫と成虫のあいだに
亜成虫の時期がない. しかし成虫は数日の寿命しかない [3].

サツキモンカゲロウ*(下右)
Ephemera vulgata common ephemera, mayfly
ヨーロッパではもっともふつうのカゲロウ.
5月ごろに成虫があらわれる [3].

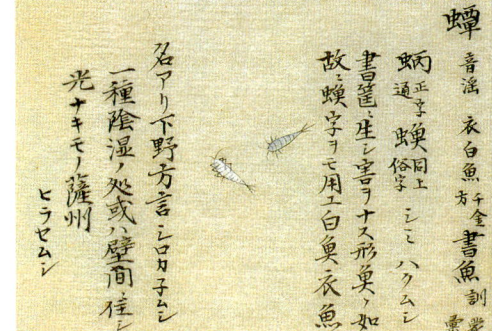

サツキモンカゲロウ*(下)
Ephemera vulgata common ephemera, mayfly
カゲロウは, はねをもつ昆虫のうちもっとも原始的といわれる.
成虫はきわめて短命, 文字どおり〈カゲロウ〉のようにはかない.
図のようにはねを上に合わせてとまるのは, トンボとともに
古いタイプの昆虫の特徴という [21].

カゲロウのなかま(左)
Ephemeroptera
南米チリ産のカゲロウ.
詳しい種はわからないが,
C. ゲイによるチリ博物探検の
採集物である [7].

●トンボ目──トンボ

スキート・ホークは，〈蚊取りタカ〉の意．この虫が好んでカを食べることに由来する．同じくスネーク・ドクターは，アメリカ南部でのよび名で〈ヘビの医者（またはヘビの先生）〉の意．ヘビに危険が迫るとトンボが知らせてやるとか，トンボは死んだヘビを生き返らせるという俗信による．デヴィルズ・ダーニング・ニードルは，〈悪魔のかがり針〉の意．この虫が尻尾を針がわりにして，悪さをした子どもの目や口，耳，鼻を縫いつけるという北アメリカの俗信に由来する．ただし仏名にエギーユ・デュ・ディアブル aiguille du diable，独名にトイフェルシュナーデル Teufelsnadel という同じ意味を示すよび名があることからすると，ドイツやフランスから新大陸に渡った移民がひろめた名前かもしれない．

仏名ドゥモワゼルは，〈お嬢さん〉の意．英名ダムゼルフライ damselfly もこれに準ずる．ただし仏名のほうはトンボ一般を示す名称としてひろく用いられるのに対し，英名はイトトンボ類のみを指す．独名ヴァッサーユングフラウも〈水の処女〉の意味．

中国名の蜻蛉は，〈伶仃する（さまよう）青色の虫〉の意．蜻虹も同じ由来をもつとされるが，丁の字のく亅〉の部分に尾の形が似ているからともいう．蜻蟌は尾を亭めたまま上下に動かす習性による．紗羊は〈薄い織物のようなはねを用いて伴まうもの〉の意（《本草綱目》）．

《日本釈名》によれば，和名トンボは飛羽 はうの音が転じたものという．また大型種を指すヤンマの名称は，古くこれをエンバといい，新井白石は《東雅》のなかで，エンバとは八重 やえのはねをもつ虫という意味でこの虫のはねが左右に2枚ずつ重なっていることによるのではないか，と述べている．また白石によると，古名アキツはアキが黄，ツが赤を示し，黄赤のはねを称したものだという．また一説にトンボは〈飛ぶ棒〉がなまったものともいわれる．さらにトンボは，どぶ，または田んぼに由来するという説もある．幼虫の時期はむろん，成虫になってもこれら水辺の生活を好む習性にちなむという．荻生徂徠はその著《南留別志》のなかで，トンボという名は日本を秋津洲 あきつしまとよぶところから，東方の意味だとしている．

日本語＝タミール語起源説を唱えている国語学者の大野晋氏らの研究によると，トンボという名もタミール語源らしいという．というのもタミール語ではトンボを TUMPI といい，近縁のカンナダ語でも TUMBI, TUMBE, DUMBE などと称するからだ．いっぽう東北地方の方言でトンボを〈ダンベ〉とよぶ対応もある（奥本大三郎《虫の宇宙誌》）．

大型のトンボの俗称ヤンマは，前述のようにトンボの古名エンバが転じたもの．狭義にはヤンマ科の虫を指すが，広義にはオニヤンマ科，ムカシヤンマ科，サナエトンボの大型種もふくむ．一般に体長は6cm以上で，左右の複眼は頭上で広く接している．ギンヤンマが代表種．

【博物誌】　トンボは古生代にこの世に出現した昆虫で，現在なお6000種ほどが生きている．現代の昆虫学によれば，トンボは大きく分けて3亜目をかたちづくる．第1のグループは均翅類といい，前と後ろのはねが同じ大きさをしているもの．イトトンボがその代表である．第2が，前よりも後ろのはねのほうが大きい不均翅類で，トンボやヤンマなど主要なものがふくまれる．そして第3がムカシトンボで，はねの形は均翅類だが，腹の形がちがっている．中生代に栄えた古いトンボの生き残りといわれる．

トンボは複眼で，前方はむろん上下左右を見わたせるうえ，複眼の上半分は遠視，下半分が近視になっているため遠近どちらもよく見える．ただし後方だけは死角．だからトンボを捕えるには後ろから近づくのがいちばんいい．

このトンボについて，古代の西洋人はほとんど関心をもたなかったらしい．少なくともアリストテレスの《動物誌》やプリニウスの《博物誌》には，この虫についての記述がまったくないのである．

ようやく中世末になり，《昆虫の劇場》を著したトマス・ムーフェットが中型のトンボの美しさを讃え，芸術家でも再現できない気品をただよわせている，と評した．ただ図とともに多数の種が記載されているわりには，生態や民俗についてそれほど興味ぶかい話は見あたらない．その理由は，ヨーロッパで古くからトンボを悪魔の使いとし，うそをつくと口を縫われるなどといいならわしてきたことにあるらしい．トンボの悪害に対しては，見ざる聞かざる言わざるの姿勢をとっていたのだろう．

アメリカでも，トンボは悪魔の使いとして忌みきらわれる．子どもが悪さをするとトンボが飛んで来て，目や耳や鼻の穴を縫いつけてしまうという．またトンボを殺すと家族の誰かが死ぬ，という俗信もある．

ただ，西欧の子どもは，トンボに糸をつけて飛ばす遊びを楽しんでいた．この遊びはまた，釣りに関連している．というのも，俗信のひとつに，トンボの飛ぶ方向に釣りをしに行くと，魚がよく捕れる，とするものがあるからである．

北米インディアンのオジブワ族は，〈サスベカ

❶ ―竹とんぼ．伊藤晴雨《風俗野史》第4巻〈江戸行商篇〉(1930/昭和5)より．江戸後期の物売りが，竹とんぼを飛ばしながら売り歩く姿が描かれている．一説にこの玩具は，平賀源内の発明したものだともいう．すでにこのころ江戸の子どもたちのあいだには普及していたらしい．❷ ―〈勝虫かちむし〉．箙えびらには，このようなトンボの絵が描かれる．直進し後退せぬトンボの飛翔を，矢にみたててその矢を収める箙の装飾とした．またトンボは前進するだけなので〈勝虫〉ともよばれ，戦闘や武器にかかわる縁起ものとされた．

susbeca〉というトンボの一種を霊虫とみなし，頭をもぎとった人はその年の冬が明けるまでに首をはねられる，といいならわす．もっともこの虫は，人の耳もとに飛んできては〈用心しろ，身の破滅だぞ〉とはね音でいつも警告を発しているという（《西洋俗信大成》）．

アルゼンチンのパンパスの住民は，うだるような暑さのなか，学名をアエスクナ・ボナリエンシス *Aeschna bonariensis* という薄青い大型のトンボの群れがあらわれると大喜びする．このトンボが行き過ぎたら，乾いた冷たい風が南西から吹いてくることを経験的に知っているからだ．W.H.ハドソンの《ラ・プラタの博物学者》によると，そこでガウチョたちはこの虫を〈西南風の子〉とよびなすという．

いっぽう，ジャワ島の子どもたちは，雑草の実を吹矢に入れてトンボめがけて吹き，捕えたトンボをニワトリの餌にするという（石井悌《南方昆虫紀行》）．

中国でのトンボの位置は，西欧ほど無視されてはいないが，さりとて日本ほどに注目されていたわけではない．中国におけるトンボのイメージは，夏の到来をあらわす虫であり，また不安定な状態や弱さを象徴する生きものである．人びとは，トンボが大群で飛んでいたら，嵐の予兆とみなす．中国ではトンボは不思議と風にかかわっている．その一例が，風が吹くとトンボは興奮して子をはらむという俗信である．風という漢字に虫がふくまれているのも，一説にはこのいい伝えによる．

中国の虫に対するアプローチは，1に愛玩，2に食用である．トンボについても古くから，つかまえたトンボをから揚げにして食べるならわしがあった．《酉陽雑俎》には，辛くて美味，とある．また張華《博物志》には，トンボの頭を5月5日に戸の内に埋めておけば青珠（青い玉）に化す，とある．トンボの複眼の輝きを青玉にたとえたものだろう．

中国の子どもたちも，古くからトンボ捕りを楽しんでいたらしい．《帝京景物略》には，竹に網を結わえて虫を捕ったとあるから，今でいう虫捕り網のようなものが使われたのであろう．虫に限るわけではないが，中国人は動物をペットとすることを好む．そのために観賞魚や鳥や虫を売る専門の市場まであるほどである．北京で営業している虫売りも，いろいろな種類のトンボを小さな蘆あしにつないで売る．値段は1匹につき銅貨1枚である（羅信耀《北京風俗大全》）．

では，日本人とトンボの歴史はどうだろうか．《日本書紀》神武天皇三十有一年の条によると，神武天皇は大和国の腋上嗛間丘わきのかみのほほまのおかに国見をしたさい，〈内木綿うつゆうの真迮国まさきくにと雖いえども蜻蛉あきつの臀呫となめ（交尾）せる如し〉という歌をよんだ．ここより蜻蛉洲あきつしま，つまりのちに古代日本を示す言葉としてひろく使われる秋津島の名称が生まれたという．この名は，もともとトンボの群れ飛ぶ地〉という意味で，トンボの古名アケツにちなむものだったのである．

《和漢三才図会》は《日本書紀》の神武天皇の記述に関し，そもそもわが国の地形はトンボがはねをのばしたような形なので，神武帝以来，秋津洲あきつしまとよんでいる，と解説を加えた．けれども，古代人が日本列島の形をなぜ知ったのか，大いに疑問ではある．

しかし《日本書紀》雄略天皇4年の条には，次のような逸話もみえる．雄略天皇が吉野に行幸して狩りを楽しんでいたとき，アブが1匹飛んできて天皇の腕にかみついた．するとトンボが突然やってきて，そのアブをくわえて運び去った．天皇はこれを喜び，その地を蜻蛉野あきつのと名づけたという．

日本では古く，トンボを勝虫かちむしとか将軍虫とよんで勝利の象徴とみなし，戦いくさのさいの縁起ものとした．箙えびらの装飾としてトンボが描きこまれたのも，まっすぐに直進するトンボと矢を重ね合

ハビロイトトンボ
Megaloprepus caerulatus
イトトンボ科にごく近い科に属する．
金細工商で昆虫採集家だったドゥルー・ドゥルーリの
記載した種で，これは雄．南アメリカにすむ．
現生トンボでは最大の大きさになり，
はねを開いた長さは18cm以上にもおよぶ
［*24*］．

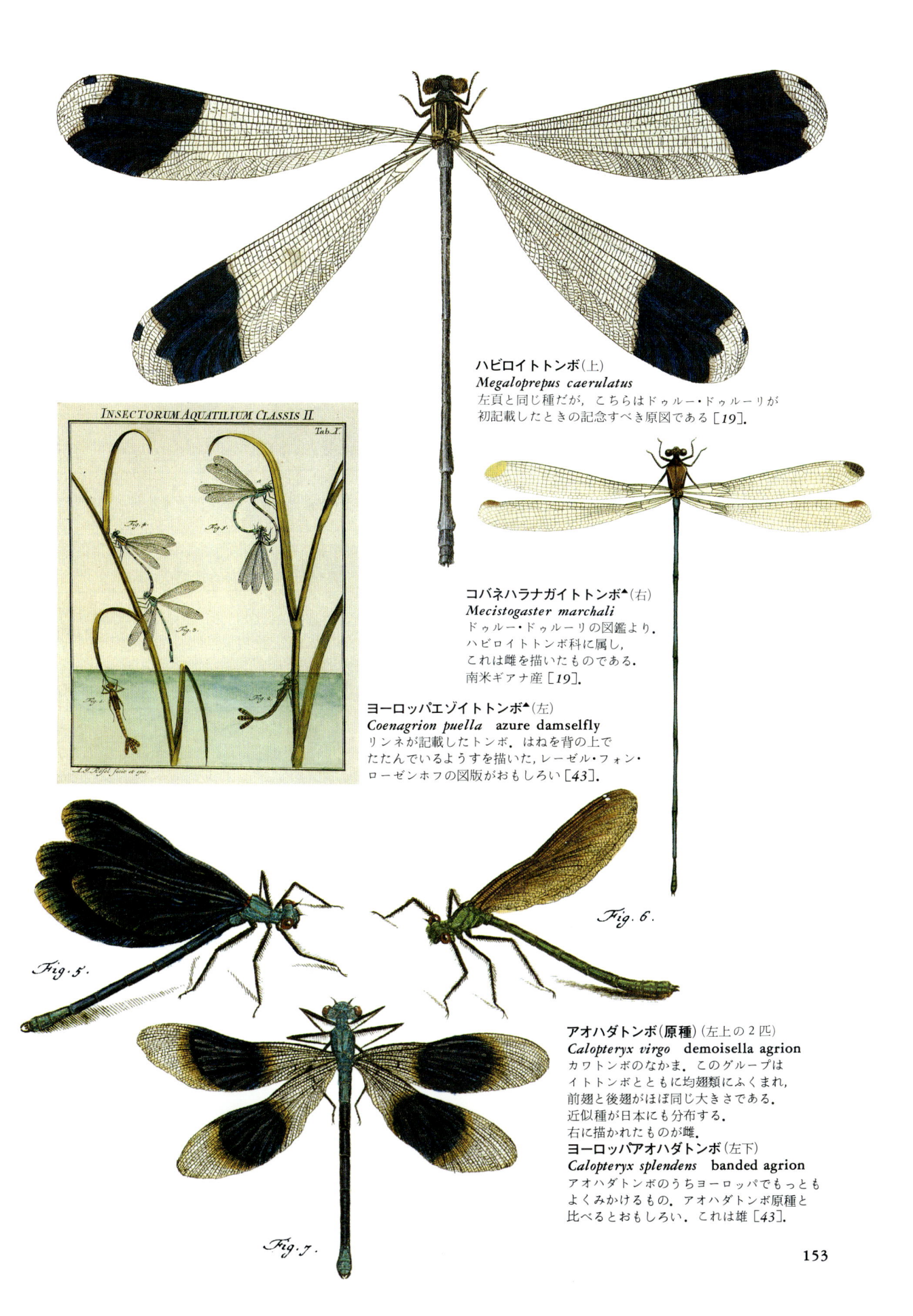

ハビロイトトンボ(上)
Megaloprepus caerulatus
左頁と同じ種だが，こちらはドゥルー・ドゥルーリが
初記載したときの記念すべき原図である [19].

コバネハラナガイトトンボ▲(右)
Mecistogaster marchali
ドゥルー・ドゥルーリの図鑑より．
ハビロイトトンボ科に属し，
これは雌を描いたものである．
南米ギアナ産 [19].

ヨーロッパエゾイトトンボ▲(左)
Coenagrion puella azure damselfly
リンネが記載したトンボ．はねを背の上で
たたんでいるようすを描いた，レーゼル・フォン・
ローゼンホフの図版がおもしろい [43].

アオハダトンボ(原種)(左上の2匹)
Calopteryx virgo demoisella agrion
カワトンボのなかま．このグループは
イトトンボとともに均翅類にふくまれ，
前翅と後翅がほぼ同じ大きさである．
近似種が日本にも分布する．
右に描かれたものが雌．

ヨーロッパアオハダトンボ(左下)
Calopteryx splendens banded agrion
アオハダトンボのうちヨーロッパでもっとも
よくみかけるもの．アオハダトンボ原種と
比べるとおもしろい．これは雄 [43].

153

●トンボ目──トンボ　●カワゲラ目──カワゲラ　●シロアリモドキ目──シロアリモドキ

せた〈縁起かつぎ〉である。南方熊楠の義理の父君は鶏合神社の宮司であったが，長州征伐のさい，下着の模様にトンボの形を捺^おして出陣したという（〈戦争に使われた動物〉《南方熊楠全集》第3巻所収）。やはり勝虫の縁起をかついだからである。

昆虫学者の矢島稔氏もトンボが〈勝虫〉とよばれるようになった理由について，この虫が一直線に微動だにせず飛ぶようすから後退しない虫というイメージが生まれ，〈勝虫〉の名がついたのだろうと述べている。ただし同氏によれば，もともと後退する虫などというのは存在しないそうだ（矢島稔《昆虫ノート》）。

じつは正月に子どもが遊ぶ羽根つきも，もとはトンボにあやかった蚊よけのまじないだった。《世諺問答》によると，羽根つきの羽根が落ちるときのようすがトンボに似ていることから，これによって，蚊を恐れさせようとしたのだという。

トンボはまた精霊でもある。西日本では旧盆の7，8月ごろ大量にあらわれるウスバキトンボを先祖の霊の生まれ変わりとみて，精霊^{しょうりょう}トンボとよび，捕えることを忌む。

ちなみに，日本では神として崇められるトンボも存在する。ハグロトンボは黒いはねに虹色の光沢をもつその姿から，古くより神や仏の使いとみて，カミサマトンボ，ホトケトンボなどとよびならわした。また捕ったら罰が当たるという俗信もひろく普及していた（杉村光俊《トンボ王国》）。また大阪では，トンボを捕えると目の病気になるといいならわした。

【ムカシトンボ】　ムカシトンボ*Epiophlebia superstes*は，主としてジュラ紀に栄えた原始的な種で，日本だけに分布する。均翅亜目のように4枚のはねはほぼ同じ大きさだが，体つきは不均翅亜目に似てがっちりしている。同じなかまとしてヒマラヤにのみ生息するヒマラヤムカシトンボ*E.laidlawi*がおり，この2種でムカシトンボ亜目というグループを形成する。ちなみにこのトンボは威風堂々としたその姿から，日本昆虫学会の会章にも採用されている。

【竹とんぼ】　プロペラ状に削った竹の重心部に柄をつけた子どもの玩具。柄を両手でこすり合わせ，回転させて宙に飛ばす。竹の形がトンボのはねに似ているところからこの名がついた。その由来は定かではないが，伊藤晴雨《風俗野史》には，竹とんぼを飛ばしながら売り歩く江戸後期の行商人の姿が図解されている。したがって，すでにこのころには江戸の子どもたちの遊び道具として普及していたらしい。

宮武外骨編《奇態流行史》には，竹とんぼについてこう記されている。〈明和の頃，平賀源内が発明したという「竹蜻蛉」が流行し，後にはそれが日本全国へ普及した。今の飛行機のプロペラは此竹蜻蛉の羽翼にマネたものである〉。

ちなみに，豊前国築上郡出身で日本で初めて飛行機の製作を完成させた矢頭良一は，少年時代からトンボの飛びかたを熱心に研究していたという（丸毛信勝・織田富士夫《昆蟲挿話》）。

【ことわざ・成句】　〈トンボ朔日^{ついたち}〉京都府中郡では7月1日のことをこうよぶ。この日に地獄の釜のふたが開き，赤トンボが生まれるという俗信に由来する（《仏教民俗辞典》）。

〈とんぼ返り〉体の後方へ宙返りをすること。今はよくバック転という。トンボの飛ぶようすにちなむよび名。

〈尻切れトンボ〉中途半端のたとえ。〈トンボ釣り〉で寄ってきた雄トンボの後半身を悪童がちぎっても前半身だけで飛んでゆくところから生まれた表現といわれる。

〈極楽とんぼ〉浮かれポンチの人間を指していう言葉。地獄の釜から出てきたトンボが，地上という極楽界で陽気そうに飛んでいる姿から連想されたものか。

【文学】　《源氏物語》で運命の波に押し流される薄幸の女性浮舟^{うきふね}は，またの名を〈蜻蛉^{かげろう}の君〉ともいった。

《赤蜻蛉》　〈夕焼，小焼の／あかとんぼ／負われて見たのは／いつの日か〉ではじまり，〈夕やけ小やけの／赤とんぼ／とまっているよ／竿の先〉でしめくくられる三木露風(1889-1964)作詞の童謡。童謡集《真珠島》(1921)所収。山田耕筰によって曲がつけられたのは1927年（昭和2）のことである。詩は兵庫県竜野で育った幼い露風の原体験をもとに書かれたもので，12歳のときすでに，〈赤蜻蛉とまっているよ竿の先き〉というのちの詩の祖型となる句が新聞に投稿されている。

カワゲラ

節足動物門昆虫綱カワゲラ目Plecopteraに属する昆虫の総称，またはその1種。襀翅目ともいう。

[和]カワゲラ〈襀翅，蜻〉　[中]襀翅，石蠅，石蠖，石蚕蛾　[ラ]Perlidae（カワゲラ科），Scopuridae（トワダカワゲラ科），その他　[英]stonefly　[仏]perle　[独]Steinfliege　[蘭]steenvlieg　[露]большая веснянка　→p.149

【名の由来】　プレコプテラはギリシア語で〈編むplekōはねpteros〉より。網目のはいったはねに由来。ペルリダエは新ラテン語か仏語の〈真珠perle〉に由来。カワゲラのはねが真珠色に輝くためか。

スコプリダエはラテン語の〈ほうき，小枝scopa〉とギリシア語の〈尾ūra〉から．

英名ストーンフライは〈石の上にすんで飛ぶ虫〉の意．水辺の岩の上などに好んで止まる習性にちなむ．独・蘭名も〈石の上を飛ぶ虫〉の意味．

和名カワゲラは〈川辺にすむケラ〉の意．幼虫が水中で成長し，成虫も水辺に好んで生息することと，姿が直翅目のケラを思わせることによる．漢字で襀翅と書くのは，静止するさい，背中の上で前翅を後翅の上に重ね合わせる習性を称したもの．蟻もこれに準ずる．

オオヤマカワゲラ，トウゴウカワゲラなど日本のカワゲラ類の名前には明治期の軍人にちなんだものが少なくない．これは1907年（明治40），和産のカワゲラをまとめてヨーロッパに紹介したドイツ人F.クラパレクが，日露戦争の印象生々しい時期だったので，大山巌，東郷平八郎といった戦功者の名を冠したもの．ただし乃木将軍にちなんだノギカワゲラは例外で，1912年（大正1）に昆虫学者の岡本半次郎がつけた名前である（宮下力《アングラーのための水生昆虫学》）．

薩摩（鹿児島県）ではある種のカワゲラの幼虫をトビグマとよんだ．上野益三はこれを，鳶色の隈の意，と推測している（《薩摩博物学史》）．

【博物誌】　はねをもつ昆虫のうちでは比較的原始的なグループに属する．成虫は陸上を飛びまわれるが，幼虫は川の中にすんでいる．幼虫は種類により肉食性と草食性とがあり，長いもので3年ほどで成虫になる．いっぽう成虫はまったく餌をとらない．カワゲラ科Perlidaeに属する大型種は食物をとらず，羽化して7〜10日後に死んでしまう．ただしオナシカワゲラなどの成虫は藻類や地衣類を食べる．

ヨーロッパでは，カワゲラなど水辺にすむ小虫は，つまらぬ価値のない生きものとみなされ，とくに同性愛者へののののしり言葉に使われてきた．

しかし幼虫は，トビケラの幼虫などとともに渓流釣りの餌とされる．イギリスの釣り人は，はねが生えかかったころのカワゲラをジャックとよんで珍重する．この時期のカワゲラは蛹から出て石のあいだなどにはいりこみ，はねが伸びきるまでじっとしているので難なくつかまえられる．そこでマス釣りやフカセ釣り，沈み釣りの餌に用いる（アイザック・ウォルトン《釣魚大全》）．

また，8〜10月のイギリスの川や湖にふつうに見られるカワゲラの1種 Leuctra fusca のことを，釣師たちは〈針虫 needle-fly〉とよぶ．休むときにははねを体にぴったり巻きつけるので，一見針のように見えるからだ．

なおヨーロッパでは，カワゲラを〈昆虫界のカエル〉とよび，両生類とみなしてきた．オナシカワゲラ類をはじめこの虫が気管とともに，水中でも呼吸できるように前胸下方に呼吸鰓を備えているためである（松村松年《昆蟲物語》）．

日本でもカワゲラは注目されてきた虫である．鈴木牧之《北越雪譜》をみると，越後の雪中に産する虫として〈早春の頃より雪中に生じ雪消終れば虫も消終る，始終の死生を雪と同じうす〉として雪蛆なる小虫が紹介されている．ただし雪蛆には2種あって，ひとつははねを用いて飛びまわり，もう一方ははねはあるが這って歩く黒い虫だという．このうち前者はユスリカ類，後者はセッケイカワゲラ Eocapnia nivalis やフタトゲクロカワゲラなどのカワゲラ類を指した記述とされる．またセッケイカワゲラは，夏の日本アルプスの登山者にはなじみの存在である．〈雪渓虫〉の名で親しまれている．黒い無翅のこの虫の大群が，残雪上にゴマをまいたように出現するからだ（阪口浩平《図説世界の昆虫5　ユーラシア編》）．

シロアリモドキ

節足動物門昆虫綱シロアリモドキ目（紡脚目）Embiopteraに属する昆虫の総称，またはその1種．
［和］シロアリモドキ〈擬白蟻〉　［中］擬白蟻　［ラ］Oligotomidae（シロアリモドキ科），その他　［英］web-spinner　［仏］embioptère　［独］Tarsenspinner, Spinnfüßler, Fußspinner　［蘭］embioptera（総称）　［露］эмьии
→p.216

【名の由来】　エムビオプテラは〈元気のよい羽〉，オリゴトミダエは〈小さいものを切る〉の意味．

英名は，〈織物webの紡ぎ手spinner〉の意．前肢の第1跗節から分泌する特殊な絹糸を用い，樹皮の裂けめや石の下などに筒状の巣をつくって生活することによる．各国語名のほとんども〈糸をつむぐ〉に関係する．

和名シロアリモドキは姿が一見シロアリを思わせることにちなむ．

【博物誌】　シロアリに似ているが，まったくちがう虫で，シロアリモドキ目を形成する．大きな特徴は，偏平に大きく膨らんだ前肢の第1跗節に紡績腺をもつことで，ここから絹糸に似た液を分泌し，トンネル状の巣をつくってすむ．なんと，あしから糸を出すのである．紡脚目ともよばれるのはそのためである．餌は古くなった樹皮や菌類などである．熱帯に多い虫だが，日本南部にもナミシロアリモドキ Oligotoma saundersii とコケシロアリモドキ O. japonica の2種が分布する．

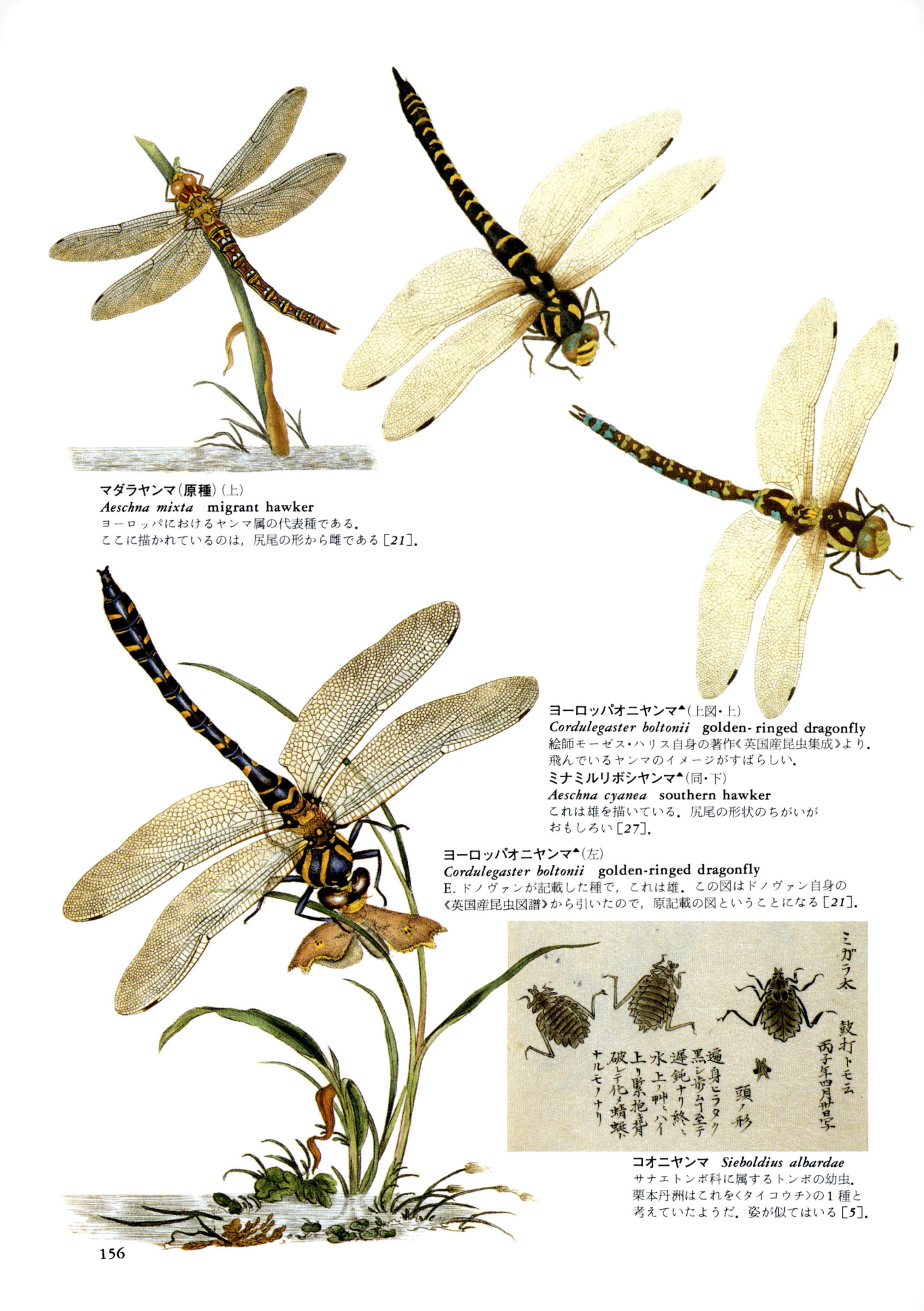

マダラヤンマ（原種）（上）
Aeschna mixta migrant hawker
ヨーロッパにおけるヤンマ属の代表種である．
ここに描かれているのは，尻尾の形から雌である［21］．

ヨーロッパオニヤンマ▲（上図・上）
Cordulegaster boltonii golden-ringed dragonfly
絵師モーゼス・ハリス自身の著作《英国産昆虫集成》より．
飛んでいるヤンマのイメージがすばらしい．

ミナミルリボシヤンマ▲（同・下）
Aeschna cyanea southern hawker
これは雄を描いている．尻尾の形状のちがいが
おもしろい［27］．

ヨーロッパオニヤンマ▲（左）
Cordulegaster boltonii golden-ringed dragonfly
E. ドノヴァンが記載した種で，これは雄．この図はドノヴァン自身の
《英国産昆虫図譜》から引いたので，原記載の図ということになる［21］．

コオニヤンマ *Sieboldius albardae*
サナエトンボ科に属するトンボの幼虫．
栗本丹洲はこれを〈タイコウチ〉の1種と
考えていたようだ．姿が似てはいる［5］．

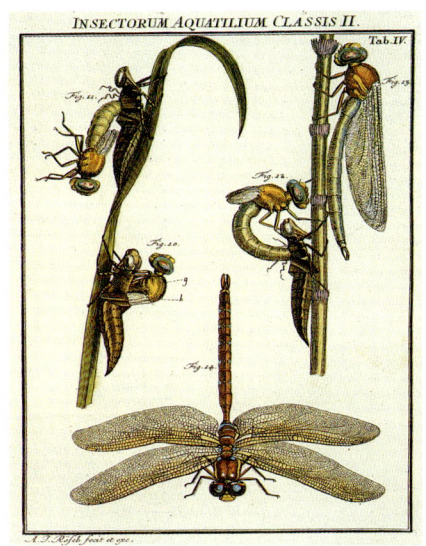

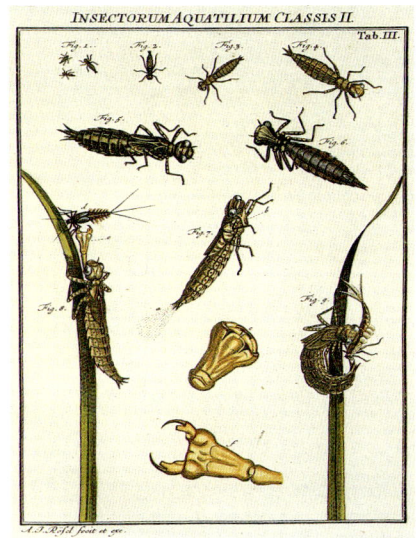

チャイロルリボシヤンマ(左・左図)
Aeschna grandis
brown hawker
ヨーロッパのふつう種.
幼虫が水上へあがり,
羽化するまでの過程を描いた,
ほとんど最初の図であろう.
制作はレーゼル・フォン・
ローゼンホフ[43].

**ヨーロッパ産ヤンマの
なかまの幼虫**(同・右図)
Aeschnidae hawker
注目すべきは,左下にみえる,
イシノミを捕えようとしている
ヤゴである.爪のついた下顎は
〈仮面〉とよばれ,獲物めがけて
のびる.ヤンマ類の幼虫に
固有の武器である[43].

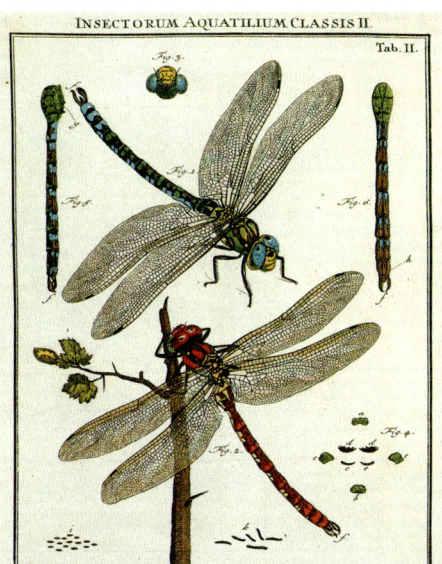

ミナミルリボシヤンマ(左図・上) *Aeschna cyanea* southern hawker
アカチャヤンマ(同・下) *Anaciaeschna isosceles* norfolk hawker
ヨーロッパ産ヤンマの代表種.どちらも雄が描かれている.
レーゼル・フォン・ローゼンホフの優雅な古典的博物画.
18世紀までの図鑑にはこの例のようにすべて黒い枠線があった[43].

チャイロルリボシヤンマ(下の3匹)
Aeschna grandis brown hawker
18世紀イギリスのもっとも傑出した昆虫専門絵師モーゼス・ハリスの図.
彼はドゥルーリの図鑑にも絵師として尽力した[27].

ヨーロッパホンサナエ(上と下)
Gomphus vulgatissimus
club tail
ヨーロッパのサナエトンボ.
これは雌を描いたもので,
リンネが初記載した.
下に幼虫が描かれている[21].

ルリボシヤンマのなかま *Aeschna* sp.
W.ダニエルの描くピクチャレスクな一葉.18世紀イギリスには
このような西洋花鳥画風の作品も生まれていた[16].

◉ガロアムシ目──ガロアムシ　◉直翅目──コオロギ

ガロアムシ

節足動物門昆虫綱ガロアムシ目 Grylloblattodea に属する昆虫の総称，またはその1種．
［和］ガロアムシ，コオロギモドキ　［中］蛩蠊　［ラ］*Galloisiana* 属（ガロアムシ）　［英］grylloblattid　［露］гриллоблаттина

【名の由来】　グリロブラットデアはラテン語で〈コオロギgryllus〉とゴキブリの類を指すblattaの合成語．各国語名については，〔発見史〕の項を参照のこと．

【博物誌】　系統がよくわからない，20世紀に発見された虫．ガロアムシ類は個体数が少なく，研究が思うように進まないためか，現在も分類学上の定説は出ていない．しかしガロアムシは〈生きた昆虫の化石living insect fossil〉とも称される．

昆虫学者の矢島稔氏は，1960年代の後半，東京の西多摩郡五日市町大久野で，生きたガロアムシを1匹採集し，しばらく飼っていたという．これに関して同氏の《昆虫ノート》には〈腐葉土の中にもぐっていてリンゴをよく食べた．成虫になっても翅は無く，夜地表に出ることはあるようだ．口は嚙かむタイプだから雑食性と思われる〉とある．

【発見史】　1914年，カナダの昆虫学者E.M.ウォーカーは，前年に発見したロッキー山脈の岩の下に隠れすむ無翅の昆虫を新種として記載した．彼はこれを双尾類のナガコムシ，ゴキブリ類，コオロギ類と比較した結果，共通点が上記3種の虫類それぞれに認められるものの，いずれも分類学上の類縁関係を示す決め手にはならないとした．そのためこの虫は，Grylloblattodea（コオロギとゴキブリの合いの子の意）目として，新たに独立した1目を形成することになった．

翌年の1915年に同類の無翅昆虫が，今度はロッキー山脈から遠く離れた日本で発見された．発見者はフランスの駐日外交官で，E.H.ガロアという人物であった．昆虫採集を趣味としていた彼は，日光中禅寺でいつものように虫を探索しているうちに，偶然その虫を見つけたのだった．そして発見者の名にちなんで和名がガロアムシ，学名がGalloisia nipponensis（*Galloisiana nipponensis*）とつけられた．

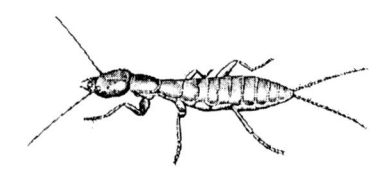

20世紀になって発見された無翅昆虫．〈生きた昆虫の化石〉とよばれ，いまだにその分類が確定していない．平凡社《大百科事典》より．

コオロギ

節足動物門昆虫綱直翅目（バッタ目）Orthoptera コオロギ科に属する昆虫の総称．広義にはクサヒバリ科，アリヅカコオロギ科，カネタタキ科，クマスズムシ科，カンタン科，スズムシ科，マツムシ科，ケラ科などを含めた1グループの通称として用いる．
［和］コオロギ〈蟋蟀〉　［中］蟋蟀，促織，蛐蛐児，蛬，蜻蛚，油壺盧（エンマコオロギ）　［ラ］Gryllidae（コオロギ科）　［英］cricket　［仏］criquet, cricri (cri-cri), grillon　［独］Grille, Heimchen　［蘭］krekel　［露］сверчок
➡ p. 164-169

【名の由来】　オルトプテラはギリシア語で〈真っ直ぐなorthosはねptera〉の意味．グリリダエはラテン語でコオロギを指す言葉．

英名クリケットは，フランス語でイナゴやトノサマバッタを示すクリケcriquetに由来し，本来はクリクリというバッタのきしるようなはねの音を称したものである．ただしフランスでも俗にヨーロッパイエコオロギ*Gryllus domesticus*をクリクリcri-criとよぶこともあるらしい（奥本大三郎《虫の宇宙誌》）．

仏名グリヨンは，コオロギのラテン名グリルスgrillusによる．ドイツ名のハイムヒェンは，〈小さい家庭〉の意．コオロギは家の中を好む習性があるため．

中国名の促織は，鳴き声が急いで機はたを織る音に似ているためだと《三才図会》にある．

和名コオロギは，一説に〈黒い木〉を意味し，黒褐色の体色にちなむといわれる．

【名の異同】　日本では，鳴く虫のよび名について昔と今で異同があるようだ．コオロギとキリギリスについても，昔は今のコオロギを〈きりぎりす〉とよび，キリギリスを〈こおろぎ〉と称していたというのが定説である．これについて〈秋風の寒く吹く苗吾が庭の浅茅がもとに蟋蟀鳴くも〉，〈庭草に村雨ふりて蟋蟀の鳴く声聞けば秋づきにけり〉など，《万葉集》には〈蟋蟀〉の名のみえる歌が全部で7首ある．古くはこれに〈きりぎりす〉の訓をあてる場合もあったが，現在は〈こおろぎ〉と読むことで統一されている．韻律としてもそのほうがふさわしいし，秋の歌なので意味的にも一致するからだ．またこの〈蟋蟀〉は秋の鳴く虫の総称だったとする説もあるが，いずれにせよ，上代の〈こおろぎ〉が今のキリギリスを指すという説はあまり支持できない．《万葉集略解》には〈蟋蟀，旧訓きりぎりすとよみたれど，翁これを，こほろぎと訓より，（中略）蜻蛚と蟋蟀は同物なれば，蜻蛚に古

保呂木と有にて，古より蟋蟀にこほろぎの名有事しるく，今の世にも其名を伝へたれば，しかよむべき也，すべて集中蟋蟀と書るを，こほろぎと訓ざれば，詞に余りて調べととのはざるを〉とある。また，コオロギの名は《古今集》以後には出てこないが，《万葉集》には江戸時代に使われない植物の名もあるのでこれだけを疑ってはならない。〈はたおりめ〉の一種を〈きりきりす〉というのはずいぶん時代がくだってからだ，としている。

【博物誌】 直翅目にふくまれる虫で，キリギリス，バッタと並ぶ鳴く虫の代表である。分類学的にはケラもコオロギのなかまだが，本書では別項目とする。

コオロギははねとはねをすり合わせて，美しい鳴き声をだす。これは雄が雌を呼ぶための音である。しかしその声は雌ばかりでなく古今の人びとの心さえ惹きつけ，古くから愛玩動物のひとつになった。

一般に虫に関心を示さなかった古代ギリシアにおいても，草で編んだ籠の中にコオロギを飼う風習はあった。2～3世紀のギリシアの劇作家ロンゴスの《ダフニスとクロエ Poimenika kata Daphnin kai Chloēn》にも，レスボス島で育つ捨て子の少女クロエがくどこかへ出かけ灯心草を刈りあつめてはこおろぎ籠を編みにかかる〉，というくだりがみえる。コオロギが少女の心を慰めたのである。

プリニウス《博物誌》でも，コオロギやキリギリス，バッタ，セミといった鳴く虫は，とくに区別なくキカダ cicada として記載されている。ただしプリニウスは，キカダ類が2種に分類されるべきものとも述べている。すなわち，体が大きく，宙を舞うものを〈歌い手〉(つまりセミ類)，体の小さいものを〈草原を跳びまわるもの〉(つまりコオロギ，バッタ，キリギリス類)とよんだのである。

またセミ類のほうがよく鳴くことや，両種とも雄しか鳴かないことも報告されている。プリニウスによれば，ギリシア・ローマで愛玩されたキカダ類は近東・中東地方の民族のあいだで食用とされ，とくにペルシア人はさかんにこれらの虫たちを食べたという。

古代西洋においてコオロギは，耳の病気用の軟膏やお守りにも使われた。鳴き声からの連想か，あるいは前あしにある鼓膜器官を想定してのことであろう。また，扁桃腺がはれている場合も，コオロギを殺した手で患部に触れると治るという。

ただしプリニウスは，コオロギ類を黒い甲虫のなかまに分類している。《昆虫の劇場》を著したトマス・ムーフェットはこの誤りを正し，コオロギのはねは鞘に収められておらず，薄い膜におおわれているだけであって甲虫ではない，と述べた。

またプリニウスの《博物誌》は奇妙な話をも載せている。鉄器を用いて土と一緒にコオロギを巣穴から掘り上げ，それを両手にはさんで押しつぶすと，その年は丹毒にかからないのだそうだ。これは，つぶしたコオロギの液が手を守るからである。またコオロギを水に漬けておくと結石の薬になるという俗信もあった。

ちなみに，《昆虫の劇場》の著者トマス・ムーフェットは，同書刊行に先立ってコオロギのつがいを飼養したことを記している。しかし飼いはじめて8日たつと，雌は雄に食いつくされており，さらに2日後には雄も死んでしまったという。おそらく実際は，雄が雌に食われたのだろう。

その点，ファーブルは，雄コオロギを1匹籠で飼い，けっしてペアを一緒にしなかった。そうすると，野にいるコオロギよりずっと長生きして，9月まで鳴き続ける。ファーブルは《昆虫記》でその原因を，性生活による精力の消耗がないためだとしている。

ヨーロッパの子どもたちは，そうして捕えたコオロギやキリギリスを籠や袋に飼い，その鳴き声を楽しんだ。ムーフェット《昆虫の劇場》によれば，アフリカではコオロギは高価な値段で取り引きされたという。鳴き声を眠るさいのBGMがわりに用いたのである。ヨーロッパではまた，コオロギは生薬カンタリス([ツチハンミョウ]の項を参照)の代用にも使われ，同じような効果が得られたという(《昆虫の劇場》)。コオロギを首にかけておくとマラリアの四日熱の発作が鎮まるともいう。

西ヨーロッパでは，コオロギが死を予兆する虫とも考えられた。家にいたコオロギが姿を消すと家族に死が訪れるとか，コオロギの鳴き声を耳にすると死が近い，などといいならわす。また教会の鐘が響くさなかにコオロギが鳴くと親戚が死ぬとか，日曜日にコオロギを殺すと大凶，といった俗信もあった。ただし白いコオロギを見かけたら，いなくなった恋人が戻ってくる。いっぽうアイルランドの俗信によると，コオロギは何百年という齢を生きる魔力をもった生きもので，その鳴き声で世の歴史を語り伝えているのだという(《西洋俗信大成》)。

ちなみに，イギリスの国技といわれ，野球の起源ともされるクリケットは，コオロギという意味である。この名称は球をバットで打つときの音がコオロギの鳴き声を思わせるためだという。

またアメリカのヴァージニアやメリーランドでは，コオロギは〈年寄り〉だから殺してはいけない，といわれる。この虫が老人のように暖炉のそばな

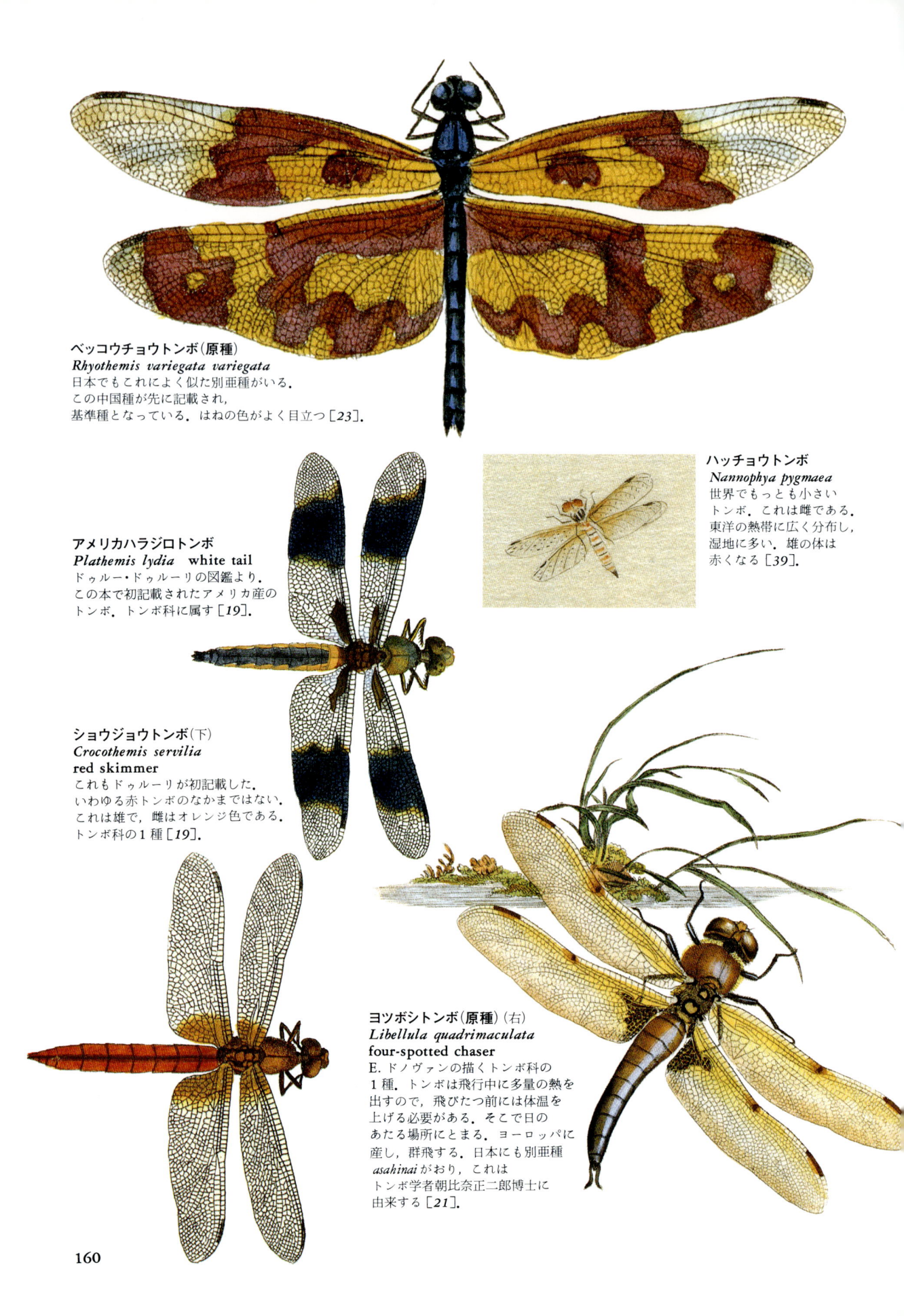

ベッコウチョウトンボ(原種)
Rhyothemis variegata variegata
日本でもこれによく似た別亜種がいる.
この中国種が先に記載され,
基準種となっている. はねの色がよく目立つ[23].

ハッチョウトンボ
Nannophya pygmaea
世界でもっとも小さい
トンボ. これは雌である.
東洋の熱帯に広く分布し,
湿地に多い. 雄の体は
赤くなる[39].

アメリカハラジロトンボ
Plathemis lydia white tail
ドゥルー・ドゥルーリの図鑑より.
この本で初記載されたアメリカ産の
トンボ. トンボ科に属す[19].

ショウジョウトンボ(下)
Crocothemis servilia
red skimmer
これもドゥルーリが初記載した.
いわゆる赤トンボのなかまではない.
これは雄で, 雌はオレンジ色である.
トンボ科の1種[19].

ヨツボシトンボ(原種)(右)
Libellula quadrimaculata
four-spotted chaser
E. ドノヴァンの描くトンボ科の
1種. トンボは飛行中に多量の熱を
出すので, 飛びたつ前には体温を
上げる必要がある. そこで日の
あたる場所にとまる. ヨーロッパに
産し, 群飛する. 日本にも別亜種
asahinai がおり, これは
トンボ学者朝比奈正二郎博士に
由来する[21].

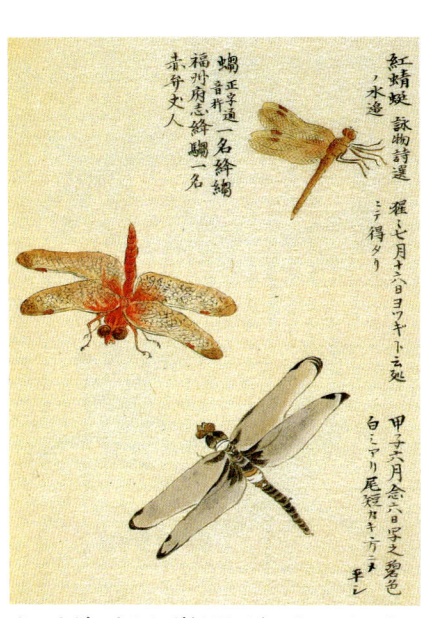

コシアキトンボ(左)
Pseudothemis zonata
〈腰〉のあたりがほんのり黄色い。
これは未成熟の雄のシンボルでもある[5]。

オオシオカラトンボ(右)
Orthetrum triangulare melania
青い色をしているのは
成熟した雄の証拠[5]。

ショウジョウトンボ(下図・右上)
Crocothemis servilia red skimmer
古くは赤トンボとされたが、アカトンボ（アキアカネ）の
なかまではない。図は雌である。

シオカラトンボ(同・下の3匹)
Orthetrum albistylum speciosum
下の3匹は体色が白く、すべて雄らしい。
日本人にはきわめてよく知られたトンボである。
雌は黄色い体色をし、一般にムギワラトンボとよばれる[5]。

ショウジョウトンボ(上図・上) *Crocothemis servilia*
栗本丹洲が描く赤いトンボたち。上が雌で中央が雄である。
これらトンボ科の雌は産卵管がないので、卵を水面にまきちらす。

コシアキトンボ(同・下) *Pseudothemis zonata*
奇妙な図である。胸部があまりに長すぎるが、
この胸は飛行するための温度を上げるところとして重要である。
小型のトンボはここが15℃ほどになると飛べるという[5]。

チョウトンボ(下) *Rhyothemis fuliginosa*
まさしくペアの図である。上が雄で下が雌、
吉田雀巣庵の《蟲譜》より。よくその差を示している[39]。

● 直翅目──コオロギ

ど暖かい場所にへばりついていることが多いところから生まれた俗信らしい（クラウセン《昆虫と人間》）。

　北アメリカ，チェロキー族のなかには，歌がうまくなるといって，コオロギを材料にした茶を飲む人もいるらしい。またチェロキー族の少年たちは，小さな弓をつくり，コオロギやバッタを狩って楽しむ。そのため，コオロギは人間の女の子が生まれたときは大喜びするが，男の子だと〈射たれる！射たれる！射たれる！〉といって心底嘆くという伝説が生まれた（《チェロキー族の神話》）。

　コオロギに関して，アメリカ，ユタ州に本部をおくモルモン教徒のあいだに，次のようないい伝えがある。1847年，教徒が当地に移住したころはコオロギの害がはなはだしく，初めて植えた作物もことごとく食い荒らされてしまった。翌年もコオロギによる被害は増えるいっぽうだった。だが信徒は望みを捨てず，神に祈り続けた。すると，空からカモメの群れが降りてきて，憎きコオロギを一掃してくれたという。教徒はこのカモメに感謝して，ソルト・レイク・シティに今も残る記念碑を建てた。またこの虫も上記の逸話にちなみ，モルモンコオロギ *Anabrus simplex* とよばれる。

　中国ではコオロギは俗にその鳴き声から，蛐蛐チュイチュイとか蛐蛐児チュイチュエルとよばれる。伝説によると，昔，刺繍上手な娘がいて，花かげで鳴くつがいのコオロギを図案にしようと，夜中に外で虫を観察していた。すると厳格な父親が娘をこっぴどく叱り，それを悲しんだ娘は井戸に身を投げた。そしてコオロギたちも娘の死をいたみ，今でも〈屈チュ！屈チュ！（くやしい！くやしい！）〉といって泣いているのだという（金受申《北京の伝説》）。

　中国産のウスイロコオロギ *Gryllodes sigillatus* は，クサヒバリに似た美しい高い声を響かせる。体形もクサヒバリに似ているが，体はずっと大きく，はねは小さい。第2次世界大戦中，満州にいた昆虫学者の常木勝次は，この虫をウスイロコオロギとよぶことを知らず，コバネキンキバリと命名していた（常木勝次《戦線の博物学者》）。

　《本草綱目》によると，中国古代にはコオロギを薬方に用いる習慣はなく，したがって同書でのあつかいも〈竈馬（カマドウマ）〉の付録として〈促織〉の名で記載されるにとどまった。ただし李時珍は，とがった竹が体に刺さったら，この虫をつぶして塗るとよい，と所見をそえている。

　日本では，野原で鳴く虫は大きくコオロギ類とキリギリス類に二分されることとなった。ただし，黒っぽいのがコオロギで，緑がかったのがキリギリスというのは俗説。緑のコオロギや黒いキリギリスも存在する。松浦一郎《鳴く虫の博物誌》によれば，体型で見分けるのがいちばん確実で，キリギリス類はほっそりした縦長，コオロギ類はずんぐりと偏平な形をしているという。また荒あらしい鳴き声がキリギリス，鳴色のよいのがコオロギと覚えていてもほぼ間違いないそうだ。

　コオロギ科の1種シバスズ *Pteronemobius taprobanensis* は，芝地や乾燥平原で6月ころからジーという連続音を響かせる。栗本丹洲はこの虫を最小のコオロギと称し，長いあいだ声しか聞いたことがなかった，と述べている。しかし文政5年（1822），佐藤左門という人物からこの虫を贈られ，8月の終わりまで夜な夜な枕元に虫籠を置いては，連綿として絶えることのないその鳴き声を楽しんだという（《千蟲譜》）。

　和歌山県ではツヅレサセコオロギの鳴き声を〈鮓食て，餅食て，酒飲んで，綴ぅれ刺せ，夜具刺せ〉と聞きなした。夏場に遊んでいた人に，もう秋になったのだから冬じたくをしなければいけない，と警告を発しながら鳴いているのだそうだ（《南方随筆》）。

　コオロギ類の1種クサヒバリ *Paratrigonidium bifasciatum* も，秋の鳴く虫として古くから人びとに愛されてきた。和名は〈草の中にいるヒバリ〉という意味。チリリリリという美しい鳴き声を鳥類のヒバリの声にたとえたものだ。またこの虫の生態を細やかな観察眼で描きだした作品としてなんといっても有名なのが，小泉八雲ことラフカディオ・ハーンの〈草雲雀〉（《骨董》所収）。初冬の寒さのなか，女中の不注意から餌をもらえず自分のあしを食べて死んでいったハーンの家のクサヒバリの，たとえば鳴き声についてはこう記されている。〈はじめは，非常に小さな電鈴ベルの響きのように，その音はいよいよ麗しく，──あるときは，家じゅうが妖しく共鳴して，打ちふるうかと思われるほどに高くなり，──またあるときは，ほとんど想像もできないほどの，か細い糸の音の絶え絶えな，縷々とした声に落ち沈む〉（長澤純夫訳）。ちなみに当時この虫の売値の相場は1匹12銭で，同じ目方の金の値段よりはるかに高かったという。

【コオロギ合戦】　中国におけるコオロギ文化の精華は〈コオロギ合戦〉であろう。コオロギの戦闘的な性質は，中国でも古くから知られ，《三才図会》にも，〈大へん闘いを好み，勝つと矜ほこって鳴く〉とあるほどであった。

　この賭博を秋興シュウキョウという。コオロギの雄どうしを闘わせる動物賭博の一種で，一説に唐代の8世紀前半に成立したとされる。明・清代には階層の上下を問わず大流行，明の宣徳帝は強いコオロギ

を献上させ，賭博用に特製の容器で飼育したという。勝負は重量別に土鉢の中で行なわれ，一勝負が数ラウンド，各ラウンドとも一方がうずくまると終わりとなる。2匹に勝ったコオロギは〈将軍〉，3匹に勝つと〈大将軍〉とよばれ，死体を小さな金製の箱に入れて手厚くとむらう風習もあった。飼育法の指南書も数かず著され，たとえば17世紀の書，劉侗《促織志》には，餌としてウナギ，サケ，蒸し栗，粟めしなどを与えるとよい，と記されている。また傷ついたものには子どもの尿を2倍に薄めて飲ませると治る，ともいわれた。なお競技には，東部や北部ではツヅレサセコオロギやエンマコオロギの類が，南部ではフタホシコオロギやシナコオロギが使われたらしい。

明の宣徳年代(1430年代ころ)，上記のようにコオロギ合わせがさかんに行なわれ，優秀なコオロギを民間から取り立てる風習も慣例化した。だが《聊斎志異》の一篇〈促織〉をみると，そのために風紀がいかに乱れたかがよくわかる。街のチンピラは強いコオロギを手に入れると，値をつり上げてぼろもうけ。地方の役人は高いコオロギを中央に献納するという口実で重税を取り立てる。あげくコオロギを1匹たてまつるごとに，数戸の家が傾いた。〈促織〉では幸い主人公の部落長が，天の功徳か，とてつもなく強いコオロギを偶然手に入れる。おかげで彼は大金持ちになった。ちなみにこの話のコオロギは，小さくて赤黒，頭は四角で脛が長く，土狗(ケラ)に似ていた，とある。強さもさることながら，琴瑟の音に合わせて踊る芸もあったため，たいそう喜ばれたそうだ。

〈秋興〉は，新中国になって賭博が禁止されたため，完全にすたれたといわれていた。しかし最近またさかんになりつつあり，天津などでは秋に大会も開かれるという。

小西正泰《虫の文化誌》によると，コオロギを闘わせて賭をする習俗は現在でも台湾やタイやジャワ島，バリ島などアジア各地に見られる。台湾でも子どもたちがコオロギを採集し，竹筒の中で闘わせて楽しむという(田中梓《昆虫の手帖》)。

【こおろぎ橋】　誰かが自殺したとか殺されたといったいい伝えをもつ橋のこと。全国各地にあるが，なかでも石川県の山中温泉のものは有名。由来はよくわからないが，黒っぽい体色をもつ種類が多いことから，不吉なイメージと結びつけられたものか。また〈こおろぎ橋〉のこおろぎは，〈清ら木〉の意味だとする説もある。昔，その聖木のまわりで，神事などがとり行なわれた名残りだという。

菅江真澄《筆のまにまに》によると，秋田の寺内にある〈こおろぎ橋〉は，そもそも〈香炉木橋〉という意味で名づけられたものだという。昔，大きな伽羅の木が流れてきたとき，高価な香木とはつゆ知らず，住民は橋の材木に使っていた。だがのちに，当地を訪れた大阪の船人がこれに気づき，木を買っていった。そこで〈香炉木橋〉とよぶようになったそうだ。

【民話・伝承】　青森県の浅虫温泉には，コオロギの1種の由来譚が伝わる。昔，浅虫の長者とよばれた稲田大尽が，お君という美人を手に入れようと画策した。按摩だったお君の弟に，姉さんを奉公に出してくれれば，眼病の秘薬をやるとうそを吹きこんだのだ。こうして弟はいやがる姉を大尽のもとに送りだしたが，しばらくしてうそがばれた。怒った弟は大尽を殺そうとしたが，逆に斬られて古井戸に投げこまれた。だがやがてお君が大尽を殺し，自分もその場で果てた。やがて時がくだり，大尽家の跡地の古井戸から，眼のないコオロギがあらわれた。これが町の人びとのあいだで，弟の按摩の亡魂だという噂をよび，ついには町の名物になったという(中山太郎《日本民俗学》随筆篇)。

一般にコオロギ類は暖かい土地を好み，北日本に少ない。そのなかで青森県に分布するコオロギというと，エゾスズやカワラスズなどが考えられる。とくに後者は1926年(大正15)8月，昆虫学者の大町文衛が三沢市の古間木駅(現在の三沢駅)構内で新たに発見した種(ただしここが北限)。クサヒバリに似た美しい鳴き声を響かせるので有名だ。伝説で〈眼がない〉となっているのは，体が約1cmと小さく色も黒いので，見誤ったものか。なお，古井戸には外形がコオロギに似たメクラゲンゴロウ *Morimotoa phreatica* がすむ。あるいは，ここでいうコオロギはこの虫のことかもしれない。

コオロギのすもう(闘蟋蟀)。《北京風俗図譜》より。中国では秋の名物として，コオロギ屋が出る。人びとはコオロギを買いもとめ，たがいに闘争させて賭博を楽しんだ。おそらくこの遊びのみなもとは〈蠱術〉にあったのだろう。

マキバネコロギス▲(下)
Schizodactylus monstrosus
コオロギとキリギリスの中間のような虫．
はねが巻かれており，きわめて奇妙な姿をしている[3]．

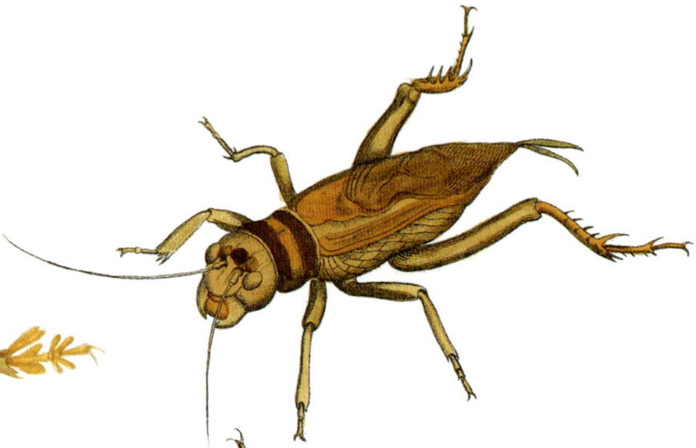

アリツカコオロギのなかま(左)
Myrmecophila acervora
アリツカコオロギははねを欠き，
しかもアリの巣の中にすむ
かわりものである．キュヴィエ
《動物界》に描かれた一葉[3]．

アフリカオオコオロギ▲(上図・上)
Brachytrupes membranaceus
コオロギ科の巨大種．ドゥルーリの
この図が初記載のようだ．

マキバネコロギス▲(同・下)
Schizodactylus monstrosus
ドゥルー・ドゥルーリの図鑑に
載せられたこの絵は，有名な
モーゼス・ハリスが描いた．種小名の
〈奇形〉は，言いえて妙である[19]．

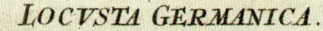

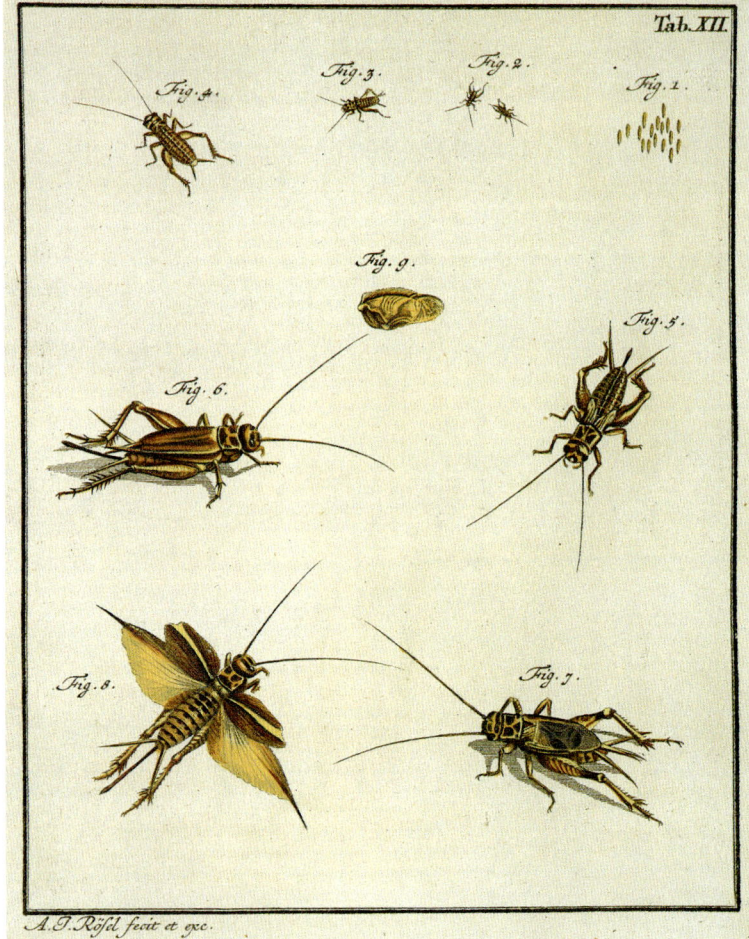

ヨーロッパノハラコオロギ*(左)
Gryllus campestris
field-cricket
ヨーロッパの代表種．
レーゼル・フォン・ローゼンホフが
成長過程を詳細に記録している[43]．

フタホシコオロギ(右頁)
Gryllus bimaculatus
southern field-cricket
コオロギ科．南ヨーロッパから
アフリカ，アジアに広く分布する
コオロギで，日本のクロコオロギと
同じ属にふくまれる．色は黒い．
レーゼル・フォン・ローゼンホフの
すばらしい図[43]．

LOCVSTA GERMANICA.

Tab. XIII.

Fig. 4.   Fig. 3.   Fig. 2.   Fig. 1.

Fig. 5.

Fig. 6.   Fig. 8.   Fig. 7.

Fig. 9.

Fig. 10.

A. J. Röſel fecit et exc.

● 直翅目──コオロギ／カネタタキ／マツムシ／アオマツムシ

【文学】 《炉端のこおろぎCricket on the Hearth》（1845） イギリスの文豪ディケンズCharles John Huffam Dickens（1812-70）の童話．妻の誠意を疑う夫など悩み苦しむ人びとの心が，コオロギの鳴き声によって癒やされる．《クリスマス・キャロル》などと並ぶディケンズのクリスマス向けファンタジー．なお，炉端のコオロギは，〈ものぐさな亭主〉の意味．また〈炉端のコオロギ〉は家庭的安楽の象徴とされ，フランスでは家庭的な男性を揶揄するのに〈コオロギcriquet〉という．

カネタタキ

節足動物門昆虫綱直翅目カネタタキ科Mogoplistidaeに属する昆虫の総称，またはその1種．
［和］カネタタキ〈鉦叩き〉 ［中］吟蛩 ［ラ］*Ornebius*属（カネタタキ），*Mogoplistes*属 ［英］scaly cricket ［仏］mogopliste ［露］чешуйчатый сверчок　➡p.169

....

【名の由来】 モゴプリスティダエはギリシア語の〈苦労mogos〉と〈戦士の甲鎧hoplistes〉の合成語．オルネビウスの語源は不明．
　英・露名は〈鱗におおわれたコオロギ〉の意．
　和名カネタタキは，チン・チン・チンという鳴き声が，小さな鉦を叩いているような響きをもつことにちなむ．

【博物誌】 直翅類とよばれるグループの中核をかたちづくるコオロギのなかま．前・後翅が背中からまっすぐ尻にむかってのびているため，直翅類と名がつけられた．生垣や小さな低木の上にすみ，よい声で鳴く．日本人が愛する小さな虫である．雄は前翅のみで後翅がなく，雌にいたっては無翅というやや珍しい形態をもつ．雄はよく鳴くので，虫屋で売られることもある．

　カネタタキの鳴き声について内田百閒は次のように評している．〈微かな聞き取れない位の声だが，それでいて周囲の騒音に消されると云う事はない．秋の旅行で暮れかけた汽車が山裾を通る時は，轟轟と鳴る響きの中に，鉦たたきのちんちんちんと澄んだ声がはっきり聞こえて来る．

　家にいてそのちんちんちんと云う声に耳を澄まし出すと，暫くは何も考えられなくなる．一しきり鳴いては一寸間を置いて又鳴くと云う風なので，ついその次を待つ気になり，急ぎの仕事もその為に頓挫し，どうかするとその儘気が抜けてしまうと云う事もある〉（〈虫のこゑごゑ〉）．

　カネタタキは人の足音がするとすぐ鳴きやんで，灌木の茂みのなかに身を隠す．そのためなかなか見つけることができない．おかげで古代人は，この虫のチ・チ・チという鳴き声を〈父よ，父よ〉と聞きなし，ミノムシが鳴いているのだと信じこんでしまった．清少納言《枕草子》に〈ちちよ，ちちよとはかなげに鳴く〉とうたわれた虫の正体は，カネタタキだったのである．この説を初めて唱えた松浦一郎によると，カネタタキは夫婦仲がよく，たいてい雌雄一緒にいる．そして1匹だとチ・チ・チという鳴き声も，重なるとチチヨ，チチヨと実際聞こえるという．

　カネタタキやカンタンを捕えるには，すみかであるクズなどの茂みの下方に傘をひろげ，茂みを棒で叩く．葉の裏から傘に落ちてきたところを捕ればよい（石原保《虫・鳥・花と》）．

【民話・伝承】 横山桐郎《優曇華》によると，N県のA山の麓のKという小村では，カネタタキとは，お絹という地主の娘が死んで化した姿だといい伝える．お絹は水呑百姓の啓太郎と恋に落ちた．しかし身分の差はどうにもならない．やがてお絹は別の男と結婚，失意の啓太郎は出家して常念と名のった．ところがやがてお絹も家出して，常念のいる寺までやってきた．だがいったん世を捨てた常念は，お絹を拒絶．ショックの余り，お絹は井戸に身を投げた．それからしばらくして，常念がお絹のために経を読んでいると，読経に合わせて，チンチンチンと鉦を叩くような虫の音がした．見れば，お絹の位牌の上で，小さな虫が鳴いているではないか．常念は，これはお絹の生まれ変わりにちがいないと思い，そっと草の中に放してやったという．

マツムシ

節足動物門昆虫綱直翅目マツムシ科Eneopteridaeに属する昆虫の総称，またはその1種．
［和］マツムシ〈松虫〉，チンチロリン ［中］金琵琶 ［ラ］*Xenogryllus*属（マツムシ）　➡p.169

....

【名の由来】 エネオプテリダエはギリシア語で〈役にたたないeneos〉と〈はねpteron〉の合成語．キセノグリルスは〈異なったxenosコオロギgryllos〉で，〈コオロギの異種〉の意か．
　和名マツムシは古く今のスズムシを指し，雄の鳴き声が松籟（松にそよぐ風の音）を思わせることからつけられた，といわれる．またチンチロリンは，その鳴き声にちなんだ名である．

【博物誌】 秋に鳴く虫のチャンピオンとして，スズムシに次いで有名な，コオロギのなかまである．しかしマツムシはススキの茎などに産卵するので，土中に卵を産むスズムシより飼いにくく，その分

ポピュラリティにおいてスズムシに一歩をゆずる．しかし透明感ある褐色の体の美しさは，スズムシのそれよりも上位におかれる場合が多い．《和漢三才図会》はマツムシの鳴き声を〈知呂林ちろりん，古呂林ころりん〉，スズムシの声を〈里里林りりりん，里里林〉と表記している．

その《和漢三才図会》によると，マツムシやスズムシは昼はつかまえにくく，夜間，明かりを照らして集まってきたものを捕えるのがよいという．また飼育のしかたについては，竹筒に水とツユクサの葉2，3枚を入れ，毎朝，水と草をとりかえ，糞を掃除してやる，とある．

《東都歳時記》はマツムシやスズムシの江戸の名所として，隅田川東岸，王子辺，道灌山，飛鳥山，三河島辺，御茶の水，広尾の原，根岸などをあげている．そして道灌山はマツムシが多く，飛鳥山にはスズムシが多い，と述べる．

前述したように，マツムシやスズムシを捕獲するには，夜間灯りを手に野原に分けいり，光を求めて集まってきたものを捕えることが古くから行なわれた．しかし文化3年(1806)に成立した伴蒿蹊《閑田次筆》によると，虫売りの商人は昼間，竹を2本持ってススキ野原をかき分け，驚いて飛びあがった虫を捕えるようになったという．さらに業者のなかには，ススキを自分の庭に植え，すみついた虫が残した卵を毎年かえして籠に入れて売る者もあらわれた．

原田三夫《虫魚禽獣》によると，夜間マツムシがたくさん鳴いている場所にスイカの食べさしを置いておき，翌日朝露がまだ乾いていないころに戻ってみると，マツムシがたくさんスイカに群れている．これを捕えればよいとする．これも，よく知られた方法である．

【文学】 《松虫》 謡曲の一．かつて大阪阿倍野の原でマツムシの鳴き声を背に死んでいった友人をしのび，ひとりの男が同じ野原でマツムシの声に耳を傾けるという話．松の名をもつこの虫を，いわば長寿＝永遠の象徴として，亡き友への変わらぬ思いをうたったもの．

アオマツムシ

節足動物門昆虫綱直翅目マツムシ科に属する昆虫の1種．[和]アオマツムシ〈青松虫〉[中]梨蛞蛉[ラ]*Calyptotrypus hibinonis*

【名の由来】 カリプトトリプスはギリシア語で〈おおわれた kalyptos 穴 trypa〉の意味．種名は，生物学者日比野信一の名による．

和名アオマツムシは，〈青いマツムシ〉の意．

【博物誌】 由来のはっきりしないコオロギ．近年になり，とつぜん人びとの気を引くことになった．というのは，昨今新宿の高層ビル周辺など関東以西の都会を中心に大発生しているからである．このアオマツムシ *Calyptotrypus hibinonis*，じつは，明治後期の東京に忽然とあらわれた外来種とされている．

岡崎常太郎《わたしの昆虫誌》によると，1898年(明治31)，のちに植物生理学者となる日比野信一が，東京赤坂の榎坂下の樹上でリーリーという聞きなれぬ虫の鳴き声がするのに気づいた．しかし，なかなか正体が突きとめられず，17年後の1915年(大正4)にようやく捕獲に成功，標本を北海道帝国大学の松村松年のもとに送り，松村によって学名が〈ヒビノニス *hibinonis*〉，和名が〈アオマツムシ〉と決定された．じつは，ほんとうの発見者は日比野の従兄の木村鉄氏だったのに，標本の送り主の日比野が発見者と勘違いされたのだという．せっかくの発見者の栄誉をにないそこねた木村氏は，後年ひじょうに残念がっていたそうだ．しかし，命名規約上，一度つけられた学名は変更できないことになっているのである．

また小西正泰氏によると，1907年(明治40)前後，作家の広津和郎が青山墓地でこの虫の鳴き声を聞きとめ，従兄と相談のうえ，〈青葉松虫〉と命名したとか，1912年(大正1)，のちのセミ博士加藤正世が自分で〈アオマツムシ〉と名づけた標本をもっていたという事実もある．いずれにせよこのころには東京で繁殖しはじめていたようだ．そして昭和初期には虫屋にも登場，ある記録によると1927年(昭和2)にはカンタン，カネタタキとともに70銭という最高値で売られていた．

モモ，カキ，ナシなどの果樹をかじる害虫でもあるアオマツムシは，殺虫剤や農薬散布の影響で昭和30年代以降東京からは姿を消していたが，1970年代からまたさかんに鳴き声が聞かれるようになった．折からの園芸ブームに乗って，周辺から都内にもちこまれた苗木にこの虫の卵が付着していたのが原因らしい．そもそもこの虫の来歴についても中国大陸南部から苗木とともに渡来したという有力な説がある．中国での名前も〈梨蛞蛉〉，つまりナシの樹にすむコオロギという意味で，このほうがこの虫のよび名としてはふさわしいかもしれない．

昆虫学者の石井悌は1930年(昭和5)8月末ころ，中国の杭州で，虫売りがアオマツムシをスズムシ同様〈金鐘児きんしょうじ〉とよんで売っているのを見かけた．中国南方では人びとに親しまれた虫のようだ(石井悌《武蔵野昆虫記》)．

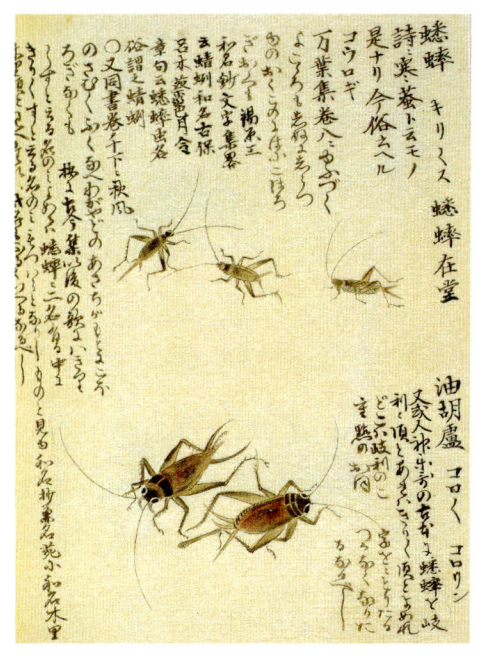

オカメコオロギのなかま（左図・右上）
***Loxblemmus* sp.**
雄が2匹描かれている。これらのなかまは、リッ、リッという声で鳴く。その左はスズムシ *Meloimorpha japonica* であろう。

エンマコオロギ（同・下）
Teleogryllus emma **emma field-cricket**
ペアが描かれている。コロコロ、コロリンという表現は、よくこの虫の鳴き声に合っている［5］。

コロギス（右図・上）
Prosopogryllacris japonica
コオロギとは別のコロギス上科を形成する。前翅があまりキチン化せず、体がやわらかいコオロギのようにみえる。樹上性で、糸を吐いて葉をつづり、その中にひそんでいる。

エンマコオロギ（同・下）
Teleogryllus emma **emma field-cricket**
4 cmほどになる大型のコオロギで、よく親しまれている夏の虫［5］。

クラズミウマ（中央）
Tachycines asynamorus **greenhouse camel-cricket**
《博物館虫譜》より。おそらく馬場大助が制作させた図であろう。中央にカマドウマ科の1種が描かれる。これは小型で、人家の内外にすみ、越冬する。なお左はエンマコオロギ、右はあきらかにキリギリスを示す文章がついているが、同定された山崎柄根氏によれば、図としてはキリギリス科のヒメギス属（*Metrioptera*）のものにみえるとのことである［26］。

カネタタキ(上)
Ornebius kanetataki　scaly cricket
雄は短いはねをもつが，雌は無翅．コオロギのなかでは小さく，
姿も淡い褐色をしており，低木上でチン，チンと鳴く[5]．

クサヒバリ(上図・上)
Paratrigonidium bifasciatum
きわめてかん高い，フィリリリーという声で
鳴く．生垣などに多く，朝から鳴いている．
これら鳴く虫は日本とその周辺のものの
文献が多い．

カンタン(同・下)
Oecanthus longicauda　tree cricket
秋にハギの葉の上で鳴く姿がみられる．
日本，中国東北部に分布する虫．
ルルルルルと低い声で鳴くので，
老人の耳にもゆったり聞こえる[5]．

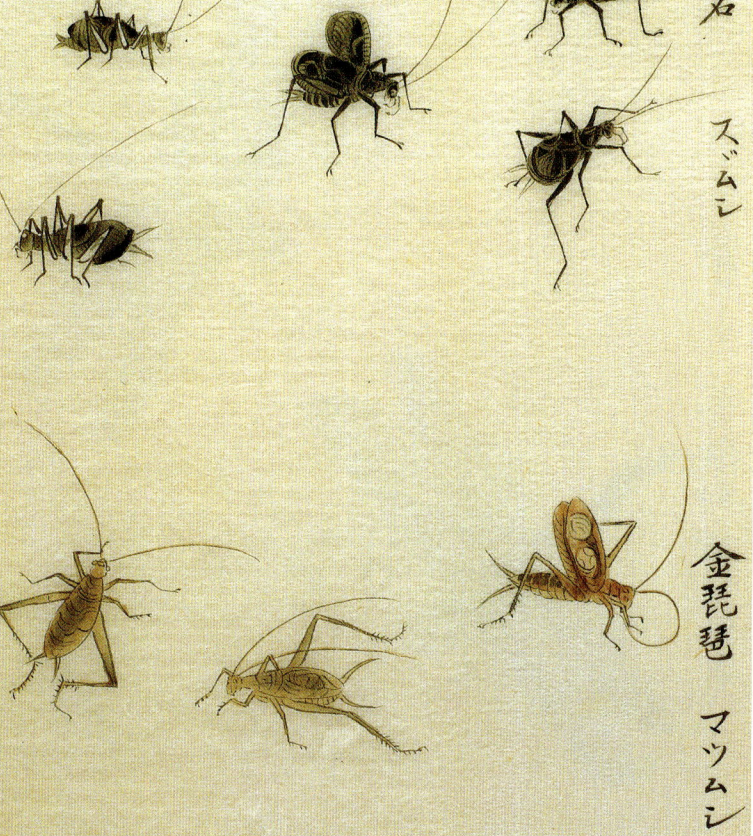

スズムシ(左図・上)
Meloimorpha japonica
鳴く虫の王国日本には古くから，コオロギ類の
図が多い．ここでは日本周辺にのみ分布する
鳴く虫を集め，日本の絵師の図によりその姿を
たどることとしたい．日本の鳴く虫の代表と
いえば，スズムシであろう．ここでは雄のみが
描かれ，はねを立てて鳴いている姿もみられる．

マツムシ(同・下)
Xenogryllus marmoratus
スズムシと並び称されるコオロギ．
淡い透明感のある姿が美しい．
鳴き声はチンチロリンで，海辺など
乾燥した草地にすむ[5]．

● 直翅目──スズムシ／カンタン

スズムシ

節足動物門昆虫綱直翅目スズムシ科 Phalangopsidae に属する昆虫の総称，またはその1種．
［和］スズムシ〈鈴虫〉　［中］金鐘児　［ラ］*Homeogryllus* 属（スズムシ），その他　　　　　　　　　　　➡ p.169

【名の由来】　ファランゴプシダエはギリシア語で〈クモ phallangion〉と〈顔つき opsis〉の合成語．ホメオグリルスは〈コオロギに似た〉の意味．

　和名スズムシは元来マツムシにつけられたよび名で，チンチロリンという雄の鳴き声が鈴の音に似ているためと一般にいわれている．したがって《古今集》や《源氏物語》など平安期の書物に出てくる〈鈴虫〉は，今のマツムシのことだという．

　関東地方では，スズムシとマツムシをその色や形から前者を〈スイカの種〉，後者を〈カキの種〉とよぶ（渡辺千尚《北の国の虫たち》）．

【博物誌】　鳴く虫のチャンピオンとよんでいいコオロギのなかま．畑などの土中にいて，飼いやすく，籠の中でもよく鳴いてくれる．マツムシに比べて繁殖も容易なため，虫屋からペアを購入する人が多かった．

　上述したように，じつはこのスズムシも，上代ではマツムシとよばれていたとの定説がある．逆に，現代のマツムシは上代にはスズムシという名だったという．こう何もかも逆転しているとは，どこか割りきれぬ思いがする．そこで名の異同について再検討してみたい．

　《源氏物語》の〈鈴虫〉には，女三の宮の御殿の庭前に放たれた虫の音を，光源氏が鑑賞するくだりがみえる．それによると〈松虫〉は人里離れたところでは美しい声で鳴くのに，捕えて庭に放してみるとパッとしない．だから生命力の弱い虫なのだろう，とされている．いっぽう〈鈴虫〉のほうは，にぎやかに鳴くので愛嬌があるという．この記述からすると，〈松虫〉＝マツムシ，〈鈴虫〉＝スズムシでかまわないように思われる．《鳴く虫の博物誌》を著した松浦一郎がまさにこの意見である．

　スズムシやマツムシを捕えてその鳴色を楽しむことは，古く平安時代の殿上人のあいだでも行なわれていた．京の嵯峨野あたりを散策がてら，鳴く虫を採集し，美しい虫籠に入れて宮中に奉ることを〈虫撰〉といい，集められた虫たちの鳴き声や姿の優劣を競う〈虫合〉も広く楽しまれた．ちなみに〈虫吹〉とよばれるその捕獲法は，今の虫屋も似たような方法を使うほどのすぐれものである．片側に紗（目のあらい絹布）を張った竹筒で虫を押さえ，はい上ってきたらもう片方の筒口を手でふさぐ．そして筒を虫籠にさし入れ，紗を張ったほうから息を強く吹きこむと虫が籠に飛びこむ，という仕掛けだ．

　ちなみに，17世紀の中国で書かれた劉侗《促織志》をみると，コオロギの卵を暖かいところに置いて孵化をはやめ，春先から鳴かせることが述べられている．中国では日本より古くから鳴く虫の人工飼育が行なわれていたわけだ．

　《昆蟲世界》大正2年10月15日号（第17巻194号）には〈鈴虫の外国行〉と題されたこんな記事もみえる．〈鈴虫は実に日本固有の虫であるが近頃では西欧にも輸出することになった．外国人でこの虫の音を珍重するものは大抵一匹二円位で買求め若し来客でもある時は数百円を投じて多数を集め僅々二三時間の歓楽を恣ままにすると云う程である．故に若し，此の虫をして外国人間に迄拡むることが出来るならば大に利益を得ることは疑いもない．日本一つの名産となるかも知れぬと思う〉．

　スズムシは中国でも愛好されている．清の敦崇の《燕京歳時記》には，旧暦7月の風物として，スズムシのことがこんなふうに記されている．〈金鐘児は（河北の）易州に産する．形は促織のようである．七月の季，京師に運ばれてきて販売される．枕辺でこの虫の音を聞くと最も清越な感じがする．余韻があってしかも悲しみの心を生じない．されば「黄金の鐘」というよび名もみだりにつけられたものではない〉（小野勝年訳）．

【虫売り】　江戸に専門の虫売りが初めて登場したのは寛政年間（1789-1801）のことらしい．当時神田でおでん屋を営んでいた忠蔵という男が，根岸の里からスズムシを持ち帰ったところ，近所の人から譲ってほしいと次つぎに頼まれ，それならと虫を捕ってきては売るようになった．その客のひとりに青山下野守に仕える桐山某という下級武士がいた．桐山は買ってきたスズムシを湿った土を入れた甕に入れて育てたが，冬になると虫たちは死んでしまった．ところが放っておいた甕の中で翌年の夏，見事卵が孵化したのである．こうしてスズムシの増殖に偶然成功した桐山は，さらに甕を暖かい場所に置くと卵がはやくかえることを発見，続いてカンタン，マツムシ，クツワムシの人工飼育にも成功した．そして桐山が飼育した虫を忠蔵が販売するという形でかなりの利益をおさめたという（小泉八雲〈虫の音楽師〉）．

　江戸期，人工飼育された鳴く虫は，暖められたものという意味で〈あぶり〉とよばれ，高値で取り引きされた（小西正泰《虫の文化誌》）．

　のちには自分で捕えた虫を江戸で売り歩く個人

業者もあらわれ，専門の虫売りと区別して〈蟋蟀売〉とよばれた。これについて菊池貴一郎《絵本江戸風俗往来》には，虫籠も粗末なら，それを入れた荷籠も粗末で，あつかう虫もキリギリスやクツワムシくらいしかなかったとある。しかし専門の虫売りに比べて値段が格安だったので，よく売れていたそうだ。

文政年間(1818-30)になると，江戸の虫売りを36人に限るという法令が出された。そして虫売りたちは，相模国大山の石尊を守り神とする〈大山講〉という組合を結成，これは俗に〈江戸虫講〉ともよばれる。ただし上述の法令は水野忠邦によって廃止された(小泉八雲〈虫の音楽師〉)。天保の改革でなぜ虫売りが禁止されたかというと，どうやら虫売りの粋な風情が倹約の精神にもとると考えられたかららしい。これについては若月紫蘭《東京年中行事》に詳しい。〈文化文政時代に於ける虫売の風と言えばすこぶる賑ったもので，それがチャキチャキの江戸ッ子であることは勿論のこと，新形の染浴衣に茶献上の帯をしめ，売出しの人気役者の手拭を四折にして頭に戴き，その役者の紋を画いた団扇をもって，ゆたりゆたりと市中を売り歩く後には，虫籠をかついだ下男がついて行くという風で，その衣裳も年々華美を競うに至ったので，天保の改革に際して断然禁止されたのである〉。

ちなみに1896年(明治29)の東京における虫売りの相場は次のようなものだった。ホタル2厘以下，スズムシ・マツムシ4銭以下，カンタン・クサヒバリ10銭内外，クツワムシ10銭以下，キリギリス10銭以上(森銑三《明治東京逸聞史》)。

明治の終わりころ，東京は神田北神保町に，小宮式嵐山孵化養成所というスズムシ専門の業者が登場し，たいそう繁盛したらしい。長い店名だが読めば字のごとくで，主人の小宮順舟というスズムシ研究家が，従来から定評のあった宮城野産のスズムシに嵐山産のスズムシをかけあわせると鳴き声のよい子が生まれるという事実を十余年かけて発見し，一般販売をはじめたのである。若月紫蘭《東京年中行事》によると，1年に25万匹もの虫をさばいていたという。なお同書によると，明治末期の東京の虫養成問屋は，この小宮のスズムシ養成所を加えて3軒。あと2軒は代々木の川澄武吉という人物と，その弟の三郎が四谷大番町に店を営んでいた。

【虫放ち】 放生会のひとつで，虫を放して功徳をほどこすための虫放ちは，遠く平安のころから行なわれていたらしい。この風習は明治にはいって一時すたれていたが，1909年(明治42)8月21日，当時の東京の風流子が集い，向島百花園では初めて虫放ち会が行なわれた。ここではその翌々年の8月22日に催された会の優雅なようすを記した若月紫蘭《東京年中行事》の以下の一節を引く。〈園の入口には紅白の幔幕を張って篝火を焚き，高張り提灯がぼんやりと夕暗に照っている。そこで渡さるる趣のある虫籠と，園の銘ある小田原提灯を受け取って，例の門内にはいると，尾花，荻，葵，朝顔，芒なんど，秋の千草が漸く咲き揃った中には，彼方こなたと夢のような雪洞がともっている。その数三百にも近かろう。池のほとりにトボトボと焚かれた篝火は，火影が水に映じて涼しげに揺らめいている。下げ髪に襠襟姿といったようなみやびた風は見られずとも，おさげもある，島田もある，桃割，丸髷，袴，浴衣と，いろんないでたちの艶な姿も見える。それが手ん手に右に曲がり左に隠れて，そっと虫籠を開いてここぞと思う秋草の下に虫を放ちやれば，放たれたる虫はややあって心地よげに秋の思いを歌い出す。虫の音に誘われた人の心は，やがて句となり歌となる。まことにしんみりとした床しい会であったとやら〉。

カンタン

節足動物門昆虫綱直翅目カンタン科Oecanthidaeに属する昆虫の総称，またはその1種。
[和]カンタン〈邯鄲〉　[中]邯鄲，天蛉　[ラ]Oecanthus属(カンタン)，その他　[英]tree cricket, plant cricket　[仏]oecanthe　[独]Blütengrille, Pflanzengrille　[露]стеблевой сверчок　　→p.169

....

【名の由来】 オエカンチダエはギリシア語で〈家oikos〉と〈花anthos〉の意味。

英・独・露名は〈木のコオロギ〉〈植物のコオロギ〉〈花のコオロギ〉〈茎のコオロギ〉の意。

中国名の天蛉の由来についてはよくわからない。あるいは天上の鈴の音のような鳴き声を響かせる虫，という意味か。

和名カンタンの由来についてもよくわからない。俗に中国河北省の古都邯鄲の名にちなむものともいわれるが，あまり確かな根拠はない。詳しくは以下の〔博物誌〕を参照。

【博物誌】 鳴く虫の女王とよばれるコオロギの一種。低く，優雅なその声は，スズムシよりも気品が高いと評される。

この虫に関して，もっとも興味ぶかいのはその名である。カンタンとはいったいどういう意味なのか。巷間ささやかれるのは，この名が中国の故事に出てくる地名，邯鄲に関わっているとの説

ヨーロッパケラ
Gryllotalpa gryllotalpa mole-cricket
湿った土の中にトンネルを掘り、このトンネルを拡声装置にして低く鳴くケラ。雄も雌も鳴くといわれ、世界中に分布する。本種はヨーロッパ産。ケラは広い意味のコオロギである［43］。

LOCUSTA GERMANICA.
Tab. XV.

A. J. Röfel fecit et exc.

ケラのなかま
Gryllotalpa sp.　mole-cricket
おそらくヨーロッパケラの図であろうが，
前脚の詳細が多少ちがう．
レーゼル・フォン・ローゼンホフによる
18世紀の博物画より［43］．

ケラのなかま（上）
Gryllotalpa sp.　mole-cricket
E. ドノヴァン《中国昆虫史要説》に
載った中国産のケラ．日本のものや
ヨーロッパのものとは別種であろう
［23］．

ヨーロッパケラ（下の2匹）
Gryllotalpa gryllotalpa　mole-cricket
E. ドノヴァンの描くケラ．左頁の
レーゼル・フォン・ローゼンホフの図と
比較するとおもしろい［21］．

● 直翅目──カンタン／ケラ

である。
　中国の故事〈邯鄲夢の枕〉は，沈既済《枕中記》によれば，次のような話である。唐代のこと，盧生という貧乏な若者がかつての趙の都邯鄲の宿に泊まり，食事ができるまでと，同宿した道士呂翁から枕を借りてうたたねをした。そして苦労の末，出世して富貴をきわめる夢を見る。だが目覚めてみれば，それはまだ料理も煮上がらぬ短いあいだのできごとだった。
　みてのとおり，中国戦国時代の都邯鄲と，コオロギのなかまカンタンとを結びつける要素はこの話にはまったくない。しかしカンタンの名の由来がよくわからないこともあって，〈邯鄲〉に起源をもつ名ではないかと考える人も結構いるようだ。たとえば《昆虫誌》の著者矢島稔氏は，明治の虫問屋を取材した小泉八雲〈虫の音楽師〉のなかの〈カンタン〉の項の〈この虫はカンタンギスとも，カンタンのキリギリスともよばれているが，暗褐色の夜の蟋蟀である〉という一節を引いて，カンタンという名が俗間で古くから使われていたことを指摘したうえで，以下のように想像する。
　虫の音を楽しむ人たちには歌をよむような生活にゆとりのある教養人が多かったのではないか。そういう人は中国の故事を知っていて，なにかにつけて引用したり連想することを楽しみにしていたのかもしれない。ルル…と鳴くカンタンの一風変わった音色を聴くにつけ，それがクサヒバリでもなくカネタタキでもなく，快く長く連続する音色についうたたねをしてしまいそうな響きを感じるのは，そう無理な想像ではない。
　単調な音色—うたたね—夢，という連想と一風変わった音に異国的なものを感じ，〈邯鄲夢の枕〉の故事を結びつけて，邯鄲の宿で盧生がうたたねをしていた雰囲気に似つかわしい虫，すなわち〈カンタンのキリギリス〉と名づけ，ほかの種類と区別したのではなかろうか。しかし固有名詞としては長すぎる。そこですぐ〈カンタンギス〉になり，〈カンタン〉と省略されるのにそれほど時間はかからなかったろう。
　ちなみに現在，河北省の邯鄲市（北京の南方約400km）付近にはカンタンは生息していないという。ここは北緯約37度，日本でいえば関東の北境あたりで，カンタンがすむにはよい気候なのに，である（松浦一郎《鳴く虫の博物誌》）。
　そういうわけで，名の由来は明確でない。そこでカンタン外来説というのも出た。カンタンという虫の名は，古文献はおろか，正徳3年（1713）に完成した寺島良安の《和漢三才図会》にも見あたらないからである。なんとこの虫が書物に初めて出てくるのは，江戸末期の虫譜なのである。ここより松浦一郎は《鳴く虫の博物誌》のなかで，そのころ，草木の茎に産みつけられたカンタンの卵が，植物とともにおそらく中国あたりからもたらされたのではないか，という説を唱えている。なお寛政末の1800年ころ，スズムシの孵化法を開発した桐山某という下級武士が，続いてカンタンの飼育孵化にも成功した事実があることから，渡来時期は遅くともそれ以前にさかのぼるはずだ。
　鳴く虫の声は一般に4kHz以上の高音で，聴覚が衰えると聞きとりにくくなる。ところがルルルルとゆるやかに優雅な音色を響かせて鳴くカンタンの鳴き声だけは2〜3kHzと例外的に低く，中高年者にもよく聞こえる。この虫を愛でる人間が熟年者に多いのはそのためであろう，と松浦一郎は述べている。ちなみに大町文衛《日本昆虫記》によると，明治天皇の皇后だった昭憲皇太后もとくにこの虫の鳴き声を愛好していたという。
　ちなみにカンタンは共食いをする虫なので，2匹を一緒の籠に飼ってはならないという。しかし松浦一郎によると，どうやらこれは虫屋が流した俗説らしい。この虫は2匹以上，とくに雌雄とり混ぜて飼うと，雄は長い鳴き声をひびかせなくなるため，かつての虫屋は1匹ずつにして売っていた。そして2匹まとめて売ってくれという客に対しては，上記のような解説を加えたというわけだ。
　カンタンのなかまは外国にもいる。ファーブルはイタリアカンタン *Oecanthus pellucens* の鳴き声をヴィオラの第1弦の音にたとえた。さらに〈歌は緩やかな静かなグリ・イ・イ，グリ・イ・イだ，それは軽くふるえてひときわ表情的になる〉と，より細かな記述もみえる（《昆虫記》）。
　ヨーロッパでは，ある種のカンタンが7秒間で何回鳴くかを数え，それに46を加えると，そのときのおおよその気温（華氏）がわかるという（クラウセン《昆虫と人間》）。

ケラ

節足動物門昆虫綱直翅目ケラ科 Gryllotalpidae に属する昆虫の総称，またはその1種．
［和］ケラ〈螻蛄〉　［中］螻蛄，蟪蛄，天螻，土狗，螻蟈，仙姑　［ラ］*Gryllotalpa* 属（ケラ），その他　［英］mole cricket　［仏］taupe-grillon, courtilière　［独］Maulwurfsgrille　［蘭］veenmol　［露］медведка　➡ p.172-173

【名の由来】　グリロタルピダエはラテン語で〈コオロギ gryllus〉と〈モグラ talpa〉の合成．前あしがモグラのようにシャベル状に特殊化していることによる．

英名は〈モグラ mole〉と〈コオロギ cricket〉の合成語。チェロキー族はケラのことを数字の7を意味する〈グルクワギ gûl'kwâgĭ〉とよぶ。どうやら鳴き声をそう聞きなしたものらしい。仏・独・蘭名のほとんども〈モグラーコオロギ〉の意。仏名クルティリエは〈庭師〉。露名は〈熊〉に関係するか。

中国名の螻蛄は〈臭気を発する虫〉を意味するとされる。同じく土狗は〈土中にすむイヌ〉の意。

和名ケラは，足で土を蹴るところから〈蹴る〉がなまったものといわれる。

群馬県沼田地方ではケラのことをチンコロとよんだ。丸まるした体つきが小犬（チンコロ）を連想させるためか（随然〈上州沼田地方の昆虫方言に就き〉《昆蟲世界》第30巻350号）。

【博物誌】 コオロギに近い直翅類で，穴を掘ってくらす。小さな声で鳴くが，穴そのものが拡声器の役割をして，かれらの鳴き声を遠くまで伝える。鳴くのは，雌を呼ぼうとする雄で，9月ころになると，ジーという低い音を響かせる。日本では昔からこれを〈ミミズ鳴く〉といい，ミミズの鳴き声だと考えられていた。ただし《本草綱目啓蒙》をみると，〈（雄ハ）土中ニアル時ヨク鳴ク，雌ナル者ハ鳴カズ〉とさすがに正しく記してある。

ヨーロッパ人はこのケラをあまり重視していない。中世ヨーロッパでは，ケラは甲虫，とくにクロカミキリ Spondylis buprestoides のなかまと考えられていたらしい。しかし《昆虫の劇場》の著者トマス・ムーフェットはこの分類に異論を唱え，ケラには鞘がないことを正しく指摘，さらに今も通用するモール・クリケットという命名を行なった。名の由来を著者はこう述べている。〈コオロギcricket というのは，夜が近づくとコオロギと同じようなかん高い音を発するため。モグラ mole というのは絶え間なく土を掘り続けているからである〉。

ケラについて，もっと不気味な伝承がある。オランダの植物学者ドドネウス（1516-85）が，ケラは子牛をかみ殺すという俗説を流布させたのだ。しかしトマス・ムーフェットは《昆虫の劇場》で，これはケラをカミキリムシ類と考えたことによる誤りだとして，複数の学者の観察例によりながら，この虫は素手であつかっても人間に何ら危害を与えない，と述べている。

オーストリアの王立自然史博物館長V.ケラーは，著書《農林園芸害虫書》（1837）のなかでケラの駆除法を紹介している。それによると，ケラの巣穴にまず水を流しこみ，次に油を数滴たらす。すると逃げようとするケラの気門が油でふさがれて，窒息死するという。またケラの通り道にカニの死体を置いておくと，その悪臭によって死んでしまう，という記述もみえる。

なお，ケラは母性愛の強い昆虫として知られる。雌は土中の部屋に200〜300個の卵を産むと，そばでじっと番をする。そして幼虫には，木の根などをせっせと運んできては餌として与え，脱皮が済むまで一緒にくらす。子は産みっぱなしという昆虫が多いなか，異例の過保護ぶりなのだ。

アメリカ・インディアンでは，チェロキー族が，ケラを敏しょうで賢い虫とする。美声のもち主ともされる。子どもの発話が遅れたときは，年長の人間が手にしたケラに子どもの舌を爪で引っかかせると，雄弁で優秀な子に育つという。また出陣を控えた戦士に対し，呪医が4日間毎朝，ケラに喉の奥を爪でかかせる儀式もある（《チェロキー族の神話》）。

中国では，ケラはあまりいいイメージがない。虫類のなかでも卑小なもの，微力なもののたとえに使われ，〈螻蚓（ケラとミミズ）〉，〈螻蟻〉といった表現がある。日本人が〈虫ケラ〉というのもその影響かもしれない。ただしこの点について《物類称呼》には〈又諺に，むしけらなどというは，けらをのみいいし語の事にはあらず，すべて虫類をいうなり〉とある。

中国人はケラを鬼の手先と考え，夜これを見かけたら殺すならわしがあった（《本草綱目》）。またケラの発する悪臭をきらい，〈螻蛄臭〉とよんで卑しんだ。だがそのいっぽうで，ケラの雄を薬用ともしている。雌雄の見分けかたは，火であぶって焼き殺したとき，うつぶせに死ぬのが雄，仰向けに死ぬのが雌だという。

朝鮮には，ケラが化してヨモギになるという俗信がある（《動物分類名辞典》）。

しかし日本でのケラの印象はそれほど悪くない。まず日本人は古くからケラを小鳥の治療薬に用いた。病気の鳥にこの虫を食べさせると，たちまち生気をとり戻すというのだ。《和漢三才図会》は，俗にこれを〈百舌鳥よろこべば，螻蛄いきどおる〉といいならわしたと記している。

江戸時代にはケラが鷹狩り用のタカの生餌として利用された。江戸近郊の農村は生きたケラの上納を命じられた。たとえば，文化3年（1806）の記録をみると，1月12日と13日に各1250匹ずつのケラを納めるよう中野村にお触れが出ている。同年の12月には，やはり中野村に26日より12日間，毎日ケラを1000匹ずつ納めるよう命じている。これが農民の大きな負担となった。ケラの採集法は，この虫の多い田のあぜ道などに糠をまいたり，夜，灯りをつけ穴から出てきたものを竹箸で捕えたという。しかし，村中総出でようやく1000匹

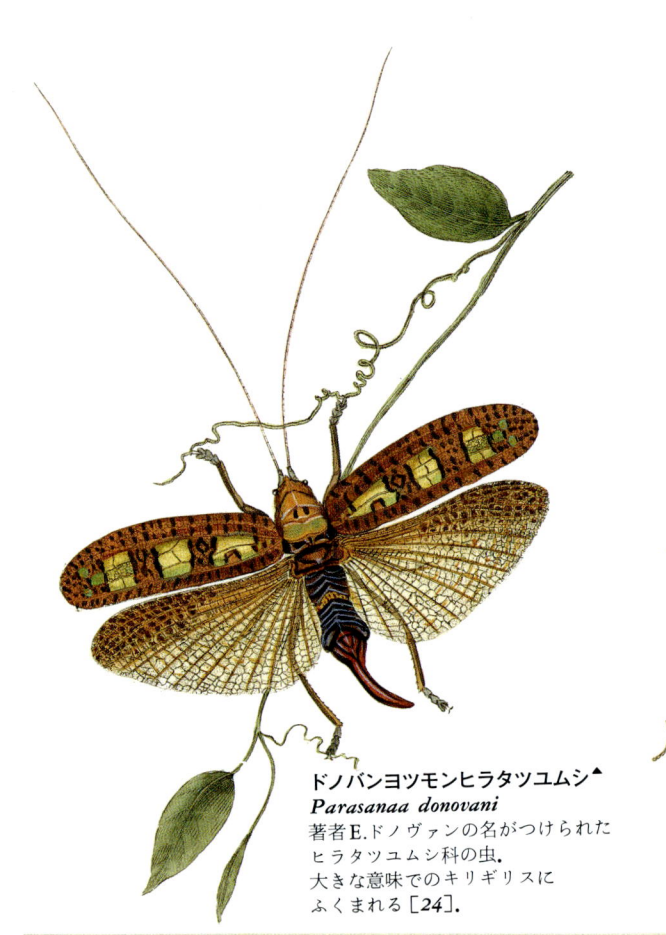

ドノバンヨツモンヒラタツユムシ▲
Parasanaa donovani
著者E.ドノヴァンの名がつけられた
ヒラタツユムシ科の虫.
大きな意味でのキリギリスに
ふくまれる［24］.

ヨーロッパヤブキリ▲(上)
Tettigonia viridissima great green bush-cricket
E.ドノヴァンが描いた図. 肉食性である.
ここには卵と幼虫が示されていて，おもしろい［21］.

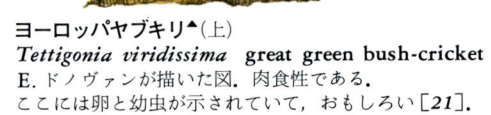

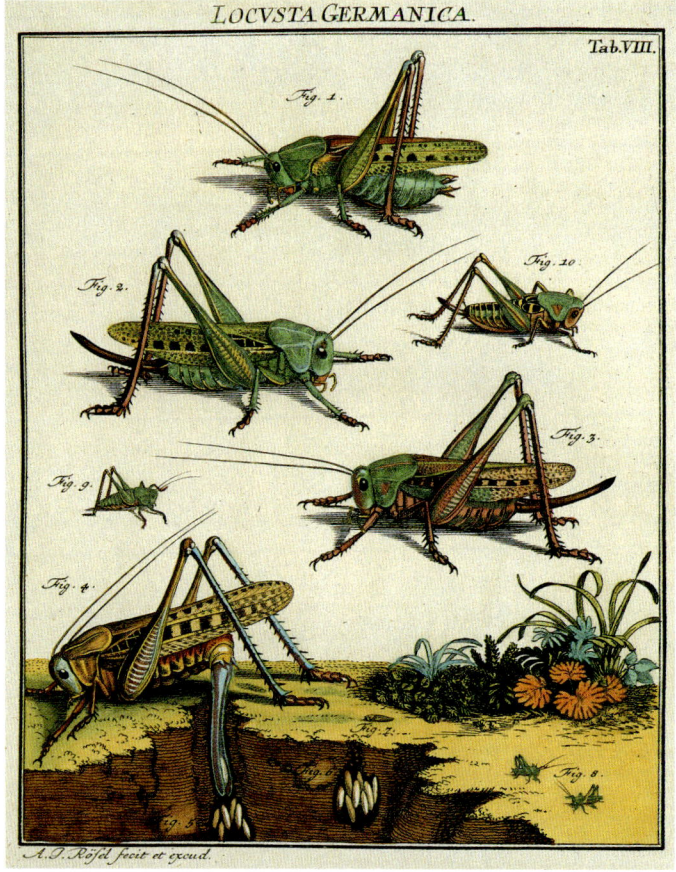

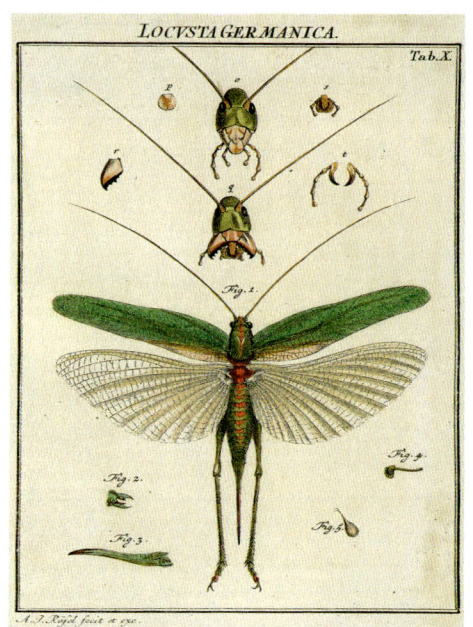

ヨーロッパヤブキリ▲(上)
Tettigonia viridissima great green bush-cricket
ヨーロッパにいる代表的なキリギリス.
なかまも多く，親しみのある虫である［43］.
カラフトギス(左)
Decticus verrucivorus
ユーラシア大陸にすむキリギリス. 産卵から
幼虫の成長過程を追った18世紀らしい博物画である.
このタイプの図法を完成させたドイツの
レーゼル・フォン・ローゼンホフ制作［43］.

ヒラタツユムシのなかま
Pterophylla camellifolia northern true katydid
緑色をした虫．繊細で，しかも，か弱そうに感じるのは，このグループの特徴である長いアンテナのためか［*24*］．

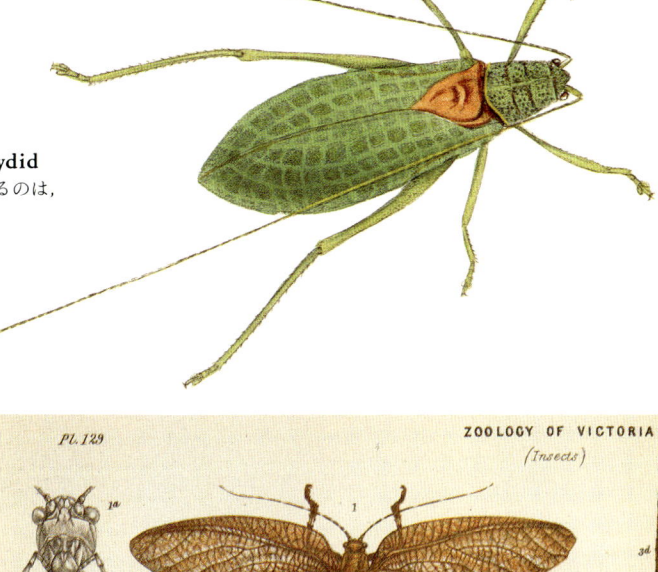

ツユムシのなかま
Acripeza reticulata
珍しいオーストラリアの虫．褐色をしている点もおもしろいが，ノーマルな形をした雄（fig. 1, 2）に対し，雌（fig. 3, 4）の姿の異様さに注目したい．雌には後翅が欠如している［*34*］．

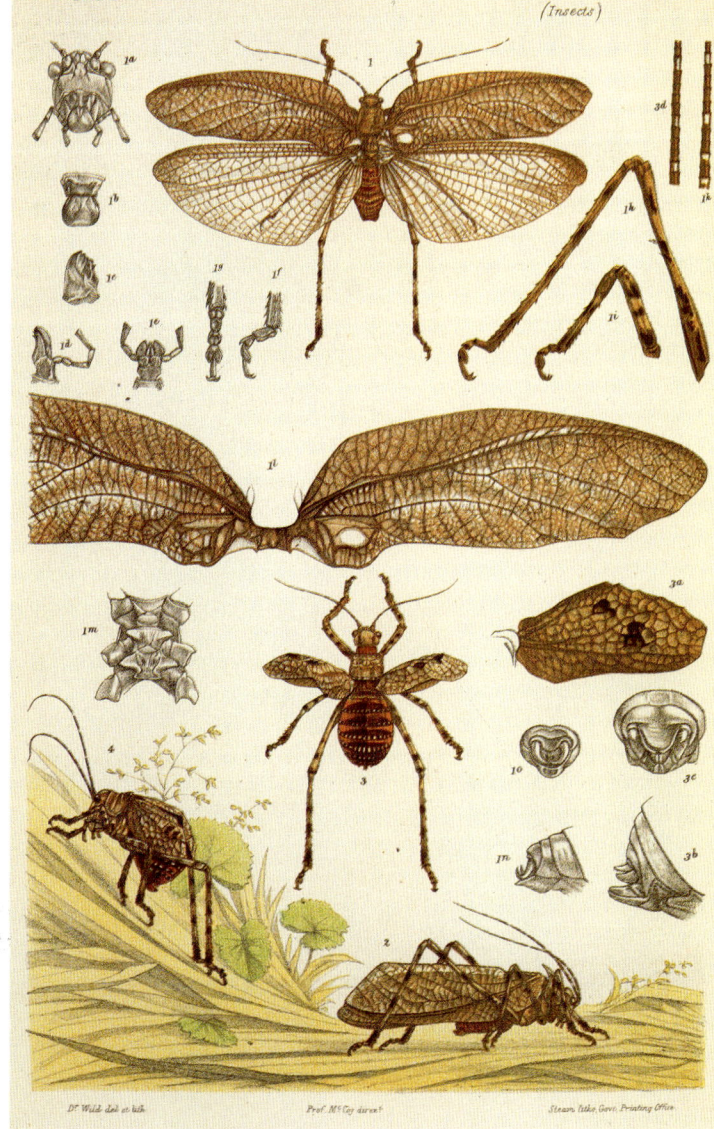

ヒラタツユムシのなかま
Pterophylla camellifolia
northern true katydid
北米産のツユムシ．かなり大きく，日本のクツワムシにも感じが似ている［*24*］．

● 直翅目——ケラ／クツワムシ／カマドウマ

ものケラを集めても，役所に納めるまでのあいだに弱るものや，死ぬものも出た．生餌なので死んだ虫は受け入れられない．各村は毎年ケラ対策に相当悩まされていたらしい．延期願や他領への振替願はざらであった．農作物を荒らすケラだが，一部の村の人びとにとっては，単なる害虫以上に悩ましい存在であった．

農作物への被害についていえば，1894年（明治27）の夏には，ケラがダイコンの幼葉を食害することがひろく問題となった．農民は雨天の晩に松明の火でさかんに焼き殺したという（《動物学雑誌》第71号）．

秋田県角館地方では，子どもたちがケラの横腹を持ってつまみ上げ，〈ケラ虫ケラ虫汝の睾丸なんぼ大き〉とはやしたて，ケラが苦しんで足を大きくひろげると，〈こんきゃ大き，こんきゃ大き〉と言って笑いものにするという（《日本俗信辞典》）．じつはこの遊び，昔は東京近辺でも子どもたちがよく行なっていた．

子どもの遊びに関連しては，石川県鹿島郡で，子どもたちがケラに向かい，カマキリと同じように，〈おがめ，おがめ〉とはやしたてて遊んだという（柳田国男〈蟷螂考〉）．

【ことわざ・成句】〈螻蛄の才〉多芸ではあるが，どれも中途半端なことのたとえ．ケラは，①飛べても家は越えられない，②木登りはできてもてっぺんまでは行けない，③泳げても谷は渡れない，④土を掘っても自分の体をおおうことはできない，⑤走っても人から逃げ切ることはできない，という《古今注》の記述による．同工の表現に〈螻蛄の水渡り〉，〈鼯鼠の技〉（〔哺乳類篇〕〔ムササビ〕の項を参照）がある．

〈おけら〉一文無しの状態を示す隠語．一説に，ケラが仰向けに両手をひろげた格好と，〈お手上げ〉を重ね合わせた言葉という．またオケラという薬草はその根の皮をはいで用いることから，それを人が身ぐるみはがされた姿にみたてたとする別説もある．

【文学】〈獄中の螻蛄〉　干宝《捜神記》中の一話．ケラの報恩譚．無実の罪で牢屋につながれた男が，獄中にいるケラに飯をやる．〈お前が救ってくれたらなあ〉と言いながら．こういったことが何度かあって，数十日後にはケラはブタほどの大きさになった．やがて男に死刑の判決がおりる．するとその晩，ケラが壁の下に脱走用の穴を掘ってくれたのである．こうして脱獄に成功した男の家では子孫代々，四季の祭りにはケラを祀るのが習慣になったという．きらわれもののケラにしては，珍しい話だ．

クツワムシ

節足動物門昆虫綱直翅目クツワムシ科 Mecopodidae に属する昆虫の総称，またはその1種．
[和]クツワムシ〈轡虫〉，ガチャガチャ　[中]紡績娘，聒聒児　[ラ]*Mecopoda* 属（クツワムシ），その他　➡ p.180

【名の由来】　メコポディダエはギリシア語で〈長さ mekos〉と〈足 pūs〉の合わさったもの．あしが長いことによる．

和名クツワムシは，鳴き声が，ウマの轡の音に似ているため．古名のクダマキも，鳴き声が紡ぎ糸を巻きとる糸車の管のまわる音を，連想させるためだといわれる．ガチャガチャという俗称はかまびすしい鳴き声にちなむ．なお中国名の紡績娘，聒聒児も同様にこの虫の鳴き声に由来する．

【博物誌】　きわめて威勢のよい鳴き声を出すキリギリスのなかま．姿は木の葉を思わせ，色も緑色から褐色に変化する．虫籠に入れられ，民家で飼われる虫だが，あまりに騒がしいので，スズムシやキリギリスを売る虫屋の店先ではそれほどとりあつかわれない．

しかし中国の北京では，旧暦の5月以降，クツワムシが虫売りの商品のひとつとなった．敦崇《燕京歳時記》によると，清代当時で値段は1匹1〜2文．ただし10月になると人工孵化によるものが市場に出まわり，値段はとつぜん1匹数千文にはね上がった．

フィリピンのルソン島をおおう密林にも，タガログ語でトロルカンという，クツワムシを大きくしたような直翅類（学名 *Cleandorus fortis*）がいる．9月ごろ，夜中になると樹上でコロコローンという高く澄んだ声を響かせる虫である．石井悌博士は，現地人が竹籠で飼っていたこの虫を買い取り，宿泊先のホテルで1か月以上も飼い続けたという（石井悌《南方昆虫紀行》）．

しかし，クツワムシは何といっても日本人になじみの虫である．この虫については古くから文献に記載がある．たとえば《和漢三才図会》にはクツワムシについて，〈走るのが疾くて跳ぶ．つねに穴に出入りする．それで多くは獲りにくい〉とある．だがこういった事実はないようで，松浦一郎《鳴く虫の博物誌》によると，クツワムシはいったん鳴きだしたら少々の物音で逃げだすものではないし，キリギリスのようにかみつきもしないので，子どもでも素手でつかまえられるという．あるいは声があまりよくないので，他の鳴く虫のように籠に入れて飼われることが少ないのを見た著者の寺島良安が，つかまえにくいせいだと早合点した

のかもしれない。

　クツワムシは何か物音がすると，一瞬ぱっと鳴きやみ，しばらくしてからまた鳴きだす。そのため昔は風流のためでなく，むしろ番犬がわりに飼われたという（金井紫雲《蟲と藝術》）。またかつて日本では，クツワムシは虫屋でなく八百屋の店先で子ども向けに売られていた。カボチャをふたつ割りにして，竹串を格子状に刺したものが虫籠がわり。今はもう見かけられないようだ。

　なお，このそうぞうしい虫を黙らせた人がいる。平清盛の娘徳子（建礼門院）はかつて〈かしかまし大原の野の轡虫̈手綱ひかへて法の声きけ〉とよんだ。そのため以後京都左京区にある大原村草生の里では，クツワムシがけっして鳴かなくなったという（井上頼寿《京都民俗志》）。

カマドウマ

節足動物門昆虫綱直翅目カマドウマ科 Stenopelmatidae に属する昆虫の総称，またはその1種。
［和］カマドウマ〈竈馬〉，イトド　［中］駱馬，竈馬，竈雞，駱背蟋蟀，灶馬　［ラ］*Diestrammena* 属（カマドウマ），その他　［英］camel cricket　［仏］sauterelle grillon　［独］Grillenschrecke　［蘭］kassprinkhaan（クラズミウマ）
［露］ненастоящий кузнечики　　　　　　→p.168

【名の由来】　ステノペルマティダエはギリシア語で〈狭い stenos 足の裏 pelmatos〉の意味。ディエストラメナの語源は不明。〈神の道〉の意か。

　英名は〈ラクダのコオロギ〉。仏・独名はバッタのコオロギ〉。蘭名は〈温室のバッタ〉。露名は〈偽のキリギリス〉の意味である。

　和名カマドウマは，体色や姿がウマを思わせることと，台所のかまどの近くでよく見かけることによる。古名イトドについては《大言海》が，幾久しいという意味で声がせわしなく聞こえるためか，としている。エビコオロギは，体つきや色彩がエビを，生息する環境がコオロギを連想させるため。

【博物誌】　草や樹でなく，洞窟や台所，また便所にすみつくコオロギのなかま。このカマドウマ類はもともとアジア特産の虫だったが，20世紀初頭，その1種クラズミウマ *Tachycines asynamorus* が船荷について欧米にもひろまった。そして以後は野菜の害虫となってしまった。

　ニュージーランドには土着のカマドウマのなかまがいる。ウェイタ weta とよばれる虫で，あしと触角が異様に長い。とりわけ全長10cmにもたっする大型のグループ *Deinacrida* 属の虫たちは，その特徴ある姿が災いしたのか，古くからマオリ族に恐れられてきた。そのため夜中に襲来する悪魔という意味でタエポ taepo とか，醜悪なものを支配する神の名をとってウェタプンガ wetapunga とよばれることもある。このカマドウマに関してマオリ族のあいだにはこんな神話も伝わっている。昔，神人マオリが突然炎に襲われて，神々に助けを求めた。すると雨が降ってきて炎はあらかた消え失せたが，カイコマコ kaikomako（学名 *Pennantia corymbosa*）という樹に穿たれたこのカマドウマの巣穴だけは残り火がひっそり燃えていた。そのため今でもマオリ族は，呪文を唱えながらこの木の断片をこすり合わせて火をおこすのだという。

　カマドウマはその名のとおり，台所のかまどのそばにいることが多い。《酉陽雑俎》も，カマドウマが家のかまどのあたりにいたら，食べものに恵まれる前兆，と記す。

　日本ではカマドウマがどの虫を指したか，よくわかっていない。新井白石《東雅》は鳴く虫の名称について述べているので，参考までに引用しておく。〈古にハタオリメと云いしものは，今俗にキリギリスという是なり，古にコオロギと云いしものは，今俗にイトドという是なり，古にキリギリスと云いしものは，今俗にコオロギと云う是なり〉。ここでいうイトドとは，俗にカマドウマの古名といわれるが，実体はカマドコオロギだったとされる。

　しかし〈竈馬ど〉の鳴き声については《和漢三才図会》に，ミミズに似て細く小さい声で，ひじょうに寂しげに聞こえる，とある。そして添えられた図は，どう見てもカマドウマの姿をしている。とすれば，江戸後期には少なくともイトドはカマドウマだったことになる。だが，そうではないという反証もあるから，厄介である。というのも，カマドウマの成虫にははねがなく，したがって鳴くこともないのにもかかわらず，日本ではイトドは鳴く虫と思われた事実がある。江戸時代の俳句を見ると〈いとど鳴く〉という句が織りこまれた作品が少なくないのは，その一例である。とすると，古名〈いとど〉は，カマドウマではなく何か別の鳴く虫だった可能性も生まれてくる。

　そこで随筆《忘貝》（弘化4/1847）の著者は，〈竈馬〉には2種類あって，まっ黒で鳴くものを〈こうろぎ〉，うす黒くて鳴かないものを〈いとど〉または〈いとじ〉とよぶ，と述べている。これだと和名のほうは辻褄が合う。しかし《本草綱目》をみると，中国では〈竈馬〉をカマドウマとし，コオロギは別ものとして〈促織〉の名で説明されている。少なくとも中国でイトドはカマドウマのみを指したのである。問題の決着は，今後の文献調査にゆだねられそうだ。

クツワムシのなかま（下）
Macrolyristes sp. amboina leaf-locust
いかにも西洋画らしい図である．前翅の形から，雄であることがわかる．長く細いアンテナのような触角がキリギリス類の特色を示している [20]．

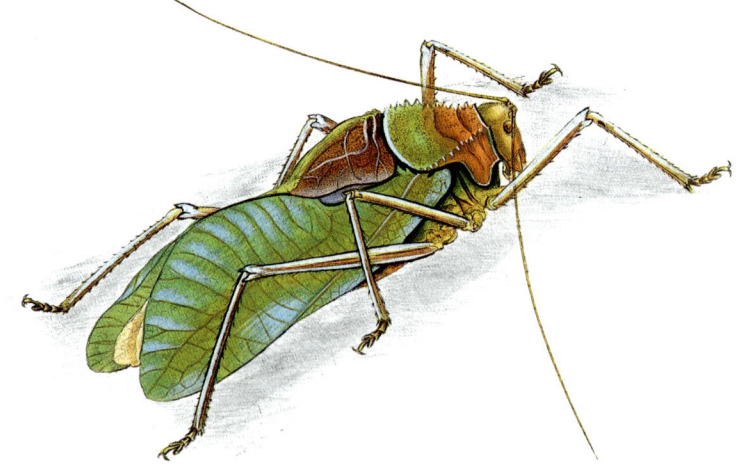

ウマオイ（右図・上） *Hexacentrus japonicus*
スイッチョと鳴く声が古くから親しまれてきた．ウマオイ亜科は主として熱帯に産するが，この種のみかなり北に分布している．

クツワムシ（同・下） *Mecopoda nipponensis*
これは緑色系のクツワムシ [5]．

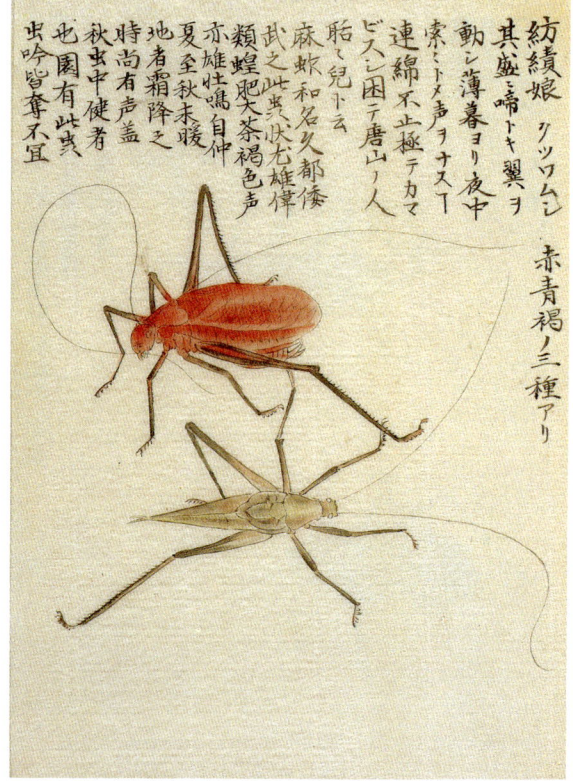

クツワムシ *Mecopoda nipponensis*
栗本丹洲が描く日本産クツワムシ．彼はこの虫の体色が赤，褐，緑の3系統あることを示し，図にしている [5]．

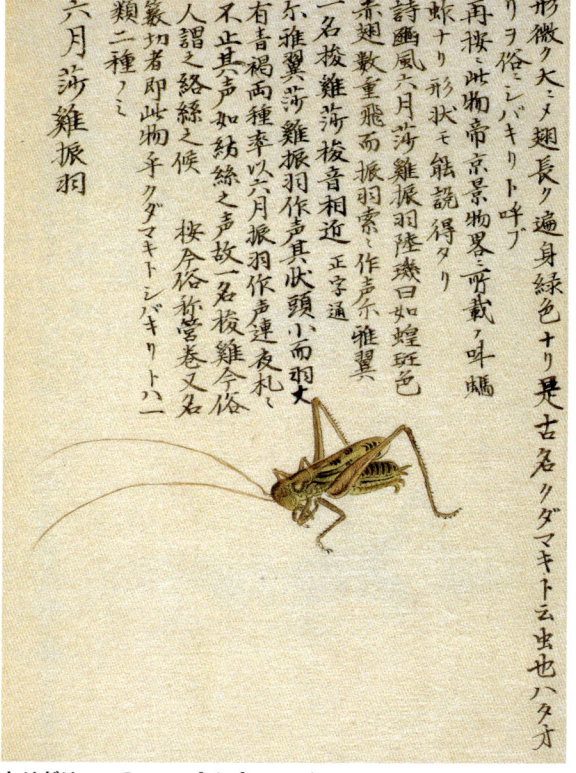

キリギリス *Gampsocleis buergeri*
これも緑色と褐色の2パターンがある．日あたりのよい草地でチョン，ギースと鳴く．古くから飼い虫として有名 [5]．

セスジツユムシ *Ducetia japonica*
背中にすじがある。雄は茶褐色，雌は黄白色で，このすじを
みれば性別がわかる。主として南方系の虫 [5]．

　　ウマオイ（右）　*Hexacentrus japonicus*
　　栗本丹洲はチャキュウムシとしてはねの長いものも図示している．
　　下は尻の剣からみて雌だが，たぶんツユムシ類の幼虫だろう [5]．

ササキリのなかま（下図・上）　*Conocephalidae*
このなかまは小さく，2～3cmほどにしかならない．

クビキリギス（同・中央）　*Euconocephalus thunbergii*
草地にすむ大型のキリギリス．するどい声でジーンと鳴く．
肉食性のためか，首を切るという名のためか，
どことなくおぞましいイメージをもつ．

クダマキモドキ（同・下）　*Holochlora japonica*
クダマキモドキのなかまは南方系で，
はねが長いところにポイントがある [5]．

ヤブキリ（下図・上）　*Tettigonia orientalis*
キリギリスのなかでもがっしりした感じ．前脚脛節には
とげもあり，肉食である．成虫は樹上にいて，シュルルルと鳴く．
文字どおり，樹木性のヤブにいる．

ササキリ（同・下）　*Conocephalus melas*
林縁にすみ，昼夜をわかたずジージージーと鳴く．
ササキリの名が，よくそのすみかを示す [5]．

● 直翅目——キリギリス／バッタ

キリギリス

節足動物門昆虫綱直翅目キリギリス科 Tettigoniidae に属する昆虫の総称，またはその1種．
［和］キリギリス〈螽蟖〉，ホトケノウマ，ジュンタ　［中］螽蟖，蛗螽　［ラ］*Tettigonia* 属，*Gampsocleis* 属（キリギリス），その他　［英］bush-cricket, katydid, catydid, longhorned grasshopper　［仏］sauterelle, tettigonie　［独］Laubheuschrecke, Laubschrecke　［蘭］sabelsprinkhaan　［露］кузнечик　　　　　　　　→p. 176-181

【名の由来】　テティゴニイダエはギリシア語で〈小さなバッタ類〉を指す言葉から．ガンプソクレイスは〈曲がった gampsos かんぬき kleis〉の意．
　英名ブッシュ・クリケットは，〈藪の中にすむコオロギ〉の意．アメリカ英語で使われるケイティディドゥは，雄の鳴き声が Katy did, Katy didn't と聞こえることによる．Katy（Caty）は女性名キャサリン Katherine（Catherine）の愛称．ちなみにこれは西洋では珍しく虫の声を聞きなす例とされる．同じく英名ロングホーンド・グラスホッパーは，〈長い角をもち，草むらを跳ねまわる虫〉の意味．仏名ソトレルは動詞の〈飛びはねる sauter〉に由来．この語はバッタ類にも使用される．独名は〈葉っぱのバッタ〉の意．ホイシュレッケは本来〈枯草を跳ねるもの〉の意．蘭名は〈刀のバッタ〉の意味．
　中国名の蛗螽は，キリギリス類とバッタ類の総称だが，語源についてはよくわからない．同じく蚱蜢は〈窄にして（体の幅が狭く）猛なる（荒あらしい）虫〉の意．
　和名キリギリスはチョンギース，チョンギースという鳴き声にちなむ．一説に〈きりぎりす〉の名は鳴く虫の総称だったともいわれる．またホトケノウマは，顔つきがどことなくウマの優しい顔に似ているためだろうか．同じくジュンタは鳴き声をそのように聞きなしたもの．

【博物誌】　直翅目すなわち鳴く虫のたぐいは，大きく分けてキリギリス類とバッタ類に区分できる．このうち広義のキリギリスは，これを構成するふたつのグループからなる．すなわち狭義のキリギリスとコオロギである．ここでは狭義のキリギリスをとりあつかう．キリギリスとコオロギが，はねの根もとにあるやすり状の目をこすり合わせて鳴くのに対し，バッタ類は後あしの内側にある突起とはねの筋とをこすり合わせて鳴く．鳴きかたがちがうのである．
　キリギリスはヨーロッパにもいるようだが，文献にはあまり記されていない．エドワード・S.モースは東京の虫売りの所持していたキリギリス類にふれ，イギリスの同類よりも鳴き声ははるかに大きい，と指摘した．また《日本その日その日》には〈私は一匹買ってマッチ箱に仕舞っておいたが，八日後にもまだ生きていて元気がよかった〉とある．これからすると，イギリスにおいても日本のキリギリスによく似た虫がときに飼われていたと考えられる．
　中央アフリカではキリギリスが温度計のかわりをするといわれる．これらの虫は温度が高くなるにつれて，頻繁に鳴くようになるからだ．ちなみに1分間に100回鳴いたら摂氏17度に相当するという．また現地の人は夜中の散歩中，行く手で鳴いていたキリギリスの鳴き声が止まったら，そちらにヒョウがやって来た証拠とみなす．つまりかれらは番犬の役も果たすのだ（C.I.リッチ《虫たちの歩んだ歴史》）．
　ヘンリー・W.ベイツは《アマゾン河の博物学者》で，南米アマゾン地方のキリギリスにふれている．原住民たちは，ヤナギの小枝で編んだ籠にキリギリスを飼って，鳴き声を楽しんでいたという．この虫は現地ではタナナ tananá とよばれ，学名も *Chlorocoelus tanana* という．ターナーナー，ターナーナーというよく通る高音を響かせるためである．
　北米ではチェロキー族がこの虫に注目していた．たとえばキリギリスが鳴きだすと，トウモロコシの実がなるといい伝える．また，キリギリスの声が聞こえはじめたら，6週間以内に霜がおりるという俗信がある．ニューイングランド地方では，この虫の鳴き声が家の中でしたら，家族の誰かが死ぬ暗示だともいう（《アメリカ民俗辞典》）．
　虫の好きな中国では，キリギリスも愛玩物として愛された．おもしろいことに，北京故宮の角楼は有名な建築物だが，これは虫売り職人がキビがらでこしらえるキリギリス籠をモデルにしてつくられたものといわれる．明代に永楽帝は都を南京から北京に移そうと決めたとき，9本の梁，18本の柱，72筋の棟から成る屋根をもつ数奇な角楼を紫禁城（現在の故宮博物院）の四隅に建てよと命じた．これを聞いた大工の棟梁たちは，どうやってつくったものかと首をひねるばかり．やがてひとりの棟梁が，気晴らしにと，虫売りの老人から高殿そっくりにつくられたキリギリス籠を買ってきた．よく見ると，この美しい細工の虫籠，9本の梁，18本の柱，72本の棟でできているではないか．さっそく虫籠を手本に角楼が完成された．のちにあの虫売りの老人は，春秋時代の名工魯班だったと噂された（金受申《北京の伝説》）．北京にはまた，籠に飼ったキリギリスが鳴いていると，赤ん坊が夜泣きをしない，という俗信がある．

古い文献では，《本草綱目》に，旧暦5月5日に交尾中のキリギリスを捕えて夫婦で身につけると，冷めていた愛が蘇える，とある。

いっぽう日本人は，むしろ自然状態で鳴くキリギリスを愛してきたようだ。《新古今和歌集》の〈きりぎりす鳴くや霜夜のさむしろに衣かたしきひとりかも寝む〉などの古歌は，その証左である。しかし，歌によまれた〈きりぎりす〉の正体については，江戸期以来，学者のあいだでさまざまな議論がたたかわされた。狭義のキリギリスにかならずしも合致する生態でなかったからである。そのため，キリギリスとは鳴く虫の総称か，といった意見も出るにいたった。またキリギリスという名でコオロギを指したという説もある。詳しくは，〔コオロギ〕の項を参照のこと。

北海道でもキリギリスの類は注目された。更科源蔵・更科光《コタン生物記》によると，アイヌの農耕民族のあいだには，家にササキリがはいってくると，そっとつかまえて家の外の祭壇までもっていってから離してやる風習があったという。この虫はイネ科植物に好んで集まるため，穀物の守護神のように思われていたらしい。そのせいか，北海道の千歳地方には，キリギリスの腹がふくれていると豊作になるという俗信がある。

【民話・伝承】〈キリギリスの警告〉アメリカ・インディアンのチェロキー族の民話。ある晩，ふたりの猟師が森でキャンプをはった。そして晩飯の支度をしていると，そばでキリギリスの鳴き声がした。片方の猟師は〈今の季節が終わるまえに死んじまうとも知らずに鳴いてやがる〉と馬鹿にすると，キリギリスがこう言い返した。〈お前さんなんか明日の晩が来るまえに死んじまうくせに〉。はたしてそのとおり，翌日猟師は狙った動物に殺されてしまった。チェロキー族のあいだでは，キリギリスはいわば霊虫とみなされている(《チェロキー族の神話》)。

【文学】〈きりぎりすとこおろぎ On the Grasshopper and Cricket〉(1816) イギリスの詩人ジョン・キーツ John Keats (1795-1821) の14行詩。ヨーロッパ人にも鳴く虫の声を愛でる好事家はいた，というひとつの証拠にもなっている。

　　大地の詩は　決して滅びない。
　　小鳥たちがみな　暑い太陽にげんなりして
　　涼しい木蔭にかくれるとき，歌声は
　　新しく刈り取られた牧場の　垣根から垣根へ
　　と伝わってゆく。

　　それはきりぎりすの歌声だ――華やいだ夏の
　　先ぶれとなり，――歓喜にも飽くことがない。

　　快楽に疲れたとき　こころよい草のなかに
　　きりぎりすは　安楽にやすらうからだ。

　　大地の詩は　決して終わることがない。
　　淋しい冬の夕べ，霜がしずかに積もるとき，
　　だんだん温まるぬくもりで　暖炉の脇から

　　こおろぎの歌が　声高くひびき，
　　その傍らで　うとうととまどろむ人には
　　草ぶかい丘で鳴く　きりぎりすの歌かと思われる。
　　　　　　　　　　　　　　　(出口保夫訳)

なお奥本大三郎氏によると，ここにうたわれている〈きりぎりす〉とは，正確にはマキバヒナバッタ *Chorthippus parallelus* (英名 meadow grasshopper) のことだろうという。

バッタ

節足動物門昆虫綱直翅目(バッタ目) Orthoptera バッタ科に属する昆虫の総称。

[和]バッタ〈蝗〉　[中]蝗虫　[ラ]*Locusta*属(トノサマバッタ)，*Schistocerca*属(サバクトビバッタ)，*Acrida*属(ショウリョウバッタ)，その他　[英]grasshopper, locust, short-horned grasshopper　[仏]criquet, locuste　[独]Feldheuschrecke, Wanderheuschrecke, Grashüpfer, Grashopfer　[蘭]veldsprinkhaan　[露]прус, саранча
→ p. 184-189

【名の由来】　オルトプテラはギリシア語で〈まっすぐな orthos 羽 ptera〉の意味。ロクスタはギリシア語の〈跳ねる lax〉に由来。スキストケルカは〈分別された skhistos 尻尾 kerkos〉の意味。アクリダはギリシア語でバッタ，イナゴ，コオロギの類を指す akris に由来。

バッタ類を示す英名にはグラスホッパーとロウカストのふたつがあるが，アメリカでは両者の区別はあいまいで，ほとんど混同して用いられる。いっぽうイギリスでグラスホッパーといえば，直翅目のなかでも小型で孤独性，もしくは小集団で生活するものを指し，ロウカストはトノサマバッタのように大群で移動するものをよぶ(ピーター・フランス《聖書動物大全》)。この区別について，《聖書の博物誌》の著者 T.M.ハリスは，グラスホッパーのうち3インチ(約7.6cm)ほどの大型種をロウカストとよぶ，としている。仏名クリケはバッタのはね音をクリクリと聞きとって名づけたもの。ただしこれを語源とする英語のクリケット cricket はコオロギのよび名となっている。独名は〈野原のバッタ〉〈放浪するバッタ〉〈草を跳ねるもの〉の意。和名バッタはバタバタというはね音を称した

トノサマバッタ(左)　*Locusta migratoria*
バッタはキリギリスとちがい，アンテナが短い．
アジアでもこれが群がって，いわゆる飛蝗となるが，
日本のものはふつうばらばらに暮らしている[43]．

バッタのなかま(上)　Acrididae
美しい色彩をしたバッタ．レーゼル・フォン・
ローゼンホフの図譜に描かれたインド産の種[43]．

トノサマバッタ(下)
Locusta migratoria migratory locust
アフリカの飛蝗として有名なバッタ．孤独相としては緑色が
強いが，飛蝗となる群集相では褐色となり赤みが強まる．
この図は後者を示しているようだ[12]．

ナンベイオオバッタ▲(下)
Tropidacris dux
メキシコから南米北部，
ブラジルに分布する巨大バッタ．
後翅が赤く，美しい[19]．

トノサマバッタ(左)
Locusta migratoria
migratory locust
ヨーロッパにすむ
トノサマバッタ．
いわゆる飛蝗の正体は，
これが群集相に変じて
大移動をする状態である．
なお，北アフリカからインド，
北から南のアメリカには
飛蝗に変わる別種がいる
[*21*]．

ショウリョウバッタ(上)　*Acrida cinerea*
精霊バッタの名にあるように，古くは霊魂と信じられた．
しかし日本の子どもには，キチキチと鳴いて草地から飛びたつ
〈キチキチバッタ〉の名のほうがなじみであろう [*5*]．

バッタのなかま(上図)　*Oedipoda miniata*(上)，
Sphingonotus caerulans(中)，*Calliptamus italicus*(下)
ローゼンホフの図譜に描かれた地中海地方産のバッタ．
後翅がそれぞれ美しくいろどられている [*43*]．

ナナフシバッタのなかま
Corynorhynchus radula
とてもバッタにはみえないが，
おもしろい形をした種である．
ナナフシとバッタをつなぐ
形といえよう [*3*]．

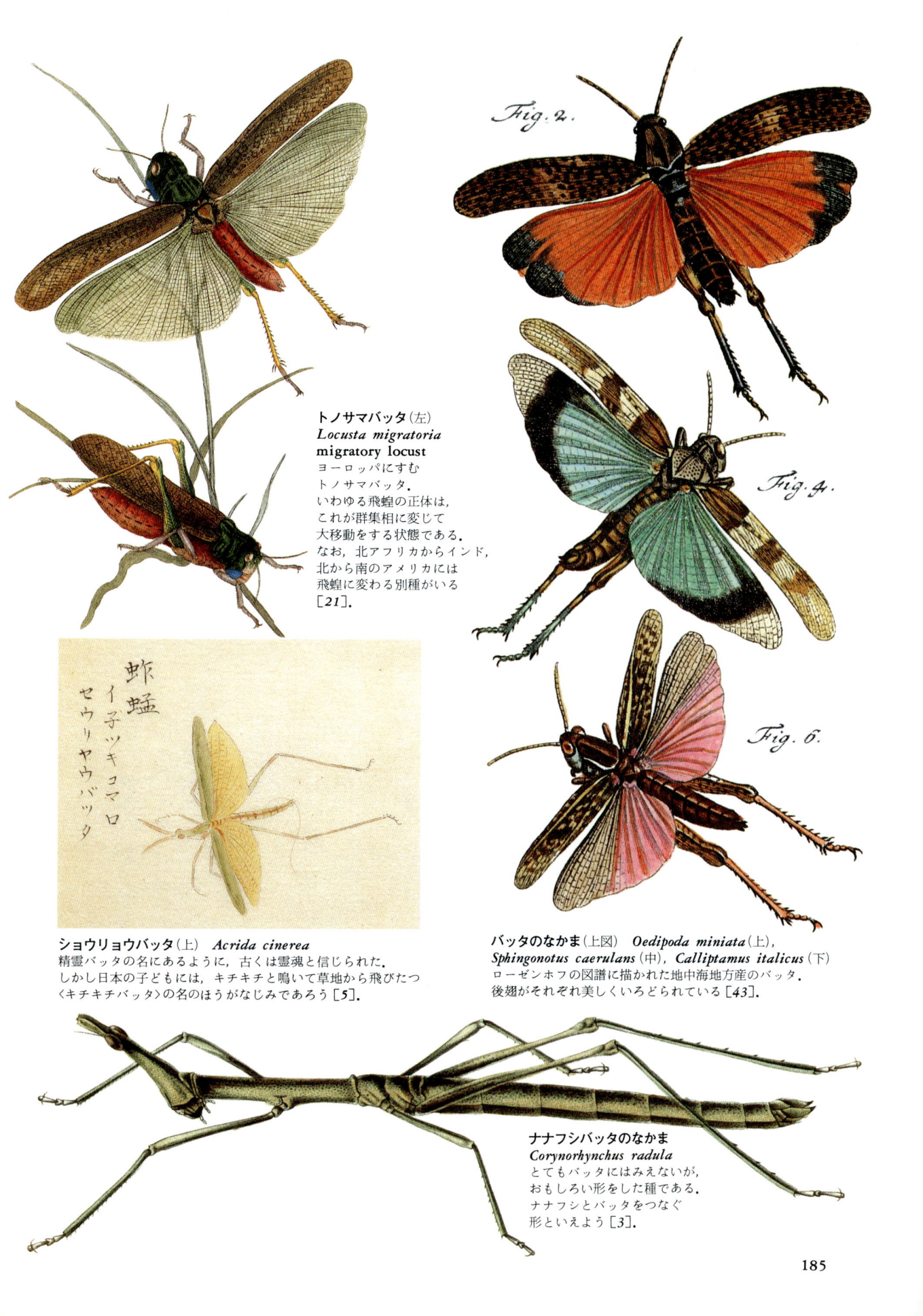

● 直翅目——バッタ

もの。ハタハタもこれに準ずる。《重訂本草綱目啓蒙》には〈飛ブトキハ，翼，股ニフレテ声アリ，故ニバタバタト名ヅク〉とある。

鳴く虫の一名として〈はたおり〉というのがある。キリギリスのギー・チョンという鳴き声を機織りの音にみたてた名称といわれるが，近世にはこの〈はたおり〉はバッタ類を指す俗称として用いられていたらしい（松浦一郎《鳴く虫の博物誌》）。

古くショウリョウバッタをイナゴマロ，イナゴをイネツキコマロとよんだ（《東雅》）。

【博物誌】　キリギリス類と並ぶ直翅目の代表的な虫。キリギリス類とのちがいは，耳が前あしでなく腹部にあること。また，鳴きかたも，はねをすり合わせるのでなく，後あしの内側とはねの筋とをこすり合わせる。いくつかの種では何億匹もが群れて集団行動をとり，田畑や森林を丸坊主にすることがある。これらのバッタ群が，ある日とつぜん飛来するので，聖書では〈エジプトの災い〉，近年では〈バッタの日〉などとよばれて恐れられる。

バッタは信じられないほどの数の卵を産む。C.I.リッチ《虫たちの歩んだ歴史》によると，1881年のキプロスの調査では，〈バッタのシーズンが終わるまでに10億の卵鞘が回収され，それぞれの卵鞘にはかなりの数の卵が入っており，重さは推定で約130tはあろうかと思われた。それでも2年後には，新しい大群がやって来て，5兆76億もの卵を産んだ〉という。

アリストテレス《動物誌》には，〈バッタは舟のかじのような後脚をこすって音を出す〉とある。実際バッタが飛ぶさいにキチキチといった音をたてるのは，後脚と前翅をすり合わせるためで，ここにもアリストテレスの正確な観察眼がうかがえる。後脚を舟の舵にたとえているのもおもしろい。アリストテレスはまた，バッタはヘビのくびにかみついて殺すことができる，とも書いている。プリニウス《博物誌》にも，イナゴは1匹でも，ヘビの喉にくらいつけばこれをやっつける，とある。にわかには信じがたい話だが，古くからバッタやイナゴはかなり勇猛で手強い生きものだと思われていたのは確実なようだ。農作物を荒らしまわる恐ろしい害虫というイメージが，このような俗信を生んだのかもしれない。ただし《動物誌》のバッタについては，その正体を哺乳類イタチ科のテンにあてる別説もある。

ところでアリストテレス《動物誌》に不思議な話が語られている。バッタの雌は夏の終わりに産卵し，それからほどなくして死んでしまう。くびのあたりに蛆が発生するためだというのである。この蛆とはヒメバチなど寄生バチの幼虫を指したものらしい。興味ぶかい所見といえよう。

しかし《動物誌》には勘違いもみられる。バッタは尾についている産卵管を地面にさし入れて，卵を土の中に産むとあるが，これはバッタを産卵管の長いキリギリスやコオロギと混同した記述だろう。バッタは尾そのものを土中に入れて産卵する。

古代ギリシアでは，バッタを恋愛の象徴とした。宝石にバッタの姿を彫りこみ，お守りとして身につければ恋に恵まれると考えられた（C.I.リッチ《虫たちの歩んだ歴史》）。バッタの発生期と恋愛のシーズンとの関わりであろうか。

なお，ヘロドトス《歴史》巻の4によれば，古代には，バッタを乾かして粉にしたものを牛乳に入れて飲む風習があったという。動物タンパクの補給としてはよい方法であろう。

バッタを食料とする風習については，おもしろい記録がある。古代ローマの地理学者ストラボンが《地理書》第16巻において，アラブ人のことを〈バッタを食べる人びと acridophagi〉と記した。たしかに古くからアラブ人は，バッタを主要な食料源とみなし，焼いたり，煮たり，塩漬にしたり，また蒸し団子にもしたらしい。捕獲はバッタの移動の時期を狙い，大群が飛来すると火を焚いて，煙に巻かれて落ちてくるバッタを捕えたという。かくしてバッタの干物や塩漬はイスラム圏一帯でひろく取り引きの対象とされた。ちなみにストラボンは〈バッタを食う人びとはほんとうに行動的で，足の速い人びとであるが，40歳過ぎまで生きる人は誰もいない〉という怪説を唱えている。

プリニウス《博物誌》にもバッタの記述がある。カドゥムス山の住民は，バッタの害に襲われたら，ユピテル神に祈りを捧げると，どこからともなく鳥の群れがやってきて，バッタを駆逐してくれると信じていたという。ちなみに〈セレウコスの鳥〉とよばれるこの鳥は，ふだんはまったく見かけることがなかったとあり，まさに神が遣わす鳥と信じられていたらしい。鳥の正体はよくわからない。

プリニウスはバッタの群れがけたたましく響かせる音は頭の後部から発せられると考えた。この虫の前・後翅のつけ根にはぎざぎざした部分があり，それをこすり合わせることで，きしるような音が生まれるというわけだ。いっぽう《昆虫の劇場》の著者ムーフェットはバッタの出す大音響について，草をかみきるときの歯のきしみとはねをばたばたさせる音とがあいまって生じるものだとしている。

またプリニウスによれば，長さ約90cmにもおよぶ巨大なバッタがいるという。このバッタはインドに産し，現地ではそのあしを乾かして，のこ

❶❷──飛蝗の風刺．この２枚の絵葉書は，20世紀初頭にアメリカで制作された〈冗談絵〉だが，巨大なバッタの姿が期せずして飛蝗の恐怖をあらわしている．❸──悪魔のサバクトビバッタ．上図は1542年にドイツで制作された木版画．中世では神の怒りのしるしとして，サバクトビバッタが描かれた．このバッタ図は〈ハエの王〉とよばれる悪魔ベルゼブブの図に影響され，顔も手足も悪魔のスタイルをとっている．飛蝗がいかに恐るべき現象であったかをものがたる．

ぎりとして用いた．

　中世ではバルトロミオ《動物誌》の説がある．バッタは南風が吹くと興奮して飛びながら交尾を行ない，北風が吹くと死ぬのである．また大部分の個体は子宮しかないため，満足に餌をとれない，とある．バッタ類が多産であることからの連想であろうか．

　また，同じ中世ではバッタの移動は変事の予兆とみなされていた．本来この虫は生まれてからずっと同じ土地に生息し，よっぽどのことがないかぎり，移動しないからである．これに関し，トマス・ムーフェットは次のように記している．〈この虫たちはけっしてすみかを変えない．少なくともごくまれである．そんなことをすれば，以後ずっとおとなしくなってしまう．二度と鳴くことはない．故郷の土への想いでいっぱいなのだ．春の終わりにバッタがたくさんいたら，その年は病人が多くでる．近くに来てよく鳴いてくれたら，喜びが訪れるだろう．またほとんど見あたらない年は食糧の値がはね上がり，あらゆる物資が不足する〉（《昆虫の劇場》）．

　ヨーロッパでは作物に害をなすトノサマバッタやトビバッタすなわちロウカスト類は一般に不幸の象徴とされ，これが飛びかかってきたら7年間つきに見放されるとか，見かけたら願いがかなわなくなる，といった俗信もある（《西洋俗信大成》）．

　いっぽう，ロウカスト類とちがって，単独に暮らすグラスホッパー類は幸運の予兆とみなされることも多いようだ．殺すことも不吉とされる．

　イギリスでは，バッタは食料商のシンボル．ロンドンの王立取引所の創設者である食料品商T．グレシャムSir Thomas Gresham (1519?-79)の家紋がバッタだったためで，王立取引所は今でもバッタを風見に使っている（加藤憲市《英文学動物ばなし》）．

　アメリカの子どもたちは，捕えたバッタを指でそっとはさみ，〈タバコかめ，タバコかめ，吐け，吐け，吐け！〉とはやしたてる．そのときバッタの体から吹き出る黒っぽい液が疣を治す薬になるからだという（クラウセン《昆虫と人間》）．

　中国ではバッタは99匹の子を産むとされ，そこから夫婦が多くの子どもをもうけて子孫が繁栄することを〈螽斯（バッタ）の化〉といった．出典は《詩経》である．

　いっぽう日本でも地方によっては，太古，人間の始祖は，バッタから性交のしかたを教わったといい伝える（《日本昔話事典》）．おそらくは中国で多産のシンボルとされたことの拡大解釈がひろまったものなのだろう．

　陸佃《埤雅》にも，螽の類に関する記述のうち，トノサマバッタ Locusta migratoria と思われる虫のことがみえる．いわく，形は大きくくびには〈王〉という紋様がある．そして妖気が生じると，空をおおいつくすほどの大群で飛ぶという．また北方の住民は，この虫をあぶって食べる．さらに1回に81匹の子を産み，冬に大雪があると土にはいって死ぬとされる．

　与論島には，こんな昔話もある．昔，釈迦とこの世を支配すべく争って敗れた弥勒は，全生物に目をつぶらせたうえで火の種子を隠し，そのまま竜宮へと去ってしまった．ところがこのとき火の種子の隠し場所をしっかり見とどけていた虫が1匹だけいた．バッタである．というのも，バッタもはねで目をおおっていたのだが，〈ほんとうの目〉ははねの下わきにあるので一部始終が見えたのだ．こうしてバッタは火の種子のありかを釈迦

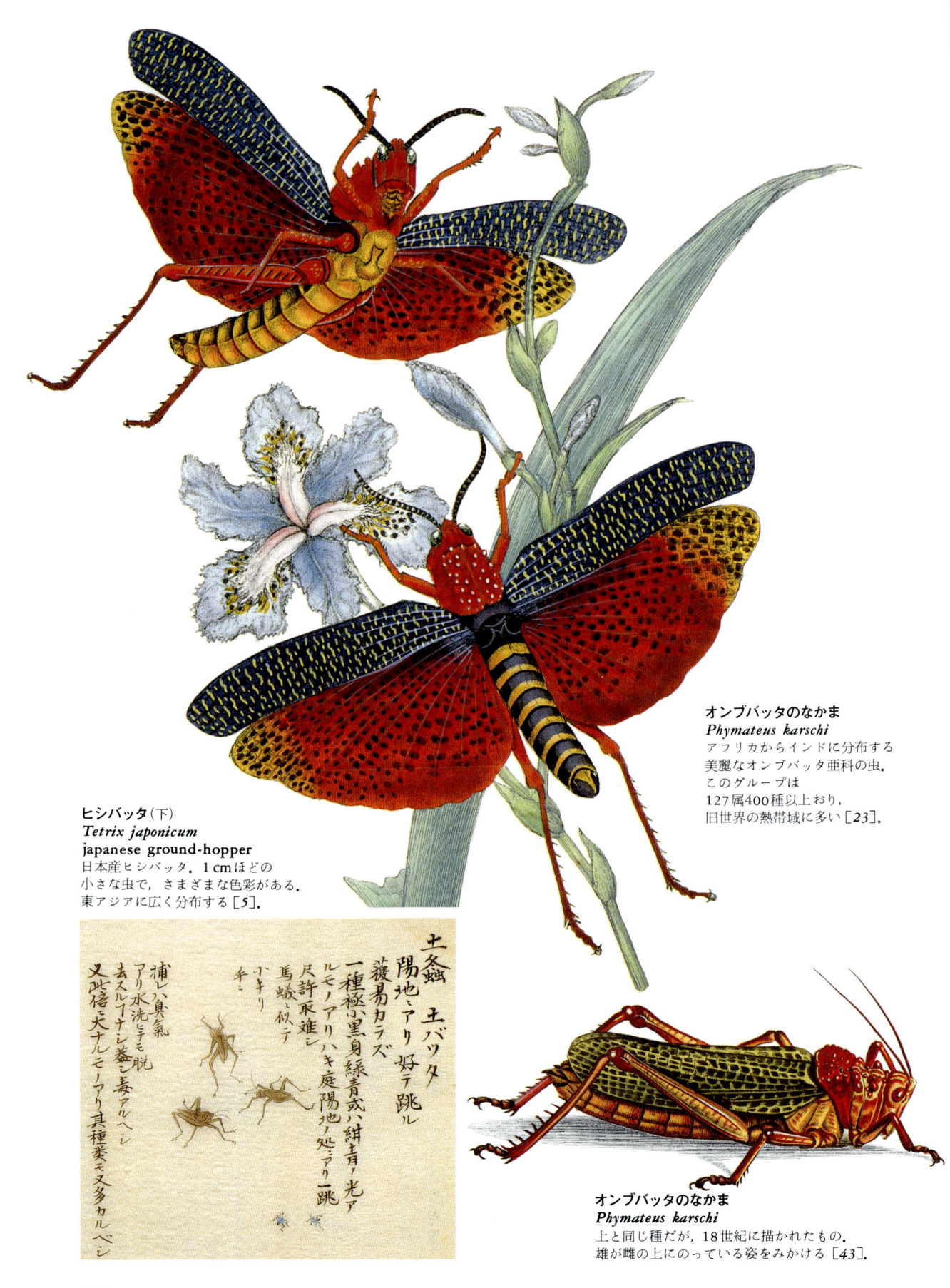

オンブバッタのなかま
Phymateus karschi
アフリカからインドに分布する
美麗なオンブバッタ亜科の虫．
このグループは
127属400種以上おり，
旧世界の熱帯域に多い［23］．

ヒシバッタ（下）
Tetrix japonicum
japanese ground-hopper
日本産ヒシバッタ．1cmほどの
小さな虫で，さまざまな色彩がある．
東アジアに広く分布する［5］．

オンブバッタのなかま
Phymateus karschi
上と同じ種だが，18世紀に描かれたもの．
雄が雌の上にのっている姿をみかける［43］．

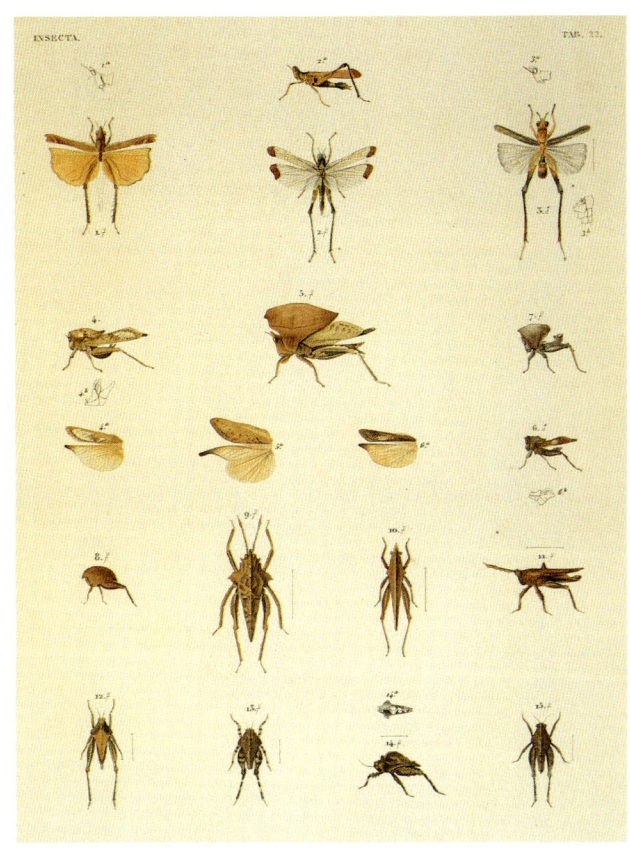

バッタのなかま(上)　Erianthidae, Tetrigidae
インドネシア産のバッタたち．上3段はクビナガバッタ科，
下3段はヒシバッタ科の虫である［37］．

アオバネイナゴ＊(下・fig. 1)　*Orbillus coeruleus*
イナゴはバッタ科の1属で，日本ではイネの害虫として有名．
イナゴ属は識別がむずかしく，東南アジアからアフリカまで
広く分布する．これは美しい青色の後翅をもっている［19］．

ヒバネバッタ＊(上・fig. 2)
Chromacris miles
鮮やかなバッタ．ドゥルー・
ドゥルーリの図譜より［19］．

サバクトビバッタ(上図・上)
Schistocerca gregaria　desert locust
アフリカからインドにすむ砂漠のバッタ．飛蝗になる
ことで有名であり，古くは〈エジプトの災い〉とよばれた．

ヤセヒシバッタ＊(同・中)
Tetrix subulata　slender ground-hopper
ヒシバッタ科に属し，ふつうのバッタ科とは一線を画する．
土色をした小型のバッタで，その名が示すように
背がひし形をしている．

トノサマバッタ(同・下)
Locusta migratoria　migratory locust
ヨーロッパの代表的バッタ．これも飛蝗になる［3］．

コバネイナゴ▲　*Oxya japonica*
日本にいるイナゴ．1950年以来DDTやBHCの使用で
激減した．北海道にひろまった寒冷地型もみられる［5］．

● 直翅目──バッタ

《北海道蝗害報告書》(1882/明治15刊行)の口絵。ここに示す報告書は，1880年(明治13)に北海道十勝地方で発生したトノサマバッタの蝗害状況を報告したものである。1881年(明治14)6月には駆除予算5万円をかけ，トノサマバッタ成虫約3億匹，卵約5億2000万粒が捕獲されたという。本邦で出た応用昆虫学調査報告の嚆矢といわれる。

に報告し，ことなきを得たという(《日本伝説大系》第15巻)。

アイヌはバッタをパッタ，あるいはシペシペツキなどとよび，天変地異を予知する虫として古くから大切にあつかってきた。更科源蔵・更科光《コタン生物記》には次のような民話もみえる。あるとき小高い丘にいたバッタたちは，人間の部落が津波と山からの鉄砲水に襲われそうになっているのを見てとった。そこで急いで村の酋長のところに行って危険を知らせたが，酋長は相手にしてくれない。やむなく別の村落を訪ねてみると，そこの酋長はバッタに礼を述べたうえ，村人を丘の上に避難させ，村落全体が危険を逃れたという。ちなみにアイヌの神謡にはバッタを祀る〈バッタ踊り〉というのもある。

【蝗害_{こうがい}】 異常な大群集を形成するバッタは，トビバッタないしサバクトビバッタとよばれるグループである。しかし，これらのバッタがつねに大群集を形成するかといえば，そうではなく，孤独相と群集相とに分かれる。ふだんは褐色の目立たぬバッタとして砂漠地で地味に，孤独にくらしている。そのあいだ，一定の周期をおいて砂漠に大雨の季節がめぐってくる。雨は1か月以上も降り続き，砂漠を緑ゆたかな草原に変える。すると豊富な食べものに恵まれたバッタたちは産卵を繰り返し若虫の数を急激に増やしていく。この時期の若虫は派手な色を帯び，気が荒く活動的になる。草を食いつくしたのち，これらの若虫は空を飛べる成虫となり，いっせいに飛びたって餌を求める。これが飛蝗である。バッタたちは畑や草原を見つけては降りたち，食いつくして次の緑地を求めていく。聖書に語られる有名なアフリカのバッタだけでなく，オーストラリア，南アメリカ，インド，中央アジアなどにこの現象が見られる。

聖書をはじめ西洋の文献上で，砂漠を横断し，作物に害を与える虫は，日本では伝統的に〈イナゴ〉と訳されてきたが，これは不正確な訳で，正しくは今述べたようにトノサマバッタやサバクトビバッタなどを指す。

隆盛を誇った古代ローマ帝国でも，国中をおおいつくすバッタの群れには為政者たちもほとほと手を焼かされたようだ。プリニウス《博物誌》によれば，キュレネ地区では住民が年3回，バッタと戦うよう法律にうたわれ，最初は卵を，次に幼虫を，最後に成虫を滅ぼすという作戦まで組まれていた。しかもこれに従わない者は逃亡者として処罰されたという。またレムノス島でも，各人が一定量のバッタを殺し，それを政務官のもとに届けるよう義務づけられていた。にもかかわらず，バッタの害はいっこうに衰えをみせぬため，人びとはこれを神々の天罰として恐れおののいたという。

聖書〈出エジプト記〉第10章13～15節には，神がエジプトの地に〈いなごの大群〉を襲来させるくだりがみえる。それによる被害はすさまじく，〈いなごは地のあらゆる草，雹の害を免れた木の実をすべて食い尽くしたので，木であれ，野の草であれ，エジプト全土のどこにも緑のものは何一つ残らなかった〉という。また〈ヨハネの黙示録〉でも，第5の天使がらっぱを吹くと，〈いなごの群れ〉が地の底からあらわれて，人間を苦しめる。

聖書〈レビ記〉第11章20節以下，エホバがモーセとアロンに語ったくだりによると，〈はねがあり，4本のあしで動き，群れを成す昆虫〉は，汚わしいものであり，食べてはならないとされる。ただしそのうち〈地面を跳躍するのに適した後ろあしをもつもの〉は例外的に食べてもよい，として，〈いなごの類，羽ながいなごの類，大いなごの類，小いなごの類〉をあげている。

英訳聖書では，ヘブライ語原本のいくつか異なった単語がきなみロウカストとされているため，古くから各単語の虫の正体について，さまざまな意見が出されてきた。たとえば，〈マタイによる福音書〉第3章4節にあるように，洗礼者ヨハネはイナゴを食べながら荒野で修行していたとされるが，《聖書の博物誌》によると，それは誤りだという。というのも，イナゴは焼いたり乾燥させるなど下ごしらえをしなければ，とても口にできるしろものではなく，簡素な生活の苦行者の食料には似合わない。またヘブライ語のyelekは，植物の芽や豆のさやを示すこともあり，この場合そちらの意味に用いられているというのだ。

だが近年《聖書に描かれた自然と人間 Nature and Man in the Bible》(1981)を著した博物学者イェフダ・フェリクス Yehuda Feliks によると，これら

はみなサバクトビバッタの発達段階を称したよび名だという。すなわちyelekという名はかえりたての幼虫を指し，成長するにつれてhasil，gazamとよび名も変わる。そして成虫になったものはarbehとよばれる。つまり洗礼者ヨハネははねのない，アリ程度の大きさのサバクトビバッタの幼虫を食べていたというわけだ。

　中世においても，バッタの大群は容赦なくヨーロッパを襲った。たとえば1478年，イタリアのヴェニスとブレーシャ周辺は，アフリカから風に乗って運ばれて来たバッタに穀物を荒らされたあげく，飢えと疫病に街中がおおわれて死者総数は3万人以上にのぼったという。さらにドーバー海峡を渡ってイギリスにも大群がたどり着くこともあり，その土地の住民の3分の1が死ぬような代表的な例だけでも，455年，874年，1337年，1353年，1374年など数回があげられる。とにかくいったんバッタが襲ったら最後，バッタ駆除の布告を敷こうが，住民が団結して群れに立ち向かおうが，ほとんどなすすべがないのが実情だったようだ（ムーフェット《昆虫の劇場》）。

　アメリカ，カンザス州は俗に〈バッタの州 the Grasshopper State〉とよばれる。1874年にこの州でバッタ類の1種が大発生し，コムギなど作物に膨大な被害を与えたことにちなむ。なお同州の州虫はミツバチである。

　中国人も古くからバッタの害には悩まされていた。諺でも天下人となるには〈三治〉，つまり治水，治山，治蝗の能力にすぐれていなければならない，といわれる。治蝗とはむろんバッタ退治のことである。パール・バックの《大地》に描かれた〈イナゴ〉も，じつはトノサマバッタを含む数種類のトビバッタ類が群れをなしたものである。

　長谷川仁博士の詳細な調査によれば，日本でトノサマバッタが大発生したことは過去に幾度かあった。たとえば，《武江年表》に明和7年（1770）のこととして，〈五月より八月迄諸大旱近在稲に虫つき，江戸も虫飛び歩行〔く〕。俗に此虫をカチと云う〉とある事実や，大田南畝《半日閑話》に，明和8年（1771）〈此秋関東筋蝨ありて稲をくらう。月夜には空飛ぶ影を見るという〉とある記事は，トノサマバッタを指した可能性が高い。また，享保年間（1716-36）には，西日本でトノサマバッタの大発生が何度かあったことも，記録されている。さらに古い記録にさかのぼれば，天平勝宝8年（756）の〈下総旱シ蝗アリ〉や大同4年（809）〈六月薩摩大隅旱シ蝗〉などは，トノサマバッタかもしれないという。事実，鹿児島県では，明治・大正期にトノサマバッタが3度も大発生している。また神奈

〈仮面ライダー〉。1971〜73年（昭和46〜48年）にテレビ放映。この改造人間はショッカー日本支部科学陣が，技術の粋をあつめて完成させた。バッタ型人間ともよぶべき形態で横には最高15.4m，上には最高10.30m跳べる。風力を体内に吸収し，小型原子炉を作動させ，エネルギー源とする。《仮面ライダー大全集》（講談社）より。©石森プロ・東映。

川県では1878年（明治11）にトノサマバッタが大発生し，鯨油石鹸や菜種油で駆除したことが，《農務顚末》に記されている。

　このように，日本でトノサマバッタが大発生することは，まれではなかった。ただ1931年（昭和6）に北海道で小規模な発生があってからは，今まで記したような土地でトノサマバッタが大発生することがなくなっている。近年では，わずかに鹿児島県の馬毛島や沖縄県の大東諸島でのみ，しばしばトノサマバッタが大発生する。

　いっぽう日本で初めてはっきり蝗害にみまわれた事実をあらわしている記録は，北海道の十勝国とその周辺で発生した1880年（明治13）の事件である。そのとき大発生したトノサマバッタはただちに駆除されたが，のちにはこれを供養するバッタ塚が建てられた。北海道では開拓初期，大量に捕獲されたトノサマバッタの成虫や卵を土中深く埋めた。その場所にうず高く土を盛りバッタ塚とした。昭和の中ごろまでは，各地に残っていたが，現在では昭和30年代に石塚とした，札幌市内，手稲山口のバッタ塚のみ見ることができる。ここには周囲10km以内の土中から掘り集められた大量の卵塊が埋められたという。また，明治時代からたびたびバッタ類が大発生している小笠原諸島でも，これを埋めたところに木柱を建てる風習があった。母島には1930年（昭和5）の大発生時の木柱を，35年に四角い小型の石塚としたものが残っている。

　1988年（昭和63）12月18日付の《朝日新聞》は，バッタの大群が当時アフリカ各地で猛威をふるい，さらに被害が年ごとにひどくなる可能性もある，と報道した。とにかく1m²に数百匹のバッタが舞いくるい，豆やイネなど農作物の苗はほぼ壊滅状態というから深刻だ。大発生の原因は，この年の長雨で高温多湿の状態が続いたため，バッタの卵

ホンコノハムシ
Phyllium siccifolium walking leaf
美しいドノヴァンの図版。きわめて偏平な体で，
幼虫では後翅が成長せず，腹部がみえる．
ナナフシ目のうちでは，大型ナナフシ類と並び
コノハムシ類がスーパースターである．
木の葉に似ているのはすべて雌で，雄はもっと
スマートな姿をしている [20]．

Mantis siccifolia.

ホンコノハムシ？　*Phyllium siccifolium*？　walking leaf
擬態の傑作．成虫だけでなく，卵から幼虫までが
葉の各構造に擬態する．なお左右とも雌であるが，
触角が長いのは間違い．左頁のようにごく短い［43］．

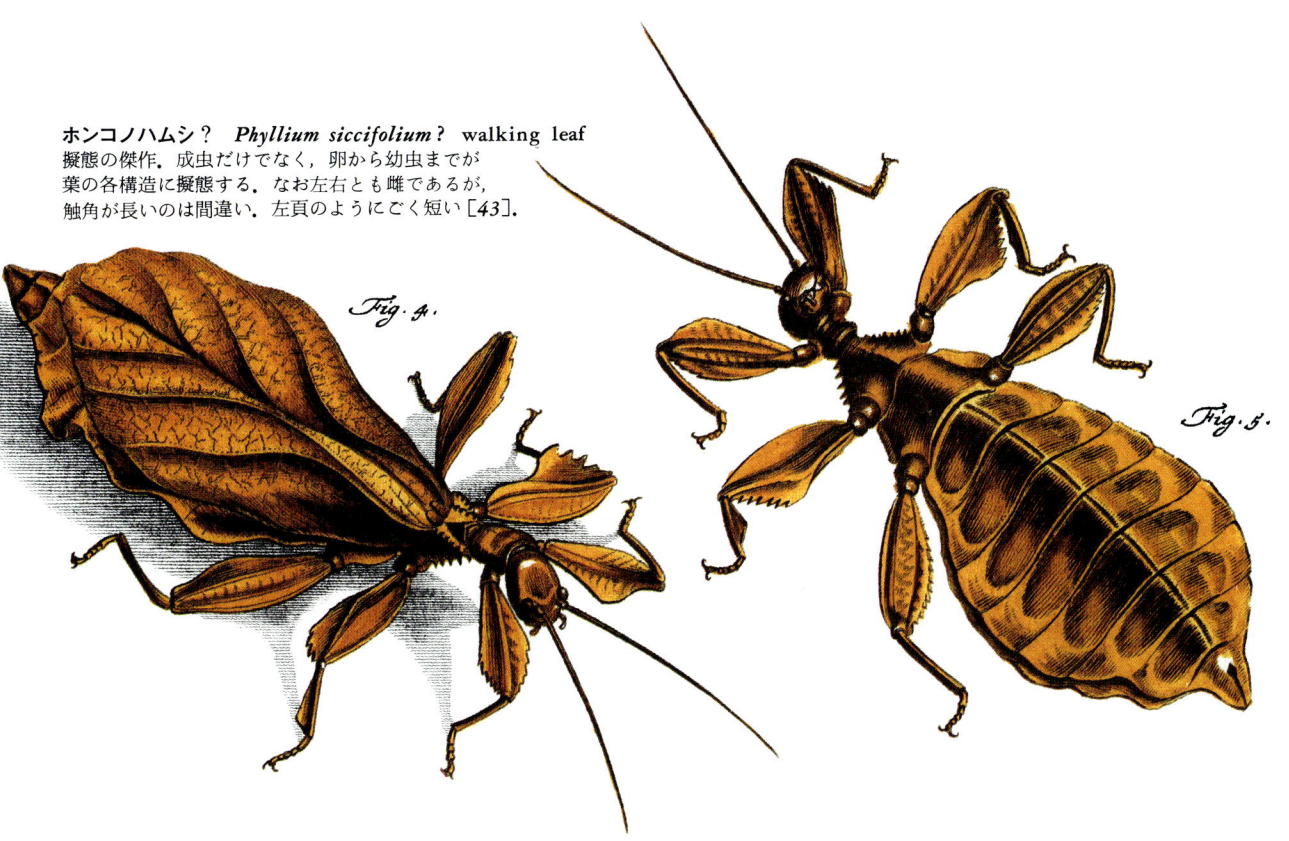

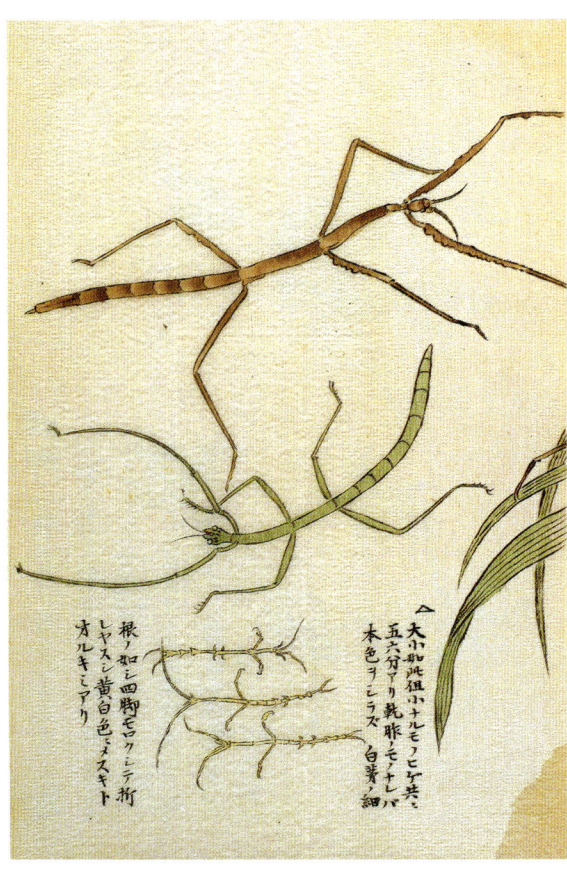

ナナフシ
Baculum irregulariterdentatum　walking stick
このなかまははねがないか，あるいはある場合は後翅が大きい．
本種ははねがないほうである．
しばしばナナフシモドキという和名で記述される［5］．

193

● 直翅目──バッタ／イナゴ　●ナナフシ目──コノハムシ

が孵化するには絶好の環境だったためらしい。かくして今や、この大群はアフリカ北部全域を移動、紅海を越えてサウジアラビアへ渡るくらいは序の口で、西部から数百万匹が風に乗って大西洋を横断し、カリブ海諸国にまで分布をひろげたという。バッタは国境などお構いなしに移動してしまうのに、アフリカはチャド、スーダン、エチオピアなどは内戦続きで、各国が共同して退治に乗りだせないことも、被害拡大の要因になっているようだ。

【霊とバッタ】　ショウリョウバッタとカタカナで書くと一見バタくさい外国由来の名前のようだが、ショウリョウを漢字で書くと〈精霊〉となる。一転していかにも日本に由縁の深そうな名前に見えてくる。じつはこの名称、旧暦7月の盂蘭盆の精霊祭のころ、このバッタがあちこちを飛びまわっていることから生まれたものなのだ。別説では精霊祭で使う竹灯の形に似ているからともいうが、いずれにせよ精霊がその語源である。とすると、あのキチキチキチという特徴あるはねの響きが何か霊の叫びのようにも聞こえてくるから不思議だ。

台湾でもバッタは死んだ人の化した姿だといい伝えられる。誰かが死んだ家のまわりにこの虫がいると、死んだ人が家恋しさに戻って来たのだと言い、殺すことを忌む（国分直一《台湾の民俗》）。

【ことわざ・成句】　〈knee-high to a grasshopper〉〈とても小さい子どものころ〉を示すアメリカの口語表現。もとは〈身長がバッタの膝までしかない〉という意味。

〈バッタ屋〉投げ売りをする商人のこと。この名称は、商品を放るようすがバッタの跳ねるときに似ているためか。転じて今では、家電・カメラ・食品などを大幅に値下げして売る〈激安店〉などダンピング商品を専門にあつかう業者を指す。またダンピング市場のことを〈バッタ市場〉という。

イナゴ

節足動物門昆虫綱直翅目バッタ科イナゴ属に属する昆虫の総称。
［和］イナゴ〈稲子〉　［中］稲蝗　［ラ］*Oxya*属（イナゴ）
　　　　　　　　　　　　　　　　　　　　　➡ p.189

【名の由来】　オクシャはギリシア語で〈鋭い、尖ったoxys〉に由来。

《日本釈名》によると、和名イナゴは〈稲噛む〉の意か、という。ただし〈稲子〉を語源とする説もある。いずれもイネを激しく食害する習性を称したもの。また、一名オオネムシは〈大きな稲虫〉の意。稲虫とはイネの害虫の総称で、古来イナゴのほかにバッタやウンカ、ヨコバイなど多くの虫を指していた。なお《東雅》によると、〈大きな〉というのは、体の大きさのことなのか、群れの大きさを称したものなのか、よくわからないという。

稲虫という名もイネを食害する虫類の総称に使われた。なかでも、イナゴはその代表的なものだが、貝原益軒《大和本草》によると、稲虫にはイナゴ（蝗）のほか、螣、蟊、賊という3種の虫が含まれるという。

【博物誌】　アフリカからアジアにかけてすむバッタのひとつ。イネ科の植物を食べるので、水田地帯では古くからもっとも恐れられた害虫である。いわゆる飛蝗（サバクトビバッタなどの大群）ほどではないが、かなりの群れをつくり、イネを食い荒らす。したがって日本で飛蝗をイナゴの群れと訳したりするのは当然だろう。

中国には、たとえば干宝《捜神記》にあるようなイナゴの害の話が多い。無錫県（江蘇省）がイナゴに襲われたときに何敞という道術師が金星を天頂にとどめるとイナゴは全滅してしまった、という話などがある。しかし中国の場合、トノサマバッタなどによる飛蝗の害は、イナゴよりもさらに大きかった。したがってイナゴの害がもっとも話題にのぼったのは日本である。

《除蝗録》には次のような話がみえる。享保17年（1732）、イナゴが大発生して諸国の農家が苦しめられた。そのとき筑前御笠郡の八尋某がその屋敷内に祀っていた菅原道真の廟に祈願してイナゴの駆除を願った。そんなある日、夕暮れに灯明を上げていつもどおり拝もうとしたところ、おびただしい数のイナゴが集まり、その灯明の油の中に飛びこんで死んだ。それを見て人は、油がイナゴの大敵であることを知り、田んぼに油を注いでイナゴの群れを退治したという。この害虫駆除は注油法とよばれる。詳しくは［ウンカ］の項を参照のこと。

しかし、イナゴの害について《除蝗録》をみると、〈イナゴの稲を害するは、心のみに非ず、葉も茎もくらえども、其害は却てすくなきかと覚ゆ〉とあり、全体からみるとその害は意外に小さかったことを示唆している。

かつての日本では、イナゴは庶民の食べものとしてひろく親しまれていた。たとえば《守貞漫稿》には〈蠢蒲焼売としていなごを串にし醬をつけてやきて之を売る。春の物也。又童子の買多し〉という記述がみえる。子どものおやつというわけだ。

イナゴの味については《本朝食鑑》に、〈野人、農児はこれを炙って食べる。味は香ばしくて美いという〉とある。栗本丹洲もイナゴ食について、

〈炒テ食ヘバ味甘シ〉と述べている(《千蟲譜》)。

ちなみに,春風亭柳好(1888-1956)はかつて,〈天ぷら〉という新作落語のなかで,イナゴを〈オカエビ〉と称して天ぷらで食う人間をとりあげた(野村健一《文化と昆虫》)。

エドワード・モースも川越を訪れたさい,イナゴ(訳書では蝗蛹ぼう)を何匹か食べてみたらしい。しょう油と砂糖と少量の水で,水がほとんどなくなるまで煮て食べるのである。小エビに似た味でなかなかおいしかったという感想を残している(《日本その日その日》)。

参考までに書くが,ファーブルは幼いころ,イナゴの股の肉を生で嚙んでよく味わったという。そして後年昆虫学者としての興味から,塩とバターで揚げたイナゴをふたたび食べてみた。《昆虫記》に,味はエビやカニに似たところがあり,〈もしあんなにわずかばかりの中身のためにあんな剛い外殻がなかったら,私はこれをうまいとまで言ったろう〉と記されている。ただし,2度とやってみる気持ちはないそうだ。

日本では,イナゴやショウリョウバッタは糸につないで遊ぶ子どものおもちゃでもあった。また江戸時代,イナゴは飼い鳥の下剤としても用いられた。ただし栗本丹洲によると,1日ほどで使用はやめたほうがよく,いつも用いてはならないという(《千蟲譜》)。

【民話・伝承】〈イナゴとアリとカワセミ〉朝鮮の民話。3つの生物の姿にまつわる由来が語られる。昔,イナゴとアリとカワセミが宴を開こうと相談し,イナゴとカワセミが沼へ魚捕りに出かけた。イナゴがおとりになって魚に呑みこまれたところを,すかさずカワセミが捕えるという寸法だ。計画はまんまと成功。カワセミは魚をみやげにアリとおちあい,イナゴも魚の口から出てきた。ところがイナゴとカワセミは,おたがいに魚を捕ったのは自分の手柄だと言って譲らない。とうとうイナゴがカワセミのくちばしを引っぱるわ,カワセミがイナゴの頭にかみつくわ,という大喧嘩になった。これがもとでカワセミのくちばしは今のように長く,イナゴの頭は今のように平たくなったのだった。いっぽうアリはといえば,喧嘩を見て腹がよじれるほど大笑い,あまり笑いすぎたためにしまいには胴が細くなってしまったという(田坂常和《わたしの民族誌・韓国》)。

【文学】《イナゴの日 The Day of the Locust》1975年アメリカ映画。原作ナサニエル・ウェスト。監督ジョン・シュレシンジャー。主演ドナルド・サザーランド。全盛期のハリウッドの影の部分を描く。題名にあるイナゴは,子どもを殺した主人公に襲いかかる大群衆の象徴。とすると,これは飛蝗するバッタのことであるから,《バッタの日》とすべきか。

《蝗の大旅行》(1926) 佐藤春夫の短編童話。1920年(大正9),台湾を旅行したときの体験をもとに,ある人の帽子に止まって列車に乗りこんできたイナゴをとおして,作者の心境を描きだす。イナゴ,大旅行というと集団での大移動をつい連想してしまうが,ここでのイナゴはひとり旅を楽しんでいたらしい。

コノハムシ

節足動物門昆虫綱ナナフシ目コノハムシ科 Phylliidae に属する昆虫の総称,またはその1種。
[和]コノハムシ〈木の葉虫〉 [中]緑葉虫 [ラ]*Phyllium*属(コノハムシ),その他 [英](green)leaf insect, walking leaf [仏]feuille ambulante, feuille à pattes, phyllie [独]Wandernde, Blatt, Blattheuschrecke [蘭]wandelend blad [露]листотел ➔ p.192-193

【名の由来】 フィリイダエはギリシア語で〈葉 phyllon〉に由来。英名および各国語名もすべて〈葉〉にかかわる意味をもつ。和名もこれに準ずる。

【博物誌】 ナナフシのなかまだが,名のとおり木の葉にそっくりの姿をもつ。枯れ葉や虫食い跡のある葉に似せるものもいる,擬態の傑作である。しかも風に吹かれる木の葉のそよぎにも似て,ゆっくりと体を動かす。木の葉が落ちる季節になると,葉と一緒に地上へ落ちるともいわれる。ここまで木の葉と一体化した虫も珍しい。

《南洋探検実記》の著者鈴木経勲は,フィジー島に生息するコノハムシについて興味ぶかい話を報告している。経勲は現地でマダム・サーモンというイギリス人の女性昆虫収集家と出会った。聞けば彼女はこの島に逗留して20年,しかしいまだコノハムシの卵を見たことがないという。だいたいコノハムシの成体も,木の葉そっくりの姿で見つけにくく,しかも捕えたとしても籠などで飼うと2~3日で死んでしまう。そのため島では貴重な虫として,きわめて高価な値段で取り引きされていた。この虫のいる樹木の下で硫黄を燃やし,虫が煙にむせんで飛びたつところを捕えるのだという。経勲はサーモン女史と一緒に山中を探した結果3匹を得ることができたのだが,そのときの女史の言葉にはこうある。〈欧米各国の動物学者はこの虫を得んがためにわざわざ本島に渡来する者往々にしてこれあり。しかるに手を空しゅうして帰る者も少なからず。わずか一日のうちに三疋を捕り得たるはまことに意外の幸いなり〉。

ニューギニアオオトビナナフシ
Cyphocrania gigas
giant walking stick
E. ドノヴァン《インド昆虫史要説》より.
傑作図版であり，英語では〈歩く杖〉と
よばれる．約20cmになるという．
古くはカマキリのなかまと
信じられていた [20].

ナナフシのなかま
Tropidoderus sp.
オーストラリアに暮らすナナフシのなかま．
この珍しい図では，下に木の葉に擬態する
姿が描かれており，興味ぶかい［34］．

ナナフシのなかま
Platycrania viridana
美しい緑色のナナフシ．これもインド産で，
かなり大きくなる種という［20］．

またコノハムシの卵が発見されない理由についてサーモン女史が〈かならず卵生のものには相違なけれども、卵を己の羽翼間に生みつけ、木あるいは地上に卵を落とさざるがゆえに、いまだ誰とてもこの虫の卵を発見されざるべし〉と述べているのもおもしろい。実際はこの虫は卵を木の葉に産みつけるのだが、卵の形が植物の種子に似ているために見つけにくい。なんと、コノハムシは卵までが擬態しているのである。

ナナフシ

節足動物門昆虫綱ナナフシ目(竹節虫目)Phasmida ナナフシ科に属する昆虫の総称。
［和］ナナフシ〈七節、竹節虫〉　［中］竹節虫　［ラ］Phasmatidae(ナナフシ科)　［英］stick-insect, walking-stick　［仏］phasme, bactérie, bacille, bâton du diable　［独］Gespenstheuschrecke, Geschpenstschrecke　［蘭］wandelende tak　［露］палочник　→ p.193-201

【名の由来】　ファスミダはギリシア語の〈幽霊 phasma〉から。

英名は〈棒虫〉〈歩く棒〉の意味。仏名のバクテリーはラテン語の〈小さな棒 bacillum〉に由来。また〈悪魔の棒〉ともいう。独名は〈幽霊のバッタ〉。蘭名は〈歩きまわる棒〉の意。露名も棒に関係するが、ガマ、アシ、ヨシの意味ももつ。

和名ナナフシは、〈体に7つの節をもつ虫〉の意。

【博物誌】　コノハムシと近縁の虫で、コノハムシが葉に擬態するのに対し、これは枝に擬態する。熱帯から温帯域に分布し、なかには30cm以上の超大型種も含まれる。葉を食べて暮らし、ほとんどが夜行性である。幼虫は親によく似ており、脱皮はするが蛹の時期を経ることはない。擬態を完璧にするためか、動きはじつにゆるやかで、急激に動くことができない。ふつうは害虫とみなされることはないが、集団になると樹木にかなりの被害を与える。

またナナフシは、止まっている枝を揺すぶられると、わざと落下する習性がある。これを擬死といい、身を守る方法の極致ともいえる。

また、このナナフシ類には排臊腺という有毒の分泌液をもつ種がいて、そのにおいに誘われた家畜などが誤って虫を食べると死ぬこともあるらしい。そのせいで、インドネシアではナナフシ類を有毒として、食べるのを戒めるという(三橋淳《世界の食用昆虫》)。

日本でも、佐竹藩の城下町である久保田(秋田市)の伝承をまとめた菅江真澄《久保田の落穂》をみると、〈竹ノ節〉という虫は〈毒虫〉であるとして注意を呼びかけている。ネコがこれを食べて狂い死んだ事実もあったといい、恐るべき虫とみなされていたらしい。形はカマキリにそっくりだが、鎌やはねはなく、色は青や蒲色だ〉という記述からすると、どうやらここに指摘された虫は、ナナフシのようだ。ただし昆虫学者の長谷川仁氏によると、秋田県下などで猛毒の虫として知られていたのは、ミズカマキリだという。

三重県ではナナフシをアオトカキ(青トカゲ)とよんで、毒虫としていた(向川勇作〈拾芥録〉《昆蟲世界》大正14年3月15日号)。

ヨーロッパ人は、古くからナナフシを籠に入れ、ゆっくりしたその動きを眺めて楽しむ風習があった。そのためにヨーロッパ産の種ばかりではなく、遠くニューギニアやマダガスカル島産の大型種も飼育用に輸入されたので、生態も早くから判明している(阪口浩平《図説世界の昆虫2　東南アジア編Ⅱ》)。

パプア・ニューギニアにすむナナフシ類には、体長30cmにもたっするものがいる。原住民はこの虫を焼いてトゲを落とし、タンパク質の補給源として食べている(西丸震哉《ネコと魚の出会い――人間の食生態を探る》)。

いっぽう、タイではイエナナフシをタクタン・キンマイとよび、糞を集めて火で炒り、熱湯をかけた〈糞のお茶〉を飲むならわしがある。この糞は消化にいいそうで、薬屋で売られるほか、家庭でもグァバの葉でこのナナフシを飼養するという(安松京三《昆虫物語》)。

昆虫博士の安松京三は、マリアナ群島のパガンという小島で実見したヤシナナフシ退治の方法を、〈ナナフシの生活〉(《日本昆虫記》所収)に記している。それによると、ココヤシの幹をとり囲むようにその周囲1～2mのところに枯れた草や葉、枝などを円形状に積み重ねて火をつけると、もうもうとした火気と煙にやられたナナフシが次つぎと落ちてくる。それを人夫たちが片っぱしから火の中に投げこむのだ。これによって多い場合は1本につき80～100匹ものヤシナナフシが駆除される。

日本では、その姿から連想したものだろうか、ナナフシをクモのなかまとする見解があった。栗本丹洲は《千蟲譜》でその事情を紹介している。ただし糸は出さない、とのコメントをつけているのが博物学者らしいところだ。

奄美地方では、ナナフシのことをカカムシとよび、名越左源太《南島雑話》によると、朽木より生ずると考えられた。毒虫である事実も知られていて、この虫をつぶして食物に混ぜ、毒殺をくわだてた男が裁かれたこともあったという。

ゴキブリ

節足動物門昆虫綱ゴキブリ目（網翅目）Blattaria に属する昆虫の総称．

［和］ゴキブリ〈蜚蠊〉，ゴキカブリ，アブラムシ，アクタムシ，ツノムシ　［中］蜚蠊，滑虫，茶婆虫，香娘子，蜚虫，地鱉，過街　［ラ］Blattidae（ゴキブリ科），Blattellidae（チャバネゴキブリ科），その他　［英］cockroach, roach, Croton bug（チャバネゴキブリ），black beetle　［仏］blatte, cafard, cancrelat（ワモンゴキブリ）　［独］Schabe, Küchenschabe, Kakerlak　［蘭］kakkerlak, bakkerstor（トウヨウゴキブリ）　［露］таракан, прусáк（チャバネゴキブリ）
→ p.204-205

【名の由来】　ブラタリアはラテン語で〈光を避ける昆虫〉の意味．ただしこの語で鞘翅類，とくにコガネムシ類を指すこともあるので注意を要する．

英名コックローチはスペイン名のクカラチャ cucaracha に由来する．一説にこれは鱗翅類の幼虫を示すクカ cuca によるもので，アメリカ・インディアンの言葉が語源だともいう．またブラック・ビートルは〈黒い甲虫〉の意．甲虫を思わせる姿にちなむ．なおこの名を無翅の雌にあて，雄をコックローチとよんで区別することもある．アメリカ英語でチャバネゴキブリを示すクロトン・バグは，1842年，ニューヨーク市の水源となったクロトン川にちなむ．水源ができたころからこの虫が急増したためという．

仏名カファールは〈偽善者〉の意でアラビア起源の言葉から．ほかに〈憂うつ〉の意味もある．カンクルラはゴキブリの蘭名カケルラクとラテン語〈カニ cancer〉の合成語．独名のシャーベはゲルマン起源の語で英語の〈かさぶた scab〉と関係がある．キュヒェンシャーベは〈台所のゴキブリ〉の意．

和名ゴキブリは古く〈五器噛(ごきかぶり)〉といい，五器（蓋付きの椀）をかじるものを示した．ちなみに《和漢三才図会》ではこの五器噛という名を〈油虫の老いたもの〉にあてている．江戸時代はゴキカブリの名は方言にとどまり，一般にアブラムシの名が使われていたようだ．この名称は，においも色も油を連想するところからつけられた．北海道生活害虫研究所を主宰している服部畦作氏は，札幌市教育委員会編《札幌昆虫記》のなかで，昭和20年代の話として，〈私の記憶では，そのころ東京でゴキブリという通り名はなかったように思う．もっぱらアブラムシといっていたようだ〉と述べている．和名ゴキブリは，明治時代の学者が文献中で古名のゴキカブリを誤記（または誤植）したことにはじまるらしい．長谷川仁編《都市の昆虫誌》に所収された小西正泰氏の〈わが世の春　ゴキブリ〉によると，そのもっとも古い例は1884年（明治17）に刊行された岩川友太郎《生物学語彙》で，〈蜚蠊属〉にゴキカブリ，〈蜚蠊〉にゴキブリの振りがながあてられているという．ただし，ゴキカブリ→ゴキブリの転訛あるいは誤用は，今後の文献調査によって，起源がさらに時代をさかのぼる可能性もある．

【博物誌】　ゴキブリ類は昆虫のなかでもっとも古くから存在したグループのひとつ．約3億年前の地球に出現し，古生代の石炭紀のころには全盛を誇っていたらしい．そのころの化石が各地で多数発見されているが，姿は今とほとんど変わらない．強靭な生命力のたとえとしてしばしば〈ゴキブリのようにしぶとい〉といった表現が使われるのもうなずける．ゴキブリの尻からは2本の尾角が出ており，これで空気中の震動を敏感に感じとる．したがってゴキブリをつかまえることは難しい．おまけに4年の寿命をもち，雌は一生のうちに卵を1000個以上も産む．

しかし古代文献においてこの虫は，意外にポピュラリティがなかった．アリストテレス《動物誌》に，ゴキブリの名が出てくるのは1か所のみ．それも脱皮する虫類の例として，カや鞘翅類とともに名をあげられているにすぎない．あるいは古代ギリシアではゴキブリすなわち害虫というイメージがあまりなかったのかもしれない．

プリニウス《博物誌》にもゴキブリの生態の記述はことのほか少なく，〈たいてい浴場の温かくて湿ったところに生まれるので光を放つ〉という不可解な一節がみられるだけである．このくだりの前後にはカブトムシやホタルなど甲虫が記載されていることからすると，あるいはホタルの生態と混同して記したものかもしれない．ただ俗信として，ゴキブリを2〜3匹油で煮つめたものを耳の治

須賀原洋行の人気漫画《気分は形而上》の重要なキャラクター，〈ゴキちゃん〉．かつてはきらわれたゴキブリも，20世紀の今，都市型昆虫の典型として人間と共同生活を営める〈同居者〉の資格を獲得しつつある．この漫画はその傍証である．

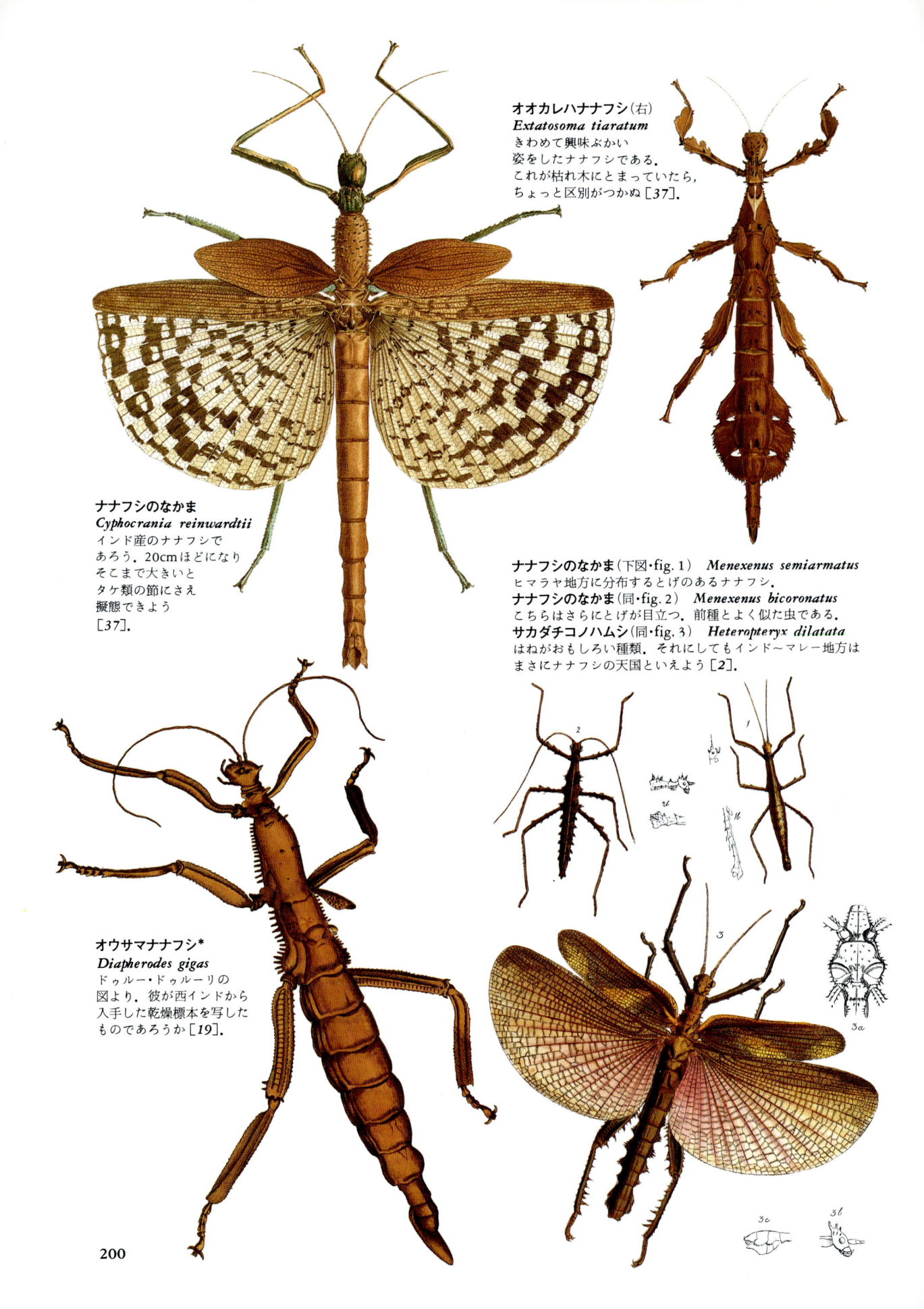

オオカレハナナフシ(右)
Extatosoma tiaratum
きわめて興味ぶかい
姿をしたナナフシである.
これが枯れ木にとまっていたら,
ちょっと区別がつかぬ [37].

ナナフシのなかま
Cyphocrania reinwardtii
インド産のナナフシであろう. 20cmほどになりそこまで大きいとタケ類の節にさえ擬態できよう [37].

ナナフシのなかま(下図・fig. 1)　*Menexenus semiarmatus*
ヒマラヤ地方に分布するとげのあるナナフシ.
ナナフシのなかま(同・fig. 2)　*Menexenus bicoronatus*
こちらはさらにとげが目立つ. 前種とよく似た虫である.
サカダチコノハムシ(同・fig. 3)　*Heteropteryx dilatata*
はねがおもしろい種類. それにしてもインド～マレー地方はまさにナナフシの天国といえよう [2].

オウサマナナフシ*
Diapherodes gigas
ドゥルー・ドゥルーリの図より. 彼が西インドから入手した乾燥標本を写したものであろうか [19].

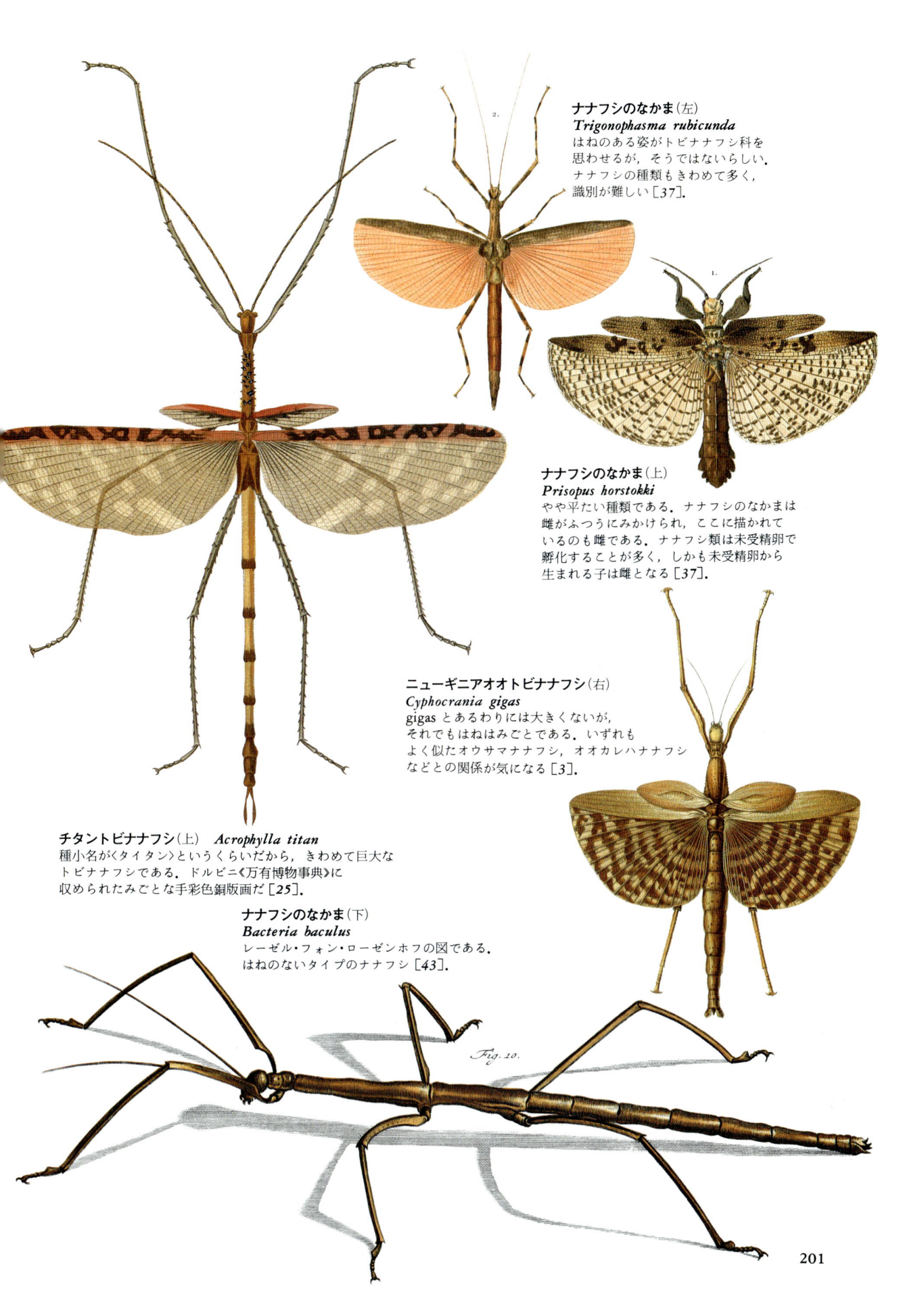

ナナフシのなかま(左)
Trigonophasma rubicunda
はねのある姿がトビナナフシ科を思わせるが，そうではないらしい．ナナフシの種類もきわめて多く，識別が難しい［37］．

ナナフシのなかま(上)
Prisopus horstokki
やや平たい種類である．ナナフシのなかまは雌がふつうにみかけられ，ここに描かれているのも雌である．ナナフシ類は未受精卵で孵化することが多く，しかも未受精卵から生まれる子は雌となる［37］．

ニューギニアオオトビナナフシ(右)
Cyphocrania gigas
gigas とあるわりには大きくないが，それでもはねはみごとである．いずれもよく似たオウサマナナフシ，オオカレハナナフシなどとの関係が気になる［3］．

チタントビナナフシ(上)　*Acrophylla titan*
種小名が〈タイタン〉というくらいだから，きわめて巨大なトビナナフシである．ドルビニ《万有博物事典》に収められたみごとな手彩色銅版画だ［25］．

ナナフシのなかま(下)
Bacteria baculus
レーゼル・フォン・ローゼンホフの図である．はねのないタイプのナナフシ［43］．

●ゴキブリ目──ゴキブリ

療に用いるとたいへんよい，といわれた。

キリスト教徒のあいだでは，ゴキブリに関して，次のような伝承が語られている。昔，ユダヤ人たちがイエスを追っていると，野にひとりの若者がいた。この若者はイエスがそこを通ったことは認めたが，それがいつだったかについては話そうとしなかった。ところがそのとき，そばにいたゴキブリが頭をもたげて〈昨日だよ，昨日〉と言ったという。ここよりカトリック教徒はこの虫を悪魔の化身とみなし，サバト(魔女集会)の日以外にこの虫を殺せば，すべての罪がゆるされるといい伝える。ゴキブリの黒っぽい体色がこのような不吉な連想をよんだのだろう。同じく黒色の虫であるハネカクシにも似たような俗信がある。該当項目を参照されたい。

時代が中世になると，ゴキブリについても多少の博物学的所見が生まれてくる。トマス・ムーフェットも《昆虫の劇場》のなかで，ゴキブリBlattaについて語る人間は近年少なくない，と述べている。ところが，その意見はまちまちで，正体を的確に説明した者はほとんど皆無に等しい，とも付け加えるのだ。ムーフェットによれば，当時ブラッタとよばれたのは，耳の中やハチの巣で育つ寄生虫の類，服や本を食べる小虫(イガやシミ?)，分泌液で絹状の物質を織る虫(シロアリモドキ?)などである。ゴキブリ以外にもさまざまな虫が，〈Blatta〉とよばれていたわけだ。これら諸論に対してムーフェットは〈Blatta〉を，〈夜中に飛ぶ昆虫で，甲虫に似ているが，鞘翅を欠くもの〉と定義したうえで，それをソフト・モス soft moth (やわらかな虫)，ミル・モス mill moth (製粉所の虫)，スティンキング・モス stinking moth (くさい虫)の3種に分類した。このうち最初のものについては挿図や記述からするとサシガメを指すらしい(該当項目を参照)。そしておそらくあとのふたつがゴキブリだろう。

しかしヨーロッパでは，ゴキブリがきらわれていたことも確実である。これに手で触れると悪夢を見る，という俗信もあった。

なお，西洋の人びとはゴキブリを粉末にしたものをタラカネ散とよび，肋膜炎や心膜炎の民間薬として用いた。タラカネの名はゴキブリのロシア名タラカンに由来。それもそのはず，これはロシアに起源をもつ薬とされ，現在も利尿剤として水腫の治療に使われる(三橋淳《世界の食用昆虫》)。

しかしいっぽう，ロシア人やフランス人は，ゴキブリを守護霊のようにみなして，家にこの虫がいるのは幸運のしるしとした事実にも注意しておくべきだろう。また，引っ越しのさい，ゴキブリを数匹新居に持ちこむと縁起がいい，とした俗信もある(小西正泰〈わが世の春　ゴキブリ〉)。

次に，大西洋を渡ってアメリカの事情をみよう。マサチューセッツ州にはゴキブリの害が多かったらしい。そこで，家にいるゴキブリを捕え，小銭とともに紙に包んで誰かに渡すと，ほかのゴキブリも家を出て先方へ移動してゆく，といわれた。

またアメリカの黒人のあいだには，ゴキブリのゆで汁を病気の子どもに飲ませる習慣があった。ジャズ・トランペット奏者のルイ・アームストロングも子どものころ，ぐあいが悪くなるといつもこれを飲まされたという。ルイジアナ州の黒人も，破傷風にかかるとゴキブリ茶を飲んだ。またニンニクと一緒にゴキブリを油で揚げて食べると消化不良によいと信じられている(クラウセン《昆虫と人間》)。

アメリカ・インディアンは，子どもたちが百日咳にかかると，次のようなまじないを行なった。まず病気にかかった人数分のゴキブリを集め，それぞれに子どもの名前をつけて，別べつに瓶の中に閉じこめる。そしてゴキブリが死ねば，病気も治るそうである。

アメリカでは現在，害虫駆除剤メーカーの主催で，毎年ワモンゴキブリの体長世界一を決める〈コンバット・ゴキブリ・コンテスト〉が開かれている。1990年(平成2)9月28日付の《朝日新聞》によると，1990年の第4回大会では，沖縄県那覇市の会社員が出品したゴキブリが，体長4.8cmで見事優勝したという。ちなみに優勝賞金は1000ドル，さらに害虫駆除剤1年分が授与された。今日，日本にもひろく生息するワモンゴキブリは，江戸末期の黒船来航によってアメリカから日本に持ちこまれたという説がある。そのせいかペリーが拠点にした小笠原諸島にはこのゴキブリがことのほか多い(松村松年《昆蟲物語》)。

中国でふつうに見られるのは，ヤクヨウゴキブリ(シナゴキブリ)Eupolyphaga sinensis である。子どもはこれを捕え，その背に物を乗せてたわむれた。中国では子どもの玩具だったのである。このヤクヨウゴキブリとサツマゴキブリ Opisthoplatia orientalis を主とするゴキブリ類の雌を乾燥させたものが，秘薬〈蟅虫〉である。古くから通経剤として，また子どもの腹痛や夜泣きを治すのに用いられた。ときおり形のよく似たゲンゴロウ類やガムシ類が混入することもあるらしい。

中国ではゴキブリを食べる地方もあり，また腹の病気や婦人病の薬にも利用された。ただし《本草綱目》はその味について，辛辣でくさみがある，と記している。また同書によると蟅虫は燈蛾と

いう虫と雌雄関係にある，という。どうやらこれらゴキブリ類は雄が燈蛾，雌が蠁虫と，それぞれ異なるよびかたをされていたらしい。

清代にはゴキブリを闘わせる賭けが流行した。やりかたは，ひょうたん型の瓶に草をさし，その上にゴキブリを2匹乗せる。そして両者がたがいにかみつきはじめたら，瓶の中に入れて蓋をする。しばらくして蓋を開けるとどちらかが殺されていて，勝者は瓶から出てくる，という寸法だ。今でも古道具屋にあるという賭博用の瓶の蓋には象牙や翡翠の細工がほどこされていることからすると，上流階級でもこのゴキブリ賭博はかなりひろく行なわれていたらしい（増川宏一《賭博》I）。

ちなみに，エジプトではゴキブリにレースをさせて賭けを行なうという（小西正泰《虫の文化誌》）。

日本でもゴキブリは厄介な台所の虫とされていた。〈五器をかじる虫〉というよび名がそのことをものがたる。

井原西鶴の自伝風読物《西鶴織留》にもゴキブリが出ている。京都に住む主人公が，家主の奥方の悪口を言ったために，借家を追い出されて以後2年に9回も引っ越すはめになる。うち1回は，隣の麹屋にゴキブリがわんさとすみついていて，それが自分の家のほうにも移動してくるので，ほうほうのていで逃げ出したのだった。以下の一節は，おそらく西鶴の実体験にもとづく描写と思われるが，じつに凄まじいかぎりの食い荒らしぶりである。〈蟬の大きさしたる油虫ども数千匹わたりきて，五器箱をかぶり，茶の水に飛び入り，衣類を喰い割き，米だわらに穴をあけ屛風・扇をばらばらになし，肴かけを荒し醬油の徳利にはいり，塩籠にむさき事どもして，人のしらぬ世の費也〉。

また小西正泰《虫の文化誌》によると，ゴキブリを殺すと伊勢神宮や各地の神社に参拝したのと同じ功徳があるとして，その駆除を勧める地方があった。なお，ゴキブリを殺せばお宮参りをしたのと同じ功徳があるという俗信に関連して，熊野（または伊勢）の神はゴキブリが大きらいだから，という理由づけも行なわれた（《南方随筆》）。

小泉八雲は《日本瞥見記》で，出雲地方のゴキブリにまつわる伝承を伝えている。この虫は好んで人間の目を食べるという俗信があったらしい。そこから，この虫を殺せば，眼病を治してくれる一畑という薬師如来に功を積むことになると信じられていた。

さらにこんな話もある。1904-05年（明治37-38）ころ，大阪では家の外に〈油虫一升三厘で売ります〉と書いた紙を貼って，ゴキブリよけのまじないとする風俗が流行した（宮武外骨編《奇態流行史》追補）。

上村清《暮らしの中のおじゃま虫》によると，ジャガイモにホウ酸を入れた団子をつくり，ゴキブリを毒殺する方法があったという。この方法は今でも使われている。またバタートラップといって，底に餌を入れた空瓶の内側にバターを塗っておき，中にはいったゴキブリを出られなくする退治法もあった。

【コガネムシ】〈黄金虫は金持ちだ，金蔵建てた，蔵建てた〉ではじまる野口雨情作詞，中山晋平作曲の童謡《黄金虫》。じつはここに歌われているのは鞘翅目コガネムシ科の虫ではなく，チャバネゴキブリなのだという。雨情が書斎でこの虫の生態を観察するうち，歌詞が頭に浮かんだそうだ。詳しくは〔コガネムシ〕の項を参照。

【ことわざ・成句】〈ゴキブリ走行〉ドライバーの隠語。免許とりたての初心者が，道路の左肩に寄りがちなことを称したもの。ゴキブリが壁ぎわにぴったり沿って進むことからの連想らしい。

〈油虫〉人にたかって，芝居小屋や見世物小屋にただではいる者に対する蔑称。また遊里に群れ集うひやかしの客もこうよんだ。

【《変身》の虫】フランツ・カフカの《変身》（1915）で主人公グレーゴル・ザムザが化した虫の正体は一体何なのか？　一般には何となくゴキブリとか甲虫と思われているようだ。なかでもゴキブリ説は有力で，腹面は茶色，チーズや腐りかけた野菜が好物で新鮮な食物は苦手というあたりはかなりイメージに合う。家族や家政婦に忌みきらわれるというのもぴったりだ。また背中は鎧のようにかたいとされているが，ゴキブリは暗い色をしたはねのせいか，俗によく甲虫と混同されるのでこの点も問題はない。ただ邦訳本の冒頭の文章をみると，ものによっては〈毒虫〉となっていて，この点ゴキブリとは異なる。じつはもとのドイツ語はUngezieferで単に〈害虫〉という意味なのだ。こうなるとほぼゴキブリで決まりのようなもので，実際，作家の後藤明生などもこの意見である。が，それだけでは終わらない。作中にはただ1か所，家政婦が虫となったグレーゴルに呼びかける場面があって，そのとき使われているのはMistkäferという言葉なのである。これだとコガネムシ科の総称になる。もっとも，本来は〈糞を好む甲虫〉といった意味で，マグソコガネやセンチコガネなどの食糞類を指す。とするとこれら食糞類の一種が正体か？　さらに見落とせないのがコガシラハネカクシ属の1種 *Philonthus splendens* である。ドイツ語の一名を glänzender Mistkäfer というこの虫自体はよくわからないが，本属のなかまは黒と茶色

ワモンゴキブリ
Periplaneta americana
american cockroach
かつてアフリカから渡ったゴキブリが,
マリア・シビラ・メーリアンの
《スリナム産昆虫の変態》に描かれたため,
〈アメリカのゴキブリ〉とよばれるようになった.
それにしてもすばらしい1枚である [38].

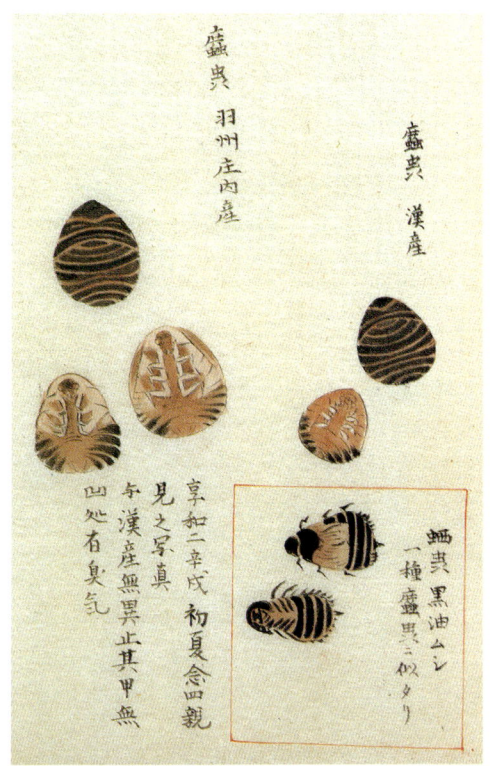

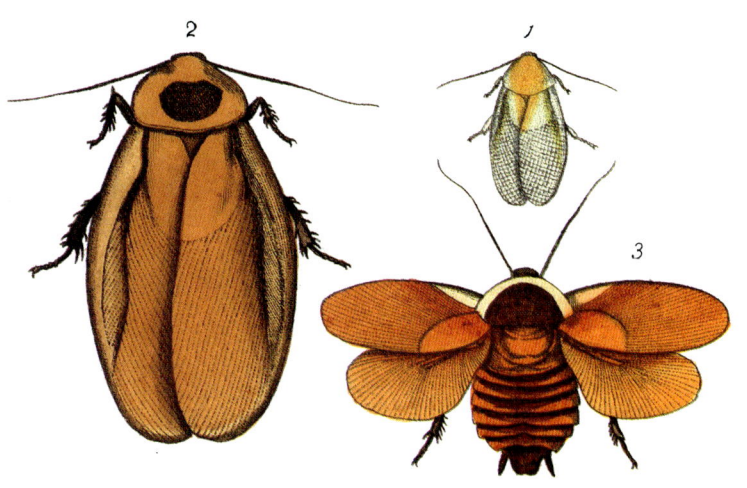

ゴキブリのなかま(上図・fig. 1) *Panchlora nivea*
ドゥルー・ドゥルーリの図譜より．ゴキブリ類のなかにはシロアリ類と同様に腸内に原生動物を共生させ，セルロースを分解する珍しい生態をもつものもいる．寝ている子のまつげや爪を食べた例さえあるという．

オオブラベルスゴキブリ▲(同・fig. 2) *Blaberus giganteus*
かなり大型のゴキブリで南アメリカ産．

ゴキブリのなかま(同・fig. 3) *Nyctibora sericea*
黄色の帯をもつ美しいゴキブリ．エジプト周辺に分布するという [19]．

ヤクヨウゴキブリ▲(シナゴキブリ)(上)
Eupolyphaga sinensis
このなかまは無翅で，図には幼虫もまじっているようだ．
内科では腹中の鬱血を去らせ，外科では骨折捻挫などの治療に使う．なお，赤枠内の有翅のゴキブリは，同定をお願いした山崎柄根氏によれば，オガサワラゴキブリ *Pycnoscelis surinamensis* である [5]．

ワモンゴキブリ(上図・中)
Periplaneta americana
もとはアフリカからきたゴキブリ．
日本をふくむ世界に分布する．種小名にあるアメリカは原産地ではないというのが定説である．

トウヨウゴキブリ(同・左と右)
Blatta orientalis oriental cockroach
やや小型のゴキブリが雌雄(左が雄)で描かれている．
これも北アフリカ起源のゴキブリらしい [3]．

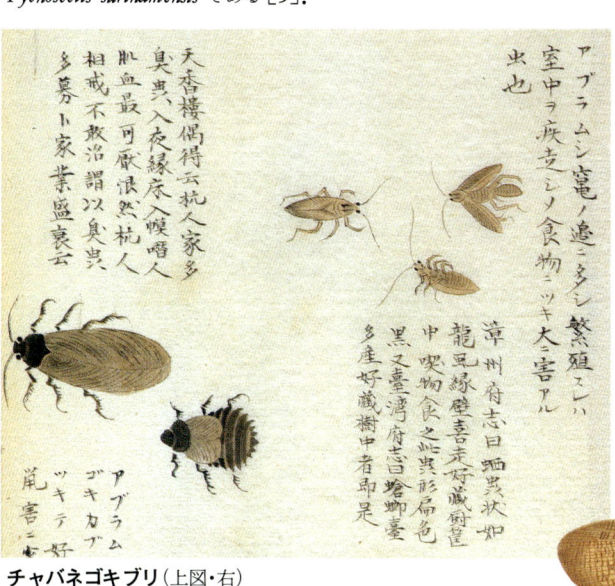

マデイラゴキブリ(下)
Leucophaea madeirae madeira cockroach
やはりアフリカ起源のゴキブリ．いかにもたくましそうな虫である．ドルビニ《万有博物事典》に収められた図 [25]．

チャバネゴキブリ(上図・右)
Blattella germanica german cockroach
全世界にすむゴキブリ．都市地域の食堂内に出没する小・中型のゴキブリは，ほとんどこの種と考えてよい．

ヤマトゴキブリ(同・左)
Periplaneta japonica
やや大型のゴキブリ．夜は活発に飛んで家庭に侵入する．
しかし同じ科のやや大きくなるクロゴキブリほどではない [5]．

●ゴキブリ目――ゴキブリ　●カマキリ目――カマキリ

に塗られた細長い体をもち，糞や腐肉に群がる種が多い．鞘翅をもちながら最後はリンゴにあっけなくつぶされてしまうところなども，はねが短く体が大きく露出しているハネカクシならうまく説明がつく．ヨーロッパでは古くから悪魔の使いとしてきらわれてきた虫ということもあるし，あるいはここらあたりが正体かもしれない．

【文学】《アーキーとメヒタベル Archy and Mehitabel》(1927)　アメリカの詩人ドン・マルキス Don Marquis(1878-1937)の代表作．哲学的な心性をもつゴキブリのアーキーと，冒険心に富んだ野良猫メヒタベルとの交流を，おもに自由詩の形で綴ったもの．転生や亡霊の存在を信じるこの風変わりなゴキブリによると，彼の前世は人間の詩人，メヒタベルはなんとクレオパトラだった．だがアーキーは内心いつでも孤独だし，メヒタベルと何か実のある会話ができるなどとははなから期待していない．たしかに人間にこれだけ理不尽に痛めつけられているゴキブリこそ，もっとも厭世主義者にふさわしい存在かもしれない．

《油虫》(1918)　かつて昆虫学者の江崎悌三が，日本における昆虫文学の最大傑作とよんだ北原白秋の小品．実体験をもとに，小笠原諸島にすむワモンゴキブリの食い荒らしぶりを大胆に描きだす．

カマキリ

節足動物門昆虫綱カマキリ目(蟷螂目) Mantodea に属する昆虫の総称，またはその1種．
［和］カマキリ〈蟷螂，螳螂〉　［中］螳螂，天馬，蝕肬，拒斧
［ラ］Mantidae（カマキリ科），その他　［英］mantis, mantid, praying mantis, praying insect, rear-horse　［仏］mante,（mante）prie-Diou, prega-diou　［独］Fangheuschrecke, Gottesanbeterin　［蘭］bidsprinkhaan
［露］богомол　　　　　　　　　　　　　→ p. 208-213

【名の由来】　マンティダエはギリシア語で〈占い師，予言者〉の意．前あしをもち上げて，ふたつの鎌を合わせるような姿勢が，神託を得ようとして拝んでいる人間を思わせることによる．

他の各国語名もこの虫の姿から〈祈る虫〉の意味に通じるものが多い．ちなみに日本でも，九州と埼玉県の一部ではカマキリのことをイノリムシ（祈り虫）とよぶという(實吉達郎《動物故事物語》)．

中国名の螳螂は當郎(当たり屋の意)に由来する．車の轍が迫ってきても逃げようとしないことから．天馬は，その首をウマにみたてたもの．蝕肬は，〈疣を蝕むもの〉の意．古来疣の薬として珍重されたことにちなむ(《本草綱目》)．

和名カマキリは，鎌を用いてものを切る虫，の意．前あしを鎌にたとえたもの．イボムシリは，人間の疣をむしって食べることによるという．ハイトリムシは，ハエを捕って食う虫，の意．

カマキリにはゲンザという異名もあった．柳田国男はこれを，山伏を意味する験師にちなむものと考えた．験師と同じように目つきが鋭く，身軽に動き，さまざまな生きものを襲って殺すから，というのが理由である．

【博物誌】　肉食の虫として窮極的な存在．餌を捕えるための鎌をもち，体形・生態ともに敵を待ちぶせて捕えることに集中させたスマートな姿は，見事である．餌食となる対象には，同じカマキリ類も含まれ，雌は交尾するために近づいてきた雄をも食べてしまうことが知られている．外見上はナナフシ類と似ているが，草食で動きもスローモーなナナフシに対して，肉食のカマキリは動きがすばやく，また攻撃もする．ただし，カマキリのなかにも，コノハムシと同じように植物に擬態するものがある．たとえばインド産の1種 *Gongylus trachelophyllus* は，〈バラの花びらをつけた昆虫〉とよばれる擬態種である(ロジェ・カイヨワ《メドゥーサと仲間たち》)．もっともその目的は護身ではなく，獲物をおびき寄せることにある．

これはカマキリ類に限ったことではないが，一般に昆虫に多くの関心を示さなかった西洋では，古代博物誌の双璧とされるアリストテレス《動物誌》とプリニウス《博物誌》にすら，カマキリについての記述がまったくない．ただ，古代ローマではカマキリに見つめられると災いが訪れるといわれ，病気になると，〈カマキリに見つめられたね〉と声をかけるならわしもあったという(ロジェ・カイヨワ《神話と人間》)．

中世になると，カマキリは聖虫としてクローズアップされてくる．胸をもち上げ2本の鎌をそろえて胸に寄せるようすが，神に祈りを捧げる姿を思わせるためだという．イスラム圏にも同様の俗信があり，この虫はいつも聖地メッカに祈りを捧げているといわれる．

しかしその逆のイメージも根ぶかく残っていた．ロジェ・カイヨワ《神話と人間》によると，フランスでも地方によってはカマキリを悪魔の化身とみなして，プレゴ・ディアブレ prégo-diablé (悪魔に祈る)とよぶところもあるという．またエーヌ県では，うそつきや狂信家の別称ともされる．

ルーマニアはカマキリに関して次のような伝説を残している．キリスト教の迫害時代，伝道中の尼僧が美しい青年と出会った．そして男の美貌にフラフラッとなり，掟を破ってヴェールを脱ぎ，キリストの教えを語ってしまう．ところがじ

つはこの青年，悪魔の子だったのである。これを知ったペテロは，尼僧のもとへ駆けつけると，罰として彼女をカマキリに変えた。そのため尼僧はカマキリとなった今でも，前非を悔いて顔を隠そうと，両あしをもち上げているのだという。また人びとはこの虫を〈尼さん calugarita〉とよぶのだそうだ（ロジェ・カイヨワ《神話と人間》）。

同様に，サー・トマス・ブラウンも，人間の直立する姿勢にもっともよく似ている動物として，ペンギン（オオウミガラスのことか？）と並んで昆虫界ではカマキリをあげている。つまり前の2脚をもち上げ，後ろの4脚で支えながら，直立に近い姿勢をとっているからである（《流行する俗信》）。

ヨーロッパでは，カマキリがあらわれると春が近いといいならわす。またその姿を見かけると飢饉になる，という俗信もあった。さらにカマキリは道案内をする虫でもあった。道に迷った子どもや旅人がこの虫に道をたずねると，片あしを伸ばして正しい方向を教えてくれるのだという。

ムーフェット《昆虫の劇場》によると，カマキリは薬でもあったらしい。瘰癧の腫瘍を治すとされた。フランスのプロヴァンス地方では，カマキリの卵塊はティニョ tigno（しもやけの意）とよばれ，その名のとおりしもやけの薬になるとひろく信じられていた。ふたつに割った卵塊を絞り，流れ出た汁を患部に塗るとすぐ治るというのだ。しかし《昆虫記》をみると，ファーブルも1895年の冬，一家ともどもこの〈薬〉を試してみたが，いっこうに効かなかった，とある。また同書によると，カマキリの卵塊を身につけると歯痛が治るともされていて，そのために女性が卵塊を採集しておく風習もあったらしい。

またファーブルは，カマキリについて，眼を方方に向けられる唯一の虫で，表情をもっているといってもいいくらいだ，と述べている。

一説にアフリカのホッテントットのあいだでは，ある特定のカマキリが最高神としてあがめられ，この虫が体にとまった人間は神聖になるとされている。ただし逆にカマキリは悪魔とみなされるとか，現在は神だが，じつはかつては悪魔だったという説もあってややこしい。もっともホッテントットにとってカマキリが霊虫であることは確かなようだ（ロジェ・カイヨワ《神話と人間》）。

タイやラオスの住民は，カマキリの卵や幼虫を食用にする。またパプア・ニューギニアの原住民のあいだにもカマキリを食べる風習があるが，エビと生のマッシュルームを混ぜたような味で美味とされる。

アメリカ合衆国南部では，カマキリは悪魔の使わしめとされ，もしいじめれば，目に唾をはきかけられて盲目になってしまうといい伝える。また口から分泌される茶色がかった液体は有毒とされ，ラバさえ殺しかねないので〈ラバ殺し mule killer〉の異名もある。

中国でも，カマキリはまず薬用の虫であった。その卵塊を焼いたものを夜尿症の薬として子どもに食べさせるならわしがあった。

太極拳にも〈螳螂の構え〉というスタイルがある。カマキリの獲物を待ちかまえる姿をまねており，その攻撃力にあやかるものである。

また一説に，カマキリは痩身のシンボルとして肥満防止とも関係があるらしい。たしかにカマキリは〈痩せた人〉を形容するのに使われ，〈カマキリのように痩せている〉などという。これに関して横井也有〈百蟲譜〉は〈螳螂の痩せたるも，斧を持ちたる誇より，その心いかつなり。人の上にも此の類はあるべし〉と記している。カマキリは痩せてはいても気は荒く，すぐ腹を立てて斧を振りまわす，という意味である。

次に日本でのカマキリ観をみていこう。明治から昭和初期にかけての有名な昆虫学者松村松年は，《昆蟲物語》でこんなユニークな見解を述べた。〈何れも食肉性であって，農家に有益なる昆虫である。今これを水田やその他，果樹園に放てば，吾々に有害なる昆虫を捕食して大益を与えて呉れる。農家はこれを蕃殖して大に利用すべきである〉。

カマキリを長野の一部ではタヨオサン，タイフサンなどとよぶ。これは〈大夫さん〉のことで，禰宜や神主の意。やはりカマキリが前肢をかかげてすり合わせるような格好をするのを，拝む姿と見て名づけたものらしい。また，一説にこの名は，子どもがカマキリを棒や指先で突つき，〈拝め，拝め，拝まにゃ通さん〉とか〈拝まにゃ打ち殺す〉などと唱えると，この虫が前肢をもち上げて拝むような姿をすることからついたともいわれる。

かつての日本では，〈疣虫舞〉というのがひろく行なわれていたらしい。カマキリの扮装をした人間が，ハエを捕るような動作をしながら歌い踊るのである。菅江真澄《久保田の落穂》によると，〈赤はだかになりて舞い，又もも引というものを足にも手にもさし，あるは手に脚巾をし，わらしべを長くむすび，耳より鼻にかけ髭の如くにいくすぢもさげ，髪をわわけ，顔に釜底墨をぬり……〉といった格好をするという。

長崎地方には，カマキリに拝まれた者は死ぬという俗信があって，当地の母親は，子どもたちがこの害を受けないように用心した。また，かつて

ムナビロコノハカマキリ
Choeradodis strumaria
メーリアンのすばらしい図には，
パパイヤに群がる南米産カマキリが
描かれている．この種は珍奇な
形態をもつ虫として
古くから注目されていた [38].

クシヒゲカマキリ▲(右)
Empusa pectinata
たしかに〈櫛(くし)〉を思わせるひげがある．
ドゥルー・ドゥルーリの図譜より．
ヨウカイカマキリ科にふくまれる［19］．

クビナガカマキリ▲(上)
Gongylus gongylodes
indian praying mantis
インドに分布する不思議な形の
カマキリ．ヨウカイカマキリ科に属し，
現地ではバラの葉やランの葉にいる
カマキリとされる［19］．

カマキリのなかま
Phyllobates cingulata
ドゥルー・ドゥルーリの昆虫図譜に
収められたジャマイカ産カマキリ．
後翅の色彩がおもしろい［19］．

209

●カマキリ目──カマキリ　●ハサミムシ目──ハサミムシ　●シロアリ目──シロアリ

東京の少年たちは，約束をするときに今の〈ゆびきりげんまん〉のかわりに，よく〈えびきりかまきり〉と言った（柳田国男〈蟷螂考〉）．

【カマキリの卵房】　中国では，カマキリが枝上に産んだ卵の塊を〈桑螵蛸〉とよんで今でも生薬として珍重する．名称に桑とあるのは，桑の枝に産みつけられたものに限るとする俗説にちなむ．効果としては男性の精力減退，また小便の切れが悪くなったときなどに服するとよいという．

日本ではこれをその形から，おうじがふぐり，おきなのふぐり（ともに老人の陰囊の意）とよんだ．なお中国ではこれを鳥渶（《広雅》）とか，野狐鼻涕（《酉陽雑俎》）などとも称している．塊を鳥やキツネの鼻水にみたてたものらしい．

《和漢三才図会》によると，日本の薬屋でもカマキリの卵の房が売られていた．しかし紙袋に入れて販売されたため，湿気が多かったりすると，中で孵化して出てくることもあったようだ．

和歌山ではカマキリの卵塊を〈烏の金玉〉とよんだ．南方熊楠によれば，この名は，カラスの鳴き声をまねる子はアクチ（口角炎）が切れるという俗信に由来するらしい．つまりアクチが切れるとよくよだれが流れる．そしてこれが古くからオジイノキンタマ，ウシノフグリとよばれていたカマキリの卵塊をなめるとよだれがやむという俗信と結びつき，〈烏の金玉〉なる珍妙な名前が誕生したとの由．豊前小倉市上富野でもジイノヘンズリ（爺の手淫）と称した．卵塊を老人の精液にみたてたものか（南方熊楠〈烏の金玉〉）．

【雄を食う雌】　カマキリは交尾中に雌が雄を食べることで知られる．ところがそのさい，雄の交尾活動はなぜか前よりはげしくなる．これは頭部がなくなって脳の抑制がきかなくなるためで，雌のほうは，この脳を産卵に備えての栄養源にするという．ただしこの奇習は，つがいがもれなく行なうわけではなく，たがいを獲物と誤認さえしなければ，ふつうは交尾してすぐに離れる．つまり餌と見間違えられた雄が不運であるということらしい（渡辺昌雄《薬用昆虫の文化誌》）．

ファーブルの飼養したカマキリの雌の場合，2週間のうちに7匹の雄と交尾し，それをすべて平らげたそうだ（《昆虫記》）．

また，雌が交尾中の雄を食べてしまうことから，ヨーロッパではカマキリを，男を貪り食う女の象徴とした（ジャン＝ポール・クレベール《動物シンボル事典》）．

【カマキリの寄生虫】　袋形動物門の線形虫綱にハリガネムシ（英名hairworm）という体長数cmから1mにもおよぶ針金状の虫がいる．この虫は水生で，幼虫はユスリカやフタオカゲロウの幼虫の体内で成長する．これらの昆虫が羽化後，カマキリに食べられると，こんどはカマキリを宿主とする．《和漢三才図会》の〈蟷螂〉の項にはこうある．ほのかな赤色を呈したカマキリを子どもが捕えて熱い灰や塩をふりかけると，長くて黒い糸筋のようなものを出す．これはカマキリの子ではなく小腸である，と．ここでいう〈小腸〉というのが，じつはハリガネムシなのである．

紀伊東牟婁郡請川村（現本宮町）では，子どもが乾したハリガネムシを袂だもとに取っておき，水に濡らして再生させ，ゴム紐のようにしていろいろな形で遊んだという（南方熊楠〈烏の金玉〉）．

【ことわざ・成句】　〈蟷螂の斧を以て隆車に向かう〉自分のわずかな力量を過信して，無謀にも大敵に刃向かう愚かさをたとえたもの．原義は，カマキリがその斧を振り上げて高く大きな車に刃向かうという意味で，中国の古典にもとづく比喩．《荘子》，《淮南子》，《後漢書》袁紹伝などがその出典．なお隆車を龍車と書くこともある．龍車とは天子の乗る車のこと．

【映画】　《かまきり夫人の告白》1975年，京都東映．監督牧口雄二．主演五月みどり．夫に浮気された腹いせに，隣人からホモの美青年まで次つぎと男を誘惑しては不幸へとおとしいれていく妖艶な人妻を描く．〈かまきり夫人〉の名は，雌が雄を食いつくすカマキリの習性にちなんだものであろう．それにしても，この〈かまきり夫人〉といい〈さそり〉，〈蜘蛛女〉といい，妖女は虫類に擬せられることが多い．

ハサミムシ

節足動物門昆虫綱ハサミムシ目（革翅目）Dermapteraに属する昆虫の総称，またはその1種．
［和］ハサミムシ〈鋏虫〉　［中］鋏尾虫，蠼螋，𧌴螋　［ラ］Forficulidae（クギヌキハサミムシ科），Psalididae（ハサミムシ科），その他　［英］earwig, devil's coachman　［仏］perce-oreille, forficule　［独］Ohrwurm　［蘭］oorworm　［露］уховертка　　　　　➡p.216

【名の由来】　デルマプテラはギリシア語で〈革状の羽をした〉の意．フォルフィクリダエはラテン語で〈小さなはさみをもった〉，プサリディダエはギリシア語で〈はさみをもった〉の意味．

英名イアウィッグは〈耳の虫〉の意．古くこの虫が人の耳の中にはいって悪さをすると考えられたことによる．実際，ハサミムシは人の耳にはいる衛生害虫といわれる．一説にこの原形はイア（耳）・ウィング（翼）ear-wingで，下翅が耳の形に

似ているためともいわれる。なお英語のイアウィッグは，動詞として〈裏工作をする，入れ知恵をつける〉といった意味にも使われる。デヴィルス・コーチマンは〈悪魔の御者〉の意味。仏名は〈耳を刺すもの〉，独・蘭・露名も〈耳の虫〉の意．

中国名の蠼螋くじゅうは，この虫がよく氍毹くじゅ（毛織の敷物）の下に隠れることから．

和名ハサミムシは，尾の先のはさみにちなむ．

【博物誌】　大きなはさみを尻にもつ虫．このはさみは，雄ではクワガタムシの角のように曲がり，雌はまっすぐである．この虫には〈接触好き〉ともよべるような習性があり，狭いところで体が何かに触れると安心し，動かなくなる．この習性のせいか，人の耳の穴にはいるなどの奇妙ないい伝えが生じたのかもしれない．ただし，わずかだが外部寄生するなかまもいる．

ヨーロッパでは，ハサミムシは人の耳に好んではいりこむと信じられてきた．耳にはいるとされたのはヨーロッパクギヌキハサミムシ *Forficula auricularia* だが，実験下では少なくとも人の耳の中に好んではいりこむわけではない．しかしこれが耳にはいれば，たしかに鼓膜などを傷つけるだろう．

ハサミムシは美しいカーネーションを好んで食い荒らすため，イギリスではとくに女性から目の敵にされたらしい．そこでこの虫を罠にかけて殺すこともさかんに行なわれた．たとえばムーフェット《昆虫の劇場》にはこんな退治法が紹介されている．ウシのひづめなど空洞状のものに，藁や布を敷きつめて地面に置いておく．すると朝には夜露をしのいでその中に集まって来たハサミムシがぎっしりと詰まっている．これを拾い上げて中から虫を振り落とし，次つぎと踏みつけては殺せばよい．これは前述したようなハサミムシの接触好きの性質を利用した方法である．

しかしハサミムシは，悪魔の角に似たはさみをもつためか，悪魔に関連させられるケースも多い．アイルランドではハサミムシを〈黒い悪魔〉とよんで，家の中で見かけるのを不吉とする．

ハサミムシは実際は，おもに小昆虫を食べる益虫なのだが，ときにカイコを餌とすることもある．そこで，養蚕家のあいだでは害虫として宣伝されていた．そのためか，東京の薬売りは，夜店で害虫駆除薬の効能を説くさい，よくこの虫を見せしめとして実験材料に用いたという．

中世ヨーロッパではハサミムシを粉末にしたものをウサギの小便や丁子油と混ぜ，耳の点滴薬として重宝したという（ムーフェット《昆虫の劇場》）．

中国では，ハサミムシは毒虫と考えられていた．

《本草綱目》のハサミムシの記述をみると，この虫の尿を人が浴びると瘡が生じ，熱を発するとある．しかし同書の新註校訂者稲垣建二氏は，ハサミムシには尿に有毒物質を含むものはなく，ここの記述はハネカクシ科の虫と混同したものだろう，としている．

中国明代の兵書《武編》によると，ハサミムシの毒にやられたときは，インゲン豆の葉を患部に塗ると，すぐ治るという．また茶の葉の粉末，ナシの葉の汁，ツバメの巣の土などを塗っても効果があるといわれた．

ちなみに，小野蘭山は，《本草綱目》に記された蠼螋くじゅうと日本のハサミムシ類を比べ，姿はよく似ているものの，この虫の尿が人を害した話は聞いたことがないと述べ，ハサミムシを蠼螋に定めがたしとした．ちなみに体が偏平で段々状の体節があり，ムカデに似ている，という一節からもわかるとおり，蘭山はハサミムシを《本草綱目》にならってゲジやムカデ・ヤスデの類と考えていた．

松浦静山《甲子夜話》によると，葺屋町川岸で荒物商を営む田村屋只四郎という男は，ヘビ，カエル，ミミズをはじめ，およそ虫と名のつくものなら何でも生で食べてしまったという．ただしハサミムシとゲジだけは毒があるので食べてはいかんと口癖のように言っていたそうだ．この人物は，実際にハサミムシの毒にあたった経験でもあったのだろうか．

シロアリ

節足動物門昆虫綱シロアリ目（等翅目）Isoptera に属する昆虫の総称．

［和］シロアリ〈白蟻〉　［中］白蟻，䖝，飛螱　［ラ］Termitidae（シロアリ科），その他　［英］termite, white ant, wood ant　［仏］fourmi blanche, termite　［独］Termite, weiße Ameise　［蘭］termiet　［露］термит　→p.216

【名の由来】　テルミティダエは樹木に孔を掘ってすむ昆虫の幼生を示す後期ラテン語．英名ターマイトもこれを語源とする．イソプテラはギリシア語で〈等しい羽〉の意．

各国語名のほとんども，学名由来か〈白いアリ〉の意味である．

和名シロアリも〈白いアリ〉の意．形態や習性が一見アリを思わせることによる．

【博物誌】　シロアリは等翅目として1科のみで独立した目を形成する．アリの名がついていることでもわかるように，形や生活様式は膜翅目アリ科の虫に似ているが，分類学的にはゴキブリに近い．実際，シロアリは後腸にセルロースを分解する原

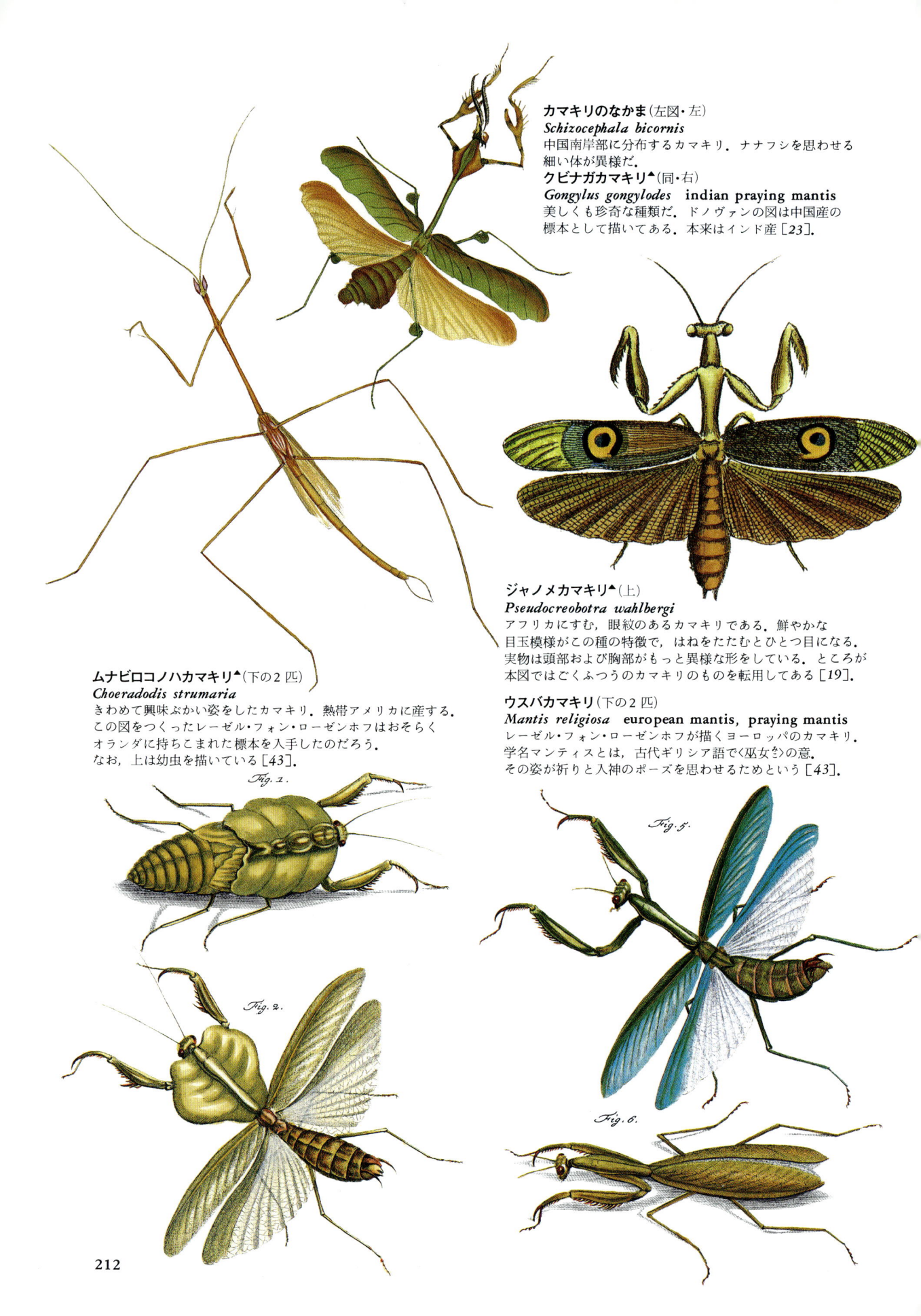

カマキリのなかま(左図・左)
Schizocephala bicornis
中国南岸部に分布するカマキリ．ナナフシを思わせる
細い体が異様だ．
クビナガカマキリ▲(同・右)
Gongylus gongylodes　indian praying mantis
美しくも珍奇な種類だ．ドノヴァンの図は中国産の
標本として描いてある．本来はインド産［23］．

ジャノメカマキリ▲(上)
Pseudocreobotra wahlbergi
アフリカにすむ，眼紋のあるカマキリである．鮮やかな
目玉模様がこの種の特徴で，はねをたたむとひとつ目になる．
実物は頭部および胸部がもっと異様な形をしている．ところが
本図ではごくふつうのカマキリのものを転用してある［19］．

ムナビロコノハカマキリ▲(下の2匹)
Choeradodis strumaria
きわめて興味ぶかい姿をしたカマキリ．熱帯アメリカに産する．
この図をつくったレーゼル・フォン・ローゼンホフはおそらく
オランダに持ちこまれた標本を入手したのだろう．
なお，上は幼虫を描いている［43］．

ウスバカマキリ(下の2匹)
Mantis religiosa　european mantis, praying mantis
レーゼル・フォン・ローゼンホフが描くヨーロッパのカマキリ．
学名マンティスとは，古代ギリシア語で〈巫女〉の意．
その姿が祈りと入神のポーズを思わせるためという［43］．

212

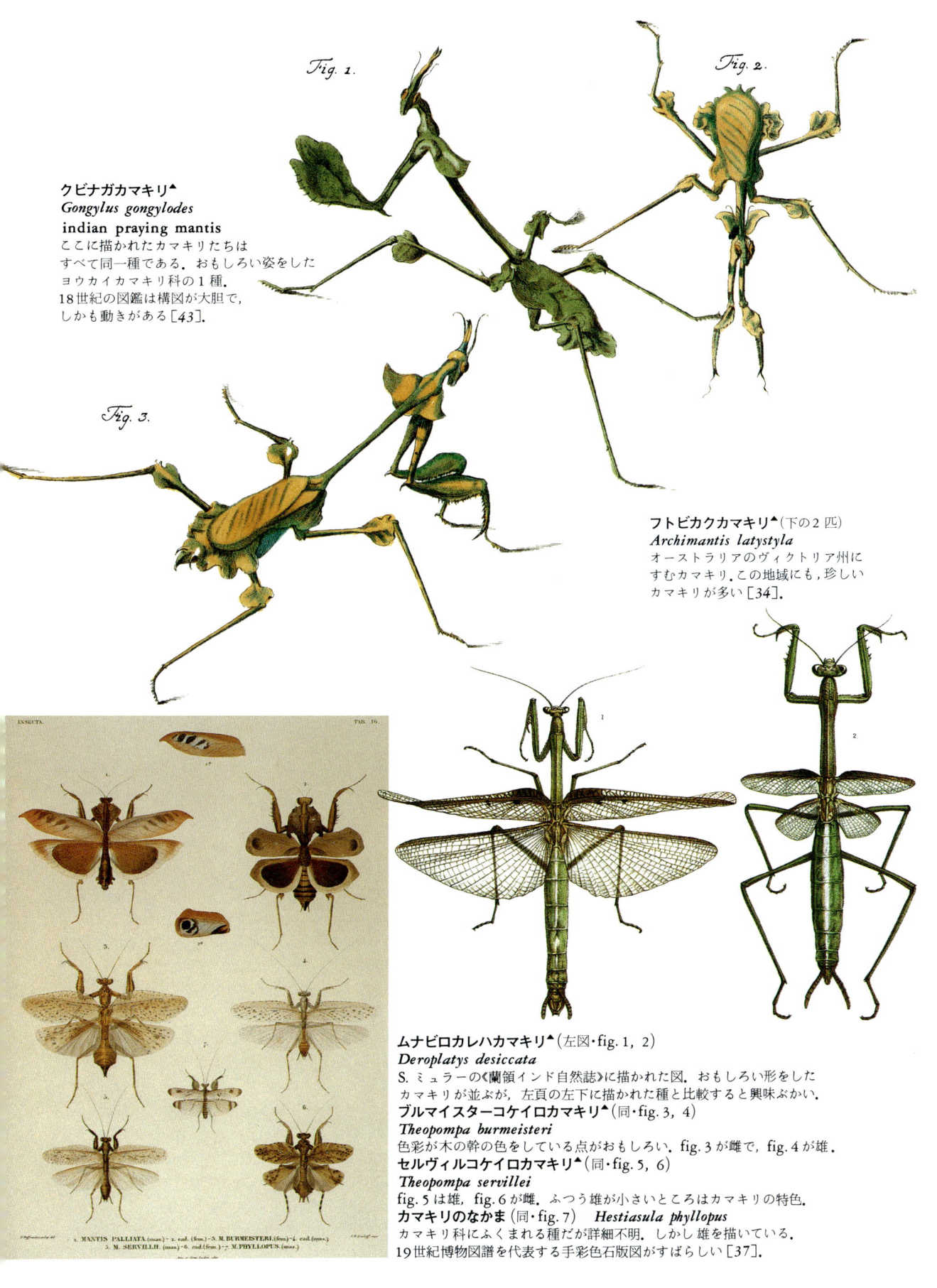

クビナガカマキリ▲
Gongylus gongylodes
indian praying mantis
ここに描かれたカマキリたちは
すべて同一種である．おもしろい姿をした
ヨウカイカマキリ科の1種．
18世紀の図鑑は構図が大胆で，
しかも動きがある［43］．

フトビカクカマキリ▲（下の2匹）
Archimantis latystyla
オーストラリアのヴィクトリア州に
すむカマキリ．この地域にも，珍しい
カマキリが多い［34］．

ムナビロカレハカマキリ▲（左図・fig. 1, 2）
Deroplatys desiccata
S. ミュラーの《蘭領インド自然誌》に描かれた図．おもしろい形をした
カマキリが並ぶが，左頁の左下に描かれた種と比較すると興味ぶかい．
ブルマイスターコケイロカマキリ▲（同・fig. 3, 4）
Theopompa burmeisteri
色彩が木の幹の色をしている点がおもしろい．fig. 3が雌で，fig. 4が雄．
セルヴィルコケイロカマキリ▲（同・fig. 5, 6）
Theopompa servillei
fig. 5は雄，fig. 6が雌．ふつう雄が小さいところはカマキリの特色．
カマキリのなかま（同・fig. 7）　*Hestiasula phyllopus*
カマキリ科にふくまれる種だが詳細不明．しかし雄を描いている．
19世紀博物図譜を代表する手彩色石版図がすばらしい［37］．

213

● シロアリ目——シロアリ　●チャタテムシ目——チャタテムシ

生動物を寄生させており，この生態をもつ虫はほかにゴキブリの一部しか存在しない。なおこの原生動物は生まれた子には寄生していない。親の糞を食べて腸内に培養させるのだ。

シロアリになぜアリという語がついているかといえば，形が似ていることもあるが，多世代が共同で社会を形成する〈社会性動物〉だからである。この社会にはいくつかの階級がある。はねと生殖能力をもつ女王と王（ほかに生殖虫もいる），はねも眼もない働きアリと兵隊アリとである。年に1度の群飛の結果，生殖虫の雌雄が交尾するとはねを落とし，やがて造巣し，最初に働きアリを産む。こうして新しいシロアリ社会ができていく。

西洋では伝統的に，シロアリを戦士，破壊者の象徴としてきた。この虫が建物を食い荒らして崩壊にいたらしめることによる。リンネもシロアリのことを，インドの厄介物とよんだ。だが，シロアリの社会構造が明確になるにつれ，この虫を悪魔にたとえるほかに，人間社会とも比較するようになった。

南アフリカの著述家E.N.マレース（1872-1936）は，メーテルリンク（〔文学〕の項を参照）に先んじてシロアリ社会を人間社会に重ね描いた人物である。その著《白蟻談義》で，シロアリの塔は移動力がない点を除けば，人体とまったくかわらないものであって，一種の合成動物といえる，と論じた。すなわち，①アリ塔も人体もともに全体に影響を与え，かつ全体の安全をはかる何か不思議な力が存在し，②どちらも厚い皮でおおわれた有機物の細胞から成り，③皮の下には2種の生体から成る活力の流れがある。つまり傷を受けたさい，人間の白血球に対応する形で一部のシロアリが傷の周辺を守り，残りのシロアリは傷の修復を行なう。④また穴からとり入れた食物を化学的に変化させ，体全体の構成物として利用する点でも相通じる，というのだ。さらにマレースは，女王アリを人間の脳に相当するものとみて，こう結論づけている。〈個体としての働蟻と兵蟻とは全然個体的本能をもつものではない……女王は兵蟻と働蟻をして集団上の義務を遂行し得るように，一定の方法で力を及ぼす性能をもっている……女王が殺されるとすぐに，働蟻と兵蟻の本能はすべて停止する。彼女がこの心理学的な能力を未来の女王に伝えることは，あたかも未来の女王に3種の型の白蟻を産み出す能力を伝えるようなものだ〉（永野爲武・谷田専治訳）。

シロアリのなかまでも，キノコシロアリ類やツカシロアリ類など高等なものは，粘土を唾液でこねて小山のような塚をつくる。塚は乾くと斧でも割れないくらいかたくなる。そこでアフリカの原住民はこれを切り取って煉瓦として建築に用いるという。また中部アフリカには，塚の粘土を嚙み煙草のように嚙んで楽しむ種族もいるらしい。

アフリカ・イトゥリの森に住むムブティ・ピグミーは，家族ごとにシロアリの塚を所有して，羽化したシロアリが飛びたつときを正確に狙って大量捕獲を行なう。飛翔時期は雨季の終わる10月下旬。塚の土を棒で掘ってみて，壁が薄くなって簡単に穴があけばそろそろ頃合いである。そして午前に降った雨が午後にはあがり，翌朝まで降る気配がなければ，いよいよ次の夜明けに飛びたつという。そこを狙って松明らを燃やしてシロアリをおびき寄せ，その下に掘った穴に落としてしまうのである。また，その周囲にマングングという植物の葉で20〜30cmのつい立てをつくり，これでもシロアリをつかまえる。こうして得た大量のシロアリは，マングングの葉を何枚も使って包みこみ，蒸し焼きにする。とくにピーナッツと一緒に臼でつき，団子のようにこねて食べるのは最高のご馳走だそうだ（市川光雄《森の狩猟民》）。

シロアリ塚が発光する事実も報告されている。たとえばアマゾン地方を探検したF.キュアドによると，ブラジルのサンタレム近郊の森林では，cupimとよばれるシロアリの塚が夜半に光を放っていたという。動物学者の谷津直秀はこれについて，塚の中の寄生菌が発光したのだろう，と述べている（《動物学雑誌》第258号）。

三吉朋十《南洋動物誌》によると，アフリカにはシロアリ責めという刑がある。シロアリの塚に穴を掘り，両脚を縛った罪人をその中に落としてしまうのだ。すると罪人は全身にかみつくシロアリの痛みに耐えかね，たまらず罪を白状するという。

東南アジアでは，シロアリの女王に回春作用があるといわれ，かつては住民が争って口にした。三橋淳《世界の食用昆虫》によると，これは女王の絶大な生殖能力にあやかろうとしたものらしい。

ジャワ島には，シロアリが草の根に変じるという俗信がある。この虫の幼生に寄生するコルディケプス・コニングスベルゲリ Cordyceps koningsbergeri という菌の形が草の根に似ているためらしい（石井悌《南方昆虫紀行》）。

中国でもシロアリの被害に苦しんだ。そのためにシロアリが苦手とするような〈天敵〉さがしが博物学者の任務となっていたようだ。たとえば《本草綱目》によると，シロアリは赤く熱した炭火，桐油たう，ウズラ類の鳥を恐れるという。いっぽう李石《続博物志》には，シロアリはオバシギの鳴き声を聞くと水になる，とある。

日本には次のようなシロアリよけの呪歌があった。〈はありとは山にすむべきものなるに里へ出づるはおのが誤り〉。この文句を紙に書いてシロアリのいる柱に貼ると，完全に一掃できるというしかけで，《和漢三才図会》の著者寺島良安も，しばしば試みたが効果がある，と述べている。

シロアリの習性について，同書は《本草綱目》を引き，〈夏になると卵を遺㕝し，翼が生えて飛ぶ。すると黒色に変り，やがて隕ちて死ぬ〉としている。これに異論を唱えているのが《重修本草綱目啓蒙》で，〈然れども急には死せず，地中に入る，多くは虎蟻に食わる〉と細かい観察眼を披露した。〈目玉の学問〉博物学の本領発揮といったところだ。

シロアリは一定の時期に，はねのある虫が巣からいっせいに群れて飛ぶ。ときにはその数が何十万匹にもたっすることがあり，古くから不吉の前兆として恐れられていた。たとえば《日本三代実録》によると，仁和3年(887)8月4日，地震が5回も起きたうえ，前代未聞の数のシロアリが虹か煙かと見まごうほどに空をおおった。そこで陰陽師に占わせたところ，〈大風洪水失火等之災〉が襲うのは必定という託宣が出たという。

ヤマトシロアリは，明治時代の初め，イギリスの動物学者T.W.ブレーキストンによって北海道上磯町茂辺地，および江戸の加賀屋敷で採集された標本が新種として認められたものである。ところが戦前から戦後にかけての《日本昆虫図鑑》(北隆館)には，なぜかこのシロアリの分布地として，北海道が削除されてしまっていた。そのため，シロアリは北海道には生息しないという誤解が今でも根強く残っているという(《札幌昆虫記》)。

【文学】《白蟻の生活 La Vie des Termites》(1927) ベルギーの劇作家，詩人メーテルリンク Maurice Maeterlinck(1862-1949)の昆虫博物誌。《蜜蜂の生活》(1901)，《蟻の生活》(1930)とともに〈昆虫三部作〉とよばれる。おのおのの個体が黙々と仕事に励むシロアリ社会を人間社会の縮図として観察，そこより文明の未来，さらには全宇宙を支配する〈普遍的霊魂〉にまで思いを馳せた昆虫誌の佳品。

《白蟻》(1935) 小栗虫太郎の〈犯罪心理小説〉。シロアリがじわじわと建物を倒壊させるように，女の妄念がひきおこした悲劇を描いた異色作。なお冒頭，作者はシロアリについてこんな印象を洩らしている。〈……土台の底深くに潜んでいて蜂窩はちのように蝕なみ歩き，やがては思いもつかぬ，自壊作用を起させようとするあの悪虫の力は，おそらく真昼よりも黄昏たそがれ――色彩よりも，色合いジュの怖ろしさではないだろうか〉。

チャタテムシ

節足動物門昆虫綱チャタテムシ目(噛虫目) Psocoptera に属する昆虫の総称。

［和］チャタテムシ〈茶柱虫〉　［中］書虱，茶蛀虫，噛虫
［ラ］Trogiomorpha(コチャタテ類)，Troctomorpha(コナチャタテ類)，Psocomorpha(チャタテ類)　［英］barklouse, psocid　［仏］psoque, pou de bois　［独］Staublaus, Meißelkiefler, Holzlaus　［蘭］stofluis, schorsluis　［露］сеноед　→p.217

【名の由来】　プソコプテラはギリシア語で〈こすってみがく psokho はね〉の意。トロギオモルファは〈噛む姿をした〉，トロクトモルファは〈噛むもの〉，プソコモルファは〈すりつぶす姿をした〉の意味。

英名のバークラウスは〈樹皮 bark にすむシラミ louse〉の意。枝や落ち葉の上などに好んで生息することと，姿が一見シラミを思わせることにちなむ。独・蘭名も〈ほこりのシラミ〉〈ノミのごとき顎をもつもの〉〈木材のシラミ〉などの意味。露名は〈干草を食べるもの〉の意。

和名チャタテムシは，障子などに止まってはあしの内側の器官をこすり合わせ，茶を立てるときと似た音を出すことによる。

【博物誌】　群れになってくらす5mmほどの小さな虫。家や倉庫内を走りまわり，紙や食品を食べる。口から絹のような糸を出して幕状の巣をつくり，その下で共同生活を行なう。

アリストテレス《動物誌》には，書物に発生する虫のひとつとして，衣類につく虫と似た姿をした生物があげられている。やはり生活に密着した虫として，注目されたためだろう。一説にこれはコロモジラミに似たチャタテムシ類の1種コチャタテ Trogium pulsatorium のことだといわれる。

西洋では，コチャタテの発する音が病人のまわりで聞こえたら，その人の死が近づいた証拠とみなした。甲虫のシバンムシにも同じような俗信がある。詳しくは［シバンムシ］の項目を参照のこと。

中国でもチャタテムシは古くから知られている。《五雑組》には，浙中郡の斉に産する蜻蜻せいせい(コガネムシ〔一説にセミ〕の幼虫)に似た極小虫の話がみえる。大きさは針の先ほどしかないこの虫だが，あしで障子を叩いて音を発する習性があり，耳を澄ましていると，水がしたたるように聞こえるという。また李石《続博物志》にも，窃虫というワラジムシに似た白い小虫が記載されていて，ふたつの角のついた頭を振って音を出す，とある。これはいずれもチャタテムシを示した記述らしい。

日本では俗にチャタテムシに茶柱(蛀)虫という

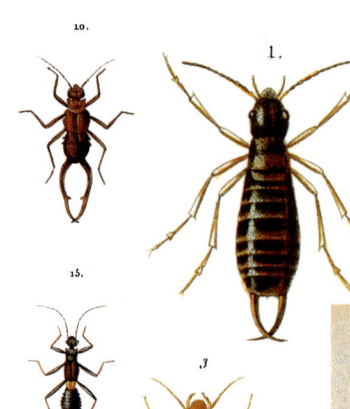

チリーマルムネハサミムシ(左)
Brachylabis chilensis
チリに分布するハサミムシで，これははねがない種である［7］.

ハサミムシのなかま(上の8匹) **Dermaptera**
インドネシア産ハサミムシ類3科をまとめた図。クギヌキハサミムシ，ムナボソハサミムシなどを図示したものだが，このなかまのはさみがいかに多様か，よくわかる［37］.

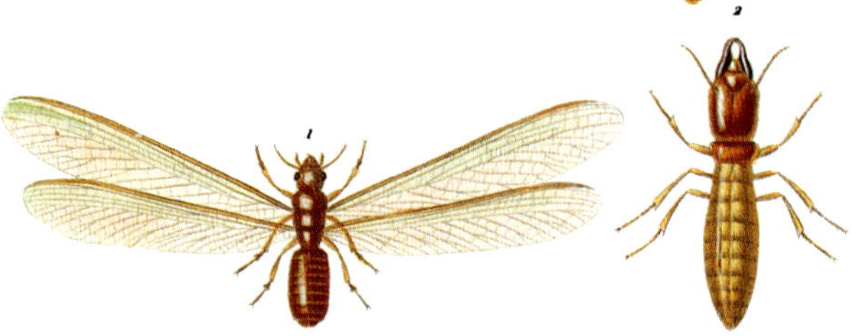

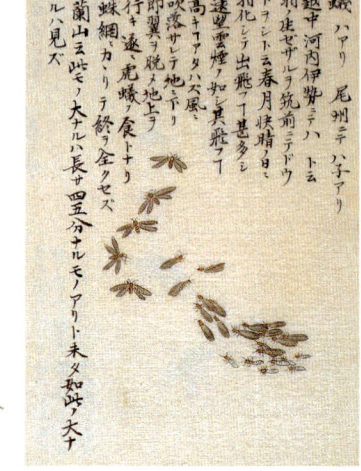

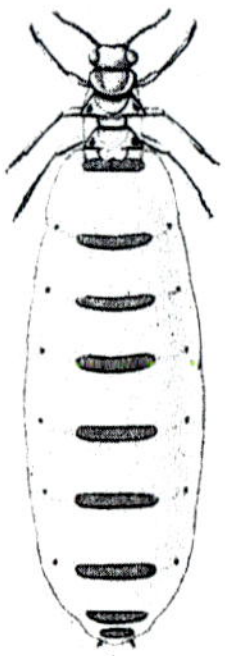

レイビシロアリのなかま(上の3匹)
Neotermes chilensis
これもチリ産．fig.1が雄，fig.2が兵蟻，fig.3が幼虫である。比較的無名の博物絵師ブランシャールによる原図は，かなりリアルだ［7］.

ヤマトシロアリ(上)
Reticulitermes speratus
シロアリの羽化成虫，ならびに働き蟻を描いた栗本丹洲の図．ただし，イエシロアリとの混同もみられる［5］.

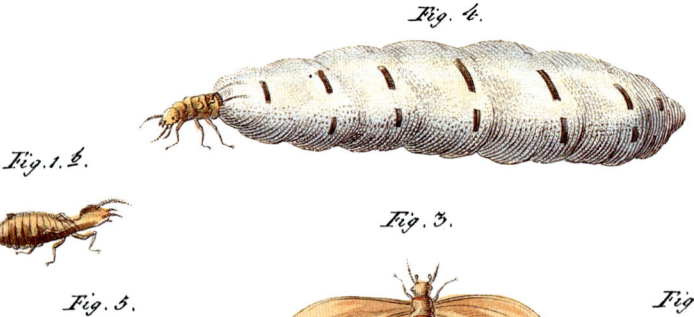

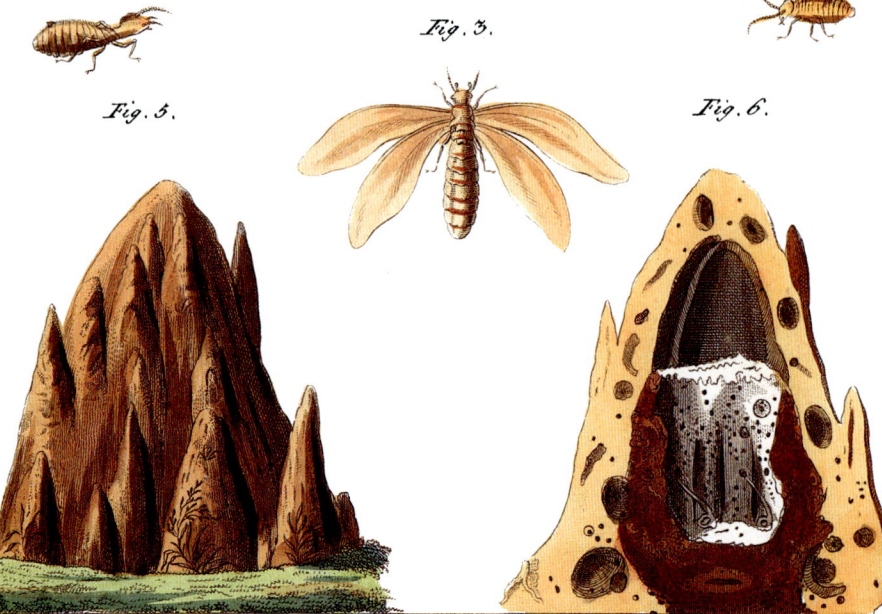

ヤマトシロアリのなかま(上図・中)
Reticulitermes lucifugus
家の柱などを食害する
ミゾガシラシロアリ科の1種．
上は働き蟻，下は兵蟻を示す．

キノコシロアリのなかま(同・左)
Odontotermes taprobanes
この女王はスマトラ産のもので標本が大英博物館に所蔵されている．キノコシロアリ属にふくまれる．

シロアリモドキのなかま(同・右)
Embia mauritanica
アルジェリアに分布する．
このなかまはシロアリモドキ目に属し，熱帯に広く生息する．
前肢から分泌する糸で巣をつくる
［3］.

ナタールオオキノコシロアリ(右)
Macrotermes natalensis
キノコシロアリ亜科にふくまれ，いわゆるアリ塚をつくる種．
女王アリの巨大な腹部が特徴．
このグループはシロアリタケとよばれる糸状菌(これは食物となる)を栽培することでも有名である［32］.

216

マドチャタテ？(上)
Peripsocus ignis？
樹の皮の上などに多く，敏速に
走りまわる虫である．おそらく原始的な
直翅類から分かれて発展した群のようだが，
噛み型の口をもつ[5]．

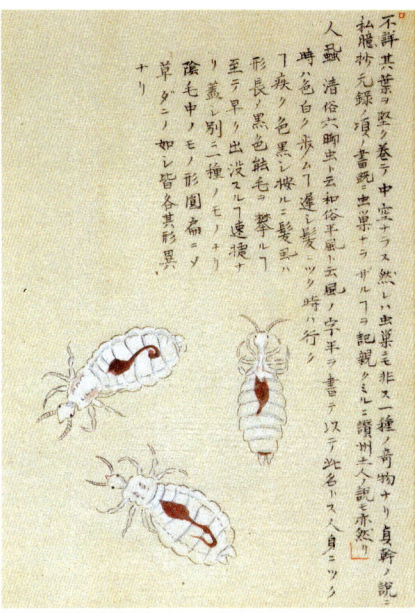

ヒトジラミ(上)
Pediculus humanus
human-louse
人間に寄生し，このなかまの
キモノジラミは発疹チフスと
回帰熱を伝播する[5]．

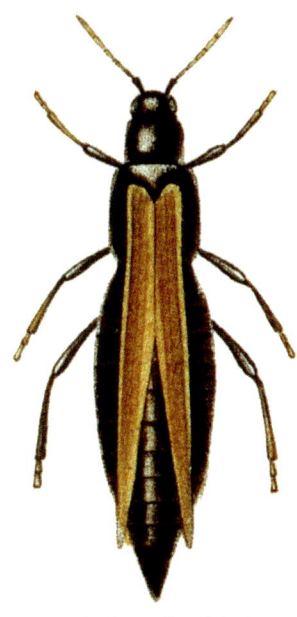

アザミウマのなかま(上)
Thrips oenotherae
このアザミウマは，本図で
のみ知られているだけで，
分布その他が不明な
疑問種である[3]．

チャタテムシのなかま？(上)
Psocoptera？
このなかまは東南アジアに広く分布し，
室内で独特の音をたてる．
日本人はこれを〈茶たて〉の音になぞらえた[5]．

ブタジラミ(右)
Haematopinus suis
hog-louse
ケモノジラミ属の1種．
このなかまではもっとも
よく知られたシラミで，
ブタの飼育が盛んな
ヨーロッパ人にとっては
関心ある虫だった[41]．

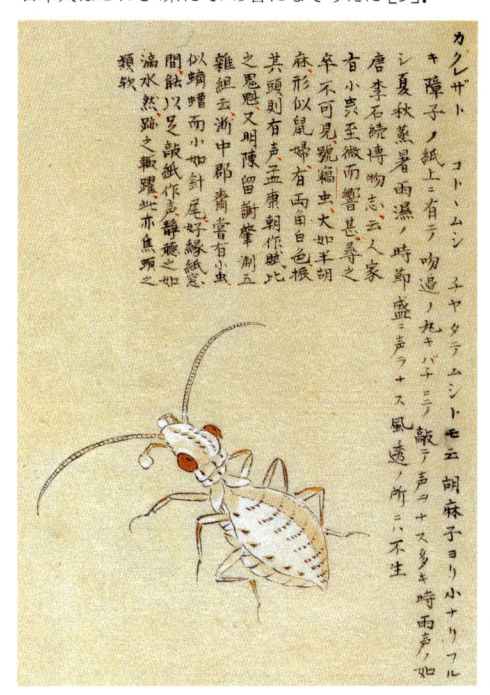

ヒトジラミ(上図・左)
Pediculus humanus human-louse
ヒトに寄生するシラミ．口器は吸い型で，チャタテムシ類とは異なる．
ケジラミ(同・中) *Phthirus pubis* pubic-louse or crab
陰毛に寄生することで知られる．この害からのがれるには陰毛を剃るのが
いちばん，と昔からいわれてきた．拡大して見ると不気味な姿だ．
ブタジラミ(同・右) *Haematopinus suis* hog-louse
名のようにブタに寄生する．多くのシラミでは
種により宿主が決まっている[3]．
スカシチャタテ(左) *Hemipsocus chloroticus*
栗本丹洲が描いた図は，一見するとシロアリに
みえるが，どうやらチャタテムシ類の若虫で
あるらしい[5]．

217

●チャタテムシ目——チャタテムシ ●シラミ目——シラミ

字をあてることがあるが、これは誤用が慣用となった例といえよう。なぜなら《本草綱目》によると、〈茶蛀虫〉とは〈茶を食う虫〉という意味で、チャタテムシを指すとは限らない。この虫が茶籠にすむことに由来する名にすぎないというのだ。同書にはまた、耳だれにはこの虫の糞を粉末にしたものを薬として用いるという記述もみえるが、いずれにせよ、チャタテムシがとくに茶を好んで餌とすることはなく、単に名前に茶の文字が見えることから混同されたものらしい。

日本のチャタテムシは大きさ1mm半くらいの小虫だが、顎で障子や柱を掻くようにして音を出すという珍しい習性がある。昔からこれは高野山の七不思議のひとつに数えられた。晩秋の静かな夜、山寺の障子のあたりでサッサッサッという音がする。なのに姿は見えないというわけで、さぞかし気味悪いものがあったろう。なおチャタテムシの名はこの音が茶を立てるときの響きに似ていることによるが、大町文衛《日本昆虫記》によると、懐中時計のチクタク音のようにも聞こえるという。ちなみに西洋にはチャタテムシのことを甲虫のシバンムシ（英名は死時計虫という意味）に対比させて、小型の死時計虫とみなす人もいる。

日本では古く、スカシチャタテムシの音を耳にすると〈隠れ座頭が子どもをさらいにやって来た〉とか〈こわい老婆がアズキを洗っている〉などと言い、子どもたちを震えあがらせた。この虫にザトウムシ、アズキアライといった俗名があるのも、その名残りだ（田中梓《昆虫の手帖》）。

チャタテムシの発する音について、森島中良《紅毛雑話》に、〈鼻の先に撥の形の角あり。是をもって紙をかくなり〉とあり、これを参照したと覚しき栗本丹洲も《千蟲譜》のなかで〈丸きばちにて敲て声をなす〉としているが、どうやらこれは誤らしい。昆虫学者の小西正泰氏によれば、この虫はあしの基節の内側にある発音器官をこすって音を出すことが最近の研究であきらかになっているそうだ。

詩人・随筆家の薄田泣菫（1877-1945）は、〈茶立虫〉という随筆で、この虫の声を次のように評している。

〈「と、と、と、と、と、……」何といふ微かな響でせう。「沈黙」そのものよりも、もっと静かで、もっと寂しいのはその声です。「静寂」そのものが、自分の寂しさに堪へられないで、そっと口のなかで呟いたやうなのはその声です。女の涙、青白い月光の滴り、香ぐはしい花と花との私語——さういったもののなかで、茶立虫の声ほど、静かで寂しみのあるものは、またと外にはありますまい〉。

もっとも泣菫は、生まれてから一度もチャタテムシの姿を見たことがなかったという。また頭を障子にこすりつけてほのかな音を出すという俗信をそのまま信じていたようだ。

また南方熊楠によると、昔の日本人は、立てる音ばかり大きくて姿は見えないチャタテムシのことを、人の罪過を天に告げる尸虫の正体と考えたらしいという。そしてこの虫は尸虫がなまってシャムシとかシシムシとよばれ、ひどく恐れ忌まれたのだ、としている（〈シシ虫の迷信ならびに庚申の話〉）。なお、この尸虫については本書〔腹の虫〕におさめた〔三尸九虫〕の項に詳述したので参照されたい。

シラミ

節足動物門昆虫綱シラミ目（蝨目）Anoplura, ハジラミ目（食毛目）Mallophaga に属する寄生昆虫の総称。
［和］シラミ〈虱, 蝨〉, 半風子, 千手観音 ［中］虱, 蝨
［ラ］Mallophaga（ハジラミ目）, Anoplura（シラミ目）［ラ］louse ［仏］pou ［独］Laus ［蘭］luis ［露］вошь
→p.217

【名の由来】 アノプルラはギリシア語で〈とげのない尾〉の意。マロファガは〈羊毛の房を食べる〉という意味。

英名の由来についてはよくわからない。なお分類学上はハジラミ目 Mallophaga とシラミ目 Anoplura を区別して、前者を bitinglouse, birdlouse, 後者を suckinglouse とよぶ。仏名はラテン語でシラミを指すペディクルス pediculus に由来するが、この語は〈小さな足〉という意味をもつ。

中国名の虱は、正しくは蝨と書き、孔疾（すばや）く歩き昆（おびただ）しく繁殖する習性を示すという。また虱という略字を風の半分という意味に解し、シラミに半風, 半風子の字をあてるようにもなった。

和名シラミは〈白虫〉の意か。ハジラミは〈羽に寄生するシラミ〉という意味。主に鳥類に寄生して羽毛の垢などを食う習性による。なおシラミ類のほうは鳥類にはまったくつかない。日本ではシラミを俗に〈観音〉とか〈観音さま〉とも称する。これはこの虫の体上部にある6本のあしのようすが、千手観音のたくさんの手に似ていることにちなむ。

【博物誌】 哺乳類や鳥類に一生寄生してくらす虫。はねもなく、跳ぶこともない。鋭い顎をもち、宿主の血を吸って生きる。しかもシラミは種類により寄生する動物種が決まっている。そのため、鳥や哺乳類、あるいは人間も含めて進化系統を研究するときの参考になることさえあるという。卵は

宿主の毛に固着させて産みつける。生まれた幼虫もまた宿主の皮膚の上でくらす。1種ヒトジラミは発疹チフスと再帰熱を伝播させる。

アリストテレス《動物誌》には次のように記されている。〈子供の頃は頭にシラミがつきやすいが，一人前の男になるとそれほどでなくなる。また女の方が男よりシラミがわきやすい。頭にシラミが発生すると，頭痛を起こすことが少なくなる〉。

プリニウス《博物誌》によると，体にいるシラミの卵を除くには，イヌの脂肪を用いるか，またはヘビをウナギのように食べたり，ヘビの脱け殻を呑みこんだりするとよいという。シラミの害はあなどれぬものだったらしく，死者の記録さえある。古代ローマの独裁官スラ Lucius Cornelius Sulla Felix（前138－前78）はシラミのせいで亡くなった，とプリニウス《博物誌》にある。シラミによる死亡は東洋でも記録されているが，それについては後述する。またこの時期，ギリシア人本草学者ディオスコリデスは，シラミにやられたら，コショウを入れたハナハッカの煎じ汁を，3日間続けて飲むとよいと述べた。

では，シラミはどうやって発生するのか。前1世紀後半のギリシアの歴史家ディオドロスは，メボウキを食べるとシラミがわく，と述べた。中世ヨーロッパでは，シラミはほかならぬ人肉から発生するが，その過程は目に見えない，という説が流れた。中世最大の博物誌マイデンバッハ《健康の園》にも同様の記述がある。

シオガマギク属 Pedicularis の1種で，英名をラウスワート lousewort，すなわち〈シラミ草〉とよばれる植物がある。昔，イギリスで，この花がヒツジにシラミをわかすと信じられたことによる。また，シラミは魔女の使いであって，魔女が魔法により産みだすものだという俗信もあった。

ところで，クラウセン《昆虫と人間》によると，中世スウェーデンのフルデンブルクという都市では，シラミを使って市長を選んでいた。まず立候補者が円卓を取り囲むようにして，おのおのの顎ひげをテーブルの上につける。次にその中央にシラミを1匹置く。そしてシラミが最初にたかったひげのもち主が翌年の市長になる，という寸法である。おもしろい習俗があったものだ。

中世にひろく流行した発疹チフスは，ヒトジラミ Pediculus humanus が媒介した。多くの人間が狭い場所に住むと衛生管理も悪く，シラミの生息に格好の条件となり，この病気が発生しやすい。発疹チフスが別名〈監獄熱〉，〈船舶熱〉，〈戦争熱〉とよばれるのもそのためだ。戦争の場合は，発疹チフスの蔓延が勝敗を決するほど重大な影響をおよぼすこともある。ナポレオンがロシアに遠征したさい，フランス軍60万人のあいだでこのチフスが大流行し，予想もしなかった敗北を喫したのは代表的な例とされる。一説には戦死者10万5000人に対して，病死者が21万9000人もいたというから，その猛威のほどがうかがい知れよう（クラウズリー＝トンプソン《歴史を変えた昆虫たち》）。

ムーフェットは《昆虫の劇場》のなかで，ロバはシラミの被害を免かれた唯一の生物である，と述べている。ロバはのろのろと動くため，汗をめったにかかないのでシラミも発生しにくいという。

ヨーロッパには，シラミを12匹つぶしてワインと一緒に飲み下すと黄疸が治る，といった俗信もあった（ムーフェット《昆虫の劇場》）。

アイルランドでは古く，衣服にサフランを塗ってシラミよけとした。《昆虫の劇場》によると，その効果は絶大だったが，6か月ごとにまた新しいサフランを塗る必要があったという。

17～18世紀のフランスの貴族のあいだで大流行したかつらは，そもそもアタマジラミを予防するためのものだったという。ただし当時のかつらは人間の髪でできていて，これにもシラミがすみつくため，絶えず洗ってとり除く必要があった。そのうえ結い直しもしなくてはならず，かつら専門の召使まで出現した。しかし，あまりの手間に，フランス革命を契機として流行もすたれていった（小西正泰《虫の文化誌》）。

メキシコでは，アステカ王国の支配者モンテスマ2世（1480-1520）の宮殿において，年貢を納められない貧しい人びとが，納税のかわりに王族たちのシラミを袋いっぱい取るならわしがあったという（ハンス・ジンサー《ねずみ・しらみ・文明》）。

また一説に，インカ帝国では周辺民族に服従のしるしとしてシラミの貢ぎ物を取りたてる慣習があったという。いっぽうスペインの征服軍がモンテスマ2世の宮殿で，シラミのいっぱい詰まった麻袋を発見したという記録もあるが，これは染料用のコチニールカイガラムシ（〔カイガラムシ〕の項参照）をシラミと見まちがえたものといわれる。

中国人もシラミを見る目は真摯なものがあった。《抱朴子》には〈頭の蝨は黒いが身に著けると白く変化し，身の蝨は白いが頭に著けると黒く変化する〉とある。これはそのとおりで，頭に寄生するアタマジラミはヒトジラミの変種である。上野益三博士も同書の記述について，〈よくこの事実を認識している〉と述べている。《抱朴子》の博物学的価値の高さを示す一例といえよう。

中国ではシラミをおもに小児薬に用いた。またほこりが目にはいったときに，この虫をつぶした

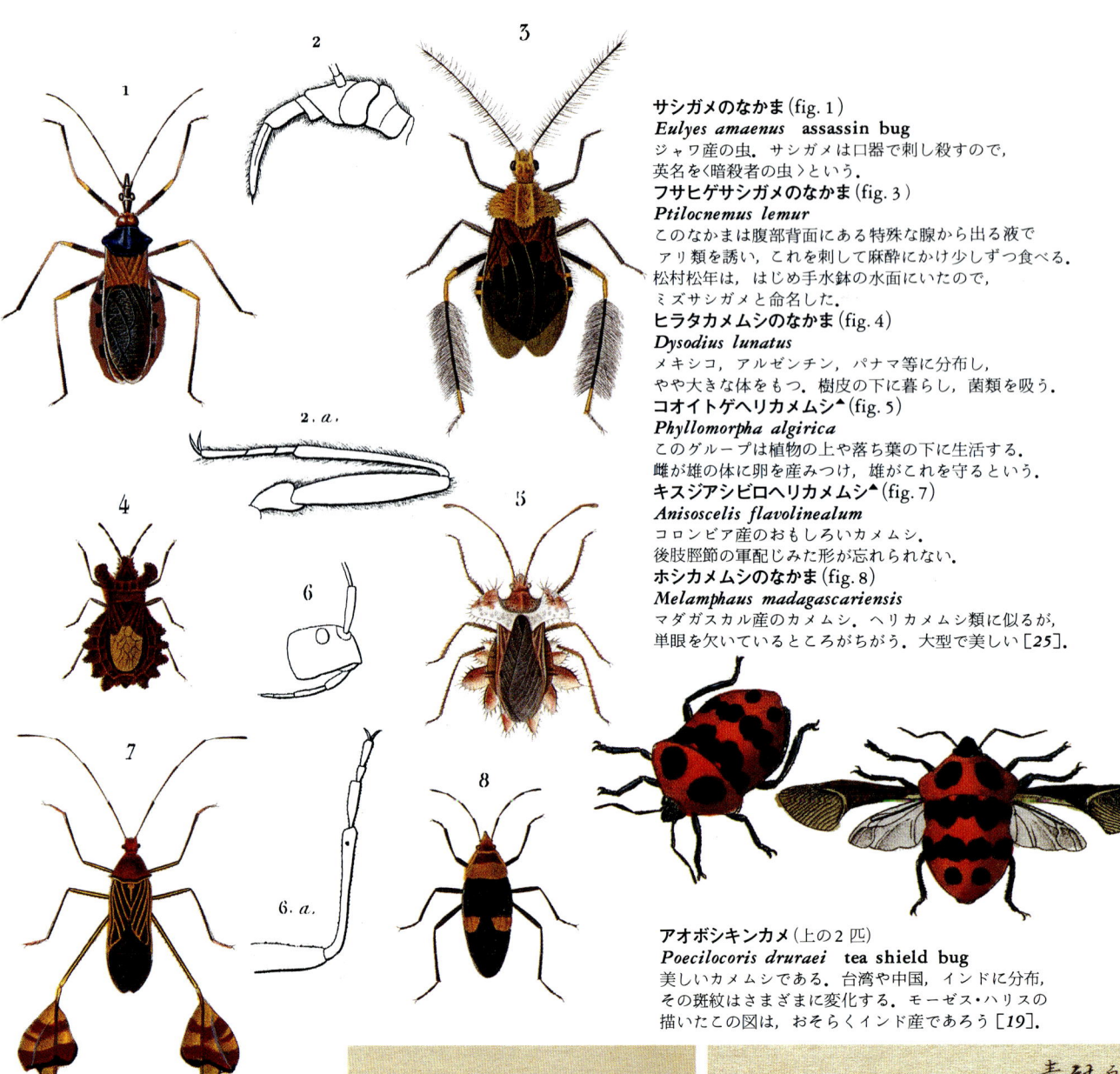

サシガメのなかま（fig. 1）
Eulyes amaenus　assassin bug
ジャワ産の虫。サシガメは口器で刺し殺すので，
英名を〈暗殺者の虫〉という。

フサヒゲサシガメのなかま（fig. 3）
Ptilocnemus lemur
このなかまは腹部背面にある特殊な腺から出る液で
アリ類を誘い，これを刺して麻酔にかけ少しずつ食べる。
松村松年は，はじめ手水鉢の水面にいたので，
ミズサシガメと命名した。

ヒラタカメムシのなかま（fig. 4）
Dysodius lunatus
メキシコ，アルゼンチン，パナマ等に分布し，
やや大きな体をもつ。樹皮の下に暮らし，菌類を吸う。

コオイトゲヘリカメムシ▲（fig. 5）
Phyllomorpha algirica
このグループは植物の上や落ち葉の下に生活する。
雌が雄の体に卵を産みつけ，雄がこれを守るという。

キスジアシビロヘリカメムシ▲（fig. 7）
Anisoscelis flavolinealum
コロンビア産のおもしろいカメムシ。
後肢脛節の軍配じみた形が忘れられない。

ホシカメムシのなかま（fig. 8）
Melamphaus madagascariensis
マダガスカル産のカメムシ。ヘリカメムシ類に似るが，
単眼を欠いているところがちがう。大型で美しい［25］。

アオボシキンカメ（上の2匹）
Poecilocoris druraei　tea shield bug
美しいカメムシである。台湾や中国，インドに分布，
その斑紋はさまざまに変化する。モーゼス・ハリスの
描いたこの図は，おそらくインド産であろう［19］。

オオカメムシのなかまの幼虫？
（左図）　*Carpona stabilis*？
中国産らしい。日本ではあまり
みかけない種で，おそらく外国の
本からの転写であろう。

オオキンカメムシ
（右図・上）　*Eucorysses grandis*
giant golden stink bug
アブラギリ類の実を食べて育つ
カメムシ。栗本丹洲にしては
詳細精密な描き写しぶりである。
赤と黒のまだらがよく目立つ。

エサキモンキツノカメムシ
（同・下）　*Sastragala esakii*
ツノカメムシ科の1種。
江崎悌三郎博士ゆかりの昆虫であり，
背中の黄紋が印象に残る［5］。

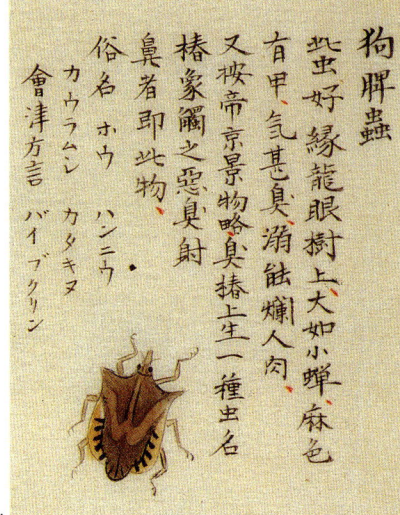

モンキツノカメムシのなかま (fig. 1)
Sastragala uniguttatus
E. ドノヴァンの描く中国南部産のカメムシたち．
fig. 1はツノカメムシ属にふくまれる虫で，
飛ぶ姿が甲虫類を彷彿させる．

ジュウモンジカメムシ (fig. 2)
Antestiopsis cruciatus
フィリピン，台湾，インド，スリランカに広く
分布する．コーヒーの害虫として知られる．

アカクチブトカメムシ (fig. 3)
Amyotea malabaricus
これも台湾からインド，ニューギニアまで
分布の広い虫である．
このクチブトカメムシ亜科はすべて食虫性．

ミカントゲカメムシのなかま (fig. 4)
Rhynchocoris poseidon
やはり台湾をはじめ，インド，マレーシアに広く
分布する．側角が鋭くとがり，吻が長い．
名のとおりミカン類にたかって食害する．

オオアカカメムシ (fig. 5)
Catacanthus incarnatus
琉球でも捕れたことがあるが，台湾から
インドにかけての東南アジア熱帯部にすむ．
色彩は変化が多く，近年は〈人面カメムシ〉の名で
知られるようになった．

カメムシのなかま (fig. 6)
Edessa cervus
E. ドノヴァンの鮮麗な図鑑には，ときとして
途方もない昆虫が登場する．このカメムシも
おそらくブラジル産であって，南米に広く
分布するものの，インドには産しない．
なぜここに記載されたのか，謎である．

レイシオオカメムシ▲ (fig. 7, 8)
Tessaratoma papillosa lychee stink bug
長谷川仁氏による新称である．成虫とその右に
幼虫がみえる．レイシ（荔枝）の名から
想像されるように，ライチーの害虫である [20]．

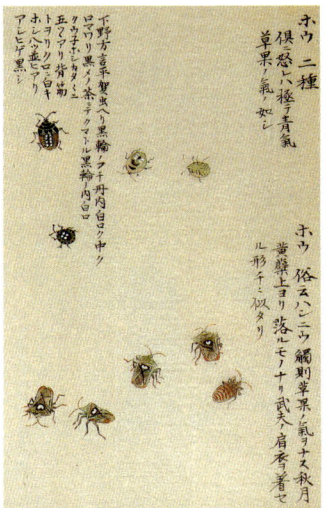

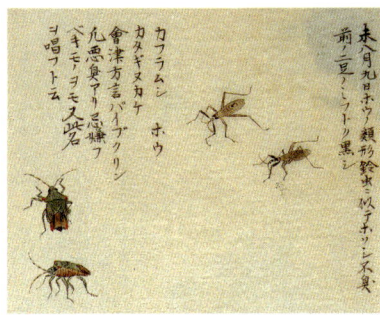

クロトビサシガメ（上図・右）
Oncocephalus breviscutum
本州，四国，九州，インドネシア，中国に分布．
よく灯火に飛来する食虫性のサシガメ．

ハサミツノカメムシ（同・左）
Acanthosoma labiduloides rhus stink bug
このなかまの雄にはさみそっくりの突起が出るが，
このはさみは動かせない [5]．

チャバネアオカメムシ（上図・上）
Plautia stali brown-winged green bug
成虫はリンゴ，ナシ，モモ，ウメの果実を吸食し，
幼虫はスギやヒノキの実を吸って育つ．

エサキモンキツノカメムシ（同・下）
Sastragala esakii
こちらの若虫はミズキやヤマハゼを食べて育つ．
雌が卵や若虫を体の下において保護する [5]．

クチブトカメムシのなかま（右）
Troilus luridus
食虫性のイギリス産カメムシ．上が成虫で
下が若虫．中央は成虫の拡大図である．
おもしろいのは，下の若虫が餌のイモムシを
食べているところが描かれている点である．
吸い器で吸いつくすようすがわかる [21]．

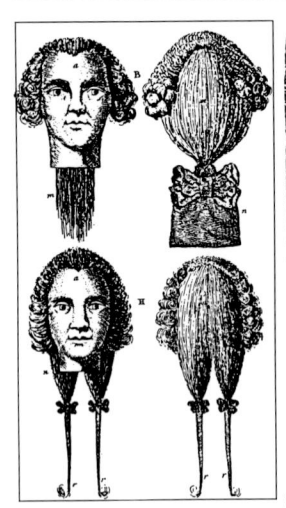

● シラミ目——シラミ　●総翅目——アザミウマ

❶——フランスのかつら雛型．ギャルソー《かつら師の技術》(1767)より．フランス革命前の旧体制時代には，シラミの害を防ぐ目的から，かつらが重視された．しかし，かつらのデザインが急激に過剰となり，革命後には自毛を大切にする新しいヘア・ファッションに切りかわった．❷——シラミをはらってもらう男．マイデンバッハ《健康の園》より．中世，シラミは人間の頭皮から生まれると信じられ，〈ふけ〉がこまめにとられた．❸——ケジラミに感染した男．《病草紙異本》(平安時代末)より．ケジラミは性交などのさいに陰毛に感染する．これを退治する最良の方法は図のように毛を剃ることであった．

ものを牛乳と混ぜて患部にたらしても効果があるとされた．おもしろいのは蝨卜である．病人のシラミを取って床の前に置き，病の吉凶を占った．シラミが病人から離れると吉，もし病人のほうへ向かえばかならず死ぬという(《本草綱目》)．

日本でも太古からシラミの存在は注目の的であった．《古事記》にも，大国主命が娘の須勢理毘売に頭のシラミを取らせた，という記事がみえるほどである．

日本人の関心の高さを示す一例が，シラミの分類学であろう．人にたかるシラミについては，頭部に寄生するアタマジラミと人体に寄生するコロモジラミに大きく分かれている．日本ではこのふたつを古くから区別して，コロモジラミを一般にシラミとよぶのに対し，アタマジラミをキササと称した．一説にこの名は〈刻み〉，〈ギザギザ〉といった語に由来し，各体節がいちじるしくくびれてギザギザ状になっていることにちなむという．なお分類学的にみると，コロモジラミとアタマジラミは同一種の生理的変種とされる．

シラミの被害については，日本でもかなりのものがあったらしい．《古今著聞集》にはシラミに殺された男の話がみえる．ある男が京にのぼったとき，首に食いついたシラミを，宿の柱をけずってその中に押しこめた．翌年また同じ宿に来てみると，シラミはすっかり小さくなってはいたものの，かろうじて柱の中に生きていた．男は好奇心に駆られて，そのシラミを二の腕に這わせ，食われるがままにしておいた．だがやがて傷はおびただしい瘡となり，治療のかいなく男は死んでしまったという．南方熊楠によると，このシラミが人を殺した話というのは，中国の《夷堅志》にも籠かけを職業とする王六八という人物を主人公としてまったく同工の話が語られており，おそらくは中国伝来のものだろうという．

シラミの害については《塵袋》にも，〈大隅国ニハ夏ヨリ秋ニ至ルマデシラミノ子オホクシテ，喰ラヒコロサルルモノアリ〉とある．

江戸ではコロモジラミの予防策として，江戸の芝金杉通三丁目の鍋屋源兵衛などが考案した〈しらみひも〉という商品が広く使われた．これはビャクブ(ビャクブ科の多年生蔓草)の根の煎汁とアサガオの種の油，水銀を布の紐に浸したもので，腹に巻いたりして用いたという(小西正泰《虫の文化誌》)．この紐は《除蝗録》にも記述がある．アサガオの実の油と水銀を調合して木綿にひき，裁断したものが〈しらみ紐〉である．腹に巻いて，シラミよけとしたという．またアサガオの実を砕いて小さな布袋に入れ，首にかけたり身につけていても，シラミが生じない，とされた．日本では頭のシラミ取り用に〈こっぺり(緑青など)〉，〈はらや(水銀の粉)〉といった品が薬屋で売られていた．これを髪の根もとに塗れば，シラミは全滅するといわれ，大風子油などにも同様の効果があるとされた．また辰砂(硫化水銀)を酢にひたし，その汁に櫛をつけて髪をすく，あるいはトリカブトの根を半日ほどつけた水を髪に塗る，といった方法もあった(佐山半七丸《都風俗化粧伝》)．

【ケジラミ】　ケジラミも古くからコロモジラミ，アタマジラミと区別され，ツビジラミ，トビジラミなどとよばれていた．ツビジラミのツビとは陰門の一名で，この虫が陰毛に生ずることによる．

ケジラミはアポクリン汗臭(わきがなどの特有のにおい)を好み，陰毛部で生活しているため，一般には性行為で感染する．もともと人にしかつかないので，みんなが陰毛を剃ってしまえば，ケジラミも一掃されるかもしれない．いずれにせよ，ケジラミの駆除にはいちばん確実な方法である

（上村清《暮らしの中のおじゃま虫》）。

《和漢三才図会》は，体にケジラミがわいた場合，急いで治療しないと腋の下や眉毛に虫がはい上がり卵を産みつけてしまう，と警告を発している。これを治すには，すみやかに陰毛を剃り，熱した酢を患部に塗るとよいという。またトリカブトの根の汁をつけても効果があるとされている。

なお，ケジラミには，八脚蟲という異名もあった。むろん，あしの数を8本と見誤ったことに由来するよび名である。ただし《重訂本草綱目啓蒙》をみると，〈此蟲六足二角，足ごとに鉗あり，実は八脚に非ず〉と誤りが正しく指摘されている。

【シラミと人種】 1861年，ドイツの動物学者ミュラー Fritz Müller（1821-97）は，シラミの色と大きさは寄生する人種と相応するという説を発表し，学界に大きな波紋をよんだ。内田清之助《虱》によると，その説は大略以下のとおりである。〈アフリカのニグロ及び濠洲土人の虱は殆ど黒色，ヒンズー人のは暗黒色，ホッテントット人のは橙黄色，中国人及び日本人のは黄褐色，カリフォルニアのインディアンのはオリーブ色，エスキモーのは甚しく淡色，欧洲人のも殆どそれと同じで白っぽい。色ばかりでなく，虱の大きさも人種によって相違があり，たとへば，モザンビックの黒人やカリフォルニアインディアンの虱は著しく大きく，欧洲人・日本人・濠洲人などのそれは余程小さい〉。もっともこれは極論のようで，内田によればおおむねそういった傾向があるくらいのものだという。

【鳥と寄生虫】 日本の代表的鳥類学者内田清之助は，鳥類研究のかたわらシラミの研究を行なっている。内田にいわせると，シラミのような寄生虫を研究しようとする場合，まず宿主の鳥や獣を収集するのが一苦労だが，もともと鳥類を専攻している者にはその苦労がないだけ有利ということだ。ただし鳥類に寄生するのはハジラミ類のみで，シラミ類はまったく寄生しない。

【ことわざ・成句】 〈しらみつぶし〉ものごとをひとつ残らず片っ端から処理していくこと。

〈痩せ虱がたかった（ついた）よう〉人をひっきりなしに責めたてるようすのたとえ。飢えて痩せたシラミが人の体にとりつくと，しきりに刺すことから。長塚節《土》には，〈さう汝見がてえに痩虱たかつたやうにしつきりなし云ふもんぢやねえ〉という科白が出てくる。

【文学】 〈虱〉（1916） 芥川龍之介の短編小説。元治1年（1864），長州征伐に参加すべく出航した船の中で時ならぬシラミ論争がおこる。片や集めたシラミをわざわざ着物の中に入れ，刺された体を掻いているうちに体が温かくなって寝つきもよくなると，生きたシラミの効用を説く森権之進という奇人。これに反対する井上典蔵はシラミを茶碗に取りためて，〈油臭い，焼米のやうなり味〉がするなどと言いつつ，毎日シラミを食っている。そしてある日，森が集めたシラミを井上が盗み食いしたことから，ことは刃傷沙汰へ。

かつて日本には，森のほうはともかく，井上のようにシラミを食べる人間はときどきいたらしい。その傍証ともいえそうな奇作である。実話にもとづく作品だという。

アザミウマ

節足動物門昆虫綱アザミウマ目（総翅目）Thysanoptera に属する昆虫の総称。

［和］アザミウマ〈薊馬〉 ［中］薊馬 ［ラ］Thripidae（アザミウマ科），その他 ［英］thrips ［仏］thrips ［独］Blasenfuß, Thrips, Fransenflügler ［蘭］blaaspoot ［露］трипс　　→p.217

【名の由来】 ティサノプテラはギリシア語で〈房飾りのあるはね〉，トゥリピダエは樹幹を穿ってすむ昆虫の幼生に対するよび名から。

和名アザミウマは，昔，山陰地方の子どもたちが，アザミなどの花を〈ウマでろ，ウシでろ〉とはやしながら手に載せて叩き，地面に落ちたこの虫の数を争ったことによるという。ムクゲムシともいわれ，これは〈ムクゲの花にすむ虫〉の意。

【博物誌】 8科5000種が世界各地に広く分布するアザミウマ目は，一般に周縁にふさ状の毛のついた細長いはねをもつが，なかにははねの短いものや，ないものもいる。別名を総翅目というのも，さまざまなはねの形をした虫がいるグループ，という意味からである。西洋では農作物の害虫として知られるが，種によっては菌類や他のアザミウマ類やハダニ類を餌とするものもいて，食性も一定しない。体長が2mm前後と小さいこともあるが，グループ全体としての影が薄いのは，こういったまとまりのなさにも起因しているようだ。

アザミウマ類は俗に〈雷虫 thunder fly〉とよばれる。夏の暑いさかりに大群で移動してきて，露出した肌や顔をチクチク刺すのを雷になぞらえたらしい（リチャード・シャレル《ニュージーランド昆虫譚》）。

三重県の子どもたちは，アザミの花をとり，〈ウシ出よウマ出よ〉と唱えながら中にいる虫をてのひらの上に落として楽しんだ。黒いのが出たらウシ，白か褐色のがウマだという。つまりウシはアザミウマの成虫，ウマは幼虫なのである（向川勇作〈拾芥録〉《昆蟲世界》大正12年10月15日号）。

アカギカメムシ(アカギキンカメムシ)(上の2匹)
Cantao ocellatus
E. ドノヴァンの《中国昆虫史要説》より．きわめて美麗な種であり，
日本南部から東南アジアに分布する．色彩斑紋は変化が多く，
しかも側角のとげは欠いていることも多い．
フタモンホシカメのなかま(中央と右下)
Physopelta schlanbuschii
オオホシカメムシ科の1種．これも鮮やかな
色彩のカメムシだ．右下は若虫．
左下は不詳 [23].

キノカワカメムシ科のなかま(上)
Phloea corticata
奇妙なカメムシである．長谷川仁氏の新称による
キノカワカメムシ科のなかまだが，
樹幹に生活するため，このように特殊化した．
新熱帯区すなわち南米に産する [19].

アオクサカメムシ？(上)　*Nezara antennata* ?　green stink bug
ハリカメムシ(中)　*Cletus rusticus*　two-spotted rice bug
ホオズキカメムシ？(下)　*Acanthocoris sordidus*　winter cherry bug
極東のカメムシたちを描く．とりわけいちばん下のホオズキカメムシには
興味ぶかい文章がついている．すなわち植物名のホオズキとは，〈ホウ〉
(九州地方におけるカメムシ類の方言)がよくつくことに由来するというのだ [5].

ハラビロマキバサシガメ(右)
Himacerus apterus
食虫性で知られる, サシガメの代表種.
ヨーロッパから日本にまで
広く分布する [5].

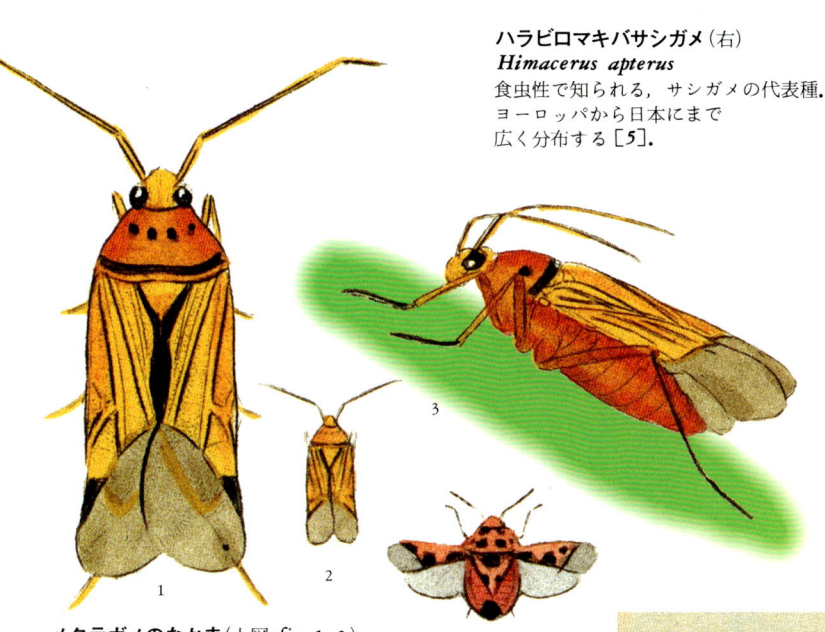

メクラガメのなかま(上図・fig. 1-3)
Calocoris quadripunctatus
みごとな図である. 日本には産せず,
ヨーロッパからシベリアまでに知られている.

カラフトナガメ(同・fig. 4)
Eurydema dominutus
ヨーロッパからサハリンまでに分布する北方系のカメムシ.
これも色彩が特徴的で, 美しい [21].

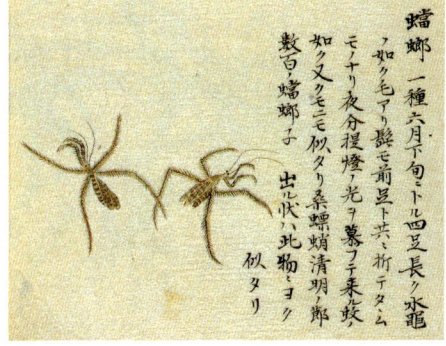

ゴミアシナガサシガメ(上) *Myiophanes tipulina*
食虫性の虫. 納屋や物置にいて, 小さな虫をつかまえ,
吸汁してしまう. その姿はガガンボ類を思わせ,
灯火に引きよせられて飛来する [5].

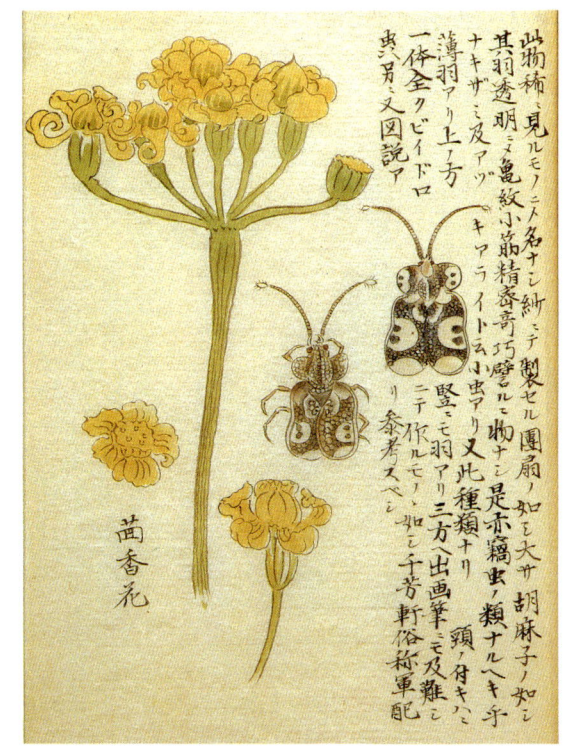

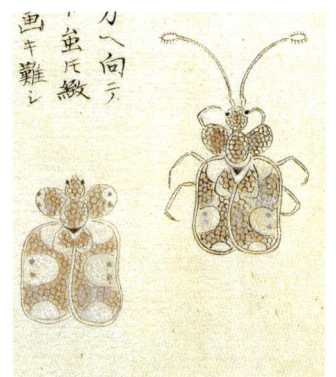

ナシグンバイ(左)
Stephanitis nashi
pear lace bug
興味ぶかい写生画だ.
図に添えられた文章によると,
グンバイムシは栗本丹洲の
命名である. とくにこの種は
ナシ, サクラなどの葉裏に
つき, 葉液を吸う. 韓国,
中国にもいる [5].

ナシグンバイ
Stephanitis nashi pear lace bug
栗本丹洲がみずから命名するほど関心をもった
グンバイムシ科の1種 [5].

トコジラミ(右)
Cimex lectularius bed-bug
一般にナンキンムシとよばれる.
日本にはこれと別に,
コウモリ類に寄生する
コウモリトコジラミ
C. japonicus が
知られている [3].

225

● 半翅目──カメムシ／グンバイムシ／サシガメ

カメムシ

節足動物門昆虫綱半翅目（カメムシ目）Hemiptera カメムシ科および近縁の陸生異翅亜目 Heteroptera に属する昆虫の総称。

［和］カメムシ〈亀虫，椿象〉，クサガメ，ヘクサムシ，ヘッピリムシ　［中］椿象，蝽　［ラ］Pentatomidae（カメムシ科），その他　［英］stink bug, bug, shield bug　［仏］pentatome, punaise des bois, punaise á bouclier　［独］Schildwanze, Baumwanze, Stinkwanze　［蘭］schildwants, stinkwants　［露］пентатома, щитник

➡ p. 220-225

【名の由来】　ヘミプテラはギリシア語で〈半分の羽の〉，ヘテロプテラは〈異なった羽の〉の意味である。ペンタトミダエは〈5つに切れている〉の意味。触覚が5節であることから。

英名スティンク・バグは〈悪臭を放つ虫〉の意。カメムシ類が独特の臭気を発することによる。なお単にバグとよぶこともある。シールド・バグは〈盾をもった虫〉の意。仏・独・蘭名のほとんども〈森の南京虫〉〈盾をもった南京虫〉〈におう南京虫〉などの意味である。

和名カメムシは，イネクロカメムシ *Scotinophara lurida*（英名 black rice bug）など，ある種の体型がカメ（亀）を思わせることによる。

和名のクサガメ，ヘクサムシ，ヘッピリムシなどはいずれもこの虫が中胸板の両側にある臭腺から，異臭のする分泌物を放出することにちなむ。ヘリカメムシ科の1種ホオズキカメムシ *Acanthocoris sordidus* は古名を〈ホホ〉という。植物のホオズキの名はこの虫が好んでつくことによるらしい。

【博物誌】　セミなどをふくむ半翅目では美しく人気のある虫。異臭を発して身を守る。針のような口吻をもち，これで植物の汁（ときには昆虫や高等動物の血）を吸う。なかには武器をもつ捕食性のカメムシもいるが，これは別項目［サシガメ］で記述する。

カメムシが臭腺から発する油状の分泌液は，アセトアルデヒドやヘキサナールなどである。敵から身を守るのに十二分の効果を上げており，そのため鳥やトカゲも近寄ろうとしないし，アリなどはこのにおいをかぐと死ぬこともあるという（上村清《暮らしの中のおじゃま虫》）。

ファーブルはカメムシ類の卵を，美しさで鳥の卵にひけをとらない唯一のものだとして，《昆虫記》において次のように絶賛している。〈おお！何と美しい品物の集りだ。ほんの僅か薄い灰色でぼかされたこの小さな小壺の集り。私はごく小さいものの世界で，妖精たちがこんなお茶碗で，菩提樹の花のお茶を飲むというお伽噺があったらいいなと思う。美しい裁頭卵形の胴は，褐色の多角形の目の細かな網目をつけている。頭の中で鳥の卵の上端を正確に切り落とし，その残りで可愛いいコップを作ってごらんなさい。すると大体このきじらみ（カメムシ）の細工物が出来ます。何れ劣らぬ同じ曲線の和やかさ！〉。

ハイイロベニモンガメ *Pentatoma griseum* という虫もヨーロッパ人にはよく知られている。この習性については次の俗信がある。この虫の雄は自分の子でも構わず食べてしまう。そこで雌は雄から子を守るため，どこへ行くにも何十匹もの子を引き連れて動くというのだ。そこからさらに尾ひれがついて，母性愛に満ちた雌は雨が降ればはねを傘代わりに広げて子を守る，という説も唱えられた。だがファーブル《昆虫記》によると，これはスウェーデンの博物学者デ・イェール（1720-78）の記述に端を発した俗説だという。ファーブルは産卵を終えた雌が子どもたちなどお構いなしに行動することを実験によって確かめたのだ。ただしこの虫の子どもたちはある時期まで，新しい餌のある場所へと一群になって移動する習性がある。そこでファーブルは，移動中の子の群れが雌にたまたま行きあたったところをデ・イェールが見て早合点したのだろう，と推測している。

メキシコのインディオたちは，カメムシを生きたまま食べたり，シチューの具にしたりする。また腎臓，肝臓，胃の病気の薬にも用いる（三橋淳《世界の食用昆虫》）。

《本草綱目》によると，中国の田舎には〈九香虫〉というカメムシの一種を贈答品に用いる風習があったという。一説にこれはツマキクロカメムシ *Aspongopus chinens* といわれ，脾臓や腎臓などの病の薬とされていたらしい。

大蔵永常《除蝗録》に，イネやアワなどに群がって穂の汁を吸う害虫として名があがっている〈くほう〉は，カメムシ類を指すという。同書によると，夕方ごろ，田んぼのあぜに松明などをともすと，この虫が飛んできて焼け死ぬ。これを繰り返せば駆除できるという。

またオオキンカメムシ *Eucorysses grandis* について，栗本丹洲は《千蟲譜》のなかで，この虫は大毒の樹（アブラギリ）につくことからしても，猛毒の虫であることは推して知るべし，と述べているが，これは完全な勘違いといえる。オオキンカメムシ自体は無害だからである。

なお，カメムシの異臭については，長野で，カメムシをつかむ前に3回手を嗅ぐとくさくならな

い，といいならわす．栃木では〈お嫁様，お嫁様，ご立派なお嫁様〉と唱えてからつかむとよいといわれる（《日本俗信辞典》）．

アイヌもカメムシを〈フラルイ・キキリ（ひどくくさい虫）〉とよんで忌みきらった（坂本与一《森の昆虫誌》）．ちなみにアイヌは，ツノアオカメムシ Pentatoma japonica とエゾアオカメムシ Palomena angulosa を矢毒の材料に用いた．生きたままつぶした虫を，アシダカグモなどと一緒にトリカブトの毒に混ぜるのだが，悪臭の強い虫ほど歓迎されたという（更科源蔵・更科光《コタン生物記》）．

【天気予知】　秋にカメムシが多く出ると，その年の冬は大雪になる（山形県長井市）．

グンバイムシ

節足動物門昆虫綱半翅目グンバイムシ科 Tingidae に属する昆虫の総称．
［和］グンバイムシ〈軍配虫〉　［中］花辺椿象　［ラ］*Tingis* 属（アザミグンバイ），その他　［英］lacebug　［仏］tingis, tigre　［独］Netzwanze　［蘭］netwants　［露］кружевница
→ p.225

【名の由来】　ティンギダエは新ラテン語による造語である．

英名は，胸や前翅に細かいレース状の模様があることにちなむ．独名は〈網を張った南京虫〉の意味．露名は〈レース編みの女王〉の意．

グンバイムシの命名者は栗本丹洲．《千蟲譜》には，俗にこの虫の形が軍配うちわに似ているといわれるのでグンバイムシの名をつける，とある．

【博物誌】　カメムシ類に含まれる体長3〜4mmほどの小虫．すべての種が草食で，一般に植物の葉の裏に生息し，口吻を用いて葉の汁を吸う．はねが美しい網目になっており，別名レース虫（lace bug）ともいう．日本ではナシ，リンゴ，サクラなどを食べるナシグンバイ *Stephanitis nashi* や，ツツジを食害するツツジグンバイ *S. pyrioides* などが害虫として有名．とくに後者は盆栽などとともにアメリカやヨーロッパにももちこまれ，その分布をひろげつつある．

サシガメ

節足動物門昆虫綱半翅目サシガメ科 Reduviidae に属する昆虫の総称．
［和］サシガメ〈刺亀〉　［中］食虫椿象　［ラ］*Reduvius* 属，その他　［英］assassin bug, kissing bug, cone-nose　［仏］réduve, punaise carnivore　［独］Schnabelwanze, Raubwanze　［露］хищнеца
→ p.221, 225

【名の由来】　レドゥウィイダエはラテン語で〈指のささくれ，断片〉の意．

英名は〈虫の殺し屋〉〈キスをする虫〉〈円錐状の鼻〉．仏名は〈肉食の南京虫〉．独名は〈くちばしをもった南京虫〉〈泥棒をする南京虫〉．露名も肉食に関係する．

和名サシガメは，〈刺すカメムシ〉の意．捕えようとすると強力な口吻を用いて人を刺し，猛烈な痛みを与えることによる．

【博物誌】　カメムシのなかまだが，地上をすばやく走りまわる，捕食性の虫である．大きなものはヤスデさえつかまえて体液を吸うといわれる．刺されるとかなり痛いので，誰もがサシガメには用心する．

《昆虫の劇場》の著者トマス・ムーフェットは，甲虫類に似てはいるが鞘翅を欠く昆虫をまとめてブラッタ Blatta とよび（〔ゴキブリ〕の項も参照のこと），さらにそれを3つに分類している．そのうち，ソフト・モス soft moth とよばれる類が，サシガメと覚しい．この虫を捕えようとすると，激しく刺されて血が大量に流れる，という記述があるからだ．

イギリス人として初めて世界周航を果たし，サシガメ類の多くすむ熱帯地方にも赴いたフランシス・ドレーク Francis Drake（1543？-96）の航海船にも，この虫がたくさんいた，という記録も残されている．

熱帯地方に多いオオサシガメ類 *Triatoma* は，人を刺してその血を吸う．これはかなり痛いうえ，シャガス病という原虫病を媒介するため，中南米など生息地の住民は，この虫を見かけると急いで退治する（上村清《暮らしの中のおじゃま虫》）．

なかでもブラジル地方に生息するブラジルサシガメ *Triatoma infestans* は，シャガス病のもっとも有力な伝播者．そればかりか発疹熱をも伝播する．当地でのよび名は〈理髪師 barbeiro〉である．なぜなら，夜眠っている人の顔面を襲うことが多いからだという（阪口浩平《図説世界の昆虫4　南北アメリカ編II》）．

チャールズ・ダーウィンも，ビーグル号での航海中，ペルーの町イキケでサシガメの1種ベンチュウカ（*Reduvius* 属の1種）を手に入れ，自分の血を餌に4か月間飼育した．《ビーグル号航海記》にはそのときのようすが次のように記されている．〈指を前に出すと，大胆な虫はすぐにその吸器をつき出して襲撃するのを常とし，そのままにさせたら血を吸いとる．創口は痛まぬ．血を吸う仕事の最中，その体を見ていると不思議である．10分間経たぬうちに，煎餅ダニのように扁平な体が球

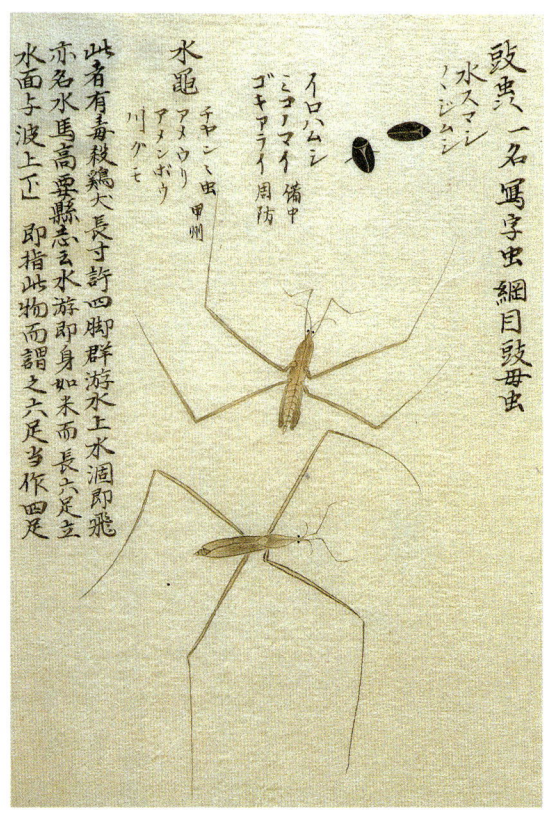

アメンボ(上)
Gerris paludum pondskater
水面をスケートするように移動する虫．これもカメムシの
なかまで，水生カメムシとでもよぶべきグループの一員である．
上は甲虫類のミズスマシ［5］．

コオイムシ(下・左図)
Diplonychus japonicus japanese water bug
若虫と卵が描かれている点がおもしろい．
栗本丹洲は観察に顕微鏡を多用した［5］．
コオイムシ(同・右図)
Diplonychus japonicus japanese water bug
文字どおり子を背負っているコオイムシの図．
ちなみに，日本にはほかにオオコオイムシが分布する［5］．

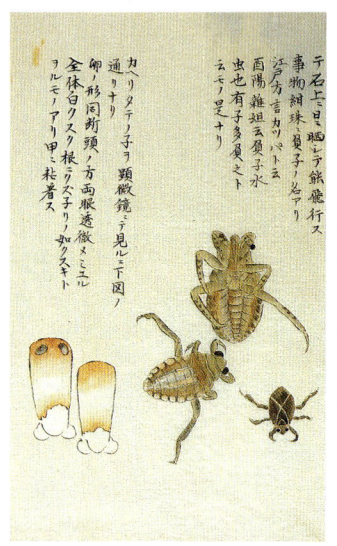

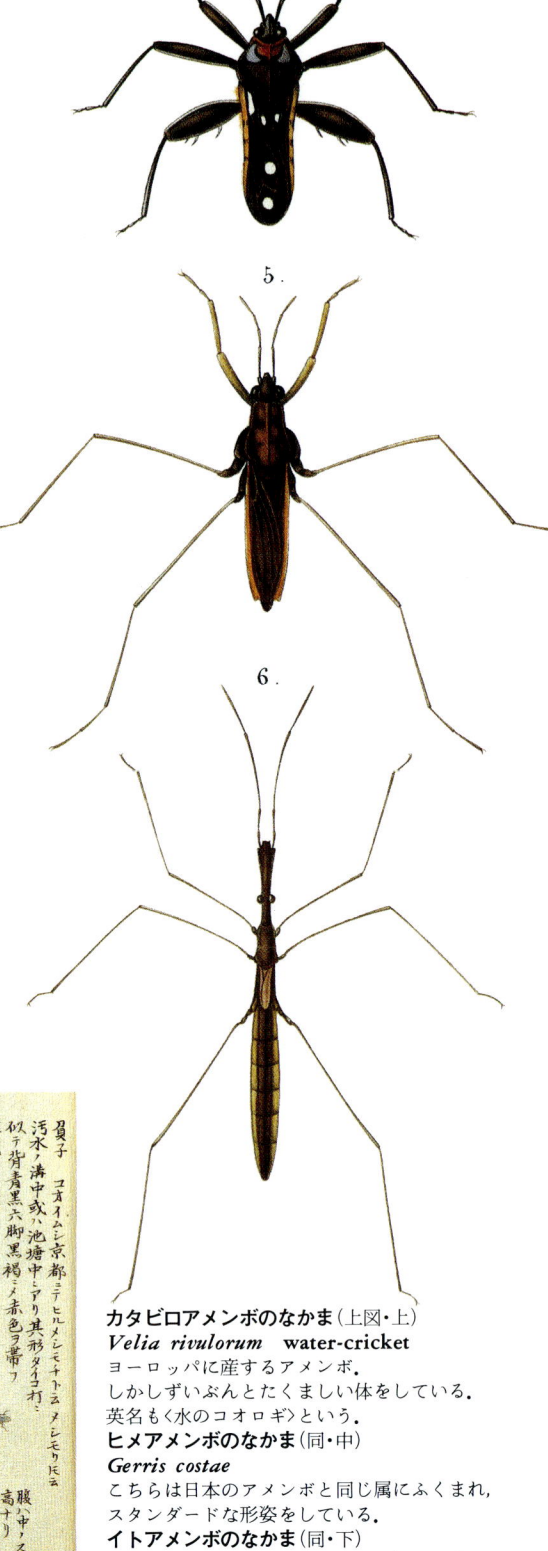

カタビロアメンボのなかま(上図・上)
Velia rivulorum water-cricket
ヨーロッパに産するアメンボ．
しかしずいぶんとたくましい体をしている．
英名も〈水のコオロギ〉という．
ヒメアメンボのなかま(同・中)
Gerris costae
こちらは日本のアメンボと同じ属にふくまれ，
スタンダードな形姿をしている．
イトアメンボのなかま(同・下)
Hydrometra stagnorum marsh treader
ヨーロッパ産のアメンボは極端だ．
この種は文字どおり糸のように細い［3］．

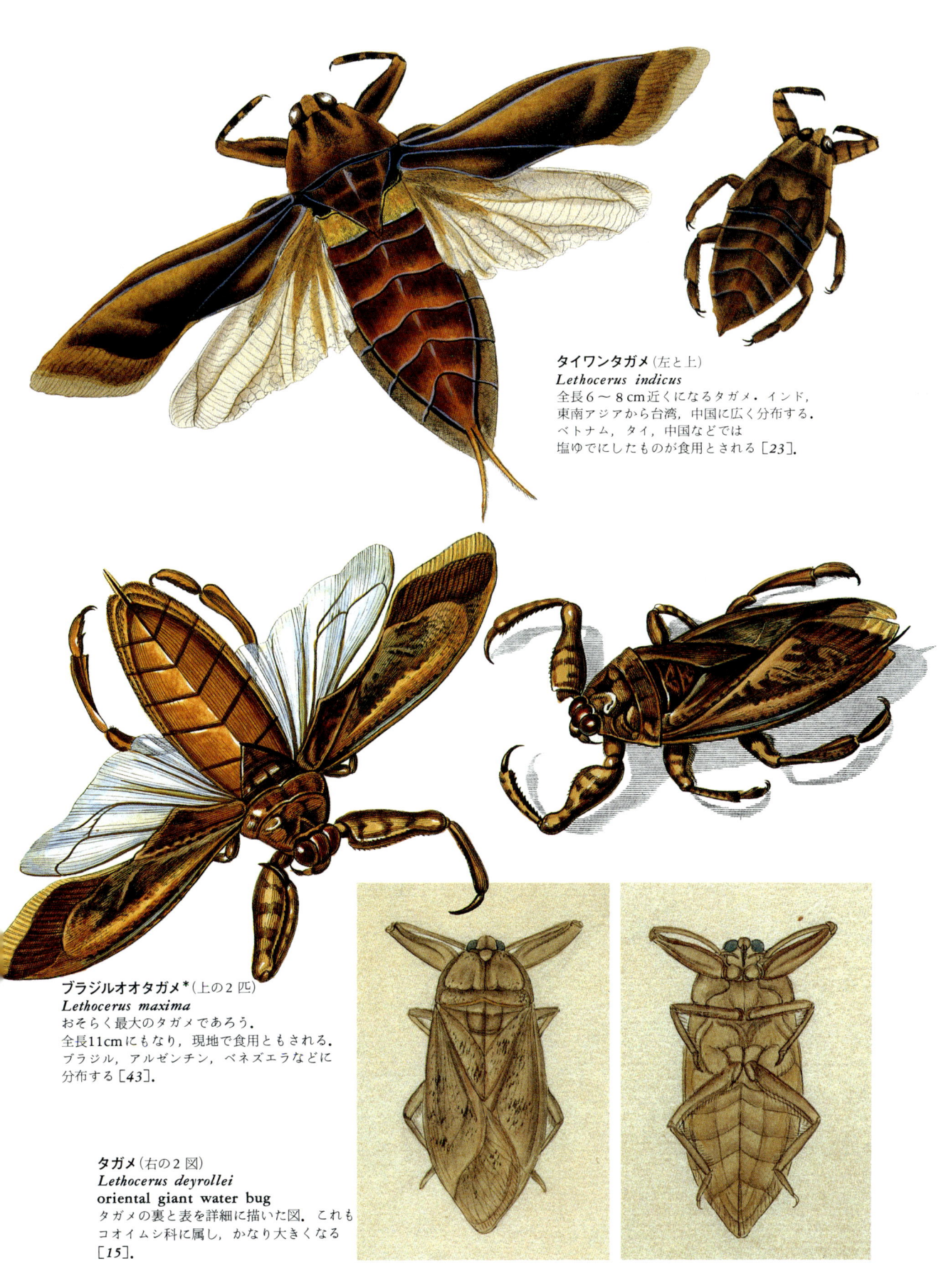

タイワンタガメ（左と上）
Lethocerus indicus
全長6〜8cm近くになるタガメ．インド，
東南アジアから台湾，中国に広く分布する．
ベトナム，タイ，中国などでは
塩ゆでにしたものが食用とされる［23］．

ブラジルオオタガメ＊（上の2匹）
Lethocerus maxima
おそらく最大のタガメであろう．
全長11cmにもなり，現地で食用ともされる．
ブラジル，アルゼンチン，ベネズエラなどに
分布する［43］．

タガメ（右の2図）
Lethocerus deyrollei
oriental giant water bug
タガメの裏と表を詳細に描いた図．これも
コオイムシ科に属し，かなり大きくなる
［15］．

● 半翅目──サシガメ／トコジラミ・ナンキンムシ

状に変化する〉。このほかダーウィンは，血で膨れ上がった状態のときは押しつぶしやすい，といった観察録を残しているが，代償も大きかった。というのもこの航海の後，ダーウィンは生涯頭痛に悩まされるのだが，これはベンチュウカの媒介するシャガス病にかかってしまったせいだといわれている。

　ヨーロッパではリンネ以来，セアカクロサシガメが夜中寝床で人の血を吸うナンキンムシを食べる益虫だとひろく信じられていた。しかしファーブルは《昆虫記》で，これに異論を唱えている。このサシガメの大きさでは，ナンキンムシの潜む狭い割れ目などに忍びこめるはずはないし，寝床にいる人間のそばにこの虫が寄ってくることも経験的にありえない。結局ごくまれにナンキンムシを食べることはあるかもしれないが，それが好物だとはとても思えない，というのがファーブルの考えのようだ。

　なお，ファーブルもセアカクロサシガメを飼い，刺された痛みを確かめるために，何度も自分の体を餌としてこの虫に差しだした。しかし，なぜかどうしても自分の皮膚を刺してくれなかったという（《昆虫記》）。

トコジラミ・ナンキンムシ

節足動物門昆虫綱半翅目トコジラミ科Cimicidae に属する昆虫の総称，またはその1種．代表種トコジラミの俗称がナンキンムシである。

［和］トコジラミ〈床虱〉，ナンキンムシ〈南京虫〉　［中］床虱，臭虫，壁蝨　［ラ］*Cimex* 属（トコジラミ），その他　［英］bed bug, bug　［仏］punaise　［独］Wanze, Bettwanze　［蘭］wandluis　［露］постельный клоп, клоп, бегýн
→ p. 225

【名の由来】　シミシダエはラテン語で〈カメムシ〉を指す言葉cimexから．

　英名ベッド・バグは，寝台にたかって人の生血を吸う習性に由来する．和名トコジラミは，この英名を訳したもの．また単にバグともいう．この英名バグは，古くケルト語で幽霊を指した言葉．一説にナンキンムシが夜中，幽霊のように人間を悩ませることからついた名前ともされる．仏名は俗ラテン語で〈鼻をつくもの〉という語源をもつ．独名ヴァンツェはゲルマン起源の言葉で原義は〈壁のシラミ〉．蘭名も〈壁のシラミ〉．露名も〈ベッドの南京虫〉など．

　中国名の臭虫は，触れると後脚の臭腺から悪臭を放つ液を分泌することにちなむ．同じく壁蝨は〈壁にいるシラミ〉の意．ナンキンムシを示す壁蝨という中国名は，日本では誤ってマダニにもあてられた．

　和名ナンキンムシは，〈南京の虫〉の意．ただしこの虫と中国の都市，南京とのあいだに特別な関係はみあたらず，単に外来種であることを示すために用いられた名称らしい．同じくチンダイムシは，明治初期，この虫が鎮台（政府が要地に駐在させた軍隊）で増殖していった事実にもとづく．同じく和名クサムシは，〈くさい虫〉の意．

　昆虫学者の梅谷献二氏はナンキンムシの由来について，この虫が古くから中国で猛威をふるっていたことから，大陸帰りの人たちがよびはじめたのだろう，としている（《虫の博物誌》）．また，松村松年はナンキンムシの名の由来について次のように述べている．〈これは支那より始めて日本に渡り来ったので，南京蟲と名づけられたものらしい．人の嫌忌する昆蟲や動物名を以てその最も嫌忌する人や，国を代表せしむるのが人間の傾向と見え，洪牙利人はこの蟲を呼んでロシヤムシと云うている……日本でもその嫌忌せらるる南京人の名をこの蟲名に冠しているのは面白い〉（《昆蟲物語》）．

　田中芳男《南京蟲又床蝨》にはく〈神戸の）旅宿に殊に多きは上海香港より来る客が携う所の荷物に入り来るものあるによる〉とある．こんな事情もナンキンムシの名の誕生に（中国から来た虫という意味で）ひと役かったのかもしれない．

【博物誌】　半翅目に属するカメムシのなかま．鳥，コウモリ，人などにたかり，血を吸う．夜間に活発に活動し，ときおりくさい液を出す．南京（中国の都市）から来たというナンキンムシ（トコジラミ）は，じつは中国原産ではなく，文久年間（1861-64）ごろオランダの古船にいたものが侵入してふえたといわれる．

　アリストテレスはナンキンムシについて，この虫は動物が体外に発散した湿気が固まって生じるのだ，と述べた（《動物誌》）．いかにもありそうな話であり，当時ギリシアでひろく信じられたのであろう．

　古代ローマでは，ナンキンムシはヘビ類，とくにエジプトコブラにかまれたときの解毒剤としてひろく利用された．その効果のほどはこの虫を食べたニワトリの肉を口にするだけで毒がひくとされたことからもうかがい知れるだろう．カメの血に混ぜて咬傷に処方する方法もあった．また誤ってヒルを呑みこんだ動物にナンキンムシを飲みものに入れて呑ませると，体内のヒルが死ぬともされた．たぶん血を吸いだす習性から出た発想だろう．いっぽうナンキンムシをつぶし，塩と女性の

乳と混ぜたものは目の薬に，蜂蜜とバラの油と混ぜたものは耳の薬に用いられ，鶏卵と蠟とインゲンと一緒にあえたものは吐き気やマラリアの四日熱の薬とされた。さらに尿が出にくいときは，ナンキンムシを尿道に差しこめばよいともいわれたという。ただしこれらの説を紹介したプリニウス当人は，この虫を〈はなはだ汚らわしく，その名を口にするさえおぞましい生き物〉と述べ，薬用としての効能も伝聞によるものとことわっている。

当時のローマ人たちは，ナンキンムシの天敵をムカデと信じ，ムカデのにおいをかがせればナンキンムシを退治できるとした。

ナンキンムシがイギリスで初めて発見されたのは1503年のことである。その後は延々と増え続け，1939年には大ロンドン区域だけで400万人もの人びとがこの虫の害に悩まされていた。ただしこの年DDTが開発され，現在はそのおかげで被害が激減している。

中世のヨーロッパでは，ナンキンムシが大発生すると疫病がひろまるといわれ，さまざまな退治法が編み出された。たとえばトマス・ムーフェットが《昆虫の劇場》で勧めているのは，ベッドの周囲をカーテンで遮断し，その中をウシの糞，ウマの毛，ツバメ，ムカデなどを焼いた煙でいぶす，という方法である。またアサの種子やホウキザクラをベッドのそばに置いたり吊るしたりするとナンキンムシがにおいをきらって寄りつかないともされた。このほか雄ジカの角やノウサギの足，キツネの耳などをベッドの柱にかけるのもよいという。バターを煮つめ，ナンキンムシに餌として与えると死んでしまう，という俗信もあった。さらには半ペニー貨をベッドの下にしのばせる，というまじない的な退治法も流布したらしいが，いずれにせよ決定的な対策はみいだせなかった。

中国では《本草綱目》をみると，ナンキンムシは〈狗蠅（イヌに寄生するシラミバエ科Hippoboscidaeの1種）〉の付説に〈壁蝨〉の名で記載されている。それによると，中国でも屋内の害虫として古くから知られており，駆除法についても古代から，麝香やや雄黄ゆう（天然の砒素の硫化物），あるいは菖蒲，葫蘆だく（スイカズラ科の多年草），楝華かん（センダンの花），蓼などの粉末を座席の下で焼いて避けた，とある。またキュウリや黄蘗や，牛の角，馬のひづめなどを焼く場合もあった。

中国の秘術には，ナンキンムシの退治法がいくつかあるが，その一例は次のようである。白信石（陶器の変質した部分）とカニの甲羅を粉末にして，まっ赤に焼いた炭にふりかける。するとそのにおいをかいだナンキンムシは遠くへ移動していくという（李隆編《まじない》）。

ナンキンムシは中国では昔から猛威をふるっていたが，日本の古書にはそれらしい虫がみあたらない。そこで，既述したように幕末にオランダの古船を購入したさい一緒に渡来したとの説が有力である。はっきりした記録としては，1877年（明治10）の西南の役のときに小倉の兵舎で発見された後，1880年には大阪の連隊，1882年には名古屋や東京の兵舎へと軍隊の移動とともに分布を拡大した（上村清《暮らしの中のおじゃま虫》）。

しかし明治初期に書かれたB.H.チェンバレンの《日本事物誌》をみると，ナンキンムシはまったくいない，とされている。

ただし，天明3年（1783）から寛政1年（1789）ころにかけて執筆された菅江真澄の《かたる袋》をみると，〈肥後の国に，虱のごとく身にすだく虫あり。床栖よすという〉というくだりが出てくる。記述はまさにトコジラミ（床虱）という名を彷彿させるが，正体は何だったのだろう。

ナンキンムシは琉球地方には古くからいて，〈ヒラ〉とよばれていた。刺されても姿が見えないので，天井に潜んで長い舌をのばし人を刺す虫，と考えられていた。このナンキンムシが初めて本土に侵入してきたころは，蘭学の影響かオランダ語そのままに〈ワンド・ロイス（壁蝨の意）〉とよばれていた。そのためかつてのラッコ猟船の水夫のあいだでは長らく〈ワンドラムシ〉という名が定着していたという（田中芳男《南京蟲又床蟲》）。

けれども，ナンキンムシについては北方渡来説もある。江崎悌三博士は，カザフやシベリアにいたナンキンムシが，樺太を経由して本土に渡ってきた，という説を唱えたこともあったからである。

なお森銑三《明治東京逸聞史》に，1886年（明治19）6月25日，神奈川県庁の小使部屋でナンキンムシの駆除が行なわれたとある。すでにこのころにはナンキンムシの害が一般にもかなりひろまっていたらしい。

そして田中芳男《南京蟲又床蟲》によると，ナンキンムシを防ぐには樟脳油をまくのがもっとも効果的。またハブの葉をもんだものやスイカの汁を患部につけるのもよい。ちなみにこの虫は俗にスイカの汁が大の苦手で，これを浴びればたちどころに死ぬといわれていた。しかし《動物学雑誌》第298号には，ナンキンムシを殺すにはテレビン油がいちばん効く，とある。ただし生きのままでは油が滑って効かないので，等量の石けん水と混ぜて使うとよいという。

【ナンキンムシ裁判】 1673年5月17日，アメリカのアーカンソー地方では，ある家族の眠りを妨げ

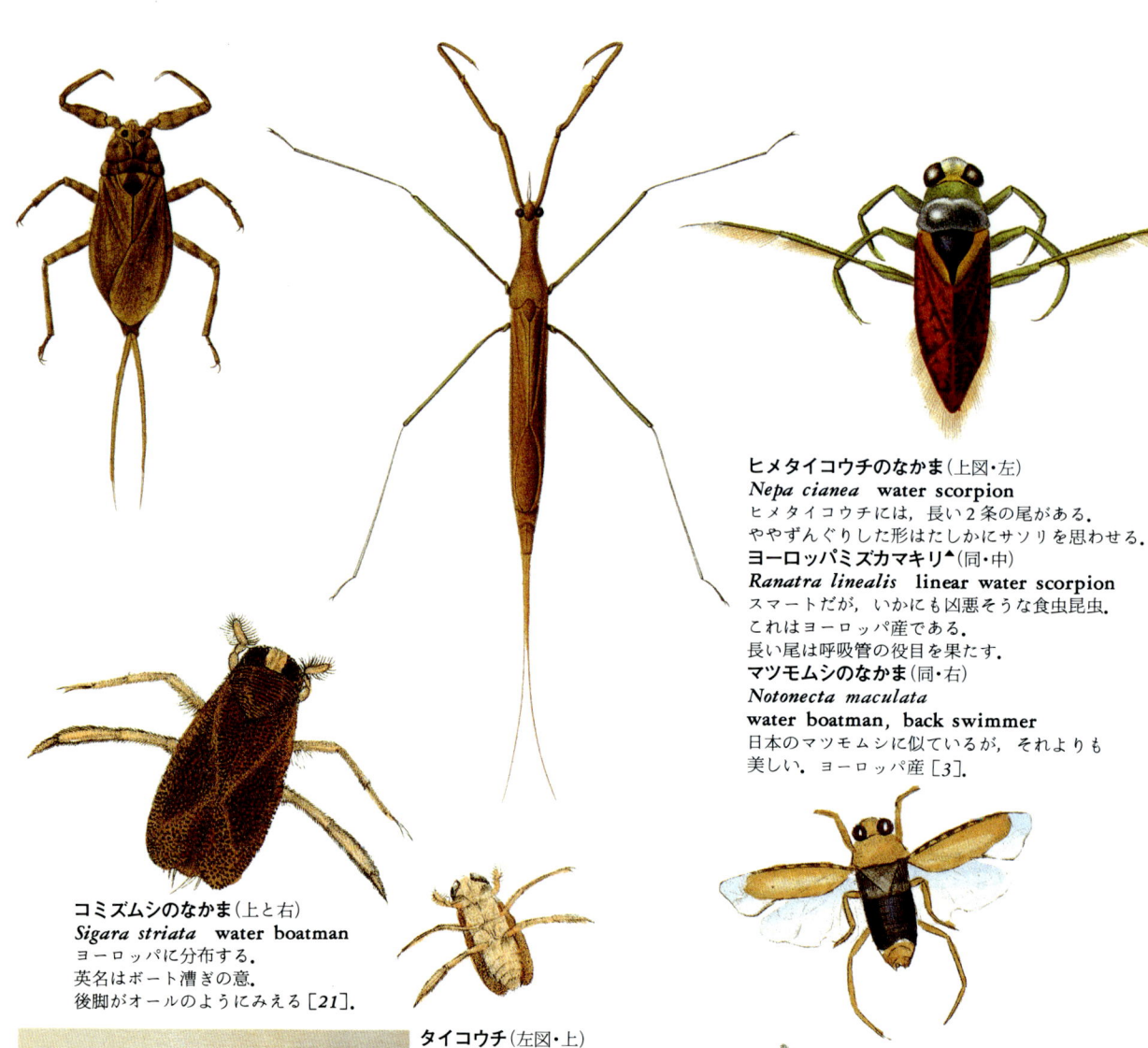

ヒメタイコウチのなかま(上図・左)
Nepa cianea water scorpion
ヒメタイコウチには，長い2条の尾がある．
ややずんぐりした形はたしかにサソリを思わせる．

ヨーロッパミズカマキリ▲(同・中)
Ranatra linealis linear water scorpion
スマートだが，いかにも凶悪そうな食虫昆虫．
これはヨーロッパ産である．
長い尾は呼吸管の役目を果たす．

マツモムシのなかま(同・右)
Notonecta maculata
water boatman, back swimmer
日本のマツモムシに似ているが，それよりも
美しい．ヨーロッパ産 [3]．

コミズムシのなかま(上と右)
Sigara striata water boatman
ヨーロッパに分布する．
英名はボート漕ぎの意．
後脚がオールのようにみえる [21]．

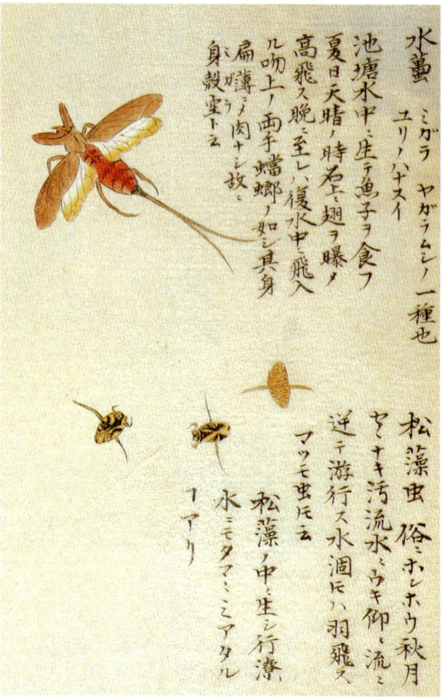

タイコウチ(左図・上)
Laccotrephes japonensis
japanese water scorpion
日本産の水生昆虫．外国では
水中のサソリとよぶが，
たしかにミズカマキリよりは
ずんぐりした感じがする．

マツモムシ(同・下)
Notonecta triguttata
three-spotted back swimmer
日本から記載された種．
ほかに中国や韓国，
極東ロシアに分布する．
オールのような後脚が
よく目立つ [5]．

マツモムシのなかま
(上の2匹) *Notonecta glauca*
water boatman, back swimmer
イギリス産のマツモムシ．E.ドノヴァンの図版が
とてもかわいい [21]．

マツモムシのなかま(右図・上)
Notonecta maculata
water boatman, back swimmer
色彩変化が多く，本頁上右図のような
赤みがかったものと，本図のように
黄褐色のものとがいる．

マツモムシのなかま(同・下)
Notonecta obliqua
いずれもヨーロッパ産の疑似種
[21]．

コマツモムシのなかま(右図・左)
Anisops nivea
水中のウンカを思わせる形をしたマツモムシ科の1種.
アシブトメミズムシのなかま(同・右)
Gelastocoris oculatus toad bug
こちらはずんぐりしたコオイムシ．北米からメキシコに分布．
砂中にいて，他の小昆虫やダンゴムシなどを吸う．
なお，日本にも同属の1種がすむ [25].

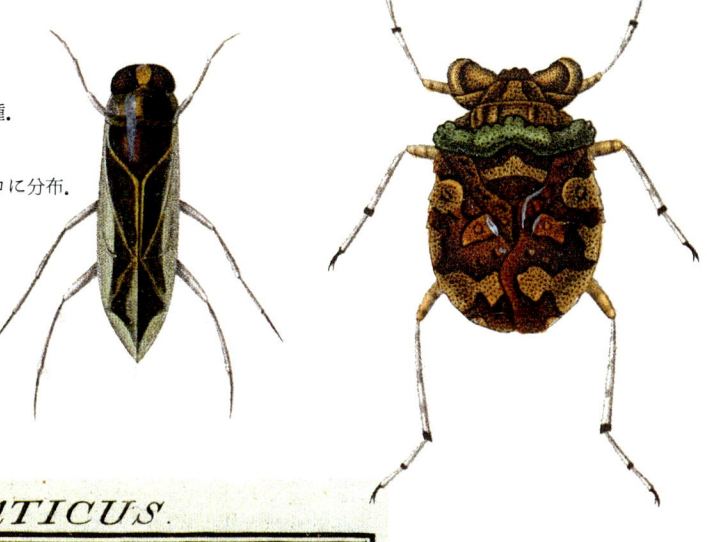

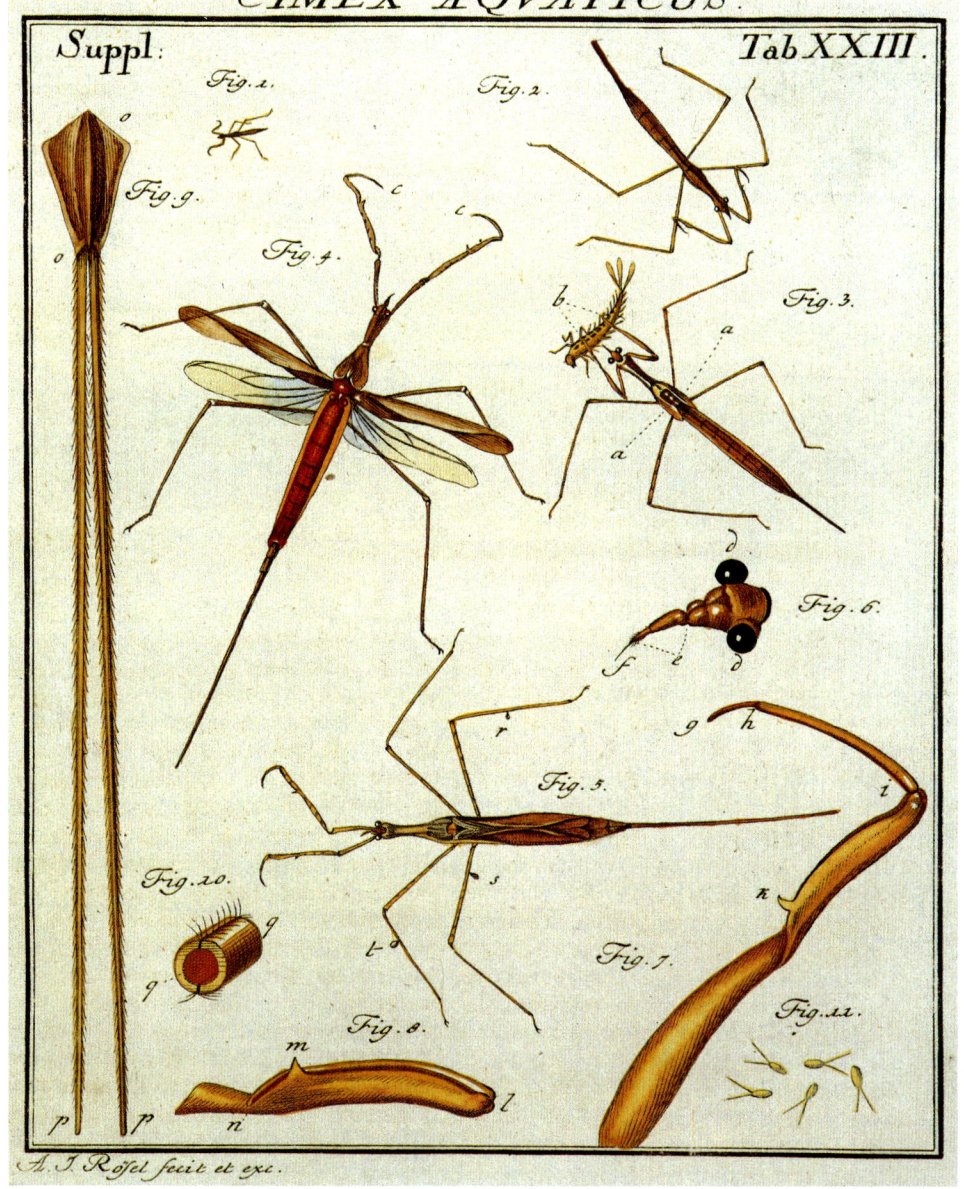

ヨーロッパミズカマキリ
Ranatra linealis
linear water scorpion
レーゼル・フォン・
ローゼンホフの描いた解剖図．
獲物を捕えたところと，
口の吸い器が明解 [43].

● 半翅目──トコジラミ・ナンキンムシ／アメンボ／ミズムシ

た科で，1匹のナンキンムシが裁判にかけられた。陪審員まで動員してとり行なわれた当日の法廷の判決は，結局銃殺刑ということであった。アメリカ人の裁判好きをものがたるエピソードだが，それだけナンキンムシの害がひどかったともいえる（李圭泰《韓国人の心の構造》）。

《昆蟲世界》昭和11年6月号（第466号）をみると〈南京虫裁判～大審院で大家さんに軍配〉と題されたこんな記事が載っている。〈借家人が残して行った南京虫をめぐり家主と借家人側との抗争が大審院の法廷に持ち出され「南京虫はのみ，しらみと同様自然に発生するものだから発生させたものの責任ではない」という見解と「この両者は絶対同じものじゃない，そのおよぼす害悪に至っては雲泥の差がある」という意見の対立を生じこの判決に興味がかけられていたが，10日午前三橋裁判長から「南京虫を発生させた借家人が賠償の責を負うべきだ」との解釈のもとに借家人側の敗訴となった。（中略）この判決によって南京虫に対する法律的見解が付与されたものとも見られる。（東京発）〉。

ちなみにこの借家人とはある出版社の出張所であった。移転のさいに家主側からナンキンムシ駆除費用を敷金から引かれたのを不当として訴えを起こしたのである。一，二審勝訴のあとの逆転判決だったという。

【民話・伝承】〈ナンキンムシとケジラミ〉 与那国島の民話。昔，ナンキンムシがケジラミをそそのかした。夜，女の股ぐらにしのびこむと，おもしろい見物ができるよ，と。ケジラミがそのとおりにしてみると，男女のまぐわいがはじまった。ところがケジラミにとってはおもしろいどころか，男の勢いにあやうく押しつぶされそうになる始末。そこでケジラミは翌日怒ってナンキンムシを殴った。ナンキンムシの胸にある黒い斑点は，このときケジラミになぐられた跡だという。当地にナンキンムシが古くから生息していたことを示す貴重な民話である（《与那国島の昔話》）。

アメンボ

節足動物門昆虫綱半翅目アメンボ科 Gerridae に属する昆虫の総称，またはその1種。
［和］アメンボ〈水黽〉，カワグモ，ミズグモ ［中］水黽，水馬 ［ラ］*Gerris* 属（アメンボ），その他 ［英］water strider, pond skater, water spider, water skipper, skater ［仏］gerris, araignée d'eau ［独］Wasserläufer, Wasserspinne ［蘭］waterloper, schaatsenrijer ［露］водомерка
→p. 228

【名の由来】 ゲリダエはギリシア語で〈横長の盾〉の意。

英名は〈池でスケートをするもの〉〈水の中のクモ〉〈水を跳ね飛ぶもの〉〈スケートをするもの〉の意味。その他の各国語名もほとんどが〈水を歩くもの〉の意味をもつ。

中国名の水黽は〈水にすむアオガエル〉，同じく水馬は〈水にすむウマ〉を示す。

和名アメンボは，〈飴んぼ〉の意。つかまったときに焦げた飴を思わせるにおいを発する習性にちなむ。和名カツオムシは，姿が一見カツオ節に似ているためといわれる。

【博物誌】 カメムシやセミと同じ半翅類に含まれる。ということは，口が針かストロー状になっている，ということである。アメンボ類は表面張力を利用して水面に立つことができる。また，ひじょうに強いにおいを放って身を守る。餌が水面に落ちると，小さな波紋を敏感に受けとって捕獲に行く。水生カメムシの1グループで，見かけによらず捕食性である。ただしアメンボは他の同類のように水中で役にたつ呼吸管をそなえていない。

トマス・ムーフェットの《昆虫の劇場》には，アメンボが4本足か6本足かをめぐり古くから論戦があったことが記されている。問題になったのは，口の周辺にある短い2本の前脚で，これをあしに数えるかどうかで結論がちがっていた。あしの数にこだわったのは，アリストテレスの動物学にある〈はねをもつ虫は6足〉という教えの真偽にかかわるからだったのだろう。ちなみに，ムーフェットはアリストテレス説に逆らい4本足だと考えた。

アメンボ類については，まだ論戦があった。この虫は陸に上がっても水面上とまったく同じようにすばやく動きまわれるかどうか，という問題である。俗間の定説は，動きまわれる，というものだった。しかしムーフェットはここでも俗説をきっぱり否定している。〈この虫は陸に上がってしまうとそう長くは生きられないし，走ることなどまったく無理であって，逆に動きはきわめてのろくなり，跳ねる場合があるとはいってもごくごくまれだ〉。しかし彼は，ここで引用した記述を，water-spider，つまりミズグモの名において行なっている。アメンボという独立した認識はなかったのかもしれない。真正クモ目に属する本物のミズグモはヨーロッパにもひろく分布するが，あしの数が4本ないし6本とされている点，また，はねをもち水面上で生活する点などを考えて，本書ではこれをミズグモでなく現在のアメンボと読みなおして説明することとした。

中国でも，じつはアメンボのあし論争があった

のである。《本草綱目》ではアメンボのあしを4本としている。しかし同書の図を見るとあしらしきものが6本描かれており，一定していない。ただし後脚には節が見あたらず，あるいはこちらを尾端のハサミとでも考えたのかもしれない。同書はまた，アメンボには毒があり，イヌやニワトリがこれを食べると死ぬと述べている。

なお《五雑組》におもしろい話が出ている。中国の子どもは髪の毛の先にハエをつなぎ，それを餌としてアメンボ釣りを楽しんだというのである。この遊びは《和漢三才図会》にも出ており，日中とも同じ遊びがあったことをしのばせる。

《和漢三才図会》はアメンボのにおいについても言及している。〈この虫に酒の匂いがするのは不思議である。人が唾をこの虫につけると，虫は酔ったようになる。しばらくして酔から醒めるとまた水の上を奔る〉という記述は，おもしろい説である。

日本でも英名と同様にアメンボ類をミズグモとよぶ地方がある。しかし昆虫学者の矢島稔氏によると，あるいはこれはアメンボ類を本物のミズグモやハシリグモと混同してよんでいるのかもしれないという。両者とも形はそっくりだし，水面に落ちた虫を捕えてその血を吸うところまで一緒だからだ（矢島稔《昆虫ノート》）。

新潟県にはアメンボを食べると泳ぎがうまくなる，という俗信がある。またかつての日本や韓国では，この虫をタンパク源として食べることもあったらしい。

【文学】 《アメンボ The Long-legged Fly》 アイルランドの詩人・戯曲家 W.B.イェーツ William Butler Yeats(1865-1939)の詩。《最後の詩集》(1938-39)所収。ユリウス・カエサル，トロイア戦争の争いの種となった美女ヘレナ，さらに芸術家ミケランジェロの活動的な姿を描きながら，それと相反するかのような彼らの内省的な心の動きを，水面を静かに泳ぎまわるアメンボにたとえたもの。この詩のなかのアメンボはあたかも水の賢者といった風格すら漂わせている。

ミズムシ

節足動物門昆虫綱半翅目ミズムシ科 Corixidae に属する昆虫の総称。

［和］ミズムシ〈水虫〉，フウセンムシ〈風船虫〉 ［中］風船虫，水虫 ［ラ］*Corixa* 属，*Hesperocorixa* 属（ミズムシ），その他 ［英］water boatman, water cricket, corixa ［仏］corise, criquet d'eau ［独］Ruderwanze ［蘭］duikerwants ［露］гребляк ➡ p.232-233

【名の由来】 コリキシダエはギリシア語でカメムシの意。ヘスペロコリサは〈たそがれのカメムシ〉の意味。

英名は〈水中のいかだ師〉〈水中のコオロギ〉の意。ボートのオールを思わせる後脚を，左右同時に前後させるようすを称したもの。仏名は〈水中のバッタ〉。独名は〈オールをもった南京虫〉。蘭名は〈泳ぐ虫〉，露名は〈漕ぐもの〉の意味をそれぞれもつ。

和名ミズムシは，池や沼，水田などに好んですむことによる。なお等脚目にも同名の亜目 Asellota，および同名の虫 *Asellus hilgendorfi*（英名 hog slater, hog louse）が存在するが，まったく別の生きものである。同じく和名フウセンムシについては〔博物誌〕の項を参照。

【博物誌】 ミズムシはフウセンムシともいわれる。腹に気泡をため，それをもって動きまわり，あるいは〈アクアラング〉がわりにする。この虫は，水中で機能する呼吸管をもたないからである。小さく，しかも動きがおもしろいので，子どもの遊び相手になる。

大町文衛《日本昆虫記》によると，ミズムシ遊びは次のようである。容器の水の中に紙片を入れてやると，虫は紙が底に沈むのを待ちかねて，つかまって水面まで浮かんできては離して泳ぎまわり，また紙が沈んでくるのを待っているという。これを何回も繰り返すのを，子どもが見て楽しんだらしい。ちなみにミズムシの異名フウセンムシは，このように紙を水面へ押しあげる習性(?)にちなんでいるともいわれる。

ミズムシは水底にあるものなら何にでも大量の卵を産みつける。メキシコではこの習性を利用して，イグサで編んだ筵を池に沈め，そこに産みつけられた卵を袋詰めにして市場で売る。住民はそれを菓子の材料に使う（クラウセン《昆虫と人間》）。

ちなみに，ミズムシは第1脚とくちばしの一部をこすり合わせ，スーッスーッとかチョチョチョ……チュチュチュといったウマオイの鳴き声に似た音を水中で発するという（谷津直秀〈水中にて鳴く虫〉《動物学雑誌》第311号）。

大町文衛《日本昆虫記》はまた，ミズムシ科の1種コミズムシ *Sigara substriata* にもふれている。体長2mm半ほどのごく小さな虫だが，やはり田んぼなどではチ，チ，チ，チという体に似合わぬ大きな声でさかんに鳴き続ける。

このコミズムシは大正時代，試験管に2，3匹入れられたものが〈飛行機虫〉と名づけられ，夜店で売られていた。

HEMIPTERA.

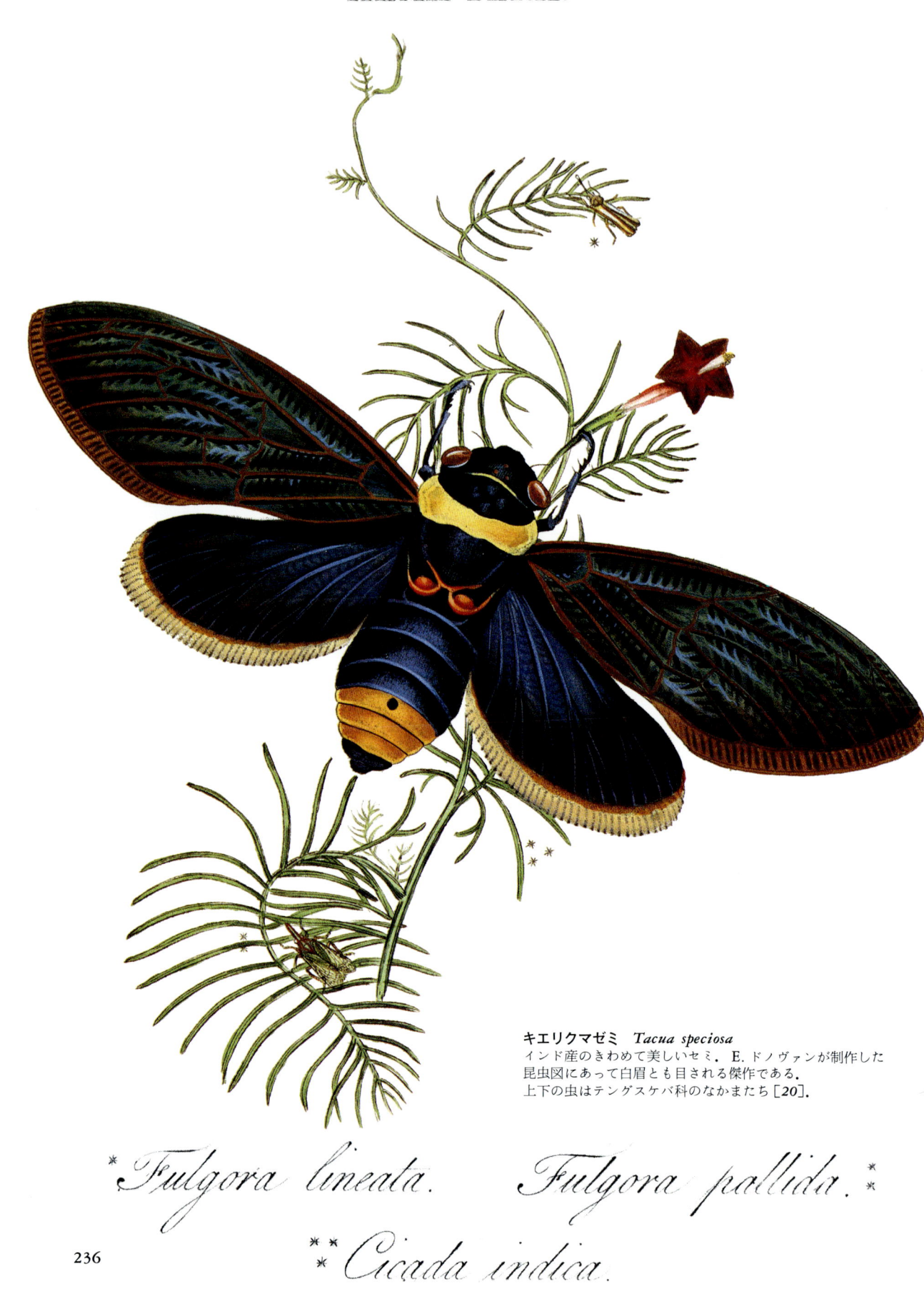

キエリクマゼミ　*Tacua speciosa*
インド産のきわめて美しいセミ。E. ドノヴァンが制作した
昆虫図にあって白眉とも目される傑作である。
上下の虫はテングスケバ科のなかまたち [20].

Fulgora lineata.　　*Fulgora pallida.*

Cicada indica.

キエリクマゼミ(下)　*Tacua speciosa*
左頁の図によく似ている。あるいは同一標本を写生したものか。しかしこちらはかなり地味ないろどりになっている。ドノヴァンの彩色がいかに鮮やかかをものがたる傍証である[25]。

キボシヒメクロゼミ(上図・上)　*Gaeana maculata*
まるでチョウのようなはねをもったセミ。モーゼス・ハリスが描く図はどれも昆虫らしさを的確にとらえている。

ニイニイゼミのなかま(同・下)　*Platypleura catenata*
これもかなり美麗な種である。日本人は、はねをひろげないセミを描くが、西洋人はこのように、チョウと同じ感覚ではねをひろげたセミを描く。無意識の視点があらわれており、興味ぶかい[19]。

アブラゼミ(下)
Graptopsaltria nigrofuscata
日本の午さがりをいやがうえにも盛りあげるセミ。名の由来は諸説あるが、はねが油紙を思わせるのは、たしかである[5]。

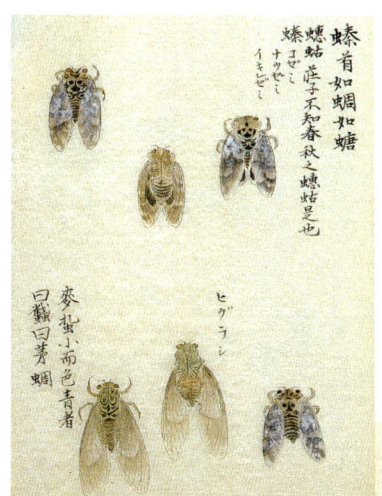

ニイニイゼミ(上図・上)
Platypleura kaempferi
芭蕉の名句〈静かさや岩にしみいるせみの声〉のセミは、ニイニイゼミだといわれる。初夏の風物詩。

ヒグラシ(同・下)
Tanna japonensis
ヒグラシもまた、初夏にあらわれる。鳴き声の味わいぶかさはニイニイゼミにまさる。まさしく日本趣味のセミ[5]。

アブラゼミ(右・左図)
Graptopsaltria nigrofuscata
はねの感じは実物のほうがもっと油紙じみている[5]。

ミンミンゼミ(右・右図)
Oncotympana maculaticollis
高い声で鳴くセミ。透明なはねはヒグラシに似ている[5]。

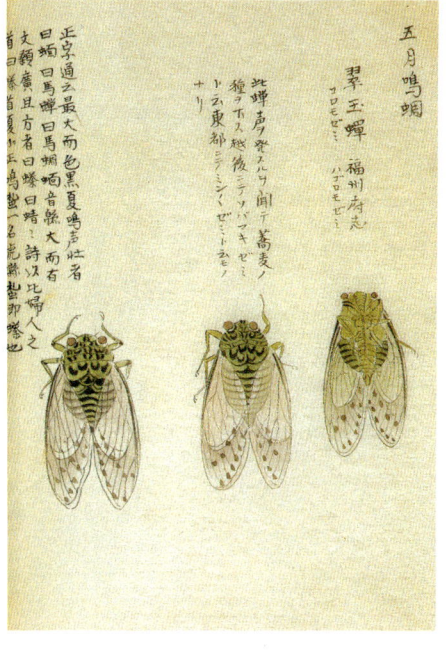

237

●半翅目──コオイムシ／タガメ／タイコウチ／ミズカマキリ

コオイムシ

節足動物門昆虫綱半翅目コオイムシ科 Belostomatidae に属する昆虫の総称，またはその1種．

［和］コオイムシ〈子負虫〉　［中］負子　［ラ］*Belostoma* 属，*Diplonychus* 属（コオイムシ），その他　［英］water bug, fish killer, toe biter（米）　［仏］bélostome, punaise géant d'eau　［独］Riesenwanze, Riesenwaßerwanze　［露］белостома, водяной клоп　→ p.228

【名の由来】　ベロストマティダエはギリシア語で〈矢のような口をした〉の意味．

英名は〈水中の虫〉〈魚殺し〉〈足指を嚙むもの〉．仏・独・露名は〈水中の（巨大な）南京虫〉の意をもつ．

和名コオイムシは，卵が孵化するまで雄がそれを背負って保護する習性にちなむ．また〈宿屋の飯守り〉という俗名がある．背中に負った卵を米粒にみたてたものだ（矢島稔《昆虫ノート》）．《千蟲譜》によると，江戸ではコオイムシにカッパの異名もあったという．水中をカッパのようにすばやく泳ぎまわることにちなむ．

【博物誌】　水生カメムシのなかま．呼吸管をもち，水中で活発に泳ぎまわる．雌は雄の背中に卵を産みつける習性がある．雄は卵を背負って水中を泳ぎ続ける．昆虫の父性愛を示す好例とも受けとられかねないが，じつはこれ，いやがって逃げる雄を雌が追いかけて無理やりくっつけるものらしい．しかも卵が孵って幼虫が出ても殻は残ったままで，はねを使う自由を奪われた雄は結局死んでしまうという．さらには第三者の雄につけることもあって，こんな雄こそいい迷惑なのである（大町文衛《日本昆虫記》）．

まことに，自然界における雄の悲惨を絵に描いたような虫で，身につまされる．

コオイムシについては世界各地においても文献記録があまり残されていない．わずかに段成式《酉陽雑俎》に〈負子〉という虫が記載されている．水にすむ虫で，子を負うものが多い，とされているので，まずコオイムシのなかまとみて間違いないだろう．

タガメ

節足動物門昆虫綱半翅目コオイムシ科タガメ亜科 Lethocerinae に属する昆虫の総称，またはその1種．

［和］タガメ〈田亀〉　［中］桂花蟬，閃光田鱉，田鱉　［ラ］*Lethocerus* 属（タガメ），その他　［英］giant water bug　［露］гигантский водяной клоп　→ p.229

【名の由来】　レトセリナエはギリシア語で〈角を忘れた〉の意味か．

英名ジャイアント・ウォーター・バグは，〈水にすむ巨大な虫〉の意．

中国名の田鱉は，〈田んぼにすむスッポン〉の意．

和名タガメは，〈水田にすむカメムシ〉の意．同じくハカリムシは，江州地方（今の滋賀県）の俗名で，この虫の卵を産みつける場所によって翌年の川の水かさを占ったことから．また，三重県ではミズカマキリをチンボハサミ，タガメをオメコハサミとよんで区別した．

日本では俗にタガメのことを高野聖（こうやひじり）ともよんだ．《和漢三才図会》によると，この虫の背の模様が，高野聖が笈（おい）（背負い箱）をしょったようすに似ているからだという．

また，昆虫学者の横山桐郎によると，カッパノコとかカッパムシというよび名は，ミズカマキリやタガメ，ゲンゴロウといった肉食性の水生昆虫の総称だという（《優曇華》）．

【博物誌】　水生カメムシのなかではみごとな捕食肢をもつ虫．前あしが変化した1対の鎌は迫力がある．

タガメに関し，いちばん興味ぶかい事実のひとつは，人間がこの虫の卵を食用にすることであろう．アメリカ・インディアンのあいだには，カメムシなどとともに，タガメの卵をチリ胡椒や甘辛子につけて食べる風習があった．

日本でも，タガメの卵を〈イナゴの卵〉と称し，あぶったものをしょう油につけて食べる地方もあった．

ラオスでは，タイワンタガメをおもな材料としてつくるナムフラ・ソースが有名．蒸したタガメを粉末状にしたものと，タガメの肉，ゆでエビ，ライムジュース，ニンニク，コショウを一緒に混ぜ，つき砕けばできあがり．これをペーストのように生野菜に塗り，あるいは巻きこんだりして食べる．

中国では，《本草綱目》に〈淫鬼虫〉なる正体不明の虫がみつかる．射工，水狐，蜮（よく），水弩といったさまざまな異称があり，日本ではよくイサゴムシとよぶ．南方の妖気から生ずる人間の敵で，中国では古来恐怖の虫とされていた．たとえば《玄中記》によるとこの虫は，長さ3，4寸，色は黒く，広さ1寸ばかり，背上に厚さ3分ほどの甲があり，その口に前に向かった弩（いしゆみ）のような角があって，気をもって人を射て，2，3歩距（へだ）ったところでも当たる．被害者は十中の六七まで死亡する，とあり，さらに《博物志》も，射工は江南の山渓の中にいる甲虫で，長さ1，2寸，口に弩のような形のも

のがあって，気をもって人影を射て瘡を発せしめる。治療しなければ死亡する，とその恐ろしさを強調している。干宝《捜神記》にも，前654年，周の恵王の屋敷が人に化した蜮の群れに襲われた，とある。

一説に蜮は，同じ川で水浴をした男女の淫乱の気が生み出したものとされる。また〈短狐〉という異名もある。

近年の学者もこの怪物の正体を推理しているので，若干例を引用しておく。中国文学者の白川静は蜮の正体について，〈その怒鳴すること耳にかまびすしいものとされているから，あるいは食用蛙の類であろう〉と述べている（《字統》）。

また南方熊楠はこの妖虫蜮について〈まず邦俗カッパノシリヌキなどという虫の外観を誤りての言で，決して事実でない〉と述べている。

ちなみに《國譯本草綱目》の新註校定者である上野益三博士は，この虫はタガメではないかと述べ，〈タガメは肉食性で，養魚場に大害を及ぼすことがあり，中国では古来恐ろしい様相の昆虫として知られる〉と続けている。おそらくタガメなどの水生昆虫を指すとみてよいだろう。

ちなみに，寺島良安はタガメを腹蜻（セミのサナギ）の属としている。なぜかというと，腹蜻と同じようにしまいには背中が裂け，中からセミのかわりにトンボが出てくるからだというのだ（《和漢三才図会》）。これはあきらかにタガメとヤゴを混同したものであろう。

タイコウチ

節足動物門昆虫綱半翅目タイコウチ科 Nepidae に属する昆虫の総称，またはその1種。
［和］タイコウチ〈太鼓打虫〉　［中］紅娘華，蝎蟪　［ラ］*Laccotrephes* 属（タイコウチ），*Nepa* 属（ヒメタイコウチ），その他　［英］water scorpion　［仏］népe, scorpion d'eau, punaise d'eau　［独］Wasserskorpion, Skorpionswanze　［蘭］waterschorpioen　［露］водяной скорпион
　　　　　　　　　　　　　　　　　　→ p. 232

【名の由来】　ネピダエはラテン語で〈サソリに似たもの〉の意。ラコトレフェスはギリシア語で〈池で育つ〉の意味。

英名以下，他の各国語名のほとんどが〈水のサソリ〉〈水の南京虫〉の意味である。

和名タイコウチは前脚の動かしかたが太鼓を打つときの姿に似ていることにちなむ。天草地方ではガメンコとよぶ。カメの子という意味だ。〈身殻空〉という異名もあった。これについて《千蟲譜》は，身が偏平で肉が少ないためとしている。

【博物誌】　水生カメムシ類では，タガメと同じように大きな捕食器をもつ。尻に尾のような長い呼吸管をもっており，これで空気をとりこむ。いかにも水中のサソリといったどう猛な感じの捕食虫である。

しかし西洋，東洋ともに，タイコウチについての博物学的記述は多くない。

中世末期に昆虫学を集大成したトマス・ムーフェットは，自分で捕えたタイコウチ類を3種，《昆虫の劇場》で紹介している。ひとつは黒みがかっていたが，ほかの2種は白い砂を思わせる色彩だったという。

タイやラオスではタイコウチも食べる。竹串に刺し，焼いて食べると美味だという（〈食虫習俗考〉《江崎悌三著作集》第3巻）。

日本の文献にタイコウチはほとんど出てこない。《和漢三才図会》では，タイコウチとよく似たタイコムシなるトンボの幼虫が記述されてはいる。だが，肝心のタイコウチの項はみあたらない。同書の著者寺島良安がヤゴとタガメを混同していた事実を考えると，あるいはタイコウチとヤゴも一緒くたにされているのかもしれない。

ミズカマキリ

節足動物門昆虫綱半翅目タイコウチ科ミズカマキリ亜科 Ranatrinae に属する昆虫の総称，またはその1種。
［和］ミズカマキリ〈水蟷螂〉　［中］水斧虫　［ラ］*Ranatra* 属（ミズカマキリ），その他　［英］water stick-insect, water scorpion　［仏］punaise linéaire, punaise à queue, scorpion d'eau aiguille　［独］Schweifwanze, Stabwanze　［蘭］staafwants　［露］ранатра, водяной палочник
　　　　　　　　　　　　　　　　　　→ p. 232-233

【名の由来】　ラナトリナエの語源は不詳とされる。ただし rana はカエルのこと。

英名は〈水生の棒状昆虫〉〈水生のサソリ〉。仏名は〈線状の南京虫〉〈尾をもった南京虫〉〈針状の水中サソリ〉。独名は〈房状の尾をもつ南京虫〉〈棒状の南京虫〉。蘭名は〈棒の虫〉，露名は〈水生のナナフシ〉の意味。

和名ミズカマキリは，〈水にすむカマキリ〉の意味。長い体が一見カマキリを思わせるため。

【博物誌】　タガメやタイコウチを思いきって細長くしたような水生カメムシ。かなり長い呼吸管が腹の末端からのびている。

トマス・ムーフェットの大著《昆虫の劇場》には，ミズカマキリとおぼしき昆虫が図とともに記載されている。それによるとこの虫は薄い緑色を呈しており，その身はロブスター類と同じように獣肉

セミのなかま
Cystosoma saundersi
bladder cicada
オーストラリアに分布する異様なセミ．
雄は腹部が大きくふくらんでいる
［47］．

ヤマゼミ（下図・fig. 1, 2）　*Cicada orni*
アカゼミ（同・fig. 3）　*Tibicina haematodes*
トネリコゼミ（ヨーロッパエゾゼミ）（同・fig. 4）
Lyristes plebejus
セミのなかま（同・fig. 5）　*Quesada gigas*
レーゼル・フォン・ローゼンホフの図譜に描かれたセミたち．
fig. 5 はとくに大きく，南米産クマゼミといった感じか［43］．

ハルゼミ（上図・上）　*Terpnosia vacua*
セミ類はカメムシ類と並んで半翅類を代表する．
口は吸い器になっており，発音器官をもつ．
ツクツクホウシ（同・下）　*Meimuna opalifera*
この声を耳にすると，夏も盛りを越えたなと思う．
哀調をおびた晩夏の鳴き声［5］．

240

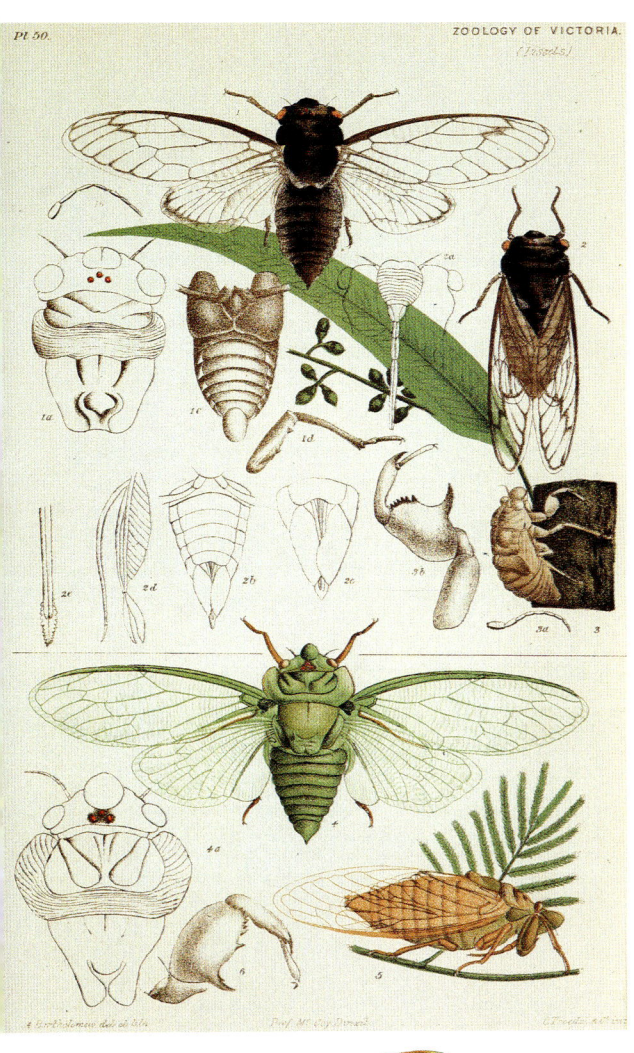

セミのなかま（左図・上）
Psaltoda moerens　redeye
オーストラリアミドリゼミ*（同・下）
Cyclochila australasiae　greengrocer
F. マッコイの《ヴィクトリア州博物誌》より。下の種は下図の
ドノヴァンの図と同じもので，両者を比較するとおもしろい［34］。

オーストラリアミドリゼミ*（上）
Cyclochila australasiae　greengrocer
オーストラリア産のセミ。色彩や斑紋にタイプがあり，
yellow monday, masked devil, chocolate soldier,
blue moon などの名がある。しかしふつうの型は
上にあげた英名をもつ［22］。

トネリコゼミ（ヨーロッパエゾゼミ）（上の3匹）
Lyristes plebejus
ヨーロッパを代表するセミ。実物はほとんどが暗色で，
図ほど斑紋が鮮やかではない［12］。

スジアカクマゼミ（左）
Cryptotympana atrata
E. ドノヴァンの中国産昆虫図譜から引用した図。空蝉すなわち
脱け殻が描き添えられ，おもしろい構図となっている［23］。

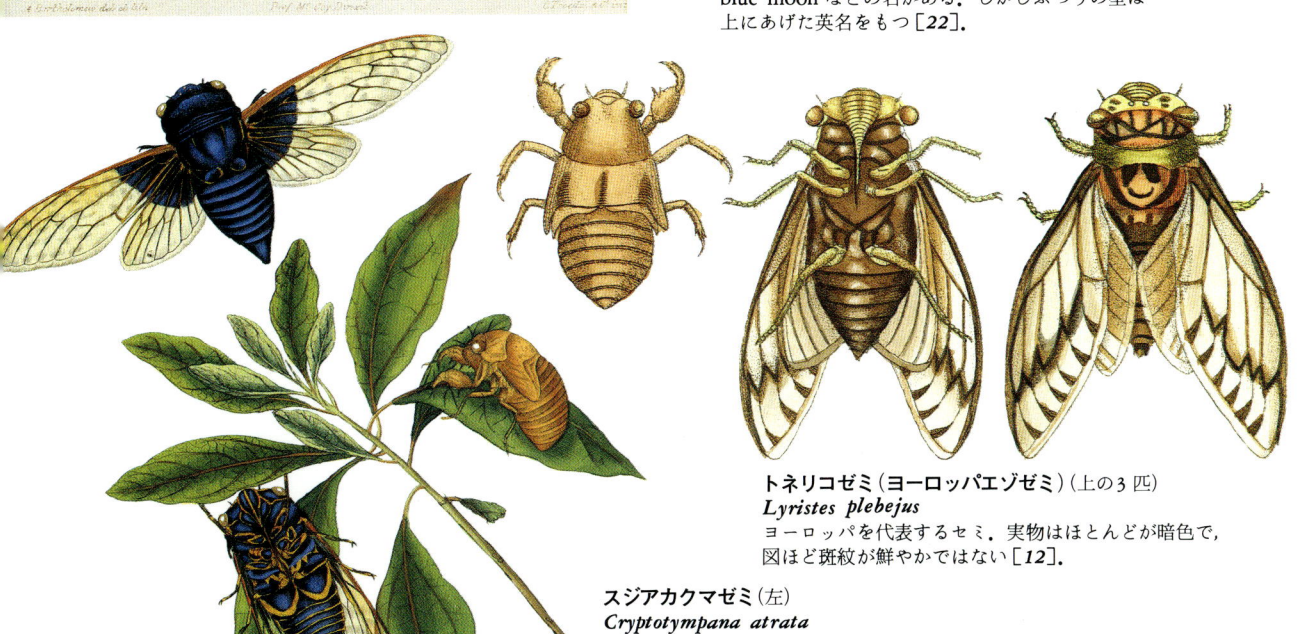

● 半翅目──ミズカマキリ／マツモムシ／セミ

とも魚肉ともよべない，とある。おそらくザリガニのなかまとみたのであろう。

また段成式の《酉陽雑俎》には，抱槍(ほうそう)という水生の毒虫が記載されている。それによると，形はカマキリに似ているが，やや大きい。また腹の下に槍(槍)に似たとげがあり，これで人を刺すという。抱槍という名も，〈槍を抱えた虫〉といった意味らしい。とすると，これは形や習性からみて，ミズカマキリのことだろう。

ミズカマキリが空中を飛ぶことについては，小野蘭山《重訂本草綱目啓蒙》に，〈もし水が干上がれば飛び去る〉，とその習性が報告されている。注目すべきだろう。

日本では《千蟲譜》がミズカマキリについて述べている。それによると，この虫は金魚や小魚に害をなすもので，アメンボを水中に沈めて食うこともよくある，という。

越前地方の子どもたちは，ミズカマキリを捕えて〈おかあはん，どーっち〉と言いながら，虫の向く方角を見て楽しんだという（大田才次郎編《日本児童遊戯集》）。

マツモムシ

節足動物門昆虫綱半翅目マツモムシ科 Notonectidae に属する昆虫の総称，またはその1種。
［和］マツモムシ〈松藻虫〉　［中］背泳虫，松藻虫　［ラ］Notonecta 属（マツモムシ），その他　［英］back swimmer, boat bug, boatfly　［仏］notonecte　［独］Rückenschwimmer　［蘭］rugzwemmer　［露］гладыш
→ p. 232-233

【名の由来】　ノトネクティダエはギリシア語で〈背泳ぎ〉の意。

英名は〈背泳ぎの選手〉〈ボートの虫〉〈ボートのハエ〉。独・蘭名は〈背泳ぎの選手〉。露名は〈滑らか〉に関連する語から。

和名マツモムシは，マツモなどの生えた水中に好んで生息する習性によるものらしい。古くはマツモムシのことをバッティラムシとよんでいた。このバッティラとはオランダ語でボートを意味する言葉である。

【博物誌】　呼吸管をもたないタイプの水生カメムシ。背を下にして泳ぐマツモムシ独特の姿勢は，その呼吸法に起因する。酸素が足りなくなるとわざわざ水面にまで浮かんでいって，大量の空気を腹の下で玉のように集めこむ。この腹の空気によって浮き沈みするのである。一見ほほえましい光景だが，小さいながらじつは肉食性で，ときに自分より大きな小魚やオタマジャクシをも食べてしまう。稚魚に大きな被害を与えることもある。

アイヌは，つぶしたマツモムシから得られる白色の繊維と粘っこい液を，強烈な矢毒の材料としてひろく用いた。なんとクジラを捕るときの銛の先にもこの毒が塗られたという（更科源蔵・更科光《コタン生物記》）。

セミ

節足動物門昆虫綱半翅目セミ上科 Cicadoidea に属する昆虫の総称。
［和］セミ〈蟬〉　［中］蟬，蜩，斎女　［ラ］Cicadidae（セミ科）　［英］cicada, harvest fly, locust　［仏］cigale　［独］Singzikade　［蘭］zangcicade　［露］цикада
→ p. 236-241

【名の由来】　キカドイデアはラテン語の〈セミ類 cicada〉による。

英名ロウカストは，本来バッタやイナゴを指す名称で，アメリカでのみセミの意味でも用いられる。これは18世紀，イギリスからやって来た開拓民が，樹上から聞こえるセミの鳴き声をバッタのものだと思いこんだことによるらしい。というのもイギリスには，セミ類はチッチゼミの1種 Melampsalta montana がイングランド南部の国立公園ニュー・フォレストにごく少数生息するだけで，一般にはセミの存在すら知られていなかったのである。もっともバッタとセミの鳴き声のちがいに頓着しなかったというのは，イギリス人の昆虫に対する無関心ぶりをよくあらわす逸話だ。同じく英名ハーヴェスト・フライは，〈収穫期 harvest〉と〈飛ぶ虫 fly〉を合わせたもの。麦の刈り入れどきになると，この虫がよく鳴くことにちなむ。仏名はラテン起源のプロヴァンス語 cigala に由来。独・蘭名は〈鳴くセミ類〉の意味。

中国名の蟬は，漢音でセン，呉音でゼン，現代音でチャンと読み，クマゼミなどの鳴き声にちなむものとされる。和名はセンの音転とされる。

和名アブラゼミは，はねが油色をしているためとも，鳴き声が天ぷらを揚げるときの音に似ているからともいわれる。また，和名ツクツクホウシは，鳴き声にちなんだもの。《大和本草》には，ツクツクヨシと鳴く，とある。ヒグラシは，〈日暮らし〉の意。早朝と夕方のまだ暗い時間に鳴くことによる。カナカナという異名はその鳴き声にちなむ。

セミ博士の加藤正世によると，〈ヒグラシ〉という名は，方言としてはニイニイゼミやアブラゼミにあてられる場合もある。とすると，蟬の字が輸入される前は，ヒグラシというのがセミ類の総称

だったらしい（加藤正世〈セミの生活〉《日本昆虫記》）。

【博物誌】 半翅目，すなわち口吻が針状になっている虫のうち，よく知られた大所帯がセミ類である。特徴のひとつは，薄い発音膜とそれを引っぱる発音筋とを使って大声で鳴くことだが，幼虫は長年，樹木の下に土を掘り地中でくらすことでも有名である。

しかし，それにしてもセミの声は大きい。ひょっとするとセミは耳が遠いのではないか，と思いたくなるほどだ。事実，そういうことに気づいた研究者もいた。セミの発音器については古くからいろいろな研究がなされてきたが，聴覚についてはあまり興味をもたれていなかった。そのなかにあってファーブルは興味ぶかい実験をした。彼は村役場から大砲を2門借りて，蟬時雨のなか，雷のような大砲の爆音を2発轟かしてみた。ところがセミは鳴きやむどころか，鳴き声に全然変化をきたさない。これにはファーブルも首をひねったらしく，セミは耳が聞こえないという断定はさすがにさし控えたものの，〈少なくとも蟬は耳が遠い〉と述べざるをえなかった。

しかし実際には，セミは難聴ではない。腹弁の下にある鏡膜で音を感じとり，自分の鳴き声と同じ種類の振動数にもっともよく反応するという。

なお，電信柱や木に止まっていたセミが，飛びたちざまに放水し，その〈おしっこ〉を浴びそうになった経験が誰しも1度や2度はあるはずである。これはセミが驚いたときにみせる特有の現象で，いわば人間の失禁にあたる。直腸嚢が反射的に収縮し，そこにたまった水分が一気に排出されるのである（田中梓《昆虫の手帖》）。

ところで，有用以外の虫類にさしたる関心をはらわぬ傾向のあった古代地中海世界にあって，セミは破格のあつかいを受け，しばしば神の使いとして敬愛された。たとえばホメロスは《イーリアス》のなかで，すぐれた弁舌をふるうトロイア国の老賢者たちを，樹上で清らかな高い鳴き声を放つセミにたとえた。さらにハープの音や，プラトンの雄弁も，セミにたとえられたというから，この虫の鳴き声はほとんど天からの贈りものと考えられたことであろう。

ギリシア各地では，〈黄金のセミ〉がアポロン神の持物とされた。さらに，夜明けとともに鳴きだすことから，曙の女神エオス（ローマではアウロラ）の持物でもあった。有力な男女2神の持物となったセミは，音楽のシンボルとなり，さまざまな装飾意匠に利用された。

ギリシアの市民が農作業に追われる夏の日に，木々から鳴り響くセミの声は，仕事に疲れた身心にとってこのうえない安らぎであったにちがいない。ここからもセミは音楽の象徴とされ，楽器演奏を含む技芸の女神ムーサイのそばにもしばしば描かれるようになった。

アテネ人はこのセミをみずからの都市の表象にも使った。セミの形につくられた黄金色のヘアピンを身につけるのは，アテネ人だけの特権といわれたほどである。またほかの鳴く虫と一緒に葦でできた籠に入れて飼うことも行なわれ，セミ捕り専門の職人もいた。

セミは雌雄ひとつがいで飼われた。つがいの習性を観察すると同時に，夫婦が別れ別れにならないようにとの配慮からだという。なお餌はタマネギなどを主としていた。

また一部に，セミは復活や不死，変身などの象徴といわれた。曙の女神エオスとの関連では，永遠の若さや幸福もあらわす。さらによく鳴くことから詩想やおしゃべりを示し，ヘボ詩人の持物とされたり，捨てられた恋人という意味も加わった。

しかし，セミの鳴き声は古今東西誰にも歓迎されたというわけでもない。ギリシア神話には早くも次のような話がみえる。英雄ヘラクレスは，ロークリスの町の対岸で鳴くセミの声に昼寝を邪魔された。そこでゼウス神にセミが鳴きやむよう祈ると，以来セミは，ロークリス近辺で鳴くのをやめたという。

ギリシアではセミの博物誌も十分に記録されている。アリストテレスはセミを体の大小から大きくふたつに分け，大きいものを〈鳴きセミ〉，小さいものを〈小ゼミ〉とよんだ。また前者は胸と腹のあいだのくびれたところに裂けめがあって，そこに膜が見えるのに対し，後者には裂けめも膜もない，としている。この大小は雌雄のちがいを称したものともいわれるが，定説にはなっていない。

古く西洋では，セミは露のみを吸って生きる動物だと信じられていた。アリストテレスも《動物誌》のなかで〈セミだけはこういった虫の類やその他の動物のなかで口のない唯一のものであるが，前にけんのある虫にあるような舌状部〔吻〕があり，これは長くて癒着し，分岐せず，これによって露だけを餌にしていて，胃の中には排出物がない〉と述べている。

セミは木から離れるとき，小便をまき散らしながら去っていく。アリストテレスやプリニウスなど古代人はこれを，セミが露を吸って生きている有力な証拠だと考えた。しかし実際には，セミは吻で木をうがち，中の樹液を餌とする。

アリストテレスはセミの孵化についても観察を

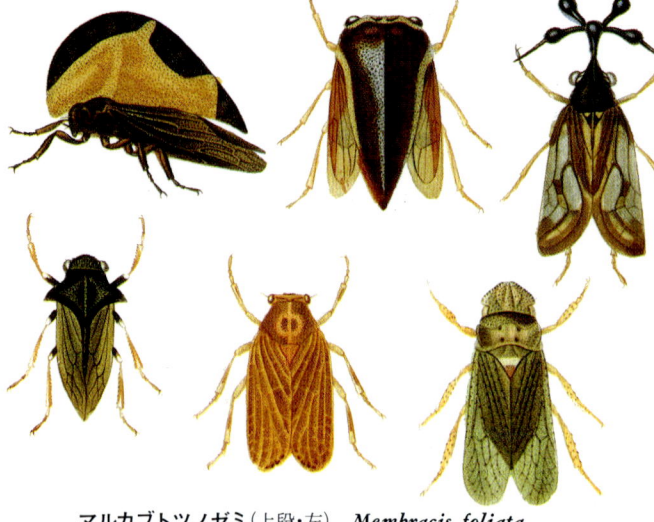

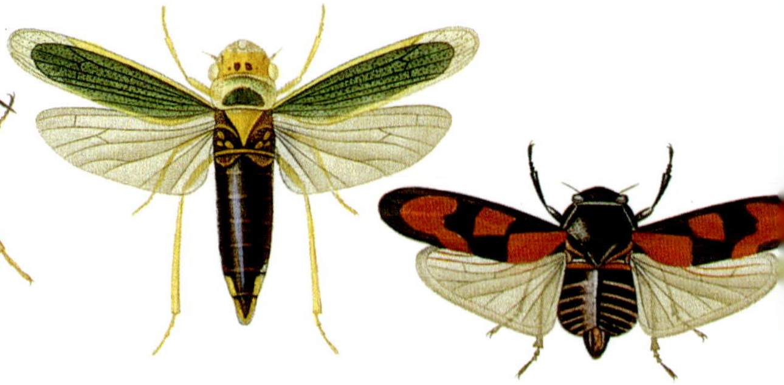

アカフコガシラアワフキ(上図・右) *Cercopis sanguinolenta*
ヨーロッパに分布するこのなかまは赤と黒の
鮮やかな斑紋を有する。

オオヨコバイ(同・左) *Cicadella viridis*
ヨコバイのなかまは、セミ、ウンカ、アブラムシ、
カイガラムシとともに同翅亜目を形成する。カメムシ類と
ちがって、吸い型の口器を前方にのばすことができない。
また、ヨコバイ、セミ、ウンカは、カメムシの多くのように
食虫性ではなく、植物食である点もおもしろい [3]。

アカフコガシラアワフキ(下図・fig. 1) *Cercopis sanguinolenta*
ホソアワフキ(同・fig. 2) *Philaenus spumarius*
fig. 1 は赤斑をもつ小さな虫。ヨーロッパに産する
アワフキムシだ。ドノヴァンの図はふつう背景を描きこむのが
特色だが、虫の小ささのため、背景をカットしている。
fig. 2 も同じくヨーロッパにすむ。

オオヨコバイ(同・fig. 3) *Cicadella viridis*
ヨコバイのグループもヨーロッパには多い。どの地域でも
セミと関連づけられるのは、姿が似ているせいである [21]。

マルカブトツノゼミ(上段・左) *Membracis foliata*
ツノゼミのなかま(同・中) *Darnis lateralis*
ヨツコブツノゼミ(同・右) *Bocydium globulare*
オウカンツノゼミ*(下段・左) *Centrotus cornutus*
ツノゼミのなかま(同・中) *Aetalion reticulatum*
ヨーロッパミミズク(同・右) *Ledra aurita*
ツノゼミは興味ぶかい形態をもつ小さなグループ。
前胸部が発達し、冑のように全身をおおっている。
アリとの共生でも知られる。ツノゼミは甘露を分泌し、
いっぽうアリは外敵を追いちらす [3]。

オウカンツノゼミ*(左と下)
Centrotus cornutus
E. ドノヴァンが描くイギリス産の
ツノゼミ。頭部には、王冠を
いただいたような角をもつ [21]。

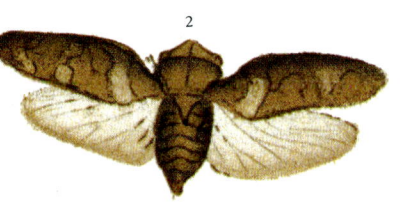

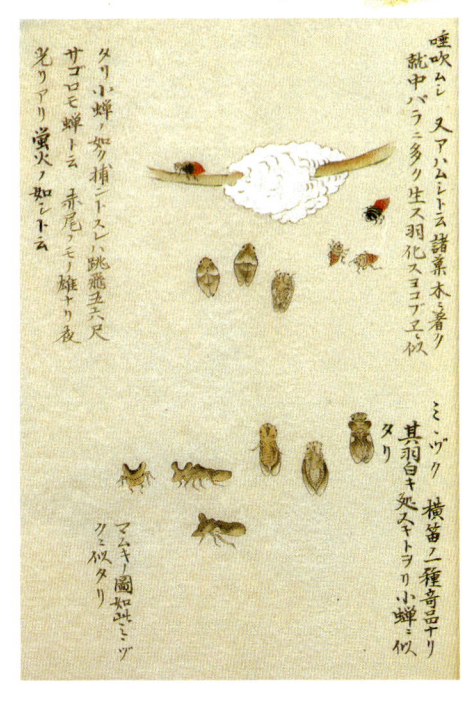

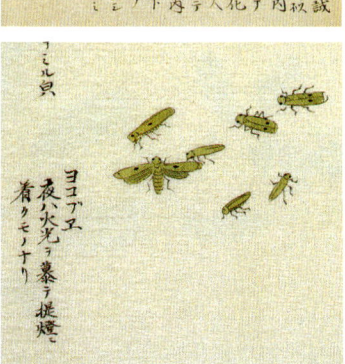

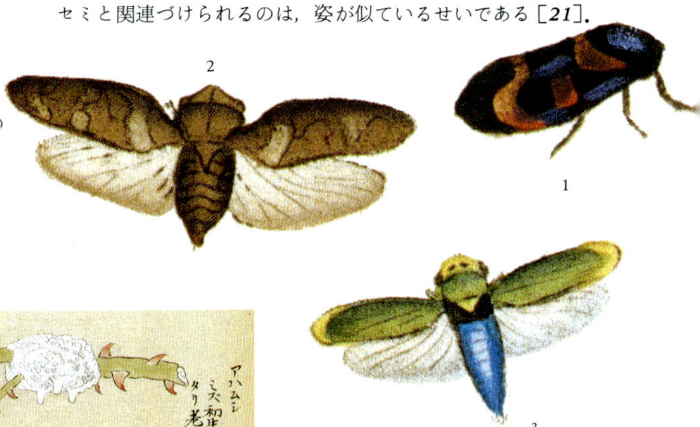

シロオビアワフキ(左図・上)
Aphrophora intermedia
泡が枝にこびりつき、幼虫の巣と
なった状態。これらの泡は人間の
食品ともなり、キリスト教伝説にいう、
神に授かった〈マナ〉は、これら
アワフキムシの巣だったという [5]。

ミミズク(同・下)
Ledra auditura
ヨコバイ科に属する半翅類。これは
栗本丹洲の命名らしい。小さなセミを
思わせるとも述べている [5]。

シロオビアワフキ(右・上図)
Aphrophora intermedia
夜には尾が光るというが、たしかに
光を放つ種もふくまれている [5]。

ツマグロヨコバイ(右・下図)
Nephotettix cincticeps
日本でもっともよく知られるヨコバイ。
ヨコバイとは、栗本丹洲によれば
〈横笛〉の転化である [5]。

コガシラアワフキムシのなかま　*Tomaspis* sp.
マリア・シビラ・メーリアン《スリナム産昆虫の変態》より．
コガシラアワフキムシを描く一葉．これもセミと同じ半翅類に
ふくまれる．名のように，幼虫は泡のような巣をつくる．
この泡巣は，ヨーロッパでは〈カッコウの唾〉と考えられていた
［*38*］．

● 半翅目——セミ

行なっている。簡潔ながら要領を得た文で，次のように説明している。〈セミは（土の中から）出てくると，オリーブの木かアシの上にとまる。外被が裂けると，中に少量の液を残して出てきて，しばらくすると飛び立って歌う〉。

また，彼の《動物誌》には，セミの捕獲法が紹介されている。すなわち指先を曲げたりのばしたりしてセミに近づいていくと，難なく指のほうに乗り移ってくるというのである。アリストテレスはこれを，セミは目がよく見えないので指先を揺れている木の葉と見まちがえるせいだ，としている。

地中海地方や南欧には，今でもセミその他の鳴く虫を籠に入れて飼う風習がひろく残っているが，籠の形に各地の特色が出ていておもしろい。たとえばマルタ島では魚型の籠にセミを入れて鳴き声を楽しむ。またスペインでは四方吹き抜けの2階建ての籠を天井から吊りさげ，コオロギなどをつがいで飼う。

食用としてのセミについては，蛹の時期のセミがいちばんおいしいとアリストテレスはいう。この記述からすると，セミの幼虫や成虫も食べられていたのかもしれないが，残念ながらそれを明確にする詳しい記述がない。

なおファーブルは，古代ギリシア人のあいだで美味の評判高かったセミの蛹を食べてみようと思いたち，4匹をフライにして家族で試食してみた。調味料は〈オリーブ油数滴，塩ひとつまみ，玉ねぎ少々〉。《昆虫記》にみえる以下の一節はその結果報告である。〈みんなの意見は一致して食べられると認められた。もっとも，我々はたくましい食欲と何の偏見もない胃袋とを持った人間ではある。裸蛹はちょっとえびの味さえする。この味は蝗などの串焼きにもあり，この方が強い。しかしおそろしく堅く，汁が少なく，本物の羊皮紙の一片をかむようである。私はアリストテレスが称えたこの食物を誰にもすすめることはよそう〉。この味のまずさからしてファーブルは，アリストテレスは実際にはセミの蛹を食べてみたことがなかったのだろうと推論する。おそらくはギリシアの農民が口にした冗談を真に受けて，そのまま記録してしまったにちがいないというのだ。

中世ヨーロッパでも，セミは伝説の中心だった。あるいい伝えによれば，セミは油の中で死に，酢の中で蘇るという。奇妙な伝承もあったものである。またレオナルド・ダ・ヴィンチはこの虫について，〈これは自分の歌でカッコウをも沈黙させる〉と記している。

フランス・プロヴァンス地方の農民は，麦の収穫期になると，セミが〈刈れ，刈れ，刈れsego，sego, sego〉と鳴いて励ましてくれているのだと信じていた（ファーブル《昆虫記》）。さらにこの地方では，セミの成虫の乾燥体を腎臓病や水腫症の薬として，また利尿剤として，大いに利用していた。一家の戸棚には，セミを数珠つなぎにしたものがたくわえられていたという。ファーブル《昆虫記》によれば，この処方は古くギリシア時代から伝わるもので，とくに利尿剤として使われたのは，次のような傑作な理由によるらしい。すなわち，セミは人間がそばに寄ってくると小便をまいて飛び去っていく。だからその放尿する力を人間にも伝えてくれるというのだ。

フィリピンのイゴロット族のあいだでは，セミが鳴いているときは，絶対に大きな物音をたてたり歌をうたってはならない，とされた。さもないとセミが鳴きやみ，それを合図に暴風雨がおきるからだという（三吉朋十《南洋動物誌》）。

台湾のカバライ族のあいだでは，セミはある若い娘が姿を変えたものだいい伝える。ふだんから親の言うことを聞かなかったこの娘は，あるとき親からこっぴどく叱られた。それがくやしくて屋上で一日中泣いていると，いつしかはねが生えてセミになり，そのまま飛んでいったという。セミの大きな鳴き声は，家へ帰りたいという娘の叫びだったのだ（三吉朋十《南洋動物誌》）。

太平洋上のトラック諸島には，ミドリチッチゼミという珍しいセミがいて，夕方ごろから計ったように30分間だけチリッチリッという鳴き声を響かせる。しかも当地を訪れた安松京三博士の実験によると，鳴きだす時刻もほぼ毎日同じ午後6時前後で，誤差はわずか5分ほどだったという。またこのセミにはもうひとつ，人間が拍手をすると，そちらに向かって飛んでくるというおもしろい習性がある。そこで島民の子どもたちも，夕方になると手を叩いてはこのセミを捕えて楽しむという（安松京三《昆虫と人生》）。

太平洋諸島には，土からセミの幼虫を掘りだして食べると，セミのように声がよくなるという俗信があった（三吉朋十《南洋動物誌》）。

北アメリカにはジュウシチネンゼミのなかま *Magicicada*（英名seventeen-year cicada）が分布し，ぴったり17年ごとに大発生する。卵から成虫になるまで17年かかるからだが，アメリカにはこのセミを見かけたら戦争の予兆という俗信がある。はねに〈W〉，つまり〈戦争war〉を意味する文様を背負っているからといわれる。

この奇妙なセミが発生した年は，果樹園などが甚大な被害をこうむるため，食品としてこの虫を利用する研究もなされた。アメリカ昆虫学の草分

けであるL.ハワードによると，衣をつけてフライにすると，美味とまではいかないまでもエビを思わせる結構いける味になるという。ただし煮た場合は，グニャグニャして皮ばかりになってしまうそうだ（石原保《虫・鳥・花と》）。

中国でもセミの重要さはいささかも減じない。古くから，脱皮を重ねて姿を変えてゆくセミを長寿や再生の象徴とし，不老不死の薬をつくろうという煉丹術では，〈聖胎（修養の極で，結成した腹中の信念）〉が胎を出ることを〈金蟬脱殻〉にたとえる。《西遊記》で三蔵法師が前世の名にちなんで金蟬子とか金蟬長老とよばれるのも，この煉丹術の思想を反映したものらしい（中野美代子《西遊記の秘密》）。

また東洋でも西洋と同様，セミは風や露を飲んで生きる虫といわれたのはおもしろい。《本草綱目》もその例にもれず，風を吸い露を飲んで生きるもので，尿はするが糞はしない，と記している。

しかし薬効があるのはセミの本体というよりも，むしろ脱け殻のほうである。これを乾燥させたものは薬として珍重された。おもに小児薬として用いられ，夜泣きや痘瘡，破傷風をはじめさまざまな病気に効果があるといわれた。

中国人は古くから，セミは甲虫のセンチコガネが変化したものだと信じてきた。《酉陽雑俎》には，朽ちた木がセミになるという俗説もみえる。

また，耳だれがして膿の出るときも，セミの脱け殻と麝香を粉末にして綿で包んだものを耳の孔に入れると治るといわれた（《本草綱目》）。ただし佐山半七丸《都風俗化粧伝》をみると，日本では高価な麝香のかわりに胡麻油が使われることもあったらしい。また，アワビを煮るときにも，セミの脱け殻を用いてやわらかくするという。

なお，江南では扇をつくるとき，セミの脱け殻を水に溶かした液体で絵を描き，それを火であぶって金箔画のようにして見せたという（宋応星《天工開物》）。

このような薬効ある虫を，中国人はどうして捕えたのだろうか。暗夜に燈籠を樹の下に置き，樹を揺すってセミを飛びたたせ，燈籠に集まったところを捕える方法があった。これを耀蟬という（《淮南子》）。こうして捕えたセミは，薬用のほかに，鳴き声の長短を競う〈仙虫社〉という賭けごとにも用いた。

《本草綱目》には，姿はセミに似て，大きさはアブほどという青色の昆虫青蚨が記載されている。一説にクサゼミ Mogannia hebes ともされるこの虫は，不思議な霊気を有するとされた。子虫を捕えると母虫がかならず追ってくるという。そのため母子1対を捕え，その体液をそれぞれ別べつの銭に塗りこめてから，どちらか片方は手元にとどめ，片方を買物に使うと，使った銭がめぐりめぐって手元に戻ってくるというのだ。

いっぽう日本でも，セミはまず鳴く虫として知られる存在であった。そのため楽器をつまびく人びとは古い時代に〈セミ〉と俗称された可能性もある。現に，琵琶・和歌の名手にして盲目の美男子とされる平安期の音曲師に，蟬丸とよばれる人物がいた。音曲の調べをセミの声に重ねあわせて生まれでたイメージであろう。

セミは五徳をもつ虫だという俗言もあった。金井紫雲《蟲と藝術》によると，五徳とは〈頭に綾あるは文なり，露を飲むは清なり，候に応じて常有るは信なり，黍稷（モチキビとウルチキビ）を享けざるは廉なり，処に巣穴せざるは倹なり，実に卑穢に舎り，高潔に趣るものなり〉ということだ。

セミは日本でも霊薬である。愛媛県の宇和島では，心臓病の薬としてセミの成虫をあぶって食べる（梅村甚太郎《昆虫本草》）。

長野県の居酒屋では，つまみとしてセミのから揚げと称するものがよく出される。果樹園から掘り起こしたセミの幼虫を調理したものだそうだ（奥井一満《悪者にされた虫たち》）。

石原保《虫・鳥・花と》によると，かつて長野県園芸試験場で，アブラゼミの幼虫を油で揚げた缶詰めが実験的につくられたことがあったという。当地のアブラゼミがリンゴやナシに大害を与えることから考えられた対策で，ピーナッツに似た乙な味がするらしい。

越後地方にはミンミンゼミにソバマキゼミという異名もあった。当地の農民が，このセミが鳴きだすのを合図にソバの種をまいたからだという（栗本丹洲《千蟲譜》）。

また小泉八雲《日本瞥見記》によれば，ミンミンゼミのみごとな鳴き声をたたえ，〈その声，僧侶の経を誦するがごとし〉などと言った。

古くツクツクホウシは〈筑紫恋し〉と鳴いているのだともいわれた。すなわち筑紫の人間が旅先で死んでこのセミと化したのだという（横井也有〈百蟲譜〉）。また，和歌山県田辺地方では，ツクツクホウシの鳴き声を〈熟柿欲し〉と聞きなした。実際この虫があらわれるとカキが熟すのだという（《南方随筆》）。

ハルゼミはマツの樹に止まって鳴くので，マツムシという異名があった。ところがマツの樹で育つ毛虫，マツケムシ（鞘翅類のキクイムシなどの幼虫）もマツムシとよばれる。そのためマツケム

アオバハゴロモのなかま
Flata limbata
E. ドノヴァンが描く
《中国昆虫史要説》より．
図は色彩鮮やかで魅力的だ．
白い綿のようなものは，
蠟を出している幼虫［23］．

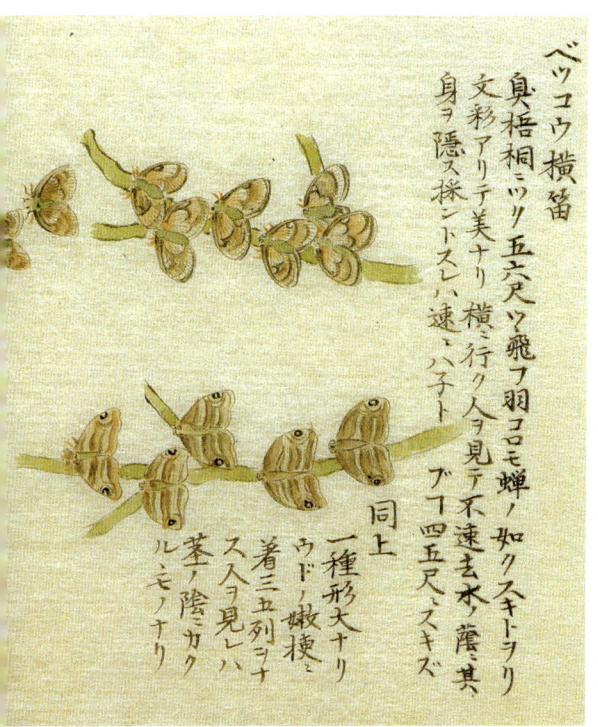

ベッコウハゴロモ *Orosanga japonicus*
これも生態を活写した興味ぶかい1枚．種小名に
ヤポニクスとあるとおり，まさしく日本を代表する
ハゴロモ［5］．

アオバハゴロモ *Geisha distinctissima*
この種は日本にもいて，栗本丹洲が擬態するハゴロモの姿を
描いている．フィールドワークに励んだ丹洲ならではの
図であろう［5］．

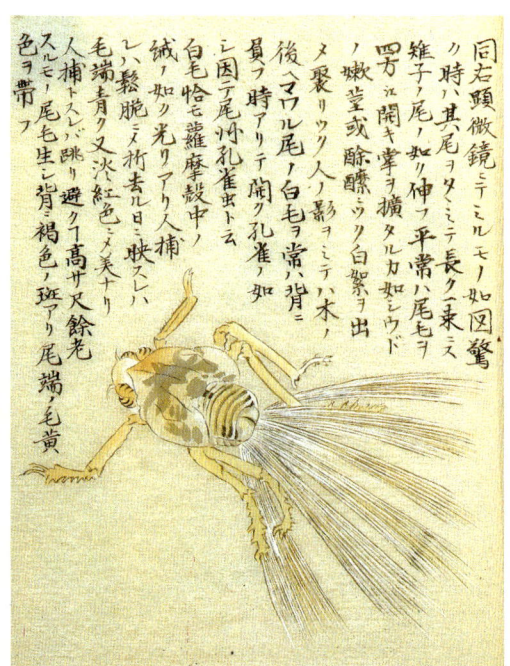

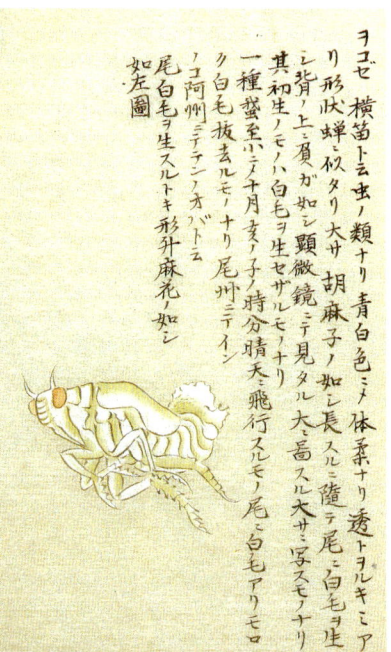

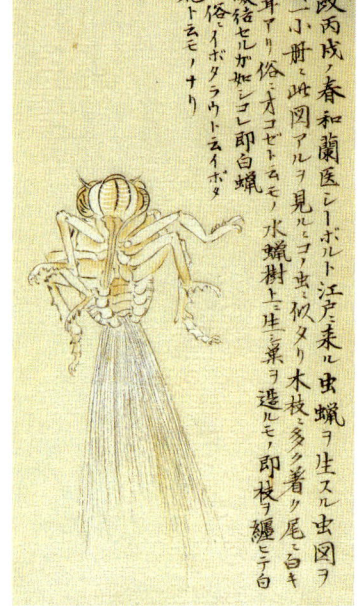

ベッコウハゴロモ（左） *Orosanga japonicus*
この幼虫はきわめておもしろい．左頁のドノヴァンの作品にも
あるように，一種の蠟を分泌しているところである．丹洲の
観察により，江戸期にここまでの知見が得られていた証左だ．

アオバハゴロモ（中） *Geisha distinctissima*
これも幼虫を描いたもの．〈毛〉すなわち蠟を抜きさったあとの
もの．丹洲はセミに似ていると論じている．

ベッコウハゴロモ（右） *Orosanga japonicus*
ここに記された文章は注目に値する．江戸に来たシーボルトは，
虫が蠟を生じる事実を丹洲に示した．おそらく丹洲も
日本のベッコウハゴロモの幼虫を示し，シーボルトと
議論したことだろう［5］．

249

● 半翅目──セミ／アワフキムシ

シをハルゼミの幼虫だと思いこんでいる人も，かつてはかなりいたという。さらに鳴く虫のなかまには有名なマツムシがおり，関係がややこしい（名和靖〈マツムシの名称について〉《動物学雑誌》第93号）。

　ヒメハルゼミ Terpnosia chibensis は，分布北限のひとつである茨城県笠間市片庭で天然記念物とされているが，当地にはこのセミについて次のような由来譚がある。昔，村いちばんの酒造家の家にうす汚ない僧がやってきて，一夜の宿を請うた。しかしその家の老婆はつれなく断わり，〈川の水を飲んで，経文でも唱えておれ〉，と言い捨てた。怒った僧（じつは弘法大師）は，老婆に罰を加えた。露を吸いながら経を唱えるような声を発するたくさんの小さなセミに変えてしまったという。なお片庭地方では，ヒメハルゼミの合唱する声が大きいため，古くは声を発しているのは1匹の巨大なセミだと信じられ，オオゼミとよばれていた。そして，このセミのそばに寄ると，とって食われるといい伝えた（中尾舜一《セミの自然誌》）。

　北海道には，セミの前生は老婆だったといういい伝えがあるのもおもしろい。それによると，この老婆は昔，洪水の危険が迫っていることを村に知らせて，若者たちを山に避難させた。しかし自分はどうせ老いさき長くないからと，洪水が来ても逃げずに流木につかまって流されるにまかせていた。これを見た神が，老婆をセミに変え，飛ばしてやったのだという。ここより当地ではセミが夜鳴くと洪水になるといいならわす。

　なお北海道地方には，老人がセミになったという伝承が数かず存在するが，《コタン生物記》を著した更科源蔵はこれについて，セミの幼虫の姿が腰の曲がった老人を思わせるためではないか，と指摘している。

　土中にいるセミの幼虫をつまみあげると，幼虫は腰から上を左右に揺り動かす。日本では古く子どもたちがこれを〈西はどっち〉とはやして遊んだことから，ニシヤドチ，ニシムケといった異名がついたという（《嬉遊笑覧》）。

【芭蕉のセミ】　松尾芭蕉が出羽国立石寺でよんだ有名な一句〈閑さや岩にしみ入る蟬の声〉にうたわれているセミの正体については，古くから論争がある。まず今日の有力説はニイニイゼミである。このセミは本格的な夏が訪れる前，梅雨明けに活動する。この時期が芭蕉の句がよまれた時期と一致するからである。

　芭蕉の俳句によまれたセミがニイニイゼミだという説は，夏目漱石の弟子で独文学者の小宮豊隆が唱えたものである。だが，歌人の斎藤茂吉はこれをアブラゼミとする説を唱え，ニイニイゼミ説と対決した。茂吉の言いぶんは，アブラゼミの群れ鳴くなかで静けさを感じとったところに芭蕉の句の妙味があるはずで，か細いニイニイゼミの声を岩にしみいると感じただけではおもしろ味に欠ける，というものだった。対して小宮は，〈しずかさや〉とか〈岩にしみいる〉という文句はアブラゼミの声にはふさわしくないというもっともな論拠に加え，芭蕉がその俳句をよんだのは元禄2年（1689）の5月下旬，太陽暦では7月初めにあたり，アブラゼミはまだ鳴いていない，と主張。そこで茂吉は1928年（昭和3）とその翌年の7月初め，句がよまれた山形県立石寺へわざわざ出向き，現地の人にも協力してもらってその季節にアブラゼミも鳴いていることを確認した。この間の経緯は茂吉の次男にあたる北杜夫の《どくとるマンボウ昆虫記》に詳しい。ところが，この上々の調査結果にもかかわらず，なぜか茂吉は自説を撤回してしまうのである。その理由を北はこう推理している。〈おそらく茂吉氏は豊隆氏からニイニイゼミと指摘されたとき，内心シマッタとも思ったのではあるまいか。しかし生来の負けずぎらいが，手間ひまをかけた蟬の調査となって現われたのかもしれない。調査しているうちに昂奮がさめてきて，自分の論拠が主観的でありすぎたことに気づいたものであろう。生物学的にいえば，立石寺のその季節の蟬としてはなおエゾハルゼミをあげてもよい。しかしその声は……むしろ滑稽でさえある〉。

【ことわざ・成句】　〈セミ人間〉ニュージーランドのマオリ族は，ヨーロッパ人を指してpakeha he kihikihiとよぶ。意味は〈青白い顔をしてセミみたいにがなる奴〉である（R.シャレル《ニュージーランド昆虫譚》）。

　セミの脱け殻を示す〈空蟬（うつせみ）〉いう字は当て字で，平安期以降から使われはじめる。本来この言葉は〈現臣（うつせみ）〉，つまりこの世に生きる人間の意味で，〈身〉，〈命〉などにかかる枕詞だった。

【冬虫夏草（とうちゅうかそう）】　土の中にいる昆虫に菌類が寄生したもの。名称は，冬は虫，夏は草になるという意味で，中国や日本では古くから自然界の神秘をあらわすものとされてきた。日本での代表的存在はニイニイゼミやヒグラシ，ツクツクホウシなどに寄生する〈蟬花（せみのはな）〉。解熱，子どもの夜泣き，眼病などの薬として処方すれば，霊験あらたかに効くという。いっぽう中国の〈冬虫夏草〉は，クモやガや鞘翅類の幼虫にバッカクキン科のフユムシナツクサタケが寄生したものとされ，〈蟬花〉とは別物らしい。

【神話・伝説】　ギリシア神話では，セミに変えら

れた美青年ティトノスの話が語られる。彼は曙の女神エオスに愛されて結婚，やがてエオスはゼウスにティトノスを不死身にしてくれと頼んだが，同時に永遠の若さを求めるのを忘れてしまった。かくしてティトノスはしだいに老衰し，ついには声のみの存在になった。そこで，これを嘆いたエオスが，彼をセミに変えたのだという。

【文学】〈セミとアリ〉《イソップ寓話集》。冬になって餌がなくなったセミが，アリたちのところにやって来て食べものを乞うた。だがアリたちは，夏のあいだに食料をたくわえておかなかった愚かなセミを冷たくあしらった。備えあれば憂いなし，ということをたとえた話。

　日本の子ども向けの本では，この寓話のセミはキリギリスに変えられたうえ，アリに親切にもてなされることになっている。なおセミのいないドイツでは，セミがコオロギに変わっているという（小堀桂一郎《イソップ寓話——その伝承と変容》）。

　だがファーブルに言わせると，イソップ寓話の〈セミとアリ〉は，事実誤認もはなはだしい噴飯ものの話である。実際にセミに物乞いをしているのはアリのほうだというのだ。たとえば夏のある日，セミが樹幹に孔をうがって汁を吸いだすと，おこぼれにあずかろうとしてまっ先に寄ってくるのがアリなのである。ファーブルの観察によれば，〈1匹の大胆な蟻に至っては，図に乗って，私の眼の前で，蟬の吻管をつかんで，それを引き出そうと一生けんめいになっていた〉。またしばらくして命を落としたセミの死体に群がって，その断片を巣の貯蔵庫に運ぶのもアリではないか，とファーブルは述べている。そして彼はセミを〈ぬれぎぬをきせられた歌姫〉，アリを〈がむしゃらで，略奪さえいとわない物乞い〉とよんだ。

　なお日本の児童向けのイソップ寓話では，しばしば最後に，アリがキリギリスに食物を恵んでやることになっているが，原典でのアリはこんなに優しいふるまいはしていない。ただ冷たくあざ笑うのみである。《イソップ寓話——その伝承と変容》を著した小堀桂一郎氏は，これを日本的温情主義と評している。じつは本邦初訳の《天草本伊曾保物語》でもすでに，アリが少々食事をとらせてやる結末になっているのである。

　またイソップ寓話の〈セミとアリ〉の話に関連して，のちにセミは夢想的な貧乏詩人の象徴にもなった。こういった詩人は，生活の苦しさを知らない若いころ詩作にふけってばかりいて，分別がつく年ごろになると〈真面目な人びと〉から施しを受けねばならないはめにおちいるからだという（ジャン＝ポール・クレベール《動物シンボル事典》）。

アワフキムシ

節足動物門昆虫綱半翅目アワフキムシ科 Cercopidae に属する昆虫の総称。
［和］アワフキムシ〈泡吹虫〉　［中］泡沫虫　［ラ］*Cercopis* 属，その他　［英］cuckoo spit insect, spittle-insect, spittle bug, froghopper　［仏］cercope　［独］Schaumzirpe, Schaumzikade, Stirnzirpe　［蘭］schuimcicade　［露］слюнявица, пенница　　　→p.244-245

【名の由来】　ケルコピダエはギリシア語で〈長い尾のセミの一種〉の意味。

　英名は〈カッコウの唾の昆虫〉〈唾の昆虫〉〈唾の虫〉〈カエル跳び〉の意味。幼虫が白い泡の中で生活することにちなむ。それをカッコウなどの唾にみたてたもの。独・蘭名は〈泡をふくセミ〉の意味。露名も〈泡のセミ〉の意味。和名も同様である。

【博物誌】　アワフキムシは分類学上，セミに近縁の虫であり，幼虫の眼の格好や口の構造もセミの幼虫に似ている。いっぽう成虫もまた，小型のセミに似ており，地方によってはクサゼミとかヒメゼミとよびなされる。アワフキムシは，幼虫のほうが成虫よりもよく知られた昆虫の一例である。その点ヘビトンボの幼虫〈孫太郎虫〉のようにアワフキムシの幼虫はべつに人間生活に役立っているわけではない。ひとえに自然界の不思議を体現する虫として，注目されているのである。

　なぜなら，アワフキムシの幼虫は，尾端から分泌した液を，両脇腹のへりにあるひだに流しこむ。そのひだからは蠟物質が分泌され，流れてきた液と混ざり合い，粘っこい液となる。幼虫は腹を何度も伸縮させて，ひだにあるいくつもの気門から空気を押し出すと，粘っこい液に空気がはいって泡の塊がつくられるわけだ。この泡は，ハチやクモなどの外敵から身を守ったり，体の乾燥を防ぐのに役立っているらしい。

　なおアワフキムシもセミと同じように発音器があるが，音は低くてふつうは聞きとれない。これに関しては栗本丹洲も《千蟲譜》のなかで，夜，鳴くには鳴くが，声はきわめて小さく，人の耳ではなかなか聞きとれない，と指摘している。

　中世のヨーロッパには，セミは5月の終わりころ，ラベンダーやマンネンロウの枝のつけ根に生ずる〈カッコウの唾〉とよばれる泡から生まれるという俗信があった。これはあきらかにアワフキムシとセミを混同したものであろう。

　この誤りにいちはやく気づいたのはイギリスの文人サー・トマス・ブラウンだった。彼は著書《流行する俗信》のなかで次のように述べている。〈泡

ユカタンビワハゴロモ
Fulgora laternaria alligator lantern fly

これがヨーロッパ中にこの虫を紹介した，最初の名作図
（ただし，セミの成虫と幼虫もふくむ）。マリア・シビラ・
メーリアンが《スリナム産昆虫の変態》において，この虫の
大きな頭部が夜間，光を発すると言明したことも注目される。
今日，これは誤りとされるが，実際に光るのを
目撃した学者もいて，いまだ謎は完全に解けていない．
なお，いちばん下の標本はセミと
ビワハゴロモを合成した
〈まがいもの〉である[38]．

ユカタンビワハゴロモ
Fulgora laternaria
alligator lantern fly
W. ダニエルのすばらしい景観図．
しかしここではどうした
わけかビワハゴロモの彩色が
なされていない．おそらく
情報不足だったのであろう［*16*］．

ホソオモテユカタンビワハゴロモ＊（下）
Fulgora graciliceps　**alligator lantern fly**
メーリアンのユカタンビワハゴロモに似るが，
頭部の模様がいくらかちがい，形も細長い［*25*］．

ユカタンビワハゴロモ（上）
Fulgora laternaria　**alligator lantern fly**
同じポーズで描かれた右図と比較されたい．この種のほうが
頭部がいっそう大きくふくれていることがわかる．
また，後翅の目玉模様も若干ちがっている［*3*］．

ユカタンビワハゴロモ（右の2図）
Fulgora laternaria
alligator lantern fly
レーゼル・フォン・ローゼンホフは
かなりリアルにこの虫を描いている．
目玉模様も，ワニの形の頭部も，
よく特徴をとらえている．
とくに右の横向きの図では，
頭部がワニのそれによく似ている．
20世紀の博物学者のなかには，
これをワニの擬態とする突飛な説を
出しているものもいる［*43*］．

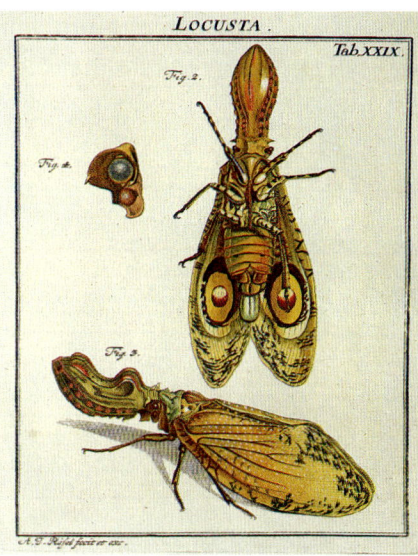

◉半翅目──アワフキムシ／ツノゼミ／ヨコバイ

〈愛宕山月輪寺のしぐれ桜〉。親鸞上人が月輪寺の九条兼実と別れるとき，悲しみのあまり泣いたという桜は，今その三代目が実在し，毎年4月から5月にかけて，雨でも降らすように水滴をしたらせる。これは，葉の中に泡巣をつくってすむアワフキムシの幼虫がおこす奇跡である。
（撮影＝安井仁）

の中から本物のセミは生まれてこないが，この中からある種のバッタが生まれることは間違いない。というのも中を見ると，どこをとってもバッタそっくりの薄緑色をした小さな昆虫がいる場合があるからだ〉。

ファーブル《昆虫記》によると，アワフキムシの泡を見て，〈カッコウの唾〉と名づけたのはフランス北部の農民たちだという。托卵性の習性をもつカッコウが，どこに卵を産みつけようかとさがしまわるあいだに，あちこちにこの〈唾〉をまき散らすというのだ。ちなみに，日本でも千葉県にはアワフキムシの泡はヘビの唾だとする俗信がある（《日本俗信辞典》）。

なお，フランスではアワフキムシは害虫とみなされていたようで，ファーブルもある本から駆除法にまつわるこんな一節を抜きだしている。〈早朝に起き，田畑を調べ，泡のついた茎はすべて採集し，ただちに熱湯の中に投げ入れなさい〉。

マダガスカル地方には，ツマグロオオアワフキ *Ptyles goudoti* というアワフキムシ類の1種が多数生息していて，11月〜12月ころになると，幼虫が群生する木の枝からは絶え間なく水滴が落ちてくる。現地では，この液が目にはいると失明するといいならわす（阪口浩平《図説世界の昆虫6　アフリカ編》）。

日本にもアワフキムシに関わる俗説は多い。群馬県のある地方では，子どもたちがアワフキムシの泡を指でかきまわし，赤い虫が出てきたら〈赤馬〉，黒い虫なら〈青馬〉といって遊ぶという（田中梓《昆虫の手帖》）。

【しぐれ桜】　京都愛宕山にある月輪寺の前には〈しぐれ桜〉とよばれるサクラの古木が植わっていて，サクラが親鸞上人の徳を感じ，毎年4月初めから5月なかばにかけてしぐれを降らすのだといい伝えられてきた。ところが近年の調査によると，じつはこのしぐれの正体，アワフキムシ科の1種クロスジホソアワフキのつくりだす泡が葉の裏から落下したものだったのである。その最盛期には，1日約60ℓもの〈しぐれ〉が降るというから驚きだ（渡辺宗明〈泡に守られるアワフキムシ〉，長谷川仁編《昆虫とつき合う本》）。

ちなみに阪口浩平《図説世界の昆虫》によると，この桜の親株は親鸞みずからが植えたものである。そもそもは親鸞が佐渡に流されようというとき，関白九条兼実と月輪寺で別れを惜しんでいたところ，桜の木から涙のように水滴が降ってきたのがはじまりとされている。それで〈泣き桜〉の異名もある。

岐阜県稲葉郡那加村(現各務原市)の臨済宗少林寺にも，〈時雨の松〉といって，晴天なのに樹上から時雨が降ってくる有名な樹があったという。これもおそらくアワフキムシのしわざだろう。ただしこの樹は，明治維新の前に落雷で枯れ，害虫の巣窟となってしまったという（白蟻翁(名和靖)〈白蟻雑話〉《昆蟲世界》大正9年7月15日号，第24巻275号）。

ツノゼミ

節足動物門昆虫綱半翅目ツノゼミ科 Membracidae に属する昆虫の総称，またはその1種．
［和］ツノゼミ〈角蟬〉　［中］角蟬　［ラ］*Orthobelus* 属（ツノゼミ），その他　［英］treehopper, devilhopper, browny bug　［仏］centrote cornu, petit diable　［独］Buckelzirpe, Buckelzikade　［蘭］helmcicade　［露］горбатка
➡p.244

【名の由来】　メンブラキダエはギリシア語の〈ある種のセミ〉を指す membracis という言葉から。オルトベルスは〈まっすぐな orthos 槍 belos〉の意。

英名は〈木を跳ねまわる虫〉〈悪魔のように跳ねまわるもの〉〈茶色がかった昆虫〉の意味。仏名は〈小悪魔〉。独・露名は〈こぶのあるセミ〉。蘭名は

〈ヘルメットをかぶったセミ〉の意味をもつ．

　和名ツノゼミは，〈角のあるセミ〉の意．角状に発達した前胸背板にちなむ．

【博物誌】　半翅目にふくまれるグループ．全世界に約2000種をかぞえるが，最大種でも20mm足らずである．樹木などの植物上にすみ，一部は農園の果樹を食害する．また種によっては，雌が産卵後も幼虫の面倒をみることが，最近の研究できらかになった．たとえば幼虫が汁を吸えるようにと木枝に裂けめをつくったり，敵が寄ってくると，はばたきをして追いはらってやるのだ．

　ツノゼミ類とアリ類のあいだには，アブラムシ類やカイガラムシ類と同様に共生関係がみられる．すなわちツノゼミは自分の分泌物をなめさせるかわりに，敵のクモから身を守ってもらうのだ．ただし《図説世界の昆虫》を著した阪口浩平氏によると，ツノゼミの分泌物をなめてみても人間には甘味を感じとれない場合が多く，詳しい化学成分もまったくわからないという．

　なおツノゼミは小さいながらも奇っ怪な姿をしていることでも注目される．これについて，ロジェ・カイヨワは，そのとっぴでばかげた形は何物にも似ていない（つまり擬態ではない）し，何の役にもたたないどころか飛ぶさいにはひどく邪魔になる代物だとしている．ただし，それにもかかわらずツノゼミの瘤には均整と相称をおもんぱかった跡がうかがえるとし，結論として，ツノゼミはみずからの体を使って芸術行為をなしているのかもしれない，と述べている．

　なおヨーロッパには，ブドウに大害を与えるゆえに〈ブドウの悪魔〉とよばれる種もいる．これなどは体が悪魔の仮面をあらわしているようで，ツノゼミの芸術行為を裏打ちする一例といえるのかもしれない．

　日本産のツノゼミ類は，それなりに均整のとれた姿をしており，外国産ほど奇々怪々たる形姿をもつ種類はいないらしい．これに関して，北杜夫は《どくとるマンボウ昆虫記》のなかで，次のように記している．〈もしもカブトムシほどのツノゼミがいたとしたら，婦女子はしょっちゅう悲鳴をあげなければならないし，近代彫刻とかオブジェとかいうものもずっと早く発達していたにちがいない．この類は実にありとある姿をしている．コブもあればツノもあればトゲもある．それらが少しも自然界のありきたりの造形美学に従わず，勝手気ままに突出したりうねったり丸まったりしている．まあ実物をごらんになってほしいが，残念なことに日本産のツノゼミには大したスネモノは見つからない〉．

ヨコバイ

節足動物門昆虫綱半翅目ヨコバイ上科 Cicadelloidea に属する昆虫の総称．

［和］ヨコバイ〈横這〉　［中］小蟬，浮塵子，葉蟬　［ラ］Deltocephalidae（ヨコバイ科），Tettigellidae（オオヨコバイ科），Cicadellidae（ヒメヨコバイ科）　［英］leaf hopper, frog-fly, sharpshooter（米）　［仏］cicadelle　［独］Zwergzikade, Kleinzikade　［蘭］oorcicade　［露］цикадка　→p.244

【名の由来】　キカデロイデアはラテン語の〈小さなセミ cicadella〉から．デルトセファリダエはギリシア語で〈三角の頭〉あるいは〈良い頭〉の意味．テッティゲリダエはギリシア語の〈セミ tettix〉に縮小辞がついたもの．

　英名は〈葉のあいだを跳ねまわるもの〉〈カエルのような飛ぶ昆虫〉〈射撃の名手〉．独名は〈板にいるセミ〉〈小さなセミ〉．蘭名は〈耳をもったセミ〉．露名も〈小さなセミ〉の意味である．

　和名ヨコバイは〈横に這う虫〉の意．人などが近づくと，横に這って葉の裏にすばやく隠れる習性による．ただしヨコバイは這うだけではなく，後あしを用いて跳ねたり，また飛ぶこともよくある．

【博物誌】　半翅目の虫のうちではもっとも種類の多いグループで，1万5000種以上もいる．植物を宿主にして生活しているが，種類によってとりつく植物の属も限られるという．なかにはイネ科を宿主植物とし，イネのウイルス病を媒介するものもいる．

　たとえばツマグロヨコバイ *Nephotettix cincticeps* はイネの萎縮病の病原体を口器で伝播することが知られている．この事実は，19世紀末から今世紀初めにかけ，滋賀県の篤農家橋本初蔵や県農試技師高田鑑三たちによって初めて発見された．昆虫が媒介する植物ウイルス病の世界初の発見例である（桐谷圭治・中筋房夫《害虫とたたかう》）．

　なお大蔵永常《除蝗録》に，イネの害虫として名のあがっている臘（一名実盛虫）は，一説にツマグロヨコバイのことだという．またイネの葉の根もとを食い，色の青白い〈こぬか虫〉も，ツマグロヨコバイやフタテンヨコバイ，ヨツテンヨコバイなどがウンカ類とともに候補とされている．

　なお古くヨコバイ類は，ウンカ類と一括して〈ウンカ〉とよばれ，イネの害虫として敵視されてきた．したがって博物誌的にもウンカ類と混同された面が多く，それについては［ウンカ］の項にまとめてあるので参照されたい．

【天気予知】　ツマグロヨコバイやウンカが電灯の周囲に群れると雨の予兆（熊本）（《日本俗信辞典》）．

琵琶蟬
赤蜩之類好集
龍眼樹身形如
琵琶色青綠而
有赤黃班文不
鉐鳴
右二蟲出高要懸志此二蟲圖唐山人所圖者也
魚不知其當否姑載于此俟君子高云

テングビワハゴロモ？（上）
Laternaria candelaria ?
栗本丹洲が描いたもので，どうやら中国の図譜からの転写らしい．しかしこの種を描いた日本初の図版と思われる．左のドノヴァンのものと比較されたい．丹洲はこれを琵琶蟬蟲とよんでいる [**5**].

テングビワハゴロモ（上）
Laternaria candelaria
E.ドノヴァン《中国昆虫史要説》より．アメリカのユカタンビワハゴロモに対抗するのが，アジアのテングビワハゴロモだ．この図で〈テング〉の鼻が光っているのは，メーリアン以来の〈ビワハゴロモの鼻発光説〉に準じているためだろう [**23**].

アカバナビワハゴロモ(fig.1)　*Laternaria pyrorhyncha*
シタベニハゴロモのなかま(fig.2)　*Penthicodes picta*
ビワハゴロモのなかま(fig.3)　*Lystra pulverulenta*
fig.1 はインドに産し，鼻の先が赤いビワハゴロモ．
fig.2 はアジア産のビワハゴロモで赤いはねが美しい．また fig.3 は形態的におもしろい形をもつビワハゴロモのなかま．南米のなかまには綿状の総毛を引く種がいる [**25**].

ビワハゴロモのなかま(左図)　*Laternaria clavata* (fig. 1),
Saiva gemmata (fig. 2), *Saiva* sp. (fig. 3),
Laternaria candelaria (fig. 4), *Pyrops* sp. (fig. 5)
ドノヴァン以来，第2のインド昆虫図譜を刊行した
ウェストウッドの《東洋昆虫学集成》より．
中央にテングビワハゴロモをおき，周囲に各種ビワハゴロモを
配した図は，あきらかにドノヴァンの美麗な作風を意識している．
ただしテングビワハゴロモの鼻は，もはや光っていない[**2**]．

シタベニモリツノハゴロモ(上の2匹)
Phrictus tripartitus
きわめて美しい，さらに珍奇なビワハゴロモである．
ブラジル，パナマ，グアテマラに産し，みつまたの
鼻をもつ．E. ドノヴァンの色彩鮮やかな図より[**24**]．

アカバナビワハゴロモ(左図・fig. 1)
Laternaria pyrorhyncha
E. ドノヴァン《インド昆虫史要説》より．鼻の先が赤い大型の
虫がよく表現されている．ほかに，小さな虫が2匹いるが，
fig. 2 はビワハゴロモの類 *Omalocephala festiva*, fig. 3 は
よくわからない[**20**]．

● 半翅目──ミミズク／ハゴロモ／ウンカ

ミミズク

節足動物門昆虫綱半翅目ミミズク科Ledridaeに属する昆虫の総称，またはその1種．
［和］ミミズク〈木菟〉　［ラ］*Ledra*属（ミミズク），その他
［仏］lèdre, cigale à oreilles　［独］Ohrenzirpe, Ohrenzikade, Ohrzikade　［蘭］oorcicade　［露］ушастая цикада
→p.244

【名の由来】　レドリダエの語源は不詳．
　仏・独・蘭・露名は〈耳をもったセミ〉の意味．
　和名ミミズクは，栗本丹洲が命名した昆虫のひとつ．《千蟲譜》には，正面から見ると鳥のミミズクに似ている，とある．

【博物誌】　偏平な頭をした特徴的な半翅類．体は小さく，体長は雄で14mm，雌で18mm前後ほどしかない．リンゴ，クヌギ，ナラなどの葉の上で生活する．クヌギやヤナギの幹にとまってしまうと，ほとんど樹皮と見分けがつかない．この虫に言及した古文献はほかに見あたらなかった．

ハゴロモ

節足動物門昆虫綱半翅目ハゴロモ科Ricaniidae，ビワハゴロモ科Fulgoridae，アオバハゴロモ科Flatidae，ハゴロモモドキ科Nogodinidaeに属する昆虫の総称．
［和］ハゴロモ〈羽衣〉　［中］白臘虫，白蠟虫（ビワハゴロモ）　［ラ］Ricaniidae（ハゴロモ科），Flatidae（アオバハゴロモ科），その他　［英］flatid planthopper, lantern fly（ビワハゴロモ）　［仏］fulgore（ビワハゴロモ）　［独］Leuchtzirpe, Laternenträger（ビワハゴロモ）　［蘭］vlindercicade, lantaarndrager（ビワハゴロモ）　［露］светоноска（ビワハゴロモ）
→p.248-257

【名の由来】　リカニイダエは語源不詳．ラテン語で衣服の一種ricaに関係するか．フルゴリダエはラテン語の〈輝きfulgor〉から．フラティダエはラテン語の〈息，風flatus〉から．ノゴディナダエの語源も不詳だが，やはり衣服の一種noegeumに由来か．
　英名は〈植物の中を跳ねるもの〉〈提灯虫〉の意味．この提灯とは，ビワハゴロモ類が発光すると思われていたため．あるいは，この虫の美しい色彩のあでやかさにちなんだものか．なおランタン・フライの名はウンカ類にあてられる場合もある．独名は〈光るセミ〉〈提灯をもつもの〉．蘭名は〈チョウのセミ〉〈提灯をもつもの〉．露名も〈光を発するもの〉の意味である．
　和名ハゴロモは，羽衣のように美しくて大きなはねに由来する．ビワハゴロモは，体の形が琵琶を思わせるため．
　長崎県諫早地方ではアオバハゴロモをアオバトとよんだ．姿がハトに似ているためか．三重県ではこの虫をジョロサン（女郎様）とよんだ．なおテントウムシにもこの名をあてる．

【博物誌】　セミによく似た半翅目の虫．分類学的には20科1万種もいるウンカのなかまだが，姿に特徴があり，ビワハゴロモのような伝承の多い虫もいるので，ここでは独立項目とする．
　ハゴロモ自体に関する博物誌は，それほど語るものがない．わずかにマダガスカル島特産のオオベニハゴロモ*Lyncides coquereli*に話題がある程度だ．まず，この虫が現地では食料とされているのである．多数をいっぺんに火にあぶって食べると，結構いける味がするという．またインド北部の住民は，*Phromnia marginella*というアオバハゴロモ科の1種が出す甘い分泌物を〈羊dharberi〉とよんで食用にする．〈羊〉というのは，群れていて触れると逃げる習性がヒツジを思わせるためといわれる．ただし一部にはこの分泌物に麻酔作用があるという俗信も流布しており，けっして口にしない人もいるという（阪口浩平《図説世界の昆虫6　アフリカ編》）．
　日本のハゴロモ類は大きさ5～10mm前後の小虫グループである．孵化した幼虫は，白い蠟物質を分泌して体をおおう．かつてはカタカイガラムシ科のイボタロウムシ*Ericerus pela*から得る虫白蠟が，ナンキンハゼに寄生するアオバハゴロモ科の1種*Flata limbata*の幼虫の分泌物と誤って考えられた．成虫はさまざまな植物の汁を吸って生活するが，チャ，クリ，ミカンなど果樹の害虫ともされる．

【ビワハゴロモと発光】　南米には，ハゴロモのなかまであるビワハゴロモが分布している．この虫については伝承も多いが，なかでもビワハゴロモの突出した鼻先が蛍光を帯びて光るという説が根づよかった．W.E.チャイナによると，ビワハゴロモが発光するという俗説を最初に流した人物は，1681年に《王立協会博物館案内》を刊行したネヘミア・グルーだという．彼はトマス・ムーフェットが《昆虫の劇場》に記したホタルコメツキ（［コメツキムシ］の項を参照）の発光する特性を，ペルーに生息するビワハゴロモ類に帰したのだった．
　しかしビワハゴロモ類が発光するという謬説を決定的に有名にした張本人は，南米スリナムの昆虫相を研究したことで名高いマリア・シビラ・メーリアンである．《スリナム産昆虫の変態》におけるチョウチンハゴロモ*Laternaria phosphorea*の記事によると，メーリアンは現住民からこの虫をたくさ

んもらい，箱にしまっておいた．ところがその晩，箱の中からそうぞうしい鳴き声がするので，中をのぞいてみると，虫たちが光っていたのである．新聞を楽に読めるくらい明るい光だった．メーリアンはその光を頼りに同書の図を描いたという．

　一説にこの光は虫の大きな鼻に発光バクテリアがついたためともいわれる．事実，熱帯地方ではそういうケースもよくおきる．

　ところでロジェ・カイヨワは《メドゥーサと仲間たち》で，メーリアンが驚いたのは，ビワハゴロモの燐光もさることながら，むしろその奇怪な外見のほうではなかったか，と述べている．

　たしかに，問題はむしろ光ではなかった．ビワハゴロモ類のなかには，大きな空洞のこぶ状突起をもつ種がみられるが，進化の遺物とされるこのこぶが何のためにあったのか，いまだ解明されていないのである．これに関して生物学者ジュリアン・ハクスレーはおもしろい意見を述べた．いわく，そのこぶは爬虫類にはごくふつうに見られるものであって，この虫の顔つきを爬虫類のようなどう猛なものに変えるには，ほんの少し修正を加えるだけでいいというのだ．今ではこのこぶがワニの顔に似ており，ワニの擬態とする見解もある．

　南米スリナムに渡来したオランダ人たちは，ビワハゴロモの幼虫をリールマン，つまり〈手回し琴弾き〉とよんだ．この虫が手回し琴の音によく似たブンブンという音を盛大に発したことによる（《スリナム産昆虫の変態》）．

　ちなみに，阪口浩平は著書《図説世界の昆虫》のなかで，ビワハゴロモの捕獲法を紹介している．この虫は人が近づくと，木の裏側に隠れる習性がある．そこでその裏をかいて，まず捕虫網を木の裏にかざす．すると虫はあわてて表側に戻ってくるので，そこを手でつかまえればよいという．

マリア・シビラ・メーリアンの肖像．1647年に生まれて1717年に死んだこの烈女は，離婚後ふたりの娘を連れて南米スリナムに渡り，蝶類の変態を研究した．そして帰国後1705年に傑作図鑑《スリナム産昆虫の変態》を著わした．彼女はそこで，芽から実，卵から成虫を一画面に収める〈時間の描法〉を完成させた．

ウンカ

節足動物門昆虫綱半翅目ウンカ上科 Fulgoroidea に属する昆虫の総称．

［和］ウンカ〈浮塵子〉，コヌカムシ　［中］飛虱　［ラ］*Sogatella* 属（セジロウンカ），*Lasdelphax* 属（ヒメトビウンカ），*Nilaparvata* 属（トビイロウンカ），その他　［英］planthopper　［仏］delphacidé　［独］Stirnhöckerzirpe, Spornzikade　［露］дельфациды, свинушки（複数）
→ p.260

【名の由来】　フルゴロイデァはラテン語の〈輝き〉から．その他のラテン名は語源不詳．

　英名プラントホッパーは，〈植物にたかって跳ねる虫〉の意．独名は〈額にこぶのあるセミ〉〈けづめのあるセミ〉の意味．

　一説に和名ウンカは〈雲の蚊〉を示すという．小西正泰《虫の文化誌》によると，この名称の最古の記録は島根県赤来町の赤穴神社の文書にあり，寛永18年（1641）の秋，備後，備中，石見地方に〈雲蚊〉が大発生して，翌年から大飢饉になったという．なお昆虫学者の長谷川仁氏によると，ウンカの名は，群飛のさいのウーンというはねの音に由来するのだろうという．ただしこれは，特定の虫を指さず，はねをもった小虫の総称とのこと．

　《除蝗録》によると，イネの害虫の1種螣は，一名を実盛虫という．これは平維盛の家臣斎藤別当実盛が戦死したのは田んぼの中だったので，その霊が〈実盛虫〉となってイネを荒らすようになったという伝説にちなむ．ウンカやヨコバイがその正体とされる．また西日本には〈虫送り（実盛送り）〉という夏の行事があり，人形を川に流す．

　一説に〈実盛虫〉の名は，田の虫を示すサノムシに由来するといわれる．小泉八雲は《日本瞥見記》のなかで，サネモリムシの名の由来について，虫の形がどことなく武士の兜に似ているためではないか，としている．

　いっぽう，民俗学者の中山太郎は稲虫と斎藤別当実盛が結びつけられたことについて，次の3点を理由にあげている．①いくつかの土地で古く稲虫は別当とよばれていた．②中国の羅大経の随筆集《鶴林玉露》（1248-52成立）に〈蝗者戦死之士冤魂所化〉とあることからの連想．③稲虫の形が，人間が鎧を着ている姿を彷彿させる（《日本民俗学》随筆篇）．

　処刑された人間の亡魂が虫となって農産物に害をおよぼすという伝承は各地にあって，才蔵虫や若狭の善徳虫などが有名．また山梨県の巨摩地方には平四郎虫という害虫の由来譚がある

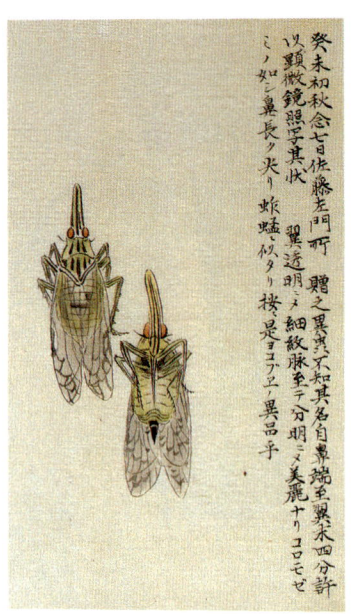

テングスケバのなかま(右)
Dictyophara europaea european lantern carrier
イギリスのテングスケバ。現地でもこの長い鼻が
ランタンのように光ると信じられた。
イネの養分などを吸い,
枯らせたりもする [21].

キジラミのなかま(左図・上)
Psyllidae psylla
キジラミはセミと同じく吸い器を
前へのばせない同翅亜目に属する。
成虫は運動能力にすぐれているが,
幼虫はほとんど動かない。

コナジラミのなかま(同・下)
Aleyrodes proletlla whitefly
雌はカイガラムシに似て,植物に
固着し歩けない。雄の成虫は全身が
白蠟におおわれており,コナの名が
つけられている [3].

テングスケバ(上)
Dictyophara patruelis
ヨコバイ亜目ウンカ上科に
ふくまれる,ビワハゴロモに
よく似た虫。ヨコバイは半翅目の
うちでもいちばんの大所帯で,
1万5000種以上にものぼる [5].

バラヒゲナガアブラムシ(fig. 1-3)
Macrosiphum rosae
rose aphid
ダイコンアブラムシ(fig. 4-6)
Brevicoryne brassicae
cabbage aphid
アブラムシのなかま(fig. 7-9)
Aphis althaea
エンドウヒゲナガアブラムシ(fig.11)
Acyrthosiphon pisum
pea aphid
モーゼス・ハリスの描く
イギリス産アブラムシ各種.
ここには4種が描かれている.
小型で,コロニーをつくり,
植物のウイルス病を媒介したり,
大きな虫こぶをつくることもある.
またアブラムシは〈甘露〉と
よばれる甘い液を分泌するが,
この液が体に触れないようにする
ために同時に蠟で体をおおっている.
なお fig. 7-9 の *A. althaea* は
ハリスにより記載された種.
また fig. 10 は寄生を受けた
アブラムシの死体で,
寄生バチ(fig. 12)が羽化脱出した
穴がみえる [27].

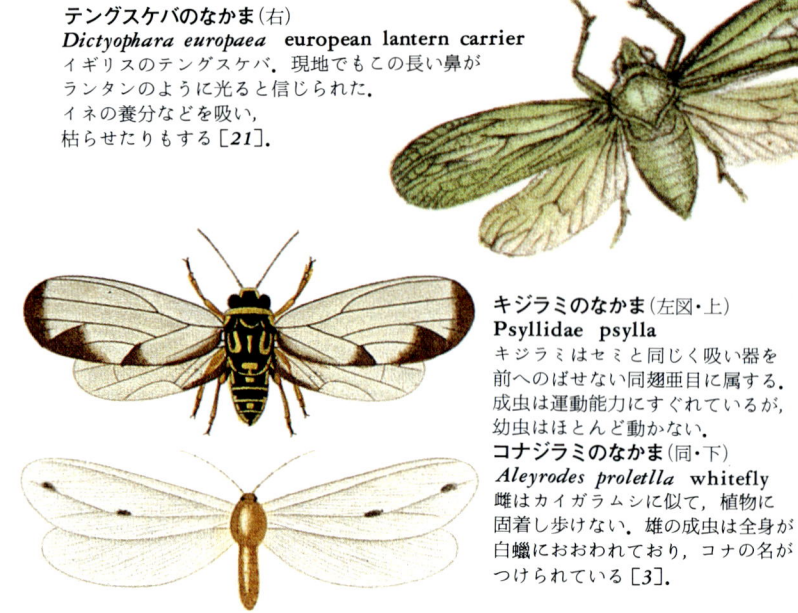

ヌルデシロアブラムシ（ヌルデノミミフシ）（左）
Schlechtendalia chinensis
アブラムシ上科にふくまれるタマワタムシ科の1種がつくる
五倍子．ヌルデの木につくった虫瘿(ゴール)で，タンニン源となる．
中国で用いられる重要な産業素材である［5］．

ハスクビレアブラムシ（上）
Rhopalosiphum nymphaeae　waterlily aphid
ハスやクワイなどを宿主にしているアブラムシ．
丹洲の絵はおもちゃのように愛らしい［5］．

イボタロウムシ　*Ericerus pela*
イボタの木に寄生しているカタカイガラムシの1種．
雄の群はこのようにして蠟のかたまりをつくって生活する［5］．

● 半翅目──ウンカ／キジラミ／コナジラミ

〈蝗逐(むしおい)の図〉．大蔵永常《除蝗録》より．江戸時代の人びとは，毎年，松明をともし，音をたてて虫を追った．これが虫送りとよばれた風習で，豊作を祈り虫害のないことを願った．日本の農村のもっとも大きなイベントのひとつである．

が，中山太郎によると，これはカメムシに似た虫だという．

ウンカは俗にコヌカムシともいわれる．群れて舞うさまを，小糠(こぬか)にみたてたもの．

日本ではウンカ類によく〈浮塵子〉という字をあてるが，中国ではこれは小さな吸血性の双翅類を指す名称で，完全な誤用である．栗本丹洲の《千蟲譜》では，〈浮塵子〉の名は本来のユスリカ類にあてられている．ちなみに同書によると，この虫の飛びかたで天気を占ったという．

《除蝗録》は〈蝗(むし)〉（イネの害虫）の種類として，螟(めい)，螣(とう)，蚤(そう)，賊(ぞく)，飛虫(ひちゅう)，苗虫(なえむし)，ほう，葉まくり虫，こぬか虫，小金虫の10種をあげたうえで，〈蝗をなべて，ウンカと唱る所多し〉と但し書きを加えている．また同書には，〈飛虫(ひちゅう)〉という虫が次のように記されている．初めはひじょうに小さく，色は赤で，ノミの跳ぶ姿に似ている．これが脱皮して栗色に変わり，実盛虫とともに群れつどう．はねはきわめて短い．駆除するには注油法が一番いい．

小西正泰氏によると，この《除蝗録》の〈飛虫〉は，短翅型のウンカ類，とくにトビイロウンカを指す．

【博物誌】　ウンカはセミやヨコバイなどとともに半翅目の有力なグループを構成する．針に似た口吻はいつも下向きで，カメムシのそれのように前にのばせる構造になっていない．ウンカ類は20科1万種にもおよぶ大所帯で，植物食のため農作物に甚大な被害を与える種もいる．とくに農業国日本ではウンカ類への関心が高かった．

イネに被害を与えるのはおもにトビイロウンカで，セジロウンカもこれに加わる．ところが両種とも，元来南方系の昆虫であって，寒さには弱い．そのため昆虫学者のなかには，これらのウンカは，暖かい外地で繁殖したのち，風に乗って日本に飛来するという説を出す人もいた．そのため，ウンカは内地のどこかで越冬するという説をとる学者とのあいだで，昭和の初めから長らく議論されてきた．しかし1967年（昭和42），気象観測船〈おじか〉の気象長鶴岡保明氏が太平洋上の南方定点（北緯29度，東経135度）で海を渡るトビイロウンカとセジロウンカの大群を目撃，さらにのち東シナ海上でもウンカの群れが観察されてからは，外地飛来説が有力になっている．繁殖地はどうやら中国大陸らしい（桐谷圭治〈ウンカ襲来〉梅谷献二編著《虫のはなし》）．

日本で近代的昆虫学研究が始まったのも，1897年（明治30），全国的にウンカが大発生し，各地のイネに大きな被害を与えたことが契機になった．同年には日本昆虫学の祖，松村松年が処女出版《害虫駆除全書》を上梓，農業技術者などのあいだでひろく読まれ，その後も版を重ねた．ちなみに松村は翌年，《日本昆虫学》を著し，昆虫学者としての地位を不動のものにする．すなわち，ウンカは日本に近代昆虫学を成立させるきっかけとなったのである．

享保の大飢饉（1732）がウンカの大発生に起因することはひろく知られている．まず九州で発生したウンカの大群が，四国，中国，近畿地方へとひろがり，各地のイネに大きな被害を与えたのである．記録によると，このときの餓死者は1万2072人を数えたという（小西正泰《虫の文化誌》）．

1897年（明治30）にもウンカは大発生している．このときは，コメの収穫量が全国平均で平年に比べて14％減，新潟県にいたっては56％減を記録した（野村健一《文化と昆虫》）．

これらの被害に対し，農民たちも独自の対策を考案した．それが〈虫送り〉である．イネの害虫を神通力で追い払おうという行事で，一説には平安期のなかばにおこったとされ，江戸時代を通じ全国的にひろく行なわれた．東日本から北日本にかけては〈虫送り〉，西日本では害虫を斎藤別当実盛(さねもり)の霊が化したものとみて〈実盛送り〉とよばれる．ただしその方法はどこでもほぼ同じである．毎年6，7月の夜，虫の霊をこめた藁人形を中心に，村中あげて松明(たいまつ)を連ね，鉦(かね)や太鼓やほら貝ではやしたてながら，田んぼ道を村境まで練り歩き，村境で藁人形を焼いたり水に流したりする．戦後，一時この〈虫送り〉は衰退していたが，最近の村おこしブームなどもあってか，近年また各地で復活しつつある．

一見この〈虫送り〉，科学的根拠などまったくなさそうに思えるが，坂本与一《森の昆虫誌》による

と，どうやら無根拠な迷信でもないらしい．まず松明などをかかげるのは，ウンカやヨコバイがその火におびき寄せられて焼死するのを狙ったものと考えられる．また鉦や太鼓を叩いて起こる振動によって，害虫は稲穂の先から落下して田んぼの水で溺れ死ぬ可能性もある．しかも近年の研究によると，害虫のひとつであるトビイロウンカは振動を用いて威嚇や求愛などの信号をなかまに送っているとされ，太鼓などの振動に敏感に反応すると考えてもあながち穿ちすぎとは言えなくなっているのである．したがって〈虫送り〉は，単なる迷信的行事ではなく，かつての農民が知恵をふりしぼって編みだした実用的駆除法だったともいえる．

そのことは江戸時代にもすでに気づかれていた．大蔵永常《除蝗録》によると，松明を使って焼きとったり，水田に油を注ぐ方法はウンカ退治にほんとうに有効なのである．というのは，これらの虫を水面に払い落とし，落ちた虫の気門を油膜でふさげば，確実に窒息死させられるからである．この殺虫法は中国から伝わったという説が有力だが，寛文10年(1670)，筑前国の農民蔵富吉右衛門が鯨油を田んぼに注いだところ殺虫効果に気づいたことがその始まり，とする説もある．

また，夏に発生するウンカの成虫のほとんどは，短翅型で飛翔力にとぼしい．したがって大蔵永常のいうように，手で払うだけでウンカは簡単に下に落ちる．つまり虫送りで行なわれる駆除法は理にかなったものなのである．

しかし，安政3年(1856)に秋田で刊行された高橋常作(1803-94)の《除稲虫之法》をみると，イネの害虫を駆除するさいに注油法を用いるのはよくない，とも記されている．つまり一国一郡一村といった大きな単位で考えた場合，注油した土地からはウンカなどが消えるかもしれないが，周囲の土地は逃げてきた虫のためにより以上の害を受ける．またまわりに農地がなくても，したたかな虫たちは虫送りが終わったあとできっと戻ってくるというのだ．なお常作は，ウンカ類が脱皮しながら成長していく事実を早くも指摘している．

キジラミ

節足動物門昆虫綱半翅目キジラミ科 Psyllidae に属する昆虫の総称．

[和]キジラミ〈木虱〉　[中]木虱　[ラ]*Psylla* 属（ベニキジラミ），その他　[英]jumping plant louse, sucker, psylla　[仏]psylle　[独]Blattfloh, Blattsauger, Springlaus　[蘭]bladvlo　[露]медяница, листоблошка
→p.260

【名の由来】プシリダエはギリシア語の〈ノミ psylla〉から．

英名は〈木の上でとび跳ねるシラミ〉〈吸うもの〉の意．独・蘭名は〈葉のノミ〉〈葉を吸うもの〉〈跳ねるシラミ〉．露名は〈葉のシラミ〉の意味．

和名キジラミは〈樹木に寄生するシラミ〉の意．〈黄色いシラミ〉ではないので注意．

【博物誌】樹木などの植物に寄生して生活する小虫で，体長1～4mm．形や動きが似ていることからシラミの名がついているが，分類学上はセミ類と同じ半翅目にふくまれる．たしかにその姿はセミの形状にもやや似ている点がある．成虫は飛びまわるが幼虫はほとんど動かず，しかもナシ，リンゴ，クワといった果樹の樹液を集中的に吸うため，害虫とされる種も少なくない．なおキジラミ類の幼虫には，カイガラムシ類などと同様，白い蠟物質を分泌して体の表面をおおっているものが多い．

オーストラリアのキジラミ類は，よくユーカリの木に寄生して貝殻状の物質を分泌する．当地のアボリジニーズはこれを甘味があるといって，珍重するともいわれる（三橋淳《世界の食用昆虫》）．

コナジラミ

節足動物門昆虫綱半翅目コナジラミ科 Aleyrodidae に属する昆虫の総称．

[和]コナジラミ〈粉虱〉　[中]粉虱　[ラ]*Aleyrodes* 属，その他　[英]whitefly, snow-fly　[仏]aleurode, mouche blanche　[独]Mottenschildlaus, Mottenlaus　[蘭]motluis　[露]белокрылка
→p.260

【名の由来】アレイロディダエはギリシア語の〈小麦粉 alenron〉から．

英名は〈白い飛ぶ虫〉〈雪のような飛ぶ虫〉．仏名は〈白いハエ〉．独名は〈ガのような盾をもったシラミ〉〈ガのようなシラミ〉．露名は〈白い翼をもったもの〉の意味．

和名コナジラミは，シラミを思わせる体やはねが蠟のような粉でおおわれていることによる．

【博物誌】体長1mm前後の小さな虫で，やはりシラミに似ているが，セミをふくむ半翅目に属している．名のとおり，成虫は全身に粉をふいている．この粉は白い蠟物質からなっている．生活のスタイルはキジラミに準じ，したがって植物の汁を吸うために，大害虫視される種も含まれる．また，幼虫はほとんど動かない．

とくにオンシツコナジラミ *Trialeurodes vaporariorum*（英名 greenhouse whitefly）は，世界各地の温室やハウス栽培の野菜・果樹を食害する重要害虫

Insecten.   Taf. V.

   a   b   c   d   e   f   g   h

Fig. 1.

Fig. 2.

264

Verm. Gegenst. LXXV. Melanges. LXXV. Miscell. Subj. LXXV. Miscellanea. LXXV.

コチニールカイガラムシ
Dactylopius coccus cochineal scale
コチニールカイガラムシの養殖風景．南米にはこのような虫の産業があった．しかし今は細々と続いているのみである［32］．

コチニールカイガラムシから得た染料(右)
Dactylopius coccus cochineal scale
栗本丹洲が報告したコチニール染料．いわゆる臙脂である．明和初年(1764)に蛮人が〈コーセニルレ〉をもたらし，木村蒹葭堂が所有したとある．なおドイツでこれのまがいものが貿易商品とされていたこともわかる［5］．

コチニールカイガラムシ(左頁・fig. 1)
Dactylopius coccus cochineal scale
カーミーズタマカイガラムシ(同・fig. 2)
Kermes ilicis kermes
コチニールカイガラムシはウチワサボテンの1種に寄生する．なお上方左のfig. a–dまでは，この虫の天敵とされるテントウムシ．同定を担当された河合省三氏によれば，この19世紀の図では，このテントウムシもカイガラムシの1種とみなされていたようだ．なお，右のセイヨウヒイラギガシには，カーミーズタマカイガラムシが寄生している［32］．

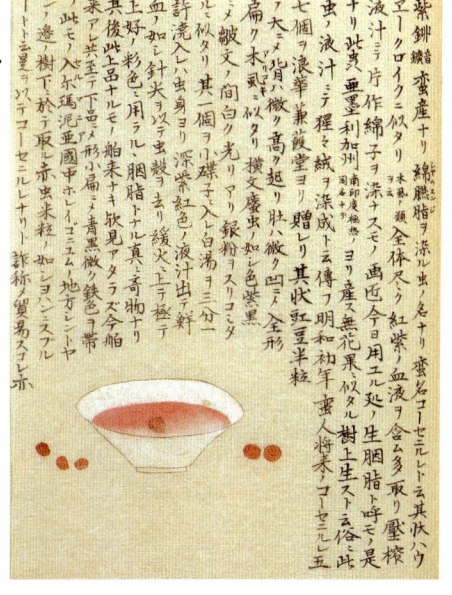

265

● 半翅目──コナジラミ／アブラムシ

である。日本には1970年代初期に侵入し、またたくまに全国へとひろがった。体中を白い粉でおおったこのコナジラミは、群生して果樹の汁を吸うことによる害もさることながら、大量に分泌する甘露に生じるすす病の害も問題視されている。

柑橘系の植物を食害するコナジラミ類の1種ミカントゲコナジラミ Aleurocanthus spiniferus も外来昆虫といわれる。侵入してきた時期は定かではないが、1925年(大正14)に発見されたころはすでに九州一円の作物に大きな被害を与えていた。この時点で農林省植物検疫所の桑名伊之吉は農林省農事試験場の石井悌とともに、この虫の原産地を中国南部と推定。イタリアの昆虫学者F.シルベストリに天敵調査を依頼した結果、広東地方から〈コナジラミを一掃する〉という寄生バチが送られてきた。そこで石井博士がこれを和名シルベストリコバチとした。長崎県のミカン園に放してみると効果は絶大で、コナジラミはほとんど退治されてしまったという(桐谷圭治・中筋房夫《害虫とたたかう》)。

なお長崎の農民は、このミカントゲコナジラミの幼虫をメジロとよんでいた。鳥のメジロの目と同じように体が楕円形で黒く、まわりが白く縁取られているためである(石井悌《武蔵野昆虫記》)。

アブラムシ

節足動物門昆虫綱半翅目アブラムシ上科 Aphidoidea に属する昆虫の総称。
［和］アブラムシ〈蚜虫〉、アリマキ〈蟻牧〉　［中］蚜虫、竹蝨、竹佛子、天厩子　［ラ］Aphididae（アブラムシ科）、その他　［英］aphid, plant louse　［仏］puceron　［独］Röhrenlaus, Blattlaus　［蘭］bladluis　［露］тля
→ p.260-261

【名の由来】　アフィディデアはギリシア語の〈気前のいい、物惜しみしない apheides〉が語源とされる。その旺盛な繁殖力を指したものだろう。

英名は〈植物につくシラミ〉。仏名は〈小さなノミ〉。独・蘭名は〈管のシラミ〉〈葉のシラミ〉。露名は〈腐敗物、屍〉の意味である。

中国名の竹蝨は〈タケに寄生するシラミ〉の意。タケノツノアブラムシ Cataroglyphina bambusae、タケノオオツノアブラムシ Oregma bambusicola などを総称したものらしい。またシラミとあるのは姿が似ているためという。

和名アリマキは、土佐あたりの方言で〈アリの家畜〉を示すという。この虫が甘い分泌液をアリにやるかわりに、敵から身を守ってもらうという共生関係が見られることによるらしい。またアブラムシは、〈油を分泌する虫〉の意。江戸時代、子どもたちがこの虫をつぶして得た液を、つや出しがわりに髪に塗って遊んだことにちなむ。

リンゴワタムシは、日本に侵入してきた当初、チジラミ(血虱)とかチムシ(血虫)とよばれていた。昆虫学者の長谷川仁氏によると、これはリンゴワタムシのドイツ名 Blutlaus を訳したもの。虫をつぶすと血の色になるところからつけられた名前だという。また、のちには、ワタジラミ(綿虱)、メンチュウ(綿虫)ともよばれた。

【博物誌】　きわめて小さな、吸い針の口をもつ虫だが、害虫の典型として農業者を悩ませる。なぜなら、第1にコロニーをつくり大群で植物にとりつくこと。第2に〈胴枯病〉や〈青枯病〉の原因になること。第3にウイルス病を媒介する。また植物を変形させて大きな虫こぶ(虫癭)をつくる。ところが人間の知恵はこの虫こぶを利用する方法を発見しているのだからおもしろい。これが五倍子であるが、詳細は後述する。しかもなおアブラムシ類は〈甘露〉という糖分をかなり含んだ排泄物を出し、ハナバチなど他の虫たちをひきつける。なおアブラムシの甘露は針葉樹林帯で養蜂を行なうさい、蜂蜜の主原料ともなり、〈森の蜜〉などとよばれ珍重される。ただしアブラムシ自身はこの甘露が体につかないよう、体表に蠟性の物質を分泌する。そのほか蠟物質を分泌するなかまには、コナジラミ、カイガラムシなどがある。

アブラムシ類は昆虫としては珍しい繁殖形態をもつ。春に卵からかえる個体は雌ばかりで、春から夏にかけても数世代は、単性生殖により雌のみで殖えるのである。しかも卵胎生なので、子どもは虫の形で母親の尻から出てくる。しかし秋になるとようやく雄の個体が生まれ、これが雌と交尾して卵がつくられる。卵の形で越冬し、この周期を繰り返す。つまり1年の大半がアマゾネス的な女族の社会となっているのだ(大町文衛《日本昆虫記》)。

西洋では、農地の植物を食い荒らすアブラムシ類は、全般によい印象をもたれていない。この虫が人体に蛔虫を運びこむ犯人、などという俗説まであった。青色をしたアブラムシの一種が東風に乗って飛んでくると、奇妙にも蛔虫が発生するからというのである(クラウセン《昆虫と人間》)。

そこで当然ながらアブラムシの退治方法の発見が、昆虫学者に課せられるテーマとなった。オーストリアの王立ウィーン自然史博物館長V.ケラーの著書《農林園芸害虫書》(1837)は、アブラムシを退治するには、寄生している植物の枝葉を数日おきにとり除くのにまさる方法はないとした。ま

た，かたい毛筆やブラシで払い落とすというきわめて手作業的な方法を推奨している．

中国では，アブラムシは湿熱の気化したものだとする俗説もあった．むろん中国でもアブラムシの被害は大きかったが，さすがは漢方の国である．アブラムシを陰干しして粉末にしたものを中風の処方に用いた（《本草綱目》）．

日本ではワタアブラムシのなかまに属するリンゴワタムシEriasoma lanigerumが害虫として知られる．これは，明治初期にアメリカから輸入されたリンゴの苗についてきた侵入害虫でもある．1873-74年（明治6-7）ころ，内藤新宿試験場で発生が確認されたのち，またたくまに分布を各地にひろげ，1878年（明治11），ついに北海道の開拓使七重試験場にも発生，有効な防除法が発見されないまま，さらに九州福岡県でも被害が認められた．これに対し，内藤新宿試験場の福羽逸人（1856-1921）は，1882年（明治15）1月，モーゼス・ハリスらの著したヨーロッパの昆虫学書をもとに，リンゴワタムシの形態や生態，また防除法などを詳しく講演，さらにその印刷および頒布を行なった．だが虫の猛威はとどまるところを知らず，1932年，北アメリカからリンゴワタムシの有力な天敵であるワタムシヤドリコバチAphelinus moliが導入されるまで，ますます分布をひろげていったのである（長谷川仁〈リンゴワタムシとフィロキセラ〉，《自然》1977年6月号）．

【五倍子ごばいし】　東洋でもっとも注目されたアブラムシといえば，ヌルデシロアブラムシSchlechtendalia chinensisであろう．春から夏にかけてヌルデの木に寄生して虫瘿ちゅうえい（寄生のためにこぶ状に異常発育した部分）をつくる．中国や日本では古くこれを五倍子ごばいしとよんで薬その他に利用した．中国では五倍子を一定の方法で発酵させたものを百蟲倉，百薬煎などとよび，黒色の染料，また痰たんや咳の治療薬としてひろく用いた．

五倍子の製法については諸説あるが，《本草綱目》から一例をあげると，まず五倍子を目の粗い粉末状にする．そしてそれを1斤（600g）ずつ，抹茶1両（37.5g）の濃い煎汁に酒かす4両（150g）を入れた液体とすり混ぜ，器に盛り，糠壺に入れて発酵させる．これを練って餅丸とし，乾かせばできあがりだという．中国では，五倍子は形がハマグリに似ていることから文蛤ともよびなされた．

なお，五倍子とミョウバン等量を水で調合して服すると，フグ毒を解毒する作用があるという．これはまた一種の浮きだし文字を書くときにも利用された．五倍子を水にひたし，その液で字や絵を壁に書きつける．これに黒ミョウバンを口から吐きつけると，黒い文字や絵が浮かび出るという（李隆編《まじない》）．

日本では五倍子を女性の鉄漿かねの材料として広く用いた．《和漢三才図会》によれば，これは五倍子が舌や歯の痛みに効きめがあるとされたためらしい．同書はまた，五倍子は信州産のものがよく，五痔脱肛にもよい，としている．

【雪虫ゆきむし】　日本ではおもしろいことにアブラムシの飛翔と天気あるいは季節予知とか関連づけられてきた．たとえば愛媛や奈良で，アブラムシの1種をシロコ（白い虫の意）とよび，これが飛んだら雨になるという伝承が一例である．

長野県でも，ワタアブラムシの類を〈ユキオンバ〉とよび，雪の季節の到来と関係づける地方がある．

しかし，とくに北海道で雪虫として親しまれているのは，ケヤキフシアブラムシ，トドノネオオワタムシ，コオノオオワタムシなどの，有翅型雌個体たちである．これらの虫は，夏のあいだ，それぞれの宿主の根を食べながら地下生活を送り，雌のみで繁殖する．だが秋になると，はねをもった雌があらわれ，寒さがやってくる前に，ケヤキ，アオダモといった冬宿主のもとへ一団となって飛んでいく．これが，雪虫現象である．そして，冬宿主のもとで，初めて雄の個体が出現，雌と交尾して卵が生まれ，卵の形で越冬する．さらに春になってかえった幼虫は，宿主の葉を食べて成長するが，やがて葉がかたくなると，夏宿主へと移っていく．このライフサイクルが繰り返されるわけである．

そして，一編の風物詩にまで昇華しているのが，北国の雪虫である．北海道では，体を綿状の物質でおおったアブラムシ類をまとめて〈雪虫〉とよぶ．群れ飛ぶようすが，細雪が降っているように見えるためである．またカワゲラやトビケラ，ユスリカなども同じ名前でよばれるという（以上，渡辺千尚《北の国の虫たち》）．

このなかまは雪の降りだすころに決まって飛ぶので，人びとにとってはまさに雪を運ぶ虫である．

【文学】　《しろばんば》（1962）　井上靖の自伝的長編小説だが，これもアブラムシの飛翔にからんだ名称である．大正時代，伊豆の天城山麓で育った小学生の生い立ちを描くこの作品，題名の〈しろばんば〉というのは，ワタアブラムシ科の昆虫に対する当地の俗称であった．〈白い老婆〉という意味らしい．この作品の冒頭部分によると，村の子どもたちは夕方になると，〈しろばんば，しろばんば〉と叫びながら，宙を綿屑のように乱舞するアブラムシを，素手や小枝で追いかけまわした

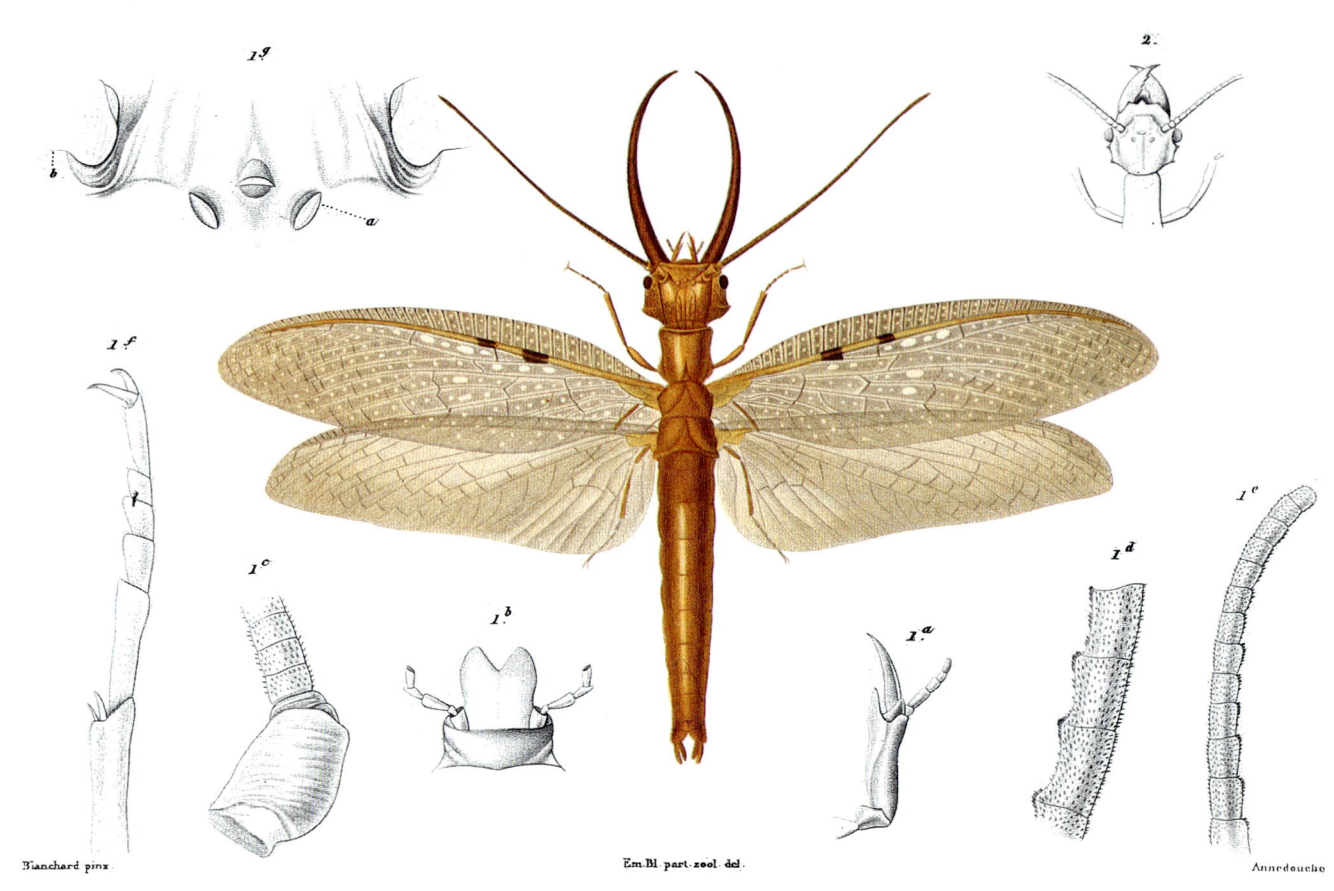

RÈGNE ANIMAL.   Insectes. Pl. 10

1. CORYDALE CORNUE. (Corydalis cornuta - Linné)

オオアゴヘビトンボ(上)
Corydalis cornutus dobsonfly
北米南部に産し、ブラジルやペルーにもいる。
キバナガヘビトンボともいう。このなかまは広翅類とよばれ、
大型のものもふくまれる。一見するとカゲロウか
トンボのようだが、後翅をたたむことができる [3]。

ヘビトンボの幼虫(上) *Protohermes grandis* dobsonfly
日本から中国にかけて分布する。幼虫は水中にすみ、
顎で獲物を捕える。成虫はさらに大きな顎をもつが、
この巨大な顎は獲物を捕るためというよりも、
雄同士で闘う武器であるらしいという [5]。

キバネツノトンボ(左) *Libelloides ramburi*
捕食性のツノトンボ。大きな分類ではウスバカゲロウに
ふくめられる。栗本丹洲による図。西洋のものに比べ、
生きて飛んでいる実感がつかまれている [5]。

ツノトンボのなかま（左図・fig. 1）
Libelloides macaronius
この虫はヨーロッパに分布する
ツノトンボの1種．トンボのように
空中を飛んで獲物を捕える．

ヨーロッパモンウスバカゲロウ*
（同・fig. 2）
Palperes libelluloides
南欧，東欧からアフリカ北部に分布する．
幼虫は大きな牙で捕食する．

リボンカゲロウのなかま（同・fig. 3）
Nemoptera sinuata
科の名前はオナガカゲロウという．
しかしどちらも長いリボンをひいた姿に
ふさわしい名だ．このリボンは後翅が
変化したもので，配偶行動のときこれを
ひらひらさせて相手を誘う．
分類学的にはツノトンボと同じ
ウスバカゲロウ上科にふくめられる [25]．

ヒロバカゲロウのなかま（上の2匹）
Osmylus fulvicephalus
イギリスからコーカサス，トルコにまで広く分布する
ヒロバカゲロウ．一見するとカゲロウ類に似るが
尾角をもたないし，はねをたたむこともできる．
また，突き刺して体液を吸う口器をもつ [21]．

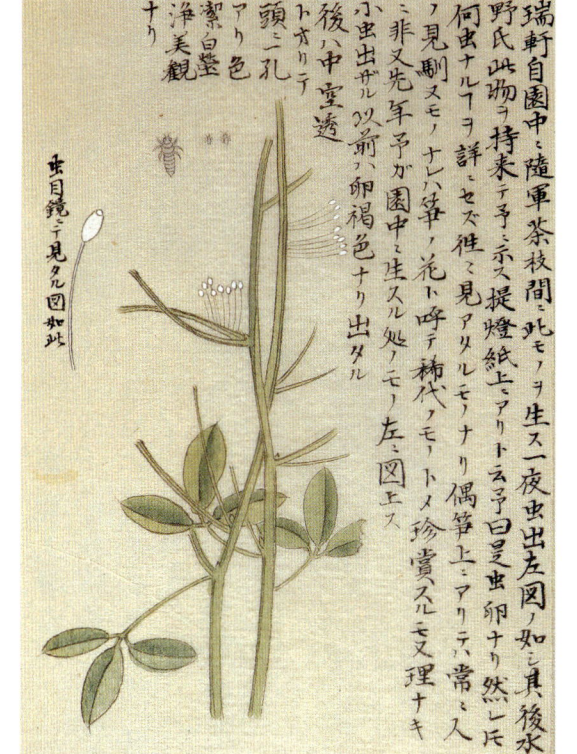

クサカゲロウ科の卵（ウドンゲ）と幼虫
Chrysopidae green lacewing
このようなかたちで卵を産みつける種にヨツボシクサカゲロウ
Chrysopa septempunctata があるが，正確には同定できない [5]．

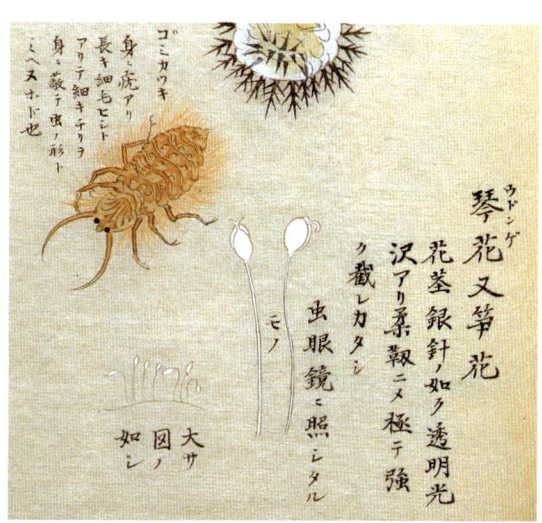

クサカゲロウ科の卵（ウドンゲ）と幼虫（ゴミカツギ）
Chrysopidae green lacewing
これが俗にいう琴花𦼬である．丹州が虫眼鏡で観察し，
その不思議さにふれた感激が図にあらわれている．
また上にみえるのは，クサカゲロウ科の虫の幼虫．
背にゴミを負う種類なので，この名がある [5]．

● 半翅目──アブラムシ／カイガラムシ

という。

　なおこの〈しろばんば〉現象は，関東北部では〈雪降り小女郎〉，東京では〈おおわたこわた〉とよばれていた。

　室生犀星《動物詩集》におさめられた《雪降虫のうた》もまたおもしろい。雪の降る前後にどちらからともなくあらわれて群れ飛ぶ虫の姿を描く。この虫もアブラムシと考えられる。ただし，途中〈北国では米つき虫といひ／太郎や米つけ／次郎にはいふなといふ子供のうたがある〉という一節があるが，おそらく虫の正体は鞘翅目のコメツキムシではない。〈しろばんば〉のようなアブラムシとみるほうが自然である。

カイガラムシ

節足動物門昆虫綱半翅目カイガラムシ上科Coccoideaに属する昆虫の総称．
［和］カイガラムシ〈介殻虫〉　［中］介殻虫　［ラ］Coccidae（カタカイガラムシ科），その他　［英］scale insect, mealy-bug　［仏］cochenille, kermès　［独］Schildlaus　［蘭］schildluis　［露］щитовка, червец　➡ p.261-265

【名の由来】　ココイデアはギリシア語で〈漿果，仁kokkos〉の意味．ウメ，モモなどの果肉の中にある種子（仁）と形が似ていることから．

　英名は〈鱗のある昆虫〉〈粗粉のような虫〉．仏名のコシュニールはラテン名由来だが，おもにエンジムシを指す．同じくケルメスはアラビア語でエンジムシを指すqirmizに起源をもつ．独・蘭・露名は〈盾をもったシラミ〉の意味．

　和名カイガラムシは，形が一見貝殻に似ていることにちなむ．

【博物誌】　主として熱帯地方にすむ虫で，アブラムシやコナジラミ同様に植物とりわけ農作物にとっては大敵である．短命である雄の成虫ははねをもち，自由に動きまわれるが，雌の成虫はほとんど動けない．幼虫は孵化直後によく動きまわり，なかには風に乗って空中を移動して宿主植物を見つけ，そこに定着する．害虫ではあるが，珍しい食用昆虫であり，いっぽう，あの〈臙脂色〉をとる染料をつくるのに欠かせない，重要な産業用昆虫でもある．

　古代ローマ世界では，動けずにじっとしているエンジカイガラムシの雌をとって乾燥させ，赤紫色の顔料の原料に用いた．ただしプリニウスはこれを植物の実だと思っていたようで，〈トキワガシの深紅色の実〉として《博物誌》に記載している．同書によると，その〈粒〉はスペイン，アフリカなどの住民が貢物としてローマに納めていたという．

またサルディニアのものがいちばん質が悪い，ともある．

　ところでファーブル《昆虫記》によると，カシノタマカイガラムシは一見黒スグリの実か，一種の漿果のような形をしていて，歯で嚙むとちょっと苦味のある甘い味がするという．ファーブルはこの虫を〈いちばん妙な昆虫のひとつ〉とよび，〈ほとんど美味といえるこの果実は，動物で，昆虫だという〉とコメントを付している．この話は一見他愛がないが，しかしカイガラムシと人間にまつわる古い物語のひとつにふれている．それは神から与えられた食べもの〈マナ〉の物語である．

　聖書の〈出エジプト記〉で，荒野をさまようユダヤの民の前に天与のもののようにあらわれたとされる食物〈マナ〉は，カイガラムシの消化液が樹液と結合してできあがる分泌物だったらしい．シナイ半島では6～7月，ギョリュウなど灌木の樹皮からゴム性の樹液がにじみでる．カイガラムシ科の1種コクス・マニパルス*Coccus maniparus*が，樹木に穴をあけ，蜂蜜のように甘い深紅の樹液を浸出させる．この〈マナ〉を，砂漠をさまよう遊牧民やシナイ山の修道士は古くから食用とした．マナは，早朝の気温が低い時間に結晶し，かたまりとなって枝から大量に落ちる．この状態は，まさに聖書に記されているように白い霜のごとく荒野の地表にひろがるものであった．ちなみにマナは今でも当地で見ることができ，また中世にはシナイ山の修道士たちによって聖地を訪れるロシア正教徒たちに売られていた（C.I.リッチ《虫たちの歩んだ歴史》）．

　またクラウズリー＝トンプソンも《歴史を変えた昆虫たち》のなかで，マナの正体について次のように記している．〈これらのカイガラムシは，炭水化物に富んでいるが窒素の含有がきわめて少ない樹液を大量に吸収する．代謝の平衡をたもつための最低限度の窒素を得るのに，これらの昆虫は過剰の炭水化物をとり込まなければならず，それを甘露*のかたちで排泄する．乾いた砂漠の空気によって急速に乾燥すると，この甘露は粘液性のあるかたまりになり，やがて白や淡黄色や茶色に変わる〉（小西正泰訳）．つまり〈マナ〉の正体は，カイガラムシが出す排泄物ということになる．

　なお三橋淳《世界の食用昆虫》によると，〈マナ〉は聖書では早朝にのみ見られるもののように書いてあるが，実際は一日中分泌されているのだという．昼間はマナが落下すると同時にアリがせっせと巣に運んでしまうので，目立たないだけなのだ．

　じつは中国でも〈マナ〉は知られていた．段成式の《酉陽雑俎》において，カンボジア産とペルシア

産の〈紫鉚〉が述べられている。ただし紫色の染料として知られていたようだ。ペルシアから朝貢した使者の話によると，この染料は〈紫鉚樹〉の枝が霧や露や雨で濡れると生ずるとされており，これはあきらかにいわゆる〈マナ〉のことであろう。またカンボジアから来た使者は，アリが木の枝に土を運んでつくった巣に雨露があたると〈紫鉚〉ができると説いたらしい。おそらく，木から落ちたマナをアリが運んで巣にためておいたものを，人間が発見するためであろう。ともあれ，〈紫鉚〉はアリがつくるという俗説はひろく信じられたようで，数かずの書物に同様の説が記されている。なお段成式によると，〈紫鉚〉はカンボジア産のものがよく，ペルシア産がそれにつぐという。

さて，カイガラムシの本領である染料に戻る。エンジムシの名もあるコチニールカイガラムシ *Dactylopius coccus* は，鮮やかな深紅色の染料の重要な原料として，原産地のメキシコでは古くから尊ばれてきた。アステカ族は豪華な綿の服や外衣を染めるのにこの虫をひじょうに重用していたので，当地の王モンテスマに税の一種として貢いでいたほどである。ヨーロッパ人の征服ののち，インディオたちは，ノパルサボテンを移植してこの虫を飼育した。孵化した虫は，しばらく室内に保管されたあと，両側に戸のない小屋に移される。8月から9月になると，産卵をひかえた雌が集められノパルサボテンの上に置かれる。4か月ほどたつと，雌たちが産卵をはじめるので，インディオの女性たちはこれをリスの尻尾を使って落とす。捕れたエンジムシは，沸騰した湯の中につけて殺してから乾燥させ，箱に詰めてヨーロッパに送るのである。ちなみに1ポンド（約450g）の染料をつくるのに，7万匹ものエンジムシが必要とされたという（C.I.リッチ《虫たちの歩んだ歴史》）。

日本では享和年間（1801-04）に書かれた山村昌永《西洋雑記》に〈猩ニ絨を染める小蟲〉とコチニールカイガラムシのことが記述されている。

実際，栗本丹洲は明和初年（1764），南蛮人がもちこんだコチニールカイガラムシ57匹を大阪の木村蒹葭堂より譲り受け，前記のような要領で染料をとる実験を自分で行なっている。結果は上々で，鮮やかな赤色の染料がとれたという。しかしその後はこのような上等の舶来品は得られず，悪質なものしか来なかった，と《千蟲譜》には記されている。また同書にはコチニールの採取法も記されている。すなわち虫2〜3匹を小皿に入れ，熱湯を注ぎ，ミョウバンを少量加える。するとすぐ紅色の汁が出てくるので，これを煮つめて彩色に用いるという。

《西洋雑記》にはまた，トルコやアルメニア地方の住民が，〈ポールセ・ヨーデン〉という土地からカーミーズタマカイガラムシ *Kermes ilicis* を多数購入して〈哆囉吥絨絹布皮革等〉を染め，〈サッヒアン〉とよんでいる，という記述もみえる。さらにこの染料でウマのたてがみや尾も染めるという。

次に，塗料のラッカーの原料になるラックカイガラムシ *Coccus laccae*（または *Laccifer laccae*）にふれる。この虫はインドイチジクやエンジュ，ナツメなど多くのインド産の樹木に生息している。これらの木は乳色の樹液を出すことが知られており，ラックカイガラムシが樹皮に穴をあけると樹液が吹きでて，最初の保護層ができる。虫がトンネルを掘ってその層の中へ進み，最終的には母虫の樹脂の墓場となると同時に，産み落とした卵の貯蔵庫ともされる。樹脂性の堆積物は木からもぎとられ，自然の染色原料シェラックに加工されたうえで，ニスや凝固剤として使われるほか，ラッカーをつくるためにもひろく用いられる。また19世紀には封蠟をつくるのに使われはじめ，今も引き継がれている（C.I.リッチ《虫たちの歩んだ歴史》）。

インドでも古くからラックカイガラムシの養殖が行なわれ，マディヤプラデシュ州北部の都市サガルには，ラックトラス lactoras といってこの虫の養殖を業とする階級もあるという（高橋良一《ラック介殻虫》）。

中国では古くからイボタロウムシを人工的に飼養した。《本草綱目》によると，飼養がはじまったのは元の時代で，四川，雲南，湖南南部が名産地とされていた。飼養法は毎年立夏の日，数千粒の卵が詰まった貝殻をつみとり，卵を若葉に適当に包み分けて木枝に吊るしておく。すると芒種（小満と夏至の間。新暦の6月5日ごろ）の後に卵からかえった虫が，葉から樹上に移動して，新たな蠟をつくる。ただし木の周囲にアリがいるとこの虫を食べてしまうので，よく掃除してアリを払う必要がある。そして秋になると白蠟をけずりとり，煮たうえで濾過したものを器に入れておくと，やがて凝固する。この蠟を止血剤，鎮痛剤などに用いるのである。

日本でもイボタロウムシの幼虫が分泌する白蠟を，すべりの悪い障子の桟に塗ったことから，これを〈戸すべり〉，〈戸走り〉などと称した。名産地は会津で，会津蠟とよばれる。またイボタロウの名は，よく疣の治療薬として用いられたことによる。ただし《本草綱目啓蒙》によると，元来薬用としたのは舶来のもので，古くはかなりの量が輸入されていたが，江戸後期になるとほとんど見かけなくなったという。

ヨーロッパモンウスバカゲロウ*
Palpares libelluloides
西洋でもっともよく知られるウスバカゲロウ。
はねがべっこう模様をしており，美しい[19]．

ウスバカゲロウ科の幼虫（アリジゴク）?
Myrmeleontidae ? ant lion
ヨーロッパでみられるアリジゴクの形態．レーゼル・フォン・
ローゼンホフの手になる図で，アリジゴクの巣もさまざまな
バラエティーがあることを納得させられる[43]．

アリジゴク（上）
Hagenomyia micanus or
Myrmeleon sp. ant lion
日本のアリジゴクである．しかしこの
タイプの幼虫はウスバカゲロウ科の数種が
考えられるので，詳しい同定はできない
[5]．

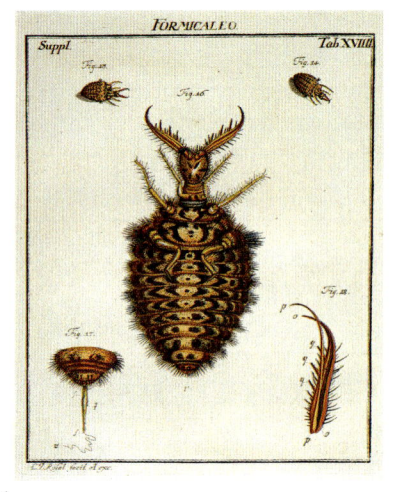

アリジゴク（上右）
Myrmeleontidae ant lion
ウスバカゲロウ科の幼虫をこの名でよぶ．ただしこの図は
レーゼル・フォン・ローゼンホフが描いたヨーロッパ産のもの．
これだけクローズアップされると，奇妙な迫力がある[43]．

ヘビトンボ

節足動物門昆虫綱脈翅目ヘビトンボ科Corydalidaeに属する昆虫の総称，またはその1種．
［和］ヘビトンボ〈蛇蜻蛉〉　［中］蛇蜻蛉，魚蛉　［ラ］*Corydalis*属，*Protohermes*属（ヘビトンボ），その他　［英］dobsonfly　［仏］corydalis　［独］Riesenschlammfliege　［蘭］reuzenslijkvlieg（オオアゴヘビトンボ）　⇒p.268

【名の由来】 コリダリスはギリシア語で〈ヒバリ korydallis〉に由来すると思われるが，あるいはヒバリのけづめに似た突起をもつ同名の植物からきたものかもしれない．プロトヘルメスは〈最初の prōtos ヘルメス神 Hermes〉から．ヘルメスは飛ぶことができるのと，ヘビがからみついた杖を持っているため．

英名は，男性名のドブスン Dobson と〈飛ぶ虫〉を合わせたものだろうが，詳しいことはよくわからない．ただしアメリカの釣り人たちはオオアゴヘビトンボ *Corydalis cornutus*（英名 eastern dobsonfly）等の幼虫をよくドブスン dobson とよんで餌にする．とすると，幼虫のよび名が成虫に転用された例かもしれない．蘭名は〈巨大な泥の飛ぶ虫〉の意味．

アメリカではヘビトンボの幼虫を，ヘルグラマイト hellgrammite，トウ・バイター toe-biter とも称する．前者の語源はよくわからないが，その形姿からして〈地獄の悪魔 hell〉と関わるよび名のようだ．後者は〈足指にかみつく虫〉の意．水底にすむこの虫は，小さな水生昆虫を捕食して生きる．そのさい，誤って人の足指にかみつくことがあるのだろう．

和名ヘビトンボは姿や生態に，ヘビやトンボを思わせるところがあるため．むろん，分類学上はヘビはおろか，トンボとも類縁の遠い昆虫である．

【博物誌】 大きな顎をもつ虫．トンボに似ているが，それよりはるかに重厚で，不気味さをただよわせる．成虫は餌を摂取することもなく，また人びとの注目を集めない．幼虫は水中で生活し，やはり大きな顎をもつ．だが，成虫とはちがい，幼虫は文化的に注目される存在である．

日本ではヘビトンボの幼虫を孫太郎虫と称し，乾燥体を串刺しにしたものは子どもの疳を治す名薬とされた．一説に孫太郎とは，孫ほども歳の離れた子の父親になる老人を示すといわれ，そのせいか強精剤になるという俗信もあったようだ．産地としては宮城県斉川村（現在の白石市）が有名で，山東京伝は当地の伝説をもとに《敵討孫太郎虫》（1806）という戯作を著した．それによると永

孫太郎虫売り．清水晴風画《世渡風俗図会》より．明治の孫太郎虫売りは，こうもり傘をさし，虫の串ざしをもって町を歩いた．

保年間（1081-84），父の仇討ちを誓った斉川の桜戸という女性がいた．その子孫太郎は生まれつき疳の気があり，7歳のとき大病で死にかける．桜戸が神社で祈ったところ，〈斉川の小石のあいだにいる虫を食べさせてみよ〉との御告げ．そこで御告げに従うと，たちまち病気は回復し，さらに孫太郎は長じて悲願の仇討ちにも成功したという．この話と強精剤信仰があいまって，孫太郎虫はとくに江戸で人気を得た．市中にはこの虫を売る行商人の姿があちこちに見られ，忍者が孫太郎売りに変装することもあったという．とくに奥州斉川産の孫太郎虫は高価な薬とされ，江戸などでこれを1箱売ると，宿代の2晩分は稼げるほどだった．また斉川の村落には，虫を売った収入で蔵を建てる者もいたという．

《昆蟲世界》昭和11年3月号によると，大阪ではマゴタロウムシの市販価格は昭和にはいってもあいかわらずの高値であった．すなわち1箱50匹入りで2円あるいはそれ以上，とある．ちなみに，当時，煙草のゴールデンバットは7銭である．

長野県の特産品として知られるザザムシ（［トビケラ］の項を参照）の佃煮は，トビケラの幼虫を主成分とするが，ヘビトンボの幼虫も多少混入している．たとえば1955年（昭和30），天竜川沿いの伊那付近でとれたザザムシのうち，トビケラの幼虫は93％で，ヘビトンボの幼虫も6％いた．残りはカワゲラの幼虫や半翅目のナベブタムシだった（三橋淳《世界の食用昆虫》）．

ヘビトンボの幼虫を捕えるには，半月型の木の枠にしこんだ網を用いる．これを川にしかけ，石を起こして下にいる虫を網に追いこんですくう．

【センブリ】 ヘビトンボに近縁の脈翅目の昆虫に

● 脈翅目──ヘビトンボ／ヒロバカゲロウ／ミズカゲロウ／クサカゲロウ／カマキリモドキ／ツノトンボ

センブリという黒色の小虫がいる。和名の命名者は日本昆虫学の始祖として名高い松村松年。《日本昆虫学》(1898)の凡例によると、松年はセンブリの名をセンブリス Semblis という属名にちなんでつけたという。ところが本文中でのセンブリの学名はシアリス・ヤポニクス Sialis japonicus となっていて、凡例の説明とくいちがう。本文にはセンブリスの名がどこにも見あたらないのだ。ちなみにこのシアリスという属名は今でも通用する。

ヒロバカゲロウ

節足動物門昆虫綱脈翅目ヒロバカゲロウ科 Osmylidae に属する昆虫の総称。
［和］ヒロバカゲロウ〈広翅蜉蝣〉　［中］広翅蜻蛉　［ラ］*Osmylus* 属（ウスモンヒロバカゲロウ），その他　［英］osmylid fly　［仏］osmyle　［独］Bachhaft　［蘭］beekhaft　［露］осмил
→p. 269

【名の由来】　オスミルスはギリシア語で〈匂い osmē〉から。独・蘭名は〈小川のカゲロウ〉の意。
　和名ヒロバカゲロウは、開張30〜40mm という比較的大きなはねをもつことにちなむ。
【博物誌】　注射器のような口の、中型の脈翅類。幼虫は水辺の石の下や蘚苔の中にすみ、双翅類の幼虫を餌とする。成虫は、山間の清流ぎわのやぶにいる。ヨーロッパ、アジア、アフリカなど世界各地に分布するが、なぜか北米だけにはいない。

ミズカゲロウ

節足動物門昆虫綱脈翅目ミズカゲロウ科 Sisyridae に属する昆虫の総称、またはその1種。
［和］ミズカゲロウ〈水蜉蝣〉　［中］海綿蜻蛉、水蛉　［ラ］*Sisyra* 属（ミズカゲロウ），その他　［英］spongefly, spongilla fly　［仏］sisyra　［独］Schwammfliege　［露］сизира

【名の由来】　シシラはギリシア語の〈ヤギの毛でつくったマント sisyra〉から。はねに生えている毛のようすにちなむ。
　英・独名は〈海綿〉と〈飛ぶ虫〉の合成。この虫の幼虫が淡水カイメンの表層に付いて、カイメンを餌とすることから。
　和名ミズカゲロウは〈水生のカゲロウ〉の意。
【博物誌】　脈翅目に含まれる。ふつうこのグループの幼虫は陸生だが、このミズカゲロウにかぎり、水生生活に適応し、あろうことか淡水カイメンを食べている。親が水上の枝に卵を産み、子は孵化したとたんに水中へ落ちるかけになっている。幼虫の腹部には鰓があり、これで呼吸する。この虫について成虫よりも幼虫に記述が多いのは、幼虫期が長く、その間、成長するために自分で捕食するなど、その生態がおもしろいからであろう。

クサカゲロウ

節足動物門昆虫綱脈翅目クサカゲロウ科 Chrysopidae に属する昆虫の総称、またはその1種。
［和］クサカゲロウ〈臭蜉蝣〉、ウドンゲ〈優曇華〉（卵）　［中］草蜻蛉、草蛉　［ラ］*Chrysopa* 属（クサカゲロウ），その他　［英］green lacewing, golden eye, stink fly, lacewing fly, aphis lion（幼虫）　［仏］perle, chrysops　［独］Perlnauge, Florfliege　［蘭］gaasvlieg　［露］златоглазка
→p. 269

【名の由来】　クリソパは〈黄金 khrysos〉と〈外見 ophis〉から。金色をしたその外見から。
　英名は〈緑色のレース状の翼〉〈金色の眼〉〈においの強い飛ぶ虫〉の意味。仏名は〈真珠〉。独名は〈真珠の眼〉〈花の飛ぶ虫〉。蘭名は〈ガーゼのような飛ぶ虫〉。露名は〈金色の眼をしたもの〉の意味である。
　幼虫は、英語でエイフィス・ライオンという。アブラムシ aphis を襲って食べるからだ。
　和名クサカゲロウは、一説に〈くさいカゲロウ〉の意味だといわれる。触れると前胸から臭気を発する種類がいるため。
【博物誌】　脈翅目の虫のなかでは一般にもっともよく知られた虫である。その理由はふたつある。第1が、作物や果樹の天敵アブラムシをこの幼虫が食べてくれること。そして第2は、卵が奇妙な産みつけかたをされることである。
　まず第1の点からみていこう。クサカゲロウ類の幼虫は、アリマキやカイガラムシ、キジラミなどを餌として育つため、アメリカやニュージーランドではこれを害虫駆除に役立てているほどである。ファーブルも《昆虫記》のなかで、1種ヒメクサカゲロウ *Chrysopa vulgaris* の幼虫についてこれが〈恐ろしい動物となるためには、大きな体が欠けているだけだ〉と述べ、一例として以下のような描写を行なっている。〈この虫は吸い干したきじらみ（カメムシ）を背中に背負っている。この戦いの装備をつけて彼は場所を選び、きじらみの層から掠奪する。吸い干されたきじらみは各々その外套に付け加えられる余分のぼろ布だ〉。
　なお、クサカゲロウの幼虫は《千蟲譜》で〈ゴミカツギ〉とよばれている。背中に塵芥を負う虫、という意味だろうが、《重訂本草綱目啓蒙》によるとこれはトビケラの1種の幼虫にあてた名という。
　さて、第2が卵である。クサカゲロウはすぐに

かたまる糸を分泌し，これで葉の上などに柄をつける。そしてその上に卵を産みつけるのである。おそらく外敵から卵を守るための工夫だろう。ファーブルはヒメクサカゲロウの卵を〈杭の上の卵〉とよんでいるが，変わった産卵形態の目的についてはまるで見当がつかなかった。以下のコメントを参照されたい。〈私の先輩たちのように，私もその効用は見当がつかないが，穂の代りに卵のついたこの美しい藁束をほめてやろう。美は効用と同じくらい存在理由を持っている。唯一の説明は多分そこにあるのかもしれない〉。

日本ではこの卵をウドンゲ（優曇華）とよぶ。ウドンゲは本来インドの想像上の植物で，3000年に1度花を咲かせ，そのとき金輪王という聖君が出現するという。日本でクサカゲロウの卵を〈ウドンゲの花〉とよぶようになったのは江戸末期であるらしい。以前は〈琴の花〉とか〈箏の花〉とよばれ，古い琴などにこの虫の卵を見つけると，奇観として珍重された。そのあたりから仏法の聖なる花と結びつけられたのか，真相は定かではないが，いずれにせよ近世以降，琴のウドンゲは吉，灯りの笠や障子，天井のウドンゲは凶というように，場所によって吉凶を占う風習が全国に流布した。

南方熊楠の故郷紀州田辺では，ウドンゲが家の中にあらわれたら，大吉か大凶，ふたつにひとつだといいならわした。また東牟婁郡請川のあたりでは，金色のウドンゲは吉だが，銀色のものは不吉とみなしたという（南方熊楠〈優曇華の伝説〉）。

カマキリモドキ

節足動物門昆虫綱脈翅目カマキリモドキ科 Mantispidae に属する昆虫の総称。
［和］カマキリモドキ〈擬螳螂〉　［中］擬螳螂　［ラ］*Mantispa* 属（ヒメカマキリモドキ），その他　［英］praying lacewing, false mantid, mantisfly（米）　［仏］mantispe　［独］Florschrecke, Fanghaft　［蘭］bidsprinkhaanhaft　［露］мантиспа

【名の由来】　マンティスパはギリシア語の〈カマキリ mantis〉から。

英名は〈カマキリとクサカゲロウの合わさったもの〉〈にせのカマキリ〉〈カマキリに似た飛ぶ虫〉の意味。独名は〈花のバッタ〉〈狩りをするピン〉。蘭名は〈祈るバッタのようなカゲロウ〉。

和名カマキリモドキはその形態にちなむ。

【博物誌】　脈翅目に属するが，まさにカマキリとクサカゲロウの合いの子のような虫である。鎌の形や，それで他の昆虫を捕食するありさまは，カマキリそっくりであり，いっぽう，はねの形はク

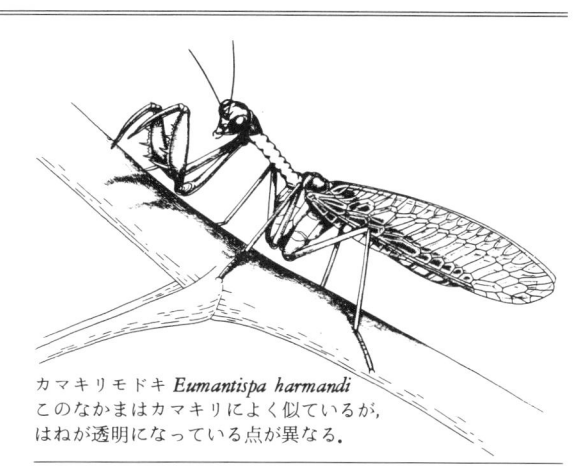

カマキリモドキ *Eumantispa harmandi*
このなかまはカマキリによく似ているが，はねが透明になっている点が異なる。

サカゲロウに似ている。また細長い糸状の柄の先に産みつけた卵も，一見〈ウドンゲ（クサカゲロウの卵）〉を思わせる。ちなみにこの卵から生まれた幼虫は，クモの卵嚢やハチの巣などに侵入してそこにいた幼虫を食べ，やがて繭をつくって蛹となる。成虫は樹木の葉の裏などで小さな昆虫を待ち伏せして捕えるという。こうしてみると，クサカゲロウの幼虫とカマキリの成虫のどう猛な性格だけを受け継いだような虫である。

このなかまにはスズメバチやチョウにそっくりな種もいる。たとえば昆虫学者の江崎悌三は1921年（大正10）9月，台湾での採集旅行中，高雄州恒春郡亀仔角でオオイクビカマキリモドキ *Euclimacia badia* を2匹捕えた。しかし〈樹葉上に静止し又飛翔せる状態は全く胡蝶に酷似し，採集して入手せらるる迄は全くカマキリモドキ科のものとは思われざりし由〉であった（《動物学雑誌》第444号）。

ツノトンボ

節足動物門昆虫綱脈翅目ツノトンボ科 Ascalaphidae に属する昆虫の総称，またはその1種。
［和］ツノトンボ〈長角蜻蛉〉　［中］長角蜻蛉　［ラ］*Ascalaphus* 属（キバネツノトンボ），*Hybris* 属（ツノトンボ），その他　［英］owl fly, ascalaphus fly　［仏］ascalaphe　［独］Schmetterlingshaft　［蘭］vlinderhaft　[露]аскалаф
→ p. 268-269

【名の由来】　アスカラフスはギリシア語である種のフクロウを指す askalaphos に由来。なかに夜行性の種類がいるためか。ヒブリスは〈傲慢，乱雑 hybris〉の意。

独・蘭名は〈チョウのようなカゲロウ〉の意。

和名ツノトンボは〈角のあるトンボ〉の意。先のふくらんだ長い触角と，姿が一見トンボを思わせることにちなむ。ただし分類学上はツノトンボとトンボはまったく別のグループに属する。

● 脈翅目──ツノトンボ／ウスバカゲロウ　● 長翅目──ガガンボモドキ／シリアゲムシ

【博物誌】　脈翅目に属する虫。名前にあるとおり，一見トンボに似た昆虫だが，特徴ある長い触角によってすぐ見分けられる。またキバネツノトンボ *Libelloides ramburi* など一部の種を除いては，飛びかたもトンボ類とちがって遅いうえに，規則性にも乏しい。成虫は，草地や林にすみ，カなど他の小さな昆虫を捕食して生活している。幼虫も肉食性で，地衣や汚物の下などで擬態して餌を待ち伏せする。

ウスバカゲロウ

節足動物門昆虫綱脈翅目ウスバカゲロウ科 Myrmeleontidae に属する昆虫の総称，またはその1種。
［和］ウスバカゲロウ〈薄翅蜻蛉，蚊蜻蛉〉　［中］蟻蛉，蟻獅，砂挼子（アリジゴク）　［ラ］*Myrmeleon* 属，*Hagenomyia* 属（ウスバカゲロウ），その他　［英］ant lion, antlion fly, doodle-bug（米）　［仏］fourmilion, fourmi-lion　［独］Ameisenjungfer, Ameisenlöwe（アリジゴク）　［蘭］mierenleeuwhaft, mierenleeuw（アリジゴグ）　［露］муравьиный лев　→ p.269-272, 289

【名の由来】　ミルメロンはギリシア語で〈アリ myrmex〉と〈ライオン leon〉の合成語。ハゲノミアの語源は未詳。

英名はじめ他の各国語名も〈アリ・ライオン〉の意味。伝説上の巨大アリのよび名を，すり鉢形の巣をつくってアリなどを捕食するこの虫の幼虫に転用した名である。一般に成虫にもこの名をあてるが，とくに成虫を幼虫と区別して，アントライオン・フライとかレースウィング・フライ lacewing fly とよぶ場合もある。

和名ウスバカゲロウは〈薄いはねをもつカゲロウ〉の意。ちなみに北杜夫は，ウスバカゲロウの名について，こんな愉快な回想を書きつけている。〈幼いころからその名だけは知っていた。しかし，ウスバカゲロウが薄翅蜉蝣であるとはつゆ知らなかった。てっきり薄馬鹿下郎だと思いこんでいた。そいつはのろのろと飛びめぐり，障子にぶつかってばかりいたからだ。今となっても，薄馬鹿下郎のほうがどうしても私にはぴったりする〉（《どくとるマンボウ昆虫記》）。

アリジゴクには，その掘る穴の形から，スリバチムシ，チョコホリムシといった異名がある。柳田国男〈蟻地獄と子供〉によると，かつて静岡県の子どもたちは，〈チョコチョコバァ　穴掘っておくれ〉と唱えながらこの虫と戯れたという。ちなみに柳田国男はアリジゴクという名前についてこんな感想をもらしている。〈地獄などという語は音声からも意味からも，そう気持のよいものではなく（中略）それはそれとして置いてもう一つか二つ，子供向きの名があってもよい。砂猫などはどんなものであろうか。古くてきれいなのがよければアトサリ虫，サオトメ虫，又はコモコモなどは如何であろうか〉。

【博物誌】　ウスバカゲロウ，クサカゲロウなど脈翅目でカゲロウの名をもつ虫は多いが，本来カゲロウ目とはまったく縁遠い存在で，寿命も脈翅目の〈カゲロウ〉のほうがずっと長い。つまり，こちらのカゲロウは〈陽炎のごときはかない存在〉ではぜんぜんないのである。なお，本来のカゲロウについては該当項目を参照されたい。

ウスバカゲロウは，たくましいほうのカゲロウの代表種である。そのせいかどうかは定かでないが，現在ウスバカゲロウの幼虫すなわちアリジゴクは英語でアント・ライオン，つまりアリライオンという。この名は古くアリとライオンの合いの子である伝説獣の名とされており，中世の寓話やベスティアリに登場した。この〈アントライオン〉は，アリジゴクとはまったくの別物である。これも詳しくは〔アリ〕の項を参照されたい。

いずれにせよ，ウスバカゲロウの幼虫は英語でアント・ライオン，日本では〈蟻地獄〉とよばれ，すり鉢状の穴を掘ってその底にうずくまり，穴にすべり落ちてきた獲物を捕食して生活する。ただしこの習性はコウスバカゲロウ *Myrmeleon formicarius* など一部の種にかぎられる。ほかには樹皮や地衣類などに擬態したり，砂中に隠れて獲物を待ち伏せするなど，種によってさまざまな捕食法がある。

ダーウィンは《ビーグル号航海記》のなかで，オーストラリア大陸で見たアリジゴクの穴は，ヨーロッパ産のものの半分ほどの大きさだったという観察報告を残している。

ファーブルも《昆虫記》で，アリジゴクを次のように描写している。〈蟻地獄は砂の中にきわめて滑りやすい斜面の漏斗を作っている。蟻はそこでは狩人が頭を投石機に代えて漏斗の底から打ち出す雨霰のような弾に打たれてずるずる落ちこんでくる〉。

つくりかけのアリジゴクの巣穴に小石などの障害物を置いたらどうなるか。世界で初めてアリジゴクの研究書《アリジゴク Der Ameisenlöwe》（1916）を著したドイツの生物学者 F. ドーフラインの実験によると，虫は小石を背に負って急な斜面をのぼり，石を巣の外に捨てるという。ところがわが日本の誇るアリジゴクの研究家馬場金太郎が同じ実験をしてみると，虫はつくりかけの穴を放棄したり，後退して穴を移動したりで，いっこうに

ドーフラインの言うとおりにはならない。またドーフラインに言わせると、アリジゴクは常に太陽に尻を向けた姿勢をとる習性がある。つまりこれだと太陽の位置に合わせてアリジゴクも移動するわけだ。しかし馬場の実験では虫と太陽の動きにはまったく関係がみられない。そのため馬場はこう述べざるをえなかった。〈大きな声ではいえませんが、どうも前述の軽業の話といい、このあな底の位置の説といい、ドフライン博士の話は、わたしには信用できないのです〉(馬場金太郎〈アリジゴク──砂にひそむ悪魔〉《日本昆虫記》Ⅵ所収)。

アリジゴクは他の虫の血液を餌としているため、老廃物が少なく、成虫になるまで一度も排便しない。そして成虫になると、幼虫期にたまった糞を一気に出す。これを胎便というのだが、おもしろいことに、人間の赤ん坊が生まれて初めて出す便も同じ名でよばれる。人間も胎内にいるときは脱糞せず、生まれてからそのときの宿便を出すからだ。両者が本質的に異なる生物とはいえ、なかなか興味ぶかい偶然の一致ではある(石原保《虫・鳥・花と》)。

中国ではアリジゴクを眠りを好む虫という意味で、〈睡虫〉とよんだ。また《本草綱目》によれば、アリジゴクを生きたまま枕の中にしのばせると夫婦仲良く暮らせるという。

日本ではアリジゴクと硫化砒素を等分に混ぜた丸薬を、飼い犬の狆の虫下しに用い、妙薬とされたという。さらに江戸時代の子どもたちは、2匹のアリジゴクを窪みに入れ、闘いあうのを見て楽しんだ。この虫は戦闘的で、あたかも闘牛のようなウシ同士の闘いを彷彿させるという(栗本丹洲《千蟲譜》)。

ガガンボモドキ

節足動物門昆虫綱長翅目(シリアゲムシ目)ガガンボモドキ科 Bittacidae に属する昆虫の総称、またはその1種. ［和］ガガンボモドキ〈擬大蚊〉　［中］長挙尾, 擬土蚊, 蚊蝎蛉　［ラ］*Bittacus* 属(ガガンボモドキ), その他　［英］hanging scorpionfly, hangingfly (米)　［仏］bittaque　［独］Mückenhaft　［露］биттак

【名の由来】 ビッタクスはギリシア語の〈オウム bittakos〉から。

英名は〈吊り下がるシリアゲムシ〉〈吊り下がる飛ぶ虫〉。独名は〈カのようなカゲロウ〉の意。

和名ガガンボモドキは、〈ガガンボに似た虫〉の意。体つきやはねの形、飛びかたなどが双翅目のガガンボ類によく似ているため。

【博物誌】 ガガンボモドキ類は、森林などでよく見かけられる比較的大きな虫で、後脚を用いて生きた小虫を捕えて餌とする。名前のとおりガガンボ類によく似ており、共生することもあるらしい。ただし分類学上はシリアゲムシ類に近縁のグループとされる。実際、頭部の形がそっくりだが、ただ、腹の後方をサソリのようにあげるシリアゲムシ類とちがい、腹部を曲げることはない。幼虫はイモムシによく似た形をしており、顎が大きく強力である。

シリアゲムシ

節足動物門昆虫綱長翅目(シリアゲムシ目)シリアゲムシ科 Panorpidae に属する昆虫の総称、またはその1種. ［和］シリアゲムシ〈挙尾虫〉　［中］挙尾虫　［ラ］*Panorpa* 属(シリアゲムシ), その他　［英］scorpion fly　［仏］panorpe, mouche-scorpion　［独］Skorpionsfliege　［蘭］schorpioenvliege　［露］скорпионница　→ p.289

【名の由来】 パノルパはギリシア語で〈すべての pan〉と、〈鉄、頑固さ orpe〉あるいは〈若芽 orpex〉の合成語。

英名は〈サソリのような飛ぶ虫〉。仏・独・蘭名は〈サソリのようなハエ〉。露名は〈うつ伏せのサソリ〉の意味。攻撃のさい、腹の末端にあるはさみを頭越しにもち上げるようすが、サソリを思わせることによる。

和名シリアゲムシは、はさみ状にとがった突起をいつも上方に曲げた姿勢をとっている習性にちなむ。

【博物誌】 名のように、腹の後方をサソリのようにもち上げる虫で、姿はガガンボに似ている。尾の先に短い尾角があり、雄の場合はそこが大きな生殖器になっている。シリアゲムシ類は植物の生い茂った湿地を中心として世界各地に生息するが、人間生活との関わりがほとんどないためか、研究はあまり進んでいないようだ。飛翔力は弱く、なかにははねのない種もいる。

一見、鱗翅類やハバチ類のそれを思わせる幼虫は、地中で生活し、地表の昆虫の死骸を頭だけ出して食べる。成虫も昆虫や他の動物を餌とするが、種によっては果実など植物質を好むものもいるらしい。

トマス・ムーフェットは《昆虫の劇場》に、〈サソリのような尾をもつ飛ぶ虫〉を、挿図とともに2匹記載している。黒色をした尾部はふたまたに分かれ、サソリのように上方に曲がっている、という記述からみても、間違いなくシリアゲムシ類であろう。

シリアゲムシは人間に害を与える虫ではないし、

● 長翅目──シリアゲムシ　● 毛翅目──トビケラ　● 鱗翅目──ガ

経済的価値もないため，これまで人間の生活とは関わりがほとんどなかった。ところが奥井一満《悪者にされた虫たち》をみると，近年日本各地の農業試験場でこの虫の害がにわかに問題になりつつあるらしい。

牧草地に生えたギシギシ（タデ科の多年草）を雑草として駆除するために，この葉を餌とするコガタルリハムシの幼虫を放したところ，いつのまにかどこからともなくシリアゲムシの大群があらわれて，ハムシの幼虫を次つぎに襲うようになったというのだ。奥井の推理によると，このシリアゲムシたちは，元来試験場のそばの茂みや森にすんでいたものが，近くに格好の餌が大量にあるということで，移動してきたものらしい。シリアゲムシ類は飛ぶ力も弱く，バッタ類のように遠距離を移動するはずがないし，ふだんからさして敏しょうなわけでも攻撃にすぐれているわけでもなく，虫の死体や弱った個体を食べるのがせいぜいなのである。そんなかれらにとって，不活発で表皮もかたくはないハムシの幼虫は，天の賜物のようなものだったのだろう。だがしかし，と奥井は次のように書き添えている。〈先住者である虫たちが自分の生活権を主張したとき，ヒトはそれを害虫にしてすませていては，問題はいつまでも解決しない。生態系はけっして単一ではないし，ヒトのためだけにあるのではない。すべての生物の共存の場であるはずだ〉。

トビケラ

節足動物門昆虫綱毛翅目（トビケラ目）Trichoptera の昆虫の総称．
[和]トビケラ〈飛螻蛄，飛螻〉　[中]石蠶，沙蝨，石蠶虫
[ラ]Phryganeidae（トビケラ科），その他　[英]caddisfly, caddis fly, caddis worm（幼虫）　[仏]trichoptère, phrygane　[独]Köcherfliege, Hülsenwurm（幼虫）　[蘭]kokervliege　[露]ручейник　→p.289

【名の由来】　トリコプテラはギリシア語で〈毛 trix〉と〈はね ptera〉から．フリガネイダエは〈乾いた棒〉の意味．

英名は，幼虫が水中の砂や落ち葉を集めてつくる筒状の巣を，スコットランド産の織物カディスにみたてたものか．また，ウェールズ語で服の一種を示す cadus とぼろ切れを意味する caddach に由来するともいう．幼虫が蓑のようなぼろぼろの巣を負って生活することにちなむ．幼虫は単にカディスとか，カディス・ワームとよばれる．イギリスの釣り人たちは，トビケラの1種 Brachycentrus subnubilus をグラナム grannom とよぶが，由来はよくわからない．

フランス・プロヴァンス地方の農民は，エグリトビケラ科 Limnophilidae の1種 Limnophilus flavicornis の幼虫を，〈薪背負虫〉とか〈杖持ち虫〉とよんでいた．葦の軸の束を蓑のように背負う習性にちなんだものだ（ファーブル《昆虫記》）．

独・蘭名は〈矢筒状の飛ぶ虫〉〈鞘のような虫〉の意味．露名は〈小川〉に関係する言葉から．

和名トビケラは〈飛ぶケラ〉の意．姿が直翅類のケラにやや似ていることによる．紀州の木の本では，幼虫をミズケラ，成虫をトビケラとよんだ（《重訂本草綱目啓蒙》）．

トビケラ類の幼虫を示す和名イサゴムシは，〈砂子ご（小石，砂）を使って巣をつくる虫〉の意．

【博物誌】　完全変態する虫としては唯一，幼虫期を水中ですごすことで知られる虫．また小石を集めて巣をつくり，この中で蛹になる．成虫はガによく似て飛びまわり，液体をなめるのに適した口器をもつが，たぶん実際には利用されていない．

トマス・ムーフェット《昆虫の劇場》によると，トビケラの幼虫が水面に浮上してくるのは8月の中ごろである．幼虫がさまざまな姿をしているためか，成虫の姿もじつに多様だと述べている．

トビケラ類の幼虫のうち，種によっては植物片や砂粒を用いて筒形の巣をつくり，蓑のように身にまとって移動しながらくらすものもいる．ファーブルが観察飼育したエグリトビケラ科の1種 Limnophilus flavicornis も，幼虫はこういった生活形態をもつなかまだったらしい．彼はその巣についてこう記している．〈移動家屋式のその鞘袋は粗製の混合建築の細工もので，芸術的とはいえず，歪んで凸凹したみにくい形をしていて，みじんこの堆積といったところだ〉．もっともファーブルによると，この巣にモノアラガイ，タニシなどの美しい貝殻が散りばめられると，その部分だけはがぜん見事になるという．そこで彼はこう結論する．〈職人の腕はいいのだが，材料が悪い〉と．

ファーブルはまた，トビケラの幼虫は身に危険を感じると，機敏に逃げられるようにと蓑を脱ぎ捨ててしまう，という観察報告を行なっている．もっともこれは偶然に得たもので，彼は12匹のゲンゴロウが潜む飼育用のガラス箱の沼に，トビケラの幼虫の群れを入れてしまったのだった．すると，幼虫は次つぎとゲンゴロウの餌食となり，1日たつと1匹もいなくなってしまったという．

トビケラ類の幼虫を中国では石蚕とよぶ．〈石の下にすむカイコ〉という意味である．古くはこの虫を草の根であるとする説もあり，植物か昆虫かその正体がはっきりつかめなかった．石のそ

ばにいて，ほとんど動かないことにも原因があったらしい。ただしその味については〈鹹（からく）く微（さ）し辛い〉とされたにもかかわらず，産地では捕って食べたことが報告されている（《本草綱目》）。

日本でもトビケラの特定の種にからんだ伝承は多い。ヒゲナガカワトビケラ Stenopsyche griseipennis は，夜間，上下左右にめまぐるしく回転しながら一種独特の飛びかたをする。そのためか，昔の三重県一志郡八ッ山村八対野ではこの虫を妖怪視して〈亡霊蝶〉とよんでいた。ちょうどお盆のころ，雨の降る夜に小さな墓地のそばを通ると，この虫が1匹また1匹と次つぎにあらわれ，ついには何十匹もが顔といわず手足といわず体中にまとわりつくのだという。どうやらちょうど生殖時期で，墓近くの水路に卵を産むために多数出現したものが，お化けと間違えられたらしい（向川勇作〈ヒゲナガトビケラに付ての迷信〉《動物学雑誌》1913年）。

長野県伊那市では，天竜川上流に生息する昆虫を佃煮にしたものをザザムシとよんで売っている。西村登《ヒゲナガカワトビケラ》によると，ザザムシというのは川の水がザーザー流れる場所にすむ虫の意味で，以前はカワゲラ類をおもに指していた。ところが1940年（昭和15）ごろから，工場の廃水の影響でカワゲラ類は姿を消し，かわってヒゲナガカワトビケラとチャバネヒゲナガカワトビケラの幼虫が佃煮の主体とされるようになったらしい。もっともトビケラの幼虫のほうが油気があって口あたりもよく，塩昆布に似た味で酒の肴（さかな）として好評だというから皮肉なものだ。

アイヌのあいだでは，トビケラの幼虫は，毒性のきわめて強いものとして知られ，トリカブトの毒にこの虫をつぶしたものを混ぜて，矢毒に用いた。ちなみにこの矢毒にあたったクマは川にはいりたがるため，川のそばで使ってはならないともいいならわされた。《コタン生物記》によると，これは，水生昆虫を矢毒の材料に使うと獲物が水を求めるという俗信によるもので，逆に陸の昆虫を矢毒に用いると，獲物は陸に寄るとされたという。

ガ

節足動物門昆虫綱鱗翅目 Lepidoptera に属する昆虫の1グループを指す総称。ここではカイコとチョウ類以外のものについて述べる。
［和］ガ〈蛾〉　［中］蛾　［ラ］Pyralidae（メイガ科），Sphingidae（スズメガ科），Notodontidae（シャチホコガ科），Lymantriidae（ドクガ科），Noctuidae（ヤガ科），その他　［英］moth　［仏］papillon de nuit　［独］Nachtfalter　［蘭］mot　［露］ночная бабочка　→p.290-303

錦帯橋（山口県岩国市）の石人形。ケトビケラ科の1種ニンギョウトビケラ Goera japonica の幼虫は，小石を寄せて人形細工のような巣をつくる。これを土産物にしたのが，錦帯橋の石人形である。錦帯橋をつくったときの人柱でもあるとの縁起伝説も語られている。現在はたいてい7つ一組で，これを七福神になぞらえた飾り物としている。

【名の由来】　レピドプテラはギリシア語で〈鱗 lepis〉と〈はね pteron〉から。ピラリダエはギリシア語で火中にすむという昆虫の名から。スフィンギダエは〈スフィンクス sphinx〉，ノトドンティダエは〈背 nōton〉と〈歯 odōn〉から，リマントリイダエは〈破壊者 lymantor〉，ノクトゥリダエは〈夜 nox〉にそれぞれ由来する。

英名モスの由来はよくわからない。ただしどうやら古英語でウジを示す maða と語源は同じらしい。つまり本来はイガなどの幼虫を指すよび名だったようだ。英語でキャンカー（ワーム）canker (worm) といえば，植物のつぼみや葉を食い荒らす虫の幼虫を総称したものである。ガ類やバッタ類の幼虫の一部などがこれにあたる。ただしアメリカではとくに，シャクガ科の1種 Geometra brumata の幼虫の固有名として使われることもある。パーマーワーム palmerworm は，〈巡礼虫〉の意でやはり幼虫を指す。1か所にじっとせずに，あちこちを徘徊しながら植物に害を与える習性による。またエドワード・トプセル《爬虫類の歴史》によれば，毛むくじゃらなようすをクマにみたて，ベア・ワーム bear-worm ともよんだという。実際今でも，ヒトリガの幼虫など毛の多い虫は，woolly bear とよばれる。また《爬虫類の歴史》によると，イギリス人は一般に，鱗翅類の幼虫をキャタピラ caterpillar とよぶ。ただし毛深いもの（毛虫）については，北部で oubut，南部で palmerworm といった。

各国語名はほとんどが〈夜のチョウ〉という意味である。

中国では古く，蛾という名を蛹から化して飛ぶ虫の総称とし，カゲロウ類などもこれに含めた。

●鱗翅目——ガ

つまり英語のフライflyに近い。

和名ガは、中国名の蛾の音読み。古名のヒヒルは〈火簸る〉、つまり火を煽る虫の意か、と《和訓栞》にある。ガの類がよく灯火の周囲に集まる習性による。またそのさい、誤って火の中に飛びこみ灯りを消してしまうこともしばしばあり、火取虫ともよばれた。

なお昆虫学者の長谷川仁氏によれば、ヒヒル（もしくはヒビル）は、蝶蛾類の総称であった。その語源はヒル（蛭）や植物のヒル（ニンニクやノビルなど）と同じで、肌がヒリヒリするという意味の〈ヒビラク〉によるものらしい。ドクガ類の鱗粉によって、肌が炎症をおこすことがまれではなかったことからついたのであろう。つまり古代の日本では、ドクガがガ・チョウ類の代表として認知されていたわけである。

古代ギリシアでは、チョウやガを総称して〈魂psychê〉とよんだ。蛹という闇の世界から、成虫があらわれ出ることによるらしい。

【博物誌】 鱗翅類のうち、チョウに対抗する大きなグループである。おもに夜間活動し、灯に集まる。はねの色は地味で、とまるとはねをひろげる、などの性質がある。しかし、それらは一応の目安であり、厳密にどこまでがガで、どこからがチョウとなるかはあきらかでない。幼虫は俗に芋虫ともよばれ、葉をかみ切るのに適した口器をもつ。成虫は大きくていろどり豊かなはねをもち、花蜜を吸いとるストローのような口吻になっている。

ガが典型的な完全変態を示す虫である。ナチュラリストたちは研究の便宜のため、大蛾類と小蛾類に分けてガをとりあつかう。こうすると、おおむね小蛾＝原始的ななかま、大蛾＝進化したなかまに区分できるからである。

ちなみに、中国ではチョウとガをその大きさで区別した。《本草綱目》には、チョウはガの類であって、大なるをチョウといい、小なるをガという、とある。この発想は、前述した小蛾・大蛾の考えかたにつながっており、注目される。また、大小に関しては中国におもしろい話もある。四川省には、大蛾・中蛾・小蛾の3つの峰からなる峨眉山（峨嵋山）がある。遠景の2峰の形がガの触角を思わせるところからつけられた名称である。

ガについては、アリストテレスの文献にはほとんどふれられていない。汎智の人である彼にしては珍しい。しかしイガ（衣蛾）の幼虫の存在は、アリストテレスも認めていた。《動物誌》に、〈イガは羊毛がほこりだらけのときにより多く生じ、クモが一しょに閉じこめられている場合が一番多い。クモは羊毛にこもっている水分を吸って乾かすか

らである。男の着物にもこの蛆が発生する〉、とある。

また《動物誌》には、ミツバチの巣を荒らす虫が記載されている。これをメイガ科の1種ハチミツガ Galleria mellonella の幼虫とみなすこともできる。この虫は、ミツバチの巣房を餌に育つ。同書によると、ミツバチには刺されず、煙でいぶしださなければ追いはらえないという。

しかしプリニウスらローマ期の文献からはこの虫がもっと頻繁にあらわれる。プリニウス《博物誌》には、ピュラリス（またはピュロトス）という、はねをもつハエほどの大きさの昆虫が報告されている。この虫は、キプロスの銅鋳造所の燃えさかる火の中で生ずるといわれ、いったん火のもとを離れるとたちまち死んでしまう。そのため、プリニウスなどはこれを〈自然の反対の元素によって生まれる〉不可思議な生物だとしているが、おそらくその正体も、メイガ科 Pyralidae の虫だったのだろう。

古代ローマ人にとって、ボクトウガの幼虫はたいへんなご馳走であった。小麦を餌にこの虫を飼養し、太って味のよいものを宴会料理として楽しんだ。プリニウスはこれを〈コッスス Cossus〉とよんでいるが、オオボクトウガの幼虫のことらしい。また古代ローマには、葬式で着た衣服はイガに食われない、という俗信もあった。

トマス・ムーフェットは鱗翅類を活動時間によって大きくふたつに分け、夜行性のものをファライナ phalaina、昼行性のものをデイ・フライ day fly とよんだ。《昆虫の劇場》によると、彼が採用したファライナという名は、ロードス島とキプロス島の言葉で、ツチボタルを指す可能性もある、という。だが、灯火に群がる習性をもつと伝えられる点からみて、これを夜行性の鱗翅類を指す語と考えてさしつかえないだろう。なおムーフェットは〈ファライナ〉と〈デイ・フライ〉のちがいを次のように説明している。

①はねをまっすぐ立てて飛ぶのがファライナで、はねを水平にして飛ぶのがデイ・フライ。

②ファライナの蛹が土におおわれているのに対し、デイ・フライの蛹は木の大枝についている。

③鱗粉の多いのがファライナ、まったくないのがデイ・フライ。

なおリンネもガ類の総称としてこのファライナのよび名を用いた。だが、現在の分類学ではまったく捨てられた言葉となっている。

イギリスには、ガが周囲をさかんに飛びまわったら手紙がくる、という俗信がある。一説には、ガが大きければ大きいほど、手紙もまた長いのが

くるのだという。なおヨークシャー州やグロスターシャー州の住民は，今でも夜行性の白いがのことを〈魂soul〉とよぶ。いっぽう日本の三宅島でも，大型の白いが類をヒロとよんで祖先の霊とみなし，夜中に屋内にはいってくるのを忌みきらった（吉田正一〈伊豆七島昆虫方言〉，《昆蟲世界》昭和12年4月号）。東西でよく似た話があるものである。

ムーフェットがヨーロッパのがの代表種としてあげているのがメンガタスズメとヤママユガである。その色彩，風格から前者を〈チョウの王the King of Butterflies〉，後者を〈女王the Queen〉とよんでいる。メンガタスズメについては〈大きな音を発して飛ぶ〉と，すでにその特徴ある〈鳴き声〉も記述された。

ロンドンのホワイトホールは1649年にチャールズ1世（1600-49）が処刑されて以来，ドクロメンガタスズメの数がひじょうに多くなったといい伝えられる。フランスでは俗に，ドクロメンガタスズメの鱗粉が目にはいると失明するといわれる（《西洋俗信大成》）。ドクロメンガタスズメは夏の晩，キイキイという鳴き声を響かせながら，墓地のまわりを多数で群れとぶ姿がよく見かけられる。このガにまつわる不吉な俗信が数かず存在するのは，こういった習性もひと役かっているようだ。

このようにガには鳴く種があって，メンガタスズメはその代表とされる。大町文衛は《日本昆虫記》のなかで，ある日，校庭で捕えたメンガタスズメにキイキイキイキイ鳴かれて驚いた話を披露している。がが鳴くのは一般に意表外のできごとであり，さしもの昆虫学者も腰を抜かした。このほかオオシモフリスズメの幼虫や，ナンキンキリバモドキの蛹も鳴くといわれる。

ヒロズコガ科の1種イガ Tinea pellionella（英名 clothes moth）の幼虫は，毛織物を食する害虫として有名である。ヨーロッパの毛織物業者のあいだでは古く，カワセミの皮で織物をくるんだり，その皮を店の中に吊るしておくとイガよけになると信じられた。またライオンの皮で織物を包めばイガは絶対に発生しない，という俗信もあった（ムーフェット《昆虫の劇場》）。

アリストテレスは，がについて多くは論じていないが，シャクトリムシの蛹は〈くきね〉とか〈糸巻き〉とよんで記載している。一説にこれはスグリシロエダシャク Abraxas grossulariata の蛹だともいう。日本ではこのエダシャクの幼虫を，ドビンワリ（土瓶割り）とよぶ地方がある。この虫は小枝にそっくりで，農民がときどき本物の枝と間違えて，土瓶を掛けてしまう。すると土瓶は落ちて割れる。そこでつけられた名前という（大島良美〈擬態するチョウ〉久保快哉編《チョウのはなし》Ⅰ）。なお，和名シャクガは幼虫の俗称シャクトリムシによる。この科の幼虫は腹部の第3〜5節のあしを欠き，あしは第6節の腹脚と尾脚，つまり2対4本しかないため，腰をかがめるかのように前後のあしを引き寄せて歩行する。ちょうど，人がふたつの指を用いて寸尺を計る姿を思わせることから，この名がついた。ちなみにスントリムシ，タカバカリといった異名もある。

ツバメガ類の1種ニシキオオツバメガ（シンジュツバメガ）Chrysiridia madagascariensis は，一瞬アゲハチョウと見まがうほど美しい大型のがで，マダガスカル島の特産種である。阪口浩平《世界の昆虫6 アフリカ編》によれば，ヴィクトリア朝時代のイギリス貴族はこの虫を装身具に用いたというし，今でもマダガスカル島の首都タナナリブでは，装飾用に大量飼育されているそうだ。作家のヘルマン・ヘッセも，かつて〈クリスマスがすんで〉（1931）というエッセイで，プレゼントにもらったこのガのことを，美や幸福や芸術，さらに永遠の象徴としてたたえた。

メキシコに産するヒマハマキ科 Encosmidae の1種トビマメハマキ Enarmonia (Carpocapsa) saltitans の幼虫は，タカトウダイ科のセバスティアニア Sebastiania 属の豆の中で育つ。そして幼虫が豆の中で身をくねらせるたびに，豆は動いたり跳ねたりする。アメリカでは，これを〈メキシコの跳び豆 Mexican jumping bean〉と称し，カリフォルニアのメキシコ人街などで，土産品として年間何百万個も売りさばかれる。

【ヤママユガ】《天工開物》では，ヤママユガ類 Saturniidae は，古くなった木から，自然にわくものとされている。またその繭の糸でつくった服は，雨や汚れに強いという。

ヤママユガの蚕がつくった繭について，《和漢三才図会》には，その糸で織ったものはたいへん強い。しかし染めても染まらない，とある。このヤママユガの繭を黒焼きにしたものをヤマノイモと一緒にすり合わせると，接骨のさいの塗り薬になる。これを患部に塗ったあと，ヤナギの皮で巻くとよいという（渡辺武雄《薬用昆虫の文化誌》）。また幼虫は，子どもの癇の薬や解熱剤として使われた。

中国ではクスサン Dictyoploca japonica やテグスガ Eriogyna pyretorum の幼虫の絹糸腺からとれる糸を釣糸に用いた。酢で洗ってから肉を去り，中の糸をとりだすという。

日本でもクスサンやテグスガの幼虫からとれた糸をテグスと称して釣糸に用いた。天保年間（18

●鱗翅目──ガ

30-44)に成立した作者不明の《釣書ふきよせ》にはその製法が次のように記されている。〈ゑの油(エゴマの油)を火に暖めぬるみたる明礬を少入其中に虫を浸し酢少許加へて虫の首を破り糸を引出す,板上にて釘を打置きそれに糸をかけて虫を指にてつまみそろそろ引けば糸長く出,虫大なれば糸も長し,糸板に著く故平かなれど乾くに随て丸くなる。(中略)今は薩州また信州などにもこれを製するとなむ〉。

栗本丹洲《万宝図説付異物図》には〈楓蚕繭〉の名でクスサンの巣の図が収録されている。注釈によれば,これを指サックのようにはめて茶の葉を摘むと,指先を痛めず疲れも少ない。また子どもの遊びに,巣の中へホタルを入れて光らせ,これを蛍袋とよんだ。さらに上野国(今の群馬県)では白髪太夫とよばれた,とある。

クスサンの繭は〈すかし俵〉とよばれる。網目状で一見俵に似ていることから。秋田県ではクスサンの卵と飯粒を練り合わせ,あかぎれの塗り薬に用いる(渡辺武雄《薬用昆虫の文化誌》)。

【ヨナクニサン】 ヨナクニサン Attacus atlas は,世界最大のガ類のひとつといわれる。沖縄の与那国島の名物として知られ,江崎悌三〈八重山諸島昆虫採集記〉によると,かつて島の子どもたちは,それぞれがとってきたこのガの繭を,一列に並べて吊るし,中から出てくるガの大きさを比べて遊んだという。また繭を他の地方に移出することもさかんに行なわれた。江崎によると,1934年(昭和9)当時,1頭7銭で毎年1000頭以上も移出されていた。

【イラガ】 中国ではイラガ Monema flavescens の繭を雀甕,雀児飯甕などとよび,子どもの薬に用いる。名称はスズメが好んで食う甕という意味で,繭の形が甕を思わせることにちなむ。一説には繭に穴をあけて中の汁を子どもに飲ませると,無病息災に育つといわれ,民間薬としてひろく使われた(《本草綱目》)。《和漢三才図会》では,《本草綱目》で同一物とされた蚝(イラガの幼虫)と螺(不明)が同類異種とされている。以下その記述にしたがうと,螺は黒色で大きなものは2,3寸。身は丸く毛深くて,その毛は脱けやすく,刺されても毒は軽い。また褐色のものもある。蚝は形は偏平で毛は浅く,斑で,さされると毒はたいへんきつい。

イラガの幼虫は鳥類の大好物として知られる。愛鳥家は古くから,飼い鳥に精力をつけさせるため,この虫をせっせと食べさせた。《重修本草綱目啓蒙》によれば,イラガの繭はよく鳥に襲われ,中の虫が食べられてしまうという。

【スズメガ】 古代ギリシアでは,ある種のガの幼虫を粉末にしたものを,化膿した子宮を治すときの薬に用いたらしい。この幼虫には大きな角があったとされているので,一説にはスズメガの1種 Sphinx euphorbiae(英名 spurge hawkmoth)を指すのではないかといわれる。

ペルーのアンデス地方では,スズメガの幼虫をやわらかい小エビのような食べものとして愛用する(三橋淳《世界の食用昆虫》)。

ウチスズメ Smerinthus planus は大型のスズメガで,日本全土にひろく分布する。日本の本草書ではウチスズメの訓を《本草綱目》第40巻に名のみえる樗雞という虫にあてていた。この虫は一名紅娘子といい,黒や真紅など内翅が5色におおわれ,しばしば樹上に列をなすという。たしかにウチスズメのはねは紅色だが,習性は完全にくいちがう。近年の研究によると,これはセミ科の1種ハグロゼミ Huechys sanguinea のことらしい。その証拠に,中薬市場では現在もハグロゼミの乾燥虫体が〈紅娘子〉の名で売られている。

【ミノムシ】《枕草子》には次のような有名な一節がある。〈みのむし,いとあはれなり。鬼の生みたりければ,親に似てこれもおそろしき心あらんとて,親のあやしききぬひき着せて,「いま秋風吹かむをりぞ来むとする。まてよ」といひおきて,にげていにけるも知らず,風の音を聞き知りて,八月ばかりになれば,「ちちよ,ちちよ」とはかなげに鳴く,いみじうあはれなり〉。この〈父よ,父よ〉と鳴く虫の正体は,じつは直翅類のカネタタキである。詳しくは該当項目を参照されたい。

日本では昔から,ミノムシを鬼の捨て子といいならわした。無慈悲な親に粗末な着物をきせられた子どものように見えることによる。

渡辺武雄《薬用昆虫の文化誌》によると,チャミノガの幼虫を巣ごと黒焼きにしたものを,粉末にして虫歯の穴に詰めると効果があるという。また幼虫を黒褐色にあぶったものは心臓病の薬になる。マダガスカルでは,ミノムシをゆでたものを食品として市場で売る(三橋淳《世界の食用昆虫》)。

【エビヅルムシ】 スカシバガ科 Sesiidae の1種ブドウスカシバ Paranthrene regale の幼虫は日本ではエビヅルムシとよばれ,昔から鳥の餌やスタミナ剤に使われてきた。寛政11年(1799)刊行の《日本山海名産図会》によると,〈蘡薁虫〉は山城国の鷹ヶ峰のものがもっとも質がいいという。また同書にはこれは子どもの疳の薬といわれ,枝ごと切って市で売る,とある。

【メイチュウ】 ニカメイガ(二化螟蛾)Chilo suppressalis(英名 rice stem borer)の幼虫は,古くからメ

イチュウ（螟虫）とかズイムシ（髄虫）とよばれ，イネの害虫として知られてきた。名前にニカ（二化）とあるのは，年に2回発生するという意味である。

また年に3回発生するメイガ科の別種サンカメイガ *Scirpophaga incertulas*（英名 yellow rice borer）の幼虫も，同じくイネの大害虫。だがこの虫の害に古くから悩まされていた福岡県では，明治にはいり，篤農家益田素平らの研究により，徐々に有効な対策をあみだしていった。虫の卵を採集したり，松明におびきよせて焼き殺すほか，幼虫が越冬しているイネ株をまとめて切断してしまうのである。ちなみに益田は1895年（明治28），これらの結果をまとめ，《螟虫実験録》を出版した（桐谷圭治・中筋房夫《害虫とたたかう》）。

【誘蛾灯】　誘蛾灯は明治の後半から使われはじめ，しだいに全国へ普及した。1925年（大正14）には，福岡県だけで3300灯が設置されていた。戦争で一時使われなくなったが，戦後は復活，1948年（昭和23）には全国で6万8000灯を数えた。その間，20Wの青色蛍光灯のほうが60Wの白熱電灯の3～4倍もニカメイガを誘殺する事実も発見された。だがこういった矢先，誘蛾灯は占領軍天然資源局の命令によって廃止される。天敵の昆虫も誘蛾灯のせいで殺されてしまうからだ。それ以後は，DDTなどの農薬全盛時代がやってくる（《害虫とたたかう》）。

誘蛾灯とは別に，害虫の発生状況をあらかじめ調べるために立てられた電灯を，予察灯という。この方法は明治の末ごろ確立し，現在も各県に数か所ずつ，配置されている（《害虫とたたかう》）。

【アメリカシロヒトリ】　ヒトリガ科の1種アメリカシロヒトリ *Hyphantria cunea* は，北米原産の虫だが，戦後日本の街路樹に幼虫が大発生し，問題となった。サクラ，ケヤキ，プラタナスなどが好物で，その葉を食いつくす。1945年（昭和20）11月，東京大森の通称森ヶ崎街道にあるポプラの木についていたのが最初の発見例とされる。進駐軍の資材に蛹が付着して，日本に運びこまれたといわれるが，終戦直後に蛹がやってきたとしても，それが11月以前に羽化し，さらに産卵・孵化までできたかとなると，疑問も残る。そこで一時は，アメリカシロヒトリは，第2次世界大戦中，米軍機によって投下されたのではないか，という説も唱えられた（伊藤嘉昭編《アメリカシロヒトリ》）。

いずれにせよ，アメリカシロヒトリは大森を起点に分布をひろげ，1948年には都内の街路樹に大害を与えるにいたる。その後も分布の拡大はとどまるところを知らず，今では北は東北南部，南は四国や九州北部にまでひろがった。その間，1965年から数年にわたり，関東を中心に大発生したので騒がれた。しかし最近は，以前ほど話題にされなくなりつつある。

アメリカシロヒトリは発見当初，アメリカヒトリと命名された。だがほどなく，1910年（明治43）ごろこの名を別のがの1種に与えていた事実が判明し，1949年8月，改めてアメリカシロヒトリと名づけられた。

なお，アメリカでは，アメリカシロヒトリの幼虫は，〈秋に巣を張る虫 fall webworm〉とよばれる。3齢以前の幼虫が，クモの巣のような糸を張って，集団生活を送る習性にちなむ。日本で最初に発見されたのも，こういった状態にある幼虫の群れだった。なお，アメリカではこの虫を，さしたる害虫ではないという。とすると，日本からアメリカに渡って大害虫となったマメコガネ（〔コガネムシ〕の項を参照）とちょうど逆の例といえよう。

【ことわざ・成句】　〈蛾眉〉女性の美しい眉毛を，三日月形をしたガの触角にたとえたよび名。転じて美人のたとえにも使われる。

〈飛んで火に入る夏の虫〉わざわざ自分から災いに身を投じることのたとえ。夏の夜，ヒトリガなどが，あたかも火を奪おうとでもするような勢いで灯火に向かって飛んでくるが，結局は焼け落ちて死んでしまうことから。

【文学】　《スフィンクス The Sphinx》（1849）　エドガー・アラン・ポーの短編小説。主人公が，ハドソン河の岸辺にある別荘から遠くの山あいを眺めていると，はねの長さが100ヤード（約90m）もあろうかというメンガタスズメの怪物があらわれる。これはもちろん主人公の錯覚であったが，この事件があってまもなくのこと，ニューヨークでコレラが大流行しはじめた。西洋人の心の奥に巣くうメンガタスズメに対する不吉なイメージを生かした作品である。

【映画】　《モスラ》（1961）　日本の特撮映画。監督本多猪四郎。特技監督円谷英二。南海の孤島インファント島で，卵の形で眠っていた巨大なガ，モスラが，さらわれていった島の双子の娘を救うため，東京やニューヨークで大暴れする。卵から芋虫，さらに繭をへて成虫となるガの成長過程がすべて折りこまれている点，じつにみごとである。モデルはヤママユガの類のようだ。ちなみにモスラ Mothra という名は，moth（ガ）に由来するが，マザー（母）mother にも通じる。実際，設定によるとモスラは雌で，小人の双子役を演じたザ・ピーナッツとともに，母性的な雰囲気をかもしだしている。原案をつくったのが純文学作家の福永武彦，堀田善衛，中村真一郎というのも異色。

● 鱗翅目──カイコ

カイコ

節足動物門昆虫綱鱗翅目カイコガ科 Bombycidae に属する昆虫の総称，またはその1種．
［和］カイコ〈蚕〉，カイコガ〈蚕蛾〉　［中］蠶（蚕）蛾，家蠶蛾　［ラ］*Bombyx* 属（カイコ），その他　［英］silkworm, silk-moth, silkworm moth　［仏］bombyx, ver à soie　［独］Seidenspinner　［蘭］zijdespinner　［露］шелкопряд
➡ p.304-305

【名の由来】　ボムビクスはギリシア語の〈カイコ bombyx〉から．

英名は〈絹をつくる虫〉．他の各国語名も〈絹をつくるもの〉の意味である．

中国名の蠶は，〈糸を妊む虫〉の意．《本草綱目》によれば，簪はその頭と身との形容，蚰は数多く繁殖することにちなむという．

和名カイコは，〈養うこ〉を意味するという．岩手では，カイコのことをトトコとよんだ．菅江真澄はこれを，尊どしの意味か，としている．また信濃でも，カイコをトウトサマとよんでいたという（《菅江真澄遊覧記》2）．

日本ではカイコの漢名としてひろく蚕の字を用いるが，これは本来誤り．蚕はもともとミミズの名称である．この字のテンという発音が，蠶きの音と通じているため，しだいに両者が混同されるようになったらしい．ちなみにこの混同は中国で生じたもの．ただし《本草綱目》の〈蠶〉の項では，〈俗に蚕の字を書くのは誤りだ〉とされている．

【博物誌】　ガのなかまだが，繭から絹をとるためほぼ2000年前から産業的に生産飼育されてきた．糸を出すカイコはカイコガの幼虫で，ヤママユガと近い関係にある．この産業は中国に発し，古代ギリシア語でも中国と絹は同義である．すなわち古代ギリシア時代，中国人は〈セル Sēr〉とよばれ，絹織物は中国人が運んでくるものであるから〈セレス sēres〉とよばれたという．これがシルクの語源である．古代ローマでも，中国は絹の国の意で〈セリカ Serica〉とよばれていた．絹をあらわす英語シルク silk も，語源をたどると〈中国〉という意味をもつことになる．

なおカイコの糸は，織物のほかに琴や三味線の絃や，手術の縫合糸にも使われる．

アリストテレスの《動物誌》には，カイコガについて記したといわれる以下のような個所がある．〈一種の大きな蛆は角のようなものがあって他のものと区別されるが，この蛆が変形するとまずイモムシになり，次にボムビュリス（蛹）となり，これからネキュダロス（蛾？）が出てくる．6か月で以上の形態をすべて変える．さらにこの動物からボムビュキア（繭）ができるが，これをある婦人たちがときほぐして糸巻に巻き，それから布を織るのである．最初に織ったのは，コス島の人プラテスの娘パンピレである，といわれる〉．しかしこの記述は，聞き書きらしく，原文では角の数が複数とされているし，変態期間の描写も実際のカイコとは異なる．アレクサンドロス大王のインド遠征前後では，絹織物は別として，中国のカイコはまだ地中海世界に到達しなかったからである．また一説には，この虫はカイコではなくインド原産のヤママユガ類だろうともいう．

ところで，養蚕の始まりについては地中海世界にその神話がある．古くギリシア・ローマ時代から，養蚕は地中海のコス島を中心に栄えはじめた．俗説によれば，ガの繭から織物を編みだす技術を発明したのは，当地に住むパンピレという女性であった，という．ガの幼虫から生ずる糸の房を，湿気を加えてやわらかくし，灯心草の錘を用いて細い糸をつくり出すのに成功したのである．かくてコス島では絹産業が栄え，女性ばかりか男性も，絹の衣服をこぞって求めたという．ちなみにプリニウス《博物誌》はこのパムピレに対し，〈婦人の衣服を薄くしていって裸に近くする方法を発明したという否定すべくもない栄誉を担っている〉と称賛するいっぽう，〈男性でもこういう衣服を着て恥ずかしがらなくなった．夏に着ると軽いからだ．革の胸よろいをつける習慣はとうの昔になくなって，ふつうの着物すら着るのが面倒だと思われている〉と風俗の移ろいに古老の複雑な胸の内をのぞかせていて興味ぶかい．

もっともここで語られている虫は，現在のカイコではない．カイコはもともと中国原産で，野生種のクワコ *Bombyx mandarina* を改良したものである．西洋人がこのカイコの絹を初めて見たのは，6世紀のユスティニアヌス帝の治世とされる．プリニウスの時代よりははるか後の話である．したがって，パムピレの〈カイコ〉は，何か別のガの野生種を品種改良したものにちがいない．

史実によると，ヨーロッパで蚕糸業がはじまったのは，550年ごろ，ユスティニアヌス帝に仕えるふたりの僧侶が，カイコの卵をこっそりコンスタンティノープルにもちかえったことによる，といわれる．

西洋において，絹は美の象徴であると同時に，〈着道楽はかまどの火を消す Silks and satins put out the fire in the kitchen〉とことわざにあるように，浪費やぜいたくのたとえにも使われた．

中世ヨーロッパでは，人間のために高価な絹を

❶—養蚕の図。ここに描かれているのは、いわゆる〈カイコ棚〉である。毎朝早く、薄くてやわらかい桑の葉をカイコに与えるのは、主として女の仕事であり、これはたいへんな重労働であった。❷—カイコの種紙。この紙はカイコの卵を受けたもので、蚕種ともいわれる。この紙を生産販売する産地も多かった。また種紙は万延元年(1860)に、初の輸出品として海外にも出された。❸—〈糸繰どり〉。この仕掛けはすばらしい。独力で10巻きの糸を繰ることができる。このような発明が、江戸期にも産業の効率化を少しずつ実現させていたのだろう。以上、上垣守国《養蚕秘録》(享和3/1803)より。

生みだしてくれるカイコは、イモムシ類の代表格とされた。トマス・ムーフェット《昆虫の劇場》でも、イモムシ類のなかでこの虫がまず最初に説明され、さらに幼虫から繭をへて成虫へと変態するようすが、1ページ大で描かれている。

同じく中世ではインドやエジプトでも養蚕がさかんに行なわれていた。そしてそこで生産された絹は、おもにぜいたく品としてスペインやイタリアに運ばれたという。

19世紀前半のヨーロッパでは、フランスとイタリアが2大蚕糸国であった。ところが1840年、フランス・プロヴァンス州カバイヨンで蚕病が発生、やがてイタリアにもひろがり、1852年には、この蚕病が原因で両国の蚕糸業は壊滅的な状態に陥った。そこで1865年、フランス政府は細菌学者として名高いルイ・パストゥールを召喚、病気をなくすための助力を要請した。パストゥールはこれにこたえ、5年にわたる研究の結果、蚕微粒子病原虫 *Nosema bombycis* という原生動物が病原体であることを発見、しかるべき措置をとるよう指導も行なった。伝染病の微生物起源説へとにわかに人びとの注目をふり向けさせた名高い発見である。それでもフランスやイタリアの蚕糸業は、以前のように栄えることは二度となかった。

またヨーロッパの蚕糸業復興策として、蚕微粒子病のない蚕種を他の地域に求めることも行なわれた。その結果、日本の蚕種がもっともすぐれていることがわかり、慶応1年(1865)に蚕種の輸出が公許されてからは、蚕種と生糸が日本の輸出品のトップを占めるようになる(佐藤忠一・井上善治郎〈日本の近代化とカイコ〉《虫の日本史》)。

アメリカのジョージア州には当初、カイコ産業が勃興するよう期待がかけられていた。移民の後援者たちは、カイコの育成にひじょうに積極的で、宣教師サミュエル・ピュレインなどは養蚕奨励の書物《絹の文化 The Culture of Silk》(1758)まで著している。だが未開発で住民の少ない土地であり、それでなくても骨の折れる養蚕をひろめようというのは元来が無理な相談だった。結局見本をイギリス本国にいくつか送っただけで頓挫し、それからは綿花の栽培に力を入れるようになった。ちなみにイタリアやフランスもこのころ養蚕の指導員をジョージア州に派遣しているが、現地の指導員たちは自分の技術を他の国の人間に盗まれないよう必死だったという(C.I.リッチ《虫たちの歩んだ歴史》)。

次に、養蚕が発明された国、中国での事情を語ろう。養蚕については古文献にいくつかの言及が

●鱗翅目――カイコ

みられる。まず《山海経》第八〈海外北経〉によると，跂踵(大踵)国の東には，欧糸野とよばれる野があって，ひとりの娘がひざまずいて木に寄りそい，糸を吐いているという。これはカイコの類を女性にたとえたものらしい。

伝説によると，カイコを育てて絹糸をとる技術を初めて発見したのは，黄帝の元妃西陵で，今から約4000年ほど昔の話だという。ある日，西陵が繭を観察していたところ，繭が熱い茶のはいった椀にすべり落ちた。そこで繭をとり出してみると，光沢ある糸が繭の外側から引き出せるではないか。さらに糸を何本もとって試しに織ってみた西陵は，そのすばらしさに仰天，さっそくカイコの飼育法や絹糸を巻きとる方法を多くの者に調べさせたという。

また《捜神記》に，カイコと桑の由来譚が語られている。ある娘が飼い馬に対し，他郷にいる父親を連れ帰ってきてくれたなら嫁になってもよいと言った。そこで馬はさっそく父親を連れて戻ってきたが，事情を知った父親は馬を殺したうえ，皮をさらしておく。ところが娘が皮に近づくと，皮は娘を巻いてどこかへ飛んでいってしまった。しかし何日かして，皮と娘は大きな木にとまり，カイコとなって糸を出しているところを発見された。そこで隣家の女性が，このカイコを養って糸をとったという。またその樹は，喪という意味で桑とよばれるようになった。

カイコは馬と関係がふかい。蜀地方では，その年の最初に発生したカイコを，馬頭娘とよんだ。頭部がウマに，胴部が女体に似ているためといわれる。なお《三才図会》には，蚕の神を天駟(天かける四頭立て馬車の馬)という，とある。

地方によっては年に2回カイコを孵化させるところもあり，2回めに発生したカイコを，原蚕，晩蚕，魏蚕，夏蚕，熱蚕，二蚕などさまざまな名でよんだ。しかし周代の官制を記した《周礼》では，原蚕をとるのは禁じられている。つまり，孵化は年1回に限られた。一説に，原蚕は馬と気を同じくするため，これを飼うと馬に害が出るところから禁じたのだという。ここでも馬が出てくるのだ。また桑が損なわれるからという説もある。さらに李時珍は，上記のふたつの理由に加え，1年に2回もこの虫に苦痛を与えるのはしのびないし，農事の妨げにもなるからだ，とした。

ついで，東洋博物学の王者《本草綱目》に目を移そう。同書にも，中国北方では馬を重要視するので原蚕を禁ずる，という話が出ている。しかし馬のいない南方では，1年に7～8回も孵化させる地方もあったという。ただし《和漢三才図会》をみると，これは〈いぶかしいこと〉とされている。李時珍によると，中国語の蠶は，糸をはらむ虫の総称という。種類はひじょうに多く，大，小，白，黒，斑色といったちがいがある。さらに《本草綱目》では，〈また胎生のもので母と共に老いるものもある。蓋し神蟲である〉という。ただし薬に使う蠶類は，桑の葉を食うもの，つまりカイコにかぎるという。

中国浙江省の嘉興や湖州では，カイコガの雌の産んだ卵を桑の樹皮でつくった厚紙につけて集めた。この紙は次の年にもまた使えたという(《天工開物》)。これが種紙である。いっぽう，麻の実をカイコの卵のそばに置くとカイコはかえらない，という俗信もあった。

カイコが脱皮を行なう前の静止した状態を〈眠〉，脱皮後を〈起〉と称した。これに関して《本草綱目》には，〈三眠，三起して27日で老いる〉とある。

そのカイコが脱皮した脱け殻は，馬明退とか仏退とよばれ，婦人の血病や，眼病や，性病による陰部の腫物や潰瘍の薬とされた。また糸を繰りだしたあとのカイコの蛹を，〈小蜂児〉とよんで食用とした。この蛹を粉末にしたものは，虫下しの薬などに使われたという。

中国や日本ではカイコの糞を〈蚕沙〉とよび，諸病の薬としてひろく用いた。おもにリューマチ，神経痛，生理不順などの内服薬に使われたらしいが，結膜炎のさいに煎じたものを目にたらすとよいともいわれた。また女性は酒に溶いて飲むと，乳の出がよくなるという(渡辺武雄《薬用昆虫の文化誌》)。

カイコガの雄は，強精剤にも用いられた。李時珍はその理由について，このガは淫らな虫で，繭から出るとすぐ交尾をはじめ，体がやせおとろえるまでやめないからだ，と述べる(《本草綱目》)。

なおカイコに糸状菌 *Botrytis bassiana* が寄生して死んだものを，中国では白殭蠶とよび，古くからさまざまな医療薬に用いた。名称は，死体が白色の菌糸でおおわれることに由来。殭というのは〈死んでも朽ちないもの〉の意。いっぽう形が舎利(仏陀の遺骨)に似ているので，日本ではオシャリとかコシャリともいう。《本草綱目》によると，子どもの驚癇や口瘡，また中風や下血，瘧などの病に薬効がある。また桿状菌が寄生して死んだカイコを，烏爛死蠶とよび，薬にも用いた。しかし《本草綱目》をみると，これは薬にはしないとあり，さらに，烏爛死蠶を白殭蠶と偽って売っている薬屋が多いから，よく選んで買わなくてはならない，とある。

日本の養蚕については，すでに《魏志倭人伝》に

蚕桑絹績（カイコから糸をつむぎ）〈縑縣〉を産出している，と述べられる。古い由来をもつ文化であることが推察できよう。

《古事記》には，カイコの由来譚が語られている。高天原を追われた須佐之男命が大気津比売に食べものを望むと，比売は鼻や口や尻などからご馳走をとり出した。このようすをこっそり見ていた命は，そんな汚いものが食えるか，と言って比売を殺してしまった。すると死体の頭部からカイコが生まれでたという。なお似たような話は《日本書紀》にもあり，こちらでは月夜見尊が保食神を殺したら，死体の眉からカイコが生まれたことになっている。

《日本書紀》雄略天皇6年の条によると，3月7日，后・妃に桑の葉を摘みとらせ養蚕を奨励することにした天皇は，蜾蠃という者に命じ，国内のカイコを集めさせた。ところが蜾蠃は，蚕を児と勘違いし，嬰児を集めて天皇に奉った。そのため天皇は大笑いしながら，その子どもたちを養育するよう命じたという。

《日本三代実録》によると，仲哀天皇4年，秦の功満王が帰化し，珍宝や蠶種などを奉献した。

京都の太秦にある広隆寺は，603年，秦河勝が聖徳太子から仏像を賜って建立したと伝えられる。この秦氏は，はじめて大陸からカイコをもってきて養蚕機織を行なった氏族だという。太秦という地名も，絹がうず高く積まれていたところからおきた名だといわれる。また広隆寺の古名蜂岡寺は，当時カイコをまだ知らなかった日本人がたくさんのカイコの成虫を見て，ハチの群れと勘違いしたためについた名だとある。しかし《本草紀聞》をみると，京都では養蚕を行なわない，とあるのが奇妙ではある。

日本では江戸期以降，カイコは4回眠るといい，第1眠を〈獅子の眠り〉，第2眠を〈鷹の眠り〉，第3眠を〈船の眠り〉，第4眠を〈庭の眠り〉と称した。これは，桑の木の丸木舟で日本にたどりついてカイコになった天竺のある国の金色姫が，かつて継母にいじめられたとき，4たび危難を逃れたという伝説にちなむ。すなわち1回めは獅子に乗って家に帰り，2回めはタカがもってきた肉で命をつなぎ，3回めは漁夫のおかげで島流しから生還し，4回めは庭に埋められてから掘りだされたからである。

また上垣守国《養蚕秘録》にも，〈今本朝に専ら飼う所の白繭蚕は，4度眠り，4度起き，日数凡そ37，8日より40日余にしてまゆをつくる〉とある。当時は黄色い繭をつくるカイコを〈きんこ〉といった。

蚕神（明治ごろの作か）。埼玉県秩父市宗福寺にあり，俗に〈おこさま〉と愛称される。女性の姿をしているのは，養蚕が女性の仕事であったことをものがたる。手に繭玉を持つところが，いかにも養蚕の守り神らしい（森山隆平著《石佛十二支・神獣・神使》）。

《養蚕秘録》はさらに，〈養蚕に午の日を吉日とす。午は時に取りて，日中陽の満つる時刻なり。殊更稲荷大明神を祭るにも，此日を以てすれば，蚕業に吉日とするは，宜なり〉とある。また一説に，カイコは龍の精であり，馬と気を同じくするので午の日を重視するという。

カイコの繭のうち，生糸の原料にならない屑繭や，ひとつの繭に蛹のふたつはいったいわゆる二籠（ふたつ繭）は，引きのばして真綿とする。これを蚕綿といい，綿入（裏を付けて綿を入れた服）や綿帽子の材料とした。また藁のあくで煮た繭を水中に投じ，板上に引きひろげると綿になるという。ただし《和漢三才図会》では，二籠は綿にならない，とされている。そして夏蚕からは糸はとれず，綿をとるためにだけ用いる，とある。

日本では，たばねた藁を波状に折り曲げたものを〈簇〉とよんで，養蚕具とした。これに成長したカイコを入れ，繭を巻かせるのである。なお〈蚕のすだれ〉とか〈えびな〉ともいう。

B.H.チェンバレン《日本事物誌》にも，こんな記述がみえる。〈最近（1926年）蚕を飼う新しい方法で実験が行われた。すなわち，白い小麦粉に弱く薄めた酒をふりかけるのである。このように蚕を取扱うと，その消化機能を促進させ，同時に有害な細菌を殺すと主張されている。そんなことをしたら，結局は蚕そのものを殺すことになりはすまいか。時が経てば分ることであろう〉（高梨健吉訳）。チェンバレンは，西洋と日本のカイコの繭を比較して，日本の繭は，イタリアや東地中海沿岸のレヴァント地方のものより小さくて軽い，とした。ただし絹の質は，ほとんど変わらないと評した。

カイコの餌にはできるだけ薄くてやわらかい葉

● 鱗翅目──カイコ

を与えたほうが，上等の絹糸を吐きだすという。
　なお，日本の生糸については，古くオランダ商館長フランソア・カロンが，寛永13年(1636)に著した《日本大王国志》でふれている。それによると，当時の日本で生産された生糸の量は，毎年約1000ピコル(約60トン)，真綿は3000～4000ピコルもあった。しかし生糸に関していえば，輸入量のほうがはるかに多く，1年間の輸入高は4000～5000ピコルにもたっしたという。
　この生糸が安政6年(1859)6月，日本製品として初めて海外の商人に売り渡された。生糸貿易の濫觴である。値段は1斤(600g)につき金1両1分だったという。
　1873年(明治6)6月1日，横浜に生糸改会社が開業，生糸や所属屑物の検査をはじめた。これは，1878年(明治11)，生糸検査所と改称される。生糸の生産はそれ以後，明治日本を支える貴重な産業として政府に奨励された。
　日本で，カイコの卵を紙に受けたもの，すなわち種紙を初めて海外に輸出したのは万延1年(1860)のことである。しかし年間の総輸出量はわずか50枚だったという。ところが文久3年(1863)にはこれが3万枚，さらに慶応1年(1865)にはなんと300万枚にたっした。しかしその後の輸出量は，慶応3年(1867)に240万枚，そして1877年(明治10)には117万9000枚としだいに減少していった。なお，慶応3年から明治10年にかけての輸出先は，その5分の4から3分の1までがイタリアだったそうだ(橋本重兵衛《生絲貿易之変遷》)。
　幕府は一時蚕種の輸出を禁じていたが，イタリア人やフランス人の要請が絶えず，その結果，闇取引きが横行，たちまち種紙1枚の相場が10両にまではね上がった。さらに日本の商人のなかには，外国人から金だけ取って行方をくらましたり，菜種を蚕種と偽って売る者などが続出した。しかし買うほうも闇取引きとあってはどこにも訴えようがなく，泣き寝入りが多かった。
　いっぽう，種紙生産地は，当初上州島村，信州上田辺，奥州保原，梁川，出羽米沢，秋田辺に限られていたが，種紙をつくるともうかるという話を聞きおよび，養蚕をはじめる農家が全国いたるところに出現した。もっとも，生産者が増えたためにやがて価格が暴落した。また幕府が禁制を解除したので，蚕種の輸出も徐々に減ったが，全国にひろまった養蚕の習俗だけはそのまま定着し，日本を世界一の生糸生産国へと押しあげる原動力となっていった(橋本重兵衛《生絲貿易之変遷》)。
　エドワード・モースは《日本その日その日》でこの種紙にふれている。旅館の天井にさし渡した長い棒に，フランスに輸出するカイコの卵のついた紙片が何百枚もぶら下がっていたようすが，次のように描かれている。〈紙片は厚紙で長さ14インチ，幅9インチ，1枚5ドルするということであった。いい紙片には卵が2万4千個から2万6千個までついている。紙片は背中合せにつるしてあって，いずれも背に持主の名前が書いてある。横浜の一会社が卵の値段を管制する。この会社は日本にある蚕卵をすべて買占め，ある年の如きは卵の値段をつり上げる為に，一定の数以上を全部破棄した〉(石川欣一訳)。
　このように，カイコは有用な虫であったため，ほかの害虫からこれを守るために，カイコ専用の〈虫送り〉行事があちこちで行なわれた。《養蚕秘録》には，中国地方の虫送りのようすが次のように描かれている。〈蚕神に祈り，又は産土神へ詣などし，藁人形あるいは藁馬など作りて，是に桑のむしを少し取乗せ，鉦，太鼓，或は螺貝，笛など吹立て，子供童部ら大勢集り，桑の虫を送た沖のかたへ，行け行けと囃子立，桑の辺を廻り，川ある方へ送り出す〉。

【シルクロード】　ユーラシア大陸の東西をつなぐ交易路の存在は，すでに前5世紀のヘロドトス《歴史》巻4に記録されている。しかし，中国と西方諸国の交易路が確立したのは，一般に，前漢の時代(前206-後8)といわれる。
　ドイツの地理学者F.vonリヒトホーフェンは，1877年刊行の名著《支那China》第1巻において，中国と中央アジアを結ぶ交易路を，初めて〈絹の道Seidenstrassen〉とよんだ。中国側の主産品が，絹であったことにちなむよび名である。さらに20世紀にはいってドイツの東洋学者A.ヘルマンが，交易路の概念をシリアにまでひろげるよう提唱，ドイツ語から英訳されたシルクロードという単語も，しだいに使われるようになった。

【おしら様】　東北地方では，〈おしら様〉とよばれる養蚕の神を，イタコが祀る。これは，桑の木でつくられた男女1対の像で，頭部が馬の形をしたものや烏帽子をかぶったものなどがある。
　関東の養蚕地では，カイコのことを〈おしら〉とよび，正月などにカイコの神(蚕神)を祀る〈おしら講(または蚕日待)〉という行事が女だけで行なわれる。
　ちなみに《松屋筆記》には，〈武蔵相模の俗，正月十五日繭玉となづけて米団子を梅枝にさし，餅花などのさきに，餅を方にきりてさしませ，蠶神に供する事あり〉，とある。これもおしら様にかかわる民俗であろう。

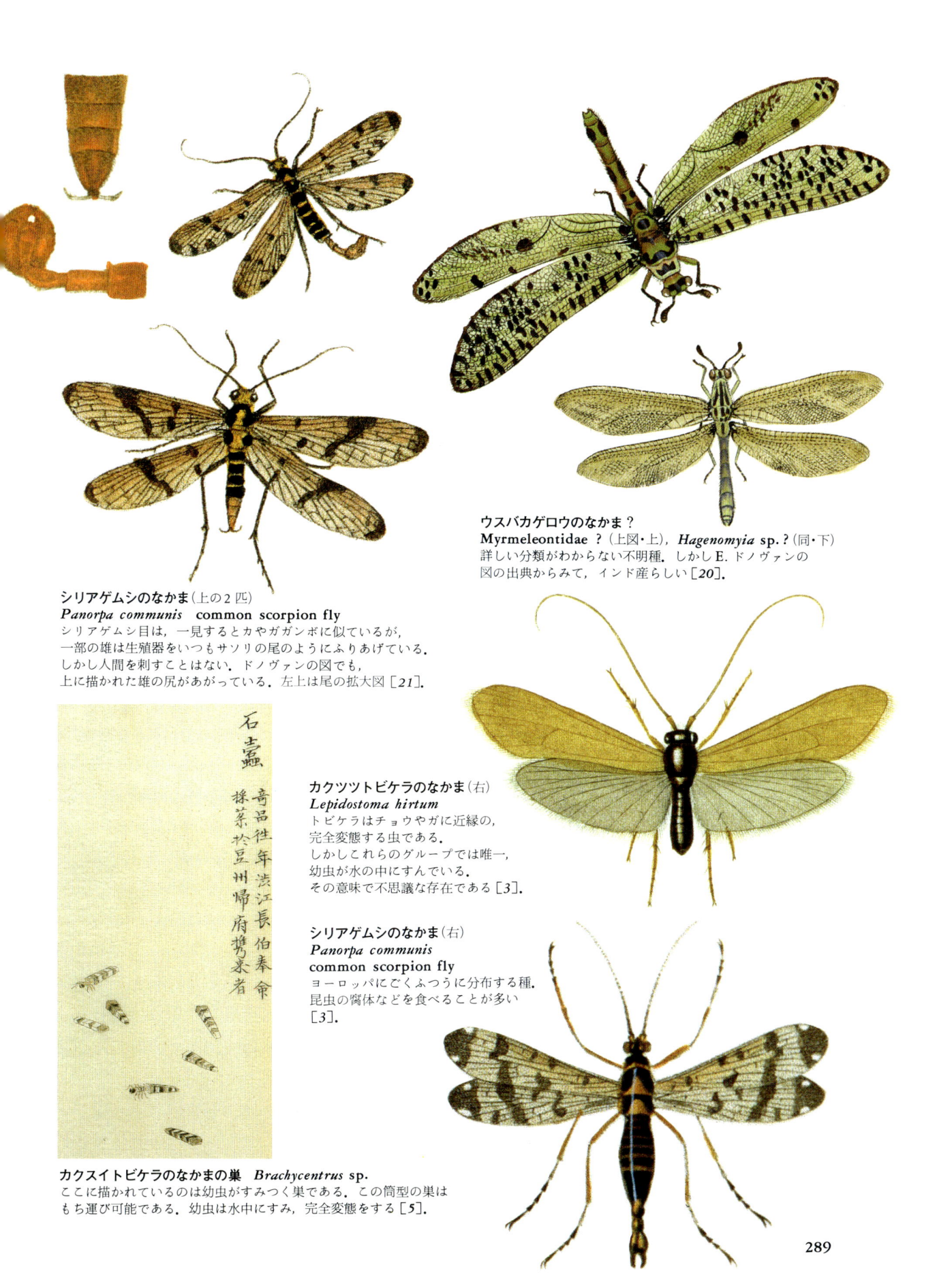

ウスバカゲロウのなかま？
Myrmeleontidae？（上図・上），***Hagenomyia*** sp.？（同・下）
詳しい分類がわからない不明種．しかしE.ドノヴァンの
図の出典からみて，インド産らしい［20］．

シリアゲムシのなかま（上の2匹）
Panorpa communis common scorpion fly
シリアゲムシ目は，一見するとカやガガンボに似ているが，
一部の雄は生殖器をいつもサソリの尾のようにふりあげている．
しかし人間を刺すことはない．ドノヴァンの図でも，
上に描かれた雄の尻があがっている．左上は尾の拡大図［21］．

カクツツトビケラのなかま（右）
Lepidostoma hirtum
トビケラはチョウやガに近縁の，
完全変態する虫である．
しかしこれらのグループでは唯一，
幼虫が水の中にすんでいる．
その意味で不思議な存在である［3］．

シリアゲムシのなかま（右）
Panorpa communis
common scorpion fly
ヨーロッパにごくふつうに分布する種．
昆虫の腐体などを食べることが多い
［3］．

カクスイトビケラのなかまの巣　***Brachycentrus*** sp.
ここに描かれているのは幼虫がすみつく巣である．この筒型の巣は
もち運び可能である．幼虫は水中にすみ，完全変態をする［5］．

289

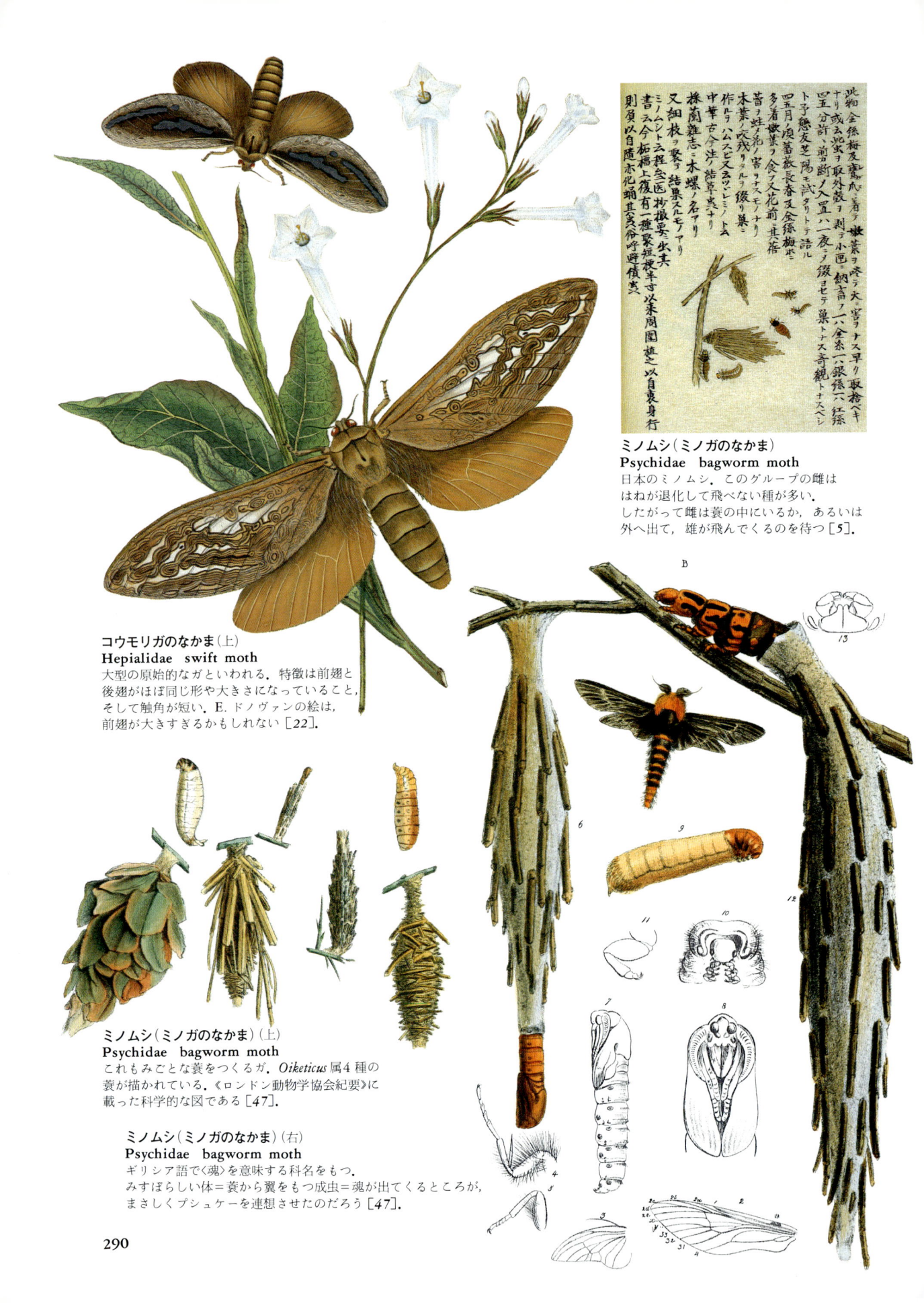

コウモリガのなかま（上）
Hepialidae swift moth
大型の原始的なガといわれる。特徴は前翅と後翅がほぼ同じ形や大きさになっていること、そして触角が短い。E. ドノヴァンの絵は、前翅が大きすぎるかもしれない［22］。

ミノムシ（ミノガのなかま）
Psychidae bagworm moth
日本のミノムシ。このグループの雌ははねが退化して飛べない種が多い。したがって雌は蓑の中にいるか、あるいは外へ出て、雄が飛んでくるのを待つ［5］。

ミノムシ（ミノガのなかま）（上）
Psychidae bagworm moth
これもみごとな蓑をつくるガ。*Oiketicus* 属4種の蓑が描かれている。《ロンドン動物学協会紀要》に載った科学的な図である［47］。

ミノムシ（ミノガのなかま）（右）
Psychidae bagworm moth
ギリシア語で〈魂〉を意味する科名をもつ。みすぼらしい体＝蓑から翼をもつ成虫＝魂が出てくるところが、まさしくプシュケーを連想させたのだろう［47］。

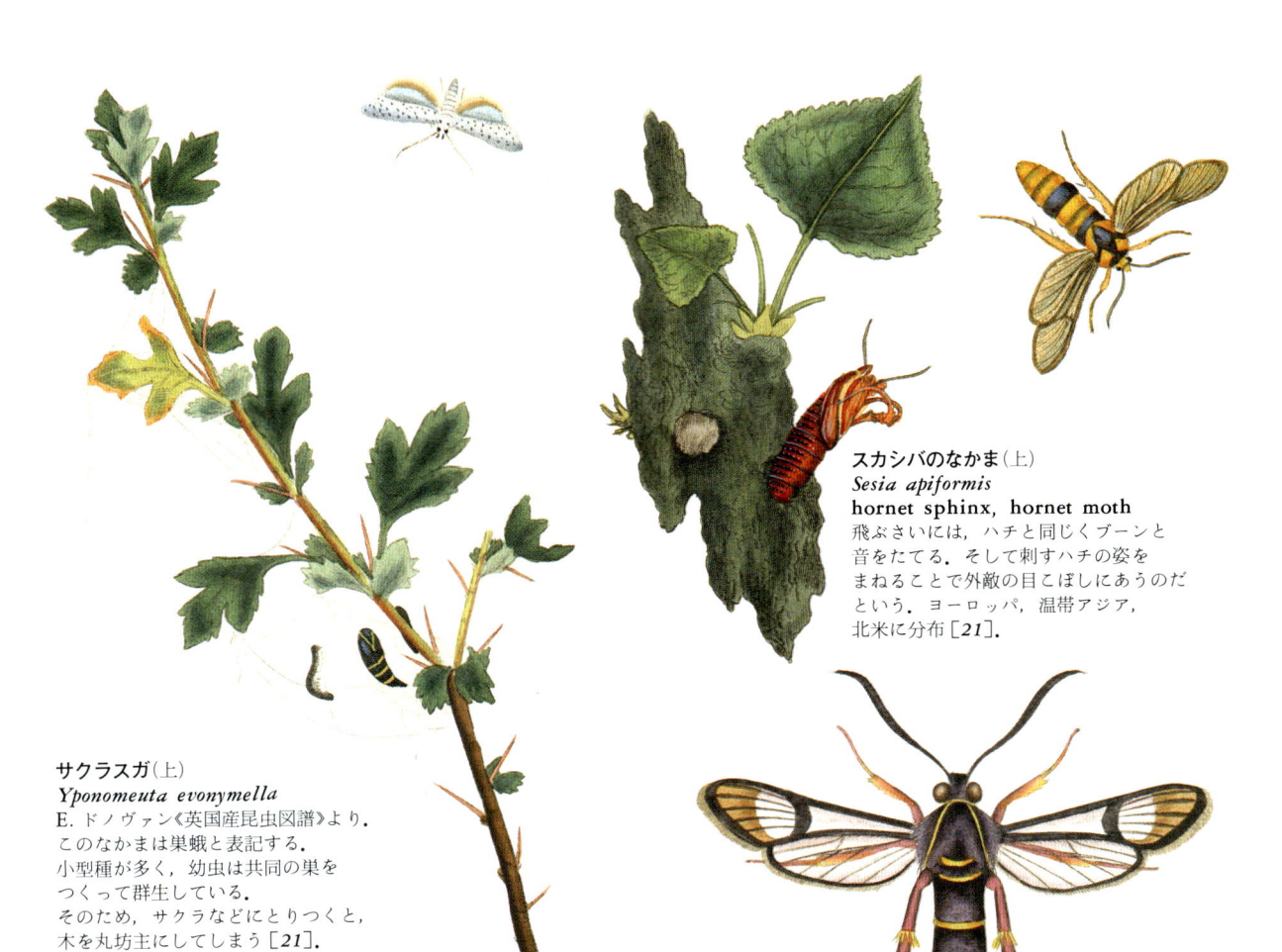

スカシバのなかま(上)
Sesia apiformis
hornet sphinx, hornet moth
飛ぶさいには，ハチと同じくブーンと
音をたてる．そして刺すハチの姿を
まねることで外敵の目こぼしにあうのだ
という．ヨーロッパ，温帯アジア，
北米に分布 [21].

サクラスガ(上)
Yponomeuta evonymella
E. ドノヴァン《英国産昆虫図譜》より．
このなかまは巣蛾と表記する．
小型種が多く，幼虫は共同の巣を
つくって群生している．
そのため，サクラなどにとりつくと，
木を丸坊主にしてしまう [21].

スカシバのなかま(上)
Synanthedon tipuliformis currant clearwing
とてもガにはみえず，どちらかというとハチの類に思える，
異貌のガである．鱗粉がほとんどないはねは，
ハチに擬態した結果と考えられている [21].

スカシバのなかま(上)
Sesia apiformis hornet sphinx, hornet moth
モーゼス・ハリスが描くこのスカシバも，
毒刺をもったハチそっくりの体色をもつ [27].

スカシバのなかま(左) Sesiidae clearwing
生活史がよく描かれた図．幼虫は木の中で成長し，
羽化して飛びまわる．古典的だが興味ぶかい一葉 [42].

ボクトウガのなかま（左図・fig. 1）
Xyleutes mineus carpenter moth
東南アジアに分布するボクトウガ．
E．ドノヴァンの図版であるが，
実物よりもはるかに鮮やかなようだ．

ボクトウガのなかま（同・fig. 2）
Xyleutes scalaris
carpenter moth
原始的なタイプのガは，前翅，
後翅の脈相の差があまりないのが
特色である［20］．

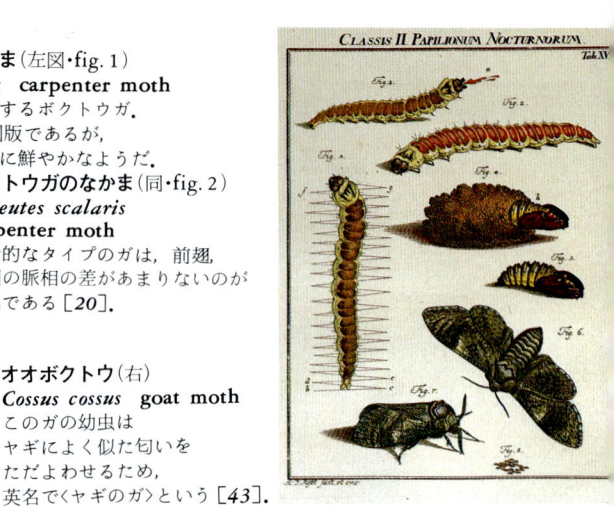

オオボクトウ（右）
Cossus cossus goat moth
このガの幼虫は
ヤギによく似た匂いを
ただよわせるため，
英名で〈ヤギのガ〉という［43］．

マエアカヒトリ（上図・fig. 3）
Amsacta lactinea
東南アジアに分布する
この白いガはヒトリガの
なかまである．はねの形からみると，
ボクトウガに似ているが，
はるかに小型である［20］．

ベニモンマダラのなかま（下図・上段）
Zygaena sp.
アジアからヨーロッパにかけて分布する
マダラガの1種．この美しいヨーロッパの
ガは昼に活動し，いやな匂いをふりまく．

ネグロケンモンのなかま（同・下段）
Colocasia coryli
nut-tree tussock moth
これはヤガ科にふくまれるガで，
幼虫は刺毛が発達している．
レーゼル・フォン・ローゼンホフの図は
幼虫から成虫までを網羅する18世紀的
総合性をよくあらわしている［43］．

ボクトウガのなかま（右）
Cossidae goat or carpenter moth
大型のガではもっとも原始的なグループ．
幼虫は木に穴を掘って暮らす．
E．ドノヴァンの図版も迫力と美しさを
兼ねそなえており，すばらしい［22］．

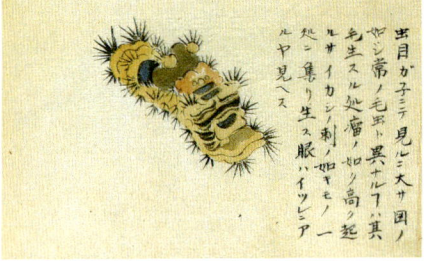

イラガのなかまの幼虫（上）
Limacodidae
いかにも痛そうな毒刺をそなえた幼虫である．
毒草研究家でもあった法眼栗本丹洲の面目が
伝わってくる1枚である［5］．

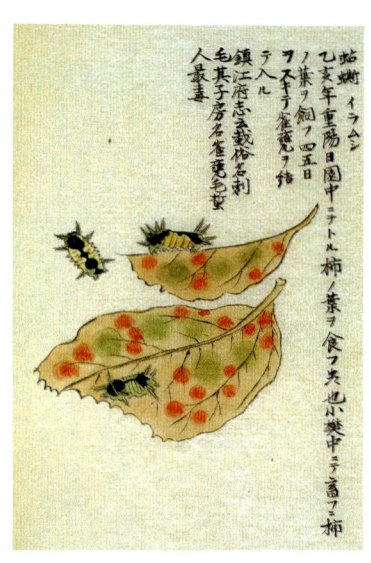

イラガの幼虫（右） *Monema flavescens*
やや小型のガで，繭をつくる．幼虫は
毒刺をもつので注意が必要．栗本丹洲の
この図も，とげに注目している［5］．

292

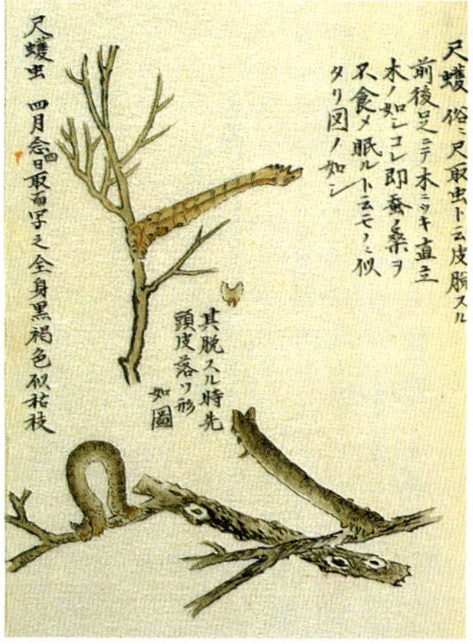

エダシャクのなかま（右）
Ennominae geometer
栗本丹洲が観察した
日本産〈尺取りむし〉．
このグループの雌の
成虫ははねが退化し，
飛べないものもいる [5]．

シャクガのなかま（右と上下）
Geometridae geometer
どれもイギリスにすむ
シャクガのなかまで，
飛ぶ力が弱いと
いわれる．ドノヴァンの
図は鮮やかだが，
実物がここまで目立つ
色彩をしているかどうか
疑問 [21]．

シャクガのなかま？（右）
Geometridae? geometer
モーゼス・ハリスの
《オーレリアン》に載せられた
図の典型を示す傑作．
この古典的美しさを
あらわした構図は
ハリスの創案である [28]．

ツバメエダシャクのなかま（下）
Ourapteryx sambucaria
swallow-tailed moth
ヨーロッパからアジアに広く分布する
シャクガの1種．成虫の雄は軽やかなはねをもつ．
〈尺取りむし〉独特の動きをよく表現した，
オランダ蝶図譜の傑作である．原図はこの国で
多分野の図鑑を制作したセップ一族による [13]．

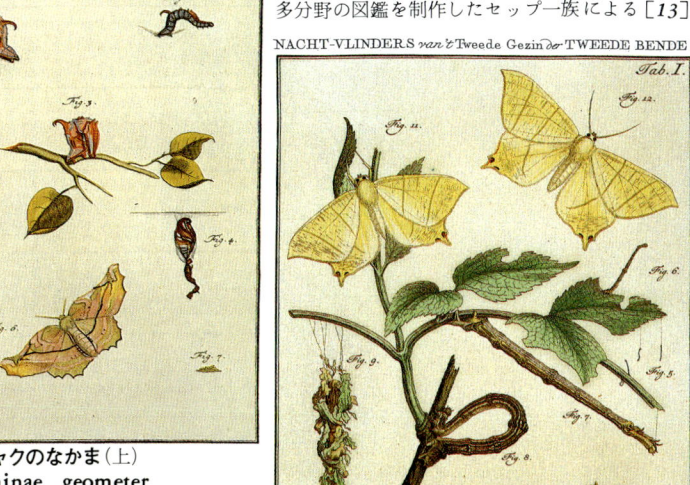

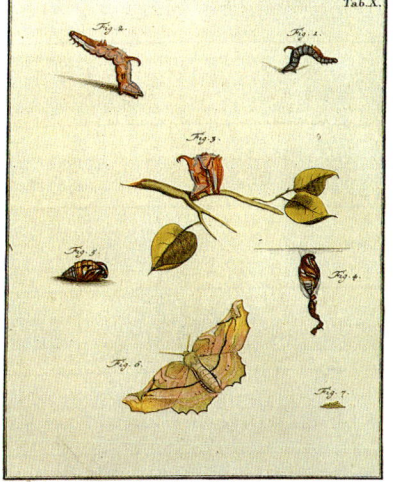

エダシャクのなかま（上）
Ennominae geometer
ヤガ科について種類の多いグループ．
この幼虫は，いわゆる〈尺取りむし〉と
よばれる形態のもの．成虫も迷彩色を
みせておもしろい [43]．

オオシモフリエダシャク（上）
Biston betularius **peppered moth**
ヨーロッパの代表種．
幼虫は見てのとおり枝に擬態する．
きわめて美しい博物図の傑作である [13]．

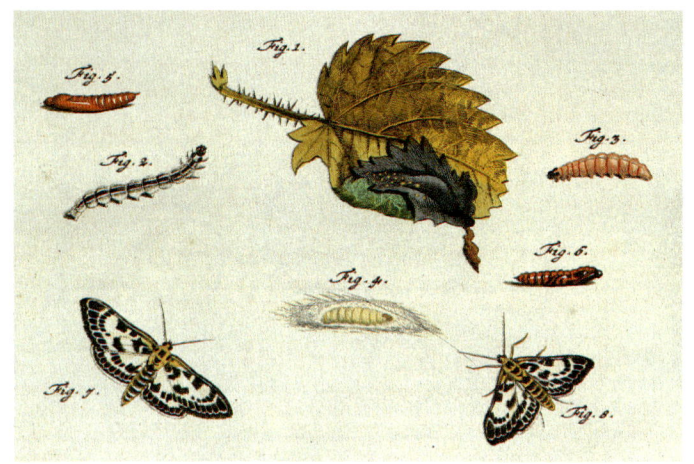

イラクサノメイガ(左)
Eurrlypara hortulata small magpie
ヨーロッパ産の小さなガ．メイガの類で，ノメイガ科に属する．虫の一生を1画面に折りこんだ説明図の工夫に感動する［43］．

ミズメイガのなかま(右)
Nymphulinae
世界中どこにでもいて目につくメイガの1種．はねが裂けた感じがする．これは日本産だが，南米にすむこのなかまには，成虫がナマケモノの毛の中にすむものもいる［5］．

ツバメガのなかま？（上図・fig.1, 2）
Uraniidae?
おそらくアフリカ産のニシキオオツバメガ（シンジュツバメガ）であろう．ツバメガ独特の長い尾が切れた標本を描いており，異様な姿をしている．fig.3, 4 はシジミチョウのなかま［19］．

ニシキツバメガ（右の2匹）
Chrysiridia riphearia
マダガスカル産の個体という．あまりに美しいのでヨーロッパの女性たちが装飾にこのはねを用いたため激減した．このなかまは昼行性である［44］．

ツバメガのなかま
Uraniidae
おそらく南米スリナムのオオナンベイツバメガ
Urania leilus と思われる．とてもガには見えない．
柑橘類に集まるところも，まるでアゲハのようだ．
M. S. メーリアンの描く傑作 [*38*].

ヨシカレハ（上図・fig. 1-8）
Euthrix potatoria
大型の夜行性ガ．マツカレハをはじめ
樹木を枯らす害虫が多いが，幼虫は
刺毛をそなえており，手ごわい．
ヤン・セップの図がすばらしい [13].

ヨーロッパマツカレハの幼虫（左）
Dendrolimus pini
pine lappet moth
これがマツを枯らす害虫である．
ヨーロッパでも被害は大きい
らしく，E. ドノヴァンによる
本図も，マツを食う幼虫の姿
が描かれている [21].

カレハガのなかま
（右図・fig. a-f）
Lasiocampa quercus
oak egger
モーゼス・ハリスの
《オーレリアン》より．
ヨーロッパ産ガの群翔．
18世紀の昆虫図鑑には
このような合成的画面
が多数採用されていた．
図版というよりも
一幅の名画である [28].

ヒロバカレハ（上図・fig. 1-7）
Gastropacha quercifolia lappet
ヨーロッパではよく見かける．幼虫は独特の
模様をもっており，古くから注目されてきた．
成虫は枯れ葉によく似ている [43].

ヨナクニサンのなかま
Archaeoattacus edwardsii
ヨナクニサンに近い種類だが，前翅の
先端が下図のようにヘビの頭に似た
模様になっていない．新発見を次つぎに
報告した《ロンドン動物学協会紀要》に
載せられた図である［47］．

ヨナクニサン（下）
Attacus atlas　atlas moth
東南アジアに暮らすヤママユガ科の超大型種．
前翅の先端が毒蛇ハブの擬態になっているとも
いわれ，なるほどE. ドノヴァンによるこの図でも，
ヘビの頭のように見えている［23］．

Phalæna Atlas.

ロスチャイルドヤママユのなかま
Rothschildia sp.
南米にすむヤママユガのなかま．
こちらも負けず劣らず大きい．
はねの一部に透明なところがあるのは，
アジアのヨナクニサンの場合と同じ［38］．

オオクジャクサン(上)
Saturnia pyri
great peacock moth,
viennese emperor
クジャクサンに似ているが、
さらに巨大化する種。
色も黒っぽく、迫力がある。
南ヨーロッパから西アジア
に分布。レーゼル・フォン・
ローゼンホフ入魂の一葉
[43]。

クジャクサン(右)
Saturnia pavonia
emperor moth
ヤン・セップの描く
ヨーロッパ産シンジュサンの
なかま。大型になる
ヤママユガでは、きわめて
美しいはねを誇る[13]。

クジャクサンの幼虫(左)
Saturnia pavonia emperor moth
この種の幼虫は突起が並んでいるのが特徴。いっぽう、
クスサンの幼虫は長毛におおわれ、ヤママユガでは棍棒状の毛を
疎生させている。ヤン・セップのすばらしい図[13]。

オオミズアオ(上の3匹)
Actias artemis
ヤママユガのなかではもっとも
目につく大型種。青白いはねの色が
印象に残る。長い尾を見るまでもなく、
容易に同定できるが、類似種に
オナガミズアオがいる[17]。

ヤママユガのなかま(右)
Antheraea larissa(fig.1),
Saturnia pyretorum(fig.2)
巨大種をふくむこのグループは、
繭から糸をとることもできる。
しかし色素に染まりにくいといわれる。
ウェストウッド《東洋昆虫学集成》に
描かれたこの図は、ドノヴァンの系譜に
連なる美麗なものである。
ヤママユガの主要グループとして、
幼虫の形態から大別して、
ヤママユガ、クスサン、
シンジュサン、オオミズアオ
に分けると整理しやすい。
この図では、
上がシンジュサン、
下がクスサンの
類である[2]。

298

ヤママユガのなかま（上） Saturniidae
giant silkworm moth,
emperor moth
突起が規則正しく並んでおり，
ヤママユガの特色をあらわしている [43].

ヤママユガのなかま（左） Saturniidae
giant silkworm moth, emperor moth
南米産の複雑な色調をもつ大型のが．
幼虫が長い毛をもち，クスサンの
なかまにも似ている．アマリリスを
背景としたすばらしい作品．
右下の虫は不詳 [38].

ヤママユガのなかま
Saturniidae giant silkworm moth, emperor moth
こちらは典型的なヤママユガ．フクロウの目を思わせる
模様がある．ロジェ・カイヨワによればこれはメドゥーサの
顔のように敵を慄然とさせる効果がある [19].

リボンヤママユの
なかま
Eudaemonia argus
リボンヤママユと
よばれるがの1種．
アジア熱帯部にすむ，
みごとなヤママユガ
である [24].

299

スズメガのなかま(右)
Protoparce sp.
いわずと知れたメーリアンの
力作。鮮やかな色彩をもつ
幼虫には，1本の尾角が
ツンとのび，スズメガで
あることを誇示する [38]。

スズメガの幼虫(右) *Hyles euphorbiae*
このなかまの幼虫には毛がなく，
1本の尾角がついているので
見分けられる。このように
美しい色彩をもつ種もいる
[21]。

コエビガラスズメ(左)
Sphinx ligustri
privet hawk-moth
飛行能力の発達したガ．
名のように，エビの尾を
思わせる姿をしている
[21]。

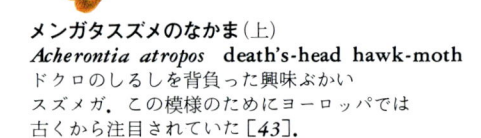

メンガタスズメのなかま(上)
Acherontia atropos death's-head hawk-moth
ドクロのしるしを背負った興味ぶかい
スズメガ．この模様のためにヨーロッパでは
古くから注目されていた [43]。

スズメガのなかま(上)
Smerinthus ocellata eyed hawk-moth
ヤママユガの一部がもつような
目玉模様をそなえたスズメガ．
はねをひろげると，目玉があらわれる．
幼虫には長い尾角がある点にも注目．
ヨーロッパから温帯アジアにすむ [13]。

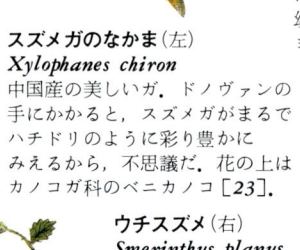

スズメガのなかま(左)
Xylophanes chiron
中国産の美しいガ．ドノヴァンの
手にかかると，スズメガがまるで
ハチドリのように彩り豊かに
みえるから，不思議だ．花の上は
カノコガ科のベニカノコ [23]。

ウチスズメ(右)
Smerinthus planus
日本産の目玉模様をもつ
スズメガの1種．
日本人のガの絵は，
はねがウエーブしている
点に特色がある [5]。

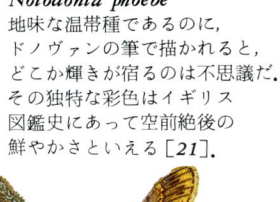

タイワンイボタガ(上)
Brahmaea wallichii
ヤママユガに近縁のイボタガ科に属する。名のように台湾に分布し、きわめて複雑なはねの模様をもつ。かなり大型になり、はねの形にもユニークな点が認められる [42]。

シャチホコガのなかま(下の2匹)
Notodonta phoebe
地味な温帯種であるのに、ドノヴァンの筆で描かれると、どこか輝きが宿るのは不思議だ。その独特な彩色はイギリス図鑑史にあって空前絶後の鮮やかさといえる [21]。

ツマキシャチホコのなかま(右)
Phalera bucephala buff tip moth
書物のカットのようによく構成された図である。精密さよりも、むしろその快い色彩を楽しむべき一葉だ [21]。

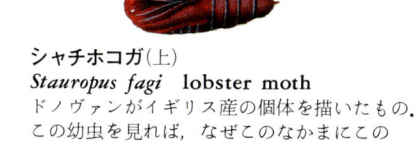

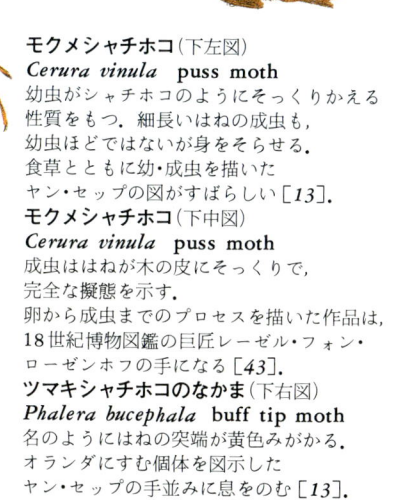

モクメシャチホコ(下左図)
Cerura vinula puss moth
幼虫がシャチホコのようにそっくりかえる性質をもつ。細長いはねの成虫も、幼虫ほどではないが身をそらせる。食草とともに幼・成虫を描いたヤン・セップの図がすばらしい [13]。

モクメシャチホコ(下中図)
Cerura vinula puss moth
成虫ははねが木の皮にそっくりで、完全な擬態を示す。卵から成虫までのプロセスを描いた作品は、18世紀博物図鑑の巨匠レーゼル・フォン・ローゼンホフの手になる [43]。

シャチホコガ(上)
Stauropus fagi lobster moth
ドノヴァンがイギリス産の個体を描いたもの。この幼虫を見れば、なぜこのなかまにこの名がついたか、よく理解できるだろう [21]。

ツマキシャチホコのなかま(下右図)
Phalera bucephala buff tip moth
名のようにはねの突端が黄色みがかる。オランダにすむ個体を図示したヤン・セップの手並みに息をのむ [13]。

301

ノンネマイマイ（上）
Lymantria monacha black arche
ドクガの1種である．
ひげは雄が櫛状，雌が糸状になる．
ヨーロッパから温帯アジア，日本に分布 [13].

ドクガのなかま（上）　*Orgyia antiqua* vapourer
ドクガのなかまには針毛に触れると発疹が出る
〈毒蛾〉がいる．上はヨーロッパ産のドクガの1種．
雌（fig. 9）ははねをもたない [13].

ヨコズナトモエ（下図・中央）　*Eupatula macrops*
みごとなフクロウ眼をもつヤガ．インドから中国南部などに分布する．

チズモンアオシャク（同・下）　*Agathia carissima*
シャクガのなかま．名のように，幼虫が〈尺取りむし〉状の行動をとる種である．

マダラガのなかま（同・上）　Zygaenidae
これも中国産か．E.ドノヴァンの描写がおもしろい [23].

エゾベニシタバ　*Catocala nupta*　red underwing
本種のふくまれるヤガ科は鱗翅目のうち最大の規模をもつ．
ほとんどが夜行性で，灯火に飛びこんでくる．
後翅の紅色が美しい [13].

ミイロトラガ(下) *Agarista agricola*
ヤガ科にきわめて近いがである.
小スンダ, ニューギニア, オーストラリアに分布.
色彩が美しく, E.ドノヴァンもこの図では
トラガにもっとも力を入れている. 昼間活動する
[22].

ヒトリガ(下) *Arctia caja* garden tiger
幼虫はいわゆる〈毛虫〉になる.
いっぽう, 成虫は豹紋が美しく, この図もふくめ
多くの図に描かれた [13].

ナンベイオオヤガ(上)
Thysania agrippina
世界でいちばん大きいがである.
はねの裏側の色彩も美しく, コレクターの
採集目標とされる. 中南米にすむ [38].

ヒトリガのなかまの幼虫
Arctiidae tiger moth, footman, tussock
このタイプの〈毛虫〉といえば, ヒトリガ科の
1種であることが推定できる. 栗本丹洲の図は,
毛虫の動きが伝わってくるほど, よく描けている [5].

カイコガの繭？(下)
Bombycidae ?
《リンネ学会紀要》に描かれたガの繭．
おそらくカイコガ科のものと思われる．
みごとな繭といえよう
[42].

カイコガ(上) *Bombyx mori*
common silk-moth, silkworm
日本でクワコとよばれる野生種を飼育改良したものといわれる．
元来は中国からきたガであるが，長年人間に飼われ，
絹糸をとる対象とされてきたため，繭づくりが発達し，
そのかわり成虫になっても飛べない [43].

カイコガ
Bombyx mori
common silk-moth, silkworm
クワを食べて育つカイコの図．
日本では神にまで
祀りあげられたこともある
重要産業種だ [5].

カイコガの幼虫(左図)
Bombyx mori
common silk-moth, silkworm
このカイコたちは図のような
ポーズをとるが，意外に動かない．
おそらく飼育がしやすいように
飼いならされたためだろう [5].

カイコガ(右図)
Bombyx mori
common silk-moth, silkworm
ひょうたん型の繭と，
羽化した成虫が描かれる．
この成虫は飛ぶのが大の苦手である．
すべては繭の生産に便利なよう
生態改造されているのだ [5].

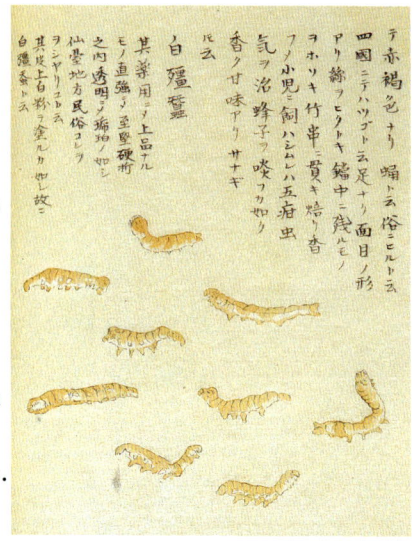

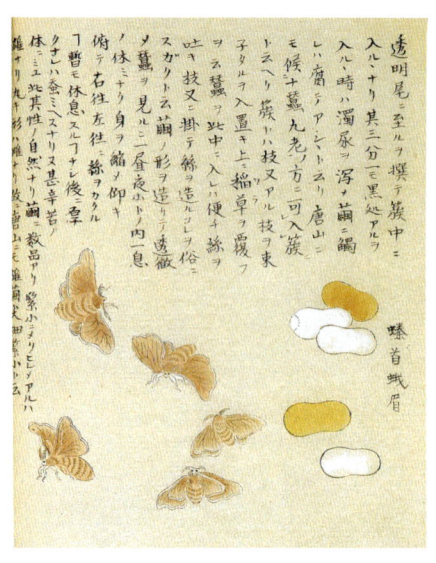

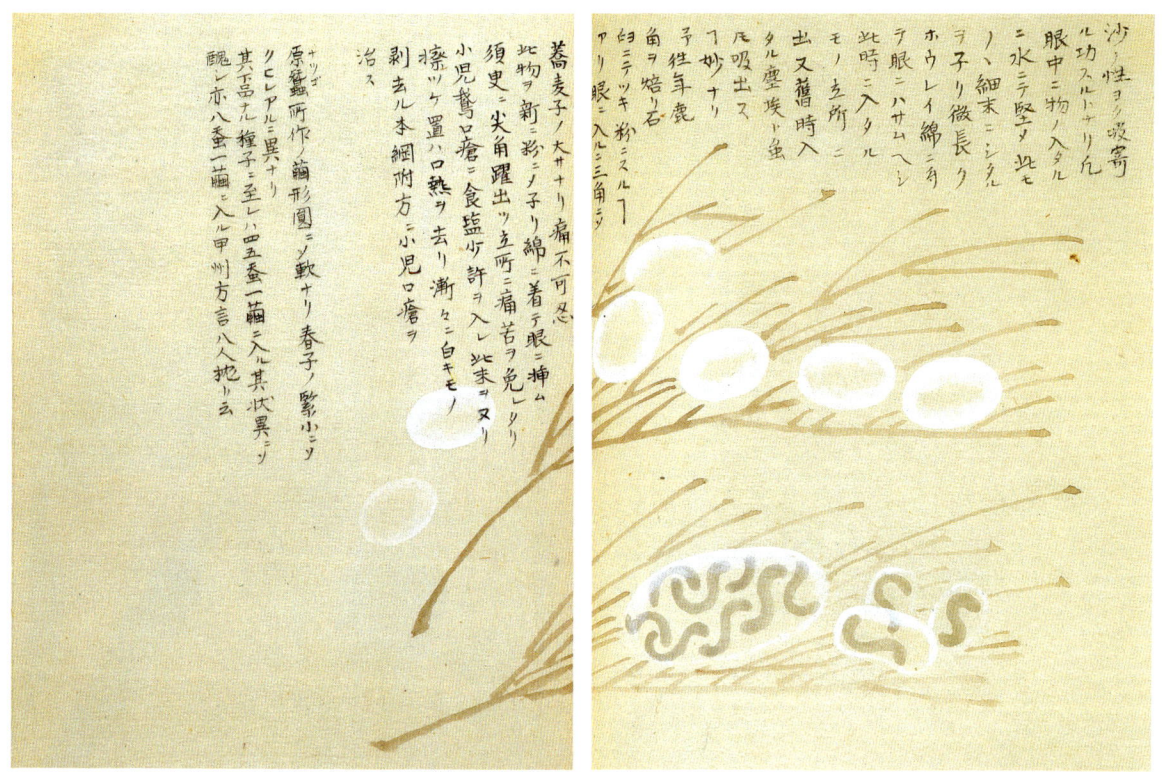

カイコガの繭 *Bombyx mori* common silk-moth, silkworm
カイコガ科は小さなグループで，日本では4属5種知られるにすぎない [5].

カイコガ *Bombyx mori* common silk-moth, silkworm
クワによる飼育の状態を示す．栗本丹洲の時代には，食草となるクワもそうとうに改良されていたのだろう [5].

セセリチョウのなかま(右)
Phocides sp. (fig. 1)
Phocides polybius (fig. 2)
Hesperiidae (fig. 3)
頭部が大きく，ひげもたがいに
離れたところからのびており，
セセリチョウの特徴をよく示している。
すべて南米産である [20].

セセリチョウのなかま(上)
Pyrrhopyge phidias (fig. C, D),
Mysoria barcastus (fig. E), *Pyrrhopyge amyclas* (fig. F)
チョウの名はあるが，他のチョウたちと異なる点が多く，
むしろガ類とのはざまを埋める中間的存在と考えられている。
この図はオランダのチョウ収集家P. クラマーの大著作から
引いたもの．中央の2匹は南米産のツバメガ科の1種 [4].

セセリチョウのなかま(下)
Hesperiidae skipper
P. クラマーの著作に収められたこの図は，大きな頭に，
離れたひげというセセリチョウのポイントが押さえられている。
fig. A-Dはセセリチョウ科のうち有力とされるピロピゲ亜科，
fig. Eはチャマダラセセリ亜科，fig. F, Gがセセリチョウ亜科の
種類 [4].

セセリチョウのなかま(左)
Hesperiidae skipper
ガに近い特徴をもつアジア熱帯部の
セセリチョウが示されている。
このなかまの頭部はかなり大きく，
飛びかたもちがう。
ここにはセセリチョウ以外の
チョウ類も描かれているが，
セセリチョウとの構造的ちがいが
描き分けられていないのは残念 [20].

セセリチョウのなかま（上） *Pyrrochlcia iphis*
P. クラマーのすばらしい図.
fig. A, B が赤い頭をもったアフリカ産のセセリチョウ.
四隅はおもしろい形をした南米産のシジミタテハのなかま [4].

チャマダラセセリのなかま（上）
Pryginae
すべてチャマダラセセリ科にふくまれる南米特産種である.
fig. A, B は *Proteides mercurius*, fig. C が *Epargyreus exadeus*,
fig. D, E が *Urbanus proteus*, fig. F, G が *Chioides catillus* である.
和名はつけられていない [4].

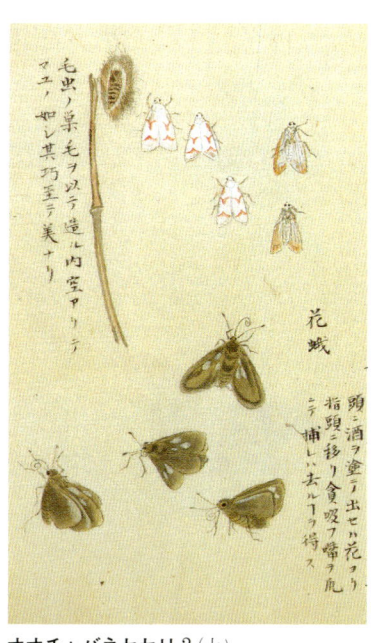

**セセリチョウおよび
シジミタテハのなかま？**
Hesperiidae, Riodinidae ?
美しいドノヴァンの図である.
右下などはセセリチョウの
特徴がとらえられているが,
シジミタテハの類も
ふくまれているかもしれない.
しかし詳しい同定は難しい
[20].

オオチャバネセセリ？（上）
Polytremis pellucida ?
栗本丹洲が描いた〈花蛾〉は,
今日の分類ではガではなく, チョウである.
かつてこの種は丹洲の述べた名にちなみ,
ハナセセリともよばれた [5].

ドルーリーオオアゲハ(右)
Papilio antimachus african gigant swallowtail
これは展翅された状態．最大個体は
両翅のさしわたしで250mmにもなる．
E. ドノヴァンの図もすばらしい迫力を示す
[*24*]．

ドルーリーオオアゲハ(左)
Papilio antimachus
african gigant swallowtail
アフリカ最大のチョウといわれ，
別名をアンティマクスオオアゲハともいう．
ふだんは高木の梢を飛ぶが，ときおり
地上に吸水のため降りてくる[*24*]．

アポロウスバ(上)
Parnassius apollo apollo
ヨーロッパからシベリアにかけて分布し，200以上の亜種に分けられる．ウスバシロチョウは一見するとアゲハにみえないが，幼虫の頭部にアゲハのなかま特有の突起がある[21].

アフリカミドリアゲハ*
Graphium tynderaeus
african green-spotted triangle butterfly
アフリカ産の美しいアゲハ．アオスジアゲハの類で，飛びかたが直線的にみえる[24].

ヨーロッパタイマイ(上)
Iphiclides podalirius scarce swallowtail
ヨーロッパでもあまりみかけない美麗種．極東側には分布していない[43].

キアゲハ(左) *Papilio machaon* swallowtail
日本のキアゲハと同じものであるが，図示されたのはヨーロッパ産の個体である．アゲハ類が少数しか分布しない欧州では，女王的存在といえよう[13].

ウスバジャコウアゲハ
Cressida cressida big greasy butterfly
上が雄，下が雌である．ニューギニア，オーストラリアに
分布し，幼虫はウマノスズクサ類を食べる．
原始的なアゲハチョウで，1属1種．E.ドノヴァンの
《オーストラリア昆虫史要説》に描かれたもの [22].

メガネトリバネアゲハ
Ornithoptera priamus
birdwing, cairns birdwing
ニューギニア各地にすむ
トリバネアゲハである．
産地により光り輝く色彩が
緑色から青色に変化する．
青色のものは
ソロモン諸島東部に分布する．
世界でもっとも大きく，
かつもっとも美しいチョウの
なかま [20].

アゲハチョウのなかま(上)
Papilionidae swallowtail
昆虫採集家として東京大学に雇われたプライアーの図譜から引用．
日本産のチョウを集めた彩色図鑑として最初のものである．
fig. 1Aキアゲハ夏型, fig. 1B同春型, fig. 2Aアゲハ春型,
fig. 2B同夏型, fig. 3ミヤマカラスアゲハ夏型,
fig. 9アオスジアゲハ, fig. 10ギフチョウ [29].

シロスソビキアゲハ(右)
Lamproptera curius
white dragontail
右上の種がアゲハであり，
アオスジアゲハの系統に
ふくまれる．
熱帯アジアに分布 [20].

アカメガネトリバネアゲハ(左)
Ornithoptera croesus
雄の図である．
モルッカ諸島のハルマヘラ島や
バチャン島に分布する珍種で，
黒眼鏡模様をとりまく色彩が
オレンジ色がかっている [47].

ベルトムヌスマエモンジャコウ(右図・fig. A-C)
Parides vertumnus
南米産のアゲハ各種が描かれている．中央にみられる
赤い紋をつけた個体がジャコウアゲハで，よく目立つ美麗種．
ポリダマスキオビジャコウ(同・fig. D, E)
Buttus polydamas
上に描かれた個体で，黄色い縁帯が美しい．
マエモンジャコウアゲハ(同・fig. F, G)　*Parides sesostris*
下は一転してほとんど黒色のアゲハにみえる．渋い彩色の種だ．
P. クラマーの古典的図譜は人工的にチョウを配置してあり，
バロック趣味を思わせる [4].

Papilio Peranthus.

ルリモンアゲハ(下の2匹) *Papilio paris* paris peacock
日本のカラスアゲハに近い．台湾から，中国，ヒマラヤ，
インドシナ，スンダ列島に分布．
名のように瑠璃色の
斑が美しい[23]．

レテノールアゲハ(下)
Papilio alcmenor redbreast
かつては Papilio rhetenor と
名づけられていたが，
レテノールモルフォと同一学名が
形成されてしまうので，
種名 *alcmenor* となった．
ただし和名にはレテノールの名が
残っている[2]．

アオネアゲハ(上)
Papilio peranthus
スンダ列島からセレベスにかけて分布．
ユニークな色合いのアゲハである．
原色の色彩を好むE.ドノヴァンの筆は
アゲハのような大型美麗種にもっとも
ふさわしい[23]．

シボリアゲハ(上)
Bhutanitis lidderdalei bhutan glory
中国からヒマラヤに分布する．この属は4種からなり，
たがいによく似ている．きわめて特色ある色彩をした
原始的なアゲハチョウ科の1種[47]．

モンキアゲハのなかま(右図・fig.1, 3)
Papilio ambrax
メスアカモンキアゲハ(同・fig.2, 4)
Papilio aegeus
《ロンドン動物学協会紀要》より.
fig.3とfig.4はそれぞれの雌である[47].

カラスアゲハのなかま(上)
Papilio spp.　swallowtail
《ロンドン動物学協会紀要》より.
fig.1がチモールアオネアゲハ,
fig.2がアオネアゲハ, fig.3がヘリボシアオネアゲハ,
fig.4がオオルリオビアゲハ. いずれも雄で,
チモール, モルッカ, セレベスなどに分布する[47].

オオルリアゲハ(右の2匹)
Papilio ulysses　blue mountain, ulysses butterfly
すばらしい美しさをもつ種だ.
モルッカからニューギニア, オーストラリア北部に分布し,
たくさんの亜種に分かれている[20].

フトオビアゲハ(左)
Papilio androgeus laodocus
queen page
ブラジルからアルゼンチンに分布する
南米産のアゲハの1種.
これもまたアジア産よりさらに
強烈な配色をもつ[*24*].

フトオビアゲハ(右)
Papilio androgeus queen page
中南米産のアゲハがペアで
描かれているとは,さすがに
現地へおもむいて観察した
M.S.メーリアンの図らしい.
上が雌である[*38*].

ジャマイカフトオビアゲハ(下)
Papilio thersites
ジャマイカに分布する〈黄色い天使〉.
実物よりも色鮮やかな図をつくりがちのE.ドノヴァンも,
アゲハ類だけは実物を超える美麗さに
到達できなかったようだ[24].

アゲハチョウのなかま?(上)
Papilio hyppason?
M.S.メーリアンが描いたチョウの
ほとんどは細部まで同定できない.
しかしレモンの生長と幼虫の成育
過程とをたくみに組み合わせた
概念図の発想がすばらしい[38].

ニセヘクトールアゲハ(左の2匹)
Papilio hectorides
アマゾン流域に分布するアゲハ.
アジアの繊細に対し,南米の大胆.
これが新旧両世界のアゲハを
形容するキイワードのようだ[24].

ベニモンクロアゲハ(右図・上)
Papilio anchisiades　orange dog
前翅にこのような黄色い帯がはいる種も,
アジアには見あたらない.この図はE.ドノヴァンの
《インド昆虫史要説》に収められたが,あきらかに南米産が
まぎれこんでいる.
ヘレナキシタアゲハ(同・下)
Troides helena　common birdwing
アジア産のアゲハにも色彩の鮮やかなものがいる.本種は
その代表のひとつ.染め分けたような彩りが印象的だ[20].

シロチョウのなかま(右)
Delias aganippe　wood white
森林にすむシロチョウだろうか．
オーストラリアに分布する．
E.ドノヴァンのすばらしい
図版の一例といえる[22].

ヒイロツマベニチョウ(上図・中)
Hebomoia leucippe
この大胆な配色は南米産のアゲハを思いださせる．
しかしこれはモルッカ諸島に分布するアジアのチョウ．
日本の南部には近縁種のツマベニチョウがすむ．

ダナツマアカシロチョウ(同・上と下)
Colotis danae　crimson tip
白と赤のシロチョウはインドから中近東に分布．
このなかまはむしろアフリカ大陸に多い[20].

Papilio Pyranthe.
Papilio Philea.

ウラナミシロチョウ(上)
Catopsilia pyranthe
mottled emigrant, common migrant
E.ドノヴァンが中国南部産のものを
モデルとして描いた図．
この種は八重山諸島にも土着している．

オオベニキチョウ(下)
Phoebis philea
美しい赤の斑紋をもつシロチョウ．
シロチョウはアゲハチョウとともに
チョウ類では原始的形態をもつ[23].

アサギシロチョウ（左図・右上と下）
Pareronia valeria
右上が雄，雌は下方に描かれている．
名のとおり，アサギマダラを思わせる．
東南アジア産．

スジグロカバマダラのなかま（同・左）
Danaus affinis
black and white tiger
こちらはカバマダラの近縁種．
東南アジア，オーストラリア，
ソロモン諸島に分布 [20]．

シロチョウのなかま
Ixias pyrene（下図・上），
Nepheronia argia（同・中と下）
上はメスジロキチョウ原亜種の雌で，
東南アジアにすむ．下の2匹は
アフリカに分布するシロチョウ．
いずれも熱帯のもの [24]．

Papilio Teutonia.   Papilio Melania.
Papilio Pomona.

ウスキシロチョウ（上図・上の2匹）
Catopsilia pomona lemon migrant
黄色いのがウスキシロチョウである．
アジア熱帯部のほか，日本にも分布する．

ジャワシロチョウ（同・下の2匹）
Anapheis java caper white
白いほうがこれである．原色あふれるジャワでは，
シンプルな配色がむしろ印象的だ．

ウスグロトガリシロチョウ（同・左）
Appias melania gray albatross
この白いチョウはオーストラリアに分布する [22]．

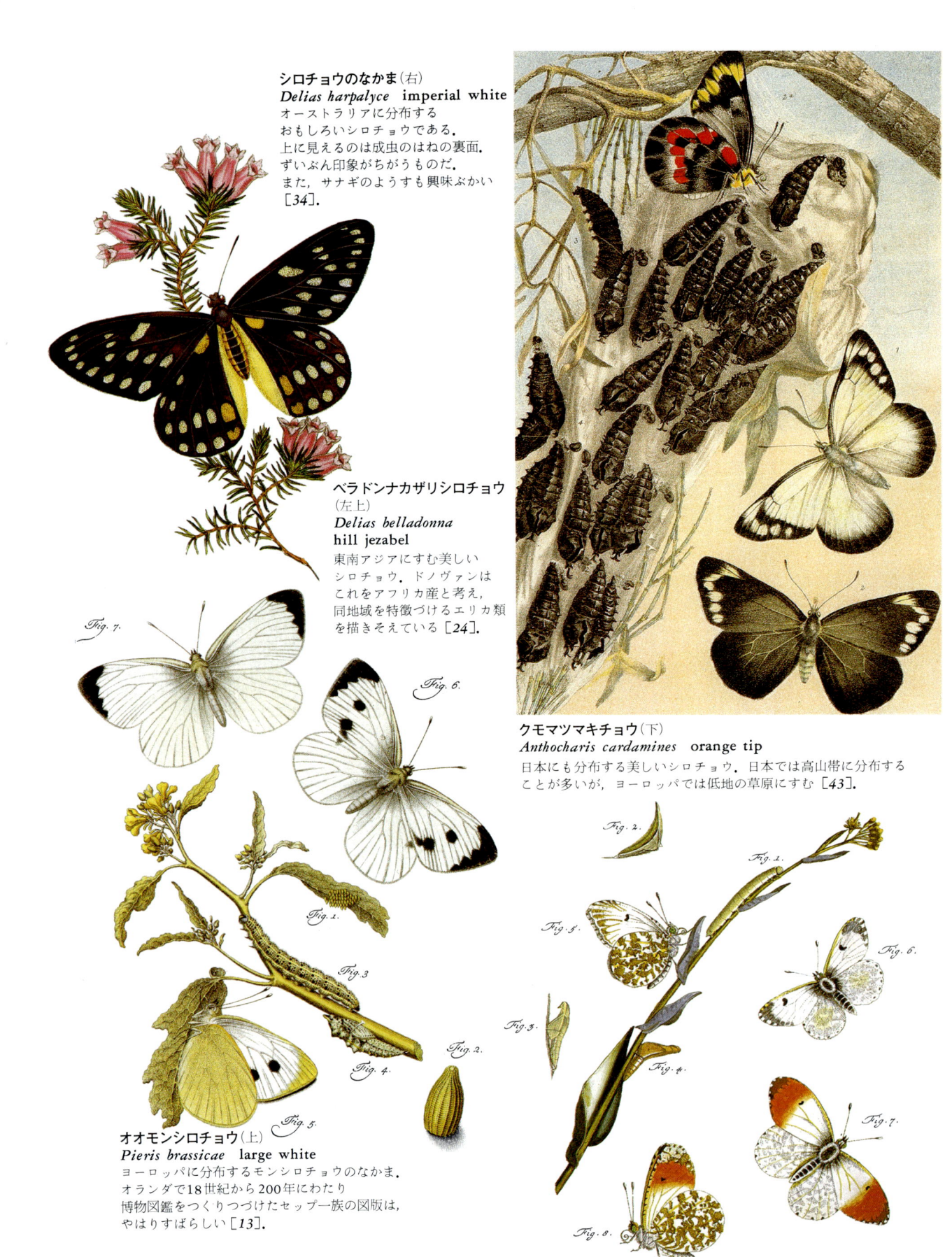

シロチョウのなかま(右)
Delias harpalyce imperial white
オーストラリアに分布する
おもしろいシロチョウである.
上に見えるのは成虫のはねの裏面.
ずいぶん印象がちがうものだ.
また, サナギのようすも興味ぶかい
[34].

ベラドンナカザリシロチョウ
(左上)
Delias belladonna
hill jezabel
東南アジアにすむ美しい
シロチョウ. ドノヴァンは
これをアフリカ産と考え,
同地域を特徴づけるエリカ類
を描きそえている [24].

クモマツマキチョウ(下)
Anthocharis cardamines orange tip
日本にも分布する美しいシロチョウ. 日本では高山帯に分布する
ことが多いが, ヨーロッパでは低地の草原にすむ [43].

オオモンシロチョウ(上)
Pieris brassicae large white
ヨーロッパに分布するモンシロチョウのなかま.
オランダで18世紀から200年にわたり
博物図鑑をつくりつづけたセップ一族の図版は,
やはりすばらしい [13].

シロチョウ類の不明種
Pieridae
E. ドノヴァンにより
Papilio charmione と
記載されて以降,
不明種あつかいにされてきた.
図は誇張がいちじるしい
という. そこがかえって
ドノヴァンの図らしい [24].

レスビアモンキチョウ?（右）
Colias lesbia ?
図の精度が悪いため同定はやや困難.
しかしシロチョウのなかまでは
珍しい色彩をしている.
レスビアとは地中海レスボス島の
名にちなんだもの [24].

コバネシロチョウのなかま（上の2匹）
Dismorphia psamathe
アマゾンに暮らすシロチョウ.
白色の鮮明さはアジア産に見られぬものだが,
これを描いたE. ドノヴァンの独断かもしれない
[24].

エゾシロチョウ（左図・上）
Aporia crataegi black-veined white
モーゼス・ハリスの傑作.
これはヨーロッパから日本の北海道まで
分布する. 石の台座に置かれたサナギが
じつによく印象に残る.
またサクランボの赤い実もこの図に
すばらしい効果を与えている [28].

シジミチョウのなかま(左)
Lycaenidae
インドから東南アジアに分布する．しかし
残念ながら本図では紫色や青色に塗られた
シジミの数が多く，具体的な同定は不可能
[20]．

シジミチョウのなかま(右の2匹)
Aethiopana honorius
アフリカ西部産のシジミチョウ．
森林地帯に分布する[24]．

シジミチョウのなかま(右)
Bindahara phocides (fig. 1),
Evenus gabriela (fig. 2)
シジミチョウは小型で，先太の触角をもつ，
彩り豊かなチョウである．
構造的にはアゲハチョウ群と
タテハチョウ群の中間に位置する．
幼虫はナメクジ状で，
甘い液を出してアリを誘い，
アリの巣の中で育つものもいる
[24]．

シジミチョウのなかま(左・fig. 1)
Drupadia ravindra common posy
インドシナ半島からスンダ列島，
フィリピンまで分布．
ヒイロシジミのなかま(同・fig. 3)
Rapara iarbus ? common red flash
インドから小スンダ列島にすむ．
鮮やかな色彩のシジミである．
シジミチョウのなかま
Tajuria sp.? (同・fig. 2)
'*Thecla*' *orbia* ? (同・fig. 4)
fig. 4の属名は厳密には正しくない．
しかし本図からでは明確なことが
わからない[20]．

*Papilio Lisias.   Papilio Sophocles.
Jarbas. Thales*

シジミチョウのなかま（左の5匹）
Lycaenidae
熱帯地域にふさわしい美しいシジミたち．
しかし不幸なことに，近似種が多いので
種名がよくわからない．同定資料の不足が
E.ドノヴァン文献の泣きどころである［20］．

シジミチョウのなかま（上の2匹）
Evenus sp.
南米産のシジミチョウである．
長い尾のつきかたが
独特でおもしろく，裏面の白さも
目につく［24］．

シジミチョウのなかま（下）
Cycnus phaleros (fig. 1),
Chalybs herodotus (fig. 2)
E.ドノヴァンの《インド昆虫史要説》には，
インドと西インド（カリブから中南米）の混同があり，
しばしばアメリカ産のものが混じる．この図では，
fig. 2 の緑色のものがブラジル北部，ギアナ産．
また fig. 4 はシジミタテハ科に属し，日本に産しない．
シジミチョウにきわめて近いが構造が多少ちがう．
fig. 3 は不明［20］．

シジミチョウのなかま（上）
Lycaenidae
分布その他がよく
わからないシジミたち．
しかしE.ドノヴァンに
よればインド産である
という［20］．

カクモンシジミ（fig. 1）
Syntarucus plinius
日本の八重山諸島の波照間島で
発生したこともある，
熱帯アジア種．
アマミウラナミシジミのなかま（fig. 2）　*Nacaduba* sp.
これはアマミウラナミシジミ属の特徴を明確にそなえている．
褐色の虎模様に注目されたい．
シジミチョウのなかま（fig. 3）　*Eicochrysops hippocrates*
この種は種小名が医聖ヒポクラテスにちなんでいる．
由来が知りたいものだ．
ツバメシジミ（fig. 5）　*Everes argiades*
日本からヨーロッパまで分布．裏が白いので目立つ．
fig. 4 は南米産のカラスシジミ属の1種か［20］．

● 鱗翅目──チョウ

チョウ

節足動物門昆虫綱鱗翅目を形成する2グループのうち，ここではガ，カイコ，シロチョウ，アゲハチョウ以外のチョウの総称とする。

［和］チョウ〈蝶〉　［中］蝶，蛺蝶，蛱蝶，蝴蝶　［ラ］Lycaenidae（シジミチョウ科），Danaidae（マダラチョウ科），Morphidae（モルフォチョウ科），Nymphalidae（タテハチョウ科），その他　［英］butterfly　［仏］papillon　［独］Falter, Schmetterling　［蘭］vlinder　［露］бабочка
➡ p.306-307, 320-349

【名の由来】　リカエニダエはギリシア語で月の女神アルテミスの異名リュカイナ Lykaina から。ダナイダエはアルゴスの王ダナオス Danaos の名から。モルフィダエは美の女神アフロディテの別名 Morphō から，ニンファリダエはラテン語の〈妖精 nympha〉から。

英名バタフライの由来はよくわからない。一説には，魔女がこの虫の姿を装って，バターやミルクを盗むという迷信によるといわれる。またバターをつくる季節にモンシロチョウ Pieris rapae があらわれるからだともいわれる。なお，古語の butterfliege は，ヤマキチョウ Gonepteryx rhamni を示したとする説もある。英語で蛹を意味するクリサリス chrysalis は，ギリシア語の〈黄金 khrysos〉に由来する。タテハチョウ類などの金属光沢をもつ蛹の外見にちなんだもの。イモムシの英名キャタピラ caterpillar は，ラテン語の〈ネコ catta〉と〈毛深い pilosus〉に由来する。

仏名はラテン語でチョウを指す papilio から。これは古アングロ・サクソン語 fifoldara に由来するという説もある。独名は古ドイツ語 fifaltra に由来。またシュメッターリングは〈生クリーム Schmetten〉が語源。これもやはり魔女がチョウの姿をして夜中に牛乳を盗むという俗信から。蘭名は高地ドイツ語の〈（花から花へ）飛ぶ flindern〉という言葉に由来か。露名は〈女性〉に関係する言葉。

中国名の蝶は，葉が左右対称の意で，チョウの姿形をあらわす。

和名チョウは漢名蝶の音読み。

琉球地方では，体の大小を問わず，斑紋をもつチョウ類をまとめてアヤハエルとよんだ（《重訂本草綱目啓蒙》）。

【博物誌】　鱗翅類に属すが，そのグループのみならず，虫界全体の王者とよべるきわだったなかまである。とりわけその美しさは人びとの目を奪ってきた。この項ではチョウ全般について記述するが，さらに［シロチョウ］［アゲハチョウ］について

は別項をもうけて論じてある。

チョウやガにみられる完全変態は，4つの段階を経る。順に①卵，②幼虫，③蛹，④成虫である。かつてヨーロッパではチョウを収集することが大流行し，18世紀初めのオランダ，フランス，そして19世紀のイギリスはチョウ収集のメッカとなった。これら古い時代の愛好家がみずからをオーレリアン aurelian〉すなわち黄金蛹の愛好者とよぶのは，タテハチョウ類などのチョウの蛹が美しい黄金色に輝いているからである。蛹にみられるこの黄金色は雨滴を擬態したものだといわれる。

チョウはまた，花を訪れる姿が美術と博物学にとっての大きな関心事であった。宙を飛ぶためのもっとも容易なエネルギー源となる花蜜を吸うことは，とても賢明な選択といえる。またもうひとつの光景は水場に集まって水を吸うチョウたちの姿である。しかし，この水吸い行動は，ほんとうは水分を補給するためではないといわれるようになった。なぜなら，水場に集まってくるのは雄だけだからである。最近の観察によれば，雄は雌に精包を挿入するときナトリウムを放出するので，それを補うためといわれる。

ホメロスの作品やイソップ寓話をはじめ，ギリシア文学にはチョウ・ガの類がほとんど登場しない。そのため一説には，古代ギリシア人はチョウやガに何か薄気味悪いものを感じ，軽々しく口にしてはならないという風潮があったのではないか，ともいわれている。そういえば〈プシュケー（魂）〉という名前も意味深長である。もっとも絵画や彫刻には，チョウ・ガをとりあげた作品も数多い。

もちろん，ギリシア文献のうちにこのなかまを論じたものも，多少は存在する。アリストテレスは，昆虫類というのは蛆の形でこの世に産み落とされるのだと信じていた。おそらく，チョウたちの卵がきわめて小さいので，観察しそこなってしまったらしい。ただし《動物誌》によると，一部のチョウは例外で，〈ベニバナの種子に似て，中に汁のある，硬いもの〉を産む，としている。じつはこれこそほんとうの昆虫の卵である。その意味からすると，チョウはアリストテレスに昆虫の卵の存在を教えた虫ということになる。しかし昆虫類が蛆の形で生まれるというこの俗信は，中世になっても根強くはびこった。

古代ローマでは，チョウが凶兆であるばかりでなく，幼虫もまた悪虫だった。というのは，イモムシがキャベツなどを食べてしまうからであった。この害からキャベツを守るため，さまざまな方法が編みだされた。プリニウス《博物誌》をみると，キャベツの種子と一緒にエジプトマメをまいてお

くと，イモムシは寄ってこないという。また，もしイモムシが発生してしまったら，ニガヨモギやヤネバンダイソウの煮出し汁を散布するとよい。このヤネバンダイソウの汁の効果は絶大だったらしく，キャベツの種子をまく前に，この汁に浸せば，この野菜はあらゆる虫の害から守られるとまでいわれていた。さらに農園の中に杭を立て，ウマの頭蓋（ただし雌にかぎる）や川ガニをかけておくとイモムシはいなくなる，という俗信もあった。いかに苦労していたかがわかるエピソードである。この害虫はキャベツを食べるところからみて，モンシロチョウのたぐいであろう。

先にふれたように，ヨーロッパには，チョウやガを魔女の化身と見ていやがる地方もある。古代ギリシアからの影響もあっただろうが，おそらくモンシロチョウ類の被害がそうさせたのかもしれない。しかしヨーロッパでは数少ないアゲハ類もまた，幼虫が巨大であることや，蛹が一本の糸に支えられ斜めに立っている姿に首くくりのイメージがあることで，不吉とされた。ちなみに日本でもアゲハの蛹は〈お菊虫〉といって，首くくりの死人を暗示させるものになっている（〔アゲハチョウ〕の項目を参照）。また，チョウやガが魂であるとする発想も，ヨーロッパでは支配的だったらしい。アイルランドには，チョウを1匹捕えて飼うと自分の祖母の魂を頂戴したことになる，という奇妙な迷信もある。

しかし中世の博物学書《健康の園》をみると，チョウ類は小型の鳥類とされている。ムーフェットが登場するまで，中世の昆虫学的知識は古代よりも劣るようになっていたことを示す話である。だが半面，文学的な認識としてはおもしろい。

また中世の博物学者バルトロミオも，チョウ類は〈小さな鳥 small fowl〉とよばれる，と記している。これまた詩的である。

ヨーロッパで長らく続いてきたチョウやガの幼虫を〈災いの元凶〉とする見解は，近世へも引き継がれた。《爬虫類の歴史》を著したエドワード・トプセルもまた，これらの幼虫は，どれをとっても不吉で有毒なものであり，油と一緒に混ぜ合わせれば，ヘビをも追い払うことができる，と述べている。また，チョウやガの幼虫が，早朝，生け垣の上を這っていたら，誰かが死ぬ暗示だという俗信もあった。イギリスでは，チョウが3匹一緒になっているのを見たら，死か大きな不幸の予兆とされる。西洋には古く，殺人者に毛虫を呑ませる刑罰もあったほどである。

当然チョウは悪霊であるから毒虫ということにもなろう。俗信によっても，チョウの糞には毒があり，これをアニスの実，ヤギの乳でつくったチーズ，ブタの血，楓子香（カエデの実の香料），オポパナックス（芳香樹脂の一種）と混ぜ，さらに良質の辛口ワインを加えて錠剤をつくる。そして日にあてて乾燥させると釣りの餌になるという。

イギリスの女性は，芝のコートでテニスをしているときに，チョウがコート上にとまったら，試合を中断するという。これを，不吉な前兆とか死の暗示と見る俗信があるからである。

さらに，ヒオドシチョウは羽化するときに赤い液をしたたらせる。そのためヨーロッパでは古くから，これが大発生すると〈血の雨〉が降ったといって大騒ぎとなった。1296年のフランクフルトではこの〈雨〉の原因をユダヤ人に帰し，1万人もの罪なきユダヤ人が殺されたという（小西正泰《虫の文化誌》）。

だが逆のジンクスもなかったわけではない。イングランド地方のグロウセスターシャーでは，チョウやガの幼虫が腕や肩を這っているのを見つけたら幸運だといいならわした。チョウを1匹，銃の中に入れておくと，標的を絶対はずさないという俗信もあった。また，新しい服が欲しければ，望みの服と同色のチョウをつかまえ，呪文を唱えながら歯でかみくだくと，願いがかなうという。

中世ヨーロッパにおける天使像を見ると，羽の形は鳥よりもチョウに範をとったものが多い。一説に，これは，人間の魂が死後チョウに生まれ変わるという俗信に由来するのだともいわれている。

いっぽう，トマス・ムーフェットは，チョウの博物学的観察に力を注いだ先駆者である。チョウの幼虫を大きくふたつに分け，いっぽうは表面がなめらか，もういっぽうは毛におおわれてざらついている，とした。

中南米の熱帯域に分布するモルフォチョウ類は，鮮やかな青い金属光沢をもつ種が多く，収集家のあいだでも人気が高い。この金属色は色素によるものではなく，ハチドリ同様構造色とよばれる仕組みによっている。モルフォチョウの鱗片には深い谷のようなひだが並び，そのひだは多数の傾斜した薄い層からなる。光が各層を何度もくぐりぬけ，たび重なる入射と反射を繰り返すので，光の干渉が生じて，複雑な金属色を発するのである。色素をふくまないのにシャボン玉や油滴の表面が金属的な色彩をもつのに似ている。H.W.ベイツによると，強烈な熱帯の日光を浴びて輝くモルフォチョウの姿は，400mも離れたところからでも容易に認めることができるという。

チョウ類の多くは一定の場所と時刻を規則正しく巡回している。いわゆる〈蝶道〉とよばれるもの

シジミタテハのなかま
Riodinidae
シジミタテハの主要産地は熱帯アメリカであり，
セセリチョウに似た飛びかたをするシジミチョウ，
といったイメージのチョウである．
図示されたのはおそらく *Mesosemia* 属であろう [38].

シジミタテハのなかま(左図・下)
Euselasia thucydides
後翅がすこしとがっているのが，この属の特徴．
シジミタテハの幼虫も甘い液を出してアリを誘う．
シジミタテハのなかま(同・上) *Calliona* sp.?
モルフォチョウの小型版とも思える美しい青色をした種．南米産．他は詳細不明である[20].

シジミタテハのなかま(右)
Riodinidae
これらもよく飛びまわる種類である．
E. ドノヴァンの本にインド産とあるが，
実際の分布は南米である[20].

シジミタテハのなかま
(上の2匹)
Thisbe sp.?
この属はタテハチョウに
よく似た斑紋をもつ．
よく飛びまわり，
とまるときは葉裏に
まわりこむという[24].

トンボマダラのなかま(右)
Oleria aegle transparent
南米にすむユニークなチョウ．
透明のはねをもつ．
ナス科の植物を食草とし，
なかには植物の毒をたくさん
体内にたくわえる種もいる．
この科に擬態するシロチョウや
ヒトリモドキがいる[24].

325

● 鱗翅目——チョウ

だが、モルフォチョウもこの例にもれない。鳥がチョウを捕えるには、ふつう蝶道で待ち伏せする。しかし、スルコウスキーモルフォ *Morpho sulkowskyi* などの場合、はねの輝きで鳥を幻惑し眼をくらませるので、その追跡をのがれることができる、という。

敏しょうなモルフォチョウを採集するためには、囮を使う方法が知られている。1匹の青いモルフォチョウを紐に吊り下げるか、針に刺して陽のよくあたる場所に置く。ぱたぱたとはねを振る囮に誘われて、付近のなかまが寄ってくるという。囮となるモルフォチョウを見つけられないときには、青い紙片や青く光る絹の布を振ってもよいそうだ。ただし、蝶道を巡回しているチョウは囮には目もくれない。こういうときには地に伏せて、チョウが通るのを待ち受けるしかない。

ニュージーランドのマオリ族は、イモムシに寄生した菌類（つまり日本でいう冬虫夏草）をアフェト awheto とよび、刺青などの絵の具に使う。燃やした菌を粉末にして水と混ぜ、黒い糊にして用いるのだ。

北米インディアンのブラックフット族のあいだでは、夢というのは、眠っている人間にチョウが運んでくるものだとされる。そこで、子どもを眠らせたいときは、母親が、チョウの刺繡をほどこしたシカ皮を、子どもの頭に巻きつけるという。

メキシコではセセリチョウの幼虫のフライを酒のつまみにする。またこの虫をテキーラなどの瓶の底に入れて売る場合もあるらしい（三橋淳《世界の食用昆虫》）。

中国でも、死んだ人の魂がチョウとなって家に戻ってくるという俗信があった。したがって、一般にチョウを捕えることは忌まれた。

《和漢三才図会》によると、越中国立山の地獄道にある追分地蔵堂では〈毎歳七月十五日の夜、胡蝶が数多く出てこの原に乱舞するが、人々はこれを生霊市と呼んでいる〉という。霊蝶とでもよべそうな眺めである。南方熊楠はこれについて〈この蝶は生霊の化するところという義にや〉と述べている（南方熊楠〈本邦における動物崇拝〉）。

また古くから、チョウやガの成虫は樹木の花や葉が化したものだとする俗説も流布していた。ただし《本草綱目》はこの説を一蹴し、〈蠹し蠹（カミキリムシなどの幼虫）、蠋（チョウ、ガの幼虫）などの諸蟲は、蠹が必ず羽化するように老いればいずれも蛻して蝶となり蛾となるという事実をば知らなかったのである〉と正しく記している。

なお《捜神記》には、朽ちたムギはチョウに変わる、とある。また、女性がタテハチョウを身につけていると恋がかなう、という俗信があった。中国名を媚蝶というのもこれによる。

日本では、チョウは文様に描かれるデザインとして人気があった。それらは〈蝶紋〉とよばれ、俗に平家の代表家紋とされる。飛んでいる形を〈胡蝶〉（または〈飛蝶〉）、止まった形を〈揚羽蝶〉（または〈止蝶〉）と称し、平家の出を名乗る江戸時代の武家が好んで用いた。

チョウ類の1種イチモンジセセリの幼虫は、大蔵永常《除蝗録》のなかで、〈葉まくり虫〉の名で害虫にあげられている。同書によると、この虫は日照りが続くと発生する。ただし害は少なく、駆除するには、マメ科の多年草クララを煎じた汁を、2〜3日間、たびたびふりかければよい。また栗本丹洲は、花にとまったオオチャバネセセリを捕えるのに、指先に酒をつけておびき寄せたという（《千蟲譜》）。

【ベイツ型擬態】 有毒な虫やまずそうな虫に姿を似せて敵から身を守るという擬態の一種。名称は、イギリスの博物学者ヘンリー・ウォルター・ベイツが最初にこの説を提唱したことに由来。彼の探検記《アマゾン河の博物学者》によると、南米には派手な色彩で飛びかたもゆっくりした *Heliconius* 属のドクチョウに、斑紋も飛びかたもそっくりなシロチョウがいるのを発見し、これはシロチョウのほうが有毒なドクチョウに姿を似せて鳥の餌食にならないようにしているのだ、と思いついたという。なお擬態するほうを〈ミミック mimic〉、擬態されるほうを〈モデル model〉という。

【チョウの渡り】 チョウやガのなかには、春には北方、秋には南方というように、大群で長距離を移動する種も少なくない。この渡りの規模は、トビバッタ類にも匹敵するともいわれるが、渡りの目的など詳しいことについてはよくわかっていない。たとえば、渡りの季節や方角、また集団の数なども、かならずしも一定ではないのである。

トマス・ムーフェット《昆虫の劇場》は、チョウの渡りを記録した西洋最古の文献でもある。同書によれば、1104年、チョウが大群をなして飛び、雲のように太陽の光をさえぎった。そのため、軍隊まで出動する騒ぎになったという。また1553年には、無数のチョウが、ドイツの大部分を通過、植物や家屋、また人びとの衣服に血のようなしずくをしたたらせていった、とある。

R.トゥルピン《ヘンリー7世とヘンリー8世統治の御代におけるカレーの歴史》によると、1508年7月9日、フランス北部の港町カレーにおいて、白いチョウの大群が高い上空をぎっしりおおい、北東から南東へと飛んでいったという。これは、オ

オモンシロチョウの渡りだったらしい。

《吾妻鏡》に記された〈黄蝶〉の乱舞は，チョウの渡りの記録としては，世界的に見ても古いもののひとつである。これはC.B.ウィリアムズ《昆虫の渡り》にも，資料として引用されている。その記述をみると，たとえば宝治1年(1247)3月17日，〈幅は仮令一許丈，列は三段ばかり〉の〈黄蝶〉の群れが，鎌倉の海岸で乱舞，〈これ兵革の兆なり〉とある。というのも，かつて平将門などが乱をおこしたときも，その前に各地で同じような怪が発生したからだという。なお，この〈黄蝶〉は，渡りを行なう種として日本で有名なイチモンジセセリではないかという説が唱えられている。

九州の玄界灘では，晴天で風がなく海が静かな日に，チョウが1頭，または2頭で海上を渡る姿が，江戸期から観察されている。これを〈蝶の戸渡り〉という(《甲子夜話》三篇巻72)。

また海を渡る習性があるイチモンジセセリは，漁師たちにもなじみの存在だった。三重県鳥羽沖の菅島の漁師には，オキノメカンチの名で親しまれている(中筋房夫・石井実《蝶，海へ還る》)。

【国蝶】 タテハチョウ科の1種オオムラサキは日本の国蝶。1957年(昭和32)，日本昆虫学会で投票の結果決められたものである。ちなみに次点はアゲハチョウだった。じつは1936年(昭和11)にも，蝶類同好会の会員によって，国蝶の選考が行なわれている。このときも1位はオオムラサキで75票，2位がアゲハチョウで34票だった。しかし，投票総数が会員数の半分に満たなかったため，最終決定は見送られていたものである(《日本蝶命名小史 磐瀬太郎集Ⅰ》)。

【ことわざ・成句】 〈蝶番〉という名は，その姿が多くチョウの形に似ているため。水泳の泳法のひとつである〈バタフライ〉という名称は，泳ぐ姿がチョウが飛ぶようすを連想させることによる。

【民話・伝承】 《チョウの誕生》 オーストラリア原住民，アボリジニーズの神話。昔，みんなで楽しく暮らしていたオーストラリアの動物たちに突然不幸な事件が起きた。1羽のオウムが木から落ちて死んでしまったのだ。だがその楽園の生きものは誰も〈死〉を知らなかったので，この現象には首をひねるばかり。するとそのとき，この謎を解いてみせると虫たちが申しでた。木の中や地中に埋めこんでくれれば，次の年の春，ちがった姿でお目にかかれると言い張るのである。そして翌年，かれらは約束どおり生まれ変わった。黄色や赤，青，緑など色とりどりのチョウとして。つまり〈死〉とは，古い殻を脱ぎ捨てて，新たな姿に変わることだったのだ。

精液に集まるチョウ。前6世紀の土器(アテネ出土)。この土器には，リードを吹き精液をしたたらせる男が見え，下にチョウが集まっている。古代ギリシアに固有のこのイメージは，精液とチョウがともに霊(プシュケー)をあらわしているための結合と考えられる。

【プシュケー】 〈魂〉の意。2世紀の作家アプレイウスの《黄金のろば》のなかで〈クピドとプシュケー〉の恋物語として語られる。王の娘プシュケーはそのあまりの美しさを女神ウェヌスにねたまれ，怪物と結婚させられそうになる。しかしウェヌスの息子クピド(キューピッドあるいはエロス，アモル)は彼女に魅せられ，宮殿にかくまい正体をあかさず夜ごと訪れては愛をかわした。そしてある晩，プシュケーが夫の寝姿を見てしまったため，クピドは怒り彼女のもとを去る。プシュケーは夫を求めて世界中をさまよったが，ウェヌスに捕えられさまざまな試練を受ける。その果てに，地獄の女王ペルセポネーからあずかった美の箱を開けてしまう。中には〈深い眠り〉がはいっており，プシュケーはあわや永遠の眠りにつくところだった。が，かけつけたクピドの放った矢によって目覚め，ふたりはめでたく幸福に暮らすことになる。この挿話から，プシュケー(魂)が浄化されるためには，クピドの愛の炎で一度は羽を焼かれなくてはならない，というエピソードも生まれ，プシュケーの姿は古くからチョウのはねをもつ乙女，あるいはチョウそのものとして表現されることが多かった。ちなみに，普通名詞のプシュケーは，〈息を吐く〉が語源で，死者の口から気息のように抜け出る霊魂，肉体と対立する神的存在と考えられている。

【文学】 《荘子》〈斉物論〉には，有名な胡蝶の伝説が出てくる。昔，荘周が夢でチョウになった。そしてひらひら舞い飛ぶうち，楽しさのあまり，自分が荘周であることなど忘れてしまう。が，目覚めるとまた荘周に逆戻り。さて，周が夢でチョウになったのか，はたまたチョウが夢で周になったのか，真相はいかに，というのがストーリー。一説に胡蝶の胡とはひげの美しいようすをあらわ

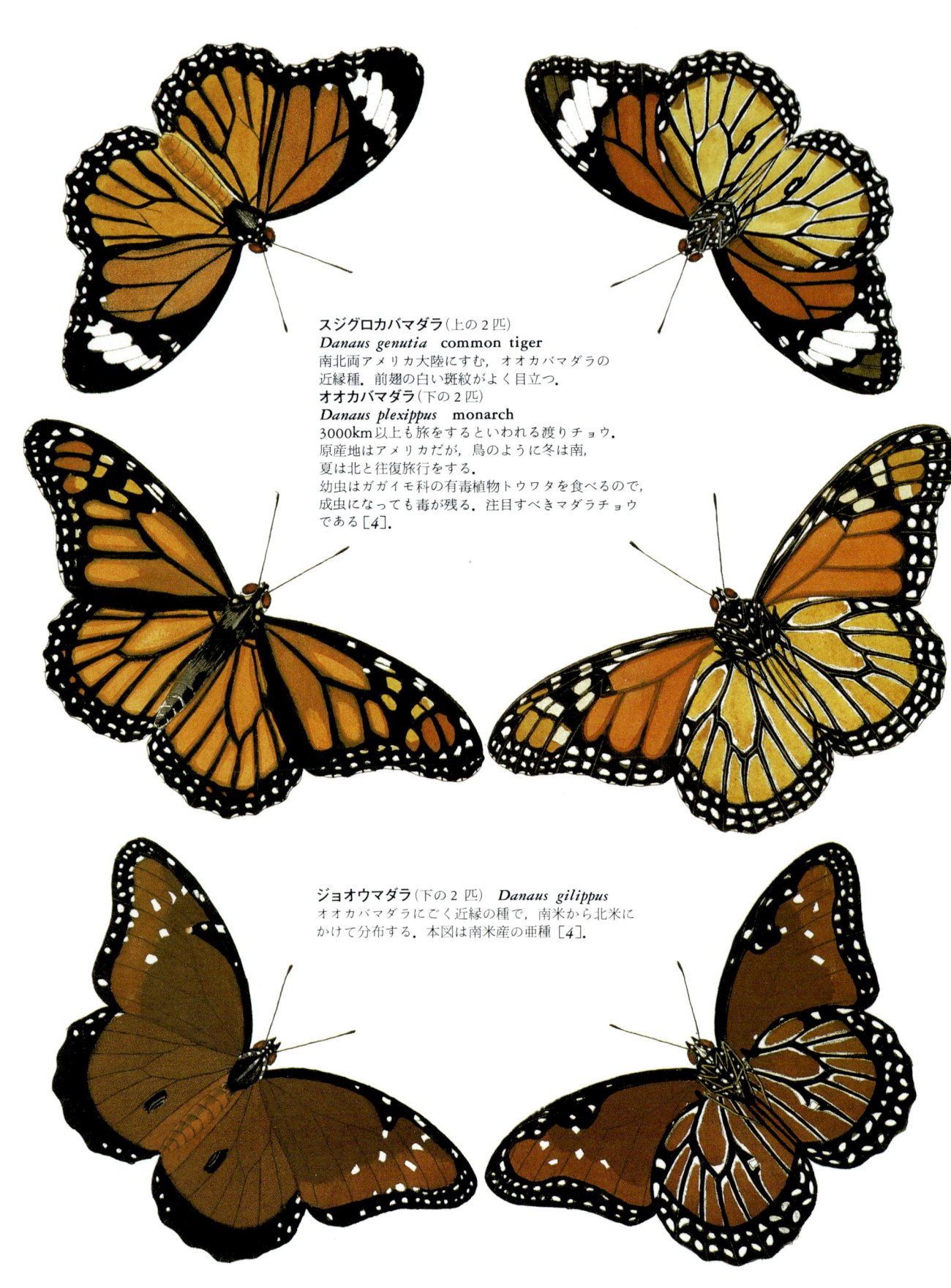

スジグロカバマダラ(上の2匹)
Danaus genutia common tiger
南北両アメリカ大陸にすむ，オオカバマダラの近縁種．前翅の白い斑紋がよく目立つ．

オオカバマダラ(下の2匹)
Danaus plexippus monarch
3000km以上も旅をするといわれる渡りチョウ．原産地はアメリカだが，鳥のように冬は南，夏は北と往復旅行をする．幼虫はガガイモ科の有毒植物トウワタを食べるので，成虫になっても毒が残る．注目すべきマダラチョウである[4]．

ジョオウマダラ(下の2匹) *Danaus gilippus*
オオカバマダラにごく近縁の種で，南米から北米にかけて分布する．本図は南米産の亜種[4]．

スジグロオオゴマダラ(上) *Idea idea*
スラウェシからニューギニアに分布する大型の
マダラチョウ．黄金色のサナギをつくることでも知られる．
P. クラマーの図譜より［4］．

ホソバスジグロマダラ *Danaus ismare*
マダラチョウ科の美麗種．モルッカ諸島，スラウェシに分布する．
渡りをすることで知られるオオカバマダラと同属である［4］．

● 鱗翅目──チョウ／シロチョウ／アゲハチョウ

す。チョウのひげが美しいところからつけられた名称だという。

〈虫めづる姫君〉 平安時代の短編集《堤中納言物語》の一話。さまざまなチョウやガの幼虫を採集し，箱に入れてその成長していくさまを観察する〈按察使の大納言の御娘〉の姿を，生き生きと描く。宮崎駿《風の谷のナウシカ》のモデルにもなった。物語のなかで，姫のかたをもつ老女が，チョウをつかまえると〈瘧病(マラリア)〉を患うという当時の俗信を披露するくだりがある。ちなみに〈虫めづる姫君〉では，毛虫は〈皮虫〉とよばれている。

《不思議の国のアリス》第5章に，キノコについた青いイモムシが登場。体が大きくなったり小さくなったりして悩むアリスはこれを同類とみなして，愚痴をこぼす。つまり，イモムシから蛹，蛹からチョウへと姿を変えるのを不思議に思わないのか，と尋ねるのである。しかしイモムシのほうはそんな問題は考えたこともない。そこで〈おまえは，だれだね〉とアリスに聞きかえすだけだった。

《蝶々夫人 Madame Butterfly》(1904) イタリアの作曲家プッチーニ Giacomo Puccini (1858-1924) のオペラ。《マダム・バタフライ》，《お蝶夫人》ともよばれる。長崎に寄港したアメリカの海軍士官ピンカートンと，芸者〈蝶々さん〉との悲恋を描いたもの。

《韃靼海峡と蝶》(1947/昭和22) モダニズム詩人安西冬衛(1898-1965/明治31-昭和40)の作品集。《軍艦茉莉》(1929/昭和4)に発表された〈てふてふが一匹韃靼海峡を渡つていつた〉という一行詩〈春〉のモチーフを展開させたもの。チョウの渡りをイメージに置いてうたった詩といえよう。

【映画】《コレクター The Collector》 1965年，アメリカ映画。原作ジョン・ファウルズ。監督ウィリアム・ワイラー。主演テレンス・スタンプ。チョウを採集することだけが趣味という孤独な青年が，賭けで大金をせしめ，地下室を買い，そこにかねて憧れていた美女たちをつぎつぎにコレクションしていく。

《パピヨン Papillon》 1973年アメリカ映画。監督フランクリン・J.シャフナー。主演スティーヴ・マックィーン，ダスティン・ホフマン。南米の仏領ギアナの刑務所で，脱獄に執念を燃やす囚人〈パピヨン〉の姿を描く。原作は，実際に脱獄を体験したベネズエラの作家アンリ・シャリエール。〈パピヨン〉という仇名は，主人公の胸にチョウの刺青があるため。

《性処女 ひと夏の経験》 1976年にっかつ作品。監督蔵原惟二。主演東てるみ。埼玉県秩父の武甲山でシジミチョウ類の珍蝶キマダラルリツバメを追う虫好きの少年と，彼の前にチョウの化身のごとくあらわれた妖女ルリ子との交流を描く。設定によると，このチョウの雌は男の精液に寄って来る習性があって，それを知った少年は自慰をしてチョウをおびき寄せる。キマダラルリツバメにはクリの花に寄る習性があるので，少年の精液のにおいをクリの花の香りと勘違いしたのかもしれない。

おもしろいことに，古代ギリシア・ローマ世界にもチョウと精液を結びつける考えかたがあったようで，精液を放出している男性とチョウとを描いた壺や宝石がいくつか発見されている。これは一説に，精液から魂(チョウ)が生まれ出ることを示したものといわれ，プシュケーのイメージに通じるものである。

シロチョウ

節足動物門昆虫綱鱗翅目シロチョウ科 Pieridae に属する昆虫の総称。

[和]シロチョウ〈白蝶〉 [中]粉蝶 [ラ]*Pieris* 属(モンシロチョウ)，その他 [英]white [仏]piéride, papillon blanc [独]Weißling, Weißfalter [蘭]witje [露]белянка ⇒p.316-319

【名の由来】 ピエリスはギリシアの女神ムーサの別名ピエリス Pieris から。

各国語名のほとんどは〈白いチョウ〉の意味。露名は〈色白美人〉の意。

和名モンシロチョウは，〈斑紋をもつ白いチョウ〉の意。だがこの名だと，〈斑紋の白いチョウ〉とも受けとられかねない。矢島稔《昆虫ノート》によると，モンシロチョウは古く〈紋黒白蝶〉と書いたらしい。確かにこのほうが理にかなっているのだが，長くて語呂が悪いので，明治の初めに教科書をつくる時点で〈紋白蝶〉になったという。

【博物誌】 この項目は，モンシロチョウを代表とするシロチョウ科の虫をとりあつかう。チョウ一般については，〔チョウ〕の項目を参照されたい。このなかまは中型で，世界のどこでも見かけられるので，文化風俗との関わりが深い。たとえば，島崎三郎氏によると，アリストテレス《動物誌》に記された〈プシュケ(魂)〉の習性は，だいたいオオモンシロチョウ *Pieris brassicae* を指している場合が多いという。ギリシアでもいちばんポピュラーだったのはシロチョウのなかまだったわけだ。アリストテレスはその蛹について，次のように記してもいる。〈外被が硬くて，さわると動く。クモの巣のような糸で物についているが，口もないし，

その他はっきりした部分は何もない〉。さぞ奇妙に思ったことであろう。

次に古代ローマのプリニウスになると，モンシロチョウは露から生まれる，と述べている。《博物誌》によれば，春の初め，ダイコンの葉についた露が，太陽の光で凝縮され，キビの種子ほどの大きさの固体となる。これが小さな蛆になり，やがてはチョウへと成長するのだという。可憐なシロチョウのイメージにふさわしい。

ヨーロッパ人は一般に，モンシロチョウなどの白いチョウ類を幸運の暗示ととらえ，これを見ると良い知らせが届くとか，飼うと幸運が訪れる，といいならわす。

ヨーロッパ産のモンシロチョウ Pieris rapae は，1860年，汽船とともに大西洋を渡ってカナダのケベックに上陸，30年後の1890年ころには太平洋岸にまで到達する。開拓者がキャベツ畑をつくっていくのに合わせ，分布をひろげたものらしい。そして19世紀の末には北米全土のキャベツ畑に大害を与えるようになった。このチョウのアメリカでのよび名 european cabbage butterfly というのも，こうした事情を重ね合わせると，けっこう皮肉めいて聞こえる（《日本蝶命名小史　磐瀬太郎集Ⅰ》）。

アメリカ・インディアンのズニ族は一般に，白いチョウを見かけたら，暖かくなりそうだと考える。ただしそれが南西から飛んできたら，雨の予兆だという。

朝鮮では，春になって初めて目にしたチョウが，モンシロチョウのように白い色をしていたら，父母を失う前兆だといいならわす。この国では白が葬式の色であることから生まれた俗信だろう（任東権《朝鮮の民俗》）。

《和漢三才図会》に，大きさは1寸くらい，色は白でナタネの花によく集まる，と記されているチョウがいる。これはおそらくモンシロチョウのことだろう。

ところでモンシロチョウは，もともと日本にはいなかったチョウ類とされる。縄文時代の終わりに中国か朝鮮から作物とともに渡来した帰化昆虫らしい。

モンシロチョウというと，〈蝶々，蝶々，菜の葉にとまれ〉という唱歌のメロディーを思い浮かべる向きもいるだろうが，じつはモンシロチョウが好んで集まるのは，黄色い菜の花畑ではなく，白い花を咲かせるダイコン畑のほうである。ダイコンに飛来するのを10とすると，菜の花に来るのは1～1.5くらいの割合だという。さらにまたモンシロチョウが白いインゲンの花にもよく集まる事

実を観察した昆虫学者の横山桐郎は，モンシロチョウが好むのは白い花のほうで，黄色い花は好かない，という考えを述べた（横山桐郎〈紋白蝶は菜の花に集らぬ〉《動物学雑誌》第417号）。

なお，江崎悌三博士によると，モンシロチョウの幼虫，すなわち青虫を天ぷらにすると，甘くて結構いける味がするという。腹にキャベツが詰まっているのでその甘味が出るらしい（《江崎悌三随筆集》）。

アゲハチョウ

節足動物門昆虫綱鱗翅目アゲハチョウ科 Papilionidae に属する昆虫の総称，またはその1種．
［和］アゲハチョウ〈揚羽蝶〉　［中］鳳蝶　［ラ］*Papilio*属（アゲハチョウ），その他　［英］swallowtail　［仏］papillon　［独］Schwalbenschwanz, Edelfalter, Ritter, Schwanzfalter, Segler　［蘭］koninginnepage　［露］парусник, ласточкин хвост　➡p.308-315

【名の由来】　パピリオはラテン語の〈チョウpapilio〉から．

英名は〈ツバメのような黒い尾をもつチョウ〉の意．独名は〈ツバメの尾〉〈高貴なチョウ〉〈尾をもつチョウ〉〈帆船，ヨット〉の意味．蘭名は〈女王の小姓〉．露名も〈帆船，ヨット〉〈ツバメの尾〉の意味である．

中国名は，アゲハチョウの姿を霊鳥鳳凰にみたてたものだろう．

和名アゲハチョウは，〈はねを揚げたチョウ〉を示す．止まったときの姿勢にちなむ．アゲハチョウの古名をカマクラというが，これはアゲハやクロアゲハ，カラスアゲハなど大きなチョウの総称．むろん関東（とくに東京）でのよび名である．昆虫学者の矢島稔氏はこの名の由来について，湘南地方にアゲハが多いのを〈鎌倉〉の名で代表させたのだろう，としている．

【博物誌】　チョウのなかでは大型，しかもきわめて美しく，ほとんどの種は長い尾をもつ．幼虫の頭には臭角とよばれる嚢があり，ここから酸性液を分泌する．アゲハチョウの類を大きく分けると，狭義のアゲハチョウとウスバシロチョウに二分される．ウスバシロチョウ類は長い尾がなく，シロチョウのように白地が目立つチョウである．

中国はなんといってもアゲハチョウについての伝説が多い国である．もっとも有名なのは荘周の胡蝶の夢であるが，これは［チョウ］の項目を参照されたい．

唐の玄宗皇帝は，豪華な宮殿で酒宴を催すとき，いつも後宮の女たちをたくさん侍らせた．そして

スカシジャノメのなかま(左)
Satyridae
南米のジャノメチョウ.
メーリアンの図像はあいかわらず大胆で,
デザインの面から見ると申し分ない[38].

ヒメウラナミジャノメのなかま(上)
Ypthima bardus
ジャノメチョウはひろい意味の
タテハチョウ類にふくまれる.
前脚が退化して歩行に使用されない
ことが共通した特徴という.
ジャノメチョウははねの裏面に
1個以上の眼点をもち,
東洋区に種類が多い[24].

A　　　　　　　　　B

ルリモンジャノメ
Elymnias hypermnestra
common palmfly
東洋区の熱帯に広く分布する美麗種.
ヤシの周辺を飛びまわる[4].

レナハカマジャノメ(上の2匹)
Pierella lena
アマゾンにすむユニークな色彩の
ジャノメチョウ．
ハカマジャノメとはよくつけた名で，
白抜きの紺袴をはいたチョウを
うまくあらわしている．
レアハカマジャノメ(下の2匹)
Pierella rhea
こちらもアマゾン流域にすむ別種の
ハカマジャノメ．
白点の数がちがう[4]．

マーブルシロジャノメ*(上)
Melanargia galathea　marbled white
かすかな蛇の目模様をもつ
ヨーロッパのジャノメチョウ．
レーゼル・フォン・ローゼンホフの原図による．
この種は中近東，北アフリカへも
分布している[43]．

ジャノメチョウのなかま(下図・上段)
Pseudonympha hippia
ヒメジャノメのなかま(同・下段)
Mycalesis evadne
下はじつに愛らしい紋のついたジャノメ．
アジアの小さな星といった魅力がある．
P. クラマーが刊行した18世紀最高の
熱帯チョウ類の図譜より[4]．

ジャノメチョウのなかま(右の3匹)　*Taygetis* spp.
中南米産のジャノメチョウは，模様も複雑さがひと味ちがう．
P. クラマーの熱帯チョウ類の図譜より．fig. Aは *T. valentina*
fig. Bは *T. andromeda*, fig. Cは *T. celia*[4]．

●鱗翅目──アゲハチョウ　●双翅目──ガガンボ

❶──桃山人《絵本百物語》(天保12/1841)に描かれた〈於菊虫〉。ジャコウアゲハ *Byasa alcinous* の蛹は，黄色や淡褐色をして，背面に朱色の斑点がある。その特異な姿は女性が後ろ手に縛られて立木につながれたように見えるので〈お菊虫〉とよばれた。❷──胡蝶。山田美妙《蝴蝶》の挿絵。日本初のヌード画である。花鳥画で知られた渡辺省亭がこの絵を描き発禁処分を受けた。美女の蝴蝶をアゲハに重ねあわせた美意識は日本伝統のものであろう。

籠の中の蝶を美女たちに向けて放ち，チョウが舞いおりた女性に寵を与えたという。このチョウはおそらくアゲハの類であったのだろう。しかし玄宗皇帝は最後に楊貴妃を愛するようになると，チョウに女性を選ばせる習慣をやめたという。

4世紀晋の崔豹の撰といわれる《古今注》では，アゲハチョウはコウモリと同じくらい大きい，とされている。

しかし《異物志》には，アゲハチョウに関するさらに奇妙な記述がみられる。〈ある人が南海に渡航したとき，蒲帆ほどの大きさの蛺蝶(アゲハチョウ)を見た。その肉を秤ってみると80斤あって，食ってみるときわめて肥美であった〉。このように巨大なアゲハチョウなら，さぞや食べでがあったことと思われる。

中国では，キアゲハの幼虫を小腸が痛んださいの治療薬に用いた(《本草綱目》)。

アゲハチョウ類の蛹は，樹皮に尾の先端を固着し，1本の絹糸を枝にかけて全体重を支える。これを中国では〈縊女(首をくくる女の意)〉といい，日本では〈お菊虫〉とよぶ。和名は《播州皿屋敷》のお菊が後ろ手で柱に縛られているようすにみたてたもの。姫路にある〈お菊神社〉では，これを霊虫としている(渡辺武雄《薬用昆虫の文化誌》)。

《甲子夜話》には，お菊虫の由来にまつわる異説が記されている。元禄年間(1688-1704)，摂津尼崎の城主青山大膳亮に仕えた侍女お菊が，飯の中に針を落とした罪で殺された。そこでこのお菊の怨霊が虫と化したという。

アイヌは，アゲハチョウ類の幼虫を魔物の化身とみなしていた。角を出して悪臭を放つので，化けものと間違えられたらしい。そこで，これに出会うとヨモギの茎に突き刺して川に流したり，ヨモギの鞭でさんざん叩きのめしたりした。ヨモギには魔物を追い払う効果があると信じられたためである(更科源蔵・更科光《コタン生物記》)。

【トリバネアゲハ】　トリバネアゲハ類は，ニューギニアとその周辺の島々にのみ分布する大型の美麗種である。和名は〈鳥のようなはねをもつアゲハチョウ〉という意味。収集家にとっては垂涎の的だが，分布域や個体数が限られているうえ，空高く飛んでいるため，捕獲は容易にできない。1種アレクサンドラトリバネアゲハ *Ornithoptera alexandrae* は，雌の展翅翅開張が23cmほどにもなり，世界最大のチョウ類といわれている。

また，極端に小さい後翅を特徴とするゴクラクトリバネアゲハ *O.paradisea* の雄は，体からなんともいえない気高い香りを発する。《世界のトリバネアゲハ》(1976)を著したB.ダブレラによれば，その香りは〈バニラにバラの花の香りを混ぜ合わせたような芳香で，標本にした後も，なお数か月はすたれずほのかに匂っている〉という。

【常世虫】　《日本書紀》皇極天皇の条によると，3年(644)秋7月，富士川のほとりに住む大生部多という者が，現世利益が得られるといって，民衆に〈虫祭り〉を行なうよう勧めた。これは〈常世の虫〉を安置し，財宝を投げ出して歌い踊るというもので，民衆はさっそくそのとおりにしてみたが，さっぱり効果がなく，大生部多は民を惑わした科で懲らしめを受けたという。ちなみに〈常世の虫〉についてはく常に橘の木に生じ，あるいは山椒の木にもつく。長さは四寸あまり，その大きさは親指ほど，色はみどりで黒いまだらがある。その形はたいへん蚕に似ていた〉とされ

ており，アゲハチョウ類の幼虫であることは間違いない。

【文学】《妖蝶記》(1958) 香山滋の昆虫怪談。モンゴルのネメゲトウ盆地から，種族維持の悲願を抱き，産卵のため日本に渡ってきたジュラ紀の生きた化石オオコガネアゲハ——その化身である少女パピ(papilioに由来)の妖異な姿を描く。設定によれば，このチョウの色は半透明の淡緑色。世界でいちばん大きく華麗で，眼は人間と同じ単眼だという。

《蝴蝶》 1889年(明治22)1月《国民之友》に掲載された山田美妙の短編小説。平家没落時の壇ノ浦を舞台にした歴史物で，平家方の女房蝴蝶と源氏方の密偵である若侍二郎とのあいだにくりひろげられる悲劇を描く。当時としては斬新な口語文体で装飾的に綴られる作品だった。渡辺省亭の描いた裸の蝴蝶像は，日本で初めて女性のヌードがあらわれた挿絵としてつとに有名。このため雑誌は発禁処分を受けたが，美妙の名を一躍高からしめることになった。なお，渡辺省亭の挿絵には，蝴蝶という名の連想としてアゲハチョウが描かれている。裸女の妖美さをアゲハチョウによって象徴させた実例といえよう。

ガガンボ

節足動物門昆虫綱双翅目ガガンボ科Tipulidaeに属する昆虫の総称。

[和]ガガンボ〈大蚊〉，カノオバ，カトンボ，アシナガ [中]大蚊 [ラ]*Tipula*属(キリウジガガンボ)，その他 [英]crane fly, daddy-long-legs, spinning Jenny [仏]tipule, tailleur [独]Schnake [蘭]langpootmug [露]долгоножка　　　　　　　　　　➡p.350

【名の由来】 ティプラはラテン語で水の上をすばやく走る昆虫や水グモを指す言葉。ただし古くはアメンボ類のよび名としてもひろく用いられ，トマス・ムーフェットもこの語でアメンボを指している。

英名クレイン・フライは，〈ツルに似た飛ぶ虫〉の意。長いあしがツルを連想させるためか。またダディ・ロング・レッグズは〈足ながおじさん〉の意。極端に長い脚部にちなんだもの。なおこの名は，メクラグモ目のザトウムシなど極端に長いあしをもつ種々の虫にもあてられる。またファーザー・ロングレッグズfather-longlegs，ハリー・ロングレッグズHarry-longlegsともいう。仏名は〈仕立屋〉。独名は〈たわごと〉の意だが，ある種のヘビをも指す。蘭名は〈長いあしをもったカ〉。露名は〈あしの長いもの〉の意味。

土中にすんで植物の根を加害するガガンボ類の幼虫は，かたい表皮におおわれているため，英語では〈皮ジャケットleatherjacket〉とよばれる。

和名ガガンボは本来カガンボとすべき名称で，そもそもは〈蚊の母〉〈蚊の伯母〉などに由来している。つまりこの虫は英語では〈おじさん〉，日本語では〈おばさん〉とよばれているわけだ。和名はカに似てはいるがそれよりも大きいという意味だろう。水戸市のようにカノオヤジ，カンメノオヤジなどとよぶ地方もある。

【博物誌】 ハエ類，アブ類，そしてカ類からなる双翅類のなかま。カやブユのたぐいに属する。甲虫に次いで9万種もいる大所帯の双翅類にあって，なかでも大きなグループといえる。病原体をまきちらすこともある。鋭い口器で生物から体液を吸いとる。特徴は双翅，つまりはねが2枚しかないことである。すなわちガガンボは図体の大きなカなのである。

ムーフェットは《昆虫の劇場》のなかで，ガガンボが長いあしを用いて飛びはねるようすはダチョウにとてもよく似ている，とおもしろい指摘を行なっている。同書にはまた，この虫が蠟燭の中に飛びこんでよく焼死するという観察報告もみえる。

イギリスでは，ガガンボの雌を一般に〈羊飼いshepherd〉とよぶ。ヒツジたちが餌を食べている場所によくこの虫がいるからだ。

日本では明治前半までは，カガンボという名がほぼ定着していたが，それ以降ガガンボとわざわざなまって表記されることが多くなった。原因はどうやら日本昆虫学の祖といわれる松村松年の《日本昆虫学》にあるらしい。同書復刻版の解説を担当した小西正泰氏によると，同書の初版(1898)ではすべて〈カガンボ〉となっているのに，増補再版からなぜか〈ガガンボ〉が混入し，さらに増訂三版以降はみな〈ガガンボ〉に統一されてしまったという。もっともこの名を本来の〈カガンボ〉に戻そうという動きもあるようで，その証拠に《動物分類名辞典》や小学館の《万有百科大事典20　動物》などをみると，〈カガンボ〉となっている。

キリウジガガンボ*Tipula aino*の幼虫は切蛆といって，古くからイネやムギの大害虫として有名だった。切蛆の名は，イネなどの苗を根もとで切断して食害する習性にちなむ。《和漢三才図会》には田畑に多く害をなすものとして木里宇之と記載されている。同書によれば，この虫は形は蚕に似て肥えており，黒色あるいは灰白，あるいは赤褐色で，短足。大小いろいろである。つねに円く屈まっていて，猫が丸くなって臥しているさまに似ている，という。

ヒメフクロウチョウのなかま（上図・上）
Brassolis astyra
南米の大型チョウ．後翅の裏にフクロウの目を思わせる模様をもつものがいるので，この名がついたが，どの種にもあるわけではない．本種は裏側にかすかな点しかもっていない．

フクロウチョウのなかま（同・下）
Caligo eurilochus common owl
この属は後翅の裏に眼点をもつ．しかし表側は茶色と青に彩られ，美しい．このなかまは日中は飛ばず，薄明かりの状態にのみ姿をあらわす［9］．

フクロウチョウのなかま（上）
Caligo idomeneus
表側の美しい色彩があらわれたところ．裏側の目玉模様は，かれらを食べようとする鳥たちへの威圧効果をもつ［38］．

ムラサキワモンチョウ（下）
Stichophthalma camadeva
northern jungle queen
ヒマラヤからインドシナに分布するアジア種．しかし南米のフクロウチョウとは，見てくれも性質もきわめてよく似ている［2］．

ヒメフクロウチョウのなかま
Brassolis sophorae
目玉模様をもたないフクロウチョウもいる．M. S. メーリアンはこれらのチョウを注意ぶかく観察し，図示している．なお，下のチョウはトンボマダラ科の1種であろう［38］．

メダマチョウ
Taenaris urania
メダマチョウはアジア産で，
ワモンチョウのなかま．
しかしどう見ても南米のフクロウチョウの
目玉模様にそっくり [23]．

Papilio Jairus.

London Published as the Act directs by E. Donovan Feb!1.1798.

レテノールモルフォ
Morpho rhetenor cramer blue morpho
熱帯の海と空の青さに染まったレテノールモルフォは，雄の成虫においてその青さがきわまる．大型種でなおこのような鮮やかさを保つ．アマゾン流域に分布し，インディオたちはこのはねを使って美麗な貼り絵を制作した．現在も工芸品に利用されている[23].

Papilio Menelaus, var. _ *Papilio Rhetenor*, cram

メネラウスモルフォ
Morpho menelaus linnaeus blue morpho
南米に広く分布するモルフォチョウは，
輝くようなトルコ・ブルーに彩られた，
この世ならぬ美しさをもつ種類である．
M.S. メーリアンが描いたこの個体は
はねのへりが黒いところから，雌である
［*38*］．

ミズアオモルフォのなかま *Morpho laertes*
うすい青色が透きとおるように美しい．
モルフォチョウのなかまは旧世界のワモンチョウに
近いとされ，大きなはねのわりに胴の長さが極端に
詰まっている．はねの裏に蛇の目模様があり，
このグループをタテハチョウやジャノメチョウとも
関連づけている[24]．

メネラウスモルフォ
Morpho menelaus linnaeus blue morpho
雄を描いたこの図もみごと．青一色のはねをもつ雄に対し，
雌は黄褐色部が多いので，成虫の雌雄判別は容易である．
この大型種はリンネによって記載されたほど古くから
知られている．中南米の高さ1〜2mといった低木帯や
日当たりのよいところを舞いまわる[38]．

モルフォチョウのなかま？ *Morphidae?*
これはモルフォチョウの変態過程を描いた18世紀初頭の作品である．
幼虫もこのように派手な色をしており，酸性物質を分泌して身を守る．
ときに数百匹もの幼虫が群れをなすという[38]．

デイダミアモルフォ *Morpho deidamia*
おもしろい図である．裏地の蛇の目模様が，
モルフォとジャノメチョウとの関係をよくあらわしている．
下にいる雌は青色部がきわめて少ない．
M.S.メーリアンの傑作［*38*］．

モンキアカタテハ (fig. 1-4)
Bassaris itea australian admiral
オーストラリアに産するタテハ類のひとつ．このなかまの成虫は
ふたつに分けられる．(1) 森林性で，樹液や果実に集まる
グループと，(2) 草原性で，花蜜に集まるグループとである．
ここに描かれたのは草原性の種であろう．

ヒメアカタテハのなかま (fig. 5-8)
Cynthia kershawi australian painted lady
これもオーストラリア種．草にとまった横向きの個体を
よく見ると，4本あしで，前脚が退化した事実をみてとれる．
アゲハやモンシロチョウなどが6本あしであることと
対照をなす［34］．

カスリタテハ(左図・上) *Colobura dirce*
はねの裏をみせたところである。例によって輝くばかりの
彩色をほどこしたドノヴァンの図。これはインド産昆虫の
図鑑に描かれたものだが、
同じインドでも
西インド(アメリカの
カリブ諸島周辺)が
まぎれこんできた。

マルバネタテハ(同・中)
Euxanthe eurinome
forest queen
このすばらしい、
絣が模様のチョウは
アフリカ西部に分布する。
名のように、はねが丸いのが
特徴。なお左下の種は
正真正銘のアジア、モルッカ諸島産の
ハレギチョウの1種 *Cethosia chrysippe* である [20].

タテハチョウのなかま(右)
Palla ussheri
約3000種を数える、チョウ類のなかの
超大世帯。ここに描かれた種はいささか
美麗すぎるようだ。アフリカ西部に分布する [24].

フタオチョウのなかま(右2匹)
Nymphalidae
一見するとアオスジアゲハ類
にみえるアフリカ原産種。
しかしこれはれっきとした
タテハチョウである。その証拠に、
前脚が退化している。
ドゥルー・ドゥルーリの図譜に
描かれた作品。原図はモーゼス・
ハリス。同定をお願いした猪又敏男氏に
よると、この図はアフリカ南東部にすむ
Charaxes etesipe の雌を描いたもので
あろうとのことである[19].

ヨーロッパヒオドシチョウ
(左・左図)
Nymphalis polychloros
large tortoiseshell
ヨーロッパから北アフリカ、
中近東、ヒマラヤ西部に
まで分布する、
〈べっこう模様〉の美麗種。
図版レイアウトの絶妙さに
酔う [13].

クジャクチョウ
(同・右図)
Inachis io **peacock**
きわめて美麗な
タテハチョウである。この
クジャク模様はよく目立ち、
野原で遊ぶヨーロッパの
子どもたちのアイドル
だった。ヤン・セップの
精密な図版はすばらしく、
生態の図示に関心を示した
18世紀博物図鑑の
おもかげもとどめている
[43].

343

オオムラサキ(上) *Sasakia charonda*
日本の国蝶といわれる大型種．森林性のチョウとしてはかなり大きく，クヌギ林などの樹上に舞っている．栗本丹洲のいかにも日本的な表現がいい [5]．

パプアコムラサキ(上と下)
Apaturina erminea
モルッカ諸島からニューギニアに分布する熱帯のタテハチョウ．森林性のチョウの代表といえよう．P.クラマーの熱帯のチョウ図鑑より [4]．

ルリオビムラサキ(左の3匹)
Hypolimnas alimena
これもパプア・ニューギニア周辺の森林性タテハチョウ．大きく，力づよい印象がみごとに再現されている．P.クラマーの図鑑より．18世紀には，チョウの展翅が前端を水平にするかたちで行なわれていたことがよくわかる [4]．

チャイロフタオのなかま
Charaxes bernardus tawny rajah
中国熱帯部に分布する大型種．ツバキにとまらせているあたりが，装飾性を重視したE.ドノヴァンの図らしい [23]．

タテハチョウのなかま(上図・fig. 2) *Cupha woodfordi* ?
目を疑うほど美麗なチョウたちである．
fig. 2 がタテハチョウの1種．しかしもっとも目をひく
紅色の種はベニシロチョウ，横向きのものは前脚が
発達しており，シロチョウ科であることを示す．
fig. 3 は詳細不明 [20]．

ルリホシタテハモドキ(上図・fig. 1)
Junonia lintingensis　yellow pansy
中国原産のイチョウを配し，
オリエンタル・ムードを盛ったE.ドノヴァンの作品．
この種は夢のように美しい．タテハモドキのなかまは
世界中の亜熱帯から熱帯部にいる草原性のチョウ．

タテハモドキ(同・fig. 2)
Junonia almana　peacock pansy
これは迷蝶として日本南部に飛来，1960年ごろから
九州に土着した．秋型はこの図のようにはねが角張る．
タテハチョウ科の美麗種．

ベニボシイナズマ(同・fig. 3)
Euthalia lubentina　gaudy baron
こちらは裏面だけだが，小さな蛇の目模様が
みとめられよう [23]．

ツルギタテハのなかま(右図・上)
Consul hippona
まるで剣のように鋭い尾をもつ
南米のタテハチョウ．ドノヴァンの図は
精密さを割り引いても，じつにすばらしい．

ハレギチョウのなかま(同・左下)
Cethosia cyane　leopard lacewing
美しい古代裂読をまとったような
ハレギチョウも，タテハのなかまである．

フタスジチョウ(同・右下)
Neptis ruvularis
hungarian glider
こちらはまた小型で
鋭敏なチョウにみえる．
日本にも分布する [20]．

チビイシガケチョウ(下図・左上) *Cyrestis themire*
ショッキングな色彩をもつチョウたち。左上は
イシガケチョウ属の小型種。熱帯アジア産。

シジミタテハ(同・右上) *Zemeros flegyas* punchinello
シジミチョウとタテハチョウの中間とされるおもしろい種。
はね裏の模様が複雑で興味ぶかい。ただし、こちらは
アメリカでなく東洋区の熱帯に分布する。

アケボノタテハ(同・中央) *Nessaea obrinus*
アマゾンにいる美麗なタテハチョウ。前翅のたすき紋は、
図では緑色を帯びているが、実物は輝くような青色である。

タテハチョウのなかま(同・右下) *Hamadryas* sp.
アケボノタテハを思いださせる斑紋をもつ。ドノヴァンの
インド昆虫図譜は東西両インドが混じりあっている
ところがおもしろい。左下は詳細不明である [20]。

ワモンチョウのなかま(上図・右) *Discophora celinde* duffer
ジャワ産のワモンチョウ。たぶん雌であろう。
新大陸のモルフォチョウに対応する、旧大陸のなかまである。
輪紋、すなわち目玉模様をはねの裏にもつものが多い。

ヒメワモンチョウ(同・上) *Faunis arcesilaus*
小さなチョウで、色彩が美しい。森林に暮らすことが多く、
ヤシやバショウなどを食草とする。インドシナからスンダ列島に
かけてすむ。

タテハチョウのなかま(同・左) *Myscelia* sp.
日本のフタスジチョウにもよく似ている。E.ドノヴァンは赤系統に
青いチョウを加えるなど色のレイアウトにも気を配っている。

タテハチョウのなかま(同・下) *Temenis laothoe*
インドのチョウの中にただひとつ混じりこんだメキシコの
タテハチョウ。このなかまは中南米に広く分布する [20]。

ツルギタテハのなかま(左)
Marpesia sp.
後翅にある尾は
ツルギタテハの特色。
このグループは南米
スリナムに多くすみ、
イシガケチョウにごく近縁。
E.ドノヴァン《博物宝典》
より [24]。

カスリタテハ?
Hamadryas arete?
cracker
いちばん上がアマゾン
流域にすむ
タテハチョウである。
黒に青のまだら模様は
雄で、まさしく絣の
着物を思いださせる。
なお下の2匹はガの
類である [24]。

シロオビキノハタテハ（下の2匹）
Anaea clytemnestra leaf-wing butterfly
南米のスリナムに分布する異様なタテハチョウ。
ドノヴァンはこのように色鮮やかで形のおもしろい種を
好んだ。彼の《博物宝典》に収められた傑作の1枚［24］。

アカオビウズマキタテハ（上図・fig. 1） *Callicore astarte*
アマゾン流域にすむタテハチョウ。南米のタテハは
色彩が鮮やかで，模様が大胆である。
ネオンタテハ？（同・fig. 2） *Eunica eurota*？
アマゾンの川にはネオンテトラという赤と青に彩られた
美しい魚がいる。そして地上にはさらに美しい
ネオンタテハがいる。熱帯カラーの極致！［24］

ウラモジタテハのなかま（上の2匹）
Callicore hydaspes
ペルーが主産地であるタテハのなかま。

これもショッキングな色彩をしている。南米は，
チョウをもとにベイツ型擬態が発見されて以来，
チョウ採集家のパラダイスとなった［19］。

ウラギンドクチョウ　*Dione moneta*
この姿が一般的なドクチョウのイメージである。
はねを閉じると、図にもあるように銀色の輝きに
包まれて、神秘的である。トケイソウ類を食べ、
アルカロイドを体内に貯める［38］。

ドクチョウのなかま
（下の3匹）
Heliconius ethilla
コスタリカから
ブラジルにかけてすむ
ドクチョウのなかま。
地域により斑紋が
異なるが、これは
ブラジル南部のもの
［24］。

ホソチョウのなかま
Bematistes macaria（上），
Bematistes macaria？（右）
ここに描かれたのはアフリカに分布する
ホソチョウ類の雌である。
このなかまには雌ばかりが生まれてくる
特別の系統があることが知られている。
雌は群飛し、どこかで雄を見つけて交尾しても、
次代にすべて雌だけを産むという。
ホソチョウの特色は胴が長くて細いことにある。
ただし、P. クラマーの図にはその細さがよく
あらわれていない。なかには有毒種もいる［4］。

アサギドクチョウ
Philaethria dido
linnaeus scarce bamboo page
M. S. メーリアン《スリナム産昆虫の変態》に描かれた72シーンのうち，1，2をあらそう傑作．
中央アメリカからアマゾン流域にかけてすみ，有毒．
他のドクチョウ類が褐色であるのに対し，この種は緑色の半透明の斑紋をもち，きわめて美しい．
食草はトケイソウ類．これに擬態して利益を得ているのがミドリタテハである [38]．

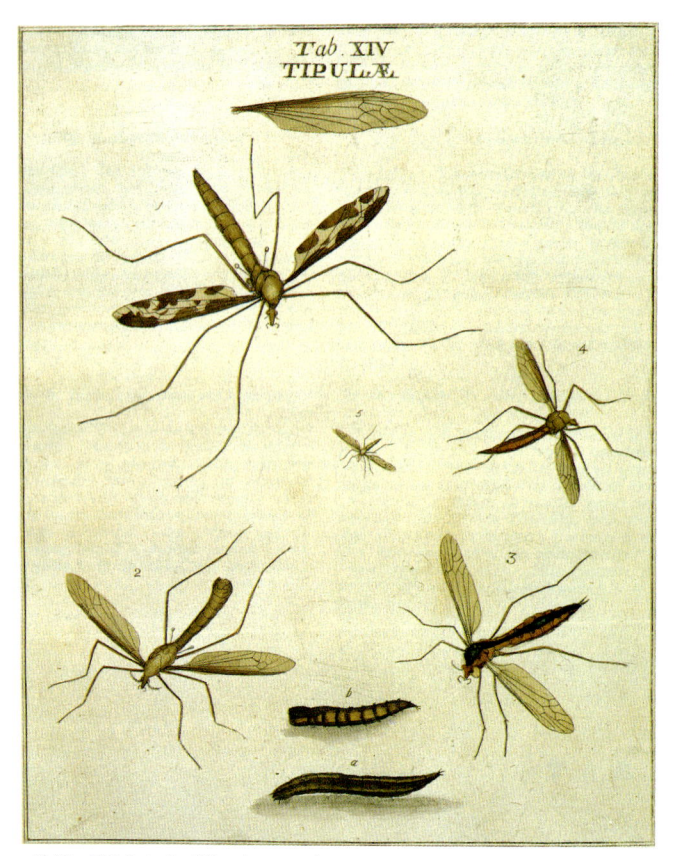

ガガンボのなかま（上左）
Tipula gigantea crane-fly
種名は〈巨大〉の意．体長25〜32mmになる．
銅版画のシャープな線は毛の多い双翅類によく似合う．

ガガンボのなかま（上右） *Ptychoptera contaminata*
はねに斑紋があるガガンボ．ガガンボの名は，
カガンボ（蚊の母）が転訛したものと考えられる．
カトンボあるいはカノオバ（蚊の伯母）ともよばれる[3]．

ガガンボのなかま Tipulomorpha
ガガンボは，後翅が退化してできた
平均棍をもち，安定装置として
使用する．モーゼス・ハリスの
《英国産昆虫集成》より[27]．

ガガンボのなかま
Pachyrrhina crocata（右図・上），
Limnobia rivosa（同・下）
E. ドノヴァンの図．あしがきわめて長い感じが
よくでている．この長いあしはガガンボの特徴だが，
もろくて取れやすい．イギリス産[21]．

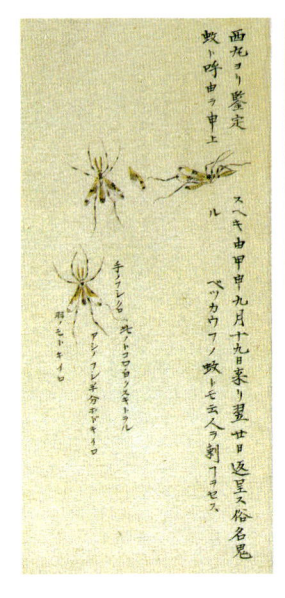

ベッコウガガンボ（左・左図）
Ctenophora pictipennis orchid crane fly
日本産のガガンボ．おもしろいのは，この図が
一見するとクモのようにみえることだろう．事実，
はねが退化したガガンボの1種ユキガガンボなどは，
クモ類と間違うような姿をしている[5]．

ガガンボのなかま（左・右図） Tipulomorpha
栗本丹洲が描くガガンボの図．平均棍を切りとると，
うまく飛べなくなるという記述は興味ぶかい．
丹洲もこの突起物の役割は気になったらしい[5]．

アカイエカ (fig. 1)
Culex pipiens
pale house mosquito
欧州、ソ連、日本、中国、朝鮮半島に分布するイエカ属の代表種。はねが2枚しかないことが特徴で、口器を使って人を刺す。人類の敵ともいわれる双翅類のうち、カはハエやアブと並んで有力なメンバーである。

ハマダラカのなかま (fig. 2)
Anopheles macuripennis
anopheles or malaria mosquito
マラリアを媒介するのが、このハマダラカだ。名のようにはねがまだら模様になっている。幼虫は水中にすみ、刺し型ではなく、噛み型の口器をもっている。

ヤブカのなかま (fig. 3)
Aedes cinereus
このなかまも人びとによく知られている。カは2翼型の虫のため構造が単純で軽い。

フサカのなかま (fig. 4)
Corethra plumicornis
幼虫の触角が総状であることが特徴で、これで餌となる小動物を捕える。

オオユスリカ (fig. 5)
Chironomus plumosus
大型のユスリカで、人を刺すことはない。総状の触角をもつ。旧北区全域に分布し、日本では北海道、本州に見られる。

モンユスリカのなかま (fig. 6)
Tanypus varius
はねに紋をもつグループで、他のカ類と区別しやすい。2翅のために体のつくりがずいぶんシンプルにできていることがわかる。なお、fig.7は不詳である [3]。

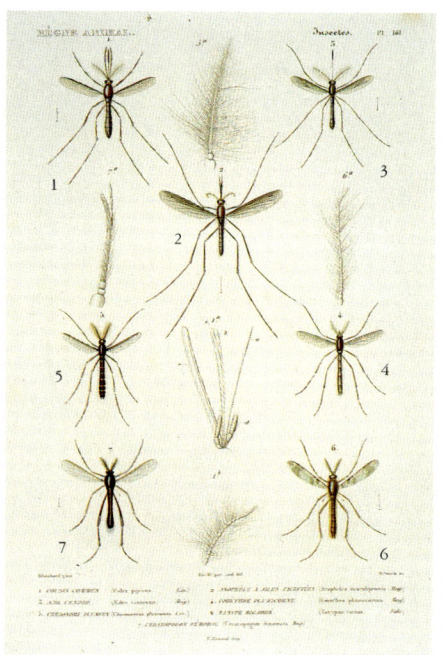

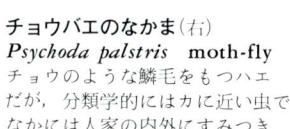

チョウバエのなかま (右)
Psychoda palstris moth-fly
チョウのような鱗毛をもつハエだが、分類学的にはカに近い虫である。なかには人家の内外にすみつき、下水溝から大発生することもある [3]。

アカムシユスリカの幼虫?
Tokunagayusurika akamushi ?
このアカムシは厳密な意味で水中に暮らすことのできる、昆虫類中唯一の幼虫である。赤い色が示すようにヘモグロビンをもち、薄いクチクラ膜を通して水中の溶存酸素を吸収、ヘモグロビンで体内に運びこむ [5]。

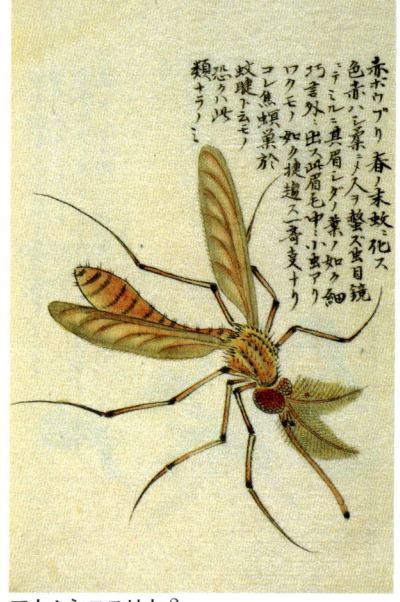

アカムシユスリカ?
Tokunagayusurika akamushi ?
栗本丹洲が顕微鏡を用いて作成した拡大図。大きなひげに赤いダニが寄生している点に注目のこと！[5]

ユスリカのなかま (上)
Chironomidae
イギリスにすむユスリカ。このようなふさふさした触角をもつのが雄の特徴。興味ぶかいことに栗本丹洲も同じようなポーズのユスリカを、ほぼ同時期に描いている。描きかたの差がそのまま東西におけるカの認識法のちがいを暗示する [21]。

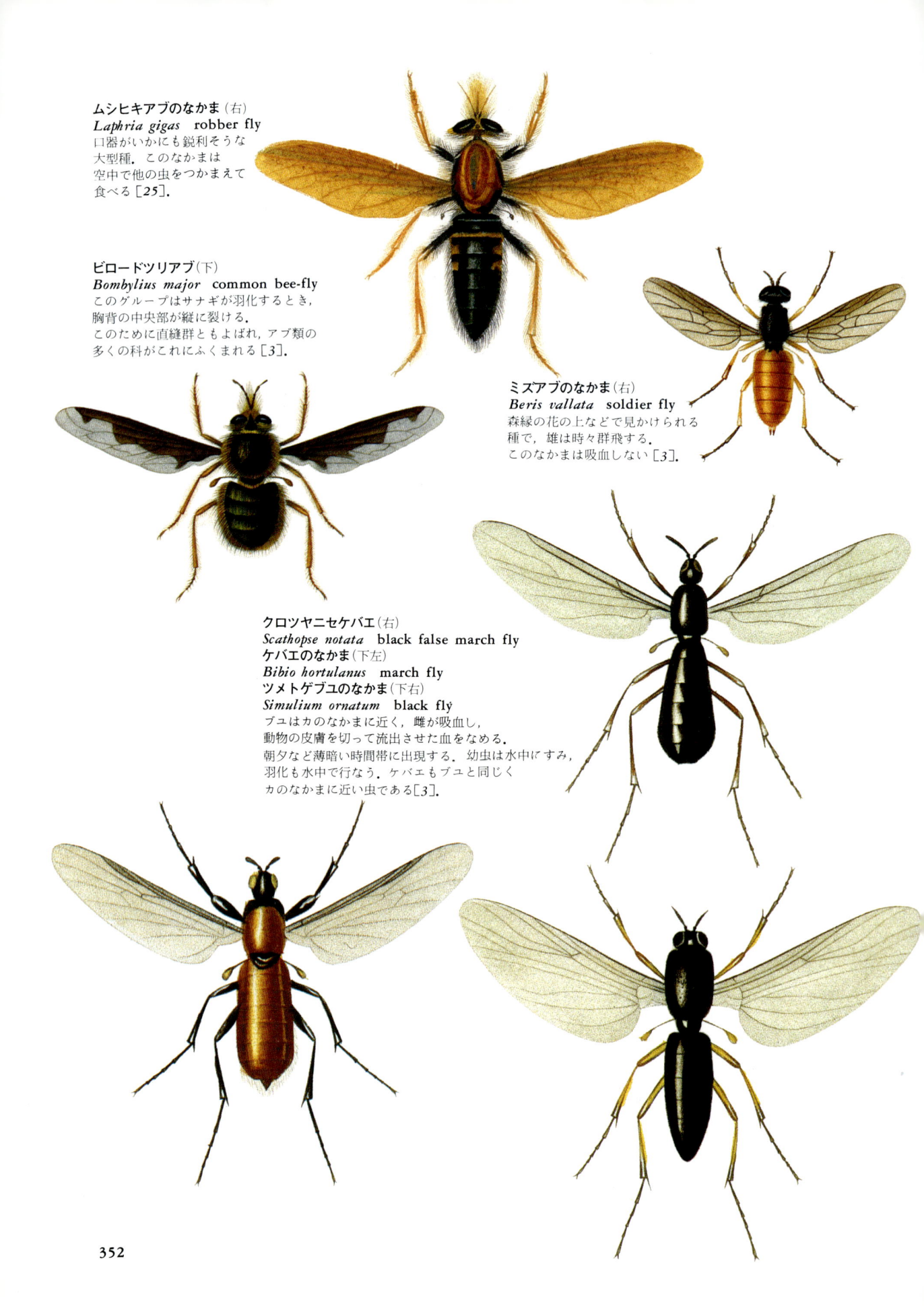

ムシヒキアブのなかま（右）
Laphria gigas　robber fly
口器がいかにも鋭利そうな
大型種．このなかまは
空中で他の虫をつかまえて
食べる［25］．

ビロードツリアブ（下）
Bombylius major　common bee-fly
このグループはサナギが羽化するとき，
胸背の中央部が縦に裂ける．
このために直縫群ともよばれ，アブ類の
多くの科がこれにふくまれる［3］．

ミズアブのなかま（右）
Beris vallata　soldier fly
森縁の花の上などで見かけられる
種で，雄は時々群飛する．
このなかまは吸血しない［3］．

クロツヤニセケバエ（右）
Scathopse notata　black false march fly
ケバエのなかま（下左）
Bibio hortulanus　march fly
ツメトゲブユのなかま（下右）
Simulium ornatum　black fly
ブユはカのなかまに近く，雌が吸血し，
動物の皮膚を切って流出させた血をなめる．
朝夕など薄暗い時間帯に出現する．幼虫は水中にすみ，
羽化も水中で行なう．ケバエもブユと同じく
カのなかまに近い虫である［3］．

アブのなかま (fig. 1)
Tabanus bovinus
キボシアブのなかま (fig. 2)
Hybomitra tropica
アブのなかま (fig. 4)
Tabanus autumnalis horse fly
メクラアブのなかま (fig. 5)
Chrysops caecutience deer fly
ゴマフアブのなかま (fig. 7)
Haematopota sp.
ゴマフアブのなかま (fig. 8)
Haematopota pluvialis
モーゼス・ハリスがイギリスにすむアブ類を図示したもの。双翅類は大きく，カ，アブ，ハエに分けられるが，アブには大型のハエといった印象がある。この類は全温帯昆虫の4分の1を占めるともいわれる[27]。

ヒラタアブのなかま (fig. 1)
Syrphidae hover fly, flower fly
アブの名はあるが
ショクガバエ科に属す。
別名をハナアブともいう。
ショクガバエのなかま (fig. 2)
Syrphidae
こちらも同じショクガバエで，幼虫は肉食性。成虫は花の蜜を吸う。ちなみに，下の小さなハエはヤドリバエといい，イエバエ類に近いなかま[21]。

シオヤアブ *Promachus yesonicus*
robber fly, assassin fly
日本から朝鮮半島にかけて分布するアブ。
ムシヒキアブのなかまである。
丹洲の絵はややカを思いださせる[5]。

ビロードツリアブ(左)
Bombylius major common bee-fly
日本に産するツリアブのなかま。
こちらはハチによく似ており，
英名では〈ハチバエ〉の意味をもつ。
コウカアブ(右)
Ptecticus tenebrifer latrine soldier fly
ミズアブ科に属し，日本，中国，ソ連など極東の温帯部に産する。ちなみに，コウカとは後架すなわち禅寺の便所の意である[5]。

● 双翅目──チョウバエ／カ

チョウバエ

節足動物門昆虫綱双翅目チョウバエ科 Psychodidae に属する昆虫の総称。
［和］チョウバエ＜蝶蠅＞　［中］蝶蠅　［ラ］*Psychoda* 属（チョウバエ），その他　［英］moth fly, moth midge, sand fly　［仏］phlébotome　［独］Schmetterlingsmücke, Eulenmücke, Mottenschnake, Abwassermücke　［蘭］motmug　［露］бáбочница　⇒p. 351

【名の由来】　プシコーダはギリシア語の＜プシケー（魂）psychē＞に由来するが，同時にチョウの意味をもつ。
　英名は＜ガに似た飛ぶ虫＞＜ガに似た小虫＞＜砂の飛ぶ虫＞。独名のオイレンミュッケは＜フクロウのカ＞。ミュッケは南独ではカ，ブヨのこと。西部ではハエのことであるが，通常はフリーゲである。モッテンシュナークは＜ガのようなガガンボ＞，アプヴァッサーミュッケは＜汗水のカ＞。蘭名は＜ガのようなカ＞。露名は＜チョウに似たもの＞の意味。和名チョウバエは，ドイツ名のSchmetterlingsmücke を訳したもの。

【博物誌】　ハエという名がついていても，実際はカに近縁の小虫。そのうちサシチョウバエ類は，血を吸いにきてパパタシ熱病やオロヤ熱病を媒介する，恐ろしい虫である。しかし，その他のチョウバエ類は血を吸わない。もっとも，各地でふつうに見かけられるホシチョウバエが汚水に大発生し，人家に飛来，不快害虫とされる場合はある。
　チョウバエには，障子に止まってはねをふるわせながらクルクルと踊る習性があって，古くから人びとの目を楽しませてきた。天保のころに成立した吉田雀巣庵（高憲）《雀巣庵虫譜》にも，障子紙などにやってきて，水面にいるミズスマシのように，右に左にぐるぐるまわっていく，とある。なおこれは，配偶行動のひとつとされている。
　森島中良《紅毛雑話》（天明7／1787）には，顕微鏡で見たチョウバエの図が，＜ブヨ＞の名で描かれている。同書の図のほとんどは，オランダの虫譜から写しとっているのだが，このチョウバエの図だけは日本のオリジナル写生で，司馬江漢の手になるものといわれる。
　なお，昆虫学と博物学の泰斗長谷川仁博士は，世界中に広く分布するホシチョウバエ *Psychoda alternata* が，踊ったあとにピッピッピッと鳴く事実を初めて発見，1965年の昆虫学会大会で，同じ習性を観察した友人と共同でこれを発表した。鳴き声に障子が共鳴するため，かなり高い音に聞こえるという（《都市の昆虫誌》）。

カ

節足動物門昆虫綱双翅目カ科 Culicidae に属する昆虫の総称。
［和］カ＜蚊＞　［中］蚊，蚊子，白鳥，暑暴　［ラ］*Culex* 属（アカイエカ），その他　［英］mosquito, gnat, alaskanhorse　［仏］moustique, cousin, maringouin　［独］Stechmücke　［蘭］steekmug　［露］комáр　⇒p. 351

【名の由来】　クレックスはラテン語でブヨのこと。
　英名モスキートは，ラテン語の＜ハエ muscam＞に由来。ナットの由来は不明。ただしイギリスではこれをイエカ属 *Culex* の小型種，とくにアカイエカを示すのに用いる。アラスカン・ホースは，アラスカ州でのヌカカの俗称。ウマの鞍が置けるくらいまで大きくなる，という俗言から。また同地ではヌカカを別に no-see-um ともよぶ。かつてインディアンたちがこの虫に向かって＜You don't see'em.＞と言ったためについた名前だという。英語でボウフラを示すウィグラー wiggler は，＜揺れ動くもの＞の意。仏名のマランゴワンはトゥピ語由来の言葉。独・蘭名は＜刺すカ＞の意。
　なおサンスクリット語でカを示す maśaka は，＜ハミングするもの，うなるもの＞という意味。インドでは古くから眠気を誘うようなカのはね音はヴィーナ琴のかもしだす甘い音にたとえられ，ひいては悪人の甘言の象徴ともされた（中村元編著《仏教動物散策》）。
　《日本釈名》によると，和名カは＜嚙む＞の略だという。好んで人肌を刺す習性による。

【博物誌】　双翅類はハエ，アブ，カをふくみ，人を悩ませるという点では最悪のグループといわれる。特徴は双翅類という名が示すように，はねが1対すなわち2枚のみということである。このはねは他の昆虫の前翅にあたり，後翅は退化して棍棒状になっている。しかしこの棍棒は，飛行機にもある横揺れ防止装置（ジャイロスタビライザー）の役割をはたし，このなかまの飛びかたを大いに安定づけている。そのため，この後翅を平均棍ともよんでいる。
　双翅類は人間の天敵ともいえるが，なかでもカはマラリアなどの病原菌をばらまく＜病気の運び屋＞である。幼虫はボウフラとよばれ水中生活を行なう。人間はカの害を防ぐために蚊帳とよばれる巧妙なネットをつくりだした。
　古代ギリシア人もカの災いに苦しんだ。ヘロドトス《歴史》巻2によると，古代エジプトの漁民は，すでに投網を蚊帳がわりに使っていたという。またカはあまり高いところを飛べないため，2階の

露台のようなところへ登って眠るのもカよけによいとされていた。

そこでギリシアに，蚊帳の原型があらわれた。その形は，おおむね次のようである。亜麻糸や毛糸，絹糸を用いてテント状の覆いにつくる。これを食事部屋や寝室の天井から吊り下げてカの侵入を防いだ（《昆虫の劇場》）。

ヨーロッパの上流階級などでは，寝室の天井から床まで薄い布を天蓋のように吊り下げて蚊の害を防いだ。これはモスキート・カノピーとよばれるもので，近世ヨーロッパの蚊帳といえる。

また，ムーフェット《昆虫の劇場》をみると，イギリスの沼地の住民も，フェン・カノピーという蚊よけの道具を編みだしたという。すなわちウシの糞を乾かして平らにしたものを集め，ベッドの足元に掛けておくのだ。と，カはそのにおいに引き寄せられてひと晩中糞のまわりを離れようとしないため，人間のほうはぐっすり眠れるという仕掛けである。ほとんど費用をかけずにできる生活の知恵である。ちなみに昼間はクジャクの羽などでつくったいわゆる蠅叩きのようなものでカを追い払うしかないという。

また，ムーフェットはこんな俗信も紹介している。ミカエル祭（9月29日）のころ，イエカが1匹虫こぶにあらわれたら，戦争の予兆。丘や谷でイエカの群れがオベリスク状にぐるぐるまわって飛んでいたら，その下に水がある。さらにカの夢は，戦争や災難の暗示だという。

ちなみに，イエカは四六時中天候を予知している虫である。夕暮れ近く，イエカが野外で上下に行ったり来たりしていたら，暑くなる前兆と考えてよい。日陰にいたら，ぽかぽかの陽気で軽いにわか雨がある。また通りすがりの人たちを一団となって刺すようなら，寒くなるうえにひどい雨が降る。

ほかにヨーロッパの伝承には，ここに語るいくつかの例がある。寝るとき枕元に湿った麻の葉茎を置いておけばイエカに悩まされないという俗信もあった。カがクモの巣にかかっていたら，有名な船が難破するという俗信もある。ルーマニアの神話によると，カは悪魔がパイプから吐き出した煙を使って創造したものだという。ここより当地では，天使に家に来てもらいたければまず家中のカを一掃しなくてはならない，といい伝える。

なお，ニカラグアとホンジュラス北東部に住むミスキート族は，ヨーロッパの旅行者たちがつけた名前で，モスキート（カ）のなまりである。当地の吸血性双翅類は大型で数も多く，ひと晩のうちに人間も殺しかねないほどだったそうで，その印象から命名された。

アルゼンチン北部のグランチャコ地方に住むインディオの神話では，月が誤ってカを踏んづけそうになり，そのためカに刺されて死んでしまう。当地のカの恐ろしさをものがたる一例といえよう。

アメリカ東海岸では，体にカが止まったら息を止めて筋肉を硬直させるとよい，といい伝える。こうするとカの口吻は体から抜けなくなるので，わけなく殺せるというのだ。

インドの乾燥地帯にもカは多い。カの目玉だけを集めて食べる珍しい料理がある。その採集法がまたおもしろい。カの目玉を1匹1匹くり抜いていたのではたいへんなので，コウモリの糞から目玉をとり集めるのだという。コウモリはカが大好物なのである。しかし目玉だけはこなれが悪くて消化されない。この点を利用するわけだ。この〈高級料理〉は，味よりも歯ざわり，舌ざわりを楽しむものらしい。なお禅僧が用いる払子は，もともとインドでカやハエを追い払うために考案されたもの。仏教ではカやハエといえども殺生はままならない。そこでこのような道具が生まれたという（小西正泰〈カの民俗ア・ラ・カルト〉梅谷献二編著《虫のはなし》所収）。

次に中国に目を転じよう。伝説によると，晋の呉猛という男は夏の暑いさかり，裸で母親のかたわらに寝て自分の身をカにくわせ，母親の安眠を守ったという。いわゆる中国の二十四孝のひとつとして有名な話である。

《元氏長慶集》によると，ヌカカに刺されたときはヒサギの葉をつぶしたものを患部に塗ると治るという。いっぽう祝穆《方輿勝覧》には，冷たい水をふりかけて塩少々をすりこめばよい，とある。ともあれ，昔から掻くのは厳禁とされたようだ。

そこで，カを防ぐ方法ということになる。蚊火・蚊遣火・蚊燻しといって，青葉や木片などをいぶすことが古くから行なわれた。

次にカの発生に関して，《本草綱目》には次のような俗説が紹介されている。〈嶺南に蚊子木という木がある。葉は冬青のよう。実は枇杷のようで，熟すると蚊が出る。塞北に蚊母草という草がある。葉の中に血蟲がいて，それが化して蚊となる。江東に蚊母鳥，一名鷏という鳥がある。毎に一二升の蚊を吐く鳥だ〉。いわばカの自然発生説である。

同じく《本草綱目》によると，カメとスッポンはカを恐れるという。ここよりスッポン料理をつくるさいには鍋の中にカを数匹入れると早く煮えるという俗信も生まれた。

ところで，カの災いは日本でも見すごせない問

ニクバエのなかま
Sarcophaga sp.
flesh fly
アフリカ熱帯部に咲く
奇花スタペリアは,
腐臭を放って
ニクバエ類を誘い,
幼虫を産みつけさせる.
ニクバエは卵胎生で,
直接幼虫を花に
産みつけるが,
おそらく花がこれを
吸収してしまうと
思われる. G. ショー
《博物学者雑録宝典》
より [*12*].

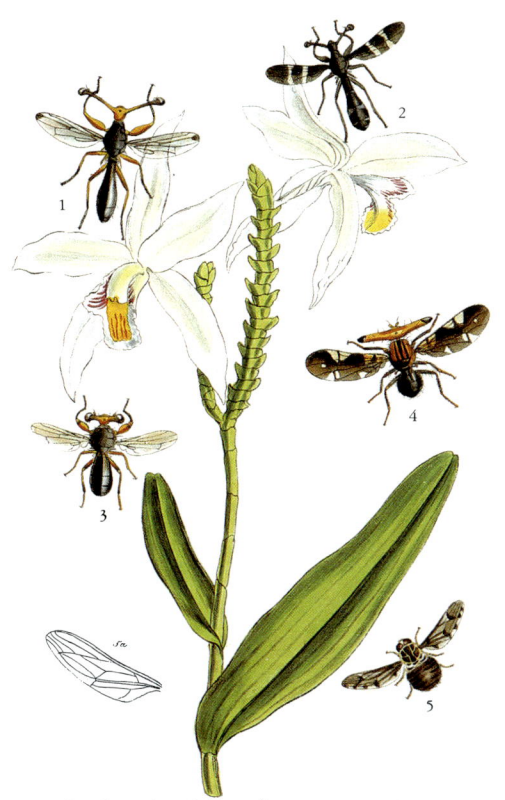

ミバエのなかま（下の4匹）　*Ichneumonosoma imitans*
眼が横へとび出たハエ．この形態のものではトビメバエが有名だが，
これはミバエのなかまである．原産地はインドで，果実に集まる．
したがって実蠅ほの意味である［20］．

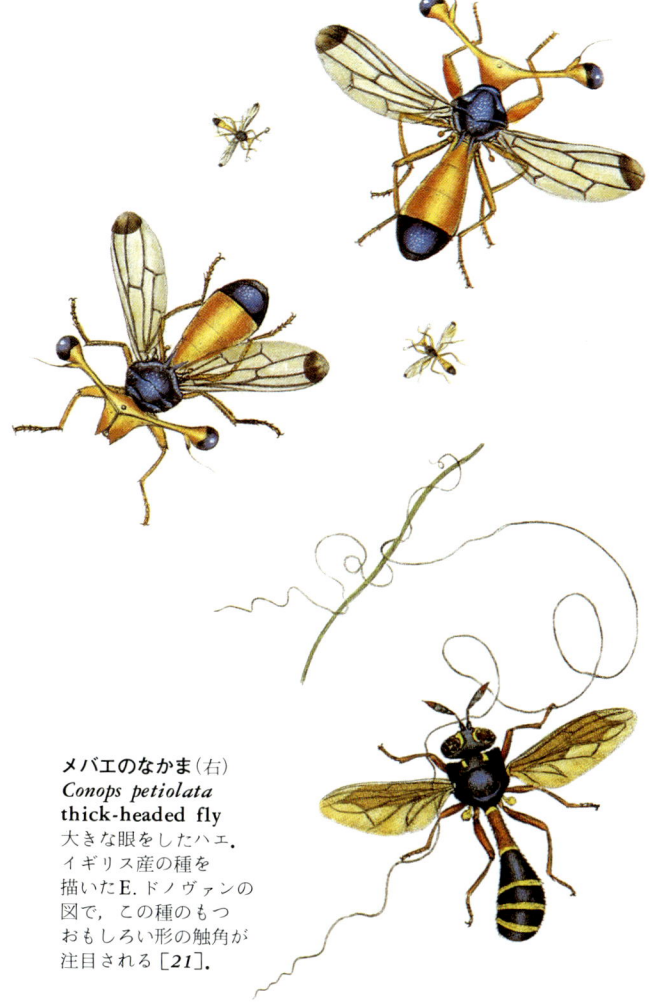

トビメバエのなかま（fig. 1）　*Diopsis indica*
なんともおもしろい眼をもつハエ．このとび出た眼柄は，
縄張り争いのとき，たがいに体の大きさを測定するための
ものさしとして使われる．

トビメバエのなかま（fig. 2）　*Diopsis subnotata*
それにしても奇妙な眼柄をもつ虫だ．インド周辺に多く，
ここに描かれたのはJ. O. ウェストウッド《東洋昆虫学集成》に
収められた図である．

スミゾメヒロクチバエ* （fig. 3）
Sphryrachephala hearseiana　pictured-wing fly
これらのハエは熱帯に分布し，腐敗した植物質を食べている．
長い柄をもつ眼は視覚にすぐれ，また雄の闘争武器にもなる．

ヒロクチバエのなかま（fig. 4）　*Achias maculipennis*
熱帯アジアのランを配した図．手彩色石版の仕上げが美しい．
なお fig. 5 に描かれているのはツリアブモドキの1種
Afriadops variegatus で，南米，南アフリカ，
オーストラリアに分布するアブ［2］．

メバエのなかま（右）
Conops petiolata
thick-headed fly
大きな眼をしたハエ．
イギリス産の種を
描いたE. ドノヴァンの
図で，この種のもつ
おもしろい形の触角が
注目される［21］．

ベッコウバエ（左図・上）　*Dryomyza formosa*
栗本丹洲《千蟲譜》より．日本と中国に分布する
このハエは，はねが赤褐色に彩られて美しい．
丹洲はこれをアカバイとよんでいる．

クロバエのなかま（同・中）
Calliphoridae　blue bottle fly
肉食をするハエ．腐臭に集まる．古くはこれを
アオバイ（蒼蠅）ともよんだ．しかし，
アオバイ（青蠅）の名はキンバエにも用いられた
ので，古い時代の名称には注意が必要である．

キンバエ（同・下右）
Calliphoridae　green bottle fly
これも死体に集まるハエ．家畜や人にも害を
あたえる．なお，左の大型の〈ウシバイ〉は
アブのなかまである［5］．

ハルササハマダラミバエ（右図）
Paragastorozona japonica
これはミバエのなかま．幼虫は果実につく．
日本から朝鮮半島に分布し，
はねに縞模様がはいった美しい種である［5］．

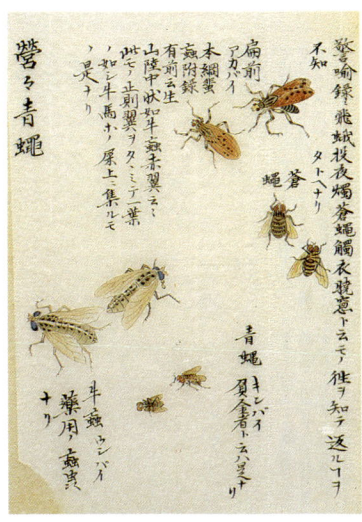

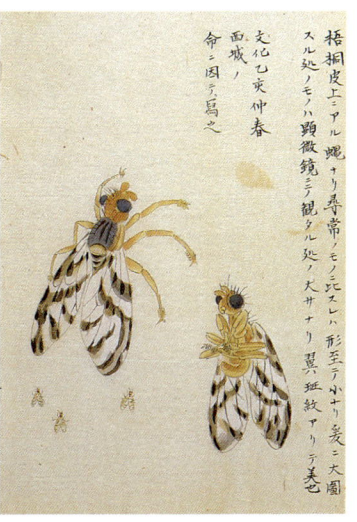

● 双翅目——カ

❶——中世ヨーロッパの蚊帳。テント型をしたもので、湖畔に建てられている。これはかなり大規模な蚊帳であり、狩猟民の夏場の家として機能していたのだろう。
❷——日本の蚊帳。鈴木春信が錦絵に活写した江戸中期の風俗。蚊帳の中に侵入した蚊を、女性が線香で焼いている。

題だった。《播磨国風土記》飾磨郡加野里のくだりに、応神天皇行幸のとき、この地に殿を造り蚊屋を張ったとあるように、蚊帳は古くから用いられていた。なお加野里の地名も蚊帳に由来するものだという。

出雲の松江付近では、源頼光に退治された大江山の酒顛童子の首が腐り、そこから童子の亡魂としてカが生まれでたのだといい伝える。この話は安来節でも有名である。

イサベラ・バードも《日本奥地紀行》のなかで、日本のカのすごさを語っている。1878年7月、新潟で体験した虫の害について次のように記事を残しているのだ。〈夕方になっても涼しくはならず、無数の虫が、飛んだり這ったり、はねたり、走ったりする。みな人の肌を刺すものばかり。日中の蚊と交代にやってくる。まだらの脚をもつ悪者で、ブンブンという警告もたてずに、人間に毒針を刺す。夜の蚊は大群をなしてくる〉（高梨健吉訳）。

ところが、京都の一条堀川のあたりはカがほとんど発生しない場所として有名だった。伝説によると、これは空海のおかげだという。上京した空海は、いつも床屋に頭を無料で剃ってもらったため、京を離れるときにお礼として蚊をなんとかしてほしいという床屋の願いを聞きいれ、一条の蚊を丸ごと紙袋に入れて去ったとか。ただし空海は住坊の東寺に着くとカをそこに放してやったので、以後東寺周辺にはカが無数に生息することとなった（井上頼寿《京都民俗志》）。

このようなカの被害に対抗する武器は、日本でも蚊帳であった。《守貞漫稿》によれば、蚊帳は元来、布に付けた小輪に竿を通し、これを井桁に渡して天井から吊り下げたものであった。また毎日吊るのではなく、吉日を選んで吊りはじめ、吉日を選んで取りはずすものだったという。四角に釣手をつけて柱にかけるようになったのは江戸期以降のことで、生地は一般に萌黄のあらい麻布を用いたが、紗を使った上質のものもあった。また昼寝や幼児用には母衣蚊帳が用いられるいっぽう、紙帳といって紙製のものも使われた。

しかし蚊帳はあくまで防御である。日本人が蚊帳にかまけて積極的にカを退治する手段を考えなかったかといえば、そうでもない。《大和本草》によると、カを除去するにはウナギの干物や骨を焚くとよい。またクスノキなどの木屑を燃やしても効果があるという。

《和漢三才図会》には、カを避けるには榧（イチイ科の木）の鋸屑をいぶすとよい。ただしムカデがこの香りに引き寄せられてやってくる、とある。また5月5日の午の刻に〈儀方〉と書いた紙を家の柱にはっておくのも効果があるという。さらに酒を笹の葉に注いで、部屋の隅に置いておくと、カはそちらに集まるので刺されずにすむとされた。

江戸時代では、一般の庶民は、スギやマツの青葉をさかんにいぶしてカの害を防いだ。

《絵本江戸風俗往来》は、〈夏の夕暮、行水、夜食の折りは蚊遣を焚きて蚊を防ぐ。蚊遣は蚊遣香を始め、楠等を用いたり、また蚊遣の火鉢も種々の別ありしも、その日その日を送れるものは、かかる上品なる蚊遣を用いず、杉の青葉、松の青葉等を盛んに燻ぶす〉と記している。さらに同書は、〈江戸山の手辺は何れも蚊の湧きいづること早くして多し。しかるに取りわきて本所・浅草は蚊の名物といえるに違わず全く甚だし。これに次いで下谷辺なり。陰暦4月より蚊帳を吊らざれば毎夜

眠りにつくことならず。蚊帳の用なきに至るは11月なり〉ともある。

次はカよけのまじないである。これもいろいろあった。《世諺問答》によると，正月に羽子板で羽根をつくのもそのまじないだという。羽根は〈こきの子〉といい，無患子の実に羽根をつけ，羽子板（こき板）で突くのだが，羽根が落下するときのようすがトンボに似ているので，カがこれを恐れるのだという。また羽根つきをするとカにくわれないという俗信は，江戸時代になるとさらに拡大解釈されて，宝引やカルタ遊びをしてもカよけになるとされた（《半日閑話》）。

《守貞漫稿》によれば，江戸，大坂，京都ともに9月にはいってもまだカが出るときには，紙に雁の絵を描いて蚊帳の四隅に結びつける風習があった。この蚊帳の隅に雁の絵を吊るして災いよけとする風習は，江戸時代以降各地にひろまったようだが，その由来はかならずしも判然としない。一説には，本来トンボなりコウモリなりのカを好物とする生物を描いていたものが，後世誤り伝えられたのだともいう。いっぽう南方熊楠はこの問題を考察して〈8月は雁の来初め，9月にことごとく渡りおわるゆえ，近世は雁が渡りおわる季秋となっても蚊多きは不祥とて，特にこれをまじなうつもりで雁を画いて帳に付けるに及んだのであろう〉とした。また熊楠の読者からは次のような指摘もあった。すなわち江戸には古く蚊帳の上をガンが渡ると雁瘡（皮膚病の一種）ができるといい伝えがあり，これを防ぐためにその絵を蚊帳に吊るしてガンを渡らせないようにしたのだ，と〈蚊帳の雁金〉）。

江戸時代には犯罪の容疑者を裸にして手足を縛り，酒や酢を吹きかけてやぶの中にひと晩放りだす〈やぶ蚊責め〉という拷問法があった。こうすると酒や酢のにおいにひかれてカが群がり，あちこちを刺しまくるので，たまらず悪業を白状してしまうという（小西正泰〈カの民俗ア・ラ・カルト〉）。

ところで江戸期の名随筆《甲子夜話》によると，東海道の池鯉鮒（現知立市）はカがことに多く，その原因についてこんないい伝えがあった。昔，諸国を歴行していた弘法大師がこの地を訪れたときも，さっそくカに食われたので，住民にカよけの衣を乞うた。ところが住民は，大師の貧相な姿を侮って衣を与えなかった。そこで大師の祟りとして，この地にはカが多くなったのだという。

ちなみに，あの南方熊楠の妻が，ふたりの子どもについて観察したところでは，カに弱いほうはノミに強く，ノミに強い子はカには弱いという事実が判明したそうだ（《南方随筆》）。

釧路地方の民話でも，アブ，カ，ブユ，ヌカカといった双翅類の吸血虫は魔神を焼いた灰から発生したことになっており，人間の血を吸うのは，今でも悪魔の性が抜けきらないためだと説明される（更科源蔵・更科光《コタン生物記》）。

【ボウフラ】　カの幼虫ボウフラとは棒振のことで，動きが棒を振るようすに似ていることにちなむ。なお蛹は俗にオニボウフラという。またカミナリムシという異名がある。雷が鳴ると，水中での上下運動がとくに激しくなるため。

アリストテレスはボウフラについて，次のように記す。〈ボウフラは井戸の底の泥の中や，水が合流して土質の沈殿物のできるような場所に発生する。ところではじめのうち，泥そのものは腐ってくると白色になるが，やがて黒くなり，ついに血のような色になる。こうなると，その泥からひじょうに小さくて赤い海藻のようなものが生えてくる。これらはしばらくのあいだ付着したままで体を動かしているが，やがて離脱して，水の中を泳ぎまわり，これが「ボウフラ」と称するものなのである〉。そして，ボウフラはカとなっても，しばらくは水面にじっとしており，太陽か風の力を利用して動きだすという（《動物誌》）。もっともこれはユスリカの幼虫を指すとも思われる。

いっぽう《和漢三才図会》の著者寺島良安は，カは卵を水中に産んでこれがボウフラになるという《本草綱目》の説を誤りとして，〈子孑は湿生で，汚水が熱のために感応して発生するものである〉と述べ，ボウフラ自然発生説を唱えた。

タイのバンコクの日曜市では，ボウフラを洗面器に入れて売っている。熱帯魚の餌にするためだが，値段は大きな網で1回すくいとって5バーツ（約50円）であった（渡辺弘之《南の動物誌》）。

江崎悌三博士によると，かつての沖縄の人びとは，甕にボウフラがわいていても平気でその水を飲んでいたという。飲むときは甕のふちをたたいて，まずボウフラを底に沈めてから飲む。当地の人に言わせると，ボウフラといえども生きものがいる水のほうがむしろ安全といえるからだそうだ（《江崎悌三随筆集》）。

【マラリア】　マラリアは，ハマダラカ類が病原菌のプラスモディウム*Plasmodium*属の原虫を人間に媒介することによって発生する。病気の歴史は古く，古代ギリシア・ローマ世界でも長期にわたってマラリアがひろく蔓延したために，人びとの気力・体力が奪われ，ひいては文明そのものの崩壊につながったとする説もあるほどである。一説に古代ギリシアの怪物スフィンクスは，マラリアを伝染するカの寓意化だといわれる。

MUSCARUM ATQUE CULICUM Tab. III.

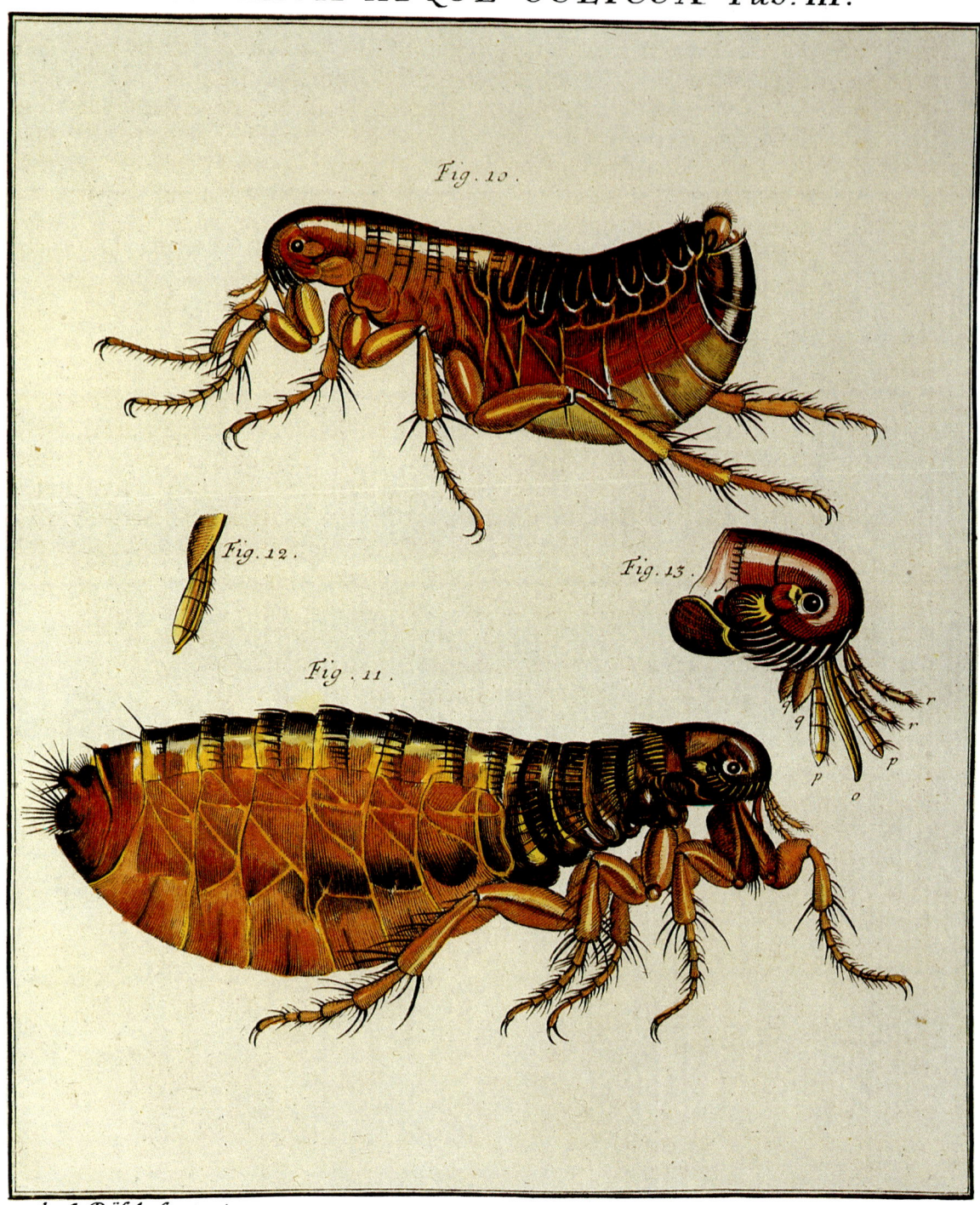

Fig. 10.
Fig. 12.
Fig. 13.
Fig. 11.

A. J Rösel fecit et exc.

イヌノミまたはネコノミ
Ctenocephalides canis or *felis*
dog flea or cat flea
全世界に分布する，ヒトノミのなかま．
イヌまたはネコに寄生する虫である．ノミはほかにも，
ウサギ，ビーバーなど特定動物に特定種のノミがつく．
レーゼル・フォン・ローゼンホフの図［43］．

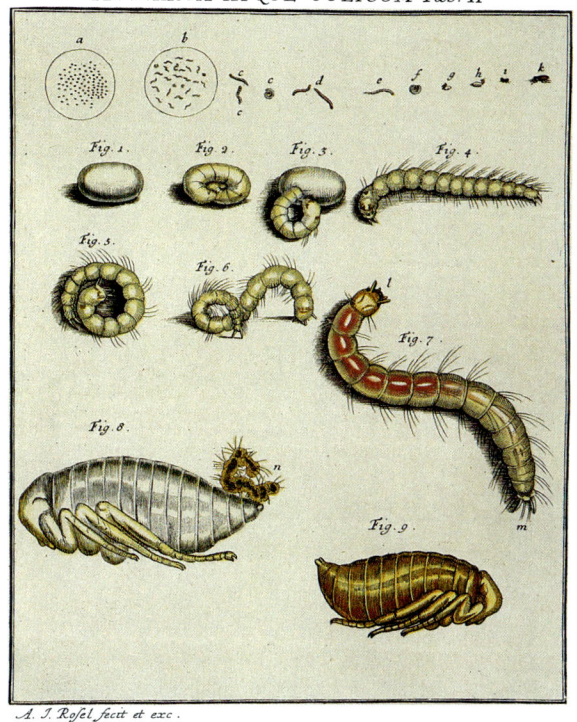

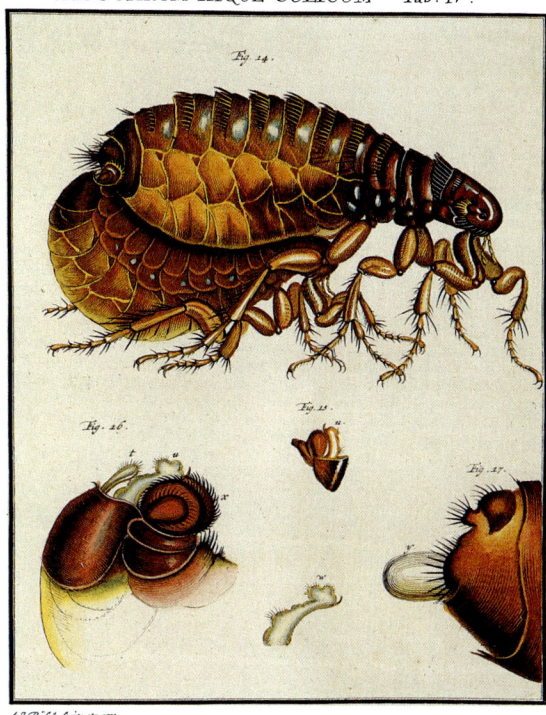

ノミの発育史(上・左図)
Pulicidae
ノミの成長段階を示した珍しい図である．観察に命をかけたレーゼル・フォン・ローゼンホフの傑作．これらの幼虫はふつう宿主のすむ環境のなかで成長する．

イヌノミまたはネコノミの交尾(上・右図)
Ctenocephalides canis or ***felis***
dog flea or **cat flea**
ノミの交尾を描いた図だが，唖然とするほどマニアックな観察力である．交尾のときは，上が雌で下に雄がもぐりこむ [43]．

ヒトノミ(右)
Pulex irritans human flea
人間に寄生するノミ．これらは多く衣服に付着し，血を吸う．ノミの研究家ミリアム・ロスチャイルドは，かれらをくしで飛ぶ虫とよんだ．はねはないが，筋肉だけでなく，エネルギーを供給する側弧 (?) という弾性蛋白質を利用することで，強い跳躍力が出る．

スナノミ(右下)
Tunga penetrans sand flea, sand chigger
雌は人の指のあいだなどにもぐりこんで暮らし，産卵もする．宿主への依存度が大きい種類で，南米やアフリカにすむ [3]．

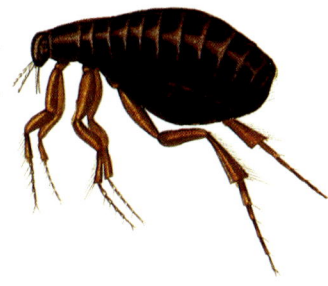

ヒトノミ(左図・上)
Pulex irritans human flea
栗本丹洲が顕微鏡を用いて写生したノミ．今の目から見ると精密度は劣るものの，ここまで拡大した努力には敬意を表したい．下はヒトジラミである [5]．

● 双翅目──カ／ユスリカ／ブユ

ハマダラカは，湿地で繁殖し，マラリアを伝播する。中世ローマでは，古代の排水設備が崩れるままに放っておかれていたため，このカがあちこちで飛びまわり，マラリア流行の大きな原因となった（C.I.リッチ《虫たちの歩んだ歴史》）。

日本では古くマラリアのことを〈瘧（おこり）〉とよんだ。主たる媒介者はシナハマダラカ Anopheles sinensis で，これは三日熱マラリアを引きおこすことで知られる。なお一説に平清盛もマラリアが原因で死亡したという。

西アフリカにもマラリアを媒介するハマダラカの1種 A. gambiae が多数生息する。当初この地に入植しようとしたヨーロッパ人たちにはマラリアに対する抵抗力がまったくなく，最初期の入植者のうち30〜70％の者が死んでしまったという。そのためこのカは〈死の天使〉とよばれて恐れられ，西アフリカ海岸にも〈白人の墓地〉という異名がつけられた。ただ1種のカによってヨーロッパ人の植民地政策が長らく頓挫してしまったのである。さらにこのカは，1929年ごろ，船にまぎれて南米ブラジルにも侵入した。そのためブラジルではまたたくまにマラリアが大流行，10年間に2万人もの死者が発生し，感染者は数十万人にもおよんだ。しかしその後200万ドル以上の経費をかけ，薬剤散布など徹底的なマラリア撲滅運動を行なった結果，3年のうちにこのカは南米に1匹もいなくなったという（J.L.クラウズリー＝トンプソン《歴史を変えた昆虫たち》）。

【蚊取線香】　除虫菊の粉末にマツの葉と緑色の染料を加え，渦巻形に加工したもの。これをいぶすとピレトリンという除虫菊の成分のはたらきで，カやノミを退治できる。日本では，1885年（明治18）にオーストリアから除虫菊が伝えられ，栽培がはじめられた。初めは粉末のまま使われ，蚊遣粉（かやりこ），蚤取粉などとよばれた。だがやがて棒状線香，さらに今のような渦巻形線香が考案され，長時間使えるようになった。

1904年（明治37）に刊行された佐々木忠次郎《人体の害虫》には，除虫菊の使用法が詳しく説かれている。それによると，除虫菊は，花・葉・茎などのうち花の部分がもっとも駆虫効果が高い。また花には白と赤のものがあるが，駆虫には，白色の花を用いる。そして，よく乾燥させた花や葉，茎を，できるだけ細かい粉末にして，虫にふりかけたり焚いて煙をいぶせばよい。なお後者はいわゆる蚊遣香だろうが，同書では〈蚊遣香〉という言葉は使われていない。

現在では，除虫菊の成分として天然に産するピレトリンよりも，構造が簡単で殺虫力も強い合成ピレトリンのほうがよく使われている。

電気蚊取マットは，1963年（昭和38）に初めて商品として売りだされた。除虫菊からとったピナミンなどからなるペーストをヒーターで熱し，ピナミンを発散させてカを駆除する。くさみがなく，喉や目にあまり害がないため，家屋の密閉化が進む現代社会では，蚊取線香よりよく使われているようだ。

【ことわざ・成句】　日本ではカを微弱なもののたとえとしてよく用いる。たとえば〈か細い〉という表現はカの細い体にちなんだものだし，そのはね音からひじょうに小さな声のたとえとして〈蚊の鳴くような声〉という言いかたもある。また痛くも痒くもないという意味で，〈蚊の食うほどにも思わぬ〉ともいう。

〈蚊遣火（かやりび）〉カを追い払うためにくゆらす煙火のこと。《菅江真澄遊覧記》によると，北海道の森という村（茅部郡森町）の住民は，夏になるといつも浜に出て蚊遣火を焚きながら寝る習慣があったという。なお〈蚊遣火の〉は，〈下〉，〈底〉，〈悔ゆ〉にかかる枕詞。蚊遣火の煙は，蚊の害を防ぐばかりか健康にもよいといわれた（菊池貴一郎《絵本江戸風俗往来》）。

【飛蚊症（ひぶんしょう）】　青空などを見ていると，実際は眼の前に何もないのに，まるでカが飛んでいるように黒い影がチラチラすることがある。これが飛蚊症で，眼球の硝子体（しょうしたい）（ガラス体）の繊維がときとして網膜に映るために起きる現象である。

【文学】　〈カとウシ〉　イソップ寓話。ウシの角で長いこと休んでいたカが，もうぼくに消えてもらいたいかとウシに尋ねた。ウシはそっちがいようといまいと気づきゃしないよ，と答えた。カは毒にも薬にもならない人間のたとえとされている。

アリストファネス《女の平和》　この喜劇には老婆のコロスが老爺のコロスの体から〈トリコリュトスの虫〉という大きな虫をとってやる場面がある。高津春繁氏の注によると，トリコリュトスというのはアッティカ最北部の海岸沿いの沼沢地で，カのひじょうに多いことで有名だったらしい。とすると，この虫はカである可能性が大である。

《蚊相撲》　大名狂言の一。江州守山（ごうしゅうもりやま）にすむカの精が太郎冠者に連れられて上京，大名と相撲をとる。裸の相手に近づいて思うまま血を吸おうというカの精と，そうはさせじと行司（ぎょうじ）役の太郎冠者に扇をあおがせる大名との勝負をユーモラスに描いている。江州守山は古くからカの多いことで有名。かつ近江国は織田信長の影響で相撲がさかんだったため，カの精から相撲とりへという連想が生まれたらしい。

ユスリカ

節足動物門昆虫綱双翅目ユスリカ科 Chironomidae に属する昆虫の総称。

[和]ユスリカ〈揺り蚊, 揺蚊〉　[中]糠蚊, 揺蚊　[ラ]*Chironomus* 属(セスジユスリカ), その他　[英]midge, nor-biting midge　[仏]chironome　[独]Zuckmücke　[蘭]zuigmug　[露](комар-)дергун　⇒p.351

【名の由来】　キロノムスはラテン語で〈手 cheir〉と〈しきたり nomos〉の合成語。

　英名のミッジの起源はゲルマン系で、アルメニア、アルバニアにも同系の語があり、古くインド＝ヨーロッパ語にあった単語らしい。しかしその由来は不明。あるいはハエを示すギリシア語の〈ミュイア myia〉や、ラテン語の〈ムスカ musca〉と関係があるのかもしれない。独名は〈震えるカ〉。蘭名は〈吸うカ〉。露名は〈けいれんするカ〉の意味である。

　和名ユスリカは〈揺れるカ〉の意。夕方に群れをなしてゆらゆらと飛翔する習性にちなむ。なお日本ではよく〈浮塵子〉と書いてウンカ類にあてるが、これは俗用で、本来中国ではユスリカなど双翅目の小虫の総称であった。ちなみに《千蟲譜》ではこの名が正しくユスリカ類にあてられている。

　ユスリカ類の幼虫は、英語でブラッドワーム bloodworm とよばれる。血のように赤い体色を称したもの。

【博物誌】　カのなかまだが、人を刺さない。幼虫はボウフラ(カの幼虫)と同じように水生だが、溝などの底泥にもぐりこんで暮らしている。俗にアカボウフラとよばれるとおり全身赤い色をしている。これは昆虫類で唯一、ヘモグロビンをふくむためである。このヘモグロビンが酸素をたくわえてくれるので、ボウフラのように水面下にぶらさがって空気を直接とりこむ必要がない。

　イギリスの田園地帯に住む人びとは、ユスリカを霧か露が生命をもったものと信じた。大群でいつもあらわれるため、この虫が土の湿気から自然発生すると考えたらしい。釣餌として、また観賞魚の生き餌として重宝される。

　ところで《和漢三才図会》には〈蟻蠓〉という小虫の項がある。同書によると、この虫は一名カツオムシといい、〈腐肉・食醢・溝泥〉に好んで集まる。また形は蠅に似ていて小さく、色は灰色、背はすぼんで、その大きさは1分ほどしかない、という。

　《広辞苑》は《日本書紀》允恭紀の訓注をもとに、その正体を〈ヌカカの類。一説にミズスマシ〉としているが、どうやらこれは特定の虫にあてられたものではなく、ユスリカやガガンボダマシなど、小型の双翅類の総称らしい。これらの虫はよく群れ飛ぶ習性が知られ、そのさまを見た人は、視界がちらちらして眼をしばたたかせる。そこでまばたきすることを〈まくなぎ作る〉といった。古く《源氏物語》の〈明石〉にも〈あいなく人知れぬ物思ひさめぬる心地して、まくなぎ作らせてさし置かさせたり〉というくだりがみえる。

　この〈マクナギ〉は、中国周代に成立した《列子》に出てくる。同書によると、〈マクナギ〉は雨によって発生し、陽を見ると死ぬという。《和漢三才図会》は《爾雅》の注釈書を引き、〈マクナギ〉が旋回する形で群飛すれば風、上下動しながら飛べば雨の予兆だと述べている。

ブユ

節足動物門昆虫綱双翅目ブユ科 Simuliidae に属する昆虫の総称。

[和]ブユ〈蚋〉, ブヨ, ブト　[中]蚋, 蚋子, 蚋蠅　[ラ]*Simulium* 属(ニッポンヤマブユ), その他　[英]black fly, buffalo gnat, turkey gnat, sand fly　[仏]simulie, mouche noire　[独]Kriebelmücke, Kribbelmücke　[蘭]kriebelmug　[露]мошка　⇒p.352

【名の由来】　シムリウムはラテン語の〈あるものに似せる simulium〉から。カに似ているためだろう。

　英名ナットの由来は定かではない。インド・ヨーロッパ語で〈かじる, かむ〉を示す ghen- によるものか。なおこのナットという言葉、翻訳書などでは古くからブユ、ブトなどと訳されているが、イギリスでナットといえばおもにアカイエカ *Culex pipiens* (英名 house mosquito)のこと。アメリカではブユのほか、ヌカカ、ユスリカ、キノコバエといった吸血性の小虫の総称として用いられる。同じく英名バッファロー・ナットは、この類の1種 *Cnephia pecuarum* がかつてアメリカでヤギュウ buffalo を刺し殺したという逸話にちなむ。ターキー・ナット *Simulium meridionale* は、この虫がときとしてシチメンチョウをはじめとする家畜類に伝染病を媒介することから。

　独名はどちらも〈むずがゆいカ〉。蘭・露名も同じ。

　ブユは古名をブトといった。その由来については諸説あって一定しないが、《大言海》では刺された跡がブツブツするためか、としている。また別に、目の中に飛びこんでくる虫という意味で、〈まぶた〉が略されて転じたともいわれる。

【博物誌】　カによく似た虫。幼虫は水生だが、渓

ハンミョウのなかま(右)
Cicindela campestris green tiger beetle
こちらはモロッコ、ヨーロッパ、南西シベリアに分布するふつう種。しかしキュヴィエの《動物界》に載ったこの銅版画はシャープで美しい［3］。

ハンミョウ（上）
Cicindela chinensis chinese tiger beetle
中国産のハンミョウ。日本の種は別亜種にふくまれる。日本でいわゆる〈道教え〉とよばれる虫であり、漢方にいう毒をもつ〈斑猫〉ではないので、要注意。

エンマハンミョウ（右）
Manticola tuberculata night hunter
巨大なハンミョウである。エンマはエンマコオロギなどと同じく、大きいことを示す。アフリカに分布。

ハネナシハンミョウ（右端）
Tricondyla aptera
これは文字どおりはねを欠いた種類。モルッカ諸島からフィリピン、オーストラリア北東部に分布する［25］。

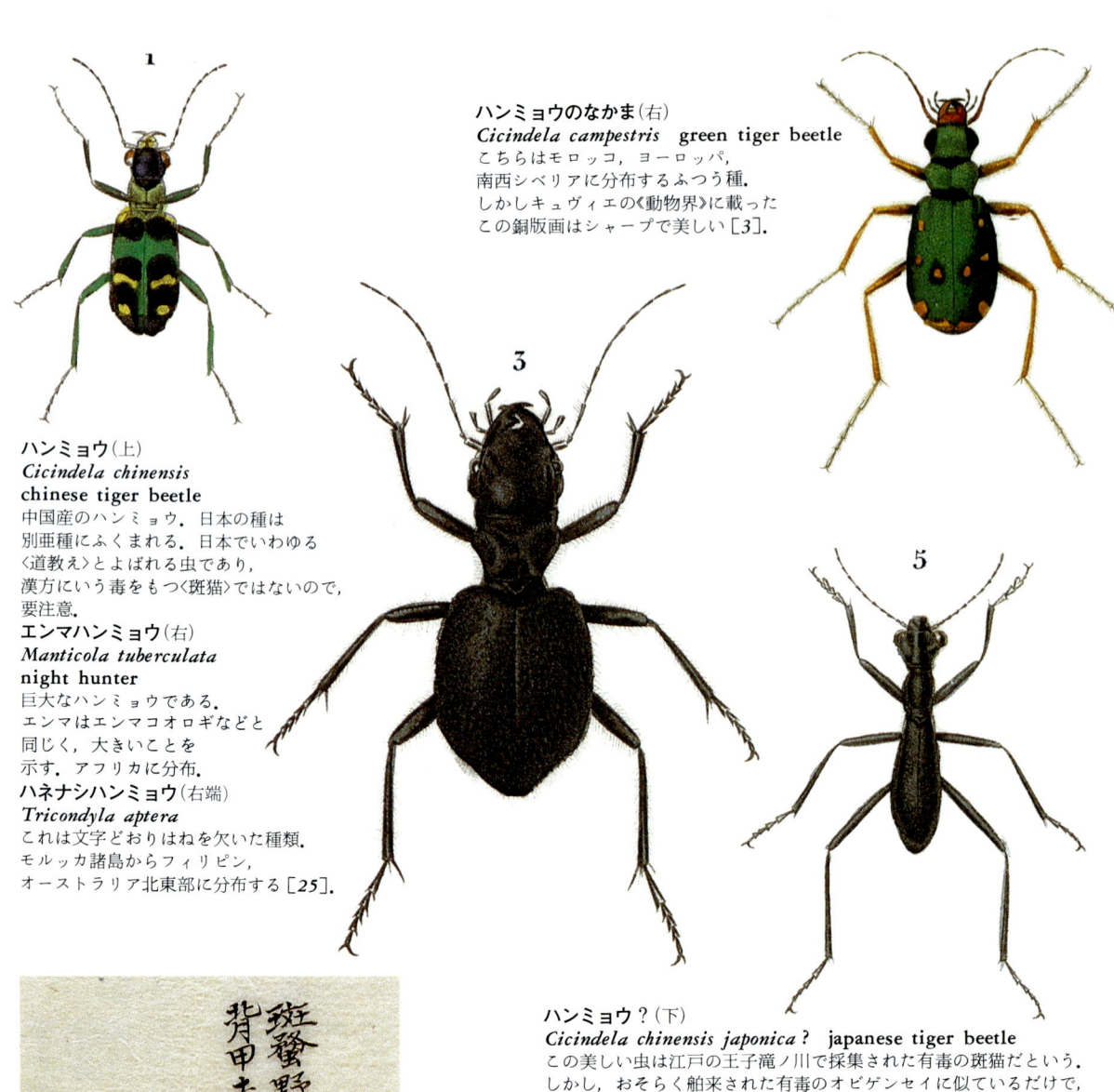

ハンミョウ？（下）
Cicindela chinensis japonica ? japanese tiger beetle
この美しい虫は江戸の王子滝ノ川で採集された有毒の斑猫だという。しかし、おそらく舶来された有毒のオビゲンセイに似ているだけで、ごくふつうの無毒ハンミョウであろう［5］。

ハンミョウ *Cicindela chinensis japonica* japanese tiger beetle
中国産の別亜種とされる日本のハンミョウ。一般に斑猫といえば猛毒があると思われがちだが、有毒なのはツチハンミョウやゲンセイのほうであって、こちらは無毒である［5］。

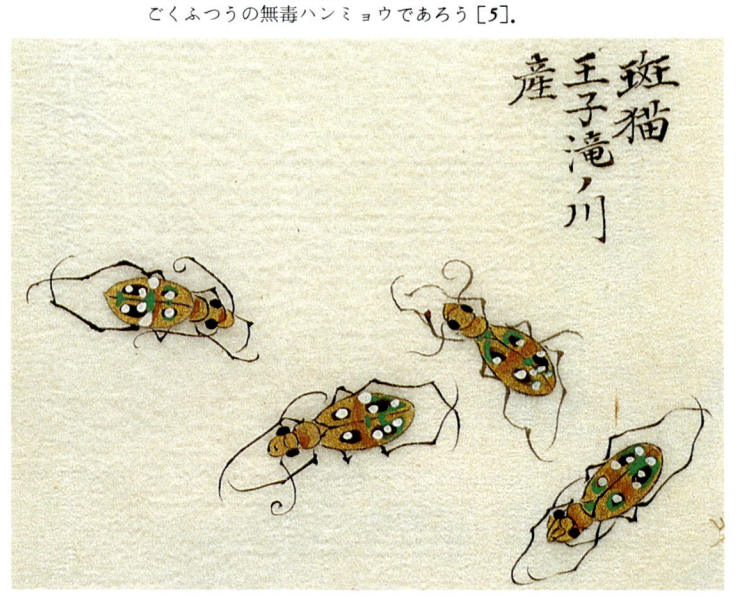

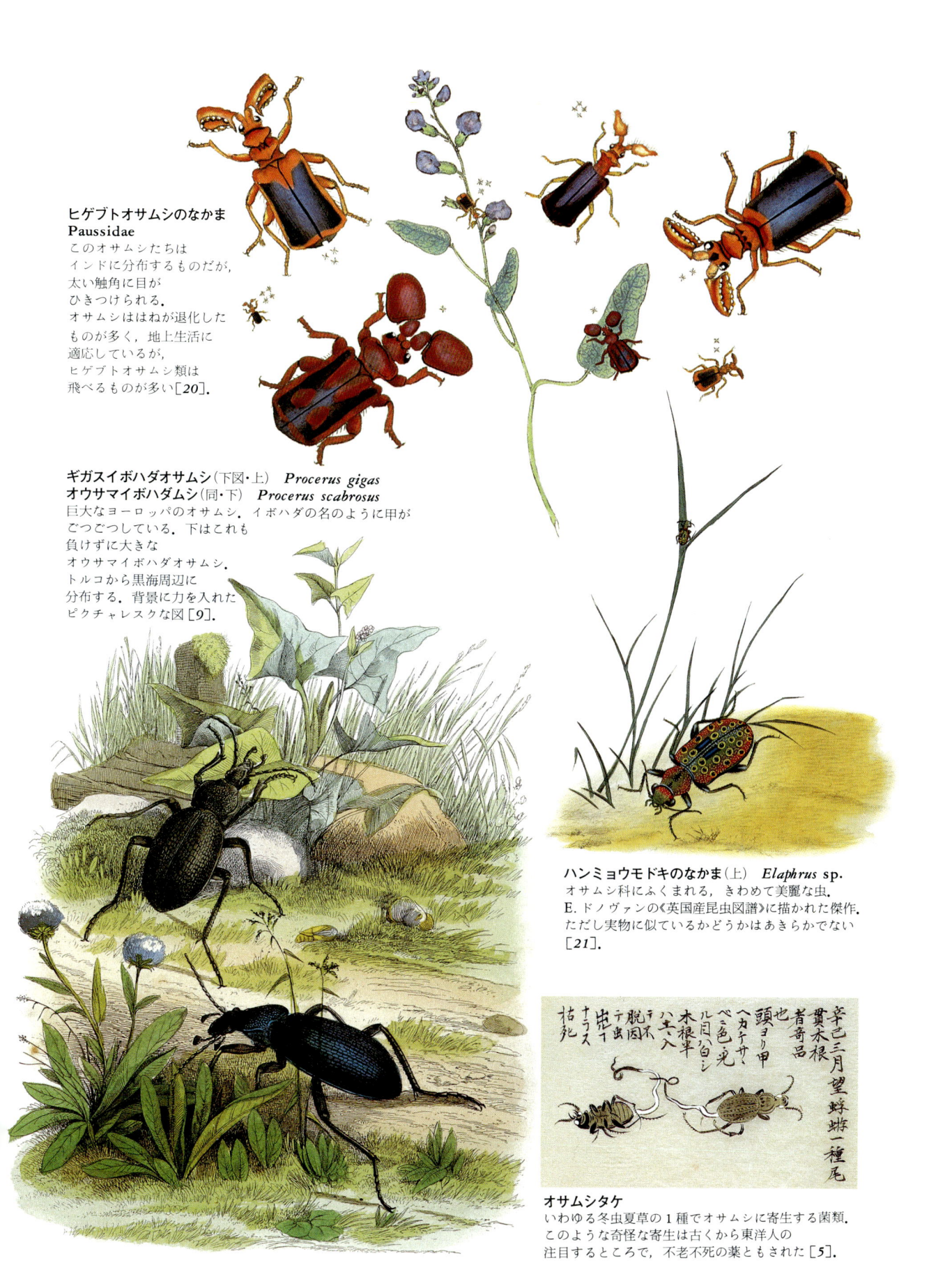

ヒゲブトオサムシのなかま
Paussidae
このオサムシたちは
インドに分布するものだが，
太い触角に目が
ひきつけられる．
オサムシははねが退化した
ものが多く，地上生活に
適応しているが，
ヒゲブトオサムシ類は
飛べるものが多い[20]．

ギガスイボハダオサムシ（下図・上） *Procerus gigas*
オウサマイボハダムシ（同・下） *Procerus scabrosus*
巨大なヨーロッパのオサムシ．イボハダの名のように甲が
ごつごつしている．下はこれも
負けずに大きな
オウサマイボハダオサムシ．
トルコから黒海周辺に
分布する．背景に力を入れた
ピクチャレスクな図[9]．

ハンミョウモドキのなかま（上） *Elaphrus* sp.
オサムシ科にふくまれる，きわめて美麗な虫．
E.ドノヴァンの《英国産昆虫図譜》に描かれた傑作．
ただし実物に似ているかどうかはあきらかでない
[21]．

オサムシタケ
いわゆる冬虫夏草の1種でオサムシに寄生する菌類．
このような奇怪な寄生は古くから東洋人の
注目するところで，不老不死の薬ともされた[5]．

● 双翅目────ブユ／アブ

流の河床にすむところがボウフラやアカボウフラとちがう点である。流れの早いところにいて吸盤で石に着き、特別な口器を使って水中から小さな餌をこしとる。こうして蛹になると、殻が空気でふくらみ、最終的に裂ける。すでに成虫に変化しおえたブユは空気の泡にのって水面へ上がる。なかには蛹の殻の破裂する力で水上まで打ちあげられるものまであるという。

ムーフェット《昆虫の劇場》をみると、16世紀当時新大陸に渡った航海者たちは、アメリカには大型のカがあちこちにいて、刺されるとひじょうに強烈な痛みを感じるとしばしば報告していたらしい。これはあるいはブユ類のことかとも思われる。ちなみに同書では、ヨーロッパよりアメリカのほうが暑くて日も長いので個体が多く、また発生場所の湿地の土壌が有機物に富んでいるため体が大きくなるのだろう、とされている。

たしかにブユは人を刺す。だがそのさい、虫のほうで刺す相手を選ぶといわれる。上村清《暮らしの中のおじゃま虫》によると、1960年代に、京都精華女子高校の生物部員たちがブユを使ってこの問題にとりくんだ。ところが、ブユの飛来に個人差はほとんどなく、〈のろまな人や体の露出部の大きい人、青など暗色の服装の人、ブユの休んでいる場所に行った人〉がよく刺されるという実験結果となった。ちなみに酒を飲むとブユによく刺されるのは、新陳代謝が活発になり、炭酸ガスの排出量が増えて虫を集めるうえ、それを振り払う動きも鈍くなるため。泳いでいるとよく刺されるのは、皮膚の露出度が高いので体臭がよけいに発散されるからだという。

日本ではかつて農民が田畑に出るさいには、ぼろ布を丸めて火を点じたものを携え、絶えず煙をいぶしておけばブユの害をまぬがれるとされた。また手足などに魚の油を少量塗っても効果があるという（佐々木忠次郎《人体の害虫》）。

なお《甲子夜話》によると、ブユに刺された場合、何でもいいから3種の草の葉をもんで、その汁を塗るとたちまち痛みが消えるという。著者松浦静山もたびたび試したが、かならず効いたそうだ。

【ことわざ・成句】 〈strain at a gnat〉大事を見すごして小事にこだわること。イエスのパリサイ人に対する言葉〈ものの見えない案内人、あなたたちはぶよ一匹さえも漉して除くが、らくだは飲み込んでいる〉(〈マタイによる福音書〉第23章24節)に由来。ちなみに、アラブのことわざにも〈ゾウをたいらげ、ブユに窒息〉というのがある。

【文学】 アリストファネスの《雲 Nubes》では、〈ブヨ〉は口で鳴くのか、尻で鳴くのかと問われた

ソクラテスが、肛門で鳴くのだと答えたことになっている。その理由は〈ぶよの腹の中は狭い。だから、この細いところを通るのに、息は無理押しして、しゃにむに尻へと直行することになる。ところが、この狭い通り路にとりつけられている肛門は、空洞になっているから、その空気の圧力で音響を発することになる〉からだという。

アブ

節足動物門昆虫綱双翅目短角亜目のアブ群 Tabanomorpha に属する昆虫の総称。

［和］アブ〈虻〉 ［中］虻，蜚䖟，䖟虫 ［ラ］Tabanidae（アブ科），その他 ［英］horse fly, gad-fly, deer fly, cleg, robust fly ［仏］taon, tavan, melon ［独］Bremse ［蘭］daas ［露］слепень　　　　→p. 352-353

【名の由来】 タバニダエはラテン語の〈アブ，ウマバエ tabanus〉の意味。

英名ガド・フライは、家畜を駆るときに使う gad という棒にちなむ。ウシアブに刺された家畜類が、何かに駆りたてられたように騒ぐところから。同じく英名のクレーグは北欧語の〈ウマバエ kleggi〉からきた言葉。仏名はラテン語由来。独名は古高ドイツ語で〈ブンブンいうもの breman〉から。蘭名は由来不明だが〈臆病 bedeesd〉〈ばかげた好意 dwasen〉と関係するか。

中国名の蝱は、一説にホウホウという翅音を称したものとされる。また《埤雅》によれば畝（田畑）の害虫であることに由来するという。

一説に和名アブは、アは発語、ブは翅音を称したものという。いっぽう《東雅》は、アブの古名アムから考えて、アは発語、ムはミが転じて噛むの意味か、としている。

なお日本語のアブは、形態や色彩の感じから漠然と双翅類のある一群を指したもので、その影響が現在の分類学にまでおよんでいる。すなわち、分類学上はハエ類でも〈○○アブ〉とよばれたり、逆に真正のアブでも〈○○バエ〉とよばれたりし、分類学上の位置とよび名が一致しないケースも少なくない。たとえばハナアブはハエの類である。

【博物誌】 アブはハエやハチによく似た虫であり、ムシヒキアブの類は実際にハチに擬態する。また幼虫もハチの巣にもぐりこんでいて、ハチの子を食べて大きくなる。アブ類は触角がきわめて短く、あしには剛毛状の毛があるのが目立つ。口器が血を吸う針になっている。しかし同じ血を吸う双翅目なかまのカやブユとちがい、短い剃刀状のような口器になっていて、刺されるときわめて痛い。幼虫は陸生で、一部の種ではハチの子やアブラム

シを食べて成長する。

アブのような小さな虫は，古代には細かい観察があまりなされず，誤解や俗信がはびこった。たとえばアブの小型種は目がまったく見えないか近視とする説が有力で，アリストテレスでさえこれを踏襲したうえで，これらのアブは最後は目に水腫ができて死ぬと述べた。またアリストテレスは，アブのあるもの（一説にヒラタアブかミズアブという）は，川面を泳ぐ小虫（ミズスマシ？）が化したものともしている。

古代ローマでも，ハチ，アブ，ハエの判別がなかなかにやっかいであった。ローマの代表的詩人ウェルギリウス（前70－前19）は《農耕詩》第4巻のなかで，古代エジプト・ペルシア・インドなどに伝わる〈ミツバチ〉の発生法を忠実に記している。すなわち，まず春になる前に2歳の雄ウシを窒息死させてつき砕き，小屋の中に横たえる。すると

> かかるうちに，軟らかくなった骨の中で液体が温まり，発酵し，不思議や，あまたの虫が現われる。（河津千代訳）

というのだ。これは，ウシの体にたかってくらすアブ類との連想がはたらいたものであろうか。たしかにウシアブ *Tabanus trigonus* はミツバチに姿がよく似ている。

プリニウスもアブについては奇怪な記述を残している。この虫はミツバチの巣の先端にいつのまにか生まれて，巣にいるハチを1匹残らず追いだしてしまうというのだ。彼はまたこうも述べている。〈雌バチ自身がそれをつくったのでないとしたら，これはいったいどんなふうにして生まれてきたのだろう〉。しかしプリニウス《博物誌》には，また，正確な記述もある。雄ジカの舌の裏側と，頭と首のつけ根のあたりには，20匹にもおよぶウシアブの幼虫が寄生していることを，当時すでに観察報告しているからである。

家畜につきまとってその血を吸うこのウシアブは，しつこい人間の象徴ともされた。

聖書〈出エジプト記〉によると，エジプト王ファラオがユダヤの民の脱出を阻んだことから，神はさまざまな災いをファラオに送るが，そのなかにブユとアブによる災いの話もみえる。すなわちまずアロンが杖で土の塵を打つと，それがすべてブユと化し，エジプト全土の家畜と人を襲う。それでもファラオが言うことを聞かないため，アブの大群が送りこまれ，国中がその被害で荒れ果てたという。この地域が古くからブユやアブの害に悩まされていたことの証拠だろう。

ヨーロッパでは，四日熱のマラリアよけのまじないとして，はねの生える前のアブの幼虫を左の手首につける風習もあった。

また，トカゲをつき砕いて処方した煎じ汁をアブの前に置くと死ぬ，という俗信もあった。

子ウシがムシヒキアブに刺されたら，鉛白（白色顔料）と水を患部に塗りこめてやるとよいという（《昆虫の劇場》）。

C.ダーウィンもビーグル号での航海中，パタゴニアで大きなアブに何度も刺されて苦しんだことが，《ビーグル号航海記》に記されている。

アラビア地方では，ラクダがアブに刺されたら，クジラの脂を塗ってやるとアブはすぐいなくなる，といわれている。

南米のインディオのあいだでは，一般にアブは冥土の使者とみなされたり，死んだなかまの生まれ変わりだといわれる。病人のいる村にこの虫があらわれると，死が近づいたといって嘆き悲しむのだという（クラウセン《昆虫と人間》）。

中国では古く貧血や失血のさいの薬としてアブを用いた。また一説に，堕胎薬にも使われたという。いずれもこの虫が，ウシやウマの血を吸って生きることから，血の補給剤とされたものらしい（《本草綱目》）。

また《元氏長慶集》によると，四川省の山谷地方では，毎年5～9月に，道路にアブが群れ飛び，牛や馬がさかんに食われ血を流していたという。さらに人がこれに食われると，毒が体の奥まで浸透するので治療法がない，とも書かれている。

沈括《夢溪筆談》によると，中国の信安軍，滄州，景州（いずれも河北省北部）一帯にはアブが多く，夏などは牛馬に泥をくまなく塗りこめておかないと，アブの毒にやられる場合も多いという。

日本でもアブの被害は古くから知られていた。《日本書紀》雄略天皇のくだりに，天皇が吉野に行幸したさい，腕をアブにかまれたが，すぐさまトンボが飛んできてそのアブをかっさらっていった，という記事がみえる（[トンボ]の項も参照）。

東北地方では旧暦6月1日に〈歯固め〉とよばれる餅を家中の働き手で分けあって，その一部を手足や首筋などにこすりつけ，アブやカよけのまじないとするという（柳田国男《食物と心臓》）。

ところで，例のウシアブも問題である。水戸市酒門の農民は，ウシアブの幼虫をテンジョムシとよんだ。田植えをしているときに足を刺されると，あまりの痛さに思わず天井の方角を仰ぐからだという（更科公護《水戸市の動植物方言》動物編）。

ただ，西日本のアブはそれほど強力ではなかったらしい。B.H.チェンバレン《日本事物誌》には，〈虻は北海道，本州の北半分においてのみ旅行者を苦しめる。家蠅は，生糸の産地を除いては，一

ヨツボシオサモドキゴミムシ(右図・上)
Anthia sexguttata
ミイデラゴミムシのなかま(同・下)
Pheropsophus sp.
インドに産する美しい種類。
これらのゴミムシは地上にすみ,
肉食性。E.ドノヴァンの図が
例によって鮮やかな彩色を
誇っている[20]。

ニジカタビロオサムシ(上図・右)
Calosoma sycophanta
ヨツボシゴミムシのなかま(同・上と左)
Carabidae ground beetle
こちらはヨーロッパに分布する美麗種。
この図に出ている横縞模様の虫は
ヨツボシゴミムシのなかま。
いずれもオサムシ科にふくまれる[21]。

ゴミムシのなかま
Odacantha melanura (fig. 1),
Agra latreillei (fig. 2),
Lebia fulvicollis (fig. 5)
ミイデラゴミムシのなかま(fig. 3)
Brachinus succinetus
オサモドキゴミムシのなかま(fig. 4)
Anthia duodecimguttata
ゴミムシは肉食の夜行性昆虫でオサムシに近い。
種類が多く,世界中に2万種からのゴミムシが
生息している。ハンミョウに似た美しい種類もいる
[25]。

368

ゴミムシのなかま(左の3匹)
Carabidae ground beetle
なんとも息をのむような姿の
ゴミムシである．ヨーロッパ産と
されるが，このようにすばらしい
色彩の虫がいるのなら，古くから
注目されていたろう．
E.ドノヴァンの図だけに，真偽の
ほどはやや不安ではある[21].

ミイデラゴミムシ(下)
Pheropsophus jessoensis
丹洲はヘコキムシとよんで
いるが，これもゴミムシの
なかまである．
名のようにごみの下に
いることが多く，敵に
襲われるとガスを発射する．
下もゴミムシのなかまだが
種は不明．それにしても
銅版画技法をもたなかった
日本人は，硬質な甲虫を
描くのが苦手だ[5].

バイオリンムシ(右図・左)
Mormolyce phyllodes
ghost walker,
ghostly ground beetle
ウチワムシともいう，
きわめて特殊な形をもった
ゴミムシ．これでもゴミムシと
いうのだからおもしろい．
インドシナ，マレー，
ボルネオなどに分布する．
サルノコシカケ類の上に
いて，他の虫を捕食する．

カワラゴミムシの
なかま(同・右)
Omophron limbatus
カワラゴミムシは
オサムシ亜目に
ふくまれ，
ヨーロッパから
西シベリアにすむ．
色彩は美しい[25].

マイマイカブリ(上)
Damaster blaptoides
japanese ground beetle
日本にだけ分布するオサムシの
1種．この奇妙な形は，
ひと目見たら忘れられない．
分布最南端は屋久島という[5].

● 双翅目――アブ／ハエ

般にヨーロッパにおけるよりも害がずっと少ない〉（高梨健吉訳）とある。

なお漢方医療では，アブ類の成虫を乾燥させたものを〈虻虫（ぼうちゅう）〉とよび，月経困難，子宮筋腫の薬に用いる。

【ことわざ・成句】〈虻蜂（あぶはち）とらず〉ふたつのものを同時に捕えようとして，結局どちらも得られない，という意味。欲を出しては損をすることのたとえ。むろん，アブとハチはよく似ている。

やくざの隠語によれば，愛児のことを〈あぶ〉といったらしい。アブのように身のまわりにうるさくまとわりつくものという意味だという（富田愛次郎編《隠語輯覧》）。

ハエ

節足動物門昆虫綱双翅目短角亜目 Brachycera に属する昆虫の総称。

［和］ハエ〈蠅〉　［中］蠅　［ラ］Muscidae（イエバエ科），その他　［英］fly　［仏］mouche　［独］Fliege　［蘭］vlieg
［露］myxa　　　　　　　　　　　　　　➡ p.353-357

【名の由来】　ブラキセラはギリシア語で〈短いbrachys 触角cerus〉の意。ムスキダエはサンスクリット語起源で，ラテン語の〈ハエ muscame〉から。

英名フライはもともと飛ぶ虫の総称で，飛ぶことを示す同綴りの動詞 fly から出たものと思われる。ここから具体的な名称，たとえばドラゴンフライ（トンボ），バタフライ（チョウ）などが生まれた。キンバエ類にはブルー・ボトル blue bottle という異名がある。おそらくは体色からの連想であろう。

独・蘭名は英名と同語義。他はラテン名に由来。

中国名の蠅はヨウと発音する。飛ぶときのヨウヨウという音にちなんだもの（《本草綱目》）。陸佃《埤雅》によると，漢字の蠅は縄という字をもとにつくったものだという。この虫の前あしを交叉させる姿が，縄をなう姿に似ているため。ウジの中国名蛆（そ）は，前進のしかたが趑趄（ノロノロしていること）たるものだからという。また沮洳（じょじょ）の場所（湿地）に生ずる習性にちなむともいわれる（《本草綱目》）。

和名ハエの由来はよくわからない。ただし新井白石は《東雅》のなかで，ハエにかぎらず虫の名にハとあるのははねを称したもので，《古事記》や《日本書紀》の記述から察すると，ハエの場合はその翅音にちなんだ名称か，としている。なおショウジョウバエは，大型哺乳類オランウータンの古名猩々（しょうじょう）による。このハエは酒の香りによくおびき寄せられる。そこで古来酒好きの動物とされていた猩々の名が冠せられたもの。

ウマの胃には，数百匹もの蛆がタケノコのごとく群れている場合がある。これを俗に〈筍子虫（たけのこむし）〉という。

【博物誌】　人びとにきらわれる双翅類のうちでも，とくに嫌悪される腐食性の虫。腐りかけたものに好んでたかり，さらに鳥類や哺乳類に寄生し血を吸って生きる種もある。悪い意味でこれだけ人間社会に関わりのある虫であるのに，まだ十分にわかっていない要素が多い。あまりにも種類が多いためかもしれない。

現代の昆虫学によれば，ハエのなかまは羽化するときに，触角の基部にある額嚢をふくらませて突きだすものと突きださないものがある。これにしたがい有額嚢類，無額嚢類に区分する。無額嚢類には，花に群れるアブに似たハナアブ，窓ガラスの上を歩きまわりほとんど飛ばないノミバエ，ハチにそっくりなメバエ類をふくむ。有額嚢類には幼虫が植物内に寄生するミバエ，貝やナメクジを食べるヤチバエ，などほとんどのハエをふくむ。

しかし幼虫である蛆は腐ったものを食べるので，結果的に地上を清潔にする役目をになう。成虫もまた死体の処理屋をもって任じる。死体にまず近づいてくるのは，クロバエ（いわゆるキンバエ）である。この感覚の鋭さには見るべきものがあり，かつて第2次大戦中の大陸で，戦傷者が死ぬかどうかはキンバエが集まるのを見ていればわかる，といわれた。死ぬ運命の傷病者には，キンバエがたかるというのである（常木勝次《戦線の博物学者》）。そして死体が腐敗をはじめると，イエバエのなかまが集まり，腐って汁がしたたるようになるとショウジョウバエが集まってくる。最後に死体が乾燥するとノミバエがやってくる。

古代ギリシアではハエは死と腐敗をもたらす恐るべき悪魔であった。そのせいか，ギリシア神話においては，大神ゼウスがみずからハエの害を避ける役を担う神として君臨する。しかし，ハエはいくら退治しても次つぎに発生する。まるで地面から自然にわき出てくるように思えるのである。

古代パレスティナの南西海岸に定住していたペリシテ人は〈ハエの王〉を意味するバアルゼブブ Baalzebub という名の神を崇拝した。この神が信者をハエの害から守ったことによる名称といわれる。しかしペリシテ人と敵対関係にあったユダヤ人のあいだでは，のちにこの名（ヘブル語読みでベルゼブル）が悪霊の頭（かしら）を示す言葉となり，聖書の〈マタイによる福音書〉などでも，パリサイ人がイエスのことをベルゼブブの手先だと難じたくだりがみえる（T.M.ハリス《聖書の博物誌》）。

アリストテレスも，ハエを自然発生する生物だ

と認めざるをえなかった。ちなみに，ハエが交尾して産みつける卵と，そこから出てくる蛆については，〈生みの親と同じものにも他の動物にもならず，こういう「卵とも蛆ともつかない」ものになるだけである〉と述べている。つまり，ハエは自然に生じ，その子であるウジは親のようにはならず，〈何でもないもの〉としてふたたび死ぬだけ，と考えたのである。

しかしハエの生命力と繁殖力は古代人にとっての驚きであった。一見死んだようになったハエを灰の中に埋めてやると，ふたたび生気をとり戻すと思われた。プリニウスはそのことを《博物誌》で報告し，ハエのものすごさに呆れかえっている。彼はまた，ウマバエは木から生まれる，とした。

さらにプリニウスは，おもしろい話を書いている。イエバエをかたい眼をもち，前あしが他のあしより長い虫の代表としてあげ，ときどき前あしを使って眼をこする，と述べる。そこで古代人は，ハエを目や眉をこすることと関係づけるようになった。たとえば，つぶしたハエを眉毛に塗って黒くする習俗などは，この一例である。

また《昆虫の劇場》によると，ヒョウタンの葉の汁を髪の毛に塗ると，ハエがまったく寄りつかなくなるという。ゲッケイジュの実を粉末にして，油でいためたものを使っても同じ効果が得られるそうだ。また畜牛のハエよけには，フライパンでいためた油やライオンの獣脂を体に塗ってやるとよい，ともある。この油を用いたハエよけ法は，家畜全般に広く施されていたらしい。ちなみに《健康の園》によると，ハエを燃やして蜂蜜と一緒に禿げ頭に塗ると，毛が生えてくるという俗信もこの時代にはあった。

地中海文明にひきつづく西欧世界では，一般にハエは不幸の象徴とされるが，スコットランド南西部のグリーノック港の漁師のあいだでは，飲みかけのコップにハエが落ちてきたら大吉といいならわした。また別に西洋には，家にいるハエがひと冬生きのびたら家族がその年のうちに金持ちになるとか，夏に殺したハエを土に埋めると富み栄えるといった俗信もある。

古代エジプトの寓意図学者ホルスアポロによると，ヒエログリフに描かれたハエは，厚かましい人間を象徴しているという。この虫は何度追い払っても，しつこくまた戻ってくるからである。ところが逆にこの習性は美徳ともみなされて，ハエは勇気の象徴とされた。ここより西洋では，ハエにうるさくつきまとわれる人は，図々しいが勇敢でもあるといいならわす。

また中世では，虫こぶを開いてみて，中にいる虫によって次の年を占った。蛆がいれば飢饉，ハエがいれば戦争がおき，クモ（フシダニ？）がいれば悪疫がはやるのだという。

またカリフォルニアのミッション・インディアンの伝説によると，ハエが前あしをすり合わせるのは人類に許しを乞うてのことだという。昔，人類は食糧難を前にして，死にゆく存在になってもいいのかと創造主から決断を迫られ，えんえんと議論をしていた。そこへ通りかかったハエが，議論なんてやめて死んだら終わりってことになさい，と軽口を叩いたのである。結局これに影響された人類はその旨神に告げてしまった。そこでハエは今でも自分の軽率な発言を悔いているのだという（クラウセン《昆虫と人間》）。同じくカリフォルニア州のモナコ湖周辺に住むインディアンは，湖にすむハエの蛆を採集し，よくスープにして食べたという。

かつてブラジル中部にいたタプーヤ族のあいだにも，ハエは悪魔の化身とするいい伝えがあった。

中国でもハエはさまざまに人間を悩ませた虫である。古医方でも，さすがにこのハエを薬には用いなかった。しかし李時珍の時代には逆まつげの薬に使われはじめた。穴ごもりしたハエを陰暦12月に捕って乾燥体を粉末にし，それを鼻でしきりに嗅げば治るという（《本草綱目》）。同書はまた，溺死したハエに灰をかけておくと蘇生すると告げ，ハエの生命力を指摘する。

またハエのかもしだす音については，ハエの声は鼻から出る，としている。ほかに，《本草綱目》の〈狗蠅〉（ウマシラミバエ Hippobosca equin）の図には〈能く飛ぶ〉と述べる。これについて，校定者の上野益三博士は〈その習性をよく観察している〉と評した。細かい観察眼を命とする博物学者ならではの着眼点だ。

ただ，毒をもって毒を制すという原理にのっとれば，ハエも薬として使えないことはない。周密《斉東野語》には，痘瘡で危篤となった3歳の子どもが，占い師に与えられたウマシラミバエの薬で治る話が出ている。このハエ7匹を細かくすり，濁り酒少々であえて服用するだけで効果があるそうだ。

日本では古く，旧暦5月にハエがやかましく群れ集うようすを〈五月蠅なす〉といった。そもそもは《日本書紀》神代下で，葦原中国をハエにたとえて〈昼は五月蠅なす沸騰る〉と述べたくだりに由来する表現である。これより，江戸末期から現代にいたるまで，文学者がときに〈五月蠅い〉という表記も用いるもととなった。

ところで日本もハエや蛆の大群に悩まされた事

ガムシのなかま(左)
Hydrophilus sp.
ヨーロッパにすむガムシ．黒色で小さく，水面上から空気をとりこむときは，尻を出すゲンゴロウとちがい，頭を出す[25].

ゲンゴロウモドキのなかま *Dytiscus semisulcatus*
タイコウチなど水中のカメムシに対抗する，水の甲虫グループ．ヨーロッパからトルキスタンに分布し，図にあるような水生幼虫期をもつ．幼虫，成虫ともに肉食性[21].

ミズスマシのなかま(右)
Aulonogyrus strigosus
約7mmほどの小さな虫で，水面をくるくるまわっている．水面に落ちてきた虫を餌にする，ヨーロッパでよく知られた甲虫である[25].

ベニヒキゲンゴロウ*(左図・fig. 1)
Platambus maculatus
イギリスにはこのように美しいゲンゴロウがいる．ドノヴァンの図は朱色の鮮やかさを盛りあげている．
ゲンゴロウのなかま(同・fig. 2)
Hygrobia undulatus
これも金色の蒔絵を見るような味わいである[21].

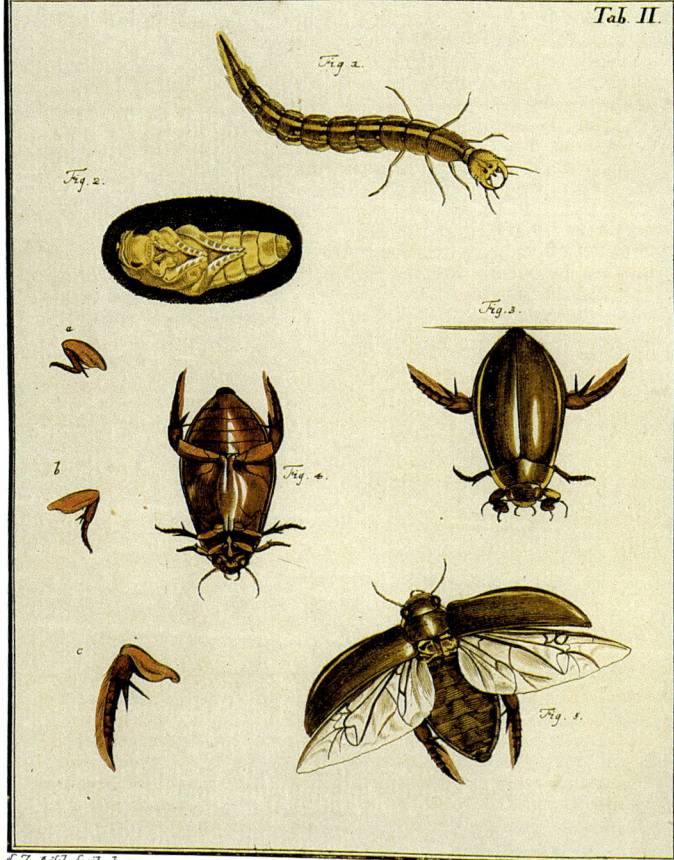

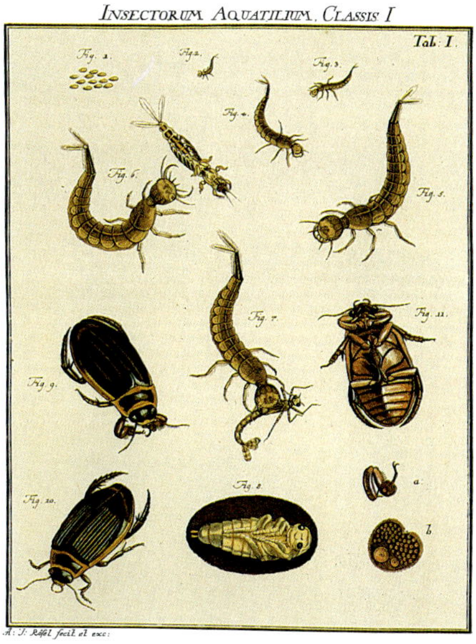

INSECTORUM AQUATILIUM, CLASSIS I. Tab. II.

INSECTORUM AQUATILIUM, CLASSIS I Tab. I.

ゲンゴロウモドキのなかま(上) *Dytiscus* sp.
卵から成虫になるまでのプロセスを描いた
珍しい図。幼虫時代も水中に暮らすが，
尾の形と，捕食する口器の構造がおもしろい
[43].

ゲンゴロウのなかま(左) *Cybister* sp.
レーゼル・フォン・ローゼンホフの図は，
ゲンゴロウの水中生活に必要な
気門の使い方と，吸盤状のあしを
しっかりと描いている [43].

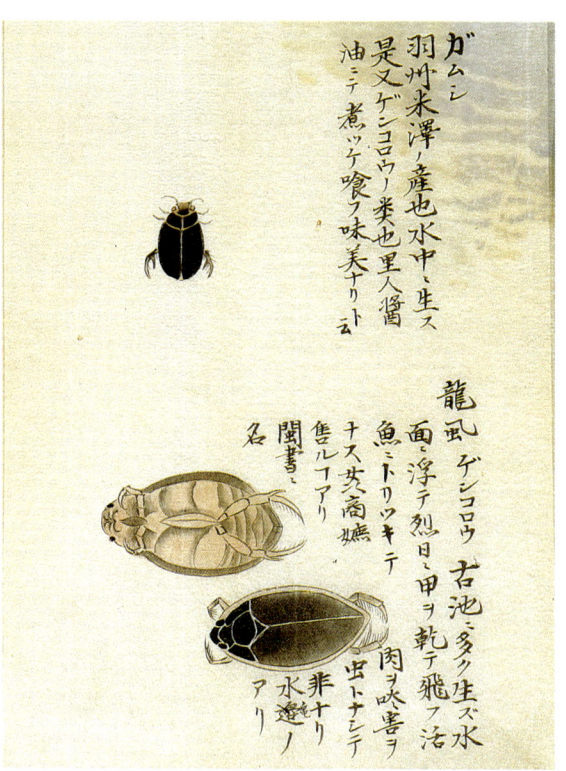

ミズスマシ(下) *Gyrinus japonicus*
栗本丹洲の描く日本産のミズスマシ。
水面にいる関係で，水上と水面下を
同時に見る必要から，複眼が上下に
分かれているという。ちなみに，
この絵は長いあしが第3肢に
なっているが，実物はオール状。
長いのは第1肢である [5].

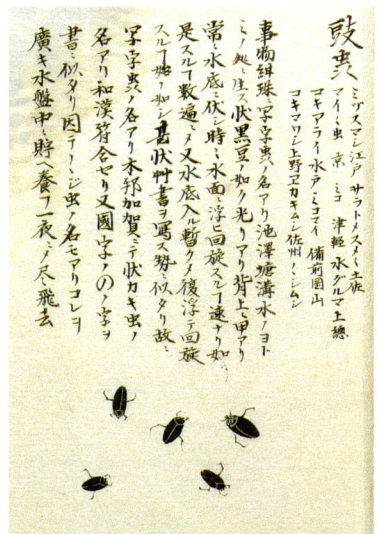

ゲンゴロウ(右図・下)
Cybister japonicus
栗本丹洲が描く
日本産のゲンゴロウ。
この種は台湾から
シベリアに分布する。
しかし，レーゼルや
ドノヴァンに比べ，
甲虫類の表現は弱い。
上段に描かれた
ガムシもあしの形は
まるでゲンゴロウの
もののようにみえる
[5].

● 双翅目——ハエ

ベルゼブブ。一般に〈ハエの王〉とよばれ、悪魔の化身の一例とされる。ハエが疫病を運ぶところから、悪魔と同一視された。この邪像が生まれたことには原因がある。かつてヘブライ人は、敵対していたカナン人が、バールという神を崇拝していたため、敵の神を不潔な昆虫におとしめたのである。

情が文献のあちこちから知ることができる。

《日本書紀》神代上には、スサノオが〈天蠅斫剣(あまのはばきりのつるぎ)〉を使って出雲国鳥上(とりかみ)の峯にすむ大蛇を退治したという記事がみえる。ここでいう〈ハハ〉は〈ハエ〉の古形で、ここではヘビの意味である。しかしこの十握剣(とつかのつるぎ)の別名の由来が、《源平盛衰記》では、切先が鋭いためそこに止まったハエがすべて斬れるからだ、とされている。

《日本書紀》推古天皇35年(627)5月の条には、ハエの異常発生が次のように記録されている。夏5月、ハエが群れ集まり、その高さ10丈(約30m)ほどにもたっした。そして雷のような翅音をとどろかせながら信濃の坂を越えて東へと向かい、上毛野国(かみつけぬのくに)(群馬県)まで来てようやく散り失せた、と。また斉明天皇6年(660)12月のくだりにも、ハエの大群が巨坂(おおさか)(信濃と美濃の国境にある神坂(みさか)峠とされる)を越えて西に向かうのを見て、百済への救援軍が敗れたきざしかと人びとが察したという記事がみえる。

《枕草子》にもハエのうっとうしさを語ったくだりがある。〈はへこそ、にくきもののうちにいれつべけれ、あいぎやうなく、にくき物は、人々ふかきいつべき物のやうにあらねど、よろづの物に居、かほなどにぬれたるあししてゐたるなどよ、人の名につきたるは必(かなら)ずかたし〉。

これだけうるさい虫だが、これらにわずらわされない人もいるという。佐々木忠次郎《人体の害虫》によると、イエバエは老人の禿げ頭にはよくたかるのに、若者の頭にはあまり寄りつかないという。同じく佐々木によると、ノミやカやアリの駆除には絶大な効果を有する除虫菊の粉末や薫煙も、ハエだけにはまったく効果がなかったそうだ。

また鎌倉時代の《明月記》には、ハエの落ちた飲食物を誤って口にすると、きわめて毒であり、頓死する者も多いと書かれている。

なお、江戸期には〈虫絵〉といって、一枚の紙にさまざまな虫を描いた子どもの遊び道具があった。《嬉遊笑覧》によると、子どもは好きな虫の絵を切りとって、これをハエの背中に糊付けし、虫が歩く姿を見て楽しんだという。

戦前の東京では、毎年7月20日は〈蠅取りデー〉とよばれ、各区町ごとに懸賞金がかけられるなどして、住民がこぞってハエの駆除に精をだした。これが始まったのは関東大震災直後の1924年(大正13)のこと。不衛生なバラックの建物におびただしく発生するハエを見るに見かねた当時の浅草区日本堤署巡査部長大木保二の発案によるものだという。またこの大木という人物は、実測によって一升のハエの数1万6040匹という数をはじき出し、〈蠅取りデー〉における捕獲数の目安にさせた。だいたい毎年1億匹前後のハエがこの日1日で駆除されたという(堤勝《蠅》)。

しかし、日本にいるハエはアメリカ人などにはむしろ異質な虫に映ったかもしれない。エドワード・S.モースは、日本のハエ類にはヨーロッパに普通いる種類がいないと述べているからである(《日本その日その日》)。

そこで日本にいるハエをもう少し細かいレベルに分けて眺めてみることにしよう。まずはイヌバエである。このハエについて《和漢三才図会》には、イヌバエはおもに老犬の首に一団となってもぐりこむので、なかなか避けられない、とある。ただし、藁の皮をはいだ茎に煙草のやにを塗り、首輪のようにいつもイヌに付けておくとよいという。

イエバエはチフスや赤痢などの伝染病をうつすことがある。1898年の米西戦争のさいには、ハエを媒介とするチフスの犠牲となったアメリカ兵の数は、戦場での犠牲者の約10倍にもたっしたという(K.von.フリッシュ《十二の小さな仲間たち》)。

最近は農薬汚染などの問題もあって、害虫駆除の方法にもかなり大規模な変化がみられるようで、1990年(平成2)10月29日付の《朝日新聞》をみると、農水省は沖縄群島のウリミバエに〈不妊手術〉をほどこすことにより、根絶に成功したという。〈このハエを大量に人工増殖し、ガンマ線を照射して「不妊」化した後、放す。生殖能力をなくしたオスが野生のメスと交尾しても、卵はふ化せず、野生虫を上回る不妊虫を繰り返し放せば、次世代のハエは激減していく〉ということである。過去4年半に310億匹もの雄を不妊化して放した末の、根絶だそうだ。

【ツェツェバエ】 現在のアフリカでもひろく問題とされる虫にツェツェバエというハエの1種がいる。この虫は、眠り病という中枢神経の病気を媒介するのだ。いったん襲われたら最後、その人の睡眠パターンは完全に狂い、ときには深い昏睡状態に陥る。ツェツェバエは人間と同じようにウシ

やウマも襲い，いつの時代にも，アフリカの侵略者にひどく恐れられていた。その結果，皮肉にもこのハエの繁殖地が侵略者から守られるということにもなるのだが。しかし現在もツェツェバエの猛威はとどまるところを知らず，現地の駆除法や医療設備が整っていないこともあいまって，深刻な問題を生んでいる。

【ショウジョウバエ】　ショウジョウバエは遺伝学の実験動物として欠かせない存在である。小学生の理科の教材にも使われる。実際，近代遺伝学の草分けであるアメリカのT.H.モーガン(1866-1945)も，その弟子のH.J.マラー(1890-1967)もキイロショウジョウバエ Drosophila melanogaster を使って実験を行なったことはよく知られている。なにしろこのハエは突然変異個体が出やすいうえに染色体数も少なく，さらには人工飼料で簡単に育てられるなど，遺伝学研究にはおあつらえ向きの虫なのだ(梅谷献二《虫の博物誌》)。

【ハエの刑】　ハエは恐ろしい，というイメージを完璧に利用した処刑もあった。プルタルコス《英雄伝》によると，アケメネス朝ペルシア帝国の王アルタクセルクセス2世(在位，前404-前359)の時代には，〈飼槽の刑〉というハエを使ったすさじい拷問法があったという。何より以下の《英雄伝》の一節を読んでほしい。〈飼槽の刑とはこういうものである。互いにぴったりと入れ子になる飼槽を二つ造らせて，その一つには罪人を仰向けに臥かせ，もう一つを載せて合せると，頭と両手と両足が外に出るが，体の他の部分は覆われる。そうして置いてその人に物を食べさせ，厭だと云っても眼を突いて無理に嚥み込ませる。食べたら蜜と乳を混ぜ合せたものを口に注ぎ入れて飲ませ，顔一面にこぼす。それから絶えず太陽の方に眼を向けて置くと，蠅が一ぱいたかって顔全体を蔽い隠す。飼槽の中では，飲んだり食べたりした人間がどうしてもしなければならない事をするから，排泄物の腐敗によって蛆や蟲が涌き，そのために体は内まで侵されて蠹まれる。その人が既に死んだことが明らかになってから，上の飼槽を取去ると，肉はすっかり食い尽されて，臓腑の周りには噛りついて大きくなったそういう蟲の群が見えるのである〉(河野與一訳)。前401年のキュロスの反乱のさい，手柄を王に譲ったことを暴露して王の怒りを買った青年ミトリダテスは，この刑によって殺されたという。

【フライ級】　プロボクシングで過去に白井義男，ファイティング原田，海老原博幸，大場政夫といった世界チャンピオンを数多く生んだ日本伝統のクラス(108ポンド超過112ポンド以下)。この名称は，〈ハエflyのように軽いクラス〉という意味。もっとも10kg近く上のクラスのライトlight級が〈軽量級〉という意味だから，欧米人の感覚からすると，〈(ハエ程度の)あるかなきかの重さ〉といった含みもあるのかもしれない。実際，今のように，ジュニア・フライ級やストロー級ができるまで，フライ級は長らくずっと最軽量のクラスだった。なお，日本の高校ボクシング界のもっとも軽いクラスは，モスキート(蚊)級という。元世界ジュニア・フライ級チャンピオンの具志堅用高は，モスキート級の高校王者でもあった。

【星座】　南天のはい(蠅)座(ラテン名Musca)は，ドイツの法律家J.バイヤー(1572-1625)が《ウラノメトリアUranometria》(1603)に記載した星座のひとつ。南十字星とカメレオン座のあいだ，赤経12h30m，赤緯−70°あたりに位置する。

【ことわざ・成句】　〈a fly in the ointment〉ささいなことから全体がぶちこわしになること。玉にきず。原義は〈軟膏に入ったハエ〉で，聖書の〈コヘレトの言葉(伝道の書)〉10章1節の〈死んだ蠅は，香料作りの香油を腐らせ〉という句に由来。なおここより中世ヨーロッパにおいてハエは不純の象徴ともなった。

〈蠅頭〉ハエの頭という意味で，ひじょうに小さいもの，とくに小さい文字のたとえに用いる。芥川龍之介は蠅頭の書を好んだという。

〈蠅若衆に蚊坊主〉うるさくしつこくつきまとう若衆や坊主の小人ぶりを，ハエやカに擬して卑しめて言う言葉。

【天気予知】　ヨーロッパでは，ハエの微妙な行動の変化を観察して，天気を予知した。たとえばハエのかみかたがいつもより強かったら，雨かじめじめした天候の予兆だという。《昆虫の劇場》の著者トマス・ムーフェットによると，雨の降る直前にハエはもっとも腹が減るので，きつくかむことでその空腹感を癒やすのである。また同書には，ハエが地の表面を這うように飛べばにわか雨か嵐の予兆とか，ご馳走や軟膏のまわりでせわしなくしているときは雨がすぐに降る，といった俗信も紹介されている。

【文学】　ハエをよんだ俳句として小林一茶の〈やれ打つな蠅は手をする足をする〉は有名。ハエの味覚器は前あしの先端にある。〈手をする〉のはその味覚器を掃除するためで，写実的な表現を得意とした一茶ならではの句だ。

〈ハエども〉《イソップ寓話集》より。倉の中にこぼれ出た蜜にたかったハエたちが，やがてあしをとられて動けなくなった。欲に身を滅ぼす人間のたとえ。

モンシデムシのなかま
Nicrophorus vespillio
ヨーロッパからアジア
まで広く分布する．
肉食性で，なかには
カタツムリに
かみついて
消化酵素を
注入する高度な
テクニックを
身につけた種もいる．
それにしても E. ドノヴァンの
この作品は劇的ですばらしい［21］．

アメリカモンシデムシ
Nicrophorus americanus
american burying beetle
北米産の美しいシデムシ．
新大陸の種は
旧大陸産と
多少ちがった
形をしている．
ドルビニ
《万有博物
事典》に
載せられた図［25］．

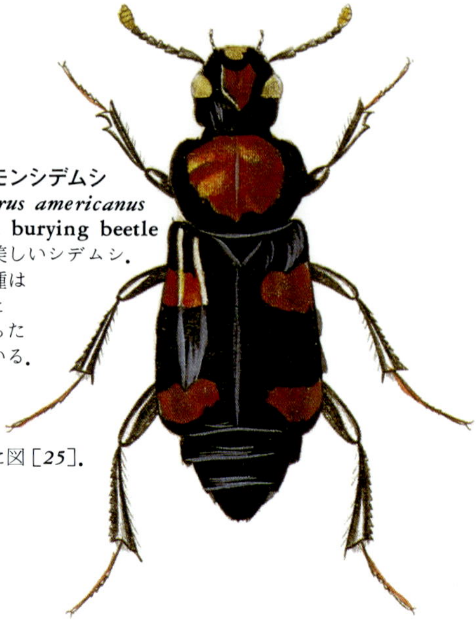

エンマムシのなかま（左）
Hister cadaverinus
《動物界》に描かれた
ヨーロッパ産のエンマムシ．
死骸や糞に集まり，蛆や
キクイムシなどを食べるので，
これらの害虫の天敵として
利用されることもある［3］．

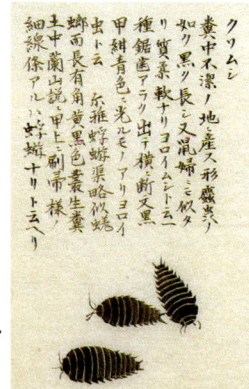

オオヒラタシデムシ
Eusilpha japonica
これはシデムシ類の
幼虫である．
丹洲によれば，
糞の中に産するので，
クソムシという［5］．

ベッコウヒラタシデムシ（左と中）
Eusilpha brunneicollis
オオヒラタシデムシ（右） *Eusilpha japonica*
日本に分布するシデムシ類．不潔な地にすむという
コメントが興味ぶかい．しかし写生は粗雑だ．
日本人がなぜ甲虫を描けないのか，じつに不思議だ［5］．

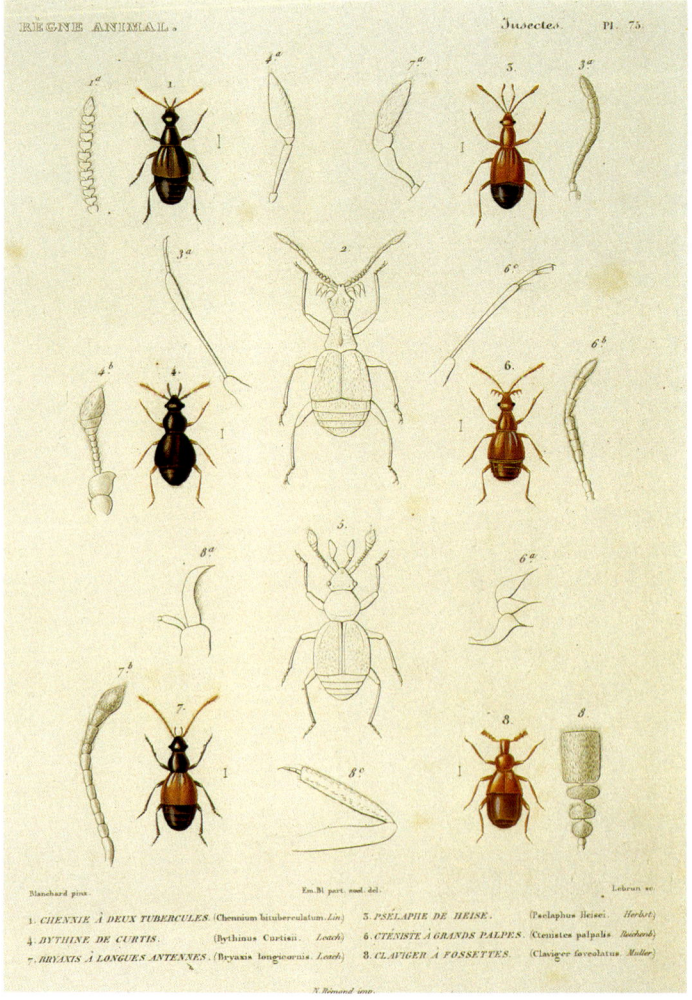

アリヅカムシ各種 Pselaphidae short-winged mold beetle
このなかまはアリの社会に受け入れられてアリの巣内で暮らす．
しかし，アリとの関係はさまざまで，敵対しあう場合もある［3］．

ハネカクシのなかま？　Staphylinidae ?
上翅がいちじるしく短い甲虫．これもゴミの下に
集まる虫で，なかにはアリやシロアリの巣の中に
すむものがある．この図では種がよくわからない
[5]．

ハネカクシ各種（右）
Staphylinidae　rove beetle
これはチリに分布するハネカクシ類．
体長10mm以下のものがほとんどで，
やはり上翅がきわめて短い．
甲虫という実感があまりない，
肉食性の虫である [7]．

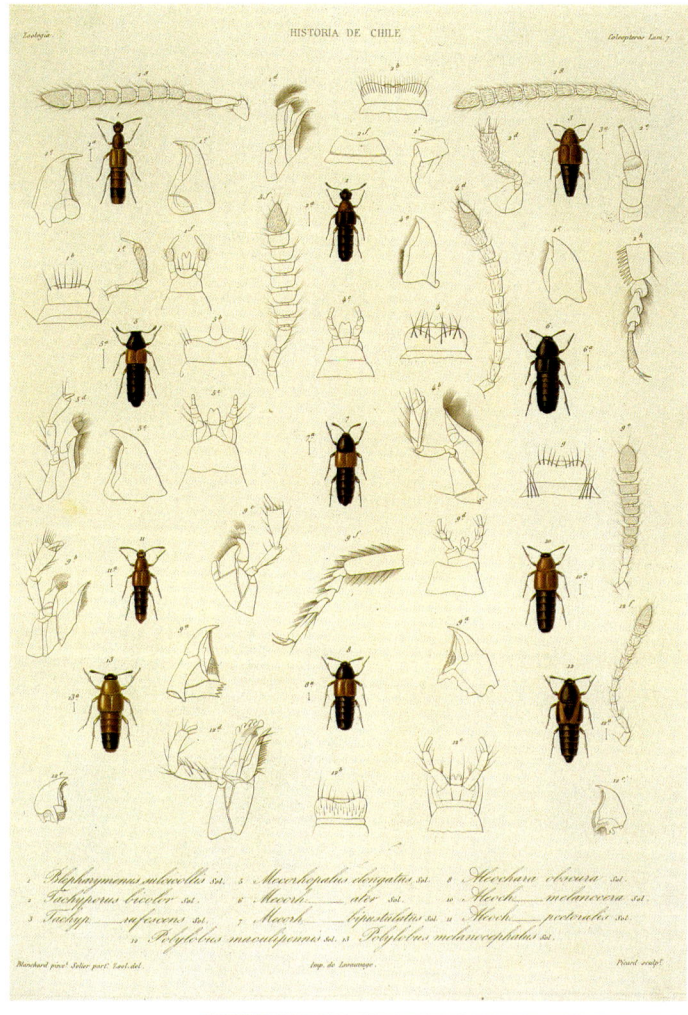

ハネカクシのなかま　Staphylinus hirtus　rove beetle
上翅が短いという特色をよく出した図．
ヨーロッパでよく見かけるハネカクシ．
E．ドノヴァンの図版はこのような
小甲虫を描かせても，
美しく仕上げてしまう [21]．

アオバアリガタハネカクシ　Paederus fuscipes
ペデリンという毒物をふくんだ液をもつことで
知られる．この液が付着すると炎症がおきる．
アメリカを除く全世界に分布する [5]．

377

● 双翅目──ハエ　● 隠翅目──ノミ

〈蠅のはなし〉　小泉八雲《骨董》(1902)中の一話．死んで餓鬼道に落ちた者はときどき虫になってこの世に戻ってくるという仏教信仰をモチーフにしたもの．元禄時代，京都の商人久兵衛のもとには，たまという下女がいたが，ある年の冬に急死してしまった．と，10日ほどして久兵衛の家に大きなハエが飛んでくる．熱心な仏教徒である久兵衛はそれをつかまえても殺さずに家から遠いところで離してやるが，そのたびすぐハエは戻ってくる．じつはそれはたまの生まれ変わりだった．生前久兵衛の妻に預けた金を，自分の魂の供養に寺におさめてほしいと伝えたかったのだ．久兵衛がこう悟るや，はたしてハエはすぐ死んでしまった．そこで久兵衛はハエの死骸を小箱に入れ，寺で手厚く葬ってやったという．なおこの話の原典は，《新著聞集》巻5，第11執心篇に出てくる〈亡魂蠅となる〉である．

《憎蒼蠅賦ぞうそうようふ》　中国の唐宋八家文のひとり，欧陽修による文章がある．〈蒼蠅そうよう，蒼蠅，吾は爾なんじの生うまれたるを嗟なげく〉ではじまり，以下ハエのなす害悪を3つに分けて詳述，最後は〈誠に嫉ねたむべくして憎むべし〉と結ぶ．なおこの作品にちなんで，中国ではアオバエの一名を欧陽憎(欧陽修が憎んだ虫，の意)という．

《蠅の王 Lord of the Flies》(1954)　イギリスの小説家ウィリアム・ゴールディング William Golding(1911-)の代表作．近未来の大戦のさなか，大自然に囲まれた南太平洋上の孤島に不時着したイギリスの少年たちが内なる獣性に侵され，やがて殺し合いにいたる．〈蠅の王〉とはこの獣性を支配する悪魔ベルゼブブのこと．本書では少年たちが晒首さらしくびにした雌ブタの頭として象徴化されている．そしてこれに〈黒くてぎらつくような緑色〉をしたハエの大群が，家来のように〈ぶんぶんと鋸のこぎりの唸うなっているような音〉をたてて群がるのだ．あるいは熱帯産のキンバエ類をモデルにしたものか．

【映画】《ハエ男の恐怖 The Fly》　1958年アメリカ映画．原作ジョルジュ・ランジュラン．監督カート・ニューマン．主人公の物理学者が実験している最中に，1匹のハエが機械にまぎれこむ．そのせいで物理学者の頭と腕はハエになり，逆にハエのほうは頭とあしの1本が人間と化したまま逃げていく．古典SF映画の秀作である．なお，1986年にはアメリカでデイヴィッド・クローネンバーグ監督・脚本により，この作品が《ザ・フライ The Fly》として再製作された．公開当時，ハエ男の悲劇は折から話題となっていたエイズ患者に重ね合わされ，関心をよんだ．

ノミ

節足動物門昆虫綱ノミ目(隠翅目)Siphonaptera に属する昆虫の総称．
[和]ノミ〈蚤〉　[中]蚤　[ラ]Sarcopsyllidae(スナノミ科)，Pulicidae(ヒトノミ科)，その他　[英]flea　[仏]puce　[独]Floh　[蘭]vlo　[露]блоха　⇒ p.360-361

【名の由来】　ノミ類は，隠翅目という独立した目を形成している．シフォナプテラの名はラテン語の〈サイフォン Siphon〉と〈無翅の aptera〉に由来．口器がサイフォンに似ていることと，どの発育段階をとってもはねをまったく欠いていることをあらわしたもので，和名隠翅目もこれに準ずる．サルコプシリダエはギリシア語の〈肉 sarx〉から．プリシダエはラテン語の〈塵埃 pulvis〉より．古くこの虫がちりやほこりから発生すると信じられたことによる．

独・蘭名は英名と同語義．仏・露名はラテン名に由来する．

英名フリーの語源はよくわからない．あるいは発音，綴りともよく似た flee(逃げる，素早く動くの意)に由来するのかもしれない．

中国名の蚤は，〈人をして搔きむしらせる虫〉という意味か．ちなみに又というのは人が爪を立てる形をあらわす象形文字．これについて元の周伯琦が撰した《六書正譌りくしょせいぎょ》には，ノミの動きが早いのでこの字は早そうと発音する，とある．

和名ノミは一説に人の血をのむところから〈のむ〉の訛りといわれる．また《松屋筆記》では布虫のむしの略か，とされている．別説として芒のぎのように人を刺すことからノミと名づけられたともいわれる．

【博物誌】　1mmから9mmまでの小さな虫で，顕微鏡を使うと世にも不思議な姿が浮かびあがる．19世紀初頭の幻視画家ウィリアム・ブレークはこのノミの顔を悪夢に見て，有名な〈ノミの幽霊〉という絵を描いたほどである．はねをもたないが，しかし第3脚がカンガルーのように強力で，みごとな跳躍をみせる．

ノミは完全変態をとげる虫で，生涯にわたり宿主の体かまたはその巣でくらしていく．世界中の哺乳類と鳥類が宿主であり，宿主の毛のあいだを自由に動きまわれるよう適応した体型がおもしろい．成虫は宿主の体をかんで血を出させ，それを乾燥させて食べる．生なまよりもフリーズドライされた血液が大好きなのである．

アリストテレスはノミを，ハエやシラミとともに自然発生する生物のひとつにあげた．そして，

乾いた糞のある場所にはかならずノミが見られるという観察事実から，この虫は〈極微細な腐敗物〉から生じ，生肉の液汁を食べて生きる，とした。なおここでいうノミとはヒトノミ *Pulex irritans* のことである。

ノミのジャンプ力は古代ギリシアにも知れわたっていた。アリストファネスの喜劇《雲》にも，ソクラテスがノミの足に蠟を塗って，その跳躍距離をはかったという記述がみえる。

だが，小さな虫の代表的存在としてノミが引き合いに出されたことはいうまでもない。たとえば2世紀ギリシアの作家ルキアノスの《本当の話》には，月世界の王エンデュミオンの援軍として，1匹がゾウ12頭分もある巨大なノミに，兵士がウマのようにまたがった3万もの蚤弓(のみきゅう)隊が登場している。

いっぽうヘブライの伝説によると，ヘブライの族長ユダはニネベ軍と戦争中，実際の戦闘の指揮は息子のヤコブに任せ，自分は敵軍兵士の頭上をノミのようにピョンピョンと跳ねまわり，8096人の人間を殺したという。ヘブライ伝説にノミはあまり登場しないが，その優秀なジャンプ力だけはあきらかに認められていたようだ。

ちなみに，ユダヤ教の口伝律法《タルムード》では，安息日にシラミは殺してもよいが，ノミはいけない，とされている。シラミは汗から生じ交尾はしないのに対し，ノミのほうは交尾して繁殖する動物だからという。

さらに，ノミはとるに足らないもののたとえとされつづけた。聖書〈サムエル記〉上24章15節に〈イスラエルの王は，だれを追って出てこられたのでしょう。一匹の蚤ではありませんか〉という一節があるが，これもノミを戦うに値しない敵にたとえたものである。また英語でノミの食い跡を示す flea-bite という単語も，転じてわずかな出費や些細なことの比喩として用いられる。

中世の博物学者アルベルトゥス・マグヌスによれば，ある人にロバの乳を塗っておくと，家中のノミがみんなそこに集まる，という。この駆除法は古代エジプトでは，奴隷を用いて行なわれていたらしい。なおアメリカでもヤギにロバの乳を塗って家のノミを集めることがあったという。

しかし，ノミは小さくとも人を悩ませる寄生虫であることにちがいはない。《健康の園》では，ノミの駆除法がふたつ紹介されている。まず鳥のアトリを煮たお湯を家の中にまけば，ノミは全滅する。またヤギの血をどこか窪みに注いでおくと，ノミがその周辺に集まってきてやがて死んでしまうという。

中世昆虫博物学の王者トマス・ムーフェットもノミの撃退法をいろいろとあげている。雌ウマの尿の残りかすか海水を部屋の上下にまくとよいという。また雄シカの角をいぶすのもひじょうに効果があるとされている。

いっぽうヨーロッパにはノミよけのまじないも流布していた。羊肉の脂肪を塗りつけたヤシの葉を壁にかけ，祈りを3回ないし7回唱える。と，そのあいだにノミが葉っぱに集まってくるので，それを燃やしてしまえばノミに悩まされなくなるというのだ。また，3月に1匹のノミを殺せば，100匹のノミを殺したのにも匹敵するともいい伝えられた。さらに3月1日の早朝に家中の窓をしめきって，裂け目や窪みなどノミのいそうなところをくまなく掃除すれば，その年はノミと無縁で暮らせるともいう。

中国でもノミ封じには力を尽くした歴史がある。一例に，《万宝全書(ばんぽうぜんしょ)》によると，5月5日の午(うま)の時刻に，乾かした石菖蒲(せきしょうぶ)(サトイモ科の多年草)を粉末にして敷物の下にまくと，ノミが永らく発生しないという。《五雑組》には，モモの葉を煎じた湯をノミに注ぐとことごとく死ぬ，とある。これらノミ退治を実践したのは僧たちであったといわれる。なぜなら，ノミは道教や仏教の修行者にとって，瞑想や儀礼を邪魔する虫だったからである。というのも，殺生を禁忌とする仏僧には，ノミやシラミがまるでそのことを知っているかのように大胆にたかってくるからであった。これにまつわる逸話も多い。越後の禅僧良寛(宝暦7-天保2／1757-1831)も，体中いつもこういった虫だらけだったという。しかも彼は，ときどきそれを縁側でとり出して一緒に日なたぼっこを楽しみ，さらにまたわが身に返して，

　　蚤蝨(のみしらみ)音に鳴く秋の虫ならば
　　　わが懐(ふところ)は武蔵野の原

とよんだというから恐れいる(東郷豊治《良寛》)。

《今昔物語集》にもおもしろい話がある。筑前国の蓮照という僧は，ノミやシラミを自分の体で飼い，カやアブはけっして払いのけず，さらには身を餌に供してやるといって，わざわざハチやアブの多い山林に暮らしたという。

小林一茶の句〈蚤焼いて日和占ふ山家かな〉をみてもわかるように，日本ではノミを火にくべたときのようすによって翌日の天気を占った。一般にパチンと音がしてよくはじければ晴れだという。小林一茶にはまた，火にくべたノミがはねたことをうたうよい日やら蚤が跳(はねる)ぞ躍るぞや〉という句もある。

むろん，僧ばかりではなかった。日本人もノミ

REGNE ANIMAL.

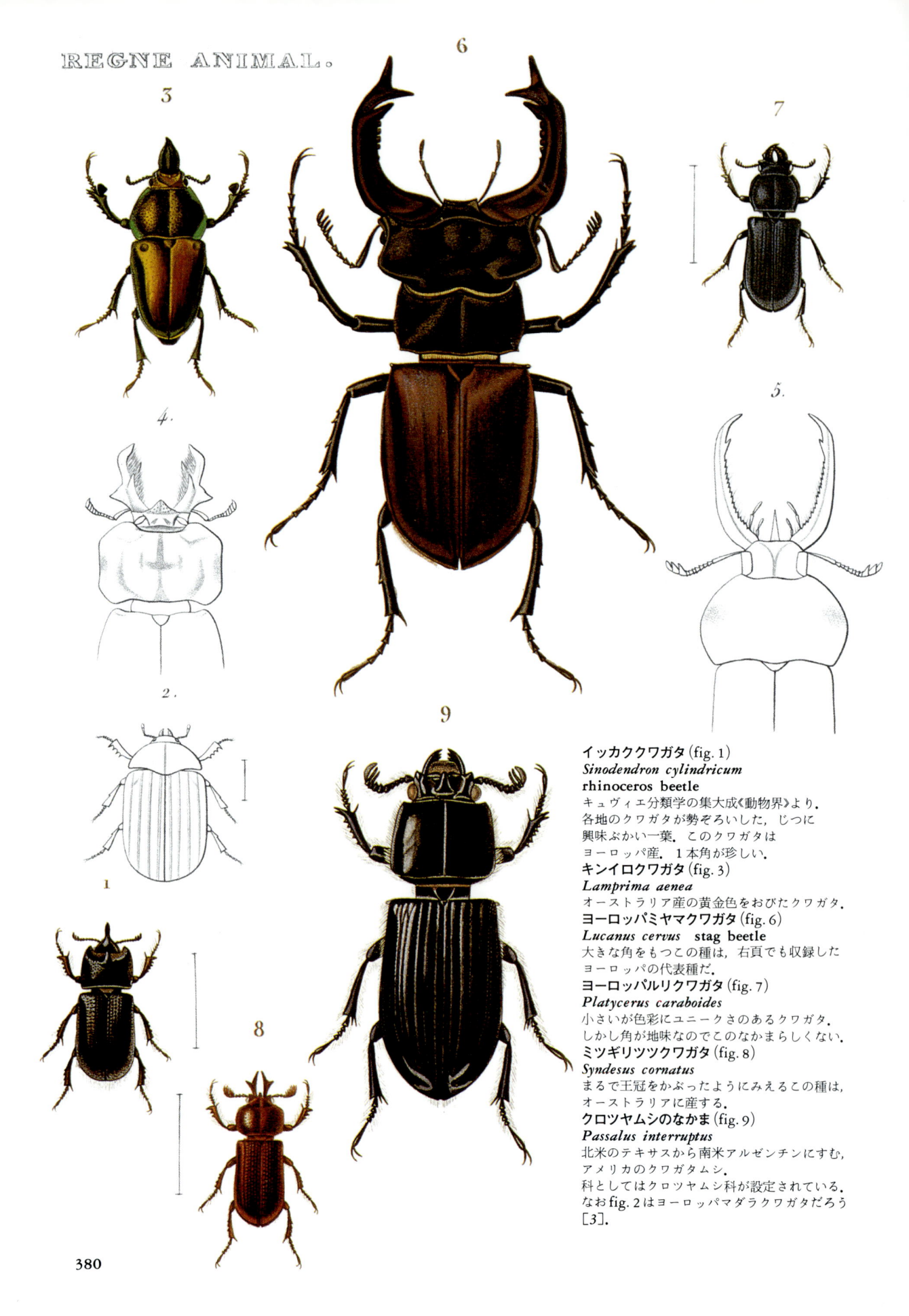

イッカククワガタ（fig. 1）
Sinodendron cylindricum
rhinoceros beetle
キュヴィエ分類学の集大成《動物界》より．
各地のクワガタが勢ぞろいした，じつに
興味ぶかい一葉．このクワガタは
ヨーロッパ産．1本角が珍しい．

キンイロクワガタ（fig. 3）
Lamprima aenea
オーストラリア産の黄金色をおびたクワガタ．

ヨーロッパミヤマクワガタ（fig. 6）
Lucanus cervus stag beetle
大きな角をもつこの種は，右頁でも収録した
ヨーロッパの代表種だ．

ヨーロッパルリクワガタ（fig. 7）
Platycerus caraboides
小さいが色彩にユニークさのあるクワガタ．
しかし角が地味なのでこのなかまらしくない．

ミツギリツツクワガタ（fig. 8）
Syndesus cornatus
まるで王冠をかぶったようにみえるこの種は，
オーストラリアに産する．

クロツヤムシのなかま（fig. 9）
Passalus interruptus
北米のテキサスから南米アルゼンチンにすむ，
アメリカのクワガタムシ．
科としてはクロツヤムシ科が設定されている．
なお fig. 2 はヨーロッパマダラクワガタだろう
［3］．

ヨーロッパミヤマクワガタ(左)
Lucanus cervus stag beetle
ヨーロッパの典型的なクワガタムシ。レーゼル・フォン・ローゼンホフは雄と雌の双方を並列させ，形のちがいを明示している［43］。

ヨーロッパミヤマクワガタ(上)
Lucanus cervus stag beetle
こちらは幼虫である。みるからにリアルな表現は，観察家レーゼル・フォン・ローゼンホフの面目躍如たるものがある。古い図には，伝統的絵画技法にしたがい陰影がつけられている［43］。

シカツノミヤマクワガタ *Lucanus elaphus*
イギリスの風景画家W.ダニエルが描いた，西洋の花鳥画ともいえるピクチャレスクな作品。クワガタが滝を眺めているという，この風流！ しかし本種は北アメリカ東部に分布する［16］。

381

● 隠翅目——ノミ　● 鞘翅目——ハンミョウ

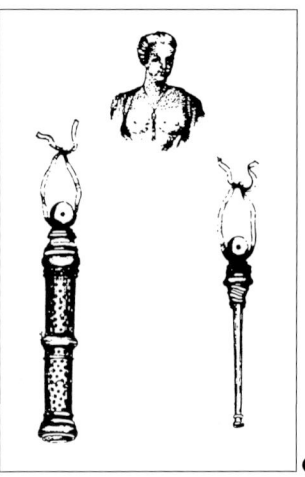

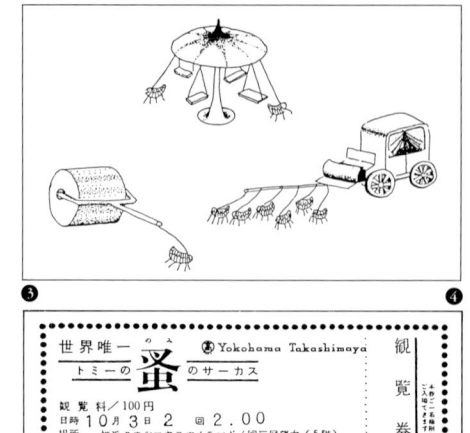

❶——《ノミの幽霊》(1819-20ころ)。ウィリアム・ブレーク画。ブレークはこの有名な絵のアイデアをロバート・フックの《ミクログラフィア》(1665)から得たといわれる。またブレークはノミの跳躍力にふれて，これがもしゾウのように巨大であったなら，ドーバーからカレーまでひと跳びで渡れるだろう，と述べた。❷——F. ブリュックマンが1727年に考案した携帯用ノミ取器。ノミやシラミ，またナンキンムシなどの害に悩まされていた西洋人は，ノミをとる絶妙の方法を考えついた。この筒に血や蜂蜜のにおいをこすりつけて首から下げておくと，ノミがにおいにひかれて小孔にはいりこむ。一種の首飾りとしても有用で一石二鳥の考案であった。❸——ノミのサーカス。その興行で見せられた曲芸の数かず（フリッシュ《十二の小さな仲間たち》より）。❹——日本で開催されたノミのサーカスの入場券(1960年/昭和35, 横浜高島屋)。(梅谷献二編著《虫のはなし》より)。

を厄介者とみなしていたのである。《枕草子》第25段では，ノミは〈にくきもの〉のひとつとして，〈蚤もいとにくし。衣の下にをどりありきて，もたぐるやうにする〉と書かれている。

かつて東北には〈蚤送り〉，〈蚤流し〉とよばれる行事があった。〈草大黄〉(ギシギシ)の葉を船，実をノミになぞらえて部屋にまいて掃きだす。そしてそれを川に流すというもので，もちろんノミに食われないためのまじないである(田中誠〈ダニの民俗〉江原昭三編《ダニのはなし》II)。

日本では除虫菊を粉末にして製したものを〈蚤とり粉〉といって，着物の裏や敷布団などにふりまいてノミを予防した(佐々木忠次郎《人体の害虫》)。

福島県小名浜地方には，ノミの多い年にはカツオもイワシもよくとれるという俗信がある(宇田道隆《海と漁の伝承》)。

エドワード・S.モースはノミを〈日本でもっとも有難がらぬ厄介物のひとつ〉と称し，〈夜間余程特別な注意を払わぬと人間は喰い尽されてしまう〉とまで記している。日光へ旅行したときなどはわざわざ特注の寝袋まで持参，なんとかノミの害を防いだという。また別の個所には日本のノミについて〈大きな奴に噛まれると，いつまでも疼痛が残る。私の身体には噛傷が五十もある。暑いときなのでその痛痒さがやり切れぬ〉とある(《日本その日その日》石川欣一訳)。

ところで井原西鶴《西鶴織留》に傑作な話がある。元禄・正徳のころ(17世紀末〜18世紀初め)の浪花には，飼いネコのノミを取る商売があったという。この〈猫の蚤取り〉は，〈ネコのノミを取りましょ〉と言いながら家々をまわり，注文がくると，ネコに湯をかけて洗ってから，あらかじめ用意したオオカミの皮でネコをくるんでしばらく抱いてやる。するとノミは濡れた場所を嫌がって，オオカミの皮へと移ってしまうので，そうしたら皮をふるってノミを地面に落とすのだという。

ちなみに，アイヌのあいだには，ノミは小川の砂から発生するという俗信があった(更科源蔵・更科光《コタン生物記》)。

【ペスト】　人類の歴史と古くから関わる重要な伝染病ペストは，ネズミなどの保菌動物に寄生したノミを媒介として人間にうつされる。媒介役の中心となるのはケオプスネズミノミ(インドネズミノミ)$Xenopsylla\ cheopis$。ただしノミとペストとの関連が判明したのは後代のことで，14世紀のヨーロッパでこの病気が黒死病とよばれたときは，その責任はもっぱら異教徒のユダヤ人に帰せられた。

1348〜49年のヨーロッパにおけるペスト大流行は，ユダヤ人が井戸に毒をまいて歩いたためといわれた。この疫病はネズミノミを媒介として伝染するのに，ユダヤ人にいわれなき罪が着せられたのだ。

【虫めがね】　中世のヨーロッパでは虫めがねは一般に〈ノミめがね flea glass〉とよばれていた。当時としては珍しいこの器具を使って小さなノミを拡大して見ては楽しんだもの。社交界などでも格好の話題の種にされたという(J.ケオシアン《生命の

起源》）．すなわち虫めがねは元来，ノミとりのための武器としてつくられたものであった．

【ノミ収集家】 イギリスのロスチャイルド一家はノミの研究でも有名である．ナサニエル・チャールズ・ロスチャイルド（1877-1923）は金にあかせて世界各地のノミを収集し一大コレクションを形成，自殺したときの遺言により標本は大英博物館に贈られた．世界のノミ約2000種のうち，600種以上が彼の命名による．また娘のミリアム・ルイザ（1908- ）もノミの跳躍などの研究を行ない，論文も多数発表している（石井象二郎《昆虫博物館》）．

【ノミのサーカス】 ノミはひじょうに頭のよい器用な虫といわれ，ヨーロッパでは古くから見世物の人気者だった．なかでも有名なのが，フランスに始まったとされる〈ノミのサーカス〉．ルイ14世も見物したという．イギリスでもすでに16世紀，興行師はヒトノミを利用しはじめていた．ノミに首輪をつけて小さな馬車を引っ張らせるなどさまざまな芸をしこむのである．餌は，むろん人血．これに関して16世紀イギリスの昆虫学者トマス・ムーフェットは次のように記している．〈名だたる珍芸人のうちでも腕前にかけては当代の第一人者，イギリスのマークとかいう人物が，親指と小指を張ったくらいの金の鎖を，錠と鍵を使ってまったく巧妙かつ器用にノミに結びつけてやると，おかげでノミはやすやすと鎖を引っ張っていけたわけだが，ノミと鎖と錠と鍵全部合わせても実際の重さは一粒の麦にも満たなかった．また信頼できる筋からこんな話も聞いた．鎖をひじょうにきつく巻かれたノミが，ほんものと比べてもまったく遜色のない金の馬車をまったくごくあっさりと引っ張ったというのである．これは名人の見事な腕前とノミのバカ力を実によく表している〉．

安松京三博士によると，ノミのサーカスの初来日は1929年（昭和4）のこと．トミー一座といった．神戸，広島，福岡の各会場で行なわれた．入場料は大人20銭，子ども10銭であった．

【ことわざ・成句】 〈a flea in one's ear〉嫌み，当てこすり．ノミが耳にはいるように痛い言葉を相手に浴びせかけるという意味．〈蚤の市 flea fair (market)〉欧米の古物市．パリ北郊外のサントゥアン門で行なわれるものが有名．名称は，売り物の衣類などのあいだをノミが跳びはねることにちなむ．なお英語で書く場合，フリーといっても free ではないので注意．〈蚤の夫婦〉妻のほうが夫よりも背丈の大きい夫婦のこと．ノミは雄より雌のほうが大きいことから．〈ノミの息も天に上がる〉弱者でも精魂こめれば願いがかなう，ということわざ．古く《源平盛衰記》にも用例がみえるが，同書では〈蟇〈ノ息〉となっており，また《南浦文集》にも日本のことわざとして〈蝦蟇之嘆息，其気昇天〉と記されていることから，《梅園日記》は《盛衰記》の〈蟇〉はヒキと訓ずるべきで，たとえに使われているのはヒキガエルだとしている．なお同工のことわざとして〈アリの思いも天に届く〉がある．

ノミは捕えて指でつぶしてしまうのが，古今東西もっともポピュラーな退治法だろう．ここより心優しい性格のたとえとして〈虫（ノミ）も殺さぬ〉という言いかたが生まれた．

【文学】 〈ノミと人間〉《イソップ寓話集》より．ある人にたかったノミが捕えられて助けを乞うた．自分はしょせんたいした悪事ははたらけない，と言いながら．しかし彼は，ノミの訴えを聞くそぶりすら見せなかった．悪人は大物小物を問わず許すべきではない，というたとえである．

《ノミと教授》 アンデルセン童話．〈教授〉とよばれる芸の達人と相棒のノミが，南の島へ興行に訪れた．と，当地の幼い王女がノミをいたく気に入ってしまい，結局これを飼うことになった．〈教授〉は愛するノミがいないと島を離れようにも離れられない．そこで〈教授〉は，王様に大砲をつくってやると偽って，そのじつ気球をこしらえ，ノミをとり戻し，一緒にまんまと島を出てしまう．〈愛すべきノミ〉という側面を語った掌編．

〈ノミとシラミ〉 ユダヤの小話．ラビ（ユダヤ教の教師）がある男に言った．安息日（金曜の日没から土曜の日没のあいだ）にはノミなら捕えてもいいが，シラミはとってはいけない，と．さらに理由を答えていわく，ノミはその場で捕えないとすぐ逃げてしまうが，シラミは日曜日まで逃げはしないから，と．前述の口伝律法《タルムード》とは矛盾する内容だが，これもまたふたつの害虫の習性の違いをよく言いあらわしている（《ユダヤ笑話集》）．

ハンミョウ

節足動物門昆虫綱鞘翅目（コウチュウ目）ハンミョウ科 Cicindelidae に属する昆虫の総称，またはその1種．
［和］ハンミョウ〈斑猫〉，ミチオシエ〈道教え〉　［中］斑蝥（猫），虎甲　［ラ］*Cicindela* 属（ハンミョウ），その他　［英］tiger beetle　［仏］cicindèle, tigre　［独］Sandlaufkäfer, Tigerkäfer　［蘭］zandloopkever　［露］скакун

→p.364

【名の由来】 キキンデラはラテン語でツチボタル（ホタル類の雌と幼虫）を指す名称．蠟燭を意味するカンデラ candela の語頭の音節を重ね合わせて

ドウイロミヤマクワガタ(fig.1) *Lucanus mearesii*
インドからインドネシアの昆虫相を調査したウェストウッドの作品．
これらは現在，ペンダントなどに封入されて装飾品として
売られてもいる．fig.1のクワガタは銅色が美しい．

ホソアカクワガタのなかま(fig.2) *Cyclommatus tarandus*
やや暗い赤色をもつ小型のクワガタ．ボルネオに分布する．

ノコギリクワガタのなかま(fig.3) *Prosopocoilus jenkinsi*
褐色に染まった愛らしい小型種．旅の土産ものとしても
売られている．

ミツホシアカクワガタ(fig.4) *Prosopocoilus occipitalis*
東南アジアに広く分布する美種．これもまた黄金色の美しさと
小型種のゆえに標本が装飾品となって売られている．

コマルバネクワガタ(fig.5) *Neolucanus castanopterus*
染め分けのすばらしい珍種．ヒマラヤ地方に分布するという．

オウゴンツヤクワガタ(fig.6) *Chalcodes aeratus*
マレーからボルネオに分布する．不思議な色に彩られた
すばらしい種である．石版画だが甲虫の実感をよく出している．
日本のクワガタ図と比較のこと［**2**］．

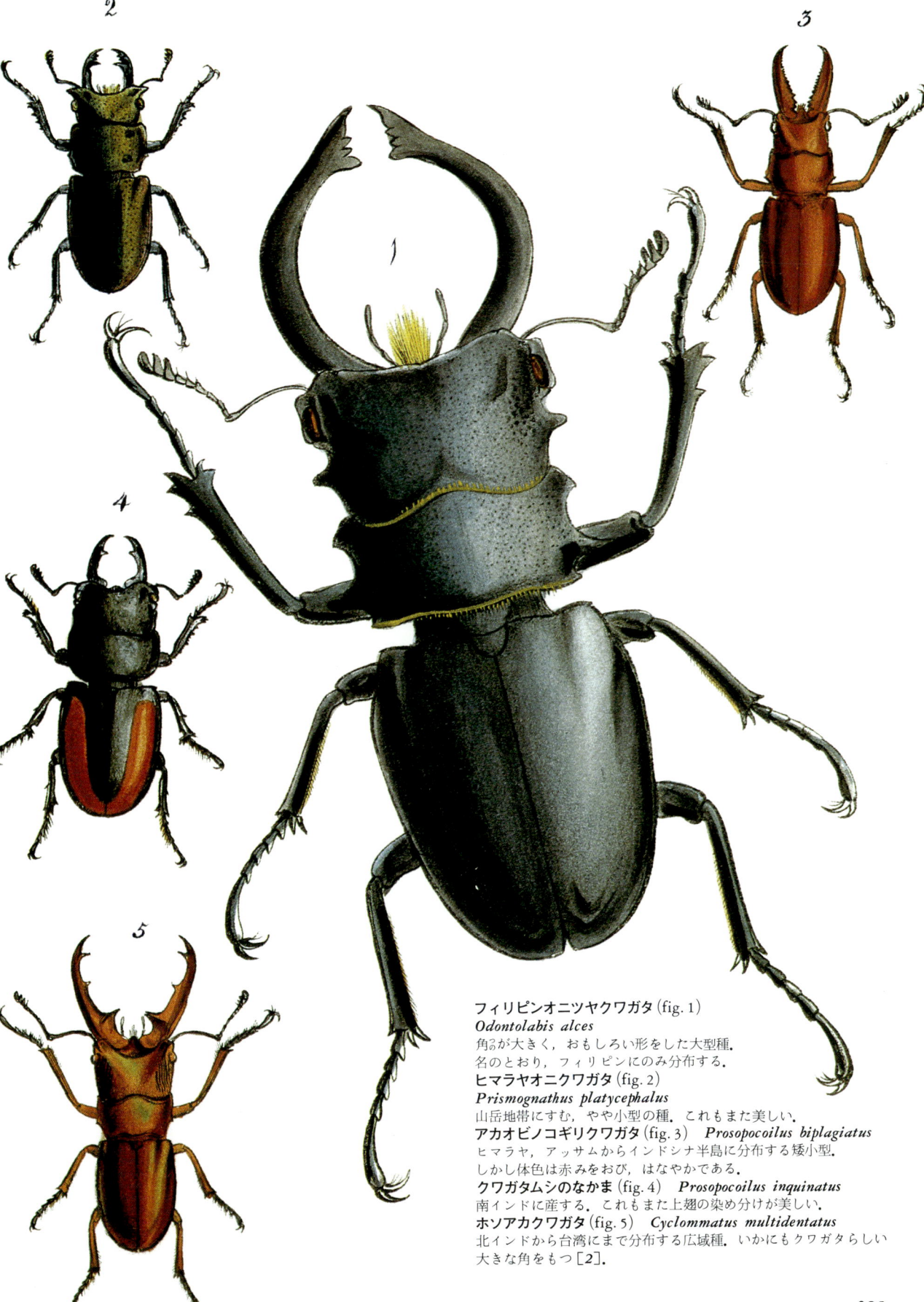

フィリピンオニツヤクワガタ（fig. 1）
Odontolabis alces
角(?)が大きく，おもしろい形をした大型種．
名のとおり，フィリピンにのみ分布する．
ヒマラヤオニクワガタ（fig. 2）
Prismognathus platycephalus
山岳地帯にすむ，やや小型の種．これもまた美しい．
アカオビノコギリクワガタ（fig. 3）　*Prosopocoilus biplagiatus*
ヒマラヤ，アッサムからインドシナ半島に分布する矮小型．
しかし体色は赤みをおび，はなやかである．
クワガタムシのなかま（fig. 4）　*Prosopocoilus inquinatus*
南インドに産する．これもまた上翅の染め分けが美しい．
ホソアカクワガタ（fig. 5）　*Cyclommatus multidentatus*
北インドから台湾にまで分布する広域種．いかにもクワガタらしい
大きな角をもつ［2］．

● 鞘翅目——ハンミョウ／オサムシ

つくられた名といわれる。ハンミョウ類には美しい光沢をもつ種が多いので転用されたのであろう。

英名は〈トラのような甲虫〉の意。この虫は，毛虫などに襲いかかっては鋭い牙を用いて食べてしまう。その習性をトラにたとえたもの。なおビートル beetle という語は，〈咬む〉を意味する古語 bīten に由来。邦訳書ではよくカブトムシという訳語があてられるが，この語はあくまで甲虫類の総称であって，文脈に応じて適宜訳しわけるべきであろう。熱帯地方を中心に分布するカブトムシ類は，英語圏の人びとにとってはむしろなじみの薄い虫なのだから。独名は〈砂にすむオサムシ〉〈虎のような甲虫〉。蘭名も〈砂にすむオサムシ〉。露名は〈競走馬〉の意味である。

中国名の斑蝥は，〈斑点があり，矛のようにさす虫〉の意。本来これはカンタリジンという強烈な毒をもつツチハンミョウ科 Meloidae のオビゲンセイ属 Mylabris にあてられた名前といわれる。俗によく使われる斑猫の名はこの斑蝥が転化したもので，元来はフクロウの1種の異名であった。

和名ハンミョウは中国名斑蝥(斑猫)を読みくだしたもの。つまり本来はツチハンミョウ類を指す名称で，古くはツチハンミョウ類を斑蝥，ハンミョウ類いわゆるふつうのハンミョウ Cicindela chinensis japonica を〈和の斑蝥〉とよんで区別もした。おそらくは中国の本草書にみえる〈斑蝥〉の正体を突きとめる過程で，形態の記述から多少強引に斑蝥＝ハンミョウとされたのではないか。なお〔博物誌〕の項も参照のこと。また和名ミチオシエは，人がそばに寄ると，少し先に飛び去って待つような姿勢をとり，さらに近づくとまた先に行くようすが道案内を思わせることによる。

ハンミョウ類の幼虫は〈鯱虫〉という異名をもつ。どう猛な性質にちなむものであろう。

【博物誌】 甲虫類にふくまれるなかまで，美しいものが多い。この甲虫類は分類学的には鞘翅目とよばれ，はねがかたい甲におおわれている。世界中に37万種もがすみ，毎年のように新種が発見されている。

ハンミョウは地上に生きる捕食性の虫で，よく目立つ斑紋をもつのが特徴。また，餌を捕える大きな顎もこの虫ならではのものである。しかし古い時代にあってハンミョウとよばれたものは現在の分類学で命名されている〈ハンミョウ〉ではなく，〈ツチハンミョウ〉とよばれる有毒の虫である。ツチハンミョウは花蜜食のため大顎ではなくストローのような口をもつ。また鞘翅も癒合していてあとばねの筋肉も退化してしまっている。

古代西洋では，すでに述べたように有毒物質カンタリジンを体内にふくむツチハンミョウ類がしばしば言及されるのに対し，ハンミョウ類についてはほとんど記述がみあたらない。したがって古文献の邦訳で〈ハンミョウ〉とあれば，まずツチハンミョウ類のこととみてさしつかえなかろう。

〔名の由来〕でも記したように，中国では斑猫といえば，古くから一般にツチハンミョウ科のオビゲンセイ属を指した。いっぽうカンタリジンをふくんでいないハンミョウ類は薬用としてほとんど注目されなかったらしく，《本草綱目》をみても，オビゲンセイ属のほかにマメハンミョウ(葛上亭長)，ツチハンミョウ(地膽)，アオゲンセイ(芫青)といったツチハンミョウ科の虫は詳述されているのに，ハンミョウ類についてはそれらしい記述がない。ただし中国には，上記のツチハンミョウ類はひとつの虫が季節ごとに変化したものとする俗説があって，ハンミョウ類も変化中の一形態とみなされていたのかもしれない。

日本の本草学でも，ハンミョウ科とツチハンミョウ科が早くから混同されてしまった。まず寺島良安の《和漢三才図会》。〈斑猫〉の項で良安は多く《本草綱目》に拠りながら，ツチハンミョウ科のオビゲンセイ属の説明をしているが，そのいっぽうでこう述べるのである。〈夏秋になるとこの虫は圃園から街巷に飛び出し，5〜6尺とんで止る。止るときは必ず顧看する〉。これはミチオシエの異名があることでもわかるように，あきらかにハンミョウ科の習性である。また良安は，日本産の〈斑蝥〉は外国のものほど毒は甚しくはない，とも述べている。もちろんハンミョウに毒はないが，ツチハンミョウの1種とみなした以上，微毒ぐらいはあるだろうと思ったにちがいない。

小野蘭山《本草綱目啓蒙》の〈斑猫〉の項には次のような記述がみえる。中国から渡ってくるのが〈真物〉なのだが，今は輸入されていない。いっぽう薬屋には，〈和の斑猫〉と称して売られているものがある。舶来物とは形が大きく異なり，俗にミチシルベと称する，と。

ここでいう中国産の〈斑猫〉とは，ツチハンミョウ科のヨコジマハンミョウ *Mylabris cichorii* などを指すらしい。いっぽう〈和の斑猫〉のほうは，ハンミョウ科の虫を指すと思われる。蘭山も両者のちがいを認識していなかったようだ。そのせいか，ハンミョウ科の虫はカンタリジンをふくんでいないのに，〈その効は大抵相同じ〉など，彼らしからぬ記述をしている。ただし渡辺武雄氏は《薬用昆虫の文化誌》のなかで，カンタリジンをふくまない〈にせ斑猫〉が市場に出まわり，〈漢渡真物〉として売られていたのではないか，と推定している。

ニュージーランドにすむハンミョウ類の1種 Neocicindela tuberculata の幼虫は，現地ではそのどう猛な性質にちなんで〈肉屋の少年 butcher boy〉とよばれる．また〈ペニー・ドクター penny doctor〉の異名もあるが，こちらの由来ははっきりしない．平らで丸い頭部周辺がペニー銅貨に，はさみ状の顎が医者の用具に似ているためか．なおマオリ族はこの虫を地界の所有者ツプツプフェヌイア Tuputupuwhenuia の妻クイ Kui の化身と考えている．

メキシコではハンミョウをアルコールか水の中でつぶして発酵させ，香りのよい飲みものをつくるという（三橋淳《世界の食用昆虫》）．

現在ではハンミョウ類には色鮮やかな種が多いことから，昆虫採集家のあいだでも人気が高い．アメリカにはこの虫を専門にあつかった《シシンデラ Cicindela》という雑誌があるほどである．

ハンミョウの美しさに魅せられた代表的人物といえばドイツの思想家，作家エルンスト・ユンガー（1895－　）であろう．その昆虫採集記である《小さな狩》（1967）では，数ある昆虫のなかでもとくにハンミョウ類に何章もがさかれ，彼が〈太陽の虫〉とよぶこの昆虫の美しさが力説されている．実際ユンガーはアジア，アフリカなど世界各地をまわり，自分の手であまたのハンミョウ類を採集したのだった．ただし日本産のハンミョウについてはこんな述懐がなされている．〈ヤポニカとでも名づけられる素晴らしい種はいまだにタブーのままであった．私は京都でこれが黄色い砂場にいるのを見たことがある．天皇もときに瞑想にふけったという有名な石庭の隅のことであった．私はあのヤモリのように，やさしく視線を向けるだけで満足しなければならなかった．そこは狩をする場所ではなかった〉（山本尤訳）．

【文学】　《龍潭譚りゅうたんだん》（1896）　泉鏡花（1873－1939）の短編小説．晩春の晴れた午後，ひとりの男の子が町はずれにある満開のツツジの丘を歩いていた．と，〈緑と，紅くれないと，紫と，青白あおじろの光を羽色に帯びたる毒虫〉が頬をかすめて目の前に．そして帰ろうとする子どもを引きとめるように少しずつ先に飛んでは，山の奥へ奥へと導いていった．だが山奥にはいった子どもは，石を投げてこの虫を殺したうえ谷底に蹴落としてしまう．やがて気がつくと完全にひとりぼっち，さらに先ほど毒虫に触れられたせいで頬のあたりはかゆくてたまらなくなっていた．鏡花初期の傑作だが，ここでもハンミョウ類がツチハンミョウ類ととりちがえられている．ただハンミョウを追って子どもが山へはいっていくさまは，この虫の異名ミチオシエを彷彿させて興味ぶかい．

オサムシ

節足動物門昆虫綱鞘翅目オサムシ科 Carabidae に属する昆虫の総称．

[和]オサムシ〈歩行虫〉　[中]歩行虫　[ラ]*Carabus* 属，その他　[英]predacious ground beetle, carabid beetle　[仏]carabe, carabique　[独]Laufkäfer　[蘭]loopkever　[露]жужелица
→p.365-368

【名の由来】　カラブスはギリシア語でカミキリムシなど角のある甲虫を指す言葉 karabos に由来．

英名は〈肉食性のゴミムシ〉．独・蘭名は〈歩く甲虫〉の意味．

《本草綱目》にいう〈蜉蝣〉は，コガネムシ類とカゲロウ類を一緒くたにして記載したものらしいのだが（[カゲロウ]の項を参照），小野蘭山《本草綱目啓蒙》では，コガネムシ類を思わせる記述の部分を〈クロアブラムシ〉という昆虫にあてている．同書によると，この虫は糞の中によくいて，形はミイデラゴミムシに似た黒い甲虫だという．体長は1寸（約3cm）．一説にこれはアオオサムシ *Carabus insulicola* とされる．

和名オサムシは古く筬虫と記し，ムカデを指す名称として各地でひろく使われた．地方によってはワラジムシやゴカイのよび名ともされたというが，いずれにせよこれはみな，あしの多い虫の姿が機織りの筬おさを思わせることによったもので，甲虫のオサムシ類の語源としては似つかわしくない．名和梅吉によるとオサムシという名は，幼虫の形態に由来するらしい（〈鞘翅目談片〉《昆蟲世界》昭和12年9月号）．

なお漢字で歩行虫と記すのは，飛翔力が退化したため地表をすばやく歩きまわって生活する習性にちなんだものだろう．

【博物誌】　水生のゲンゴロウ類，陸生のハンミョウ類などとともにオサムシ亜目をつくる甲虫．飛べない種類も多いが，地上をすばやく歩行する．ほとんどが捕食性で，餌をつかまえるための大顎をそなえる．

プリニウスは，ブプレスティス buprestis の名を，カンタリジンに似た毒をもつ甲虫にあてている．一般にはこれがオサムシだといわれている．しかし，その毒はとにかくひじょうに強烈で，万一ウシがこれを呑みこむと，体がほんとうにはちきれてしまうという．ちなみに姿はあしの長いコガネムシにそっくりだ，とプリニウスは述べる．

西洋医学の祖ヒポクラテスも〈ブプレスティス〉の類を子宮の病気の薬として数多く用いた．ただしそのさい，はねとあしは有毒だとしてとり除い

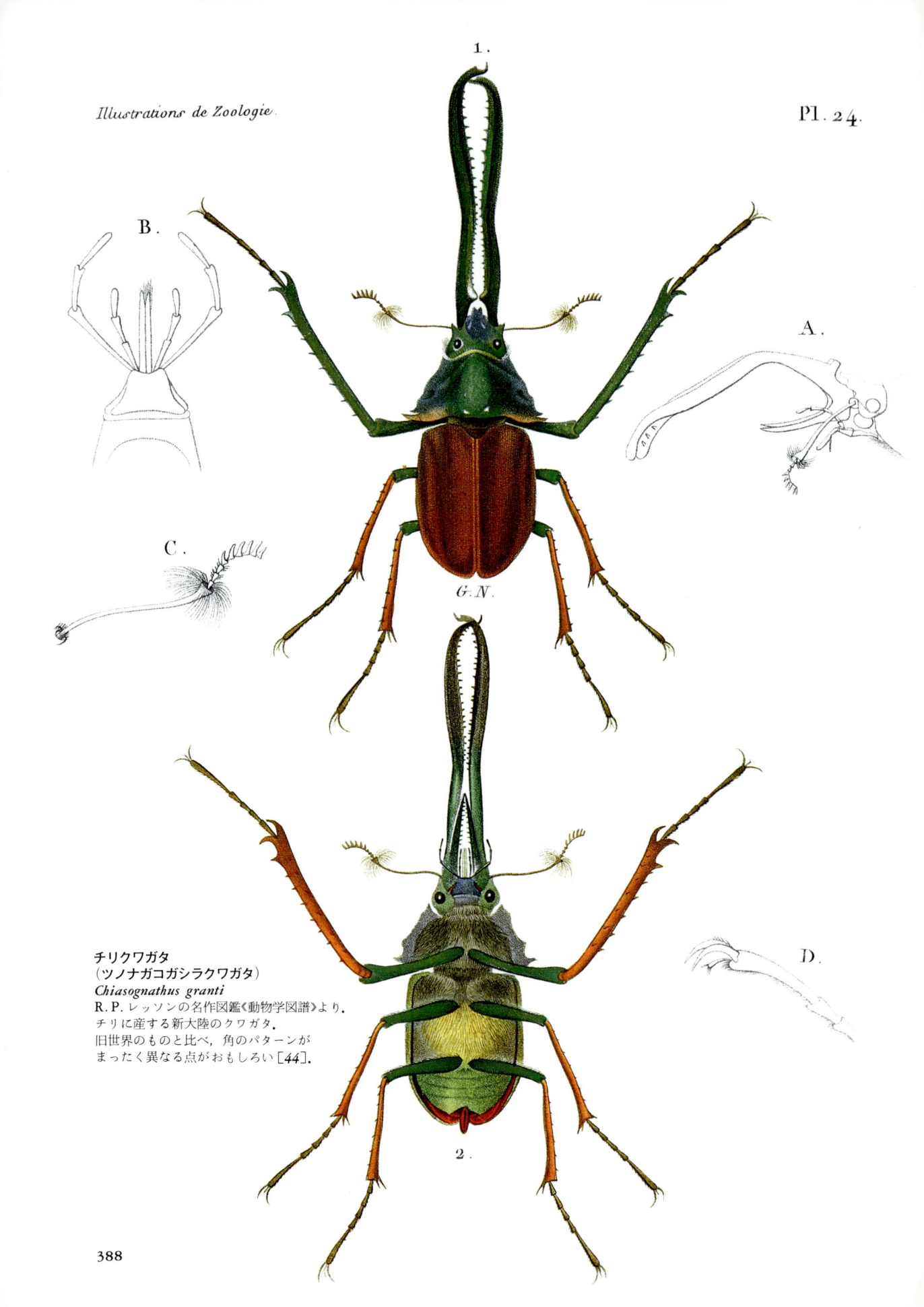

Illustrations de Zoologie. Pl. 24.

チリクワガタ
（ツノナガコガシラクワガタ）
Chiasognathus granti
R.P.レッソンの名作図鑑《動物学図譜》より．
チリに産する新大陸のクワガタ．
旧世界のものと比べ，角のパターンが
まったく異なる点がおもしろい[44]．

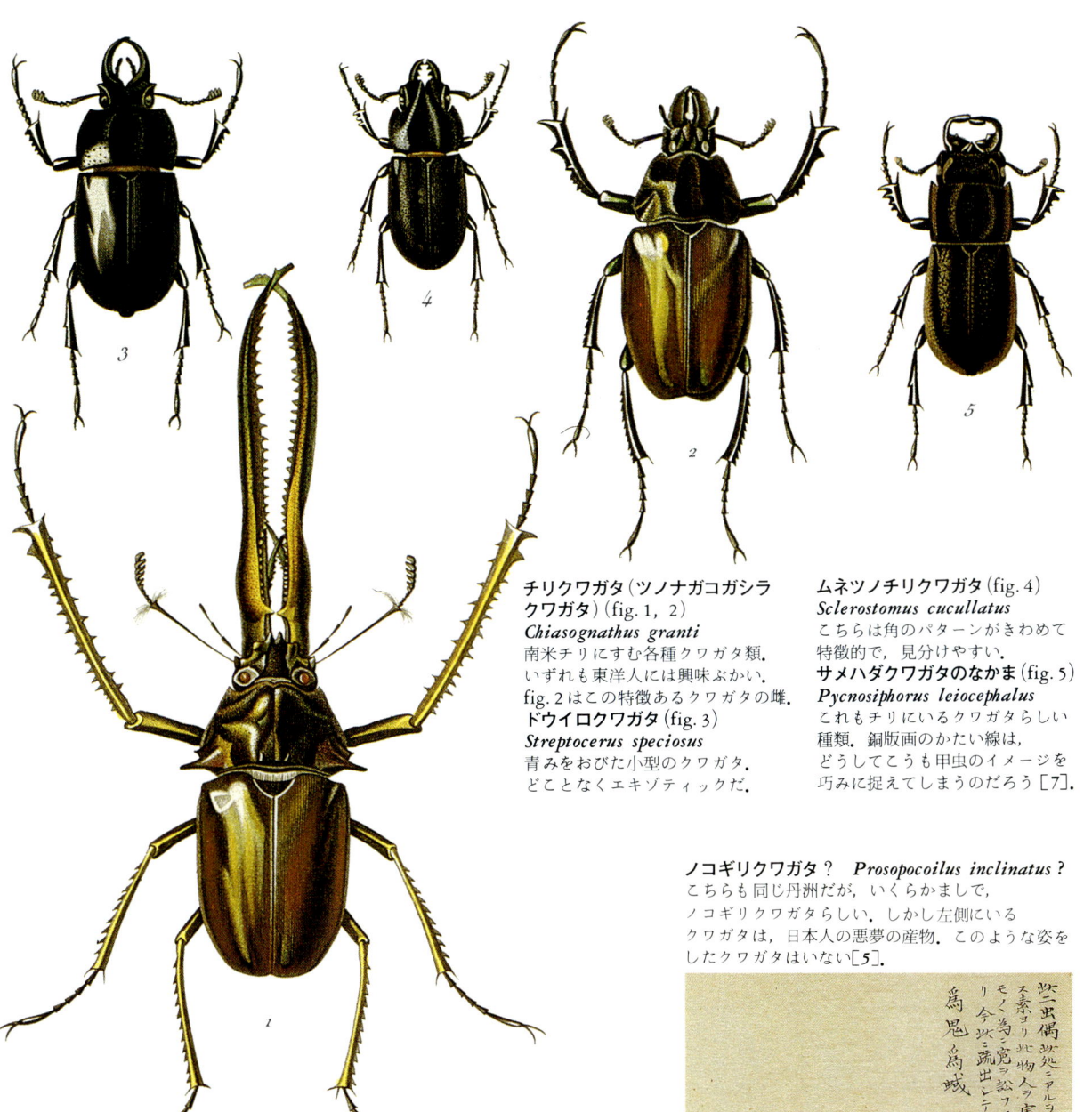

チリクワガタ（ツノナガコガシラクワガタ）（fig. 1, 2）
Chiasognathus granti
南米チリにすむ各種クワガタ類．
いずれも東洋人には興味ぶかい．
fig. 2はこの特徴あるクワガタの雌．

ドウイロクワガタ（fig. 3）
Streptocerus speciosus
青みをおびた小型のクワガタ．
どことなくエキゾティックだ．

ムネツノチリクワガタ（fig. 4）
Sclerostomus cucullatus
こちらは角のパターンがきわめて
特徴的で，見分けやすい．

サメハダクワガタのなかま（fig. 5）
Pycnosiphorus leiocephalus
これもチリにいるクワガタらしい
種類．銅版画のかたい線は，
どうしてこうも甲虫のイメージを
巧みに捉えてしまうのだろう［7］．

ノコギリクワガタ？ *Prosopocoilus inclinatus?*
こちらも同じ丹洲だが，いくらかましで，
ノコギリクワガタらしい．しかし左側にいる
クワガタは，日本人の悪夢の産物．このような姿を
したクワガタはいない［5］．

クワガタムシのなかま
Lucanidae
栗本丹洲が描いたもの
だが，デフォルメが
激しく，同定不能［5］．

● **鞘翅目**──オサムシ／マイマイカブリ／ゴミムシ／バイオリンムシ

ていたという。実際，ヨーロッパでは〈ブプレスティス〉に毒があることがひろく知られ，もしこれを丸ごと呑みこんでしまったら，ただちに硝石をワインや胆汁に混ぜたものを飲んで毒を中和させないと，体中に毒がまわって頭までおかしくなると恐れられた（ムーフェット《昆虫の劇場》）。

では，この虫はほんとうにオサムシなのか。ムーフェットが先人の記述をまとめたところによると，ブプレスティスとは次のような虫である。形質からするとスペインゲンセイの一種のようだが，体はより長く，鞘翅は金色がかった黄色をしている。餌は飛ぶ虫や地虫といった昆虫類。またプリニウスの時代にはイタリアにはほとんどいなかったが，16世紀当時にはふつうに見かけられるようになった。ムーフェット本人もハイデルベルクで2匹のブプレスティスを見たことがあるとかで，《昆虫の劇場》にはその図が掲載されている。それを見るとたしかにオサムシ類のようだ。そのうちの1匹は黄金色がかった緑色をしていたというから，あるいはヨーロッパにひろく分布するキンイロオサムシ *Carabus auratus* の類かもしれない。

なお，ブプレスティスは家畜が誤って草と一緒に食べると腹が膨れてしまう毒虫とされ，ムーフェットは，バーンカウ burncow，バーストカウ burstcow という新しいよび名を提唱している。

ファーブルは《昆虫記》のなかでオサムシ類のことを評して，見かけは〈採集箱の花形〉だが，その正体は〈命知らずの喧嘩屋〉だと述べた。たとえば彼の飼ったキンイロオサムシは，自分より大きなコフキコガネやカブトムシを次つぎと餌食にしてしまったという。

ちなみにファーブルが〈オサムシの王〉とよび，どう猛さにかけては一番としているのがニジカタビロオサムシ *Calosoma sycophanta*。英語でキャタピラー・ハンター caterpillar hunter の異名をとるこの虫が，オオクジャクガの巨大な幼虫を襲うようすが，《昆虫記》には以下のように描写されている。〈腹を食い破られた虫は，腰をぴんと振ってこの兇漢を持ち上げ，落し，上になり下になり，しかもこれをどうしても引き離せずにのたうちまわる。緑色の生々しい臓腑が地に振り撒かれる。殺し屋の虫はこの血に酔って喜び慄えながら，怖ろしい傷口の泉から血をすすっている〉。

しかしこのオサムシは，人間にとっては益虫とされる。かつて北アメリカでは，森林の大害虫であるマイマイガ *Lymantria dispar*（英名 gipsy moth）の幼虫を撲滅するため，ヨーロッパからわざわざこの虫を大量に移入したほどだ。

【手塚治虫】　オサムシにちなんで自分のペンネームをつくったのが漫画家の手塚治虫（1926-89）。1939年（昭和14），国民学校5年生だった彼は昆虫採集に熱中しはじめ，その矢先，初めて美しいアオオサムシを手に入れる。本名の治とは一字ちがい。また首が長くて肉が好きというところも自分に似ていたこの虫に親近感をもった手塚少年は，さっそく治の下に虫とつけて（つまりオサムシ），終生それをペンネームとしたのだった（小林準治〈手塚治虫の昆虫記〉）。

マイマイカブリ

節足動物門昆虫綱鞘翅目オサムシ科マイマイカブリ属 *Damaster* に属する昆虫の総称，またはその1種．
［和］マイマイカブリ〈蝸牛被〉　［ラ］*Damaster* 属　［英］japanese ground beetle　→p.369

【名の由来】　ダマステルはギリシア語の〈征服者 damastēs〉に関係するか？

英名は〈日本産のオサムシ〉の意。この類が日本特産であることにちなむ。

和名マイマイカブリは，カタツムリ（マイマイ）の殻に頭を突っこんでその肉を食べ，殻をかぶったまま歩く習性による。またビワムシは，体の形が琵琶状をなしていることによる。

三重県ではマイマイカブリをカラスノババとよんだ。たぶん〈カラスの糞〉の意だろう。

【博物誌】　オサムシ科のマイマイカブリは日本特産の虫なので，昔から外国の昆虫愛好家は日本を訪れると，この虫を熱心に探し求めた。たとえば万延1年（1860）に来日したイギリスの植物園芸家ロバート・フォーチュン（1813-80）なども，横浜周辺で何百人という住民を助手に雇い，大規模なマイマイカブリ探しを行なっている。彼は日本海の小島，粟島からアオマイマイカブリ *Damaster blaptoides fortunei* をイギリスにもち帰ってもいる（《江戸と北京》）。

1888年（明治21）当時，アオマイマイカブリはドイツの市場で1匹102マルク（当時の金で約40円）で取り引きされていた。ちなみにオオオサムシ *Apotomopterus dehaanii* は1匹40マルク（約14〜15円）であった（《動物学雑誌》第2号）。

松村松年が初めてドイツに留学した1900年代初頭には，マイマイカブリは1匹10マルクという値で取り引きされていた。彼はかつて山の中でマイマイカブリを捕獲したさい，その美しい腹部を眺めているあいだに，右眼にくさい液を浴びせかけられて，激痛を味わった。もっともすぐ唾液で眼を洗っておいたため，痛みが長びくことはなかったようだ（《昆蟲物語》）。

北海道の日高沙流川筋では，エゾマイマイカブリ *Damaster blaptoides rugipennis* を矢毒に混ぜて使った（更科源蔵・更科光《コタン生物記》）。

坂本与市《森の昆虫誌》によると，札幌に生息するエゾマイマイカブリの食性が，ここ20年ほどで変化してきているという。カタツムリのかわりにかれらが見つけた新しい餌とは，なんと人間のアベックが捨てたゴム製品の中味だそうだ。ところがゴムの裏側はべとべとしていて侵入しにくい。あげくゴムがからみついて死んでしまう虫もかなりいるという。坂本氏の言葉を借りれば，まさにマイマイカブリというより〈ゴムカブリ〉である。

ゴミムシ

節足動物門昆虫綱鞘翅目ゴミムシ科 Harpalidae に属する昆虫の総称，およびその1種．
[和]ゴミムシ〈芥虫，塵芥虫〉 [中]塵芥甲虫，行夜，屎盤虫 [ラ]*Harpalus* 属，*Anisodactylus* 属（ゴミムシ），その他 [英]ground beetle [仏]harpale [独]Wegläufer
➡ p.368-369

【名の由来】 ハルパルスはギリシア語で〈貪欲な，魅惑的な harpaleos〉の意味。アニソダクティルスは〈等しくない anisos 指 daktylos〉の意．

英語ではゴミムシ類はオサムシ類とはっきり区別されず，各種がグラウンド・ビートル（地表にすむ甲虫）とよばれる。独名は〈道を歩くもの〉の意味。

和名ゴミムシは〈ゴミを食べる虫〉の意．ゴミムシ科のほとんどの種は食肉性で，倒木の下や落ち葉の中の小さな虫などを捕食して生活する。したがってゴミムシという名はかならずしも適当ではない．ゴミムシ科 Harpalidae はオサムシ類に近縁のグループで，オサムシ科 Carabidae の亜科とされることもある。ただしゴミムシ類は中足の基節に中胸後側板が届かない点でオサムシ類と区別される。

イギリスでは *Pterostichus* 属や *Amara* 属のゴミムシ類をサンシャイナー sunshiner とよぶ。体色の鮮やかな光沢にちなむものであろう。なおこの虫を1匹でも殺すと雨になるという俗信もある（《西洋俗信大成》）。

【博物誌】 ゴミムシ科に属する虫は肉食，夜行性で2万種も知られている。ほとんどが10mm前後，あるいはそれ以下の，ごく小さな虫で，文字どおりゴミや落ち葉の下に暮らしている。

ファーブルは《昆虫記》のなかで，ゴミムシ科の1種オオヒョウタンゴミムシ *Scarites sulcatus* の奇妙な習性について報告している。この虫は指の上で転がしたり，低いところから2〜3回テーブルの上に落としたりすると，しばらく〈死んだ真似〉をするというのだ。時間は平均して20分くらい，長いときは1時間以上も微動だにしない。また動きだしたものについて実験を繰り返すと，〈死に真似〉の状態がしだいに長くなることも確認された。一見護身の行動と受けとれなくもないが，じつはこのゴミムシ，凶暴なことではかなりのもので，セミ類なども餌とする攻撃型の虫なのだ。しかもファーブルがじっとしている虫にハエやカミキリムシを近づけたり，光を不意にあてたりすると，一転慌てて動きだした。つまりほんとうに危機一髪となると〈死に真似〉はとらない。ここよりファーブルは次のように述べている。〈お前の死んだ真似は真似じゃない。それはほんものなんだ。これはお前が微妙な神経性のためにおちいる一時的の失神状態だ。一つの何でもないことでお前はこの状態におちいり，一つの何でもないことでとりわけ活動の至高の刺戟物の光線を浴びせれば，すぐもとに戻るのだ〉。

またクビボソゴミムシ科の1種ミイデラゴミムシ *Pheropsophus jessoensis* は，危険を感じると肛門腺から茶色のガスを発する。《本草綱目》で，姿はゴキブリに似て触れると臭気を出すとされる〈行夜〉という虫をこれにあてる説がある。ただし，行夜はトウヨウゴキブリ *Blatta orientalis* のことだともいう。中国では地方によってはこの行夜が食用とされた。あぶって餅にしたらしい。味はきわめて辛辣，と同書にはある。

《和漢三才図会》では，行夜はミイデラゴミムシの一名〈へひりむし〉にあてられ，ゴキブリには似ていない，と《本草綱目》に異論が唱えられている。またガスについては〈触れると音を出して屁をひり煙を出す。大へん臭い〉とその習性をよく観察している。

バイオリンムシ

節足動物門昆虫綱鞘翅目ゴミムシ科バイオリンムシ亜科 Mormolycinae に属する昆虫の総称，またはその1種．
[和]バイオリンムシ [ラ]*Mormolyce* 属（バイオリンムシ），その他 [英]violin beetle ➡ p.369

【名の由来】 モルモリスはギリシア語で〈いたずらをする小鬼〉から。

英名はこの虫の外形が楽器に似ているから。和名バイオリンムシもこれに準ずる。

【博物誌】 ゴミムシのなかまだが，甲虫類はもとより，昆虫界でも五指にははいる奇虫。形態もさることながら，サルノコシカケにすむというのも

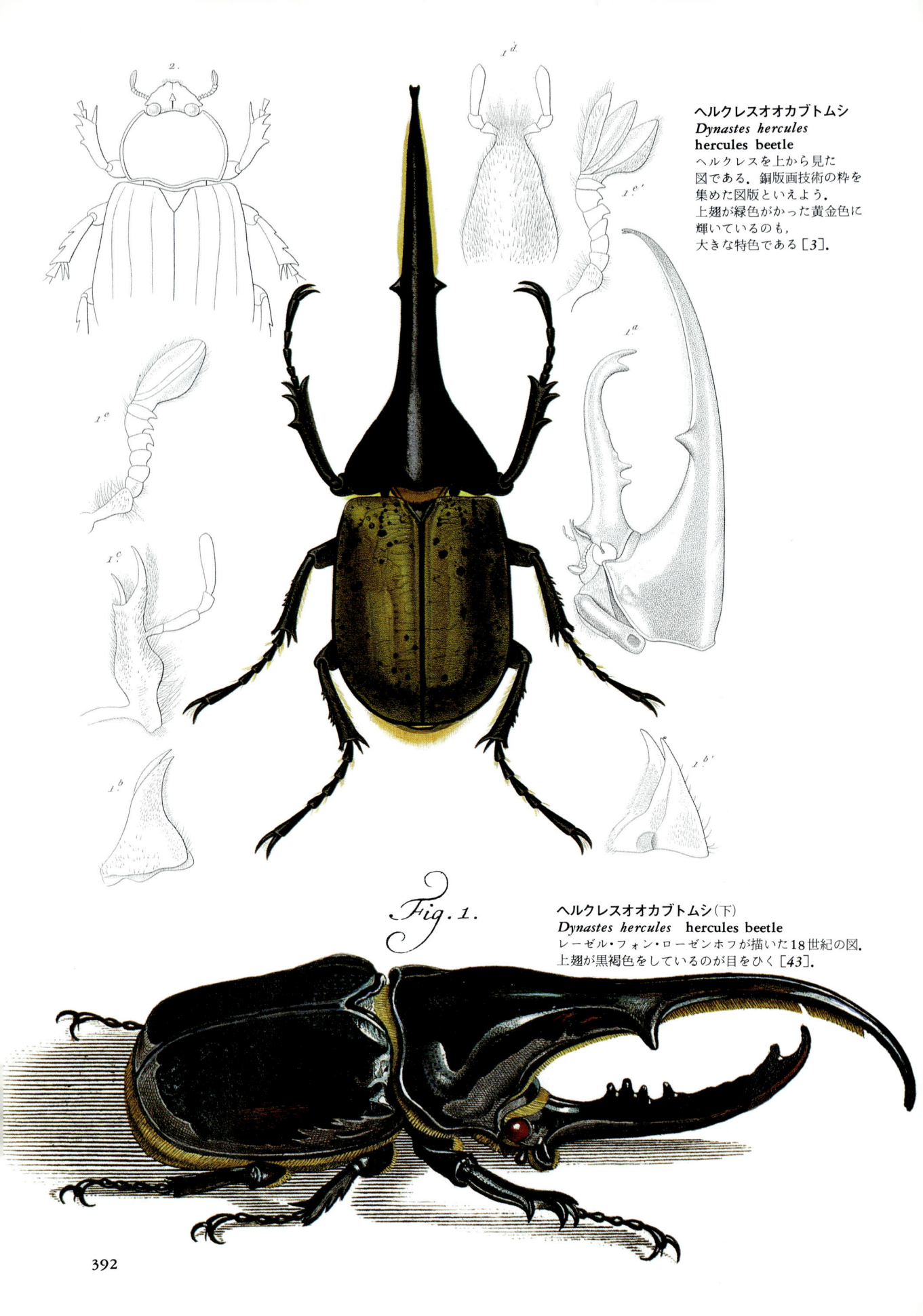

ヘルクレスオオカブトムシ
Dynastes hercules　hercules beetle
ヘルクレスを上から見た
図である．銅版画技術の粋を
集めた図版といえよう．
上翅が緑色がかった黄金色に
輝いているのも，
大きな特色である［3］．

Fig.1.

ヘルクレスオオカブトムシ(下)
Dynastes hercules　hercules beetle
レーゼル・フォン・ローゼンホフが描いた18世紀の図．
上翅が黒褐色をしているのが目をひく［43］．

PL.XXX

ヘルクレスオオカブトムシ（上と右）
Dynastes hercules　hercules beetle
中南米に分布するみごとなカブトムシのペア.
ヘルクレスとはギリシア神話に登場する怪力の英雄.
この力づよい虫にふさわしい名称である.
大きなものは角をふくめて20cm近くになる[19].

COLEOPTERA.

コーカサスオオカブトムシ
Chalcosoma caucasus
マレー，インドシナに分布する
カブトムシ．これもまた
みごとなカブトムシで，
長い角ののびかたがすばらしい．
E.ドノヴァンの図は，
赤紫色をしたこの種の
甲虫らしい印象をみごとに
再現している[20].

● 鞘翅目——バイオリンムシ／ゲンゴロウ／ミズスマシ／ガムシ

変わっている。幼虫はこれに孔をうがってすみ，中にはいってくる昆虫類を捕食する。成虫もよくサルノコシカケに止まっているが，詳しい生態はよくわかっていない。ただ捕えられたり危険を感じると，ほかのゴミムシ類と同じように強烈なにおいをもつ霧状の液体を発する。また灯火に飛んでくることもあるという。

バイオリンムシが発見された当時，その珍しい姿が注目を浴び，パリの博物館は1匹につき1000フランも払ってコレクションに加えた（石井悌《南方昆虫紀行》）。

東南アジアではバイオリンムシを癌や悪性腫瘍の妙薬だといって，山からよくもち帰るところもあるそうだ（阪口浩平《図説世界の昆虫1 東南アジア編I》）。

ゲンゴロウ

節足動物門昆虫綱鞘翅目ゲンゴロウ科Dytiscidae に属する昆虫の総称，またはその1種．

[和]ゲンゴロウ〈源五郎〉　[中]龍虱，潜水蚜　[ラ]Dytiscus 属，Cybister 属（ゲンゴロウ），その他　[英]water beetle, predacious diving beetle　[仏]dytique　[独]Wasserkäfer, Tauchkäfer, Schwimmkäfer　[蘭]watertor, tuimelkever, waterroofkever　[露]плавунец

→p. 372-373

【名の由来】　ディティスクスはギリシア語で〈潜る者dytes〉から．キビステルは〈宙返りするkybistaō〉の意味．

英名は〈水の甲虫〉〈肉食の潜水する甲虫〉の意．独名は〈水性の甲虫〉〈洗礼する甲虫〉〈泳ぐ甲虫〉．蘭名は〈水の甲虫〉〈ひっくり返る甲虫〉〈水性のかさぶた状の甲虫〉の意味．露名は〈流れる者〉の意か．

中国ではゲンゴロウの幼虫を水蜈蚣（スイウコン）とよぶ．〈水中にすむムカデ〉の意（周達生《中国食物誌》）．

和名ゲンゴロウについては，〈黒いかぶと〉を意味する玄甲（ゲンカブト）が転じたものとする説がある．信州ではゲンゴロウを〈藤九郎〉とよび，成虫を食用とする（周達生《中国食物誌》）．

群馬県沼田地方ではゲンゴロウをテンカンとよんだ．

ガムシとゲンゴロウはともに水生の甲虫で，形もよく似ているため，古くはその名称が混同されて用いられた．たとえば《重修本草綱目啓蒙》によると，〈甲黒して褐縁なきもの〉を江戸では〈源五郎〉とよび，奥州涌谷（ワクヤ）では〈ガムシ〉とよんでいたという．

【博物誌】　水生のオサムシ類ともよべるなかまである．黒い体に黄色の縁どりをもつ虫で，雄の前あしは先のほうに吸盤がついており，交尾するとき雌に抱きつくのに使う．成虫は腹の端に気門があいており，水面に尻を出して空気をとりこめる．また飛ぶこともできる．ふつう淡水にすむが，なかには海岸の潮だまりにすむものもいる．

中国の広東省や福建省ではゲンゴロウが日常的に食用とされている．あしとはねをむしり，腸を除いたものを口に放りこんでボリボリと食べる．邱永漢《食は広州に在り》によると，香港でも食用のゲンゴロウが売られているが，味はあまりよくないという．

ゲンゴロウの粉末をやわらかい紙に巻いて紐をつくる．これを灯心がわりに油の中に入れてともすと，ちょうど小さな龍がうねっているような姿をとる．これを中国の秘法で〈灯上に龍があらわれる法〉という（李隆編《まじない》）．

《水谷蟲譜》をみると，羽州米沢地方では，当地の金山から流れ出る水の中に生息するゲンゴロウの1種を〈金蛾蟲（キンガチュウ）〉と称し，大名や名士でなければ食べられない高級料理だったという．醬油で煮たものを食べたようだ．

ゲンゴロウは小児の疳薬としてよく知られる．焼いたり，生のままつぶした液は，ジフテリアや百日咳の薬となるし，煮たものは喘息の薬，幼虫を呑みこめば肺病の薬，また粉末を飯粒と練り合わせたものは傷薬や腫れ物の吸い出し薬とされる．いっぽう台湾では小型のゲンゴロウを通経剤として用いるという（渡辺武雄《薬用昆虫の文化誌》）．

縁日や祭りには，ゲンゴロウを小道具に使う子ども相手の屋台が出ることがある．どういうものかというと，まず取っ手のついた金網にゲンゴロウを乗せ，大きなたらいの中心部にとりつけた針金の輪の中に落とす．するとゲンゴロウはいったん水中に潜ってから，たらいの縁にたどりつく．たらいの縁はあらかじめ区画されていて，飴1本とか2本とか書かれたブリキの板が立っているので，ゲンゴロウの止まった場所に応じて餌をもらうという寸法だった．景品の多い板のほうにゲンゴロウの頭を向けて落とそうとしても，なかなかうまくいかないらしい．長野県伊那地方の子どもたちは，ゲンゴロウを小枝にはわせ，落ちると踏みつぶして遊んだ（中田幸平《自然と子どもの博物誌》）．茨城県水戸市の子どもたちも，捕えたゲンゴロウを縁側などで引っくり返し，起きようともがく姿を見て楽しんだ（更科公護《水戸市の動植物方言》動物編）．

秋田県平鹿郡では，一生を通じて一度も媒酌をしなかった人は，死後ゲンゴロウになるといいならわす（《日本俗信辞典》）．

ミズスマシ

節足動物門昆虫綱鞘翅目ミズスマシ科Gyrinidae に属する昆虫の総称，またはその1種．

［和］ミズスマシ〈水澄〉［中］豉虫，豉甲，豉母虫［ラ］*Gyrinus* 属（ミズスマシ），その他［英］whirligig(beetle), surface swimmer ［仏］gyrin, tourniquet ［独］Taumelkäfer, Drehkäfer ［蘭］tuimelkever, draaikevertje ［露］вертячка ⇒p.372-373

【名の由来】 ギリヌスはギリシア語の〈環 gyros〉あるいは〈オタマジャクシ gyrinos〉に由来．

英名は〈旋回するもの〉〈水面を泳ぐもの〉の意．独・蘭名は〈よろめく甲虫〉〈旋回する甲虫〉．露名も〈よろめくもの〉の意味である．

中国名の豉母虫は形が豆に似ているためだ，と《本草綱目》にある．

和名ミズスマシは一説に〈水を澄ます虫〉をあらわすといわれる．水面を旋回する姿が，水が澄むのを念じているまじない師のように見えるからだという．ちなみに信濃にスメ（澄め？），静岡にはカンカンスメスメという古名がある．また別に，水面につむじ風をおこす虫という意味で，水飆㲑を語源とする説もある．なおミズスマシは古くからアメンボの異名ともされ，とくに俳諧では〈水馬〉と書いてミズスマシという訓をあてる．

津軽地方の方言イダコマヨは，〈巫女（イタコ）の舞い〉の意．この虫の泳ぎかたが巫女の舞いに似ているためらしい．マイマイムシともいうが，渦を描いて泳ぐ習性を称したもの．

アメリカのニューイングランド地方の少年たちはミズスマシのことをラッキー・バグ lucky bug とよび，捕えたら幸運とみなす（《西洋俗信大成》）．ミズスマシのことをアメリカ・インディアンのチェロキー族は，〈ビーバーの孫〉とよぶ．

【博物誌】 水生の昆虫．中国では古来ミズスマシを毒虫とみなすいっぽうで，人体を毒気でおかす妖虫〈淫鬼虫〉（一説にタガメとされる．該当項目を参照）の特効薬に用いた．これを白梅の花びらにくるんで口にふくませれば，死んだ者も生き返るという．まさに毒をもって毒を制す方法である（《本草綱目》）．

ミズスマシの成虫の眼は水面で生活しやすいように，空中と水中を一度に見渡せる複眼構造になっている．ただし水中に潜ることもあって，それを習性と勘違いしたのか，小野蘭山の《重訂本草綱目啓蒙》ではこんなふうに解説されている．〈常に水底に伏しときどき水面に浮かびすみやかに回旋すること数徧にして水底に入り，しばらくしてまた浮かびて回旋す，その状草書を写す勢に似たり，故に写字蟲，状カキムシの名あり〉．

なお，昆虫学の啓蒙書を数多く著した横山桐郎は，アメンボの泳ぎかたはスピード・スケートの選手を彷彿させるのに対し，ミズスマシの泳ぎかたは，フィギュア・スケートのようだ，と評した（《優曇華》）．

喉が渇いて尿が通じない場合には，ミズスマシを生きたまま3～4匹，水で呑みこむと治るという．また九州には，熱病のさい，生のミズスマシを酒に浮かべて飲む習慣もある．さらに黒焼きは小児のよだれ止め，粉末は風邪薬とされる（渡辺武雄《薬用昆虫の文化誌》）．

富山県氷見市では，ミズスマシを捕えると雨が降るといいならわす（《日本俗信辞典》）．

ガムシ

節足動物門昆虫綱鞘翅目ガムシ科Hydrophilidae に属する昆虫の総称，またはその1種．

［和］ガムシ〈牙虫〉［中］蚜虫，水亀虫［ラ］*Hydrophilus* 属（ガムシ），その他［英］water scavenger beetle, water beetle, water clock ［仏］hydrophile ［独］Kolbenwasserkäfer, falsche Schwimmkäfer ［蘭］spinnende waterkever ［露］водолюб ⇒p.372

【名の由来】 ヒドロフィルスはギリシア語で〈水 hydr〉を〈愛する phileō〉ものの意．

英名ウォーター・スカヴェンジャー・ビートルは，〈水中の掃除人の甲虫〉の意．単にスカヴェンジャーという場合もある．ウォーター・クロックは，〈水にすむ甲虫〉の意味で，ゲンゴロウ類やガムシ類，ミズスマシ類の総称とされる．ここに見えるクロックという語，甲虫の総称としてイギリス北部で使われていたらしいのだが，時計のクロックとは語源があきらかに別のようで，詳しい由来についてはまったくわかっていない．ちなみにとくにヨーロッパ産センチコガネの1種 *Geotrupes stercorarius* を指すこともあるという．独名は〈ピストンの水の甲虫〉〈泳ぐ甲虫〉．蘭名は〈旋回する水性甲虫〉の意味．

和名ガムシは〈牙をもつ虫〉の意．古くはゲンゴロウの異名としても使われた．またこの名をイサゴムシ（トビケラの幼虫）にあてる場合もあった．

【博物誌】 幼虫は水中にすみ，オタマジャクシなどを食べる．トマス・ムーフェットは《昆虫の劇場》で水生甲虫類をまとめてウォーター・クロックとよんでいる．その説明をみると，夜になると水を離れて空中をすばやく動きまわるが，昼間はめったに（あるいは絶対に）はねを使わないとあり，

アクテオンゾウカブト？
Megasoma actaeon？
ゾウカブトとは，じつにぴったりの
名称である．これまた堂々とした
カブトムシだ．アクテオンとは，
ギリシア神話に出てくる狩りの神．
このような神名をつける趣味は，
二名法の親リンネと昆虫分類学の親
ファブリキウス双方のものであった
[41].

アクテオンゾウカブト　*Megasoma actaeon*
南米にすむ大型のカブトムシ．
レーゼル・フォン・ローゼンホフのこの図は，
ゾウカブトの大きさと重量感をよく表現している
[43].

Tab. A. II.

Fig. 2.

396

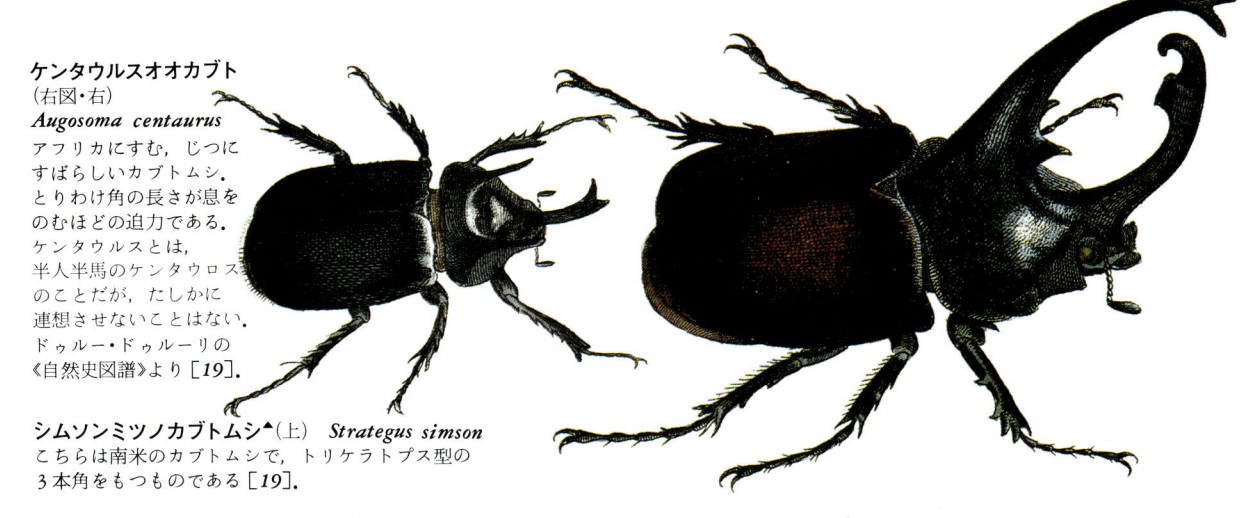

ケンタウルスオオカブト
（右図・右）
Augosoma centaurus
アフリカにすむ，じつに
すばらしいカブトムシ．
とりわけ角の長さが息を
のむほどの迫力である．
ケンタウルスとは，
半人半馬のケンタウロス
のことだが，たしかに
連想させないことはない．
ドゥルー・ドゥルーリの
《自然史図譜》より [19]．

シムソンミツノカブトムシ(上) *Strategus simson*
こちらは南米のカブトムシで，トリケラトプス型の
3本角をもつものである [19]．

SCARABAEORUM TERRESTRIUM PRAEF. CLASSIS I.

Tab. A. III.

Fig. 5.

Fig. 6.

Fig. 7.

A. J. Röf'd a Rofenhof fcat.

ヒメカブト(上)
Xylotrupes gideon
東南アジアから
オーストラリアに分布．
色も形も日本の
カブトムシに
かなりよく似ている．
ミツノカブトのなかま(中)
Strategus sp.
まるで恐竜の
トリケラトプスのような
カブトムシ．分布は
南米といわれる．
サイカブトのなかま(下)
Oryctes sp.
名のように1本角のサイに
よく似ている．これもまた
恐竜を思いださせる [43]．

● 鞘翅目──ガムシ／エンマムシ／シデムシ／アリヅカムシ／ハネカクシ

ガムシ類を思わせる。ガムシ類には水生・陸生両方あって，夜間，灯火などに飛来する種もいるからだ。

またムーフェットによると，これら水生甲虫のうちで最小の種は，水面を一団となってあちらこちらを泳ぎまわっているが，水面が波立ってくると，水底に潜るか土手の窪みに身をひそめる。そして波が静まるとすぐまた喜んで跳ねまわるという。小型の水生甲虫となると，今度はゲンゴロウのような気もするが，かならずしも判然としない。

エンマムシ

節足動物門昆虫綱鞘翅目エンマムシ科 Histeridae に属する昆虫の総称，またはその1種.

［和］エンマムシ〈閻魔虫〉　［中］閻魔虫　［ラ］*Hister* 属（エンマムシ），その他　［英］hister beetle, steel beetle　［仏］hister　［独］Stutzkäfer　［蘭］spiegelkever　［露］карапузик　　　　　　　　→p. 376

【名の由来】　ヒステルはラテン語の〈俳優 hister〉の意．リンネが《自然の体系》において命名したものだが，理由はよくわからない．死んだまねをすることからか．

英名スティール・ビートルは，〈はがね色の甲虫〉の意．独名は〈切り株の甲虫〉．蘭名は〈鏡の甲虫〉．露名は〈おちびさん〉で，一般にはトウヨウゴキブリのこと．

和名エンマムシは〈閻魔の虫〉という意味．腐肉や糞を好んであさるので，地獄の大王閻魔の使いのようにみなされたのだろう．

【博物誌】　甲虫のうちカブトムシのなかまに属する．大部分が糞や死肉や菌類に群がり，そこにいる蛆を餌とする甲虫．色も黒い種類が多い．まさに暗黒のイメージを一身に背負ったような虫で，冥府の王様閻魔の名がついたのも，なるほどとうなずける話だ．しかしかわいい面もある．危険を感じると頭とあしを引っこめておとなしく丸まってしまうのだ．もともと体長0.5〜10mmと小さな虫．そうなるとあたかも小さな黒い種子がぽつんと1個，という風情に早変わりしてしまうのである．

ちなみに，南米スリナムの人びとは，ビワハゴロモの幼虫はエンマムシから生まれると信じている（《スリナム産昆虫の変態》）．

シデムシ

節足動物門昆虫綱鞘翅目シデムシ科 Silphidae に属する昆虫の総称．

［和］シデムシ〈埋葬虫，死出虫〉　［中］埋葬虫，喫臘虫　［ラ］*Silpha* 属（ヒラタシデムシ）　［英］burying beetle, carrion beetle, sexton beetle　［仏］bouclier, silphe, nécrophore　［独］Aaskäfer, Totergräber　［蘭］doodgraver, aaskever　［露］мертвоед　→p. 376

【名の由来】　シファはギリシア語で〈ゴキブリ siphē〉のこと．

英名は〈埋葬する甲虫〉〈腐肉をあさる甲虫〉〈墓掘り人の甲虫〉の意味．雌が腐肉に卵を産みつけ，地中に埋める習性にちなむ．仏名ブークリエは〈楯，甲殻〉，ネクロフォルは〈死体を運ぶもの〉．独名も〈死体の甲虫〉〈死者を埋葬するもの〉．蘭名も同様．露名もやはり死体に関する言葉から．

中国名の喫臘虫は〈肉を食う虫〉の意．これも腐肉を好んであさる習性にちなむ．

和名シデムシは〈死出の虫〉の意．動物の死体によくたかることから．マイソウムシ（埋葬虫）ともいわれ，餌を土中に埋める習性にちなむ．

【博物誌】　典型的な甲虫の姿をもつ虫である．死体に群がってくるので，ヨーロッパでも日本でも古くから知られている．中世末の昆虫誌《昆虫の劇場》にも，シデムシを思わせる虫が登場する．この虫は形はタマオシコガネ類にそっくりで，体色は黒ずんだ青色，すばらしい光沢を放つという．とくにシデムシに似ているのは次の部分である．8月になるとあしにシラミがたくさんたかって，ついには殺されてしまうというのだ．林長閑《ヒトと甲虫》には，糞を好むシデムシには，よくダニが山のようにたかる，とある．もっとも，ほかの甲虫でも似たようなことはあるそうだから，シデムシと断定はできず，オサムシ類などの可能性もある．なおムーフェットは，この虫の卵の形はネコに似ており，あえていえばネコ型の甲虫だ，というおもしろい指摘も行なっている．

近世ヨーロッパには，シデムシは知力をもつ昆虫だとする俗説があった．1匹のシデムシがハツカネズミの死骸を埋めようとしたところ，土がかたくてうまくいかないので援軍を連れてきたとか，ヒキガエルが干もの用に棒にかけてあるのを見た虫が，頭をはたらかせて棒を倒し，首尾よくカエルを土に埋めたという話が，まことしやかに語られていたのである．だがファーブルはこの説をきっぱり否定して，シデムシには知性のかけらもなく，ただ本能にしたがって動いているだけだ，と《昆虫記》で主張している．彼の実験観察によれば，シデムシは死体のにおいに引き寄せられて思い思いに集まってきた個体が，バラバラに仕事をする．また棒に吊りさげられた死体があっても，わざと棒を倒すことはないという．ただし紐をかみちぎ

って死体を地面に落下させはするが，これとて死体に絡まった植物などをとり除くのと本質的には変わらないわけで，結局どの行動も本能でしかないというのである。

　中国では，シデムシは臨終の近づいた人の家に群れ集い，人が死ぬとその体を骨になるまで食い尽くす大害虫とされた。ただし張華《博物志》によると，梓の木でつくった棺に死体を納めておけば，この虫が寄りつかないという。また死体をヒョウの皮でおおっておくのも有効とされた。

【文学】《昆虫図》 久生十蘭（1902-57／明治35-昭和32）の掌編小説。貧乏画家の家の裏に住んでいた夫婦の妻が姿を消す。しばらくして画家がその家に遊びにいくと，ハエが群がっていた。さらに次にチョウやガの群れ。その晩，画家の枕もとで女が言う。〈あたしの郷里では，人が死ぬとお洗骨ということをする〉。〈あっさりと埋めといて，早く骨になるのを待つの。埋めるとすぐ銀蠅が来て，それから蝶や蛾が来て，それが行ってしまうとこんどは甲虫がやってくる〉。数日後，画家が夫婦の家に遊びにいくと，畳の上には〈乾酪の中で見かけるあの小さな虫〉がうようよしていた。おそらくは床下で〈何かの死体蛋白が乾酪のように醱酵しかけている〉のだった。死体に群がる甲虫類というと，シデムシ類やエンマムシ類が思い浮かぶが，さて，正体は何だったのであろう。

アリヅカムシ

節足動物門昆虫綱鞘翅目アリヅカムシ科 Pselaphidae に属する昆虫の総称。

［和］アリヅカムシ〈蟻塚虫〉　［中］蟻塚虫　［ラ］*Pselaphus* 属，その他 ［英］ant-loving beetle ［仏］psélaphe ［独］Tastkäfer, Palpenkäfer　　　　　　　　　　➡p. 376

【名の由来】　プセラプスはギリシア語で〈感じる，触る pselaphaō〉より。

　英名は〈アリを好む甲虫〉の意。

　和名は，蟻塚に生息する種が多いことにちなむ。

【博物誌】　甲虫のなかまである。アリヅカムシ類はヒゲブトアリヅカムシ亜科 Clavigerinae とアリヅカムシ亜科 Pselaphinae に大別される。このうちアリと共生するのは前者の一部である。たとえばヨーロッパ産の *Claviger testaceus* は鞘翅にある叢毛から宿主のアリ *Lasius flavus* などに餌として液をさしだし，その返礼にアリの口から食物をもらう。いっぽうアリヅカムシ亜科の虫だとアリと関係のある種は少なく，ほとんどが落ち葉の中や石の下，腐植土などにすむ。

ハネカクシ

節足動物門昆虫綱鞘翅目ハネカクシ科 Staphylinidae に属する昆虫の総称。

［和］ハネカクシ〈隠翅虫〉　［中］隠翅虫，青腰虫　［ラ］*Staphylinus* 属，その他 ［英］rove beetle, short-winged beetle ［仏］staphylin ［独］Raubkäfer, Kurzflügler ［蘭］roofkever, kortvleugelkever　［露］стафилин ➡p. 377

【名の由来】　スタフィリヌスは，ギリシア語で正体不明の毒虫のよび名。この語は古くアリストテレス《動物誌》にもみえ，ウマがこの虫を呑みこめば治しようがない，とある。正体としては，ゾウムシ科の *Curculio paraplecticus*，ハネカクシ科の *Staphylinus marinus*，ツチハンミョウ科の *Meloe* sp. などが候補にあがっているが，いずれにせよ毒虫の代表例としてハネカクシ科の属名に採用されたのであろう。

　英名は〈さまよう甲虫〉〈はねの短い甲虫〉。独・蘭名は〈強盗の虫〉〈はねの短いもの〉の意。

　中国名の青腰虫は，アオバアリガタハネカクシ *Paederus fuscipes* を指す名称といわれる。青藍色ないしは青緑色をした上翅にちなんだものだろう。

　和名ハネカクシは，上翅・後翅とも極端に短いことにちなむ。

【博物誌】　甲虫のなかまで，アリの巣に居候する虫として有名である。その典型的な1種はヨーロッパにすむアリノスハネカクシ *Lochmechusa pubicollis* だろう。この虫は成虫も幼虫もアカヤマアリが気を引かれる特別な誘引物質を出し，アリを呼び寄せる。幼虫の場合はアリに巣へ運び入れてもらい，そこで養ってもらう。餌を催促するときも幼虫がアリの口を軽くたたくと，アリの口から消化後の栄養液がしたたり出てくる。幼虫は大きくなり，やがてアリそのものをも食べてさらに育つ。また秋になると，養い主をアカヤマアリからクシケアリへ替え，そこでまた餌をもらいながら成長して翌春には性的にも成熟する。

　トマス・ムーフェトの《昆虫の劇場》はさすがに中世末の大著だけあって，ハネカクシを記述している。これを鞘翅類ではなく，ムカデ，ヤスデ，ワラジムシなどとともにイモムシの類として分類している点が興味ぶかい。ただし，ムーフェトは，ハネカクシの1種をいわゆるふつうの甲虫類と比較して，甲虫類とたいして変わりはないが，体はもっとほっそりして長い，とも述べている。

　中世イギリスでは，ハネカクシ類に毒があることはひろく知られていた。これを呑みこんだウシやウマが毒にあたって死んでしまうこともあった

禾牛 通雅
コメムシ
獨角仙ノ屬池南周宏ニ衆臯蟲トアリ象ノ臯ニ
似リト云俗ニコクゾウト呼ノ多ク殼甲ニ生
ス大サ一僊ニ合計黒色羽アリ形チコノツキム
シニ似リ禾ヲ食テ空産トシ喜ヲナス是コクゾウ
ニ小殼象ノ意ナルベシ此蟲モ天牛ノ屬ナリ

皂莢蟲虫
此蟲先輩詩經ノ域
ニ充ル説的当セリ
其状詩經物産圖譜ニ
サイカチムシ

雌

詳ニ
故ニ
略ス藏器ニ云頭有一
角長寸余角上有四歧
黒甲下有翅能飛ト云々

雄

鋭歯アリ

カブトムシ（上図・左）
Allomyrina dichotomus japanese dynastid beetle
《虫譜》に収められた，おそらく馬場大助の息がかかる原図である．
栗本丹洲の図よりはカブトムシらしいが，いずれにせよ描写は
精密さに欠ける．右にカミキリムシが2種描かれているがやはり
詳しい同定は難しい．おそらく，大きいほうはミヤマカミキリ，
小さいほうはゴマダラカミキリであろう［17］．

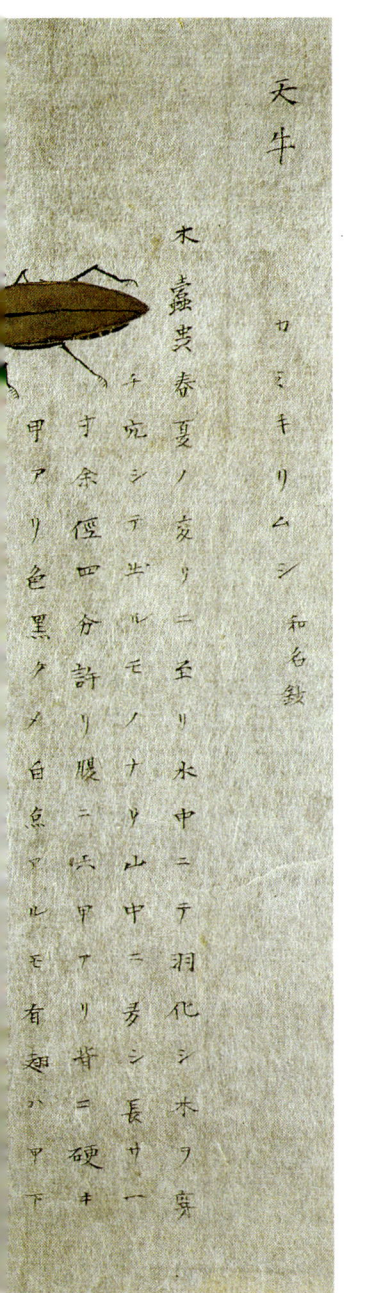

カブトムシ
Allomyrina dichotomus
japanese dynastid beetle
栗本丹洲が描いた雌と雄．
この虫のいかめしさ，力づよさを
印象として表現した図である．
けっして精密さを望んでは
いけない．このタイプの
カブトムシは日本，中国，そして
東南アジアにまで広く分布する．
日本人にはなじみの虫で，
今やデパートで売り買いされる
アイドルでもある［5］．

カブトムシの幼虫
Allomyrina dichotomus
larva of japanese dynastid
beetle
この幼虫は腐った植物を食べて
成長し，翌年7月ごろ土中に
蛹室をつくり，その中で
サナギになる．成虫は冬までに
死んでしまうという［5］．

カブトムシ
Allomyrina dichotomus
japanese dynastid beetle
栗本丹洲といえば，江戸屈指の
図鑑制作者だが，それでも
甲虫の表現はこの程度で，
日本人がいちばん描きにくい
タイプの虫である．
上の虫はノコギリクワガタで
あろうか［5］．

● 鞘翅目──ハネカクシ／クワガタムシ／センチコガネ

ようだ。そしてムーフェットは，ウマがハネカクシの毒にあたった場合の対策を教授してくれている。すなわちハネカクシを呑みこんだウマは，そのあまりの苦さにすぐ吐きだしてしまう。だが，時すでに遅し，毒がまわって体はひどく腫れあがる。そうなったらまず塩水を熱してそれで体をふいてやる。次に酢のかすを処方したものを全身に塗りこめる。そして発汗を促進するため，小屋を熱くして体をふくことを繰り返して3日もするとウマは完治するという。

ハネカクシはその黒い体色や毒性が災いしてか，英語で〈悪魔の馬車馬 devil's coach-horse〉とよばれ，西洋ではしばしば悪魔の化身とみなされる。伝説によると，エヴァが放り投げたリンゴの芯をハネカクシが食べてしまった。そこで悪魔の霊が宿り，今でもこの虫をつぶすと強烈なリンゴのにおいがするという。またイスカリオテのユダがイエスを祭司長たちの手に売り渡そうと，後を追ったとき，途中でこの虫が次つぎにあらわれ，イエスの行き先を教えてやったともされる。そしてこよりハネカクシを殺せば神から罪を赦される，といった俗信も生じた。またこのハネカクシが尾をもたげているのを見たら，悪魔に呪いをかけられた証拠だともいう。

《本草綱目》にも，アオバアリガタハネカクシには大毒があって，人の皮膚につくと腫れが生じる，とある。これはおそらくこの虫の体液にペデリン pederin という有毒物質が含まれていることを述べたものだろう。また同書では〈悪瘡癋肉(おくにく)(疣状の病んだ肉)をことごとく食い，癬虫を殺す〉ともされている。

千葉県の稲毛地方では，アオバアリガタハネカクシをすりつぶしたものをタムシの発生した肌につけ，人為的に皮膚炎をおこして治療に役だてた。大町文衛《日本昆虫記》(1941)にもこの虫の毒の話がある。同書が出版される数年前，三重県である人の目にアオバアリガタハネカクシがはいって失明するという事件があったという。

クワガタムシ

節足動物門昆虫綱鞘翅目クワガタムシ科 Lucanidae に属する昆虫の総称。

[和]クワガタムシ〈鍬形虫〉　[中]鍬形虫　[ラ]*Lucanus* 属(ミヤマクワガタ)，*Dorcus* 属(オオクワガタ)，*Prosopocoilus* 属(ノコギリクワガタ)，その他　[英]stag beetle　[仏]cerf-volant, lucane　[独]Hirschkäfer, Schröter, Kammhornkäfer　[蘭]vliegend hert　[露]жук-рогач, рогач

➡ p. 380-389

【名の由来】 ルカヌスは，クワガタムシを示すラテン語。そもそもはイタリア南部の地方名ルカニアに由来する。前281年，ギリシア北方エペイロスの王ピュロス Pyrrhos(前319-前272)がルカニアに侵寇したさい，ローマ人が初めてゾウというものを見て，これを〈ルカニアのウシ〉とよんだ。クワガタムシの大顎もゾウの牙のようによく発達している。それにちなんでこの虫を〈ルカニアの虫〉，つまりルカヌスと名づけたのだという。仏名リュカンもこれに準ずる。ドルクスはラテン語でカモシカの一種(ガゼル)の意味。プロソポコイルスはギリシア語で〈顔 prosōpon〉と〈空洞の coilos〉の合成語。

英名は雄ジカ(stag)のような角をもつ甲虫の意味。仏名セルフ・ヴォランは〈飛ぶシカ〉を示す。独名は〈シカの甲虫〉〈粉砕するもの〉〈櫛形の角をもった甲虫〉。蘭名は〈空飛ぶシカ〉，露名は〈甲虫のシカ〉〈シカ〉の意味。

トマス・ムーフェットは《昆虫の劇場》のなかで，クワガタムシのよび名をいくつもあげている。どれもその大顎に由来するもので，たとえばハーツホーン・ビートル hartshorn beetle(雄ジカの角をもつ甲虫)，ブル bull(雄ウシ)，フライング・スタッグ flying stag(飛ぶ雄ジカ)といったぐあいだ。

中国には鍬甲というよび名もある。農具鍬と甲(よろい)を合わせたもの。甲のような大顎で，相手を鍬を使うようにすくい投げることによる。

台湾ではクワガタムシとカブトムシをともにワケーとよんだ。ワケーというのはイノシシの牙のような突起物を指す言葉だという(新渡戸稲造〈台湾昆虫方言集〉《博物之友》第38号)。

和名クワガタムシは兜(かぶと)の前面に立てられた金具鍬形(くわがた)にその角の形が似ていることにちなむ。またオモダカ科の多年草クワイの葉の形に角をみたてたとする別説もある。ハサミムシ，オニムシは角をそれぞれ鋏(はさみ)と鬼の角にたとえたもの。

三宅島の住民は〈カラスのアタマスリ〉とよんだ。アイヌ語ではクワガタムシをチクパキキリとよぶ。これは林長閑《ミヤマクワガタ》によると，〈陰茎をかむ虫〉の意味である。実際にそんな被害が多かったのだろうか。

【博物誌】 大きな顎をもつ，よく知られた甲虫である。大型であることと，形がおもしろいことで，古くから人びとの知的関心を引いた。しかし，習性や形のおもしろさを除くと，薬用や食用の意味あいはほとんどなく，文献的にはむしろ貧しい状態にあった。

たとえばアリストテレス《動物誌》には，クワガタムシについての記述がさほどみられない。その

内容をまとめると，甲虫の1種で，チョウと同じように触角をもち，幼虫は乾燥した木材の中で生活するという。だがクワガタムシの幼虫は地中にいる。ここより，アリストテレスの記述したのはカミキリムシの1種だとする説もある。

古代ローマでは，子どもがミヤマクワガタの大顎を首からぶら下げて，病気よけの護符とした。またこの大顎は体の痛みやひきつけの薬としても利用されたという。今でもトルコのイスタンブールでは，ミヤマクワガタの頭部が魔よけのお守りとして売られている。

よく夫のほうが妻より小さい夫婦を指してくノミの夫婦〉というが，じつは昆虫界ではノミにかぎらずほとんどのものが雄は雌より小さい。ただし例外はあって，カブトムシやクワガタムシがそれにあたる。ところがトマス・ムーフェットは，昆虫である以上雄は雌より小さいはずだと頭から思いこんでいたらしく，クワガタムシで大顎をもっているほうは雌である，と述べている。《昆虫の劇場》でその理由をこう述べている。〈経験的にいって，交尾のとき相手を受け入れるのはたしかに大きいほうなのだから〉。また，クワガタムシは頭部でふたつに切っても，どちらの部分もそのまま生きているが，頭部のほうが長生きする，という記述もみえる。

中世ヨーロッパには，クワガタムシは月に捧げられた存在で，その頭と角は月の満ち欠けに応じて大きくなったり小さくなったりするという俗信もあった。おそらくスカラベの俗信と混同されたものだろう。

ドイツでは，クワガタムシは燃えている石炭をその大顎にはさみながら人家に飛んできて，よく大火事をおこす虫だといい伝える。

イギリスのニューフォレスト地方の俗信によると，クワガタムシは穀物を絶やすべくこの世に送りこまれた悪鬼であって，見つけしだい石を投げて殺さなくてはならないという。

日本ではこの虫についておもしろい話が語られている。クワガタムシの雄は始終雌を追い求めているので，この習性を利用すれば捕獲は簡単だ，というのである。ニレやカシワの樹の幹に雌を1匹縛りつけておくと，雄が後から後からやってくる。そこを捕えれば何匹でもつかまる。このような捕獲法が日本でも行なわれていたのである。

もうひとつの例は〈蛇の胃〉に関することである。トルコでクワガタの大顎が魔よけとされたことは既述した。じつは，それと同じような話が日本にもあった。青森県や岩手県では，ミヤマクワガタの大顎を幸運のお守りとして，代々秘蔵するならわしがあった。それは〈蛇の角〉とか〈蛇の胃〉とよばれ，ヘビからとれるものと思われていた。《蛇胃傳来記》(文化8/1811)には，下総古河の新八という男が，ヘビの落とした〈蛇の胃〉をいつも身につけていたので，出世したという話が載る。新八はこれを拾ったあと，江戸に出て武家奉公をしているうちに馬の名手となり，ついには殿の馬の手綱を引くようになった。のち，並木清次郎という親友にこれを譲ったところ，清次郎も人生が開け，105歳という長寿を全うした。また天明5年(1785)には，津軽藩でヘビの頭に乗っていたカブトムシの角が献上された。まもなく津軽越中守は4万石から10万石に加増されたという。

江戸後期の学者，喜多村節信は〈蛇の胃〉について考察し，次のように記す。これをヘビが隠しもっているものと考えるのは誤りである。カブトムシなどの顎である。ヘビが虫を食ったあと，首だけ残したものであろう，と。そして蝦夷地でシクバキキリとよばれる虫と同じものだ，と同定した。シクバキキリ(チクパキキリ)とは，〔名の由来〕でも述べたが，ミヤマクワガタのアイヌ名である。

なお，〈蛇の角〉〈蛇の胃〉とよばれたものは，クワガタの顎ばかりではなかった。《新鎌倉志》(貞享2/1685)には，慶長9年(1604)に秋田出身の僧が伊勢参りをしており，ヘビが落とした角を拾い，江の島に貢納した，という記事がみえる。そこに付された図は，カミキリの類の触角である(以上，長谷川仁〈自然の文化誌〉)。

センチコガネ

節足動物門昆虫綱鞘翅目センチコガネ科 Geotrupidae に属する昆虫の総称，またはその1種。

［和］センチコガネ〈雪隠金亀子〉　［中］蜣蜋，矢窶蜋，金蜣　［ラ］*Geotrupes* 属，その他　［英］dor beetle, geotrupid dungbeetle　［仏］géotrupe, mère à poux, bousier　［独］Roβkäfer, Mistkäfer　［蘭］mestkever　［露］навозник　➡ p.408-409

【名の由来】ゲオトルペスはギリシア語の〈土 ge〉と〈穴 trype〉に由来。地面に穴を垂直に掘って，その中に獣糞や人糞を運びこむ習性にちなむ。

英名ドア・ビートルはインド・ヨーロッパ語源で〈ぶんぶん音をたてて飛ぶ甲虫〉の意。とくにヨーロッパ産の1種 *Geotrupes stercorarius* にあてられる。またこの虫を，フォレスト・ダング・ビートル forest dung beetle(森林にすむ糞虫)ともいう。仏名メール・ア・プーは〈シラミの母〉，ブジエは〈牛糞 bouse〉に関する語。独名は〈ウマの甲虫〉〈堆肥の甲虫〉。蘭名も〈堆肥の甲虫〉の意味。露名も〈畜糞堆

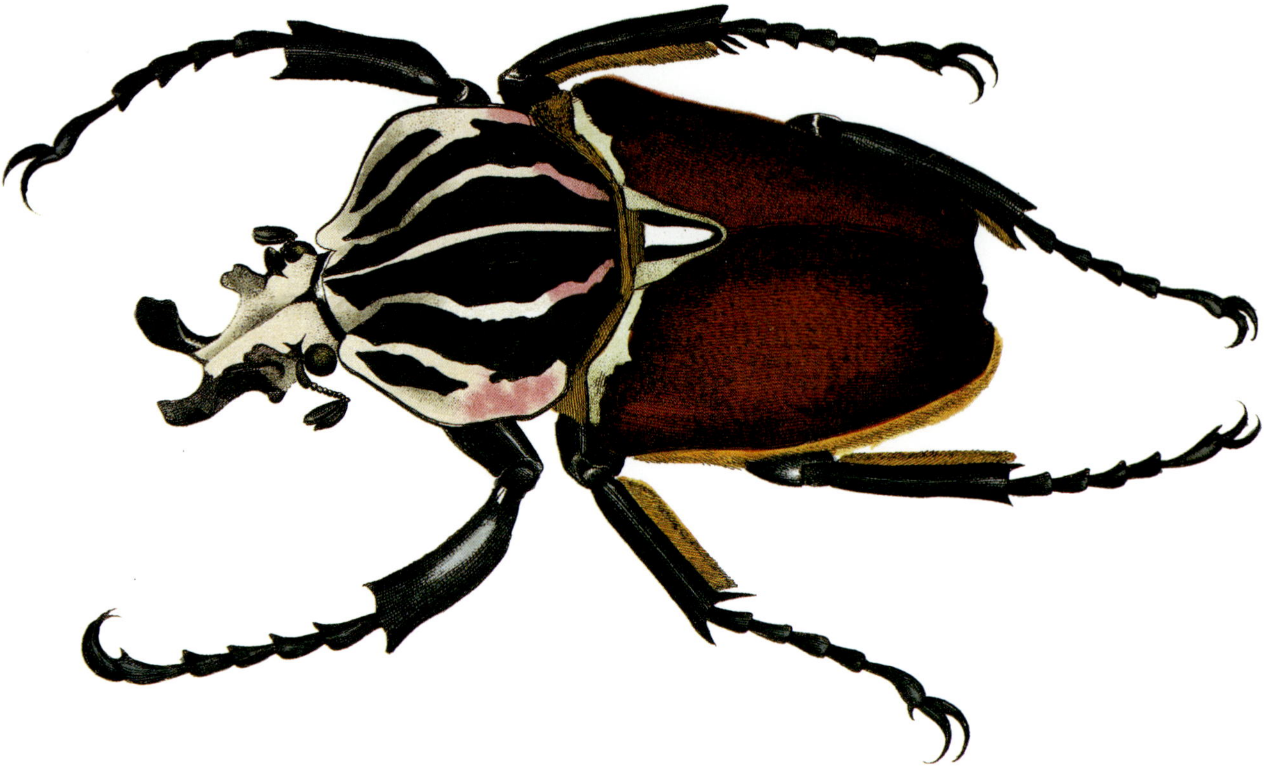

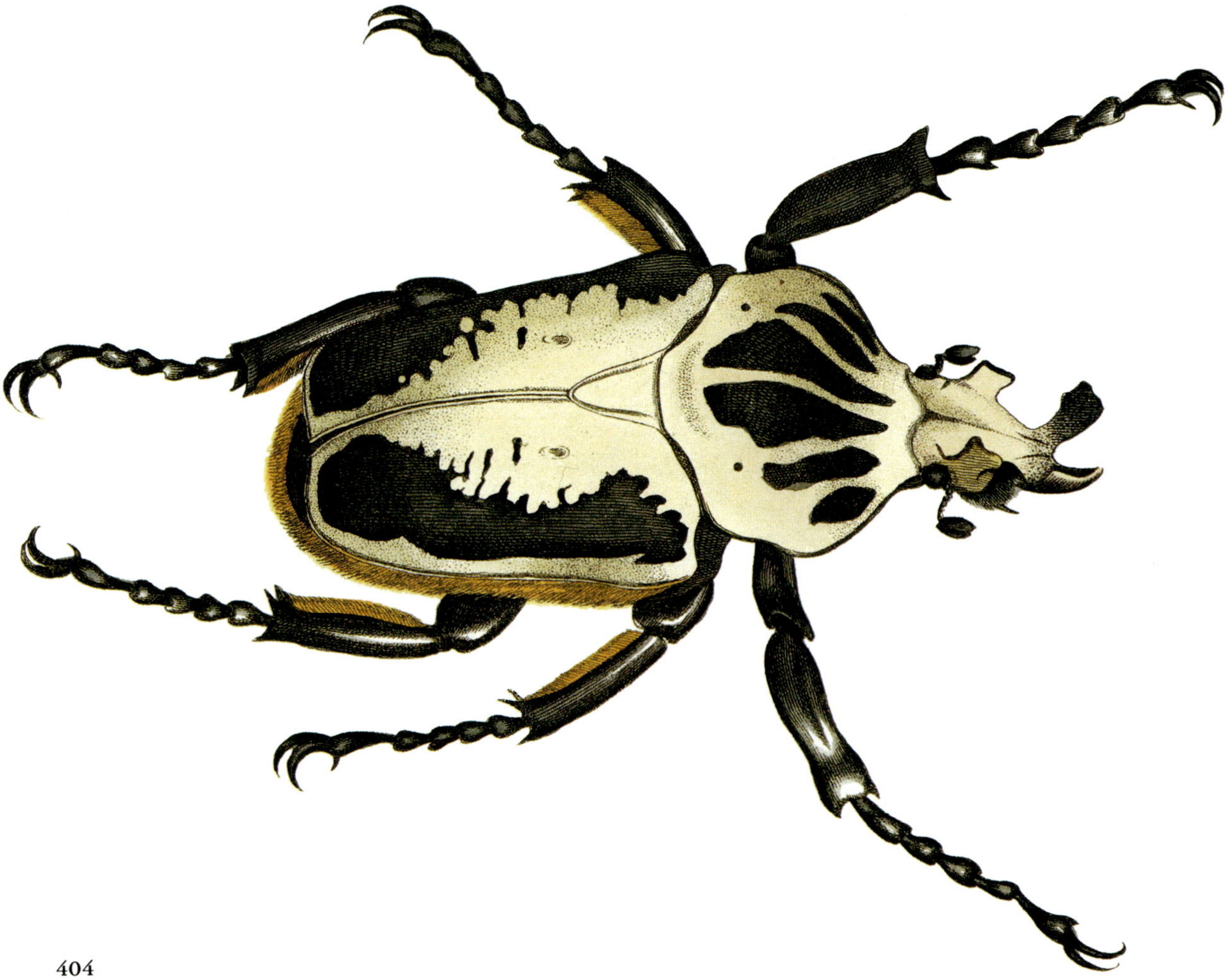

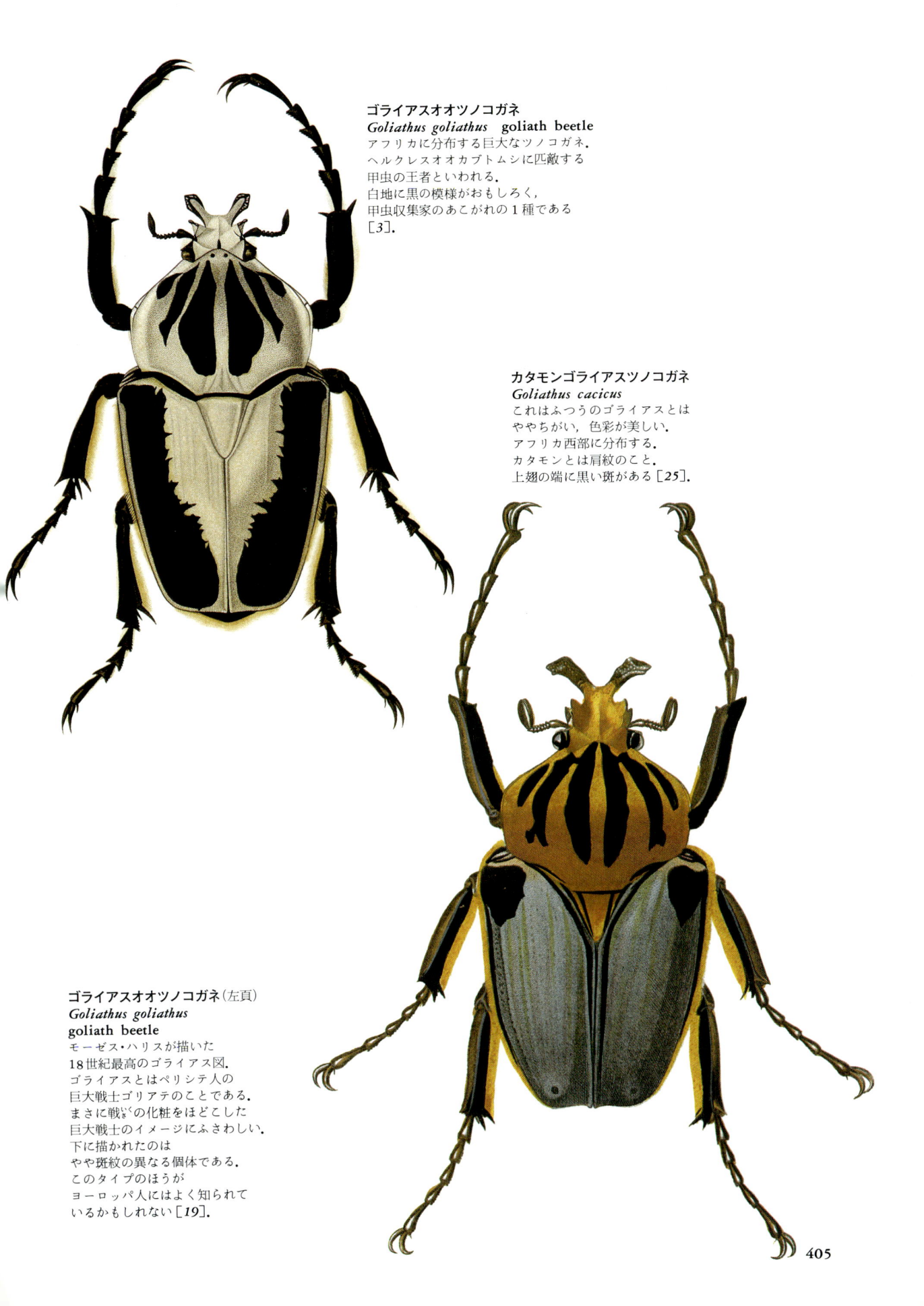

ゴライアスオオツノコガネ
Goliathus goliathus goliath beetle
アフリカに分布する巨大なツノコガネ．
ヘルクレスオオカブトムシに匹敵する
甲虫の王者といわれる．
白地に黒の模様がおもしろく，
甲虫収集家のあこがれの１種である
[3]．

カタモンゴライアスツノコガネ
Goliathus cacicus
これはふつうのゴライアスとは
ややちがい，色彩が美しい．
アフリカ西部に分布する．
カタモンとは肩紋のこと．
上翅の端に黒い斑がある[25]．

ゴライアスオオツノコガネ（左頁）
Goliathus goliathus
goliath beetle
モーゼス・ハリスが描いた
18世紀最高のゴライアス図．
ゴライアスとはペリシテ人の
巨大戦士ゴリアテのことである．
まさに戦ぐの化粧をほどこした
巨大戦士のイメージにふさわしい．
下に描かれたのは
やや斑紋の異なる個体である．
このタイプのほうが
ヨーロッパ人にはよく知られて
いるかもしれない[19]．

● 鞘翅目——センチコガネ／カブトムシ／コガネムシ

肥〉に関連する語．
　和名センチコガネは，便所を意味する雪隠がなまってセンチとなったもの．人糞を食べるため，昔の便所ではよく見かけられたのだろう．
　寺島良安は《和漢三才図会》のなかで，タマオシコガネ類を意味する〈蜣蜋〉を〈せんちむし，くそむし〉と訓じ，センチコガネにあてている．松村松年《日本昆虫学》でも，蜣蜋の名がセンチコガネにあてられている．

【博物誌】 コガネムシ類にふくまれる虫で，腐ったものを食料とするが，餌となる糞の下に穴を掘って引っぱりこむ性質がある．ダイコクコガネと同じように，あしに歯状突起がある．
　ファーブル《昆虫記》によると，センチコガネは天気を予知する昆虫のひとつだという．この虫の活動時刻は夕方である．そのときどんなに強く雨が降っていても，センチコガネが飛びまわっていれば，やがて雨はあがり，好天となる．逆に晴れた夕方でも，この虫の姿が見あたらなければ，ほどなく雨が降りだすという．
　なお，青森県農事試験場では1938年（昭和13）ころ，センチコガネのしぐさによる農民の気象予知教育を計画していたという．
　タイ北東部では，糞虫であるにもかかわらずセンチコガネ科の昆虫を食用にする．
　中国には，明確にセンチコガネを指していると認められる記述が少ない．《酉陽雑俎》には甲虫のなかまが化してセミになるという俗信が語られている．これはふつうセンチコガネの類と解釈されるものの一例である．

カブトムシ

節足動物門昆虫綱鞘翅目コガネムシ科のうちカブトムシ亜科 Dynastinae に属する昆虫の総称．
［和］カブトムシ〈兜虫〉，サイカチムシ　［中］兜虫，飛生虫
［ラ］*Dynastes* 属, *Oryctes* 属, *Allomyrina* 属, その他　［英］rhinoceros beetle, hercules beetle, black beetle　［仏］rhinocéros　［独］Nashornkäfer, Riesenkäfer, Lohkäfer
［蘭］neushoornkever, snuitkever, herculeskever　［露］жук-носорог　→ p.392-401

【名の由来】 ディナステスはギリシア語の〈強いdynatos〉から．オリクテスは〈掘られた〉，アロミリナは〈異なったallos〉と〈多数myrias〉の合成か．しかしミリナはギリシア神話にあるアマゾン族の女勇士ミュリネ Myrine に由来するのかもしれない．そうだとすれば，この名は〈姿を変えたミュリネ〉の意となる．
　英名は〈サイのような甲虫〉〈ヘラクレスの甲虫〉〈黒い甲虫〉の意味．仏名は〈サイ〉．独名は〈サイの甲虫〉〈巨人の甲虫〉〈沼沢牧草地の甲虫〉の意味．蘭・露名もほぼ同様．
　中国名の飛生蟲は，ムササビの一名飛生鳥にならったもの．李時珍によると，ムササビと同じようなものなので飛生とよぶという．
　和名カブトムシは，雄の頭部を兜にみたてたもの．カブトムシというのは江戸でのよび名で，《物類称呼》には，伊勢ではヤドカ，大和ではツノムシといった，とある．また和名サイカチムシは，多くサイカチの樹に生息していることによる．カミナリムシは，その角の形を雷光にみたてたものか．オニムシは，鬼と同じような角をもつ虫，の意．

【博物誌】 甲虫の代表選手といえる，大きな角をもった虫である．力強さの象徴として引き合いに出されるところから，多くの場合生命力の象徴であり，古代エジプトではとくに神聖視された．プリニウスは《博物誌》に2種のカブトムシを記載し，角をもつ種は護符として子どもが首にさげた，と述べている．また，エジプトにすむ別種は小さな肥やしの玉をつくってそこに卵を産み，それを転がす，とも書いている．プリニウスが説明した2種は正確にはカブトムシではなく，前者はクワガタムシ，後者はスカラベのことである．とりわけ後者はエジプトの太陽神ラーの復活を象徴する．しかし，カブトムシもスカラベの類としてとくに区別されず，スカラベが玉を転がすその習性から転がるようにして天を通過する太陽に擬せられたようだ．したがってカブトムシも太陽の力強さの象徴である．またアイルランドではカブトムシの1種を刈り入れどきに農具の柄につけ，作業の速度をあげるという．日本では指などにできる療疽に効果があるとされ，幼虫を水洗いして内臓を抜き，これを患部にかぶせる民間療法がある．
　トマス・ムーフェットは《昆虫の劇場》のなかで，インド産の大型カブトムシを1種，図入りで紹介している．体色はまっ黒，船の舵のような曲がった角をもつとあり，アトラスオオカブトムシ *Chalcosoma atlas* のことかと思われる．またこの虫には雌がなく，1年に1回死んではフェニックスのように蘇える，ともされている．スカラベなどにまつわる伝承がここでも混同されて伝わっていることに注意したい．
　中国では《本草綱目》に，カブトムシがカミキリムシの1種として出ている．しかし，さほどの記述はなされていない．同書によれば，この虫は難産の薬にされたという．焼いて粉末にしたものを水で少量服せばよい．また産婦が握って難産よけ

のお守りにも用いたらしい。

　外国と同じく，日本でもカブトムシは雄だけが人気の的であった。しかも雌は雄より小さく，角もほとんどない。昆虫界では珍しく雄が巨大という存在である。そのためか，子どもたちは雌のほうを〈ブタ〉などとよんで，ほとんど興味を示さない。《千蟲譜》によると，江戸時代の子どもたちは雄のカブトムシに小さな車を引かせて楽しんだ。かつての縁日にも，カブトムシに紙の大八車を引かせる大道芸があった（W.E.グリフィス《明治日本体験記》）。

　江戸末期から明治にかけては，カブトムシやクワガタムシが賽銭泥棒に利用された。松村松年《昆蟲物語》によると，突起部に糸をつないだカブトムシを賽銭箱に忍びこませると，銅貨くらいは平気で持ち上げてくるらしい。また賽銭箱の穴が小さい場合は，カナブンを用いたともいう。

　ところで，カブトムシは食えるか。この難問に挑戦したものもいる。江崎悌三博士はかつて，カブトムシの幼虫を天ぷらにして，大学の研究室のなかまと一緒に食べてみた。ところがまず白くて薄い外皮がゴムのようにかたくてなかなか嚙み切れない。そのうえあらかじめ腸管をとり除いておいたのに，天ぷらにしてみるとこの虫の餌である堆肥のにおいがぷんぷんしてきて，とても食えたものではなかったそうだ（《江崎悌三随筆集》）。

　いっぽう太平洋からインド洋にかけて点在する島々には，カブトムシを食べる人びとがいる。ニューギニア地方のある部族は，カブトムシの成虫や幼虫を食料とし，ソロモン諸島の人びとも，カブトムシの幼虫を好物とする。またハノイの薬局では，カブトムシの乾燥体が便秘薬として売られている。タイ北東部でもカブトムシを食べる。ちなみに人気があるのは角のない雌のほうである。

　カブトムシが商品としてブームをよびおこすのは，1960年代後半のこと。1967年（昭和42），新宿の某デパートが〈こん虫公園〉という催しを開いてカブトムシの即売に手をつけ，以後毎年あちこちのデパートで似たような催しが行なわれた。ブームの最盛期には1日2万～3万匹，売上高は100万円にもたっしたという。また虫の繁殖工場や問屋，仲買人も出現，まさに〈カブトムシ産業〉の観を呈した。

　ちなみに，カブトムシはもともと北海道には生息していなかった。ところが，1980年代後半にはいり，旭川や名寄などで，幼虫が何十匹も採集されるという珍事がおきている。どうやらデパートや夜店の商品として本州から運びこまれたものが，土着してしまったらしい（《札幌昆虫記》）。

コガネムシ

節足動物門昆虫綱鞘翅目コガネムシ科 Scarabaeidae に属する昆虫の総称，またはその1種。
[和]コガネムシ〈黄金虫，金亀子〉　[中]金亀子，金亀蚰
[ラ]*Mimela* 属（コガネムシ），*Melolontha* 属，*Popillia* 属（マメコガネ），その他　[英]scarab(beetle)　[仏]scarabée
[独]Laubkäfer，Mistkäfer　[蘭]bladsprietkever
[露]хрущ（コフキコガネ）　　　　　　➡ p.404-416

【名の由来】　スカラバエイダエはギリシア語の〈スカラベ，神聖甲虫 skarabaios〉から。ミメラは〈小さな真似をするもの〉の意か。メロロンタは〈探す meloō〉と〈牛糞 onthos〉の合成語。ポピリアは〈乳頭〉の意味。

　独名は〈木の葉の甲虫〉〈堆肥の甲虫〉の意。蘭名は〈草の葉の甲虫〉，露名は〈ばりばり食べるもの〉の意味である。英名は[スカラベ]の項を参照のこと。

　和名コガネムシは〈黄金色に光る虫〉の意。金属光沢を放つ鞘翅に由来する。ハナムグリは，〈花の中にもぐる虫〉の意。カナブンは，〈金色をしたアブ〉の意。アブのようにはね音をぶんぶん響かせて飛ぶ習性にちなむ。ブドウムシは，ブドウの葉を食害する種が多いことによる。

【博物誌】　世界に2万種以上もいる甲虫の大グループ。動物の糞に集まる〈食糞〉グループと，葉や花や樹液を食べる〈食葉〉グループとに分かれる。そのため，糞虫でありながら花虫，益虫であっても害虫といったように，総合的には矛盾したイメージを与える虫たちといえよう。ただしこの項目ではおもに食葉グループだけをあつかい，食糞類は次の[スカラベ]で詳述する。

　プリニウス《博物誌》によると，古く西洋では緑色をしたコガネムシの1種（カナブン類か）を見つめると，目がさえるといわれ，宝石職人のあいだでは，この虫を眺めながら目を休める習慣もあったという。そういえば，今でも植物の緑を見れば目が休まるといわれるが，この伝統の古さに驚かされる。

　中世は一般的に昆虫学が民間信仰医学と関わった時代といえる。その影響がイギリスではヴィクトリア朝にまで尾をひいており，不思議な風習がひろまった。昆虫学者L.M.ブジェンによると，狂犬病の患者に乾燥したコフキコガネを投与すると，水をいやがる症状がおさまるといわれた（C.I.リッチ《虫たちの歩んだ歴史》）。またシレジア地方では，その年初めて見つけたコフキコガネを小さな布袋の中に縫いこめ，マラリアよけのお守りとし

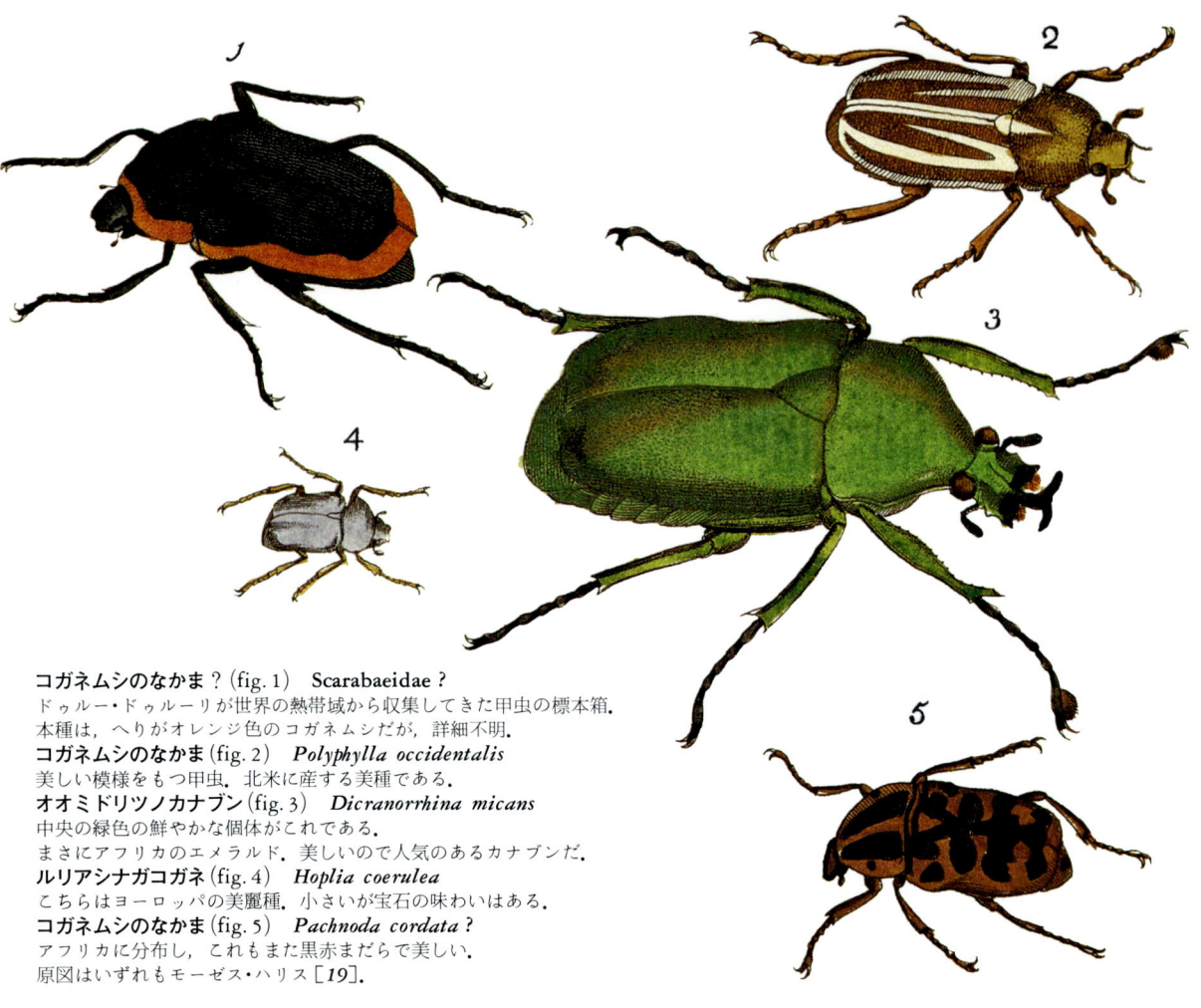

コガネムシのなかま？(fig. 1)　Scarabaeidae ?
ドゥルー・ドゥルーリが世界の熱帯域から収集してきた甲虫の標本箱.
本種は、へりがオレンジ色のコガネムシだが、詳細不明.

コガネムシのなかま(fig. 2)　*Polyphylla occidentalis*
美しい模様をもつ甲虫. 北米に産する美種である.

オオミドリツノカナブン(fig. 3)　*Dicranorrhina micans*
中央の緑色の鮮やかな個体がこれである.
まさにアフリカのエメラルド. 美しいので人気のあるカナブンだ.

ルリアシナガコガネ(fig. 4)　*Hoplia coerulea*
こちらはヨーロッパの美麗種. 小さいが宝石の味わいはある.

コガネムシのなかま(fig. 5)　*Pachnoda cordata* ?
アフリカに分布し、これもまた黒赤まだらで美しい.
原図はいずれもモーゼス・ハリス[19].

コガネムシのなかま
Onthophagus spinifex(fig. 1),
Gymnopleurus sp.?(fig. 2, 3)
E. ドノヴァンの《インド昆虫史要説》より. 小さいながら、
いずれも夢のようにつややかで、美しい斑紋をもっている.
各種の詳細はよくわからない[20].

センチコガネ
Geotrupes laevistriatus
日本のセンチコガネ. 糞虫の1種であるが、タマオシコガネのように糞玉をころがすようなことはない[5].

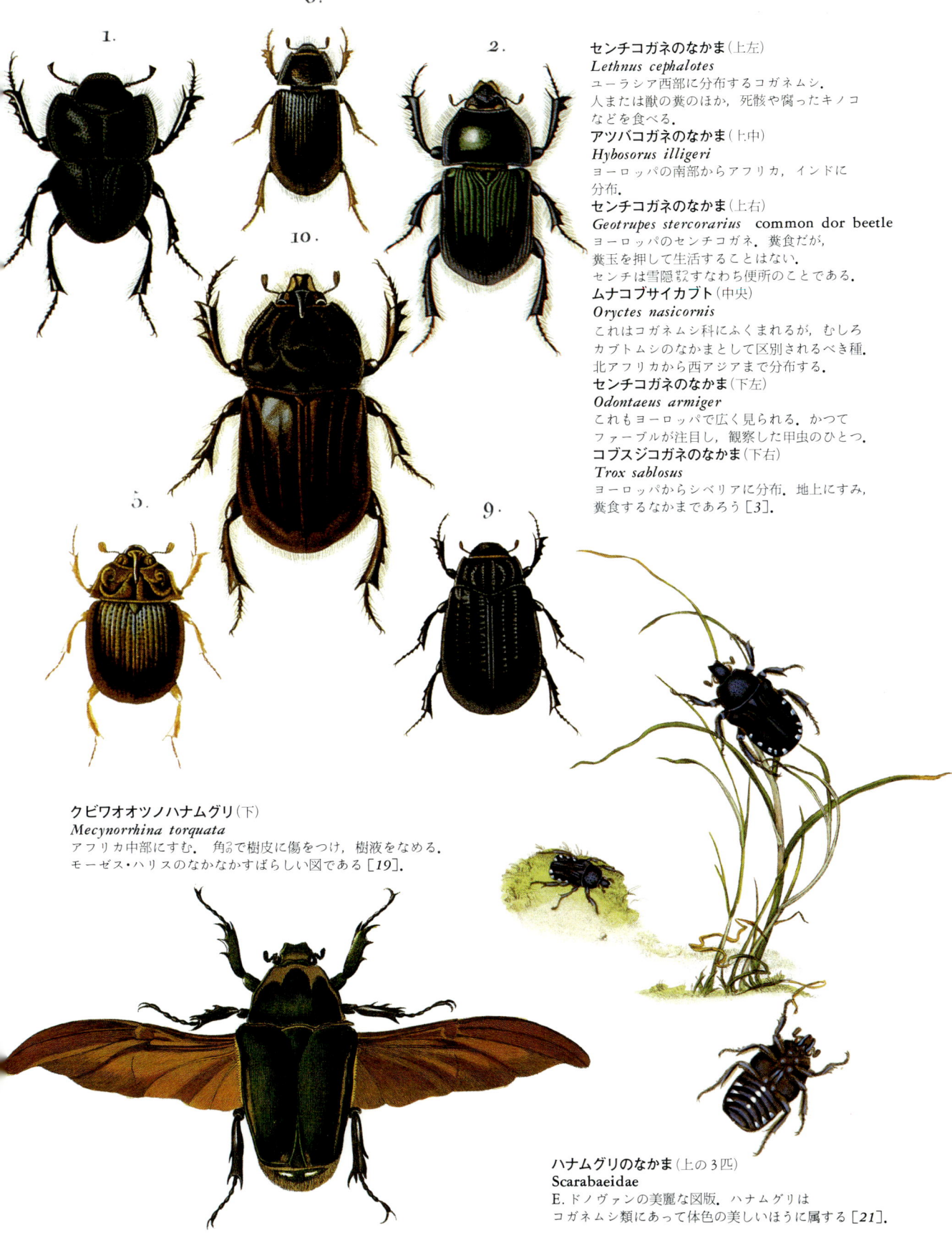

センチコガネのなかま（上左）
Lethnus cephalotes
ユーラシア西部に分布するコガネムシ．
人または獣の糞のほか，死骸や腐ったキノコ
などを食べる．

アツバコガネのなかま（上中）
Hybosorus illigeri
ヨーロッパの南部からアフリカ，インドに
分布．

センチコガネのなかま（上右）
Geotrupes stercorarius　common dor beetle
ヨーロッパのセンチコガネ．糞食だが，
糞玉を押して生活することはない．
センチは雪隠ちんすなわち便所のことである．

ムナコブサイカブト（中央）
Oryctes nasicornis
これはコガネムシ科にふくまれるが，むしろ
カブトムシのなかまとして区別されるべき種．
北アフリカから西アジアまで分布する．

センチコガネのなかま（下左）
Odontaeus armiger
これもヨーロッパで広く見られる．かつて
ファーブルが注目し，観察した甲虫のひとつ．

コブスジコガネのなかま（下右）
Trox sablosus
ヨーロッパからシベリアに分布．地上にすみ，
糞食するなかまであろう [3]．

クビワオオツノハナムグリ（下）
Mecynorrhina torquata
アフリカ中部にすむ．角るで樹皮に傷をつけ，樹液をなめる．
モーゼス・ハリスのなかなかすばらしい図である [19]．

ハナムグリのなかま（上の3匹）
Scarabaeidae
E. ドノヴァンの美麗な図版．ハナムグリは
コガネムシ類にあって体色の美しいほうに属する [21]．

●鞘翅目——コガネムシ

破門宣告されたコフキコガネ。15世紀の古画に描かれたのは、農作物を食い荒らすコフキコガネに、破門宣告を発する法王である。宗教界では害虫に対し、このような破門状を連発し、また俗界では動物裁判を繰り返して害虫に有罪を宣告しつづけた。しかしドイツのF.レッサーが1738年《昆虫の神学》を出し、このような方法が害虫駆除に何の役にもたたぬことを指摘した。

たという。

ムーフェット《昆虫の劇場》によると、フランスのノルマンディー地方では、ヨーロッパコフキコガネ Melolontha melolontha が3年ごとに大発生するといわれていた。そこで大発生の年はあらかじめ〈コフキコガネの年 L'année des hannetons〉とよばれていたという。

コガネムシはほかにも思いがけぬ災いをもたらしている。1574年2月24日、イギリス最長のセヴァーン川でコフキコガネが大量に溺れ死に、その死体のせいで川のあちこちにある水車が動かなくなった、とムーフェットは《昆虫の劇場》で報告している。

ドイツの子どもたちは、飛びたとうとしているコガネムシに向かい、唄をうたってはやしたてるという(矢澤米三郎《鳥獣蟲魚》)。ちなみにイギリスの子どもはテントウムシを使って同じようなことをする。

ところで、松村松年《昆蟲物語》によると、パリやベルリンではコガネムシのネクタイピンが売られていた。

アフリカには大型の見事なコガネムシが多い。この地方の子どもたちは、糸の一方の端を棒に、もう一方の端をゴライアスオオツノコガネ Goliathus goliathus にくくりつけ、虫が弧を描いて飛ぶのをみて楽しむ(クラウセン《昆虫と人間》)。このゴライアスオオツノコガネはひじょうな貴重種で、その標本は1970年ころでも1匹250ドルもの高値で取り引きされた。

中央アメリカに分布するウグイスコガネ Plusiotis 属は、鮮やかな金色の光沢を放ち、一見宝石細工と見まごうほどの美しさである。そのため現地には、この虫はほんとうに金でできていて、溶かしてしまえば金が手にはいると考える者もいた(《西洋俗信大成》)。

メキシコには、金の鉱脈を発見するには金色をした甲虫を、銀の鉱脈を見つけるには銀色の甲虫を追っていけばよいという俗信がある。これはコガネムシやカブトムシが貨幣を持ち上げるだけの力をもつことに由来する伝承だろう。現に、日本ではカブトムシを使って賽銭箱から小銭を盗む試みが行なわれた。もしかすると、コガネムシは金持ちであるという日本の伝承は、16世紀ごろスペイン経由で日本にはいった外来伝承だったかもしれない。

ロシアの中央地帯では、ウグイの類を釣るさいに、コガネムシを餌に用いた。ただし鞘翅を上に少し持ちあげて、下翅が見えるようにすることが必要である。鞘翅をもぎ取って使う釣り人もいたという(S.T.アクサーコフ《釣魚雑筆》)。なお岡山県の下津井地方でも冬場、延縄(はえなわ)でメバルを釣るさい、コガネムシを餌に使った(湯浅照弘《児島湾の漁民文化》)。

中国ではコガネムシを媚薬の材料に用い、金色のはねはかんざしや指輪の装飾に使われた(《本草綱目》)。

《重修本草綱目啓蒙》によると、クソムシとはコガネムシの1種を指し、〈全身黒色ニシテ、漆ノ如ク光アリ〉と記されている。とすると、クロカナブン Rhomborrhina polita (英名 waterhouse)が正体かもしれない。ちなみにこの虫は夜行性で、よく行灯(あんどん)の中に誤って飛びこんで死んでしまう。

奈良県には、人魂の落ちるところにはコガネムシがたくさんいる、という俗信がある(《日本俗信辞典》)。

【マメコガネ】 マメコガネ Popillia japonica (英名 Japanese beetle)は、学名・英名にあるように、本来は日本特産の虫である。松村松年《日本昆虫学》(1898)をみると、〈葡萄其他豆科植物ニ大害アリ〉と記されているが、日本ではさして目立った害虫ではない。ところがこれがいったんアメリカに侵入するや、大害虫になってしまった。まず1916年(大正5)8月、ニュージャージー州リヴァートンの畑で昆虫学者ハリー・ウエイスが見慣れぬこの虫を数匹発見、翌17年(大正6)8月には同じ畑で大量に発生した。農務省の調査の結果、1911年(明治44)ころ、日本から輸入したハナショウブの土の中に幼虫がいて侵入したものと判明、1918年(大正7)には農務省にマメコガネ対策本部が置

かれたが，時すでに遅かった．1918年当時には2000haの被害だったのが，翌1919年には6000ha，さらに1925年には360万haの被害へと，有効な対策が見つからないまま，被害ばかりがものすごい勢いで増えていったのである．しかもマメコガネの猛威の拡張となぜか歩調を合わせるように日米関係もしだいに悪化，太平洋戦争が始まるころにはこの虫は《ジャップ》とよばれ，反日キャンペーンの格好の材料として利用されたのだった．一例として《ブルックリン・デイリー・イーグル》誌1937年8月9日号を見ると，〈支那を蝕む日本〉なるタイトルのもと，葉を食い荒らすマメコガネの姿が日本の象徴として描かれている．

なお野村健一《文化と昆虫》には，マメコガネは日本から輸出されたユリの根についてアメリカに侵入した，とある．

【蠐螬】 中国ではコガネムシの幼虫を蠐螬とよぶ．《本草綱目》によると，斉（山東省）の曹氏の子が化したことに由来する名称とする俗説もあったらしい．また一説にはこの虫が物をかじるときの音にちなむという．

中国では蠐螬の汁をとって，目薬とした．またトラにかまれたとき，この虫を搗いたものを毎日患部に塗ると癒えるという．さらにつぶしたものを酒と一緒に飲むと，以後禁酒を実行できるともされた（《本草綱目》）．

中国では古く，蠐螬は眼病の薬になると信じられた．干宝《捜神記》にも，召使たちの恨みを買った女性が，復讐にあって蠐螬の丸焼きを食べさせられるが，逆にそのおかげで長年の失明状態が治ったという話がみえる．

現在の中国では〈蠐螬〉をおもに破傷風の薬として使う．この虫には逆さまにすると黄色の体液を吐く習性があり，ふつうはこの液を用いるのだが，急場のときは尾を切って黄色い汁をつくるという．これを塗ったり酒と一緒に服すると，傷口が麻痺して発汗が促進されるとか．また泥状に搗いた虫を患部に塗る方法もある．ただしこれはあくまでもひきつけを軽くするためのもので，完治させるにはほかの方法も併用するらしい（渡辺武雄《薬用昆虫の文化誌》）．

日本では蠐螬のことをスクモムシとよぶ．《東雅》によれば，俗に糞土をスクモといい，その中にすむことからスクモムシの名がついたのだろうとしている．ひょっとすると糞虫のことかもしれない．また新井白石は《東雅》のなかで〈此物夏秋の交，蛻して蟬となるなり〉として，スクモムシ＝セミの幼虫説を唱えている．

《重修本草綱目啓蒙》によると，スクモムシの形はイモムシに似て色は白，首は赤く尾は黒で，田んぼの土中にすむ害虫だという．その正体はセミの幼虫とされ，同時に〈桃栗等の実内に生ずる色白き長虫をも蠐螬という，同名にして混じやすし〉という但し書きがついている．

【ことわざ・成句】〈蓼食う虫も好き好き〉人の好みもいろいろある，ということのたとえ．ヤナギタデ Polygonum hydropiper（英名 water pepper）のような特有の辛味のある葉でも，コガネムシ類などが好んで食べることから．ちなみに小野蘭山《本草綱目啓蒙》をみると，京都産のコガネムシの1種として〈蓼虫〉なる虫が記載されている．

【文学】 野口雨情（1882-1945／明治15-昭和20）作詞の童謡に《黄金虫》というのがある．〈黄金虫は金持だ．金蔵建てた，蔵建てた〉で始まる有名な歌だ．本文でも述べたとおり，西洋にはたしかにコガネムシと金銀を関係づける俗信があった．ところが日本ではこの〈黄金虫〉，昆虫学上のコガネムシではなく，チャバネゴキブリのことらしい．この説の提唱者石原保氏の著書《虫・鳥・花と》によると，雨情の故郷である北関東地方では，古くからチャバネゴキブリをその体色から〈コガネムシ〉とよんでいた．しかもこの虫が家に増えると金持ちになるといういい伝えも同地にはあった．ゴキブリの雌の卵嚢が一見印籠に似ているからだ．もちろん今でも〈黄金虫〉をコガネムシとする説もあって，その姿が小判を思わせるので金持ちという連想が出てきたのだともいわれるが（矢島稔《昆虫ノート》），石原氏のチャバネゴキブリ説が有力になってきたことだけはたしかなようだ．

《蓼食う虫》 文豪谷崎潤一郎（1886-1965）の代表作のひとつ．離婚しようという中年夫婦の要と美佐子．それぞれにもう長年つき合っている別べつの相手がいる．また美佐子の父にも妾がいて，という複雑な男女の世界を谷崎ならではの筆致で描く．

《黄金虫 The Gold Bug》（1843） アメリカの作家エドガー・アラン・ポオ Edgar Allan Poe（1809-49）の傑作中編推理小説．〈きらきら光る金いろで——大きさは胡桃の大きな実ぐらい——背中の一方の端には真黒な点が二つあり，もう一方にはすこし長いのが一つある〉という髑髏そっくりの模様をもつ新種の甲虫を発見したのをきっかけに，ひとりの〈虫屋〉が暗号ゲームに巻きこまれていく．ただし登場する虫の背中にある模様は，甲虫には見あたらない．むしろ，ポオが関心をもったドクロメンガタスズメというガの1種のそれを参考にしたものか．

SCARABAEORUM TERRESTRIUM CLASSIS I.

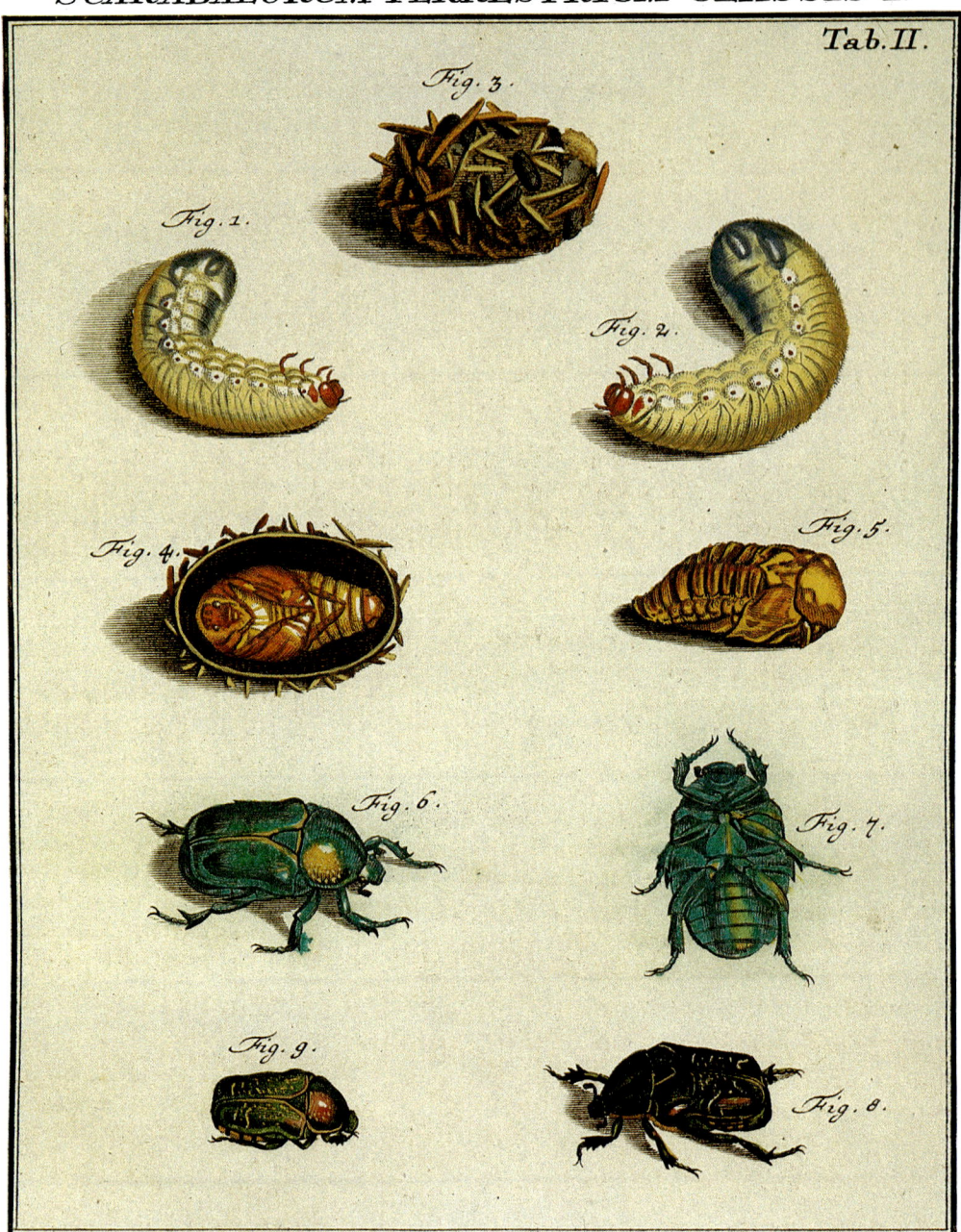

Tab. II.

A.J. Röfel fecit et exc.

ハナムグリのなかま
Scarabaeidae
糞ではなく樹液で
生きるコガネムシの
代表種．ここには
ヨーロッパ産の
ハナムグリと幼虫が
描かれている［43］．

オオテナガカナブン（右の2匹）　*Jumnos ruckeri*
ヒマラヤ，ブータンなどに
分布するオオテナガカナブン．
じつに美しい種類であり，
チベット仏教のマンダラを
見るような体色をしている［2］．

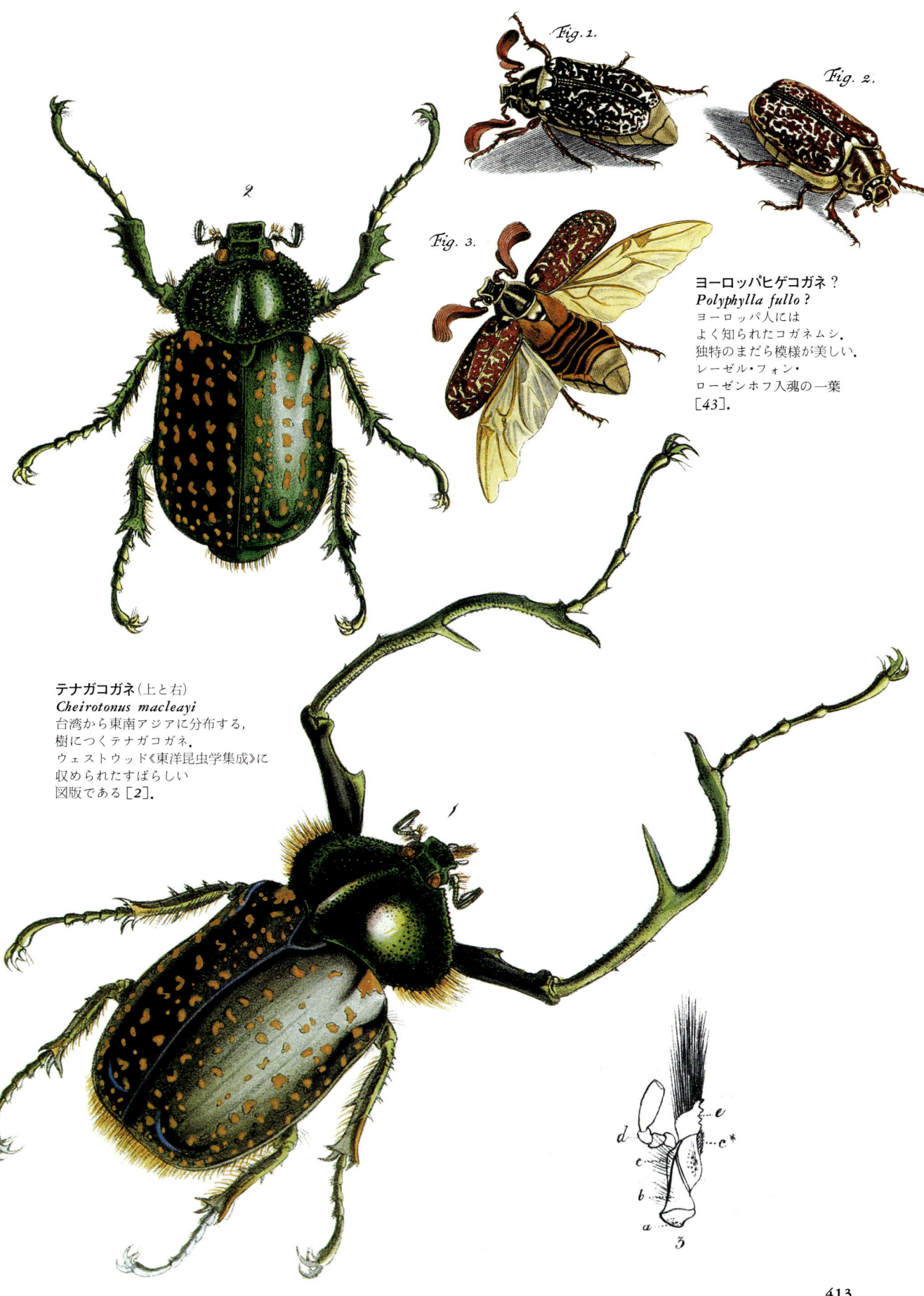

ヨーロッパヒゲコガネ？
Polyphylla fullo？
ヨーロッパ人には
よく知られたコガネムシ．
独特のまだら模様が美しい．
レーゼル・フォン・
ローゼンホフ入魂の一葉
[43]．

テナガコガネ（上と右）
Cheirotonus macleayi
台湾から東南アジアに分布する，
樹につくテナガコガネ．
ウェストウッド《東洋昆虫学集成》に
収められたすばらしい
図版である[2]．

413

● 鞘翅目——スカラベ

スカラベ

節足動物門昆虫綱鞘翅目コガネムシ科のうち，スカラバエウス *Scarabaeus*，ギムネプレウルス *Gymnepleurus* 両属に含まれる昆虫の総称．タマオシコガネ，フンコロガシともいう．

［和］スカラベ，タマオシコガネ〈球押金亀子〉　［中］蜣蜋，推丸，推車客，黒牛児　［ラ］*Scarabaeus* 属，*Gymnepleurus* 属　［英］scarab, ball-roller, pill-maker, dung beetle　［仏］scarabée, pilulaire　［独］Pillendreher, Pillenkäfer　［蘭］pillendraaier　［露］навозник, скарабей

→p.416

【名の由来】　スカラバエウスはギリシア語のくスカラベ，神聖甲虫 skarabaios〉から．語源はクワガタムシやカミキリムシ，またウミザリガニなどを指す karabos に由来．ギムノプレウルスはく裸の gymnos 胸膜 pleura〉から．

英名ボール・ローラー，ピル・メーカーはく球ころがし〉〈丸薬づくり〉の意味．なお英名スカラベは，古くは甲虫類の総称として使われた．他の各国語名もほとんど同様．

中国名の蜣蜋は，タマオシコガネ，カブトムシ，センチコガネなどの総称．ただしその主体はタマオシコガネ類とされる．推丸は，糞を丸めて推却する（押す）習性による．推車客もこれに準ずる．黒牛児はく黒ウシの子ども〉の意．黒色で角があるところから．

タマオシコガネ，クソムシ，フンコロガシといった和名は，動物の糞を丸めて転がす習性から．

【博物誌】　コガネムシ類のうち，糞食する虫たちを指す．とりわけタマオシコガネやダイコクコガネは動物の糞によく群がるため，クソムシの異名がある．これは糞を産卵に利用するためなのだが，タマオシコガネが糞をその場で丸めて産卵する穴まで転がしていくのに対し，ダイコクコガネはいったん糞を穴まで運んでからその中で糞を丸めて卵を産みつけるというちがいがある．

糞を黙々と転がしていくスカラベの姿を見たエジプト人は，これを地球を回転させるオシリス神，さらには天空を運行する太陽そのものにもなぞらえた．また糞の中に幼虫がはいっていて，それが太陽の熱を浴びて甲虫に変化するところから，創造のシンボルともされた．加えて成虫になるまでの日数は28日間で，月の公転に要する期間と同じとされ，月のシンボルにもなった．エジプト人はまた，黄道十二宮の第4宮のシンボルとして，カニではなくスカラベを用いた．一説には夏至の太陽がこの宮に入ると逆行するような動きを見せるのを，スカラベの後ろ歩きにたとえたものといわれる．またこの時期のナイル河の洪水にちなみ，永生の象徴であるこの虫をあてたものともいう．エジプトでは毎年雨季にナイル河が増水，氾濫するが，水が引きはじめると，河のほとりに大量のスカラベがあらわれる．そこでこれを世界の再生の象徴とする信仰が生まれたらしい．またスカラベは多産の象徴ともされた．今でもエジプト女性のあいだには，子どもが授かるようにと，スカラベを食べる風習がある．

またスカラベが糞を土穴に埋める動作も，じつは日没に関係づけられたのである．スカラベも太陽も，日没には土中に隠れ，ふたたび夜明けが来ると新しい生命としてあらわれでるというのだ．

また鞘翅が太陽のような金褐色に輝くスカラベは，太陽神ケペリ Kheperi のシンボルでもあった．

したがってエジプト人は，金で縁どられたスカラベ型の印章を死者の心臓に埋めこんだり，胸の上に置いたりする風習をかたちづくった．また死者が冥途で悪神の妨げを受けないようにと，スカラベをかたどった石を棺の下に置くことも行なわれた．さらに，スカラベを模した石の裏側に願いやモットーを彫りつけて，友だちどうし贈り合う風習もさかんだったらしい．王族のなかにはこれを自分の手柄を後世に伝えるために利用した者もいる．一例として大英博物館に残されたある石製のスカラベには，アメンヘテプ3世（前1411-前1375）が自分の手で102頭ものライオンを殺したと記されている．

古代エジプトでは，スカラベには雄しかいないといいならわされ，そこよりこの虫は身心両面を通じての男らしさの象徴ともされた．兵士たちはスカラベをかたどった指輪をつけて，勇壮豪健を祈ったという．

ともあれ，こうして地中海沿岸地方では，宝石をスカラベの形に似せて彫り，護符とする風習がひろまった．

いっぽう古代ギリシアでは，赤い袋に入れたスカラベを首からさげ，マラリアよけのまじないとした．

アリストファネスの喜劇《平和》をみると，主人公トリュガイオスが巨大なスカラベの形をした宙乗り仕掛けに乗って登場する．高津春繁氏の注によれば，これはエウリピデスの失われた悲劇《ベレロポンテス》のパロディであって，英雄ベレロポンテスが乗っていたペガソスにスカラベをなぞらえたものだという．

古代ローマでも，スカラベはマラリアの四日熱よけのお守りに用いられた．なおプリニウスは

《博物誌》のなかで，スカラベの死骸にロバの死体をかぶせておくと，虫がそこから生き返る，とも述べている．

日本でスカラベが有名になったのはファーブル《昆虫記》の記述によってであろう．彼はアヴィニョンの近くのレザングル高原で，スカラベの観察を約40年間続けた．ファーブルはたとえばこのように記している．スカラベは餌をとりながら，細くて長い糞を休みなく出しつづける．その長さを測ってみると，12時間で2m80cmに達した．また容積は，虫体の容積と等しかった，と．これが真の博物学精神なのである．

ファーブルはまた，スカラベが険しい坂道に行きあたると，何回転がり落ちてもなぜかその坂を頑固に登ろうとする習性に着目した．そして，スカラベは高い場所を好むのだろうと述べ，坂道を登るようすを〈シーシュポスの苦役〉にたとえている．ところがこれについて，フランスの博物学者エミール・ブランシャールは，著書《昆虫の変態，習性，本能》(1845)で，スカラベは糞玉を転がしているときに障害に出合うと，援軍を何匹も連れてきて，みんなで玉を運ぶ，と述べた．これではシーシュポスの神話にならない．またドイツの昆虫学者イリーガーも，同じような習性を，タマオシコガネ類の1種について記録している．これに対しファーブルは，長年の観察から，そんな共同作業をスカラベがするのを見たことなど断じてないと反論．〈掠奪目当てで同じ団子の周りにうろついている何匹かのたまごがねが，手伝いに呼ばれた仲間という話を生んだのだ．不完全な観察から図々しい追いはぎは，自分の仕事を捨てて肩を貸してやる義侠的な仲間とされたのだ〉というのが，ファーブルの主張だった．ファーブルはまた，スカラベのつくる糞玉は，単なる球形ではなく，西洋ナシ形である事実をつきとめた人でもある．

もっともファーブルがすべて完璧だったとはけっして言えない．彼が報告したヒジリタマオシコガネ *Scarabaeus sacree* は，形のそっくりな近似種のナカボシタマオシコガネ *S.typhon* を見誤ったものと今では考えられているからだ．皮肉なことではある．

アメリカでは，タマオシコガネ類の1属 *Canthon* (英名daddy-long-legs, straddle bug)は，いなくなったウシの群れを探すときに協力してくれる，とひろく信じられた．この虫に，〈おじいちゃん，おじいちゃん，うちのウシたちどこ行った？〉と尋ねると，長いあしをウシのいる方角に向けるというのだ．

ジプシーはタマオシコガネ類を乾かして粉末に

スカラベの宝石．古代にあって呪力を信じられていたこの装飾宝石には，翼をもつスカラベが浮き彫りにされている．これらは印章として，また護符として使われた．この翼は太陽の光をあらわし，同時にスカラベを太陽に比しているのであろう．

したものをブランデーに入れ，解熱剤として病人に飲ませるという．またさまざまな婦人病の薬としてもこの虫は有効だそうだ(相沢久《ジプシー》)．そのジプシーを生んだと思われる南インドを含めた古代アジアでも，スカラベは利尿，月経不順，難産などの薬に用いられた．

中国では，李時珍が多くを語っている．蜣蜋(きょうろう)は丸めた糞を雄が引いて雌が押し，穴に入れて隠しておく．すると糞の中で卵が孵化し，数日後には小さい蜣蜋が出てくるという．これはあきらかにタマオシコガネ類の記述にちがいない．

なお生薬としての〈蜣蜋(きょうろう)〉は，大きさによってふたつに大別される．まず大きいほうはタイワンダイコクコガネ *Catharsius molossus* が主体である．ただしカブトムシ *Allomyrina dichotomus* も混入しているらしい．むろんカブトムシには糞を転がす習性はないが，タイワンダイコクコガネの雄には立派な角があるため，カブトムシともしばしば混同されるようだ．また小さいほうはおもにクロヒラタコガネやセンチコガネ *Geotrupes laevistriatus* の乾燥虫体だという．

スカラベは日本では見られない．ただし台湾や朝鮮，中国東北部(旧満州)にはたくさん生息しているので，大陸でこれを見た日本人は多かったようだ．俳優西村晃の父で生物学者でもあった西村真琴は戦前に満州でスカラベを目撃し，日本人開拓者の精進ぶりと重ねあわせて和歌をよんでいる．おもしろいので次に引用する．

〈照りつける夏日の野路の夫婦虫(めおとむし)
　糞ころがしてその日暮しつ

夫婦虫が，こうした共稼ぎを満州でやっているのは開拓の犂(すき)を把(と)る人間に対する有力な暗示でなくて何であろう．

オオタマオシコガネ（上） *Scarabaeus sacer*
いわゆるスカラベのなかまである．糞玉をつくって，これをころがしていく姿に，古代エジプト人は太陽を運ぶ虫のイメージをおいた．ヨーロッパから中央アジアに分布．日本にはいない［3］．

タイワンダイコクコガネ（上図・上）
Catharsius molossus
セアカナンバンダイコクコガネ（同・下）
Heliocopris bucephalus
どちらも糞虫の大型種．東南アジアに分布するが，糞玉をころがすことはない．小さい2匹は不詳［23］．

ミダスダイコクコガネ（上図・上）
Heliocopris midas
中国南部に分布する．ミダスとは，手に触れるものすべてを黄金に変えたという王の名だが……．
オオタマオシコガネ（同・下）
Scarabaeus sacer
すでに述べたように，旧大陸に広く分布するフンコロガシの代表種［23］．

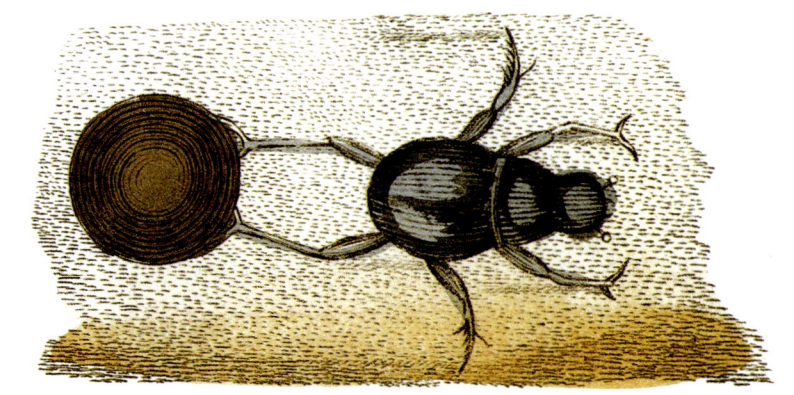

糞玉を作るコガネムシ *Scarabaeoidea*
ベルトゥーフ《少年絵本》に描かれたタマオシコガネ．1820年代にかれらの習性が広く知られていたことの証左だが，図はまずい［32］．

オオルリタマムシ
Megaloxantha bicolor
東南アジアに分布する，
美しいタマムシ．
E.ドノヴァンの筆も
このような美種を相手として，
いやがうえにも盛りあがる．
黄と緑，2色の組合せが絶妙の
コントラストをつくっている
[*24*]．

●鞘翅目──スカラベ／タマムシ／コメツキムシ

　満州は小さきものもゆたに稼ぐ
　　曠野(ひろの)なりけりみょうと虫らゆく

　夏の日は大野の末に沈まんとする，太陽の熱を吸えるだけ吸った轍(わだち)の荒れ路を，なおも玉をころがす精励の夫婦虫である〉(西村真琴《新しく見た満鮮》)

　また第2次世界大戦中，軍務のかたわら満州の生物相を観察記録した昆虫学者常木勝次も，その著書《戦線の博物学者》のなかで，天壇の林で実見したタマオシコガネ類の1種ノコギリヒラタコガネが糞を転がすようすを報告している。虫が糞を転がすスピードは，著者が考えていたよりはるかに速く，あっという間に見えなくなりそうになった，とある。

【ビートルズ】　イギリスの伝説的ロック・グループ，ビートルズThe Beatlesの名は，〈甲虫Beetles〉と〈ビートbeat〉を掛け合わせてできたもの。当初クオリーメンと名のっていたかれらは，あるときバンド名を変更しようと考えた。まず初期のメンバー，スチュアート・サトクリフが，ロック歌手バディ・ホリー(1936-59)の〈クリケッツcrickets(コオロギたちの意)〉にあやかって，beetlesという名を提案。それならもっとビートをきかせてということで，しゃれ好きのジョン・レノンがbeatlesの名を考えついたのだという。また，ジョン・レノンが甲虫の夢をみたから，という説もある。

タマムシ

節足動物門昆虫綱鞘翅目タマムシ科Buprestidaeに属する昆虫の総称，またはその1種．
［和］タマムシ〈玉虫〉　［中］吉丁虫　［ラ］*Chrysochroa*属，*Chalcophora*属，*Buprestis*属，その他　［英］splendour beetle, metallic wood-boring beetle, jewel beetle ［仏］bupreste, richard　［独］Prachtkäfer　［蘭］prachtkever　［露］златка　　　　　　　　　→p.417-425

【名の由来】　ブプレスティダエはギリシア語である種の有毒昆虫を指すbouprestisという言葉で，〈子ウシを焼き殺す虫〉の意。クリソクロアは〈金のchrysoso皮膚色chroos〉の意味。カルコファロは〈銅chalcos〉と〈運ぶphoros〉の合成。

　英名は〈輝きを放つ甲虫〉〈金属光沢の穴を穿つ甲虫〉〈宝石のような甲虫〉の意味。仏名リシャールは〈田舎大尽，成金〉の意味。光沢のある鞘翅から，〈金持ち〉の連想が生まれたのだろう。独・蘭名は〈華麗な甲虫〉，露名も〈金色〉に関係する言葉。

　中国名の吉丁虫は，〈めでたい虫〉の意。古くこの虫を身につけると媚薬と同じ効果があるといわれたためか。

　和名タマムシは，〈玉のような光沢をもった虫〉の意。その名の由来について，《昆蟲世界》昭和13年2月号をみると，竹中真一という人が，〈たまむしの語源〉と題して通説に疑問を投げかけている。いわくタマムシは光沢も形も玉にはかならずしも似ていない。また玉のように美しいという意味だとしても，美しい甲虫はほかにいくらでもいる。ではなぜタマムシの名がついたかというと，古代の人は数珠つなぎにした玉を貨幣がわりに使っていて，これがタマムシの幼虫の姿に酷似していたためだ，というのが竹中氏の意見。つまり幼虫のよび名が成虫に転用された例というわけだ。

【博物誌】　タマムシ類は甲虫のなかでも美しさにおいて群を抜いている。世界に1万5000種ほど知られ，ジャワには7cmを超える大型種オオルリタマムシなどがいる。タマムシは，西洋ではハンミョウのなかまとされ，あまり区別されることがない。日本で本来のツチハンミョウ類とハンミョウ類が混同されてしまった事情は先に述べたが，西洋でもタマムシ類やキンイロオサムシがツチハンミョウ類と間違われることが多かったのだ。この点について詳しくは［オサムシ］の項を参照してほしい。

　タイ北東部では雨季の終わった9月の短い期間，美しいフトタマムシが食用に市場に出る。洗面器に100匹以上が放りこまれ，露店で売られる。値段は2匹1バーツ(10円)という(渡辺弘之《南の動物誌》)。

　中国もまた，タマムシについてはきわだった記述をもたない。玉虫厨子の原形と考えられる遺物も出てこず，この虫への関心はむしろ朝鮮と日本とがもっとも強いとみなすことができる。しかしわずかに《本草綱目》は，タマムシを身につけると，恋がかなう，とある。

　日本人はタマムシに古くから注目してきた。タマムシは吉祥の虫とされ，飼養ののち死んでからも，これを白粉の中に入れて取っておくならわしがあった。《四季物語》虫撰みの条には〈美うして玉虫などいひていみじけれど，きりぎりすはたおりかうろぎにさへおとり声たてぬもあれど，此虫はやむごとなきさちあるものにて，宮のさうにて何くれの御房にも，御くしげの中なる白ふんの中にまろびて，骸は人をさへ野べにすてためるならひなるに，十とせはたとせの後までも御ものの中に包ませおかせ給ふことよ〉とある。〈やむごとなき虫〉という表現に，日本人のタマムシ観がよくあらわれていよう。

　この虫はとりわけ女性に崇拝された。寺島良安は《和漢三才図会》のなかで，タマムシについて，

418

婦女は鏡の箱に入れて媚薬とする，と述べている．白粉（おしろい）や汞粉（はらや）と一緒にしまっておけば年がたっても腐らない，という．

日本にはウバタマムシ Chalcophora japonica をタマムシ Chrysochroa fulgidissima の雌とする俗信があった．《和漢三才図会》でも正緑色で光り，縦に二つの紅線があるのが雄，いっぽう黒くて光沢があり，金色を帯び，縦に同色の筋脈（すじ）が数行あるのが雌だとされ，〈雄は多く，雌はあまりいない〉という但し書きがついている．もちろん両者はまったくの別種である．これについて，小野蘭山は《重訂本草綱目啓蒙》のなかで，〈世人或ハ誤リテタマムシノ雌トス〉とはっきりと述べている．

尾張犬山の城主，中川勘右衛門の叔父で清蔵という武士の墓の上には，エノキの大木が立っている．この木には不思議とタマムシがたくさんいる．そこで当地の人びとは，天正12年(1584)3月に戦死した清蔵の亡魂がタマムシに化したといい伝える(中山太郎《日本民俗学》随筆篇)．

天保3年(1832)に開催された薬品会には山城国産の甲虫が〈金亀〉の名で出品された．一説にこれはタマムシ類だったといわれる(寺門静軒《江戸繁昌記》)．

なおタマムシでこしらえたお守りは，何か凶事があると変色して黒くなるともいわれた．

台湾の高山族のあいだには，タマムシやコメツキムシを苧（からむし）や麻の細紐でくくり，首の後ろにつけて飾りとする風習があった(〈台湾人の昆虫に関する習慣の一〉《博物之友》第49号)．

なお，小笠原諸島ではタマムシの1種，オガサワラタマムシが，媚薬として用いられた．この虫の鞘翅の色彩からゲンセイの1種と誤解されていたからである．とくに同地を訪れる西洋人にこの傾向が強く，米軍統治下の時代は惚れ薬として黒焼きにしたタマムシを米兵らが欲しがり，多量に乱獲されていたという．

【玉虫厨子（たまむしのずし）】 法隆寺に残る有名な仏教遺物．名称は透し金具の下にタマムシの鞘翅を敷いていたことに由来．7世紀半ばの飛鳥時代，朝鮮から渡来した職工たちが製作したものといわれる．昆虫学者の山田保治によると，玉虫厨子をつくるのに要したタマムシの鞘翅の総数は9083枚，鞘翅は1匹につき2枚とれるから，4542匹のタマムシが使われたことになる．

かつて新羅の旧都があった慶州で1921年(大正10)に発見された金冠塚古墳からも，タマムシを装飾に使った馬具や衣服が見つかっている．古墳は6世紀前半のものと推定されるほか，使われた種は玉虫厨子と同じヤマトタマムシである．一説には当時対馬から朝鮮にタマムシを輸出していたともいわれるが，詳しいことはよくわからない(山田保治《古代美術工芸品に応用せられしくタマムシ〉に関する研究》)．その後さらに朝鮮からもう1か所，また玄界灘の沖ノ島からもタマムシの遺物が出土している(朝日新聞社編《新動物誌》)．

玉虫厨子は昭和にはいり，はねが虫に食われたりしてだいぶ傷みが目立ってきた．そこで日本鱗翅学会は創立15周年の記念事業として厨子の複製建造を企画，1960年(昭和35)10月には完成し，大阪なんば高島屋で催された〈昆虫科学展覧会〉で公開された．同年10月4日付の《朝日新聞》によると，タマムシのはねを各地の小・中学生に頼んで1匹，2匹と収集していき，最終的に1万5595匹もの個体が集まったという．うち5348匹のはねが使われた由．

日本国内の美術品で，タマムシのはねを装飾に用いているのは，これまで玉虫厨子のみとされていた．しかし最近，同じ法隆寺の金堂にある木造四天王立像のひとつ多聞天の左手にある戟（げき）の飾りにタマムシのはねが使われているのが発見され，国内ふたつめの例となった．1990年(平成2)12月11日付の《朝日新聞》によると，〈戟(やりの一種，全長203cm)の上端から66cmのところにある透かし彫りの金銅製飾り金具の裏側部分下に，小指のつめほどの大きさの玉虫のはねが一片残っていた〉とのことである．

【ことわざ・成句】 〈玉虫色（たまむしいろ）〉見かたしだいでどうとでもとれることのたとえ．タマムシのはねの色が光線のぐあいで緑色に見えたり紫色に見えたりすることに由来．もともとは染料や織物の色の形容として使われていた言葉だが，今はむしろ〈玉虫色の決着〉，〈玉虫色の解決〉などと悪い意味で用いられる場合が多い．

コメツキムシ

節足動物門昆虫綱鞘翅目コメツキムシ科 Elateridae に属する昆虫の総称．

[和]コメツキムシ〈米搗虫，叩頭虫〉 [中]叩頭虫，木跳米虫 [ラ]*Elater* 属，*Pyrophorus* 属，*Alaus* 属，その他 [英]clickbeetle, snapping beetle [仏]taupin, forgeron [独]Schnellkäfer, Springkäfer [蘭]kniptor [露]щелкун
→ p.428

【名の由来】 エラテルはギリシア語で〈御者 elater〉のこと．ピロフォルスは〈火 pyr〉を〈運ぶ phoros〉の意．アラウスは〈さすらう alaomai〉の意味．

英名クリック・ビートルは，〈カチッと音をたてる甲虫〉の意．仰向けに寝かせると，コツンと音

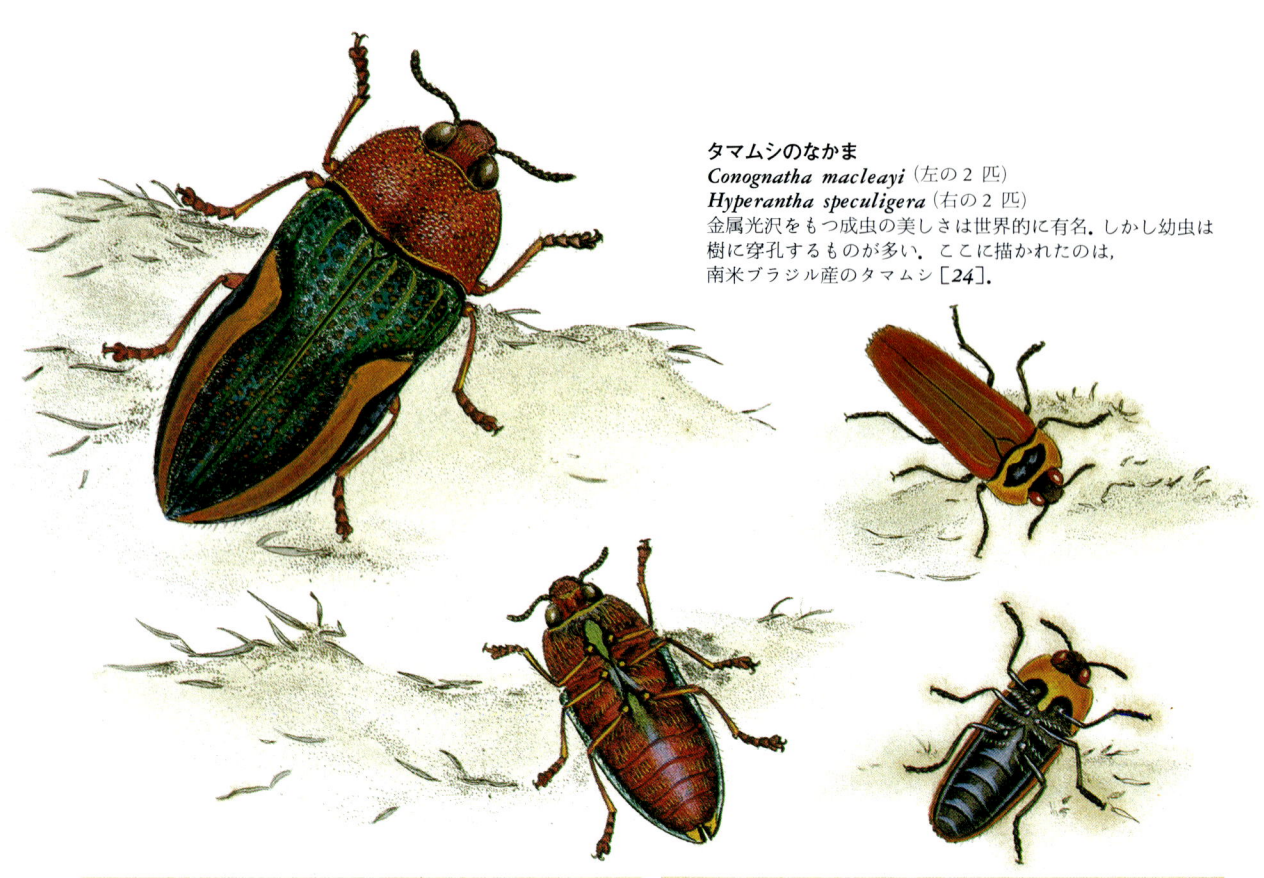

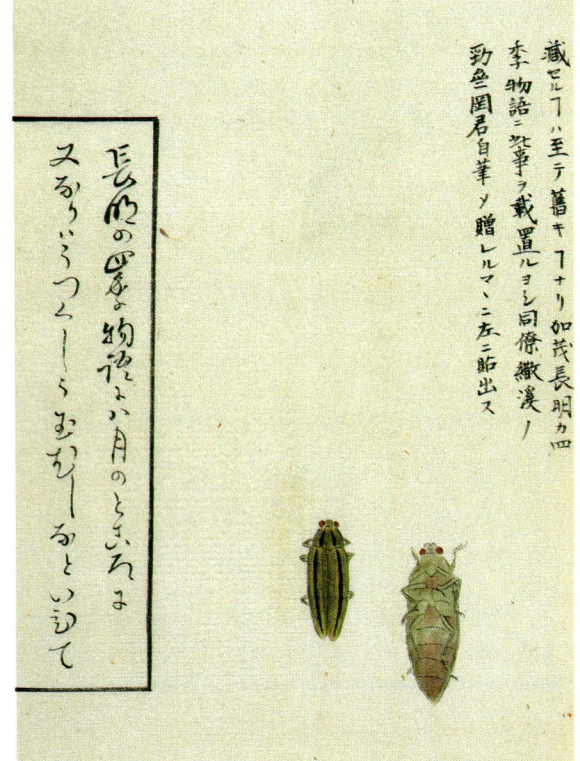

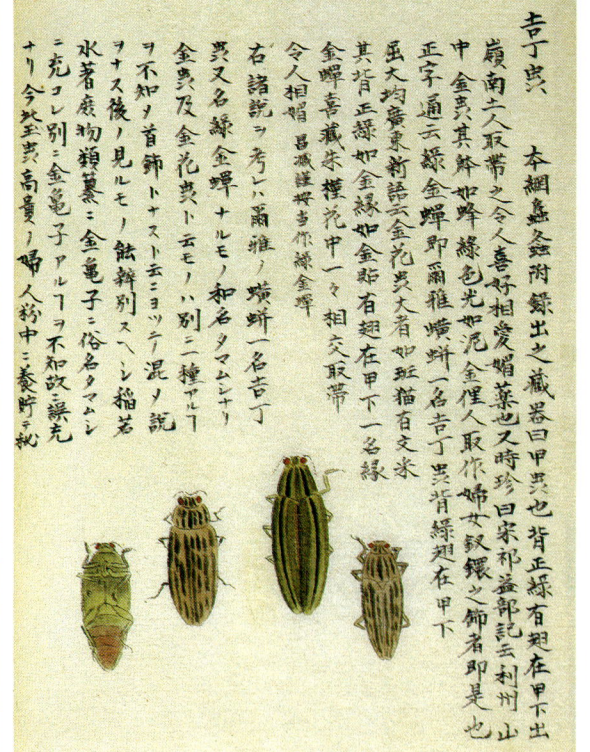

タマムシのなかま
Conognatha macleayi（左の 2 匹）
Hyperantha speculigera（右の 2 匹）
金属光沢をもつ成虫の美しさは世界的に有名。しかし幼虫は
樹に穿孔するものが多い。ここに描かれたのは，
南米ブラジル産のタマムシ［24］.

ウバタマムシ（右から 1, 3, 4 番目）　*Chalcophora japonica*
タマムシ（ヤマトタマムシ）（右から 2, 5, 6 番目）
Chrysochroa fulgidissima
どちらも日本を代表するタマムシ．不思議なことに，
甲虫を描ききれない日本人も，このなかまだけはそつなく
描ききっている［5］.

タマムシのなかま
Stigmodera jucunda（fig. 1），
Conognatha amoena（fig. 2），
Cisseis leucosticta（fig. 3），
Coraebus pulchellus（fig. 4）
E. ドノヴァンが描くさまざまなタマムシの集合．fig. 1 はオーストラリア産．赤い帯がユニークである．
fig. 2 はオーストラリア産に似るが，さらに明るい美しさをみせている．南米産．
白い斑点が鮮やかな fig. 3 はオーストラリア産で，かなり大型な種であるようだ．
fig. 4 の青いタマムシは中国南部産．こうしてみると，日本のタマムシとはまるで似ない美しい種が，かなり存在することになる［24］．

●鞘翅目──コメツキムシ／ホタル

を発しながら頭を床に叩きつけて跳ね上がる習性による。スナッピング・ビートルもこれを称したもの。なお音は、中胸のくぼみにはまっている前胸の突起が、跳ね上がるさいにはずれるために起きる。アメリカ・インディアンのチェロキー族もコメツキムシの1種（*Alaus oculatus*?）のことを、〈頭で音を鳴らすやつtûlsku'wa〉とよぶ。仏名は〈小さなモグラ〉〈鍛冶屋〉。独名は〈早い甲虫〉〈跳ねる甲虫〉。蘭名は〈かけがね式の甲虫〉。露名は〈クルミ割り〉の意味である。

中国名の叩頭虫は、体の後部を押さえると頭を叩きつけて音を発することによる。

和名コメツキムシは、押さえつけるとコメを搗くように頭をさかんに上下させることにちなむ。またこれを確臼を踏む人のようすにたとえてコメフミムシ（米踏虫）ともいう。またヌカヅキムシは、〈ぬかずく虫〉の意。地面に頭をひれ伏すような格好をよくすることに由来する。《東雅》によると、コメツキムシにはハタオリムシという俗名もあった。頭を叩くようすを機織りにみたてたものか。

【博物誌】逆さに置くと、への字に折れまがって反動で跳びあがる虫。このとき、前胸の腹側にある突起が中胸のくぼんだ個所にはめこまれ、パチンと音がする。この科は世界中に9000種以上もいる。幼虫は土の中や朽木の下にいて、土の中にすむ類はハリガネムシとよばれる。幼虫はおもにほかの虫を捕食して成長する。

コメツキムシは、鳥やトカゲなどの敵につかまると、カチカチ音をたてて相手をおどかす。これに驚いた敵が、とり逃がすことを期待しているのだろう。

西洋ではコメツキムシについての印象がはっきりしていない。たとえばヴィクトル・ユゴーは《海の労働者》で、コメツキムシを〈悪魔の虫〉とよび、〈神の虫〉たるテントウムシに対比させている。しかしこれにしても、かならずしも普遍的な印象というわけではない。

南アメリカに産するホタルコメツキ*Pyrophorus noctilucus*（英名cucujo beetle）は、もっとも有名な珍種のひとつであろう。この虫の前胸背面と体下面に発光器があり、ホタルのように多くの個体がいっせいに光る。トマス・ムーフェットが《昆虫の劇場》のなかで、西インド諸島でcocuioとよばれる発光虫を、大型の甲虫類として紹介しているが、あるいはこれがホタルコメツキにあたるのかもしれない。ちなみにその光は頭部にあるふたつの黄金色の突起から放たれ、とくに飛んではねを開いているときは、目をみはるほどの明るさになる、としている。

西インド諸島に植民したスペイン人たちは、現地に新たに侵入してくる敵にそなえて、このホタルコメツキを両肩に4つずつ付けていたという逸話がある。トマス・キャヴェンディシュThomas Cavendish（1560-92）やロバート・ダドリーRobert Dudley（1574-1649）といったイギリスの周航家たちが初めてこの地を訪れて、いざ上陸しようとしたところ、森の中にはろうそくや松明らしきものが、数え切れないほどうごめいていた。そこで敵の戦力が予想をはるかに超えていると判断したイギリス人は、ほうほうのていで引き返したのだという（トマス・ムーフェット《昆虫の劇場》）。

また西インド諸島に航海したヨーロッパ人の報告によると、現地民は、ホタルコメツキにあやかって体中が輝くようにと、この虫の軟膏をよく顔にこすりつけていたという。

中南米のインディオは今でも、ホタルコメツキを照明具のかわりに利用する。光でおびき寄せた虫をサンダルや足の指にくくりつけ、松明のようにして使うのである。ただ朝になると木の枝に逃がしてやるというから感心だ。いっぽうホタルコメツキには装身具としての価値もある。メキシコの女性は舞踏会などに出向くさい、生きたこの虫を宝石がわりに身につけるという（C.I.リッチ《虫たちの歩んだ歴史》）。ちなみに、現地ではホタルコメツキを家に飼っておく理由として、カを食べてくれて助かるという事実もあげている。

いっぽう中国人はコメツキムシにそれなりの関心を払ってきた。《本草綱目》には、コメツキムシがよく人の耳にはいるけれども胡麻油を注げば出てくる、とある。

また劉敬叔《異苑》によると、コメツキムシは人間が〈頭を叩きつけろ〉と言えばその通りにし、〈血を吐け〉と言えば血を吐くなど、すべて人間の言うがままに動く虫だという。いっぽう身につければ媚薬になるとか、殺せば凶となる、といった俗信もあり、一種霊虫のような存在とみなされていたらしい。

日本では虫好きの清少納言がコメツキムシについて語っている。《枕草子》第50段〈むしは〉の章に、次のように記されている。〈ぬかつきむし、またあはれなり、さる心地に道心をおこして、つきありくらんよ、思ひもかけずくらきところなどに、ほとほととしありきたるこそをかしけれ〉。コメツキムシは道心をおこした聖人のように、ぬかずいている虫であるという。

寺島良安も《和漢三才図会》で、この虫について、仰向けにするとすぐ跳び返ってうつむく虫、と習性をよく観察している。さらに、コメツキムシが

頭を振ってたてる音を鳴き声とみて，保知保知（ほち）と鳴く，とも記している。

いっぽう《大和本草》は，〈俗に木切むしといい木をきる声をなす〉，と述べており，木こりの虫としている点がおもしろい。

なお三重県の子どもたちはコメツキムシをオハツ（お初）とよび，〈お初ハタ織れわし管巻くぞ〉と歌いながら，手にとって遊んだという（向川勇作〈拾芥録〉《昆蟲世界》大正14年4月15日号）。

コメツキムシ類の幼虫のなかには地中で植物の根を食べて生活し，農産物の害虫とされるものもある。また《日本昆虫学》によると，その細長い円柱形の体にちなみ，これを俗にハリガネムシと称するという。ただしカマキリなどの体内で育つ線形虫綱のハリガネムシ（〔カマキリ〕の項を参照）とは完全に別物である。

ホタル

節足動物門昆虫綱鞘翅目ホタル科 Lampyridae に属する昆虫の総称。

［和］ホタル〈螢，蛍〉　［中］螢，熠燿　［ラ］*Luciola* 属，*Lampyris* 属，その他　［英］firefly, firebug, glowworm　［仏］luciole, ver luisant, lampyre　［独］Leuchtkäfer, Leuchtwurm, Glühwurm　［蘭］glimworm　［露］светляк　➡ p.429-432

【名の由来】　ルキオラはラテン語の〈輝く，明るい lūceō〉から。ランピリスはギリシア語の〈光る lampros〉に由来。

英名ファイアフライは，〈火虫〉の意。ホタル類の幼虫およびはねの退化した雌のうち発光するものを示す英名グロウワームは，〈白光を放つ蛆虫〉の意。仏名のヴェール・ルイサンは〈輝く虫〉の意。独名も〈光る甲虫〉〈光る虫〉〈輝く虫〉の意味。蘭・露名も同様。

中国名の螢は，〈小さな火〉を示す熒（けい）という文字によったもの。螢の字にある𢆉は，炏（えん）という字で，松明（たいまつ）の交叉する形をあらわした象形文字。つまり螢（蛍）という字は，松明のように光をめぐらす虫という意味。

また中国名の熠燿（ゆうよう）は，誤用が慣用となった例。《詩経》の〈豳風（ひんぷう）〉に〈熠燿たる（光あざやかな）宵行（しょうこう）（ホタル）〉とあったのを，後世の人間が熠燿のほうをホタルの名称と勘違いしたことによる。

《大和本草》を著した貝原益軒は，ホタルは〈火垂（たる）〉，つまり体から火を垂らす虫の意味ではないか，とした。さらに《本草綱目啓蒙》の著者小野蘭山はこの説をふまえつつ，〈ホ〉は〈星〉の意味にもとれる，と述べた。

和名ツチボタルは，〈土上に生息するホタル〉の意。ホタル類の雌や幼虫を指す名称で，これらがはねを欠いて飛べないことを称したものであろう。

柳田国男は〈蟷螂考〉のなかで，ゲンジボタルという名は山伏を意味する〈験師（げんじ）〉に由来するのではないかという説を唱えている。つまりこの大型のホタルが，山伏のような霊力をもつ存在とみなされたことによる命名だというのである。柳田はその傍証として，各地のホタル捕りの唄に〈ホタル来い，山伏来い〉という文句がうかがわれる点をあげている。

これに関して昭和初期に名著《ホタル》を刊行した生物学者神田左京は，あるいは山伏がホタルを燈火がわりに使っていたために，両者を結びつけて考える習慣が生まれたのかもしれない，としている。

ゲンジボタル，ヘイケボタルというよび名が生まれたのは比較的後代のことらしく，虫の各地の方言を多数集めた小野蘭山《本草綱目啓蒙》にも，このふたつの名はみあたらない。神田左京《ホタル》によると，昔はゲンジボタルはウシボタル，オオボタル，イッスンボタル，宇治ボタルとよばれ，ヘイケボタルはユウレイボタル，ネンネボタルなどとよばれていた。ここより神田は，ゲンジ・ヘイケの名は東京で明治以降に生まれたもので，その後地方に赴任した小学校教員などの影響で徐々にひろまっていったのではないか，としている。

神田左京はまた，《源氏物語》の主人公光源氏が，〈光る源氏〉すなわちゲンジボタルという名の誕生に少なくとも間接的には関わっているはずだ，としている。そしてゲンジボタルの名ができたあと，ヘイケボタルという名は源平合戦の連想から生まれたのだろう，と結論した（〈ゲンジボタル，ヘイケボタルの和名に就いて〉《動物学雑誌》）。

さらにゲンジボタルの名は，《源氏物語》の〈源氏螢の光を借りて玉鬘（たまかずら）の容姿を示す〉という文句に由来するという説もある（大場信義《ゲンジボタル》）。

ゲンジボタルの名の由来について，〈顕示〉ボタルの意味だと解する人もいる。暗闇で光を放ち，みずからの存在を顕示しているからだそうだ（三石暉弥《ゲンジボタル 水辺からのメッセージ》）。

【博物誌】　甲虫のなかまだが，鞘（さや）はそれほどかたくない。世界中に約2000種いる。光る虫として有名だが，昼間活動する種類では螢光は意味がないので，発光機能が退化したり消失したりしている。またその反面，幼虫にも発光能力をもつものがいる。日本には水生の幼虫（ヤゴ）が多いが，

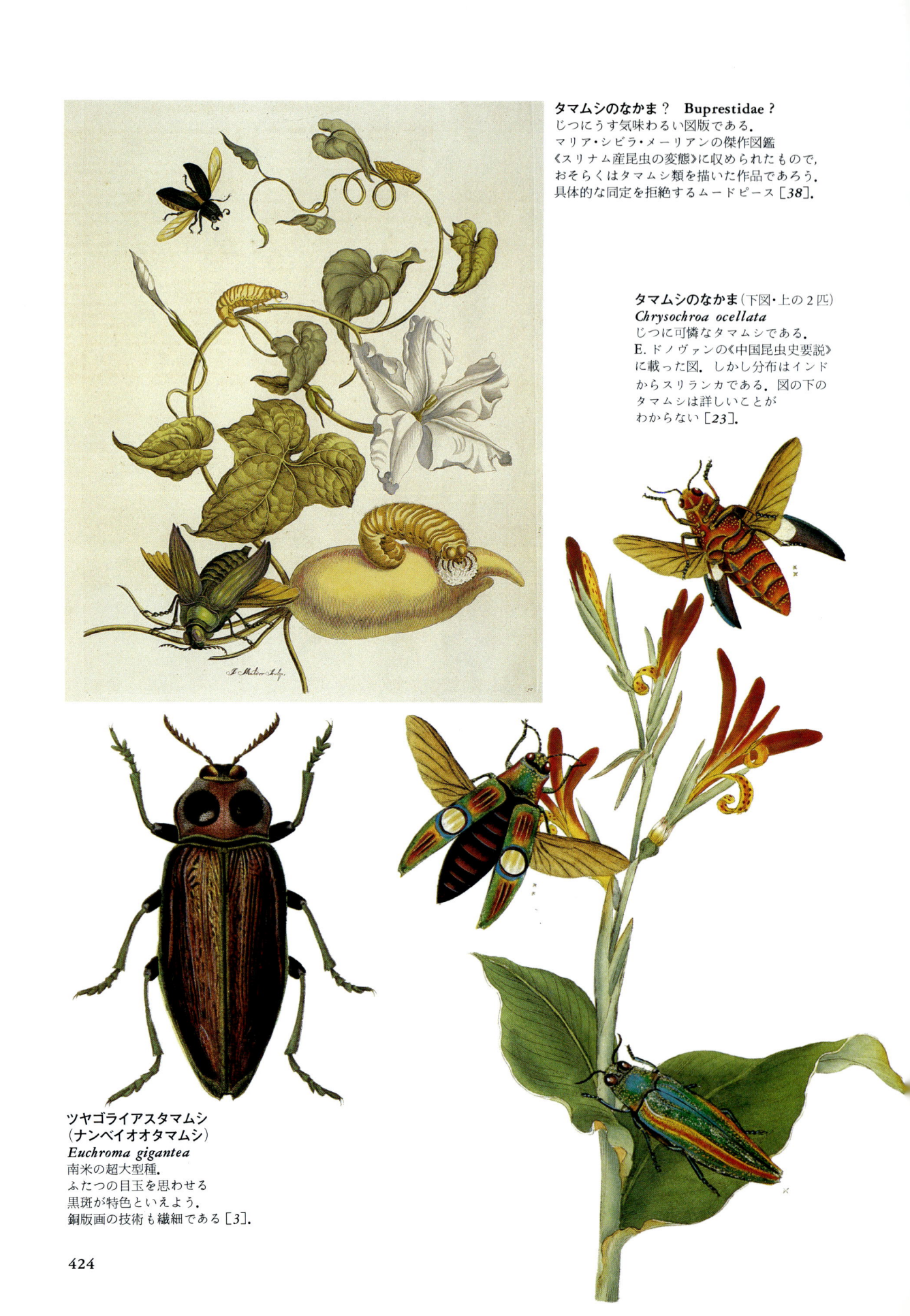

タマムシのなかま？ Buprestidae?
じつにうす気味わるい図版である。
マリア・シビラ・メーリアンの傑作図鑑
《スリナム産昆虫の変態》に収められたもので，
おそらくはタマムシ類を描いた作品であろう。
具体的な同定を拒絶するムードピース [38]。

タマムシのなかま（下図・上の２匹）
Chrysochroa ocellata
じつに可憐なタマムシである。
E. ドノヴァンの《中国昆虫史要説》
に載った図。しかし分布はインド
からスリランカである。図の下の
タマムシは詳しいことが
わからない [23]。

ツヤゴライアスタマムシ
（ナンベイオオタマムシ）
Euchroma gigantea
南米の超大型種。
ふたつの目玉を思わせる
黒斑が特色といえよう。
銅版画の技術も繊細である [3]。

タマムシのなかま（左の5匹）
Cyria imperialis, *Stigmodera* spp.
オーストラリアに分布する美しい
タマムシたち．右上の小さい種は
Cyria 属にふくまれるが，
その他はすべて *Stigmodera* 属［22］．

シラホシフトタマムシ（fig. 1）
Sternocera sternicornis
クリバネフトタマムシ（fig. 2）
Sternocera chrysis
タマムシのなかま（fig. 3）
Belionota aenea ?
タマムシのなかま（fig. 4）
Chrysobothris quadrimaculata
原記載はインド産となっているが，
じつは fig. 3 はモルッカ，ニューギニア，
fig. 4 の種は中南米に分布するタマムシである．
これまた美しく，青い海や，ワインレッドの
海を連想させる種である［20］．

Buprestis sternicornis.   *Buprestis chrysis*
Aenea. 4 maculata

●鞘翅目——ホタル

むしろ陸上にいるもののほうが全体的に圧倒している。また，同じように光るホタルの雌は，雄のように飛びまわらず蛆のような姿をしていることもあって，光る蛆(glowworm)とよばれる。

その例にヨーロッパ産の *Lampyris noctiluca* がいる。このホタルは，西洋にひろく分布し，雌にははねがなく，姿は幼虫とそっくり。そして夜になると，尾節を光らせる。いっぽう雄のほうにははねがあり，夜間光っている雌を探し，つがう。

またホタルの幼虫，とくに陸生のものはカタツムリの天敵として知られる。カタツムリに大顎から毒液を注射してその体を麻痺させ，さらに毒液でスープ状にしたものをすするのだ。かつてニュージーランドでは，カタツムリ退治のためにイギリスからホタルを輸入したこともあった（北杜夫《どくとるマンボウ昆虫記》）。

いっぽう日本のホタルは幼虫が水生なので，淡水の巻貝カワニナなどを食べる。しかし渡辺武雄氏は《薬用昆虫の文化誌》で，1982年（昭和57）7月6日付の《読売新聞》の記事として，次のように報告している。群馬県月夜野町の水田では，オタマジャクシやドジョウを食べるホタルのいることが発見されたというのだ。

西洋では空を飛ぶホタルの雄より，むしろ地上にいる雌のほうに関心が向いていた。というのは，日本やアジア，アメリカのホタルとちがい，飛びまわる雄はあまり光らず，むしろ地上の雌が強く光るからである。アリストテレス《動物誌》にみえる pygolampis（尻光り，の意）という虫は，*Lampyris* 属のツチボタル類を指すらしい。これは黒くて毛の生えたイモムシの変化したもので，はねのないものとあるものに分かれるという。さらにこの虫が変化して，はねのある〈マキゲムシ（雄の成虫？）〉になる，ともある。

またプリニウス《博物誌》でもホタルの雌に目が向いている。夜，畑でホタルが光りだしたら，キビとアワの種子をまけという合図だという。こうして星と同じように，光によって農作業の適当な時期を告げるホタルを，彼は〈地上のすばる星〉とよんだ。

アルベルトゥス・マグヌスら中世ヨーロッパの学者のあいだには，ツチボタルは死んでからも永遠に光を発するという根強い俗信があった。またトマス・ムーフェット《昆虫の劇場》によると，そこから派生してこんな奇説も流されたという。たとえばツチボタルをたくさん集めてすりつぶし，ガラス瓶に入れて馬糞の中に15日間埋めておく。そのうえでこれらの虫から液体を抽出すると，夜間の照明がわりになるのだという。しかもその効果は絶大で，どんな暗い夜でも昼間と同じように読み書きその他，したいことなら何でもできるほどの明るさになるとか。しかしムーフェットはみずからの観察もふまえ，ツチボタルは死ねば発光しなくなるとしたうえ，輝く液体という説も一蹴している。さすがである。

ところでツチボタルは今日おおむねホタル類の雌と幼虫を指す言葉なのだが，そのことを西洋人はすでに知っていたらしい。というのも，トマス・ムーフェットは体長よりも短い皮のようなはねをもつ虫をツチボタルの雄だと論じているからである。ただしこの虫はイギリスで発見されたことはないし，いるとしてもまったく発光しないので見つけようがない，とも補述している。

またそれを補強するように，《昆虫の劇場》には次のように記されている。イギリスやフランスのホタル類は雄が光らず雌が光るのに対し，イタリアやドイツのホタルは逆に雄が光って雌はまったく光らない，とある。

しかしこうなると，ムーフェットはグロウワームという名を〈発光する甲虫〉の総称として使っていたとも考えられる。なぜなら，じつのところ《昆虫の劇場》には〈グロウワーム〉の項とはまったく別に〈ファイアフライ（現在では通例雄ボタルを指す）〉という虫の項を立ててもいるからである。そしてファイアフライの記述をみると，古くギリシア語でピュラリスといって火の中から生まれ出るといわれた虫（メイガの一種？）の説明に費やされている。とするとファイアフライという名は元来ガの1種のことで，雄ボタルのよび名になったのは意外に後代だった可能性も出る。

アメリカのメリーランド州には，通り道でツチボタルを見つけたら，どんなことでも大成功するという俗信がある。ところが逆にこの虫が家の中にはいってきたら，一家の主人が死ぬ暗示とされるのだそうだ（《西洋俗信大成》）。

さて次は中国である。陶弘景（452-536）が編纂増補した《名医別録》は，ホタルの孵化から蛹，成虫へと変化する過程を記したものとして，おそらく世界最古の文献ではなかろうか。

しかし陶弘景はホタルを卵生とはみていないのがおもしろい。彼によると，ホタルは腐った根や，ただれたタケの根から化生する。初めは蛹のような形をしているが，すでに腹の下は光っている。そして何日かすると変態をとげて，よく飛ぶようになるという。

このように，昔の中国や日本では，ホタルは卵生類とはみなされず，化生類に分けられていた。つまり何か別のものが変化して生じてくるものと

されたのである。卵や雌雄の存在は一般に知られていなかったことになる。その証拠に、前述のごとく中国人はホタルが腐った草の根から生ずると信じていた。

これを受けた《本草綱目》の著者李時珍も、ホタルを3種に分け、光を放って飛びまわるホタルは茅の根から、はねがなく飛べない〈螢蛆（ツチボタル？）〉は竹の根から生まれ、もうひとつの〈水螢〉は水中の湿気が変化したものだとしている。なお薬用には飛ぶホタルを使う、ともある。

また中国ではホタルを乾して粉末にしたものを、暗いところでも目の見える秘薬として珍重した。この虫が夜煌々と光を照らす習性にあやかろうとしたものらしい。中国には不思議な俗信も多い。たとえば、七夕の晩にホタル14匹を髪にしのばせると、白髪が黒くなるという。

日本には、よく目立つホタル類が3種すんでいる。いずれも強い光を発するゲンジボタル、ヘイケボタル、ヒメボタルである。どれも雌雄ともはねがあって発光器をもつが、発光器は雄のほうが大きく、光も強い。いっぽうオバボタルは、雌雄どちらも有翅型で光るが、光は幼虫期のほうが強い。また幼虫のほうがよく光るという点では、クロマドボタルも事情は同じ。ただしこちらの雌は、上翅も下翅も退化してしまっている。

日本人は光って飛びまわる雄ボタルに大きな関心をもっていた。《日本書紀》巻2にも、天照大神がその孫瓊瓊杵尊を葦原中国に降らせようとしたとき、当地の状況を説明して、〈然も彼の地に、多に螢火の光がく神、及び蠅聲す邪しき神有り。復草木咸に能く言語有り〉と語ったくだりがみえる。ここでのホタルは悪神とはいえ、騒がしくもたくましい生命力あふれる自然の象徴となっている。

日本人のホタル観は、もちろん中国から学んだ知識を多く組みこんでいる。たとえば、腐った草がホタルに化すという俗説もあった。しかし《つれづれ草拾遺》は〈水にすむ尖螺といふもの、田螺（タニシ）のやうにして、ほそながきが、化してほたるとなるよし、東国の人は申侍る〉として、早くも俗説をただしている。中国風を排して日本的なホタル観が生じたのも早かったらしい。

神田左京は《ホタル》の中で、日本人は太古、ホタルを提灯がわりによく使っていたのだろう、と述べている。ホタル狩りやホタル籠の風習が生まれたのも、そういった太古への郷愁が無意識に残っているためかもしれないというのだ。

現に、戦前まで近江の守山地方では、夜道を歩くさいには1本杖を持って道すがら草をたたいていき、そのたびに光るホタルの明りで道を見分けて進んでいったという。

日本ではホタルがどういうわけか源氏に関係づけられる。《源氏物語》の光源氏との関わりは〔名の由来〕に記しておいた。だが問題はもっと根ぶかいのである。たとえば、俗にホタルは、平家打倒に立ちあがり、宇治で敗死した源頼政（1105-80）の霊が化したものだといわれる。

一説に、平家追討の兵を挙げた頼政の霊がホタルとなって夜ごと六波羅にあらわれるとか、毎年旧暦5月26日に期日を違えず、ホタルがあい集い、派手な戦さを展開するともいう。むろん雌雄が大量に集まって行なう生殖行為を称したものだろうが、奇妙な伝承である（大町文衛《日本昆虫記》）。

日本の風流は、夏のホタル狩りにとどめをさす。ホタル観賞について、大阪、京都、江戸など都会地にさえ、ヤゴがすめる清流や田があったため、ホタル狩りはごく自然に発した風俗であったのだろう。各地でそれぞれ名所が決められていった。

ホタルの名所としては、近江石山寺の通称〈螢谷〉が有名であった。《和漢三才図会》によれば、北は勢多の橋から南は供御瀬まで、数百ものホタルが塊をなし、次つぎと群がり飛ぶという。季節は芒種（陽暦の6月5日ごろ）の後5日から夏至の後5日までがさかんで、その後ホタルは下って、山城の宇治川へと移動する。ここでも小暑（陽暦7月7日）のころまで壮観な眺めを呈するが、《和漢三才図会》には〈石山の盛んなのには及ばない〉とある。

しかし小泉八雲の〈螢〉（《骨董》所収）によると、明治期には、石山にかわって宇治がもっとも有名なホタルの名所になっていた。毎年夏になると、京都や大阪からホタル見物のための臨時列車が増発されるほどのにぎわいで、見物客は川に舟をくりだし、夜もすがらホタル合戦の景観を楽しんだという。

このようにホタル観賞が流行すると、ホタル採集を職業とする人たちも生まれた。中心は滋賀の石山付近で、当地では生きたものは観賞用、死んだものは薬用として、京阪神などへ大量に出荷していた。小泉八雲によると、ホタルのいる木を竹竿でたたき、地上に落ちたホタルを目にもとまらぬ早業で両手で口の中に放りこみ、口の中がいっぱいになると、用意した網に吐き出すのだという。そして熟練したホタル捕りともなるとひと晩に3000匹あまりものホタルをつかまえてしまうのだ（小泉八雲〈螢〉）。

沖縄の那覇地方では、子どもたちが、ふかし芋を練って燈籠をこしらえ、その中にホタルを入れ

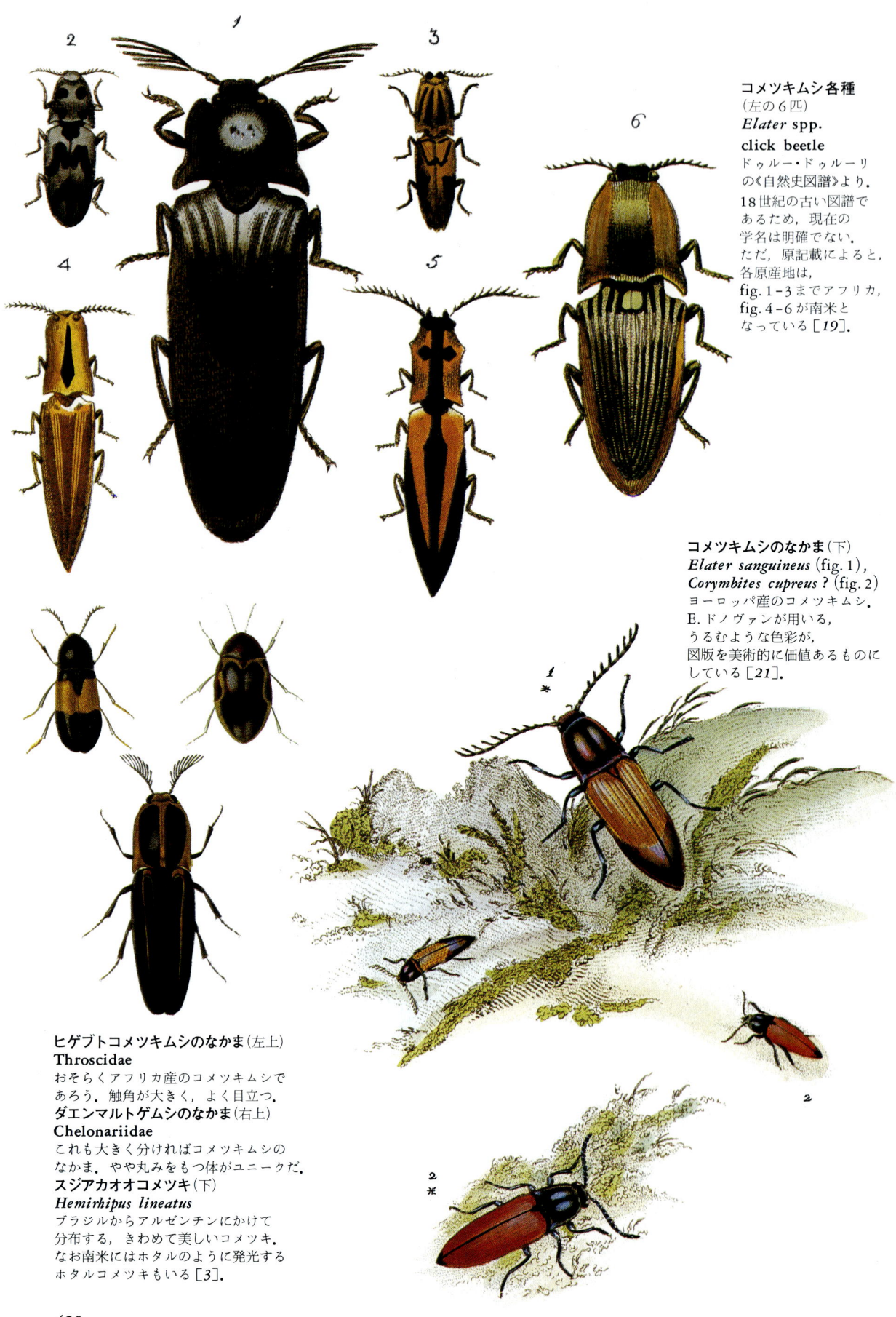

コメツキムシ各種（左の6匹）
Elater spp.
click beetle
ドゥルー・ドゥルーリの《自然史図譜》より．18世紀の古い図譜であるため，現在の学名は明確でない．ただ，原記載によると，各原産地は，fig. 1-3 までアフリカ，fig. 4-6 が南米となっている [*19*]．

コメツキムシのなかま（下）
Elater sanguineus (fig. 1),
Corymbites cupreus ? (fig. 2)
ヨーロッパ産のコメツキムシ．E. ドノヴァンが用いる，うるむような色彩が，図版を美術的に価値あるものにしている [*21*]．

ヒゲブトコメツキムシのなかま（左上）
Throscidae
おそらくアフリカ産のコメツキムシであろう．触角が大きく，よく目立つ．

ダエンマルトゲムシのなかま（右上）
Chelonariidae
これも大きく分ければコメツキムシのなかま．やや丸みをもつ体がユニークだ．

スジアカオオコメツキ（下）
Hemirhipus lineatus
ブラジルからアルゼンチンにかけて分布する，きわめて美しいコメツキ．なお南米にはホタルのように発光するホタルコメツキもいる [*3*]．

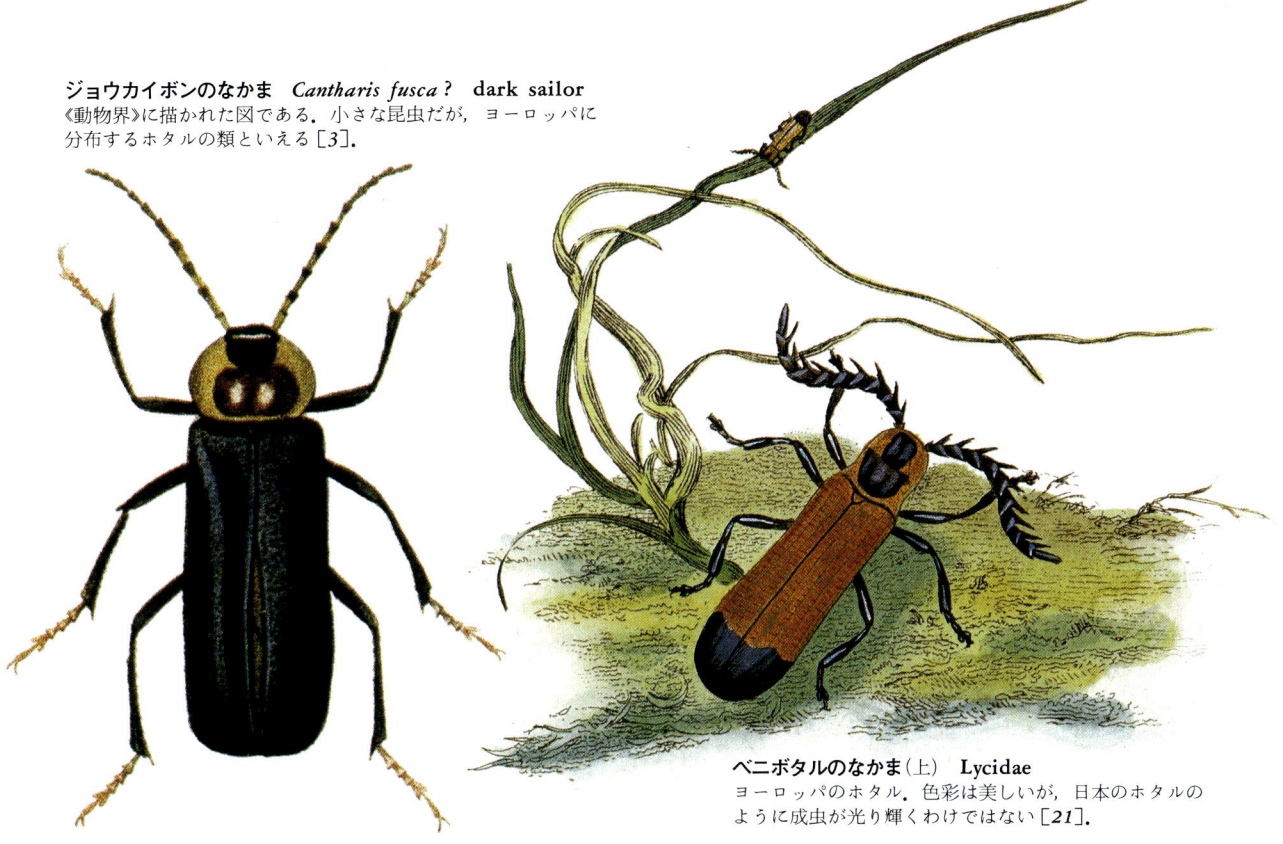

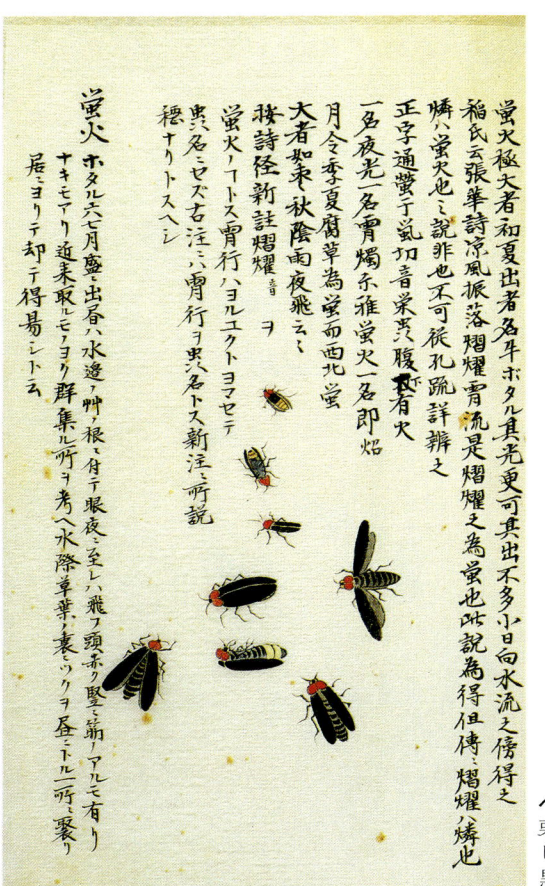

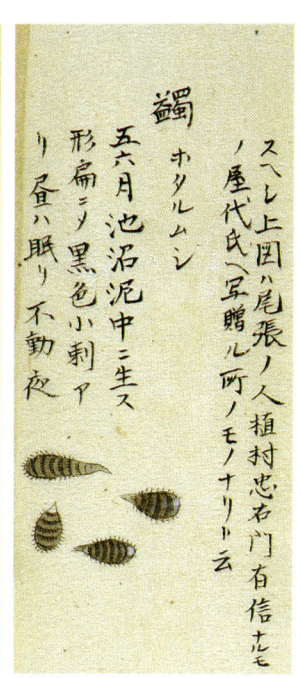

ジョウカイボンのなかま *Cantharis fusca*？ dark sailor
《動物界》に描かれた図である。小さな昆虫だが、ヨーロッパに分布するホタルの類といえる [3]。

ベニボタルのなかま（上） Lycidae
ヨーロッパのホタル。色彩は美しいが、日本のホタルのように成虫が光り輝くわけではない [21]。

ホタルの幼虫？ Lampyridae？
ホタルの幼虫は、じつはこういう形をしている。文章にもあるとおり、これらの幼虫も光を発する [5]。

ヘイケないしゲンジボタル *Luciola lateralis* or *cruciata*
栗本丹洲が描いたホタルは、種がはっきりしない。しかし、コメツキムシによく似たホタルの形態と、黒と赤の配色はよく伝えている。光る成虫は東洋の誇りだ [5]。

● 鞘翅目──ホタル／カツオブシムシ

て遊んだ。《沖縄童謡集》を著した島袋全發によると，やわらかい，いい光だったという。

またホタルには別の利用法もあり，螢火を浮木につけて，夜釣りに用いる風習があった（松村松年《昆蟲物語》）。

しかしホタルを役だたせる話では次のものが興味ぶかい。1939年（昭和14）と1958年（昭和33）の2度にわたり，ハワイ政府はゲンジボタルとヘイケボタルを大量に日本から移入した。観光資源として，ということもさることながら，同地の肝臓ジストマ退治に役だたせるためである。ホタルの幼虫はジストマの中間宿主である淡水産のカワニナやカタヤマガイを餌とする。つまり間接的にこの病気の伝染を阻止しているわけだ（小西正泰《虫の文化誌》）。

なお，日本ではよく樹上で光るマドボタル類の幼虫を見て，ヤスデが光るとかケムシが光ると言った。一見姿が似ているので混同したものらしい（神田左京《ホタル》）。

【発光の謎】　ホタルはなぜ光るのか？　意外にもこの基本的な問いは近代にいたるまで解決されていなかった。その答えのたたき台を世に問うた人物のひとりに《昆虫記》の著者ファーブルがいる。発光器を摘出して顕微鏡で調べてみたファーブルは，その横に枝状に分岐した気管があるのを確認し，光が発生するのはこの気管を通じて発光器に空気が流れこみ，発光器にある酸化性の物質に酸化作用がおきるためだ，とした。

しかし南アフリカの著述家E.N.マレース（1872-1936）は，ファーブルの説は誤りだと断じた。なぜなら光を誘発するほど酸化が急速に行なわれる場合はかならず大きな熱をともなう。よってもしほんとうに酸化現象だとすると，ホタルはその熱に耐えられずに死んでしまうはずだと論じたのである（マレース《白蟻談義》）。

だが結論をいうと，ホタルの光はルシフェリンという発光物質がルシフェラーゼという酵素のはたらきで酸化するためにおきる。この光は熱をともなわない。つまり観察によって推論を導いたファーブルに軍配は上がったわけだ。

【ジョウカイボン】　ホタル上科に属する虫のグループに，ジョウカイボン科Cantharidae（英名soldier beetles）というのがある。属名は，ギリシア語で甲虫の1種を示すカンタリスkantharisに由来する。このカンタリスという名称，今はスペインゲンセイなどを乾燥させてつくった薬品のよび名としてひろく使われるが，もともとのギリシアでは畑を害する甲虫を指していたらしい。いっぽう英名は，肩がはって角ばった体型が，兵士を思わせることによる。体色は，黄色や赤，黒の種が多い。

ところで，ジョウカイボンという和名は，漢字で浄海坊と記す。語源については定説がない。しかし昆虫学者の長谷川仁氏は，たいへんな高熱を発して死んだ平清盛が浄海という僧名をもっていた点を指摘，あるいは平家の滅亡後，肌に浴びると熱いくらいの炎症を引きおこす毒虫が，清盛の亡霊と噂されたために浄海坊の名をつけられたのではないか，と推定している。そして虫の正体は，ジョウカイボン科の甲虫ではなく，カミキリモドキ科の虫だったろうという。ちなみに傍証として長谷川氏は，小野蘭山が《本草綱目啓蒙》で芫青は〈ゼウカイ〉に似ている，と述べたくだりに着目する。実際のスペインゲンセイ Lytta vesicatoria は，ジョウカイボンとは姿がかなり異なる。しかし，〈ゼウカイ〉がアオカミキリモドキあたりを指すと考えれば，蘭山の記述も不自然ではないというのである（長谷川仁〈ジョウカイとチュウレンジ〉《自然》1977年1月号）。

【ホタルブクロ】　日本中の山野にひろく分布するキキョウ科の多年草。学名 Campanula punctata，英名bellflower。ホタルブクロの名は，一般に昆虫のホタルと関連すると思われてきた。植物関係の書物をひもとくと，子どもがこの花でホタルを包むのでこの名がおこったと説明されることが多い。しかし実際はこの花の形が提灯を思わせることからついた名らしい。つまり〈火垂る袋〉が正しい。今日でも仙台などでは提灯を〈火垂る袋〉もしくは〈火袋〉とよぶ（中村浩《植物名の由来》）。昆虫のホタルも〈火垂る〉からきていることは〔名の由来〕でも述べたとおり。ホタルブクロとは語源を同じくするが，両者のあいだに民俗的つながりはない。

【天気予知】　ツチボタルをかなりの数見かけたら嵐が近い（《西洋俗信大成》）。

【ことわざ・成句】　〈逆螢〉禿げ頭を示す日本の隠語。ホタルは尻を光らすが，それとは逆に頭が光ることから（《動物故事物語》）。

ところで日本には，ホタルを粉末状にして禿げ頭に塗ると，髪が生えてくるという俗信もある。頭がますます光ってしまいそうな気もするが，大丈夫だろうか。

〈ホタル潮〉福島県江名では，真黒な黒潮をホタル潮とよんだ。ギラギラと光っているからだ（宇田道隆《海と漁の伝承》）。

〈ホタル飯〉1990年（平成2）7月27日付の《朝日新聞》朝刊をみると，北九州市の一女性からの投書が載っていて，文久3年（1863）生まれの祖父が子どものころよく〈ホタル飯〉を食べていた，とあ

る。このおじいさんによると，ホタル飯というのは，〈菜っ葉の中に白い飯粒がちらほらはいっていてね，まるで草むらの中にホタルが光っているみたい〉との由。飽食の現代ではまずお目にかかれない代物だが，とにかく絶妙のネーミングである。ただこのホタル飯というよび名が北九州でひろく通用していたかどうかは定かではない。

〈螢雪（けいせつ）〉苦学のたとえ。晋の車胤（しゃいん）は貧乏で灯油を買う金もなく，ホタルを集めて明かりのかわりにし（《晋書》〈車胤伝〉），また同じく孫康は窓に積もった雪明かりで勉強した（同〈孫康伝〉），という中国の故事に由来する。日本では英米の送別歌《久しき昔 Auld Lang Syne》の調べにのせて，卒業式など別れのセレモニーで〈螢の光，窓の雪～〉と今でもひろく歌われている。ただし，ホタルを10万匹集めても読書は無理らしい。

【文学】《草叢のダイヤモンド Le Diamant de L'Herbe》(1840)　フランスの異端の作家グザヴィエ・フォルヌレ Xavier Forneret(1810-85)の短編小説。ホタルは何か奇怪な事件がおきると黄色く光るという西洋のいい伝えを背景に，男女の悲劇を描き出す。冒頭の記述は博物学的にも貴重。

〈伝説によれば，螢という虫は，その現われるさいに見られる光の強弱や，その活気の有無や，その現われた地点と一定の場所とのあいだの距離の大小や，その出現の頻度（ひんど）などによって，自然界のもろもろの事象を予告するのだそうである。というのは，これも伝説だが，螢という虫は，やがて生起すべき事象の影響によって非常に苦しむのであって，たとえば海上の大嵐とか，地上の大革命とかを予報する場合には，螢は一度暗くなり，また燃えあがって，やがて消える。奇蹟を予報する場合には，ほとんどその姿が見えなくなる。殺人を予報する場合には，螢は赤味を帯びる。雪を予報する場合には，その脚が黒くなる。寒気を予報する場合には，絶えず激しい光輝を発する。雨を予報する場合には，居場所を変える。国家的な祝祭を予報する場合には，螢は草の中でふるえつつ，数限りない小さな光を体内から放射する。また電（いかずち）を予報する場合には，思い出したように発作的な動作をする。風を予報する場合には，地中にもぐりこむらしい。あすの上天気を予報する場合には，螢は青くなる。また晴れた夜を予報する場合には，草にとまって星のように煌（きら）めくので，国家的な祝祭を予報する場合と似ているが，ただふるえることがない。子供の誕生を予報する場合には，螢は白くなる。そして最後に，奇怪な運命がとげられたときは，螢は黄色くなるのである〉（澁澤龍彥訳）。

カツオブシムシ

節足動物門昆虫綱鞘翅目カツオブシムシ科 Dermestidae に属する昆虫の総称。

[和]カツオブシムシ〈鰹節虫〉　[中]鰹節虫　[ラ]*Dermestes* 属，*Anthrenus* 属，その他　[英]skin beetle, carpet beetle　[仏]dermeste　[独]Speckkäfer, Pelzkäfer　[蘭]spekkever　[露]кожеед　　　　➡p.432

【名の由来】　デルメステスはギリシア語で〈皮膚 derma〉と〈むさぼり食う esthiō〉から。〈皮革を食べる虫〉の意。アントレヌスはギリシア語の〈スズメバチ anthrēnē〉から。

英名は〈獣皮を食べる甲虫〉〈カーペットをかじる甲虫〉を示す。独名は〈ベーコンの甲虫〉〈毛皮の甲虫〉の意味。蘭名も〈ベーコンの甲虫〉。露名も〈皮革〉に関係する言葉である。

和名カツオブシムシは，カツオブシを好んで食べる習性を称したもの。松村松年《日本昆虫学》をみると，カツオブシムシの幼虫を日本では俗にガイタとよぶ，とある。《日本国語大辞典》によれば，ガイタというのはカエルの方言。とすると姿がカエルかオタマジャクシに似ていることにちなんだよび名だろうか。

【博物誌】　甲虫のなかま。一般に害虫としてひろく知られるカツオブシムシ類だが，欧米の大博物館では，シモフリマルカツオブシムシ *Anthrenus museorum* などをわざわざ飼養して有効に役立てている。というのは，これらの虫は動物の肉類なら毛皮や干した肉，魚肉を問わず残さずきれいに食べる習性がある。そこで小動物などの骨格標本をつくるさい，この虫たちに余計な肉を食べさせると，きれいな標本ができあがる寸法だからである（安松京三《昆虫物語》）。

1839年，アメリカのハドソン湾会社の人びとはコウモリを保護し，これに害虫カツオブシムシを食わせた。商品の獣皮についたカツオブシムシをさかんに食わせ，虫の害を防いだのである（谷津直秀《片々録》《動物学雑誌》第354号）。

1892年(明治25)ころ，東京ではカツオブシムシに小さな車を引かせる遊びが流行した。宮武外骨編《奇態流行史》追補によると，こんなぐあいだ。〈高さ三四寸くらいにて車だけは麁末（そまつ）なる木にて作り，山鉾人形囃方等は皆紙にて，錦絵を切抜きたる様なる体裁なり，鰹節の虫の背部を磐石糊にて車の梶の正中に貼付せるものなり〉。また大正時代にも，イカの骨を牛車や動物の形に切って彩色したものをカツオブシムシの背中につけて遊ぶことが各地で行なわれたという。

ヘイケないしゲンジボタル
Luciola lateralis or *cruciata*
《虫譜》より．馬場大助の作成した
図と思われる．成虫が発光して
いる図は，日本には存在するが，
西洋にはまったく存在しなかった．
ちなみに，西洋人のホタル観は
本文を参照のこと［17］．

ジンサンシバンムシ（下）
Stegobium paniceum
deathwatch beetle
日本のシバンムシ．
世界各地に分布し，
〈死の時を告げる虫〉といわれる．
夜中にカチカチ音を
出すからである．
幼虫はあしをもたない
蛆虫状［5］．

ハラジロカツオブシムシ？（右）
Dermestes maculatus ?
幼虫は鰹節，毛皮などを食害し，
羽化すると，ホタルによく似た成虫に
なる．栗本丹洲の《千蟲譜》によると，
これはヒメカツオブシムシに近い種と
考えられる［5］．

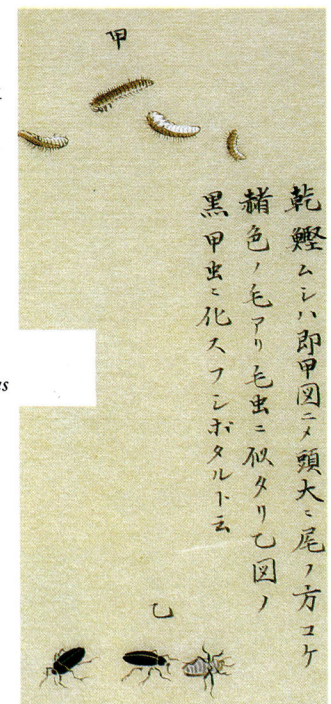

オビカツオブシムシ
Dermestes lardarius
bacon beetle,
larder beetle
世界各地に分布する．
鰹節ばかりでなく，
皮や動物標本なども
食べてしまう［3］．

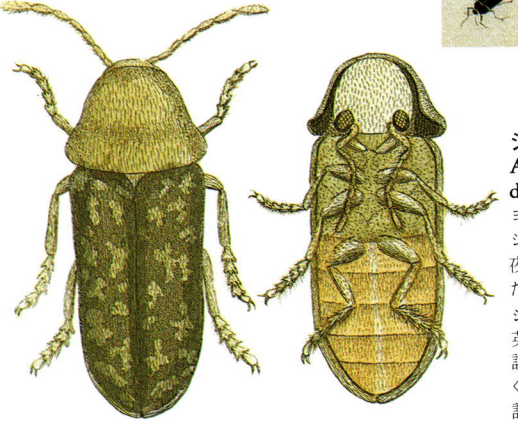

シバンムシのなかま？（左）
Anobiidae ?
deathwatch beetle
ヨーロッパに産する
シバンムシ．
夜中にカチカチと音を
たてることで有名．なお
シバンは死者の番人の意で，
英名にあるdeathwatchを
誤訳したもの．この語は
〈死の時を告げるもの〉と
訳すべきであった［12］．

ニジュウヤホシテントウ
Epilachna vigintioctopunctata
テントウムシ科のなかで例外的に作物を食害する
いわゆるテントウムシダマシの1種である．
栗本丹洲の図には食害された葉が描かれている［5］．

432

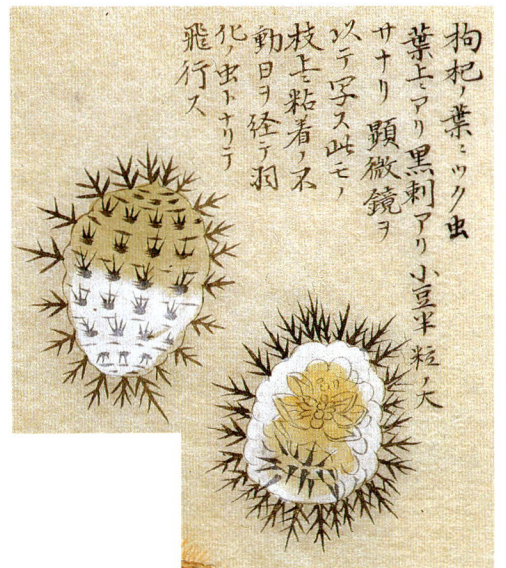

ニジュウヤホシテントウの幼虫(左)　*Epilachna vigintioctopunctata*
これはニジュウヤホシテントウの幼虫。きわめて奇妙な形をしている [5]．

カメノコテントウ
Aiolocaria hexaspilota
かなりおもしろい形をした
テントウムシである。
丹洲の図は略図だが，それでも
亀の子を連想させるこの虫の
イメージは伝わってくる [5]．

ナナホシテントウ？
Coccinella septempunctata?
seven-spot ladybird
こちらは日本人が描いた
テントウムシ。
ちなみにテントウムシの名は
〈天道虫〉に由来し，西洋から
移入された訳名といわれる [5]．

ナナホシテントウ(上左)
Coccinella septempunctata　seven-spot ladybird
ユーラシア，日本，北アフリカにすむテントウムシ．
アブラムシを食べる益虫と考えられている．

テントウダマシのなかま(上右)
Endomychus coccineus
ヨーロッパに分布するテントウダマシは，
テントウムシに近縁だが，別科の虫。キノコやカビ類に
すみ，カイガラムシを食べる種もあるので益虫とされる．
なおテントウムシ科にはナスやジャガイモを食い荒らす
テントウムシダマシがいるので，注意が必要 [3]．

テントウムシのなかま　Coccinellidae
ヨーロッパのテントウムシは，
枝先から静かに飛びたつので，
聖母の鳥(lady bird)とよばれる．
E.ドノヴァンの図が美しい [21]．

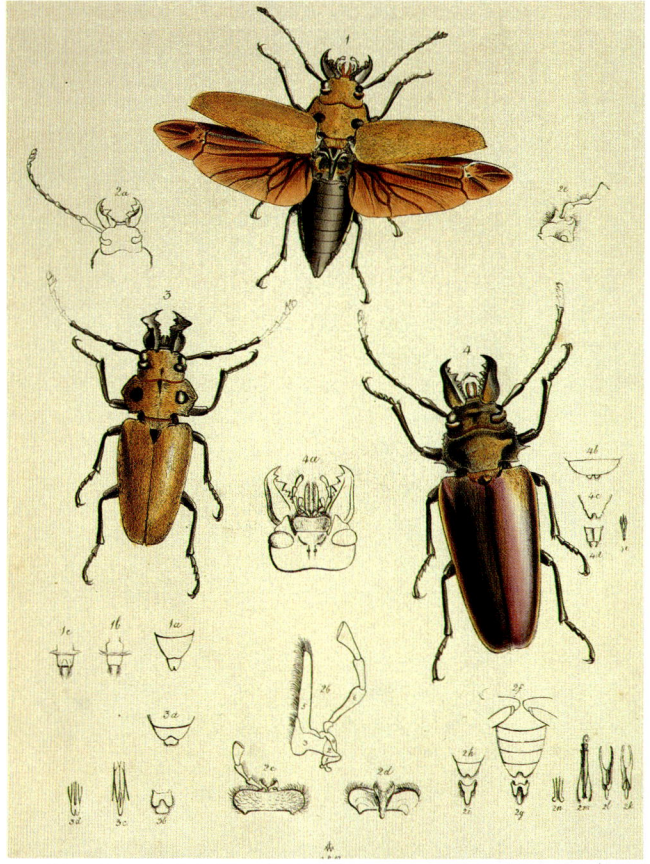

クワガタモドキのなかま(fig.1)　*Trictenotoma childrenii*
クワガタモドキのなかま(fig.3)　*Trictenotoma templetonii*
オオクワガタモドキ(fig.4)　*Trictenotoma aenea*
マレー半島からミャンマーにかけて分布。この科はおもに熱帯アジアに
10種ほどが知られ，クワガタムシに似た顎をもつ。樹皮下に穿孔し，
長い触角をもつことなどから，クワガタムシよりもむしろカミキリムシに
近いと考えられる [2]．

● 鞘翅目──シバンムシ／テントウムシ

シバンムシ

節足動物門昆虫綱鞘翅目シバンムシ科 Anobiidae に属する昆虫の総称.
［和］シバンムシ〈死番虫, 番死虫〉　［中］粉条蛀虫, 食骸虫　［ラ］*Anobium* 属, *Stegobium* 属, その他　［英］deathwatch beetle　［仏］anobie, vrillette, boudeur　［独］Pochkäfer, Klopfkäfer, Nagekäfer　［蘭］klopkever　［露］точильщик　　→ p.432

【名の由来】　アノビウムはギリシア語で〈蘇生する anabioo〉から. ステゴビウムは〈屋根おおい stegos〉と〈命 bios〉の合成語.

　英名は, 〈死時計虫〉, すなわち死の時を告げる虫, という意味. 家の中でこの虫が時計に似たカチカチという音を響かせると, 家族に死人が出る, とする俗信にちなむ. 仏名ブリレットは〈小さな錐〉の意. この虫が木を食うことから. ブーデルは〈ふてくされている人〉の意味. 独・蘭名は〈ノックする甲虫〉〈かじる甲虫〉. 露名は〈研ぎ師, 研磨工〉の意味である.

　和名シバンムシは, 英名を訳したもの. そもそもは日本昆虫学の祖である松村松年が著書《日本昆虫学》で, 〈番死虫〉なる名を与えたことに由来する. 〈人の死をみとる虫〉という意味だが, 前述のとおり, 英名はこの虫のかもしだすカチカチという時計のような音にちなむものなので, 〈死時計虫〉という和名が適当であろう. ただしデスウォッチという単語が, 〈臨終をみとる〉の意味でひろく使われることも確かである. 松年は英語に堪能だったので, おそらくつい慣用の意味をあてはめてしまったのだろう.

【博物誌】　西洋では, 夜中にカチカチ音をたて, しかも死体に集まる甲虫として有名である. イギリスの詩人 A.テニソン (1809-92) は,《棄てられて Forlorn》という詩のなかで, シバンムシをめぐる俗信を次のようにうたっている.

　　ぼろぼろの肺で床に臥し
　　冥途の迎えを待つ君よ……
　　その晩に, 嗚呼その晩に！
　　嗚呼シバンムシがチクタク音を刻んでいる！

　イギリスのランカシャー州では, シバンムシの発する音がとくに3回で途絶えたら, 病人の死は決定的だといいならわした (《民俗神話伝説事典》).

　日本ではシバンムシを〈貧乏虫〉とよび, この虫が家の中でカチカチ音をたてていたら, その家は貧乏神にとり憑かれていると考えた. もっともこの俗信を紹介している小泉八雲は, シバンムシとチャタテムシを混同しているふしがあり, 〈貧乏虫〉というのがチャタテムシの一名だった可能性もある (《日本瞥見記》).

　俗に〈シミの食いあと〉とよばれる害を古書などにおよぼすのはシミではなく, フルホンシバンムシである. シミのほうはたかだか本をなめる程度なのに, しっかり孔まであけてしまうシバンムシの濡れ衣を着せられているのは気の毒である. これについては［シミ］の項も参照のこと.

　また, 食品や生薬の大害虫であるジンサンシバンムシ *Stegobium paniceum* も古くから知られている. この甲虫にはクスリヤナカセ (薬屋泣かせ) という異名もある. なおジンサンというのはニンジン (人参) の意である.

テントウムシ

節足動物門昆虫綱鞘翅目テントウムシ科 Coccinellidae に属する昆虫の総称, またはその1種.
［和］テントウムシ〈天道虫〉　［中］瓢虫　［ラ］*Coccinella* 属 (ナナホシテントウ), *Harmonia* 属 (テントウムシ), *Rodolia* 属 (ベダリアテントウ), その他　［英］lady bug, ladybird, lady beetle　［仏］coccinelle, cheval de la Vierge, bête à bon Dieu　［独］Marienkäfer　［蘭］lieveheersbeestje　［露］божья коровка　→ p.432-433

【名の由来】　コキネッラはギリシア語の〈エンジムシ kokkos〉に由来する. この虫が臙脂の原料となるコチニールカイガラムシと混同されていたことによる. ハルモニアはギリシア語の〈結合する harmolō〉から. ロドリアはラテン語の〈かじる rōdō〉より.

　英名レディ・バグは〈聖母マリアの虫〉の意味. ドイツ名マリーエンケーフェルも〈聖母の甲虫〉を示す. 俗にこの虫が天から降りそそぐ光を愛するからだといわれる. なお仏名も〈神の虫〉〈処女マリアの馬〉. 蘭名は〈敬愛する神の小動物〉, 露名は〈神の雌牛〉の意味である.

　昆虫学者の古川晴男はテントウムシを聖母の虫とよぶことの由来について, この虫が郊外のあちこちにあるマリア堂の周囲によく群れ集う姿が人目につくためだろう, としている.

　津軽地方の南部の農村ではテントウムシをアネコムシとよぶ. つまり英名のレディ・バグと奇しくも同じよびかたをしているわけだ (佐藤光雄《青森県動物誌》).

　中国名の瓢虫は, ウリの葉に生息する虫という意味か. なお幼虫は瓢児という.

　和名テントウムシも〈天道を知る虫〉, つまり神の虫を意味するといわれる. 16世紀に来日したイエズス会の宣教師たちが, 〈この虫は神の虫だ〉とふれまわった影響なのだそうだ.

【博物誌】 テントウムシ類は世界中に約4500種いる。体長1〜15mmほどの小さくて丸い虫だが、鞘に黒または赤の斑点がある。危険を感じると枝や葉から落下し、死んだ真似をする。アブラムシやカイガラムシを食べるため、益虫ともよべるが、なかにはテントウムシダマシのように農作物を食い荒らす種もいる。幼虫は地上生で、とげをもつものも多い。

テントウムシは枝先にのぼり、そこから静かに飛翔する習性がある。このことは西洋で聖母マリアと結びつくなどの民俗を形成してきた。イギリスには次のような話がある。すなわちイギリスの子どもたちは、夕暮れなどにテントウムシをつかまえ、それを指先にのせて、次のような《マザー・グース》の童謡を唱えながら、息を吹きかけて逃がしてやるという。

　　てんと虫　てんと虫
　　　とんでおかえり
　　　おうちが火事だ
　　　子たちは逃げた
　　　たったのひとり
　　　ちっちゃなアンが
　　　行火（あんか）の下に
　　　かくれてる

クラウセン《昆虫と人間》をみると、この文句の由来が次のように説明されている。テントウムシの幼虫はホップの蔓について、アブラムシやカイガラムシといったホップの害虫を捕食して生活する。ところが農民は、ホップの収穫が終わるとふつうは蔓を燃やしてしまう。次の植えつけにそなえて畑をならし、かつ害虫を殺すためなのだが、これによってテントウムシの幼虫たちも焼き殺される。だから〈子どもの住むおうちが火事だ〉とうたわれたというのだ。

ところでテントウムシと火の結びつきについて、英文学者の加藤憲市はこんな説を紹介している。古くイギリス人は、この虫の斑点を見て鍋の焼けこげを連想したらしい。一名を〈バーナビー司教 Bishop Barnabee〉というのも、鍋にこげがつくと〈司教がお鍋に片足をつっこんだ The Bishop hath put his foot in it〉と唱えたことに関連して、〈やけどする司教 Bishop that burneth〉が転じたものだろうという。そこで火傷（やけど）から火事へと連想が進んだものと思われる（《英文学動物ばなし》）。

また西洋ではひろく、テントウムシは一種の霊虫とみなされ、人間に危険や死期を知らせてくれる存在といわれた。子牛がいなくなると一緒に探してくれるとか、鞘翅の斑点の数によって作物の収穫高を教えてくれる、といった俗信もある。さらにアメリカでは、冬に家の中でテントウムシを見つけたら、斑点の数に相当するドルが手にはいるともいう。

テントウムシを使った恋占いもさかんであった。この虫を手の上や指先にのっけて、〈うちへ飛んで帰れ〉などと唱える。そのあと、虫が飛んでいった方角に未来の恋人（または夫）がいるという。

フランスの子どもたちはテントウムシを手に握って翌日の天気を占う。開いたときに飛びたてば晴れだという（ジャン＝ポール・クレベール《動物シンボル事典》）。

ドイツでは、テントウムシは赤ん坊を運んでくる存在ともされた。つまりコウノトリの昆虫版である（《民俗神話伝説事典》）。

いっぽうインドでは、テントウムシには死者の魂が宿っているとして殺すことを忌む。

1880年代、もともとはオーストラリア産のイセリアカイガラムシ *Icerya purchasi* が、カリフォルニアのミカン園に突如出現、作物に大損害を与えた。そこで考えられた防止策が、この虫を捕食するベダリアテントウ *Rodolia cardinalis* をオーストラリアから輸入する方法である。結果は大成功で、1888年11月30日にまず28匹がもちこまれて以後、虫がよく繁殖したこともあって被害は驚くべき効率で抑えられたという。これは外国から虫を移入して害虫を駆除するのに成功した世界初の例として知られる（レミ・ショーバン《昆虫の世界》）。

台湾でも1909年（明治42）、このベダリアテントウをハワイから輸入し、イセリアカイガラムシの害をくい止めるのに成功した。さらに日本にも移入され、今もなお一部の県の試験場ではこのテントウムシを飼育して害虫防止用に供給しているという。

かつて朝鮮半島では、テントウムシの成虫を梅毒の薬に用いた（岡本半次郎・村松茂〈食用及薬用昆虫に関する調査〉《朝鮮総督府勧業模範場研究報告》7号）。

日本ではテントウムシはあまり文献に登場しない。小野蘭山《重訂本草綱目啓蒙》によると、テントウムシというのは江戸でのよび名で、全国的にはそれほど流布した名ではなかったらしい。

テントウムシダマシの1種オオニジュウヤホシテントウは成虫も幼虫も畑の作物を食い荒らす。そこで青森県の農家の子どもたちは畑へとくりだし、虫を1匹1匹つぶしていく。そして手が虫の体液でまっ黄色になれば親孝行のしるしだという（佐藤光雄《青森県動物誌》）。

栗本丹洲によれば、ニジュウヤホシテントウ類はナスの葉に自然発生する虫のひとつである。

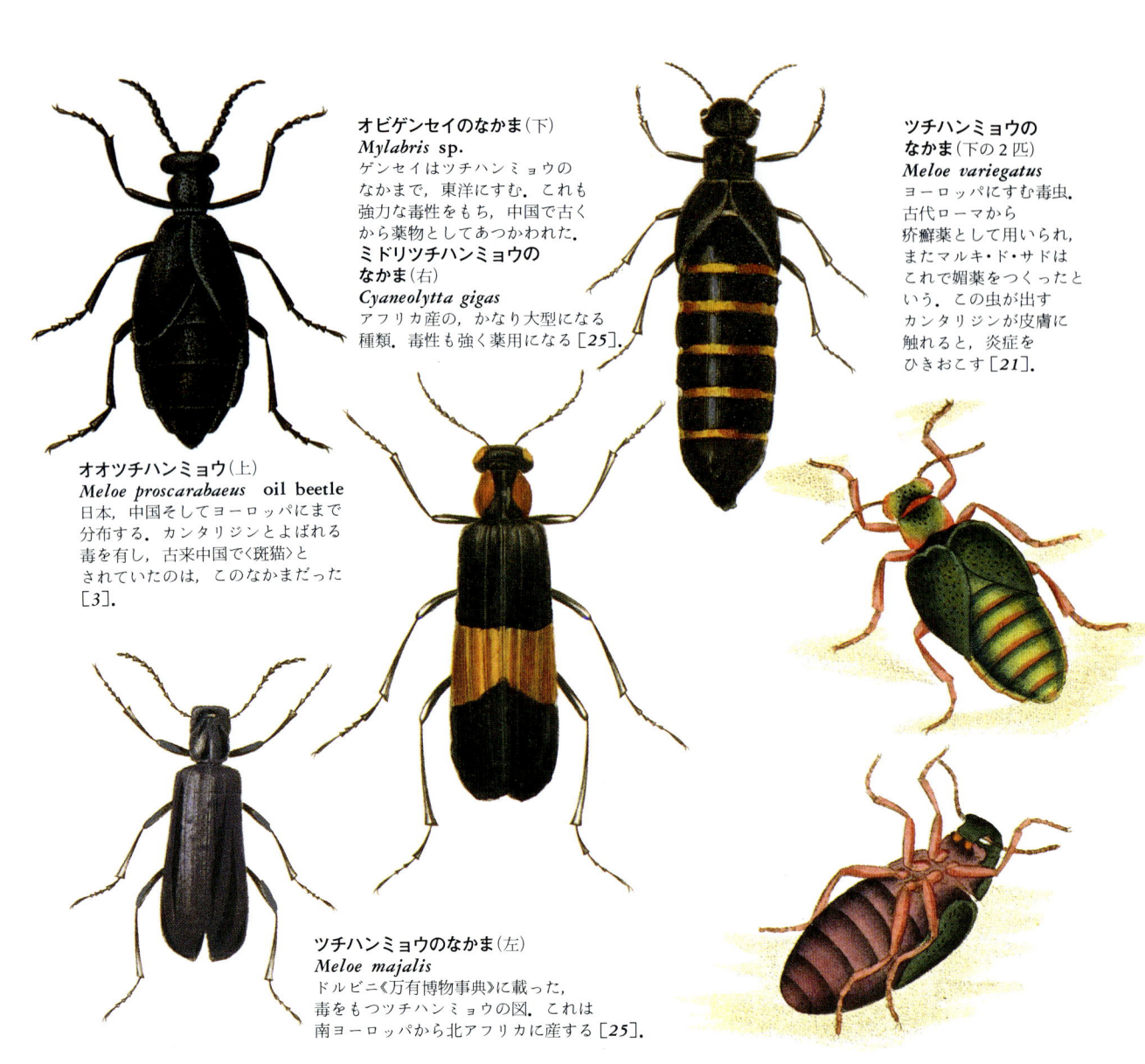

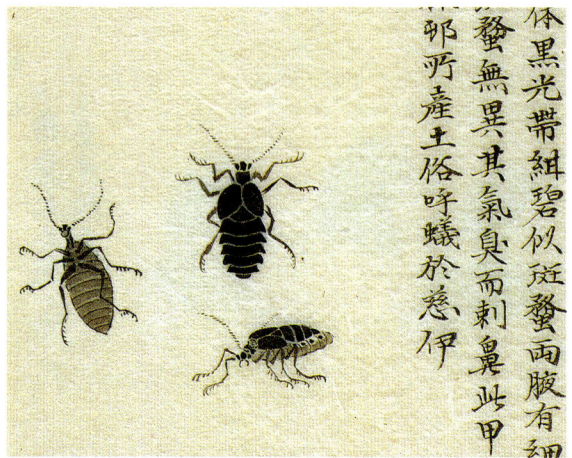

オビゲンセイのなかま(下)
Mylabris sp.
ゲンセイはツチハンミョウの
なかまで、東洋にすむ。これも
強力な毒性をもち、中国で古く
から薬物としてあつかわれた。

**ミドリツチハンミョウの
なかま**(右)
Cyaneolytta gigas
アフリカ産の、かなり大型になる
種類。毒性も強く薬用になる [25]。

**ツチハンミョウの
なかま**(下の2匹)
Meloe variegatus
ヨーロッパにすむ毒虫。
古代ローマから
疥癬薬として用いられ、
またマルキ・ド・サドは
これで媚薬をつくったと
いう。この虫が出す
カンタリジンが皮膚に
触れると、炎症を
ひきおこす [21]。

オオツチハンミョウ(上)
Meloe proscarabaeus oil beetle
日本、中国そしてヨーロッパにまで
分布する。カンタリジンとよばれる
毒を有し、古来中国で〈斑猫〉と
されていたのは、このなかまだった
[3]。

ツチハンミョウのなかま(左)
Meloe majalis
ドルビニ《万有博物事典》に載った、
毒をもつツチハンミョウの図。これは
南ヨーロッパから北アフリカに産する [25]。

ツチハンミョウのなかま Meloidae
日本で採集されたものらしいが、詳しい同定は不能。
しかし文章から、これは有毒の斑猫すなわちツチハンミョウと
考えられる [5]。

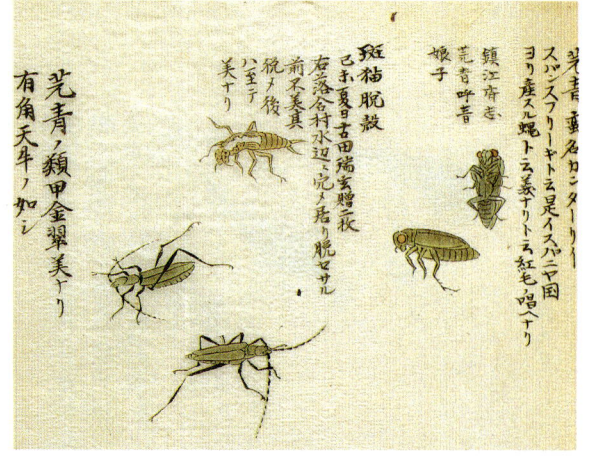

ゲンセイのなかま？ Meloidae？
秘薬ともいえる〈芫青〉は、日本へは輸入品としてはいってきた。
しかし正しくゲンセイであったとはかぎらず、
多くのまがいものがふくまれていた [5]。

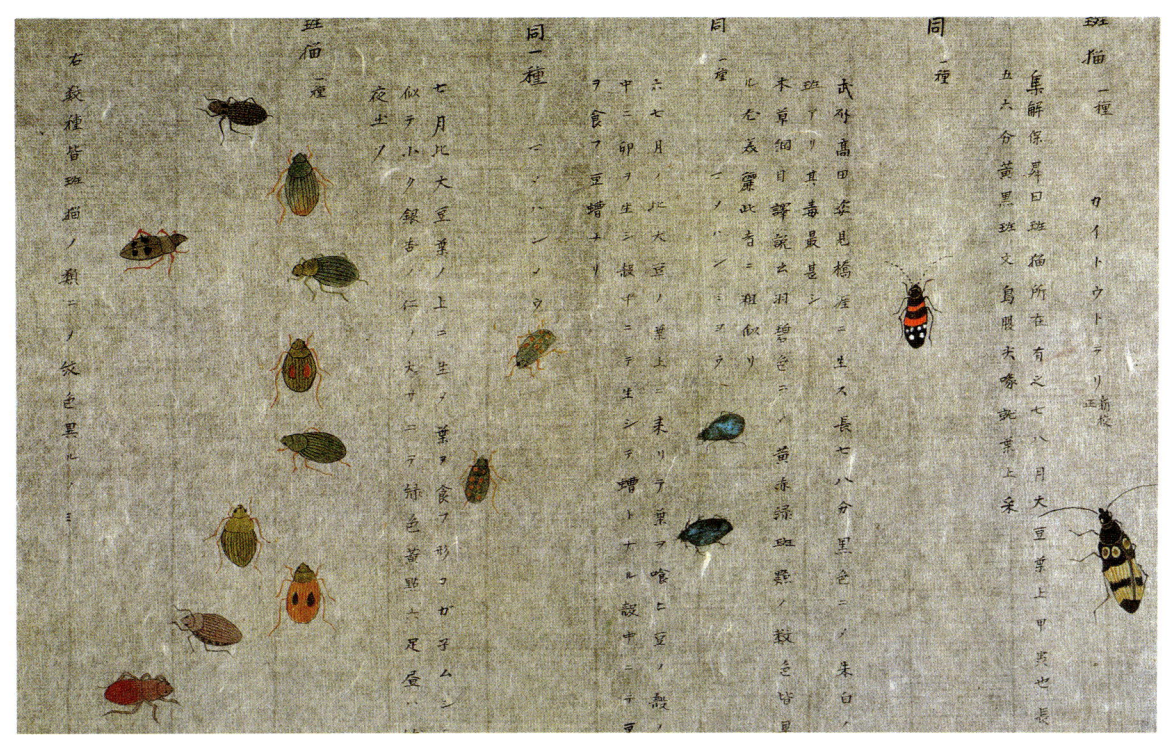

ゲンセイのなかま？　Meloidae ?
《虫譜》より．ここにはたくさんのゲンセイのなかまが
描かれている．東南アジア方面から輸入されてきたもので
あろう［17］．

ゲンセイのなかま？（上）　Meloidae ?
きわめて美しいイギリス産の甲虫．
おそらくはゲンセイかツチハンミョウの
なかまであろう［21］．

キオビゲンセイのなかま　Mylabris sp.
美しいゲンセイは，見た目にも有毒と感じられる．
古くは殺人用の毒にも使われ，
他方重要な薬品でもあった．東南アジア産［23］．

クロモンイッカク　Notoxus monoceros
これはユーラシアに分布するアリモドキ科の1種．
もちろん甲虫のなかま．しかし研究はあまりすすんでいない．
ひろい意味ではツチハンミョウに近い虫であるので，
とりあえずここに図示しておく［21］．

437

●鞘翅目──テントウムシ／ゴミムシダマシ／ツチハンミョウ・ゲンセイ

【文学】《てんとう虫 The Ladybird》(1923) D.H.ロレンスの中編小説。第1次大戦でイギリスの捕虜となったチェコの伯爵の神秘的魅力にひかれてゆく人妻の姿を描く。世界の根源は闇だと説くこの伯爵の家の紋章は7つの斑点をもつテントウムシ。おそらくナナホシテントウだろう。伯爵によれば，テントウムシも，エジプトで崇拝されたスカラベと同等の存在で，原初の創造力を象徴しているのだという。

【てんとう虫のサンバ】日本のフォーク・デュオ，チェリッシュの1973年(昭和48)のヒット曲。赤，青，黄色のテントウムシがサンバに合わせて踊る夢の国の結婚式のようすを明るく描いたもので，ひところ，結婚披露宴で若者たちにさかんにうたわれた。

ゴミムシダマシ

節足動物門昆虫綱鞘翅目ゴミムシダマシ科 Tenebrionidae に属する昆虫の総称。
[和]ゴミムシダマシ〈偽歩行虫〉　[中]偽歩行虫　[ラ]*Tenebrio*属，*Martianus*属，その他　[英]darkling beetle, false wireworm　[仏]ténébrion　[独]Schwarzkäfer, Dunkelkäfer　[蘭]zwartlijve　[露]чернотелка

【名の由来】テネブリオはラテン語で〈光を避けるもの tenebriō〉の意味。マルティアヌスは古代ローマの軍神マルスにちなみ，この虫が熱い液体を敵に噴出する攻撃的性格をもつことによる。

英名ダークリング・ビートルは，〈くすんだ色をした甲虫〉の意。幼虫の総称であるフォールス・ワイアーワームは，〈コメツキムシの幼虫もどき〉という意味。ゴミムシダマシの幼虫とコメツキムシのそれとが似ているため。独名は〈黒い甲虫〉〈くすんだ色をした甲虫〉。蘭・露名も〈黒い体〉の意味。

和名ゴミムシダマシは，ゴミムシに姿がよく似ていることから。

【博物誌】ゴミムシに似た甲虫だが，ヘッピリムシ（ミイデラゴミムシなど）と同様に，熱い液体キノンを敵に噴出する性質がある。キノンは噴射されると反応熱によって刺激のあるガスになって敵を苦しませる。ゴミムシダマシがもつこの武器は過酸化酵素が作用しないあいだは無害で，虫の体内に貯蔵されている。ただ，ヘッピリムシほど敏しょうでないゴミムシダマシは，頭を下げて腹をもちあげ，キノンを噴出する。この動きを察したネズミなどは，すばやく腹を砂に押さえこんで，虫を食べてしまう。

北米にすむサカダチゴミムシダマシ属 *Eleodes* の甲虫は，キノンを発射する典型的な種類である。人が寄ってくると逆立ちするように尻を上にもたげ，異臭を放つ。これに関してアメリカ・インディアンのコチティ族のあいだには次のような伝承がある。昔，この虫は空に星を散りばめる仕事をまかされていたが，あるときうっかりしてたくさんの星を落としてしまった。そのとき空中に散らばってできたのが天の川で，今でもこの虫はその不注意を恥じて，人が近づくと顔を隠すのだという（クラウセン《昆虫と人間》）。

西洋ではゴミムシダマシの幼虫をおもしろい用途に利用してきた。ペットの餌である。チャイロコメノゴミムシダマシ *Tenebrio molitor* の幼虫をミールワーム meal worm（食用の幼虫の意）と称し，鳥類や小型哺乳類の餌にするため養殖する。

しかしゴミムシダマシと人間との関係がもっともふかいのは，だんぜん東洋である。ゴミムシダマシ科の1種にキュウリュウゴミムシダマシ *Palembus dermestoides*，一名九龍虫（きゅうりゅうちゅう）という甲虫がいる。ホルモンチュウの異名もあり，第2次大戦前後の日本では，黒褐色の光沢をもつこの虫を強精剤として生きたまま呑みこむことが流行した。効能のほどは定かではないが，ビールやサイダーに浮かせて呑む方法もあったという。

中国では現在もキュウリュウゴミムシダマシが薬として市場に出まわっている。《虫薬大辞典》によると，〈血の流れをよくし，脾臓と胃を暖める。また五臓，筋骨を健康にし，中風を去らせ，男性機能をさかんにし，虚弱体質を治す〉そうだ。

なお，東京オリンピックのマラソンで優勝したエチオピアのアベベが，毎日精力剤として九龍虫を欠かさず飲んでいたという噂もあった（梅谷献二《虫の博物誌》）。

ちなみに，キュウリュウゴミムシダマシは，パンや穀類の大害虫としても知られる。そのため，1937年(昭和12)には，農林省がこの虫の輸入・移入を禁止する騒ぎにまで発展した（三山忠郎〈九龍蟲漫録〉《昆蟲世界》昭和13年9月号）。

ツチハンミョウ・ゲンセイ

節足動物門昆虫綱鞘翅目ツチハンミョウ科 Meloidae に属する昆虫の総称。ゲンセイは古くこのなかまに与えられた俗称，現在では *Lytta* 属の総称として用いられる。
[和]ツチハンミョウ〈土斑猫，地膽〉，ゲンセイ〈芫青〉　[中]地膽，芫青　[ラ]*Meloe*属（ツチハンミョウ），*Lytta*属（ゲンセイ），その他　[英]blister beetle, oil beetle, spanish fly　[仏]méloé, cantharide, mouche d'Espagne　[独]Blasenkäfer, Olkäfer, spanische Fliege　[蘭]oliekever, spaanse　[露]нарывник

⇒p.436-437

【名の由来】　メロエはラテン語でこの虫を指す言葉から。リッタはラテン語で〈犬の舌の下にいると考えられた毒虫〉のこと。

英名ブリスター・ビートルは、〈水ぶくれを起こす甲虫〉の意。この虫の類は体内にカンタリジンという強烈な毒物を含んでいて、これが人肌に触れると炎症を引きおこすことによる。同じくオイル・ビートルも〈体内に油を含む甲虫〉を示している。スペインゲンセイの英名スパニッシュ・フライは、〈スペインの飛ぶ虫〉の意。この虫がスペインに多く産したことから。〈スペインのハエ〉という訳語をよく見かけるが、誤解を生みやすいので避けたほうがよい。なお、スペインゲンセイについては、ミドリゲンセイ、アオツチハンミョウといった和名も普及しているが、本書では長谷川仁博士が提唱しておられるこの名を用いる。英名その他の各国語名とも対応し、色彩で虫を区別する紛わしさもなく、何よりもゲンセイのなかまということがよくわかるからである。また長谷川氏によると、スペインゲンセイの近似種で、中国産〈芫青〉の代表種である *Lytta caraganae* の和名は、アオゲンセイとするのがよいという。

仏名のカンタリドはギリシア語で穀物やブドウ畑に害となる昆虫〈カンタリス kantharis〉から。独・蘭名も〈(体内に)油を含む甲虫〉〈水ぶくれをおこす甲虫〉〈スペインの飛ぶ虫〉の意。

中国名の地膽は、地中にいて色が膽のような虫、という意味。芫青は、〈芫花(フジモドキ)を食べる青い虫〉の意。和名はその音読み。

和名ツチハンミョウは、〈土にすむハンミョウ〉の意。

【博物誌】　甲虫の1グループで斑点があり、美しい。花の上にのって、植物を食べる。かつて東洋で毒のあるハンミョウとよばれた虫は、今日の分類学によると、すべてツチハンミョウ科の虫である。ただし、このうちマメハンミョウは中国と日本にのみ分布し、東洋での所見に限定されているので、別項目として、あとにかかげる。

このグループは、どれも体内にカンタリジンという強烈な毒性をもつ化学物質を含んでいて、これが人間の皮膚に触れると特殊な血管刺激作用で、水疱を生じさせるほどの炎症を引きおこす。このカンタリジンは、ヨーロッパ最古の薬ともいわれるカンタリスの主要成分である。この薬をつくるとき、一般にはツチハンミョウ科の1種スペインゲンセイの乾燥虫体を用いる。

アリストテレス《動物誌》に、早くも甲虫の1種としてカンタリス kantharis の名がみえる。しかし、イチジクやナシやモミについている蛆が変態をとげたものと記されているだけで、毒性についての記述はない。古代ギリシアでは〈カンタリス〉がスペインゲンセイを指すとはかぎらなかった。

しかし医学の父ヒポクラテスは、水腫や卒中、黄疸などの治療にカンタリスを用いて効果をあげている。その点からみて、ツチハンミョウの毒を薬品に利用することは古代ギリシアでもよく知られていたにちがいない。

古代ローマではスペインゲンセイをつぶしたものを疥癬の薬として用いた。ただしプリニウスによると、強力な腐食作用があるので、腫れ物ができないようにあらかじめ患部にソーダを塗っておかなくてはならないと注意している。また腫れ物ができてしまったら、ネズミの頭と胆汁、糞にヘレボルス(クリスマスローズのたぐい)という植物とコショウを混ぜたものを塗るとよい、とある。スペインゲンセイの乾燥体に石灰を混ぜたもので、解剖メスのようにして、腫れ物を切り取ったともいう。またさらに、サラマンダーの毒に対しては、スペインゲンセイを呑みこむと効果がある。毒をもって毒を制する手段である。

ちなみに古代西洋では、生理中の女性が裸になって畑の中を歩きまわると、農作物の害虫はことごとく死に絶える、とひろく信じられていた。プリニウスは《博物誌》のなかで、スケプソスのメトロドロスという人物の説を引き、この虫の駆除法は、カッパドキアの住民がスペインゲンセイの被害にあったときにたまたま発見された方法だ、とまことしやかに述べている。その効果はあまりに強烈なので、日の出前に行なわないと、作物や薬用植物までやられてしまう、という注意書きもつけられている。

以来、女性とツチハンミョウとのあいだには不思議な関係が結ばれた。ツチハンミョウ類の毒に対しては、母乳を飲むと解毒効果があると信じられたのだ。そして母乳からの類推により、次のような伝承も生まれるべくして生まれた。すなわち、雄ヤギの脂肪や煮汁を飲むと、ツチハンミョウ類の毒に対して有効だというのだ。

ヨーロッパではまた、カンタリスの粉末を媚薬にも用いた。これを少量服用すると生殖器の粘膜が充血するからで、イタリアで〈ナポリの水 acquetta di Napoli〉、フランスで〈愛の丸薬 pastille galante〉、イギリスでは〈恋愛散 love powder〉の名でひろく使用された。

かのサド侯爵にもカンタリスを調製した媚薬を娼婦に与えた記録がある。澁澤龍彦《サド侯爵の生涯》によると、1772年6月、マルセイユにいたサドは、4人の娼婦を相手に変態行為の沙汰をつ

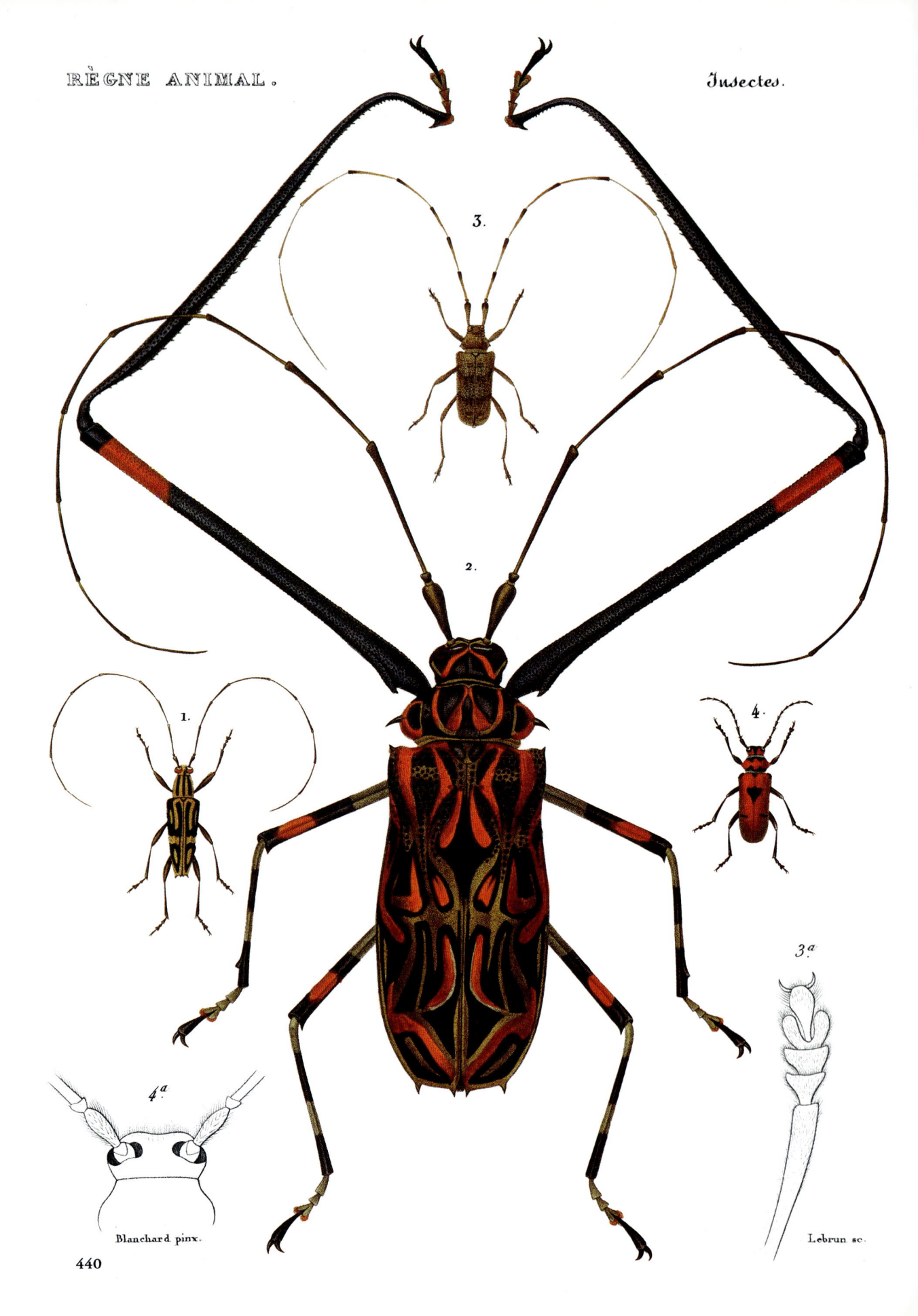

RÈGNE ANIMAL. Insectes.

Blanchard pinx. Lebrun sc.

440

**カミキリムシのなかま
ほか甲虫類各種**（右）
Cerambycidae
long-horned beetle
アストロラブ号の
南太平洋航海により
採集報告された
カミキリムシ.
ほかに若干の甲虫類が
ふくめられている.
ここでは19世紀の
博物航海記に
付せられた昆虫図の
すばらしさを確認する
こととしたい［*1*］.

**カミキリムシの
なかま**（左頁・fig. 1）
Glaucytes interrupta ?
これは正体の
よくわからない
カミキリムシ.
姿が一風変わって
いるので,
同定をお願いした
岡島秀治氏の
意見にしたがい,
グラウキテス属の
1種とした.

テナガカミキリ
（同・fig. 2）
Acrocinus longimanus
見るも色鮮やかな
中南米産カミキリムシ.
おそらくこの
グループ中もっとも
美しいものだ.

**ヨーロッパ
ヒゲナガモモブト
カミキリ**（同・fig. 3）
Acanthocinus aedilis
小さなカミキリムシで
ある. 思わず手にとり
たくなる.

**カミキリムシの
なかま**（同・fig. 4）
Tetraopes varicornis
メキシコ産の
カミキリムシらしく
熱帯色に染まっている.
みごとな銅版画であり,
《動物界》のなかでも
もっともすぐれた
構成をもつ作品である
［*3*］.

● 鞘翅目——ツチハンミョウ・ゲンセイ／マメハンミョウ／カミキリモドキ／アリモドキ／カミキリムシ

くしたいわゆる〈マルセイユ事件〉をおこす。その間に〈茴香の味のするボンボン〉、つまりこの媚薬を娼婦にさしだし、〈放風の出る薬〉だと言って、7～8粒食べさせたのである。さらにほかの娼婦にも、交わる前にしつこく勧めたらしい。が、ひとりの娼婦は口に入れるとすぐに吐きだしたため、のちに証拠品として警察に押収されてしまった。なお澁澤氏はこの件について次のように述べている。〈茴香の味のするボンボンは、古来、腸管内に溜ったガスを排出させる作用があると信じられていた。サドはこれを娼婦たちに食べさせて、駆風剤の効果を実験しようと思ったのである。ところが、期待した成果が得られなかったので、彼は大いに失望したようである〉。

なお、カンタリスの効用は人間にとどまらず、家畜の交尾意欲をよび覚ますためにも用いられた。またムーフェットによると、スペインゲンセイのうちでも薬用には小麦をたくさん食べた個体がもっとも適しているという。

もちろんヨーロッパ人はカンタリスを毒薬としても利用した。カンタリスは致死量30mgという劇薬でもあるからだ。

さらにムーフェットはイギリスではスペインゲンセイを除くツチハンミョウ類を見かけたことは一度もないと述べ、もっぱらドイツでのほかのツチハンミョウ類の習性や利用法を記している。しかし地方によっては、ツチハンミョウの乾燥虫体をとくに5月ごろ、粉末にしてビールと混ぜたものをAnticantharinumとかKaddentrankとよび、流行性の頭痛に対する特効薬として珍重したという。

またパラケルススはツチハンミョウとハツカダイコンの種を処方した液体を、目の腫れを治す薬に用いたとする。さらに虫の油分は手のひびやあかぎれの塗り薬ともされた。

中国で〈斑猫〉の薬効が初めてひろく認識されたのは、後漢時代の成立といわれる最古の薬書《神農本草経》に記されてからといわれる。以後いろいろな書物で多くの別称が与えられ、その過程でさまざまな別種が混同されていったらしい。その後は結局斑猫、芫青、葛上亭長、地膽の4種がひろく知られる結果となった。

中国人はこのツチハンミョウ類について、その正体を十分に解明した定説をもたなかった。一説には〈真の地膽〉と〈偽の地膽〉があるとされた。前者は〈大馬蟻〉というアリに似ており、草の上に産す。後者はマダラゲンセイ属の虫が変化したもので、ダイズのような形をしているという。

しかし《本草綱目》の著者李時珍は少し突っこんだ所説を吐いている。彼によると、ツチハンミョウという虫はゲンセイやマメハンミョウの類が冬になって土中に穴ごもりしたものである。上野益三博士によると、これはツチハンミョウの幼虫が、地中に巣をつくるハナバチ類に寄生して育つのを発見し、そう解釈したものらしい。李時珍は幼虫まで突きとめたのである。その結果、彼はツチハンミョウ科に属する諸虫、およびハンミョウを比較して次のように述べている。〈けだし芫青は青緑色、斑蝥は黄斑色、亭長は黒身赤頭、地膽は黒頭赤尾であって、色は同じくないが、功力はやはり相近い〉。

ちなみに中国では、薬用にはおもにオビゲンセイ属 *Mylabris* やゲンセイ属 *Lytta* の虫が用いられ、マメハンミョウやツチハンミョウはほとんど使われなかったようだ。

マメハンミョウ

節足動物門昆虫綱鞘翅目ツチハンミョウ科マメハンミョウ属 *Epicauta* に属する昆虫の総称、またはその1種。
［和］マメハンミョウ〈豆斑猫、葛上亭長〉　［中］葛上亭長
［ラ］*Epicauta* 属（マメハンミョウ）

【名の由来】　エピカウタはギリシア語で〈上のepi〉と〈焼かれたkautos〉の合成語。この虫に触れると皮膚の表面がただれたようになることから。

マメハンミョウの中国名、葛上亭長は、〈葛の葉の上にいる亭（駅）の長〉という意味。中国では古く、10里ごとに駅を設け、駅長は黒衣に赤帽をかぶるのがならわしだった。そこで黒い体に赤い頭をもつこの虫を、駅長になぞらえたもの。

和名マメハンミョウは、ダイズの葉を食害する習性による。

【博物誌】　ツチハンミョウのなかまであるが、毒が強烈で皮膚に触れると発疱する。致死量を超えると人間も死ぬ。中国ではマメハンミョウを淋病の薬に用いた。この虫を切断して腹中にある米粒ほどの白玉をとりだし、すりつぶしたものを水と一緒に飲むのだという。また《本草綱目》によると、堕胎薬にも使われたらしい。《重修本草綱目啓蒙》によると、夏に北風が吹くと、マメハンミョウが大挙してあらわれ、田の苗を食い尽くしてしまう。しかしこの虫を捕えて竹に突き刺したものをほうぼうに置くと退散するという。

このマメハンミョウよけのまじないについて、名和梅吉〈害虫談片〉(5)（《昆蟲世界》昭和13年10月号所収）にはこうある。〈古より該蟲の現われたる際数疋を串に刺し圃間に置く即ち獄門にさらす時は他のものは之を見て他に逃去するものと謂わ

れているが獄門に曝したから行くのではなく一定の食物を取れば他に移動する習性があるから如何にも獄門を知って逃げて行く様に思わるるのである〉．

マメハンミョウは触れると落下する習性があるので，防除のさいは下に受け口の広いものを用意したうえで払い落としていけばよい．

ただしマメハンミョウの幼虫は，土の中にいてイナゴの卵を食べるので益虫とされる．

日本ではマメハンミョウの乾燥虫体をカンタリスとよび，長らくヨーロッパ産カンタリスの代用薬品としてきた．しかし農薬による個体数の減少，また毒性が強いこともあって，近年は薬として使われていない．

カミキリモドキ

節足動物門昆虫綱鞘翅目カミキリモドキ科Oedemeridaeに属する昆虫の総称．
［和］カミキリモドキ ［中］擬天牛 ［ラ］*Oedemera*属，その他 ［英］oedemerid beetle, false blister beetle ［仏］oedémère ［独］Engflügler, Schmalkäfer ［蘭］schijnboktorre ［露］узконадкрылка

【名の由来】 オエデメラはギリシア語で〈腫れるoideo 腿節meros〉から．

英名フォールス・ブリスター・ビートルは，〈ツチハンミョウダマシ〉といった意味．種によっては，ツチハンミョウ類の有するカンタリジンによく似た毒性物質を体内に含んでいることによる．独名は〈幅の狭いはねをもったもの〉〈ほっそりした甲虫〉の意．蘭名は〈にせのカミキリムシ〉．露名も〈幅の狭いはねをもったもの〉の意味．

和名カミキリモドキは，姿が一見カミキリムシ類に似ているため．ただしカミキリムシ類にくらべ，この虫の触覚は細長く，体も軟弱である．

【博物誌】 甲虫のなかまで，名称のようにカミキリムシか，あるいはタマムシによく似ている．しかもカミキリモドキ科のうち，夜間灯火に集まるランプカミキリモドキなどは，体内にカンタリジンやそれによく似た物質を含んでいて，人間の肌に触れると炎症をおこす場合も多い．

カミキリモドキの体内にあるカンタリジンについては，栗本丹洲の《千蟲譜》でも，蛮産の芫青（カンタリス）に劣らず発泡膏に入れるとよい，とすでに指摘されている．

北海道にすむキクビカミキリモドキ*Xanthochroa atriceps*やアイヌカミキリモドキのことを当地ではヤケドムシとよんだ．こういった虫に触れられると火傷の跡のようなみみず腫れができるからである．さらにこの虫は若い女性，それも風呂場などでよく陰部めがけて飛んでくるので，エロムシという異名もあった．《北方昆虫記》を著した河野廣道によると，これは虫がいやらしいわけではなく，肌の中でもやわらかくて抵抗力の弱い部分をねらっているだけのことという．

アリモドキ

節足動物門昆虫綱鞘翅目アリモドキ科Anthicidaeに属する昆虫の総称．
［和］アリモドキ〈擬蟻虫〉，イッカクチュウ〈一角虫〉 ［中］角虫 ［ラ］*Anthicus*属，*Notoxus*属，その他 ［英］ant-like flower beetle ［独］Blütenmulmkäfer ［蘭］bloemenkever ［露］быстрянка　　　　　　　　　　→p.437

【名の由来】 アンチクスはギリシア語で〈花を開いた anthikos〉の意味．ノトクススは〈背noton〉と〈鋭いoxys〉の合成語．

英名は，形がアリに似て花のまわりによくいることから．独名は〈花のぼろぼろになった甲虫〉．蘭名は〈花の甲虫〉．露名は〈すばしこさ〉に関係する言葉から．

和名アリモドキも，アリによく似た虫という意味．同じくイッカクチュウは，背中に1本角のような突起物があることから．イッカクともいう．

【博物誌】 一見アリそっくりの小虫だが，甲虫のなかまである．体長は2mmから12mmほどだが，3〜4mmの種が多い．しかし体に似合わぬ大食いで，餌（他の昆虫など）はないかとしじゅう歩きまわっている．生息場所は成虫・幼虫とも花の上や落ち葉の下，朽ち木の上など．石や丸太の下で発見されることもある．

カミキリムシ

節足動物門昆虫綱鞘翅目カミキリムシ科Cerambycidaeに属する昆虫の総称．
［和］カミキリムシ〈髪切虫〉 ［中］天牛，天水牛，八角児 ［ラ］*Cerambyx*属，*Aromia*属，*Spondylis*属，その他 ［英］longhorned beetle, longicorn beetle ［仏］cérambyx, longicorne ［独］Bockkäfer, Bock ［蘭］boktor ［露］усач　　　　　　　　　　→p.440-453

【名の由来】 アロミアはギリシア語の〈香料 arōma〉から．スポンディリスは〈脊椎 spondylos〉に由来．ギリシア神話によると，人類が堕落した青銅時代，ゼウスが洪水をおこして人類を滅ぼそうとしたとき（デウカリオンの洪水），テッサリアのオトリュス山の羊飼いケラムボスはニンフたちから翼を与えられ，ケラムビュクスという甲虫に変わった．

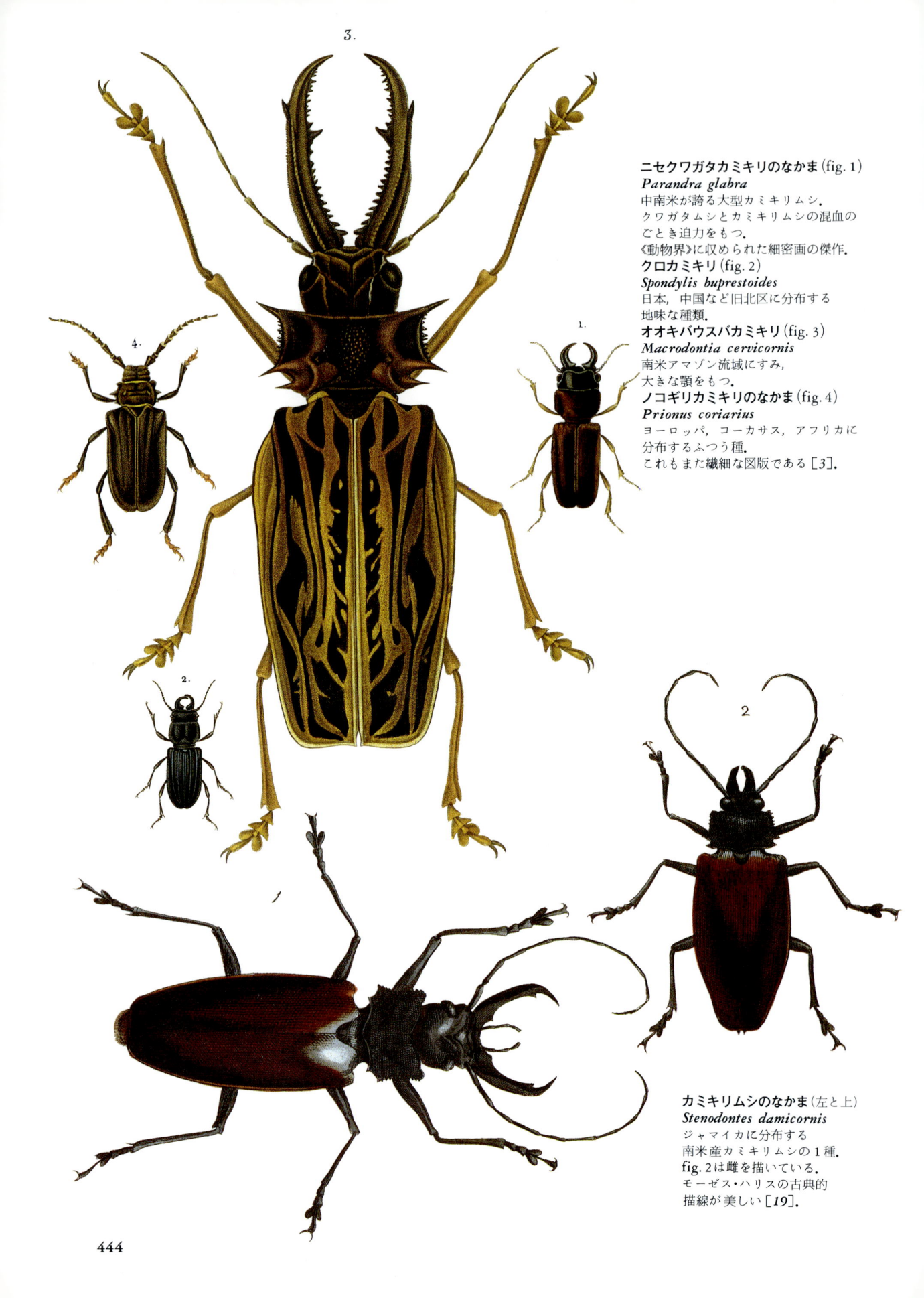

ニセクワガタカミキリのなかま (fig. 1)
Parandra glabra
中南米が誇る大型カミキリムシ．
クワガタムシとカミキリムシの混血の
ごとき迫力をもつ．
《動物界》に収められた細密画の傑作．

クロカミキリ (fig. 2)
Spondylis buprestoides
日本，中国など旧北区に分布する
地味な種類．

オオキバウスバカミキリ (fig. 3)
Macrodontia cervicornis
南米アマゾン流域にすみ，
大きな顎をもつ．

ノコギリカミキリのなかま (fig. 4)
Prionus coriarius
ヨーロッパ，コーカサス，アフリカに
分布するふつう種．
これもまた繊細な図版である[3]．

カミキリムシのなかま（左と上）
Stenodontes damicornis
ジャマイカに分布する
南米産カミキリムシの1種．
fig. 2は雌を描いている．
モーゼス・ハリスの古典的
描線が美しい[19]．

オオキバウスバカミキリ（左図・上）　*Macrodontia cervicornis*
マリア・シビラ・メーリアンが描いたおそらく
史上最初のオオキバウスバカミキリの彩色図であろう．
構成がすばらしく劇的である［38］．

ノコギリカミキリのなかま（上の2匹）
Prionus coriarius　tanner beetle
ヨーロッパからコーカサスにすむ．これはイギリス産の個体で，
E. ドノヴァンがみずから着色した鮮やかな色彩がうれしい［21］．

ノコギリカミキリのなかま（fig. 1, 2）　*Prionus sp.*
fig. 1, 2はヨーロッパ産のノコギリカミキリの番♀♂と考えられる．ごく薄く描きこまれた影が
古典的イメージをいやがうえにも高めている．
テナガカミキリ（fig. a）　*Acrocinus longimanus*
中南米産の美種．18世紀にもこの種はさかんに図示された．
オオキバウスバカミキリ（fig. b）　*Macrodontia cervicornis*
南米アマゾン流域に生息する巨大種．
モーゼス・ハリスの図版でも中心的存在として描かれている．おもしろい色合いの虫だ［43］．

● **鞘翅目**──カミキリムシ／マメゾウムシ

カミキリムシ科のラテン名はこの逸話にちなんだものである。

英名は〈長い角をもつ甲虫〉〈触角の長い甲虫〉を示す。独・蘭名は〈雄ヤギの甲虫〉および〈雄ヤギ〉。露名は〈口ひげを生やした人〉の意味。

中国名の天牛，天水牛は，触角がウシやスイギュウの角の形に似ていることから。同じく八角児は，触角の形状を漢字の八の字にみたてたもの。

和名カミキリムシについては《重修本草綱目啓蒙》に〈口に利歯左右にありて蜈蚣（むかで）の如し，髪をも能く囓（かみ）きる，竹木の類は更なり，故にカミキリムシという〉とある。ケキリムシという異名もこれに準ずる。

なお矢島稔《昆虫ノート》によると，カミキリムシを〈紙切虫〉と思いちがえる人も多い。

《本草綱目》によると，中国の江東地方でも，ゴマダラカミキリ Anoplophora malasiaca のことを〈囓髪（はつ）〉，つまりカミキリとよんでいたという。

キクイムシという名は現在の分類学上では，鞘翅目キクイムシ科 Scolytidae (Ipidae)（英名 bark beetles）の総称にあてられるが，一般には樹に穴を掘ってすむカミキリムシ科，コウモリガ科 Hepialidae (Hepalidae)，ボクトウガ科 Cossidae などの幼虫に対する総称である。中国でも木蠹虫（もくとちゅう）と記す虫は，おもにカミキリムシの幼虫である。

【博物誌】 大きな顎をもち，葉や髪を切る甲虫だが，これは捕食用のものではなく，植物に穴をあけるのに用いる。この虫は植物食なのである。ひげが長く，斑紋が美しい。捕えると，ギイギイという音をたてるのも特徴である。世界中に3万種も分布し，〈鉄砲虫〉とよばれる白い幼虫はクヌギなどの樹木に穴をあける。

まず西洋の博物誌であるが，アリストテレス《動物誌》にでてくるカミキリムシの記述は1か所のみ。この虫の変態を以下のように述べている。〈乾いた木材の中にいる蛆もカミキリムシになる。まず蛆が動かなくなり，次に外被が破れてカミキリムシが出てくる〉。

いっぽうプリニウス《博物誌》には，カミキリムシを左手に握ると，マラリアの四日熱がおさまる，とある。

中世末の昆虫誌作家ムーフェットでは，記述は次のようになる。コウモリにとってカミキリムシは珍味の餌で，好物のカよりもさらに喜んで食べる。捕えた虫を生きたまま握りつぶして食べるのがとくに好みらしい（《昆虫の劇場》）。

なお，カミキリムシの1種にジャコウカミキリ Aromia moschata とよばれる，麝香（じゃこう）に似た香気を放つ虫がいる。ヨーロッパ人は古くからこの虫をハンカチに包んだり，手袋でつかんだりしてその移り香を楽しんだ。またドイツ北部ではかつてこの虫を煙草と一緒に箱に入れ，麝香の香りのする煙草をつくったという（松村松年《昆蟲物語》）。

ジャコウカミキリについては，《昆虫の劇場》にも記述がみえる。それによると，においはナツメグとシナモンの香りにそっくりで，没薬（もつやく）と同じくらいよい香りがするという。もっとも死んでしまえば香りはすぐに蒸発するが，飼い箱に残り香がしみついている，ともある。またムーフェットは，自分より先にこの虫を見つけた人を知らない，と述べ，自分が発見者であることをにおわせた。しかし，マラリアよけはおそらくこのカミキリムシの芳香を用いたものだろう。

ニューギニアの住民は，じつにいろいろな種類の昆虫を食べるが，なかでもカミキリムシの幼虫は大好物だという（西丸震哉《ネコと魚の出会い──人間の食生態を探る》）。

中国人は，カミキリムシを毒虫とみなし，《本草綱目》以前の本草書には記載がない。しかし，宋代・金代以降，方術家のあいだでは，たまに薬として用いられ，李時珍もこれを，瘧（おこり）のさいの悪寒や熱気，子どもの急性脳膜炎，また矢じりが刺さったときなどの薬として推賞している。また唐宋八家のひとり蘇軾（そしょく）(1036-1101)は，カミキリムシのことを，〈両角徒（いたずら）に自ら長く，空に飛んで箱に服せず。牛となって竟（つい）に何の益ぞ，利吻（りふん）枯桑に穴す〉と描写している。

しかし中国でこの虫について最初に大きな関心を払ったのは《本草綱目》の著者李時珍だった。同書には，カミキリムシは雨が降るとよくあらわれる，とある。李時珍は，カミキリムシの大顎について，鉗（かなばさみ）のようでひじょうに鋭い，と評した。また，ムカデのくちばしにも似ている，と述べている。

同書にはまた，カツラ科の樹を食う桂蠹虫（けいとちゅう）という虫が記載されている。古く漢や隋の時代から，珍味として贈り物に使われたようだ。《大業拾遺記》によると，〈蜜で漬けると紫色になり，辛く香ばしくして風味がある〉という。稲垣建二氏によると，これはイエカミキリやクスベニカミキリ，ホシベニカミキリなどの幼虫のことらしい。

以上の記述からもわかるように，中国の本草学者は，カミキリムシ類は成虫よりむしろ幼虫に大きな関心を払い，さかんにその効用を説いた。これがいわゆる〈キクイムシ〉で，陳蔵器《本草拾遺》には，腐った木に生じ，錐でもんだように孔をうがち，春になると羽化してカミキリムシとなる，とある。

また，明の徐光啓が撰した《農政全書》には，キクの害虫キクスイカミキリ Phytoecia rufiventris が，〈菊虎〉の名で記載されている。それによると，この小虫は，清明(陽暦の4月5日ごろ)の後にあらわれ，芒種(6月5日ごろ)の後まで，キクの葉をむさぼり食う。また人の足音を聞きつけるとすばやく飛び去るので，朝早く忍び寄って取り去ったり，夜中，提灯をさげながら捕るのがよい。さらにいつも2匹であらわれる習性があり，同書では雌雄か，とされている。ちなみに，姿は〈黒色で頸の辺はほぼ黄色でたいへん美しい〉という。

　ヤナギの木の幹に食いいる柳蠹蟲は，シラホシカミキリ，ゴマダラカミキリなどの幼虫がこれにあたる。李時珍によると，驚風や血症の薬とする。また糞も薬に使われた。

　小野蘭山は《重訂本草綱目啓蒙》において，木蠹蟲は羽化すると，カミキリムシ，コメツキムシ，カブトムシの類になる，としている。

　また《和漢三才図会》によると，日本では，クサギの幹に食いいった虫を捕ってあぶり，子どもの癇の虫などの薬に用いた。この虫は白くて形も柳蠹蟲にそっくりなので，柳蠹蟲を〈臭樹蠹(くさぎのむし)〉と称して売り歩く者もいたという。

　日本では俗に，柳蠹蟲は，痘瘡の変症を治す神薬とされた。しかし寺島良安は，《和漢三才図会》で，〈わたしはしばしばこれを試みたがまだ効験を見ない〉，と述べている。

　かつての江戸には柳蠹虫を売り歩く行商人もいた。松浦静山《甲子夜話》続篇巻41にも，5月の中ごろ，著者が千住からやって来た商人と出会ったようすが描かれていて，背中にしょった小箱には200匹ほどの虫がはいっている，と商人が言ったとある。

　ちなみに江戸初期の儒学者林羅山(天正11－明暦3/1583-1657)は，カミキリムシの詩をつくった。《羅山文集》によると，全文は以下のとおり。

血余毎被此虫抽	血余はつねにこの虫に抽かる
須未曾饒黒白頭	須らく未だ曾つて饒かず，黒白頭
舌上剃刀分寸許	舌上の剃刀は分寸ばかり
蟬冠万髪汝知不	蟬冠万髪，汝知るや知らずや

　また日本の愛鳥家は，鳥に精力をつけるために，カミキリムシをあぶったものをよく与える(渡辺武雄《薬用昆虫の文化誌》)。

　なおカミキリムシの種々の幼虫はテッポウムシ(鉄砲虫)と称し，魚釣りの餌としてさかんに利用された。テッポウムシという名は，これらの虫がヤナギの木の根もとにまるで弾丸を貫いたような穴を掘ることに由来する(松村松年《昆蟲物語》)。

　小説家の尾崎一雄の〈テッポウムシ〉によると，彼の生まれ故郷の三重では農民がよくカミキリムシの幼虫をまとめて油で煎って食べていたという。タンパク質と脂肪分に富んでおり，おいしいのかもしれない。

　アイヌもカミキリムシの幼虫を，冬の釣りの餌に用いた(更科源蔵・更科光《コタン生物記》)。

【虫喰いの託宣】　カミキリムシの幼虫やキクイムシが丸太などにつくる食痕は文字のように見えることがある。古くから薪を割ったら〈天照大神〉の4字が出てきたので皇大神宮に献納したとか，天皇の御寝殿の鴨居の裏から〈天下泰平〉の4字があらわれたなどと，数多く記録されている。これらを〈虫喰いの託宣〉とよぶ。応和1年(961)の2月に宮中で火事があったときには，柱から次のような歌が出てきた。〈作るともまたも焼けなん，菅原や棟の板間の合わぬかぎりは〉。世の人は，菅原道真の亡霊のしわざとおおいに恐れた。そこで，村上天皇は菅原道真の罪をゆるし，正一位太政大臣の官位を賜ったという。字ばかりでなく絵があらわれることもある。安永6年(1777)には，上州太田の大光院の枯松を切ったら，その切口に徳川家の紋と同じ葵の紋様があったので，人びとは瑞祥として喜んだという記録がある。とくにキクイムシの場合，食痕がアンブロシア菌によって黒くなっているので，より文字らしく見える。

【文学】　《髪切虫》(1936)　夢野久作の短編小説。古代エジプトから1匹のカミキリムシが忽然と現代の世にあらわれた。みずからの種を繁栄させて女性の髪を食べつくし，美しい坊主頭をはやらせようとして。だがそれもつかのま，誘蛾灯に飛びこんでつかまってしまい，夢ははかなく消えていった。

マメゾウムシ

節足動物門昆虫綱鞘翅目マメゾウムシ科 Bruchidae に属する昆虫の総称。

[和]マメゾウムシ〈豆象虫〉　[中]豆象　[ラ]Bruchus 属，その他　[英]seed beetle (weevil), pulse beetle (weevil), legume weevil　[仏]bruche　[独]Samenkäfer, Bohnenkäfer, Muffelkäfer　[蘭]zaadkever　[露]зерновка　⇒p.456

【名の由来】　ブルコスはギリシア語で〈バッタ，イナゴ broukos〉のこと。

　英名は〈種子を食べる甲虫〉〈豆類を食べる甲虫〉〈豆科植物の種子を食う甲虫〉の意。いずれもアズ

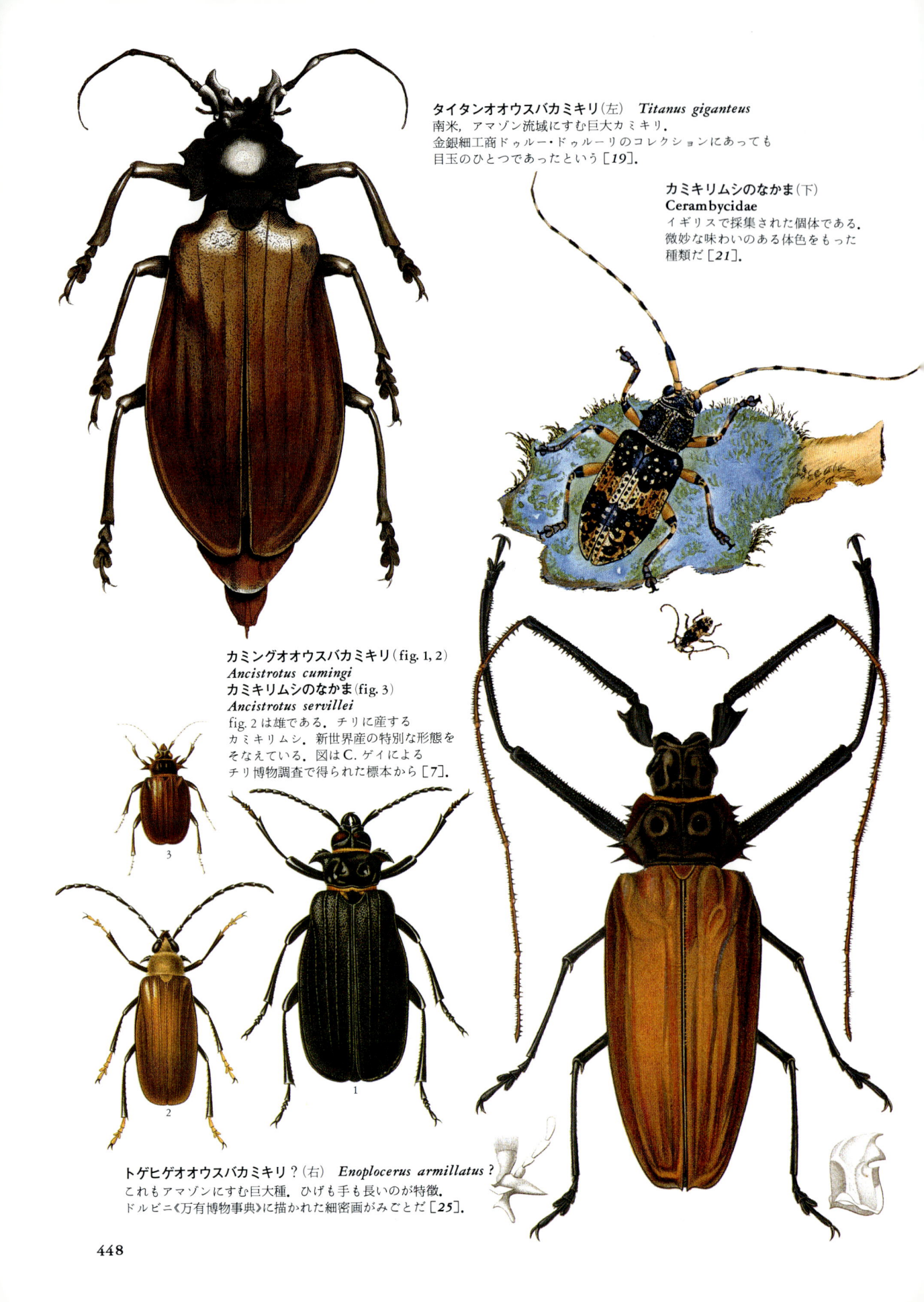

タイタンオオウスバカミキリ(左)　*Titanus giganteus*
南米,アマゾン流域にすむ巨大カミキリ.
金銀細工商ドゥルー・ドゥルーリのコレクションにあっても
目玉のひとつであったという [*19*].

カミキリムシのなかま(下)
Cerambycidae
イギリスで採集された個体である.
微妙な味わいのある体色をもった
種類だ [*21*].

カミングオオウスバカミキリ(fig. 1, 2)
Ancistrotus cumingi
カミキリムシのなかま(fig. 3)
Ancistrotus servillei
fig. 2 は雄である.チリに産する
カミキリムシ.新世界産の特別な形態を
そなえている.図はC.ゲイによる
チリ博物調査で得られた標本から [*7*].

トゲヒゲオオウスバカミキリ?(右)　*Enoplocerus armillatus* ?
これもアマゾンにすむ巨大種.ひげも手も長いのが特徴.
ドルビニ《万有博物事典》に描かれた細密画がみごとだ [*25*].

アオカミキリのなかま(右)　*Callichroma virens*？
西インド諸島に分布するカミキリムシ．
ドゥルー・ドゥルーリのコレクションより．
彼の図譜はチョウを重視しているが，カミキリムシにも
かなりのアクセントをおいていた．
美しく，おもしろい種が多いためだろう［19］．

テナガカミキリ(上)　*Acrocinus longimanus*
18世紀初頭に出た図鑑の至宝といわれるメーリアンの図版にあっても，
一，二をあらそう傑作．色彩，ポーズともに最高のできを示している
［38］．

カミキリムシのなかま(右)　*Xylotoles litteratus*
ニューカレドニアにすむカミキリムシ．オーストラリア大陸に
近い島にいる昆虫は，進化的見地からも興味ぶかい．
E.ドノヴァンは本図で腹を向けたポーズまでつけ加えている［21］．

449

● 鞘翅目──マメゾウムシ／ハムシ／オトシブミ

キ，ソラマメ，インゲンなどの種子に寄生することから。独名も〈種子を食べる甲虫〉〈豆を食べる甲虫〉〈一口の食べ物の甲虫〉。蘭・露名も同様。

【博物誌】 マメゾウムシ類は，名前にゾウムシとあるものの，分類学上はゾウムシ類との縁は遠く，カミキリムシ類やハムシ類とともに食葉類にふくまれる。

一般に体長2〜5mmの小さな甲虫で，農地のマメ類を食害するために害虫と目される種も少なくない。ただし食害のしかたは〈野外型〉と〈屋内型〉というふたつの様式に大別される。

前者の代表例はソラマメゾウムシ Bruchus rufimanus，エンドウゾウムシ B.pisorum など。ともに卵を畑の未熟なマメ類の鞘に産みつけ，かえった幼虫は鞘の中に食いいり，実を食べて成長する。ソラマメゾウムシは1921年(大正10)ころ，エンドウゾウムシは1887年(明治20)ころまでには，いずれも輸入穀類に付着して日本に侵入してきた外来種である。

いっぽうの〈屋内型〉は，完熟したマメ類のみを餌とするグループで，ファーブル《昆虫記》にもあらわれるインゲンマメゾウムシ Acanthoscelides obtectus が有名である。ファーブルは，新大陸から渡ってきたと覚しきインゲンマメゾウムシが，ローヌ河口県のマイヤンヌ地方の収穫をだいなしにしたと伝え聞き，さっそくこの将来の害虫候補を研究した。その過程でわかったのは，瓶の中の乾いたインゲンに産卵していたこのマメゾウムシを自分の畑に放してみると，成虫も幼虫も畑のインゲンには見向きもしないということであった。そこよりファーブルは，インゲンマメゾウムシは倉庫のマメ類にとっての大敵だが，殺虫剤を用いれば居どころの範囲が限定されるぶん，田畑にいる害虫よりは退治は簡単だろうとしている。

なおマメゾウムシ類と人類との関わりは古く，インカの遺跡からもライマメとともにインゲンマメゾウムシが発見されている(梅谷献二《マメゾウムシの生物学》)。

ハムシ

節足動物門昆虫綱鞘翅目ハムシ科 Chrysomelidae に属する昆虫の総称。
[和]ハムシ〈葉虫〉[中]金花虫，葉虫 [ラ]Chrysomela 属，その他 [英]leaf beetle [仏]chrysomèle [独]Blattkäfer, Laubkäfer [蘭]bladkever [露]листоед ➔p.456-457

【名の由来】 クリソメラはギリシア語で〈金 chrysos〉の〈リンゴ melon〉から。あるいは金色の甲虫を指す chrysomelolonthe からか。

英名は〈葉を食べる甲虫〉の意。独・蘭名も〈葉の甲虫〉。露名も葉に関係ある言葉から。和名ハムシもこれに準ずる。

なお日本では俗にハムシという場合，はねのある小昆虫を指すこともあるので注意を要する。地方によってはこの〈羽虫〉が多く飛ぶと雨や雪になるといいならわす。おそらくはアブラムシ類やトビケラ類の総称であろう。

【博物誌】 顎で葉をかみきり，食べる甲虫のなかま。しかもその形はずんぐりしたカミキリムシに似ている。美しく光る種類が多く，また生態も変化に富む。あるグループでは成虫が虫の糞に擬態し，幼虫は体に糞を塗りつける。また，襲われると体側の突起から臭気を放つ群もいる。

アリストテレス《動物誌》にはハムシらしきものが記載されている。〈メクイムシ〉という虫で，幼虫はキャベツの茎の中に発生する，とある。訳者の島崎三郎氏によると，これはカミナリハムシ属の Haltica oleracea などハムシ類を指すという。

西洋ではハムシを観察する人は多くなかった。イギリスのウェールズ地方では，ハムシの用途は未来の夫を占うことであった。娘たちはテントウムシか，このハムシを手のひらに置き，飛んでいった方角を追った。未来の夫はその方角に住んでいるというわけだ(クラウセン《昆虫と人間》)。

アメリカでは南北戦争中の物資不足のおり，南部の医者たちは薬のカンタリスをつくるため，コロラドハムシ Leptinotarsa decemlineata をツチハンミョウ科の虫の代用に用いたという。じつはこの虫，たしかにカンタリスの主成分であるカンタリジンをふくんでいるが，もともとは農作物に被害をおよぼす大害虫だった(渡辺武雄《薬用昆虫の文化誌》)。〈一石二虫〉とでもいうべき妙法であった。

コロラドハムシはジャガイモなど農作物に大被害をおよぼすアメリカ原産の甲虫だが，現在はイギリスにもひろがり，今日のイギリスにおける最大の害虫とまでいわれる。各駐在所にはこの虫の写真が指名手配の犯人のごとくはられ，発見者には賞金が与えられるそうだ。

またアメリカには，日没から日の出までのあいだに種をまいた農作物は，ノミハムシの害を受けない，という俗信がある。

チリやブラジルの女性は，美しい甲をもつハムシ類を首飾りとして利用する(C.I.リッチ《虫たちの歩んだ歴史》)。

この虫について，中国の文献は乏しい。明の徐光啓の撰した《農政全書》では，ウリハムシがホタルとよばれている。その形がホタルに似ているからだという。おそらく文献の少なさは，この虫が

ホタルと十分に区分されていなかったことによるものと思われる。

大蔵永常《除蝗録》は，稲の害虫のひとつとして〈小金虫〉なる虫を記述している。〈壱分位にして，甲に光りある羽虫にて，昼は稲株に手まりの如く集り，夜は散て，稲の茎をくらひて，害をなす〉。この〈小金虫〉は，コガネムシ類ではなく，ハムシ類の1種（イネドロオイムシまたはネクイハムシ）を指す。

なお，小泉八雲《日本瞥見記》によると，シワンという〈キウリを食う小さな黄いろい虫〉には，姦通を見咎められた医者の生まれ変わりとする伝説があった。この医者は逃げているとき，キュウリの蔓が足にからまって転んだところを殺された。それを恨んで今でもキュウリの蔓を食い荒らすのだそうだ。虫の正体は定かではないが，おそらくはウリハムシ Aulacophora femoralis（体長7〜8mm，黄色でウリ類が好物）であろう。

ウリやクワの葉を好んで食べるこのウリハムシは，古くウリバエとよばれていた。よび名にハエとあるのは，大きさがハエほどのためかと思われるが，甲虫であることは，古く中国の《爾雅》の注にも記されている。また《和漢三才図会》の著者寺島良安も〈虫眼鏡でみれば，黒い露眼たゞで，蠅とは同じようではない〉と述べ，ハエ類とのちがいを強調した。

オトシブミ

節足動物門昆虫綱鞘翅目オトシブミ科 Attelabidae に属する昆虫の総称。
［和］オトシブミ〈落文〉　［中］象鼻虫　［ラ］*Attelabus* 属，*Apoderus* 属，その他［英］leaf-rolling weevil［仏］rouleur de feuille　［独］Blattroller　［露］трубковёрт
➡p.456-457

【名の由来】　アッテラブスはギリシア語の〈バッタ attelabos〉から。アポデルスは語源不明。

英名は〈葉を巻きあげるゾウムシ〉。仏・独名は〈葉を巻くもの〉。露名は〈パイプ，管〉に関係する言葉から。

和名オトシブミは，〈落とし文〉の意。この虫は木の葉を筒状に丸めていわゆる〈ゆりかご〉をつくり，中に卵を産みつける。その形が一見落とし文（はっきり口にしにくい事柄をしたため，こっそり道に落とした文書）に似ているため。このなかまのチョッキリの名は，そもそも鋏で切るさまを称した言葉。卵を産みつけた葉や枝に切れ目を入れて，先を折る習性に由来する。

【博物誌】　コナラ，バラ，フジなどの若葉を使って雌が巻きあげる〈ゆりかご〉で知られるゾウムシ科に近縁の甲虫。特異な生態をもつ甲虫である。体長は1cmに満たぬ小型のグループで，植物を餌にする。食用にもなるクヌギやニレなどの葉を巻いて〈ゆりかご〉をつくり，中に1個の卵を産みつける。卵が産みつけられた〈ゆりかご〉は地上に落とされ，孵化した幼虫は〈ゆりかご〉を食べながら育ち，約1か月後に成虫となって出てくる。

たとえばヒメクロオトシブミ *Apoderus erythrogaster* は，次のような巣づくりを行なう。初夏になると，雌はまずコナラの葉の端の中央から主脈に向かって直角に葉をかみ進んでいく。やがて今度は反対側から同じように切り進む。すると不思議なことに，左右からの切り口は主脈の1点でぴったり合わさるのである。さらに交点にかみ傷をつけ，しおれた先端部分をふたつ折りにする。これを巻きあげていく途中でいったんとめ，中に卵を産みつける。そしてふたたび巻きあげていき，切り口までたっしたらできあがりとなる。この作業，しめて1時間半ほどかかるそうだ（梅谷献二〈オトシブミの「ゆりかご」〉《虫のはなし》所収）。

これについて，ファーブルの《昆虫記》では，オトシブミはゆりかごの中で孵化したあと，ゆりかごが風の力で切られ，幼虫は地中にもぐって成長することになっている。しかし1960年代に長野県南安曇郡の梓川中学校の校長の千国安之輔氏が，成虫になるまでずっとゆりかごで暮らしつづけることをつきとめたという（信濃毎日新聞社編《しなの動植物記》）。

ところで，オトシブミ科 Attelabidae は，オトシブミ類とチョッキリゾウムシ類に大別される。すべての種が〈ゆりかご〉をつくる前者に対し，後者の場合，葉を巻く種のほか，葉柄や果実に卵を産みつける種などもいる。また形のうえでも，オトシブミ類は頸部が長いが，チョッキリゾウムシ類は眼から前方が吻状にのびている。

なお，チョッキリ類やオトシブミ類の幼虫は，魚釣りの餌としてよく利用される（松村松年《昆蟲物語》）。

日本では古くオトシブミのつくる〈ゆりかご〉を，〈カッコウの落とし文〉，〈ホトトギスの落とし文〉などとよび，夏の風物とした。つまりかつては鳥のしわざと考えられていたわけだ。

《雲錦随筆》（文久2/1862）によると，讃岐国ではこの〈郭公の落文ぶみ〉を，当地に流された崇徳上皇に都なつかしき鳴き声を聞かせてはなるまいと，ホトトギスたちが口にくわえた木の葉だといい伝えた。詳しくは〈鳥類編〉［ホトトギス］の項を参照。ただし同書の著者暁晴翁はその正体につい

カミキリムシのなかま(上) Cerambycidae
南米スリナムに分布するカミキリムシの1種．種は不明だが，メーリアンのドラマティックな構図が，なんということもない昆虫をおもしろくみせている [38].

カミキリムシのなかま
Oncideres amputator
南米産カミキリムシの食餌行動がおもしろい．木の中には穴をあけた幼虫〈鉄砲虫〉が見え，生態図としても興味ぶかい [47].

カミキリムシのなかま(左)
Batocera rubus or *rofomaculata*
カミキリムシのなかま(上)
Aristobia sp.
E. ドノヴァンの愛らしい図が示すカミキリムシの世界．ただ，いつもの彼に似合わず，背景を描きこんでいないので，どのような場所にすむ虫かわからない [23].

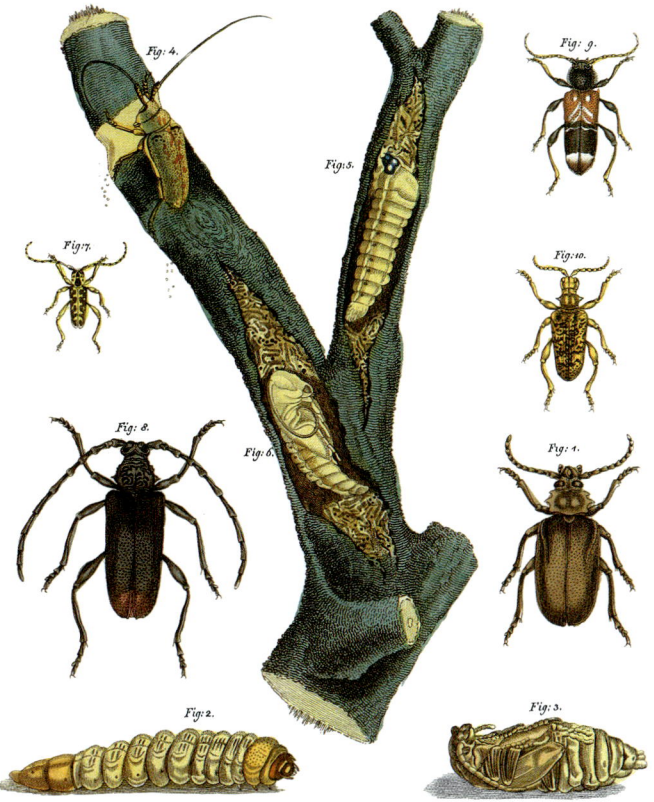

カミキリムシのなかま(上) **Cerambycidae**
F. J. ベルトゥーフ《少年絵本》に載せられた解説図．
おそらく左頁に示した図をコピーしたものだろう [32]．

ゴマダラカミキリ？(下) ***Anoplophora malasiaca* ?**
日本産のカミキリムシを丹洲が描いたもの．
現代人にもなじみの虫が，江戸時代人にも同じように関心を
寄せられていたことを知るのは，楽しい [5]．

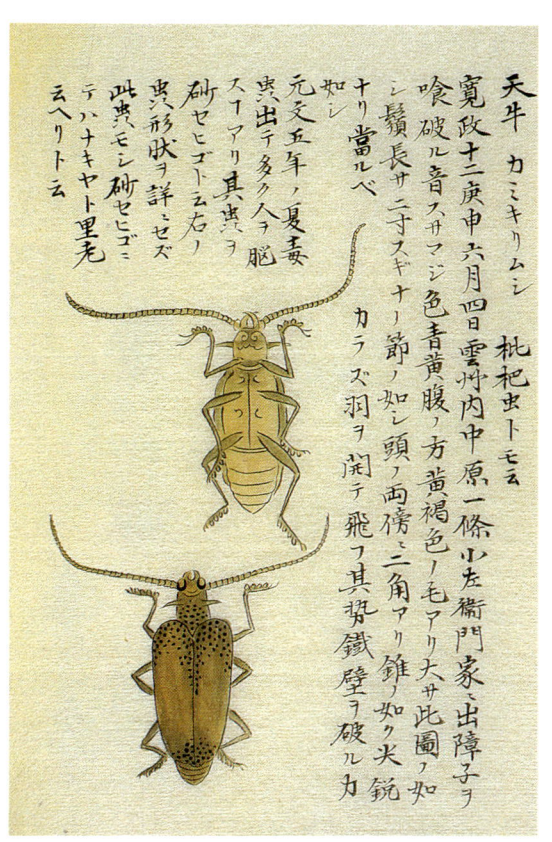

クワカミキリ？ *Apriona japonica* ?
丹洲がかなりの時間をかけて写生したものであるらしい．
この文章には毒虫とある．日本特産種だけに心ひかれる
ものがある [5]．

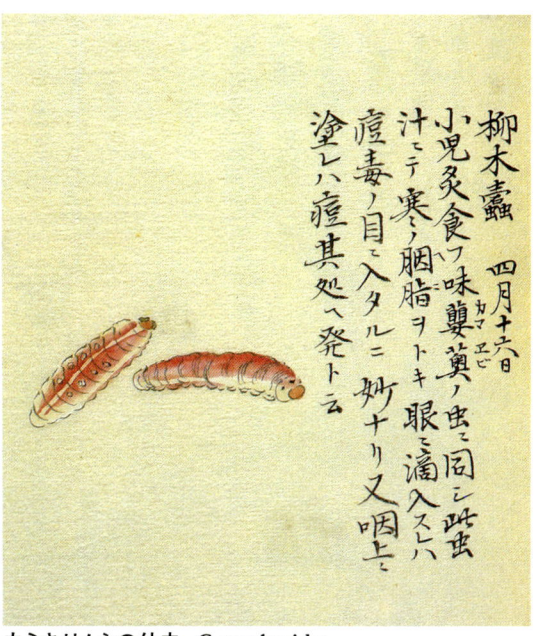

カミキリムシの幼虫 Cerambycidae
栗本丹洲が描いた幼虫．〈鉄砲虫〉あるいは〈木食い虫〉と
よばれる段階にある．粗雑な図だが，特徴はよく出ている
[5]．

453

●鞘翅目──オトシブミ／ゾウムシ／キクイムシ

て，〈簔虫などの如き虫〉が中にはいって巣にしたものか，と正しく推定し，ホトトギスが餌にしようとくわえて飛んでいるうちに誤って地上に落とすのだろう，と述べている。

長野県の子どもたちはこの〈ゆりかご〉を〈カラスのお土産〉とか〈スズメのお土産〉とよぶ。

ちなみに，オトシブミが使った葉を煎じて飲むと，風邪がたちどころに治るという俗信もあった（河野廣道〈オトシブミなる名称の起源に就きて〉《昆蟲世界》大正15年5月15日号）。

ゾウムシ

節足動物門昆虫綱鞘翅目ゾウムシ科 Curculionidae に属する昆虫の総称。これに近縁なヒゲナガゾウムシ科 Anthribidae，オトシブミ科 Attelabidae，ミツギリゾウムシ科 Brentidae，オサゾウムシ科 Rhynchophoridae などは，いずれも前方へ突出した口吻をもつため，これらをふくめて俗にゾウムシとよぶこともある。

［和］ゾウムシ〈象虫〉　［中］象鼻虫　［ラ］*Curculio* 属，その他　［英］weevil, snout beetle, billbug　［仏］charançon, scarabée à trompe, becmare　［独］Rüsselkäfer, Rüssler, Schnauzenkäfer　［蘭］snuitkever　［露］долгоносик　→p. 457-465

【名の由来】 クルクリオはラテン語でこの虫を指す curculio から。アンスリビダエはギリシア語の〈花 anthos〉と〈こする，打つ tribō〉の合成語。ブレンチダエは水鳥の一種を指すギリシア語 brenthos から。リンコフォリダエは〈鼻 rhynchos〉を〈持つ phoros〉という意味。

英名ウィーヴィルの由来についてはよくわからない。一説には，ゲルマン系の言葉で活発に歩きまわることを示す web が語源だといわれる。また蛹をつくるために糸を織る習性にちなみ，〈織る web〉に由来するともいう。スナウト・ビートルは，〈口吻をもった甲虫〉の意。ビルバグは〈くちばしをもった虫〉の意。

仏名カランソンはゴール語で小鹿を指す言葉 karantionos に由来。その他は〈角笛をもった甲虫〉〈くちばし〉の意味。独・蘭・露名も〈鼻をもった甲虫〉〈鼻づらをもった甲虫〉の意味である。

和名ゾウムシは，長い口吻をゾウの鼻にみたてたもの。

なお，コクゾウムシ *Sitophilus zeamais* やココクゾウムシ *S.oryzae* は，米をはじめとする貯蔵穀物の大害虫として知られる。日本でも比較的早くからその存在を認められ，春つく前の米から夏の湿気のせいで生じるという俗説もあった。和名は〈穀物を食べるゾウムシ〉の意。米虫むしのなまりでヨナムシともよばれたという。また《和漢三才図会》によれば，俗に米を菩薩ぼさつと称するところから，この虫を菩薩のひとつの名に引っかけて，虚空蔵こくうぞうともよびなした。これだとコクウゾウが縮んでコクゾウとなったとも考えられる。

【博物誌】 口吻がゾウのように長くのびた甲虫。大半は甲虫類のゾウムシ科にふくまれるが，ほかにもオトシブミ科やヒゲナガゾウムシ科などにもわたる。これらをゾウムシ類とすれば，世界におよそ6万種をかぞえる。植物を食べるが，植物の茎や実，樹皮に穴をあけるのにその長い口吻を使う。また卵はそのような穴に輸卵管を挿入して産みつける。植物を食べるため，農林業の大敵となることも多い。

13世紀から18世紀にかけてのヨーロッパでは，人間が動物を〈告訴〉し，裁判で処刑，破門といった判決をくだす〈動物裁判〉がひろく各地で行なわれた。〈被告〉となる動物の種類も，ブタやイヌ，ネズミなどから，はてはミミズや毛虫，さらに植物にまでおよんだという。となると，植物を加害する昆虫たちが，さかんに訴えられたとしても不思議はない。ゾウムシもその例に洩れなかった。実際，動物裁判がさかんだったヨーロッパ中世では，ゾウムシが〈被告〉になったケースがかなりあるのだ。たとえば1587年4月，フランス，サヴォワ地方のサン＝ジュリアン村では，緑色のゾウムシがブドウ園を荒らしたかどで住民から告訴された。そして双方弁護士を立てての議論をくりひろげるのだが，おもしろいのはゾウムシ側の弁護人。聖書で神が地にも海にも生物が満ちるよう命じた以上，ゾウムシがブドウを食べるのも神に認められた権利であると主張，ついにはゾウムシの土地所有権まで勝ちとってしまった。かくして，ここのゾウムシたちは一定の〈私有地〉にすむこととあいなったという（池上俊一《動物裁判》）。

アフリカでは，ヤシゾウムシの幼虫が食用とされている（C.I.リッチ《虫たちの歩んだ歴史》）。

アメリカ，アラバマ州のエンタープライズには，綿花を食い荒らす大害虫メキシコワタミゾウムシの記念碑がある。というのも，このゾウムシのおかげで綿花栽培に依存していた当地の経済も，ほかの作物の栽培や産業に目を向けざるをえなくなり，運よく発展することになったからである。この虫は皮肉にも〈繁栄の使者〉だったわけだ（C.I.リッチ《虫たちの歩んだ歴史》）。

同じくアメリカでは，コクゾウムシを穀物の倉庫から追いだすには，キュウリの種殻を倉庫に置いておけばよい，と信じられていた。

熱帯地方ではひろく，ヤシオサゾウムシの幼虫を食料としている人びとがいる。また南米のチリ

やペルーの住民もこの虫を食べるが，当地の幼虫は大型で，体長20cmを超すものもいるので，これだけ食べても満腹になるという。

　中国人はゾウムシをやはり害虫と見ていた。そして，腐ったイネがしばしば悪臭を放つところから，これら朽ちたイネがコクゾウムシに変わる，と信じた。《捜神記》にこの俗信が記されている。

　日本人もまたゾウムシの圧倒的な食い荒らしかたを見て，この虫に敵意を抱いた。そのため愛知県ではコクゾウムシを食べれば力が強くなるといいならわし，逆にゾウムシの力を自分のものにするまじないをも実行した。

　エゴの種子の中に寄生するヒゲナガゾウムシ科 Anthribidae の1種ウシヅラヒゲナガゾウムシ（一名ウシヅラカミキリ）Zygaenodes leucopis の幼虫は，京都周辺でチシャノムシとよばれた。1900年（明治33）ころ賀茂川で釣りの好餌として認められて以来，一部の釣り人のあいだで極秘裏に愛用されていた。しかし昭和にはいって一般にひろく知られるところとなり，1937年（昭和12）当時，釣具店では種子ごと1合約3円，つまり1粒3〜5厘ほどの値で売られていたという。ちなみに種子に産卵のさいの傷跡があり，かつ10cmくらいの高さから落としてみて跳ねなければ，十分に成長しきった幼虫が中にいると見てほぼ間違いないそうだ（徳永雅明〈釣餌昆虫「アカムシ」及び「チシャノムシ」〉《動物学雑誌》昭和12年4月号）。

キクイムシ

節足動物門昆虫綱鞘翅目キクイムシ科 Scolytidae の総称。
［和］キクイムシ〈木食虫〉　［中］木蠹虫，杜松虫　［ラ］Scolytus 属，その他　［英］bark beetle, ambrosia beetle　［仏］scolyte, rongeur des bois　［独］Borkenkäfer, Kernkäfer, Splintkäfer　［蘭］schorskever　［露］заболонник　⇒p.465

【名の由来】　スコリッスはギリシア語の〈（手足などを）切りつめる skolyptō〉から。

　英名バーク・ビートルは，〈樹皮 bark を食いやぶる甲虫 beetle〉の意。同じくアンブロシア・ビートルは，Ips 属や Xyleborus 属のキクイムシ類の総称で，アンブロシア菌という菌の名にちなむ。これらのキクイムシ類の母虫が，樹幹に孔をうがって孔道にアンブロシア菌を培養し，幼虫はこの菌を餌とすることから。独名は〈樹皮の甲虫〉〈髄の甲虫〉〈辺材の甲虫〉の意味。蘭名も〈樹皮の甲虫〉。露名も辺材に関連する言葉から。

　和名キクイムシは〈木を食う虫〉の意。

【博物誌】　植物に穴をあけてすみつく甲虫。そのため害虫とみなされることが多い。体長1〜5mmほどの小さな甲虫だが，樹の中に，シダかワカメのような食痕を残し，樹を枯らす。世界中に7000種ほど分布し，食べる樹は種類によって決まっていることが多い。また成虫と幼虫とが同じ樹でともに暮らすことも特色といえる。キクイムシには大別して2様の生態をもつ虫が存在する。〈養菌性穿孔虫〉と〈樹皮下穿孔虫〉とである。

　養菌性穿孔虫のグループは，母虫がまず樹の中に孔道をつくり，その中にアンブロシア菌とよばれる菌を繁殖させ，幼虫にこの菌を食べさせる。

　しかし，幼虫が菌を食べて育たないいわゆる樹皮下性のものは，母虫が掘った孔道を直角に食べ進み，成虫になると樹皮に穴をあけて樹の外に出る。その穴の大きさが弾丸を撃った跡に似ているので，shot-hole borer（つまり日本でいうテッポウムシ）の異名もあるという。またその食い跡は種類ごとに特徴ある文様を形成する。そこで engraver beetle（甲虫の彫刻師）とよぶ場合もある。

　中国では，キクイムシと訓める〈木蠹虫〉がよく知られていた。木を食べる虫だからこの名でよばれるが，じつは，おもにカミキリムシ科の幼虫を指していた。《本草綱目啓蒙》でも，木蠹虫とは天牛，すなわちカミキリムシの幼虫とされている。

　しかもこの中国式〈キクイムシ〉は，虫の生息する樹に応じて，柳蠹虫，桑蠹虫，桃蠹虫，柘蠹虫，竹蠹虫などさまざまな名称でよばれた。しかしその正体のほとんどはカミキリムシ類やガ類の幼虫とされ，鞘翅目のキクイムシ類はあまり注目されていなかったようだ。

　ただしそのなかで〈竹蠹虫〉については，カミキリムシ科，ヤガ科，コメツキムシ科などの幼虫とともに，ヒラタキクイムシ科 Lyctidae のヒラタキクイムシ Lyctus brunneus が候補にあがっている。《本草綱目》によれば，この虫は形は小さいカイコのようで，成長すると〈はねのかたい蛾〉になる。また古く自白剤として秘薬にされたほか，子どもの白禿瘡（シラクモ）や耳の病気の薬に用いられたという。

　ちなみに，松村松年は《日本昆虫学》において，〈竹蠹虫〉の名をヒラタキクイムシにあてた。

　次に，モモの樹を食い荒らす桃蠹虫というのは，サクセスキクイムシ Xyleborus saxesIni かもしれない。《本草綱目》によると，この桃蠹虫は鬼をしりぞける存在で，食べれば体が肥えて顔色がよくなるとされた。またその糞は，急性の伝染病の予防薬に使われたという。

　マツの樹を食い荒らす虫をまとめて俗にマツク

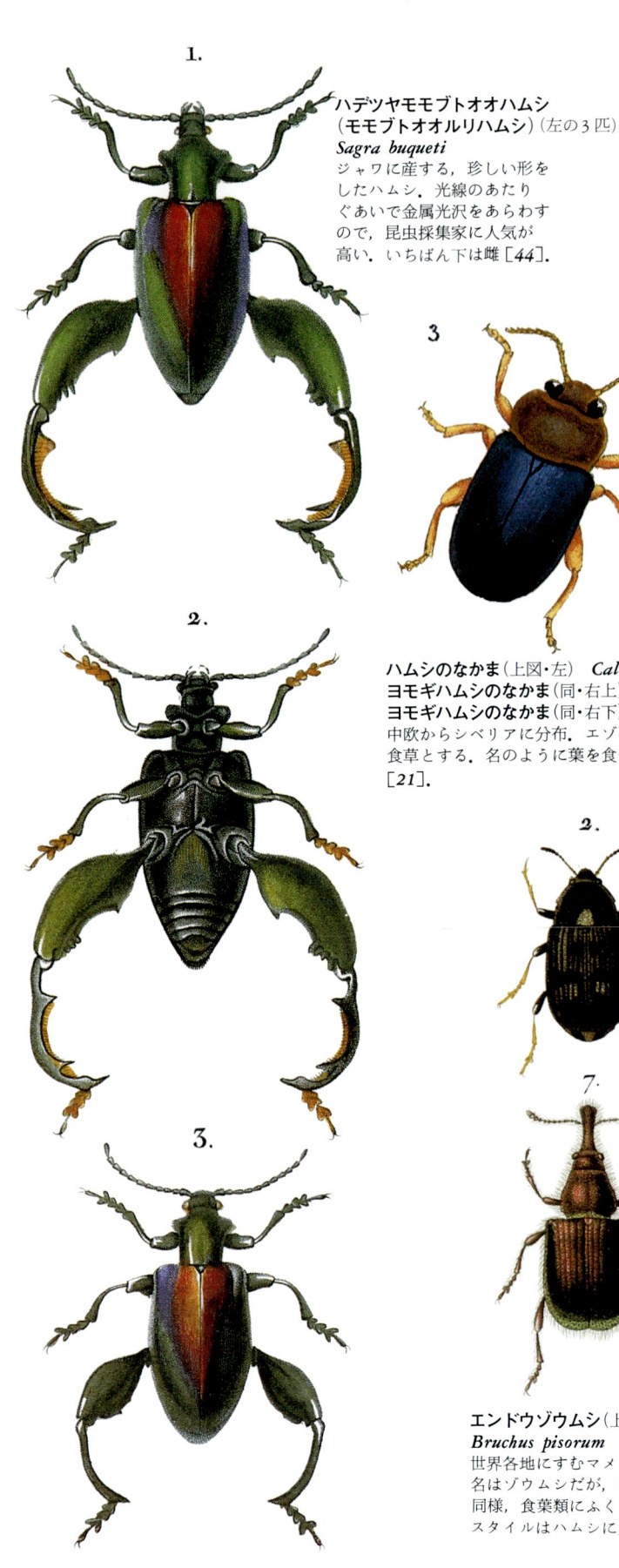

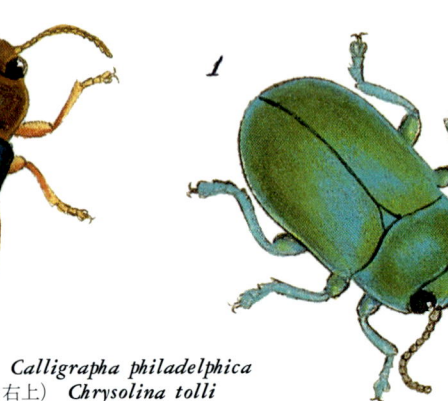

1.
ハデツヤモモブトオオハムシ
(モモブトオオルリハムシ)(左の3匹)
Sagra buqueti
ジャワに産する，珍しい形をしたハムシ．光線のあたりぐあいで金属光沢をあらわすので，昆虫採集家に人気が高い．いちばん下は雌[44]．

ハムシのなかま(上図・左) *Calligrapha philadelphica*
ヨモギハムシのなかま(同・右上) *Chrysolina tolli*
ヨモギハムシのなかま(同・右下) *Chrysolina graminis*
中欧からシベリアに分布．エゾノヨモギギクやイヌゴマなどを食草とする．名のように葉を食べるのが大好きな昆虫である[21]．

エンドウゾウムシ(上図・左上)
Bruchus pisorum
世界各地にすむマメゾウムシの1種．名はゾウムシだが，カミキリやハムシ同様，食葉類にふくまれる．たしかにスタイルはハムシに近い．

オトシブミのなかま(上図・右)
Attelabidae
オトシブミ類の成虫はこのような姿をしている．オトシブミ科はこのオトシブミと，チョッキリゾウムシとに区分される．前者は頸部が長く，後者は口吻が長くのびている．

チョッキリのなかま(同・左下)
Attelabidae
この図をみればチョッキリゾウムシとオトシブミとのちがいがわかるだろう．こちらは〈カッコウの落とし文〉ともよばれる葉巻き状の巣をつくらない[3]．

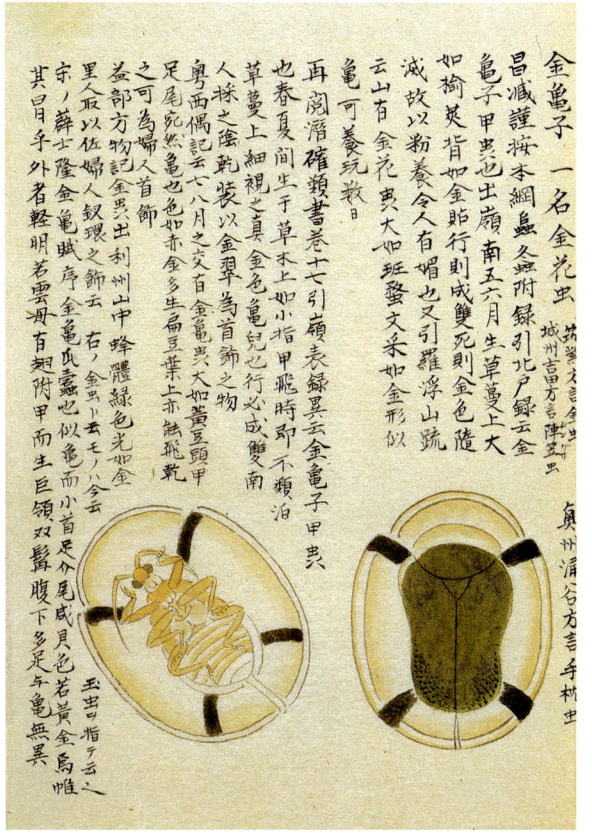

ジンガサハムシ *Aspidomorpha indica*
おもしろい形をしたハムシである．日本からはるか遠い
インドにまで分布．栗本丹洲の図は要領を得ており，
半透明の感じもよく出ている [5]．

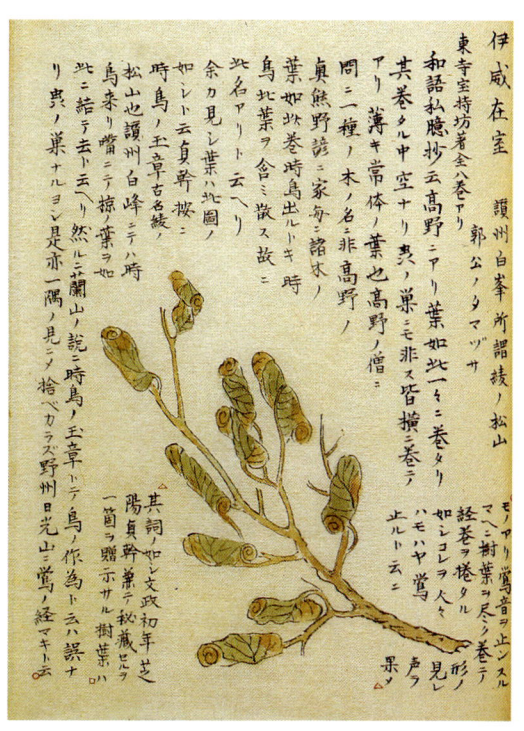

オトシブミのなかまのゆりかご Attelabidae
オトシブミの類が産卵し幼虫を育てるための巣としてつくる
ゆりかご．羽化するまでの期間，この丸い葉巻きが
幼虫を守る [5]．

ウリハムシ
Aulacophora femoralis
ウリ類の葉を好んで食べる．そのため
古くはウリバエともよばれた．
日本，朝鮮半島，中国，台湾にすむ [5]．

ハマキチョッキリのなかま(右上)
Byctiscus sp.
ゾウムシのなかま(下)
Liparus germanus
下はヨーロッパの山地にすむ
ゾウムシの1種．フキの葉などを
食べる．E. ドノヴァンの
《英国産昆虫図譜》より [21]．

●鞘翅目──キクイムシ　●ネジレバネ目──ネジレバネ　●膜翅目──ハチ

イムシと称するが，これにはカミキリムシ類，ゾウムシ類などとともにキクイムシ類も含まれる。マツノキクイムシ Tomicus piniperda がその代表であろう。

ちなみに，小野蘭山《重訂本草綱目啓蒙》にはマツクイムシについて〈南部（岩手県北部から青森県東部）にて土人醬油をつけ焼食うという〉とある。人間の食欲は恐怖を知らない！

ネジレバネ

節足動物門昆虫綱ネジレバネ目（撚翅目）Strepsiptera に属する昆虫の総称。

［和］ネジレバネ　［中］捻翅虫　［ラ］Stylopidae（ネジレバネ科），その他　［英］stylop, strepsipteran, twisted-winged insect (fly, parasite)　［仏］strepsiptère, rhipiptère　［独］Fächerflügler, Strepsiptere, Drehflügler, Kolbenflügler　［蘭］waaiervleugel　［露］веерокрылые

→ p. 465

【名の由来】　ストレプシプテラはギリシア語で〈ねじれ strepsis〉と〈はね ptera〉の合成語。スティロピダエは〈柱 stylos〉と〈目 ōps〉の合成で，突出した目にちなむ命名。

ハチネジレバネ科の英名トゥィスティド・ウィングド・インセクトは，前翅が退化して棍棒のようになり，ねじれてしまっている点に由来する。和名ネジレバネもこれに準ずる。

独名は〈扇形の翼をもったもの〉〈ねじれた翼をもったもの〉〈棍棒のような翼をもったもの〉の意味。蘭名も〈扇形の翼〉，露名は〈小さな扇子〉の意味である。

【博物誌】　独立したネジレバネ目を形成するが，甲虫のなかまに近い。昆虫界で一，二を争う変わりもののグループ。

まず，すべての種がどれかの昆虫類に内部寄生して生活するというのが珍しい。また，雄と雌の姿がまったくちがうというのもきわだった特徴である。雄は甲虫の形態をとるが，雌は羽化せずに幼虫の形のままである。雄は羽化して宿主から離れるが，雌は一生はねをもたない。そして，幼虫とともに，単独生活を送るハチ類などに付着してくらす。つまり寄生虫なのである。こうした習性からみて，ハナバチ類の巣に寄生するツチハンミョウ類に近い昆虫だというのが通説になった。ただし進化の早い段階で分化し，世界中に分布をひろげながら，宿主や形態をさまざまに変化させていったらしい。なお，雄の体長は1.3〜8mm，雌は2〜15mmと，こちらも寄生種の大きさにあわせて多様である。

ハチ

節足動物門昆虫綱膜翅目に属する昆虫のうちアリ科を除いたものの総称。

［和］ハチ〈蜂〉　［中］蜂　［ラ］Bethylidae（アリガタバチ科），Pompilidae（ベッコウバチ科），Scoliidae（ツチバチ科），その他　［英］bee, wasp　［仏］abeille, guêpe　［独］Biene, Wespe　［蘭］bij, wesp　［露］ординочные осч

→ p. 468-469, 476-485

【名の由来】　ベチリダエはギリシア語で鳥の一種を指す bēthylos という言葉から。ポムピリダエはギリシア語でブリモドキなど船のあとを追う魚を指す pompilos から。ハチもブリモドキも，ともに体に縞模様をもつことによるか。スコリイダエは〈曲がった skolios〉に由来する。

英名ビーはゲルマン起源の単語で北欧から北スラブにかけて分布しているハチを指す言葉から。ワスプ wasp は，一説に〈織る〉を示す webh- に由来する名称といわれる。虫の巣をつくるようすにちなんだものか。仏名ギュエプはラテン語の〈スズメバチ uespa〉と古高ドイツ語の wefsa が混交されて wespa となり，それが変形したもの。これは〈織る〉という意味である。

中国名の蜂は，尾の先が鋒（鉾先）のように見えるからだという。

《日本釈名》によると，和名ハチは〈針刺し〉の音が転じたものだという。

【博物誌】　膜翅目にふくまれる虫のうち，アリ類を除くすべてのなかまを指す総称ともいえる。しかし，それではあまりに大所帯になるので，分類学ではハチ類をさらに3つに区分している。

第1は広腰類 (saw fly) とよばれ，胸と腹とのあいだにくびれがない，ずん胴の，人を刺さないハチである。このグループにはキバチ，キクバチ，ハバチがふくまれる。幼虫は青虫のようで動きまわれる。

第2は有錐類 (fly) といい，広腰類と同じようにずん胴だが，腹部の第1と第2の環節のあいだがくびれている。しかも第1環節は上方の胸部と融合しているため，第2環節のところで胸部と腹部とが分かれているように見える。こちらの幼虫は蛆のようで不活発，胸脚がない。このなかまは卵や幼虫（ときに成虫も）が他の虫に寄生する。お尻の剣は産卵にも使われるが，宿主を麻痺させるためにも利用される。

最後に第3のグループは有剣類 (bee, wasp) といい，胸部と腹部がくびれ，お尻の剣で人などを刺す。これには，ハナバチ (bee) のなかまと，そ

れ以外（wasp）との別がある。幼虫は蛆のようで，巣におさまり，成虫に養われるものが多い。ミツバチ，スズメバチ，ジガバチなどもこれにふくまれるが，博物学上，または経済産業上重要なので，それぞれ別に独立項目をたてた。したがってここであつかう〈ハチ〉とは，広腰類，有錐類，そして有剣類のうちミツバチ，スズメバチ，ジガバチを除いた虫たちである。

さて，西洋古代文献に書かれたハチであるが，アリストテレスはハチ一般についてそれほどふれてはおらず，ミツバチやスズメバチを個別に語っている。そのためここでは彼の記述を引用しない。

西洋では，いわゆるワスプのたぐいが日本語の感覚にいう〈ハチ〉に近い言葉である。このワスプ類について古代エジプト人は，これがワニの死骸から生まれる，と信じていた。またコロポンのニカンドロス（前2世紀後半の人物といわれる）によると，オオカミの屍から生まれる場合もあるという。さらに，腐ったシカの眼や鼻孔から飛びだしてくるとか，腐植土やある種の腐った果物から発生するともいわれた。ハチは腐ったものからわいてくる虫だったのである。

また古代ローマの著述家アエリアヌスによると，キツネはワスプ類の巣を次のような方法で捕え，餌とする。まだ尾をハチの巣に長時間つっこみ，ハチをぎっしりたからせる。そうしたら尾を引きぬき，そばにある石や木に打ちつけてハチを皆殺しにする。これを何度も行なえば，巣にいるハチは全滅してしまう。そのあとで巣をつかみ，むさぼり食うのだという。

ヨーロッパ中世には動物裁判といって，人間だけでなく動物を被告にすえた裁判が本気で行なわれた。たとえば864年，ドイツのウォルムース議会は，人を刺した1匹のハチに対しその巣を壊すようにとの〈判決〉を下した。これは記録に残っているものとしては最古の動物裁判とされる。

次に中世での評判であるが，この時代の末期に最大の昆虫誌を残したトマス・ムーフェットは，ワスプ類は雌を含め，みんな一般に針をもつ，と主張した。これは1587年の観察にもとづくもので，彼はハチの巣に熱湯をかけ，巣にいる雌を皆殺しにして，1匹ずつ針の存在を確かめていったのだった。その結果，針が体内にあるか，突きだしているかというちがいはあったものの，すべての雌に針が認められたいう。

また，中世の人びとは，その年に初めて見たワスプを殺せば，あらゆる敵に打ち勝ち，一年中幸運でいられると信じていた。

これに関してエドワード・トプセル《爬虫類の歴史》は，前190年，無数のワスプがイタリア南西部のカプアの町の市場に飛来，軍神マルスをまつった寺院にはいりこんだときの話を語っている。人びとは，これをとり集め，俗信にしたがい幸運を招くようにと，ワスプを焼いて厳粛に葬った。にもかかわらずほどなくしてこの町には敵が襲来し，どこもかしこも焼け落ちてしまったという。大量のワスプを殺して幸運を祈った甲斐がまったくなかったことになる。

いっぽう，ルーマニアには，こんな民話がある。昔，神はまず初めにミツバチを創造した。やがてジプシーは蜜を食べたくてたまらなくなり，蜜蠟で教会用のろうそくをつくりますと言って，神の手からミツバチを取った。神は怒ったけれど，何も言わずにワスプを創造し，それをルーマニア人に渡した。ところがルーマニア人からワスプの蜜がたくさんとれると聞いたジプシーは，自分のミツバチと交換。そしてワスプの巣がある大木のもとに出かけていき，蜜をとろうとしたが，逆に刺されてさんざん痛いめにあったとか。とにかくこのことがあってから，ミツバチはルーマニア人のものに，ワスプはジプシーのものになったという（《民俗神話伝説事典》）。

モロッコでは，男の子のほしい女性は，雄のワスプに蜜を塗って呑みこめば願いがかなうといい伝える。また子どものできない女性は，ワスプの巣を煎じた汁を飲むと，子が授かるという。

またアメリカ南部のインディアンたちは，人間はワスプ類から壺のつくりかたと家の建てかたを教わったといい伝えている。

ところで，習性のおもしろい有錐類について，こんな話がある。タマムシツチスガリというハチは，土の中に巣をつくり，タマムシを貯蔵して幼虫の餌とする。19世紀フランスの昆虫学者レオン・デュフールは，この虫をいろいろと研究した結果，ハチの刺す毒に防腐作用があって，そのためにタマムシは死んでも腐らない，という説を唱えた。この研究論文のおもしろさに触発されて昆虫の研究をはじめたのが，アンリ・ファーブルであった。ファーブルの《昆虫記》は，ハチが生みだしたともいえる。

いっぽう中国では，《本草綱目》にハチの分類法が紹介されている。そのポイントは巣で，これを形状，大きさなどから4種に分類している。以下に列挙すると，

①革蜂巣　スズメバチの巣。大きなものだと周囲1～2丈（3～6m）にもおよぶ。独房の数も最小で626個，最大は1240個もあったという。処方に用いるにはこの巣がもっともすぐれている。巣

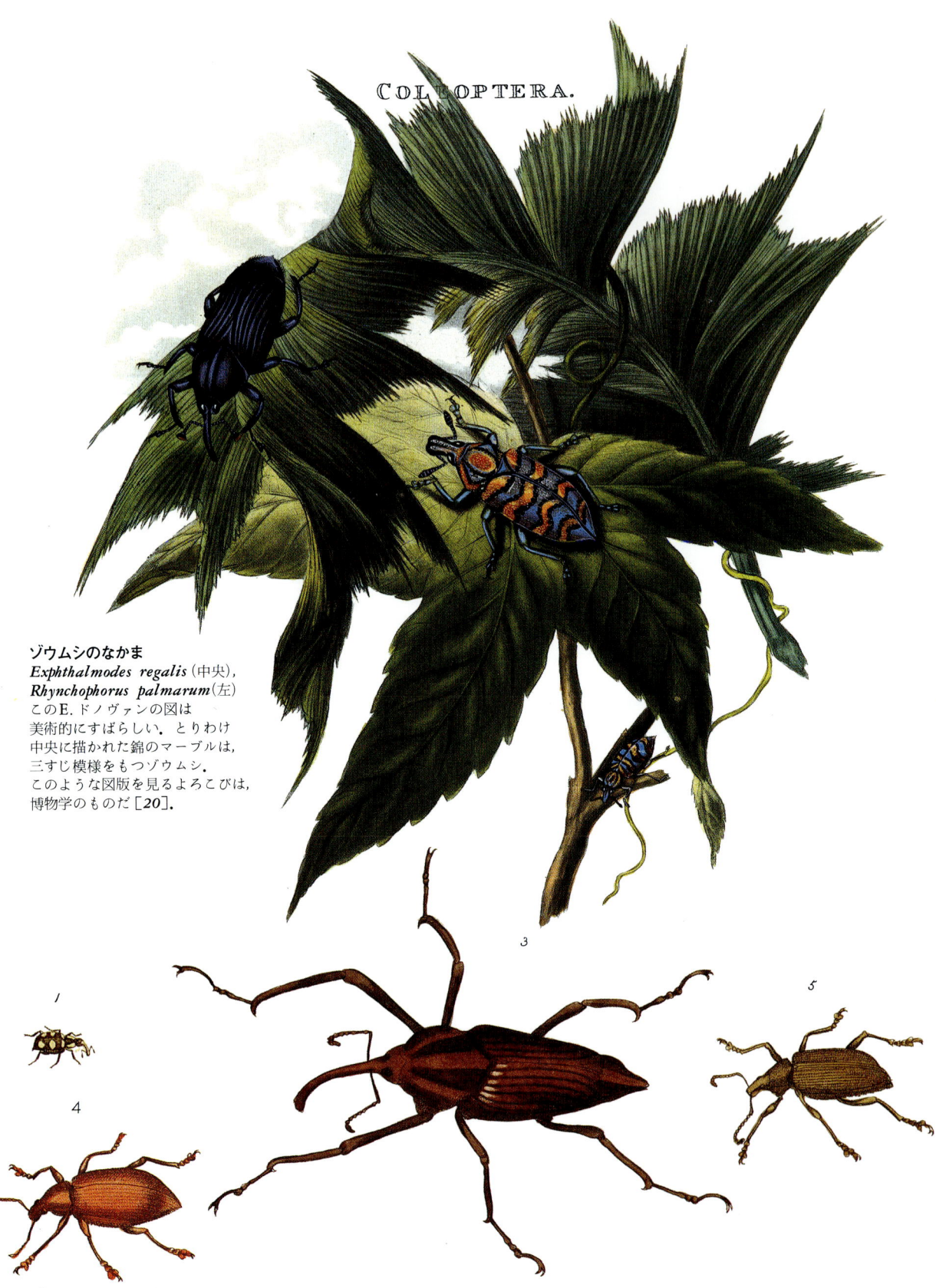

COLEOPTERA.

ゾウムシのなかま
Exphthalmodes regalis（中央），
Rhynchophorus palmarum（左）
このE.ドノヴァンの図は
美術的にすばらしい。とりわけ
中央に描かれた錦のマーブルは，
三すじ模様をもつゾウムシ．
このような図版を見るよろこびは，
博物学のものだ [20].

ゾウムシのなかま（左上）　*Curculio ovalis*　　　　　　インドに産するゾウムシ．ヨーロッパ中世では
ヒゲボソゾウムシのなかま（左下）　*Phyllobius oblongus*　これらの虫は害虫として〈動物裁判〉にかけられた．
タイワンオオゾウムシ（中央）　*Macrochirus longipes*　　しかしある裁判では，ゾウムシがブドウを食べるのも
ゾウムシのなかま（右）　*Exphthalmodes similis*　　　　神意とされ，無罪となったこともある [19].

COLEOPTERA.

ゾウムシのなかま Curculionidae
ここに描かれたのはオーストラリア産ゾウムシ。作物や木々に
穴をあけるため，農業の大敵といわれる。詳しい同定は次のとおり。
Curculio spectabilis (fig. 1), *Brachycerus nigro-spinosus* (fig. 2),
Curculio sexspinosus (fig. 3), *Curculio quadrituberculatus* (fig. 4),
Brenthus lineatus (fig. 5), *Lixus bidentatus* (fig. 6),
Rhnychaenus cylindrirostris (fig. 7) [22].

● 膜翅目──ハチ／ジガバチ／スズメバチ

のへたは漆姑(ナス科のキクバホロシ)、周囲の壁は牛糞でつくり、独房の隔壁は葉の芯でできている。

②石蜂巣　家屋などに見られるありふれた蜂の巣。中には青色のハチが14～21匹すんでいる。珪藻や漆姑などを材料とする。

③独蜂巣　小さなイワツバメの子ほどもあるハチが1匹ですむ特異な巣。このハチは七里蜂ともいい、人馬が刺されるとたちどころに死ぬとある。巣の大きさはガチョウの卵くらいだという。このハチはベッコウバチの1種といわれる。

④草蜂巣　山野に生息する普通一般のハチの巣。《和漢三才図会》には〈薬に入れるには草蜂窠が勝れている〉とあるが、草蜂巣の誤記だろう。

この国では古く、マルハナバチを粉末にしたものを油と混ぜ、クモにかまれたときの塗り薬に用いた。このハチのなかまがクモを好んで食べることから生まれた民間療法である(《本草綱目》)。

また中国の江東地方では、マルハナバチなど土中にいるハチの子を食用とした。また、これを酒にひたしてから顔につけると、色が白くなり、艶が出るといわれた。また、〈赤翅蜂〉といって、土中に巣をつくり、クモ類を餌とするハチの話がみえる。これは、ベッコウバチ類のことらしい(《本草綱目》)。

キバチ類は、長い針を朽ち木などに刺して産卵する。ところが老いた虫は針を木に刺したまま死んでしまう場合もあって、そのうちあしが全部脱け落ちると、一見針で木にくっついているように見える。中国の嶺南地方ではこの針を1本のあしと見て、独脚蜂という名を与えた。そして木から生じるハチだと信じていたという。

《和漢三才図会》は、ハチは人が向かってこないかぎり刺さない、とその習性を正しく記している。ただしわざわざ巣の下に行けば、追いかけてきて人を刺す、と追記も忘れていない。

次に日本では、ミツバチなどを除くハチ一般について、ふたつの関心を払ってきた。すなわち〈刺されること〉と〈食べること〉である。しかも前者が成虫、後者が幼虫であることが、たまたまハチについての知見のバランスをよくしている。

古代よりハチに刺されたときは、イモの茎で患部をなでるとたちまち痛みがひく、とのいい伝えがあった。伴蒿蹊《閑田次筆》によると、子どもたちはわざとハチに手足などを刺させておいて、イモの茎で患部をこすって遊んだという。

滝沢馬琴《燕石雑志》には、ハチに刺されたときに痛みをなくすためのまじないがみえる。すなわち、土に半分ほど埋まっている小石を掘りだし、石の上下を逆さまにしてもとのように埋めなおすと、すぐに痛みが消えるという。

脇坂義堂《撫育草》をみると、子どもがハチに刺されたらタデのしぼり汁をつけたり、塩を塗るとよい、とある。

続いて、ハチを食べる風習を眺めよう。長野県では、鍋だきをした米を蒸すさいに、味つけをしたハチの幼虫をふりかけて一緒に蒸す。これが俗にいう〈蜂の子御飯〉で、クロスズメバチやアシナガバチ、コクマバチの幼虫が使われてきた(三橋淳《世界の食用昆虫》)。

またウマノオバチの幼虫を焼くと、強壮剤や疳の薬になるともいう(梅村甚太郎《昆虫本草》)。

ちなみに薬用の幼虫にふれておく。現在没食子とよばれる虫瘿(虫こぶ)が東大寺に〈無食子〉の名で所蔵されているが、これは日本で昆虫が薬用に使われた最古の例といわれる。虫瘿をつくるのはタマバチの類の幼虫で、その分泌液によってブナ科の植物の若葉の組織に生長刺激を与えるためだという。ここよりタマバチにはモッショクシバチの異名がある。薬効としては胃の粘膜を収斂させる効果があるとされるが、今はあまり使われず、むしろインクの原料としてよく用いられる(渡辺武雄《薬用昆虫の文化誌》)。

【巨大蜂】　ハチにまつわる東洋の伝説に次のようなものがある。《杜陽雑編》によると、外国に鸞蜂というハチがある。重さが十余斤あって、その蜜は碧色をしている。服すれば仙となる、とある。架空の大鳥、鸞の伝説をそのままハチにあてはめたような感じだが、《本草綱目》の著者李時珍はこれを〈これは途方もない話であって、深く信ずるに足らない〉と一蹴した。

【ことわざ・成句】　〈蜂起〉民衆が力を結集して反乱をおこすことをいう。ハチの巣を突つくと、ハチが急に群がり出てくるようすにたとえたもの。出典は《史記》の〈項羽本紀〉である。

〈泣きっつらに蜂〉悪い事態が重なることのたとえ。泣いているときに顔をハチに刺される、というのが原意。

ジガバチ

節足動物門昆虫綱膜翅目ジガバチ科(アナバチ科)Sphecidaeに属する昆虫の総称、またはその1種。
[和]ジガバチ〈似我蜂〉　[中]土栖蜂，細腰蜂，蜾蠃，土蜂
[ラ]*Ammophila* 属(ジガバチ)、その他　[英]digger wasp, mud dauber(米)　[仏]sphex, sphégien, ammophile　[独]Grabwespe, Sandwespe　[蘭]graafwesp　[露]сфекс, пескорой　⇒p.472

【名の由来】　アンモフィラはギリシア語で〈砂 ammos〉と〈愛するもの philos〉の合成。

英名は〈土掘りバチ〉〈泥の左官屋〉の意。独名は〈墓のスズメバチ〉〈砂のスズメバチ〉。蘭名は〈伯爵のスズメバチ〉の意味。

【博物誌】　有剣類に含まれるハチ。地面の下に巣をつくり，モンシロチョウやシャクトリムシなどの幼虫を捕えてみずからの幼虫の餌とする。黒くて細長い，やや大型のハチである。

アリストテレス《動物誌》には〈カリュウドバチ〉という小型のハチが記載されている。このハチは毒グモを殺して壁などの穴の中へ運び，粘土を塗りこめたその中に卵を産みこむという。一説にはルリジガバチ Pelopaeus (Sceliphron) spirifex のことともいわれるが，習性からしてベッコウバチやヒメバチとも考えられる。

東洋では，ジガバチについて古く奇妙な俗信が広くいい伝えられてきた。すなわちこの虫には雌がなく，さらった桑虫（カミキリムシの幼虫）を自分の巣に運んで来ては〈我に似よ，我に似よ〉と唱え聞かせ，かくして桑虫がいつしかハチと化するのだという。和名のジガバチも漢字で似我蜂と記すことでもわかるように，この風説によったものである。そもそもこれは《詩経》に〈螟蛉（桑虫）子あり，果蠃（ジガバチ）これを負う〉という一節が，ジガバチが桑虫を背負って自分の子にするという意味に伝えられたことに由来する。ただし後世になるとジガバチは粟米ほどの小さな卵を産み，青虫などを餌に幼虫を育てるという科学的見解も生まれてきた。《本草綱目》も〈現に多くの説を検討し，かつ実験した結果によると，その卵のあること，およびその蜂が2羽ずつ並んで往来する事実がある。これは必ずその雌雄であることが推定される〉と述べている。

【ことわざ・成句】　〈すがるおとめ〉腰が細くてスタイルのいい少女のこと。〈すがる〉はジガバチの古称である。腰の形がジガバチを思わせるところから生まれた名称。

スズメバチ

節足動物門昆虫綱膜翅目スズメバチ科 Vespidae に属する昆虫の総称，またはその1種．

[和] スズメバチ〈雀蜂〉　[中] 胡蜂，大黄蜂，壺蜂　[ラ] Vespa 属（オオスズメバチ），Eumenes 属（スズメバチ），Sphex 属，その他　[英] social wasp, yellow-jacket, hornet　[仏] guêpe, frelon　[独] Hornisse, Faltenwespe, Geselligewespe, Papierwespe　[蘭] plooiwesp, hoornaar　[露] общественные осы　→ p.472-473

ジガバチの体型と女性のプロポーション。この彫刻印章は古代ギリシアの作品だが，おもしろいのは，ジガバチのように凹凸のはげしい体型を女性のプロポーションの理想とした点だ。

【名の由来】　スズメバチは，ラテン語ではクラブロネ crabrone という。一説にこれは，イタリア中部の古都トゥスクルムにある村 Crabra に，このハチが多くいたためについた名前だといわれる。また別に，スズメバチはウマの死体から生まれるという伝承から，ラテン語でウマを示す caballus に由来するという説もある。

アリストテレス《動物誌》には，sphêx というハチのよび名がみえる。訳者の島崎三郎氏によると，これはスズメバチ，アシナガバチ，ジガバチなど，野生の大型ハチ類の総称である。ただし本書では島崎氏にならい，便宜上この名を〈スズメバチ〉にあてる。さらに《動物誌》に出てくる anthrênê という単語は，島崎氏によると，地面の中に巣をつくるジバチの類を指すらしい。ただし，スズメバチ類の1種 Vespa crabro のことだとする学者も少なくない。ヴェスパはスズメバチのラテン名 uespa に由来。エウメネスはギリシア語の〈よい eu 道具 menus〉からか。

英名は〈群居性のスズメバチ〉〈黄色の上着を着たスズメバチ〉の意味。ホーネットは元来ゲルマン系の語で，独語の Hornisse と同様に〈角のある動物〉を指す言葉である。仏名フレロンはフランク語由来で，モンスズメバチのこと。独名は〈折り目のあるスズメバチ〉〈群居性のスズメバチ〉〈紙のスズメバチ〉の意。蘭名は〈折り目のあるスズメバチ〉の意味。

中国名の大黄蜂は，〈大きな黄色いハチ〉の意。

【博物誌】　膜翅目のハチ類にふくまれる大型の虫。尻の針にもつ毒は強力で，刺されると死ぬこともある。軒下，樹の洞，穴などに大きな巣をつくるが，毎年冬になる前に放棄される。雌は交尾したあと土中にひそんで越冬し，春になると新しい巣をつくりはじめる。またこの巣は，紙に利用でき

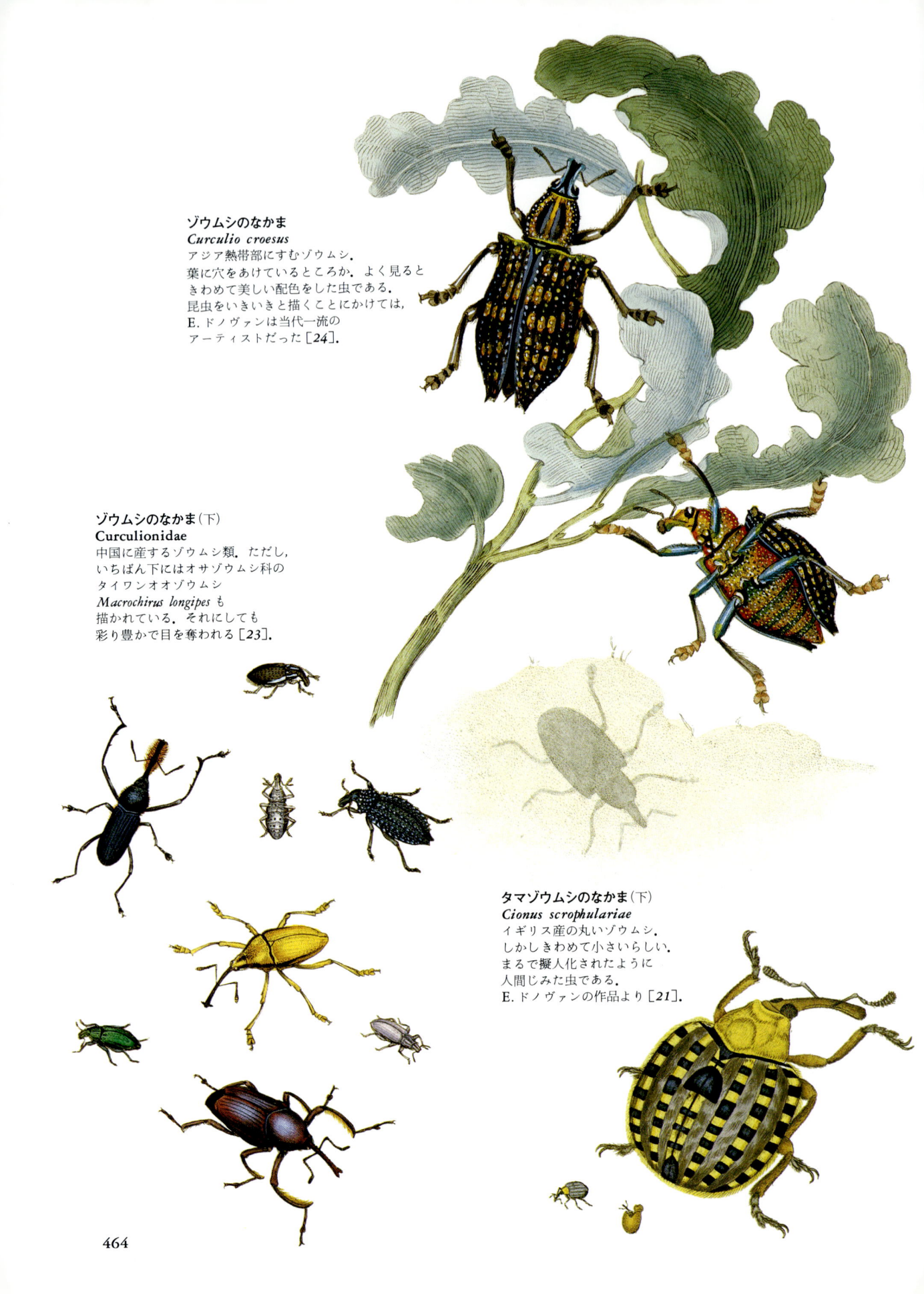

ゾウムシのなかま
Curculio croesus
アジア熱帯部にすむゾウムシ.
葉に穴をあけているところか. よく見ると
きわめて美しい配色をした虫である.
昆虫をいきいきと描くことにかけては,
E. ドノヴァンは当代一流の
アーティストだった [24].

ゾウムシのなかま(下)
Curculionidae
中国に産するゾウムシ類. ただし,
いちばん下にはオサゾウムシ科の
タイワンオオゾウムシ
Macrochirus longipes も
描かれている. それにしても
彩り豊かで目を奪われる [23].

タマゾウムシのなかま(下)
Cionus scrophulariae
イギリス産の丸いゾウムシ.
しかしきわめて小さいらしい.
まるで擬人化されたように
人間じみた虫である.
E. ドノヴァンの作品より [21].

ゾウムシのなかま（下） *Hypomeces squamosus*
まさに飛ばんとするゾウムシ．この種はインド，中国，
ジャワにいて，日本には分布しない[23]．

ハチネジレバネのなかま(fig. 1) *Xenos vesparum*
キュヴィエ《動物界》より．さまざまなネジレバネのなかまを
図示する．fig. 1は中国，ソヴィエト，ヨーロッパ，エジプトに
分布する種．アシナガバチに寄生するという．
ヒメハナバチネジレバネのなかま(fig. 2) *Stylops dalii*
広くヨーロッパに分布し，これはヒメハナバチに寄生する．
このなかまは雄と雌とで姿がまったくちがう．
図示されているのは雄で，雌は蛆のような形をしている．
エダヒゲネジレバネのなかま(fig. 3) *Elenchus tenuicornis*
イギリスをふくむ北ヨーロッパにすみ，ヨシウンカ類，キタウンカ
などに寄生する．日本にもウンカに寄生する近縁種がいる．
クシヒゲネジレバネのなかま(fig. 4) *Halictophagus curtisi*
イギリスとスウェーデンに分布し，ヨコバイ類（あるいはウンカ類
の場合もある）に寄生する［3］．

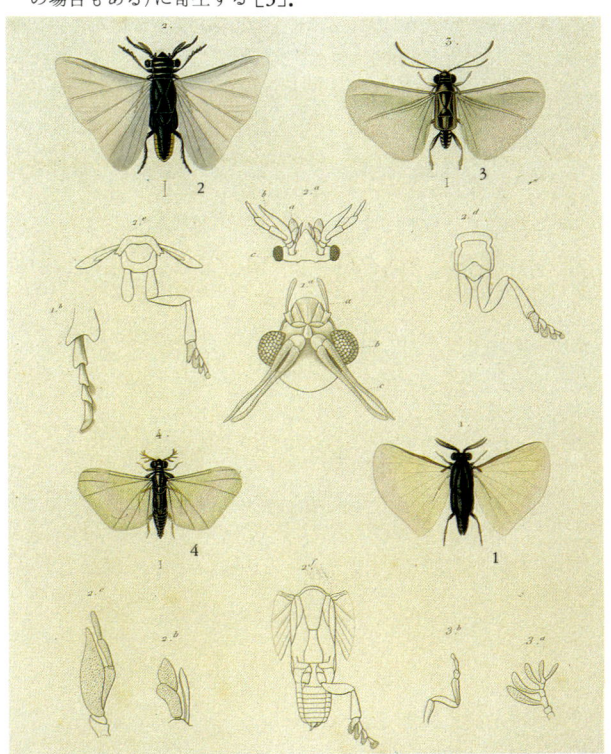

マツノキクイムシ（上図・左上） *Tomicus piniperda*
ほとんど世界中にいる害虫．マツ類を食べるのできらわれる．
キクイムシのなかま（同・右上）
Scolytus scolytus elm-bark beetle
こちらはヨーロッパにすみ，ニレ類を食べる．キクイムシは
ゾウムシに近縁で，枯れ木などに穴をあけ，そこにすみつく．
ナガキクイムシのなかま（同・下） *Platypus cylindricus*
中部ヨーロッパ，イタリアにすむキクイムシ．木に穴を
あける場合，その食い跡は種類ごとに特色がある［3］．

ハチネジレバネのなかま
Stylops melittae twisted-winged fly
ヨーロッパに広く分布する原始的な甲虫．しかし
この虫はすべて他の昆虫の内部に寄生する．
本種はヒメハナバチ属に寄生する［41］．

● 膜翅目──スズメバチ

スズメバチを描いた盾。アテネ出土の土器に描かれた図は日本におけるトンボ＝勝虫と同じような，一種の縁起紋章として使われたという。

る植物繊維でつくられており，ヨーロッパでは18世紀に実際にハチの巣の紙がつくられた。黄と黒のだんだら模様が鮮やかで，攻撃性も強く，秋にミツバチを襲ってその蜜を食べつくすこともある。

西洋ではスズメバチは恐怖と嫌悪をもって迎えられた。アリストテレス《動物誌》によると，スズメバチはミツバチの敵である。養蜂家は，ミツバチの巣箱の近くにスズメバチの巣があると，即座にとり去る。

大型ハチ類のおもな特徴として古代人が注目したのは，どう猛で怒るとすぐ刺す点である。ホメロスの《イーリアス》にも，〈旅行者がそばを通りかかって，何の気なしに（巣に）さわろうものなら，みないっせいに勇猛な心を胸に保って，自分たちの子どもを防ぎ守ろうと飛び出してくる〉というくだりがみえる。

アエリアヌス《動物の性質について》によると，スズメバチやジガバチは，ヘビの屍体から毒をくみあげて毒針をつくるという。また，たまたまヘビの肉を食べようものなら，毒性はいっそう強くなる，とした。

アリストファネスの喜劇《蜂Sphekes》（前422）にも，〈癪にさわればわしどもほど怒りっぽくて扱いにくいものはない〉という大型バチの合唱隊が登場している。

プリニウス《博物誌》にも，ヨーロッパ産スズメバチ Vespa crabro と思われる虫の記述がみえる。それによると，この虫に刺されたら，十中八，九熱病にかかる。このハチに27回（3×3×3というマジック・ナンバー）刺された人は，毒に耐えられず死んでしまう。また，スズメバチやジガバチはじつに乱暴で，自分より大きな虫を捕えると，頭をかみ切り，残りの部分を運びさるという。

古代ギリシアの農民は，肉を盛った皿にスズメバチをおびき寄せ，スズメバチがたくさん集まったら皿に蓋をかぶせ，それを火にかけたという。

アリストテレスの時代には，同じ種類のスズメバチでも，剣のあるなしで区別する事実も知られていた。ただし剣のあるほうが雄で，ないほうが雌とする説と，その逆とする説とで意見が分かれていたという。一説には，あしをつかんではねをブンブンいわせたとき，剣のないほうは攻撃してくるが，あるほうは攻撃してこない。そこで前者を雄，後者を雌とみなした。実際，これで正しい。

スズメバチは生命力がある。ふたつに切られてもまだ生きている，とアリストテレスは驚異をもって語っている。また彼はこの大型ハチ類の子は，満月の晩にもっともよく成長する，とした。またスズメバチの子については，〈スズメバチが産むものとは思えない。スズメバチの産んだものにしてははじめから大きすぎる〉とある。またハチ類の大型種がつくる巣について，ミツバチのように蠟でつくられるのではなく，木皮状の材料や，クモの巣の糸状の材料でできている，と述べた。すでにアリストテレスはスズメバチの巣が紙でできている事実を知っていたのである。

古く西洋では，その年初めて見たスズメバチを左手で捕え，マラリアの四日熱のお守りとした（プリニウス《博物誌》）。これだけ危険な方法で捕えたのだから，マラリアを一蹴するだけの霊力は得られたにちがいない。

オウィディウス《変身物語》によると，スズメバチはウマの屍体から発生する。ともに好戦的な動物だからだという。中世の昆虫学者トマス・ムーフェットはこの説を敷衍して，スズメバチはウマの肉のかたい部分から，ワスプwasp類はよりやわらかい部分から発生するのだろう，と述べた。そして中世最大の昆虫史家であるこの人物も，ホーネットhornetとワスプwaspを区別して，両者は形はそっくりだが，ホーネットの大きさはワスプの2倍もある，としている。

いっぽう俗信としては，妊婦が部屋にからっぽのスズメバチの巣を置いておくと安産のお守りになるといわれる。

ヨーロッパでは前述したとおり，スズメバチの巣が〈紙〉として使われる。この巣が紙と同じ素材でできているのを発見したのは，18世紀フランスの昆虫学者レオミュールである。ある日窓の敷居でスズメバチがせわしなく木をかじっていた。見れば木から繊維を引き離し，あしでかき集めているではないか。やがて繊維の太さは髪ほどの約0.1インチだとわかった。さらに繊維を分泌物で丸めたあと，ふたたびひろげて乾燥させる事実も観察

できた。紙をつくることにかけては，スズメバチは人類のはるか先輩だったわけだ（C.I.リッチ《虫たちの歩んだ歴史》）。

なお，ヴェトナム戦争では，スズメバチやミツバチが武器として使われたという（松浦誠《スズメバチはなぜ刺すか》）。まさしく生物兵器である。

なお松浦誠は同書において，スズメバチに刺されたときの療法薬として，昔から民間で使われてきたおもなものを5つあげている。すなわち①アンモニア水，またはその代用で小便，②渋ガキの汁，③アロエの汁，④タマネギの汁，⑤ヘクソカズラの汁液，である。

《扶桑略記》によると，平将門の乱のさなかの天慶3年（940）1月24日，東大寺に七大寺の僧たちが集まって将門の調伏を祈願していると，堂内に数万匹というスズメバチの大群が集結し，金剛神像の誓かの糸が風に乗って東のほうへと飛んでいくのを追って飛び去った。これを見た人びとは，将門が滅ぼされる瑞兆だと噂しあったという。

《今昔物語集》巻29には，京都の水銀商人がつね日ごろから大きな赤いハチを酒で養い，ハチのほうもその恩にこたえて商人が鈴鹿山で盗賊の一団に襲われたさい，大群となって盗賊に攻めかかり，ひとり残らず殺してやったという話がみえる。これには報恩譚としての側面のほかに，大きなハチは危険だからむやみに近寄るなという戒めも含まれているらしい。なお《ハチの博物誌》を著した杉山恵一によると，このハチはオオスズメバチにちがいないという。

アイヌは，モンスズメバチのことを〈シ・ソヤ（真のハチ）〉とか〈カムイ・ソヤ（神バチ）〉などとよび，家に飛びこんできたら幸運とみなした（更科源蔵・更科光《コタン生物記》）。

またからっぽのスズメバチの巣を屋根裏に吊るしておくと，家運が上向くという俗信があった。

最後に中国での事情について述べておく。《本草綱目》に出てくる〈大黄蜂〉は，一般にスズメバチ類の総称とされるが，これをスズメバチ科の1種キボシアシナガバチ Polistes mandarinus とその近縁種に特定する説もある。本書ではとりあえず〈スズメバチ〉としておく。

【ハチの子】《本草綱目》によれば，中国の嶺南地方ではスズメバチの幼虫を好んで食べた。ところによっては幼虫をあぶって乾かしたものを大都市に送ったとあるから，名産品でもあったようだ。

《嶺表録異》にも，スズメバチの子の捕獲法が記されている。まず草でつくった衣に身をかためたうえで巣の付近で煙を焚き，母バチを巣から追い払う。そのあと，巣のところまで行って房のへたを断ち切ればよいという。ただし巣の中にいる子の約3分の1は，すでにはねやあしが生えているので，食用にならない，とある。

また宣城地方（安徽省）や江東地方（江蘇省南部から浙江省北部にかけて）でも，土中にいるスズメバチの子を捕って食用とした。

ちなみに，日本の信州でも土中にいるクロスズメバチの子を〈スガレ〉といってさかんに食べる。セミ博士の加藤正世氏も，石神井公園でこの虫の巣を見つけ，幼虫を煎って食べてみたという。ただし《セミ博士の博物誌》には〈これからさなぎになろうという成熟した幼虫でないと駄目だ。小さいものは脂肪が少なくて皮が厚いからまずい。さなぎはごそごそしてだめだ〉とある。

その信州では，ハチの巣を探しだすのに大別ふたつの方法を用いた。ひとつは〈スカシ〉という方法で，秋の昼間，野原に寝ころんでいる。すると餌をくわえた働きバチが上を飛んでいくので，その方角から巣のある位置を見定めるのである。もうひとつは〈餌をつける〉と称して，カエル・セミ・バッタなどの肉塊に綿の小片を付けたものを野生のハチに餌として与え，綿を目印にハチのあとを追いかける。ただしハチに気づかれないように綿を付けるには，かなりの熟練を要するとか。またこうして捕れたハチの子の値段は，1902年（大正1）当時，巣といっしょにはかって100匁（375g）15〜16銭だったという（奥村多忠〈食用とする蜂の子〉《動物学雑誌》1902年）。

【ことわざ・成句】〈hornet's nest〉大騒ぎ，大勢の敵といった意味を示す熟語。日本語の〈ハチの巣をつついたような騒ぎ〉と同じ。古代ギリシアにも同工のいいまわしがあったという。

【天気予知】アメリカでは，スズメバチのつくる巣の位置によって，来たるべき冬の天候を占う。巣が高いところにつくられたら暖かい冬，低いところなら寒い冬の予兆だという（クラウセン《昆虫と人間》）。

【文学】《スガレ追ひ》（1977）井伏鱒二の短編集。ハチの子を追って捕える信州各地の名人たちと，著者との交流を描く。スガレというのは当地におけるクロスズメバチの一名。

《城の崎にて》（1917）志賀直哉の短編小説。養生先の兵庫県城崎温泉で作者が目撃した3つの生物，ハチ，ネズミ，イモリの死。それを通して味わった心境を淡々と描きだす。なかまから放っておかれたまま，やがて土へと帰っていくハチは，〈虎斑の大きな太った蜂〉で，家の羽目に巣をつくるところからすると，スズメバチだろうか。

クマバチのなかま(上左) *Xylocopa* sp.
ミツバチ上科にふくめられる、コシブト
ハナバチ科の虫。黒い大柄なハチで、
西洋でビーbee とよぶハチの代表種の
ひとつ。クマバチのなかまは、木材に
巣穴を掘るための大きな顎をもつ。

ケブカシタバチのなかま(上右)
Eulaema surinamensis
ミツバチ科の1種で、これも典型的なビー
bee である[19]。

クマバチのなかま(上図・上)
Xylocopa violacea
large carpenter bee
英名では〈大工のハチ〉という。木材を
かじって細長い穴をつくり、そこを巣とし
奥から順々に房をつくるためであろう。

ハキリバチのなかま(同・下)
Megachile centuncularis
patchwork leaf-cutter
花に集まるハナバチのなかま。
木材のあいだなどどんなすきまにも巣を
つくるため、古くから知られてきた[3]。

モンハナバチのなかま(左)
Anthidium manicatum
wool-carder bee
E. ドノヴァンによるイギリス産
のモンハナバチ。葉にとまり、
その裏の軟毛をかき集めて
いるところだろう。
おもしろい習性である。
このなかまは、その毛を
材料として造巣する[21]。

ハキリバチのなかま(上)
*Megachile
centuncularis
patchwork
leaf-cutter*
ハキリバチのなかまは、
どこへでも巣をつくる。
そのため、木材などが
輸出されるさいに、
いっしょに各国へ
運ばれてひろがる
ケースがある。
このなかまでは、
黒人奴隷交易により
アフリカから
アメリカへひろまった
種もいる[21]。

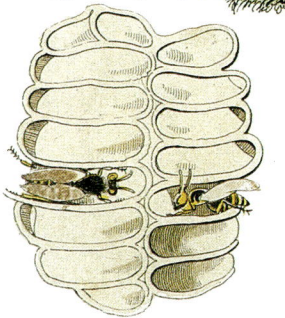

ヨウシュミツバチ(上と左)
Apis mellifera honey bee
西洋で古来飼育されてきたミツバチと、
その巣箱。右上から、女王バチ、働きバチ、
雄バチ。古代ギリシアでは、蜜は空から
降ってくるものと信じられ、これをハチが
木の葉から集めてきたものが蜂蜜であった
[9]。

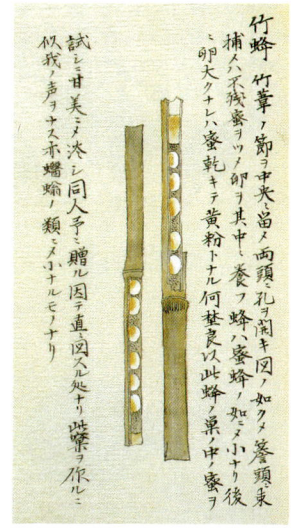

ツツハナバチのなかまの巣(上)
Osmia sp.?
竹の中につくられた巣．この中に褐色の繭をつくる．丹洲の細かい観察が興味ぶかい［5］．

ニホンミツバチ？ *Apis cerana* ?
栗本丹洲が描いた日本産ミツバチ．明治維新後ヨーロッパから洋種ミツバチが導入される以前は，すべて日本種のミツバチが飼われていた［5］．

ニホンミツバチ *Apis cerana*
栗本丹洲《千蟲譜》の冒頭を飾るミツバチの項目中，もっとも興味ぶかい図がこれである．いったい何匹ついているのか，概算で500匹は描きこまれている．丹洲の《千蟲譜》には30種にのぼる写本が存在するが，描かれたハチの数はさまざまで，本書のものがもっとも多い部類である［5］．

マルハナバチのなかま（上図・上）
Bombus sp.
花に集まるハチ，すなわちハナバチを代表する種．温帯北部では圧倒的にこのなかまが多い．原始的な社会生活をおくる．

スジボソコシブトハナバチ？（同・下）
Amegilla florea ?
コシブトハナバチのなかま．どことなくいかめしい印象がある．色彩の差も細かく描いてある．栗木丹洲筆［5］．

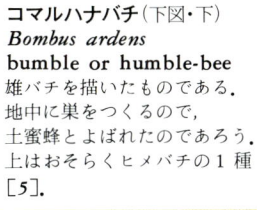

コマルハナバチ（下図・下）
Bombus ardens
bumble or humble-bee
雄バチを描いたものである．地中に巣をつくるので，土蜜蜂とよばれたのであろう．上はおそらくヒメバチの1種［5］．

469

● 膜翅目——ミツバチ

ミツバチ

節足動物門昆虫綱膜翅目ミツバチ科 Apoidea に属する昆虫の総称,またはその1種.
［和］ミツバチ〈蜜蜂〉　［中］蜜蜂,蠟蜂,蠻　［ラ］*Apis* 属（アジアミツバチ）,その他　［英］honey bee　［仏］abeille
［独］Honigbiene　［蘭］honingbij　［露］пчела
　　　　　　　　　　　　　　　　　→ p. 468-469

【名の由来】　アポイデアまたはアピスはラテン語でミツバチを指すapisという言葉から.
　英名は〈蜂蜜のハチ〉．仏・独・蘭名も同様.
　中国名の蠻は,礼儀や規範に通じた虫,の意.
　中国語で蜂蜜を示す蠟は,巣箱にハチが集まる姿をあらわす会意文字らしい.

【博物誌】　膜翅目にふくまれる昆虫．双翅目のアブやブユにも似ているが,はねが2対あるので区別がつく．人間にもっとも密接に関わった虫のひとつ．シロアリ,アリなどと並んで社会をつくりあげている．1巣あたり5万～6万匹の集団を形成し,女王バチ,雄バチ,働きバチからなりたっている．働きバチは雌だが生殖能力はない．スペインのアルペラ洞窟の壁に,樹洞から蜜をとる女性の絵が見つかっており,人間は少なくとも数万年前から蜜を利用していたことが知られている．なお,この虫については以下の記述が膨大になるので,博物誌をおおむね,①ミツバチ一般,②養蜂,③蜂蜜に分けて語ることにする.

　古代エジプト人にとって,ミツバチは王権のシンボルでもあった．蜂蜜は褒賞を,その針は罰を示すという．この考えは,のちヨーロッパへも受けつがれ,1653年に発見されたメロヴィング朝のフランク王シルデリック1世（437ころ-482ころ）の墓からは,300もの黄金製のミツバチが,副葬品として出土している．またナポレオン1世は,ミツバチを統治のシンボルとみなし,紋章に用いてもいる.

　古代ギリシア人の語る伝説によると,ミツバチは,サトゥルヌスの黄金時代に,クレタ島で誕生したものだという．実際,この虫をクレタ島に結びつける神話は数多い．一説に,クレタ島で生まれたゼウスは,蜂蜜で育てられたともいう．かれらが飼養していたミツバチは *Apis lingustica* という種類で,今日西洋で用いられているものよりやや小型の種だった.

　古代ギリシアの文献には,このミツバチがしばしば登場する．たとえばホメロス《イーリアス》をみると,ミツバチは,〈穴洞をなした岩〉やくわしい道のわき〉に巣をつくる,とある.

　ヘシオドス《仕事と日々》には,黄金時代のようすを語るくだりのなかに,山のカシの木の幹の中ほどにミツバチが巣くう,という一節がある．《神統記》でもヘシオドスは雄バチを,ほかのものの稼ぎをかすめとる悪いやつだと述べ,人間の女性のたとえに用いた.

　また聖書〈士師記〉14章8～9節にも,ライオンの死骸にミツバチが群れていて,サムソンがそこから蜜をとって食べるくだりがでてくる,というぐあいである.

　さらにプリニウス《博物誌》には,一生をミツバチの研究に捧げた人の名があげられている．たとえばソリという地方に住むアリストマクスは58年間,ミツバチの研究に没頭したという．またタソスのピリスクスという人物が,砂漠で熱心にミツバチを飼養して,〈野生人〉とあだ名されたという逸話もみえる．この両者ともミツバチに関する書物を著したといわれるが,古代からこの昆虫が人間のロマンを駆り立てる存在であったことはたしかなようだ.

　中世末のトマス・ムーフェットも,ミツバチこそあらゆる昆虫のうちでもっとも重要な存在であり,何よりもまずほめたたえられるべきだ,として,《昆虫の劇場》では巻頭でこの虫を約30ページにわたって論じている.

　しかし西洋古代のミツバチを論じるには,まずアリストテレスの《動物誌》を参照する必要がある．それによると,働きバチの統制のとれた行動ぶりを次のように記している．〈早朝は音をたてないが,やがて1匹が2～3回ブンブンいってみんなを起こす．すると,みんな一緒に飛びたって仕事に出る．戻ってくると,初めのうちは騒がしいが,しばらくするとそれほどでもなくなり,ついに1匹が飛びまわってブンブンいうだけになり,まるで「眠れ」という信号を発しているかのようである．それから急にひっそりとなる〉．また同書によれば,ミツバチは悪臭をひじょうにいやがり,排泄もわざわざ巣から遠く離れたところへ飛んでいってするほどだという.

　ミツバチは,香料を体につけている人を刺す．ミツバチの刺す力は強烈とされ,アリストテレスもウマがミツバチに刺し殺された例を報告しているほどである．だが,プリニウス《博物誌》によると,カニを煮るにおいをミツバチは極度にきらう,とあるから,ミツバチよけの方法もそれなりに研究されていたのかもしれない.

　中世末期ではレオナルド・ダ・ヴィンチがこの虫を論じており,注目される．女王バチを頂点とするミツバチ社会の結束のかたさに注目し,〈王が

年老いてはねをなくすと、ミツバチは王を背負って歩く。そして、万一その自分の奉公に一つの落度があっても、容赦なく罰せられる〉と記した。レオナルドはまた、このようにひとつの社会を見事なまでに統率する女王バチを正義の象徴にもたとえている。彼はさらに、ミツバチを詐欺師の象徴にもなぞらえた。口には甘い蜜をふくんでいるのに、その尻には毒があるからだという。

それでは、ミツバチの生態についての博物誌はどうだろうか。むろん、あのアリストテレスは《動物誌》により、ミツバチの生態に関する観察にも先鞭をつけている。第一に、古代人はミツバチの雌雄の区別ははっきりつけていなかった事実をとりあげている。たとえば雄バチを雄とし働きバチを雌とする地方、働きバチは女王バチから生まれるが、雄バチはアシやオリーブの花の中に生じて巣に運びこまれると信じる地方、あるいはミツバチは交尾も産卵もせず、個体はすべて花から運びこむとする俗説などがあった。そもそも女王バチも雄か雌かで議論が分かれていたというから、古代におけるこの混乱も収拾のしようがなかったろう。では《動物誌》の著者アリストテレスは、これについてどう考えたかというと、彼もまた正しい判断を下せなかったようだ。どうやらアリストテレスは雄バチを、働きバチの巣に〈居そうろう〉する別種のハチと考えたらしい。巣をつくるハチを9種類あげたうち、雄バチと働きバチをそれぞれ〈ケペン〉と〈ミツバチ〉として別種あつかいしたからである。

アリストテレスはそのいっぽうで、雄バチを〈不活発で役立たず〉、〈他のものの仕事を損なうだけ〉、などとかなり辛辣に形容している。実際、雄バチの性質も役割もあまり究明されていなかった古代西洋では、ほとんど無用の虫とみなされたらしく、養蜂家も働きバチだけを捕獲したり、雄バチの巣房を切り落としたりしたという。

プリニウスも、雄バチは針もなく、不活発であると論じている。〈精力を使い果たしたものが産んだ不完全な存在で、任務からはずされたもの〉だと考えた。したがって《博物誌》では、雄バチは働きバチの下僕のように表現され、あげく〈蜜が熟し始めると、ハチどもは雄たちを追い出し、彼らを襲い、寄ってたかって殺してしまう〉とまで記されている。じつはプリニウスは、雄バチの数が多い群れほど、産まれてくる子の数が多いという注目すべき言及もしているのだが、これとてもその理由を、雄バチが多く群がることによって卵がよく温まるためだとして、雄バチが生殖の役割を果たすことには思いいたらなかった。

プリニウスはまた、ミツバチの生まれかたについて、ふたつの説を紹介している。ひとつは口の中でアシとオリーブの花を混ぜ合わせると子ができるという説。もうひとつは、王バチが雄であって、この1匹の雄と多数の雌バチとのあいだの交尾によるという説である。プリニウス自身は両者にはっきりした軍配をあげていないが、〈前者のほうがより真実に近いであろう〉とした。というのも、彼は、雄バチについて、何らかの生殖上の不備によって生じた不完全な個体と考えていたからである。もし1匹の巨大な雄バチが生殖をコントロールするのであれば、そんなに多数の未熟体は生まれないはずだとも述べている。

しかし中世末期の大昆虫学者トマス・ムーフェットは、働きバチには雌雄がともにあるとし、両者が交尾して繁殖するとした。そして雄のほうが雌よりも大きいのだという。さらにムーフェットは、ミツバチ一族の支配者に〈王King〉あるいは〈長Master〉という言葉を冠している。つまり女王バチは雄だと考えていたわけだ。

なおこの雌雄問題では、古代ギリシア・ローマを通じ、ミツバチの王は雄だという誤解のほうが、むしろひろく蔓延していた。ようやく王バチが雌であることを発見したのは、16世紀スペインの学者ルイス・メンデス・デ・トーレスで、1586年のことである。

ミツバチが雄ウシの死体から生まれるという俗信は、いまでも西洋に根づよい。これは古代エジプト起源のものだといわれる。クロバエ類の蛆をミツバチの幼虫と勘違いしたり、よく腐敗物にやってくるハナアブ類をミツバチと混同したためらしい。なおこの俗信は、アリストテレス時代のギリシアには知られず、ヘレニズムの時代になってから伝わったらしい。

トマス・ムーフェットの活躍した16世紀後半のヨーロッパでも、ミツバチはウシの死体から生まれでるとひろく信じられていた。俗に、王バチは死体の脳から、その他のハチは肉から生まれるといわれたという。また、蜂蜜から発生するという説もあった。《昆虫の劇場》には、ミツバチの発生について著者の意見とは反するが、こんな説も紹介されている。働きバチは雄、王バチは雌であって、この両者がつがいとなる。するとあるとき、王バチは巣のいたるところに小さな蛆を産みつける。それから雄バチが、ヘビがよくやるように、蛆の上に座りこんで育てるのだという。

ところでアリストテレスは、女王バチについても、ハチの巣にはそれぞれ数匹のリーダー（つまり女王バチ）がいるという見解を述べ、注目した。

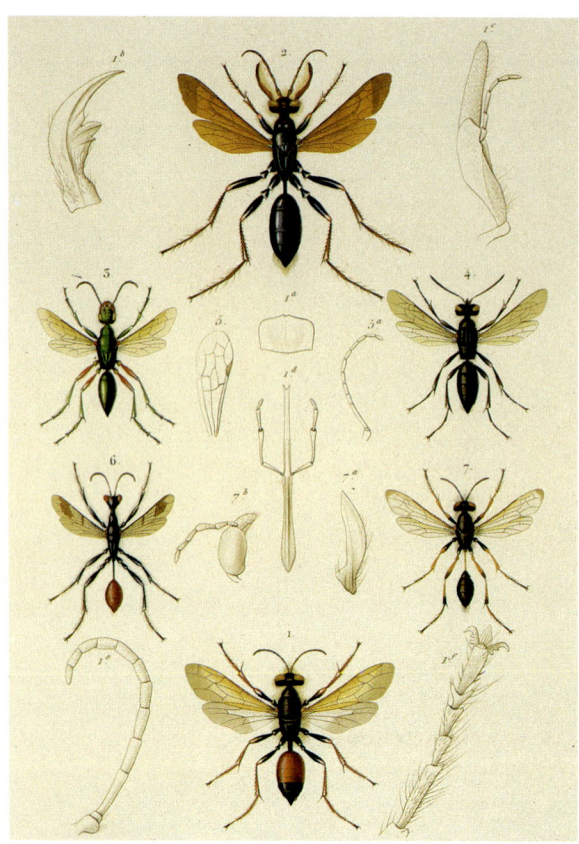

ジガバチのなかま？（上）　Sphecidae ?
これはきわめて興味ぶかい図だ．丹洲はクモを狩るハチを描いている．図示されたのはあきらかにジガバチ属だが，この属でクモを狩るものは知られていない [5]．

ジガバチのなかま（上）　Sphecidae
英語でワスプとよばれるグループにふくまれる．fig. 1 は *Sphex maxillosus*（アナバチの類），fig. 2 は *Chlorion maxillare*（アナバチの類），fig. 3 は *Ampulex compressa*（セナガアナバチ），fig. 4 は *Psen ater*?（チビアナバチ），fig. 6 は *Trigonopsis rufiventris*（アナバチの類），fig. 7 は *Sceliphron spirifex*（キゴシジガバチの近縁種）[3]．

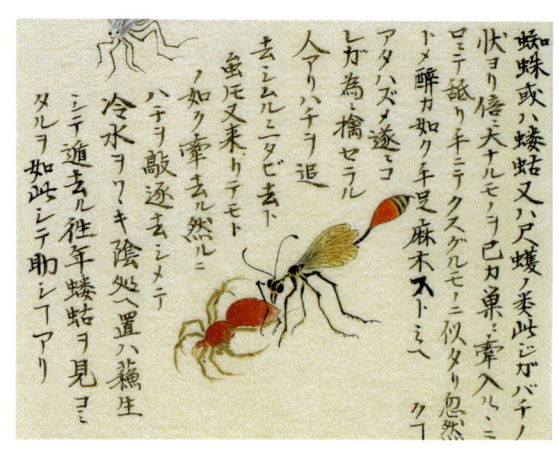

ツヤクロジガバチ（左）
Pison chilense
南米チリにすむジガバチ．このなかまはクモ類を狩る．日本には同属のオオツヤクロジガバチがすむ [7]．

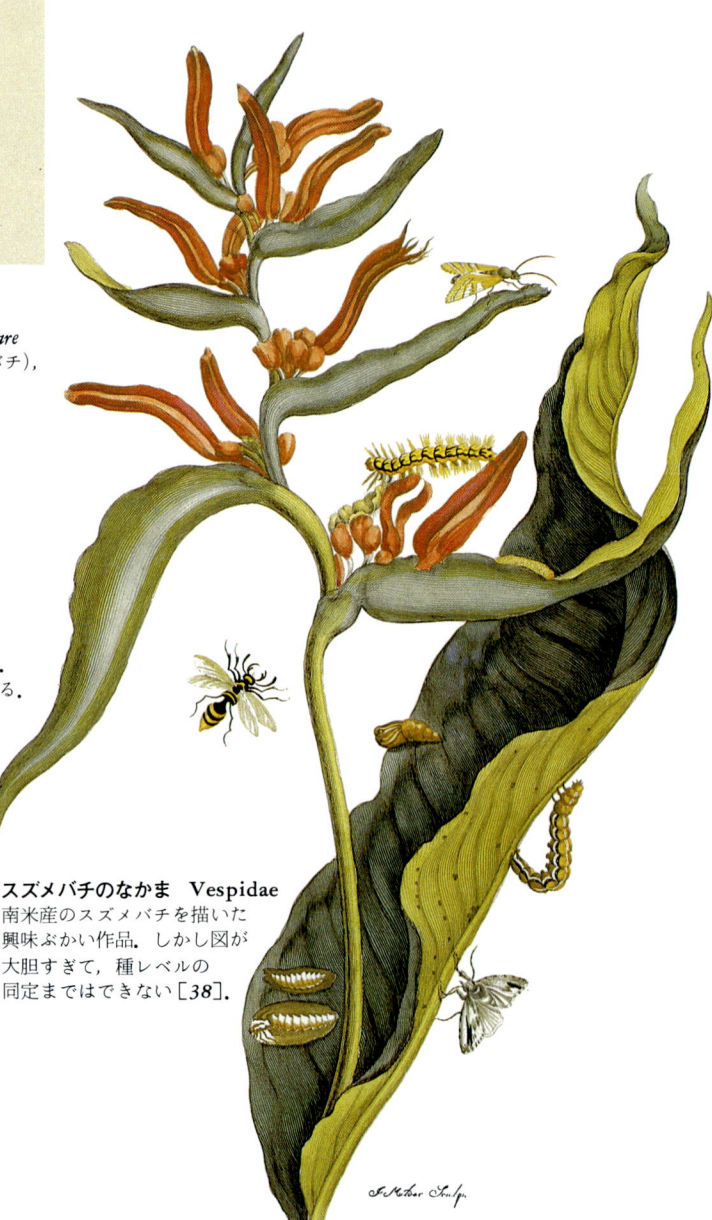

トックリバチのなかま（下）
Eumenes sp.   potter wasp
モーゼス・ハリスの図より．泥を固めてトックリ型の巣をつくる [19]．

スズメバチのなかま　Vespidae
南米産のスズメバチを描いた興味ぶかい作品．しかし図が大胆すぎて，種レベルの同定まではできない [38]．

キオビホオナガスズメバチ(上)
Dolichovespula media
スズメバチの1種．この図は枝から吊りさがった巣の状態も明示しており，得がたい資料といえる [41]．

コガタスズメバチ？の巣(上)
Vespa analis insularis？ hornet
栗本丹洲が描く巣．これは樹上にある．おそらくハチの子を食べる目的で集められていたのだろう [5]．

アシナガバチのなかま(上)
Polistes sp. paper wasp
スズメバチとしてはよく知られたなかま．大型で，尻の針は強烈である [20]．

ヒメスズメバチ(上) *Vespa tropica leefmansi*
E. ドノヴァンの《インド昆虫史要説》より．スズメバチは英語でホーネットという．このなかまはアシナガバチの巣を襲うことでも知られる [20]．

アシナガバチのなかま(上右) *Polistes* sp. paper wasp
スズメバチのなかまの代表種．日本でハチの子と称して食べるのは，おおむねスズメバチ類の子である．むろんアシナガバチの子も食用とされ，フライパンで煎って食べると香ばしくてうまいらしい [20]．

トックリバチのなかま(左)
Eumenes sp. potter wasp
スズメバチのなかま．この図では親バチが幼虫の世話をやいているようにみえる．ガなどの幼虫を麻痺させて，巣に運びこむのである [5]．

クロスズメバチ(右)
Vespula flaviceps lewisi
地蜂の巣．すばらしい図である．《虫譜》は各図譜から材料を得た一種の貼り込み帳だが，なかでも本図をふくむ江戸の博物学者馬場大助のものがすばらしい [17]．

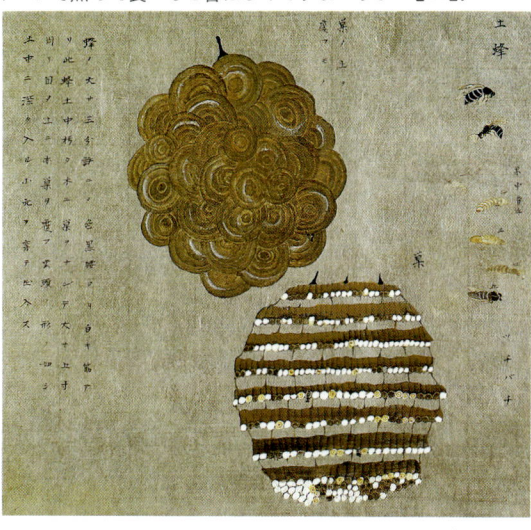

●膜翅目──ミツバチ

世界最古の蜂蜜採取図。スペインのアルペラ洞窟から発見された絵画である。野生の蜂蜜を採取する女が描かれ、おそらく数万年以前から人間が蜜を利用していた事実を説明している。

たしかに女王バチはひとつの巣に数匹生まれることもあるが、そのさいにはたがいに争いあって最終的に1匹だけが生き残る。アリストテレスはリーダーの役割を働きバチを繁殖させることにあるとみており、その点では正しいのだが、女王バチの生態を正確に把握するまでにはいたらなかったようだ。《動物誌》から次のような文章を引いておこう。〈各蜂巣には数匹のリーダーがいるのであって、1匹だけなのではない。リーダーの数が十分でなくても蜂の巣は滅びるし(そうなるのは指導者がいなくなるためではなく、よくいわれるように、これらがミツバチ「働きバチ」の発生に寄与しているからであるが)、リーダーが多すぎても滅びる。分散させてしまうからである〉。

アリストテレスはさらに、女王バチは幼虫期を経ずに卵からいきなり成虫として生まれる、としているが、これはもちろん誤り。女王バチの成長期間(16日)は雄バチ(24日)や働きバチ(21日)よりも短いので勘違いしたものか。

ミツバチには〈結婚飛翔〉とよばれる交尾のさいの習性がある。女王バチが巣を出て空高く舞い上がると、一群の雄バチがそれを追い、なかの1匹だけが空中で女王バチと交尾する。雄バチのただひとつの役目である。交尾を果たせなかった雄バチたちは、落下するや働きバチにすべて殺されてしまう。役立たずのものがいつまでも餌をもらえるほどミツバチ社会は甘くない。

古代西洋には、ミツバチが春になると生き返るとする俗説があった。ただしプリニウス《博物誌》には、冬のあいだ家の中で保存した死体を、春が来たら日なたに置いてイチジクの木の灰で温めること、という注釈が付いている。また死体に泥をまぶした新鮮なウシの胃や、雄ウシの死体をかぶせておくと生き返るともいわれた。

ミツバチは環境にも敏感である。古くは、ミツバチはガラガラという音を好むといわれた。そこで貝殻や小石をふるって音をたて、ミツバチを巣箱へおびき寄せる捕獲法もあったという。

いっぽうプリニウス《博物誌》によると、ミツバチはこだまの響く音を聞くとあわてふためくのだそうだ。また霧もミツバチにとって有害だという。

それでは、ミツバチは騒々しい場所が好きなのかきらいなのか。古代西洋には、戦争になると、自軍の陣地にミツバチの群れがやってきたら凶とする俗信があった。これに関してプリニウスは〈ミツバチは、大勝利をおさめたアルバロの戦いのときにも、ドルスス将軍(前13?−後23)の野営地に降りた。きまってこれを恐ろしい前兆ととらえる占者たちの解釈にもたしかに例外はあるのだ〉という。

戦場に集まるミツバチはまた、死と関係づけられる。プリニウス《博物誌》によれば、ミツバチの群れは自分たちの王バチが死ぬと、その死体を周囲でじっと見つめ、悲しげな唸り声をあげつづけ、餌を食べようとも巣から動こうともしなくなる。王バチの死体をとりさってやらないと、群れごと飢えて死んでしまうという。

ミツバチが環境に敏感であることは養蜂家にとって由々しい問題であった。そのため、養蜂家は環境とミツバチの関係を深く研究している。その結果、古代の養蜂家には次のような事実が知られるようになった。すなわち、ミツバチは、シジュウカラやツバメ、ハチクイといった小鳥やスズメバチを敵とするのである。またカエルもミツバチを好物とする。そのため養蜂家たちは、これらミツバチの害敵の巣を見つけだしては取りさったり、ときにはカエル狩りも行なった。

アリストテレスはこの点に関連し、ヒキガエルもミツバチの巣によくやってきて、巣の中へ息を吹きこみ、飛び出してきたミツバチを呑みこんでしまうとした。またプリニウス《博物誌》には、ヒツジもミツバチにとってはいやな存在で、その毛にからめとられて身動きできなくなる、とある。

なお、ミツバチは、働きバチの数が増えすぎると分封とよばれる巣分かれを行なう。巣分かれの前に新しい女王バチが育てられ、古い女王バチは新たな巣へと移っていく。アリストテレスはこれを、ひとつの巣に女王バチが多くなりすぎると、それらの女王バチが巣を分裂させるために多数の働きバチを従えて行なうことで、群れの統制ということから考えると、分封を行なうのは悪いリーダーなのだと述べている。さらにこういうリーダーが出てくると巣が滅びることにもなりかねない

ので，働きバチは悪いリーダーとみれば容赦なく殺すともいう。冷徹な観察眼を誇るアリストテレスとしては珍しく，擬人的な表現だが，それだけミツバチの社会が人間に近しいと感じていたのであろう。

古代では，ミツバチがおたがいにくっついて巣房にぶらさがりあっていたら，分封する前兆だと考えられた。養蜂家は巣箱に甘いブドウ酒をふり注いでこれを防いだという。

トマス・ムーフェット《昆虫の劇場》をみると，当時のイギリス人は，藁を細工して養蜂用の巣をつくり，そこでミツバチを飼っていた，とある。この巣だと，冬に飢えることもなければ，夏の暑さにやられることもないという。これはおそらく，スケップskepという円錐形の籠の描写で，イギリスではこの籠をふせて，ミツバチを飼った。

ちなみに，ミツバチの巣房は，均一の六角柱が規則正しく並んだ芸術的な構造で知られる。ある空間を面積の等しい同一図形で区切る場合，もっともすき間なく効率的に区切れるのが正六角形なのだが，ミツバチは経験的にそれを知っているのだろうか。《成長と形態について》を著したD.W.トムソンはこれを否定する。ミツバチは初め円柱をつくるのだが，材料の蜜蠟が可塑的でしかも張力に富んでいるため，円柱相互の圧力でいつのまにか六角柱になるのだという。もっともこのトムソンの説も定説にはなっておらず，ミツバチは触角をものさし代わりに初めから六角柱を意図してつくるといった説もいぜん根強く主張されている。

なお，フランスの博物学者R.A.レオミュールは，ミツバチの巣の内部を観察できる巣箱を考案した。これにより，女王バチの産卵や，働きバチの育児や巣のつくりかたが実地に確かめられるようになったのである。

花蜜や花粉を巣に運んできた働きバチは，そのさい，〈8の字ダンス〉，〈円型ダンス〉という2種類のダンスによって，花の位置やそこまでの距離をなかまに知らせる習性がある。まず，花が100m以内にあるときにやるのが右に左にぐるぐる回る〈円型ダンス〉。この場合は方向は教えない。いっぽう花までの距離が100mを超えると，尻を振りながら短距離を直進，ついで左に360°まわってからまた直進，さらに右回りで360°という〈8の字ダンス〉を繰り返すのである。尻振りの回数で距離もわかるという。また8の字を描くさいの直進方向はいつも一定で，これと直交する線の角度が花の位置を示す。なおこの習性を発見したドイツの動物学者カール・フォン・フリッシュ（1886-1982）は，1973年，長年のミツバチ研究の功績をたたえられ，ノーベル生理学・医学賞を受賞した。

なお，鳥類のキツツキ目のミツオシエ類のアフリカ産種は，人間や動物を野生のミツバチの巣に誘導し，かれらが蜜をとった巣を食べる。タンザニア北部のハザ族は，この鳥の習性を利用して，蜜を採取するという（原淳《ハチミツの話》）。詳しくは〈鳥類編〉〔ミツオシエ〕の項を参照。

ミツバチの巣の中ではクモやがが発生して大きな害をなす。そこで冬になったら巣箱を藁でおおい，ウシの糞を用いて何度も巣をつぶすとクモは退治できた。またがについては，春の新月の晩，空が晴れているときに巣の前に灯火をともす。するとがはその中に飛びこんで死んでしまうという。

またネパール産のオオミツバチは，大木にしばしば20〜40もの巣をつくる。そこで現地の人びとは，12月から2月にかけての夜，木の下で煙をいぶしながら，長い棒で巣を突つき，〈蜂蜜狩り〉を行なう。棒に蜜を伝わらせ，地面に置いた容器で受けるのである。これにより，ひとつの巣につき約8 l もの蜂蜜が採れるという（原淳《ハチミツの話》）。

続いて新世界でのミツバチ事情を述べる。アメリカ，ユタ州は俗に〈ハチの巣州the Beehive State〉とか，〈勤勉なミツバチの州the Deseret State〉とよばれる。この州の人口の6割以上を占めるモルモン教徒の象徴が，勤勉と共同生活を示すミツバチであるためだ。

アメリカには，ミツバチの死体を焼いて灰にしたものを，靴の中にまくと，扁平足が治るという俗信がある。

なおアメリカ・インディアンは，ミツバチを文明の使者とみなし，白人の象徴だといい伝える。対する自分たち，赤色人種の象徴はスイギュウだという。そしてミツバチが東の側から進んでくるにつれ，インディアンとスイギュウは，西へ西へと後退したのだそうだ。

トマス・ムーフェット《昆虫の劇場》では，南米コロンビアの港町カルタヘナ周辺のミツバチのつくった蜜には毒がある，とされている。

中国に初めて養蜂家があらわれたのは，漢代のこととされる。後漢の姜岐という人物が，みずからミツバチを飼って研究を行ない，弟子で営業する者も300人を超えたという。ただし姜岐の伝授した内容は，後世にはあまりよく伝わらなかったらしい。

養蜂の名著《蜂記》を著した王元之は，ミツバチの社会を称賛してこう述べている。〈王の無毒なるは，君主の徳にも似たものだ。台の如く巣を営

ベッコウバチのなかま Pompilidae spider wasp
クモを狩ることで有名なハチ。はねがべっこう色をしているものがいるので，この和名がつけられた。大きな意味でのスズメバチに属す。モーゼス・ハリスの原図より [19]．

ベッコウバチのなかま
Pepsis rubra tarantula hawk
はねの色が独特で，すぐに見分けがつく．タランチュラ（大型のクモ類）を狩るものという意味の英名をもつ [19]．

アリバチのなかま
Smicromyrme rufipes（下図・左上），
Psammotherma flabellata（同・中央），
Mutilla ephippium（同・下）
ツチバチ上科に属するアリバチ類の雌にははねがない．したがって膜翅類の相棒であるアリ類によく似ている．アリと同じように地上を歩きまわり，他のハチの幼虫に産卵する．雌は刺し針をもつ．雄にははねがあり，飛べる．

アリバチモドキ（同・右上）
Myrmosa melanocephala
これはコッチバチ科の1種．雌にははねがない．はねこそは，奪われた力のシンボルといえる [3]．

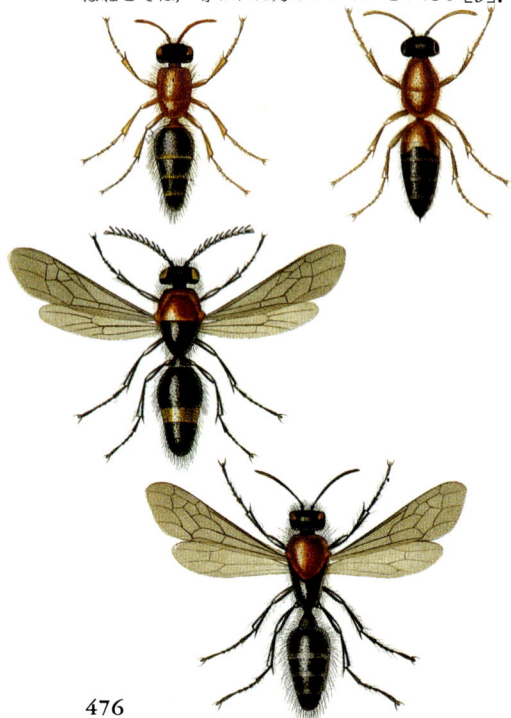

ツチバチのなかま（下） Scolioidea
南米チリで採集されたハチたち．ほとんどがツチバチ上科にふくまれる（fig. 1-4 までアリバチ）．ツチバチもまた広義のスズメバチに属する寄生性のハチである．寄主はおもに地中にいるコガネムシ類の幼虫であるという [7]．

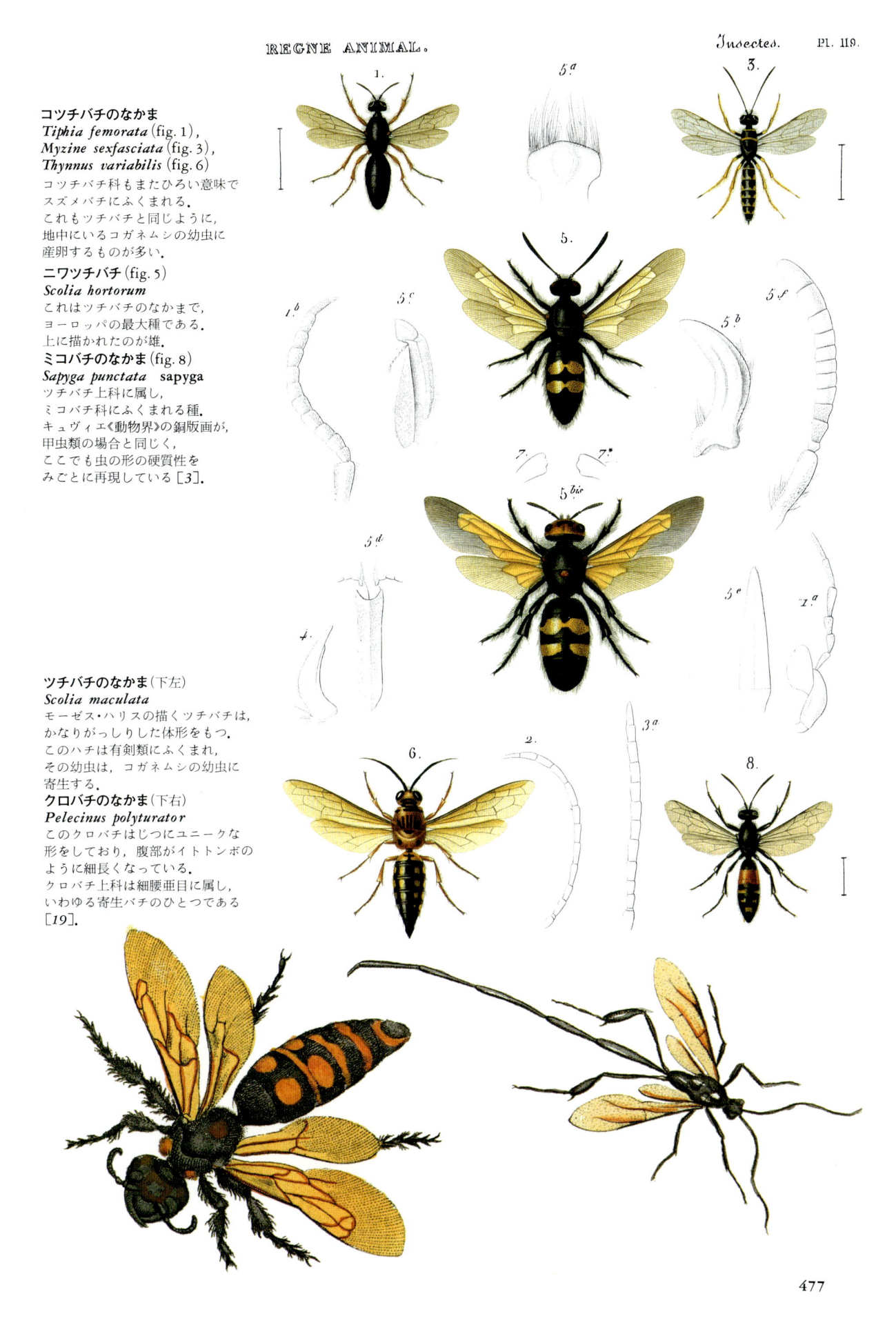

コツチバチのなかま
Tiphia femorata (fig. 1),
Myzine sexfasciata (fig. 3),
Thynnus variabilis (fig. 6)
コツチバチ科もまたひろい意味で
スズメバチにふくまれる。
これもツチバチと同じように，
地中にいるコガネムシの幼虫に
産卵するものが多い。

ニワツチバチ (fig. 5)
Scolia hortorum
これはツチバチのなかまで，
ヨーロッパの最大種である。
上に描かれたのが雄。

ミコバチのなかま (fig. 8)
Sapyga punctata sapyga
ツチバチ上科に属し，
ミコバチ科にふくまれる種。
キュヴィエ《動物界》の銅版画が，
甲虫類の場合と同じく，
ここでも虫の形の硬質性を
みごとに再現している [3]。

ツチバチのなかま (下左)
Scolia maculata
モーゼス・ハリスの描くツチバチは，
かなりがっしりした体形をもつ。
このハチは有剣類にふくまれ，
その幼虫は，コガネムシの幼虫に
寄生する。

クロバチのなかま (下右)
Pelecinus polyturator
このクロバチはじつにユニークな
形をしており，腹部がイトトンボの
ように細長くなっている。
クロバチ上科は細腰亜目に属し，
いわゆる寄生バチのひとつである
[19]。

●膜翅目──ミツバチ

ミツバチを集めるための楽器。フィリポ・ボナンニ《古代楽器論》(1716)より。ミツバチが音に敏感であることから、養蜂家は巨大な金属だらいを叩いて音を発し、ハチを巣へと呼び戻している。

むは，国家の建設にも似たものだ。子がまた王となるは，その封疆を分けて政を布くにも似たものだ。王を擁して往く有様は，王を護衛するに似たものだ。王の在る所では螫さぬというは，法令を遵奉しつつあるに似たものだ。王を失えば団体を解散して死亡するは，殉忠の節義を守るものだ。人間が蜜を採取するにも中庸を得さえすれば，彼等にその十分の一を税として公課するにも似たものだ〉。

《日本書紀》皇極天皇2年(643)11月の条によると，この年，百済の太子の余豊がミツバチの巣4枚を，三輪山で放し飼いにした。しかしうまく繁殖しなかったという。俗にこれは日本における養蜂の起源といわれるが，亡命中の太子が占いをするためにミツバチを放したという説もあって，そのあたりははっきりしない。

日本の山間部では古く，大木の中をくりぬいて〈蜂洞〉という巣箱をつくり，そこにハチの群れをすまわせた。ちなみに原淳氏は，〈蜜蜂今昔〉(《虫の日本史》所収)という一文のなかで，百済の太子は，三輪山にこの〈蜂洞〉を4つ置いたのではないか，という新説を提唱している。というのも，《日本書紀》にはこのくだり，〈蜂房四枚〉とある。そして〈枚〉には〈幹〉の意味もあるからだ。

ちなみに《日本山海名産図会》には，ミツバチの野生種の捕獲法が記されている。すなわち，桶や箱に酒や砂糖水を入れ，蓋に孔をたくさんあけて，大木の洞穴にあるハチの巣のそばに置いておく。すると，ハチが自然に容器に移ってくるので，それをもち帰って蓋をかえ，軒や窓にかけておくのだという。

いっぽう養蜂については，日本でさかんになったのは江戸時代からである。ソバの花がしぼむときが，蜜を採取する目安にされた。採る方法は，まず巣箱の蓋を軽く叩く。するとハチが巣の後ろに逃げこむので，そのとき巣の3分の2を切りとるのである。そして巣をしぼる。こうして巣を3分の1残しておくと，ハチはまた巣をもとのようにつくりなおす。だから同じ巣から何度も蜜がとれたという。

ミツバチは，巣の温度が高くなると，いっせいに外に出て，はねをあおいで風を送り，巣の温度を低下させる習性がある。日本では，この作業がだいたい午後2時から3時ころ，つまり八ツ時に行なわれることから，これを〈八ツさわぎ〉とよんだ(《日本山海名産図会》)。

なお西洋から技術を導入しての養蜂は1877年(明治10)より始まる。新宿勧農局に，セイヨウミツバチ6群が初めて移入された。

なお江戸時代には，砂糖と朝鮮飴(熊本県名産の飴菓子)をまぜて，にせの蜂蜜がつくられた。これについて，《和漢三才図会》には，真蜜は黄白だが，にせの蜜は色が黒くて乾きやすい，とある。

【蜂蜜】 養蜂が開始されれば，次の関心は当然，蜜に集中することとなる。古代エジプト人はミツバチを神聖視していた。神々には蜂蜜製の菓子が捧げられ，聖牛アピスの餌にもされた。司祭の唇に蜂蜜を塗る儀式があり，また税金の代用にもなったという。さらにミイラの製法に蜂蜜が利用され，ミイラにされた王に蜂蜜が供えられもした。

聖書にも蜂蜜はあらわれる。〈申命記〉32章13節には，主がイスラエルの民に，〈岩から野蜜〉を得させられた，とある。また〈詩篇〉81章17節にも，〈わたしは岩から蜜を滴らせて／あなたを飽かせるであろう〉という言葉が出てくる。

古代には，蜂蜜は天空から花の上に降ってくる一種の露のようなものだと信じられていた。古代ギリシアでも蜜は空から降ってくるものだと信じられており，蜂蜜というのは，ミツバチがその露を木の葉から集めてつくるのだとされた。ウェルギリウス《牧歌》第4歌にも，〈堅い樫の木は，露なす蜜に濡れるだろう〉という一節がみえる。プリニウス《博物誌》によれば，蜂蜜がつくられるのは，すばる星が空に光を放つ5月から11月の夜明け前だという。最初は，水で薄められたような形で落下するが，20日くらいすると，発酵醇化して濃い液になる。ちなみにアッティカ地方のヒメットゥスやヒブラ，シチリア，またカリドゥナ島などが，良質な蜂蜜の産地として有名であった。

またユダヤの苦行者や遊牧民にとって，自然に産する蜂蜜は，古くから貴重な栄養源とされ，洗礼者ヨハネも〈いなごと野蜜〉を食料としていたと

いう。また近世には重要な交易品となり，パレスティナの都市ヘブロンだけでも毎年約100kgもがラクダによってエジプトに運ばれた（T.M.ハリス《聖書の博物誌》）。

古代西洋では病人の滋養剤として，蜂蜜を水で溶いて与えた。またこれは口や胃の病気や熱病にも効くという。さらに便秘には冷たい蜂蜜水を飲むとよい，とされた（プリニウス《博物誌》）。

バビロンの陣中で死んだアレクサンドロス大王の遺体は，蜂蜜を満たした黄金の棺に入れられ，アレクサンドリアに運ばれたという。じつはこれ，本人の遺言によるもので，指南役のアリストテレスの教えによったものであるらしい。とすると，アリストテレスは蜂蜜の殺菌作用も熟知していたのだろう。

中国でも，古くからミツバチを飼養して，その蜜を食料とした。ただし明末の崇禎10年（1637）に書かれた宋応星《天工開物》によると，山ぎわの崖や土穴の巣にある蜜をとるのが8割で，家で採取する蜜の量は，全体の2割にすぎない。

中国人は古来，崖の上や洞窟につくられたミツバチの巣から，蜜を採取する風習を守ってきた。長い竿を巣房に突きさして蜜をだし，それを竿に伝わらせて，下にある容器で受け取るのである。陳蔵器《本草拾遺》によると，多いときは3～4石（540～720l）も採れるという。また同書では，薬用にはこの蜜が最良だとされている。

陶弘景によれば，ミツバチは，種々の花を人尿で醸成し，蜂蜜をつくるのだという。いっぽう李時珍は，大便を用いて醸成するとして，〈臭腐神奇を生む〉とはこのことだ，と《本草綱目》で述べている。また《天工開物》の著者宋応星は，人尿説を支持した。

おもしろいのは尚秉和《中国社会風俗史》である。中国の蜂蜜は，西洋のものよりずっと甘い。醸成する期間が長いからである。西洋のは，蜜ができるとすぐ採取してしまうので，味がひじょうにうすいという。

《本草綱目》によれば，同じ蜂蜜でも新しい蜜は希薄で黄色，古い蜜には白い結晶質が含まれている。蜜としては古いほうが上等，したがって中国では前者を偽蜜，後者を真蜜とよんで区別した。同書には〈およそ蜜の真偽を試験するには，火筯を紅く焼いて中に挿入し，それを引き上げて見て，気が起こるものならば真物，烟が起こるものならば偽物である〉としている。

日本ではミツバチに関する知見を，中国からの受け売りと独自の伝承とをミックスさせてつくりあげた。たとえば《和漢三才図会》には，中国の本草書の考えがそのまま引きつがれ，ハチは花を小便で醸して蜜にする，とされた。しかし貝原益軒は《大和本草》でこの説を初めてはっきりと否定，ハチは花を巣に運んできて，それを巣に塗りつけて蜜をつくるのだ，と述べた。

《延喜式》典薬寮の〈諸国進年寮雑薬〉には，蜜・蜂房があげられている。ただし原淳《ハチミツの話》によると，この蜜は，養蜂によってつくられたものではなく，天然のものだったらしく，量もあまり多くなかった。

《日本山海名産図会》には，蜂蜜は〈紀州熊野を第一とす〉とあり，さらに〈芸州是につぐ，其外勢州，尾州，土州，石州，筑前，伊予，丹波，丹後，出雲などに，昔より出せり〉と記されている。

蜂蜜の産地について，貝原益軒《大和本草》には〈土佐ヨリ出ルヲ好品トス〉とある。

《本朝食鑑》では，ミツバチが関東にもまれに見かけられる，と記される。

日本でも，山奥の崖にあるハチの巣から，熟した蜜を採ることも行なわれた。その場合，長い竿を巣に突きさして，蜜を流しとったという。また，巣ができてから日が浅く，蜜が熟していないものも，よじのぼってとった（《日本山海名産図会》）。

【蜜酒】　ミツバチとすぐに関係づけられるのが蜜酒である。古代ガリア地方やイギリス，ドイツなどでは，蜂蜜を原料とする酒を高級酒として楽しんだ。蜜を抜きとったミツバチの巣を釜で煮て，煮出し汁と蜜を大樽に移し，発酵させればできあがる。液体は金色で，アルコール度はきわめて高い。あまり強すぎるため，アイスランドでは今でも販売が禁じられているほどだ。

蜂蜜酒は現在，エチオピアにおいて〈テジェ tej〉の名でひろく親しまれている。またイギリスでは何百年も忘れ去られていたが，今はふたたび生産されているらしい（C.I.リッチ《虫たちの歩んだ歴史》）。

【蜜蠟】　李時珍はまた，蜜蠟を定義して，蜜のたくわえられた蜂房から蜜を採取したあとに残ったものだとした。それをよく煉ってから，濾して水中に入れ，かたまったら取りだすのである。これは色が黄色いので，俗に黄蠟という。また，それをさらに煎煉し，まっ白になったものは白蠟とよばれる。むろん，イボタロウムシのつくる虫白蠟とは別物である（《本草綱目》）。

なお，古く《神農本草経》では，蜜蠟は〈下痢膿血に主効あり〉とされ，李時珍もこれを覚えておくべきだ，と支持している。

寺島良安は，《和漢三才図会》において，日中双方の蜜蠟を比較して，中国の蜜蠟は双六盤のよう

ヨツバコセイボウ(リンネセイボウ)(下図・左上)
Chrysis ignita ruby-tail wasp
セイボウモドキのなかま(同・左下)
Cleptes semiaurata
オオセイボウ(同・右上) *Stilbum cyanurum splendidum*
gold-wasp, cockoo-wasp
トゲセイボウのなかま(同・右下)
Elampus spinus gold-wasp, cockoo-wasp
キュヴィエ《動物界》に描かれたセイボウ類．この頁にある
E. ドノヴァン他の図と比べても，このなかまの腹部を
いろどる色彩の輝かしさは誇張ではない[3]．

ヨツバコセイボウ
(リンネセイボウ)(上)
Chrysis ignita ruby-tail wasp
アリガタバチ上科にふくまれる
セイボウの1種．有剣類のワスプと
よばれるハチのなかまだが，他のハチの
幼虫に寄生するという性質をもつ．
E. ドノヴァンの《英国産昆虫図譜》に
載った図は，鮮やかなルビー色の腹部を
再現している．なお，セイボウは青蜂の
意である[21]．

セイボウのなかま(fig. 1)
Chrysis sp.
gold-wasp, cockoo-wasp
ミドリイツバセイボウ(fig. 2)
Praestochrysis lusca
gold-wasp, cockoo-wasp
オオセイボウ(fig. 3)
Stilbum cyanurum splendidum
gold-wasp, cockoo-wasp
金属色をもつセイボウの美しさを
よくあらわした図版である．
派手好みのE. ドノヴァンの筆も
ひときわ力がこもっている[20]．

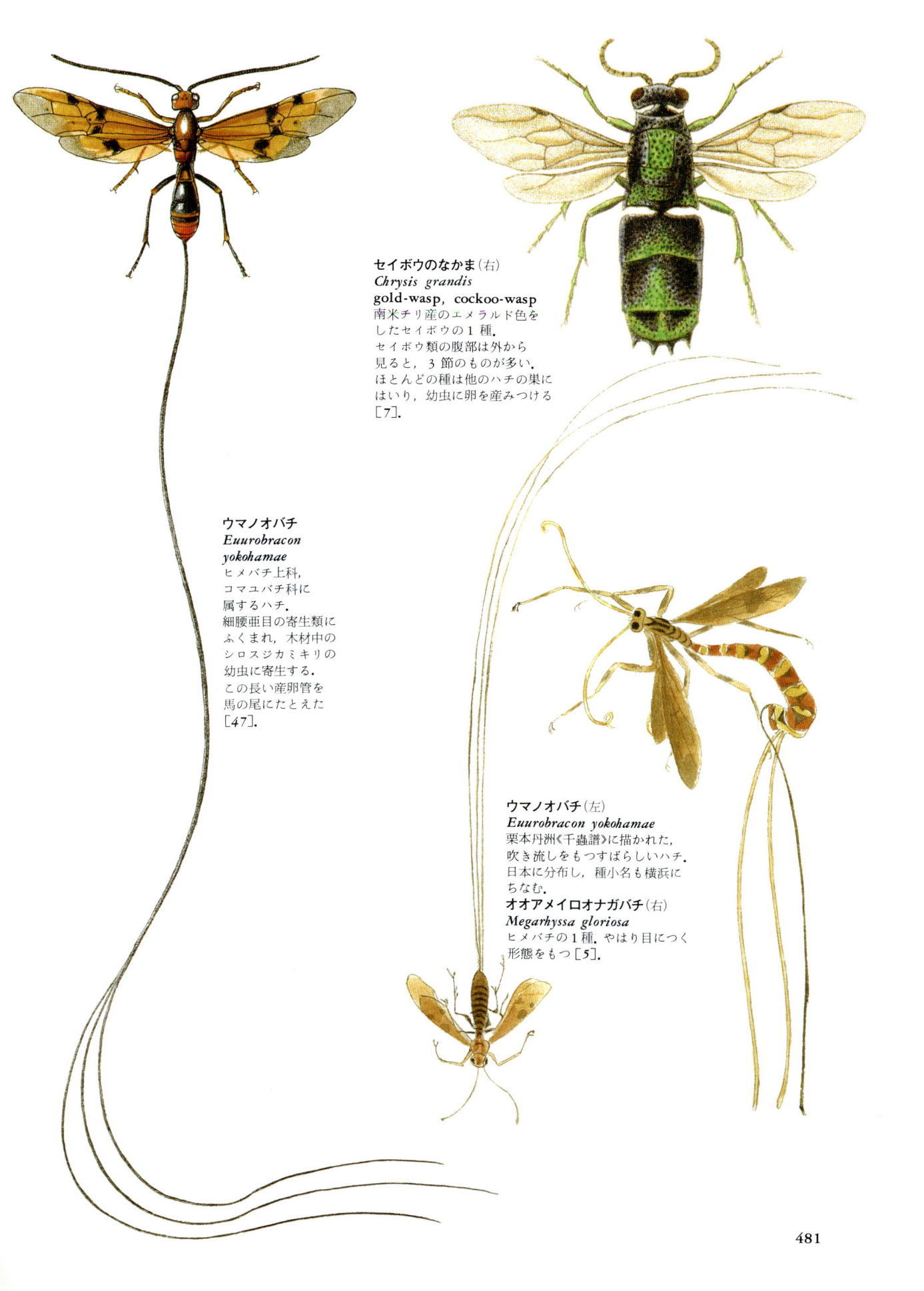

セイボウのなかま(右)
Chrysis grandis
gold-wasp, cockoo-wasp
南米チリ産のエメラルド色をしたセイボウの1種.セイボウ類の腹部は外から見ると,3節のものが多い.ほとんどの種は他のハチの巣にはいり,幼虫に卵を産みつける[7].

ウマノオバチ
Euurobracon yokohamae
ヒメバチ上科,コマユバチ科に属するハチ.細腰亜目の寄生類にふくまれ,木材中のシロスジカミキリの幼虫に寄生する.この長い産卵管を馬の尾にたとえた[47].

ウマノオバチ(左)
Euurobracon yokohamae
栗本丹洲《千蟲譜》に描かれた,吹き流しをもつすばらしいハチ.日本に分布し,種小名も横浜にちなむ.

オオアメイロオナガバチ(右)
Megarhyssa gloriosa
ヒメバチの1種.やはり目につく形態をもつ[5].

● 膜翅目——ミツバチ／アリ

な方形をしていて色はよどんだ黄色なのに対し，日本の蜜蠟は鍋を思わせる円形で色は澄んだ黄色である，とした。そして日本製のほうがすぐれている，と述べている。

【養蜂神】 養蜂の神というものが古代ギリシアには存在した。アポロンとニンフのキュレネーとのあいだに生まれたアリスタイオスは，ニンフに養蜂を教わり，人間にその方法を伝授した。ここよりアルカディア地方では，彼を養蜂の神とあがめたのである。またウェルギリウスの《農耕詩》によると，あるとき，オルフェウスの妻エウリュディケーを恋したアリスタイオスは，逃げる彼女を追いかけたあげく死なせてしまった。そこでニンフたちの怒りをかい，飼っていたハチを全滅させられてしまう。しかし海神プロテウスの忠告でウシをニンフに供え，しばらくして戻ってみると，ウシの死体にミツバチが群れていたという。これぞ，ウシの死骸からミツバチが発生するようになった説の起源といわれる。

【天気予知】 アリストテレス《動物誌》によれば，たとえ天気がよくても，ミツバチが巣の中に寄り集まっていれば，雨や嵐の前ぶれだという。

【ことわざ・成句】 西洋では，いつも巣にいて働こうとしない雄バチを，なまけ者とみなし，英語で雄バチを示すdroneも，転じて〈なまけ者，のらくら暮らす〉といった意味に使われる。

ルーマニアのトランシルヴァニア地方には，〈ジプシーの蜂蜜〉という言いまわしがある。〈薄められている〉という意味（チャールズ・G.リーランド《ジプシーの魔術と占い》）。

〈ハネムーン〉という言葉は，古代ゲルマン民族のあいだに，結婚してから1か月間，蜜酒を飲んで暮らす風習があったことにちなむともいわれる。

【文学】 《蜜蜂の生活 La Vie des Abeilles》（1901） ベルギーの作家メーテルリンクの昆虫誌。女王バチから働きバチまで，ミツバチの巣にいる全個体を統御する力を〈巣の精神〉とよび，この目に見えない精神こそがミツバチ社会を治めているのだと説く。のち《白蟻の生活》（1927），《蟻の生活》（1930）と続く昆虫三部作のスタートを飾る作品。メーテルリンクが社会性をもつ昆虫ばかりに関心を示したことは，逆に社会性昆虫をきらい，単独生活をする虫たちを愛したファーブルと対照的で，おもしろい。

《みつばちマーヤの冒険 Die Biene Maja und ihre Abenteuer》（1912） ドイツの作家ワルデマル・ボンゼルス（1880-1952）の昆虫童話。ただ黙もくと花蜜を集めてきたり蠟をつくったりするだけの生活はつまらないと若い働きバチ（つまり雌）のマーヤが外に出たまま巣に帰らず，コガネムシやバッタやトンボなどさまざまな虫たちと出会いながら，遍歴と冒険を重ねていく。ミツバチという社会性昆虫の身に生まれながら，マーヤは働きバチとしての本分を全うしなかった。これはある点で〈造反〉の物語とも受けとれる。しかし最後に〈くまばち（スズメバチ？）〉に捕えられて，自分の巣の危機を察知すると，本能に目覚め，一族を救おうと決意する。〈くまばち〉の巣を脱出したマーヤの注進により，一族は危難をのがれた。マーヤも女王バチにわびを入れて巣に戻り，以後社会にとけこんで幸福な一生を送ったという。

【映画】 《ミツバチのささやき El Espiritu de la Colmena》 1972年スペイン映画。監督ビクトル・エリセ。原題は〈ミツバチの巣箱の精霊〉の意。フランケンシュタインの映画を観て感動した幼女アナが，神秘のあわいに溶けこんでいくようすを描く。アナの父親は養蜂家である。巣箱にいるミツバチは，囲われ，外の世界からは遮断されている。子どもの世界と同じように。が，そこはまた，外界とはまったくちがった法則が支配しているところでもある。まるで大いなる霊によって，世界が導かれているように。メーテルリンクが昆虫誌《ミツバチの生活》で展開した思想をヒントに，少女の通過儀礼を描いた佳作である。作中，父親が読みあげるメーテルリンクの断章は，音楽のように美しい。

アリ

節足動物門昆虫綱膜翅目アリ科 Formicidae に属する昆虫の総称。
［和］アリ〈蟻〉　［中］蟻, 玄駒　［ラ］*Ection* 属（グンタイアリ）, *Formica* 属（クロヤマアリ）, *Camponotus* 属（クロオオアリ）, その他　［英］ant, emmet, pismire　［仏］fourmi　［独］Ameise　［蘭］mier　［露］муравей
　　　　　　　　　　　　　　　　　　　　　　　→p.488

【名の由来】 エクティオンはギリシア語の〈外に ektos〉という言葉から。フォルミカはラテン語でアリを指す言葉formicaから。カンポノトゥスは〈曲がった kampe 背 noton〉という意味。

英名アントとエミットは，ともにアリの古名aemeteに由来する。ピスマイアは，〈尿piss〉とアリを示す古語mireを合わせたもの。アリ塚のにおいが尿を連想させることによる。

中国名は，この虫が義理がたいと思われていたことによる。

新井白石《東雅》によると，アリのアは古語で小を示す。またリは助詞で，小虫であることを示し

および名だろうという。いっぽう貝原益軒《日本釈名》では，アリは群れつどう虫だから〈集まり〉という語の中の2字が略されて，アリという名称になったのだ，とされている。

【博物誌】 アリはハチと同じ膜翅目にふくまれる虫である。したがってハチと同様に，女王アリ，雄アリ，そして働きアリに大別される社会を営む。完全変態を行ない，地中の巣の中では幼虫が働きアリに養われる。世界に約1万種が生息し，強力な顎，針，そして蟻酸などの武器により，なかには人間に害をなす種類もある。また農作物に被害を与えるものもいるが，概して勤勉のイメージをもつ小さな虫である。

アリ類は種類が多く，生活様式も多岐にわたるため，なかなか模式的なよびかたができない。かろうじて，土壌中にすむ原始的なアリ類（ムカシアリ）とか，巣をつくらずに行進して獲物を狩るサスライアリの類，またいろいろな雑草の実を巣にたくわえて食糧とする収穫アリ類（英名 harvester ants, agricultural ants）などが，昔は大まかな分類枠として設定されていた。

近年では通例，現存のアリ類は大きく2群に分けられ，成虫の腹部第4節の背板と腹板が融合して管状となったものをハリアリ群，融合していないなかまをヤマアリ群とよぶ。ハリアリ群にはハリアリ亜科，サスライアリ亜科，グンタイアリ亜科など7亜科が，ヤマアリ群にはアカツキアリ亜科，ハリルリアリ亜科，カタアリ（ルリアリ）亜科，ヤマアリ亜科の4亜科がふくまれる。そしてこの両群はともに，化石のみが知られるアケボノアリ亜科から分化したものとされている。

アリの勤勉さの象徴として，プリニウスの《博物誌》には，〈月の見えない夜を除いて昼夜をわかたず餌運びにはげみ，人間以外で唯一なかまの死骸を土に埋める生物〉と説明されている。

イソップ寓話の〈アリとキリギリス（原作ではセミ）〉の話もよく知られている。

またヨーロッパの伝承によれば，アリは妖精が姿を変えたものとされ，その巣を壊すと不吉だが，錫をそこに差し込んでおくと銀に変わるともいわれる。

西洋の古文献ではアリストテレスの《動物誌》がこの虫にふれている。〈社会的動物〉という言葉が使われた最初の文献である。これは，群れが全体で共通の目的をもったある仕事を行なう習性をもった動物をひとまとめにした概念で，ヒト，ミツバチ，スズメバチ，ツルとともに，アリもこの一群に加えられた。黙々と働くアリの性質は昔からよく知られており，アリストテレスも，たとえ夜

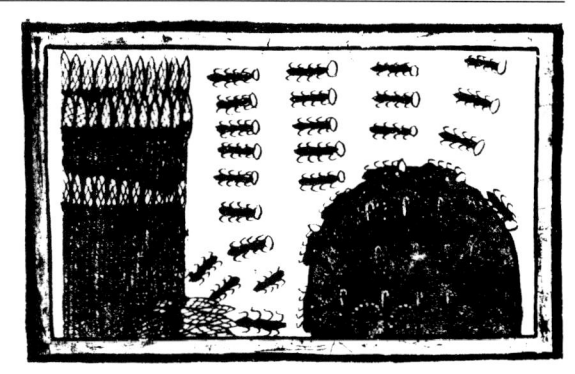

アリの寓意。13～14世紀の〈動物寓意譚〉より。おそらくローマ期に成立した西洋の動物寓意譚は，イソップ寓話などの影響を受け，動物の生態に人生訓や道徳の教えを読みとった。この図は，アリが勤勉に穀物を集めたくわえることを示す。

でも満月なら仕事にいそしむほどのもっとも勤勉な動物だとしている。

しかしプリニウスは多くの奇論を提示している。まず，アリは舌をもっているという。つまりアリはしゃべれるというのである。次に彼自身の発見によるが，ヘルクラネア Herculanea というアリをつぶして塩を少し加えると，顔の病気に効く薬になる。さらに，アリの卵は脱毛剤にもなるし，耳の病を治す薬効もあるという。そういう薬物であるから，クマが誤ってマンダラゲ（マンドラゴラ）の実を呑みこんだときは，解毒剤としてアリを食べる，とまで書いている。

これに対し，中世を代表する昆虫誌であるトマス・ムーフェットの《昆虫の劇場》をみると，アリはかなり勇ましくなっている。たとえばアリはサソリを食べたり，ヘビやカエルの死体を餌にする。他の生物から攻撃を受けると，相手がゾウだろうがクマだろうがやっつけてしまう。また，ヘビやドラゴンに仕事の邪魔をされたり，巣を襲われると，猛攻を浴びせて気を狂わせる。さらに，アリは卵からかえるとすぐ親から働きかたを教わる，としている。そして働かない子は餌をもらえないのである。

アリはまた，鳥に捕えられたり洪水に襲われた場合を別にして，めったなことでは死なない長寿の生きものといわれた。また中世ヨーロッパには，アリは体が小さいので眼がないという説を唱える学者もいた。

スウェーデンではライ麦でアリを蒸留し香りを出すためにブランデーに加えるという（C.I.リッチ《虫たちの歩んだ歴史》）。

アリはうまい食べものになるらしい。ヨーロッパではこれが魚釣りの餌に使われた。またトマス・ムーフェットも，バッタ類を捕える餌に使うのもよい，としている。

ハバチのなかま *Perga* sp.
本図はオーストラリア産を描いたもの.
雌が幼虫を保護することで知られる.
《ロンドン動物学協会紀要》はこのような
生活史を描くものが多く,
美術的メリットだけでなく
学問的なメリットもあり,
今なお人気がある[47].

コルリキバチ(上と下)
Sirex juvencus
smaller horntail
E.ドノヴァンの
《英国産昆虫図譜》に載った図.
針葉樹の材を食べるので
害虫とみなされている[21].

ヒラアシキバチのなかま
Tremex sp. horntail
栗本丹洲《千蟲譜》より.
紀州の大樹から得られたもの.
珍しい発見であったことが,
添えられた文章から知れる
[5].

ニホンキバチ　*Urocerus japonicus*　japanese horntail
キバチは広腰亜目とよばれる大きなグループに属す。このグループのハチはずん胴の姿をしている。《ロンドン動物学協会紀要》に描かれたこの図には，マツを食害するこのハチの生活史が網羅されている［47］。

● 膜翅目――アリ

オーストリアのアルプス高山地方の住民は, アカヤマアリ Formica rufa などをパンの上でひねりつぶして汁をしみこませ, あとで体はとり除いて食べる(三橋淳《世界の食用昆虫》)。

インドでは, アカアリをたくさん集めてつぶしたものを調味料の一種として御飯に混ぜて食べるという。これを食べると疲労回復に効果があるうえ, あまり日焼けしなくなるという俗信もあった(安松京三《蟻と人生》)。

アリのなかにはハチと同じように腹に蜜をたくわえるミツツボアリという種類がいる。アメリカ・インディアンはこのアリ蜜が蜂蜜よりも好物で, よく頭をかみ切って腹の蜜を食べるという(三橋淳《世界の食用昆虫》)。

もちろん, アリの有用性は食用の分野だけに限られない。古代インドをはじめ, アリは世界各地で外科手術のさいの道具がわりに使われた。まずピンセットで虫の胸部をつまみ, 頭部を傷口にあてがう。するとアリは傷の両縁をかむので, その瞬間ピンセットで胸部をもぎとると, 頭部のみ傷口をかんだ状態で残る。これを数回繰り返すと傷口は完全に縫い上がる。そして数日後に大顎だけ残して頭部を除けばよいという(渡辺武雄《薬用昆虫の文化誌》)。

ブラジル北部のインディオのあいだでは, 癲癇患者の治療に〈アリ風呂〉が利用されるという。これはハキリアリを入れた布袋に熱湯をかけて浸出した液を風呂に入れたもので, つぶしたアリを呑んだうえで入浴するとよいらしい(安松京三《蟻と人生》)。

かつてアフリカではさまざまな部族に〈アリ責め〉の刑があった。自白させる手段として, アリを大量に入れた穴に手足を縛った罪人を落とすのだ。するとかみ傷の痛みとくすぐったさから, たまらず自白してしまうという。もっとも逆にこの〈アリ責め〉を精神鍛錬や願かけのため, みずから進んで受ける風習もあったらしい(渡辺武雄《薬用昆虫の文化誌》)。

三吉朋十《南洋動物誌》によると, 南洋の島々には, アリを食べたり, アリにかまれたりすると体が丈夫になるという俗信があった。三吉は, アリとハチとは同類であり, 蜂蜜が体によいとされることからこのような俗信が生まれたのだろうとしている。

中国では古代より, アリを食料として重視した。とくに交州や広東, 広西の渓流地帯では幼虫を原料に味噌をつくり, 上流階級の食べものとして楽しんだという(《本草綱目》)。アリの卵まで食用としたところは, 古代ローマとならぶ美食の国らしい発想であろう。

中国での俗信は, 不思議にヨーロッパのそれに似ている。この地でもアリはまず勤勉のシンボルだった。アリが土を積み上げて塚をつくる工夫を蟻術(蛾術)と称し, 勤勉のたとえとしたほどである。ちなみに清の王鳴盛に《蛾術編》という書物がある。

日本でも, アリは一般的には勤勉のシンボルとされた。しかし同時に, 甘いものに集まるなど手に負えぬ虫というイメージもあった。その昔, 日本には, 釈迦の誕生日とされる4月8日に寺に行って甘茶を買い, それを家の柱のそばに置いて, アリなどの虫よけとする風習があったという。またその甘茶を飲むと, 体内の寄生虫を殺すことができるといわれた。

また伝統的に, 次のようなアリよけのまじないもあった。やはり4月8日, 白い紙を短冊型に切り, 〈千早ふる卯月八日は吉日よ神さけ虫を成敗そする〉と書いて, 家の柱の根もとやアリの通路にはっておく。するとアリが出なくなるという(三吉朋十《南洋動物誌》)。

B.H.チェンバレン《日本事物誌》によれば, 明治時代の日本のホテルにもアリよけはあったらしい。各部屋ごとに〈蟻一升十六文〉(アリ1升に対して16文の部屋代を取り立てる, の意)と書かれたアリよけのお札が貼ってあったという。アリに部屋代を請求しようというのである。チェンバレンはこの文句を解釈して〈蟻は倹約家であるから, このようにころ合いの条件でも, ホテルにはいることを拒否するのである〉と述べているが, 日本にも西洋と同じようにアリ＝倹約家とする発想があったのだろうか。

【蟻通明神】 アリに関する説話としては, 和泉国泉南郡長滝村(現在の大阪府泉佐野市)の蟻通明神の縁起が有名。《枕草子》に内容が詳しく記されている。昔ある帝が老人を皆殺しにするよう命じた。だが, 某中将は老いた両親をかくまっていた。そんなおり, 唐が日本を滅ぼそうとして, まずは知恵だめしと難問を次つぎにつきつけてくるが, 日本人はどれも解決してしまう。それではと, 中に七曲がりの穴の通っている玉に糸を通せとの要求が届く。そこで中将が両親に尋ねると, 大アリの腰に糸をつけて一方の口から入れ, 反対の口には蜜を塗っておくとよいとのこと。アリは蜜のにおいに引かれて楽々と玉を通過, 糸もめでたく貫かれた。これを知った唐は日本人の頭の良さに仰天, 征討の意欲も失せた。おかげで中将は都住まいを許されたうえ, やがては大臣に昇格, 死後は蟻通明神として祀られたという。帝も老人の知

恵を見なおし棄老令を改めた。仏典の棄老説話にもとづくものである。

なお《和漢三才図会》によると，この種の説話は中国伝来のものらしい。九曲の珠に紐を通そうとしてできなかった孔子が，ふたりの女性の知恵を借り，紐に脂を塗ったうえでアリを使って通させた，という話が中国にあるというのだ。

【アリの塔】 日本ではアリが巣をつくるときに掘り上げた土の小山やアリ塚を俗に〈蟻の塔〉とよんだ。この塔には蟻酸がたくさん含まれているので，これをふつうの土に混ぜてから植物の種子を植えると，発芽がひじょうに速くなる。中山太郎《日本民俗学》風俗編によると，空海はこの方法を知っていて，よく一夜のうちにイネやムギを発芽させてしまったという。

【チョコアンリ】 日本では1957年（昭和32）ころ，長野県戸隠・飯縄高原で捕れたアカヤマアリを東京の工場でチョコレート加工して，〈チョコアンリ〉の名でアメリカに輸出，約2000万円の外貨を稼いだという。アリ20匹をチョコレートでくるんだこの菓子を強心剤として食べたこともあったそうだ（安松京三《昆虫物語》）。

【神話・伝説】 ギリシア神話によると，アキレウスに従ってトロイアへ遠征したテッサリアの民族ミュルミドーン人は，ゼウスがアリから人間に変えてやったもので，その名も〈アリ myrmex〉に由来する。かつてゼウスの息子でギリシアの英雄中もっとも敬虔な人とされたアイアコスの住んでいたアイギーナ島の民がペストで全滅したさい，ゼウスが息子の敬虔さに報いるためにした行ないとされる。またアイアコスが無人島のアイギーナ島に置き去りにされたとき，ゼウスに祈った結果ともいう。

聖書の〈箴言〉第6章第6-8節〈怠け者よ，蟻のところに行って見よ。その道を見て，知恵を得よ。蟻には首領もなく，指揮官も支配者もないが，夏の間にパンを備え，刈り入れ時に食糧を集める〉というソロモンの有名な格言がある。

冬にそなえて夏のあいだにせっせと食糧をたくわえるというアリのこの性質は，勤勉や倹約，先見の明を象徴するものとして，以後ヘシオドス，ホメロス，イソップなどによって繰り返し強調され，ソロモンの章句もしばしば引用されるようになる。だが19世紀にはいって科学的観察が進むにつれて，アリには食物をたくわえる習性はなく，したがってソロモンの言葉は誤りとする意見が学者のあいだで高まった。かれらは北ヨーロッパに生息するアリを観察した結果としてそう判断したのだが，じつはソロモンのほうが正しかった。そ

これぞ西洋の異様な妄想力が生んだ傑作アントライオンである。肉食のライオンと草食のアリを合体させたこの怪物は，自己矛盾をかかえているため，誕生のそばから死ぬ運命にあった。マイデンバッハ《健康の園》(1491)より。

の後の研究によると，アリ類のなかでも *Atta barbara*（英名black ant），*Atta structor*（英名brown ant）などは，実際に穀物をたくわえる習性があることがわかったのだ。しかもこの2種のアリはいずれも，ソロモンのいたパレスティナ地方でふつうに見かけられるものなのである。

【アントライオン】 古代ギリシア後代の学者のなかには，アリとライオンを合わせた怪物を考えだした者もいた。その影響か聖書〈ヨブ記〉のギリシア語版にはミュルメコ・レオン myrmêko-leôn（アリ＝ライオンの意）という造語が登場する（4章11節）。〈獲物を得ずに滅び〉，〈子は散らされる〉とうたわれたこの動物は，ヘブライ語原典では単に〈ライオン〉とされ，和訳聖書もそれに準じているのだが，ヨーロッパには以後このアリとライオンの合いの子というイメージはひろく普及し，中世のベスティアリ（動物寓意譚）などにもしばしば登場するようになった。

古代西洋では，〈アントライオン〉は，アリの顔をもつ父親から生まれた悪魔の創造物とされてきた。歴史家のストラボンも，アラビア地方には顔はライオンで体の前方と臀部はアリの姿をした〈アントライオン〉がいる，と述べている。

古代の博物学者たちによると，〈アントライオン〉は植物も肉も食べられない。なんとなれば，その母親は植物だけを，父親は肉だけを餌として生きているからだという。

中世のベスティアリ（動物寓意譚）では，〈アントライオン〉は二重人格の人間のたとえとされ，滅ぶべき存在とみなされた。

【巨大蟻】 おもしろいことに，巨大でどう猛なアリの伝説が世界各地に存在する。まず，ヘロドトスは《歴史》巻3-102〜105において，北インド地方の砂漠地帯には，砂をかいて金を掘りあげる巨大なアリが生息する，という奇妙な話を報告して

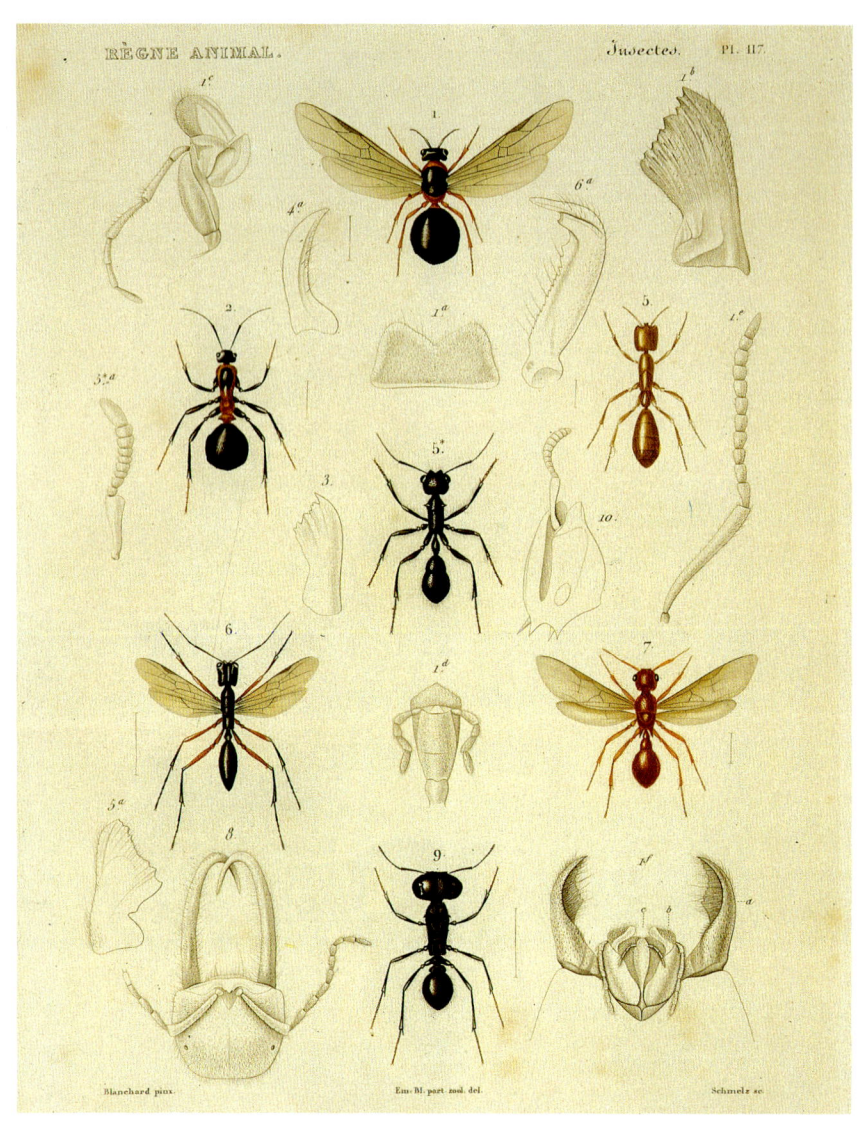

アカヤマアリのなかま (fig. 1, 2)
Formica rufa wood ant
アリは大局的にみると，はねを失って地上生活をはじめたハチ，といえる．つまりツチバチなどと同じ細腰亜目有剣類に属する虫なのである．
このヤマアリはヨーロッパ産で，日本には産しない．

アリのなかま (fig. 5*)
Paraponera clavata
きわめてユニークな形をしたパラポネラ属のアリ．

アギトアリのなかま (fig. 6)
Odontomachus haematoda
この属は頭部が大きく，力強い顎をもつ．色彩が赤みがかっている点にも注意．

キイロクシケアリ (fig. 7)
Myrmica rubra
この赤いアリは女王なのではねがある．広い意味でハチのなかまだから，当然ながらはねがあってもおかしくない．

ハキリアリのなかま (fig. 9)
Atta cephalotes
なんとも巨大な頭をもつアリである．19世紀初頭当時のフランス語名も〈大頭アリ〉になっている
fig. 5は不詳［3］．

日本産アリ各種（右）
Formicidae ant
《虫譜》のうち，江戸の有力な博物学者馬場大助の著作物からの断片あるいはそのコピーと思われる［17］．

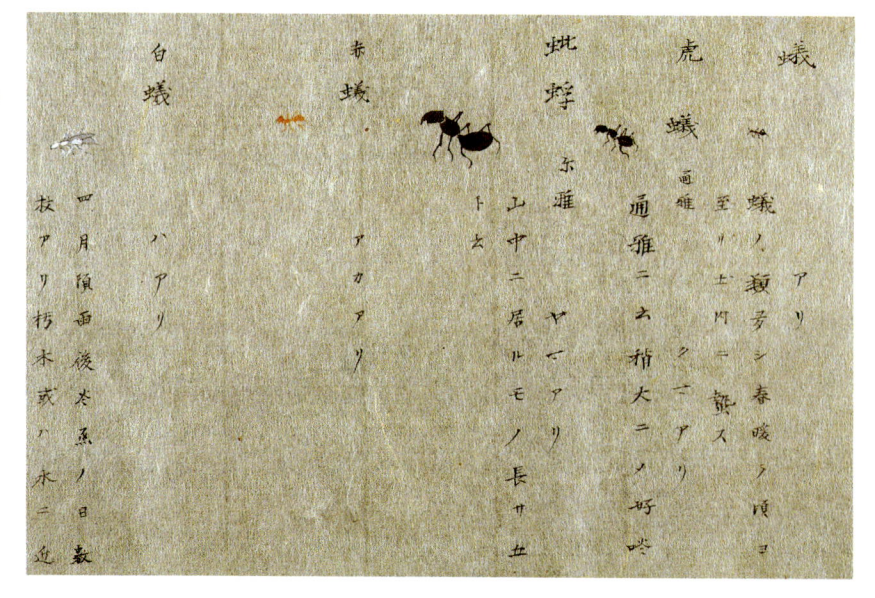

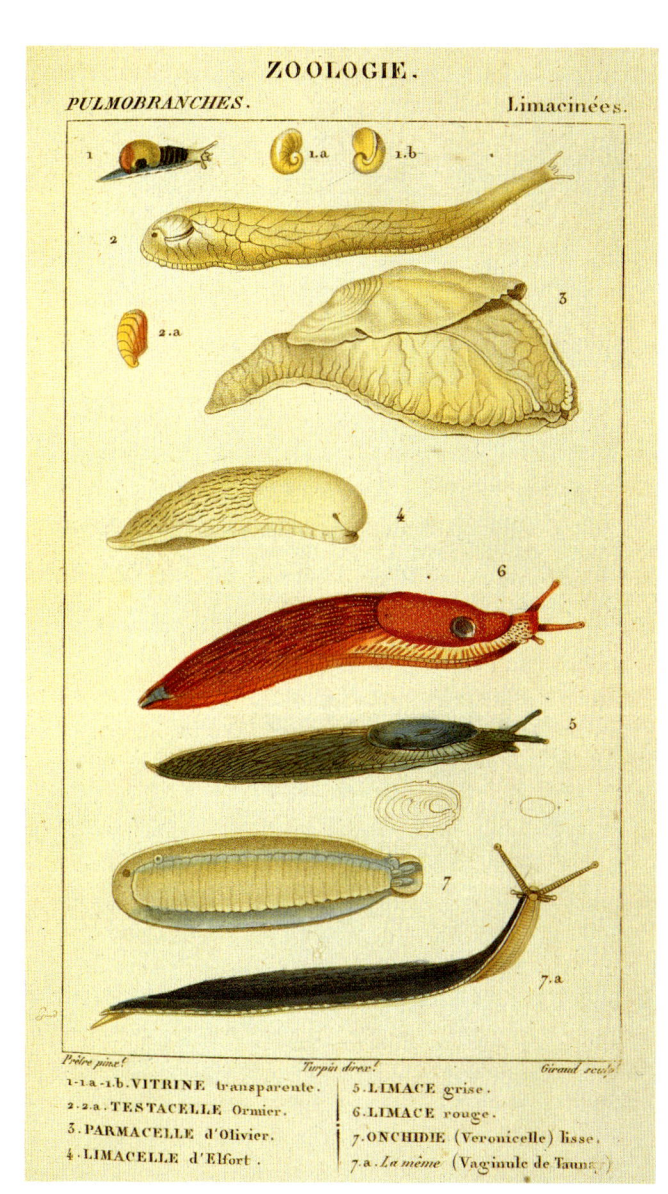

ZOOLOGIE.
PULMOBRANCHES.   Limacinées.

1.1.a.1.b. VITRINE transparente.   5. LIMACE grise.
2.2.a. TESTACELLE Ormier.   6. LIMACE rouge.
3. PARMACELLE d'Olivier.   7. ONCHIDIE (Veronicelle) lisse.
4. LIMACELLE d'Elfort.   7.a. La même (Vaginule de Taunay).

ヤマミミハリガイ▲(fig. 1)   *Eucobresia diaphana*
ハリガイ科の陸貝。ハリとは玻璃（水晶）の意である。小さなガラスのような殻をもつためである。ナメクジともマイマイともつかない中間的存在。北区に多い。

イギリスカサカムリナメクジ▲(fig. 2)   *Testacella scutulum*
殻が退化しきらず残存しているナメクジ。ヨーロッパに分布し、不思議な形態の虫なので注意をひく。なお、fig. 3の大きくふくれた殻つきのナメクジについては、詳細がわからない。

コウラナメクジのなかま(fig. 4)   *Limax* sp. slug
これも殻をもつナメクジ。ヨーロッパでは湿ったところにところかまわずすみつく種。コウラナメクジは、日本でもヨーロッパから移入され、ごくふつうに見られる。

ハイイロコウラナメクジ▲(fig. 5)   *Limax cinereoniger* slug
やや小型のナメクジ。これも庭や室内にかなり多く出没する。

アカネコウラクロナメクジ▲(fig. 6)   *Arion ater rufus* slug
コウラクロナメクジ科の貝。ヨーロッパに広く分布しているが、日本では見かけない。

アシヒダナメクジ(fig. 7)   *Laevicaulis alte*
まるでヒルのように平たい貝。縮むとfig. 7のような状態になる。熱帯地方に分布する。他のナメクジが有肺類つまりモノアラガイなどの陸水貝の系統なのに対し、これはウミウシやアメフラシと同じ後鰓類に区分される。ナメクジと名がついてもまったくちがう動物である［11］。

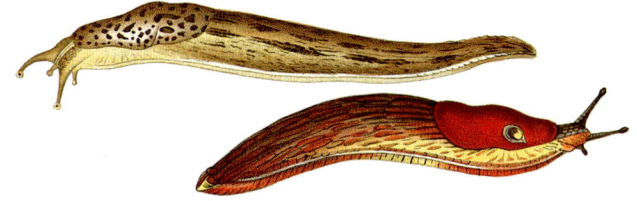

チャイロコウラナメクジ(上図・上)   *Limax maximus*
コウラナメクジはヨーロッパ原産で、ものによると7～10cmもの大きさになる。1968年にはこのなかまが鹿児島で大発生し、夜になると人家の床を占領したという。

アカネコウラクロナメクジ▲(同・下)   *Arion ater rufus* slug
赤みの強いコウラナメクジ。こちらは上の種よりやや小さいが、色彩はよく目につく［3］。

ヤマナメクジ(下図・左)   *Meghimatium fruhstorferi* slug
山間部にすむナメクジ。清少納言はナメクジを指して、〈いみじくきたなきもの〉と書いている。しかし江戸の博物学者はナメクジと正面からとりくみ、センチメンタリズムを排して対象に向かった。

ナメクジ(同・右)   *Meghimatium bilineata* slug
日本産のナメクジを栗本丹洲が描いたもの。巻貝のなかまであるが、殻がまったく退化している［5］。

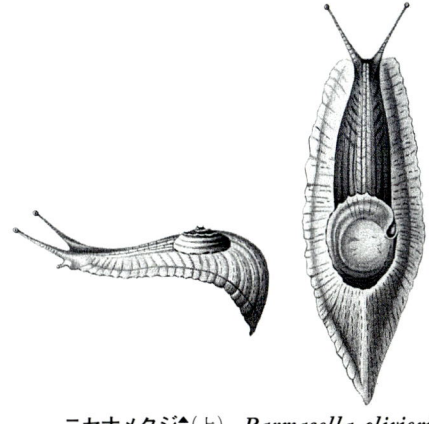

ニセナメクジ▲(上)   *Parmacella olivieri*
キュヴィエ《動物界》より。
これはニセナメクジ科に属し、やはり通常のナメクジ類とは分類学的に異なる［3］。

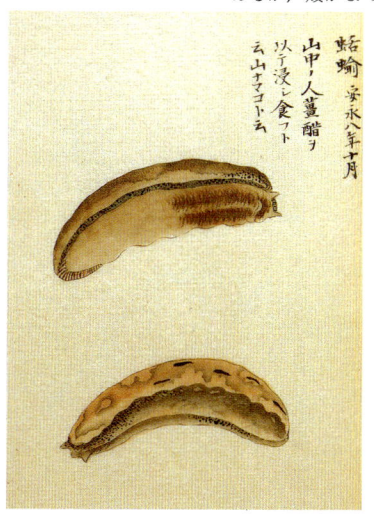

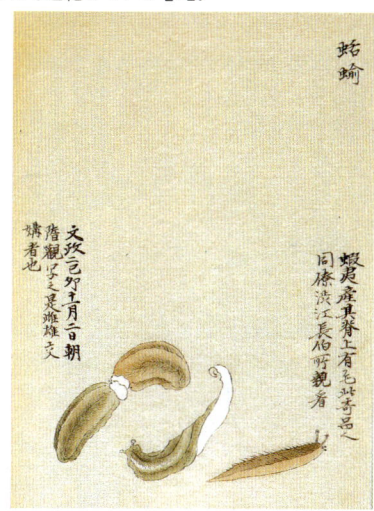

● 膜翅目──アリ ●軟体動物──カタツムリ

いる。このアリは，イヌとキツネのあいだくらいの大きさで，現地のインド人は，アリたちが暑さをきらって巣の中に隠れている夏の昼間にラクダを駆って砂金を奪い取りに来る。するとアリはたちまちにおいをかぎつけ，猛烈な勢いで追ってくるため，駿足のラクダといえども逃げ切れるかどうかは状況しだいだという。むろんこんなアリがいるはずがない。一説にこの〈アリ〉は野生のモルモットともいわれる。なおプリニウス《博物誌》にも同様の話がある。

ジョン・マンデヴィル《東方旅行記》では，この巨大アリはスリランカ島に生息するとされている。同書によると，さほど暑くなく，アリが地上に出まわっているときでも，人間は金をせしめていたという。すなわち，背中の両側に空の容器をつけた雌ウマをアリの巣の近くに放す。するとアリには空のものなら何でも一杯にしないと気がおさまらない習性があって，たちまち容器を金で満たしてしまう。そのとき，家につないでおいた子ウマを放すと，子ウマの鳴き声を聞いて，雌ウマは金をかついだまま一目散に戻ってくる。大アリは，人間以外の動物はけっして追ったりしないので，こうすれば難なく金が手にはいるという。

さらに古代インドやモンゴル地方にも，ゾウのように巨大な赤いアリがいるという伝説があった。

最近の研究によると，この巨大な〈アリ〉は，アリを餌とする哺乳類有鱗目の動物インドセンザンコウ Manis crassicaudata（英名 indian pangolin, scaly ant-eater）ではなかったかともいわれている。

なお，日本にも巨大アリの伝説がある。《日本霊異記》下巻第28には，アリの怪異譚がみえる。紀伊国名草郡にある貴志寺で，ひと晩中〈痛い，痛い〉という男のうめき声がする。はたして翌朝には，寺の弥勒像の首が1000匹もの大アリにかみくだかれ，地面に落ちていたというのだ。

井上頼寿《京都民俗志》によると，京都の賀茂神社から500〜600m離れたところに蟻ヶ池という場所がある。そこには昔イヌほどもあるアリがすんでいたといい伝えられていたという。

【ことわざ・成句】〈蟻門渡〉陰部と肛門とのあいだ。もともとはアリが一列に行列していくようすを指した。陰部と肛門のあいだにもひと筋の道があるということで転用されたらしい。

〈蟻の熊野参り〉アリが群れをなして行列するさまを，熊野参りをする人びとの列にたとえたもの。〈蟻の伊勢参り〉，〈蟻の百度参り〉ともいう。また人間がぞろぞろ群れなすようすのたとえにも使われる。

【天気予知】アリが群れをなして行列していたら大雨の予兆（任東権《朝鮮の民俗》）。

アメリカでは，アリを踏むと雨になる，とひろくいいならわされる（クラウセン《昆虫と人間》）。

中国でも，アリは雨を予知して姿を消す動物だと信じられた。干宝《捜神記》には，ある男がアリの巣穴にある建物の夢を見て，その額には〈審雨堂〉と書いてあった，とある。

【文学】〈蟻〉《イソップ寓話集》。その昔アリは人間で，農業を営んでいた。ところがいつも隣人たちの果実をかすめてばかりいるので，ゼウスが怒り，アリに姿を変えてしまったのである。しかし今でもこりずに田畑を這いまわり，人のつくった小麦や大麦を失敬しているのだという。

《アリの帝国 The Empire of the Ants》(1895) H.G.ウェルズの短編小説。南米アマゾンの奥地にすむ巨大な毒アリが，人間世界を徐々に侵略していく，という古典的なSFもの。設定によれば，このアリは大きさが2インチ（約5cm）近くもあり，毒はヘビのように強烈。20匹に1匹くらいは大きな頭をもっていて，なかまを指揮しているらしい。つまり知性体なのである。1977年には，アメリカで映画化された。

《蟻の生活 La Vie des Fourmis》(1930) ベルギーの作家モーリス・メーテルリンクによる昆虫三部作の最後を飾る作品。ミツバチやシロアリよりさらに発達した共同生活を営むアリ社会の観察を通じ，生命の普遍性を考察するもの。

《沙石集》巻五には，アリとダニとの問答が出てくる。それによると，どうしてアリという名がついたのか，とダニにたずねられたアリが，こう答える。まん中がくびれた体形をしているので，〈（体の）前後がある〉という意味でアリなる名前がついたのだと。するとダニは，それなら輪子（手品師が使う砂時計型の道具）など前後のあるものはみんなアリとよばなくてはならない，と反論する。これに対しアリは，輪子はアリと名がつく前に輪子の名がついていたからアリとはいわない，と言う。このあとの問答については，〔ダニ〕の項を参照されたい。

カタツムリ

軟体動物門腹足綱の有肺類 Pulmonata に属する軟体動物の総称。

〔和〕カタツムリ〈蝸牛〉 〔中〕蝸牛，瑪瑙，蝸蠃，蜓蚰蠃，土牛児 〔ラ〕Helicidae（マイマイ科），その他 〔英〕land snail, snail 〔仏〕limaçon, escargot 〔独〕Schnecke 〔蘭〕tuinslak, huisjesslak, slak 〔露〕улитка

→ p.492-496

【名の由来】 プルモナータはラテン語の〈肺pulmo〉に由来．ヘリキダエは〈螺旋状のものhelix〉から．

英名スネイルは〈ヘビsnake〉に指小辞のついたもので〈小ヘビ〉くらいの意味である．仏名リマッソンは〈小さいナメクジ〉の意．エスカルゴはラテン語の〈カタツムリcacalaou〉と〈甲虫scarabeus〉が混交してできたプロヴァンス語escaragolに由来．独名はゲルマン語で〈這う動物〉の意．蘭名は〈庭のナメクジ〉〈家をもったナメクジ〉〈ずるずるとすべる生きもの〉の意味．

中国名の蝸牛は，殻が渦を巻いている点と，ウシのような角をもつ点に由来するらしい．

日本全国のカタツムリの方言をひろく採集し，〈方言周圏論〉を展開した柳田国男によれば，和名カタツムリは，もとカサツブリといい，笠に似た丸い巻貝（ツブリ）を示すという．和名マイマイは，渦を巻いている殻の模様による．

【博物誌】 陸上にすむ巻貝．これもまた虫のひとつと考えられてきた．ナメクジもそうだが，外套腔とよばれる孔を開閉させて呼吸し，やはり2対の触角がある．殻の中には内臓がおさまっている．ふだんは夜行性だが，雨が降ると昼間も出てくる．このため，世界のどこでもカタツムリと天候とを結びつけている．

たとえば西洋では，カタツムリは種類によってさまざまな方法で，天候の変化を人間に知らせる動物，と信じられている．あるカタツムリは，雨の前には黄色くなり，雨後には青みをおびる．また角のあいだから尾にかけての部分が深くくぼんだら，数日後に嵐がくるという．さらに樹木に生息するカタツムリ類は，嵐の2日前に木に高くのぼるといわれる．

中世の博物学者バルトロミオによると，カタツムリ自体，濁った大気や雨のなかから自然発生する生きものなのである．

西洋にあってはカタツムリはまた怠惰の象徴とされた．ヨーロッパ中世では怠惰をすべての罪の源と考え，カタツムリを罪人になぞらえている．しかしそのいっぽう，露を吸うだけで生きて繁殖しうる生物とも信じられ，中世の教会は処女懐胎の真実性を保証する生物とみなした．また心理学者ユングは，夢にあらわれるカタツムリを本人自身の投影と解釈している．盲目で無感覚な生物という印象を与えるため，生と死の境界の象徴とされることも多い．またヨーロッパでは天の川をカタツムリの這い跡に擬する．

続いて古文献に書かれたカタツムリの博物誌に移ろう．アリストテレスはカタツムリのことを，肉質部が硬質部におおわれた〈殻皮類〉のなかまだと考えた．つまり貝類という意味である．彼はさらに，この殻皮類をカタツムリ類（巻貝類）とカキ類（二枚貝類）に二分している．また，カタツムリには，小さくて薄いが鋭い歯がある，とも指摘している．またカタツムリは冬場に姿をかくす点も示したのは，さすがにアリストテレスである．

古代ローマにはおもしろいいい伝えがあり，カタツムリについてもこの虫の天敵はトカゲだとされている．

またヨーロッパには，5月1日にカタツムリの角をつかんで肩越しに投げると，一年中幸運でいられる，という俗信があった．イギリスやアイルランドで，五月祭やハロウィーンの日に娘たちがカタツムリやナメクジをつかまえるのも，その影響である．そしてこの虫を這わせて，涎の跡をつけさせると，カタツムリは未来の夫や恋人のイニシャルを描きだすという．

ローマ時代にはすでに，カタツムリの養殖も行なわれていた．プリニウス《博物誌》によると，これをはじめたのは，トラキア地区に住むフルウィウス・リッピヌスという人物で，ポンペイウスとカエサルの内戦（前49-前48）が開始される少し前の話だという．カタツムリは当時からさまざまな種類が知られていた．レテア島産の白いカタツムリ，サイズの大きさがひときわ目立つイリュリア産種，繁殖力の旺盛なアフリカ産種，質のよいソリタネ産種などである．フルウィウスは，飼育場に仕切りをつくり，これらカタツムリを種類別に育てた．また，餌にはワインの新酒を煮つめて与えたり，家畜飼料用のスペルトコムギをほどこしたりして，肥えたカタツムリをつくる方法を編み

カタツムリの怪物．アンブロアズ・パレ《怪物と奇形》（1573）より．北海には酒樽ほどの大きさをもつカタツムリがすみ，シカとそっくりの角を出す．しかもその角には真珠に似た美しい玉がついている．デンマークではこのカタツムリを捕え，薬用や食用にするという．中世怪物幻想の一例．

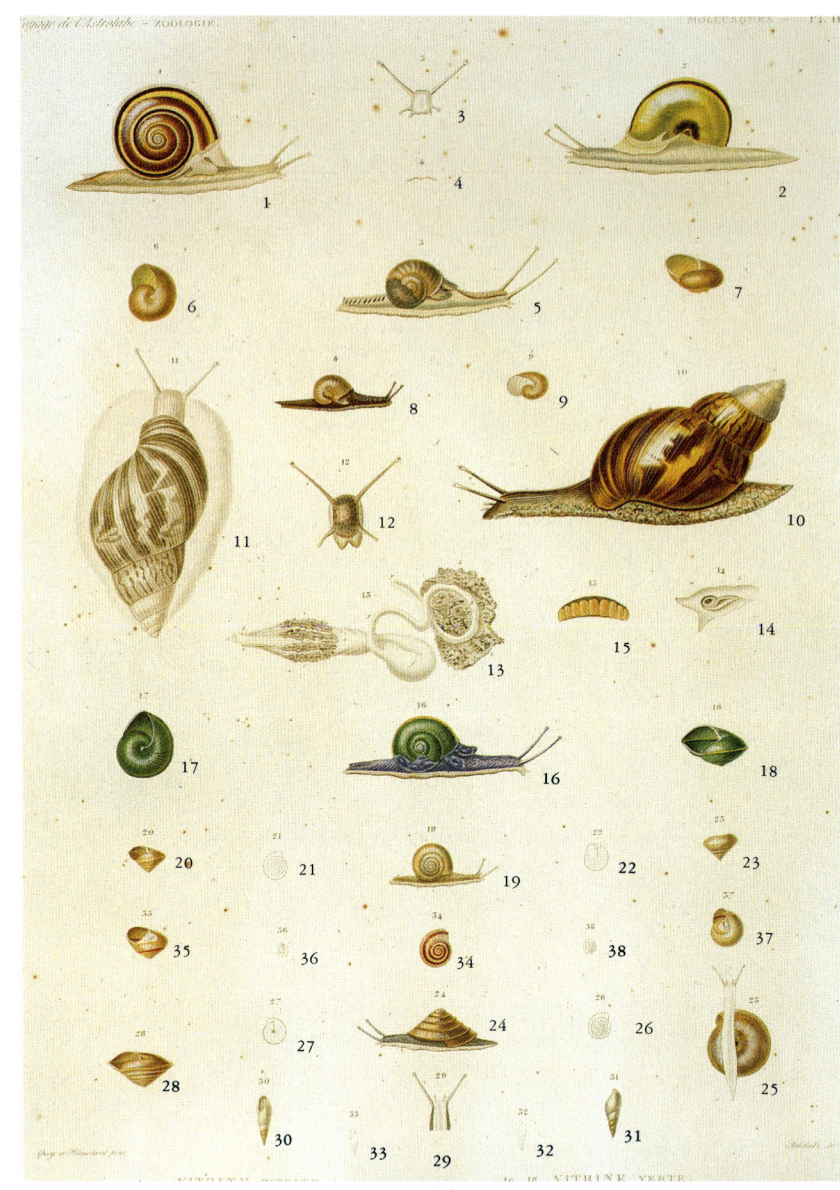

タチバナマイマイ (fig. 1-4)
Naninia citrina
マラッカベッコウマイマイ科に属するカタツムリ．マレー半島近辺に分布するグループの１種．この科にふくまれるヒカリマイマイ属 *Quantula* は発光する．

ホノオハリガイ (fig. 5-7)
Helicarion flammulata
ハリガイのなかま．小さくて半透明な殻をもっているのが特徴．

クロハリガイ▲ (fig. 8, 9)
'Vitrina' nigra
これはやや目につくハリガイ．たしかに色がやや黒ずんでいる．

アフリカマイマイ (fig. 10-15)
Achatina fulica african snail
全長19cmにたっする世界最大のカタツムリ．巻貝のりっぱさからして，海の貝と勘違いするほどである．

ミドリハリガイ▲ (fig. 16-18)
Helicarion viridis
ハリガイのなかではとくに美しく，貝殻が緑色，肉部が青色を呈する．

マイマイのなかま
'Helix' tongana ? (fig. 19-23),
'Helix' solarium ? (fig. 24-29),
'Helix' clavulus ? (fig. 30-33)
fig. 19-33には上記属名が用いられているが，詳しい同定は難しい．当時，カタツムリ類にはすべてこの属名が使われた．

セレベスヤマキサゴ (fig. 34-38)
Helicina taeniata
モルッカ諸島周辺に分布する．マイマイ科に属し，なかまは地中海地方の丘などにすむ［1］．

ニワノオウシュウマイマイ
Cepaea hortensis
W. ダニエルの《生物景観図集》より．これらのヨーロッパ産マイマイは森や茂みにふつうにいる．しばしば庭の植木にもつき，貝殻模様にはさまざまなちがいがあるようだ［16］．

エスカルゴ(上) *Helix pomatia*
ヨーロッパ原産のカタツムリのうち，
もっともよく知られた食用種である．
古代ローマ人はすでにこれを
養殖していた[3].

ツヤハリガイ▲(右図・fig. 5) *Vitrina pellucida*
ハリガイの1種であるが，小さな貝なので見逃しがちになる．

ヒメアワビコハクガイ▲(同・fig. 6) *Daudebardia brevipes*
これもごく小型で，拡大すると奇妙な形態をもっていることがわかる．
名のようにアワビに似ている．

サンカクマイマイ▲(同・fig. 7) *Trochoidea elegans*
マイマイ科の1種であるが，われわれがよく知る食用カタツムリの
エスカルゴ属とはイメージがかなり異なる．

オカモノアラガイのなかま(同・fig. 8) *Succinea putris*
このなかまは触角の先端に目がある．その特徴をよくあらわしている．

サカダチマイマイ(同・fig. 9) *Anostoma ringens*
オニグチギセルガイ科に属する陸貝．
なかまはブラジルなど南米に多い．貝の形がおもしろい[3].

マイマイのなかま(左図)
'*Helix*' *undulata*？(fig. 1, 2), '*Helix*' *mammilla*？
(fig. 3-5), '*Helix*' *granulata*？(fig. 6-9),
'*Helix*' *papuensis*？(fig. 10-13)
《アストロラブ号世界周航記》の図版．
美しい彩色銅版画に見るべきものがある．
これらのマイマイはパプア・ニューギニアから
オーストラリアにかけて採集された種類である[1].

ヒダリマキマイマイ(下) *Euhadra quaesita*
オナジマイマイ科にふくまれるカタツムリ．
多くの種は右まきの貝殻をもつが，この種は
渦が左まきである点がおもしろい．
しかし栗本丹洲はそのことにふれていない．
なお上から3番目は右まきに描いてあるが，
同定をお願いした奥谷喬司氏によれば，おそらく
別種ではなく画家の誤りであろうという[6].

●軟体動物──カタツムリ／ナメクジ

だした。その結果のちには，殻の容量が80クォート（約12ℓ）もあるカタツムリができるほどに，養殖技術が発展したという。

フランス人は，ブドウの木にいるカタツムリはとりわけ催淫力が強いと考え，媚薬に用いた。

ジプシーは一般に，地を這いまわるカタツムリを，悪魔的で邪悪なものとみなす。子どももよく，こんな童謡をうたって，カタツムリをはやしたてるという。〈カタツムリ，カタツムリ，穴から出ておいで，さもないと，たたきつけて，真っ黒にしてしまうぞ！　カタツムリ，カタツムリ，頭をお出し，さもないと，たたきつけて殺してしまうぞ！〉。またジプシーにとって，雌雄同体で精力にあふれるカタツムリは，官能のシンボル。若い娘が，カタツムリの殻をしばらく自分の身につけてから恋の相手に渡すと，愛を勝ちとれるという俗信もある。

いっぽう中国では，《本草綱目》にカタツムリに関する諸説が集められている。それによると，カタツムリやナメクジは貝類ではなく，虫のなかまとされている。同書にならった日本の《和漢三才図会》や《本草綱目啓蒙》などの本草書も，これを虫類と考えた。

李時珍《本草綱目》によると，カタツムリはその涎を武器に，ムカデやサソリといった毒虫をも制する。したがって，ムカデやサソリに刺されたときは，カタツムリをすって塗れば治るという。《酉陽雑俎》にそれにまつわる秘話がある。唐の睿宗（李旦）がまだ帝位につく前に，寝室の壁についたカタツムリの涎が〈天子〉という字をかたどるという珍事が3回続いた。そこで睿宗はのち，クーデターによって即位したとき，金銀のカタツムリを数百個もつくらせて，供養したという。

なお中国では，カタツムリを薬用とするが，使われるのは形が丸くて大きいものが主で，これを上物とした。驚癇や脱肛，痔などの薬効はいちじるしい。また利尿剤にも使われている。ただし李時珍によると，カタツムリを諸病の薬として用いるのは，たいていその解熱や消毒の効果をたのんでのこと。またカタツムリの殻を，顔の赤い瘡や脱肛の薬に用いたともいう。

日本でもカタツムリの薬効がよく知られていたようだ。カタツムリに塩をひとつまみ入れて涎を吐かせ，中の肉をとって串刺しにしてあぶる。すると，子どもの癇の虫や瘡の薬になったという（栗本丹洲《千蟲譜》）。

ちなみに沖縄でも，カタツムリの粘液を，水虫，あかぎれ，口角炎などの薬に用いる。またカタツムリを煎じて飲むと，マラリアや頭痛が治るという（《沖縄民俗薬用動植物誌》）。

ところで，日本におけるカタツムリの生態的博物誌は中国に準ずる。前後2対，計4本の触角があり，後ろの大きいほうの触角の先に目がある。ところが《和漢三才図会》の著者寺島良安はこれを勘違いして，短いほうの角は，じつは角ではなく，目の飛びでたものだとした。

幕末の奄美地方の民俗を綴った名越左源太《南島雑話》をみると，カタツムリについて，〈田螺の如くにして食う。味よし〉とある。アジア型エスカルゴとして賞味したのだろう。

《甲子夜話》をみると，カタツムリをつぶして糊にする習慣もあったらしい。〈蝸牛をすりて糊に換え，紙を幾枚もいためて重ね，的とすれば，銃丸とおらずという。こは小札を製せば牛皮に増まるべきにや。いまだ試みず〉とある。

カタツムリはまた子どもの遊び相手だった。《嬉遊笑覧》によると，江戸の子どもたちは，〈角だせ棒だせまいまいつぶり，うらに喧嘩がある〉とカタツムリをはやしたてて遊んだという。京都の子どもたちも，〈角出せ槍出せかたつむり，出なからうち破るど〉とはやしたてて遊んだ。

【鳴くカタツムリ】　山中共古《砂払》には，カタツムリについてこんな記述がみえる。〈秩父及郷里の辺にては，蝸牛の鳴くことあり。垣根にて鳴く。時より山のすそにて鳴くあり。その声は，手に二つの貝を持居て，カチカチとたたく様にて，細き声するものにて，雨降る前にはよく啼くものと話されたり〉。

《物類称呼》をみると，カタツムリの名の由来について，カタカタと鳴いて頭を振るところから，カタフリの意味でカタツブリ（ツは助詞）と名づけられたものか，とされている。カタツムリが，雨の降る前にはかならずカタカタと高い声で鳴くことに由来するよび名だという。

【エスカルゴ】　フランスでは，黄褐色の殻をもつブルゴーニュ種とよばれる *Helix pomatia*（フランス名 escargot de vigne）と，灰褐色の殻をもつ *H. aspersa*（フランス名 petit gris）の2種のエスカルゴを料理に用いる。食あたりを防ぐには，エスカルゴをしばらく絶食させてから食べるとよい。

ブルゴーニュ地方では，カタツムリをバターで炒め，野菜を添えて食べる。これは肺によく，口あたりもよく，胃にもよいという。

エスカルゴの殻はまずほとんどが右巻きで，左巻きの奇型があらわれる確率は，だいたい2万分の1。そこで，フランスのプロヴァンス地方では，これを4つ葉のクローバーより強力なお守りとしてあがめるという。

【恋矢】 ちなみに，〈角出せ，槍出せ〉とうたわれたカタツムリだが，じつはこの虫は本当に槍のごとき飛び道具を出す。恋矢とよばれるかたい矢のような物質を体から分泌し，恋の相手に刺すのである。生殖上の刺激物なのであろうが，日本のわらべ歌にも事実とかかわりのある詞がふくまれていることの一例であろう。

【ことわざ・成句】 〈蝸牛角上の争い〉大局を考えずに，つまらないことで争うこと。カタツムリの左角に位置する触氏と，右角に位置する蛮氏の国が互いに戦って，死者をたくさん出したという《荘子》則陽篇の寓話に由来する。

ナメクジ

軟体動物門腹足綱ナメクジ科 Philomycidae に属する軟体動物の総称，またはその1種．

［和］ナメクジ〈蛞蝓〉　［中］蛞蝓，土蝸，托胎虫，鼻涕虫
［ラ］*Incilaria* 属（ナメクジ），その他　［英］slug　［仏］limace　［独］Nacktschnecke, Schnecke ohne Haus
［蘭］egelslak　［露］слизень　　　　　　→p.489

【名の由来】 フィロミキダエはギリシア語で〈愛する philo〉と〈粘液 myxa〉の合成語。インキラリアはラテン語で〈溝が似合う incilis〉という言葉に由来。

英名スラッグは，一説にノルウェー語の方言で，のろまな人物を示す sluggje に由来するという。

仏名はラテン語のナメクジを指す言葉 limax から。独名は〈裸のカタツムリ〉〈家をもたないカタツムリ〉。蘭名は〈ハリネズミのカタツムリ〉，露名は〈ねばねば〉に関連した語である。

和名ナメクジは，古くナメクジラともいった。一説にこれは〈滑らかなクジラ〉の意味だといわれる。日本には，盛岡市付近のように，ナメクジとカタツムリをともにナメクジラとよぶ地方もある。また九州では，カタツムリのことをナメクジとよび，ナメクジのほうは，カラナシナメクジ（大分）とかハダカナメクジ（熊本）などと称する。

【博物誌】 陸にすむ軟体動物のひとつ。カタツムリと同じく人家内でも見ることができる。巻貝のなかまであるが，殻は退化して外見上見あたらない種が多い。頭には伸び縮みする触角が2対あり，後ろ側の先端に目がついている。野菜や花の苗を食べるので害虫とされる。雌雄同体で卵をかためて産み，1年で死ぬ。日本のナメクジは甲羅がないが，ヨーロッパ産のコウラナメクジには笠のようなかたちの貝殻がある。

プリニウス《博物誌》によると，まだ成長しきらないため殻を背負っていないカタツムリは，頭部に小石ほどのかたい殻をもち，頭痛よけのお守りに使われるという。形態の記述からすると，これはナメクジ，とりわけ笠を背負ったコウラナメクジのことらしい。となるとプリニウスは，ナメクジが成長するとカタツムリになると考えていたことになる。しかしこの発想は世界的なもので，ナメクジとは〈甲羅のないカタツムリ〉にほかならない，とほとんどの土地で信じられていた。

ローマ人は，ナメクジを薬品とした。1匹をそっくり皮で包んだり，あるいは4匹のナメクジの頭をアシの茎で切り取ったものを，マラリアの四日熱よけのお守りとした。

いっぽうアメリカ南部では，ナメクジやカタツムリの這った跡に触れると，悪いことが起きるといわれた。

中国でも，ナメクジとカタツムリが同じ生きものなのかどうか，古くから論議をよんでいた。なかには，カタツムリが老いて大きくなると殻を脱ぎすててナメクジとなるという説もあった。

しかし李時珍は，カタツムリとナメクジを，〈一類中の二種〉とした。したがって薬効も似たようなもので，カタツムリと同様，ムカデに刺されたときに塗ったり，痔の薬に使われた。

日本では，ナメクジは害虫ともみなされていたようで，《重訂本草綱目啓蒙》には，梅雨の時期に子を生じ，2，3分の長さのものが多く出て草苗に大害を与える，とある。清少納言は《枕草子》でナメクジのことを〈いみじくきたなきもの〉と評した。

なお日本には，夏になるとナメクジが家の上に這いのぼり，ケラに変じるという俗信があった。

日本人は，カタツムリやナメクジを薬に用いた。どちらもあぶって，子どもの癇の虫の薬としたのである。また沖縄では，ナメクジを生で食べて，結核の薬とした（《沖縄民俗薬用動植物誌》）。

1959年（昭和34）6月，鹿児島県串木野市北浜，元浜両町一帯に，ヨーロッパ原産で長さが7〜10cmもあるコウラナメクジが大発生し，人家に侵入して住民をパニックにおとしいれた。同年6月2日付の《朝日新聞》によると，〈どの人家も毎晩9時ごろになると数百匹から数千匹のナメクジ群が下水や洗い場あたりから押し寄せ，台所はもちろん，床の間から押入れ，寝室のふとんにまではい上ってくる〉との由。この騒ぎはやがて市内全域にひろまり，ついにはナメクジを一掃するため，火炎放射器まで登場した。だだっ子も〈ナメクジが来るぞ〉と言われると，ピタリと泣きやんだそうだ。

【ことわざ・成句】 〈ナメクジにも角がある〉どんなに小さくて弱いものでも侮ってはならない，という警句。〈一寸の虫にも五分の魂〉と同じ。

ヒダリマキマイマイ（上）　*Euhadra quaesita*
関東，東北地方にすむカタツムリ。このなかまは都市に多く，原野にはすまない。オナジマイマイ科だが，貝殻の色彩には変異が多く，どれも〈同じ〉というわけにはいかない［5］。

ミスジマイマイ（上左）　*Euhadra periomphala*
貝に3本の黒い線がついている。江戸屈指の規模を誇る総合本草書〈本草図説〉の図は丁寧で見やすい。

マイマイのなかま（上右）　*Euhadra* sp.
上と同じくオナジマイマイ科のカタツムリだが，このなかまはたがいによく似ているので，彩集地がわからないと種の同定は難しい［15］。

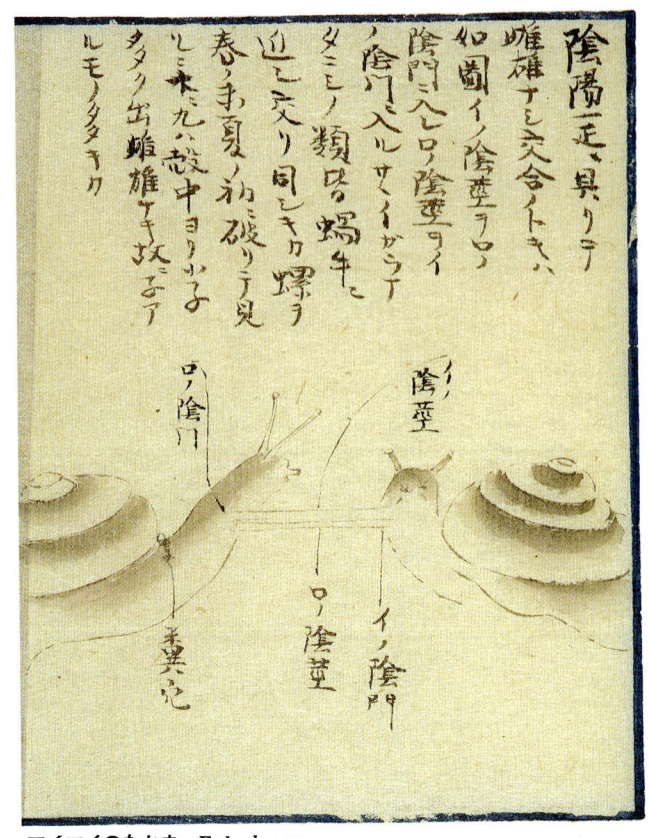

マイマイのなかま　*Euhadra* sp.
水谷豊文の蟲譜には，なんとカタツムリの交尾シーンが描かれていて興味ぶかい。童謡〈かたつむり〉に出てくる〈槍だせ〉の一節は，眼柄や触角とともにこの交尾器をうたったものか［36］。

プチグリ（下）　*Helix aspersa*　common garden snail
この図はじつに奇抜である。生殖期直前の2匹がたがいに恋矢せんとよばれる石灰質の針を出して突っつきあう。この絵はまさにキューピッドの矢をうちあっている図だ。恋の矢をうちあうというカタツムリにロマンティックな想像をかきたてられる傑作。ただし，矢がこのように飛ぶことはなく，ぽとりと落ちる程度だそうだ［12］。

索引

図版出典(解説付き)……………498
博物学関係書名(解説付き)……………502
博物学関係人名(解説付き)……………512
蟲の和名……………523
蟲のラテン名……………535
蟲の欧名……………543
一般事項……………550

参考文献
日本語文献……………562
外国語文献……………568

図版出典

本書に収録したカラー図版の出典である。各解説の末尾にある数字は，カラー図版の載っているページを示す。

[1] 《アストロラブ号世界周航記》
"Voyage de la Corvette l'Astrolabe exécuté pendant les année 1826-29 sous le commandement de M. Jules Dumont d'Urville, Capitaine de Vaisseau." Atlas 6vols. folio, and 1vols. large folio. Paris, 1830-35
フランス博物学航海記の最高傑作。デュモン・デュルヴィル指揮により日本近海を含む全世界の海洋生物を調査した航海記録。動植物学図版（3巻）はどれもスティップル印刷による大判で，その美しさは息をのむほどである。昆虫の図版はプレートル，ウダールらの原図による。　69, 441, 492, 493

[2]　ウェストウッド，J.O.《東洋昆虫学集成》
Westwood, John Obadiah : "The Cabinet of Oriental Entomology ; being a selection of some of the rarer and more beautiful species of insects, natives of India and adjacent islands, the greater portion of which are now for the first time described and figured." 4to. London, 1848
イギリスの昆虫学者，古文書学者による昆虫図譜の傑作。インドおよびその周辺の島々に産する昆虫類の彩色図版42葉を収録。その形態描写は正確なことで定評がある。　200, 257, 298, 312, 336, 357, 384, 385, 412, 424, 433

[3]　キュヴィエ，G.-L.-C.-F.-D.《動物界》
Cuvier, Georges-Léopold-Chrétien-Frédéric-Dagobert : "Le Règne Animal distribué d'après son organisation, etc." 20vols. 4to. Paris, 1836-49
動物分類学の基礎を決定的にした名著（1817）の豪華彩色図入り第3版。動物界を全般的に網羅した図譜の頂点といえる。図版数約1000点，うちクモ類28図版，環形動物24図版，昆虫類182図版，甲殻類80図版で，ほとんどが美しい手彩色銅版である。テキストをヴァランシエンヌが担当。　20, 21, 25, 28, 32, 33, 41, 45, 48, 49, 52, 53, 60, 61, 65, 68, 72, 73, 76, 77, 80, 85, 89, 97, 104, 105, 112, 113, 116, 117, 120, 121, 124, 128, 132, 136, 137, 141, 145, 148, 149, 164, 185, 189, 201, 205, 216, 217, 225, 228, 232, 244, 253, 260, 268, 289, 350, 351, 352, 361, 364, 376, 380, 392, 405, 409, 416, 424, 428, 429, 432, 433, 436, 441, 444, 456, 465, 468, 472, 476, 477, 480, 489, 493

[4]　クラマー，P.《世界三地域熱帯蝶図譜》
Cramer, Pierre : "Papillons exotiques des trois parties du monde, l'Asie, l'Afrique et l'Amerique, rassemblés et decrits." 4vols. 4to. Amsterdam, 1779-82
アジア，アフリカ，アメリカの熱帯地域に産するチョウ類の図譜。当初は1775年より分冊で刊行された。　306, 307, 311, 328, 329, 332, 333, 344, 348

[5]　栗本丹洲《千蟲譜》4巻．手稿本．半紙型．文化8年（1811）
御典医栗本丹洲が17年を費して完成させた虫譜。蛙，蟹などのように漢名のどこかに〈虫〉がついていれば，それも虫扱いしているところが義理がたい。したがってヘビ（蛇），トカゲ（蜥蜴）も虫扱いになっている。残念なことに《千蟲譜》は刊本がなく，世に20部あまりの写本が知られるのみである。　17, 20, 32, 33, 41, 46, 49, 52, 53, 57, 61, 68, 73, 77, 80, 81, 92, 97, 116, 117, 129, 133, 136, 144, 149, 156, 161, 168, 169, 180, 181, 185, 188, 189, 193, 205, 216, 217, 220, 221, 224, 225, 228, 232, 237, 240, 244, 249, 256, 260, 261, 265, 268, 269, 272, 289, 290, 292, 293, 294, 300, 303, 304, 305, 307, 344, 350, 351, 353, 357, 361, 364, 365, 369, 373, 376, 377, 389, 401, 408, 420, 429, 432, 433, 436, 453, 457, 469, 472, 473, 481, 484, 489, 496

[6]　栗本丹洲《丹洲蟲譜》　手稿本．文化年間
東京国立博物館所蔵になる丹洲蟲譜の一写本。　493

[7]　ゲイ，C.《チリ自然社会誌》
Gay, Claude : "Historia fisica y politica de Chile, etc." text, 28vols., atlas, 2vols. 8vo. and folio. Santiago and Paris, 1844-71
南米探検紀行の報告図鑑。この時代の図譜として最良の出来を示す傑作のひとつで，プレヴォー，ベヴァレ，ウダールらの原図を石版と銅版で刷りあげたもの。手彩色もすばらしい。　21, 32, 33, 45, 48, 57, 60, 65, 77, 80, 81, 113, 149, 216, 377, 389, 472, 476, 481

[8]　後藤梨春《随観写真》30巻．半紙型．明和8年（1771）ころ
江戸中期の膨大な博物図譜。当時のものとしては絵の仕上がりもよく，のちの生物学者が参考にした。栗本丹洲は《栗氏魚譜》のなかで，《随観写真》の成立に関して，〈（盲目の人，後藤梨春が）魚類を多く求め，画工に命じて尽〓〓写真せしめ，遂に一部をなす〉と記している。著者は田村学派の一員。刊本はなく，梨春が没する明和8年まで編集が続いていたものと思われる。　36, 121, 136

[9]　コント，J.-A.《博物学の殿堂》
Comte, Joseph-Achille : "Musée d'histoire naturelle comprenant la cosmographie---la géologie---la zoologie---la botanique." 4to. Paris, 1830（?）
19世紀に数多く出版された一般向け絵入り博物学書の一冊。図版は装飾的できわめて美しい。　336, 365, 468

[10]　サワビー，J.《英国博物学雑録》
Sowerby, James : "The British miscellany ; or, Coloured figures of new, rare, or little known animal subjects ; many not before ascertained to be inhabitants of the British isles." 2vols. 8vo. London, 1804-06
イギリス産動物の新種，珍種，希少種をカラー図版で紹介したもの。当初12分冊で発行され，初めの5冊は4図ずつ，あとの7冊は8図ずつ，計76図が収められた。　21, 24

[11]　《自然史事典》
"Dictionnaire des Sciences Naturelles, etc ; Edited by [Georges] F.Cuvier with a Prospectus by Baron Cuvier and Introduction by Comte de Fourcroy." 60vols. 8vo. Strasbourg&Paris, 1816-30
博物学の大百科事典。1845年には，補遺と〈博物学者列伝〉を収めた61巻めが刊行された。編者はジョルジュ・キュヴィエの弟フレデリック。　68, 72, 489

[12]　ショー，G.《博物学者雑録宝典》
Shaw, George : "The Naturalist's Miscellany : or Coloured figures of natural objects ; drawn and described immediately from nature." 24vols. 8vo. London, 1789-1813
リンネ学会の創立メンバーで大英博物館自然史部門の部長も務めた人物による博物図譜。図版制作は1巻から12巻までをF.P.ノダー，以後24巻までをR.P.ノダーが担当している。テキストはラテン語と英語を併記。なおこの仕事は，W.E.リーチ《動物学雑録》（1814-17）に受け継がれた。　49, 148, 184, 241, 356, 432, 496

[13] セップ, J.C.《神の驚異の書》
Sepp, Jan Christiaan: "Beschouwing der Wonderen Gods, in de minst geachte schepzelen, of Nederlandsche insecten, naar hunne aanmerkelyke huishouding, verwonderlyke gedaantewisseling en andere wetenswaardige byzonderheden, volgens eigen ondervinding beschreeven, naar't leven naauwkeurig getekent, in't koper gebracht en gekleurd, door Jan Christiaan Sepp." 8vols. 4to. Amsterdam, 1762-1860

18世紀に刊行された昆虫図譜のうち, もっとも有名なもののひとつ。オランダ産鱗翅類のカラー図版400葉が収められ, 各図とも成虫のほか, 顕微鏡で見た卵, 幼虫, 蛹, そしてそれらチョウやがと関係の深い植物が詳細に描かれている。これほど美しさと正確さを兼ね備えた図譜は, 他にあまり例を見ない。 293, 296, 298, 300, 301, 302, 303, 309, 318

[14] 《大日本魚類画集》大野麦風. 大判, 1937-44年 (昭和12-19)
日本画の素養をもとに描かれた彩色木版魚類画集。木版は20原板, 40度刷りと思われるきわめて精密なカラー印刷になっており, 昭和期錦絵の傑作として美術的にも意味をもつ。ほとんどの図版には海底の景観が描かれ, 生態描写への志向を示している。全72図版といわれているが, 正確には不明。 81, 84, 88

[15] 高木春山《本草図説》半紙型。 ? -嘉永5 (? -1852)
稿本のみ。江戸末期に制作された図譜。植物と魚類が中心だが, 両生・爬虫類や哺乳類にも見るべきものがある。全195冊が, 現在, 愛知県西尾市立岩瀬文庫に収められている。なお水産編全20巻は孫の高木正年が1883年 (明治16) の第2回水産博覧会に出品した。 28 (写真提供リブロポート), 29, 229, 496

[16] ダニエル, W.《生物景観図集》
Daniell, William: "Interesting Selections from Animated Nature with Illustrative Scenery; Designed and Engraved by William Daniell." 2vols. Oblong-folio. London, 1809

W. ウッド William Wood《動物図譜 Zoography》(1807) の図版部を再編集したもの。いかにもイギリス風景画家らしいW. ダニエルのピクチュアレスクな図で, 不思議な哀感をもって動物たちが描かれる。虫類ではクワガタ, カブトムシなどが図示される。 157, 253, 381, 492

[17] 《虫譜》 成立年代不明
東京国立博物館所蔵になる江戸末期の図譜。おそらく田中芳男が博物局の仕事として収集したものの一冊であるが, 詳細不明。 17, 298, 400, 432, 437, 473, 488

[18] 《虫譜図説》 成立年代不明
これも東京国立博物館の所蔵品。江戸末期から明治初期に描かれたとおぼしいが, 詳細はわからない。 17

[19] ドゥルーリ, D.《自然史図譜》
Drury, Dru: "Illustrations of Natural History. Wherein are exhibited upwards of 240 figures of exotic Insects, etc. With a particular description of each insect, etc, to which is added a translation into French." 3vols. 4to. London, 1770-82

18世紀後半のイギリスの有名な昆虫学者, 収集家によるイギリス国外産昆虫図譜。図版制作はモーゼス・ハリスが担当し, 151葉のうち150葉がカラーとなっている。テキストは英語とフランス語を併記。 153, 160, 164, 184, 189, 200, 205, 209, 212, 220, 224, 237, 272, 294, 299, 343, 347, 393, 397, 405, 408, 409, 428, 444, 448, 449, 460, 468, 472, 476, 477

[20] ドノヴァン, E.《インド昆虫史要説》
Donovan, Edward: "An Epitome of the Natural History of the Insects of India, and the Islands in the Indian Seas: comprising upwards of two hundred and fifty figures and descriptions." 4to. London, 1800

《オーストラリア昆虫史要説》,《中国昆虫史要説》と合わせ《昆虫図解集》三部作とされ, ドノヴァンの最高傑作という呼び声も高い超美麗図譜。手彩色銅版図58葉を収める。 180, 192, 196, 197, 221, 236, 257, 289, 292, 306, 307, 310, 311, 313, 315, 316, 317, 320, 325, 343, 345, 346, 365, 368, 393, 408, 425, 460, 473, 480

[21] ドノヴァン, E.《英国産昆虫図譜》
Donovan, Edward: "The Natural History of British Insects; explaining them in their several states, with the periods of their transformations, their food, oeconomy, &C. together with the history of such minute insects as require investigation by the microscope. The whole illustrated by coloured figures, designed and executed from living specimens." 16vols. in8. 8vo. London, 1793-1813

イギリス産の昆虫を, カラー図版576葉で紹介した労作。 49, 56, 149, 156, 157, 160, 173, 176, 185, 221, 225, 232, 244, 260, 269, 289, 291, 293, 296, 300, 301, 309, 321, 350, 351, 357, 365, 368, 369, 372, 376, 377, 409, 428, 429, 433, 436, 437, 445, 448, 449, 456, 457, 464, 468, 480, 484

[22] ドノヴァン, E.《オーストラリア昆虫史要説》
Donovan, Edward: "An Epitome of the Natural History of the Insects of New Holland, New Zealand, New Guinea, Otaheite, and Other Islands in the Indian, Southern, and Pacific Oceans: including Figures and Descriptions of One Hundred and Fifty-Three Species of the more splendid, beautiful, and interesting insects, hither to discovered in those countries, and which for the most part have not appeared in the works of any preceding author." 4to. London, 1805

オーストラリア, ニュージーランド, ニューギニア, タヒチに産する昆虫の図譜。ドノヴァンの昆虫三部作のうちでは部数が最も少なく, 入手困難なもの。 241, 290, 292, 303, 310, 316, 317, 425, 461

[23] ドノヴァン, E.《中国昆虫史要説》
Donovan, Edward: "An Epitome of the Natural History of the Insects of China composing Figures and Descriptions of upwards of one hundred new, singular, and beautiful species; together with some that are of importance in medicine, domestic economy, &C." 4to. London, 1798

手彩色銅版画50葉を収めた中国産昆虫図譜。しかし一部に中国から外れたアメリカ産のものも含まれている。 57, 120, 141, 145, 160, 173, 188, 212, 224, 229, 241, 248, 256, 297, 300, 302, 312, 316, 337, 338, 344, 345, 416, 437, 452, 464, 465

[24] ドノヴァン, E.《博物宝典》
Donovan, Edward: "The naturalist's repository; or, Miscellany of exotic natural history, exhibiting rare and beautiful specimens of foreign birds, insects, shells, quadrupeds, fishes, and marine productions; more especially such new subjects as have not hitherto been figured, or correctly described." 5vols. 8vo. London, 1823-27

ドノヴァンが1820年代に開始した月刊誌形式の総合博物図鑑。やはり手彩色がすぐれている。前半は昆虫, 後半はサンゴ類が多いのも, ドノヴァンの関心領域の移行を示しておもしろい。稀書である。 29, 152, 174, 176, 177, 257, 299, 308, 309, 314, 315, 317, 318, 319, 320, 321, 325, 332, 340, 346, 347, 348, 417, 420, 421, 464

[25] ドルビニ, A.C.V.D.《万有物事典》

索引——図版出典

D'Orbigny, Alcide Charles Victor Dessalines: "Dictionnaire universel d'histoire naturelle." 13text-vols and 3atlas-vols. Large-8vo. Paris, 1838-49, 61
19世紀に刊行された博物図鑑のナンバーワン。とりわけ魚類の図はウダール原図により、銅版カラー刷りの粋をみせる。　68, 85, 101, 109, 140, 201, 205, 220, 233, 237, 252, 253, 256, 268, 269, 372, 364, 376, 405, 436, 448

[26]　《博物館虫譜》　1877年（明治10）ころ。折本。未刊
田中芳男がさまざまな江戸期博物図譜をテーマ別に切り貼りした折本のひとつ。この虫譜にはカニ・エビを含め、多くの昆虫図が収められ、なかには明治初期に博物局雇いの絵師中島仰山などが描いた〈新作〉も見受けられる。きわめて貴重な図譜である。　61, 73, 76, 77, 89, 92, 109, 112, 116, 117, 120, 125, 132, 133, 136, 141, 168

[27]　ハリス，M.《英国産昆虫集成》
Harris, Moses: "An Exposition of English Insects. Including the several classes of Neuroptera, Hymenoptera, & Diptera, or bees, flies & Libellulae. Exhibiting on 51 copper plates near 500 figures, accurately drawn & highly finished in colours, from nature. The whole minutely described, arranged, & named, according to the Linnean-system with remarks." 4to. London, 1776
約500図にもおよぶチョウ・ガ以外のイギリス産昆虫を、著者自身の手で銅版51葉に描いた労作。テキストは、英語とフランス語を併記。なお、チョウとがについては同じ著者が《オーレリアン》と題した別著を刊行した。　156, 157, 260, 291, 350, 353

[28]　ハリス，M.《オーレリアン》
Harris, Moses: "The Aurelian or Natural History of English Insects; namely, Moth and Butterflies. Together with the Plants on which they feed; A faithful Account of their respective changes; their usual Haunts when in the winged States; and their standard Names, as given and established by the worthy and ingenious Society of Aurelians." folio. London, 1766
イギリス鱗翅類図譜の最高作。ハリス本人が生体を観察して描いた手彩色図版45葉（付録4葉）を収める。記述も正確でわかりやすい。　293, 296, 319

[29]　プライアー，H.J.S.《日本蝶類図譜》
Pryer, Henry James Stovin: "Rhopalocera Nihonica; a description of the butterflies of Japan." 4to. Yokohama, 1886-89
1871年に来日し、以後横浜で貿易業をいとなむかたわら、日本各地で昆虫採集にいそしんだイギリス人（1850-88）によるチョウ類図説。カラー図版10葉を収録。3分冊で刊行されたが、著者は途中で死亡している。1935年には、植物文献刊行会から《日本蝶類図説》の名で、江崎悌三の解説を付し、500部限定で復刻された。またさらにこの復刻版が1982年に科学書院から出ている。　311

[30]　フレシネ，L.-C.de S.de《ユラニー号およびフィジシェンヌ号世界周航記図録》
Freycinet, Louis-Claude de Saulces de: "Voyage autour du monde, entrepris par ordre du roi...Exécuté sur les corvettes de S. M. l'Uranie et la Physicienne, pendant les années 1817, 1818, 1819 et 1820." 2vols. atlas. folio. Paris, 1824
フランスの有名な航海図録。多くの新種が記載された。著者（1779-1842）は、ユラニー号とフィジシェンヌ号の指揮官。　88, 108

[31]　ヘッケル，E.H.《自然の造形》
Haeckel, Ernest Heinrich: "Kunstformen der Natur." 3vols. folio. Leipzig, 1899-1904
ドイツの有名な進化論者（1834-1919）による形態学図集。多色石版画100葉を収める。顕微鏡を通して見える生物の奇想天外な姿が集大成された。博物図鑑コレクターの必携品。　17, 37, 57, 64

[32]　ベルトゥーフ，F.J.《少年絵本》
Bertuch, Friedrich Justin: "Bilderbuch für Kinder, enthaltend eine angenehme Sammlung von Thieren, Pflanzen, Blumen, Früchten, Mineralian, Trachten und allerhand andern unterrichtenden Gegenständen aus dem Reiche der Natur, der Kunste, und Wissenschaften; alle nach den besten Originalen gewahlt, gestochen, und mit einer kurzen wissenschaftlichen, und den Verstandes-Kräften eines Kindes angemessenen Erklärung begleitet." 12vols. 8vo. Weimar, 1810
子ども向け百科図譜の大傑作。手彩色図版1000葉以上を収録。地球上の森羅万象が図示されている。発行者ベルトゥーフ（1747-1822）は、ドイツの作家、出版業者。《ドン・キホーテ》の翻訳者としても知られる。　61, 133, 216, 265, 416, 453

[33]　ヘルプスト，J.F.W.《蟹蛯分類図譜》
Herbst, Johann Friedrich Wilhelm: "Versuch einer Naturgeschichte der Krabben und Krebse nebst einer systematischen Beschreibung ihrer verschiedenen Arten." 3vols. folio. Zürich(vol.1) and Berlin(vol.2-3), 1782-1804
ドイツの牧師、動物学者（1743-1807）による甲殻類図譜。彩色図62葉を収める。この書物はリンネに準じてエビとカニの本格的分類図譜をめざした最初の労作で、原記載のものが多く含まれている。　61, 73, 84, 89, 100, 105, 109, 124, 125, 128, 129, 133, 137, 141

[34]　マッコイ，F.《ヴィクトリア州博物誌》
McCoy, Frederick: "Natural History of Victoria; Prodromus of the Zoology of Victoria." 2vols. 4to. Melbourne, 1885-90
メルボルン大学教授による刊行物《ヴィクトリア州動物学紀要》（1878-90）を2巻にまとめたもの。図版200葉を含み、部分的に彩色されている。　32, 88, 93, 132, 177, 197, 213, 241, 318, 342

[35]　松平頼恭《衆鱗図》4冊。大判。18世紀後半
江戸中期の高松藩主松平頼恭が編んだ魚類図譜。頼恭は若き日の平賀源内を召しかかえており、この図譜にも源内の博物学精神が生きているとみてよいだろう。現在、松平公益会に所蔵されている。また、この大冊のコピーを幕府に献上した記録が残されているが、東博蔵《博物館魚譜》《博物館蟲譜》のなかに、その献上図版の一部が載る。　113, 125

[36]　水谷豊文《水谷蟲譜》6巻5冊。天保ころ
尾張の博物学者水谷豊文による昆虫図譜。江戸の虫譜としては丹州以後の傑作のひとつである。　496

[37]　ミュラー，S.《蘭領インド自然誌》
Müller, Salomon: "Verhandelingen over de natuurlijke geschiedenis der Nederlandsche overzeesche bezittingen, door de leden der Natuurkundige Commissie in Indië en andere schrijvers. Uitgegeven... door C. J. Temmink. Zoologie. Geredigeerd door J. A. Susanna." 3vols. folio. Leiden, 1839-44
オランダ東インド会社による蘭領東インド探検報告。手彩色石版画のすばらしさは特筆すべき出来である。　189, 200, 201, 213, 216

[38]　メーリアン，M.S.《スリナム産昆虫の変態》
Merian, Maria Sibylla: "Dissertatio de generatione et metamorphosibus insectorum Surinamensium." folio. Hagae, 1726

オランダ領であった南米スリナム産の昆虫の生態を観察，研究したもの。初版は1705年，アムステルダムで発行。しかしその後数種の再刊が行なわれる。本書には，フランス語テキストを添えた第3版を用いた。初版時の図版数は60葉であったが，第2版(1719)より12図版追加(虫という概念をひろげ，両生・爬虫類を多く描く)されている。全72図版のいずれも精妙な仕上がりの手彩色銅版画であり，昆虫図鑑のイコンを決定する重大な貢献をなした。のちに，レーゼル・フォン・ローゼンホフらに踏襲される幼虫から成虫への時間的移行を1画面で表現する画期的な技法も，この1冊において開発された。虫類誌ではあるが，ピパなどのカエル類や，トカゲ，ワニといった爬虫類も研究対象とされ，西洋の生物観に東洋の〈蟲〉の概念に近いものがあったことをうかがわせる。　52, 204, 208, 245, 252, 295, 297, 299, 300, 303, 314, 315, 324, 332, 336, 339, 340, 341, 348, 349, 424, 449, 452

[39] 吉田雀巣庵《雀巣庵蟲譜》1冊．天保ころ
尾張の博物学者吉田雀巣庵(高憲)(文化2-安政6／1805-59)の図譜。《吉田蟲譜》《蟲譜》ともいう。丹洲などの引用も多い労作。　160, 161

[40] リーチ，W.E.《英国産甲殻類図譜》
Leach, William Elford: "Malacostraca Podophthalmata Britanniae; or, Descriptions of such British species of the Linnean genus Cancer as have their eyes elevated on footstalks." 4to. London, 1815-75
19世紀前半の甲殻類研究の第一人者による図譜。図版制作はJ.サワビー。　84

[41] リーチ，W.E.《動物学雑録》
Leach, William Elford: "The zoological miscellany; being descriptions of new or interesting animals." 3vols. 8vo. London, 1814-17
大英博物館自然史部門の部長ジョージ・ショーが20年以上にわたり刊行した《博物学者雑録宝典 The Naturalist's Miscellany》(1789-1813)を継ぐ出版物。しかし短命に終わった。手彩色銅版画150葉を収める。図版制作はR.P.ノダー。　36, 44, 57, 93, 104, 144, 145, 148, 217, 396, 465, 473

[42]《リンネ学会紀要》
"The Transactions of the Linnean Society of London."
4to. London, 1791-1875, 1875-1922, 1939-1955
イギリスのリンネ学会紀要。　25, 291, 301, 304, カバー

[43] レーゼル・フォン・ローゼンホフ，A.J.《昆虫学の娯しみ》
Roesel von Rosenhof, August Johann: "De Natuurlyke Histoire der Insecten; roorzien met naar't Leven getekende en gekoleurde plaaten. Volgens eigen ondervinding beschteeven, door den Heer August Johan Rösel, von Rosenhof, miniatuur-schilden." 4vols. 8vo. Te Haarlem en Amsterdam, 1764-68
18世紀最高の昆虫図譜。著者みずからの手になる彩色銅版図350葉余りを収めた全4巻の大著である。記載された生物も昆虫類にとどまらず，ザリガニ，ミジンコなどをふくむ。　40, 56, 65, 96, 153, 157, 164, 172, 173, 176, 184, 185, 188, 193, 201, 212, 213, 229, 233, 240, 253, 272, 292, 294, 296, 298, 299, 300, 301, 304, 309, 318, 333, 343, 360, 361, 373, 381, 392, 396, 397, 412, 413, 445

[44] レッソン，R.-P.《動物学図譜》
Lesson, René-Primevère. "Illustrations de Zoologie, ou Choix de Figure Peintes d'après Nature des Especes Inédites et Rare d'Animaux, Récemment Découvertes, et Accompagnées d'un Texte descriptif, général et particulier."
20livraisons. 8vo. Paris. 1832-34
19世紀前半に発見された新種の動物を逐次記載したシリーズ。多くはレッソンが乗船したコキーユ号航海によりもたらされたもので，東南アジア産が充実している。プレートルらによる原図を手彩色銅版画にした60葉の美麗な図譜。　68, 294, 388, 456

[45] レッソン，R.-P.《動物百図》
Lesson, René-Primevère: "Centurie zoologique, ou choix d'animaux rares, nouveaux ou imparfaitement connus etc."
8vo. Paris, 1830-32
レッソンの，小型だが美しさにおいて他に劣らぬ動物図譜中もっともみごとな出来を示す図譜。表題は100図だがどうした理由か全80図を収めるのみ。原図はプレートル。　29, 80

[46] レニエ，S.A.《アドリア海無脊椎動物図譜》
Renier, Steffano Andrea: "Lettera al Sign. Ab. Gius. Olivi, Sopra il Botrillo, piantanimale marino." 4to. Chiozza, 1793
珍しいカラー印刷による銅版画が美しい。著者(1759-1830)はイタリアの動物学者，パドヴァ大学教授。　21, 112

[47]《ロンドン動物学協会紀要》
"Proceedings of the Scientific Meetings of Zoological Society of London." 8vo. London, 1861-90, 1891-1929
ロンドン動物学協会の手彩色入り紀要にはProceedings(第1期1833-60，第2期1861-90，第3期1891-1929)とTransactions (1835-1915)とがある。どちらもJ.ヴォルフ，J.スミット，J.G.キューレマンス等の手彩色石版画を収める。　49, 52, 240, 290, 297, 311, 312, 313, 452, 481, 484, 485

[48]《花蝶珍種図録》
"Plantae et Papiliones Rariores." folio. London, 1748-62
植物絵師として著名なエーレト George Dionysius Ehretが生前自分の名で刊行した唯一の図集。外国産の美しいチョウと花々を組み合わせた18図版は傑作の声が高い。しかもエーレトの図鑑中最も稀本である。　口絵

博物学関係書名

博物学関係の主要な書物をリストアップした。解説の末尾にある数字は、その書名が出てくる本書のページを示す。

《塵嚢抄》 行誉、1446（文安3）
和漢の故事、漢字や国字の義、言葉の由来など、中世思想、宗教関係の雑事を百科事典的に記した随筆書。7巻。　60, 505左

《吾妻鏡》
《東鑑》とも書く。巻数未詳。後世52巻と訛伝。治承4年（1180）から文永3年（1266）にいたる鎌倉幕府の事蹟を記した史書。編年体で日記体裁であり、前半は13世紀末、後半は14世紀初めの編集。編者は幕府の家臣らという。　327

《アマゾン河の博物学者》 ベイツ Henry Walter Bates "The Naturalist on the River Amazons" London, 1863
1848年から59年まで11年にわたり、南米アマゾンを探検した若いイギリス人学者による博物誌。有名なベイツ型擬態を発見したときのようすも語られている。　182, 326, 520左

《アメリカ・アンチル諸島博物誌》 ロシュフォール Charles de Rochefort "Histoire naturelle et morale dans îles Antilles de l'Amerique" Rotterdam, 1658
西インド諸島の博物誌。カリブ地方の単語表付き。　118

《アンボイナ珍品集成》 ルンプフ Georg Eberhard Rumpf "D'Amboinische rariteitkamer, behelz" Amsterdam, 1705
17世紀末のモルッカ地方の動物相を調査研究したフォリオ版の大著。本書によって初めて、カブトガニやオウムガイといった《生きた化石》がヨーロッパに紹介された。またフウチョウにあしがあることを証明した論文を含む。　36, 47, 141

《異苑》 劉敬叔
宋代の文人劉敬叔が、神怪に関する論を叙した書。10巻。　422

《夷堅志》 洪邁
神怪仙鬼の諸事を雑録した書。宋代に成った。50巻。夷堅とは、いにしえに博物の知識を身につけた人の名である、と《列子》にみえる。　222

《医心方》 丹波康頼、984（永観2）
平安時代中期の医術書。中国隋代の医療知識にもとづき、当時の療法、薬草の知識を記す。　70

《一般と個別の博物誌》 ビュフォン Georges-Louis-Leclerc, Comte de Buffon "Histoire naturelle, général et particulière avec la description du Cabinet du Roi" Paris, 1749-1804
地球の歴史から生物界、鉱物界までを網羅した知のエンサイクロペディア。全44巻。ビュフォンの存命中には33巻までしか完成せず、弟子たちが後を継いで全巻刊行に至り、当時のベストセラーとなった。　115, 506左, 515左, 516左, 517左, 519左

《狗張子》 浅井了意、1688（元禄1）
世の奇事異聞についての随筆集。7冊。同じ著者による怪談奇話集《伽婢子》に収録しきれなかった話を集めたものという。題名の由来については自序に、〈今古に聞きおぼえし事もあるに、心にのみこめて、思う事云わぬも胸ふくるる心地して、手なれし狗張子にむかい、燈火と影とかたりなぐさむ〉とある。　75

《異物志》 孟琯
正しくは《嶺南異物志》という。1巻。中国嶺南地方に産する珍獣などについて記したもの。　334

《飲食知味方》 李時明夫人張氏、1653ころ
朝鮮の上流階級の女性が、接待の料理について、そのつくり方を指南した書。《閨壺是議方》ともいう。活字版が平凡社《東洋文庫》の《朝鮮の料理書》に入っている。著者（1589-1680）は、慶尚北道の儒学者李時明の妻。　122

《鶉衣》 横井也有、江戸、1785（天明5）
和漢の故事などを材料に、軽妙な筆致で人情の機微をうがち、俳諧趣味文学の白眉とまでいわれる俳文集。うち《百蟲譜》は、蟲類に関する風俗、習性、伝承などを巧みな俳文に乗せ、簡潔にして洒落た趣きをかもす。12冊。

《雲錦随筆》 暁晴翁、江戸、1862（文久2）
著者の見聞した雑話を集録したもの。4冊。暁晴翁（寛政5-万延1/1793-1860）は、大阪の著述家。はじめは暁鐘成と名のった。《兼葭堂雑録》の編者としても知られる。　451

《英雄伝》 プルタルコス Ploutarchos "Bioi paralleloi"
ギリシアの著述家（46ころ-120ころ）の代表作。成立年代はよくわからない。歴史上の偉人や伝説上の人物について、ギリシア人とローマ人を一対として交互に語る。現在、岩波文庫とちくま文庫で安く手に入れることができる。　375

《江戸繁昌記》 寺門静軒、江戸、1832-36（天保3-7）
相撲や吉原の遊郭など天保年間の江戸市中の光景を記したもの。江戸庶民の風俗を伝える貴重な書物。5巻5冊。平凡社《東洋文庫》に活字本あり。　419, 517左

《江戸名所図会》 斎藤長秋・莞斎・幸成（月岑）、江戸、1834-36（天保5-7）
江戸の神社仏閣名所旧蹟を父子3代でもれなく解説した絵入地誌。7巻20冊。長谷川雪旦（安永7-天保14/1778-1843）の挿画で有名。　506右

《淮南子》 劉安
全21編。道徳、兵法から天文や草木まで幅広く論じられた百科全書。劉安（前179-前122）は漢代の淮南王。数多くのお抱え学者とともにこの本を撰したという。　70, 135, 146, 210, 247

《絵本江戸風俗往来》 菊池貴一郎、東京、1905（明治38）
江戸の年中行事や雑事について、みずからの図入りで紹介したもの。正しい書名は《江戸府内絵本風俗往来》。著者（嘉永2-大正14/1849-1925）は4代広重を称した画家。復刻版が平凡社《東洋文庫》に収められている。　171, 358, 362

《煙霞綺談》 西村白鳥、1770（明和7）
市井の雑談を集録したもの。4巻。　39

《燕京歳時記》 敦崇、北京、1906
北京の年中行事を月ごとに記したもの。平凡社《東洋文庫》に邦訳あり。　170, 178

《延寿撮要》 曲直瀬玄朔、1599（慶長4）
養生節制についての指南書。1巻。言行編、房事編、飲食編より成る。著者（天文18-寛永8/1549-1631）は京都出身の医師で、江戸にて没。他著に《霊宝薬性能毒》などがある。　18

《燕石雑志》 滝沢馬琴、江戸、1811（文化8）
和漢のさまざまな事柄について、博識でなる著者が自由に考証を加えたもの。大本6冊。　127, 503左, 516右

《黄金のろば》 アプレイウス Apuleius "Asinus aureus"
2世紀のローマ人（123ころ-?）による小説。放蕩に身をゆだねた若者が、その罰としてロバに変えられ、さまざまな飼い主のもとをさまよいながら、人間界を観察する。作中に描かれる《クピドとプシュケー》の物語は、チョウのイコンとの関わりにおいて重要。　327

《沖縄童謡集》 島袋全發、東京、1934（昭和9）
沖縄地方に伝わるわらべ歌177篇を採録し、解説を加えたもの。平凡社《東洋文庫》に復刻版がある。著者（1888-1953）は、那

覇市生まれの琉球文化の研究家．　430
《伽婢子》おとぎぼうこ　浅井了意，1666（寛文6）
怪異小説集．13巻に68話が収められている．作者（慶長17-元禄4/1612-91）は仮名草子作家の代表的人物．平凡社〈東洋文庫〉に2巻本として収録されている．　71，74，502左
《開元天宝遺事》かいげんてんぽういじ　王仁裕おうじんゆう
五代の王仁裕が民衆から聞いた，唐代の遺事を書き記したもの．《開元遺事》ともいう．4巻．　130
《蛔志》かいし　喜多村直ただ（槐園），江戸，1849（嘉永2）
本邦初の蛔虫病の専門書．3巻．文政3年（1820）に成稿していたが，29年後にようやく刊行された．　19
《害虫駆除全書》　松村松年，東京，1897（明治30）
日本昆虫学の始祖松村松年の記念すべき処女出版．田畑の害虫の駆除法を論じたもので，農業関係者に広く読まれた．　262
《蟹録》
滝沢馬琴《燕石雑志》に引用された中国の古籍だが，詳しいことについてはよくわからない．あるいは宋の傅肱がカニの故事を多数集めて著した2巻本《蟹譜》のことか．
《鶴林玉露》かくりんぎょくろ　羅大経らたいけい，1248-52
文人や山人，道学者などの言葉や話を引きつつ論じた随筆集．天地人の3集に分かれ，18巻より成る．　259
《甲子夜話》かっしやわ　松浦静山まつらせいざん，1821-41（文政4-天保12）
江戸後期の平戸藩主による随筆集．正編100巻，続編100巻，三編78巻からなる大著．書名は文政4年（1821）11月甲子の日に執筆を始めたことによる．以後静山の死（1841）の直前まで書きつがれた．動物の民俗も数多く収集されている．活字本は平凡社〈東洋文庫〉に収められている．　211，327，334，359，366，447，494，520右
《閑窓自語》　柳原紀光のりみつ，京都，1793-97（寛政5-9）
禁秘抄，嘗祭，和歌三神などについての雑説随筆集．2巻1冊．著者（延享3-寛政12/1746-1800）は代々天皇に仕えた貴族学者．古今の知識に明るく，数かずの著作をものした．　70
《閑田耕筆》かんでんこうひつ　伴蒿蹊ばんこうけい（資芳），江戸，1799（寛政11）
《近世畸人伝》の著者（享保18-文化3/1733-1806）が自己の見聞を綴った随想集．4巻4冊．天地・人・物・事の4部より成る．　98，503左
《閑田次筆》かんでんじひつ　伴蒿蹊，江戸，1806（文化3）
《閑田耕筆》の続篇．4巻4冊．　167，462
《蛾術編》がじゅつへん　王鳴盛
中国清代の雑記集．説字・説地・説人・説物などに分かれ，事物が多岐にわたって解説されている．82巻．また100巻ともされる．　486
《嬉遊笑覧》きゆうしょうらん　喜多村節信ときのぶ，江戸，1830（文政13）
江戸後期を代表する分類百科事典．12巻，付録1巻．服飾，飲食，商売など日常生活に関わりの深いものを考証している点，当時を知る貴重な資料といえる．蟲類については巻十二〈禽蟲・狩猟・草木〉にまとめられている．著者（天明3-安政3/1783-1856）は博覧強記でならした考証家．　3，75，374，494
《教科動物学》　プシェ Félix-Archimède Pouchet "Zoologie classique, ou histoire naturelle du règne animal" Paris, 1841
当時制作された教科書用動物学書だが，J.-G. プレートルによる手彩色図版20葉がじつにすばらしい．　4，519右
《京都民俗志》　井上頼寿，私版，1933（昭和8）
京都の民俗をつぶさに調べて書き記したもの．蟲類についても，クツワムシ，トンボ，カイコ，ハチ，ホタルその他数かずの項目が立ててある．1968年には改訂版が平凡社〈東洋文庫〉に収録された．著者（1900-79）は，三重県生まれの神主．他著に《京都古習志》，《鳥居考》がある．　179，358，490
《魚獵手引》ぎょりょうてびき　城東漁父
天保年間に成立した釣魚指南の書．2巻．　26
《金華子》きんかし　劉崇遠りゅうすうえん

唐の大中以後の佚事を記したもの．2巻．金華子というのは撰者の号である．　67
《訓蒙字会》くんもうじかい　崔世珍，1537
天文，花品，鱗介，昆蟲，人倫，儒学などを部立てして，初等教育向けに漢字の朝鮮音訓，字義などを説明したもの．
《閨閣叢書》　徐有本夫人李氏，1869
朝鮮人女性（1759-1824）の手になる高級料理書．平凡社〈東洋文庫〉《朝鮮の料理書》に翻訳版あり．　122
《蕣莪堂雑録》けいがどう　木村蕣莪堂，大阪，1859（安政6）
5巻からなる江戸末期の随筆集．動植物の奇譚にまつわる考証を含む．　502右，514左
《健康の園》　マイデンバッハ Jacob Meydenbach "Hortus Sanitatis" Mainz, 1491
中世末期の本草書で，1485年に刊行された初版をマイデンバッハが増補改訂したもの．古代から中世の自然学書を数多く参考とし，動物についての叙述や図版も豊富に収められている．　38，219，222，323，371，379，487
《元氏長慶集》げんしちょうけいしゅう　元稹げんしん
唐の河南の詩人で，白居易とともに元白と並び称された元稹の詩文集．60巻および補遺6巻．　355，367
《玄中記》げんちゅうき
晋の郭氏が撰した道教の書．1巻．その後散逸したため，詳しいことについては不明．　238
《源平盛衰記》　1247-49（宝治1-建長1）ごろ
源平の争乱を描いた軍記物．著者不詳，48巻．語りの《平家物語》に対して，読みの文体をとる．　71，75，383
《後漢書》　范曄はんよう・司馬彪しばひょう
後漢の歴史を紀伝体で記した史書．本紀・列伝は范曄，志は司馬彪の手になる．120巻．　210
《國譯本草綱目》　鈴木真海訳，東京，1929-33（昭和4-8）
明の李時珍の大著《本草綱目》の和訳版．　239，514左，521右
《古語拾遺》こごしゅうい　斎部広成いんべのひろなり，807（大同2）
平安前期の家伝．国生みから文武天皇までの事蹟を，斎部家伝来の記録をもとに語る．斎部氏の勢力挽回のために書かれたもので，平城天皇に献じられた．記紀神話にはない逸話を含んでおり，貴重な史料とされる．　126
《古今注》
古今の名物を考証したもの．撰者は晋の崔豹さいひょうといわれる．3巻．　146，178，334
《古今著聞集》　橘成季たちばなのなりすえ編，1254（建長6）
鎌倉期を代表する説話集．20巻30編より成り，魚蟲禽獣の編を含む．　222
《五雑組》ござっそ　謝肇淛しゃちょうせい
明末17世紀初めに成立した随筆集．16巻．天・地・人・物・事の5部に分けて，さまざまな事象を論じている．五雑組とは5色の色糸でよった組みひもの意．　215，235，379
《古事記》　太安万侶撰録，712（和銅5）
日本現存最古の歴史書．天武天皇の命により稗田阿礼が誦習し，これを元明天皇の詔により太安万侶が記録した．　122，222，287，370
《コタン生物記》　更科源蔵・更科光みつ，東京，1976-77（昭和51-52）
動植物を通して伝わるアイヌ民族の博物誌．〈樹木・雑草篇〉，〈野獣・海獣・魚族篇〉，〈野鳥・水鳥・昆蟲篇〉の全3巻より成る．更科源蔵（1904-85）は，アイヌ文化研究で有名な詩人・随筆家．光（1948- ）はその息子である．　26，75，91，111，118，138，183，190，227，242，250，279，334，359，382，391，447，467
《今昔物語集》
平安末期，12世紀初頭に成立した説話集，編者は不詳．古くか

索引——博物学関係書名

ら伝わる蟲類の民俗を知るのに役立つ。31巻（現存28巻）。 19, 34, 70, 126, 142, 379, 467

《昆虫記》 ファーブル Jean Henri Fabre "Souvenirs entomologiques, étude sur l'instinct et les mœurs des insectes" Paris, 1879-1910
フランスの博物学者ファーブル畢生の大著。著者本人が昆虫の行動や生態をつぶさに観察した結果を、文学的香り豊かな筆致で記録したもの。全10巻。本書の引用は岩波文庫版（山田吉彦・林達夫訳）による。また現在、奥本大三郎氏による新訳版が集英社より刊行中。　12, 51, 56, 159, 174, 195, 207, 210, 226, 230, 246, 254, 270, 274, 276, 278, 390, 391, 398, 406, 415, 430, 450, 451, 459, 505右, 519右

《昆蟲世界》 名和昆虫研究所, 岐阜
岐阜県在住の昆虫学者名和靖が, 1897年（明治30）9月に創刊した月刊昆虫学雑誌。1946年（昭和21）, 574号をもって打ち切られるまで50年間も発行された。　170, 175, 198, 223, 234, 254, 273, 281, 387, 418, 423, 438, 442, 454, 518左

《昆虫の劇場》 ムーフェット Thomas Moufet "Insectorum sive Minimorum Animalium Theatrum" London, 1634
イギリスで初めて出版された昆虫誌。コンラート・ゲスナー, オックスフォード生まれの博物学者ウォットン Edward Wotton（1492-1555）, および著者の友人の植物・昆虫研究家ペニー Thomas Penny（?-1589）などの原稿をもとに, ムーフェット自身の所見を添えて, 1590年に完成された。ちなみに初めエリザベス1世に献じられる予定だった本書は, 出版が遅れるうちに女王が崩御してしまい, やむなくジェームズ1世に捧献されることになる。ところがそうこうするうち著者のムーフェットも死去, 結局約30年後の1634年まで刊行されずじまいになってしまったといういわくつきの本である。なお1658年には "The Theater of Insects" の名で英訳された。　16, 26, 31, 38, 55, 58, 67, 90, 91, 98, 130, 134, 135, 150, 159, 175, 186, 187, 191, 202, 207, 211, 219, 231, 234, 239, 258, 277, 278, 280, 281, 285, 326, 335, 355, 366, 367, 371, 375, 390, 395, 398, 399, 402, 403, 406, 410, 422, 426, 446, 470, 471, 475, 483, 521左

《昆虫本草》 梅村甚太郎, 名古屋, 1943（昭和18）
最後の本草学者が著した最後の本草書。近年, 復刻された（科学書院, 1988）。　247, 462, 513左

《雑学1000題》 ルプトン Thomas Lupton "A Thousand Notable Things of Sundry Sorts" London, 1579
処方箋や妙薬の話を中心に, 16世紀当時の俗信を紹介したもの。著者はイギリスの雑文家。本書は彼の代表作で, 何度も版を重ねた。

《薩摩州蟲品》 木村蒹葭堂
薩摩藩主島津重豪より下賜された竹筒入りの蟲類のうち376種を図解したもの。《薩州蟲品》ともいう。未刊。　63

《三才図会》 王圻
中国明代の百科全書。1607年に始まり, 王圻の子王思義の続集と合わせて計106巻。全14門のうち, 昆虫については鳥獣の門で, 一種ごとに図解説明されている。　158, 162, 510右

《爾雅》
中国古代の字書。3巻。著者, 成立年代は不明だが前5世紀ころから前2世紀ころに成ったといわれる。草木鳥獣蟲魚の各部が含まれ, 後世の本草書によく引用される。　363, 451, 504左, 506右, 513右

《爾雅義疏》 郝懿行
《爾雅》の注釈書。20巻。邵晋涵《爾雅正義》と並び称される。撰者は清代の人。　67

《史記》 司馬遷
中国古代の伝説的人物黄帝から, 前漢の武帝までのことを紀伝体で記した史書。130巻。　462, 503左

《四季物語》 鴨長明?
年中の公事を1月から12月まで順に書き記したもの。タマムシについての記述が見える。12巻。　418

《詩経》
中国最古の詩集。五経のひとつ。一説には孔子が撰したともいわれるが, 真相はよくわからない。前10～前6世紀ごろにつくられた歌305篇を, 風・雅・頌の3部に分けて収めてある。　106, 187, 423, 462

《字説》 王安石
20巻。のち増補して24巻となる。独自の立場から文字を解釈したもの。撰者（1021-86）は北宋の政治家, 文人で, 荊公と呼ばれる。　66

《自然の体系》 リンネ Carl von Linné "Systema naturae" Leiden, 1735
近代動植物分類学の基礎を築いたリンネの主著。種の命名法として第10版（1758）から用いられた二名法は, 今でも命名の原則となる。　398

《七島日記》 小寺応斎, 1796（寛政8）
伊豆七島の地誌。当地のシロアリ除けの風俗などが記される。3巻。

《事物紺珠》 黄一正編
中国明代の類書。41巻。

《釈日本紀》 卜部兼方（懐賢）撰
現存最古の《日本書紀》注釈書。鎌倉時代末期成立。28巻。

《沙石集》 無住一円, 1283（弘安6）
鎌倉期の仏教説話集。10巻。動物の登場する話も多い。作者（嘉禄2-正和1/1226-1312）は, 臨済宗の禅僧。　55, 490

《蛇胄傳来記》 中原（石野）廣温, 1811（文化8）
江戸後期の写本。古くから幸運のお守りと伝えられてきた〈蛇の胄〉について考証を加えたもの。1冊。　403

《周礼》
中国の経書。《周官》ともいい,《儀礼》,《礼記》とともに三礼のひとつとされる。6篇。周公旦の作と伝えられるが, 成立については諸説あって一定しない。理想国家の行政組織をつぶさに解説したもの。　286

《春秋左氏伝》
《左伝》《左氏伝》ともいう。30巻。春秋時代の魯国の史書《春秋》の注釈書。撰者は定かではない。　22, 504左

《除稲虫之法》 高橋常作, 羽後, 1856（安政3）
稲の害虫の習性と防除法について書かれた小冊子。《日本農書全集》の第1巻に翻刻が収められている。著者（享和3-明治27/1803-94）は, 秋田の農業技術者。　263

《想山著聞奇集》 三好想山, 1850（嘉永3）
さまざまな奇談を集めた書。5巻。著者は江戸末期の尾張徳川家の藩士。信じがたい奇怪な話を真摯な態度で記している。

《小児必用養育草》 香月五山, 1703（元禄16）
育児全般について説かれた日本初の書。《小児養草》ともいう。著者（明暦2-元文5/1656-1740）は江戸中期の医師。　126

《食物和歌本草》 而慍斎, 京都, 1630（寛永7）
食物別に食餌療法を和歌仕立てでわかりやすく解説したもの。2巻。初刊時名称は《和歌食物本草》。寛文7年（1667）に注釈を加えて《和歌食物本草増補》7巻とされた。

《食療本草》 孟詵, 706
魚23種のほか, 蟹, 蝦, 亀, 牡蠣, あわび, 烏賊, 海草, 蛤, 螺, 介類など15種の薬用効果を記述。《本草綱目》に多く引用される。失書ではあるが, 1907年, イギリスの考古学者スタインが敦煌の千仏洞石窟から, 後唐の長興5年（934）筆写の本書の残巻を発見し, 旧態を知ることができる。大英博物館蔵。

《除蝗録》 大蔵永常，江戸，1826（文政9）
ウンカやイナゴをはじめ，イネの害虫全般について，その駆除法を詳細に説いたもの。《日本農書全集》に翻刻あり。　12, 26, 138, 194, 222, 226, 255, 259, 262, 263, 326, 451

《諸国遊里好色由来揃》　撰者不詳
三都の遊郭はもとより，各国遊里の雑事から隠語，雑芸などを記したもの。刊行は元禄年代とされる。5巻。　75

《庶物類纂》 稲生若水，1693-1715（元禄6-正徳5）
中国の典籍中より物産に関する記事を集めたもの。1000巻の予定が若水の死のため362巻で中断。その後，丹羽正伯らが補った。なおこれを小野蘭山は老年になってから完全に筆写している。　512右

《書物の敵》 ブレーズ William Blades "The Enemies of Books" London, 1880
火や水や塵，そしてシミその他の本の虫など，書物の害になるものを列挙，合わせてその防除法を説いたもの。著者（1824-90）は，イギリスの印刷業者，書誌学者。　142

《新鎌倉志》 河井恒久撰・松村清之訂，1685（貞享2）
鎌倉の詳細な地誌。《鎌倉志》，《新編鎌倉志》ともいう。徳川光圀の命によって編まれたものである。8巻。著者は水戸の藩臣。　403

《晋書》
中国の正史で，二十四史のひとつ。130巻。唐の太宗のとき，房玄齢などが奉勅したもの。　431

《神聖自然学》 ショイヒツァー Johann Jakob Scheuchzer "Kuper-Bibel, in welcher die Physica Sacra oder geheiligte Naturwissenschaft..." Augsburg, 1731-35
著者ショイヒツァーはスイスの博物学者。アルプス氷河の研究に着手した先駆者として知られる。また，イギリスのロイヤル・ソサエティーにも名を連ね，ハンス・スローン医師らと交遊を重ねた。台湾を紹介した奇書サルマナザー《台湾誌》（じつは偽書）を英訳し，一時期不名誉をかこった。彼自身の著作のうち，最大規模を誇る野心作が本書である。聖書の内容を科学的に再解釈し，宗教的真実と科学的真実の完全な一致をくわだてた希有の書で，とりわけ720葉におよぶ奇怪きわまる図版が有名。バロック期博物学が生んだもっとも無意味な大著。　7, 515右

《神仙伝》 葛洪
古仙人たちの生涯を列伝体で記したもの。著者は西晋時代の仙道学の第一人者で，《抱朴子》の著者としても知られる。　23

《新撰病草紙》 道戦
江戸幕府の医学館助教を務めた人物が，嘉永3年（1850），異疾の病者の症例を大阪の画工福崎一宝に描かせ，簡単な解説を付したもの。1巻。1922年（大正11），《杏林叢書》第1輯に収録されたさい，蟯虫に悩む女性の図は，その筋の命によって削除せられた。　19

《新著聞集》 神谷養勇軒，1749（寛延2）
江戸中期の奇談集。ここに集められた奇談の中には，ラフカディオ・ハーン《怪談》の原話もある。18巻。著者は紀州徳川家の士。　378

《塵添壒囊抄》 1532（天文1）
室町時代末期に成立した20巻の類書。すでに流布していた《壒囊抄》の巻ごとに，鎌倉時代の故事考証の書《塵袋》から選択した201項を配し添えたもの。編者不詳。

《神農本草経》
伝説の帝神農が著したといわれる中国最古の本草書。3巻。梁の陶弘景は500年ころ，これに注を施し，《神農本草経集注》を編纂した。　442, 479

《砂払》 山中共古，東京，1926（大正15）
江戸期に刊行されたさまざまな洒落本の内容を，気ままに抜き書きしたもの。〈払砂録〉，〈続砂払〉前・後，〈権蒟蒻〉左・右，〈俚謡解〉，〈尻取文句考〉の8篇より成る。1987年，うしろの2篇を除いたものが，同じ題で岩波文庫から刊行された。山中共古（嘉永3-昭和3/1850-1928）は最後の幕臣のひとり。維新後は宣教師となり，そのかたわら，民俗学の開拓者として活躍した。　134, 494

《聖書の博物誌》 ハリス Thaddeus Mason Harris "The natural history of the Bible" Boston, 1793
聖書に出てくる鳥獣虫魚，植物，鉱物その他についてアルファベット順に解説を加えた一種の事典。著者（1768-1842）は，イギリスの牧師，著述家。　183, 190, 370, 479

《斉東野語》 周密
南宋の旧事を収録したもの。22巻。撰者は宋の人である。　371

《生物学語彙》 岩川友太郎，東京，1884（明治17）
日本初の生物学用語辞典。ヨーロッパの動植物学書から，生物の英名を抜き集め，それに和名をつけたもの。ゴキブリという名が初めてあらわれた本といわれる。著者（安政1-昭和8/1854-1933）は，東大生物学科の第1回卒業生で，のち東京女子高等師範学校教授。昆虫や貝の研究を行なった。　199

《世諺問答》 一条兼良，1544（天文13）
日本に伝わる年中行事を，季節ごとに解説したもの。3巻1冊。　154, 359, 512右

《説文》 許慎撰，後漢
《説文解字》30巻のこと。9000あまりの字について説明した字書。　510右

《セルボーンの博物誌》 ホワイト Gilbert White "Natural History and Antiquities of Selborne" London, 1789
博物学系文芸書としてファーブル《昆虫記》と並ぶ永遠のベストセラー。イギリス・ハンプシャー州東部の土地セルボーンの自然観察記録。書簡形式の2部からなり，第1部はトマス・ペナントへ送った手紙を収録したもの。　520左

《山海経》
伝説獣の話や怪談など空想的要素がふんだんに織りこまれた中国古代の地理書。18巻。漢代の成立といわれるが著者は不明。　286, 513右

《箋注倭名類聚抄》 狩谷棭斎，1827（文政10）
源順《和名抄》に記載された漢語を考証したもの。10巻。動物の漢名の由来についても記述されている。棭斎（安永4-天保6/1775-1835）は江戸の書誌学者。

《荘子》
中国戦国時代の思想家荘周の思想書。33篇。内篇7は，荘子の根本思想を忠実に伝え，外篇15，雑篇11は内篇の意を敷衍したもので，後人の作といわれる。　210, 495

《巣氏諸病源候論》 巣元方
隋の巣元方が，医術をあまねく論じた書。腹の虫について詳しく説かれている。50巻。　18

《捜神記》 干宝
20巻より成る中国の怪奇小説集。8巻本もある。動物にまつわる奇譚も収録。著者は晋の人。平凡社《東洋文庫》に邦訳あり。　122, 178, 194, 239, 286, 326, 411, 455, 490

《促織志》 劉侗
闘蟋（コオロギ賭博）を論じた書。人工飼育の方法も説かれている。成立は17世紀。　162, 170

《足薪翁之記》 柳亭種彦
江戸後期の高名な読本作者（天明3-天保13/1783-1842）による随筆集。湯屋の看板，梵天国などさまざまな事物について，その由来を考証したもの。3巻。

《続博物志》 李石
書名にある通り，張華《博物志》を補うためにつくられた中国宋

索引──博物学関係書名

代の事典．10巻．　214, 215
《大業拾遺記(たいぎょうしゅういき)》　顔師古
中国唐代の雑書．《南部煙花録》ともいう．2巻．　446
《大地と生物の歴史》　ゴールドスミス Oliver Goldsmith "A History of the Earth and Animated Nature" London, 1774
文学者ゴールドスミスがビュフォンの《一般と個別の博物誌》の成功に刺激されて一気に書き上げた18世紀のベストセラー．ビュフォンの英訳を増補した内容になっているが，詩人らしく気のきいた言い回しで博物学を語る．　515左
《太平御覧(たいへいぎょらん)》
中国の一大類書．1000巻．宋代初めの977年，太宗の勅命を受けた李昉(りぼう)たちが編纂したもの．
《多識篇(たしきへん)》　林道春(羅山), 1612(慶長17)
《本草綱目》の漢名を抜写し，和名を考定したもの．5巻．
《譚海(たんかい)》　津村正恭, 1795(寛政7)
諸国の雑事奇談などを書き集めた随筆本．15巻．　22
《中国社会風俗史》　尚秉和(しょうへいわ), 1938
古今の文献をあさり，中国の社会状況や風俗全般について考証を加えた大著．原題は《歴代社会風俗事物考》といい，全44巻におよぶ．うち36巻分がこの標題のもとに訳出され，平凡社〈東洋文庫〉に収められた．　479
《中陵漫録》　佐藤成裕(中陵), 江戸, 1797(寛政9)
物産家，本草家の著者が広く諸国を巡って得た見聞をもとに記した随筆集．博物学的記述も多く，示唆に富む．　74
《釣魚大全》　ウォルトン Izaak Walton "The Compleat Angler, or the Contemplative Man's Recreation" London, 1653
簡潔にして情趣豊かに釣りの楽しみを書いた名著．世界の釣人から〈釣りの聖書〉とまでいわれている．釣りの方法，釣場の研究，魚の生態，餌の問題，魚の料理法など幅広く題材を求め，博物学史的にも重要．1676年版からは，チャールズ・コットンによる第2部が増補され，以後この形が定本となる．完訳本が角川選書に収められている．　155, 513左
《鳥獣虫魚図譜》　ヨンストン Johann Johnston "Historiae naturalis" 1650-55
前近代の動物図譜における代表作のひとつ．江戸時代，日本に渡来し，野呂元丈がこれを《阿蘭陀禽獣虫魚和解》(1741)として翻訳，その図版は洋風画の発展に寄与した．本文は主としてゲスナー，アルドロヴァンディに拠っている．　513左, 517左, 521右
《重修本草綱目啓蒙(ちょうしゅうほんぞうこうもくけいもう)》　京都, 1844(弘化1)
小野蘭山《本草綱目啓蒙》の改訂第3版．48巻36冊．校訂者の梯南洋(かけはしなんよう)(晋造)は，蘭山亡きあと京都本草学の指導者となった山本亡羊(ぼうよう)の門人．　130, 215, 282, 394, 410, 411, 442, 446
《重訂本草綱目啓蒙》　京都, 1847(弘化4)
《本草綱目啓蒙》の第4版．蘭山の孫，小野士徳の訴えを泉州岸和田藩主岡部長慎がききいれ，藩費で出版された．校訂は長慎の侍医井口望之が行なっている．　22, 51, 63, 70, 115, 138, 186, 223, 242, 274, 278, 322, 395, 419, 435, 447, 458, 495
《塵袋(ちりぶくろ)》　文永～弘安(1264-88)ころ
鎌倉時代後期の事典．11巻．和漢の故事について起源，語源，由来を考証したもの．蟲類については，巻四〈獣・蟲〉で記述される．観勝寺の釈良胤(号，大円)の著作ともいわれるが，不明．　222, 505左
《釣書ふきよせ》
作者不明の釣魚秘伝書．ゴカイについて1項をさき，解説を加えている．　26, 282
《帝京景物略(ていきょうけいぶつりゃく)》　劉侗(りゅうとう)・于奕正(かんせい)
中国明代の北京の景物を記録したもの．8巻．　151
《天工開物(てんこうかいぶつ)》　宋応星, 1637

中国の有名な産業技術書．養蚕や養蜂についてもこと細かな記述がみえる．平凡社〈東洋文庫〉に活字本あり．　247, 281, 286, 479
《東雅(とうが)》　新井白石，江戸, 1719(享保4)
《爾雅》にならい，《和名抄》にみえる物名に解釈，考証を加えた一種の辞典．20巻．動物名の由来に民間説を参照している点が特徴．　99, 102, 150, 179, 186, 194, 366, 370, 411, 422, 482
《東京年中行事》　若月紫蘭(しらん)，東京, 1911(明治44)
東京の歳時記．冒頭，〈敢てこの書を俳人にして今の東京年中行事の内容を知らんとする人，地方に在りて東京を知らんとする人，及び東京を知らざる人，又は知らんとして知るに暇なき人に献ぐ〉とあるとおり，独特の文体で一気に読ませる．上・下2冊．著者(1879-1962)は，漱石とも親交のあった俳人，国文学者．なお本書は現在，平凡社〈東洋文庫〉に収められている．　171
《東国通鑑(とうごくつがん)》
朝鮮の史書．新羅の始祖赫居世(かくきょせい)から，高麗の恭譲王に至る1400年の歴史をつづる．李朝成宗の命によってつくられた．　35
《桃洞遺筆》　小原良貴，和歌山
紀州藩の藩医であり本草学者である小原良貴(桃洞)の遺稿集．孫の良直の編集により，第1集3巻が天保4年(1833)に，第2集3巻が嘉永3年(1850)に刊行された．内容はすこぶる博物学的記述に富む．
《東都歳事記》　斎藤幸成(月岑(げっしん))編，江戸, 1838(天保9)
江戸の年中行事を記録したもの．4巻付録1巻5冊．動物にまつわる各地の祭事も広く記されており，江戸庶民の動物民俗を知るのに欠かせない．幸成(文化1-明治11/1804-78)は江戸の著述家．ほかに《武江年表》などの著作があるが，祖父長秋と父莞斎から引き継いだ《江戸名所図会》全20巻を完成刊行した功績でも知られる．活字本は平凡社〈東洋文庫〉で読むことができる．　167
《東都釣案内図》　江戸, 1833(天保4)
江戸の釣場を図解したもの．作者は不明．　26
《動物学雑誌》　東京動物学会，東京
1888年(明治21)11月に創刊された学会機関誌で，動物学の普及に大きく貢献した．蟲類関係の記事も多く，とくに明治から昭和初期にかけての号は，民俗学的に大いに参考になる．現在も続刊中．　42, 47, 54, 95, 111, 118, 122, 123, 178, 214, 231, 235, 250, 275, 279, 331, 390, 423, 431, 455, 467, 514左
《動物誌》　アリストテレス Aristoteles "Historia Animalium"
西洋最古の動物学書．以後中世に至るまでもっとも権威ある研究書とされ，今なお多くの示唆に富む．鳥類，哺乳類，魚類の記述がとくに充実しているが，むろん蟲類についてもかなり説かれている．　16, 19, 26, 31, 38, 50, 54, 58, 78, 83, 94, 107, 115, 119, 130, 131, 138, 146, 150, 186, 199, 206, 219, 230, 243, 246, 280, 284, 322, 330, 359, 402, 426, 439, 446, 450, 462, 466, 470, 471, 474, 482, 483, 507左, 508左, 512左, 519右
《動物誌》　ゲスナー Conrad Gessner (Gesner) "Historiæ Animalium" Zürich, 1551-87
近世博物学への道を開いたゲスナーの主著．古今の文献や著者みずから得た情報により多数の動物が図版とともに収められ，博物学の発展に大きく寄与した．そのきわめて珍しい16世紀末当時の手彩色版から，中世の名残りともいえる彩色師(イルミネーター)の技術のすばらしさが伝わってくる．　508左, 514右
《動物の性質について》　アエリアヌス Claudius Aelianus "De Natura Animalium"

506

前2世紀ころに書かれた動物誌。アリストテレス《動物誌》に載らない古代ギリシアの知見を補足するさいに，しばしば引用される。　466

《動物部分論》　アリストテレス Aristoteles "De Partibus Animalium"
《動物誌》，《動物発生論》とともにアリストテレス動物学の主著。観察を主とした《動物誌》をふまえ，生物界を有血動物と無血動物に大別した分類の概念を提示している。　131

《動物分類名辞典》　内田亨監修，東京，1972（昭和47）
生物界の分類を網羅した画期的辞典。とくに各動物の各国語呼称があるのがありがたい。本書もこの書物にずいぶんお世話になった。情報を一新した再刊が望まれる。　79, 114, 175, 335, 521右

《利根川図志》　赤松義知，1855（安政2）
利根川沿革の地誌。アシカ，サケ，カゲロウから河童まで，動物に関する記述も多い。6巻6冊。

《杜陽雑編》　蘇鶚ぐが
唐の代宗より懿宗にいたる10朝のできごとを記した書。題名は，撰者が杜陽（陝西省麟遊県）の地に住んでいたことによる。　462

《ナチュラル・ヒストリー》　"NATURAL HISTORY"，American Museum of Natural History, New York
ニューヨークにあるアメリカ自然史博物館発行の月刊博物学雑誌。1900年4月に創刊され現在に至る。生物の生態から民俗まで，豊富な話題が満載されている。　39

《南留別志》　荻生徂徠，1828（文政11）
文字の音訓や事物の名称などについて考証したもの。5巻5冊。150

《南越志》　沈懐園
南越（広東，広西，ベトナム北部）の地誌。晋代の作と思われる。134

《南京蟲又床蟲》　田中芳男
《東京学士会院雑誌》第19編-9号に掲載された論文を，別冊としたもの。明治30年10月6日という序文の日付が記されている。明治以後，またたくまにその害を拡げつつあったナンキンムシの名称，性状，所在，さらに予防法を詳説し，一般の注意を喚起しようとの意図をこめたもの。　230, 231

《南島雑話》　名越左源太
幕末の奄美大島の自然や産業，民俗などについて，図入りで詳しく解説を加えたもの。著者は薩摩藩の上流の士。嘉永2年（1849）に起きたお家騒動に連座して翌年から安政2年（1855）までの5年間，大島に配流の身となった。本書はそのときの日記や写生をもとにつくられたものという。平凡社〈東洋文庫〉に2巻本として収められている。　198, 494

《南浦文集》　文之玄昌（南浦），1649（慶安2）
詩文集。3巻。著者（天文24-元和6/1555-1620）は，大隅国正興寺の住職を務めたのち，鎌倉建長寺に移った僧侶。　383

《南洋探検実記》　鈴木経勲，東京，1892（明治25）
1884年（明治17）から8年間，太平洋諸島を探検旅行した著者の体験記。巻頭に掲げられた原住民の色刷り図版が貴重。平凡社〈東洋文庫〉に復刻本あり。　27, 118, 195, 516左

《南洋動物誌》　三吉朋十，東京，1942（昭和17）
熱帯域に生息する動物の生態や神話，民俗についてわかりやすく解説した好著。著者は20数年にわたって南洋各地を探検調査した動物学者。　67, 127, 214, 246, 486

《日本奥地紀行》　バード Isabella L. Bird "Unbeaten Tracks in Japan" London, 1880
1878年（明治11）6月から9月にかけ，東京から北海道まで旅行したイギリス人女性（1831-1904）による手記。著者が妹へ送った手紙をもとにつくられた。邦訳は平凡社〈東洋文庫〉にあり。　358

《日本昆虫学》　松村松年，東京，1898（明治31）
日本初の体系的昆虫学書。13目800余種の昆虫を記載。　262, 274, 335, 406, 410, 423, 431, 434, 455, 520右

《日本昆虫記》　大町文衛，東京，1941（昭和16）
大阪の《朝日新聞》に連載された昆虫エッセイを1冊にまとめたもの。なお本書は現在，講談社学術文庫に収録されている。　174, 218, 235, 238, 266, 281, 402, 427, 513右

《日本山海名産図会》　作者不詳，大阪，1799（寛政11）
《日本山海名物図会》の姉妹編。作者の推定は難しいが，序文を書いている木村蒹葭堂の編述とみるむきがある。　99, 103, 282, 478, 479

《日本山海名物図会》　平瀬徹斎，大阪，1754（宝暦4）
日本各地の産業，産物について図解したもの。捕鯨など動物関係の記事が多く，博物学的にも重要。　507右

《日本三代実録》　藤原時平ら撰，901（延喜1）
宇多天皇の勅命により撰された清和，陽成，光孝3代の天皇の編年体実録。天安2-仁和3年（858-887）の30年間を収める。六国史の第6。50巻。　125, 287

《日本誌》　ケンペル Engelbert Kämpfer "The History of Japan" London, 1727
日本の動植物を初めて西洋に紹介した書物。原文に先だってJ. J.ショイヒツァーによる英訳本が刊行された。第10章に鳥獣，爬虫，昆虫が，第11章に魚介類が記述される。動物図は中村惕斎《訓蒙図彙》を模刻したものである。　123, 505左, 515左, 515右

《日本児童遊戯集》　大田才次郎編，東京，1901（明治34）
北は北海道から南は四国・九州まで，日本各地に伝わる子どもの遊びを調査採録したもの。虫捕りの文句も数かず記されている。もともと《日本全国児童遊戯法》の題で刊行されたが，平凡社〈東洋文庫〉に収録のさい，上記の題に改められた。　135, 242

《日本事物誌》　チェンバレン Basil Hall Chamberlain "Things Japanese" London and Tokyo, 1890
渡来外国人（1850-1935）による代表的な日本研究書。1939年の第6版まで，版を重ねるごとに改訂増補された。邦訳本が平凡社〈東洋文庫〉に収められている。　107, 123, 231, 287, 367, 486

《日本釈名》　貝原益軒，京都，1700（元禄13）
諸物の名義を考証した上中下3巻本。鳥獣蟲魚介の釈名が含まれ，民間の語源説も多く採用している。　66, 115, 150, 194, 354, 458, 483

《日本書紀》　舎人親王ら，720（養老4）
日本最古の勅撰歴史書。神代から持統天皇の終わりまでを漢文で編年体に記す。30巻。六国史の第1。　42, 70, 151, 287, 334, 363, 367, 370, 371, 374, 427, 478, 504右

《日本大王国志》　カロン François Caron "Beschryving van het Machtigh Coninckrijcke Japan" Amsterdam, 1636
平戸のオランダ商館長を務めた人物（1600-73）による日本の紹介書。平凡社〈東洋文庫〉に邦訳あり。　288

《日本風俗備考》　フィッセル J. F. van Overmeer Fisscher "Bijdrage tot de Kennis van het Japansche Rijk" Amsterdam, 1833
長崎出島のオランダ商館に勤務した人物（1800-48）による日本見聞記。平凡社〈東洋文庫〉に訳出されている。

《農耕詩》　ウェルギリウス Vergilius Maro Publius "Georgica" 前29年ころ
古代ローマの代表的詩人（前70-前19）による教訓詩。全4巻より成り，4巻目で養蜂が論じられる。同書の説く，ミツバチが雄ウシの死体から発生するという見解は，中世ヨーロッパにいたるまでひろく信じられた。　367, 482

《農政全書》　徐光啓

索引──博物学関係書名

明代に成立した農業全般についての解説書。60巻。　447, 450

《農務顛末》　東京, 1952-59（昭和27-34）
農商務省創設70周年の記念事業として刊行された全6巻の大著。明治10年代前後の農政の詳細な記録を，農林省農業総合研究所が分類編纂したもので，たいへんな労作といえる。昆虫類については，第5巻〈蟲害〉の章に詳しい。原本は現在，東大農学部農業経済学科の図書室に保管されている。　191

《農林園芸害虫書》　ケラー Vincenz Kollar "Naturgeschichte der schädlichen insecten in beziehung auf landwirthschaft und forstcultur" Wien, 1837
農作物の害虫および益虫について解説を加えた本。1840年には英訳版も刊行された。著者(1797-1860)は，オーストリアの昆虫学者で，王立自然史博物館長を務めた人物。　175, 266

《梅園日記（ばいえんにっき）》　北慎言（静廬），江戸，1845（弘化2）
百数項にわたる雑事を考証した随筆集。5巻。　383

《博物学雑誌》　動物標本社，東京
1898年（明治31）6月から1911年（明治44）5月まで，82号続いた通俗科学雑誌。なお東京博物学会の同名の機関誌（1903年［明治36］9月-1943年［昭和18］3月）とはまったくの別物である。　78

《博物誌》　大プリニウス Plinius "Historia Naturalis"
紀元77年に完成した西洋古代の知の集大成。全37巻におよび，第8～11巻を占める動物誌はアリストテレス《動物誌》を参考としながら，民間の俗説などもそのまま記載している。和訳は1986年（昭和61）に雄山閣から刊行された。　19, 26, 38, 50, 58, 74, 119, 131, 134, 146, 150, 151, 159, 186, 190, 199, 206, 219, 238, 270, 280, 284, 322, 331, 367, 371, 406, 407, 415, 426, 439, 446, 466, 470, 474, 478, 479, 483, 490, 491, 495, 519右

《博物志》　張華
事物を広く記録した百科事典。10巻。ただし原書は散佚し，後人が諸書から集めたものが今に残る。異獣，異鳥，異魚，異蟲など珍獣奇鳥の項もあり，中国古代を代表する博物学書。張華(232-300)は晋代の学者。《禽経註》を著したことで知られる。　399, 505右

《博物之友》　日本博物学同志会，東京
1901年（明治34）6月創刊の博物学雑誌。1911年（明治44）5月に終刊するまで，ちょうど10年続いた。内田清之助，矢野宗幹，駒井卓といった精鋭がものした若き日の文章を楽しむことができる。　63, 402, 419

《博聞類纂（はくぶんるいさん）》　商濬（しょうしゅん）
明の会稽の人である商濬（商維濬）による農業と家政についての百科全書。　67

《芭蕉翁頭陀物語（ばしょうおうずだものがたり）》　吸露庵凉袋（きゅうろあんりょうたい）編，1751（寛延4）
俳人の逸話集。《蕉門頭陀物語》，《頭陀物語》ともいう。1冊。　34

《爬虫類の歴史》　トプセル Edward Topsel "The Historie of Serpents" London, 1608
中世イギリスを代表する動物図鑑。はじめて英語で書かれた両生・爬虫類文献である。内容の多くをゲスナーの《動物誌》によりつつ，当時知られていた全種を語りつくす。クモやサソリまでが〈爬虫類 serpent〉のなかまに入れられている点が日本の博物学的認識に対応しており興味ぶかい。　31, 35, 50, 279, 323, 459, 517右

《半日閑話（はんにちかんわ）》　大田南畝
明和5年(1768)から文政5年(1822)まで，54年間にわたる市井の雑事の記録に加え，南畝のほかの文章，さらに他人の文章を後人が追補したもの。25巻。　191, 359

《万宝全書（ばんぽうぜんしょ）》　無名氏
中国で成立した一種の百科事典。30巻。のち清の毛煥文はこれにもとづき，《増補万宝全書》をつくった。　379

《埤雅（ひが）》　陸佃（りくでん）
中国宋代に成立した字句の解説書。20巻。釈魚，釈獣，釈蟲など8類に分かれており，動物名の由来も詳述されている。　94, 187, 366, 370

《ビーグル号航海記》　ダーウィン Charles Darwin "Journal of Researches into the Natural History and Geology of the Countries visited during the Voyage round the World of H.M.S.Beagle" London, 1839
ダーウィン進化論の萌芽を示す航海記録。各地の動植物の生態について詳細な叙述が収められ，サシガメやアリジゴクについての観察報告もみえる。　227, 276, 367, 516左

《百練抄》
鎌倉後期に成立した，安和1年(968)から正元1年(1259)までの編年体史書。初めの2巻は散佚。17巻。編者は不詳。

《閩書（びんしょ）南産志》　何喬遠（かきょうえん）
明代に成った福建省地方の地誌。全754巻。〈南産志〉はその第150, 151巻にあたる。1751年（宝暦1）に，大阪の儒医，大江都賀（庭鐘）がこの2巻の和刻本をつくった。下巻に動物の部があり，江戸後期の本草書に多く引用される。
いろは引江戸と東京《風俗野史（ふうぞくやし）》　伊藤晴雨（いとうせいう），東京，1927-32（昭和2-7）
江戸から東京にいたる風俗全般の移り変わりを図解したもの。全6編より成る。1967年，《江戸と東京風俗野史》の名で，1巻本として有明書房より復刻された。著者(1882-1961)は，大正から昭和にかけて活躍した風俗画家。〈責め絵（女体緊縛画）〉の第一人者として鳴らした。　151, 154

《武江年表（ぶこうねんぴょう）》　斎藤幸成（月岑）編，江戸，1849-50（嘉永2-3）
江戸府の内外の事件・風俗などを編年体で記したもの。正編8巻。続編4巻より成り，1590年（天正18）の家康の関東入国から，維新後の1873年（明治6）まで連綿と記録されている。編者については《東都歳時記》の項を参照。なお上記の刊年は正編についてのもので，続編は未刊に終わった。平凡社《東洋文庫》に活字本あり。　191, 506右

《扶桑略記》　皇円，1094（嘉保1）以降
平安末期に成った全30巻の歴史書。神武天皇から堀河天皇までの事柄を編年体で記したもの。《本朝世紀》などとともに古く伝わる珍獣奇獣の記事を知るのに役だつ。　467

《物類称呼（ぶつるいしょうこ）》　越谷吾山，江戸，1775（安永4）
日本諸国の方言を類聚した最初の著書。動物の漢名，和名，方言を由来をまじえながら記録。吾山(享保2-天明7/1717-87)は江戸の俳人。　47, 103, 175, 494

《武編》　唐順之
中国明代の兵書。10巻。　211

《平家物語》　信濃前司行長
平家一門の興隆から衰亡までを仏教的無常観を基調にして描いた軍記物語。12巻。原形は承久～仁治(1219-43)ころか。　75, 503右

《北京風俗図譜》　青木正児編，東京，1964（昭和39）
大正の末，中国文学者青木正児が目録をつくって北京の画工に描かせた歳時記風図譜に，後年東北大学文学部教授内田道夫が解説を付し，平凡社《東洋文庫》より刊行したもの。2巻。　163

《変身物語》　オウィディウス Publius Ovidius Naso "Metamorphoses"
古代ローマ詩人(前43-後17)の代表的叙事詩。ギリシア・ローマ神話の集大成ともいうべき全15巻の大作で，鳥獣に変身した神々や英雄の話が，豊かな語り口で叙述される。翻訳は岩波文庫にある。　466

《編年水産十九世紀史》　藤田経信，東京，1930（昭和5）
19世紀における世界各国の水産業の動向を編年体で記録したも

の．　82, 110, 519右
《蜂記》　王元之（禹𠍴）
宋，鉅野の博学の士による養蜂指南書．　475
《庖廚備用倭名本草》　向井元升，京都，1684（貞享1）
動植物の食品400種以上を選び，和漢名，産地，形状，食物としての性質を述べたもの．寛文11年（1671）には成立していた．12巻．博物学的内容に富む．
《抱朴子》　葛洪
内篇20巻，外篇50巻より成る道家の書．博物学的には神仙の術を論じた内篇が重要．晋の葛洪（283？-343？）は儒家，道家，仙家のすべてを修め，より超越した理念の確立をめざした．　23, 219, 505左
《方輿勝覧》　祝穆
中国宋代の地誌．前集43巻，後集7巻，続集20巻，拾遺1巻の計71巻より成る．　355
《北越雪譜》　鈴木牧之，江戸
雪を主題とした随筆集．2編7巻．初編上・中・下巻（天保8/1837）は雪国の生活記録．博物学的記事にも富む．とくにサケに関する見識が秀逸．2編1-4巻（天保13/1842）には，雪に関する珍談奇説を収録．活字本は岩波文庫その他にある．　146, 155, 516右
《北欧自然地誌》　オラウス・マグヌス　Olaus Magnus "Historia de Gentibus Septentrionalibus" Roma, 1555
ガン（雁）を生じるというエボシガイについて初めて観察報告を行なったオラウス・マグヌスの博物誌．　513右
《北戸録》　段公路
唐代に成った嶺南風土記．3巻．　102
《ホタル》　神田左京，東京，1935（昭和10）
ウミホタルやホタルから，不知火・人魂・狐火まで，光るものすべて研究の対象とした不遇の生物学者（1874-1939）のライフ・ワーク的作品．ホタルの分類，習性はむろん，民俗学的情報まであまねく記録された一大博物誌である．　83, 423, 427, 430
《北海道蝗害報告書》　開拓使札幌勧業係，札幌，1882（明治15）
1880（明治13）以降，北海道十勝国を中心に起きた大蝗害についての調査報告書．口絵の銅版画において，トノサマバッタの生活史を示す．1980年（昭和55），〈蝦夷関係影印本叢書〉第2号として，札幌の弘南堂書店から限定30部で復刻された．　190
《本経逢原》　張璐
中国清代に著された薬書．4巻．山草，香木，蟲，魚，介，禽，人など32部700余物を収める．　115
《香江蛺蝶談》　カーショー　John C. Kershaw "Butterflies of Hongkong" Hongkong, Shanghai, Singapore and Yokohama, 1907
香港および中国南部に産するチョウ類の図譜．カラー図版14葉を収録，さらに付録としてカラー図版5葉，モノクロ図版2葉を収める．他の昆虫類についての当地の民俗も多少出てくる．なお漢名の題は原書にすでに記されている．
《本草衍義》　寇宗奭，1116
北宋末期の本草書．《本草綱目》にしばしば引用される．21巻．
《本草紀聞》　小野蘭山，京都，1791（寛政3）
《本草綱目》をテキストに小野蘭山が行なった講義を筆記校正したもの．15巻8冊．なお同じ内容の講義録で後世に伝えられたものに《本草綱目紀聞》，《本草会誌》などがある．　287
《本草綱目》　李時珍，1596ころ
明代に編まれた中国本草学の集大成．52巻．動物についても釈名から形状，気味，主治などについて詳述されている．　18, 34, 39, 50, 51, 58, 59, 70, 86, 90, 94, 99, 102, 103, 115, 122, 130, 131, 134, 135, 143, 150, 162, 175, 179, 183, 202, 206, 211, 214, 215, 218, 222, 226, 231, 235, 238, 247, 267, 271, 277, 279, 280, 282, 284, 286, 326, 334, 355, 359, 367, 370, 371, 386, 387, 391, 395, 402, 406, 410, 411, 418, 422, 427, 442, 446, 455, 459, 462, 467, 479, 486, 494, 503右, 504右, 506左, 509左, 509右, 510右, 521右
《本草綱目啓蒙》　小野蘭山，京都，1803-06（享和3-文化3）
江戸博物学の代表作．《本草綱目》の注釈という形をとりながら，蘭山自身が収集した資料も加味され創意に富んだものとなっている．全48巻のうち35巻以降に動物が収められ，とくに方言名の充実ぶりは特筆に値する．　122, 175, 271, 386, 387, 411, 423, 430, 455, 494, 506左, 513右
《本草綱目拾遺》　趙学敏
中国清代の薬学書．書名にある通り，李時珍《本草綱目》に収録されていない薬物を中心に，18類921種（うち新種716種）を記載．蟲類も，トビムシなどについて新情報がうかがわれる．10巻．撰者（1719-1805）は，銭塘（現浙江省杭州）の薬学家．　138
《本草拾遺》　陳蔵器，739ころ
唐代の本草書．10巻．書名は，陶弘景《神農本草経集注》を補うという意味に．　446, 479
《本草図経》　1157
中国宋代の本草図譜．勅命によって掌禹錫らが編撰した20巻の大著．　127
《本草和名》　深根輔仁，918（延喜18）ころ
日本最古の本草辞典．唐の《新修本草》に載る薬物を主体として，漢名を抜き出し，それに和名を考定して，和産の有無，産地を註記する．長らく失書扱いされていたが，近世になって，徳川幕府の医官多紀元簡が幕府の紅葉山文庫中にその古写本を発見し，寛政8年（1796）に刊行した．2巻．
《本朝食鑑》　人見必大，大阪，1697（元禄10）
江戸前期の食物本草書．12巻．庶民が日常口にする食品を《本草綱目》にならった形で解説したもの．著者は医者としての経験から食品の処方に力点を置き，動物性食品が8巻を占める．活字本は平凡社《東洋文庫》に収められている．　90, 99, 103, 111, 115, 122, 123, 130, 194, 519左
《本当の話》　ルキアノス　Loukianos "Alēthēs historia"
2世紀ギリシアの諷刺詩人（120ころ-180ころ）による架空冒険譚．クジラの腹や星界など，陸・海・空のあちこちを旅したようすが一人称体で語られる．作中，巨大なノミに人間がまたがった蚤弓隊も登場．　379
《枕草子》　清少納言，993-1000ころ（正暦4-長保2ころ）
《源氏物語》とならぶ平安文学の代表的作品．蟲類についての記述も，第50段《虫は》をはじめ，各所にうかがわれる．　95, 147, 166, 282, 374, 382, 422, 486, 495, 506左
《松屋筆記》　小山田（高田）与清，江戸，1815ころ-46ころ（文化12ころ-弘化3ころ）
数百項にものぼる雑考集．龍やオランウータンや天狗など珍獣伝説獣の記事も多く，博物学的にも第一級の資料といえる．120巻．著者（天明3-弘化4/1783-1847）は江戸後期の国学者．博学でならした．　288, 378
《万宝図説付異物図》　栗本丹洲
マンボウのほか，蜜蠟やクスサンの巣，トックリバチの巣といった〈異物〉の図を収めた江戸中期の図譜．　282
《万葉集》　大伴家持撰
7世紀半ばから8世紀後半にわたる日本最古の歌集．4156首の長短歌のうち，動物は741首に出てくる．　127, 158, 159, 510左
《万葉集鐙解》　橘千蔭，1800（寛政12）
万葉集の歌にすべて註解を付したもの．20巻30冊．　158
《耳袋》　根岸鎮衛，江戸
著者身辺の見聞を綴った随筆集．各巻100話ごとに計10巻，1000

索引──博物学関係書名

話より成る労作。天明2年(1782)ごろから書き始められ，文化11年(1814)に完成した。内容は武士に関する逸話が多い。著者(元文2-文化12/1737-1815)は幕臣で，名奉行として知られた。平凡社〈東洋文庫〉や岩波文庫に活字本が収録されている。

《都風俗化粧伝(みやこふうぞくけわいでん)》 佐山半七丸，速水春暁斎画図，京都，1813(文化10)
江戸後期の総合美容読本。化粧についての指南書。上・中・下3冊。平凡社〈東洋文庫〉に活字本あり。　222, 247

《夢渓筆談(むけいひつだん)》 沈括(しんかつ)
宋の沈括(1031-95)の雑記集。26巻。該博な知識を背景に，宋代の政治社会や自然科学を記録したもの。これと同じ撰者による《補筆談》3巻，《続筆談》1巻を全訳したものが，《夢渓筆談》全3巻として平凡社〈東洋文庫〉に収録されている。　122, 367

《蟲鑑(むしかがみ)》 高玄竜，京都，1809(文化6)
河内の医者による寄生虫の研究書。2巻1冊。蛔虫などの腹の虫からノミ，シラミまで，人体の寄生虫を解説し，その駆除法を説く。　19

《名医別録(めいいべつろく)》 陶弘景
中国古代の本草書。《別録》と略す。弘景がのち《神農本草経集注(しっちゅう)》を編纂するさい，基本書のひとつとして用いた。　426

《明月記(めいげつき)》 藤原定家
治承4年(1180)から嘉禎1年(1235)までの漢文体日記。脱落個所も少なくないが，当時の歴史や風俗を知るうえで欠かせない史料とされる。筆者(応保2-仁治2/1162-1241)は鎌倉初期の大歌人。《新古今和歌集》の撰者のひとりとしても知られる。　147, 374

《明治日本体験記》 グリフィス William Elliot Griffis "Personal Experiences, Observations, and Studies in Japan 1870-74"
1870年から74年にかけ日本に滞在したアメリカ人(1843-1928)による日本学の先駆的書物《皇国》(1876)の第2部を訳出し，平凡社〈東洋文庫〉に収めたもの。生物の民俗も垣間見える。　407

《藻塩草(もしおぐさ)》 宗碩(そうせき)撰，1669(寛文9)
連歌をよむ人のために，《万葉集》，《源氏物語》，《奥義抄》(歌学書)などの古文献から語句を集めたもの。辞典的な性格をもつ。

《守貞漫稿(もりさだまんこう)》 喜多川守貞，1837-53(天保8-嘉永6)
江戸後期の風俗誌。30巻，後篇4巻。別名《近世風俗志》。刊行されず，原稿で伝わる。原稿には〈漫〉ではなく〈謾〉が使われた。慶応3年(1867)に加筆している。　194, 358, 359

《文選(もんぜん)》 昭明太子編
梁の昭明太子が周から梁までのすぐれた詩賦文章800編あまりを集め，文体別，時代順に配列したもの。詩，散文両者を含む文集としては中国最古。後世の文人の必読書となった。

《病草紙(やまいぞうし)》 土佐光長画，寂蓮詞書
さまざまな珍しい病気を図解した絵巻物。1軸。12世紀後半の作とされる。《異疾草子》ともいう。

《大和本草(やまとほんぞう)》 貝原益軒，京都，1709(宝永6)
日本博物学の幕開けを告げた江戸前期の本草書。本編16巻，付録2巻，図譜(諸品図)3巻。著者自身が旅行によって得た動植物の知識が存分に生かされ，独創性の高い内容となっている。　47, 62, 86, 115, 138, 194, 242, 358, 423, 479, 513右

《酉陽雑俎(ゆうようざっそ)》 段成式
晩唐時代の文人段成式(803?-863)の雑記集。前集20巻，後集10巻。巻16～17に動物についての異聞や博物学的情報が広く収められている。平凡社〈東洋文庫〉に邦訳がある。　19, 23, 34, 47, 50, 51, 70, 74, 94, 122, 130, 134, 142, 151, 179, 210, 238, 242, 247, 270, 406, 494

《愈愚随筆(ゆぐずいひつ)》 劉有鄰，1673(延宝1)
森羅万象に関する知識をわかりやすく説いた博物学的啓蒙書。12巻。蟲類は第11巻に魚類とともに記述されている。　74

《養蚕秘録(ようさんひろく)》 上垣守国(もりくに)，京都，1803(享和3)
和漢養蚕の起源から，みずから行なった養蚕の実験まで，幅広く論じた本。3巻。著者は但馬国養父(やぶ)郡蔵垣村(大屋)の人。　285, 287, 288

《雍州府志(ようしゅうふし)》 黒川道祐(どうゆう)，京都，1684(貞享1)
江戸中期の医者が著した京都地誌，京都周辺に産する動物の記載がみられ，日本における地域動物誌に先鞭をつけた。著者はもと芸州侯に仕えた儒医。のち京都に移り，元禄4年(1691)没。

《四つの講話》 アルーズィー Aḥmad ibn 'Umar ibn 'Alī An-Niẓāmī Al-'Arūḍī As-Samarqandī "Chahār Maqāla"
12世紀ペルシア文学の代表的作品。ゴール朝に仕えた著者が，書記・詩人・占星術師・医師に関する逸話を記し，時の王子に捧げたもの。平凡社〈東洋文庫〉の《ペルシア逸話集》に採録されている。　31

《礼記(らいき)》 戴聖(たいせい)撰
49篇。五経のひとつ。〈儀礼〉に関すること，個人の生活作法，礼一般についての理論など，漢代の礼の概念についてのすべてを記述している。このもととなった戴徳《大戴礼(記)》に対して《小戴礼(記)》ともよばれる。　504右

《羅山文集》 林羅山，1662(寛文2)
林羅山の子，鵞峰・読耕斎の兄弟が編んだ詩文集(通称《羅山林先生文集》)のうち，文集の部分。75巻。　447

《ラ・プラタの博物学者》 ハドソン William Henry Hudson "The Naturalist in La Plata" London, 1892
アルゼンチン生まれの博物学者，作家ハドソンが故国のパンパスに生息する動物たちを細かな観察眼で綴った動物記。邦訳は岩波文庫にある。　151, 518右

《蘭畹摘芳(らんえんてきほう)》 大槻玄沢，江戸，1817(文化14)
江戸期における西洋博物学の紹介書。初編10巻，次編10巻，3編10巻，4編10巻，付録2巻。　110, 513左

《六書正譌(りくしょせいか)》 周伯琦
製字の意義を，《説文》および自説によりながら，解説したもの。5巻。撰者は元の人。　378

《李絳兵部手集方(りこうへいぶしゅしゅうほう)》
《本草綱目》に引用された漢籍。詳しいことはよくわからないが，唐の李絳が撰した《李相国論事集》(6巻)とあるいは関係があるのかもしれない。　70

《聊斎志異(りょうさいしい)》 蒲松齢(ほしょうれい)，1765
中国の伝奇小説集。現行本は16巻に431編を収める。成立は1679年。　162

《梁塵秘抄(りょうじんひしょう)》
後白河法皇の編で知られる平安末期の歌謡集。虫のはやし唄を記録した最古の文献といえよう。

《嶺表録異(れいひょうろくい)》 劉恂
中国南方の風土産物を図で説明した書。3巻。唐代に編まれた。その蟲魚草木の訓詁名義は非常に正確で，諸書に引用された。　467

《歴史》 ヘロドトス Hērodotos "Historiai" 前5世紀
現存する最古の歴史書。ペルシアとギリシアの対立抗争を骨組みとし，旅行によって得た膨大な知識を豊富に織りこむ。　186, 288, 354, 487

《列子(れっし)》
周の列禦寇(れつぎょこう)(列子)が撰したといわれる道家の書。しかし実際は，東晋ころに偽作されたものと見られる。8巻。老荘思想にもとづき，天地の変化その他を，寓話などに託して説いている。　363, 502左

《和漢三才図会》 寺島良安，1712(正徳2)ころ
王圻《三才図会》にならって編まれた江戸期の百科事典。全105巻。動植物にも多くの巻数が割かれ，日中博物誌の精髄を知る

うえで欠かせない書物。活字本は平凡社〈東洋文庫〉にある。
19, 34, 35, 39, 47, 51, 70, 86, 90, 99, 102, 103, 111, 115, 122, 123, 130, 134, 135, 138, 146, 151, 167, 174, 175, 178, 179, 199, 210, 215, 235, 238, 239, 267, 281, 282, 286, 287, 326, 331, 335, 358, 359, 363, 374, 386, 391, 406, 418, 419, 422, 427, 447, 451, 454, 462, 478, 479, 487, 494, 517左

《和訓栞わくんのしおり》 谷川士清たにかわことすが，江戸，1777-1887（安永6-明治20）
江戸期の代表的国語辞書。動物の和名の由来をわかりやすく解説している。93巻もの大著で刊行は明治期にも及んだ。　280

《和名抄わみょうしょう》 源順みなもとのしたごう，931（承平1）以降
正しくは《和名類聚抄》。20巻。漢語の出典，字音，和名などを解説した日本最初の分類体百科辞典で，後世，動物の古名に関する最大の権威とされた。編者の源順（延喜11-永観1/911-983）は平安中期の歌人。本書の編纂期とされる承平年間（931-938）には弱冠20代であった。　51, 90, 99, 115, 505右, 506右

博物学関係人名

博物学史上重要な人名を収録，解説を付した。ここに収録されない人名は，一般項目の索引を参照のこと。解説に続く数字は，本書のページを示す。

アエリアヌス，クラウディウス Aelianus, Claudius 170ころ-235
古代ローマの著述家，ストア派の哲学者。《動物の性質について De Natura Animalium》で，ハチ類その他を詳述した。131, 459, 466, 506右

アベンゾア Avenzoar 1113-62
スペインのアラブ系医師。主著に《治療と養生法》がある。ムワヒッド朝を創設したアブドル・ムウミンの侍医でもあった。58

新井白石（あらい・はくせき） 明暦3-享保10（1657-1725）
江戸中期を代表する儒学者。漢籍や国文学の豊かな素養を生かして和名，漢名の考証にあたるいっぽう，《采覧異言》では海外の珍動物をいち早く紹介した。102, 179, 370, 411, 482, 506右

アリストテレス Aristoteles 前384-前322
古代ギリシアの哲学者，博物学者。全10巻よりなる《動物誌》は彼自身の調査も含め，古今の動物学的知識を結集させたもので，西洋動物学は本書を嚆矢とする。とくに鳥類，哺乳類，魚類の記事が豊富で，後世の研究者にも大きな影響を与えた。蟲類についてもかなり言及されている。本書《世界大博物図鑑》でも最重要なテキストである。16, 19, 26, 30, 31, 38, 50, 54, 58, 66, 78, 94, 102, 103, 115, 119, 130, 131, 138, 146, 150, 186, 199, 206, 215, 219, 230, 234, 243, 246, 280, 281, 284, 322, 330, 359, 367, 370, 378, 402, 403, 426, 439, 446, 450, 459, 462, 466, 470, 471, 474, 475, 479, 482, 483, 491, 507左, 508左, 512左, 517右, 519右

アリストファネス Aristophanēs 前445ころ-前385ころ
古代ギリシアの大喜劇作家。その作品群は往時のギリシアの俗言や風習を知るのに大いに参考になる。本書でも《雲》，《蜂》その他から関連個所を引用した。362, 366, 379, 414, 462

アルベルトゥス・マグヌス Albertus Magnus 1193-1280
広範な学問的知識を有したドミニコ派の神父，博物学者。とくにドイツ北方の博物誌に貢献。トマス・アクィナスは弟子のひとり。存命中からすでにアリストテレスらと並ぶ学者として評価され，〈全科博士 doctor universalis〉の異名もあった。379, 426

アレクサンドロス大王 Alexander der Grosse 前356-前323
マケドニアの王。インド遠征のさい，クジャク，ゾウ，トラなどの現地産の動物を多数発見，またオウムをヨーロッパにもち帰った。その遺体は，蜂蜜漬にされたという。284

池田岩治（いけだ・いわじ） 明治5-大正11（1872-1922）
動物学者。新潟県出身。東京帝大卒。1909-11年（明治42-44），イギリス，ドイツに留学，1919年（大正8）には，新たに創設された京都帝大動物学科の教授に招かれた。サナダユムシの発見者。43

石井悌（いしい・てい） 明治27-昭和34（1894-1959）
昆虫学者。神奈川県出身。東大農学部卒。植物検査所長崎支所長を経て，以後農林省農事試験場技手，東京農大教授などを務めた。主著に《武蔵野昆虫記》（1940），《南方昆虫紀行》（1942）などがある。151, 167, 178, 214, 266, 394

伊勢貞丈（いせ・さだたけ） 正徳5-天明4（1715-84）
江戸中期の武家故実家。博物学者としても知られる。伊勢氏は室町時代より礼儀作法を司った家系で，徳川家光のころより伊勢流を称した。貞丈の学問は独創的ではないが，緻密な考証による堅実さがある。主著書として，《安斎随筆》《貞丈雑記》など。42, 502左

一条兼良（いちじょう・かねら） 応永9-文明13（1402-81）
室町時代の公卿，学者。室町時代随一の博学の持ち主で，歴史，有職故実，政治，文学，神道，儒学，仏教の各方面に通じた。《公事根源》《尺素往来》《世諺問答》など著作は多数。505右

稲生若水（いのう・じゃくすい） 明暦1-正徳5（1655-1715）
名は宣義。姓は39歳のとき稲（いな／とう）に改める。加賀藩主前田綱紀に儒者役として召しかかえられ，学才を伸ばし，《食物伝信纂》《庶物類纂》などを編む。学問の姿勢はみずから実地に観察する本草学的なものではなく，書物に知識を求める名物学的なものだった。505左

井原西鶴（いはら・さいかく） 寛永19-元禄6（1642-93）
江戸前期の俳人，浮世草子作者。市井の片隅に生きる男女の悲喜劇を描いた。背景として当時の風俗・習慣が書きこまれているので，江戸前期の大阪の様子を知る資料としても欠かせない作品群である。作中にネコのノミ取りなどの商売を描写している。70, 203, 382

イリーガー，ヨハン・カルル・ヴィルヘルム Illiger, Johann Karl Wilhelm 1775-1813
ドイツの昆虫学者。《昆虫学雑誌 Magazin für Insektenkunde》（1801-07）の発行者。415

磐瀬太郎（いわせ・たろう） 明治39-昭和45（1906-70）
チョウ研究家。東京帝国大学経済学部卒。横浜正金銀行（現東京銀行）を退職後，本格的なチョウ類研究を行ない，日本鱗翅学会会長も務めた。327, 331

ヴァランシエンヌ，アシル Valenciennes, Achille 1794-1865
フランスの博物学者。パリの自然史博物館内で生まれた。キュヴィエの後継者で，《魚の博物誌 Histoire naturelle des Poissons》（1828-49）を完成させた。両生類，軟体動物，その他の水生動物の研究も残す。カイメンに関する膨大な研究が計画されたが未完に終わった。498左

ウェイス，ハリー・ビショフ Weiss, Harry Bischoff 1883-1972
アメリカ昆虫学の草分けのひとり。410

ウェストウッド，ジョン・オバディア Westwood, John Obadiah 1805-93
イギリスの昆虫学者，古文書学者。正確な線描写を旨とする絵師としてもならす。1833年には英国昆虫協会設立に力を尽くし，翌年その幹事の座についた。また中世の古文書についても当代一流の学者として知られた。昆虫学関係の著作では《英国産蛾類およびその変態 British Moths and their Transformation》（1841），《昆虫の秘密 Arcana entomologica》（1841-45），《東洋昆虫学集成 The Cabinet of Oriental Entomology》（1848）などが代表作。257, 298, 357, 384, 413, 498左

上野益三（うえの・ますぞう） 明治33-平成1（1900-89）
近代日本の生んだ最大の博物史学者。京都大学理学部動物学科卒。京大名誉教授。《明治前日本生物学史》，《日本博物学史》など氏の著作が博物学の啓蒙に果たした力ははかり知れない。これらの書物はいずれも本書《世界大博物図鑑》の先達といえる。14, 79, 102, 147, 155, 219, 239, 371, 442

ウォーカー，エドマンド・マートン Walker, Edmund Murton 1877-1969
カナダの昆虫学者。1914年，ロッキー山脈でガロアムシ類を世界で初めて発見した。トンボ類の研究者でもある。158

ウォルトン，アイザック Walton, Izaak 1593-1683
イギリスの著述家。ロンドンで金物商を営んでいたが，引退し，

釣魚と文筆に親しんだ。《釣魚大全 The Compleat Angler, or the Contemplative Man's Recreation》(1653)は，釣りの楽しみを論じた名作として残る。また数かずの伝記文学を著した。 155，506左

ウダール，ポール=ルイ Oudart, Paul-Louis 1796-?
フランスの博物画家。フランスの博物図鑑の一大コレクションである《ヴェラン》制作者でもあり，鳥類図を得意とした。植物画家G.ファン・スパエンドンクの弟子で，バラバン，ド・セーヴ，プレートル，トラヴィエにつぐ評価を与えられた絵師である。 498左，498右，500左，514左，517右

内田清之助（うちだ・せいのすけ） 明治17-昭和50(1884-1975)
動物学者。銀座尾張町に生まれ，東京帝大農学部獣医学科卒。鳥に関する博物学的著述が多く，《鳥》(1942)，《鳥類学50年》(1958)などがある。シラミの研究家としても知られ，《虱》(1946)という著書もある。 223，508左

内田亨（うちだ・とおる） 明治30-昭和56(1897-1981)
動物学者。静岡県浜松市出身。東京帝大理学部動物学科卒。1932年北海道帝大教授となり，日本の動物分類学の指導的存在として活躍。 507左，521右

梅村甚太郎（うめむら・じんたろう） 文久2-昭和21(1862-1946)
志摩国生まれの本草学者。中学校教師として各地を回りながら，滅びつつある本草学の研究を精力的に行なった。著書に《昆虫植物採集指南》(1889)，《昆虫本草》(1943)などがある。 247，462，504左

江崎悌三（えさき・ていぞう） 明治32-昭和32(1899-1957)
昆虫分類学者。東京帝大理学部動物学科卒。九州大学教授。半翅目，水生の異翅亜目の研究が専門だが，むしろ昆虫学史の開拓者としての業績が忘れられない。その著作は現在，《江崎悌三著作集》全3巻にまとめられている。またその死後まもなくシャルロッテ夫人の手によって編まれた《江崎悌三随筆集》も実に楽しい読みものである。 47，51，118，131，206，220，231，275，282，331，359，407，500左，516右

エスパー，オイゲン・ヨハン・クリストフ Esper, Eugen Johann Christophe 1742-1810
ドイツの博物学者。兄フリードリヒ Friedrich(1732-81)も自然科学者として知られる。チョウ類と化石動物を中心に多くの動物標本を収集し，それらはバイエルン北部のエルランゲン大学博物館に今も保管されている。《ヨーロッパ産鱗翅類図譜 Die Schmetterlinge in Abbildungen nach der Natur…, Europa》(1777-1806)，《彩色化石動物図譜 Die Pflanzenthiere in Abbildungen nach der Natur mit Farben erleuchtet nebst Beschreibungen》(1791-1830)など著作も多数。 514左

エピクロス Epikouros 前341ころ-前270ころ
古代ギリシアの哲学者，原子論者。デモクリトスの流れをくみ，原子論をもとに実践哲学を説いた。 58

エーレト，ジョージ・ディオニシウス Ehret, George Dionysius 1710-70
イギリスの植物絵師。ヨーロッパ各地を旅するうちリンネと出会い，彼の主著《クリフォード植物園誌》(1737)の図版制作を担当。1740年ころにはイギリスに帰国し，細かな観察眼を用いた植物画を生涯にわたって描きつづけた。 口絵，501右

大槻玄沢（おおつき・げんたく） 宝暦7-文政10(1757-1827)
磐水とも号した。江戸後期の蘭学者，本草学者。杉田玄白の弟子となり，長崎に遊学，のち《解体新書》を改訂増補した《重訂解体新書》を完成させた。ヨンストン《鳥獣虫魚図譜 Historia Animalium》より訳出した《勇私東斯形魚譜》や，本草学として重要な《蘭畹摘芳》などが著作としてある。 110，510右

大野麦風（おおの・ばくふう） 明治28-昭和51(1895-1976)
東京生まれの日本画家。はじめ白馬会系の長原孝太郎に師事した。1937-44年(昭和12-19)に刊行した彩色木版による《大日本魚類図集》は72図を収め，一部にエビ・カニ類などを含めていた。特筆すべきは，ほとんどの図版に海底の景観を描き加え，生態描写への志向を示している点である。このような魚類図鑑はあとにも先にも類例を見ない。 81，84，88，499左

大町文衛（おおまち・ふみえ） 明治31-昭和48(1898-1973)
東京生まれの昆虫学者。明治期の随筆家・詩人として有名な大町桂月の次男。東京帝大農学部を卒業後，昆虫遺伝学研究を専門に行ない，三重大学教授を務めた。主著に《日本昆虫記》(1941)がある。 163，174，218，235，238，266，281，402，427，507右，520左

緒方規雄（おがた・のりお） 明治20-昭和45(1887-1970)
細菌学者。東大医学部卒。日本歯大教授。ツツガムシ病の研究にとり組み，病原体の命名優先権を東大教授の長与又郎らと争った。著書に《日本恙虫病》(1958)などがある。 59

岡本半次郎（おかもと・はんじろう） 明治15-昭和35(1882-1960)
昆虫学者。広島県福山市出身。札幌農学校卒。大正期，朝鮮総督府勧業模範場昆虫部の主任を務めた。1924年(大正13)，故郷福山市に戻り，以後は教育者として活躍。 155，435

小野蘭山（おの・らんざん） 享保14-文化7(1729-1810)
江戸中期の本草学者。京都の生まれ。寛政11年(1799)江戸にくだり，主書《本草綱目啓蒙》(1803-06)を上梓した。全48巻よりなる本書は江戸本草学の集大成として名高い。奇人の風説もよく知られている。 51，70，115，131，211，242，386，387，395，411，419，423，430，435，447，458，505左，506左，509左，509右，514左，520右

小原良貴（おばら・よしたか） 延享3-文政8(1746-1825)
紀州藩医。同藩の博物学は良貴によって始まるといわれる。没後出版された《桃洞遺筆》6冊より，その博学ぶりがうかがわれる。 506右

オラウス・マグヌス（オラフ・ストール） Olaus Magnus (Olaf Storr) 1490-1557
スウェーデンの大司教。のちにローマ教会の大司教。博物学者として《北欧自然地誌》を著し，それまで報告されることの少なかった北欧の生物相にはじめて光をあてた。 509左

オリヴィエ，ギョーム=アントワヌ Olivier, Guillaume-Antoine 1756-1814
フランスの探検家，博物学者。はじめ医学を学んだのち，イギリスとオランダの昆虫類について調査旅行を行なう。1792年には貿易使節としてペルシアに向かい，その途上，エジプト，シリアなどを探検。98年，中東の膨大な博物学コレクションをパリに持ち帰った。主著に《鞘翅類の博物誌 Entomologie ou Histoire naturelle des insects coléoptères》(1789-1808)，《エジプト・ペルシア旅行記 Voyage dans l'empire ottoman, l'Egypte et la Perse》(1801-07)がある。 11

貝原益軒（かいばら・えきけん） 寛永7-正徳4(1630-1714)
江戸前期の博物学者，儒学者。福岡に生まれ，ながい浪人生活を経て京都へ遊学，京都の学者から多くの知識を得，のち本草学の名著《大和本草》(1709)にその成果を結実させた。 62，115，138，194，479，483，507右，510左

カイヨワ，ロジェ Caillois, Roger 1913-78
シュルレアリスム運動にもかかわったフランスの社会批評家，作家。《神話と人間》，《メドゥーサと仲間たち》などで昆虫の民俗に触れている。 206，207，255，259，299

カーティス，ウィリアム Curtis, William 1746-99
イギリスの園芸家，植物学者。昆虫の生活様式や変態についての研究もこころみ，みずからの植物学体系に取り入れた。《昆虫採集・保存指南 Instructions for Collecting and Preserving Insects》(1771)といった著書もある。 12，13

加藤正世（かとう・まさよ） 明治31-昭和42(1898-1967)

索引──博物学関係人名

栃木県生まれの昆虫学者。東京文理大出身。大正時代、台湾に渡り、台北の中央研究所嘉義農事試験支所で、害虫研究にとり組んだ。帰国後は雑誌《昆虫界》を創刊したのち、1938年（昭和13）、東京に蟬類博物館を建設、人びとから〈セミ博士〉の愛称で親しまれた。著書は《趣味の昆虫採集》(1930)、《蟬の生物学》(1956)、《セミ博士の博物誌》(1963)をはじめ多数。167, 242, 467

カルペンティエール、トウサント・フォン Charpentier, Toussaint von 1780-1847
ドイツの昆虫学者、博物画家。《ヨーロッパ産トンボ類図譜 Libellulinae Europaenae descriptae ac depictae》(1840)、《直翅類図譜 Orthoptera descripta et depicta》(1841-45)などの自著のほか、エスパーとの共著《ヨーロッパ産鱗翅類図譜》(1777-1806)もある。

ガレノス Galēnos 129ころ-199
ギリシアの医学者、解剖学者、哲学者。医学の科学的基盤を築いた人物。518右

ガロア、エドゥム（エドモンド）・アンリ Gallois, Edme (Edmonde) Henri 1878-?
フランスの外交官。1903年（明治36）ごろに来日、通訳業のかたわら日本各地で昆虫採集旅行を行ない、1915年（大正4）、日光でガロアムシを発見した。158

川上清哉（かわかみ・せいさい）　安政1-明治28(1854-95)
長岡藩出身の医師。東京帝国大学医学部の学生時代から、ツツガムシ病の治療・研究にいそしみ、ベルツがドイツに送ったツツガムシ病の研究論文にも協力者として名を連ねる。のち1893年（明治26）には私立新潟県蛊虫研究所を設立、さらに上京して北里柴三郎などに教えを乞うたが、2年後に故郷で病没した。63

木村蒹葭堂（きむら・けんかどう）　元文1-享和2(1736-1802)
本名木村孔恭。大阪北堀江で酒造業を営むかたわら、本草学を学ぶ。49歳のとき、小野蘭山に入門。死後その遺稿集が《蒹葭堂雑録》(1859)として刊行された。62, 63, 265, 271, 503右, 504左, 520右

木村重（きむら・しげる）　明治34-昭和52(1901-77)
魚類学者。東京帝国大学農学部水産学科卒。第2次大戦前から戦中にかけて中国から東南アジアを広く旅行、魚類の採集調査を行なった。新註校定《國譯本草綱目》では魚類関係のほか、エビなどの校定を担当した。著作に《魚の生態》、《魚紳士録》などがある。102

キュヴィエ、ジョルジュ=レオポル=クレティアン=フレデリック=ダゴベール Cuvier, Georges-Léopold-Chrétien-Frédéric-Dagobert 1769-1832
近代の動物学の基礎を築いた人。ビュフォンのあとを継ぐフランス最大の博物学者。その名著《動物界》第3版、通称〈門徒版〉はE.トラヴィエ、ウダールなどのすばらしい手彩色図版1000点を収めた動物図鑑の一大傑作である。なおこの版の昆虫編は本文、図版ともに2巻ずつと、最も多量である。12, 28, 49, 83, 95, 128, 164, 364, 380, 465, 477, 480, 489, 498左, 498右, 512右, 517右

キューレマンス、ジョン・ジェラード Keulemans, John Gerrard 1842-1912
オランダの鳥類画家。イギリスに渡り大英博物館などで絵師として働き、のちに世に認められた。J.グールド亡きあともっとも人気の高かった鳥類画の専門家で、愛らしい小鳥を描くのを得意とした。主著に《カワセミ科鳥類 A Monograph of the Alcedinidae; or, Family of Kingfishers》(1868-71)、《タイヨウチョウ科鳥類 Monograph of the Nectariniidae, or Family of Sun-Birds》(1876-80)などがある。またシュレーバーの《哺乳類誌》の原図も描いている。501右

ギリアーニ、ヴィットーレ Ghiliani, Vittore 1812-78
トンボ類その他を研究したイタリアの昆虫学者。《昆虫の渡り Migrazione d'insetti》(1867)など著書多数。39

クラマー、ピーター Cramer, Pieter ?-1777
オランダの昆虫学者。《世界三地域熱帯蝶図譜 Papillons exotiques des trois parties du monde, l'Asie, l'Afrique et l'Amerique》を分冊刊行中に死亡。同書はC.ストール Caspar Stoll の増補を得て、1779年から82年にかけて出版された。G.W.ランベルツ Gerrit Wartenaar Lambertz による銅版図は、チョウのはねを実物大で表裏両面を描いており、珍重に値する。306, 307, 311, 329, 333, 344, 348, 498左

栗本丹洲（くりもと・たんしゅう）　宝暦6-天保5(1756-1834)
江戸中～後期の医師、本草学者。田村藍水の次男。安永7年(1778)、幕府医官栗本昌友の養子となる。薬学の基礎として本草学を研究、本格的な博物学者の理想像を自ら構築し、数かずの彩色動物図譜を著した。主著に《鳥獣魚写生図》、《千蟲譜》、《皇和魚譜》などがある。なお、彼の蟲類に対する関心は《千蟲譜》にまとめられている。8, 20, 41, 49, 52, 59, 73, 76, 77, 91, 92, 94, 133, 141, 149, 156, 161, 181, 194, 195, 198, 216, 217, 218, 220, 225, 226, 227, 228, 244, 247, 249, 251, 256, 258, 261, 262, 265, 268, 269, 271, 282, 292, 293, 303, 305, 307, 326, 344, 350, 351, 353, 357, 361, 369, 373, 376, 389, 400, 401, 429, 432, 433, 443, 453, 457, 469, 473, 481, 484, 489, 493, 494, 498左, 498右, 509右, 515左

グルー、ネヘミア Grew, Nehemiah 1641-1712
イギリスの植物学者。花が生殖器官であることを断定、また〈細胞cell〉という言葉をつくった。ビワハゴロモが発光するという俗説を世に流した張本人とされる。

グルーベ、アドルフ・エドアード Grube, Adolph Eduard 1812-80
ドイツの動物学者。環形動物を体系的に研究し、《環形動物類 Die Familie der Anneliden》(1851)を著した。43

黒岩恒（くろいわ・ひさし）　安政5-昭和5(1858-1930)
高知県生まれの生物研究家。沖縄師範学校教諭、沖縄県立農学校校長などを務めるかたわら、同地の生物相や地相を精力的に研究した。サソリモドキやヤシガニについての観察報告を創刊まもない《動物学雑誌》に発表している。晩年は和歌山県に移り住んだ。118

桑名伊之吉（くわな・いのきち）　明治4-昭和8(1871-1933)
福岡県生まれの昆虫学者。中学卒業後渡米、コーネル大学とスタンフォード大学で昆虫学を学んだ。1902年（明治35）に帰国してからは、東京西ヶ原の農商務省農事試験場に勤務、カイガラムシなど農作物害虫の研究を行なった。266

ゲイ、クロード Gay, Claude 1800-73
フランスの博物学者。代表作《チリ自然社会誌》はチリ政府が発刊し、南米の生物相の解明に大きく貢献した。21, 45, 57, 149, 448, 498右

ゲスナー、コンラート Gessner, Conrad 1516-65
書誌学の父といわれるスイスの博物学者。25歳から書誌の制作に着手、博物学を含む広範な分野の書物を集めるいっぽう、登山を愛し、動植物の収集と研究を行ない、チューリップをヨーロッパに広める基をもつくった。彼の博物学書は今日〈怪物誌〉とも認められており、海ヘビなど興味ぶかい図と記述に満ちている。主著に《動物誌 Historiæ Animalium》(1551-87)がある。26, 107, 135, 504左, 506左, 506右, 508左, 517右, 521右

ケンペル、エンゲルベルト Kaempfer, Engelbert 1651-1716
ドイツの医者、博物学者。スウェーデン、帝政ロシアなどをまわったあと、オランダ東インド会社に入り、1690年に来日。長崎オランダ商館医師として2年間滞在。このときの記録が遺

稿《日本誌 The History of Japan, with a description of the Kingdom of Siam》(1727)である。これによって、日本の動植物がひろく西洋に知られた。　123, 505左, 507右, 515右

河野廣道（こうの・ひろみち）　明治38-昭和38（1905-63）
昆虫学者, 考古学者, 民族学者。北海道帝国大学農学部卒。松村松年の弟子。昆虫分類学に多くの業績を残した。アイヌ文化研究家としても知られる。　443, 454

ゴダール, ジャン＝バティスト Godart, Jean-Baptiste　1775-1825
フランスの昆虫学者。主にチョウ類について研究を行ない, リンネ学会で数々のすぐれた論文を発表した。主著に《フランス産鱗翅類誌 Histoire naturelle des lepidoptères ou papillons de France》(1821-38)がある。

ゴッス, フィリップ・ヘンリー Gosse, Philip Henry　1810-88
イギリスの博物学者。海中の景観をはじめて描写し, 海産生物の不思議なフォルムを図示してみせた人物。彼が残した多数のイソギンチャク類の彩色図は悪夢を見るような迫力に満ちる。水族館を意味する〈アクアリウム aquarium〉という語の発明者でもある。反進化論者としても著名。著作に《アクアリウム The Aquarium》(1854),《英国のイソギンチャク類 Actinologia Britanica》(1858-60),《博物学の物語 The Romance of Natural History》(1862),《磯の一年 A Year at the Shore》(1865)など。

後藤梨春（ごとう・りしゅん）　元禄9-明和8（1696-1771）
江戸中期の博物学者。躋寿館（幕府医官多紀氏経営の私立医学館, 1791年に官学になる）の都講（教授職）を務め, 本草を講じた。著書は書名のみ知られて世に伝わらないものが多い。刊行書に《春秋本草》,《紅毛談》などがあり, 未刊のものとしては, 名著《随観写真》30巻がある。これには多くの彩色動植図が収められている。ところで,《栗氏魚譜》の注釈部に従来まったく知られていなかった後藤梨春の横顔が記されている。丹洲の記載によると, 後藤梨春は盲目の鍼医だった。本草, 物産の書を多数記し, 非常な博才のもち主として知られ, 草木の葉をもってきて鑑定を求めるものがいると, 指先でなでるだけで解答することができた。それにはわずかな誤りもなかったという。　121, 136, 498右

駒井卓（こまい・たく）　明治19-昭和47（1886-1972）
姫路生まれの動物学者。旧姓福田。京都帝大教授。動物分類学と動物遺伝学に多大の寄与をなした。サソリモドキについて初めて詳細な生態報告を行なったのも彼である。　63, 508左

ゴールドスミス, オリヴァー Goldsmith, Oliver　1728-74
イギリスの小説家。《ウェイクフィールドの牧師》の著者として知られるが, 死の年にビュフォン《一般と個別の博物誌》を自由に換案改組したイギリス最初の一般向け博物学書《大地と生物の歴史》(1774年初版)を刊行。ベストセラーとなり, 多数の図入り版が制作された。とくに1852年版はJ.スチュウワートやT.ブラウンの原図を銅版手彩色におこした美しい図が収められている。　506左

ザイツ, アダルベルト Seitz, Adalbert　1860-1938
ドイツの医師, 昆虫学者。全20巻を超える大著《世界大型鱗翅類図譜 Die Gross-Schmetterlinge der Erde》(1909-)は, 空前絶後の大事業とまでいわれる。

佐々木忠次郎（ささき・ちゅうじろう）　安政4-昭和13（1857-1938）
昆虫学者。東大理学部生物学科の第1回卒業生。同教授。日本の昆虫学・養蚕学の発展に大きく貢献した。1899年（明治32）, それまでの忠二郎から忠次郎と改名。著書に《日本農作物害虫篇》(1899),《人体の害虫》(1904),《養蚕学講義》(1904)などがある。　362, 366, 374, 382

サワビー, ジェームズ・ド・カール Sowerby, James de Carle　1787-1871
イギリスの画家, 博物学者。化学者H.デーヴィ(1778-1829)の門弟。同窓の科学者M.ファラデー(1791-1867)と親交を結んだ。化石貝類を専門としたが, リンネ学会に所属して植物学にも手を染めた。《カメ類写生図譜》(1872)はE.リアとの共作である。ロンドン動物学協会の創設メンバーでもあった。　84, 498右

シェーファー, ヤコブ・クリスチャン Schaeffer, Jacob Christian　1718-90
ドイツの博物学者。昆虫関係の業績が多く, 135葉の手彩色図版を収めた《昆虫学提要 Elementa Entolomologica》(1766)では, はねの形と附骨の関節の数による昆虫の分類を行なった。他にも《鳥類学提要 Elementa Ornithologica》(1774),《昆虫図録 Icones insectorum circa Ratisbonam indigenorum》(1779)など多数の著作がある。

司馬江漢（しば・こうかん）　延享4-文政1（1747-1818）
江戸の洋画家。長崎に遊学したときの往復の見聞をまとめた《西遊旅譚》(1794)など博物学的著作もある。　354

澁澤龍彥（しぶさわ・たつひこ）　昭和3-62（1928-87）
文芸評論家, 作家。東大仏文科卒。マルキ・ド・サドの紹介者として知られるが, 博物学的示唆に富む著作も多い。この方面の代表作に《夢の宇宙誌》,《幻想博物誌》など。晩年は創作活動にも意欲を燃やした。　14, 431, 439

シーボルト, フィリップ・フランツ・バルタザール・フォン Siebold, Philipp Franz Balthasar von　1796-1866
ドイツの探検博物学者, 医師, 日本旅行家。1823年, オランダ政府の認可のもと長崎出島に来航し, 以後帰国までの6年間, 日本の自然について研究した。その成果は帰国後《日本植物誌》および《日本動物誌》にまとめられ, 多くの日本産動植物がヨーロッパに初紹介された。　249

ショー, ジョージ Shaw, George　1751-1813
イギリスの博物学者。1788年のリンネ学会創設のさいには共同出資者となり, 副会長を務めた。新種の両生・爬虫類の命名に, リンネ式二名法を初めて採用した。大英博物館自然史部門の副部長, 部長を務めた1789-1813年に編んだ《博物学者雑録宝典 The Naturalist's Miscellany》など著書多数。　356, 498右, 501左, 518左

ショイヒツァー, ヨハン・ヤーコプ Scheuchzer, Johann Jacob　1672-1733
スイスの数学教授, 医師, 博物学者。スイス山中の氷河をはじめて研究。またケンペル《日本誌》の草稿を英訳した。彼の大著《神聖自然学》は聖書を科学書として読み直す偉大だが愚かしい作業の結実である。オオサンショウウオの化石骨格をノアの洪水以前の人間の骨だと主張したことは, あまりにも有名。　7, 505左, 507右

シルベストリ, フィリッポ Silvestri, Filippo　1873-1949
イタリアを代表する昆虫学者。昆虫の分類, 形態, 生態から応用昆虫学にいたるまで, 数多くの業績を残した。また1924年と25年の2回にわたり来日, とくに2回めのときは中国からルベストリコバチを運び来たり, 九州で大害虫となっていたミカントゲコナジラミを撲滅させた。　266

スウェインソン, ウィリアム Swainson, William　1789-1855
イギリスの博物学者。1807年からマルタ島, ついでシシリー島に渡り, 軍務のかたわら植物, 昆虫類, 貝類, 魚類などの膨大なコレクションを築く。1815年, いったんイギリスに帰国したのち, 翌16年にはブラジルに赴き, 鳥類採集にいそしんだ。1818年にふたたび帰国してからは, ウィリアム・エルフォード・リーチのすすめで石版技術を学び, 以後多くの博物画の原図作成を手がけた。学者としては分類学の研究で知られる。1837年にはニュージーランドに移住, 当地で亡くなった。　10, 11, 519左

菅江真澄（すがえ・ますみ）　宝暦4-文政12（1754-1829）

索引――博物学関係人名

江戸後期の旅行家，著述家．菅江真澄というのは雅号で，本名は白井秀雄，通称英二といった．その生涯については不明の部分が多いが，三河国の生まれといわれている．天明1年(1781)以後，旅に出て諸国をまわり，文化8年(1811)以降は秋田の久保田城下に移り住んだ．東北日本を中心に各地で見聞した記録は，通称《真澄遊覧記》などにまとめられている．蟲類についての記述も多数． 59, 163, 198, 207, 231, 284

鈴木経勲（すずき・つねよし）　嘉永6-昭和13（1853-1938）
江戸生まれの探検家，南進論者．千島においてラッコ密猟の体験を経たのち外務省翻訳局に勤務，1884年，マーシャル諸島で日本人殺害事件が起きたさい，現地調査の一行に参加し，同諸島の占領を企てた．だが計画は頓挫，省を退職後は数次にわたって太平洋諸島を旅行，1889年には南島商会設立に加わり，小笠原，グアム，パラオなどを交易してまわった．帰国後には《南洋探検実記》を執筆，またその後も日清戦争従軍記者や対ロシア工作員を務めるなど波瀾に富んだ一生を送った． 27, 118, 131, 195, 507左

鈴木牧之（すずき・まきゆき）　明和7-天保13（1770-1842）
江戸後期の越後の文人．滝沢馬琴，山東京伝らと交わり，詩作，随筆など著作は多い．とくに京伝・京山兄弟の好意で出版された《北越雪譜》は有名． 146, 155, 509左

ストラボン Strabōn　前64ころ-後23ころ
ギリシアの地理学者，歴史家．小アジアのポントスの人．ローマ，エジプトなどを旅行して得た見聞をもとに，大部の史書や地理書を著した． 186

ストール，カスパー Stoll, Caspar　?-1795
オランダの昆虫学者．セミ類と半翅類について調査研究を行ない，大著《セミ類・半翅類図譜》において，ヨーロッパに分布しないものを含め，これらの昆虫を広く紹介した． 514右

ズルツァー，ヨハン・ハインリッヒ Sulzer, Johann Heinrich　1735-1813
スイスの昆虫学者．著書にリンネおよびファブリキウスの分類に準じた《内外昆虫要説 Abgekürzte Geschichte schweizer und ausländ Insekten》(1776-[1789])がある．

スワンメルダム，ヤン Swammerdam, Jan　1637-80
オランダの比較解剖学者．大富豪の息子に生まれ，昆虫の研究に多大の業績を残したが，生前は比較的無名のまま死亡．晩年は新宗教の熱心な信者として布教活動に挺身した．博物学者のうちでも数奇な生涯を送った魅力ある人物である．主著に《自然の聖書 Biblia Naturae》(1737-38)がある．

セップ，ヤン・クリスティアーン Sepp, Jan Christiaan　1739-1811
オランダの博物画家．昆虫図譜を一家あげて制作したことで知られる．美しい図版集《神の驚異の書 Beschouwing der Wonderen Gods》(1762-1860)を刊行した． 3, 296, 298, 301, 343, 499左

ソーヤー，ロイ・トマス Sawyer, Roy Thomas　1942-
イギリスの動物学者．1970年代後半，南米探検を敢行し，世界最大のヒルの存在を確認した． 39

ソンニーニ・ド・マノンクール，シャルル＝ニコラ＝シジスベール Sonnini de Manoncourt, Charles-Nicolas-Sigisbert　1751-1812
フランスの旅行家，博物学者．エジプトを旅し同地の博物誌を著したほか，ビュフォンの《一般と個別の博物誌》に両生・爬虫類，魚類，植物，昆虫類の記述を加えた全127巻に及ぶ増補決定版を編纂，みずから魚類の巻を執筆もした．

ダーウィン，チャールズ・ロバート Darwin, Charles Robert　1809-82
イギリスの博物学者．近代進化論の創始者．1831-36年にかけ海軍の測量船ビーグル号に乗船，南米や南太平洋諸島の生物相を観察した．帰国後この経験は名著《ビーグル号航海記》(1839)にまとめられた．同書にはサシガメの飼養記録も見える．また晩年はミミズの研究に没頭，《ミミズと土壌の形成》(1881)を著した． 31, 227, 276, 367, 508右, 516右

ダ・ヴィンチ，レオナルド da Vinci, Leonardo　1452-1519
イタリア・フィレンツェの芸術家，自然科学者．自己の芸術をより完成させるため，解剖学の研究を行ない，生物の習性についての寓意化にも関心をもった． 246, 470

高木春山（たかぎ・しゅんざん）　?-嘉永5（?-1852）
江戸後期の本草学者．本名は高木八兵衛以孝。江戸下目黒郷長峰町に住居をかまえ，諸国の動植物を観察，大著《本草図説》に取り組んだが業半ばにして死亡した． 29, 30, 499左

高島春雄（たかしま・はるお）　明治39-昭和37（1906-62）
東京文理科大学出身の動物学者．本書の先駆ともいえる《動物渡来物語》，《帰化動物》ほか数かずの著作があり，学界活動だけでなく啓蒙にも力を注いだ．日本博物温故会の創立同人のひとり．1986年，その主要著作が《動物物語》(八坂書房)にまとめられた． 110, 111

滝沢（曲亭）**馬琴**（たきざわ・ばきん）　明和4-嘉永1（1767-1848）
《南総里見八犬伝》の著者として有名な江戸期の読本・草双紙作者．博覧強記でならし《燕石雑志》，《玄同放言》などの考証集は，博物学的にも大いに参考になる． 502右, 503左, 516右

田中芳男（たなか・よしお）　天保9-大正5（1838-1916）
明治時代の指導的博物学者．信州飯田に医師の三男として生まれ，安政3年(1856)，伊藤圭介に師事して医学博物学を学ぶ．文久2年(1862)蕃書調所ばんしょしらべしょに出仕，慶応2年(1866)パリ万国博覧会に出品のため渡仏．明治維新後もウィーン，フィラデルフィアの万国博覧会に派遣され，新知識を吸収し，教育や殖産興業，とくに農業，水産業の発展に尽くした．上野の博物館，動物園を創立．また身辺のものを収集した《捃拾帖くんしゅうじょう》39冊，《外国捃拾帖》5巻は，みごとな博物学的コレクションとなっている．これらは蔵書約6000冊とともに東京大学総合図書館に田中文庫として所蔵されている．ナンキンムシ研究に先鞭をつけた人物でもある． 125, 132, 133, 230, 231, 499左, 500左, 507左, 518左

ダニエル，ウィリアム Daniell, William　1769-1837
イギリスの風景画家，旅行家，博物画家．インドをはじめ多くの地方を旅し，アクアティント技法によるロマンティックな風景銅版画を多数残した．また生物を描くことにもすぐれ，18世紀末には得意の風景画を生かした美しい図鑑を制作した．チャールズ・ダーウィンの進化論(自然と生物の相互影響を捉える思想)は，おそらくイギリスのこのような生物図鑑にその萌芽を発しているものと思われる．著書に《生物景観図集 Interesting Selections from Animated Nature》(1809)がある． 157, 253, 381, 492, 499左

チャイナ，ウィリアム・エドワード China, William Edward　1895-1979
大英博物館自然史部門昆虫科の主任．江崎悌三とも文通を行なった． 258

デ・イェール，カール de Geer, Car　1720-78
スウェーデンの昆虫学者．昆虫の変態の研究で有名．主著に《昆虫史論文集》(1752-58)など． 226

ディオスコリデス Dioskorides　生没年不詳
紀元1世紀に活躍したローマ時代の医者で，古代薬学の大成者である．ネロ皇帝治下のローマで軍医として勤務，広く旅をして薬物を実地に見聞した．その集大成が《薬物誌》5巻．このなかで植物600種を含む827もの薬物を分類し，以後1000年以上にわたって古典として尊ばれた．毒虫に刺された場合の解毒法なども記された． 219

ディオドロス Diodōros　生没年不詳
前1世紀末のギリシアの歴史家．《図書館》(前60ころ-前30)の名で呼ばれる全40巻の史書を著した． 219

テオフラストス Theophrastos　前372ころ–前288ころ
ギリシアの哲学者，植物学者。《植物原因論》《植物誌》などの著作があり，〈植物学の祖〉とよばれる。　134

手塚治虫（てづか・おさむ）　大正15–平成1（1926–89）
日本の生んだ最大の漫画家。また無類の昆虫愛好家でもあって，ペンネームの治虫が甲虫のオサムシに由来することは知る人ぞ知る。《人間昆虫記》，《ゼフィルス》など昆虫にちなんだ作品も多数。　390

デモクリトス Dēmokritos　前460ころ–前370ころ
ギリシアの哲学者。原子論を基本として，数学，天文学，音楽，詩学，倫理学，生物学などを語った。　58, 513左

デュフール，ジャン=マリ=レオン Dufour, Jean-Marie-Léon　1780–1865
フランスの博物学者，医師。昆虫の解剖や変態と習性の研究を行なう。タマムシツチスガリに関する論文は，ファーブルに昆虫学者としての道を歩ませるきっかけとなったものとして有名。著書に《半翅目の研究》など。　12, 459

デュモン・デュルヴィル，ジュール=セバスティアン=セザール Dumont d'Urville, Jules-Sébastien-César　1790–1842
フランスの探検航海船アストロラブ号の指揮官。南極やオセアニアを観察・調査した。　498左

寺門静軒（てらかど・せいけん）　寛政8–明治1（1796–1868）
江戸後期の著述家。その著《江戸繁昌記》（1832–36）に天保3年（1832），江戸の薬品会に出品された甲虫の記事を載せた。　419, 502右

寺島良安（てらじま・りょうあん）　生没年不詳
18世紀の大阪の医者。御城入り医師となり，法橋に叙せられる。博学宏識，和漢書に精通，正徳3年（1713）ころ本邦最初の百科図鑑である《和漢三才図会》（105巻）を脱稿。ほかに《三才諸神本紀》，《済生宝》といった著書がある。　19, 34, 39, 90, 102, 103, 174, 178, 215, 239, 359, 386, 406, 418, 422, 447, 451, 479, 494, 510右

陶弘景（とう・こうけい）　456–536
中国，南北朝時代の政治家，学者。500年ころ，それまでの本草学の知識に自説を加えて集大成した7巻本《神農本草経集注》を編纂，道教の教理に科学的な裏づけを与えるべく腐心した。ホタルについての知見が秀逸。　426, 479, 505左, 509右, 510左

ドゥルーリ，ドゥルー Drury, Dru　1725–1803
イギリスの銀細工師，昆虫学者。リンネと文通し，昆虫の分類に尽力した。その図鑑は，ドノヴァンのそれに比べ美麗さでは劣るものの，さらりとした味わいがある。著作に《自然史図譜 Illustrations of Natural History》（1770–82）がある。　11, 152, 153, 157, 160, 164, 189, 200, 205, 209, 343, 397, 408, 428, 448, 449, 499左, 518右

徳川吉宗（とくがわ・よしむね）　貞享1–寛延4（1684–1751）
徳川8代将軍。殖産興業を目的に，本草学の発展を促進した。将軍に就いて2年めの春に，ヨンストン《鳥獣虫魚図譜》を見て大いに感心したが，まわりに解読できるものがいなかった。これが後年，野呂元丈，青木昆陽らがオランダ語を学ぶようになったきっかけだという。

ド・セーヴ，ジャック De Sève, Jacques　fl. 1742–88
フランスの図鑑絵師。ディドロ《百科全書》，ビュフォン《一般と個別の博物誌》をはじめ18世紀中葉の出版物における大多数の生物図版を担当した。そのクラシックな画風は，いわゆる動物寓意画から真の科学的生物画へいたる中間的形態をよく示し，記号論的にみても興味ぶかい。　513左

ドドネウス，レンベルトゥス Dodonaeus, Rembertus　1517–85
ベルギー生まれの植物学者。ライデン大学教授。本名ドドエンス Rembert Dodoens。その植物図譜《草木誌 Crvydt-Boeck》（1554）は，江戸期の日本にもたらされ，平賀源内などに影響を与えた。　175

ドノヴァン，エドワード Donovan, Edward　1768–1837
19世紀前半にもっとも活躍したイギリスの図鑑制作家。とくに美しい彩色の手際が評価され，彼の図版は今日インテリアとしても人気がある。科学的用途の図鑑というよりもミニアチュール，ないし動物画集としての意義のほうが高い。　11, 29, 49, 56, 145, 156, 160, 173, 176, 192, 196, 212, 221, 224, 232, 236, 237, 241, 244, 248, 249, 256, 257, 289, 290, 292, 293, 296, 297, 298, 300, 301, 302, 303, 307, 308, 310, 312, 315, 316, 319, 321, 325, 343, 344, 345, 346, 347, 350, 357, 365, 368, 369, 372, 373, 376, 377, 393, 408, 409, 417, 421, 424, 433, 445, 449, 452, 457, 460, 464, 468, 473, 480, 484, 499左, 499右, 517左

トプセル，エドワード Topsell, Edward　1572–1638
イギリスの著述家。ゲスナーの著作を自由に翻案しつつ多くの俗説をも加えて刊行した《四足獣の歴史》（1607）および《爬虫類の歴史》（1608）は，科学的にも文学的にも興味ぶかい作品であり，シェークスピア時代の動物学の水準がはからずも露呈された点でも貴重である。トプセルの説はすぐにトマス・ブラウンのより科学的論述《流行する俗信》によって批判された。　31, 35, 50, 279, 323, 459, 504左, 508左

ドーフライン，フランツ Doflein, Franz　1873–1924
ドイツの動物学者。原生動物や甲殻類の研究，またアリジゴクの生態研究をいち早く行なった。1904–05年には極東を旅行し，日本で採集もしている。　276, 277

トムソン，ジェームズ Thomson, James　1828–97
フランスの昆虫学者。1856年から57年にかけてアフリカ・ガボンの奥地を探検調査，多数の貴重な昆虫標本を本国に持ち帰り，報告書《ガボン旅行記 Voyage au Gabon》（1858）を著した。研究者としては鞘翅類を専門とし，《自然の秘密 Arcana Naturae》（1859）などの図譜を刊行したほか，カミキリムシの分類にも手を染めた。

トムソン，ダーシー・ウェントワース Thompson, D'Arcy Wentworth　1860–1948
イギリスの生物学者。生物の形態に関する独創論《成長と形態について On growth and form》（1917）は相対成長研究の端緒となった。《ギリシアの鳥類小辞典 A Glossary of Greek Birds》（1895），《ギリシアの魚類小辞典 A Glossary of Greek Fishes》（1947）は自らギリシアの生物を調査した成果で，アリストテレスの動物名の同定に多大の寄与をした。　475

トラヴィエ，エドゥアール Traviés, Edouard　1809–65ころ
フランスの絵師。バラバン，プレートルの跡を継ぎ，1830–50年代にかけてフランス最高の鳥類絵師となり，キュヴィエ《動物界》門徒版の原図を担当。1857年には《トラヴィエの鳥類画集》も刊行した。キュヴィエ《ラセペード博物誌》では，魚類画や両生・爬虫類画も手がける。　513左, 514左, 517右

ドルビニ，アルシド・シャルル・ヴィクトル・デザリヌ D'Orbigny, Alcide Charles Victor Dessalines　1806–76
フランスの博物学者。フランスの図鑑黄金時代の末尾を飾る《万有博物事典》を編纂した。この事典に収められた280葉におよぶ部分カラー印刷手彩色図版は，ウダール，プレートル，トラヴィエなど当代有数の画家による原図をそろえる。　101, 109, 201, 205, 376, 436, 448, 499右

トーレス，ルイス・メンデス・デ Torres, Luis Méndez de　生没年不詳
ミツバチの王が雌であることをはじめて発見した16世紀後半のスペイン人学者。生涯の詳細については不明。　471

中沢毅一（なかざわ・きいち）　明治16–昭和15（1883–1940）
生物学者。東大動物学教室出身。駿河湾に水産生物研究所を建

索引――博物学関係人名

て，サクラエビの生態研究を行ない，また公害について考察した先駆者でもあった。専門は甲殻類。　106

中島仰山（なかじま・ぎょうざん）　生没年不詳
田中芳男が指導した博物局で明治初～中期に博物画を描いた絵師。江戸の伝統を引く美しい図柄は今日も魅力を失っていない。また敬虔なクリスチャンでもあった。のち帝大に博物絵師の職をもとめたが，門弟の伊藤熊太郎が採用されたため，博物絵師としての活動に終止符を打った。《博物局動物図》（1875）などの画業がある。　109，132，500左

長与又郎（ながよ・またお）　明治11-昭和16（1878-1941）
医学博士，男爵。東大卒。1934年（昭和9）より東大総長。心臓と肝臓研究の世界的権威として知られるが，ツツガムシ病の病原体を発見した功績も大。　59，513右

梛野直（なぎの・ただし）　天保13-明治45（1842-1912）
長岡藩出身の医師。はじめ江戸で学んだあと，長崎に遊学，西洋近代医学を修める。のち長岡に戻り，長岡病院初代院長として現地のツツガムシ病を研究，1879年（明治12），東京医事新誌に〈恙虫研究病院報告摘要〉と題する論文を発表した。これはツツガムシ病についての論文としてはおそらく世界初のものであり，ベルツも大いに参考としたといわれる。　63

ナポレオン・ボナパルト Napoléon Bonaparte　1769-1821
フランス皇帝。博物学者や画家を同行したエジプト遠征（1798-1801）では，ポリプテルスの発見，ロゼッタ・ストーンの発見など，学術的な成果を収めた。《エジプト誌 Description de L'Egypte》（1809-30）は，世界最高の博物図鑑のひとつである。　219

名和梅吉（なわ・うめきち）　明治7-昭和20（1874-1945）
岐阜の昆虫学者。幼いころから下記の名和靖に養子として育てられ，長じては靖の長女と結婚，アメリカ留学ののち，名和昆虫研究所の技師となった。さらに1926年（大正15），名和靖の死後は同研究所所長に就任，同時に雑誌《昆蟲世界》の主筆も務めた。著書に《稲の害虫》など。　442

名和靖（なわ・やすし）　安政4-大正15（1857-1926）
日本初期の昆虫学者のひとり。美濃国生まれ。岐阜県立農学校卒。1896年（明治29），岐阜に名和昆虫研究所を設立，翌97年9月には雑誌《昆蟲世界》を創刊した。　250，254，504左，518左

ニカンドロス Nikandros　生没年不詳
前2世紀ころのギリシアの詩人。有害動物や解毒剤についての教訓詩をつくった。　38，459

西村真琴（にしむら・まこと）　明治16-昭和31（1883-1956）
生物学者。北海道大学教授。主な編著に吉川一郎と共同で編集した《日本凶荒史考》がある。俳優の西村晃の父親。　415，418

ノダー，フレデリック・P. Nodder, Frederick P.　?-1800?
イギリスの博物画家。みずから図版制作を担当したG.ショー《博物学者雑録宝典》（1789-1813）の刊行中に死去。同書の発行は以後，妻のエリザベス・ノダーによって行なわれた。　498右，518左

ノダー，リチャード・P. Nodder, Richard P.　fl. 1793-1820
イギリスの銅版図制作家。上記のフレデリック・P.の息子かと思われる。　498右

ハクスレー，ジュリアン・ソレル Huxley, Julian Sorell　1887-1975
イギリスの生物学者，遺伝学者。〈ダーウィンの番犬〉トマス・ヘンリー・ハクスレー（1825-95）の孫。生物学の啓蒙に力を尽くし，《進化とは何か》（1933）などの著作を残した。　123，126，259

パストゥール，ルイ Pasteur, Louis　1822-95
生命の自然発生説を否定したり狂犬病の予防接種を開発したことで有名なフランスの化学者，細菌学者。カイコ病の研究にも精力的にとり組み，フランスの養蚕業界を救った。　285

畑井新喜司（はたい・しんきし）　明治9-昭和38（1876-1963）
青森県出身の動物学者。アメリカで20年余りシロネズミを研究したのち，1921年，新たに創設された東北大学生物学教室の教授となるため帰国。以後も浅虫臨海実験所の開設，パオ熱帯生物研究所の設立と精力的な活動を行なった。ミミズの研究でも有名。晩年はクマムシに関心をもった。著書に《みみず》など。　31，35，46

服部雪斎（はっとり・せっさい）　文化3 ?-?（1806?-?）
江戸末期から明治初期にかけて活躍した博物絵師。井口望之編《本草綱目啓蒙図譜》山草部（1850）の上巻の図版制作を担当したほか，1872年から博物局によって刊行された一枚刷動物図シリーズでは，アシカ，マンボウ，アリクイなどを写生している。　77，109，116

ハドソン，ウィリアム・ヘンリー Hudson, William Henry　1841-1922
イギリスの小説家，著作家。アメリカに移民した両親のもとに生まれ，のち南米の奥地で自然に密着した生活を送る。代表作《緑の館 Green Mansions》（1904）はこのときの経験を生かしたもの。1874年，イギリスに渡り，J.グールドに面会するがすげなくされる。その屈辱から《ラ・プラタの博物学者 The Naturalist in La Plata》（1892）ではグールドのハチドリ図譜に酷評を加えた。　151，510右

馬場大助（ばば・だいすけ）　?-明治1（?-1868）
博物学者。江戸の博物研究会〈赭鞭会〉の同人。主著に舶来植物図譜《舶上花譜》（1844）がある。　168，400，432，473，488

パラケルスス，フィリップス・アウレオルス Paracelsus, Philippus Aureolus　1493-1541
スイスの医学者，哲学者。本名 Theophrastus Bombastus von Hohenheim。錬金術の知識を薬学にとり入れ，ガレノスの権威を否定，その講義も従来のようにラテン語ではなく，ドイツ語で行なった。　442

ハリス，モーゼス Harris, Moses　1731?-85
イギリスの昆虫学者，版画家。1766年，鱗翅類を主に自筆の図版を添えた昆虫図譜《オーレリアン The Aurelian, or Natural History of English Insects》を刊行，その後も版を重ねた。鋭い観察眼を存分に用いることでは定評があり，ドゥルー・ドゥルーリの《自然史図譜 Illustrations of Natural History》（1770-82）の図版も担当している。　3，8，10，11，156，157，164，220，237，260，267，291，293，296，319，343，350，353，405，408，409，444，445，472，476，477，479，499左，500左

バルトロミオ Bartholomew the Englishman or Bartholomaeus Anglicus or Bartholomew de Glanville　fl. 1230-50
イギリス人で，パリの神学教授。バーソロミューともいう。1480年ごろ，《動物誌》が刊行された。　66，187，323

バレット，チャールズ・ゴールディング Barret, Charles Golding　1836-1904
イギリスの昆虫学者。1864年，雑誌《昆虫学者の月刊誌 The Entomologist's monthly magazine》を起こし，中心メンバーとして活躍。さらにイギリスとアイルランドの鱗翅類について，生態から分布まで全般的な調査を行ない，《英国諸島産鱗翅類図譜 The Lepidoptera of the British Islands》を著したが，刊行中に死去。

ハーン，ラフカディオ Hearn, Lafcadio　1850-1904
イギリスの文学者。1890年，アメリカの雑誌の通信員として来日，松江中学の英語教師となったのちに帰化，小泉八雲と名のる。日本の古俗を愛し，それを世界に向けて紹介した。とくに日本の古い怪談を再話した《怪談》は有名。昆虫愛好家としても知られ，〈草雲雀〉その他数々の名文を残した。　163，170，171，174，203，247，259，378，427，434，451，

505左

パンツァー, ゲオルグ・ヴォルフガング・フランツ Panzer, Georg Wolfgang Franz 1755-1829
ドイツの昆虫学者。スウェインソンをして〈ヨーロッパの昆虫学者必携の書〉と言わしめた図譜《ドイツ昆虫誌 Faunae Insectorum Germanicae initia, oder Deutschlands Insecten》の出版を企てたが，第1部110巻(1793-1823)を刊行した時点で死亡した。同書はのち，C.ゲイヤーによって第2部が，G.A.W.ヘリッヒ＝シェファーによって第3部が刊行され，1844年，191巻4590葉(うち手彩色図版4572葉)を収めたドイツ最大の昆虫図譜として完結した。図版の美しさ，正確さにおいても圧倒的価値を誇っており，まさに本書を抜きにして昆虫学史は語れない。

人見必大(ひとみ・ひつだい) 寛永19-元禄14(1642-1701)
《本朝食鑑》の著者として知られる江戸の医師。野必大ともいう。父元徳は徳川幕府に仕えた小児科の名医。 90, 115, 509左

日比野信一(ひびの・しんいち) 明治21-昭和43(1888-1968)
東京生まれの植物学者。東大卒。名城大学長。日本でアオマツムシを初めて発見した人物とされ，その種小名ヒビノニス hibinonis に名を残す。 167

ヒポクラテス Hippokratēs 前460ころ-前375ころ
古代ギリシアの大医学者。コス島の人。〈医学の父〉と呼ばれる。 321, 387

ヒューイットソン, ウィリアム・チャップマン Hewitson, William Chapman 1806-78
イギリスの博物学者，絵師。生涯の大部分をチョウ類標本の収集に費し，当時おそらく世界最大の鱗翅類コレクションを築き上げた。主著《外国産新種蝶類図譜 Illustrations of new species of exotic butterflies》(1856-76)は，これをもとに描いた自作の原図を C.J. ハルマンデルが彫版したもの。また鳥類の卵についても興味をもち，《英国産鳥卵彩色図譜 Coloured illustrations of the eggs of British birds》(1842-46)などを著した。

ビュフォン, ジョルジュ＝ルイ・ルクレール, コント・ド Buffon, Georges-Louis Leclerc, Comte de 1707-88
18世紀を代表するフランスの博物学者，伯爵。全44巻にもおよぶ大著《一般と個別の博物誌》は，地球の歴史から生物界，鉱物界までを網羅した知のエンサイクロペディア。彼の生前には完結せず，弟子たちが跡を継いで全巻刊行にいたったが，当時のベストセラーとして広く愛読された。なお，昆虫の巻は弟子の執筆である。 115, 119, 137, 502左, 506左, 514左, 515左, 516左, 517左

ピュレイン, サミュエル Pullein, Samuel fl. 1734-60
イギリスの宣教師。開拓地アメリカにおける養蚕を奨励すべく，4部からなる養蚕指南書《絹の文化》(1758)を著した。 285

平賀源内(ひらが・げんない) 享保13-安永8(1728-79)
江戸中期の本草学者，発明家，戯作者。高松藩足軽の子。湯島などで数回物産会を開催，また本草学の主著《物類品隲》を著したのち，34歳のときに脱藩，以後江戸で浪人生活を送り，火浣布の発明や発電機の模造を行なった。また戯作にも手を染めたが，やがて誤って人を殺し獄死。 151, 154, 500右, 517左, 520

ファブリキウス, ヨハン・クリスチャン Fabricius, Johan Christian 1745-1808
デンマークの生んだ18世紀後半の代表的昆虫学者。リンネの弟子。科学的観察にもとづく昆虫の系統的分類を提唱した。旅行家としても知られ，ノルウェーの地誌などを著している。 9, 396, 516左, 522左

ファーブル, ジャン＝アンリ Fabre, Jean-Henri 1823-1915
フランスの昆虫学者，詩人。はじめコルシカで中学教師をしていたが，1871年に片田舎オランジュに隠棲。主として単独生活をする昆虫の生態研究に没頭し，やがて10巻よりなる名著《昆虫記 Souvenirs entomologiques》(1879-1910)を発表した。同書は世界各国語に翻訳され，日本でも今なお広く読まれている。 12, 50, 56, 159, 174, 195, 207, 210, 226, 230, 243, 246, 251, 254, 270, 274, 275, 276, 278, 390, 391, 398, 406, 409, 415, 430, 450, 451, 459, 504左, 505右, 517左, 519右

フォーチュン, ロバート Fortune, Robert 1813-80
イギリスの植物学者。1860年，長崎に来航，横浜を経て江戸に入った。翌年にも再来日し，江戸に滞在。日本では主に園芸植物を採集したが，その合間をぬってマイマイカブリ探しなど昆虫採集も行なっている。のちには中国旅行もくわだてた。日本関係の著作に《江戸と北京》(1863)がある。 390

福羽逸人(ふくば・はやと) 安政3-大正10(1856-1921)
農学者，子爵。明治10年代，全国で猛威をふるったアブラムシの1種リンゴワタムシの駆除に力を尽くした。日本における温室栽培の創始者としても著名。晩年は宮中顧問官に任ぜられた。 267

プシェ, フェリクス＝アルシメード Pouchet, Félix-Archimède 1800-72
フランスの博物学者，ルーアン自然史博物館長。不幸にも，微生物発生の研究においてパストゥールに敗れた学者としてその名をよく知られる。しかしながら，幅広い知識をもとに《教科動物学》(1841)，《中世の自然科学史 Histoire des sciences naturelles au moyen âge》(1853)，《宇宙誌 L'univers》(1865)など，興味ぶかい文献を残した。 4, 13, 503左

ブジェン, L.M. Budgen, L.M. 生没年不詳
19世紀中葉のイギリスの女性昆虫学者。3巻本の名著《昆虫生活余話 Episodes of Insect Life》(1849-51)で知られる。 407

藤田経信(ふじた・つねのぶ) 明治2-昭和20(1869-1945)
魚類学者。北海道大学水産学部教授。著書に《日本水産動物学》，《編年水産十九世紀史》がある。 82, 110, 508右

フック, ロバート Hooke, Robert 1635-1703
イギリスの科学者。《ミクログラフィア》(1665)において，ダニ，ノミ，シミなど微小生物の姿を顕微鏡を用いて図示，また顕微鏡によってコルクの細胞を発見した。そのほかバネの伸びと外力との比例関係をあらわす〈フックの法則〉の発見者としても名高い。 55, 58

ブラウン, サー・トマス Browne, Sir Thomas 1605-82
イギリス王制復古期に活躍した文人，医師。ペダントリーの限りを尽くした数かずの著作を残し，名文家のよび声が高い。 207, 251, 517右

プラッター, フェリクス Platter, Felix 1536-1614
スイスの医師。バーゼル大学教授。トマス・ムーフェットに医学を講じた人物。 16

ブランシャール, エミール Blanchard, Emile 1820-1900
フランスの博物学者。主著《昆虫の変態，習性，本能》(1845)は，ファーブルの《昆虫記》にも引用された労作。 216, 415

フリッシュ, カルル・フォン Frisch, Karl von 1886-1982
オーストリアの動物学者。ミツバチの感覚生理と行動を研究し，〈ミツバチのダンス〉の習性を確かめた。1973年にはノーベル生理学・医学賞を受賞。 374, 382, 475

プリニウス・セクンドゥス, ガイウス Plinius Secundus, Gaius 23ころ-79
古代ローマの博物誌家。古今東西の知識をあさり，77年，全37巻よりなる大著《博物誌》を完成させた。ただし第8〜11巻に記述された動物誌の部分は，アリストテレス《動物誌》からそのまま引用した個所も多い。79年，ヴェスヴィオ火山噴火のおり，科学的好奇心から現場におもむいたが，噴煙に巻かれて死亡した。 16, 19, 26, 38, 50, 58, 66, 74, 131, 134, 146, 150, 159, 186, 190, 199, 206, 219, 231, 243, 270, 280, 284, 322, 331, 367, 371, 387, 390, 406,

索引――博物学関係人名

407, 414, 426, 439, 446, 466, 470, 471, 474, 478, 479, 483, 490, 491, 495, 508左

プレヴォー，アルフォンス Prévost, Alphonse fl. 1830-40
フランス人。博物絵師。　498右

ブレーキストン，トマス・ライト Blakiston, Thomas Wright 1832-91
イギリスの動物学者。文久1年(1861)，函館に渡来，貿易などの事業を行ないながら，当地の生物相を観察した。そして本州と北海道の動物分布が大きく異なることに気づき，北アジアと中部アジアの動物分布上の境界線は津軽海峡であると発表，この線はやがてブレーキストン(ブラキストン)線と命名された。　215

プレートル，ジャン＝ガブリエル Prêtre, Jean-Gabriel ?-1840
スイス生まれの絵師。フランスの大博物学時代に出版された図鑑の大部分に寄稿。とりわけ愛らしい熱帯鳥類を描くのに秀でた。生涯はつまびらかでないが，《エジプト誌》(1809-30)，《コキーユ号航海記》(1826-34)などに絵師として参加した。ミニアチュールのごとき美麗な画風で知られる。　29, 498左, 501右, 503左, 513左, 517右

ベイツ，ヘンリー・ウォルター Bates, Henry Walter 1825-92
イギリスの旅行家。羊毛商人として生計を立て，アルフレッド・ラッセル・ウォレスの熱帯探検に同行した。昆虫学者として有名。とくに擬態発見の栄誉を担い，ベイツ型擬態という名称に，その名を残す。主著に《アマゾン河の博物学者》(1863)がある。　182, 323, 326, 502左

ペナント，トマス Pennant, Thomas 1726-98
イギリスの旅行家，著述家。多数の紀行を著しているが博物学に関する論述も多い。ギルバート・ホワイトの《セルボーンの博物誌》は，文通の相手であったこのペナントに捧げられた作品である。　105, 505右

ベルツ，エルウィン・フォン Baelz, Erwin von 1849-1913
ドイツの医師。1876年(明治9)に来日，東京医学校(東大医学部の前身)で教鞭をふるい，日本に近代西欧医学を伝えた。ツツガムシ病や十二指腸虫病の研究をはじめ，彼が日本の医学に与えた影響ははかり知れない。　22, 63, 514左, 518左

ボアズ，ヨハン・エリク・ウェスティ Boas, Johan Erik Vesti 1855-1935
デンマークの生物学者。分類上の難物であるカギムシの研究を行なった。主著に《動物学教本 Lehrbuch der Zoologie》(1890)がある。　43

ホルスアポロ Horus-apolo
古代エジプト生まれの寓意図像学者，ギリシア語学者。ホラッポロともいう。ソフォクレスやホメロスの註釈をつくったと伝えられる。《ヒエログラフィカ》という2巻のギリシア語訳本が現存する。　371

松浦一郎(まつうら・いちろう)　明治43-昭和63(1910-88)
昆虫研究家。直翅類研究の中心的存在であった。工学院(現工学院大)建築科卒。のち三重高等農林専門学校(現三重大学)農学部教授の大町文衛に師事，直翅類を使った遺伝学の指導を受けた。本職は電子・音響技術者で，オーディオ関係の著書も多数ある。昆虫関係の主著は《鳴く虫の観察と研究》，《鳴く虫の博物誌》など。　162, 170, 174, 178, 186

マッコイ，サー・フレデリック McCoy, Sir Frederick 1823-99
イギリスの博物学者，地質学者。アイルランド・ダブリン出身。1854年，新たに創設されたメルボルン大学の博物学教授となり，オーストラリアへ渡る。以後当地の博物学界の中心人物として精力的に活動し，《ヴィクトリア州博物誌》を完成させた。　35, 97, 241, 500右

松平頼恭(まつだいら・よりたか)　正徳1-明和8(1711-71)
江戸中期の高松藩主。若き日の平賀源内を召しかかえたこともある。みずから《衆鱗図》の制作を命じ，博物学的なものへの興味が強かったことをうかがわせる。　500右

松村松年(まつむら・しょうねん)　明治5-昭和35(1872-1960)
日本の昆虫学者。札幌農学校卒。北海道帝国大学教授。1898年(明治31)，日本で初めて昆虫を研究対象とした著書《日本昆虫学》を刊行，13目800種余りの昆虫を記述した。本書がその後の日本昆虫学の発展に与えた影響は実に多大なものがある。　155, 167, 202, 207, 220, 262, 274, 335, 390, 406, 407, 410, 430, 431, 434, 446, 447, 451, 455, 503左, 507右

松浦静山(まつら・せいざん)　宝暦10-天保12(1760-1841)
平戸藩9代藩主。大著《甲子夜話》の著者として知られる。また天明5，6年(1785，86)と2度にわたり大阪の木村蒹葭堂宅を訪問，その膨大な蔵書や収集品を実見した。河童が大好きだった人物である。　211, 366, 447, 503左

マーティン，トマス Martyn, Thomas fl. 1760-1816
イギリスの博物学者，絵師。その詳しい生涯は明らかでないが，イギリスの鞘翅類を収めた《イギリスの昆虫学者 The English Entomologist》(1792)など博物図譜の作者として今日にその名を残す。

マルコ・ポーロ Marco Polo 1254-1324
ヴェネツィアの世界旅行家。17年にわたって中国に滞在，帰国後，その見聞記として有名な《東方見聞録》を著した。中国産の動物も多数紹介され，博物誌としても第一級の書物となっている。　67

マルピーギ，マルチェロ Malpighi, Marcello 1628-94
イタリアの解剖学者。昆虫の排泄器官マルピーギ管の発見者。顕微鏡による解剖学研究を創始し，1661年，カエルを用いて毛細血管と赤血球を発見，血液循環論を唱えた。その他にも発生学や植物の解剖など幅広い研究を行ない，1686年には2巻の全集が刊行された。

マレース，ユージン・ニーレン Marais, Eugene Nielen 1872-1936
南アフリカのジャーナリスト，弁護士，著述家。職務のかたわら探検や生物研究にいそしみ，類人猿とヒヒの行動を探った《類人猿の心》を上梓，さらに1920年ころにはシロアリについての観察録を書きつづり，これはのち《白蟻談義》という本にまとめられた。　214, 430

マンデヴィル，ジョン Mandeville, John ?-1372?
中世の紀行《東方旅行記》の著者とされる人物。イングランドの医師として，世界各地を旅したのちにベルギーのリエージュで亡くなったというが定かではない。一説にはジャン・ド・ブルゴーニュ Jean de Bourgogne というフランドルの医師が正体ともされる。なお，同書はアジア，アフリカ，中東などを30余年にわたって旅して得た見聞を記したものというふれこみで中世ヨーロッパの大衆に広く愛された書物。しかしその内容のほとんどは他の作家や旅行家の文章を剽窃したものであることがわかっている。　490

ミシュレ，ジュール Michelet, Jules 1798-1874
フランスの歴史家，作家。《フランス史》などの著作で知られるが，晩年になって散文詩的な4部作《鳥》，《虫》，《海》，《山》を刊行，博物学者としての一面をのぞかせた。　67, 146

水谷豊文(みずたに・ほうぶん)　安永8-天保4(1779-1833)
幼名助六。江戸後期の本草家。小野蘭山門下に学んだのち，尾張藩の薬園の監守を務めた。また文化7年(1810)6～7月，木曾から信濃の山中で薬草採取を行ない，その間の日記を《木曾採薬記》として上梓した。他の著作に《水谷蟲譜》，《物品識名》などがある。　496, 500右

南方熊楠(みなかた・くまぐす)　慶応3-昭和16(1867-1941)
日本の誇る大博物学者。和歌山県出身。大学予備門を退学したあと，21歳で渡米，さらに1892年(明治25)にはイギリスに渡

り，やがて大英博物館東洋調査部員となる．1900年(明治33)に帰国したのちは生家を離れ和歌山県田辺にこもり，隠花・顕花植物の研究にいそしむかたわら，生物学や人類学，民俗学の各誌に精力的に投稿した． 23, 39, 87, 118, 154, 210, 222, 239, 275, 326, 359

ミュラー，ザロモン Müller, Salomon　1804-64
ドイツの探検家．フウチョウを求めてジャワに旅立つまでは，ハイデルベルクで剝製師をいとなんでいた．エミスムツアシガメやアジアアロワナをヨーロッパに初めて紹介した人物．キノボリカンガルーの発見者でもある． 500右

ミュラー，フリッツ Müller, Fritz　1821-97
ドイツの動物学者．シラミの色と大きさは宿主の人種に対応するという説を唱えた．主著に，ヤドカリを観察して生物発生の原則を提示した《ダーウィンのために》(1864)がある． 213

ムーフェット，トマス Moufet, Thomas　1553-1604
イギリスの医師，著述家．Moffett, Muffet とも記す．小間物商の次男としてロンドンに生まれ，1578年，スイスのバーゼルに渡り医学の博士号を取得する．さらに翌79年にはイタリア，スペインを旅行，当地で養蚕の研究を行ない，昆虫の生態観察に対する興味の目を一気に開かれたらしい．のちニュルンベルク，フランクフルトを回ってから帰国，医業のかたわら，本書でもさかんに触れた昆虫誌の大著《昆虫の劇場》を1590年に完成させるが，生前には出版の日の目を見なかった．もっとも医業のほうでは患者に貴族が多く，晩年の暮らしそのものは恵まれていたという． 16, 18, 26, 31, 38, 55, 58, 67, 91, 98, 130, 134, 150, 159, 175, 186, 191, 202, 207, 211, 219, 227, 231, 234, 239, 258, 277, 278, 280, 281, 285, 323, 326, 335, 366, 375, 383, 390, 395, 398, 399, 402, 403, 406, 410, 422, 426, 446, 459, 470, 471, 475, 483, 504左, 519右

メーテルリンク，モーリス Maeterlinck, Maurice　1862-1949
《青い鳥》(1908)の作者として有名なベルギーの詩人，劇作家．またいっぽう卓越した神秘思想家にして自然観察者でもあって，社会性昆虫に材をとり，個体としての生命を超える普遍意志を論じた三部作《蜜蜂の生活》，《白蟻の生活》，《蟻の生活》を著した． 12, 214, 215, 482, 490

メーリアン，マリア・シビラ Merian, Maria Sibylla　1647-1717
ドイツ生まれの博物学者，画家．母方の祖父ヨハン・テオドール・ブリィ，父マテウス・メーリアンはともに著名な銅版画師．父が早く亡くなると母はオランダ人植物画家ヤコブ・マレルと再婚，メーリアンもその弟子のヨハン・グラーフの妻となった．幼時から昆虫の描写に優れ，結婚後昆虫の生態画集を著した．1685年に離婚後，オランダに移り，排他的新興宗教の共同体生活にはいった．そこで南米の昆虫標本や植物誌に接する．1699年より2年間ふたりの娘を連れてスリナムに移住，花や虫ばかり描いてすごした．帰国後，《スリナム産昆虫の変態》(1705)を著した． 7, 8, 52, 204, 208, 245, 252, 253, 256, 258, 259, 295, 300, 314, 315, 332, 336, 339, 341, 349, 424, 445, 449, 452, 500右, 522左

モーズリ，ヘンリー・ノッティジ Moseley, Henry Nottidge　1844-91
イギリスの博物学者．1872年から76年にかけ，チャレンジャー号の世界周航に参加，数多くの植物標本を採集した．また動物学者としても，カギムシ類に気管の存在を認めた業績で名高い．主著に《博物学者のメモ》がある． 43

森島中良（もりしま・ちゅうりょう）　宝暦6-文化7 (1756-1810)
江戸中期の蘭学者．父桂川甫三，兄甫周とともに蘭学一家として名高い桂川家の出身．代表作に長崎のオランダ人などに取材した西洋紀聞書《紅毛雑話》(1787)がある．他にも黄表紙，洒落本から蘭語辞書，地誌まで幅広い著作活動を行なった． 218, 354

モンテスマ2世 Montezuma II　1480-1520
アステカ王国の支配者．動物愛好家として知られ，みずから設けた動物園には中央アメリカに生息するすべての動物をそろえたと伝えられる．1519年，メキシコに侵略したエルナン・コルテスに捕えられ，まもなく没． 219, 271

安松京三（やすまつ・けいぞう）　明治41-昭和58 (1908-83)
昆虫学者．九州大学農学部卒．同教授．天敵を利用した害虫駆除の研究で知られる．日本昆虫学会長も務めた．《蟻と人生》などの啓蒙的著作でも有名． 198, 246, 383, 431, 486, 487

谷津直秀（やつ・なおひで）　明治10-昭和22 (1877-1947)
動物学者．東京帝国大学教授．同時に三崎臨海実験所長も務めた．日本における実験形態学の開拓者として知られる．また名著《動物学分類表》は，内田亨ら後継者の協力を得て，今日の《動物分類名辞典》へと発展した． 43, 214, 235, 431

柳田国男（やなぎた・くにお）　明治8-昭和37 (1875-1962)
日本民俗学の創始者．東京帝大法科大学政治科を卒業後，農商務省，朝日新聞社を経て，民俗学の道を歩みはじめる．岩手県遠野地方の伝承に材をとった《遠野物語》(1910)をはじめ，著作，論文は膨大な数にのぼる．蟲類についても，〈蝸牛考〉，〈蟷螂考〉その他重要な論考がかなりある． 38, 75, 126, 135, 178, 210, 276, 367, 423, 491

矢野宗幹（やの・むねもと）　明治17-昭和45 (1884-1970)
昆虫学者．福岡県出身．《國譯本草綱目》の昆虫類の校定を行なった． 508左

山田保治（やまだ・やすじ）　明治21-昭和53 (1888-1978)
福井県生まれの昆虫学者．名和昆虫研究所附属農学校の第1回卒業生．昭和初期，京都帝大農学部昆虫学研究室に勤務，法隆寺の玉虫厨子について，はじめて昆虫学的研究を行なった． 419

ユンガー，エルンスト Jünger, Ernst　1895-
ドイツの小説家．当初，戦争とファシズムを讃美した小説《鋼鉄の嵐のなかで In Stahlgewittern》(1920)などを書くが，のち反ヒトラーの運動に参画，反ナチス小説《大理石の断崖の上で Auf den Marmorklippen》(1939)を著す．昆虫愛好家としても著名な存在で，《小さな狩》という採集記をものしている． 387

横山桐郎（よこやま・きりお）　明治27-昭和7 (1894-1932)
昆虫学者．東京帝大農学部卒．メイガの研究を行なう．また〈東京虫の会〉を設立，昆虫学の啓蒙にも力を尽くした．《蟲》，《日本の甲虫》，《優曇華》など著書多数． 166, 238, 331, 395

ヨンストン，ヨハン Johnstone (Jonston), Johan　1603-75
ポーランド生まれのスコットランド人の博物学者．ロンドンとケンブリッジに学び，ドイツとオランダを旅し，図入り博物学書を刊行した．ヨンストンの著作はオランダ語訳本が江戸期の日本にも輸入され，日本本草学の発展に寄与した．彼の著作はゲスナー，アルドロヴァンディの延長上にある．主著に《鳥獣虫魚図譜 Historia Animalium》(1650-53)がある． 506左, 513左, 517左

ラドミラル，ジャン Ladmiral, Jean　1694-1770
オランダの版画家．先祖はフランス人だが，ナントの勅令の廃止のさい，一家でオランダに亡命した．著名な解剖学者ロイス Frederik Ruysch (1638-1731)の著作の数かずを美しい図版で飾ったほか，《昆虫コレクション Naauwkeurige waarneemingen》(1740-46)に収められた25葉の作品でも有名．

李時珍（り・じちん）　1518-93
中国明代末期の医師．30代半ば，医業のかたわら本草学の集大成《本草綱目》の編纂に着手し，生涯をかけてその仕事に取り組んだ．科挙に3度落第し，官僚となるのをあきらめ読書に専念

521

したというが，伝記の詳細は不明。 22, 39, 50, 102, 162, 286, 371, 415, 427, 442, 446, 447, 462, 479, 494, 495, 509左, 509右

リーチ，ウィリアム・エルフォード Leach, William Elford 1790-1836
イギリスの博物学者。大英博物館自然史部門の部長となり多くの著作を公刊した。しかし博物学者としては二流で，その著作におもしろいものは見当たらない。唯一，大英博物館所蔵の標本を図譜としてまとめた《動物学雑録》が，図鑑として興味ぶかい。 93, 498右, 501左, 515右

リーチ，ジョン・ヘンリー Leech, John Henry 1862-1900
イギリスの昆虫学者。アジアのチョウ類の研究を専門とし，主著《中国，日本，朝鮮産蝶類 Butterflies from China, Japan, and Corea》において東洋の美しいチョウの姿をヨーロッパに伝えた。とりわけはねの部分を細かな観察眼で正確に再現した点は特筆に値する。

リンネ，カルル・フォン（カロルス・リンネウス）Linne, Carl von (Linnæus, Carolus) 1707-78
スウェーデンの博物学者。近代的分類学の祖。弟子たちを世界各地に派遣して動植物の採集を行なわせたが，そのうちのひとりツュンベリーは喜望峰を経て日本に足跡をしるした。晩年のリンネは悪妻と愚息の素行に苦しめられ，陰鬱な日々を送った。昆虫の分類学は弟子のファブリキウスに負っている。 8, 9, 137, 230, 340, 396, 398, 500右, 504右, 513左, 516左, 517左, 519左

ルンプフ，ゲオルク・エーベルハルト Rumpf, Georg Eberhard 1628-1702
ドイツ系オランダ人冒険家。一般にインドのプリニウスとよばれ，モルッカ・アンボイナ地方の動植物を採集研究した。後年盲目となるが，精力的に研究活動を続けた。 36, 47, 115, 140, 141, 502左

レーヴァー，サー・アシュトン Lever, Sir Ashton 1729-88
イギリスの収集家。はじめは鳥類の生体収集に力をそそいでいたが，1760年ころから貝類や化石類の収集に手をそめ，さらにありとあらゆる自然物，また未開人の衣裳や武器と，そのコレクションの範囲をひろげていった。1774年，これら収集物をもとに，博物館をロンドンに創設，高い人気を得た。 11

レーウェンフック，アントニ・ファン Leeuwenhoek, Antoni van 1632-1723
オランダの博物学者。微生物学の創始者。みずから単レンズ顕微鏡を製作し，細菌や滴虫類，血球などを発見した。 58

レオミュール，ルネ＝アントワヌ・フェルショル・ド Réaumur, René-Antoine Ferchault de 1683-1757
フランスの博物学者，物理学者。昆虫の解剖学的研究から生態観察まで網羅した全6巻の大著《昆虫の生活についての考察 Memoires pour servir à l'histoire naturelle des insects》(1734-43)は，第一級の昆虫学書として今でも評価が高い。また貝殻が軟体動物の分泌物によって生ずることも明らかにした。いっぽう鋼の製法や列氏目盛温度計の考案など物理学者としても広く知られている。 11, 466, 475

レーゼル・フォン・ローゼンホフ，アウグスト・ヨハン Roesel von Rosenhof, August Johann 1705-59
ドイツ，ニュルンベルクの旧家出身。マリア・シビラ・メーリアンの昆虫図譜に影響を受け，多数の彩色図版入り博物誌を刊行し，18世紀中葉の最も傑出した図鑑制作者となった。その美麗な作品は今日高い評価を与えられている。著作に《昆虫のもてなし Insectenbelustigung》(1746-61)，《両生類自然誌 Historia Naturalis Ranarum nostratium》(1753-58)，《昆虫学の娯しみ De Natuurlyke Histoire der Insecten》(1764-68)がある。〈ドイツ昆虫学の父〉とも称される。 3, 8, 40, 56, 65, 96, 97, 153, 157, 164, 173, 176, 184, 185, 201, 212, 233, 240, 253, 272, 292, 298, 301, 333, 360, 361, 373, 381, 392, 396, 413, 501左

レッソン，ルネ＝プリムヴェール Lesson, René-Primevère 1794-1849
フランスの博物学者，船医。コキーユ号に同乗し世界を周航，多くの動植物採集を行ない，生きているフウチョウを最初に目撃したヨーロッパ人となった。ハチドリに関するモノグラフと図版はとくに有名。しかし水産生物や両生・爬虫類にも関心をもち，とりわけ植虫類を研究した。 388, 501左, 501右

ロスチャイルド，ナサニエル・チャールズ Rothschild, Nathaniel Charles 1877-1923
イギリスのノミ研究家。ロスチャイルド家の当主で博物学者としても有名なライオネル・ウォルター（1868-1937）の弟。銀行や保険業務のかたわら，ロスチャイルド家の財力にものをいわせて世界中のノミを収集，ペストの媒介者であるケオプスネズミノミをはじめ，600種以上の新種を命名した。長女のミリアム・ルイザ（1908-　）も，ノミ博士として知られる。 383

蟲の和名

細い数字は本文のページを示す。斜体の太い数字（例：*3*）はカラー図版のページを示す。また、ゴシックの数字（例：**5**）は独立項目として記載した本文のページを示す。

ア

アイヌカミキリモドキ 443
青馬 254
アオオサムシ 387,390
青蟹 126
アオカミキリ **449**
アオカミキリモドキ 430
アオクサカメムシ **224**
アオゲンセイ 386,439
アオザエビ科 107
アオスジアゲハ 309,311,343
アオタテハモドキ 口絵
アオツチハンミョウ 439
アオトカキ（青トカゲ） 198
アオネアゲハ 312,313
アオバアリガタハネカクシ 377,399,402
アオバエ 357,378
アオハダトンボ 153
アオバト 258
アオバネイナゴ 189,248,249,258
アオバハゴロモ科 258
アオボシキンカメ 220
アオマイマイカブリ 390
アオマツムシ〈青松虫〉 **167**
アオムシ 67
アカアシオオツチグモ *52*
赤足ザリガニ 110
アカアリ 486
アカアリフクログモ *53*
アカイエカ 351,354,363
赤馬 254
アカオビウズマキタテハ 347
アカオビノコギリクワガタ 385
アカギカメムシ **224**
アカギキンカメムシ **224**
アカクチブトカメムシ **221**
アカケダニ *48*
アカザエビ 102,107
アカスジコマチグモ *53*
アカゼミ **240**
アカチャヤンマ 157
アカツキアリ亜科 483
赤トンボ 91,154
アカネコウラクロナメクジ *489*
アカバナビワハゴロモ 256,257
アカフコガシラアワフキ 244
アカボウフラ 363,366
アカホシカニダマシ 114
アカマンジュウガニ 132
アカミズダニ *49*
赤虫 62
アカムシユスリカ 351
アカメガネトリバネアゲハ 311
アカモンガニ **132**
アカモンガニ科 133
アカヤマアリ 399,486,487,488
アキツ 147,150
アキヅ 147
アギトアリ **488**
秋に巣を張る虫 283
アクタムシ 199
アクテオンゾウカブト 396
悪魔の馬車馬 402
アケズ 147
アケツ 151
アゲハ 311,323,334
アゲハチョウ〈揚羽蝶〉 310,311,315,327,**331**,334,335
アケボノアリ亜科 483
アケボノタテハ 346
アサガオ 143
アサギシロチョウ 317
アサギドクチョウ 349
アサヒガニ 116,117,119
アザミウマ〈薊馬〉 217,**223**
アザミグンバイ 227
アジアカブトエビ 82
アジアミツバチ 470
アシダカグモ *53*,66,75
アシナガ 335
アシナガグモ *53*
アシナガバチ 462,463,465,473
アシハラガニ 123,127
アシヒダナメクジ *489*
アシブトメミズムシ 233
アシマトイ 17
アスカリス 16
アズキアライ 218
アタマジラミ 219,222
アツバコガネ **409**
アトサリ虫 276
アトラスオオカブトムシ 406
アナエビ *105*
アナジャコ〈穴蝦蛄〉 **111**
アナジャコ科 111
アナバチ 472
アナバチ科 462
アネコムシ 434
アブ〈虻〉 151,353,357,359,**366**,367,370,379
アブ群 366
アブラゼミ 237,242,247,250
アブラムシ〈蚜虫〉 199,260,**266**,267,270,435,450
あぶり 170
アフリカオオコオロギ 164
アフリカマイマイ **492**
アフリカミドリアゲハ 309
アポロウスバ 309
尼さん 207
アマノジャコ 70
アマビコ〈雨彦〉 130
アマミウラナミシジミ 321
アミ〈醬蝦〉 83,**87**,90,99,106
アミエビ 90
アミメカゲロウ 146
アム 366
アメリカイセエビ 88
アメリカウミザリガニ 107
アメリカオオヤスデ 148
アメリカカブトエビ 79
アメリカカブトガニ 36,50
アメリカザリガニ 110,111
アメリカシロヒトリ 283
アメリカのゴキブリ 204
アメリカハラジロトンボ 160
アメリカモンシデムシ 376
アメンボ〈水黽〉 228,**234**,235,395
アヤハエル 322
アラベグモ 74
アリ〈蟻〉 11,12,55,195,211,214,251,255,374,399,476,**482**,483,486,487,488,490
アリガタバチ科 458
アリガタバチ上科 480
アリジゴク 272,276,277
アリツカコオロギ 164
アリヅカコオロギ科 158
アリヅカムシ〈蟻塚虫〉 376,**399**
アリヅカムシ亜科 399
アリノスハネカクシ 399
アリバチ 476
アリバチモドキ 476
アリマキ〈蟻牧〉 266,274
アリマキタカラダニ *48*
アリモドキ〈擬蟻虫〉 437,**443**
アルテミア 79
アルテミア科 79
アレクサンドラトリバネアゲハ 334
アワフキムシ〈泡吹虫〉 244,**251**,254
アンケラ 83
暗殺者の虫 220
アンティマクスオオアゲハ 308
アント・ライオン 276

イ

イエカ 351,354,355
イエカニムシ *44*,*54*
イエカニムシ科 *54*
イエカミキリ 446
家グモ 67
イエシロアリ 216
イエタナグモ *53*
イエダニ 55,59
イエナフシ 198
イエバエ 353,370,371,374
イエバエ科 370
イエユウレイグモ *53*
イガ〈衣蛾〉 202,280,281
イガグリガニ **113**
イカリムシ 83
イギリスカサカムリナメクジ *489*
異クマムシ目 *43*
イサアザミ 73
イサゴムシ 238,278,395
イサザアミ 87,99
イシカゲチョウ 346
イシガニ 115,123,*129*
イシノミ〈石蚤〉 **142**,143
イシノミ科 142
イシビル 33
イシムカデ目 131
イセエビ 88,99,102,103,106,107,110,119
イセエビ科 99
イセリアカイガラムシ 435
イソウミグモ科 78
イソオウギガニ **132**
イソガニ **136**
イソジゴク 272,276,277
イソカニムシ *45*
イソカニムシ科 *54*
イソゴカイ *20*
イソトゲクマムシ *46*
イソメ〈磯目〉 21,**26**,27
イソワタリガニ *128*
イダコマヨ 395
イタリアカンタン 174

索引──蟲の和名

一日虫　146
イチモンジセセリ　326, 327
イチョウガニ　119
イッカク　443
イッカククワガタ　380
イッカクチュウ〈一角虫〉　443
イッスンボタル　423
イデユソコミジンコ　83
イトアメンボ　228
イトダニ　49
イトド　179
イトトンボ　147, 150
イトトンボ科　152
糸巻き　281
イドミミズ科　30
イトメ　20, 23, 26, 27
イナゴ〈稲子〉　34, 138, 186, 189, 190, **194**, 195
イナゴマロ　186
稲虫　194
蝗（いなむし）　262
イヌのダニ　49
イヌノミ　360, 361
イヌバエ　374
イネクロカメムシ　226
イネツキコマロ　186
イネドロオイムシ　451
イノリムシ（折り虫）　206
イバラガニ　113, 118
イバラカンザシ　27, 28, 30
異尾亜目　114
異尾類　102
イボタロウムシ　258, *261*, 270, 479
イボムシリ　206
イムシ　33, 44
イモムシ　322, 323, 326, 330
イラガ　282, *292*
イラクサノメイガ　*294*
蚝（いらむし）　282
医療ヒル　39
イワエビ　80
イワガニ　136
イワフジツボ科　87
インゲンマメゾウムシ　450
隠翅目　378
インドネズミノミ　382
咽ビル目　38

ウ

ウオジラミ〈魚虱〉　64, 65, **83**, 86
ウオノエ〈魚の餌〉　77, *95*
ウガ　86
ウグイスコガネ　410
ウシアブ　366, 367
ウシズラカミキリ　455
ウシヅラヒゲナガゾウムシ　455

ウシノダニ　49
ウシバイ　357
ウシボタル　423
宇治ボタル　423
ウスイロコオロギ　162
ウスキシロチョウ　317
ウスグロトガリシロチョウ　317
ウスバカゲロウ〈薄翅蜻蛉, 蚊蜻蛉〉　143, 268, 272, **276**, 289
ウスバカマキリ　212
ウスバキトンボ　154
ウスバジャコウアゲハ　310
ウスバシロチョウ　309, 331
ウズマキゴカイ　28, *29*
ウスモンヒロバカゲロウ　274
歌女（うため）　34
ウチスズメ　282, *300*
ウチワエビ　*92*, *93*
ウチワエビモドキ　92
ウチワムシ　369
ウドンゲ〈優曇華〉　269, 274, 275
ウパシ・ニンカプ　138
ウパシ・ルレプ　138
ウバタマムシ　419, *420*
ウマオイ　*180*, *181*
ウマシラミバエ　371
ウマノオバチ　462, *481*
ウマバエ　366, 371
ウマビル　22, 38
ウミイサゴムシ　*29*
ウミエラビル　38
ウミグモ〈海蜘蛛〉　60, **78**
ウミゲジゲジ　76
ウミケムシ　20
ウミコ　23
ウミサナダ　43
ウミザリガニ　102
ウミザリガニ属　107
ウミドンガメ　46
ウミネズミ　20
海のムカデ　26, 131
ウミホタル〈海蛍〉　65, **83**
ウミミズムシ　73
ウラギンドクチョウ　348
ウラナミシロチョウ　316
ウラモジタテハ　347
ウリバエ　451, 457
ウリハムシ　450, 451, *457*
ウロコムシ　21
ウンカ〈浮塵子〉　138, 194, 255, **259**, 262, 263, 363, 465
ウンキュウ　46, 47

エ

エグリトビケラ科　278
エサキモンキツノカメムシ　*220*, *221*

エスカルゴ　*493*, *494*
エスカルゴ属　493
エゾアオカメムシ　227
エゾシロチョウ　319
エゾスズ　163
エゾハルゼミ　250
エゾベニシタバ　*302*
エゾマイマイカブリ　391
エダシャク　281, *293*
エダヒゲネジレバネ　465
エチゼンガニ　121
越前ガニ　123
エビ〈海老, 蝦, 鰕〉　87, **99**, 102, 103, 106, 107, 119, 130
エビガニ　110
エビコオロギ　179
エビジャコ　80
エビズルムシ　282
エボシガイ〈烏帽子介〉　68, 69, **86**, 87
エロムシ　443
エンザムシ〈円座虫〉　130
エンジカイガラムシ　270
エンジムシ　270
エンドウゾウムシ　450, *456*
エンドウヒゲナガアブラムシ　260
エンバ　150
エンマコオロギ　158, *163*, 168
エンマハンミョウ　364
エンマムシ〈閻魔虫〉　376, **398**, 399

オ

オウカンツノゼミ　244
オウギガニ　123, *132*
オウゴンツヤクワガタ　384
オウサマイボハダムシ　365
オウサマナナフシ　200, 201
オウシュウエンマダニ　48
オウシュウゲジ　144
オウシュウトビヤスデ　148
オオアカメムシ　221
オオアカフジツボ　72
オオアゴヘビトンボ　268, 273
大頭アリ　488
オオアメイロオナガバチ　481
オオイクビカマキリモドキ　275
オオオサムシ　390
オオカバマダラ　328, *329*
オオカメムシ　220
オオカレハナナフシ　200, 201
オオキバウスバカミキリ　444, *445*
オオキンカメムシ　220, 226
オオクジャクガ　390
オオクジャクサン　*298*

オオクワガタ　402
オオクワガタモドキ　433
オオゲジ　144
オオコオイムシ　228
オオコガネアゲハ　335
オオサシガメ　227
オオシオカラトンボ　161
オオシカワゲラ　155
大島ヘビリ　63
オオシモフリエダシャク　*293*
オオシモフリスズメ　281
オオジョロウグモ　57, 67
オオシロピンノ　133
オオスズメバチ　463, 467
オオセイボウ　480
オオゼミ　250
オオタマオシコガネ　416
オオチャバネセセリ　*307*, 326
オオツチグモ　52
オオツチグモ科　63
オオツチハンミョウ　436
オオツヤクロジガバチ　472
オオテナガカナブン　412
オオナガレハナゴカイ　27
オオナミザトウムシ　45
オオナンベイツバメガ　295
オオニジュウヤホシテントウ　435
オオネムシ　194
オオバウチワエビ　92
オオヒョウタンゴミムシ　391
オオヒラタシデムシ　376
オオフトミミズ　32, 35
オオブラベルスゴキブリ　205
オオベニキチョウ　316
オオベニハゴロモ　258
オオボクトウ　292
オオボクトウガ　280
オオホシカメムシ　224
オオボタル　423
オオミズアオ　*298*
オオミツバチ　475
オオミドリツノカナブン　408
オオムカデ　134, **145**
オオムカデ目　131
オオムラサキ　327, 344
オオモンシロチョウ　318, 326, 330
オオヤマカワゲラ　155
オオユスリカ　351
オオヨコバイ　244
オオヨコバイ科　255
オオリアゲハ　313
オオリオビアゲハ　313
オオリタマムシ　417, 418
オオワタクズガニ　121

オカエビ 195
オカガニ *137*
オカガニ科 119
オガサワラゴキブリ 205
オガサワラタマムシ 419
オカメコオロギ *168*
オカメミジンコ 82
オカモノアラガイ *493*
オカヤドカリ 115
オカヤドカリ科 114
オキアミ 73,87,**98**,99
お菊虫 323,334
オキナワアナジャコ *104*, 111,114
オキナワアナジャコ科 111
オキノメカンチ 327
オキヤドカリ科 114
オサゾウムシ *464*
オサゾウムシ科 454
オサダガニ（長田蟹） *123*
オサムシ〈歩行虫〉 365, **387**,390,391,398
オサムシ〈筬虫〉 130
オサムシの王 390
オサモドキゴミムシ *368*
オシコ 42
おしら 288
オーストラリアオオガニ *123*,*132*
オーストラリアミドリゼミ *241*
オトシブミ〈落文〉 **451**, 454,*456*,*457*
オトシブミ科 454
オトヒメエビ 106
オナガカゲロウ 269
オナガミズアオ 298
オナシカワゲラ *149*
オナジマイマイ科 493,496
オニイソメ 27
オニグチギセルガイ科 493
オニグモ 56,66,74
オニテナガエビ *84*
オニフジツボ 72,73
オニボウフラ 359
オニムシ 402,406
オニヤンマ科 150
おばあさん 119
オハツ（お初） 423
オバボタル 427
オビイタツムギヤスデ *148*
オビカツオブシムシ *432*
オビゲンセイ 386,*436*,442
オビババヤスデ 131
オビヤスデ目 130
オオフタオカゲロウ 143
オメコハサミ 238
オンシツコナジラミ 263
オンセンダニ *49*
オンブバッタ *188*

カ

カ〈蚊〉 154,335351, **354**,355,358,359,362, 363,374,379,422
ガ〈蛾〉 7,142,**279**,280, 281,282,283,322,323,326, 330,399,455,475
カイアシ 65
カイアシ類 *64*
カイカムリ *117*,119
カイガラムシ〈介殻虫〉 265, **270**,274,433,435
皆脚類 78
カイコ〈蚕〉 **284**,285, 286,287,288
海糠 90
カイコガ〈蚕蛾〉 284,286, *304*,*305*
ガイタ 431
カイチユウ〈蛔虫〉 16,17, 18,19,22
貝虫（かいむし）目 83
カイメンフジツボ 72
カイラギ 86
カカムシ 198
カガンボ 335,350
ガガンボ〈大蚊〉 **335**,*350*
ガガンボダマシ 363
ガガンボモドキ〈擬大蚊〉 **277**
カキイロテングダニ *48*
カギツメピノノ 133
カキの種 170
カギムシ〈鉤虫〉 33,**43**,46
革翅目 210
カクスイトビケラ *289*
カクツトビケラ *289*
顎ビル 38
顎ビル目 38
カクモンシジミ *321*
カクレガニ 119,133
カゲロク〈蜉蝣, 蜻蛉〉 8, 9,*143*,146,147,*149*,276, 279,387
かげろう 71
カゲロウグモ 54,55
カサツブリ 491
ガザミ 122,*125*,127
擁劔（かざめ） 122
カシノタマカイガラムシ 270
カスリタテハ *343*,346
風サソリ 60
カタアリ（ルリアリ）亜科 483
カタカイガラムシ 261
カタカイガラムシ科 258, 270
カタツブリ 494
カタツムリ〈蝸牛〉 51,376, 390,426,**490**,491,492, 493,494,495,496
カタビロアメンボ *228*
カタモンゴライアスツノコガネ 405
カチ 191
勝虫（かちむし） 151,154
ガチャガチャ 178
カツオブシムシ〈鰹節虫〉 431
カツオムシ 234,363
カッパ 238
カッパノコ 238
カッパノシリムキ 239
カッパムシ 238
カトンボ 335,350
蚊トンボ 143
カナカナ 242
金亀 419
カナブン 407
カニ〈蟹〉 2,102,107, **118**,119,122,123,126, 127,175,231,414,470
カニグモ 71
カニダムシ〈蟹蝨〉 *105*,114
カニムシ〈蟹虫〉 44,**54**
カネタタキ〈鉦叩き〉 **166**, 167,*169*,282
カネタタキ科 158
カノオバ（蚊の伯母） 335, 350
カノオヤジ 335
カノコイセエビ *89*
カバキコマチグモ 66
カバマダラ 317
カブトエビ〈兜蝦〉 61,**79**, 82
カブトガニ〈鱟魚〉 36,37, **46**,47,119,122,12
カブトムシ〈兜虫〉 386, 390,396,***400***,**401**,402,403, **406**,407,409,410,414, 415,447
カブムシ 94
カブラミミズ 32,34
カブレムシ 94
カマキリ〈蟷螂, 螳螂〉 **206**, 207,208,***209***,210,*212*,213
カマキリホンシャコ 141
カマキリモドキ〈擬蟷螂〉 **275**
カマクラ 331
鎌倉エビ 102
カマゲホコダニ *48*
カマドウマ〈竈馬〉 162, **179**
カマドウマ科 168
カマドコオロギ 179
カミキリムシ〈髪切虫〉 175, 403,406,*441*,**443**,444, 446,447,*448*,449,450,452,
453,455,458,463
カミキリムシ科 446
カミキリモドキ **443**
カミキリモドキ科 430
カミサマトンボ 154
カーミーズタマカイガラムシ 265,270
寄居子（かみな） 115
カミナリハムシ 450
カミナリビル 39
カミナリムシ 359,406
雷虫 223
カミングオオウスバカミキリ 448
カムイ・ソヤ（神バチ） 467
ガムシ〈牙虫〉 372,373, 394,**395**,398
カメノコテントウ *433*
カメノテ〈亀の手〉 68,**86**
カメムシ〈亀虫, 椿象〉 220, *221*,224,225,**226**,227,228
カメムシ目 226
ガメンコ 239
カラスアゲハ 312,*313*,331
カラスのアタマスリ 402
烏の金玉（からすのきんたま） 210
カラスノババ 390
カラッパ 120,124,128
カラッパ科 118
カラッパモドキ 128
カラナシナメクジ 495
カラフトギス 176
カラフトナガメ 225
カリコチレ・クロエリ 17
カリュウドバチ 463
カルイシガニ 124
カルエボシ 69
ガレオデス科 78
ガレージ 127
カレハガ 296
ガロアムシ **158**
川蝦 103
カワグモ 234
カワゲラ〈襀翅, 蟼〉 **154**, 155,267,279
カワゲラ科 154,155
カワス 131
カワトンボ 153
カワトンボ科 147
カワビール 23
皮虫 330
カワラゴミムシ *369*
カワラスズ 163
カンカンスメスメ 395
完胸目 86,87
カンザシゴカイ〈簪沙蚕〉 26,**27**,28,29,30
カンタリス 430,439
カンタン〈邯鄲〉 166,167, 169,170,**171**,174

索引——蟲の和名

カンタン科　158
カンタンギス　174
カンタンのキリギリス　174
観音　218
観音さま　218
カンムリゴカイ　26
カンメノオヤジ　335

キ

キアゲハ　309, 311, 334
キイロクシケアリ　**488**
キイロショウジョウバエ　375
キエボシ　69
キエリクマゼミ　**236**, 237
キオビゲンセイ　**437**
キオビホオナガスズメバチ　**473**
ギガスイボハダオサムシ　365
キカダ　159
キカニムシ　**44**
木切むし　423
キクイムシ〈木食虫〉（鞘翅目）　247, 376, 446, 447, **455**, **458**, 465
キクイムシ〈木喰虫〉（甲殻類）　**94**, 95
木食い虫　453
キクイムシ科　446
キクスイカミキリ　447
キクバチ　458
キクビカミキリモドキ　443
キゴシジガバチ　472
キジラミ〈木虱〉　**260, 263**, 274
キスジアシビロヘリカメムシ　220
寄生バチ　477
キタウンカ　465
キタキシダグモ　**53**
キタザコエビ　80
キタユムシ科　42
キチキチバッタ　185
黄蝶　327
キトウガニ　120
キネ　281
キノカワカメムシ　**224**
キノコシロアリ　214, **216**
キノコバエ　363
キバチ　458, 462
キバナガヘビトンボ　268
キバネツノトンボ　**268**, 275, 276
岐尾セルカリア　17
ギフチョウ　311
キボシアシナガバチ　467
キボシアブ　**353**
キボシヒメクロゼミ　**237**
キマダラルリツバ　330
キマルトビムシ　**149**

ギムネプレウルス　414
キムラグモ　66
キモノジラミ　217
吸血ビル　38
丘疹虫　58
キュウリュウゴミムシダマシ　438
九龍虫（きゅうりゅうちゅう）　438
ギョウチュウ〈蟯虫〉　16, 18, 19
キョクトウサソリ　**41**
キョクトウサソリ科　50
キラムシ　139
キララムシ　139
キリウジガガンボ　335
キリギリス〈螽斯〉　158, 159, 162, 168, 171, 176, 178, 179, **180**, 181, **182**, 183, 186, 251
キンイロオサムシ　390, 418
キンイロクワガタ　380
均翅亜目　147, 154
均翅類　150
キンセンガニ　120
キンバエ　357, 370, 378
ギンヤンマ　150

ク

クギヌキハサミムシ　216
クギヌキハサミムシ科　210
クサカゲロウ〈臭蜻蛉〉　143, **269, 274**, 275, 276
クサガメ　226
臭樹虫（くさきのむし）　447
クサグモ　66
クサゼミ　247, 251
クサトリムシ（草取虫）　79
クサヒバリ　162, 163, **169**, 171
クサヒバリ科　158
クサムシ　230
クジャクケヤリ　27
クシケアリ　399
クシヒゲカマキリ　209
クシヒゲネジレバネ　**465**
クジャクサン　298
クジャクチョウ　343
クジラジラミ〈鯨虱〉　65, **98**
クスサン　281, 282, 298, 299
クスベニカミキリ　446
クスリヤナカセ（薬屋泣かせ）　434
クソミミズ　**32**
クソムシ　376, 410, 414
くそむし　406
クダマキ　178
クダマキモドキ　**181**
クチブトカメムシ　**221**
クチブトカメムシ亜科　221

クツワムシ〈轡虫〉　170, 171, **178**, **180**
クビキリギス　**181**
クビナガカマキリ　209, 212, 213
クビナガバッタ　189
クビボソゴミムシ科　391
クビワオオツノハナムグリ　409
クマスズムシ科　158
クマゼミ　240, 242
クマバチ　**468**
くまばち　482
クマムシ〈熊虫〉　**43**, 46
クモ〈蜘蛛〉　8, 46, 51, 55, **63**, 66, 67, 70, 71, 74, 75, 78, 134, 280, 371, 462, 475
クモガニ　119, 120
クモガニ科　123
クモマツマキチョウ　318
グラウコトエ　**112**
クラズミウマ　168, 179
クラベストマ科　148
クリイロコイタマダニ　**49**
クリバネフトタマムシ　**425**
クルマエビ　31, **81**, 99, 102, 103, 106
車鰕　103
クルマエビ科　99
クロアゲハ　331
クロアブラムシ　387
黒い悪魔　211
クロイロコウガイビル　**33**
クロオオアリ　482
クロカナブン　410
クロカミキリ　175, **444**
クロコオロギ　164
クロゴキブリ　205
クロスジホソアワフキ　254
クロスズメバチ　462, 467, **473**
クロツヤニセケバエ　**352**
クロツヤムシ　380
クロトビサシガメ　**221**
クロバエ　370, 471
クロバチ　477
クロハリガイ　492
クロヒラタコガネ　415
クロベンケイガニ　123
クロマドボタル　427
クロモンイッカク　437
クロヤマアリ　482
クワガタムシ〈鍬形虫〉　3, 380, 385, 389, **402**, 403, 406, 444
クワガタモドキ　**433**
クワカミキリ　453
クワコ　284, 304
桑の虫　288
グンタイアリ　482
グンタイアリ亜科　483

グンバイムシ〈軍配虫〉　225, **227**

ケ

ケオプスネズミノミ　382
ケガニ　123
ケキリムシ　446
ゲジ〈蚰蜒〉　130, 131, **135**, 138, **144, 145**, 211
ゲジ科　135
ゲジゲジ　135
ケジラミ　217, 222, 223, 234
毛木虱（けだに）　48, 59
ケナガコナダニ　58
ケバエ　352
ケハダウミケムシ　20
ケハダエボシ　69
ケブカシタバチ　468
ケペン　471
螺（けむし）　282
ケモノジラミ　217
けもの虫　18
ケヤシフシアブラムシ　267
ケヤリ〈毛槍〉　24, **25**, 27
ケヤリムシ〈毛槍虫〉　26, **27**
ケラ〈螻蛄〉　34, 172, 173, **174**, 175, 178, 495
ケラ科　158
ゲンゴロウ〈源五郎〉　238, 278, **372, 373**, 387, **394**, 395, 398
ゲンゴロウモドキ　372, 373
ゲンザ　206
ゲンジボタル　423, 427, **429, 430, 432**
ゲンセイ〈芫青〉　419, 436, **437, 438**, 439, 442
ケンタウルスオカブト　397
剣尾目　46
ケンミジンコ　64, 65, 82
原疣（げんゆう）目　66

コ

鯉胡桃条虫　17
コウカアブ　353
コウガイビル　33
こうがいびる　39
口脚目　127
コウスバカゲロウ　276
広節裂頭条虫　17
鉤虫　22
甲虫の彫刻師　455
コウチュウ目　383
噛虫（ごうちゅう）目　215
コウバク　121
コウモリガ　290
コウモリガ科　446
コウモリグモ科　63
コウモリトコジラミ　225

コウモリマルヒメダニ　49
高野聖(こうやひじり)　238
コウライエビ　102
コウラナメクジ　*489*,495
コエビ　102
コエビガラズズメ　*300*
コオイトゲヘリカメムシ　*220*
コオイムシ〈子負虫〉　228,229,233,**238**
子負虫　59
コオニヤンマ　156
コオノオオワタムシ　267
コオロギ〈蟋蟀〉　138,**158**,159,162,163,166,167,169,172,183,246
コオロギ科　158
コオロギモドキ　158
ゴカイ〈沙蚕〉　20,21,**23**,26,27,30,43,387
コーカサスオオカブトムシ　*393*
コガシラアワフキムシ　*245*
コガシラハネカクシ　203
コガスズメバチ　*473*
コガタルリハムシ　*278*
コガネムシ　*408*
コガネウロコムシ　*20*
コガネグモ　53,56,57,74
コガネグモ科　63
コガネサソリ科　50
コガネムシ〈黄金虫,金亀子〉　59,146,387,**407**,409,410,411,413,**416**,477,482
小金虫　262,451
コガネムシ科　203
コガネムシ類　476
ゴキカブリ　199
ゴキブリ〈蜚蠊〉　11,158,**199**,202,203,**205**,206,211,391
ゴキブリ科　199
虚空蔵(こくうぞう)　454
コクゾウ　454
コクゾウムシ　454,455
コクマバチ　*462*
ゴクラクトリバネアゲハ　*334*
コケカニムシ　*44*
ゴケグモ　53
コケシロアリモドキ　155
古甲綱　46
ココクゾウムシ　454
コシアキトンボ　*161*
コシオリエビ〈腰折蝦〉　*104*,**114**
コシブトハナバチ　469
コシブトハナバチ科　468
コチニールカイガラムシ　219,*265*,270
コチャタテ　215

コチャタテ類　215
胡蝶(こちょう)　326,327
コッスス　280
コッチバチ　*477*
コッチバチ科　476
コツブムシ〈小粒虫〉　77,**95**
琴の花　275
筝の花　275
ゴード・ワーム　18
コナジラミ〈粉虱〉　260,**263**,266
コナダニ　55,58
コナダニ科　55
コナチャタテ類　215
コヌカムシ　259,262
こぬか虫　255,262
コノハムシ〈木の葉虫〉　192,**195**
コバネイナゴ　*189*
コバネキンキバリ　162
コバネシロチョウ　*319*
コバネハラナガイトトンボ　153
コフキコガネ　390,407,410
コブシガニ　*120*
コブスジコガネ　*409*
コマセ　90
ゴマダラカミキリ　400,446,447,**453**
コマツモムシ　*233*
ゴマフアブ　*353*
コマユバチ科　481
コマルハナバチ　*469*
コマルバネワガタ　*384*
ゴミアシナガサシガメ　*225*
ゴミカツギ　269,274
コミズムシ　232,235
ゴミムシ〈芥虫,塵芥虫〉　368,369,,**391**,394
ゴミムシダマシ〈偽歩行虫〉　**438**
ゴムカブリ　391
コムシ〈小虫〉　**139**
コメツキガニ　*133*
コメツキムシ〈米搗虫,叩頭虫〉　**419**,422,423,*428*,438,447
米つき虫　270
コメツキムシ科　455
コメフミムシ〈米踏虫〉　422
コモコモ　276
コモリグモ　66,71
古疣(こゆう)目　66
ゴライアスオオツノコガネ　*405*,410
コリキバチ　484
コロギス　168
コロミジラミ　222
コロラドハムシ　450
コンジンテナガエビ　*85*

サ

サイカチムシ　406
サイカブト　*397*
鰓脚類　61
才蔵虫(さいぞうむし)　259
鰓尾目　83
サオトメ虫　276
サカダチコノハムシ　*200*
サカダチゴミムシダマシ　438
サカダチマイマイ　*493*
さかべっとう　146
サキシマオカヤドカリ　*112*
サクセスキクイムシ　455
サクラエビ　106
サクラスガ　*291*
サケベットウ　143
ササキリ　*181*,183
ザザムシ　273,279
サシガメ〈刺亀〉　202,*220*,221,225,**227**,230
サシガメ科　55
サシチョウバエ　354
サンバゴカイ　*21*
サスライアリ　483
サスライアリ亜科　483
サソリ〈蝎〉　8,40,41,**50**,51,54,78,123,126,131,277,494
サソリモドキ〈尾蠍〉　45,**63**,78
サソリモドキ科　63
サツキモンカゲロウ　149
サツマゴキブリ　202
ザトウムシ〈座頭虫,膂虫〉　45,**54**,55,218
サナエトンボ　150,157
サナエトンボ科　156
サナダムシ〈真田虫〉　16,18,19,22
サナダユムシ　43
実盛虫(さねもりむし)　255,259
サノムシ　259
サバクトビバッタ　183,187,189,190,191,194
サビモンキシタアゲハ　カバー
サベラリア・アルベオラタ　26
サムライグモ　70
サメジラミ　65
サメハダクワガタ　*389*
サラサエビ　*81*
ザリガニ〈蟹蟹〉　8,96,97,102,**107**,110,111,119,123,242
サワガニ　122
沢ガニ　34

サンカクフジツボ　72
サンカクマイマイ　*493*
サンカメイガ　*283*
サンゴフジツボ　72
三代虫　17
三葉虫　37,*46*

シ

ジイノヘンズリ　210
ジェルヴェオオハバマダニ　49
シオカラトンボ　*161*
シオマネキ　*133*
シオムシ　26
シオヤアブ　*353*
枝角目　82
シカツノミヤマクワガタ　*381*
ジガバチ〈似我蜂〉　50,51,459,**462**,466,472
シクバクキリ　*403*
ジグモ　52,66,70,74
〈紫鋼(しこう)〉　270
シジミテハ　*307*,*324*,*325*,346
シジミタテハ科　321
シジミチョウ　*320*,*321*,324,330
シジミチョウ科　322
シシムシ　218
シ・ソヤ(真のハチ)　467
シタベニハゴロモ　256
シタベニモリツノハゴロモ　257
十脚目　99,107,111,114,118,119
シデムシ〈埋葬虫,死出虫〉　**398**,399
死時計虫　218,434
シナコオロギ　163
シナゴキブリ　202,*205*
シナハマダラカ　362
シナモクズガニ　122,126
死の天使　362
シバエビ　103
シバスズ　162
シバンムシ〈死番虫,番死虫〉　215,218,*432*,**434**
シペシペッキ　190
シボリアゲハ　*312*
シーボルトミミズ　35
シマイシガニ　*128*
シマイセエビ　*89*
嶋虫(しまむし)　59,63
シミ〈衣魚,紙魚〉　**139**,142,202,434
シミ科　139
ジムカデ目　131
シムソンミツノカブトムシ　*397*
シモフリマルカツオブシムシ

索引――蟲の和名

431
シャクガ　281, **293**, 302
シャクガ科　279
シャクトリムシ　281, 463
シャコ〈蝦蛄〉　102, 111, **127**, 130, *141*
ジャコウアゲハ　311, 334
ジャコウカミキリ　446
シャコエビ　107
シャコ科　127
写字蟲　395
シャチホコガ　*301*
シャチホコガ科　279
鯱虫(しゃちむし)　386
ジャック　155
ジャップ　411
ジャノメガザミ　128
ジャノメカマキリ　212
ジャノメチョウ　332, 333, 340, 341
ジャマイカフトオビアゲハ　315
シャムシ　218
ジャワシロチョウ　317
シャンハイガニ　136
シュイロオニグモ　57
収穫アリ　483
住血吸虫　18
ジュウシチネンゼミ　246
十二指腸虫　22
ジュウモンジカメムシ　*221*
ジュズイミミズ科　30, 35
ジュンタ　182
ジョオウマダラ　*328*
ジョウカイボン　*429*
ジョウカイボン科　430
状カキムシ　395
橈脚亜綱　83
将軍虫　151
ショウジョウトンボ　*160, 161*
ショウジョウバエ　370, 375
正雪トンボ　143
ジョウチュウ〈条虫〉　16, 17, 18
条虫綱　16
常世の虫　334
精霊(しようりよう)トンボ　154
ショウリョウバッタ　183, 185, 186, 194, 195
女王　281
ショクガバエ　353
食毛目　218
ジョロウグモ　57, 74
ジョロサン　258
白髪太夫　282
白狭鰕　103
シラホシカミキリ　447
シラホシフトタマムシ　*425*
シラミ〈虱, 蝨〉　58, 59,

135, **218**, 219, 222, 223, 378, 379, 383, 398,
シラミバエ科　231
シリアオビジムカデ　145
シリアゲムシ〈挙尾虫〉　**277**, 278, 289
シリアゲムシ目　277
シリオムシ　63
シリス　21
尻引鰕　103
シルベストリコバチ　266
白足ザリガニ　110
シロアリ〈白蟻〉　12, **211**, 214, 215, 490
シロアリ科　211
シロアリモドキ〈擬白蟻〉　**155**, 202, *216*
シロアリモドキ科　155
シロオビアワフキ　*244*
シロオビビノハタテハ　347
シロスジカミキリ　*481*
シロスソビキアゲハ　*311*
シロチョウ〈白蝶〉　*316, 317, 318, 319, 325, 326, **330**, 331*
シロトビムシ　138
しろばんば　267, 270
シロフジツボ　72
シワガザミ　*128*
シワン　451
ジンガサムシ　*457*
真クマムシ目　43
ジンサンシバンムシ　*432*, 434
シンジュサン　298
シンジュツバメガ　281, *294*
真正クモ目　63
新翅(しんゆう)目　66

ス

スイカの種　170
ズイムシ〈髄虫〉　283
スカシジャノメ　*332*
スカシチャタテ　217
スカシチャタテムシ　218
スカシバ　*291*
スカシバガ科　282
スカラバエウス　414
スカラベ　12, 50, 126, 403, 406, **414**, 415, 416, 438
すがる　463
スガレ　467
スクモムシ　411
スグリシロエダシャク　281
スジアカオオコメツキ　*428*
スジアカクマゼミ　*241*
スジエビ　84, 85, 102, 103
スジエボシ　68
スジグロオオゴマダラ　*329*
スジグロカバマダラ　317, *328*

スジボソコシブトハナバチ　469
スズムシ〈鈴虫〉　166, 167, 168, *169*, **170**, 171, 174
スズムシ科　158
スズメガ　3, 282, *300*
スズメガ科　279
スズメバチ〈雀蜂〉　459, **463**, 466, 467, 472, 473, 474, 476, 477, 482, 483
スナガニ　133
スナジャコ　105
スナジャコ科　111
砂猫　276
スナノミ　59, *361*
スナノミ科　378
スナモグリ　105
スナモグリ科　111, 114
寸白(すはく)　18
スペインゲンセイ　390, 430, 439, 442
スペインのハエ　439
スミゾメヒロクチバエ　357
スミレオガニ　119, *137*
スミレガニ　119
スメ　395
スリバチムシ　276
スルコウスキーモルフォ　326
ズワイガニ　121, 123
スントリムシ　281

セ

セアカクロサシガメ　230
セアカナンバンダイコクコガネ　*416*
セイ　87
セイコ　121
西南風の子　151
セイボウ　480, *481*
セイボウモドキ　*480*
聖母の鳥　433
セイヨウシミ　142, *149*
セイヨウノコギリヤドリカニムシ　44
ゼウカイ　430
セミ　159
背甲目　79
セジロウンカ　259, 262
セスジアカムカデ　*144*
セスジツユムシ　181
セスジヤケツムギムカデ　148
セセリチョウ　306, 307, 324, 326
セセリチョウ亜科　306
セッケイカワゲラ　155
雪渓虫　155
雪蛆(せつじよ)　155
雪隠蜂(せつちんばち)　146

銭グモ　66
ゼニムシ〈銭虫〉　130
セミ〈蟬〉　240, 241, **242**, 243, 246, 247, 251, 252, 254
セミエビ　*92*
せむし　99
セルヴィルコケイロカマキリ　213
セルカリア・インテゲリウム　17
セルカリア・スピフェラ　17
セルカリア・ブケファルス　17
セレベスヤマキサゴ　*492*
疝気の虫(せんきのむし)　18
線形虫　17
センチコガネ〈雪隠金亀子〉　203, 247, 395, **403**, 406, 408, 409, 414, 415
せんちむし　406
線虫綱　16
千手観音　218
善徳虫(ぜんとくむし)　259
センブリ　274

ソ

ゾウカブト　396
総翅目　223
双尾目　139
総尾目　139, 142
ゾウムシ〈象虫〉　**454**, 455, 457, 458, 460, 461, 464, 465
ゾウムシ科　399, 454
ソコオキアミ科　98
賊(ぞく)　194, 262
ソコミジンコ　64, 82
ソバマキゼミ　247
ソラマメゾウムシ　450

タ

袋形動物門　16
タイコウチ〈太鼓打虫〉　156, **232**, **239**
ダイコクコガネ　406, 414
ダイコンアブラムシ　260
タイショウエビ　102
大正エビ　99
タイセイヨウオオイワガニ　136
タイタンウスバカミキリ　448
大地のはらわた　30
タイノエ　42
タイフサン　207
太平洋パロロ　26
タイヨウヒシガニ　*124*
タイワンイボタガ　*301*
タイワンオオゾウムシ　*460*, 464
タイワンオオムカデ　145

タイワンガザミ　*129*
タイワンジグモ　75
タイワンダイコクコガネ
415,*416*
タイワンタガメ　*229*,238
ダエンマルトゲムシ　*428*
タカアシガニ　*123*
タカサゴキララマダニ　49
タカバカリ　281
タガメ〈田亀〉　*229*,*238*, 239
タケノオオツノアブラムシ　266
筍子虫（たけのこむし）　370
タケノツノアブラムシ　266
竹ノ節　198
武文蟹　123
多足のロバ　94
タチバナマイマイ　*492*
タツェルヴルム　35
タテハチョウ　*322*,*325*, 326,340,*343*,344,*345*,*346*, 347
タテハチョウ科　322,327
タテハモドキ　*345*
蓼虫（たでむし）　411
ダーナ蟹（カン）　111
タナグモ　53
タナゴヤドリムシ　95
タナツマアカシロチョウ　316
ダニ〈蜱,蟎,壁蝨〉　*55*,58, 59,*398*,490
タマオシコガネ〈球押金亀子〉　22,*406*,414,415,*416*,418
魂　281
タマシキゴカイ　*20*
タマゾウムシ　*464*
タマバチ　462
タマムシ〈玉虫〉　417,*418*, 419,*420*,*421*,*424*,*425*,459
タマムシツチスガリ　12, 459
タマヤスデ　91,148
タママスデ目　130
タマワタムシ科　261
多毛綱　23,26,27
タヨオサン　207
タカラダニ科　59
タラバエビ　*81*,106
タラバガニ　113,115,118
タラバガニ科　114
タランチュラ　52,66,67, 476
タランチュラコモリグモ　*53*,66
タランチュラドクグモ　53
ダルマコウデカニムシ　44
短角亜目　366
端脚目　95
端脚目　98

ダンゴムシ〈団子虫〉　76, **91**,94
タンザクゴカイ　*20*
タンソクケダニ　48
短尾亜目　118
短尾類　102
タンブリ　147
ダンベ　150

チ

小さな鳥　323
チクパキキリ　402
血吸い　82
チスイビル　*33*
血吸いビル　39
チズモンアオシャク　*302*
チタントビナナフシ　*201*
チチャノムシ　455
チヂラミ〈血虱〉　266
チッチゼミ　242
チビアナバチ　472
チビイシガケチョウ　346
チビテングダニ　48
チマダニ　49
チムシ（血虫）　266
チモールアオネアゲハ　313
チャイロコウラナメクジ　*489*
チャイロコメノゴミムシダマシ　438
チャイロフタオ　*344*
チャイロルリボシヤンマ　*157*
チャキュウムシ　181
チャグロサソリ　*40*,*41*
チャタテムシ〈茶柱虫〉　*215*,*217*,218,434
チャタテ類　215
チャバネアオカメムシ　*221*
チャバネゴキブリ　*199*, *203*,*205*,411
チャバネゴキブリ科　199
チャバネヒゲナガカワトビケラ　279
チャマダラセセリ　*307*
チャマダラセセリ亜科　306
チャミノガ　282
中クマムシ目　43
チョウゴクモズガニ　*122*, 126
チョウ〈金魚蟲〉　**83**,86
チョウ〈蝶〉　147,280, **322**,323,326,327,330, 331,334,335,370,399
朝鮮ガニ　46
チョウチンハゴロモ　258
チョウトンボ　*161*
チョウの女王　281
チョウバエ〈蝶蠅〉　*351*,*354*
長尾亜目　99
長尾類　102

チョウメイムシ〈長命虫〉　43
チョコチョコバア　276
チョコホリムシ　276
チョッキリ　*451*,*456*
チョッキリゾウムシ　451, 456
チリクワガタ　*388*,*389*
チリーマルムネハサミムシ　216
チンコロ　175
チンダイムシ　230
チンチロリン　166
チンボハサミ　238

ツ

ツェツェバエ　*374*,375
ツカシロアリ　214
ツクツクホウシ　*240*,242, 247,250
ツチバチ上科　476
ツチバチ　*476*,*477*
ツチバチ科　458
ツチハンミョウ〈土斑猫,地膽〉　386,387,*436*,437,**438**, 439,442
ツチハンミョウ科　386,339
ツチボタル　280,383,423, 426,427,430
ツチムカデ科　134,145
蟲（つつが）の虫　59
ツツガムシ〈恙虫〉　22,48, **59**,62,63
ツツジグンバイ　227
ツツパシャン　63
ツツハナバチ　469
ツヅレサセコオロギ　162, 163
ツノアオカメムシ　227
ツノカメムシ　221
ツノコガネ　405
ツノゼミ〈角蟬〉　*244*,**254**, 255
ツノテッポウエビ　80
ツノトンボ〈長角蜻蛉〉　268, **269**,*275*
ツノナガケブカツノガニ　121
ツノナガコガシラクワガタ　*388*,*389*
ツノナガコブシガニ　120
シノナシオキアミ　99
ツノヒザボソザトウムシ　45
ツノムシ　199,406
ツノヤドカリ科　114
ツバサゴカイ　*25*
ツバメエダシャク　*293*
ツバメガ　281,*294*,*295*, 306
ツバメシジミ　321

ツビジラミ　222
ツブヤドリダニ　48
ツマキクロカメムシ　226
ツマキシャチホコ　*301*
ツマグロオオアワフキ　254
ツマグロヨコバイ　*244*,255
ツマベニチョウ　316
ツメトゲブユ　352
ツヤクロジガバチ　*472*
ツヤゴライアスタマムシ　*424*
ツヤハリガイ　*493*
ツユグモ　52
ツユムシ　177,181
ツリアブ　353
ツリアブモドキ　357
ツリストマ　17
ツリミミズ　*32*
ツリミミズ科　30
ツルギタテハ　*345*,346

テ

定在目　27
デイダミアモルフォ　*341*
デイ・フライ　280
テグスガ　281
テッポウムシ（鉄砲虫）　446, 447,452,453,455
テトラリンクス・ロンギコリス　17
テナガエビ　84,90,99, 102,103
手長鰕　103
テナガエビ科　99
テナガカミキリ　*441*,*445*, 449
テナガコガネ　*413*
テナガコブシ　120
テナガヒシガニ　*124*
テルモスバエナ　83
テンカン　394
テングスケバ　260
テングスケバ科　236
テングダニ　48
テングビワハゴロモ　*256*, 257
テンジョムシ　367
テントウダマシ　*433*
テントウムシ〈天道虫〉　265, 410,422,*433*,**434**,435, 438,450
テントウムシダマシ　435

ト

等脚類　73
膁（とう）　194,255,259, 262
ドウイロクワガタ　*389*
ドウイロミヤマクワガタ　384
等脚目　90,91,94,95

索引――蟲の和名

等脚類　77
藤九郎　394
ドウケツエビ　80, 106
トウゴウカワゲラ　155
等翅目　211
トウトサマ　284
トウヨウゴキブリ　199, 205, 391, 398
トウヨウコシオリエビ　114
蟷螂目　206
トガリヒズメガニ　132
ドクガ　280, 302
ドクガ科　279
ドクチョウ　326, 348
ドクロメンガタスズメ　281, 411
トゲアシガニ　136
トゲエボシ　69
トゲカイカムリ　117
トゲグモ　57
トゲザリガニ　97
トゲセイボウ　480
トゲトゲヒザボソザトウムシ　45
トゲナシビワガニ　116
トゲヒザボソザトウムシ　45
トコジラミ〈床虱〉　55, 225, 230, 231
床栖（トコス）　231
トタテグモ　66, 67
トックリバチ　472, 473
トコ　284
トドノネオオワタムシ　267
トネリコゼミ　240, 241
トノサマバッタ　183, 184, 185, 187, 189, 190, 191, 194
ドノバンヨツモンヒラタヨツムシ　176
トビイロウンカ　259, 262, 263
トビグマ　155
トビケラ〈飛螻蛄, 飛螻〉　267, 273, 274, 278, 279, 450
トビケラ目　278
トビジラミ　222
トビズムカデ　144
トビナナフシ　201
トビバッタ　187, 190, 191
トビヒゲオオウスバカミキリ　448
トビマメハマキ　281
トビムシ〈跳虫〉　48, 138
飛虫（とびむし）　262
トビムシモドキ　138
トビメバエ　357
ドビンワリ（土瓶割り）　281
トラガ　303
トラフシャコ　140, 141
トリクイグモ　52, 67
トリバネアゲハ　310, 334

ドルーリーオオアゲハ　308
泥食い（ギル・ハーレ）　31
トロルカン　178
トワダカワゲラ科　154
トンボ〈蜻蛉〉　8, 9, 143, 146, **147**, 150, 151, 154, 160, 359, 370, 482
トンボ科　147
トンボノコ　95
トンボマダラ　325
トンボマダラ科　336
トンボムシ　95

ナ

苗虫（なえむし）　262
長足ザリガニ　110
ナガキクイムシ　465
ナガコムシ　139, 158
ナガコムシ科　139
ナガズジムカデ　148
ナガタカラダニ　48
ナカボシタマオシコガネ　415
ナゲナワグモ　57
ナシグンバイ　225, 227
ナターレオオキノコシロアリ　216
ナナフシ〈七節, 竹節虫〉　185, 193, 197, **198**, 200, 201, 206
ナナフシバッタ　185
ナナフシモドキ　193
ナナホシテントウ　433, 434, 438
ナベブタムシ　273
ナミザトウムシ　45
ナミシロアリモドキ　155
ナメクジ〈蛞蝓〉　43, 134, 370, 489, 491, 494, **495**
ナメクジラ　495
ナンキョクオキアミ　98, 99
ナンキンキリバモドキ　281
ナンキンムシ〈南京虫〉　55, 225, **230**, 231, 234
ナンベイオオタマムシ　424
ナンベイオオバッタ　184, カバー
ナンベイオオヤガ　303

ニ

ニイニイゼミ　237, 242, 250
ニカメイガ（二化螟蛾）　282, 283
ニクバエ　356
肉屋の少年　387
ニシイバラガニ　113
ニシエビジャコ　80
ニシオウギガニ　132
ニジカタビロオサムシ　368, 390
ニシキエビ　89

ニシキオオツバメガ　281, 294
ニシキツバメガ　294
ニシキトビムシ　149
ニシムケ　250
ニシヤドチ　250
ニジュウヤホシテントウ　432, 433, 435
ニセクワガタカミキリ　444
ニセナメクジ　489
ニセヘクトールアゲハ　315
ニッポンマヤマブユ　363
ニホンキバチ　485
日本パロロ　20, 27
ニホンミツバチ　469
ニホンヤマビル　33
ニューギニアオオトビナナフシ　196, 201
ニワオニグモ　56
ニワツチバチ　477
ニワノオウシュウマイマイ　492
ニワメナシムカデ　145
ニンギョウトビケラ　279
ニンジャダニ　48

ヌ

ヌカカ　354, 355, 359, 363
ヌカヅキムシ　422
ヌマエビ　99, 102
ヌマビル　38
ヌルデシロアブラムシ　261, 267
ヌルデノミミフシ　261

ネ

ネオンタテハ　347
ネクイハムシ　451
ネグロケンモン　292
ネコノミ　360, 361
ネコハエトリ　74
ネジレバネ　**458**, 465
ネズミノミ　382
ネッタイユウレイグモ　53
ネンネボタル　423

ノ

ノギカワゲラ　155
ノコギリイッカクガニ　120
ノコギリガザミ　125, 128
ノコギリカミキリ　444, 445
ノコギリクワガタ　384, 389, 401, 402
ノコギリヒラタコガネ　418
ノミ〈蚤〉　59, 78, 86, 135, 359, 361, 362, 374, **378**, 379, 382, 383, 403
ノミバエ　370
ノミハムシ　450
ノミムシ　138
ノメイガ　294

ノロマイレコダニ　48
ノンネマイマイ　302

ハ

ハイイロコウラナメクジ　489
ハイイロベニモンガメ　226
バイオリンムシ　369, **391**, 394
ハイデゴ　115
ハイトリムシ　206
ハエ〈蠅〉　11, 355, 366, 367, **370**, 371, 374, 375, 378, 399
ハエトリグモ　67, 70
ハカマジャノメ　333
ハキリアリ　486, 488
ハキリバチ　468
ハグロゼミ　282
ハグロトンボ　154
ハゴロモ〈羽衣〉　249, **258**
ハゴロモ科　258
ハゴロモモドキ科　258
ハサミカニムシ　44
ハサミコムシ　139
ハサミコムシ科　139
ハサミシャコエビ　105
ハサミシャコビ科　111
ハサミツノカメムシ　221
ハサミムシ〈鋏虫〉　**210**, 211, 216, 402
ハサミムシ科　210
ハジラミ　223
ハジラミ目　218
ハシリグモ　235
ハスクビレアブラムシ　261
花瀬の花　30
はたおり　186
ハタオリムシ　422
ハタオリメ　179
ハダカエボシ科　69
ハダカナメクジ　495
ハダニ　48, 55, 223
ハダニ科　55
ハタハタ　186
ハチ〈蜂〉　11, 127, 287, 291, 366, 367, 370, 379, **458**, 459, 462, 463, 467, 470, 483, 486
バチ　20, 26
ハチガニ　46
ハチネジレバネ　465
ハチミツガ　280
八脚蟲　223
発光する甲虫　426
バッタ〈蝗〉　138, 159, 162, 182, **183**, 184, 185, 186, 187, 189, 190, 191, 194, 254, 482
パッタ　190
ハッタジュズイミミズ　35

バッタ目 158, 183
ハッチョウトンボ 160
バッティラムシ 242
ハデツヤモモブトオオハムシ 456
ハトヒメダニ 49
ハナアブ 353, 366, 370, 471
ハナサキガニ 118
ハナバチ 266, 442, 458
バーナビー司教 435
ハナミョウガ 69
ハナムグリ 407, 409, 412
ハネカクシ〈隠翅虫〉 206, 377, 399, 402
ハネナシハンミョウ 364
ハハ 374
ハバチ 458, 484
ババムカデ〈婆百足〉 130
ハビロイトトンボ 152, 153
パプアコムラサキ 344
ハマガニ 123
ハマキチョッキリ 457
葉まくり虫 262, 326
ハマダラカ 351, 359, 362
ハマダンゴムシ 76
ハマベイシノミ 149
ハマベニジムカデ 145
ハムシ〈葉虫〉 278, 450, 451, 456
羽虫 450
ハラキリグモ 70
ハラジロカツオブシムシ 432
パラスティガルクトゥス 46
バラの花びらをつけた昆虫 206
腹の虫 16, 17, 18, 19, 22, 23
バラヒゲナガアブラムシ 260
ハラビロマキバサシガメ 225
パラポネラ属 488
ハリアリ亜科 483
ハリアリ群 483
ハリガイ 492, 493
ハリガイ科 489
ハリガネムシ 17, 210, 422, 423
ハリカメムシ 224
ハリクチダニ 49
針虫 155
ハリルリアリ亜科 483
ハルササハマダラミバエ 357
ハルゼミ 240, 247
ハレギチョウ 343, 345
パロロ 26, 27
パロロビリテス 27

ハンゲツオニグモ 57
番死虫 434
半風子 218
ハンミョウ〈斑猫〉 364, 383, 386, 387, 418, 439
ハンミョウモドキ 365

ヒ
ビー 458
鰓尾亜綱 83
ヒイロシジミ 320
ヒイロツマベニチョウ 316
ヒオドシチョウ 323
ヒカリジムカデ 134
ヒカリマイマイ 492
光る蛆 426
ヒキガニ 121
ヒキツリヤスデ 148
ヒグラシ 237, 242, 250
ヒゲナガカワトビケラ 279
ヒゲナガゾウムシ科 454, 455
ヒゲナガツチムカデ 145
ヒゲブトアリヅカムシ亜科 399
ヒゲブトオサムシ 365
ヒゲブトコメツキムシ 428
ヒゲボソゾウムシ 460
飛行機虫 235
ヒシガニ 124
ヒシバッタ 188, 189
ヒジリタマオシコガネ 415
ヒゼンダニ 58
ヒラタアブ 353
ヒダリマキマイマイ 493, 496
羊飼い 55, 335
ヒトエカンザシ 27, 28
ヒトジラミ 217, 219, 361
ヒトノミ 361, 379, 383
ヒトノミ科 378
ヒトリガ 3, 94, 283, 292, 303
ヒトリガ科 283
ヒトリモドキガ 325
ヒバネバッタ 189
ヒヒル 280
ヒビル 280
ヒマハマキ科 281
ヒマラヤオニクワタ 385
ヒマラヤムカシトンボ 154
ヒメアカタテハ 342
ヒメアメンボ 221
ヒメアワビコハクガイ 493
ヒメウラナミジャノメ 332
ヒメエボシ 69
ヒメカツオブシムシ 432
ヒメカブト 397
ヒメカマキリモドキ 275
ヒメギス 168
ヒメクサカゲロウ 274, 275

ヒメグモ 53
ヒメクロオトシブミ 451
ヒメジャノメ 333
ヒメスズメバチ 473
ヒメゼミ 251
ヒメタイコウチ 232, 239
ヒメダニ 48
ヒメトビウンカ 259
ヒメトビムシ 138
ヒメバチ 186, 481
ヒメバチ上科 481
ヒメハナバチ 465
ヒメハナバチネジレバネ 465
ヒメハルゼミ 250
ヒメフクロウチョウ 336
ヒメボタル 427
ヒメヤスデ 148
ヒメヤスデ目 130
ヒメヨコバイ科 255
ヒメワモンチョウ 346
ピュラリス 280
ピュロトス 280
猫回虫 17
猫条虫 17
ヒヨケムシ〈避日虫〉 60, 78
ヒラ 231
ヒラシキバチ 484
ヒラズヒザボソザトウムシ 45
ヒラタアブ 367
ヒラタカゲロウ 147
ヒラタカゲロウ科 147
ヒラタカメムシ 220
ヒラタキクイムシ 455
ヒラタキクイムシ科 455
ヒラタグモ 70
ヒラタシデムシ 398
ヒラタツユムシ 177
ヒラタビル 38
ヒラタヤスデ目 130
ヒラツメガニ 125
ヒル〈蛭〉 22, 32, 33, 38, 39, 42
ヒル綱 38
ヒルド科 33
ヒルミミズ科 30
ヒロ 281
ヒロクチバエ 357
広腰亜目 485
ヒロズコガ科 281
ビロードアワツブガニ 132
ビロードツリアブ 352, 353
ヒロバカゲロウ〈広翅蜉蝣〉 269, 274
ヒロバカレハ 296
ピロピペ亜科 306
ビワガニ 116
ビワハゴロモ 252, 253, 256, 257, 258, 259, 398
ビワハゴロモ科 258

ビワムシ 390
ひをむし 147
ピンノ 133
貧乏虫 434
貧毛綱 30

フ
ファライナ 280
フィリピンオニツヤクワガタ 385
フウセンムシ〈風船虫〉 235
フトオビアゲハ 314
不均翅亜目 147, 154
腹中虫 18, 23
フクロウチョウ 336
フクロエビ 90
フクロエビ上目 73
フクログモ 53, 66, 71
フサカ 351
負子 238
フシギキシダグモ 66
フシダニ 48, 371
フジツボ〈富士壺, 藤壺〉 72, 86, 87
フジツボ科 87
ブタ 407
フタオオニグモ 57
フタオカゲロウ 210
フタオチョウ 343
フタゴムシ 17
ブタジラミ 217
フタスジチョウ 345
フタテンヨコバイ 255
フタトゲエビジャコ 80
フタトゲクロカワゲラ 155
フタバベニツケモドキ 128
フタホシコオロギ 163, 164
フタモンホシカメ 224
プチグリ 496
ブチテングダニ 48
フサヒゲサシガメ 220
ブド 363
ブドウスカシバ 282
ブドウの悪魔 255
ぶどうむし 407
フトタマムシ 418
フトビカクカマキリ 213
フトミズ 32
フトミズ科 30
フトユビシャコ 141
フナムシ〈船虫, 海蛆〉 76, 77, 90, 91, 94
ブプレスティス 387, 390
ブユ〈蚋〉 352, 359, 363, 366, 367
ブヨ 354, 363, 366
ブラインシュリンプ 61, 79
ブラウン・テールド・モス 12
ブラジルオオタガメ 229, カバー

531

索引――蟲の和名

ブラジルサシガメ 227
フラルイ・キキリ 227
フルホンシバンムシ 139, 142, 434
ブルマイスターコケイロカマキリ 213
フレチ 26
ブロード・ワーム 16
フンコロガシ 414, 416
吻ビル 38
吻ビル目 38

ヘ

ヘイケガニ 117, 123, 126
ヘイケガニ科 118
ヘイケボタル 423, 427, 429, 430, 432
平四郎虫 259
兵隊ガニ 115, 119, 137
ヘクサムシ 226
ヘコキムシ 369
ベダリアテントウ 434, 435
ベッコウガガンボ 350
ベッコウチョウトンボ 160
ベッコウバエ 357
ベッコウハゴロモ 249
ベッコウバチ 462, 476
ベッコウバチ科 458
ベッコウヒラタシデムシ 376
ヘッピリムシ 226, 438
ベニカノコ 300
ベニキジラミ 263
ベニシオマネキ 133
ベニシロチョウ 345
ベニツケモドキ 128
ペニー・ドクター 387
ベニヒキゲンゴロウ 372
ベニボシイナズマ 345
ベニホタル 429
ベニモンクロアゲハ 315
ベニモンマダラ 292
ヘビトンボ〈蛇蜻蛉〉 268, 273
ヘリ 63
へひりむし 391
ヘラオカブトエビ 61
ヘラクレア産のカニ 119
ベラドンナカザリシロチョウ 318
ヘラムシ〈箆虫〉 76, 91
ヘリカメムシ 220
ヘリカメムシ科 226
ペリパタス 43
ヘリボシアオネアゲハ 313
ヘルクレスオオカブトムシ 392, 393, 405
ベルトムヌスマエモンジャコウ 311
ヘレナキシタアゲハ 315
扁形動物門 16

ベンチュウカ 227, 230

ホ

ホウ 224, 262
蚉（ぼう）194, 262
紡脚目 155
ホウシグモ 53
ホウネンエビ〈豊年蝦〉 61, 79
ホウネンエビモドキ 61, 79
ホウネンギョ 79
ホウネンチュウ 79
ボウフラ 354, 359, 363, 366
ホオズキカメムシ 224, 226
ボクトウガ 280, 292
ボクトウガ科 446
ホシカメムシ 220
ホシチョウバエ 354
ホシベニカミキリ 446
ホシマンジュウガニ 132
ホソアカクワガタ 384, 385
ホソアワフキ 244
ホソオモテユカタンビワハゴロモ 253
細腰亜目 477
ホソチョウ 348
ホソバスジグロマダラ 329
ホタル〈螢,蛍〉171, 199, 282, 423, 426, 427, 429, 430, 431, 450
ホタルコメツキ 258, 422
ホッカイエビ 81
ホトケトンボ 154
ホトケノウマ 182
ホーネット 466, 473
ホノオハリガイ 492
ホホ 226
ホモラ科 118
ポリダマスキオビジャコウ 311
ホルストジョウゴグモ 75
ホルモンチュウ 438
ホンコノハムシ 192, 193
ホンシャコ 141
ホンチ 74
ホンヤドカリ 112, 113
ホンヤドカリ科 114

マ

マイソウムシ〈埋葬虫〉 398
マイマイ 491, 492, 493
マイマイ科 490, 493
マイマイガ 390
マイマイカブリ〈蝸牛被〉 369, 390
マイマイムシ 395
マエアカヒトリ 292
マエキオニグモ 57
真蝦 103

マエモンジャコウアゲハ 311
マキゲムシ 426
マキバネコロギス 164
マキバヒナバッタ 183
マグソコガネ 143, 203
蠛蠓（まくなぎ）363
孫太郎虫（まごたろうむし）273
マザトウムシ 45
マザトウムシ科 54
マダガスカルジョロウグモ 74
マダニ 48, 49, 55, 230
マダラガ 292, 302
マダラカラッパモドキ 128
マダラゲンセイ 442
マダラチョウ 328, 329
マダラチョウ科 322
マダラテングダニ 48
マダラヤンマ 156
ハチバエ 353
マッカン 115
マツクイムシ 455, 458
マツケムシ 247
マツノキクイムシ 458, 465
マツバガニ 121
マツムシ〈松虫〉 166, 167, 169, 170, 171, 247
マツムシ科 158
マツモムシ〈松藻虫〉 232, 242
マデイラゴキブリ 205
マドチャテ 217
マドボタル 430
マーブルシロジャノメ 333
マミズコシオリエビ 104
マメコガネ 283, 407, 410, 411
マメゾウムシ〈豆象虫〉 447, 450, 456
マメハンミョウ〈豆斑猫,葛上亭長〉386, 439, 442, 443
マメヘイケガニ 119
マラッカベッコウマイマイ 492
マルエラワレカラ 95
マルカブトツノゼミ 244
マルクジラジラミ 77
マルハナバチ 462, 469
マルバネタテハ 343
蔓脚類 72
マングローブガニ 125, 128
マンボウノシラミ 65

ミ

ミイデラゴミムシ 369, 368, 387, 391
ミイロトラガ 303
身殻空（みがら）239
ミカントゲカメムシ 221

ミカントゲコナジラミ 266
ミコバチ 477
ミジンコ〈微塵子〉 8, 61, 82, 83
ミズアブ 352, 353, 367
ミズアモルフォ 340
ミズカゲロウ〈水蜉蝣〉 274
ミズカマキリ〈水蟷螂〉 198, 232, 238, 239
ミズグモ 78, 234, 235
ミズケラ 278
ミズサシガメ 220
ミスジハエトリ 53
ミスジマイマイ 496
ミズスマシ〈水澄〉 228, 363, 367, 372, 373, 395
ミズダニ 48, 49
ミズトビムシ科 138
水のコオロギ 228
ミズノミ 82
ミズヒキガニ 117
ミズムシ〈水虫〉（甲殻類）90
ミズムシ〈水虫〉（半翅目）90, 235
ミズメイガ 294
ミゾガシラシロアリ科 216
ミダスダイコクコガネ 416
ミチオシエ〈道教え〉 383, 384, 386
ミツギリゾウムシ科 454
ミツギリツックワガタ 380
ミツツボアリ 486
ミツノカブト 397
ミツバチ〈密蜂〉 12, 13, 280, 367, 459, 466, 467, 469, 470, 471, 474, 475, 478, 479, 482, 483, 490
ミツバチ科 468
ミツバチ上科 468
ミツホシアカクワガタ 384
ミドリイツツバセイボウ 480
ミドリゲンセイ 439
ミドリタテハ 349
ミドリチッチゼミ 246
ミドリツチハンミョウ 436
ミドリハリガイ 492
ミナミイセエビ 88
ミナミカブトガニ 36, 47
ミナミスナホリガニ 113
ミナミルリボシヤンマ 156, 157
ミノガ 290
ミノムシ 166, 282, 290
ミバエ 357, 370
ミミエボシ 68, 73
ミミズ〈蚯蚓〉 8, 23, 30, 31, 34, 35, 38, 175, 284
ミミズク〈木菟〉 244, 258
ミヤマカラスアゲハ 311

ミヤマカミキリ 400
ミヤマクワガタ 402,403
ミョウガガイ〈茗荷介〉 68,69,86
ミールワーム 438
ミンミンゼミ 237,247

ム
ムカシアリ 483
ムカシエビ 83
ムカシトンボ 150,154
ムカシトンボ亜目 154
ムカシヤンマ科 150
ムカデ〈蜈蚣,百足〉 22,51,130,**131**,134,135,144,231,358,387,399,494,495
ムギワラエビ 117
ムギワラトンボ 161
ムクゲムシ 223
無甲目 61,79
ムジ 42
虫ダニ 59
ムシヒキアブ 352,353,366,367
ムチサソリ 63
ムナコブサイカブト 409
ムナビロカレハカマキリ 213
ムナビロコノハカマキリ 208,212
ムナボソハサミムシ 216
ムネツノチリクワガタ 389
ムラサキオカガニ 119
ムラサキトビムシ 138
ムワサキワモンチョウ 336

メ
螟（めい） 262
メイガ 294,426
メイガ科 279,280,283
メイチュウ（螟虫） 282
夫婦虫 415
メガネケダニ 48
メガネトリバネアゲハ 310
メキシコワタミゾウムシ 454
メクイムシ 450
メクラアブ 353
メクラガメ 225
メクラグモ〈盲蜘蛛〉 54
メクラゲンゴロウ 163
メジロ 266
メスアカモンキアゲハ 313
雌ブタ 90
メダマチョウ 337
メナガガザミ 128
メナガツノガニ 121
メナシムカデ 144
メネラウスモルフォ 339,340
メバエ 357,370
メハナバチ 465

メンガタスズメ 281,283,300
メンコヒシガニ 124
メンチュウ（綿虫） 266

モ
網翅目 199
モエビ 84
モクズガニ 122,**136**
モクズショイ 121
モクメシャチホコ 301
モッショクシバチ 462
モトフサヤスデ 148
モノアラガイ 489
モモブトオオリハムシ 456
モルッカガニ 36
モルフォチョウ 325,323,326,340
モルフォチョウ科 322
モルモンコオロギ 162
モンカゲロウ科 143,146
モンキアカタテハ 342
モンキアゲハ 313
モンキツノカメムシ 221
紋黒白蝶 330
モンシデムシ 376
モンシロチョウ 318,322,323,330,331,463
モンスズメバチ 467
モンハナバチ 468
モンユスリカ 351

ヤ
ヤガ 302
ヤガ科 279,303,455
ヤギのガ 292
ヤクヨウゴキブリ 202,**205**
ヤケドムシ 443
ヤゴ 91,239,423
ヤシオサゾウムシ 454
ヤシガニ 108,109,115,118
ヤシゾウムシ 454
ヤシナナフシ 198
ヤセヒシバッタ 189
ヤチバエ 370
ヤッコカンザシ 28
ヤドオカ 406
ヤドカリ〈宿借〉 102,109,112,**114**,115,117,118,119
ヤドカリ科 114
ヤドリバエ 353
ヤブカ 351
ヤブキリ 181
ヤマアリ 488
ヤマアリ亜科 483
ヤマアリ群 483

ヤマキチョウ 322
ヤマゼミ 240
ヤマトアカヤスデ 144,148
ヤマトゴキブリ 205
ヤマトシミ 142,**149**
ヤマトシロアリ 216
ヤマトタマムシ 419,**420**
ヤマナメクジ 489
ヤマビル 38,39,42
ヤママユガ 281,283,284,298,**299**
ヤマミミズ 35
ヤマミミハリガイ 489
ヤラトゲザリガニ 97
ヤンマ 147,150,156,**157**
ヤンマ科 147,150

ユ
有鉤条虫 17
遊在目 23,26
ユウモンガニ 133
ユウレイグモ 53,54,55
ユウレイボタル 423
ユカタヤマシログモ 53
ユカタンビワハゴロモ 252,253,256
ユキオンバ 267
ユキトビムシ 138
ユキノミ 138
ユスリカ〈揺り蚊,揺蚊〉 155,210,262,267,**351**,359,**363**
ユビナガツチカニムシ 44
ユミアシヒザボソザトウムシ 45
ユムシ〈蟶〉 33,43,**42**
ユムシ科 42
ユムシ綱 42
ユメムシ〈夢虫〉 60,78

ヨ
ヨウカイカマキリ科 209,213
ヨウシュミツバチ 468
洋種ミツバチ 469
ヨコジマハンミョウ 386
ヨコズナトモエ 302
ヨコバイ〈横這〉 194,**255**,259,263,465
ヨコバイ科 255
ヨコバコツブムシ 77
ヨシウンカ類 465
ヨシエビ 103
ヨシカレハ 296
ヨツカドヒラフジツボ 72
ヨツコブツノゼミ 244
ヨツテンヨコバイ 255
ヨツバコセイボウ 480
ヨツボシオサモドキゴミムシ 368
ヨツボシクサカゲロウ 269

ヨツボシゴミムシ 368
ヨツボシトンボ 160
ヨナクニサン 282,297
ヨナムシ 454
ヨモギハムシ 456
ヨロイウミグモ 60
ヨロイウミグモ科 78
ヨーロッパアオハダトンボ 153
ヨーロッパアカザエビ 107
ヨーロッパイエコオロギ 158
ヨーロッパイシムカデ 145
ヨーロッパイセエビ 89
ヨーロッパイチョウガニ 125
ヨーロッパエゾイトトンボ 153
ヨーロッパエゾゼミ 240,241
ヨーロッパオニヤンマ 156
ヨーロッパクギヌキハサミムシ 211
ヨーロッパケアシガニ 121
ヨーロッパケラ 172,173
ヨーロッパコフキコガネ 410
ヨーロッパザリガニ 96,97,107,110
ヨーロッパタイマイ 309
ヨーロッパタマヤスデ 148
ヨッロッパノハラコオロギ 164
ヨーロッパヒオドシチョウ 343
ヨーロッパヒゲコガネ 413
ヨーロッパヒゲナガモブトカミキリ 441
ヨーロッパホンサナエ 157
ヨーロッパマダラクワガタ 380
ヨーロッパマツカレハ 296
ヨーロッパミズカマキリ 232,233
ヨーロッパミミズク 244
ヨーロッパミヤマクワガタ 380,381
ヨーロッパモンウスバカゲロウ 269,272
ヨーロッパヤブキリ 176
ヨーロッパルリクワガタ 380
ヨーロピアンロブスター 100,101,107

ラ
ラセンケヤリ 25
ラッキー・バグ 395
ラックカイガラムシ 270
ラバ殺し 207

索引——蟲の和名／ラテン名

リ

リボンカゲロウ 269, 299
リンゴワタムシ 266, 267
リンネセイボウ 480

ル

ルカニアの虫 402
ルリアシナガコガネ 408
ルリオビムラサキ 344
ルリジガバチ 463
ルリホシタテハモドキ 345
ルリモンアゲハ 312
ルリモンジャノメ 332

レ

レアハカマジャノメ 333
レイシオオカメムシ 221
レイビシロアリ 216
レスビアモンキチョウ 319
レース虫 227
レテノールアゲハ 312
レテノールモルフォ 312, 338
レナハカマジャノメ 333

ロ

ロアロロ 118
ロシヤムシ 230
ロスチャイルドヤママユ 297
ロブスター 102, **107**, 126
ロンドンツチヤスデ 148

ワ

ワスプ 458, 459, 466, 472, 480
ワタアブラムシ 267
ワタジラミ〈綿虱〉 266
ワタムシヤドリコバチ 267
ワタリガニ 120, 125, 128, 129
ワタリガニ科 118
和の斑螯 386
ワモンゴキブリ 199, 202, **204**, **205**, 206
ワモンチョウ 337, 340, *346*
ワラジヘラムシ 91
ワラジムシ〈草鞋虫〉 51, 70, 76, 77, 91, **94**, 387, 399
ワレカラ〈割殻〉 73, **95**, 98
ワンドラムシ 231
ワンド・ロイス 231

534

蟲のラテン名

斜体文字は属名，種小名をあらわす。

A

Abraxas grossulariata 281
Acanthocinus aedilis 441
Acanthocoris sordidus 224, 226
Acanthoscelides obtectus 450
Acanthosoma labiduloides 221
Acari 55
Acarida 55
Acaridae 55
Acarina 55
Acasta sp. 72
Achatina fulica 492
Acherontia atropos 300
Achias maculipennis 357
Acrida 183
Acrida cinerea 185
Acrididae 184
Acripeza reticulata 177
Acrocinus longimanus 441, 445, 449
Acrophylla titan 201
Actaeodes tomentosus 132
Actias artemis 298
Acyrthosiphon pisum 260
Aedes cinereus 351
Aeglea laevis 104
Aeschna bonariensis 151
Aeschna cyanea 156, 157
Aeschna grandis 157
Aeschna sp. 157
Aeschnidae 147, 157
Aeschuna mixta 156
Aetalion reticulatum 244
Aethiopana honorius 320
Aethra scruposa 124
Agarista agricola 303
Agathia carissima 302
Aiolocaria hexaspilota 433
Alaus 419
Alaus oculatus 422
Albione maricata 32
Aleurocanthus spiniferus 266
Aleyrodes 263
Aleyrodes proletella 260
Aleyrodidae 263
Allomyrina 406
Allomyrina dichotomus 400, 401, 405

Amara 391
Amblyomma testudinarium 49
Amegilla florea 469
Ammophila 462
Ammotheidae 78
Ampulex compressa 472
Amsacta lactinea 292
Amyotea malabaricus 221
Anabrus simplex 162
Anaciaeschna isosceles 157
Anaea clytemnestra 347
Anapheis java 317
Ancistrotus cumingi 448
Ancistrotus servillei 448
Anisodactylus 391
Anisops nivea 233
Anisoscelis flavolinealum 220
Anobiidae 432, 434
Anobium 434
Anomura 114
Anopheles macuripennis 351
Anopheles sinensis 362
Anoplophora malasiaca 453
Anoplura 218
Anostoma ringens 493
Anplophora malasiaca 446
Antestiopsis cruciatus 221
Antheraea larissa 298
Anthia duodecimguttata 368
Anthia sexguttata 368
Anthicidae 443
Anthicus 443
Anthidium manicatum 468
Anthocharis cardamines 318
Anthrenus 431
Anthrerus museorum 431
Anthribidae 454, 455
Apaturina erminea 344
Aphelinus moli 267
Aphididae 266
Aphidoidea 266
Aphis althaea 260
Aphrodita aculeata 20
Aphrophora intermedia 244
Apis 470
Apis cerana 469
Apis lingustica 470
Apis mellifera 468
Apoderus 451

Apoderus erythrogaster 451
Apoidea 470
Aponomma gervaisi 49
Aporia crataegi 319
Apotomopterus dehaanii 390
Appias melania 317
Apriona japonica 453
Arachnida 63
Araneae 53, 63
Araneidae 63
Araneus 66
Araneus diadematus 56
Araneus sp. 56
Archaeoattacus edwardsii 297
Archimantis latystyla 213
Arctia caja 303
Arctia villica 3
Arctiidae 303
Arenicola piscatorum 20
Argasidae 48
Argas pipistrellae 49
Argas reflexus 49
Argas sp. 49
Argas vespertilionis 49
Argiope amoena 57
Argiopidae 57
Argulus 83
Argulus foliaceus 83
Argulus japonicus 86
Argyroneta aquatica 78
Arion ater rufus 489
Aristobia sp. 452
Armadillidiidae 91
Armadillidium 91
Armadillidium vulgare 76
Aromia 443
Aromia moschata 446
Artemia 79
Ascalaphidae 275
Ascalaphus 275
Ascarida 16
Asellidae 90
Asellota 235
Asellus 90
Asellus hilgendorfi 235
Aspidomorpha indica 457
Aspongopus chinens 226
Astacidae 107
Astacus 107
Astacus astacus 96, 97, 110
Astacus leptodactylus 110
Atergatis integerrimus 132
Atergatis subdentatus 132
Atta barbara 487
Atta cephalotes 488
Attacus atlas 282, 297
Atta structor 487
Attelabidae 451, 454, 456, 457
Attelabus 451
Atypus formosensis 75

Atypus karschi 52
Augosomacentaurus 397
Aulacophora femoralis 451, 457
Aulonogyrus strigosus 372
Austropotamobius pallipes 110
Axiidae 111
Aysheaia 46

B

Bacteria baculus 201
Baculum irregulariterdentatum 193
Balanidae 87
Balanus balanoides 72
Balanus sp. 72
Balanus tintinnabulum 72
Bassaris itea 342
Batocera rubus or *rofomaculata* 452
Bdella longicornis 48
Bdella sp. 48
Belionota aenea 425
Belostoma 238
Belostomatidae 238
Bematistes macaria 348
Bentheuhausiidae 98
Beris vallata 352
Bethylidae 458
Bhutanitis lidderdalei 312
Bibio hortulanus 352
Bindahara phocides 320
Bipaliidae 33
Bipalium fuscatum 33
Birgus latro 108, 109
Biscirus sp. 48
Biston betularius 293
Bittacidae 277
Bittacus 277
Blaberus giganteus 205
Blatta orientalis 205, 391
Blattaria 199
Blattella germanica 205
Blattellidae 199
Blattidae 199
Bocydium globulare 244
Bombus ardens 469
Bombus sp. 469
Bombycidae 284, 304
Bombylius major 352, 353
Bombyx 284
Bombyx mandarina 284
Bombyx mori 304, 305
Brachinus succinetus 368
Brachycentrus sp. 289
Brachycentrus subnubilus 278
Brachycera 370
Brachycerus nigro-spinosus 461
Brachylabis chilensis 216
Brachypelma emilia 52
Brachytrupes membranaceus

535

索引──蟲のラテン名

164
Brachyura 118
Brahmaea wallichii 301
Branchellion torpedinis 32
Branchinecta paludosa 61
Branchinella 79
Branchinella kugenumaensis 61
Branchiobdellidae 30
Brassolis astyra 336
Brassolis sophorae 336
Brenthus lineatus 461
Brentidae 454
Brevicoryne brassicae 260
Bruchidae 447
Bruchus 447
Bruchus pisorum 450, 456
Bruchus rufimanus 450
Buprestidae 418, 424
Buprestis 418
Buthidae 50
Buthus martensii 41
Buthus occitanus 51
Buttus polydamas 311
Byasa alcinous 334
Byctiscus sp. 457

C

Calappidae 118
Caligo eurilochus 336
Caligo idomeneus 336
Callianassa subterranea 105
Callianassa turnerana 114
Callianassidae 111, 114
Callichroma virens 449
Callicore astarte 347
Callicore hydaspes 347
Calligrapha philadelphica 456
Calliona sp. 325
Calliphoridae 357
Calliptamus italicus 185
Calocoris quadripunctatus 225
Calopterygidae 147
Calopteryx splendens 153
Calopteryx virgo 153
Calosoma sycophanta 368, 390
Calyptotrypus hibinonis 167
Cambaroides 107
Cambaroides japonicus 97
Campodeidae 139
Camponotus 482
Camposcia retusa 121
Cancer pagurus 125
Cantao ocellatus 224
Cantharidae 430
Cantharis fusca 429
Canthon 415
Caprella 95
Caprella sp. 73
Caprellidae 73, 95
Carabidae 368, 369, 387,

391
Carabus 387
Carabus auratus 390
Carabus insulicola 387
Carcinus maenas 128
Cardisoma guanhumi 137
Carpilius corallinus 133
Carpilius maculatus 132
Carpocapsa saltitans 281
Carpona stabilis 220
Catacanthus incarnatus 221
Cataroglyphina bambuse 266
Catharsius molossus 415, 416
Catocala nupta 302
Catopsilia pomona 317
Catopsilia pyranthe 316
Cecrops latreillei 65
Centrotus cornutus 244
Cepaea hortensis 492
Cerambycidae 441, 443, 448, 452, 453
Cerambyx 443
Cercopidae 251
Cercopis 251
Cercopis sanguinolenta 244
Cerura vinula 301
Cervimunida johni 114
Cestoda 16
Cethosia chrysippe 343
Cethosia cyane 345
Chaetopterus pergamentaceus 25
Chalcodes aeratus 384
Chalcophora 418
Chalcophora japonica 419, 420
Chalcosoma atlas 406
Chalcosoma caucasus 393
Chalybs herodotus 321
Charaxes bernardus 344
Charaxes etesipe 343
Charybdis feriata 128
Charybdis japonica 129
Chasmagnathus convexus 123
Cheiridium museorum 44
Cheirotonus macleayi 413
Chelifer cancroides 44, 54
Cheliferidae 54
Cheliferinea 44
Chelonariidae 428
Chernes cimicoides 44
Chiasognathus granti 388, 389
Chilopoda 131
Chilo suppressalis 282
Chioides catillus 307
Chionoecetes opilio 121
Chiracanthium erraticum 53
Chiracanthium japonicum 66
Chirocephalidae 79
Chiromantes dehaani 123

Chironomidae 351, 363
Chironomus 363
Chironomus plumosus 351
Chloeia capillata 20
Chlorion maxillare 472
Chlorocoelus tanana 182
Choeradodis strumaria 208, 212
Chromacris miles 189
Chrysiridia madagascariensis 281
Chrysiridia riphearia 294
Chrysis grandis 481
Chrysis ignita 480
Chrysis sp. 480
Chrysobothris quadrimaculata 425
Chrysochroa 418
Chrysochroa fulgidissima 420
Chrysochroa ocellata 424
Chrysolina graminis 456
Chrysolina tolli 456
Chrysomela 450
Chrysomelidae 450
Chrysopa 274
Chrysopa septempunctata 269
Chrysopa vulgaris 274
Chrysopidae 269, 274
Chrysops caecutience 353
Chthamalidae 87
Chthonius (*C.*) *orthodactylum* 44
Chysochroa fulgidissima 419
Cicada orni 240
Cicadella viridis 244
Cicadellidae 255
Cicadelloidea 255
Cicadidae 242
Cicadoidea 242
Cicindela 383
Cicindela campestris 364
Cicindela chinensis 364
Cicindela chinensis japonica 364, 386
Cicindelidae 383
Cimex 230
Cimex japonicus 225
Cimex lectularius 225
Cimicidae 230
Cionus scrophulariae 464
Cisseis leucosticta 421
Cladocera 82
Clavigerinae 399
Claviger testaceus 399
Cleandorus fortis 178
Clepsina hyalina 32
Cleptes semiaurata 480
Cletus rusticus 224
Cnephia pecuarum 363
Coccidae 270
Coccinella 434

Coccinella septempunctata 433
Coccinellidae 433, 434
Coccoidea 270
Coccus laccae 271
Coccus maniparus 270
Coenagrion puella 153
Coenobita perlatus 112
Coenobitidae 114
Colias lesbia 319
Collembola 138
Colobognatha 130
Colobura dirce 343
Colocasia coryli 292
Colonula diadema 72, 73
Colotis danae 316
Conocephalidae 181
Conocephalus melas 181
Conognathaamoena 421
Conognatha macleayi 420
Conops petiolata 357
Consul hippona 345
Copepoda 64
Coraebus pulchellus 421
Cordulegaster boltonii 156
Corethra plumicornis 351
Corixa 235
Corixidae 235
Corydalidae 273
Corydalis 273
Corydalis cornutus 268, 273
Corymbites cupreus 428
Corynorhynchus radula 185
Cossidae 292, 446
Cossus cossus 292
Crangon communis 80
Crangon crangon 80
Craspedosoma rawlinsii 148
Cressida cressida 310
Creusia sp. 72
Crocothemis servilia 160
Crocothemis servilia 161
Cryptops hortensis 145
Cryptotympana atrata 241
Ctenocephalides canis 360, 361
Ctenocephalides felis 360, 361
Ctenolepisma villosa 142, 149
Ctenophora pictipennis 350
Culex 354
Culex pipiens 351, 363
Culicidae 354
Cupha woodfordi 345
Curculio 454
Curculio croesus 464
Curculionidae 454
Curculionidae 461, 464
Curculio ovalis 460
Curculio paraplecticus 399
Curculio quadrituberculatus 461

Curculio sexspinosus 461
Curculio spectabilis 461
Cyamidae 98
Cyamus 98
Cyamus ovalis 77
Cyaneolytta gigas 436
Cybister 394
Cybister japonicus 373
Cybister sp. 373
Cyclochila australasiae 241
Cyclommatus multidentatus 385
Cyclommatus tarandus 384
Cyclops sp. 65
Cycnus phaleros 321
Cylindroiulus londinensis 148
Cymothoidae 95
Cymothoa 95
Cymothoa banksii 77
Cymothoa oestrum 77
Cynthia kershawi 342
Cyphocrania gigas 196, 201
Cyphocrania reinwardtii 200
Cypridina 83
Cypridina bimaculata 65
Cypridinidae 83
Cyrestis themire 346
Cyria imperialis 425
Cystosoma saundersi 240
Cyta latirostris 48

D

Dactylocherifer latreillei 44
Dactylopius coccus 265, 271
Daldorfia horrida 124
Damaster 390
Damaster blaptoides 369
Damaster blaptoides fortunei 390
Damaster blaptoides rugipennis 391
Danaidae 322
Danaus affinis 317
Danaus genutia 328
Danaus gilippus 328
Danaus ismare 329
Danaus plexippus 328
Daphniidae 82
Dardanus sp. 112
Darnis lateralis 244
Daudebardia brevipes 493
Decticus verrucivorus 176
Deinacrida 179
Delias aganippe 316
Delias belladonna 318
Delias harpalyce 318
Deltocephalidae 255
Dendrolimus pini 296
Dermanyssidae 55
Dermaptera 210, 216
Dermestes 431

Dermestes lardarius 432
Dermestes maculatus 432
Dermestidae 431
Deroplatys desiccata 213
Diapherodes gigas 200
Dicranorrhina micans 408
Dictyophara europaea 260
Dictyophara patruelis 260
Dictyoploca japonica 281
Diestrammena 179
Dinothrombium tinctorium 48
Diogenidae 114
Dione moneta 348
Diopsis indica 357
Diopsis subnotata 357
Diphyllobothrium latum 17
Diplonychus 238
Diplonychus japonicus 228
Diplopoda 130
Diplura 139
Discophora celinde 346
Dismorphia psamathe 319
Dolichovespula media 473
Dorcus 402
Dorippidae 118
Drawida hattamimizu 35
Dromia caputmortuum 117
Drosophila melanogaster 375
Drupadia ravindra 320
Dryomyza formosa 357
Ducetia japonica 181
Dynastes 406
Dynastes hercules 392, 393
Dynastinae 406
Dynomene hispida 117
Dysodius lunatus 220
Dytiscidae 394
Dytiscus 394
Dytiscus semisulcatus 372
Dytiscus sp. 373

E

Echiuridae 42
Echiuroidea 42
Ection 482
Edessa cervus 221
Eicochrysops hippocrates 321
Elampus spinus 480
Elaphrus sp. 365
Elater 419
Elateridae 419
Elater sanguineus 428
Elater spp. 428
Elenchus tenuicornis 465
Elymnias hypermnestra 332
Embia mauritanica 216
Embioptera 155
Empusa pectinata 209
Enarmonia saltitans 281
Encosmidae 281

Endomychus coccineus 433
Eneopteridae 166
Ennominae 293
Enoplocerus armillatus 448
Entorophi 139
Eocapnia nivalis 155
Epargyreus exadeus 307
Ephemera longicauda 146
Ephemera vulgata 149
Ephemeridae 143
Ephemeroptera 143, 149
Epicauta 442
Epilachna vigintioctopunctata 432, 433
Epiophlebia laidlawi 154
Epiophlebia superstes 154
Eplumula phalangium 117
Erianthidae 189
Eriasoma lanigerum 267
Ericerus pela 258, 261
Eriochier japonicus 136
Eriogyna pyretorum 281
Erpobdellidae 33
Erythraeus sp. 48
Erytiracarus sp. 48
Etisus anaglyptus 132
Euastacus armatus 97
Euastacus yarraensis 97
Euchroma gigantea 424
Euclimacia badia 275
Eucobresia diaphana 489
Euconocephalus thunbergii 181
Eucorysses grandis 220, 226
Eudaemonia argus 299
Euhadra periomphala 496
Euhadra quaesita 493, 496
Euhadra sp. 496
Euhirudinea 32, 33
Eulaema surinamensis 468
Eulyes amaenus 220
Eumantispa harmandi 275
Eumenes 463
Eumenes sp. 472, 473
Eunica eurota 347
Eunice 26
Eunice aenea 21
Eunice gigantea 21
Eunicidae 26
Eupatula macrops 302
Eupelops occultus 48
Euphausiacea 98
Euphausia pacifica 99
Euphausia superba 98, 99
Euphausiidae 98
Euphrosine foliosa 20
Eupolyphaga sinensis 202, 205
Eurrlypara hortulata 294
Eurydema dominutus 225
Euselasia thucydides 325
Eusilpha brunneicollis 376

Eusilpha japonica 376
Eutardigrada 43
Euthalia lubentina 345
Euthrix potatoria 296
Euurobracon yokohamae 481
Euxanthe eurinome 343
Evenus gabriela 320
Evenus sp. 321
Everes argiades 321
Exphthalmodes regalis 460
Exphthalmodes similis 460
Extatosoma tiaratum 200

F

Faunis arcesilaus 346
Fessonia sp. 48
Flata limbata 248, 258
Flatidae 258
Fontaria laminata 131
Forficula auricularia 211
Forficulidae 210
Formica 482
Formica rufa 488
Formicidae 482, 488
Fulgora graciliceps 253
Fulgora laternaria 252, 253
Fulgoridae 258
Fulgoroidea 259

G

Gaeana maculata 237
Galathea 114
Galathea strigosa 104
Galatheidae 114
Galeodes araneoides 78
Galeodidae 60, 78
Galleria mellonella 280
Galloisiana 158
Galloisiana nippnensis 158
Galloisia nipponensis 158
Gamasholaspis sp. 48
Gamasiphis sp. 48
Gampsocleis 182
Gampsocleis buergeri 180
Garypidae 54
Garypus japonicus 45
Gasteracantha kuhlii 57
Gecarcinidae 119
Gecarcinus ruricola 137
Gecarcoidea sp. 137
Geisha distinctissima 249
Gelastocoris oculatus 233
Geometra brumata 279
Geometridae 293
Geophilomorpha 131
Geotrupes 403
Geotrupes laevistriatus 408, 415
Geotrupes stercorarius 395, 403, 409
Geotrupidae 403

索引――蟲のラテン名

Gerridae 234
Gerris 234
Gerris costae 228
Gerris paludum 228
glaucothoe 112
Glaucytes interrupta 441
Glomeris marginata 148
Gnathobdellida 38
Goera japonica 279
Goliathus cacicus 405
Goliathus goliathus 405, 410
Gomphus vulgatissimus 157
Gonepteryx rhamni 322
Gongylus gongylodes 209, 212, 213
Gongylus trachelophyllus 206
Gonodactylus scyllarus 141
Gonyleptes curvipes 45
Gordius sp. 17
Graphium tynderaeus 309
Grapsus grapsus 136
Graptopsaltria nigrofuscata 237
Gryllidae 158
Grylloblattodea 158
Gryllodes sigillatus 162
Gryllotalpa 174
Gryllotalpa gryllotalpa 172, 173
Gryllotalpa sp. 173
Gryllotalpidae 174
Gryllus bimaculatus 164
Gryllus campestris 164
Gryllus domesticus 158
Gymnepleurus 414
Gymnopleurus sp. 408
Gyrinidae 395
Gyrinus 395
Gyrinus japonicus 373

H

Haemadipsa zeylanica japonica 33
Haemaphysalis sp. 49
Haematopinus suis 217
Haematopota pluvialis 353
Haematopota sp. 353
Haementeria ghilianii 39
Haemocharis agilis 32
Hagenomyia 276
Hagenomyia micanus 272
Hagenomyia sp. 289
Halictophagus curtisi 465
Haltica oleracea 450
Hamadryas arete 346
Hamadryas sp. 346
Harmonia 434
Harpalidae 391
Harpalus 391
Hebomoia leucippe 316
Heikea japonica 117, 123

Helicarion flammulata 492
Helicarion viridis 492
Helice tridens 123
Helicidae 490
Helicina taeniata 492
Heliconius 326
Heliconius ethilla 348
Heliocopris bucephalus 416
Heliocopris midas 416
Helix aspersa 494, 496
'Helix' clavulus 492
'Helix' granulata 493
'Helix' mammilla 493
'Helix' papuensis 493
Helix pomatia 493, 494
'Helix' solarium 492
'Helix' tongana 492
'Helix' undulata 493
Hemigrapsus sanguineus 136
Hemipsocus chloroticus 217
Hemiptera 226
Hemirhipus lineatus 428
Hepalidae 446
Hepatus pudibundus 128
Hepialidae 290, 446
Hesperiidae 306, 307
Hesperocorixa 235
Hestiasula phyllopus 213
Heterojapyx souliei 139
Heterometrus sp. 40, 41
Heteropoda venatoria 75
Heteroptera 226
Heteropteryx dilatata 200
Heterotardigrada 43
Hexacentrus japonicus 180, 181
Himacerus apterus 225
Himantarium gabrielis 145
Hippa adactyla 113
Hippobosca equin 371
Hippoboscidae 231
Hipponoa gaudichaudi 20
Hirudidae 33, 38
Hister 398
Hister cadaverinus 376
Histeridae 398
Holochlora japonica 181
Homarus 107
Homarus gammarus 100, 101
Homeogryllus 170
Homolidae 118
Hoplia coerulea 408
Huechys sanguinea 282
Hyas araneus 121
Hybomitra tropica 353
Hybosorus illigeri 409
Hybris 275
Hydrachna sp. 49
Hydrachnellae 48
Hydrometra stagnorum 228

Hydrophilidae 395
Hydrophilus 395
Hydrophilus sp. 372
Hygrobia undulatus 372
Hyles euphorbiae 300
Hyperantha speculigera 420
Hyphantria cunea 283
Hypogastrura 138
Hypolimnas alimena 344
Hypomeces squamosus 465

I

Ibacus ciliatus 92
Ibacus novemdentatus 92
Ibacus peronii 93
Icerya purchasi 435
Ichneumonosoma imitans 357
Ichthyoxenus 95
Ichthyoxenus japonensis 95
Idea idea 329
Idotea emarginata 76
Idotea hectica 76
Idotea linearis 76
Idothea 91
Idotheidae 91
Ikeda taenioides 43
Inachis io 343
Incilaria 495
Iphiclides podalirius 309
Ipidae 446
Ips 455
Isoptera 211
Ixias pyrene 317
Ixodes sp. 49

J

Jaera kroyeri 73
Japygidae 139
Jasus verreauxi 88
Juliformia 130
Julus flavozonatus 148
Jumnos ruckeri 412
Junonia almana 345
Junonia lintingensis 345
Junonia orithya 口絵
Junonia orithya madagascariensis 口絵

K

Keiferia lycopersicella 16
Kermes ilicis 265, 271

L

Laccifer laccae 271
Laccotrephes 239
Laccotrephes japonensis 232
Laevicaulis alte 489
Lamprima aenea 380
Lamproptera curius 311
Lampyridae 423, 429
Lampyris 423, 426

Lampyris noctiluca 426
Laomedia sp. 105
Laomediidae 111
Lapas anatifera 68
Laphria gigas 352
Lasdelphax 259
Lasiocampa quercus 296
Lasius flavus 399
Laternaria candelaria 256, 257
Laternaria clavata 257
Laternaria phosphorea 258
Laternaria pyrorhyncha 256, 257
Leaunder paucidens 102
Lebia fulvicollis 368
Ledra 258
Ledra auditura 244
Ledra aurita 244
Ledridae 258
Lepadidae 86
Lepadomorpha 68, 69
Lepas 86
Lepidoptera 279
Lepidostoma hirtum 289
Lepidurus productus 61
Lepisma saccharina 142, 149
Lepismatidae 139
Leptinotarsa decemlineata 450
Leptodius exaratus 132
Leptus americanus 59
Lethnus cephalotes 409
Lethocerinae 238
Lethocerus 238
Lethocerus deyrollei 229
Lethocerus indicus 229
Lethocerus maxima 229
Leucophaea madeirae 205
Leucosia anatum 120
Leuctra fusca 155
Libelloides macaronius 269
Libelloides ramburi 268, 276
Libellula quadrimaculata 160
Libellula quadrimaculata asahinai 160
Libellulidae 147
Ligia 90
Ligia exotica 76
Ligidae 90
Limacodidae 292
Limax cinereoniger 489
Limax maximus 489
Limax sp. 489
Limnobia rivosa 350
Limnophilidae 278
Limnophilus flavicornis 278
Limnoria 94
Limnoriidae 94
Limulidae 46
Limulus 46
Limulus polyphemus 36

Liparus germanus 457
Lithobiomorpha 131
Lithobius forficatus 145
Lithodes maja 113
Lithodidae 114
Lixus bidentatus 461
Lochmechusa pubicollis 399
Locusta 183
Locusta migratoria 184, 185, 187, 189
Loxblemmus sp. 168
Lucanidae 3, 389, 402
Lucanus 402
Lucanus cervus 380, 381
Lucanus elaphus 381
Lucanus mearesii 384
Luciola 423
Luciola cruciata 429, 432
Luciola lateralis 429, 432
Lumbricidae 30
Lumbricus complanatus 32
Lumbricus valdiviensis 32
Lycaenidae 320, 321, 322
Lycastis quadraticeps 21
Lycomedicus asperatus 45
Lycomedicus planiceps 45
Lycosa tarantula 53, 66
Lycosidae 63, 455
Lyctus brunneus 455
Lymantria dispar 390
Lymantria monacha 302
Lymantriidae 279
Lyncides coquereli 258
Lyreidus stenops 116
Lyristes plebejus 240, 241
Lysiosquilla maculata 140, 141
Lysiosquilla sp. 141
Lystra pulverulenta 256
Lytta 438, 442
Lytta caraganae 439
Lytta vesicatoria 430

M

Machilidae 142
Macrcbrachium lar 85
Macrobrachium nipponense 84, 102
Macrobrachium rosenbergi 84
Macrocheira kaempferi 123
Macrocherius kaempferi 123
Macrochirus longipes 460, 464
Macrodontia cervicornis 444, 445
Macrolyristes sp. 180
Macropipus puber 128
Macrosiphum rosae 260
Macrotermes natalensis 216
Macrothele holsti 75

Macrura 99
Magascolides australis 32
Magicicada 246
Maja squinado 121
Malacobdella valenciennaei 32
Mallophaga 218
Manticola tuberculata 364
Mantidae 206
Mantispa 275
Mantispidae 275
Mantis religiosa 212
Mantodea 206
Marpesia sp. 346
Martianus 438
Matuta lunaris 120
Mecistocephalus sp. 148
Mecistogaster marchali 153
Mecopoda 178
Mecopoda nipponensis 180
Mecopodidae 178
Mecynorrhina torquata 409
Megachile centuncularis 468
Megaloprepus caerulatus 152, 153
Megaloxantha bicolor 417
Megarhyssa gloriosa 481
Megascolecidae 30
Megascolides australis 35
Megasoma actaeon 396
Meghimatium bilineata 489
Meghimatium fruhstorferi 489
Meimuna opalifera 240
Melamphaus madagascariensis 220
Melampsalta montana 242
Melanargia galathea 333
Meloe 438
Meloe majalis 436
Meloe proscarabaeus 436
Meloe sp. 399
Meloe variegatus 436
Meloidae 386, 436, 437, 438
Meloimorpha japonica 168, 169
Melolontha 407
Melolontha melolontha 410
Melopoeus albostriatus 66
Membracidae 254
Membracis foliata 244
Menexenus bicoronatus 200
Menexenus semiarmatus 200
Mephila clavata 57
Mesosemia 324
Mesotardigrada 43
Metrioptera 168
Micippa cristata 121
Micrommata roseum 52
Mimela 407
Mitella 86

Mogannia hebes 247
Mogoplistes 166
Mogoplistidae 166
Monema flavescens 282, 292
Moniligastridae 30, 35
Morimotoa phreatica 163
Mormolyce 391
Mormolyce phyllodes 369
Mormolycinae 391
Morphidae 322, 340
Morpho deidamia 341
Morpho laertes 340
Morpho menelaus 339, 340
Morpho rhetenor 338
Morpho sulkowskyi 326
Mutilla ephippium 476
Mycalesis evadne 333
Myiophanes tipulina 225
Mylabris 442
Mylabris cichorii 386
Mylabris sp. 436, 437
Myra fugax 120
Myrmecium rufum 53
Myrmecophila acervora 164
Myrmeleon 276
Myrmeleon fomicarius 276
Myrmeleonidae 289
Myrmeleon sp. 272
Myrmeleontidae 272, 276
Myrmica rubra 488
Myrmosa melanocephala 476
Myscelia sp. 346
Mysidae 87
Mysoria barcastus 306
Myzine sexfasciata 477

N

Nacaduba sp. 321
Nacaura matsumurae 146
Naninia citrina 492
Nannophya pygmaea 160
Nanogona polydesmoides 148
Neanthes 23
Neanthes diversicolor 20
Necrophloeophagus longicornis 145
Nedyopus patrioticus 144, 148
Nelima genufusca 45
Nemoptera sinuata 269
Nemoura variegata 149
Neobisiidae 44
Neobisium muscorum 44
Neocicindela tuberculata 387
Neolucanus castanopterus 384
Neomysis 87
Neomysis sp. 73
Neotermes chilensis 216
Nepa 239
Nepa cianea 232
Nepheronia argia 317
Nephila maculata 57, 66

Nephotettix cincticeps 244, 255
Nepidae 239
Neptis ruvularis 345
Nereidae 23, 27
Nereide chermisina 21
Nereiphylla paretti 21
Nereis 23
Nereis gayi 21
Nessaea obrinus 346
Nezara antennata 224
Nicrophorus americanus 376
Nicrophorus vespillio 376
Nilaparvara 259
Noctuidae 279
Nogodinidae 258
Notodonta phoebe 301
Notodontidae 279
Notonecta 242
Notonecta glauca 232
Notonecta maculata 232
Notonecta obliqua 232
Notonecta triguttata 232
Notonectidae 242
Notoxus 443
Notoxus monoceros 437
Nyctibora sericea 205
Nymphalidae 322, 343
Nymphalis polychloros 343
Nymphon spinosum 60
Nymphulinae 294

O

Ocypode cursor 133
Odacantha melanura 368
Odonata 147
Odontaeus armiger 409
Odontolabis alces 385
Odontomachus haematoda 488
Odontotermes taprobanes 216
Oecanthidae 171
Oecanthus 171
Oecanthus pellucens 174
Oecathus longicauda 169
Oecophora pseudospretella 142
Oedemera 443
Oedemeridae 443
Oedipoda miniata 185
Oiketicus 290
Oleria aegle 325
Oligochaeta 30
Oligotoma japonica 155
Oligotoma saundersii 155
Oligotomidae 155
Omalocephala festiva 257
Omophron limbatus 369
Oncideres amputator 452
Oncocephalus breviscutum 221
Oncotympana maculaticollis 237
Oniscidae 94

索引——蟲のラテン名

Oniscomorpha 130
Oniscus 94
Oniscus angustatus 77
Oniscus bucculentus 77
Onthophagus spinifex 408
Onychiurus 138
Onychophora 43
Ophthalmias cervicornis 121
Opiliones 54
Opisthoplatia orientalis 202
Oratosquilla oratoria 141
Orbillus coeruleus 189
Orchesella villosa 149
Oregma bambusicola 266
Orgyia antiqua 302
Orithyia sinica 120
Ornebius 166
Ornebius kanetataki 169
Ornithonyssus bacoti 59
Ornithoptera alexandrae 334
Ornithoptera croesus 311
Ornithoptera paradisea 334
Ornithoptera priamus 310
Orosanga japonicus 249
Orthetrum albistylum speciosum 161
Orthetrum triangulare melania 161
Orthobelus 254
Orthoporus sp. 148
Orthoptera 158, 183
Oryctes 406
Oryctes nasicornis 409
Oryctes sp. 397
Osmia sp. 469
Osmylidae 274
Osmylus 274
Osmylus fulvicephalus 269
Ourapteryx sambucaria 293
Ovalipes punctatus 125
Oxya 194
Oxya japonica 189
Oxyuridae 16

P

Pachnoda cordata 408
Pachylus acanthops 45
Pachyrrhina crocata 350
Paederus fuscipes 377, 399
Paguridae 114
Pagurus bernhardus 112
Pagurus gayi 113
Pagurus sp. 112
Pagurus villosus 113
Palaemon adspersus 84
Palaemonetes varians 84
Palaemonidae 99
Palaemon paucidens 102
Palaemon serratus 84, 85
Paleanotus aurifera 20
Palembus dermestoides 438
Palinuridae 99
Palinurus vulgaris 89
Palla ussheri 343
Palola 26
Palola siciliensis 27
Palomena angulosa 227
Palpares libelluloides 269, 272
Panaeus canaliculatus 102
Panaeus chinensis 102
Panaeus japonicus 102
Panaeus orientalis 102
Panchlora nivea 205
Pandalus kessleri 81
Pandarus cranchii 65
Panorpa 277
Panorpa communis 289
Panorpidae 277
Panulirus argus 88
Panulirus japonicus 88
Panulirus longipes 89
Panulirus ornatus 89
Panulirus penicillatus 89
Papilio 331
Papilio aegeus 313
Papilio alcmenor 312
Papilio ambrax 313
Papilio anchisiades 315
Papilio androgeus laodocus 314
Papilio antimachus 308
Papilio charmione 319
Papilio hectorides 315
Papilio hyppason 315
Papilio machaon 309
Papilionidae 311, 331
Papilio paris 312
Papilio peranthus 312
Papilio rhetenor 312
Papilio spp. 313
Papilio thersites 315
Papilio ulysses 313
Paragastorozona japonica 357
Paralithoodes camtschaticus 118
Paralomis hystrix 113
Parandra glabra 444
Paranthrene regale 282
Parapaguridae 114
Paraponera clavata 488
Parasanaa donovani 176
Parastigarctus 46
Paratrigonidium bifasciatum 163, 169
Pareronia valeria 317
Parides sesostris 311
Parides vertumnus 311
Parmacella olivieri 489
Parnassius apollo 309
Parthenope longimanus 124
Parthenopidae 124
Passalus interruptus 380
Paussidae 365
Pectinaria guildingii 29
Pediculus humanus 217, 219
Pelecinus polyturator 477
Pelopaeus spirifex 463
Penaeidae 99
Penaeus japonicus 81
Pentatoma griseum 226
Pentatoma japonica 227
Pentatomidae 226
Penthicodes picta 256
Pepsis rubra 476
Percnon planissimum 136
Perga sp. 484
Peripatopsis 43
Peripatus 43
Peripatus blainvilloei 33
Periplaneta americana 204, 205
Periplaneta japonica 205
Peripsocus ignis 217
Perlidae 154, 155
Phalangiidae 54
Phalangium rudipalpe 45
Phalangopsidae 170
Phalera bucephala 301
Pharyngobdellida 38
Phasmatidae 198
Phasmida 198
Pheretima hupeiensis 32
Pheretima sieboldi 35
Pheretima sp. 32
Pheropsophus jessoensis 369, 391
Pheropsophus sp. 368
Philaenus spumarius 244
Philaethria dido 349
Philomycidae 495
Philonthus splendens 203
Phloea corticata 224
Phocides polybius 306
Phocides sp. 306
Phoebis philea 316
Pholcus phalangioides 53
Phrictus tripartitus 257
Phryganeidae 278
Phthiracarus piger 48
Phthirus pubis 217
Phylliidae 195
Phyllium 195
Phyllium siccifolium 192, 193
Phyllobates cingulata 209
Phyllobius oblongus 460
Phyllodoce sp. 21
Phyllomorpha algirica 220
Phymateus karschi 188
Physopelta schlanbuschii 224
Phytoecia rufiventres 447
Pierella lena 333
Pierella rhea 333
Pieridae 319, 330
Pieris 330
Pieris brassicae 318, 330
Pieris rapae 322, 331
Pinnotheres pholadis 133
Pinnotheres sinensis 133
Pinnotheres sp. 133
Pisaura mirabilis 53
Pison chilense 472
Platambus maculatus 372
Plathemis lydia 160
Platycerus caraboides 380
Platycrania viridana 197
Platyleura kaempferi 237
Platypleura catenata 237
Platypus cylindricus 465
Plautia stali 221
Plecoptera 154
Plexyppus setipes 53
Plusiotis 410
Podophthalmus vigil 128
Podothrombium sp. 48
Podura nivalis 138
Poduridae 138
Poecilocoris druraei 220
Poliodonte affroditeo 21
Polistes mandarinus 467
Polistes sp. 473
Polydesmoidea 130
Polyphylla fullo 413
Polyphylla occidentalis 408
Polytremis pellucida 307
Polyxenus lagurus 148
Pomatoceros sp. 28
Pomatochelidae 114
Pompilidae 458, 476
Pontocaris catapraetus 80
Popillia 407
Popillia japonica 410
Porcellana 114
Porcellana platycheles 105
Porcellana sp. 105
Porcellanidae 114
Porcellio 94
Porcellio chilensis 77
Porcellio scaber 77
Portunus 122
Portunus pelagicus 129
Portunus sanguinolentus 128
Portunus trituberculatus 125
Praestochrysis lusca 480
Prionus coriarius 444, 445
Prionus sp. 445
Prismognathus platycephalus 385
Prisopus horstokki 201
Procambarus 110
Procerus gigas 365
Procerus scabrosus 365
Promachus yesonicus 353
Prosopocoilus 402

Prosopocoilus biplagiatus 385
Prosopocoilus inclinatus 389
Prosopocoilus inquinatus 385
Prosopocoilus jenkinsi 384
Prosopocoilus occipitalis 384
Prosopogryllacris japonica 168
Proteides mercurius 307
Protohermes 273
Protohermes grandis 268
Protoparce sp. 300
Pryginae 307
Psalididae 210
Psaltoda moerens 241
Psammotherma flabellata 476
Pselaphidae 376, 399
Pselaphinae 399
Pselaphus 399
Psen ater 472
Pseudocarcinus gigas 123, 132
Pseudocreobotra wahlbergi 212
Pseudonympha hippia 333
Pseudoscorpiones 54
Pseudothemis zonata 161
Psocoptera 215
Psychidae 290
Psychoda 354
Psychoda alternata 354
Psychoda palstris 351
Psychodidae 354
Psylla 263
Psyllidae 260, 263
Ptecticus tenebrifer 353
Pterobius maritima 149
Pteronemobius taprobanensis 163
Pterophylla camellifolia 177
Pterostichus 391
Ptilocnemus lemur 220
Ptychoptera contaminata 350
Ptyles goudoti 254
Pulex irritans 361, 379
Pulicidae 361, 378
Pulmonata 490
Pycnogonida 78
Pycnogonidae 78
Pycnogonum littorale 60
Pycnoscelis surinamensis 205
Pycnosiphorus leiocephalus 389
Pyralidae 279, 280
Pyrophorus 419
Pyrophorus noctilucus 422
Pyrops sp. 257
Pyrrhopyge amyclas 306
Pyrrhopyge phidias 306
Pyrrochlcia iphis 307

Q

Quantula 492
Quesada gigas 240

R

Ranatra 239
Ranatra linealis 232, 233
Ranatrinae 239
Ranina ranina 116, 117
Rapara iarbus 320
Raphignathus sp. 49
Reduviidae 227
Reduvius 227
Reticulitermes lucifugus 216
Reticulitermes speratus 216
Rhipicephalus sanguineus 49
Rhnychaenus cyliindrirostris 461
Rhomborrhina polita 410
Rhopalosiphum nymphaeae 261
Rhynchobdellida 38
Rhynchocinetes typus 81
Rhynchocoris poseidon 221
Rhynchophorus palmarum 460
Rhynchphooridae 454
Rhyothemis fuliginosa 161
Rhyothemis variegata variegata 160
Ricaniidae 258
Riodinidae 307, 324, 325
Rocinela ophthalmica 95
Rodolia cardinalis 435
Rothschildia sp. 297

S

Sabella 27
Sabellastarte 27
Sabella unispira 25
Sabellidae 24, 25, 27
Sadocus polyacanthus 45
Sagra buqueti 456
Saiva gemmata 257
Saiva sp. 257
sanguisorba 33
Sapyga punctata 477
Sarcophaga sp. 356
Sarcopsyllidae 378
Sasakia charonda 344
Sastragala esakii 220, 221
Sastragala uniguttatus 221
Saturnia pavonia 298
Saturnia pyretorum 298
Saturnia pyri 298
Saturniidae 281, 299
Satyridae 332
Scalpellidae 68, 86
Scalpellum 86
Scarabaeidae 407, 408, 409, 412
Scarabaeoidea 416
Scarabaeus 414
Scarabaeus sacer 416
Scarabaeus sacree 415
Scarabaeus typhon 415

Scarites sulcatus 391
Scathopse notata 352
Sceliphron spirifex 463, 472
Schistocerca 183
Schistocerca gregaria 189
Schizocephala bicornis 212
Schizodactylus monstrosus 164
Schlechtendalia chinensis 261, 267
Scirpophaga incertulas 283
Sclerocrangon boreas 80
Sclerostomus cucullatus 389
Scolia hortorum 477
Scolia maculata 477
Scoliidae 458
Scolioidea 476
Scolioplanes crassipes 134
Scolopendra morsitans 145
Scolopendra subspinipes mutilans 144
Scolopendra subspinipes subspinipes 145
Scolopendromorpha 131
Scolopocryptops rubiginosus 144
Scolytidae 446, 455
Scolytus 455
Scolytus scolytus 465
Scopimera globosa 133
Scopuridae 154
Scorpiones 50
Scorpionidae 50
Scotinophara lurida 226
Scutigera araneaeoides 145
Scutigera coleptrata 144
Scutigeridae 135
Scutigeromorpha 135
Scyllarides squamosus 92
Scylla serrata 125, 128
Scytodes thoracicus 53
Semblis 274
Serpula 27
Serpula sp. 29
Serpula vermicularis 28
Serpulidae 27, 28
Sesarma dehaani 123
Sesia apiformis 291
Sesiidae 282, 291
Sialis japonicus 274
Sieboldius albardae 156
Sigara striata 232
Sigara substriata 235
Silpha 398
Silphidae 398
Simuliidae 363
Simulium 363
Simulium meridionale 363
Simulium ornatum 352
Sinodendron cylindricum 380
Siphonaptera 378
Sirex juvencus 484
Sisyra 274

Sisyridae 274
Sitophilus oryzae 454
Sitophilus zeamais 454
Smerinthus ocellata 300
Smerinthus planus 282, 300
Smicromyrme rufipes 476
Sminthurus viridis 149
Sogatella 259
Solifugae 78
Solpugida 78
Solpugidae 78
Sphaeroma 95
Sphaeroma gigas 77
Sphaeroma retrolaevis 77
Sphaeromidae 95
Sphaerothriidae 131
Sphecidae 462, 472
Sphex 463
Sphex maxillosus 472
Sphingidae 3, 279
Sphingonotus caerulans 185
Sphinx euphorbiae 282
Sphinx ligustri 300
Sphryrachephala hearseiana 357
Spirobranchus 27
Spirobranchus giganteus 28
Spirorbis antarctica 29
Spirorbis sp. 28
Spondylis 443
Spondylis buprestoides 175, 444
Spongicola sp. 80
Squilla mantis 141
Squilla sp. 141
Squillidae 127
Staphylinidae 377, 399
Staphylinus 399
Staphylinus hirtus 377
Staphylinus marinus 399
Stauropus fagi 301
Stegobium 434
Stegobium paniceum 432, 434
Stenocionops furcata 121
Stenodontes damicornis 444
Stenopelmatidae 179
Stenopsyche griseipennis 279
Stenorhynchus seticornis 120
Stephanitis nashi 225, 227
Stephanitis pyrioides 227
Sternocera chrysis 425
Sternocera sternicornis 425
Stichophthalma camadeva 336
Stigmodera jucunda 421
Stigmodera spp. 425
Stilbum cyanurum splendidum 480
Stomatopoda 127
Strategus simson 397
Strategus sp. 397
Strepsitpera 458

索引──蟲のラテン名／欧名

Streptocerus speciosus 389
Strigamia maritima 145
Strongylosoma pallipes 148
Stylopidae 458
Stylops dalii 465
Stylops melittae 465
Succinea putris 493
Syllis stenura 21
Synalpheus spinifrons 80
Synanthedon tipuliformis 291
Syndesus cornatus 380
Synidotea laevidorsalis 91
Syntarucus plinius 321
Syphonostomatoida 83
Syrphidae 353

T

Tabanidae 366
Tabanomorpha 366
Tabanus autumnalis 353
Tabanus bovinus 353
Tabanus trigonus 367
Tachycines asynamorus 168, 179
Tachypleus 46
Tachypleus gigas 36, 47
Tachypleus tridentatus 36
Tacua speciosa 236, 237
Taenaris urania 337
Taenia solium 17
Taenia taeniaeformis 17
Tajuria sp. 320
Tanna japonensis 237
Tanypus varius 351
Tardigrada 43
Taygetis andromeda 333
Taygetis celia 333
Taygetis spp. 333
Taygetis valentina 333
Tecticeps japonicus 95
Tegenaria domestica 53
Teleogryllus emma 168
Temenis laothoe 346
Tenebrio 438
Tenebrionidae 438
Termitidae 211
Terpnosia chibensis 250
Terpnosia vacua 240
Tessaratoma papillosa 221
Testacella scutulum 489
Tetraclita sp. 72
Tetranychidae 55
Tetraopes varicornis 441
Tetrigidae 189
Tetrix japonicum 188
Tetrix subulata 189
Tettigellidae 255
Tettigonia 182
Tettigonia orientalis 181
Tettigonia viridissima 176
Tettigoniidae 182

Thalamita admete 128
Thalassina anomala 104
Thalassinidae 111
'*Thecla*' *orbia* 320
Thelyphonida 63
Thelyphonidae 63
Thenus orientails 92
Theopompa burmeisteri 213
Theopompa servillei 213
Theraphosidae 52, 63
Thereuonema tuberculata 144
Thereuopoda clunifera 144
Thermomesochra reducta 83
Thermosbaena 83
Thermosbaena mirabilis 83
Thisbe sp. 325
Thripidae 223
Thrips oenotheae 217
Throscidae 428
Thynnus variabilis 477
Thysania agrippina 303
Thysanoptera 223
Thysanura 139
Tibicina haematodes 240
Tingidae 227
Tingis 227
Tiphia femorata 477
Tipula 335
Tipula aino 335
Tipula gigantea 350
Tipulidae 335
Tipulomorpha 350
Titanus giganteus 448
Tokunagayusurika akamushi 351
Tomaspis sp. 245
Tomicus piniperda 458, 465
Tremex sp. 484
Trialeurodes vaporariorum 263
Triatoma 227
Triatoma infestans 227
Trichoptera 278
Trichothyas petrophila petrophila 49
Tricondyla aptera 364
Trictenotoma aenea 433
Trictenotoma childrenii 433
Trictenotoma templetonii 433
Trigonophasma rubicunda 201
Trigonopsis rufiventris 472
Trilobita 37, 46
Triops 79
Triops granarius 82
Triopsidae 79
Triops longicaudatus 79
Trochoidea elegans 493
Troctomorpha 215
Trogiomorpha 215
Trogium pulsatorium 215
Troides helena 315

Troilus luridus 221
Trombicula 59
Trombiculidae 59
Trombidium holosericeum 48
Tropidacris dux 184
Tropidoderus sp. 197
Trox sablosus 409
Tubificidae 30
Tunga penetrans 59, 361
Tyelyphonus caudatus 45
Tylorrhynchus heterochetus 20, 26, 27
Tylos latreillei 76

U

Uca arcuata 133
Uca crassipes 133
Upogebiidae 111
Urabanus proteus 307
Urania leilus 295
Uraniidae 294, 295
Urechidae 42
Urechis unicinctus 33
Urocerus japonicus 485
Uropoda sp. 49
Uropodidae 49

V

Velia rivulorum 228
Vespa 463
Vespa analis insularis 473
Vespa crabro 463, 466
Vespa tropica leefmansi 473
Vespidae 463, 472
Vespula flaviceps lewisi 473
'*Vitrina*' *nigra* 492
Vitrina pellucida 493

X

Xanthochroa atriceps 443
Xantho incisa 132
Xenogryllus 166
Xenogryllus marmoratus 169
Xenopsylla cheopis 382
Xenos vesparum 465
Xyleborus 455
Xyleborus saxeslni 455
Xyleutes mineus 292
Xyleutes scalaris 292
Xylocopa sp. 468
Xylocopa violacea 468
Xylophanes chiron 300
Xylotoles litteratus 449
Xylotrupes gideon 397

Y

Yponomeuta evonymella 291
Ypthima bardus 332

Z

Zemeros flegyas 346
Zygaena sp. 292
Zygaenidae 302
Zygaenodes leucopis 455

蟲の欧名

A

aasgarnaal 87
Aaskäfer 398
aaskever 398
abeille 458, 470
Abwassermücke 354
Acaride 55
acaride 55
acarien 55
acorn barnacle 72, 73, 87
acorn shell 87
aemete 482
african gigant swallowtail 308
african green-spotted triangle butterfly 309
african snail 492
Afterskorpion 54
agricultural ants 483
aiguille du diable 147, 150
alaskanhorse 354
aleurode 263
alligator lantern fly 252, 253
amboina leaf-locust 180
Ameise 482
Ameisenjungfer 276
Ameisenlöwe 276
americam king crab 36
american burying beetle 376
american cockroach 204
american horseshoe crab 36
american spiny lobster 88
ammophile 462
anatife 86
anemone crab 114
anobie 434
anopheles mosquito 351
ant 482, 488
ant-like flower beetle 443
ant lion 272, 276
antlion fly 276
ant-loving beetle 399
anystid mite 48
aphid 266

aphis lion 274
apollo 309
apus 79
araignée 63
araignée d'eau 234
argule de carp 83
armadille 91
armed tape-worm 17
arrowhead crab 120
artémie 79
ascalaphe 275
ascalaphus fly 275
ascaride 16
aselle 90
asellus 90
asian horseshoe crab 36
asian king crab 36
assassin bug 220, 227
assassin fly 353
Asselspinne 78
atlas moth 297
australian admiral 342
australian giant crab 132
australian painted lady 342
azure damselfly 153

B

Bachhaft 274
bacille 198
back swimmer 232, 242
bacon beetle 432
bactérie 198
bagworm moth 290
bakkerstor 199
balane 87
ball-roller 414
banded agrion 153
Bandwurm 16
bark beetle 455
bark beetles 446
barklouse 215
Bärtierchen 43
bâton du diable 198
Baumwanze 226
bear animalcule 43
bear-worm 279
beast-worm 18
bed bug 225, 230
bee 458, 468

beekhaft 274
beerdiertje 43
beetle 386
bélostome 238
bernard-l'(h)ermite 114
bête à bon Dieu 434
Bettwanze 230
bhutan glory 312
bidsprinkhaan 206
bidsprinkhaanhaft 275
Biene 458
big greasy butterfly 310
bij 458
billbug 454
bird eating spider 52
birdlouse 218
birdwing 310
Bishop Barnabee 435
bitinglouse 218
bittaque 277
blaaspoot 223
black and white tiger 317
black ant 487
black arche 302
black beetle 199, 406
black false march fly 352
black fly 352, 363
black rice bug 226
black-veined white 319
bladder cicada 240
bladkever 450
bladluis 266
bladsprietkever 407
bladvlo 263
Blasenfuß 223
Blasenkäfer 438
Blatt 195
Blatta 202
blatte 199
Blattfloh 263
Blattheuschrecke 195
Blattkäfer 450
Blattlaus 266
Blattroller 451
Blattsauger 263
blister beetle 438
bloedzuiger 38
bloemenkever 443
bloodworm 363
blue bottle 370
blue bottle fly 357
blue butterfly 269
blue moon 241
blue mountain 313
Blutegel 38
Blütengrille 171
Blütenmulmkäfer 443
Blutlaus 266
boat bug 242
boatfly 242
Bock 443

Bockkäfer 443
boekschorpioen 54
Bohnenkäfer 447
Bohrassel 94
boktor 443
bombyx 284
book scorpion 44, 54
boorpissebed 91, 94
boring slater 94
Borkenkäfer 455
bouclier 398
boudeur 434
bousier 403
box mite 48
box-slater 76, 91
Bremse 366
Bremsenassel 95
brine shrimp 61, 79
bristletail 142
broad tapeworm 17
broad worm 16
brown ant 487
brown hawker 157
brown-winged green bug 221
browny bug 254
bruche 447
Bücherskorpion 54
Buckelzikade 254
Buckelzirpe 254
buffalo gnat 363
buff tip moth 301
bug 226, 230
bull 402
bumble bee 469
bupreste 418
buprestis 387
burncow 390
burrowing prawn 111
burstcow 390
burying beetle 398
bush-cricket 182
butcher boy 387
butterfliege 322
butterfly 322

C

cabbage aphid 260
caddisfly 278
caddis fly 278
caddis worm 278
cafard 199
cairns birdwing 310
calugarita 207
camel cricket 179
camel spider 60, 78
campode 139
campodéa 139
cancrelat 199
canker (worm) 279
cantharide 438

索引——蟲の欧名

caper white 317	common garden snail 496	degenkrab 46	emmet 482
caprelle 95	common migrant 316	delphacidé 259	emperor moth 298, 299
carabe 387	common owl 336	demoisella agrion 153	Engflügler 443
carabid beetle 387	common palmfly 332	demoiselle 147	engraver beetle 455
carabique 387	common posy 320	dermeste 431	Entenmuschel 86
carpenter moth 292	common red flash 320	desert locust 189	éphémère 143
carpet beetle 431	common scorpion fly 289	devilhopper 254	Erdläufer 131
carp louse 83	common shrimp 85	devil's coach-horse 402	Erntemilbe 59
carrion beetle 398	common silk-moth 304, 305	devil's coachman 210	erythraeid mite 48
carter spider 54	common spider crab 121	devil's darning needle 147	escargot 490
caterpillar 322	common tiger 328	digger wasp 462	escargot de vigne 494
caterpillar hunter 390	cone-nose 227	diplopode 130	Eulenmücke 354
cat flea 360, 361	copepod 64	diploure 139	eunice 26
catydid 182	corise 235	dobsonfly 268, 273	european cabbage butterfly 331
centipede 131, 145	corixa 235	dog flea 360, 361	european crayfish 96, 97
centrote cornu 254	corydalis 273	doodgraver 398	european lantern carrier 260
cérambyx 443	courilière 174	doodle-bug 276	european lobster 100, 101
cercope 251	cousin 354	Doppelfüßer 130	european mantis 212
cerf-volant 402	crab 118	Doppelschwanz 139	eyed hawk-moth 300
cestode 16	crabe 118	dor beetle 403	
charançon 454	cracker 346	draaikevertje 395	**F**
cheeselip 91	cramer blue morpho 338	dragonfly 147	Fächerflügler 458
cheval de la Vierge 434	crane fly 335, 350	dragon-volant 147	Fächerwurm 27
chigger 59	crawdad 107	drake 143	fairy shrimp 61, 79, 95
china crab 105, 114	crawfish 96, 97, 107	Drehflügler 458	fall webworm 283
chinese tiger beetle 364	crayfish 107	Drehkäfer 395	falsche Schwimmkäfer 395
chironome 363	crevette 99	Dreilapper 46	false blister beetle 443
chislep 91	cricket 158, 175, 183	driehoekworm 27	false mantid 275
chocolate soldier 241	cricri (cri-cri) 158	drone 482	false-scorpion 54
chrysomèle 450	crimson tip 316	dubbelstaart 139	false spider 60, 78
chrysops 274	criquet 158, 166, 183	duffer 346	false wireworm 438
cicada 242	criquet d'eau 235	duikerwants 235	Faltenwespe 463
'cicada' crayfish 92	cross spider 56	duizendpoot 131	Falter 322
cicadelle 255	Croton bug 199	dung beetle 414	Fanghaft 275
cicindèle 383	cucaracha 199	Dunkelkäfer 438	Fangheuschrecke 206
cigale 242	cuckoo spit insect 251	dytique 394	fan worm 27
cigale à oreilles 258	cucujo beetle 422		father-longlegs 335
cigale de mer 127	cud-worm 94	**E**	faucheur 54
clam worm 21, 23	currant clearwing 291	earthworm 30	faux scorpion 54
clearwing 291	cyame 98	earwig 210	feather-duster worm 24, 25, 27
cleg 366	cymothoé des poissons 95	eastern crayfish 88	Federwurm 27
click beetle 419, 428		eastern dobsonfly 273	Feldheuschrecke 183
cloporte 94	**D**	échiure 42	Felsenspringer 142
cloporte aquatique 90	daas 366	echiuroid 42	feuill à pattes 195
cloporte d'eau 90	daddy-long-legged spider 53	écrevisse 107	feuille ambulante 195
cloporte marine 95	daddy-long-legs 54, 335, 415	écrevisse à pattes grêles 110	fiddler crab 133
clothes moth 281	damselfly 150	écrevisse à pieds blancs 110	field-cricket 164
clubtail 157	daphnie 82	écrevisse à pieds rouges 110	firebug 423
coccinelle 434	darkling beetle 438	Edelfalter 331	firefly 423
cochenille 270	dark sailor 429	eendagsvlieg 143	Fischassel 95
cochineal scale 265	dayfly 143	eendemossel 86	Fischchen 139
cockoo-wasp 480, 481	day fly 280	egelslak 495	fish killer 238
cockroach 199	death's-head hawk-moth 300	Einsiedlerkrebs 114	fish louse 83
coconut crab 108, 109	deathwatch beetle 432, 434	Eintagsfliege 143	fish moth 139
collembole 138	decorator crab 121	elm-bark beetle 465	fish slater 95
common bee-fly 352, 353	deer fly 353, 366	embioptera 155	fish tapeworm 17
common birdwing 315		embioptère 155	flatid planthopper 258
common crayfish 96, 97		emma field-cricket 168	flea 378
common dor beetle 409			
common edible crab 125			
common ephemera 149			

flesh fly 356
Fliege 370
Floh 378
Florfliege 274
Florschrecke 275
Flossenkrebs 79
flower fly 353
Flusskrebs 107
fly 279, 370, 458
flying stag 402
footman 303
forest dung beetle 403
forest queen 343
forficule 210
forgeron 419
fourmi 482
fourmi blanche 211
fourmilion 276
fourmi-lion 276
four-spotted chaser 160
Fransenflügler 223
frelon 463
fresh-water lobster 107
frog-fly 255
froghopper 251
fulgore 258
funnel weaver 53
Fußspinner 155
Fussklaue 86

G

gaasvlieg 274
gad-fly 366
galatée 114
Galathea 114
galathea 114
galathée 114
galéode 78
gamasholaspid mite 48
gamasiphid mite 48
garden spider 56, 57
garden tiger 303
garnaal 99
Garnele 99
gaudy baron 345
gébie 111
Geißelkrebs 87
Geißelskorpione 63
geometer 293
géophille 131
géotrupe 403
geotrupid dung beetle 403
german cockroach 205
gerris 234
Geschpenstschrecke 198
Geselligewespe 463
Gespenstheuschrecke 198
Gespenstkrebs 95
ghost crab 133
ghostly ground beetle 369
ghost shrimp 105

ghost walker 369
giant gippsland worm 35
giant golden stink bug 220
giant horseshoe crab 36
giant king crab 36
giant millipede 131
giant river prawn 84
giant silkworm moth 299
giant walking stick 196
giant water bug 238
gipsy moth 390
gland de mer 87
glänzender Mistkäfer 203
Glanzkrebs 98
glimworm 423
glowworm 423, 426
Glühwurm 423
gnat 354
goat moth 292
Goger 127
golden eye 274
golden-ringed dragonfly 156
gold-wasp 480, 481
golden web spider 57
goliath beetle 405
goose barnacle 68, 86
Gottesanbeterin 206
gourd worm 18
graafwesp 462
Grabwespe 462
grandfather-greybeard 54
grannom 278
Grashopfer 183
Grashüpfer 183
grasshopper 183
gray albatross 317
gray shrimp 80
great green bush-cricket 176
great peacock moth 298
green bottle fly 357
greengrocer 241
greenhouse camel-cricket 168
greenhouse whitefly 263
green lacewing 269, 274
green leaf insect 195
green stink bug 224
green tiger beetle 364
gribble 94, 95
Grille 158
grillon 158
ground beetle 368, 369, 391
grylloblattid 158
guêpe 458, 463
gyrin 395

H

hair snake 17

hair worm 17, 210
hangingfly 277
hanging scorpionfly 277
harpale 391
harper 121
Harry-longlegs 335
hartshorn beetle 402
harvester ants 483
harvest fly 242
harvest man 54
harvest spider 54
havenpissebed 90
hawker 157
Heimchen 158
hellgrammite 273
helmcicade 254
hercules beetle 392, 393, 406
herculeskever 406
heremietkreeft 114
hermit crab 112, 114, 128
Heuschreckenkrebs 127
hill jezabel 318
hinge-beak shrimp 81
Hirschkäfer 402
hister 398
hister beetle 398
hog louse 90, 235
hog-louse 217
hog slater 90, 235
hokkai shrimp 81
Holzbohrassel 94
Holzlaus 215
homard 107
honey bee 468, 470
Honigbiene 470
honingbij 470
hooiwagen 54
hoornaar 463
hornet 463, 466, 473
hornet moth 291
hornet spinx 291
Hornisse 463
horntail 484
horrid crab 121
horse fly 353, 366
horsefoot 46
horseshoe crab 46
house centipede 135, 144
house mosquito 363
house spider 53
hover fly 353
huisjesslak 490
Hülsenwurm 278
human flea 361
human-louse 217
humble-bee 469
Hummer 107
hungarian glider 345
hunting spider 78
hydrophile 395

I

ice-cream cone worm 29
idothéa 91
Igelwurm 42
imperial white 318
indian praying mantis 209, 212, 213

J

Japanese beetle 410
japanese crawfish 97
japanese dynastid beetle 400, 401
japanese freshwater prawn 84
japanese giant crab 123
japanese ground beetle 369, 390
japanese ground-hopper 188
japanese horntail 485
japanese house centipede 144
japanese land leech 33
japanese large house centipede 144
japanese mitten crab 136
japanese palolo 20, 27
japanese spiny lobster 88
japanese tiger beetle 364
japanese tube worm 28
japanese water bug 228
japanese water scorpion 232
japyx 139
jewel beetle 418
jumping plant louse 263
jumping spider 53
jumping spiders 67

K

Kakerlak 199
kakkerlak 199
kalkkokerworm 27
Kammhornkäfer 402
Kanker 54
karperluis 83
Karpfenlaus 83
katydid 182
kermes 265
kermès 270
Kernkäfer 455
Kiefenfuß 79
kieuwpootreeft 79
kieuwpotige 79
king crab 46, 118, 128
the King of Butterflies 281
kissing bug 227
Klappenassel 91
klaudrager 43

545

索引──蟲の欧名

Klauenträger 43
kleggi 366
Kleinzikade 255
Klingenkrebs 87
Klippenassel 90
klipzeepissebed 90
Klopfkäfer 434
klopkever 434
kniptor 419
Köcherfliege 278
kogelpissebed 91
kokervliege 278
Kolbenwasserkäfer 395
Königskrabbe 46
koninginnepage 331
kortvleugelkever 399
krab 118
Krabbe 118
Krebs 107
krekel 158
Kribbelmücke 363
kriebelmug 363
Kriedelmücke 363
Krill 98
krill 98
Küchenschabe 199
Kugelassel 91, 95
kuruma prawn 81
Kurzflügler 399
Küstenspringer 142
kwabworm 42

L

lacebug 227
lacewing fly 274, 276
lady beetle 434
ladybird 433, 434
lady bug 434
lampyre 423
Landassel 94
land crab 137
land hermit crab 112
land snail 490
langoest 99
langouste 99
langpootmug 335
Languste 99
lantaarndrager 258
lantern fly 258
lappet 296
larder beetle 432
large carpenter bee 468
large centipede 144, 145
large tortoiseshell 343
large white 318
Laternenträger 258
latrine soldier fly 353
Laubheuschrecke 182
Laubkäfer 407, 450
Laubschrecke 182
Laufkäfer 387

Laus 218
leaf-bearing worm 21
leaf beetle 450
leaf hopper 255
leaf insect 195
leaf-rolling weevil 451
leaf-wing butterfly 347
leatherjacket 335
lédre 258
leech 38
legume weevil 447
lemon migrant 317
leopard lacewing 345
lépisme 139
lepte automnal 59
Leuchtkäfer 423
Leuchtkrebs 98
Leuchtwurm 423
Leuchtzirpe 258
libel 147
Libelle 147
libellule 147
lichtgarnaal 98
lieveheersbeestje 434
ligie 90
limace 495
limaçon 490
limnorie 94
limule 46
linear water scorpion 232, 233
linnaeus blue morpho 339, 340
linnaeus scarce bamboo page 349
lithobie 131
little lobster 114
lobster 107
lobster krill 98
lobster moth 301
locust 183, 242
locuste 183
locust shrimp 127
Lohkäfer 406
long-bodied cellar spider 53
longhorned beetle 441, 443
longhorned grasshopper 182
longicorn beetle 443
longicorne 443
loopkever 387
louse 218
lucane 402
luciole 423
lucky bug 395
lug worm 20
luis 218
lychee stink bug 221

M

machile 142
machilid 142
machilide 142
madeira cockroach 205
malaria mosquito 351
mangrove crab 125, 128
mante 206
mante de mer 127
mante prie-Dieu 206
mantid 206
mantis 206
mantisfly 275
mantispe 275
mantis shrimp 127, 140, 141
marbled white 333
march fly 352
Marienkäfer 434
marine borer 94
marine Borstenwurm 23
maringouin 354
marsh treader 228
masked devil 241
Mauerassel 94
Maulwurfsgrille 174
Maulwurfskrebs 111
mayfly 143, 149
mbalolo 26
meal worm 438
mealy-bug 270
Meerscolopend 23
Megalopa larva 2
Meißelkiefler 215
méloé 438
melon 366
mére à poux 403
mestkever 403
metallic wood-boring beetle 418
midge 363
mier 482
mierenleeuw 276
mierenleeuwhaft 276
migrant hawker 156
migratory locust 184, 185, 189
mijt 55
Milbe 55
miljoenpoot 130
mille-pattes 130, 131
millipede 130
mill moth 202
mire 482
Mistkäfer 203, 403, 407
mite 55
mize 55
mogopliste 166
mole crab 128
mole cricket 172, 173, 174
molskreeft 111
Molukkenkrebs 46

monarch 328
money spider 66
mosquito 354
mosquito hawk 147
mot 279
moth 279, 283
moth fly 351, 354
moth midge 354
motluis 263
motmug 354
Mottenlaus 263
Mottenschildlaus 263
Mottenschnake 354
mottled emigrant 316
mouch de mai 143
mouche 370
mouche blanche 263
mouche d'Espagne 438
mouche noire 363
mouche-scorpion 277
moustique 354
Mückenhaft 277
mud crab 125
mud dauber 462
mud lobster 104
mud shrimp 111
Muffelkäfer 447
mule killer 207
myriapode 130, 131
mysis 87

N

Nachtfalter 279
Nacktschnecke 495
Nagekäfer 434
Nashornkäfer 406
nécrophore 398
needle-fly 155
népe 239
Nereide 23
néréide 23
netwants 227
Netzwanze 227
neushoornkever 406
night hunter 364
nor-biting midge 363
norfolk hawker 157
northern jungle queen 336
northern true katydid 177
no-see-um 354
notonecte 242
nursely web spider 53
nut crab 120
nut-tree tussock moth 292

O

oak egger 296
oecanthe 171
oedémère 443
oedemerid beetle 443
Ohrenzikade 258

Ohrenzirpe 258	phasme 198	psylla 260, 263	robber fly 352, 353
Ohrwurm 210	phlébotome 354	psylle 263	robust fly 366
Ohrzikade 258	phrygane 278	pubic-crab 217	rock barnacle 87
oil beetle 436, 438	phyllie 195	pubic-louse 217	rock-slater 90
oliekever 438	pictured-wing fly 357	puce 378	Röhrenlaus 266
oligochète 30	piéride 330	puce d'eau 82	Röhrenwurm 27
Ölkafer 438	pigeon tick 49	puceron 266	Roßkäfer 403
onychophoran 33	pill-bug 76, 91	pulse beetle 447	Rollassel 91
onychopod 43	pillendraaier 414	pulse weevil 447	rolspin 78
onychopode 43	Pillendreher 414	punaise 230	rongeur des bois 455
oorcicade 255, 258	Pillenkäfer 414	punaise à bouclier 226	roofkever 399
oorworm 210	pill-maker 414	punaise à queue 239	rose aphid 260
opossum shrimp 87	pill millipede 148	punaise carnivore 227	rouleur de feuille 451
orange dog 315	pill woodloouse 91	punaise d'eau 239	rounderlintworm 16
orange tip 318	pilulaire 414	punaise des bois 226	roundworm 16
orchid crane fly 350	pince 54	punaise géant d'eau 238	rove beetle 377, 399
oriental cockroach 205	pince des bibliothèques 54	punaise linéaire 239	ruby-tail wasp 480
oriental giant water bug 229	pine lappet moth 296	punchinello 346	Ruckenschwimmer 242
ornate spiny lobster 89	pin cushion millipede 148	purse web spider 52	Ruderwanze 235
osmyle 274	pinworm 16	puss moth 301	rugzwemmer 242
osmylid fly 274	pismire 482	pycnogonon 78	Rüssler 454
oubut 279	pissebed 94		ryukyu freshwater prawn 85
owl fly 275	pistol shrimp 80	**Q**	
	plant cricket 171	Quappenwurm 42	**S**
P	planthopper 259	the Queen 281	sabelle 27
pagure 114	plant louse 266	queen crab 121	sabelsprinkhaan 182
pale house mosquito 351	plooiwesp 463	queen page 314	sac spider 53
palm crab 108, 109	plumed worm 27		Salinenkrebs 79
palmerworm 279	Pochkäfer 434	**R**	Samenkäfer 447
palolo worm 26	poisson d'argent 139	raninid crab 116	sampi 107
Palpenkäfer 399	pollicipède pouce-pied 86	Raubkäfer 399	samtige Entenmuschel 86
panorpe 277	pond skater 228, 234	Raubwanze 227	sand bug 128
pansy butterfly 269	porcelain crab 105, 114	rear-horse 206	sand chigger 361
Panzerkrebs 107	porcellane 114	red banded tarantula 52	sand crab 128
paper wasp 473	pork tape-worm 17	redbreast 312	sand crayfish 92, 93
Papierwespe 463	porseleinkrab 114	red crawfish 110	sand flea 361
papillon 322, 331	Porzellankrebs 114	redeye 241	sand fly 354, 363
papillon blanc 330	potter wasp 472, 473	red frog crab 116, 117	Sandlaufkäfer 383
papillon de nuit 279	pou 218	red skimmer 160, 161	Sandwespe 462
paris peacock 312	pou de baleine 98	red-tipped fire worm 20	sandworm 23
patchwork leaf-cutter 468	pou de bois 215	red underwing 302	sangsue 38
pea aphid 260	pou de carp 83	réduve 227	sapyga 477
peacock 343	pou des carpes 83	regenworm 30	sauterelle 182
peacock pansy 345	Prachtkäfer 418	Regenwurm 30	sauterelle de mer 127
pea crab 133	prachtkever 418	reuzenaarsspin 54	sauterelle grillon 179
pear lace bug 225	prawn 99	reuzenslijkvlieg 273	saw fly 458
pédipalpe 63	praying insect 206	rhinocéros 406	scale insect 270
Pelzkäfer 431	praying lacewing 275	rhinoceros beetle 380, 403	scaly cricket 166, 169
penny doctor 387	praying mantis 206, 212	rhipiptère 458	scarab 414
pentatome 226	predacious diving beetle 394	rhus stink bug 221	scarab (beetle) 407
peppered moth 293	predacious ground beetle 387	rice stem borer 282	scarabée 407, 414
perce-oreille 210	prega-diou 206	richard 418	scarce swallowtail 309
perle 154, 274	prégo-diablé 206	Riesenkäfer 406	schaatsenrijer 234
Perlnauge 274	prie-Diou 206	Riesenläufer 131	Schabe 199
perroquet d'eau 82	privet hawk-moth 300	Riesenschlammfliege 273	Schaumzikade 251
petit diable 254	psélaphe 399	Riesenwaßerwanze 238	Schaumzirpe 251
petit gris 494	pseudoscorpion 54	Riesenwanze 238	schijnboktorre 443
Pflanzengrille 171	psocid 215	Ritter 331	Schildlaus 270
phalaina 280	psoque 215	rivierkreeft 107	schildluis 270
phalange 54		roach 199	schildwants 226
		robber crab 108, 109	

547

索引――蟲の欧名

Schildwanze 226
Schmalkäfer 443
Schmetterling 322
Schmetterlingshaft 275
Schmetterlingsmücke 354
Schnabelwanze 227
Schnake 335
Schnauzenkäfer 454
Schnecke 490
Schnecke ohne Haus 495
Schnellkäfer 419
schorpioen 50
schorpioenspinn 63
schorpioenvliege 277
schorskever 455
schorsluis 215
Schröter 402
schuimcicade 251
Schwalbenschwanz 331
Schwammfliege 274
Schwanzfalter 331
Schwarzkäfer 438
Schweifwanze 239
Schwertschwanz 46
Schwimmassel 95
Schwimmkäfer 394
scolopendre 131
scolopendre à vingt huit pattes 135
scolopendre de mer 23
scolyte 455
scorpion 50
scorpion araignée 54
scorpion d'eau 239
scorpion d'eau aiguille 239
scorpion des livres 54
scorpion fly 277
scutigère 135
sea-asellus 90
sea centipede 23
sea crawfish 99
sea crayfish 89, 99
sea mouse 20
sea-slater 76, 90
sea spider 60, 78
seed beetle 447
seed weevil 447
Seepocke 87
Seespinne 78
Segler 331
Seidenspinner 284
serpula 27
serpule 27
serpulid worm 27, 28, 29
seven-spot ladybird 433
seventeen-year cicada 246
sexton beetle 398
sharpshooter 255
shepherd 55
shepherd spider 54
shield bug 226

shield shrimp 61
shore crab 128
shore-slater 76
shorthorned grasshopper 183
short-winged beetle 399
short-winged mold beetle 376
shot-hole borer 455
shovel-nosed lobster 92
shrimp 99
Silberfischchen 139
silk-moth 284
silkworm 284, 304, 305
silkworm moth 284
silphe 398
silverfish 139, 149
simulie 363
Singzikade 242
sisyra 274
skater 234
skeleton shrimp 73, 95
skimmer 147
skin beetle 431
skipper 306
Skorpion 50
Skorpionsfliege 277
Skorpionspinne 63
Skorpionswanze 239
slak 490
slater 94
slender ground-hopper 189
slicker 139
slijkkokerworm 27
sloth animalcule 43
slug 489, 495
smaller horntail 484
small fowl 323
small magpie 294
smaridiid mite 48
snail 490
snake doctor 147
snapping beetle 419
snapping shrimp 80
snout beetle 454
snout mite 48
snow crab 121
snow-fly 263
snuitkever 406, 454
social wasp 463
soft moth 202, 227
soldier beetles 430
soldier crab 114, 115
soldier fly 352
solifuge 78
southern field-cricket 164
southern hawker 156, 157
sow 90
sow bug 91
spaanse 438
spanische Fliege 438

spanish fly 438
spanner crab 116, 117
Speckkäfer 431
spectre shrimp 95
spekkever 431
sphégien 462
sphérome 95
sphex 462
spider 63
spider crab 121
spider wasp 476
spiegelkever 398
spin 63
spinduizendpoot 135
Spinne 63
Spinnenassel 78, 135
spinnende waterkever 395
Spinnenläufer 135
Spinnfüßler 155
spinning Jenny 335
spiny lobster 99
spiny spider 57
spiny spider crab 121
spiraalkokerworm 27
spitting spider 53
spittle bug 251
spittle-insect 251
splendour beetle 418
Splintkäfer 455
spongefly 274
spongilla fly 274
spoon-worm 42
Spornzikade 259
Springkäfer 419
springkrab 114
Springkrabbe 114
Springkrebs 114
Springlaus 263
Springschwanz 138
springstaart 138
spring-tail 138
sprinkhaankreeft 127
Spulwurm 16
spurge hawkmoth 282
squat lobster 104, 114
squille 127
staafwants 239
Stabwanze 239
stag beetle 380, 381, 402
st.andrew's cross spider 57
staphylin 399
Staublaus 215
Stechmücke 354
steekmug 354
steel beetle 398
steenvlieg 154
Steinfliege 154
Steinhüpfer 142
Steinläufer 131
stick-insect 198
stink bug 226

stink fly 274
stinking moth 202
stinkwants 226
Stinkwanze 226
Stirnhöckerzirpe 259
Stirnzirpe 251
stofluis 215
stone centipede 145
stonefly 154
straddle bug 415
Strandassel 90
Strandkrebs 111
strepsipteran 458
Strepsiptere 458
strepsiptère 458
Stummelfüsser 43
Stutzkäfer 398
stylop 458
sucker 263
suckinglouse 218
sunshine 391
sun spider 60, 78
surface swimmer 395
swallowtail 309, 311, 313, 331
swallow-tailed moth 293
swift moth 290
swimming crab 125, 128, 129
swimming mite 49

T

tadpole shrimp 61
taenia 16
tailleur 335
tania 16
tanner beetle 445
taon 366
tapeworm 16
tarantula 52
tarantula hawk 476
tardigrade 43
Tarsenspinner 155
tasmanian giant crab 132
Tastkäfer 399
Tatzelwurm 35
Tauchkäfer 394
Taumelkäfer 395
taupe-grillon 174
taupin 419
Tausendfüßer 130
tavan 366
tawny rajah 344
tea shield bug 220
teek 55
ténébrion 438
termiet 211
Termite 211
termite 211
tettigonie 182
Teufelsnadel 147, 150

thick-headed fly 357
thornback spider crab 121
thread-tailed stone fly 149
three-spotted back swimmer 232
Thrips 223
thrips 223
thunder fly 223
thysanoure 139
tick 55
Tigeirkäfer 383
tiger beetle 383
tiger moth 303
tigre 227, 383
tingis 227
tipule 335
toad bug 233
toad crab 121
toe biter 238, 273
Totergräber 398
tourniquet 395
transparent 325
tree cricket 169, 171
tree goose 86
treehopper 254
trichoptère 278
trilobiete 46
trilobite 37, 46
trombidiid mite 48
tropical rat mite 59
tube worm 27
tubeworm 27
tufted spiny lobster 89
tuimelkever 394, 395
tuinslak 490
turkey gnat 363
tussock 303
tuyau de mer 27
twisted-winged fly 458, 465
twisted-winged insect 458
twisted-winged parasite 458
two-pronged bristletail 139
two-spotted rice bug 224

U

ulysses butterfly 313
uropodid mite 49

V

vapourer 302
veenmol 174
veldsprinkhaan 183
velvet worm 43
ver à soie 284
ver des pêcheurs 23
ver de terre 30
ver luisant 423
ver solitaire 16
vielschalige 86
viennese emperor 298

vinegarroon 63
violet crab 119, 137
violin beetle 391
vlieg 370
vliegend hert 402
vlinder 322
vlindercicade 258
vlinderhaft 275
vlo 378
vrillette 434

W

Walfischlaus 98
walking leaf 192, 195
walking stick 193, 198
Wallaus 98
Walzenspinne 78
wandelend blad 195
wandelende tak 198
wandelend geraamte 95
Wanderheuschrecke 183
Wandernde 195
wandluis 230
Wanze 230
wasp 458, 466
Wasserassel 90
Wasserbärchen 43
Wasserfloh 82
Wasserjungfer 147
Wasserkäfer 394
Wasserläufer 234
Wasserskorpion 239
Wasserspinne 234
water bear 43
water beetle 394, 395
water boatman 232, 235
water bug 238
water clock 395
water cricket 228, 235
water flea 82
waterhouse 410
water juffer 147
waterlily aphid 261
waterloper 234
water mite 48
water pepper 411
waterpissebed 90
waterroofkever 394
water scavenger beetle 395
waterschorpioen 239
water scorpion 232, 239
water skipper 234
water-slater 90
water spider 78, 234
water stick-insect 239
water strider 234
watertor 394
watervlo 82
Weberknecht 54
web-spinner 155
weevil 454

Wegläufer 391
weiße Ameise 211
Weißfalter 330
Weißling 330
Wenigborster 30
wesp 458
Wespe 458
whale feed 98
whale-louse 98
wharf louse 91
wheal-worm 58
whip scorpion 45, 63, 78
whirligig (beetle) 395
white 330
white ant 211
white dragontail 311
whitefly 260, 263
white tail 160
wiggler 354
wind-scorpion 60, 78
winter cherry bug 224
witje 330
wood ant 211, 488
woodlouse 94
wood white 316
wool-carder bee 468
woolly bear 279
worm 16
worm-like millipede 148
worms 16
Wurm 16
Wurmröhren 27

X

xiphosure 46

Y

yellow-jacket 463
yellow monday 241
yellow pansy 345
yellow rice borer 283

Z

zaadkever 447
zandloopkever 383
zandworm 42
Zanenwurm 26
zangcicade 242
Zecke 55
zeeduizendpoot 23
zeekreeft 107
zeepissebed 91
zeepok 87
zeespin 78
zijdespinner 284
zilvervisje 139
zoutkreeft 79
Zuckmücke 363
zuigmug 363
zwartlijve 438
zweepschorpioen 63

Zwergzikade 255

索引——一般事項

一般事項

博物学関係の図版・書名および人名については、それぞれ〈図版出典〉〈博物学関係書名〉〈博物学関係人名〉の索引の該当箇所を参照のこと。

あ

アイアコス　487
相沢久　415
会津蝋　271
アイヌ　26,75,91,111,190,279,382,402,403,467
愛の丸薬　439
《青い鳥》　521左
青枯病　266
青木昆陽　517左
青木淳一　55
青木正児　508右
青葉松虫　167
《青森県動物誌》　110,434,435
青森県農事試験場　406
青山大膳亮　334
青山墓地　167
暁晴翁　451,502右
《赤蜻蛉》　154
赤松義知　507左
赤虫大明神　62
秋田正人　82
秋津洲(あきつしま)　151
蜻蛉野　151
《アーキーとメヒタベル》　206
秋山蓮三　46,87
アクアリウム　515左
《アクアリウム》　515左
アクサーコフ,S.T.　410
芥川龍之介　75,223,375
アクテオン　396
揚羽蝶　326
浅井了意　74,75,502左,503左
朝比奈正二郎　160
浅虫温泉　163
浅虫臨海実験所　518右
足ながおじさん　335
葦原中国(あしはらのなかつくに)　427
飛鳥山　167
アステカ王国　219
アステカ族　271
アストロラブ号　441,517左
《アストロラブ号世界周航記》　493,498左

《東鑑》　502左
亜成虫期　143
按察使(あぜち)の大納言　330
疝気の病　19
《新しく見た満鮮》　418
東てるみ　330
アテナ　63
アナンシ　70
《アドリア海無脊椎動物図譜》　501右
アピス　478
アフェト　326
アブドゥッ・ラフマーン・アッ＝シャルカーウィー　54
アブドル・ムウミン　512左
油虫　203
《油虫》　206
アプレイウス　327,502右
アフロディテ　21,322
アボリジニーズ　327
アポロン　243,482
天忍人命　126
《天草本伊曾保物語》　251
甘茶　486
天照大神　427,447
アームストロング・ルイ　202
アメリカ自然科学協会　39
アメリカ自然史博物館　507左
《アメリカ州別文化事典》　31,122
《アメリカシロヒトリ》　283
《アメリカ民俗辞典》　19,67,182
アメンヘテプ3世　414
《アメンボ》　235
アモル　327
荒川重理　139
アラクネ　63
蟻　490
蟻地獄　276
《アリジゴク》　276
〈蟻地獄と子供〉　276
アリスタイオス　482
アリストマクス　470
アリ責め　486
アリ塚　487
アリ塔　214
【蟻通(ありどおし)明神】　486

アリとキリギリス　483
《蟻と人生》　486,521右
蟻の伊勢参り　490
蟻の熊野参り　490
《蟻の生活》　215,482,490,521左
《アリの帝国》　490
【アリの塔】　487
蟻門渡　490
蟻の百度(ひゃくど)参り　490
アリ風呂　486
アルタクセルクセス2世　375
アルドロヴァンディ　506左,521右
アルバロの戦い　474
アルペラ洞窟　470,474
アロン　190
《アングラーのための水生昆虫学》　155
《安斎随筆》　512右
安西冬衛　330
アンデルセン童話　383
アントライオン　276,487
《安南の民俗》　70
アンブロシア菌　447,455

い

イアピクス　139
イエズス会　434
イェーツ,W.B.　235
イガイ　119
医学利用　50
生きた昆虫の化石　158
生きている化石　46
《イギリスの昆虫学者》　520右
井口望之　506左,518右
池上俊一　454
夷堅　502左
イゴロット族　246
伊弉諾尊(いざなぎのみこと)　42
伊弉冉尊(いざなみのみこと)　42
イザヤ　74
石井象二郎　82,383
石井実　327
石川一郎　138
石川欣一　288,382
石川雅望　142
イシス　51
石田三成　23
《異疾草子》　510左
石原保　146,166,247,275,411
萎縮病　255
泉鏡花　42,387
《医制百年史》　22
伊勢神宮　203

懿宗　507左
イソップ　487
イソップ寓話　322,362,483,490
《イソップ寓話集》　251,375,383
《イソップ寓話——その伝承と変容》　251
《磯の一年》　515左
磯野直秀　43
イタコ　288,395
市川光雄　214
《出雲国風土記》　99,103
伊藤熊太郎　518左
伊藤圭介　516右
伊藤晴雨　151,154,508右
伊藤辰治　62
伊藤立則　83
伊藤嘉昭　283
糸繰(いとく)り　285
イドテア　91
糸遊　71
稲垣建二　211
蝗蒲焼売(いなごのかばやきうり)　194
《蝗の大旅行》　195
イナゴの日　195
稲田大尽　163
《稲の害虫》　518左
稲を害する蟹　123
井上善治郎　285
井上典蔵　223
井上靖　267
井上頼寿　179,358,490,503左
猪又敏男　343
異尾類　118
井伏鱒二　467
疣虫舞(いぼむしまい)　207
今西錦司　147
今村泰二　49
《イメージ・シンボル事典》　107
【イラガ】　282
《イーリアス》　243,466,470
【医療史】　62
岩川友太郎　199,505右
岩瀬文庫　499左
淫鬼虫　238,395
允恭天皇　70
《隠語輯覧》　370
《インド昆虫史要説》　196,257,315,321,408,499左
《インドネシアの民話》　111
斎部広成(いんべのひろなり)　503右
陰陽師　215
蚓螻(いんろう)　3

550

う

ヴァイヤン　101
ヴァラン,アメデー　10,14
《ヴィクトリア州動物学紀要》　35,500右
《ヴィクトリア州博物誌》　97,241,500右,520左
ウィリアムズ,C.B.　327
ウイルス病　255
ウィーン自然史博物館長　266
《ウェイクフィールドの牧師》　515左
ウェイタ　179
上垣守国　285,287,510右
ウェスト,ナサニエル　195
上田秋成　123
上田常一　122
ウェタプンガ　179
ウェヌス　16,327
ヴェラン　513左
ウェルギリウス　367,478,482,507右
ウェルズ,H.G.　490
ウォットン　504左
ヴォルフ　501右
ウォルムース議会　459
ウォーレス　520左
【ウガ】　86
鸕鶿草葺不合尊　126
浮舟　154
保食神(うけもちのかみ)　287
ウシガエル　110
宇田道隆　382,430
内田百閒　166
内田道夫　508右
《宇宙誌》　13,519右
ウッド　499左
《うどんげ》　142
《優曇華》　166,238,395,521右
〈優曇華の伝説〉　275
《海》　520右
《海と漁の伝承》　90,382,430
《海の労働者》　422
〈海辺のセイレーン〉　11
梅谷献二　230,262,375,438,450,451
《ウラノメトリア》　375
卜部兼方(うらべかねかた)　504右

え

英国昆虫学協会　512右
《英国産蛾類およびその変態》　512右
《英国産甲殻類図譜》　84,501左
《英国産昆虫集成》　350,500左
《英国産昆虫図譜》　156,291,365,457,480,484,499右
《英国産鳥卵彩色図譜》　519左
《英国諸島産鱗翅類図譜》　518右
《英国のイソギンチャク類》　515左
《英国博物学雑録》　498右
エイズウイルス　50
睿宗(えいそう)　494
《英文学動物ばなし》　187,435
永楽帝　182
エヴァ　402
エウリュディケー　482
エオス　243,251
《江崎悌三随筆集》　331,359,407,513左
《江崎悌三著作集》　67,131,239,513左
エジプト遠征　518左
エジプトコブラ　230
《エジプト誌》　518左,520左
エジプト神話　51
エジプトの災い　186,189
《エジプト・ペルシア旅行記》　513右
《エジンバラ医学雑誌》　63
【エスカルゴ】　494
エスパー,フリードリヒ　513左
蝦夷　103
《蝦夷関係影印本叢書》　509右
《江戸と東京風俗野史》　508右
《江戸と北京》　390,519右
《江戸府内絵本風俗往来》　502右
《江戸文学俗信辞典》　138
江戸虫講　171
江原昭三　382
《海老》　102,127
《海蝦網》　103
《えび学の人びと》　103
海老責(えびぜめ)　106
えびせん　102
【エビツルムシ】　282
《蝦と蟹》　86
《エビと日本人》　99,102,107
えびな　287
海老原博幸　375
籠(えびら)　151
エホバ　190
《絵本百物語》　62,334
エリセ,ビクトル　482
エルランゲン大学博物館左
513左
エロス　327
《延喜式》　103,115,122,479
円型ダンス　475
臙脂(えんじ)色　270
エンデュミオン　379
閻魔　398

お

追分地蔵堂　326
王安石　66,504右
オウィディウス　466,508左
王圻　504左,510右
《奥義抄》　510左
王元之　475,509左
黄金のセミ　243
黄金蛹(おうごんまゆ)　322
欧糸(おうし)　286
王思義　504左
応神天皇　122,358
王仁裕　130,503左
王鳴盛　486,503左
欧陽修　378
王六八　222
《王立協会博物館案内》　258
王立自然史博物館　175,508左
王立取引所　187
大江都賀(庭鐘)　508右
大木保二　374
大国主命　222
大蔵永常　12,26,138,226,255,262,263,326,451,505左
大気津比売(おおげつひめ)　287
大島良美　281
大田才次郎　135,242,507右
大田南畝　191,508左
大伴家持　509右
大野晋　150
太安万侶　503右
大場信義　423
大場政夫　375
大生部多　334
大町桂月　513右
大森盛長　74
大森信　86,106
大山巌　155
大山講　171
おおわたこわた　270
岡崎常太郎　167
小笠原家　20
岡島秀治　441
岡田彌一郎　110
岡部長慎　506左
岡本綺堂　127
《オキアミ戦争——最後のたんぱく資源》　98
お菊神社　334

《沖縄大百科事典》　114
《沖縄民俗薬用動植物誌》　494,495
荻生徂徠　150,507左
奥井一満　247,278
奥谷喬司　493
奥村多忠　467
奥本大三郎　147,150,158,183,504左
オクリ・カンキリ　110
【オクリ・カンキリ】　111
小栗虫太郎　215
オケアノス　94
オケアン　98
おけら　178
尾崎一雄　447
長田忠致(おさだただむね)　123
オサムシタケ　365
オジブワ族　150
おしら講　288
【おしら様】　288
オシリス　51
《オーストラリア昆虫史要説》　310,499右
雄バチ　468
【雄を食う雌】　210
小田島雄志　42
織田信長　362
織田富士夫　154
《お蝶夫人》　330
オナガザル　127
追儺(おにやらい)　22
小野士徳　506左
鉄漿(おはぐろ)　267
小畑義男　62
小原良直　506右
小山田(高田)与清(ともきよ)　509右
《阿蘭陀禽獣虫魚和解》　506左
オリオン　54
オルフェウス　482
オーレリアン　322
《オーレリアン》　3,8,10,293,296,500左,518右
オロヤ熱病　354
《女の平和》　362

か

〈海外北経〉　286
回帰熱　217
貝形類　65
《開元遺事》　503左
《外国捃拾帖》　516右
《外国産新種蝶類図譜》　519左
蚕のすだれ　287
蚕日待　288
カイコ病　518左
カイコマコ　179
疥癬　58

索引──一般事項

蟹泉（かいせん） 122
《解体新書》 513左
開拓使札幌勧業係 509左
開拓使七重試験場 267
《怪談》 505左,518右
《害虫とたたかう》 255,266,283
《蟹譜》 503左
〈怪物誌〉 514右
《怪物と奇形》 491
偕老同穴（かいろうどうけつ） 106
《蟹録》 127
何胤 122
カエサル,ユリウス 235,491
火浣布（かかんふ） 519左
〈蝸牛考〉 521右
何喬遠（かきょうえん） 508右
郝懿行（かくいこう） 67
赫居世（かくきょせい） 506右
郭氏 503右
梯南洋（晋造） 506左
《蜻蛉日記（かげろうにっき）》 71,147
《蜻蛉の君》 154
鰕姑 130
笠岡湾 47
かしこ淵 75
梶芽衣子 54
カーショー 509左
何敞（かしょう） 194
梶原影時（かじわらかげとき） 135
《蚊相撲》 362
化生類 426
化石動物 46
《風の谷のナウシカ》 330
《かたる袋》 231
《敵討孫太郎虫》 273
カーター,ジミー 31
カーター,ヒュー 31
〈かたつむり〉 496
片山宗哲 18
《花蝶珍種図録》 501右
香月五山（かづきござん） 504右
葛洪 23,505左,509左
カッコウの唾 251,254
カッピング 38
桂川甫周 521左
桂川甫三 521左
《かつら師の技術》 222
加藤憲市 187,435
【蚊取線香】 362
金井紫雲 179,247
カナン人 374
〈蟹〉 127
《蟹蛤分類図譜》 2,124,

500右
カニクイザル 127
《蟹工船》 118
蟹黄 126
かに（蟹）座 126
《蟹―その生態の神秘》 126,127
カニの眼 96
カニのレース 119
糞ばこ 126
カニ祭 122
蟹満寺（かにまんじ） 126
蟹守（かにもり） 126
カニ料理祭 122
カニレース 122
鴨長明 504右
〈カの民俗ア・ラ・カルト〉 359
カバライ族 246
蛾眉（がび） 283
峨眉山（がびさん） 280
カフカ,フランツ 203
《カブトエビ―小さな自然の秘密》 82
《カブトガニ事典》 50
カブトムシ産業 407
【鰕米】 103
鷲峰 510右
《ガボン旅行記》 517右
《カマキリの寄生虫》 210
《カマキリの卵房》 210
《かまきり夫人の告白》 210
《鎌倉志》 505左
蝦蟇蟲 22
髪切虫 447
《神の驚異の書》 3,499左,516左
上村清 203,223,226,227,231,366
神谷養勇軒（かみやようゆうけん） 505左
亀谷了 18,19
《カメ類写生図譜》 515右
カメレオン座 375
仮面ライダー 191
《仮面ライダー大全集》 191
【掃守（かもん）】 126
蚊帳（かや） 354,355,358,359
萱嶋泉 74,75
〈蚊帳の雁金〉 359
香山滋 335
蚊遣粉 362
蚊遣火 362
狩谷棭斎（えきさい） 505右
カルキノス 126
カルボニエール 110
カロン,フランソア 288,507右
河合省三 265
河井恒久 505左

川澄武吉 171
カワセミ 195
《カワセミ科鳥類》 514左
川名興 67,86
河野卯三郎 110
河野芳之助 110
《環形動物類》 514右
《韓国人の心の構造》 234
監獄熱 219
顔師古 506左
完全変態 280,483
神田左京 83,423,427,430,509左
カンダタ 75
カンタリジン 387,443
カンタリス 439,442,450
勘太郎 35
邯鄲 171
邯鄲夢の枕 174
蟹漬（がんつけ） 127
関東大震災 38,59,374
観音経 126
干宝 178,194,239,411,490,505右
カンポデア（ナガコムシ） 139
乾眠（かんみん） 43
掃守連 126
甘露（かんろ） 266

き

起 286
生糸改会社 288
《生絲貿易之変遷》 288
《帰化動物》 110,111,516右
菊池貴一郎 171,362,502右
貴志寺 490
蟻術（蛾術）（ぎじゅつ） 486
《魏志倭人伝》 286
《寄生虫紳士録》 18,19
寄生中病予対策実施要綱 22
《木曾採薬記》 520右
擬態 198,206
擬態するチョウ 281
《奇態流行史》 154,203,431
喜多川守貞 510右
北里柴三郎 514左
北慎言（静廬） 508右
《北の国の虫たち》 170,267
北原白秋 206
喜多村節信（きたむらときのぶ） 34,403,503左
喜多村直（なおし）（槐園） 19,503左
北杜夫 250,255,276,426
【吉凶占い】 74
キーツ,ジョン 183

《絹の文化》 285,519左
ギネスブック 107
《城の崎にて》 467
キノン 438
吉備真備 70
《気分は形而上》 199
木村鉄 167
キャヴェンディシュ,トマス 422
逆螢（ぎゃくぼたる） 430
ギャルソー 222
キュアド,F. 214
キュヴィエ,フレデリック 498右
邱永漢 394
九香虫 226
休糧 23
吸露庵涼袋 508左
キュモトエー 95
キュレネー 482
キュロスの反乱 375
姜岐（きょうき） 475
狂犬病 518左
恭譲王 506右
共生関係 255
《京都古習志》 503左
鏡膜 243
行誉（ぎょうよ） 502左
《杏林叢書》 505左
蛬蜋蟲 22
巨蟹宮 107,123,126
許慎 505右
《漁村歳時記》 103,130
【巨大蟻】 487
【巨大グモ】 74
【巨大蜂】 462
【巨大ミミズ】 34
《儀礼》 504右
蟋蟀（きりぎりす）売 171
きりぎりすとこおろぎ 183
《ギリシアの魚類小辞典》 517右
《ギリシアの鳥類小辞典》 517右
桐谷圭治 255,262,266,283
ギルガメシュ 54
棄老説話 487
棄老令 487
金冠塚古墳 419
《禽経註》 508左
金蠶蟲 22
金受申 162,182
均翅類 150
《近世畸人伝》 503左
《近世風俗志》 510左
金鐘児（キンゾンル） 167
錦帯橋の石人形 279
《訓蒙図彙》 507右

く

空海　358
クオリーメン　418
草田寸木子　503左
〈草雲雀（くさひばり）〉
162,518右
《草叢のダイヤモンド》　431
具志堅用高　375
《公事根源》　512右
朱雀天皇　135
九条兼実　254
クジラ　98
楠木正成　74
クピド　327,502右
久保快哉　281
《久保田の落穂》　198,207
《雲》　366,379,512左
蜘合（くもあわせ）　70
《蜘蛛女のキス》　78
【クモ合戦】　74
《クモ合戦の文化論》　74
蜘蛛切丸（くもきりまる）
75
蜘蛛組（ぐま）し》　74
〈蜘蛛塚〉　75
〈蜘蛛の糸〉　75
【クモの糸で織った布】　74
蛛の鏡　71,74
《クモの合戦》　67
《クモの超能力》　71
《クモの話》　66,74
蜘蛛舞　75
【蜘蛛舞（くもまい）】　75
〈蜘蛛類を薬用または食用とする記録〉　51
クラウズリー＝トンプソン,J.L.
219,270,362
クラウセン,L.W.　162,
174,187,202,219,235,266,
367,371,410,435,438,450,
467,490
《暮らしの中のおじゃま虫》
203,223,226,227,231,366
蔵富吉右衛門　263
蔵原惟二　330
グラーフ,ヨハン　521左
クリケッツ　418
クリケット　159
《クリスマス・キャロル》　166
グリフィス,W.E.　407,
510左
《クリフォード植物園誌》
513左
グリプトドン　35
栗本昌友　514右
《グルツィメク動物百科》
102
グールド,J.　514左,518右
プルプック　102
グルーベ,E.　43
クレオパトラ　206
クレクレ　31

グレシャム,T.　187
クレベール,ジャン＝ポール
90,210,251,435
黒川道祐（くろかわどうゆう）
510右
クロトン川　199
クローネンバーグ,ディヴィット
378
食わず女房　75
桑山覚　142
《軍艦茉莉》　330
《捃拾帖》　516右

け
《闇壺是議方》　502右
螢雪（けいせつ）　431
ゲイヤー,C.　519左
ケオシアン,J.　382
ゲジゲジ眉（まゆ）　138
【ケジラミ】　222
ケダニ先生　62
ケダニ地蔵　62
ケダニ明神　62
《決意と独立（水蛭取る人）》
42
結婚飛翔　474
ケペリ　414
ケラー,ヴィンセンツ　175,
266,508左
ケラムボス　443
元妃西陵　286
験師（げんじ）　206
《ゲンジボタル》　423
《ゲンジボタル　水辺からのメッセージ》　423
《源氏物語》　72,139,154,
170,363,423,427,509右,
510左
原子論　58,513左,517左
元稹　503右
玄宗皇帝　331,334
幻想博物誌》　515右
ケンタウロス　397
《玄同放言》　516右
元白　503右
顕微鏡　58
源平合戦　423
検便　22
建礼門院　179

こ
黄一正　504右
項羽本紀　462
皇円　508右
《広雅》　210
蝗害　190
高玄竜　18,510左
《皇国》　510左
高山族　419
《広辞苑》　363
《好色一代男》　70

庚申待　23
広節裂頭条虫症　19
構造色　323
寇宗奭　509左
甲田寿彦　106
《江談抄》　70
黄帝（こうてい）　286,504右
《鋼鉄の嵐のなかで》　521右
黄道十二宮　51,107,123,
126,414
河野與一　375
《神戸新聞》　79
弘法大師　250,359
洪邁（こうまい）　502左
功満王　287
《紅毛雑話》　218,354,
521左
《紅毛談》　515左
高野山　218
高野聖　238
《高野聖》　42
広隆寺　287
《皇和魚譜》　514右
【コオロギ合戦】　162
コオロギのすもう　163
香炉木橋　163
【こおろぎ橋】　163
黄金虫（こがねむし）　203
《黄金虫》（ポー）　411
《黄金虫（こがねむし）》（野口雨情）　203,411
五器噛（ごきかぶり）　199
ゴキちゃん　199
ゴキブリ走行　203
故宮博物院　182
コキーユ号　501右,522右
《コキーユ号航海記》　520左
《古今和歌集》　95,159,170
国際ミミズだましコンテスト
31
黒死病　382
獄中の螻蛄（けら）　178
【国蝶】　327
国分直一　194
《国民之友》　33
極楽トンボ　154
蜈蚣蠱　22
越谷吾山（こしがやござん）
508右
五色鰕　102
《古事記伝》　103
《児島湾の漁民文化》　130,
410
蠱術　23,163
後白河法皇　510右
《子育ての書》　503左
鼱鼠（ごそ）の技　178
《古代楽器論》　478
《古代美術工芸品に応用せられし〈タマムシ〉に関する研究》
419

コチティ族　438
胡蝶　326,327,331
蝴蝶　335
《蝴蝶》　334,335
ゴッサマー　71
《骨董》　163,378
コットン,チャールズ
506左
こっぺり　222
小寺応斎　504右
後藤明生　203
蠱毒（こどく）　18,22,34,
38
五毒　51,134
小西正泰　58,91,162,167,
170,199,202,203,218,219,
222,259,262,270,323,334,
355,359,430
【五倍子（ごばいし）】　267
小林一茶　375,379
小林準治　390
小林多喜二　118
コフキコガネの年　410
古文献に現われたダニ　58
〈コヘレトの言葉〉　375
小堀桂一郎　251
小笠式嵐山孵化養成所　171
小宮順舟　171
小宮豊隆　250
ゴリアテ　405
ゴールディング,ウィリアム
378
コルテス　521右
ゴールマン,W.　9
《コレクター》　330
蠱惑（こわく）　22
金剛神像　467
金色姫　287
金蟬子　247
金蟬脱殻（こんぜんだっかく）
247
金蟬長老　247
《昆虫》　91
《昆虫界》　514左
昆虫科学展覧会　419
《昆虫学雑誌》　512右
《昆虫学者の月刊誌》　518右
《昆虫学提要》　515右
《昆虫学の娯しみ》　3,8,
40,96,501左,522左
《昆虫コレクション》　521右
《昆虫採集・保存指南》
513右
《昆虫誌》　174
《昆虫植物採集指南》　513左
《昆虫史論文集》　516右
《昆虫図》　399
《昆虫図録》　515右
《昆虫生活余話》　519右
《昆虫挿話》　154
《昆虫と人生》　246

553

索引──一般事項

《昆虫とつき合う本》　254
《昆虫と人間》　162, 174, 187, 202, 29, 235, 266, 367, 371, 410, 435, 438, 450, 467, 490
《昆虫の神学》　410
《昆虫の生活についての考察》　522左
《昆虫の世界》　435
《昆虫の手帖》　162, 218, 243, 254
《昆虫ノート》　143, 154, 158, 235, 238, 330, 411, 446
《昆虫の秘密》　512右
《昆虫の変態, 習性, 本能》　415, 519右
《昆虫のもてなし》　522左
《昆虫の渡り》(ウィリアムズ)　327
《昆虫の渡り》(ギリアーニ)　514右
《昆虫博物館》　82, 383
《昆虫物語》(松村松年)　155, 202, 207, 230, 390, 407, 410, 430, 446, 447, 451
《昆虫物語》(安松京三)　198, 431, 487
コント　498右
コンバット・ゴキブリ・コンテスト　202
金輪王　275

さ

《西鶴織留》　203, 382
再帰熱　219
《最後の詩集》　235
《彩色化石動物図譜》　513左
《採集保存術と動物学者名鑑》　10
崔世珍　503右
斎藤莞斎　502右, 506右
斎藤慎一郎　67, 74
斎藤長秋　502右, 506右
斎藤別当実盛　259
斎藤茂吉　250
斎藤幸成(月岑(げっしん))　502右, 506右, 508右
斎藤憐　126
崔豹　146, 334, 503右
西福寺　123
《西遊記》　54, 247
《西遊記の秘密》　247
《采覧異言(さいらんいげん)》　512左
酒井恒　126, 127
阪口浩平　155, 198, 227, 254, 255, 258, 259, 281, 394
《魚・海・人》　59, 123
《魚紳士録》　514左
《魚の生態》　514左
《魚の博物誌》　512右

《魚の文化史》　99, 106
坂本与市　142, 227, 262, 391
サクラエビと公害問題　106
桜田治助　42
酒向昇　102, 103, 127
サザーランド, ドナルド　195
《左氏伝》　504右
サスベカ　150
《さそり》　54
《さそり Al-Aqrab》　54
サソリ狩り　54
さそり(蠍)座　51
サソリの精　54
〈さそりむち〉　50
五月みどり　210
《薩州蟲品》　63, 504左
《札幌昆虫記》　199, 215, 407
《薩摩博物学史》　155
《左伝》　504右
サド, マルキ・ド　436, 439, 515右
佐藤成祐(せいゆう)　506左
佐藤忠一　285
佐藤春夫　195
佐藤光雄　110, 434, 435
サトゥルヌス　470
サトクリフ, ステュアート　418
《サド侯爵の生涯》　439
実盛送り　259, 262
實吉達郎　23, 206
サバト　202
ザ・ピーナッツ　283
《ザ・フライ》　378
〈サムエル記〉　379
ザムザ, グレーゴル　203
サーモン女史　198
佐山半七丸　222, 247, 510左
更科公護　94, 367, 394
更科源蔵　26, 91, 111, 118, 138, 183, 190, 227, 242, 250, 334, 359, 382, 391, 447, 467, 503右
更科光　26, 91, 111, 118, 138, 183, 190, 227, 242, 334, 359, 382, 391, 447, 467, 503右
猿蟹合戦　127
【猿蟹合戦】　126
サルマナザー　505左
サンゴイソギンチャク　114
残酷焼　103
《三才諸神本紀》　517左
三戸　23
三尸九虫(さんしきゅうちゅう)　22
蚕種　285, 288
山獏(さんじん)　127
蚕神　287, 288

三蔵法師　54, 247
三治　191
山東京伝　273, 516左
《山東の民話》　54
蚕微粒子病　285
三彭(さんぼう)　23
蚕綿　287

し

而慍斎(じうんさい)　504右
シェークスピア　42
シェラック　271
《爾雅正義》　504左
志賀直哉　147, 467
《字鑑》　17
紫禁城　182
【しぐれ桜】　254
時雨(しぐれ)の松　254
地獄道　326
地獄焼き　47
《仕事と日々》　470
士師記　470
〈シシ虫の迷信ならびに庚申の話〉　218
《シシンデラ》　387
《私説博物誌》　22
《自然》　267, 430
《自然観察》　9
《自然史事典》　498右
《自然史図譜》　11, 397, 428, 499左, 517左, 518右
《自然読本》　35
《自然と子どもの博物誌》　394
《自然の聖書》　516左
《自然の造形》　17, 37, 500左
《自然の秘密》　58, 517右
《自然の文化誌》　403
飼槽の刑　375
《四足獣の歴史》　517右
七福神　279
尸虫(しちゅう)　23, 218
止蝶　326
十蟹図　127
蝨ト(しっぽく)　222
四天王　71, 75
四天王立像　419
《字統》　51, 239
《支那》　288
シナイ山　270
《しなの動植物記》　451
信濃前司行長　508右
死に真似　391
死の天使　362
篠原とおる　54
司馬遷(しばせん)　504右
地蜂　473
司馬彪　503右
ジプシー　459
《ジプシー》　415

ジプシーの蜂蜜　482
《ジプシーの魔術と占い》　482
ジフテリア　394
渋海川寄蝶之図(しぶみがわきちょうのず)　146
島崎三郎　16, 58, 115, 130, 450, 462
島津義弘　74
島津重豪　504左
島袋全發　430, 502右
清水克祐　31, 122
清水晴風　273
《しみのすみか物語》　142
シャイドリン, C.　82
シャイドリン＝ラクス法　82
車胤(しゃいん)　431
〈車胤伝〉　431
釈迦　486
社会性動物　214
ジャガス病　230
《雀巣庵虫譜(じゃくそうあんちゅうふ)》　354, 501右
釈良胤　506左
寂蓮　510左
瀉血法　38
蛇蛊　22
蠚虫(しゃちゅう)　202
謝肇淛(しゃちょうせい)　503右
シャフナー, フランクリン・J.　330
赭鞭会　518右
シャリエール, アンリ　330
シャレル, リチャード　223, 250
ジャン・ド・ブルゴーニュ　520右
《上海》　126
上海ガニ　126
《上海バンスキング》　126
糸疣(しゆう)　66
篩疣(しゆう)　66
拾芥録　198
《周官》　504右
周達生　394
周公旦　504右
十二宮図　54
十二支　54
《十二の小さな仲間たち》　374, 382
周伯琦　510右
蠨蛸(しゅうほう)　122
周密　505右
《衆鱗図》　89, 92, 113, 125, 500右, 520右
祝穆　355, 509左
寿山温泉　83
〈出エジプト記〉　190, 270, 367
酒顚(しゅてん)童子　358

ジュニア・フライ級　375
《趣味の昆蟲界》　139
《趣味の昆虫採集》　514左
シュレジア博物館　513左
シュレシンジャー,ジョン　195
シュレーバー　514左
《春秋》　504右
《春秋本草》　515左
春風亭柳好　195
商維濬　67,508左
掌禹錫（しょううしゃく）509右
浄海坊　430
【ジョウカイボン】　430
橈脚（じょうきゃく）類　82
昭憲（しょうけん）皇太后　174
硝子体　362
商濬（しょうしゅん）　67,508左
猩々（しょうじょう）　370
【ショウジョウバエ】　375
《鞘翅類の博物誌》　513右
《消息》　147
《小戴礼（記）》　510右
城東漁父　26,503左
聖徳太子　287
昭南博物館　83
《小児養草》　504右
《少年絵本》　416,453,500右
邵晋涵　504左
尚秉和（しょうへいわ）　479,506左
昭明太子　510左
蟭螟（しょうめい）　59
《蕉門頭陀物語》　508左
少林寺　254
女王バチ　468
《食は広州に在り》　390
植物学の祖　517左
《植物原因論》　517左
《植物誌》　517左
《植物名の由来》　430
《食物伝信纂》　512右
《食物と心臓》　367
《食物和歌本草増補》　504右
徐光啓　447,450,507右
諸国進年寮雑薬　479
処女懐胎　491
除虫菊　362,374
ショッカー日本支部　191
ショーバン,レミ　435
徐有本夫人李氏　503右
白井義男　375
白川静　22,51,239
シラノ・ド・ベルジュラック　58
〈虱〉　223
《虱》　223,513左
シラミ草　219

しらみつぶし　223
【シラミと人種】　223
しらみひも　222
尻切れトンボ　154
【シルクロード】　288
シルデリック1世　470
《白蟻》　215
白蟻翁　254
シロアリタケ　216
《白蟻談義》　214,430,520右
《白蟻の生活》　12,215,482,521左
《しろばんば》　267
蜄（じん）　122
《新形三十六怪撰》　71
沈括　367,510左
《進化とは何か》　518左
沈既済（しんきせい）　174
箴言　487
《新古今和歌集》　183,510左
ジンサー,ハンス　219
《新修本草》　509右
新宿勧農局　478
真珠島　154
《人体の害虫》　362,366,374,382,515左
《神統記》　470
《新動物誌》　419
《神農本草経集注（しっちゅう）》　505左,509右,510右,517左
《新編鎌倉志》　505左
《神方五篇》　23
神武天皇　151
申命記　478
親鸞上人　254
《神話と人間》　206,207,513右

す

《随観写真》　121,136,498右,515左
水産博覧会　499左
《菅江真澄遊覧記》　284,362
蝶蠃（すがる）　287
すがるおとめ　462
《スガレ追ひ》　467
菅原道真　194,447
須賀原洋行　199
杉田玄白　513左
杉村光俊　154
朱雀天皇　135
須佐之男命（スサノオ）　287,374
鈴木真海　503右
薄墨泣童（すすきだきゅうきん）　218
鈴木春信　358
鈴木孫六　82
【スズメガ】　282
《スズメバチはなぜ刺すか》　467

《図説世界の昆虫》　155,198,227,254,255,258,259,281,394
須勢理毗売　222
《頭陀物語》　508左
スチュワート,J.　515左
《棄てられて》　434
ストア派　512左
崇徳上皇　451
ストロー級　375
《砂のすきまの生きものたち》　46,83
ズニ族　331
巣の精神　482
スパエンドンク　513左
スピロヘータ　49
スフィンクス　359
《スフィンクス》　283
スミット　501右
スラ　219
《スリナム産昆虫の変態》　8,39,52,204,245,252,258,259,349,424,500右,521左
駿河湾水産生物研究所　106
スローン,ハンス　505左

せ

《青蛙堂鬼談》　127
蹲寿館（せいじゅかん）　515左
清少納言　166,422,489,495,509右
生触虫　214
《性処女　ひと夏の経験》　330
《聖書動物大全》　50,74,183
《聖書に描かれた自然と人間》　190
《済生宝》　517左
成宗　506右
蜻蜌（せいそう）　215
【蜻蜌】　411
清蔵　419
《成長と形態について》　475,517右
西南の役　231
青蚨（せいふう）　247
《生物景観図集》　492,499左,516右
聖母の糸　71
聖母マリア　435
《生命の起源》　382
《西遊旅譚（せいゆうりょたん）》　515右
《西洋雑記》　271
《西洋俗信大成》　66,107,151,159,187,281,391,395,410,426,430,

467
《図説世界の昆虫》　155,198,227,254,255,258,259,281,394

青竜　130
ゼウス　91,243,251,487
《世界大型鱗翅類図譜》　515左
【世界最大のヒル】　39
《世界三地域熱帯蝶図譜》　498左,514左
《世界の食用昆虫》　146,198,202,214,226,263,270,273,282,326,387,462,486
《世界のトリバネアゲハ》　334
蜥蜴蠱　22
《尺素往来》　512右
赤白丹腫　39
《石佛十二支・神獣・神使》　287
赤痢　374
セップ一族　293,318
セト　51
銭屋五兵衛（ぜにやごへえ）　35
妹尾河童（せのおかっぱ）　82
《ゼフィルス》　517左
蝉時雨（せみしぐれ）　243
蝉花（せみたけ）　250
《セミとアリ》　251
《セミ人間》　250
《セミの自然誌》　250
《蝉の生物学》　514左
《セミ博士の博物誌》　467,514左
蝉丸（せみまる）　247
《セミ類・半翅類図譜》　516左
セルラーゼ　139
セルロース　139,211
セレウコスの鳥　186
全科博士　512左
疝気　18
線形虫綱　210
千国安之輔　451
千手観音　218
占星学　126
占星術　123
《占星術の書》　51,123
《戦線の博物学者》　162,370,418
戦争熱　219
仙虫社　247
《千蟲譜》　8,32,33,41,52,59,76,92,94,149,163,195,198,218,226,227,238,239,242,247,251,258,262,271,274,326,357,363,407,432,435,443,469,481,484,494,498左,514右
宣徳帝　162
船舶熱　219
【センブリ】　273

索引──一般事項

全米カニダービー　122
占領軍天然資源局　283

そ

宋応星　247, 479, 506左
巣元方(そうげんぼう)　18, 23, 505右
《巣元方病原》　18, 19, 22, 23
草蟲　22
荘子　327
宗碩(そうせき)　510左
《憎蒼蠅賦(ぞうそうようふ)》　378
桑螵蛸(そうひょうしょう)　210
双尾類　158
《増補万宝全書》　508右
《草本誌》　517左
蘇鶚　507左
促織　162
《続博物誌》　214, 215
《続筆談》　510左
《続南方随筆》　35
ソクラテス　379
蘇軾(そしょく)　446
衣通郎姫(そとおりのいらつひめ)　70
ソフォクレス　520左
ソロモン　487
孫康　431
〈孫康伝〉　431

た

儺(だ)　22
太極拳　207
《大言海》　22, 23, 38, 179, 363
大光院　447
戴聖(たいせい)　510右
大善院　75
代宗　507左
《大戴礼(記)》　510右
ダイダロス　139
《大地》　191
戴徳　510右
《大日本魚類画集》　81, 84, 88, 499左, 513右
《大百科事典》　46, 99, 158
《太平記》　74
《太平広記》　67
《タイヨウチョウ科鳥類》　514左
タイラギ　119
タイラギ番　119
平清盛　179, 362, 430
平維盛(これもり)　259
平将門　327, 467
《大理石の断崖の上で》　521右
《台湾誌》　505左
《臺灣の蜘蛛》　74, 75

《台湾の民俗》　194
《ダーウィンのために》　521左
タエポ　179
【タカアシガニ】　123
鷹狩り　175
高木正年　499左
高木八兵衛以孝(ゆきたか)　516右
高砂族　75
高田鑑三　255
高津春繁　362
高梨健吉　287, 358, 370
高橋常作　263, 504右
高橋良一　271
高天原　287
タキプレシン　50
多紀元簡(たきもとやす)　509右
武田正倫　105, 112, 125, 133
竹とんぼ　151
【竹トンボ】　154
竹中真一　418
田子の浦　106
田坂常和　195
立川昭三　19
橘千蔭(ちかげ)　509右
橘成季　503右
タツェルヴルム　35
《韃靼海峡と蝶》　330
蓼食う虫　411
ダドリー, ロバート　422
ダナオス　322
田中梓　162, 218, 243, 254
田中敬介　63
田中文庫　516右
田中誠　59, 62, 382
七夕(たなばた)　427
谷川士清(たにがわことすが)　511左
谷崎潤一郎　411
ターニップ・ネット　10
《ダニのはなし》　382
《ダニの話》　55
《ダニの民俗》　59, 62
種紙　285, 286, 288
田原藤太秀郷(たはらとうたひでさと)(藤原秀郷)　135
《ダフニスとクロエ》　159
タプーヤ族　371
ダブレラ, B　334
玉虫色(たまむしいろ)　419
玉虫厨子　418, 521右
【玉虫厨子】　419
田村学派　498右
田村屋只四郎　211
田村藍水　41, 514右
多聞天　419
【タラバガニ】　118
タラント　53
《タルムード》　379, 383

タロットカード　107
《俵藤太物語》　135
端脚類　95
短狐　239
段公路　102, 509左
《丹州蟲譜》　498右
段成式　47, 51, 94, 134, 242, 270, 510左
単性生殖　266
壇ノ浦合戦　123
丹波康頼　502左
短尾類　118

ち

《小さな狩》　387, 521右
チェリッシュ　438
チェロキー族　110, 162, 175, 182, 183, 395, 422
《チェロキー族の神話》　110, 162, 175, 183
チェンバレン, B.H.　107, 123, 231, 287, 367, 486, 507右
千葉周作　134
チフス　374
茶たて　217
チャールズ1世　281
チャレンジャー号　521左
虫癭(ちゅうえい)　266, 267, 462
中央研究所嘉義農事試験支所　514左
《虫魚禽獣》　167
《中国古代の民俗》　22
《中国昆虫史要説》　145, 173, 224, 248, 256, 424, 499右
《中国・四国の民間療法》　59
《中国食物誌》　394
《中国, 日本, 朝鮮産蝶類》　522左
秋興　162
《中世の自然科学史》　519右
忠蔵　170
《虫譜》　161, 400, 432, 437, 473, 488, 499左
《虫譜図説》　499左
《虫薬大辞典》　438
《蝶, 海へ還る》　327
張易之　142
張華　151, 399, 505右, 508左
趙学敏　509右
超休眠　43
《釣魚雑筆》　410
《鳥獣魚写生図》　514右
長州征伐　154, 223
《鳥獣蟲魚》　410
挑生蟲　22
朝鮮出兵　74
朝鮮総督府勧業模範場

513右
《朝鮮総督府勧業模範場研究報告》　435
《朝鮮の民俗》　331, 490
《朝鮮の料理書》　502右, 503右
《蝶々夫人(ちょうちょうふじん)》　330
蝶番(ちょうつがい)　327
《重訂解体新書》　513左
蝶道　323, 326
《チョウの誕生》　327
蝶の戸渡(とわたし)　327
《チョウのはなし》　281
《チョウの渡り》　326
蝶紋　326
釣駱駝　67, 70
《鳥類学50年》　513左
《鳥類学提要》　515右
蝶類同好会　327
張璐　115, 509左
直翅目　155
《直翅類図譜》　514左
【チョコアンリ】　487
《チリ自然社会誌》　21, 498右, 514右
《地理書》　186
地竜　34
池鯉鮒(ちりゅう)　359
《治療と養生法》　512左
沈懐遠　134
陳蔵器　446, 479, 509右
《枕中記》　174

つ

対鰕　102
【ツェツェバエ】　374
月岡芳年　71
《月と太陽諸国の滑稽譚》　58
月輪寺(つきのわでら)　254
月夜見尊(つくよみのみこと)　287
《土》　223
土公(つちぎみ)　75
土蜘蛛　75
【土蜘(つちぐも)】　75
《土蜘蛛草紙》　71
筒井康隆　22
恙虫　62
恙虫研究病院報告摘要　518左
恙虫病(つつがむしびょう)　59, 63, 513右, 514左, 518左, 520左
【恙虫病(つつがむしびょう)】　62
《堤中納言物語》　330
提勝　374
常木勝次　162, 370, 418
燕温泉　49
円谷(つぶらや)英二　283
津村正恭　22, 506左

ツンベリー　522左
鶴岡保明　262
鶴蒔靖夫　34
《つれづれ草拾遺》　427
ディオゲネス　114

て

《帝京景物略》　151
ディケンズ　166
《貞丈雑記》　42,512右
DDT　189,283
ティトノス　251
ディドロ　517左
ティニョ　207
デーヴィ,H.　515右
【手塚治虫】　390
〈手塚治虫の昆虫記〉　390
蜉蝣　70
テニソン,A.　434
寺尾新　59,123
天蠍宮　126
電気蚊取マット　362
天狗　59
傅肱　503左
天馳(てんし)　286
てんとう虫　438
【てんとう虫のサンバ】　438
天然記念物　47
天保の改革　171
典薬寮　22

と

《ドイツ昆虫誌》　519左
《ドイツ中央細菌学雑誌》　63
胴枯病　266
道灌山　167
等脚類　95
道教　23
《東京学士会院雑誌》　507左
東京動物学会　506右
東京博物学会　508左
東京虫の会　521右
道教　505左
東郷豊治　379
東郷平八郎　155
桃山人　62,334
唐順之　508右
唐宋八家　446
東大寺　467
冬虫夏草　326,365
《桃洞遺筆》　513右
《遠野物語》　521右
倒馬毒　54
《動物界》　28,83,95,128,164,364,376,380,429,441,444,465,477,480,489,498左,514左,517右
《動物学教本》　520左
《動物学雑録》　93,498右,501左,522左

《動物学図譜》　388,501左
《動物学分類表》　521右
動物寓意譚　483,487
《動物故事物語》　23,206,430
動物裁判　410,454,459
《動物裁判》　454
《動物誌》(バルトロミオ)　187
《動物詩集》　270
《動物シンボル事典》　90,210,435
《動物図譜》　499左
動物賭博　162
《動物渡来物語》　516右
《動物発生論》　507左
《動物百図》　501右
動物標本社　508左
《動物物語》　516右
《東方見聞録》　67,520右
《東方旅行記》　490,520右
洞爺丸　123
《東洋昆虫学集成》　257,298,357,413,498左,512左
トゥラシ　102
トゥルピン,R.　326
〈蟷螂考〉　135,178,210,423,521右
蟷螂の斧　210
蟷螂の構え　207
徳川家光　512右
徳川家康　18
徳川光圀　505左
読耕斎　510右
徳富健次郎(蘆花)　35
《どくとるマンボウ昆虫記》　25,250,276,426
徳永雅明　455
【常世虫(とこよのむし)】　334
土佐光長　510左
《都市の昆虫誌》　199,354
《図書館》　516右
十握剣(とつかのつるぎ)　374
《動物の性質について》　512左
ドドエンス　517左
刀根正樹　98
舎人親王　507右
《賭博》　119,203
トマス・アクィナス　512左
トミー一座　383
富田愛次郎　370
ドミニコ派　512左
土用干し　142
豊玉姫　126
豊臣七将　23
《トラヴィエの鳥類画集》　517右
ドラゴン　147

《鳥》　513左,520右
鶏合神社　154
《鳥居考》　503左
ドリス　94
【鳥と寄生虫】　223
ドーリドス　118
【トリバネアゲハ】　334
ドルスス将軍　474
ドレーク,フランシス　227
トロイア　243
《ドン・キホーテ》　500右
敦崇　170,502右
トンチカイム　75
《トンボ王国》　154
とんぼ返り　154
トンボ朔日(ついたち)　154
トンボ釣り　154
ドン・マルキス　206

な

《内外昆虫要説》　516左
《内外普通動物誌》　46,87
内藤新宿試験場　267
内部寄生　38
内部寄生虫　16
中尾舜一　250
中川勘右衛門　419
長崎オランダ商館　514右
中筋房夫　255,266,283,327,394
長塚節　223
永野爲武　214
中野美代子　247
中原(石野)廣温　504右
長原孝太郎　513左
中村真一郎　283
中村惕斎　507右
中村元　354
中村浩　430
中山晋平　203
中山太郎　123,163,259,262,419,487
泣き桜　254
【鳴くカタツムリ】　494
《鳴く虫の観察と研究》　520左
《鳴く虫の博物誌》　162,170,178,186,520左
名越左源太　198,494,507左
《ナチュラリストと旅行者の必携宝典》　13
夏蚕(なつご)　287
夏目漱石　250
鍋屋源兵衛　222
ナポリの水　439
並木清次郎　403
ナムフラ・ソース　238
名和昆虫研究所　504左,518左,521右
【ナンキンムシ裁判】　231

《南総里見八犬伝》　516右
南島商会　516左
南蛮船　51
《南部煙花録》　506左
《南方昆虫紀行》　151,178,214,394,512左
南北戦争　450

に

新潟県蚕虫研究所　514左
《新潟県の蚕虫及び蚕虫病》　62
新野広陵　62
ニザーミー・アルズィー　31
西井弘元　47,50
錦三郎　71
腹蟇(にしどち)　239
西丸震哉　198,446
西村晃　415,518左
西村登　279
西村白烏　39,502右
二十八宿　54
日露戦争　155
新渡戸稲造　402
孫瓊瓊杵尊(ににぎのみこと)　427
日本一飛驒国大ムカデ　134
《日本貝類方言集》　86
《日本凶荒史考》　518左
日本洪水熱　63
《日本国語大辞典》　431
日本語=タミール語起源説　150
日本昆虫学会　154,327
《日本昆虫記》(長谷川仁ほか)　198,243,277
《日本昆虫図鑑》　215
《日本植物誌》　515右
《日本水産動物学》　519右
《日本全国児童遊戯法》　507右
《日本俗信辞典》　178,227,254,255,394,395,410
《日本その日その日》　26,182,195,288,374,382
《日本蝶命名小史》　327,331
《日本蝶類図説》　500左
《日本蝶類図譜》　500左
《日本蚕虫病》　513右
《日本伝説大系》　190
《日本動物誌》　515右
《日本動物図鑑》　106
《日本農作物害蟲篇》　515左
《日本農書全集》　505左
《日本のエビ・世界のエビ》　103
《日本の甲蟲》　521右
《日本の動物記》　47
日本博物温故会　516右
《日本博物学史》　512右

索引──一般事項

日本博物学同志会　508左
《日本瞥見記》　203,247,259,434,451
《日本民俗学》　163,259,419,487
《日本昔話事典》　187
《日本古話と古代医術》　127
《日本霊異記》　126,490
日本鱗翅学会　419
二名法　504右,515右
《ニュージーランド昆虫譚》　223,250
ニューマン,カート　378
女三の宮　170
丹羽正伯　505左
《人間昆虫記》　517左
任東権　331,490
ニンフ　443,482

ね

《ネイチャー》　34
願いごとの石　90
根岸鎮衛(やすもり)　509右
《ネコと魚の出会い─人間の食生態を探る》　198,446
《ねずみ・しらみ・文明》　219
眠り病　374
ネレイジン　21
ネレイス　94,95

の

ノアの洪水　515右
農会技術員　79
農事試験場　79
農商務省　508左
農商務省農事試験場　514右
農務省　410
農林省植物検疫所　266
農林省農業総合研究所　266,508左
乃木将軍　155
野口雨情　411
ノダー,エリザベス　518左
ノパルサボテン　271
野間宏　14
蚤送り　382
【ノミ収集家】　383
《ノミと教授》　383
蚤取粉　362
蚤流し　382
蚤の市　383
【ノミのサーカス】　382,383
〈ノミの幽霊〉　378,382
野村健一　195,262,411
野呂元丈　506左,517左

は

バアルゼブブ　370
はい(蠅)座　375
ハイネ,P.B.W.　513左
バイヤー,J.　375

《蠅》　374
《ハエ男の恐怖》　378
蠅取りデー　374
《蠅の王》　378
【ハエの刑】　375
〈蠅のはなし〉　378
芳賀忠徳　62
白居易　503右
《舶上花譜》　518右
白人の墓地　362
ハクスレー,T.H.　123
西亀梅子　78
《博物学者雑録宝典》　356,498右,501左,515右,518左
《博物学者のメモ》　521左
〈博物学者列伝〉　498右
《博物学の殿堂》　498右
《博物学の物語》　515左
《博物学魚譜》　125,500右
《博物館虫譜》　76,77,85,89,92,109,116,125,133,136,168,500左
博物局　132,518右
《博物局動物図》　518左
《博物標本づくり》　10
《博物宝典》　29,346,347,499右
羽子板　359
馬蝗蟲　22
橋本重兵衛　288
橋本初蔵　255
【芭蕉のセミ】　250
長谷川雪旦　502右
長谷川仁　191,198,199,221,224,254,259,266,267,280,354,403,430,439
秦河勝(はたのかわかつ)　287
秦武文(はたのたけぶん)　123
バタフライ　327
働きアリ　214
働きバチ　468
《蜂》　466,512左
蜂岡寺　287
蜂洞　478
【ハチの子】　467
蜂の子御飯　462
8の字ダンス　475
ハチの巣州　475
《ハチの博物誌》　467
《蜂蜜》　478
蜂蜜　468,479
蜂蜜狩り　475
峰蜜酒　479
《ハチミツの話》　475,479
発音筋　243
発音膜　243
バッカス　67
バック転　154
バッグ・ネット　10

パール・バック　191
白頸蚯蚓　34
八卦盤　51
発光器　106,427
発光機能　423
《発光生物の話》　83
発光生物　83
《発光生物の話》　134,138
発光バクテリア　259
発疹チフス　219,217
発疹熱　227
バッタ塚　191
バッタの州　191
バッタの日　186
バッタ屋　194
服部畔作　199
バード,イサベラ　358,507左
ハートウィリアム　78
ハドソン湾会社　431
パトリック　66
花瀬　30
羽根田弥太　83,134,138
ハネムーン　482
馬場金太郎　276,277
パパタシ熱病　354
《パピヨン》　10,14
《パピヨン》(映画)　330
パーム,セオボールド・A.　62
林長閑　402
林羅山　447,506左,510右
速水春暁斎　510左
原淳　462,475,479
パラオ熱帯生物研究所　518右
原田三夫　167
バラバン　513左,517右
はらや　222
パリサイ人　370
パリ自然史博物館　512右
ハリス,T.M.　183,370
《播磨国風土記》　358
バール　374
ハルマンデル,C.J.　519左
パレ,アンブロアズ　491
ハロウィーン　491
パロロ浮上　26,27
ハワード,L　246
班固　503左
伴嵩蹊(ばんこうけい)(資芳)　167,462,503左
繙紺(はんこん)　146
《半翅目の研究》　517左
《播州皿屋敷》　334
蕃書調所　516右
パンピペ　284
《万有博物事典》　101,109,201,205,376,436,448,499右,517右

《万有百科大事典》　335
范曄　503右

ひ

稗田阿礼　503右
BHC　189
《ヒエログラフィカ》　520左
ヒエログリフ　371
東インド会社　500右,514右
光源氏　170
樋口一葉　98
ビーグル号　227,367,516左
《ヒゲナガカワトビケラ》　279
媚蟲(びこ)　22
飛蝗(ひこう)　184,185,187,189,190,194
久生十蘭　399
《久しき昔》　431
膝丸　75
毘沙門天　134
飛蝶　326
【ビートルズ】　418
ピナミン　362
ビーバーの孫　395
狒々　127
皮膚真菌病　90
【飛蚊症(ひぶんしょう)】　362
白朮散(びゃくじゅつさん)　19
〈百蟲譜〉　207,247,502右
《百科全書》　517左
ヒュドラ　126
ピュロス　402
標準化石　46
平瀬徹斎　507右
《蛭ヶ小島》　42
《ヒル科の環形動物の新種について》　39
ヒルコ　42
ヒルジン　38,39
ヒルバロメーター　42
ヒル牧場　42
蛭巻(ひるまき)　42
ピレトリン　362
弘前公園　110
広重　502右
広津和郎　167
火渡り　62
《ビワハゴロモと発光》　258
ピンカートン　330

ふ

ファイティング原田　375
ファウルズ,ジョン　330
ファーブ,ピーター　91
ファラオ　367
ファラデー　515右

プイグ・マヌエル　78
フィチ　31
フィッセル　507右
《フィルヒョー雑誌》　63
風蠱（ふうこ）　22
風鳥座　79
笛吹川　106
フェリクス・イェフダ　190
フェリペ2世　513左
フェン・カノピー　355
フォーセップス　10
フォルヌレ，グザヴィエ　431
深根輔仁（ふかねのすけひと）　509右
不均翅類　150
伏蟄（ふくえい）　22
福崎一宝　505左
福永書店　38
福永武彦　283
巫蠱（ふこ）　22
巫蠱（ふこ）の乱　22
五倍子（ふし）　267
富士川　106
《不思議の国のアリス》　330
藤壺の局（つぼね）　72
プシュケー　322, 327, 330, 502右
【プシュケー】　327
藤原時平　507右
藤原定家　510左
藤原道綱の母　147
浮塵子　262
二籠（ふたごもり）　287
《仏教動物散策》　354
《仏教民俗辞典》　154
仏退　286
プッチーニ　330
《物品識名》　520右
《物類品隲（ぶつるいひんしつ）》　519左
武帝　22
《筆のまにまに》　59, 163
フープ・ネット　9, 10
フユムシナツクサタケ
プライアー　10, 311, 500左
【フライ級】　375
フライ・ネット　8, 10
〈ブラインシュリンプ・エッグ〉　79
ブラチャン　102
ブラックフット族　326
プラトン　243
プランクトン　98
《フランス産鱗翅類誌》　515左
《フランス史》　520右
フランス，ピーター　50, 183
ブリィ，ヨハン・テオドール　521左
フリース，ヤン・ドゥ　111
ブリュックマン，F.　382

古川晴男　434
プルタルコス　502右
《ブルックリン・デイリー・イーグル》　411
フレイヤ　66
ブレーキストン（ブラキストン）線　520左
ブレーク，ウィリアム　378, 382
フレシネ　88, 108, 500左
ブレーズ　505左
ブレース，ウィリアム　139
プロテウス　91, 482
プロトニンフォン幼生　60
プロレタリア文学　118
文阿　127
文公　74
文之玄昌（南浦）　507左
蚊母草　355

へ

ベアリュ・マルセル　78
平家　123, 326, 335, 427
【平家蟹】　123
米西戦争　374
兵隊アリ　214
兵隊ガニ　137
ベイツ型擬態　347, 502左, 520左
【ベイツ型擬態】　326
《平和》　414
ベヴァレ　498右
辟穀（へきこく）　23
壁蠱　231
《北京新歳時記》　122
《北京の伝説》　162, 182
《北京風俗大全》　82, 151
ヘシオドス　470, 487
ベスティアリ　487
【ペスト】　382
ヘッケル　17, 37, 500左
ヘッセ，ヘルマン　281
《別録》　510左
ペテロ　207
ヘドロ公害　106
ペニー　504左
蛇の冑（かぶと）　403
蛇の角　403
ヘメンティン　42
ヘモグロビン　363
ヘラ　126
ヘラクレス　126, 243
ペリー　202
ペリシテ人　370
ペリッヒ＝シュファー　519左
ベルク，A　513左
《ペルシア逸話集》　510右
ベルゼブブ　187, 374, 370, 378

ペルセポネー　327
ベルトゥーフ　416, 453, 500右
ベルナルドゥス　115
ヘルプスト　2, 84, 89, 92, 93, 100, 104, 105, 109, 120, 124, 129, 141, 500右
ヘルマン，A.　288
ヘルメス　273
ヘレナ　235
《ベレロポンテス》　414
ヘロドトス　186, 288, 354, 487, 510右
《変身》　203
《ヘンリー5世》　42
《ヘンリー7世とヘンリー8世統治の御代におけるカレーの歴史》　326

ほ

蜂起（ほうき）　462
紡脚目　155
方言周圏論　491
房玄齢　505左
放生会　171
望潮　133
昴日（ほうにち）星官　54
《豊年虫》　147
【ボウフラ】　359
蓬莱盤（ほうらいばん）　103
法隆寺　419
ポオ，E.A.　411
法華経　142
歩行亜目　119
蒲松齢（ほしょうれい）　510右
〈螢〉　427
ホタル合戦　427
ホタル見物　427
ホタル潮　430
【ホタルブクロ】　430
ホタル飯　430, 431
《牧歌》　478
北海道生活害虫研究所　199
堀田善衛　283
ホッテントット　207
《北方昆虫記》　443
ボナンニ，フィリポ　478
ポーニー族　67
《哺乳類誌》　514左
《補筆談》　510左
ホフマン，ダスティン　330
ホメロス　243, 322, 466, 470, 487, 520左
ホラッポロ　520左
ホリー，バディ　418
ホルス　51
母衣（ほろ）蚊帳　358
ホワイト，ギルバート　505右, 520左
ホワイトホール　281

ボンゼルス，ワルデマル　13, 482
《本草会誌》　509左
《本草綱目紀聞》　509左
《本草綱目啓蒙図譜》　518左
《本草図説》　29, 30, 496, 499左, 516右
《本草綱目啓蒙》　494
《本草綱目》　86
本多猪四郎　283
ホンチのけんか　74
ホンチ箱　74
《本朝世紀》　508右
本の虫　142
〈本邦における動物崇拝〉　326
梵網経　23

ま

埋蠱（まいこ）　22
マイデンバッハ　219, 222, 487, 503右
馬王堆　18
マオリ族　31, 179, 250, 326, 387
牧口雄二　210
槇佐知子　127
マギ僧　58
《マザー・グース》　435
《まじない》　94, 231, 267, 394
まじもの　22
増川宏一　119, 203
益田素平　283
マスペロ，アンリ　23
《真澄遊覧記》　516左
〈マタイによる福音書〉　190, 366, 370
マダム・サーモン　195
《マダムバタフライ》　330
松浦誠　467
松尾芭蕉　34, 237
マックィーン，スティーブ　330
松島ナミ　54
松平家　125
《松虫》　167
松村清之　505左
マナ　244, 270, 271
曲直瀬玄朔　502右
蔟（まぶし）　287
馬明退　286
豆板銀　59
《マメゾウムシの生物学》　450
繭玉　287, 288
マラー，ヘルマン・ジョセフ　123, 375
マラリア　330, 354, 407, 494
【マラリア】　359

索引──一般事項

マラリアの四日熱　67, 231, 414, 446
丸毛信勝　154
マルス　438, 459
マルセイユ事件　442
マルテンス　97
マルテンス, フォン　513左
マルピーギ管　520右
マレル, ヤコブ　521左
真綿　287
蔓脚(まんきゃく)類　86
万病円　18

み

ミイラ　478
ミカエル祭　355
三木露風　154
《ミクログラフィア》　55, 58, 382, 519右
ミケランジェロ　235
三崎臨海実験所　521右
《三崎臨海実験所を去来した人たち》　43
ミスキート族　355
水蜘蛛　78
水谷乙吉　70
《水谷蟲譜》　394, 500右, 520右
水野忠邦　171
ミズムシ　90
ミダス　416
三石暉弥　423
三日熱マラリア　362
【蜜酒】(みつざけ)　479
ミッション・インディアン　371
三橋淳　146, 198, 202, 214, 226, 263, 270, 273, 282, 326, 387, 462, 486
《ミツバチのささやき》　482
《蜜蜂の生活》　215, 482, 521左
《みつばちマーヤの冒険》　13, 482
【蜜蠟】　479
《水戸市の動植物方言》　94, 367, 394
ミトリダテス　375
《緑の館》　518右
《南方熊楠全集》　154
《南方随筆》　39, 134, 163, 203, 247, 359
南十字星　375
《南の動物誌》　114, 359, 418
源順(みなもとのしたごう)　99, 115, 505右, 511左
源義朝　123
源頼朝　42, 135
源頼政　427
源頼光　71, 75, 358
《源頼光土蜘蛛ヲ切ル図》

71
《みみず》　31, 518右
蚯蚓(みみず)書き　35
《ミミズが出てきた日》　34
《ミミズと土壌の形成》　31, 516右
《みみずのたはこと》　35
《ミミズの話》　34
ミミック　326
宮城雄太郎　103, 130
宮崎駿　330
宮武外骨　154, 203, 431
《ミヤマクワガタ》　402
三山忠郎　438
ミュルミドーン人　487
ミュルメコ, レオン　487
三吉朋十　67, 127, 214, 246, 486, 507左
弥勒　187
眠　286
《民族神話伝説事典》　67, 71, 434, 435, 439
ミンホカオ　34

む

向川勇作　198, 223, 279, 423
向井元升　509左
【ムカシトンボ】　154
【蟋蟀遊び】　135
百足小判(むかでこばん)　135
ムカデ退治　135
向島百花園　171
ムーサイ　243
《武蔵野昆虫記》　167, 266, 512左
《虫》(ミシュレ)　67, 520右
《蟲》　521右
無翅亜綱　143
虫合　170
【虫売り】　170
虫絵　374
虫撰(むしえらみ)　170
蝗遂(むしおい)の図　262
虫送り　259, 262, 263, 288
虫くだし　19
虫こぶ　266, 371, 462
無翅昆虫　158
《虫たちの歩んだ歴史》　38, 50, 58, 139, 186, 270, 271, 285, 362, 407, 422, 450, 454, 466, 479, 483
《蟲と藝術》　179, 247
《虫・鳥・花と》　146, 166, 179, 247, 277, 411
《虫の宇宙誌》　147, 150, 158
〈虫の音楽師〉　170, 171, 174

〈虫のこゑごゑ〉　166
《虫の日本史》　285, 478
《虫の博物誌》　174, 230, 375, 438
《虫のはなし》　262, 355, 451
《虫の文化誌》　162, 170, 203, 219, 222, 259, 262, 323, 430
【虫放ち】　171
虫吹(むしふき)　170
虫干し　142
虫祭り　334
【虫めがね】　382
〈虫めづる姫君〉　330
無住一円　504右
無腸　123
ムーニー, ジェームズ　110
ムブティ・ピグミー　214
無名氏　508左
村井吉敬　99, 102, 107
村上天皇　447
村松茂　435
村山孚　122
室生犀星　270

め

《明治前日本生物学史》　512右
明治天皇　174
《明治東京逸聞史》　171, 231
【メイチュウ】　282
《螟虫実験録》　283
目黒寄生虫館　18
《メドゥーサと仲間たち》　206, 259, 513右
メヒタベル　206
メーリアン, マテウス　521左
《メンズマガジン一九七七》　22
メンダー　47

も

毛煥文　508左
孟詵　504右
毛利梅園　76
モーガン, T.H.　375
モース, E.S.　26, 182, 195, 288, 374, 382
モスキート・カノピー　355
モスキート級　375
《モスラ》　283
モーセ　190
没食子(もっしょくし)　462
モデル　326
紅葉山文庫　509右
《桃太郎の誕生》　75
森欒之進　223
森銑三　171, 231
護良親王　123
《森の昆虫誌》　142, 227,

262, 391
《森の狩猟民》　214
森の蜜　266
森山隆平　287

や

《八重山諸島昆虫採集記》　282
八重山遊記　118
矢河枝比売(やかわえひめ)　123
八木沼健夫　74
《薬物誌》　516右
《薬用昆虫の文化誌》　210, 281, 282, 286, 334, 386, 394, 395, 411, 426, 447, 450, 462, 486
矢澤米三郎　410
【ヤシガニ】　115
椰子蟹に関する俗信　118
矢島稔　143, 154, 158, 174, 235, 238, 330, 331, 411, 446
安来節　358
【ヤスデの列車妨害】　131
痩せ虱　223
谷田専治　214
矢頭良一　154
柳原紀光　503左
矢野憲一　99, 106
野必大(やひつだい)　519左
やぶ蚊責め　359
《山》　520右
山口英二　34
山口昇　49
山崎柄根　168, 205
山田耕筰　154
山田美妙　334, 335
山中共古　134, 494, 505左
山伏　206
【ヤママユガ】　281
山村昌永　271
山本亡羊　506左
山本尤　387

ゆ

湯浅照弘　130, 410
由比正雪　143
遊泳亜目　119
誘蛾灯　447
【誘蛾灯】　283
遊糸　71
雄略天皇　151
雪降り小女郎　270
《雪降り虫のうた》　270
雪迎え　71
【雪虫】　267
雪虫現象　267
ユゴー, ヴィクトル　422
ユスティニアヌス帝　284
《ユダヤ笑話集》　383

ユピテル　186
《夢の宇宙誌》　515右
夢野久作　447
《ユラニー号およびフィジシェンヌ号世界周航記録》　108，500左
ユラニー号世界探検航海　88

よ

楊貴妃　334
養蚕　285，286，287，288
《養蚕学講義》　515左
耀蟬（ようせん）　247
《妖蝶記》　335
〈蠅頭（ようとう）〉　375
養蜂　266，478
養蜂家　474，475
【養蜂神】　482
横井也有　207，247，502右
横須賀市立博物館　83
横光利一　126
予察灯　283
吉川一郎　518左
吉田雀巣庵（高憲）　161，354，501左
吉田正一　281
《吉田蟲譜》　501左
吉野弘　147
【ヨナクニサン】　282
《与那国島の昔話》　234
四人組　122
ヨハネ　191
〈ヨハネの黙示録〉　54，190
〈ヨブ記〉　74，487
余豊（よほう）　478
《ヨーロッパ産トンボ類図譜》　514左
《ヨーロッパ産鱗翅類図譜》　513左，514左
《世渡風俗図会》　273
勇私東欺（ヨンストンス）魚譜　513左

ら

ラー　406
ライチー　221
《ライフ》　126
ラオメドン　111
ラクスA.　82
《羅山林先生文集》　510右
羅信燿　82，151
《ラセペード博物誌》　517右
羅大経　259，503左
ラッカー　271
《ラック介殻虫》　271
ラクトラス　271
ラッフルズ博物館　83
ラビ　383
ラランド　67

り

鸞（らん）　462
ランジュラン，ジョルジュ　378
卵胎生　266
ランディング・ネット　10，11
ランベルツ，C.W.　514右
《蘭領インド自然誌》　213，500右

リア，E.　515右
《類人猿の心》　520右
李家鳥村生　95
六一泥（りくいちでい）　34
陸佃　94，187，508右
李圭泰　234
リケッツィア　62，63
リケッツィア・オリエンタリス　59
李絳　510右
李時明　502右
李時明夫人張氏　502右
《李相国論事集》　510右
李石　214，215，505右
《栗氏魚譜》　498右，515左
立石寺　250
リッチ，C.I.　38，50，58，139，182，186，270，271，285，362，407，422，450，454，466，479，483
理髪師　227
リヒトホーフェン，F.von　288
李昉（りほう）　506左
リムノーレイ　94
龍　147
劉安　502右
劉敬叔　422，502左
《流行する俗信》　207，251，517右
劉根　23
劉恂　510右
劉崇遠　67，503左
《龍潭譚（りゅうたんたん）》　387
柳亭種彦（りゅうていたねひこ）　505右
劉侗（りゅうどう）　162，170，505右，506左
劉有鄰　74，510左
良寛　379
《良寛》　379
《両生類自然誌》　522左
呂翁（りょおう）　174
リーランド，チャールズ・G　482
李隆　94，231，267，394
リールマン　259
淋石　111
リンネ学会　498右，501左，515右

《リンネ学会紀要》　304，501左

る

ルーアン自然史博物館　519右
ルイ14世　383
ルキアノス　379，509右
ルシフェラーゼ　430
ルシフェリン　430
ルノー＝モルナン　46
ルプトン，トーマス　504左

れ

【霊とバッタ】　194
《嶺南異物志》　502左
《霊宝薬性能毒》　502右
レーヴァー・ミュージアム　11
《レオナルド・ダ・ヴィンチの手記》　67
《歴史を変えた昆虫たち》　219，270，362
《歴代社会風俗事物考》　506左
〈列王紀〉　50
列禦寇（れつぎょこう）　510右
レッサー　410
レットサム，J.C.　13
レニエ　501右
レノン，ジョン　418
〈レビ記〉　190
恋愛散　439
恋矢　496
【恋矢】　495
煉丹術　247
レンネット　50

ろ

ロイス，フレデリック　521右
ロイヤル・ソサエティー　505左
老猴　127
螻蛄（ろうこ）の才　178
螻蛄の水渡り　178
ロエティエンセス族　134
ロシア正教徒　270
ロシュフォール，シャルル・ド　118，502左
ロスチャイルド，ライオネル・ウォルター　522右
ロスチャイルド一家　383
ロスチャイルド，ミリアム・ルイザ　361，383，522右
盧生（ろせい）　174
《炉端のこおろぎ》　166
魯班　182
ロブスターの国　107
ロレンス，D.H.　438

ロンゴス　159
ロンドン動物学協会　515右
《ロンドン動物学協会紀要》　290，297，313，484，485，501右

わ

淮南（わいなん）王　502右
ワイラー，ウィリアム　330
若侍二郎　335
《和歌食物本草》　504右
若月紫蘭　171，506右
〈わが世の春　ゴキブリ〉　202
蜮（わく）　239
《忘貝》　179
ワーズワース　42
《わたしの昆虫誌》　167
《わたしの民族誌・韓国》　195
渡辺千尚　170，267
渡辺省亭　334，335
渡辺武雄　210，281，282，286，334，386，394，395，411，426，447，450，462，486
渡辺弘之　114，359，418
渡辺宗明　254
《和名類聚抄》　511左
瘧病（わらわやみ）　330
《悪者にされた虫たち》　247，278
《われから》　98

参考文献

日本語文献

《青森県百科事典》東奥日報社編・発行，1981(昭和56)．
《秋田大百科事典》秋田魁新報社編・発行，1981(昭和56)．
《芥川龍之介全集》1・2，岩波書店，1977(昭和52)．
《アジアの民話1　ビルマの民話》ルドゥ・ウー・フラ，古橋政次・大野徹訳，大日本絵画，1978(昭和53)．
《新しく見た満鮮》西村真琴，創元社，1934(昭和9)．
《アマゾン河の博物学者》ヘンリー・W.ベイツ，長澤純夫訳，思索社，1990(平成2)．
《アメリカ州別文化事典》清水克祐，名著普及会，1986(昭和61)．
《アメリカシロヒトリ——種の歴史の断面》伊藤嘉昭，中公新書，1972(昭和47)．
《アリストテレス全集》7(動物誌上)・8(動物誌下，動物部分論)　島崎三郎訳，岩波書店，1968・69(昭和43・44)．
《アリストパネス》世界古典文学全集12　高津春繁編，筑摩書房，1964(昭和39)．
《蟻と人生》安松京三，洋々書房，1948(昭和23)．
《蟻の生活》M.メーテルリンク，田中義廣訳，工作舎，1981(昭和56)．
《アングラーのための水生昆虫学》宮下力，アテネ書房，1985(昭和60)．
《暗黒のメルヘン》澁澤龍彥編，立風書房，1978(昭和53)．
《安西冬衞全集》2　山田野理夫編，寶文館出版，1978(昭和53)．
完訳《アンデルセン童話集》(7)　大畑末吉訳，岩波文庫，1984(昭和59)．
《生きものの建築学》長谷川尭，平凡社，1981(昭和56)．
《医制百年史》記述編　厚生省医務局編，ぎょうせい，1976(昭和51)．
《イソップ寓話集》山本光雄訳，岩波文庫，1942(昭和17)．
《イソップ寓話——その伝承と変容》小堀桂一郎，中公新書，1978(昭和53)．
《一般昆虫．応用動物図鑑》桑名伊之吉，北隆館，1930(昭和5)．
《蝗の大旅行》佐藤春夫，改造社，1926(大正15)．
《井伏鱒二自選全集》6，新潮社，1986(昭和61)．
《イメージ・シンボル事典》アト・ド・フリース，山下主一郎ほか訳，大修館書店，1984(昭和59)．
《イラスト・アニマル[動物細密・生態画集]》今泉吉典総監修，平凡社，1987(昭和62)．
《岩波西洋人名辞典》増補版　岩波書店編集部編，岩波書店，1981(昭和56)．
《隠語輯覧》富田愛次郎編，京都府警察部，1915(大正4)．
《インドネシアの民話》ヤン・ドゥ・フリース編，関敬吾監修，斎藤正雄訳，法政大学出版局，1984(昭和59)．
《ウェルズSF傑作集》2　H.G.ウェルズ，阿部知二訳，創元推理文庫，1970(昭和45)．
《内田百閒全集》8，講談社，1972(昭和47)．
《優曇華》横山桐郎，創元社，1932(昭和7)．
《海と漁の伝承》宇田道隆，玉川大学出版部，1984(昭和59)．
《英語の迷信》トミー植松，サイマル出版会，1983(昭和58)．
《英文学動物ばなし》加藤憲市，松柏社，1964(昭和39)．
《英文学のための動物植物事典》ピーター・ミルワード，中山理訳，大修館書店，1990(平成2)．
《英米故事伝説辞典》増補版　井上義昌編，冨山房，1972(昭和47)．
《江崎悌三随筆集》江崎悌三著，江崎シャルロッテ編，北隆館，1958(昭和33)．
《江崎悌三著作集》1-3，思索社，1984(昭和59)．
《江戸と東京風俗野史》伊藤晴雨，有明書房，1967(昭和42)．
《江戸と北京——英国園芸学者の極東紀行》ロバート・フォーチュン，三宅馨訳，廣川書店，1979(昭和54)．
《江戸の本草——薬物学と博物学》ライブラリ科学史-6　矢部一郎，サイエンス社，1984(昭和59)．
《江戸繁昌記》2　寺門静軒，朝倉治彦・安藤菊二校注，東洋文庫，平凡社，1975(昭和50)．
《江戸文学俗信辞典》石川一郎編，東京堂出版，1989(平成1)．
《淮南子》上・中・下　新釈漢文大系54・55・62　楠山春樹，明治書院，1979-88(昭和54-63)．
《海老》ものと人間の文化史54　酒向昇，法政大学出版局，1985(昭和60)．
《えび学の人びと》酒向昇，いさな書房，1987(昭和62)．
《蝦と蟹——切手をめぐるその自然誌》大森信，恒星社厚生閣，1985(昭和60)．
《エビと日本人》村井吉敬，岩波新書，1988(昭和63)．
《絵本江戸風俗往来》菊池貴一郎，鈴木棠三編，東洋文庫，平凡社，1965(昭和40)．
《燕京歳時記》敦崇，小野勝年訳，東洋文庫，平凡社，1967(昭和42)．
《黄金のろば》上　アプレイウス，呉茂一訳，岩波文庫，1956(昭和31)．
《オキアミ戦争——最後のたんぱく資源》玉川選書87　刀根正樹，玉川大学出版部，1978(昭和53)．
《沖縄語辞典》国立国語研究所資料集5　国立国語研究所編，大蔵省印刷局，1975(昭和50)．
《沖縄大百科事典》上巻　沖縄大百科事典刊行事務局編，沖縄タイムス社，1983(昭和58)．
《沖縄童謡集》島袋全發，東洋文庫，平凡社，1972(昭和47)．
《沖縄民俗薬用動植物誌》飛永精照監修，前田光康・野瀬弘美編，ニライ社，1989(平成1)．
《尾崎一雄全集》10，筑摩書房，1983(昭和58)．
《落窪物語　堤中納言物語》日本古典文学全集10　三谷栄一・稲賀敬二校注・訳，小学館，1972(昭和47)．
《御伽草子集》新潮日本古典集成　松本隆信校注，新潮社，1980(昭和55)．
《伽婢子》1　浅井了意，江本裕校訂，東洋文庫，平凡社，1987(昭和62)．
《小野蘭山・本草綱目啓蒙》杉本つとむ編著，早稲田大学出版部，1974(昭和49)．
《おもしろい昆虫学の話》N.N.プラビリシコフ，阿部光伸訳編，文一総合出版，1986(昭和61)．
《怪奇小説傑作集》4　アポリネールほか，澁澤龍彥・青柳瑞穂訳，創元推理文庫，1969(昭和44)．
《カイコはなぜ繭をつくるか》伊藤智男，講談社，1985(昭和60)．
《害虫とたたかう——防除から管理へ》NHKブックス292　桐谷圭治・中筋房夫，日本放送出版協会，1977(昭和52)．
[独・日・英]《科学用語語源辞典(ギリシア語篇)》大槻真一郎編著，同学社，1975(昭和50)．
[独・日・英]《科学用語語源辞典(ラテン語篇)》大槻真一郎編著，同学社，1979(昭和54)．
《蝸牛考》柳田国男，岩波文庫，1980(昭和55)．
《学名の話》平嶋義宏，九州大学出版会，1989(平成1)．
《甲子夜話》1-6　松浦静山，中村幸彦・中野三敏校訂，東洋文庫，平凡社，1977-78(昭和52-53)．

《甲子夜話三篇》1-6 松浦静山，中村幸彦・中野三敏校訂，東洋文庫，平凡社，1982-83(昭和57-58)．
《甲子夜話続篇》1-8 松浦静山，中村幸彦・中野三敏校訂，東洋文庫，平凡社，1979-81(昭和54-56)．
《角川日本史辞典》第二版 高柳光寿・竹内理三編，角川書店，1974(昭和49)．
《蟹工船・党生活者》小林多喜二，新潮文庫，1953(昭和28)．
《蟹──その生態の神秘》酒井恒，講談社，1980(昭和55)．
《カフカの迷宮》後藤明生，岩波書店，1987(昭和62)．
《歌舞伎手帖》渡辺保，駸々堂出版，1982(昭和57)．
《カブトガニ事典──歴史，生態，保護，カブトガニ談義，文献目録》増補再版 西井弘之編著，自刊，1975(昭和50)．
《鎌倉蝶》今井彰，築地書館，1983(昭和58)．
太陽コレクション5《かわら版・新聞》江戸・明治三百事件Ⅰ 大阪夏の陣から豪商銭屋五兵衛の最後，平凡社，1978(昭和53)．
《韓国人の心の構造》角川選書175 李圭泰，金容権訳，角川書店，1986(昭和61)．
《漢書五行志》班固，冨谷至・吉川忠夫訳注，東洋文庫，平凡社，1986(昭和61)．
《漢籍解題》桂五十郎，名著刊行会，1974(昭和49)．
《生糸貿易之變遷》橋本重兵衛，丸山舎本店，1902(明治35)．
《寄生虫紳士録》亀谷了，オリオン社，1965(昭和40)．
《北の国の虫たち》渡辺千尚，文一総合出版，1988(昭和63)．
《キーツ全詩集》1 出口保夫訳，白鳳社，1974(昭和49)．
《Guiness Book of Records 1989 ギネスブック オブ レコーズ》ドナルド・マクファーレン編集，ノリス・マクワーター編集賛助，ギネスブック・ジャパン日本版編集，エトナ出版，1989(平成1)．
《城の崎にて》志賀直哉，角川文庫，1954(昭和29)．
《気分は形而上》1 須賀原洋行，講談社，1986(昭和61)．
《九州・沖縄の民間療法》佐々木哲哉ほか著，明玄書房，1976(昭和51)．
《杏雨書屋蔵書目録》財団法人武田科学振興財団杏雨書屋編刊，臨川書店，1982(昭和57)．
《鏡花短篇集》川村二郎編，岩波文庫，1987(昭和62)．
《狂言集》上 日本古典文学大系42 小山弘志校注，岩波書店，1960(昭和35)．
改訂《京都民俗志》井上頼寿，東洋文庫，平凡社，1968(昭和43)．
《杏林叢書》1 富士川游ほか編，吐鳳堂書店，1922(大正11)．
《漁村歳事記》宮城雄太郎，北斗書房，1976(昭和51)．
《ギリシア・ローマ神話辞典》高津春繁，岩波書店，1960(昭和35)．
《ギリシア・ローマ神話事典》マイケル・グラント＆ジョン・ヘイゼル，西田実ほか訳，大修館書店，1988(昭和63)．
《近世病草紙──江戸時代の病気と医療》平凡社選書63 立川昭二，平凡社，1979(昭和54)．
《近代日本生物学者小伝》木原均・篠遠喜人・磯野直秀，平河出版社，1988(昭和63)．
《寓話》上・下 ラ・フォンテーヌ，今野一雄訳，岩波文庫，1972(昭和47)．
《クモ合戦の文化論──伝承遊びから自然科学へ》大日本ジュニア・ノンフィクション 斎藤慎一郎，大日本図書，1984(昭和59)．
《クモの合戦──虫の民俗誌》川名興・斎藤慎一郎，未来社，1985(昭和60)．
《クモの超能力》錦三郎，講談社，1986(昭和61)．
《クモの話──よみもの動物記》八木沼健夫，北隆館，1969(昭和44)．
《暮しの中のおじゃま虫》上村清，井上書院，1986(昭和61)．
《畔田翠山 古名録》本文・研究・総索引／付・紫藤園攷証[甲集] 杉本つとむ編著，早稲田大学出版部，1978(昭和53)．
《訓蒙画解集・無言道人筆記》司馬江漢，菅野陽校注，東洋文庫，平凡社，1977(昭和52)．
《荊楚歳時記》宗懍，守屋美都雄訳注，布目潮渢・中村裕一補訂，東洋文庫，平凡社，1978(昭和53)．
《研究社新英和大辞典》第5版 小稲義男編者代表，研究社，1980(昭和55)．
《ゲンジボタル》日本の昆虫12 大場信義，文一総合出版，1988(昭和63)．
信州の自然誌《ゲンジボタル──水辺からのメッセージ》三石暉弥，信濃毎日新聞社，1990(平成2)．
《源氏物語》2・5 新潮日本古典集成 石田穣二・清水好子校注，新潮社，1977・80(昭和52・55)．
《原色昆虫図鑑》日本百科大事典別冊，小学館，1966(昭和41)．
《原色昆虫大圖鑑》Ⅰ-Ⅲ 朝比奈正二郎・石原保・安松京三監修，北隆館，1959-65(昭和34-40)．
《幻想博物誌》澁澤龍彦，河出文庫，1983(昭和58)．
《現代アラブ文学選》野間宏責任編集，創樹社，1974(昭和49)．
《小泉八雲集》上田和夫訳，新潮文庫，1975(昭和50)．
《江漢西遊日記》司馬江漢，芳賀徹・太田理恵子校注，東洋文庫，平凡社，1986(昭和61)．
《広漢和辞典》上・中・下 諸橋轍次・鎌田正・米山寅太郎，大修館書店，1981-82(昭和56-57)．
《耕作噺・奥民図彙・老農譜土産・菜種作り方取立ケ条書・除稲虫之法》日本農書全集1 古島敏雄・稲見五郎・森山泰太郎・田口勝一郎・小西正泰解題・校注，農山漁村文化協会，1977(昭和52)．
《広辞苑》第2版補訂版 新村出編，岩波書店，1976(昭和51)．
《好色一代男》完訳日本の古典50 暉峻康隆校注・訳，小学館，1986(昭和61)．
《廣文庫》全20冊，物集高見，廣文庫刊行會，1916-18(大正5-7)．
《紅毛雑話・蘭畹摘芳》江戸科学古典叢書31 森島中良・大槻玄沢，菊池俊彦他解説，恒和出版，1980(昭和55)．
《紅毛談／蘭説弁惑》江戸科学古典叢書17 後藤梨春・大槻磐水，菊池俊彦解説，恒和出版，1979(昭和54)．
《高野聖・眉かくしの霊》泉鏡花，岩波文庫，1936(昭和11)．
《蚕飼絹篩大成》江戸科学古典叢書14 成田重兵衛，五十嵐金三郎原文読解，石山洋解説，恒和出版，1978(昭和53)．
《國書解題》佐村八郎，六合館，1900(明治33)．
《國書総目録》全8巻，岩波書店，1963-72(昭和38-47)．
新註校定《國譯本草綱目》第1・10～12・14冊，鈴木真海訳，春陽堂書店，1976-77(昭和51-52)．
《古事記 祝詞》日本古典文学大系1 倉野憲司・武田祐吉校注，岩波書店，1958(昭和33)．
《児島湾の漁民文化》常民叢書12 湯浅照弘，日本経済評論社，1983(昭和58)．
《故事・俗信 ことわざ大辞典》尚学図書編，小学館，1982(昭和57)．
《古事類苑》48 動物部 神宮司廰藏版，吉川弘文館，1970(昭和45)．
《子育ての書》1・2 山住正己・中江和恵編注，東洋文庫，平凡社，1976(昭和51)．
《古代美術工藝品に應用せられし〈タマムシ〉に關する研究》山田保治，同人発行，1932(昭和7)．
《コタン生物記》Ⅱ野獣・海獣・魚族篇 Ⅲ野鳥・水鳥・昆虫篇 更科源蔵・更科光，法政大学出版局，1976(昭和51)．
《今昔物語集》1・5・6 本朝部 永積安明・池上洵一訳，東洋文庫，平凡社，1966-68(昭和41・43)．
《今昔物語と医術と呪術》槇佐知子，築地書館，1984(昭和59)．
《昆虫》タイムライフブックス ピーター・ファーブ著，ライフ編集部編，安松京三訳，タイムライフインターナショナル，19

索引――参考文献

《昆虫学辞典》素木得一，北隆館，1981（昭和56）．
《昆虫学の楽しみ》ハワード・E.エヴァンズ，羽田節子・山下恵子訳，思索社，1990（平成2）．
《昆虫誌――光とはばたきの信号》矢島稔，東京書籍，1981（昭和56）．
《昆虫図》久生十蘭傑作選4，現代教養文庫，社会思想社，1976（昭和51）．
《昆蟲世界》大正2年1月号－昭和17年12月号，名和昆蟲研究所．
《昆蟲挿話》丸毛信勝・織田富士夫，古今書院，1935（昭和10）．
《昆虫とつき合う本――生態研究の面白さ》長谷川仁編，誠文堂新光社，1987（昭和62）．
《昆虫と人間》1・2　L.W.クラウセン，小西正泰ほか訳，みすず書房，1972（昭和47）．
《昆虫の検索》素木得一，北隆館，1981（昭和56）．
《昆虫の社会生活》ウィリアム・M.ホイーラー，渋谷寿夫訳，松本忠夫・山根正気・増子恵一解説・注，紀伊國屋書店，1986（昭和61）．
《昆虫の図鑑》学習図鑑シリーズ2　古川晴男・中山周平，小学館，1966（昭和41）．
《昆虫の世界》世界大学選書018　R.ショーバン，日高敏隆・平井剛夫訳，不凡社，1971（昭和46）．
《昆虫の手帖》田中梓，大阪書籍，1984（昭和59）．
《昆虫ノート》矢島稔，新潮文庫，1983（昭和58）．
《昆虫の分類》素木得一，北隆館，1981（昭和56）．
《昆虫の渡り》C.B.ウィリアムズ，長澤純夫訳，築地書館，1986（昭和61）．
《昆虫博物館》石井象二郎，修学館，1988（昭和63）．
《昆虫分類学》平嶋義宏・森本桂・多田内修，川島書店，1989（平成1）．
《昆虫本草》梅村甚太郎，科学書院，1988（昭和63）．
《昆蟲物語》松村松年，東京堂，1934（昭和9）．
《昆虫物語――昆虫と人生》安松京三，新思潮社，1965（昭和40）．
《昆虫を見つめて五十年》1－4　岩田久仁雄，朝日新聞社，1978-80（昭和53-55）．
《西鶴織留》前田金五郎校注，角川文庫，1973（昭和48）．
《西遊記》（6）　中野美代子訳，岩波文庫，1990（平成2）．
《西遊記の秘密――タオと煉丹術のシンボリズム》中野美代子，福武書店，1984（昭和59）．
《魚・海・人》寺尾新，春秋社，1942（昭和17）．
《魚の文化史》矢野憲一，講談社，1983（昭和58）．
《札幌昆虫記》さっぽろ文庫52　札幌市教育委員会文化資料室編，北海道新聞社，1990（平成2）．
《薩摩博物学史》上野益三，島津出版会，1982（昭和57）．
《山東民話集――中国の口承文芸3》飯倉照平・鈴木健之編訳，東洋文庫，平凡社，1975（昭和50）．
《J.-H.ファーブル――昆虫と語ったプロヴァンスの聖者》神奈川県立博物館編集，毎日新聞社，1989（平成1）．
《シェイクスピア全集19　ヘンリー5世》白水uブックス19　W.シェイクスピア，小田島雄志訳，白水社，1983（昭和58）．
《志賀直哉全集》3，岩波書店，1973（昭和48）．
《四季に住む京の昆虫たち》京都大学編，京都新聞社，1988（昭和63）．
《字訓》白川静，平凡社，1987（昭和62）．
《静岡大百科事典》静岡新聞社出版局編，静岡新聞社，1978（昭和53）．
《私説博物誌》筒井康隆，新潮文庫，1980（昭和55）．
《自然》1976年1月号－77年12月号，中央公論社．
《自然と子どもの博物誌》中田幸平，岳（ヌプリ）書房，1981（昭和56）．

《字統》白川静，平凡社，1984（昭和59）．
《しなの動植物記》信濃毎日新聞社編・発行，1969（昭和44）．
《澁澤龍彦集成》II，桃源社，1970（昭和45）．
《ジプシー》相沢久，講談社現代新書583，1980（昭和55）．
《ジプシーの魔術と占い》アウロラ叢書　チャールズ・G.リーランド，木内信敬訳，国文社，1986（昭和61）．
《シベリア民話集》斎藤君子訳編，岩波文庫，1988（昭和63）．
《沙石集》日本古典文学大系85　渡邊綱也校注，岩波書店，1966（昭和41）．
《上海》横光利一，岩波文庫，1956（昭和31）．
《十三夜・われから 他三篇》樋口一葉，岩波文庫，1938（昭和13）．
《十二の小さな仲間たち――身近な虫の生活誌》K.v.フリッシュ，桑原万寿太郎訳，思索社，1988（昭和63）．
《趣味の昆蟲界》荒川重理，警醒社，1918（大正7）．
《春秋左氏伝》（3）　新釈漢文大系32　鎌田正，明治書院，1977（昭和52）．
《昭和史全記録》西井一夫編，毎日新聞社，1989（平成1）．
《食は広州に在り》邱永漢，中公文庫，1975（昭和50）．
《植物名の由来》東書選書55　中村浩，東京書籍，1980（昭和55）．
《食物と心臓》柳田國男，講談社学術文庫，1977（昭和52）．
《除蝗録 全　後編・農具便利論 上中下・綿圃要務》日本農書全集15　大蔵永常，小西正泰・堀尾尚志・岡光夫解題・校注，農山漁村文化協会，1977（昭和52）．
《虱》内田清之助，芸艸堂，1946（昭和21）．
《白蟻》小栗虫太郎，現代教養文庫，社会思想社，1976（昭和51）．
《白蟻談義》マレース，永野爲武・谷田専治訳，日新書院，1941（昭和16）．
《白蟻の生活》M.メーテルリンク，尾崎和郎訳，工作舎，1981（昭和56）．
《しろばんば》井上靖自伝的小説集1，学習研究社，1985（昭和60）．
《人生と昆蟲》前澤政雄，名和靖閲，自刊，1909（明治42）．
《人體の害蟲》佐々木忠次郎，雙輪閣，1904（明治37）．
《死んだ男・てんたう虫》ローレンス，福田恆存訳，新潮文庫，1961（昭和36）．
《神統記》ヘシオドス，廣川洋一訳，岩波文庫，1984（昭和59）．
《新動物誌》朝日新聞社編・発行，1974（昭和49）．
《新日本動物図鑑》中　岡田要，北隆館，1965（昭和40）．
《審判》同学社対訳シリーズ　中井正文編，同学社，1988（昭和63）．
《シンボル事典》水之江有一編，北星堂書店，1985（昭和60）．
《神話・伝承事典――失われた女神たちの復権》バーバラ・ウォーカー，山下主一郎ほか訳，大修館書店，1988（昭和63）．
《神話と人間》ロジェ・カイヨワ，久米博訳，せりか書房，1983（昭和58）．
《菅江真澄随筆集》内田武志編，東洋文庫，平凡社，1969（昭和44）．
《菅江真澄全集》10　内田武志・宮本常一編，未来社，1974（昭和49）．
《菅江真澄遊覧記》2　内田武志・宮本常一編訳，東洋文庫，1966（昭和41）．
《図鑑の博物誌》荒俣宏，リブロポート，1984（昭和59）．
《スズメバチはなぜ刺すか》松浦誠，北海道大学図書刊行会，1988（昭和63）．
《図説　世界の昆虫》1－6　阪口浩平，保育社，1979-83（昭和54-58）．
《図説・占星術事典》U.ベッカー編著，種村季弘監修，池田信雄訳，同学社，1986（昭和61）．

《砂のすきまの生きものたち——間隙生物学入門》伊藤立則，海鳴社，1985（昭和60）．

《砂払——江戸小百科》上・下　山中共古，中野三敏校訂，岩波文庫，1987（昭和62）．

《星座のはなし》野尻抱影，ちくま文庫，1988（昭和63）．

《聖書》新共同訳，日本聖書協会，1987（昭和62）．

《生物のかたち》UP選書121　ダーシー・トムソン，柳田友道ほか訳，東京大学出版会，1973（昭和48）．

《生命の起源》科学ブックス2　J.ケオシアン，原田馨・松本和男訳，共立出版，1969（昭和44）．

《西洋雑記》夢遊道人（山村昌永），江戸書林，1801（享和1）．

《世界科学者事典》1生物学者　デービッド・アボット編，伊東俊太郎日本語版監修，中村禎里監訳，原書房，1985（昭和60）．

《世界大百科事典》全35巻，平凡社，1988（昭和63）．

《世界の食用昆虫》三橋淳，古今書院，1984（昭和59）．

《世界の蝶類》WORLD COLOR BOOKS　ロバート・グッドン，高倉忠博訳，主婦と生活社，1973（昭和48）．

《世界名詩集1　ダン　唄とソネット／ブレイク　経験の歌　天国と地獄との結婚》篠田一士・篠田綾子・永川玲二・高松雄一・沢崎順之助・土居光知訳，平凡社，1969（昭和44）．

《石佛十二支・神獣・神使》森山隆平，弘生書林，1983（昭和58）．

《セミの自然誌——鳴き声に聞く種分化のドラマ》中尾舜一，中公新書，1990（平成2）．

《セミ博士の博物誌》加藤正世，雪華社，1963（昭和38）．

《戦線の博物学者》常木勝次，日本出版社，1942（昭和17）．

《全訳吾妻鏡》第4　永原慶二監修，貴志正造訳注，新人物往来社，1977（昭和52）．

《荘子》上　全釈漢文大系16　赤塚忠，集英社，1974（昭和49）．

《搜神記》干宝，竹田晃訳，東洋文庫，平凡社，1964（昭和39）．

《大漢和辞典》全13巻　諸橋轍次，大修館書店，1955-60（昭和30-35）．

新編《大言海》大槻文彦，冨山房，1982（昭和57）．

《大博物学時代　進化と超進化の夢》荒俣宏，工作舎，1982（昭和57）．

《太平記》4・5　新潮日本古典集成　山下宏明校注，新潮社，1985・88（昭和60・63）．

《臺灣の蜘蛛》萱嶋泉，東都書籍，1943（昭和18）．

《台湾の民俗》民俗民芸双書31　国分直一，岩崎美術社，1968（昭和43）．

《高みの見物》北杜夫，新潮文庫，1988（昭和63）．

《蓼食う虫》谷崎潤一郎，新潮文庫，1969（昭和44）．

《ダニのはなし》1・2　江原昭三編著，技報堂出版，1990（平成2）．

《ダニの話——よみもの動物記》青木淳一，北隆館，1979（昭和54）．

《ダフニスとクロエー》ロンゴス，松平千秋訳，岩波文庫，1987（昭和62）．

《小さな狩——ある昆虫記》エルンスト・ユンガー，山本尤訳，人文書院，1982（昭和57）．

《蟲魚禽獣》誰にもわかる科學全集7　原田三夫，國民圖書，1930（昭和5）．

《虫魚の交わり》ポリフォニー・ブックス　奥本大三郎・荒俣宏，平凡社，1986（昭和61）．

《中国故事名言辞典》新訂版　角川小辞典シリーズ21　加藤常賢・水上静夫，角川書店，1981（昭和56）．

《中国古代の民俗》白川静，講談社学術文庫，1980（昭和55）．

《中国社会風俗史》尚秉和，秋田成明編訳，東洋文庫，平凡社，1969（昭和44）．

《中国食物史》篠田統，柴田書店，1974（昭和49）．

《中国食物誌——中国料理あれこれ》周達生，創元社，1976（昭和51）．

《中国動物譚》澤田瑞穂，弘文堂，1978（昭和53）．

修訂《中国の呪法》澤田瑞穂，平河出版社，1990（平成2）．

《中薬大辞典》1-5　上海科学技術出版社・小学館編，小学館，1985（昭和60）．

《蝶，海へ還る——イチモンジセセリ　渡りの謎》中筋房夫・石井実，冬樹社，1988（昭和63）．

《釣魚雑筆》S.T.アクサーコフ，貝沼一郎訳，響社，1986（昭和61）．

完訳《釣魚大全》アイザック・ウォルトン，森秀人訳・解説，角川選書，1974（昭和49）．

《釣魚祕傳集》復製版　大橋青湖編，渡辺書店，1979（昭和54）．

《鳥獣蟲魚》矢澤米三郎，古今書院，1927（昭和2）．

《朝鮮の民俗》民俗民芸双書45　任東権，岩崎美術社，1969（昭和44）．

《朝鮮の料理書》鄭大聲編訳，東洋文庫，平凡社，1982（昭和57）．

《蝶の学名——その語源と解説》平嶋義宏，九州大学出版会，1987（昭和62）．

《蝶の幻想》小泉八雲，長澤純夫訳，築地書館，1988（昭和63）．

《チョウのはなし》1・2　久保快哉編，技報堂出版，1987（昭和62）．

《蝶の民俗学》今井彰，築地書館，1978（昭和53）．

《月と太陽諸国の滑稽譚》シラノ・ド・ベルジュラック，伊東守男訳，講談社文庫，1976（昭和51）．

《恙虫病研究夜話》宮村定男，考古堂，1988（昭和63）．

《貞丈雑記》2　伊勢貞丈，島田勇雄校註，東洋文庫，平凡社，1985（昭和60）．

《天工開物》宋應星，藪内清訳注，東洋文庫，平凡社，1969（昭和44）．

《道教》アンリ・マスペロ，川勝義雄訳，東洋文庫，平凡社，1978（昭和53）．

《東京年中行事》1・2　若月紫蘭，朝倉治彦校注，東洋文庫，平凡社，1968（昭和43）．

《唐代伝奇集》2　前野直彬訳，東洋文庫，平凡社，1964（昭和39）．

《桃洞遺筆》江戸科学古典叢書28　小原良貴，上野益三解説，恒和出版，1980（昭和55）．

《東都歳時記》2　斎藤月岑，朝倉治彦校注，東洋文庫，平凡社，1970（昭和45）．

《動物》日本史小百科14　岡田章雄編，近藤出版社，1979（昭和54）．

《動物学雑誌》明治21年11月号-昭和22年12月号，日本動物学会．

《動物故事物語》實吉達郎，河出書房新社，1975（昭和50）．

《動物裁判》池上俊一，講談社現代新書1019，1990（平成2）．

《動物社会の歴史》リヒャルト・レヴィンゾーン，加茂儀一・小宮山量平訳，理論社，1957（昭和32）．

《動物小品集》広津和郎，築地書館，1978（昭和53）．

《動物シンボル事典》ジャン＝ポール・クレベール，竹内信夫・柳谷巖・西村哲一・瀬戸直彦／アラン・ロシェ訳，大修館書店，1989（平成1）．

《動物の寄生虫》世界大学選書044　J.G.ベール，竹脇潔訳，平凡社，1973（昭和48）．

《動物の謝肉祭——イメージの文学誌》澁澤龍彦監修，堀切直人編，北宋社，1980（昭和55）．

谷津・内田《動物分類名辞典》内田亨監修，中山書店，1972（昭和47）．

《動物物語》高島春雄，八坂書房，1986（昭和61）．

《東方見聞録》2　マルコ・ポーロ，愛宕松男訳注，東洋文庫，平凡社，1971（昭和46）．

《東方旅行記》J.マンデヴィル，大場正史訳，東洋文庫，平凡社，

1964(昭和39).
《どくとるマンボウ昆虫記》北杜夫, 新潮文庫, 1966(昭和41).
《都市の昆虫誌》長谷川仁編, 思索社, 1988(昭和63).
《利根川図志》赤松宗旦, 柳田国男校訂, 岩波文庫, 1938(昭和13).
《賭博》I ものと人間の文化史40-1 増川宏一, 法政大学出版局, 1980(昭和55).
《トンボ王国》杉村光俊, 新潮文庫, 1985(昭和60).
《内外普通動物誌》無脊椎動物篇 秋山蓮三, 名鹽富三郎刊, 1914(大正3).
《長塚節全集》1, 春陽堂書店, 1976(昭和51).
《鳴く虫の観察と研究》松浦一郎, ニュー・サイエンス社, 1983(昭和58).
《鳴く虫の博物誌》松浦一郎, 文一総合出版, 1989(平成1).
《南京蟲又ハ蟲》田中芳男, 未刊小冊子.
《南島雑話》1・2 名越左源太, 國分直一・恵良宏校注, 東洋文庫, 平凡社, 1984(昭和59).
《南洋探檢實記》鈴木經勳, 博文館, 1892(明治25).
《南洋探検実記》鈴木経勲, 森久男解説, 東洋文庫, 平凡社, 1980(昭和55).
《南洋動物誌》三吉朋十, モダン日本社, 1942(昭和17).
《南方昆蟲紀行》石井悌, 大和書房, 1942(昭和17).
《新潟県大百科事典》新潟日報事業社出版部編・発行, 1984(昭和59).
《新潟県の悪虫及び悪虫病》伊藤辰治・小畑義男編, 新潟県衛生部, 1961(昭和36).
《日本奥地紀行》イサベラ・バード, 高梨健吉訳, 東洋文庫, 平凡社, 1973(昭和48).
《日本怪談集》下 種村季弘編, 河出文庫, 1989(平成1).
《日本貝類方言集——民俗・分布・由来》川名興編, 未来社, 1988(昭和63).
復刻《日本科学古典全書》10 本草 下・付録, 三枝博音編, 朝日新聞社, 1978(昭和53).
《日本架空伝承人名事典》大隅和雄・西郷信綱・阪下圭八・服部幸雄・廣末保・山本吉左右編, 平凡社, 1986(昭和61).
《日本国語大辞典》全20巻 日本大辞典刊行会編, 小学館, 1972-76(昭和47-51).
復刻《日本昆蟲學》松村松年, 小西正泰解説, サイエンティスト社, 1984(昭和59).
《日本昆虫記》大町文衛, 講談社学術文庫, 1982(昭和57).
《日本昆虫記》4 長谷川仁ほか, 講談社, 1959(昭和34).
《日本山海名産名物図会》千葉徳爾註解, 社会思想社, 1970(昭和45).
改訂増補《日本史辞典》京都大学文学部国史研究室編, 東京創元社, 1960(昭和35).
《日本児童遊戯集》大田才次郎編, 東洋文庫, 平凡社, 1986(昭和61).
《日本事物誌》1・2 チェンバレン, 高梨健吉訳, 東洋文庫, 平凡社, 1969(昭和44).
《日本書紀》全現代語訳 宇治谷孟, 講談社学術文庫, 1988(昭和63).
《日本随筆大成 別巻 嬉遊笑覧》4 日本随筆大成編輯部編, 吉川弘文館, 1979(昭和54).
《日本俗信辞典》動・植物編 鈴木棠三, 角川書店, 1982(昭和57).
《日本その日その日》1-3 E.S.モース, 石川欣一訳, 東洋文庫, 平凡社, 1970-71(昭和45-46).
《日本大王国志》フランソア・カロン原著, 幸田成友訳著, 東洋文庫, 平凡社, 1967(昭和42).
《日本蝶命名小史 磐瀬太郎集I》高橋昭・室谷洋司・久保快哉編, 築地書館, 1984(昭和59).

《日本恙虫病(バラ恙虫病)》緒方規雄, 医歯薬出版, 1958(昭和33).
《日本伝説大系》15 南島編 福田晃編著, 遠藤庄治・山下励一著, みずうみ書房, 1989(平成1).
《日本動物民俗誌》中村禎里, 海鳴社, 1987(昭和62).
《日本の医療史》酒井シヅ, 東京書籍, 1982(昭和57).
《日本のエビ・世界のエビ》東京水産大学第9回公開講座編集委員会編, 成山堂, 1984(昭和59).
《日本の古典童話》日本童話宝玉集(4) 楠山正雄, 講談社学術文庫, 1983(昭和58).
《日本の動物記》毎日新聞社社会部編, 毎日新聞社, 1965(昭和40).
《日本の文様 鳥・虫》小林武・伊藤桂司・河原正彦・元井能, 光琳社出版, 1977(昭和52).
《日本博物学史》補訂 上野益三, 平凡社, 1986(昭和61).
《日本風俗史事典》日本風俗史学会編, 弘文堂, 1979(昭和54).
《日本風俗備考》1・2 フィッセル, 庄司三男・沼田次郎訳注, 東洋文庫, 平凡社, 1978(昭和53).
《日本瞥見記》上・下 小泉八雲, 平井呈一訳, 恒文社, 1975(昭和50).
《日本民俗学》第2 風俗篇, 第4 随筆篇 中山太郎, 大和書房, 1977(昭和52).
《日本民俗芸能事典》文化庁監修, 日本ナショナル・トラスト編, 第一法規出版, 1976(昭和51).
《日本昔話事典》稲田浩二・大島建彦・川端豊彦ほか編, 弘文堂, 1977(昭和52).
《日本昔話と古代医術》槇佐知子, 東京書籍, 1989(平成1).
《日本霊異記》原田敏明・高橋貢訳, 東洋文庫, 平凡社, 1967(昭和42).
《日本歴史圖會》6 古谷知新編輯・校訂, 國民圖書, 1920(大正9).
《ネコと魚の出会い——人間の食生態を探る》西丸震哉, 経済往来社, 1970(昭和45).
《ねずみ・しらみ・文明》H.ジンサー, 橋本雅一訳, みすず書房, 1966(昭和41).
《蠅》堤勝, 日新書院, 1942(昭和17).
《蠅の王》W.ゴールディング, 平井正穂訳, 新潮文庫, 1975(昭和50).
《白秋全集》26 童謡集2 北原白秋, 岩波書店, 1987(昭和62).
《博物學雑誌》明治41年9月号-明治43年7月号, 動物標本社.
《博物之友》明治40年1月号-明治43年4月号, 日本博物学同志会.
《ハチの博物誌》杉山恵一, 青土社, 1989(平成1).
《はちみつ診療所》リヨンブックス 井上敦夫, リヨン社(二見書房), 1989(平成1).
《ハチミツの話》原淳, 六興出版, 1988(昭和63).
《発光生物の話——よみもの動物記》羽根田弥太, 北隆館, 1972(昭和47).
《花の王国》4 珍奇植物 荒俣宏, 平凡社, 1990(平成2).
《万有百科大事典》20 動物 小学館, 1974(昭和49).
《ビーグル号航海記》上・中・下 チャールズ・ダーウィン, 島地威雄訳, 岩波文庫, 1959-61(昭和34-36).
《ヒゲナガカワトビケラ》日本の昆虫9 西村登, 文一総合出版, 1987(昭和62).
《飛行蜘蛛》錦三郎, 丸ノ内出版, 1972(昭和47).
《ヒトと甲虫》教養学校叢書3 林長閑, 法政大学出版局, 1987(昭和62).
《人と鳥蟲》薄田泣菫, 櫻井書店, 1946(昭和21).
《ヒメタイコウチ》日本の昆虫14 伴幸成・柴田重昭・石川雅宏, 文一総合出版, 1988(昭和63).

《百蟲譜》奥本大三郎編著，彌生書房，1984(昭和59)．
《媚薬のはなし》泉三三彦，室町書房，1954(昭和29)．
完訳《ファーブル昆虫記》1-9　J.H.ファーブル，山田吉彦・林達夫訳，岩波書店，1989(平成1)．
《風俗文選・和漢文操・鶉衣》五老井許六・東花坊支考・横井也有，有朋堂文庫，1932(昭和7)．
《不思議の国のアリス》ルイス・キャロル，田中俊夫訳，岩波少年文庫，1955(昭和30)．
《仏教語源散策》東書選書3　中村元編著，東京書籍，1977(昭和52)．
《仏教動物散策》東書選書112　中村元編著，東京書籍，1988(昭和63)．
《仏教民俗辞典》仏教民俗学会編著，新人物往来社，1986(昭和61)．
《風土記》吉野裕訳，東洋文庫，平凡社，1969(昭和44)．
《フランス語博物誌〈動物篇〉》植物と文化双書　中平解，八坂書房，1988(昭和63)．
《プリニウスの博物誌》1-3　中野定雄ほか訳，雄山閣出版，1986(昭和61)．
《プルターク英雄傳》(12)　河野與一訳，岩波文庫，1956(昭和31)．
《文化と昆虫》野村健一，日本出版社，1946(昭和21)．
《北京新歳時記》村山孚，三省堂，1984(昭和59)．
《北京の伝説――中国の口承文芸4》金受申，村松一弥訳，東洋文庫，平凡社，1976(昭和51)．
《北京風俗図譜》1・2　青木正児編，内田道夫解説，東洋文庫，平凡社，1964(昭和39)．
《北京風俗大全――城壁と胡同の市民生活誌》羅信耀，藤井省三ほか訳，平凡社，1988(昭和63)．
《ベルツの日記》第1部上　トク・ベルツ編，菅沼竜太郎訳，岩波文庫，1951(昭和26)．
《変身》フランツ・カフカ，高橋義孝訳，新潮文庫，1985(昭和60)．
《変身物語》上・下　オウィディウス，中村善也訳，岩波文庫，1984(昭和59)．
《編年水産十九世紀史》藤田経信，汀鷗会出版部，1930(昭和5)．
《抱朴子・列仙伝・神仙伝・山海経》中国古典文学大系8　本田済・沢田瑞穂・高馬三良訳，平凡社，1973(昭和48)．
《ポオ小説全集》4　エドガー・アラン・ポオ，丸谷才一ほか訳，創元推理文庫，1974(昭和49)．
校註《北越雪譜》鈴木牧之，宮栄二監修，井上慶隆・高橋実校註，野島出版，1970(昭和45)．
《ホタル》神田左京，日本発光生物研究会，1935(昭和10)．
《北海道・東北の民間療法》渋谷道夫ほか著，明玄書房，1977(昭和52)．
《牧歌・農耕詩》ウェルギリウス，河津千代訳，未来社，1981(昭和56)．
《北方昆虫記》河野廣道，楡書房，1955(昭和30)．
《ホメーロス》筑摩世界文學大系2　呉茂一・高津春繁訳，筑摩書房，1971(昭和46)．
《ポール・マッカートニー》クリス・サルウィッチ，向七海訳，音楽之友社，1987(昭和62)．
《本草概説》岡西為人，創元社，1977(昭和52)．
《本草図説》水産　高木春山，荒俣宏監修，浅井ミノル・新妻昭夫解説，リブロポート，1988(昭和63)．
《本朝食鑑》5　人見必大，島田勇雄訳注，東洋文庫，平凡社，1981(昭和56)．
《本当の話》ルキアノス，呉茂一ほか訳，ちくま文庫，1989(平成1)．
《枕草子》日本古典文学全集11　松尾聰・永井和子校注・訳，小学館，1974(昭和49)．

《まじない》中国符呪秘本　李隆編，香草社，1975(昭和50)．
《魔法――その歴史と正体》世界教養全集20　K.セリグマン，平田寛訳，平凡社，1961(昭和36)．
《マメゾウムシの生物学》梅谷献二，築地書館，1986(昭和61)．
《三崎臨海実験所を去来した人たち――日本における動物学の誕生》磯野直秀，学会出版センター，1988(昭和63)．
《水蜘蛛》ソムニウム叢書1　マルセル・ベアリュ，田中義廣訳，エディシオン・アルシーヴ，1981(昭和56)．
《蜜蜂の生活》M.メーテルリンク，山下知夫・橋本綱訳，工作舎，1981(昭和56)．
《ミツバチの不思議[第2版]》コスモス・ブックス　カール・フォン・フリッシュ，伊藤智夫訳，法政大学出版局，1986(昭和61)．
《みつばちマーヤの冒険》世界の名作全集12　ワルデマル・ボンゼルス，高橋健二訳，国土社，1990(平成2)．
《水戸市の動植物方言》動物編　更科公護，ふるさと文庫，筑波書林，1985(昭和60)．
《南方熊楠全集》2-6，平凡社，1971-73(昭和46-48)．
《南の動物誌》渡辺弘之，内田老鶴圃，1985(昭和60)．
《みみず》畑井新喜司，改造社，1931(昭和6)．
復刻《みみず》畑井新喜司，サイエンティスト社，1980(昭和55)．
《ミミズが出てきた日――公害の駆逐から土壌の改善，おまけに利殖までやってのけるブームの主役》鶴蒔靖夫，北斗書房，1977(昭和52)．
《ミミズと土壌の形成》C.ダーウィン，渋谷寿夫訳，たたら書房，1979(昭和54)．
《みみずのたはこと》上・下　徳冨健次郎，岩波文庫，1938(昭和13)．
《ミミズの話――よみもの動物記》山口英二，北隆館，1979(昭和54)．
《ミミズ養殖読本》斉藤勝，朝日出版，海潮社発売，1977(昭和52)．
《宮城県百科事典》河北新報社編・発行，1982(昭和57)．
《都風俗化粧伝》佐山半七丸，高橋雅夫校注，東洋文庫，平凡社，1982(昭和57)．
《宮武外骨著作集》4　宮武外骨，河出書房新社，1985(昭和60)．
《ミヤマクワガタ》日本の昆虫8　林長閑，文一総合出版，1987(昭和62)．
《夢溪筆談》2・3　沈括，梅原郁訳注，東洋文庫，平凡社，1979-81(昭和54-56)．
《武蔵野昆蟲記》石井悌，三省堂，1940(昭和15)．
《蟲》増補版　横山桐郎，弥生書院，1927(昭和2)．
《虫たちの歩んだ歴史――人間と昆虫の物語》C.I.リッチ，木元新作監訳，河内千栄子訳，共立出版，1980(昭和55)．
《蟲と藝術》金井紫雲，芸艸堂，1934(昭和9)．
《虫・鳥・花と》石原保，築地書館，1980(昭和55)．
《虫――日本の名随筆35》串田孫一編，作品社，1985(昭和60)．
《虫の宇宙誌》奥本大三郎，集英社文庫，1984(昭和59)．
シリーズ自然と人間の日本史5《虫の日本史》別冊歴史読本特別号　奥本大三郎監修，新人物往来社，1990(平成2)．
《虫の博物誌――文明のなかの六本脚》梅谷献二，築地書館，1986(昭和61)．
《虫のはなし》1-3　梅谷献二編著，技報堂出版，1985(昭和60)．
《虫の文化誌》小西正泰，朝日新聞社，1977(昭和52)．
《虫の文化史》笹川満廣，文一総合出版，1979(昭和54)．
《虫の民俗誌》梅谷献二，築地書館，1986(昭和61)．
《虫――博物誌》J.ミシュレ，石川湧訳，思潮社，1980(昭和55)．

索引——参考文献

《蟲・人・自然》大町文衛，甲鳥書林，1941(昭和16)。
漢字百話〈虫の部〉《虫・むし事典》奥本大三郎監修，大修館書店，1988(昭和63)。
《室生犀星詩集》岩波文庫，1955(昭和30)。
《明治東京逸聞史》1・2　森銑三，東洋文庫，平凡社，1969(昭和44)。
《明治日本体験記》グリフィス，山下英一訳，東洋文庫，平凡社，1984(昭和59)。
《明治前日本生物學史》新訂版　1・2　日本学士院編，1980(昭和55)。
《メークアップの歴史——西洋化粧文化の流れ——》リチャード・コーソン，石山彰監修，ポーラ文化研究所訳・発行，1982(昭和57)。
《メドゥーサと仲間たち》ロジェ・カイヨワ，中原好文訳，思索社，1988(昭和63)。
《森の昆虫誌——北海道の自然を考える》坂本与市，未来社，1986(昭和61)。
《森の狩猟民——ムブティ・ピグミーの生活》市川光雄，人文書院，1982(昭和57)。
《モンシロチョウ》日本の昆虫6　江島正郎，文一総合出版，1987(昭和62)。
《薬用昆虫の文化誌》渡辺武雄，東京書籍，1982(昭和57)。
定本《柳田國男集》8・19，筑摩書房，1962・63(昭和37・38)。
《山形県大百科事典》山形放送・山形県大百科事典事務局編，山形放送，1983(昭和58)。
《大和本草》2　矢野宗幹ほか校註，有明書房，1975(昭和50)。
《酉陽雑俎》1-5　段成式，今村与志雄訳注，東洋文庫，平凡社，1980-81(昭和55-56)。
《雪迎え——空を飛ぶ蜘蛛》錦三郎，三省堂新書，1975(昭和50)。
《ユダヤ笑話集》三浦朱門訳編，現代教養文庫，社会思想社，1975(昭和50)。
《夢野久作全集》6，三一書房，1969(昭和44)。
《謡曲集》下　新潮日本古典集成　伊藤正義校注，新潮社，1988(昭和63)。
《養蚕秘録》江戸科学古典叢書13　上垣守国，石山洋解説，恒和出版，1978(昭和53)。
《妖蝶記》香山滋傑作選3　現代教養文庫，社会思想社，1977(昭和52)。
《吉野弘詩集》現代詩文庫12，思潮社，1968(昭和43)。
《与那国島の昔話》南島昔話叢書10　岩瀬博ほか編著，同朋舎，1983(昭和58)。
《ラック介殻蟲》高橋良一，日本シェラック工業会社，1949(昭和24)。
《ラ・プラタの博物学者》ハドソン，岩田良吉訳，岩波文庫，1934(昭和9)。
《ラルース料理百科事典》3　プロスペル・モンタニェ著，ロベール・J・クルティーヌ改訂，三洋出版貿易，1975(昭和50)。
新修《良寛》東郷豊治，東京創元社，1970(昭和45)。
《聊斎志異》上　中国古典文学大系40　蒲松齢，増田渉・松枝茂夫・常石茂訳，平凡社，1970(昭和45)。
《レオナルド・ダ・ヴィンチの手記》上・下　杉浦明平訳，岩波文庫，1954-58(昭和29-33)。
《歴史》上・中・下　ヘロドトス，松平千秋訳，岩波文庫，1971-72(昭和46-47)。
《歴史を変えた昆虫たち》J.L.クラウズリー＝トンプソン，小西正泰訳，思索社，1982(昭和57)。
《爐邊のこほろぎ》ディケンズ，本多顕彰訳，岩波文庫，1935(昭和10)。
《和漢三才図会》7　寺島良安，島田勇雄・竹島淳夫・樋口元巳訳注，東洋文庫，平凡社，1987(昭和62)。

《和刻本漢籍随筆集　第一集　五雑組》長澤規矩也解題，古典研究會発行，汲古書院発売，1972(昭和47)。
《ワーズワース詩集》田部重治選訳，岩波文庫，1957(昭和32)。
《わたしの昆虫誌——むしとひとと自然》岡崎常太郎，啓学出版，1971(昭和46)。
《わたしの民族誌・韓国》田坂常和，高文堂新書，1977(昭和52)。
《悪者にされた虫たち》朝日選書160　奥井一満，朝日新聞社，1980(昭和55)。

外国語文献

"Ancient Therapeutic Arts: The Fitzpatrick Lectures delivered in 1950 & 1951 at the Royal College of Physicians," William Brockbank, William Heinemann Medical Books Ltd, 1954.
"Animals and Men: Their Relationship as Reflected in Western Art from Prehistory to the Present Day," Kenneth Clark, William Morrow and Company, Inc., 1977.
"Animals with Human Faces: A Guide to Animal Symbolism," Beryl Rowland, George Allen & Unwin Ltd., 1974.
"Archy and Mehitabel," Don Marquis, Doubleday, 1949.
"A Bestiary for Saint Jerome," Herbett Friedman, Smithsonian Instn. P., 1980.《聖ヒエロニムスをめぐる動物譚》
"Bibliotheca Historico-Naturalis," Wilhelm Engelmann, H. R. Engelmann (J. Cramer) and Wheldon & Wesley, Ltd., 1960 (reprinted).《自然史書誌》
"Birdwing butterflies of the world." Bernard D'Abrera, Hamlyn for Country Life Books, 1976.《世界のトリバネアゲハ》
"The book of talismans, amulets and zodiacal gems," William Thomas & Kate Pavitt, Rider, 1914.
"Buffon's Natural History Abridged A New Edition by the Rev. W. Hutton, M.A. Embellish'd with 100 Engravings, in 2 Volumes" vol.2, printed for the editor & sold by T. Teg, Cheapsioe, & R. Griffin & Co., 1821.《ビュフォン英訳版》
"Butterflies and Moths," engravings by Christian Sepp and his son Jan Christiaan Sepp, text by Dr. Stuart McNeill, Michael Joseph, 1978.
"Butterflies of Hongkong,《香江蛺蝶談》" J.C. Kershaw, Kelly & Walsh, 1907.
"The Collins Australian Encyclopedia," ed. John Shaw, Wiliam Collins Pty Ltd., 1984.
"The Crayon Miscellany," The auther's rev. ed., complete in 1v., Washington Irving, Patnam, 1869.
"Dictionary of American Folklore," Marjorie Tallman, Philosophical Library, 1959.《アメリカ民俗辞典》
"Dictionary of mythology, folklore and symbols," Gertrude Jobes, Scarecrow Press, 3vols., 1962.
"A Dictionary of Superstitions," ed. Iona Opie and Moira Tatem, Oxford University Press, 1989.
"Dictionary of Symbols and Imagery" Ad de Vries, North-Holland Publishing Company, 1974.
"Ecological Imperialism; The Biological Expansion of Europe, 900-1900," Alfred W. Crosby, Cambridge University Press, 1986.
"The Encyclopedia America," International Edition, 30 vols., Grolier Inc., 1987.
"An Encyclopedia of Bible Animals," Peter France, Croom Helm, 1986.《聖書動物大全》
"The Encyclopedia of Monsters," Daniel Cohen, Dodd,

Mead & Company,Inc.,1982.

"Encyclopædia of superstitions,folklore,and occult sciences of the world,"ed.C.L.Daniels & C.M.Stevans.3vols.,Gale Research Co.,1971:《西洋俗信大成》

"The Facts On File Encyclopedia of World Mythology and Legend,"Anthony S.Mercatante,Facts On File,1988.

"The Funk & Wagnalls Standard Dictionary of Folklore, Mythology,and Legend,"2vols.,ed.Maria Leach,Funk & Wagnalls Company,1949-50.《民俗神話伝説事典》

"Greek Insects,"Malcolm Davies & Jeyaraney Kathirithamby,Gerald Duckworth & Co.Ltd.,1986.

"Grzimeks Tierleben," I・II,Verlag AG,1970-71.《グルツィメク動物百科》

"A History of the Earth and Animated Nature"vol.II,Oliver Goldsmith,Blackie & Son,1873.《大地と生物の歴史》

"The History of Four-footed Beasts and Serpents and Insects,"Volume 2,'The History of Serpents,' Edward Topsell,Da Capo Press,1967(reprinted).《爬虫類の歴史》

"The History of Four-footed Beasts and Serpents and Insects,"Volume 3,'The Theater of Insects,' T.Muffet,Da Capo Press,1967(reprinted).《昆虫の劇場》

"An Introduction to the Literature of Vertebrate Zoology" Casey A.Wood,Georg Olms Verlag,1974.《脊椎動物学文献手引》

"Knowledge, Morality, & Destiny; essays," Julian Huxley, New American Library,1960.

"Larger than Life;The American Tall-Tale Postcard,1905-1915,"Cynthia Elyce Rubin & Morgan Williams,Abbeville Press,1990.

"Mythical Monsters."Charles Gould,B.A.,W.H.Allen & Co., 1886.

"Myths and Legends of the Australian Aboriginals," W. Ramsay Smith,Harrap,1930.

"Myths of the Cherokee,"James Mooney,Govt.Print.Of.,1902.《チェロキー族の神話》

"Natural History."American Museum of Natural History.1990年12月号.

"Natural History in Shakespeare's Time,"H.W.Seager,& C.,Paul P.B.Minet,1972.

"Natural history of the American lobster,"Francis Hobart Herrick,Govt.print.off.,1911.

"The Natural History of the Bible," Thaddeus M.Harris, Printed by I.Thomas and E.T.Andrews,1793.《聖書の博物誌》

"The New Encyclopædia Britannica,"15th Edition 31vols.,Encyclopædia Britannica,1985.

"New Zealand Insects and Their Story," Richard Sharell, Collins,1982(revised edition).《ニュージーランド昆虫譚》

"On Monsters and Marvels,"Ambroise Pare, transl. Janis L.Pallister,The University of Chicago Press,1982.

"Outlines of Chinese Symbolism and Art Motives"C.A.S. Williams,Charles E.Tuttle Company,1974.

"The Oxford Book of Insects,"Illustrations by Joyce Bee, Derek Whiteley,and Peter Parks,Text by John Burton with I.H.H.Yarrow,A.A.Allen,L.Parmenter,I.Lansbury,Oxford University Press,1968.

"Pliny Natural History" III Books VIII-XI,VIII Books XXVIII-XXXII Loeb Classical Library 353・418,transl.H.Rackham (III),W.H.S.Jones(VIII),Harvard University Press,William Heinemann Ltd.,1940・63.

"The Poison Tree,Selected Writings of Rumphius on the Natural History of the Indies,"Georg Everhard Rumpf,The University of Massachusetts Press,1981.

"Rhopalocera Nihonica:a description of the butterflies of Japan(《日本蝶類図説》),"H.Pryer,植物文献刊行会, 1935（昭和10）．

"The Romance of Natural History" Philip Heney Gosse, James Nisbet and Co.,1862.《博物学の物語》

"Science and the Arts in the Renaissance," ed. John W. Shirley & F.David Hoeniger,Associated University Press,1985.

"Star lore of all ages;A collection of myths,legends,and facts concerning the constellations of northern hemisphere,"William Tyler Olcott,Putnam,c.1911.

"Superstitions about animals,"Frank Gibson,Scott,1904.

"Taxidermy;with the biography of zoologists,and notices of their works." William Swainson, Printed for Longman, Orme,Brown,Green & Longmans[etc.],1840.

"Vocabularium Nominum Animalium Europae Septem Linguis Redactum."László Gozmány,Akadémiai Kiadó,1979.

"William Blake,"The Tate Gallery,1978.

"The Works of Sir Thomas Browne"vol.2. ed.Charles Sayle, John Grant,1912.

"Zoological Illustration;an essay towards a history of printed zoological pictures,"David Knight,Dawson;Archon Books,1977.

"Zoological mythology;or the legends of animal,"Angelo de Gubernatis,Trübner,1872.

《英汉动物学辞典》陈兼善编，上海科学技术文献出版社, 1985.

《本草纲目》第四册，李时珍，人民卫生出版社, 1981.

荒俣宏（あらまた ひろし）
1947年東京生まれ．博物学研究家，作家．慶應義塾大学法学部卒業．幻想文学，図像学，博物学，産業考古学，妖怪学など幅広い分野で著作活動を続ける．著書に《帝都物語》(角川書店)，《大博物学時代》(工作舎)，《花の王国》《楽園考古学》(平凡社)など多数．

編集―――田中光則／高田　明／
　　　　大石範子／阿部秀典／
　　　　菅谷淳夫
撮影―――坂本真典／伊藤千晴／
　　　　河野利彦／原　弘文
新装版進行―岸本洋和

新装版　世界大博物図鑑　第1巻　［蟲類］

発行日―――1991年8月23日　初版第1刷
　　　　　2014年12月17日　新装版第1刷

著者―――荒俣宏
発行者―――西田裕一
発行所―――株式会社 平凡社
　　　　〒101-0051　東京都千代田区神田神保町3-29
　　　　電話 03-3230-6580（編集）　03-3230-6572（営業）
　　　　振替 00180-0-29639
印刷―――株式会社 東京印書館
製本―――大口製本印刷株式会社

NDC分類番号480
B5判(26.3cm)　総ページ574

© Hiroshi Aramata 2014 Printed in Japan
ISBN978-4-582-51841-2

平凡社ホームページ http://www.heibonsha.co.jp/
乱丁・落丁本のお取り替えは直接小社読者サービス係までお送りください(送料は小社で負担します)．